9급 운전직 공무원

군무원(차량 및 전차직) 시험 대비

오세인의

자동차 구조원리

차량기술사
오세인 지음

BM 주식회사 도서출판 성안당
www.cyber.co.kr

도서 A/S 안내

성안당에서 발행하는 모든 도서는 저자와 출판사, 그리고 독자가 함께 만들어 나갑니다.

좋은 책을 펴내기 위해 많은 노력을 기울이고 있습니다. 혹시라도 내용상의 오류나 오탈자 등이 발견되면 "좋은 책은 나라의 보배"로서 우리 모두가 함께 만들어 간다는 마음으로 연락주시기 바랍니다. 수정 보완하여 더 나은 책이 되도록 최선을 다하겠습니다.

성안당은 늘 독자 여러분들의 소중한 의견을 기다리고 있습니다. 좋은 의견을 보내주시는 분께는 성안당 쇼핑몰의 포인트(3,000포인트)를 적립해 드립니다.

잘못 만들어진 책이나 부록 등이 파손된 경우에는 교환해 드립니다.

홈페이지 : http://www.cyber.co.kr

전화 : 031) 950-6300

팩스 : 031) 955-0510

머리말

마치 긴 여정이 끝난 듯싶다. 수개월 동안 자료를 수집하고, 많은 노력과 정성을 쏟았다. 자동차 분야의 특성상 사진과 그림이 학습하는 데 꼭 필요하다는 사실은 누구나 공감할 것이다. 수많은 사진과 그림을 취합하여 분석하고, 교재 구성에 맞게 배치하는 과정이 수없이 반복되었다.

이와 같이 기본 이론을 이해하는 데 도움이 되도록 교재의 내용 구성에 심혈을 기울였으며, 수험생들의 요구를 최대한 반영하고자 그들의 목소리에도 귀 기울였다. 기계학의 파생 학문인 자동차공학은 이론을 공부하는 데 많은 어려움이 따른다. 다른 학문과 다르게 자동차는 현물을 많이 보고, 한 번이라도 더 만져보는 것이 공부하는 데 도움이 되기에, 필자는 이 점에 역점을 두고 이 책을 집필했으며, 이는 수험생들의 요구사항을 반영한 것이다.

강의를 하고 집필활동을 하는 동안 많은 어려움이 있었다. 그러나 누군가 말했듯이, "우리의 인생은 우리가 노력한 만큼 가치가 있다."는 말을 떠올리며 여기까지 달려올 수 있었다. 노력과 정성이 모이면 결실을 맺어 언젠가 기적이 일어날 것이라 믿는다. 최선을 다했기에 최고가 된 것이라 생각하며, 최선을 다해 노력하여 수험생 여러분들 모두 목표한 바를 이루기를 기원한다.

끝으로 이 책의 출판을 위해 애쓰신 도서출판 성안당 임직원 여러분들에게 고마움을 전한다.

저 자 씀

차 례

제1편 기관

Contents

|Contents

Contents

제5편 친환경 자동차

CHAPTER 01 하이브리드 자동차

CHAPTER 02 천연가스 자동차

CHAPTER 03 연료전지 자동차

Contents

기관

오세인의 자동차 구조원리

www.cyber.co.kr

CHAPTER 01 자동차 일반

01 자동차의 정의

1 자동차관리법상의 정의

(1) 「자동차관리법」 제2조(정의) 제1호

"자동차"란 **원동기에 의하여 육상에서 이동할 목적으로** 제작한 용구 또는 이에 견인되어 육상을 이동할 목적으로 제작한 용구(이하 "피견인자동차"라 한다)를 말한다. 다만, 대통령령으로 정하는 것은 제외한다.

(2) 「자동차관리법 시행령」 제2조(적용이 제외되는 자동차)

법 제2조 제1호 단서에서 "**대통령령으로 정하는 것**"이라 함은 다음 각 호의 것을 말한다.

① 「건설기계관리법」에 따른 건설기계

② 「농업기계화 촉진법」에 따른 농업기계

③ 「군수품관리법」에 따른 차량

④ 궤도 또는 공중선에 의하여 운행되는 차량

⑤ 「의료기기법」에 따른 의료기기

2 도로교통법상의 정의

(1) 「도로교통법」 제2조(정의) 제18호

"자동차"란 철길이나 가설된 선을 이용하지 아니하고 원동기를 사용하여 운전되는 차(견인되는 자동차도 자동차의 일부로 본다)로서, 「자동차관리법」 제3조에 따른 승용 · 승합 · 화물 · 특수 · 이륜자동차와 「건설기계관리법」 제26조 제1항 단서에 따른 건설기계. 다만, **원동기장치자전거는 제외**한다.

(2) 「도로교통법」 제2조 제19호(원동기장치자전거란)

① 「자동차관리법」 제3조에 따른 이륜자동차 가운데 배기량 125cc 이하의 이륜자동차

② 배기량 50cc 미만(전기를 동력으로 하는 경우에는 정격출력 0.59kW 미만)의 원동기를 단 차

02 자동차의 분류

1 에너지원에 의한 분류

(1) 열기관자동차

① 외연기관 : **실린더 밖**에서 연료를 연소(증기기관, 증기 터빈)

② 내연기관 : **실린더 안**에서 연료를 연소(가솔린 기관, 디젤 기관, LPG 기관)

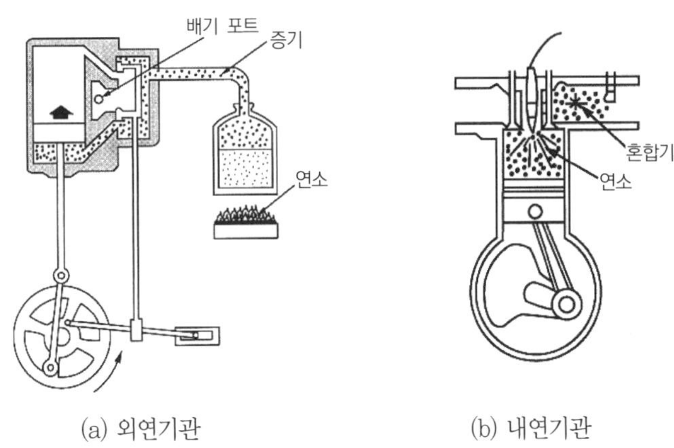

(a) 외연기관 (b) 내연기관

[그림 1 – 1] 열기관자동차

(2) 전기자동차

차세대 무공해 자동차로 개발되었으며, 전기를 동력으로 하여 움직이는 자동차로 자동차의 구동에너지를 기존의 자동차와 같이 화석 연료의 연소로부터가 아닌 전기에너지로부터 얻는 자동차이다.

2 엔진 위치와 구동방식에 의한 분류

(1) 앞엔진 앞바퀴 구동차(FF : Front engine Front drive)

① 구조 : 차량 **앞쪽에 엔진을 설치하고 앞바퀴로 직접 구동**하는 형식

② 특징

㉠ 엔진과 구동바퀴의 거리가 짧아 동력 손실이 적음

㉡ 실내공간이 넓음

㉢ 직진 안정성이 좋은 언더스티어링(Under–Steering : 회전하고자 하는 목표치보다 덜 회전되는 현상) 경향

㉣ 미끄러지기 쉬운 노면의 주파성이 좋음

㉤ 앞바퀴에 구동장치나 조향장치가 복합적으로 설치되므로 구조가 복잡

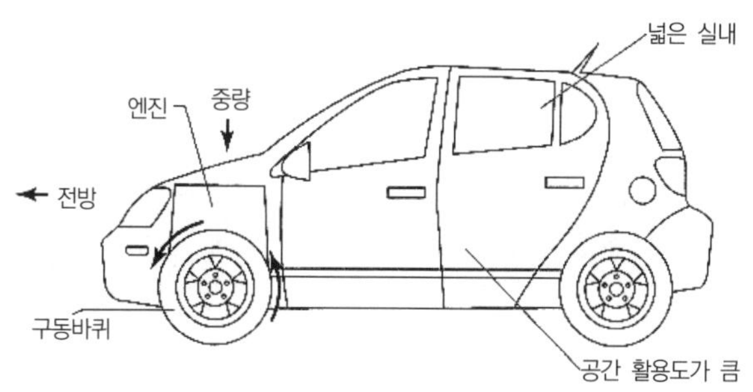

[그림 1－2] FF 구동방식

(2) 앞엔진 뒷바퀴 구동차(FR : Front engine Rear drive)

① 구조 : 차량 **앞쪽에 엔진을 설치하고 구동은 뒷바퀴로** 하는 형식

② 특징

㉠ 엔진과 구동계통이 나뉘어 있어 적절한 중량배분으로 조정성과 안정성이 우수

㉡ 엔진과 운전석이 가까워 엔진 · 클러치 · 변속기 등의 기구가 간단하며, 각 장치가 구분되어 있어 취급이 편리(조종장치와 구동장치가 분리되어 구조상 유리)

㉢ 엔진 동력을 뒷바퀴로 전달하기 위한 추진축(프로펠러 샤프트, propeller shaft)를 사용하기 때문에 실내공간이 좁아짐

㉣ 비, 눈길에서 취약(특히, 미끄러운 등판면에서는 등판성능이 떨어짐)

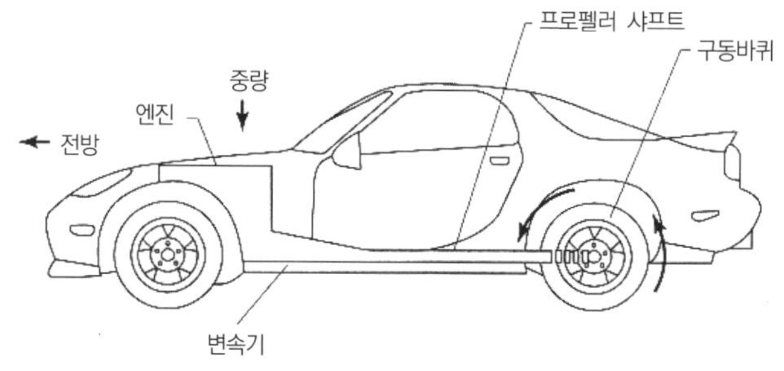

[그림 1－3] FR 구동방식

(3) 뒤엔진 뒷바퀴 구동차(RR : Rear engine Rear drive)

① 구조 : 차량 **뒤쪽에 엔진을 설치하고 뒷바퀴를 직접 구동**하는 형식

② 특징

㉠ 실내공간을 가장 넓게 확보 가능

㉡ 트렁크 체적이 작고, 엔진 냉각에 문제가 있어 최근 승용차에는 그다지 사용되는 않음

㉢ 후륜에 엔진 중력이 가해지면서 발진과 가속 시에 출력을 후륜에 잘 전달해 줄 수 있는 장점

㉣ 무게의 불균형으로 인해 오버스티어링(Over－Steering : 회전하고자 하는 목표치보다 더 회전되는 현상)의 경향

㉤ 일부 중 · 대형승용차 및 버스에 주로 채택

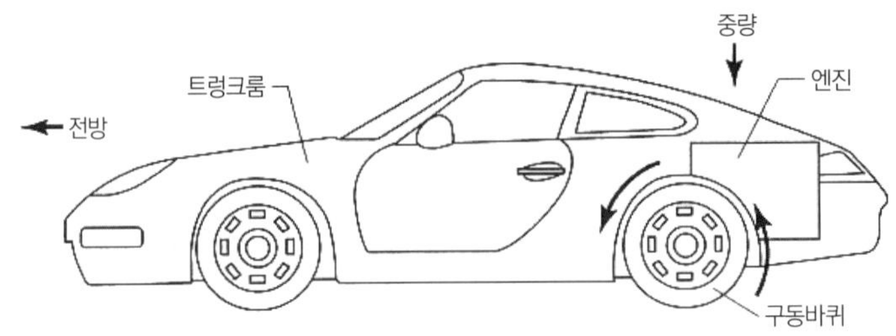

[그림 1-4] RR 구동방식

(4) 앞엔진 전륜 구동차(4 Wheel Drive)

① 구조 : 차량 **앞쪽에 엔진을 설치하고 기관의 회전력을 4바퀴에 모두 전달하여 모든 바퀴를 구동**하는 형식

② **특징**

㉠ 구동력이 강하고, 등판능력이 우수

㉡ 엔진의 동력을 앞 · 뒤 모든 차축과 바퀴에 전달하기 위한 트랜스퍼 케이스(Transfer Case, 부변속기)를 두고 있음

㉢ 구조상 트랜스퍼 케이스가 필요하므로 구조가 복잡

㉣ 주로 지프차, SUV, 작업용차, 군용차 등에 많이 사용

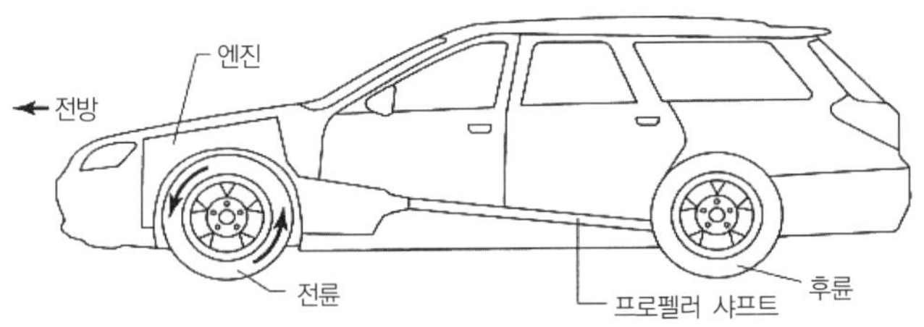

[그림 1-5] 4WD 구동방식

참고

1. **언더스티어(Under-Steer)**
   일정한 조향각으로 선회하여 속도를 높였을 때, 선회 반경이 커지는 현상
2. **오버스티어(Over-Steer)**
   일정한 조향각으로 선회하여 속도를 높였을 때, 선회 반경이 작아지는 현상

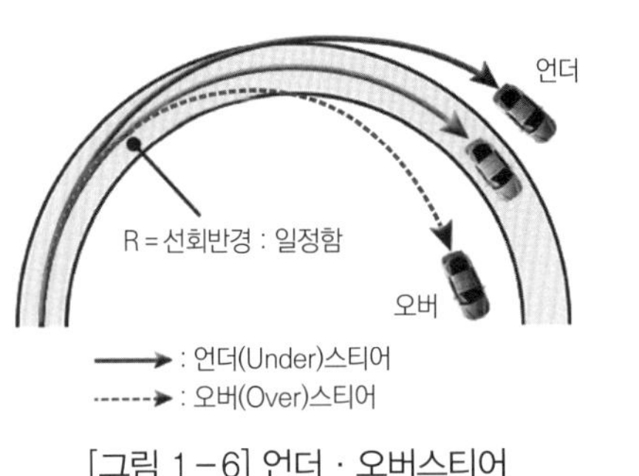

[그림 1-6] 언더 · 오버스티어

3 법규상의 분류

자동차는 자동차의 크기 · 구조, 원동기의 종류, 총배기량 또는 정격출력 등의 기준에 따라 5종으로 구분한다.

구분		내용
1	승용자동차	**10인 이하를 운송**하기에 적합하게 제작된 자동차
2	승합자동차	**11인 이상을 운송**하기에 적합하게 제작된 자동차 ※다만, 다음은 승차인원에 관계없이 승합자동차로 간주함 • 내부의 특수한 설비로 인하여 승차인원이 10인 이하로 된 자동차 • 국토교통부령으로 정하는 경형자동차로서 승차인원이 10인 이하인 전방조종자동차 • 캠핑용 자동차 또는 캠핑용 트레일러
3	화물자동차	화물을 운송하기에 적합한 화물적재공간을 갖추고, 화물적재공간의 총적재화물의 무게가 운전자를 제외한 승객이 승차공간에 모두 탑승했을 때의 승객의 무게보다 많은 자동차
4	특수자동차	다른 자동차를 견인하거나 구난작업 또는 특수한 작업을 수행하기에 적합하게 제작된 자동차로서 승용자동차 · 승합자동차 또는 화물자동차가 아닌 자동차
5	이륜자동차	총배기량 또는 정격출력의 크기와 관계없이 1인 또는 2인의 사람을 운송하기에 적합하게 제작된 이륜의 자동차 및 그와 유사한 구조로 되어 있는 자동차

(1) 규모별 세부기준

종류	경형	소형	중형	대형
승용 자동차	배기량이 1,000cc 미만으로서 길이 3.6m, 너비 1.6m, 높이 2.0m 이하인 것	배기량이 1,600cc 미만인 것으로서 길이 4.7m, 너비 1.7m, 높이 2.0m 이하인 것	배기량이 1,600cc 이상 2,000cc 미만이거나 길이, 너비, 높이 중 어느 하나라도 소형을 초과하는 것	배기량이 2,000cc 이상이거나 길이, 너비, 높이 모두 소형을 초과하는 것
승합 자동차	배기량이 1,000cc 미만으로서 길이 3.6m, 너비 1.6m, 높이 2.0m 이하인 것	승차정원이 15인 이하인 것으로서 길이 4.7m, 너비 1.7m, 높이 2.0m 이하인 것	승차정원이 16인 이상 35인 이하이거나 길이, 너비, 높이 중 어느 하나라도 소형을 초과하여 길이가 9m 미만인 것	승차정원이 36인 이상이거나 길이, 너비, 높이 모두가 소형을 초과하여 길이가 9m 이상인 것
화물 자동차	배기량이 1,000cc 미만으로서 길이 3.6m, 너비 1.6m, 높이 2.0m 이하인 것	최대 적재량이 1톤 이하인 것으로서 총중량이 3.5톤 이하인 것	최대 적재량이 1톤 초과 5톤 미만이거나 총중량이 3.5톤 초과 10톤 미만인 것	최대 적재량이 5톤 이상이거나 총중량이 10톤 이상인 것
특수 자동차	배기량이 1,000cc 미만으로서 길이 3.6m, 너비 1.6m, 높이 2.0m 이하인 것	총중량이 3.5톤 이하인 것	총중량이 3.5톤 초과 10톤 미만인 것	총중량이 10톤 이상인 것

종 류	경 형	소 형	중 형	대 형
이륜 자동차	배기량이 50cc 미만(최고 정격출력 4kW 이하)인 것	배기량이 100cc 이하(최고 정격출력 11kW 이하)인 것으로 최대 적재량(기타형에만 해당한다)이 60kg 이하인 것	배기량이 100cc 초과 260cc 이하(최고 정격출력 11kW 초과 15kW 이하)인 것으로 최대 적재량이 60kg 초과 100kg 이하인 것	배기량이 260cc(최고 정격출력 15kW)를 초과하는 것

※ 비고

위 표에 따른 규모별 세부기준에 대하여는 다음 각 기준을 적용한다.

1) 사용연료의 종류가 전기인 자동차의 경우에는 복수기준 중 길이 · 너비 · 높이에 따라 규모를 구분하고, 「환경친화적 자동차의 개발 및 보급촉진에 관한 법률」 제2조 제5호에 따른 하이브리드 자동차는 복수기준 중 배기량과 길이, 너비, 높이에 따라 규모를 구분한다.
2) 복수의 기준 중 하나가 작은 규모에 해당되고 다른 하나가 큰 규모에 해당되면 큰 규모로 구분한다.
3) 이륜자동차의 최고 정격출력(maximum continuous rated power)은 구동 전동기의 최대의 부하(負荷, load) 상태에서 측정된 출력을 말한다.

(2) 유형별 세부기준

종 류	유형별	세부기준
승용 자동차	일반형	2개 내지 4개의 문이 있고, 전후 2열 또는 3열의 좌석을 구비한 유선형인 것
	승용 겸 화물형	차실 안에 화물을 적재하도록 장치된 것
	다목적형	후레임형이거나 4륜구동장치 또는 차동 제한 장치를 갖추는 등 험로운행이 용이한 구조로 설계된 자동차로서 일반형 및 승용 겸 화물형이 아닌 것
	기타형	위 어느 형에도 속하지 아니하는 승용자동차인 것
승합 자동차	일반형	주목적이 여객운송용인 것
	특수형	특정한 용도(장의 · 헌혈 · 구급 · 보도 · 캠핑 등)를 가진 것
화물 자동차	일반형	보통의 화물운송용인 것
	덤프형	적재함을 원동기의 힘으로 기울여 적재물을 중력에 의하여 쉽게 미끄러뜨리는 구조의 화물운송용인 것
	밴형	지붕구조의 덮개가 있는 화물운송용인 것
	특수용도형	특정한 용도를 위하여 특수한 구조로 하거나, 기구를 장치한 것으로서 위 어느 형에도 속하지 아니하는 화물운송용인 것
특수 자동차	견인형	피견인차의 견인을 전용으로 하는 구조인 것
	구난형	고장 · 사고 등으로 운행이 곤란한 자동차를 구난 · 견인할 수 있는 구조인 것
	특수작업형	위 어느 형에도 속하지 아니하는 특수작업용인 것
이륜 자동차	일반형	자전거로부터 진화한 구조로서 사람 또는 소량의 화물을 운송하기 위한 것
	특수형	경주 · 오락 또는 운전을 즐기기 위한 경쾌한 구조인 것
	기타형	3륜 이상인 것으로서 최대 적재량이 100kg 이하인 것

※ 비고
위 표에 따른 화물자동차는 다음 각 목의 기준에 따른다.
• 화물자동차 : 화물을 운송하기 적합하게 바닥면적이 최소 $2m^2$ 이상(소형 · 경형화물자동차로서 이동용 음식판매용도인 경우에는 $0.5m^2$ 이상, 그 밖에 특수용도형의 경형화물자동차는 $1m^2$ 이상을 말한다)인 화물적재공간을 갖춘 자동차로서 다음 각 호의 1에 해당하는 자동차
  1) 승차공간과 화물적재공간이 분리되어 있는 자동차로서 화물적재공간의 윗부분이 개방된 구조의 자동차, 유류 · 가스 등을 운반하기 위한 적재함을 설치한 자동차 및 화물을 싣고 내리는 문을 갖춘 적재함이 설치된 자동차(구조 · 장치의 변경을 통하여 화물적재공간에 덮개가 설치된 자동차를 포함한다)
  2) 승차공간과 화물적재공간이 동일 차실 내에 있으면서 화물의 이동을 방지하기 위해 격벽을 설치한 자동차로서 화물적재공간의 바닥면적이 승차공간의 바닥면적(운전석이 있는 열의 바닥면적을 포함한다)보다 넓은 자동차
  3) 화물을 운송하는 기능을 갖추고 자체적하 기타 작업을 수행할 수 있는 설비를 함께 갖춘 자동차

03 자동차의 기본 구조

자동차는 크게 나누어 **차체(Body)와 섀시(Chassis)**로 구분한다.

1 차체(Body)

화물이나 승객을 보호하기 위한 장치

2 섀시(Chassis)

자동차에서 차체(Body)를 제외한 모든 부분

(a) 차체(Body)

(b) 섀시(Chassis)

[그림 1-7] 섀시

(1) 차대(Frame)

자동차를 구성하는 **기본 뼈대**로 엔진 등의 여러가지 장치가 설치된다.

(2) 동력 발생 장치(엔진-열기관, Heat Engine)

자동차가 주행하는 데 필요한 동력을 발생하는 장치

(3) 동력 전달 장치(Power Train)

기관에서 발생된 동력을 구동바퀴까지 전달하는 일련의 장치

① **클러치(Clutch)** : 엔진의 동력을 단속

② **변속기(Transmission)** : 차량의 상태에 따라 회전력을 변화

③ **추진축(Propeller Shaft)** : 변속기의 회전력을 종감속 장치에 전달

④ **종감속 기어(Final Reduction Gear)** : 엔진의 동력을 **최종 감속**하여 회전력을 증대

⑤ **차동장치(Differential Gear)** : 선회 시 **좌우바퀴의 회전속도에 차이**를 두는 장치

⑥ **액슬축(차축, Axle Shaft)** : 엔진의 구동력을 바퀴에 전달

⑦ **바퀴(Wheel & Tire)** : 노면과의 접촉으로 구동력 발생

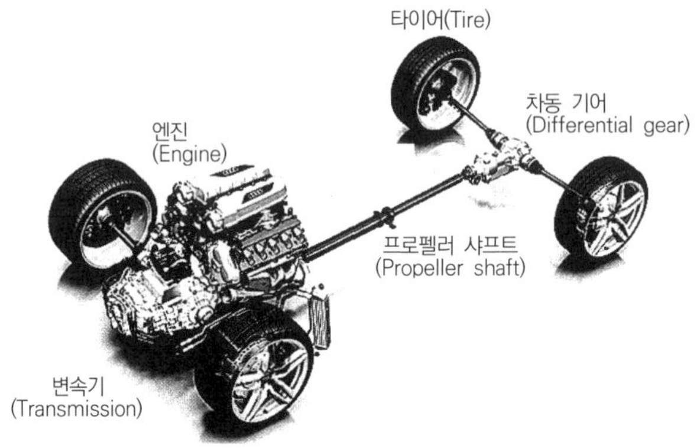

[그림 1-8] 동력 전달 장치의 주요 구성

(4) 기타 조종 완충 장치

① **현가장치(Suspention System)** : 노면에서의 충격을 완화하는 장치

② **조향장치(Steering System)** : 자동차의 주행 방향을 바꾸는 장치

③ **제동장치(Brake System)** : 주행 중인 자동차의 속도를 감속 또는 정지 및 주차시키는 장치

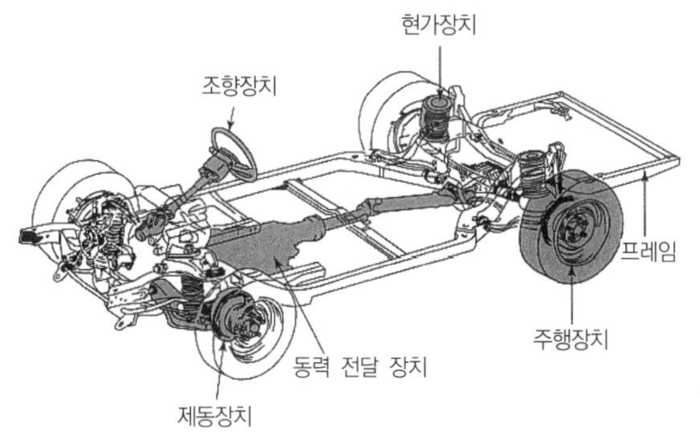

[그림 1-9] 섀시의 구성

(5) 전기장치(Electric System)

① 엔진 전기 장치

㉠ 축전지(Battery) : 시동장치를 구동시키기 위한 전원

㉡ 시동장치(Starting System) : 기관을 시동시키기 위한 장치

㉢ 충전장치(Charging System) : 시동 후 방전된 축전지에 충전을 시킴과 주행을 위한 전원

㉣ 점화장치(Ignition System) : 연소실에 흡입된 혼합가스를 연소시키기 위한 장치

② 섀시 전기 장치

㉠ 등화장치 : 야간 주행을 위한 등화를 켜기 위한 장치

㉡ 보안장치 : 비 또는 눈에 의해 시야가 가리는 것을 제거하는 장치

㉢ 경보장치 : 위험이 있을 때 신호하는 장치

㉣ 에어컨 : 여름철에 차실 내의 온도를 조절하는 장치

04 자동차의 제원(Specification)

자동차의 제원(Specification)이란 자동차의 구조 및 장치가 안전운행에 적합하도록 갖추어야 할 조건으로, 즉 안전기준이나 제원을 법적으로 규정하고 있다. 자동차의 제원 표시(제원치)에는 치수(Dimension), 질량(Masses) · 하중(Weight) 및 성능(Performance) 등이 있다.

1 치수에 관한 제원

(1) 전장(overall length)

자동차의 중심선에 평행한 연직면 및 접지면에 평행하게 측정했을 때(범퍼, 후미등과 같은 부속물 포함) 자동차의 **제일 앞쪽 끝에서 뒤쪽 끝까지의 최대길이**를 말한다.

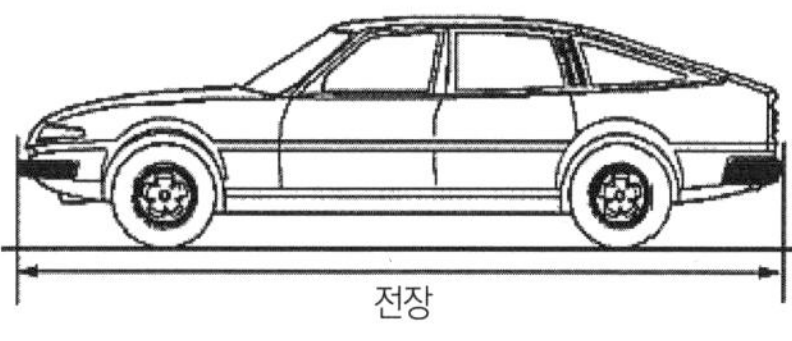

[그림 1-10] 전장

(2) 전폭(overall width)

자동차의 너비를 자동차의 중심면과 직각으로 측정했을 때의 **부속품을 포함한 최대너비**로서 하대 및 환기장치는 닫혀진 상태이며, 백미러(back mirror)는 포함되지 않는다.

[그림 1-11] 전폭

(3) 전고(overall height)

빈차 상태에서 **접지면으로부터 자동차의 최고부까지의 높이**를 말한다. 단, 자동차의 각 부분은 보통 운행상태(예 사다리차의 사다리는 접어서 이동할 상태)이고 안테나 및 환기 구멍의 뚜껑은 제일 아래로 한 상태이다.

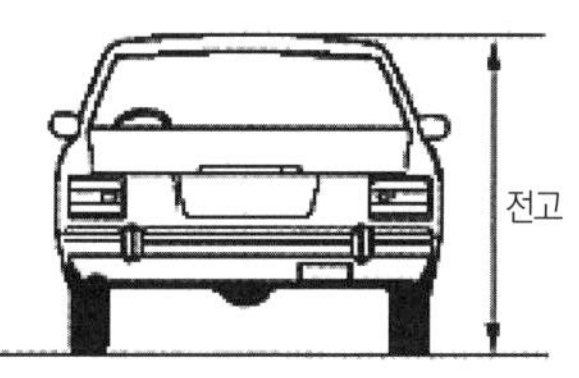

[그림 1-12] 전고

(4) 축거(wheel base)

축간거리라고도 하며, **전 · 후 차축의 중심 간의 수평거리**를 말한다. 3축의 경우 전축과 중간축 사이(A)를 제1축거, 중간축과 후축 사이의 거리(B)를 제2축거라 한다. 그리고 4축인 경우 제3축과 제4축 사이의 거리를 제3축거라 한다.

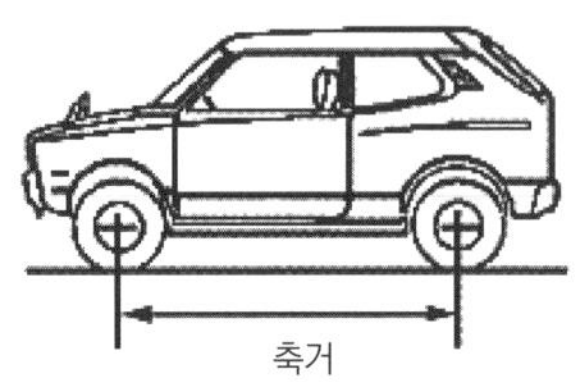

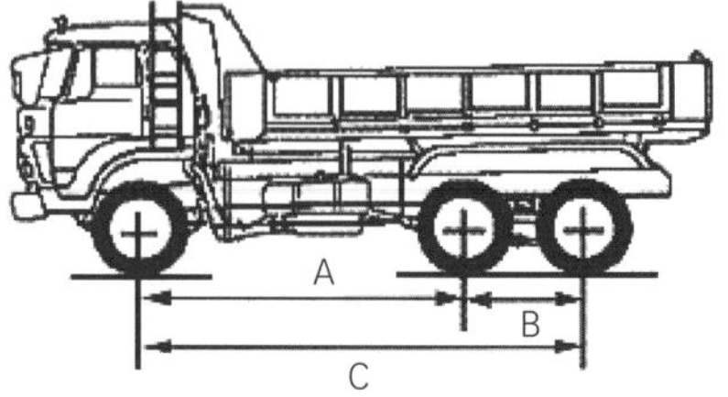

[그림 1－13] 축거

(5) 윤거(tread)

좌우 타이어가 지면을 접촉하는 지점에서 좌우 두 개의 타이어 중심선 사이의 거리를 말하며, 윤간거리(輪間距離)라고도 한다. 복륜인 경우는 복륜 간격의 중심에서 중심까지의 거리를 말한다. 다만, 윤거가 변하는 독립현가식의 경우는 차량 총중량 상태에서 측정한다.

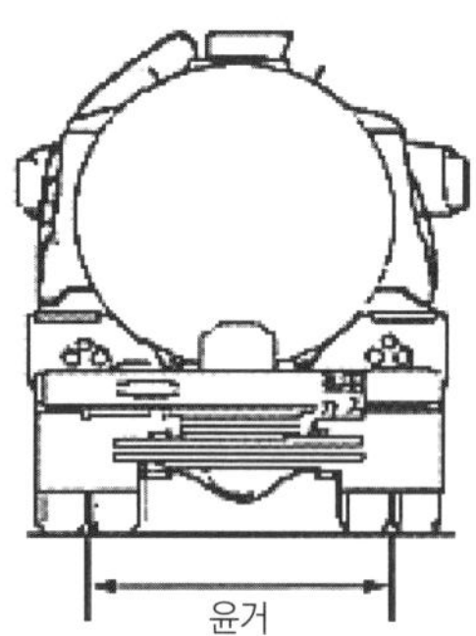

[그림 1－14] 윤거

(6) 중심고(height of gravitational center)

타이어의 접지면에서 자동차의 중심까지의 높이를 말하며, 중심고가 높으면 최대 안정 경사각도가 작게 되고 불안정하게 된다.

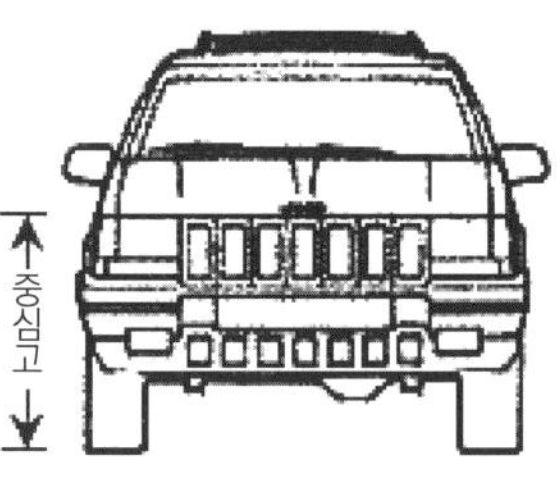

[그림 1－15] 중심고

(7) 최저 지상고(ground clearance)

접지면과 자동차의 중앙 부분의 최하부와의 거리이다. 단, 브레이크 드럼의 아랫 부분은 이 지상고의 측정에서 제외된다.

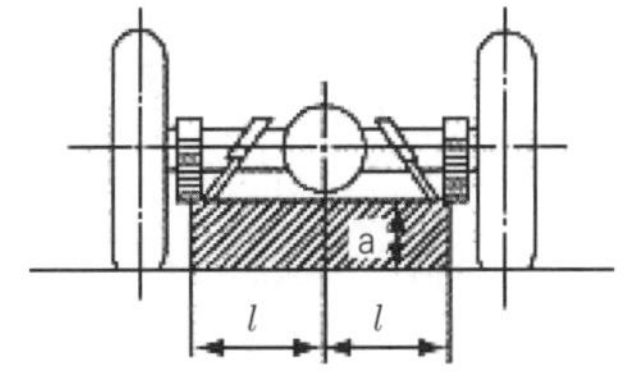

[그림 1－16] 최저 지상고

(8) 앞 · 뒤 오버행(front · rear overhang)

앞(뒷)바퀴의 중심을 지나는 수직면에서 자동차의 가장 앞부분(뒷부분)까지의 수평거리이다. 범퍼나 훅(hook), 견인장치 등의 자동차에 부착된 것은 모두 포함된다.

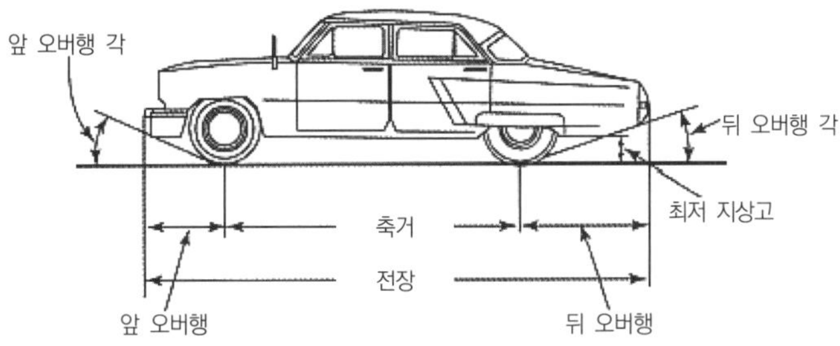

[그림 1－17] 앞 · 뒤 오버행

(9) 앞 · 뒤 오버행 각(front · rear overhang angle or approach angle)

자동차의 앞(뒷)부분 하단에서 앞바퀴 타이어의 바깥둘레에 그은 선과 지면이 이루는 최소각도이다. 이 각도 안에는 법규상 어떠한 부착물도 장착해서는 안 된다.

(※참고 : 위 (8) 앞 · 뒤 오버행 그림)

(10) 최소 회전반경(minium turning radius)

자동차의 핸들을 최대로 회전시킨 상태에서 선회할 때 **가장 바깥쪽 바퀴의 접지면 중심이 그리는** 원의 반지름을 말한다. 이 값이 작을수록 좁은 공간에서의 회전이 용이하다.

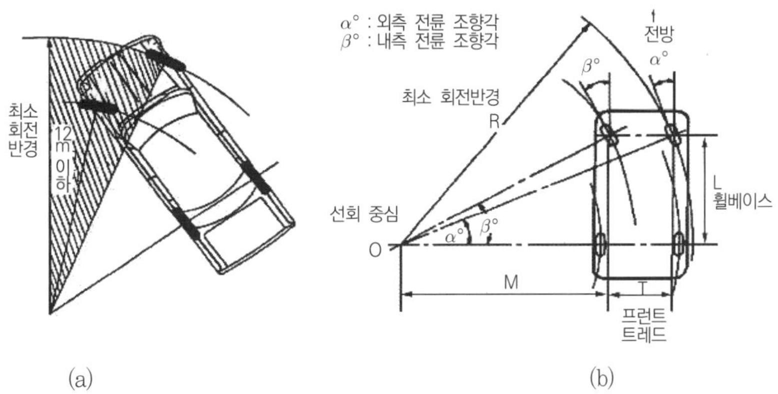

(a) (b)

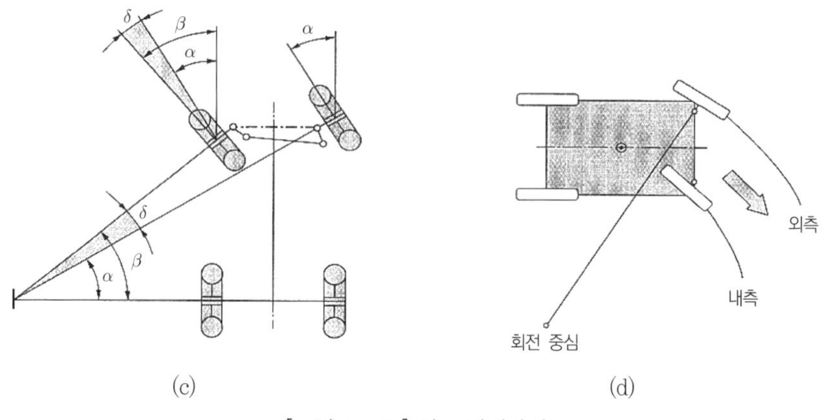

[그림 1－18] 최소 회전반경

(11) 최대안전 경사각도(limit angle of vehicle turn over)

공차 상태에서 자동차를 왼쪽 또는 오른쪽으로 경사시켰을 때 모든 타이어가 접지면에 접지할 수 있는 최대의 경사각도를 말한다.

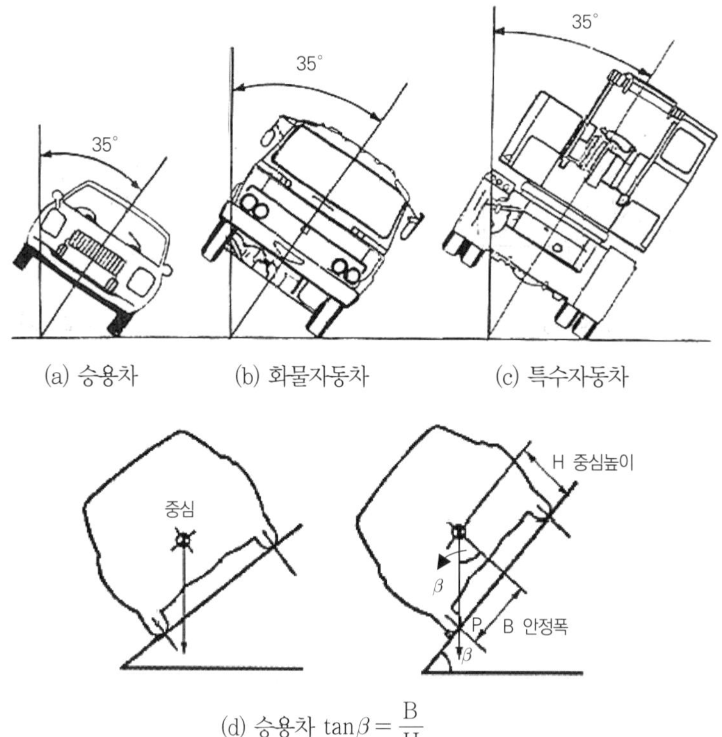

(d) 승용차 $\tan\beta = \frac{B}{H}$

[그림 1－19] 최대안전 경사각도

(12) 조향각(steering angle)

자동차가 방향을 바꿀 경우 조향바퀴의 스핀들(spindle)이 선회하여 이동하는 각도이다. 보통 선회하는 안쪽 바퀴의 최대값으로 표시한다.

(13) 램프각(ramp angle)

축거의 중심점을 포함한 차체 중심면과 수직면의 가장 낮은 점에서 앞바퀴와 뒷바퀴 타이어의 바깥 둘레에 그은 선이 이루는 각도이다.

[그림 1-20] 조향각

[그림 1-21] 램프각

2 질량 · 하중에 관한 제원

(1) 차량 중량(공차 중량, unloaded or empty vehicle weight)

빈 차 상태에서의 차량무게(빈 차 무게)를 말하며, 공차 중량(空車重量)이라고도 한다. 자동차에 사람이 승차하지 아니하고 물품(예비부분품 및 공구 기타 휴대물품을 포함한다.)을 적재하지 아니한 상태로서 연료 · 냉각수 및 윤활유를 만재하고 예비 타이어(예비 타이어를 장착한 자동차만 해당한다.)를 설치하여 운행할 수 있는 상태에서의 중량을 말한다.

(2) 최대 적재량(max payload)

자동차에 적재할 수 있도록 허용된 물품의 최대중량을 말한다. 자동차 후면에 반드시 표시하도록 의무화되어 있다.

(3) 차량 총중량(gross vehicle weight)

자동차의 최대 적재 상태에서의 중량을 말한다. 최대 적재 상태란 빈 차 상태(공차 상태)에서 승차 정원 및 최대 적재량의 화물을 균등하게 적재한 상태를 말한다.

국내 안전기준에서 자동차의 차량 총중량은 20톤(승합자동차의 경우에는 30톤, 화물자동차 및 특수자동차의 경우에는 40톤), 축중은 10톤, 윤중은 5톤을 초과해서는 안 된다.

예제

차량 공차 중량 : 1,100kg, 승차정원 : 2명, 최대 적재량 : 1,000kg의 트럭 차량 총중량?

해설 1,100+(65×2)+1,000=2,230
∴ 2,230kg

(4) 승차정원(riding capacity)

자동차에 승차할 수 있도록 허용된 최대인원(운전자를 포함한다)이다.

※국내 안전기준 : 승차정원 1인(**13세 미만의 자는 1.5인을 승차정원 1인**으로 본다)의 중량은 65kg

(5) 최대 접지압력(maximum ground contact pressure)

최대 적재 상태에서 접지 부분에 걸리는 단위 면적에 대한 무게이다. 타이어 접지 부분의 너비 $1cm^2$에 대한 무게(kgf/cm^2)로 나타낸다.

3 성능에 관한 제원

(1) 최고속도(maximum speed)

최대 적재 상태에서 자동차가 평탄도로를 주행할 수 있는 최고의 속도

(2) 연료소비율(rate of fuel consumption)

① 엔진이 단위 출력을 발생하기 위해서 **단위 시간당 소비하는 연료의 양**(g/PS · h 또는 g/kW · h)

② 자동차가 단위 주행거리 또는 단위 시간당 소비하는 연료의 양, 또는 단위 용량의 연료로 주행할 수 있는 거리

예 • 100km를 주행하는 데 소비되는 연료의 리터 수(ℓ/100km)

• 1ℓ의 연료로 주행할 수 있는 거리를 나타낸 수치(km/ℓ)
=연비(燃費), 국내에서는 1ℓ의 연료로 자동차가 달릴 수 있는 거리(단위 : km)를 계산한 다(표기 : km/ℓ). 또한 국내에서는 연비가 좋다, 높다를 좋은 의미로 쓴다. 결과적으로 이 값이 큰 자동차가 연료소비율이 좋은 차이다.

(3) 연료소비량(fuel consumption)

자동차가 일정한 거리를 주행하는 동안, 또는 일정한 시간 동안에 소비하는 연료의 양이다. 결과적으로 이 값이 작은 자동차가 연료소비량이 적은 차이며, 통상 단위는 kgf/h을 사용한다.

(4) 최대출력(maximum power)

엔진에서 발행될 수 있는 최대동력으로 최대마력이라고도 하며, 1분당 엔진 회전수(rpm)가 몇 회전을 하면 몇 마력(PS)의 최고출력을 얻을 수 있는가를 나타낸다. 즉, 단위 시간당 엔진이 행할 수 있는 최대 일의 능률(일률 : 일의 양)을 말한다.

(5) 토크(torque)

토크는 한 중심축에 대해 한 물체를 회전시키는 힘의 물리량으로 회전 모멘트, 비틀림 모멘트라고도 부르며, 힘의 크기와 힘이 걸리는 점에서 회전 중심점까지의 곱(kgf · m)으로 나타낸다. 자동차에서는 엔진에 발생하는 토크(축 토크)를 가리키는 것이 보통이며, 엔진의 토크가 크면 가속이 좋고, 운전하기가 쉽다. 이렇듯 토크는 자동차의 성능 가운데 **견인력, 등판력, 경제성**을 좌우하는 요소가 된다.

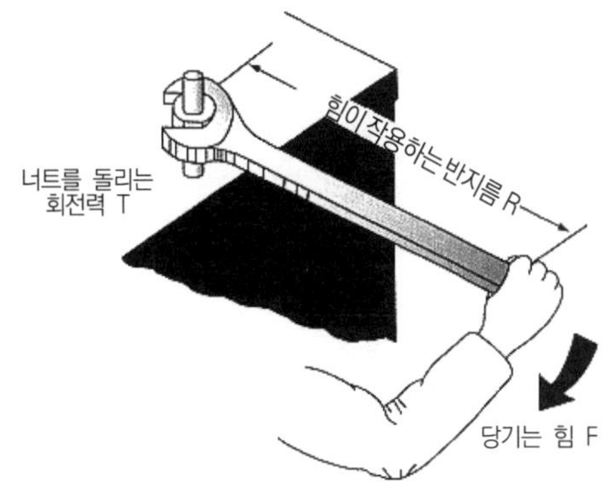

[그림 1－22] 토크의 원리

(6) 구동력(driving force)

어떤 속도로 기계를 움직이거나 배 · 자동차 등을 주행시킬 때 그 운동 저항을 이기기 위한 힘, 또는 구동륜 접지점에서 자동차의 구동에 이용할 수 있는 기관으로부터 전달되는 힘이다. 즉, 구동바퀴가 **자동차를 미는 힘 또는 당기는 힘**이라 할 수 있다.

(7) 등판능력(hill climbing ability)

자동차가 최대 적재 상태에서 변속 1단으로 언덕을 올라갈 수 있는 능력을 말하여, 등판할 수 있는 최대 경사각도로 표시한다. 일반적으로 각($\sin\theta$, $\tan\theta$), 퍼센트(%)로 나타낸다.

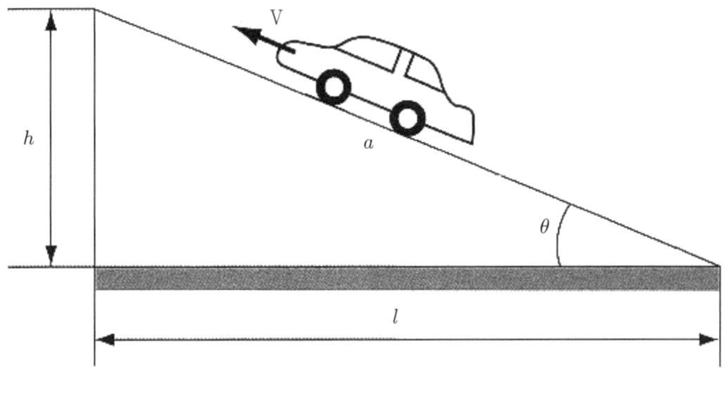

[그림 1－23] 등판능력

(8) 변속비(transmission gear ratio)

변속기에서 입력축(엔진 회전수)과 출력축(추진축 또는 변속기 주축)의 회전수의 비율이며, 주행 상태에 따라 선택할 수 있고 변속 위치에 따라 변속비(또는 기어비)가 다르다. 즉, 변속기나 종감속 기어에 의하여 회전수를 얼마나 변하게 할 수 있는가를 나타내 보이는 것이다. 회전력은 작으나 구동력이 큰 저속에서는 변속비가 크고, 회전력은 크고 구동력이 작은 고속에서는 변속비가 작아진다.

(9) 총감속비(total reduction gear ratio)

엔진의 회전속도와 구동바퀴의 회전속도의 비를 말하는데, 변속기의 변속비와 종감속기의 감속비를 곱하여 구한다(**총감속비 = 변속비 × 종감속비**).

(10) 정지거리(stopping distance)

운전자가 제동조작을 한 순간부터 자동차가 정지할 때까지의 주행한 거리이며, 공주거리(空走距離 : 주행 중 운전자가 전방의 위험 상황을 발견하고 브레이크를 밟아 실제 제동이 걸리기 시작할 때까지 자동차가 진행한 거리)에 제동거리(制動距離 : 주행 중인 자동차가 브레이크가 작동하기 시작할 때부터 완전히 정지할 때까지 진행한 거리)를 합한 것이다.

05 자동차의 주행저항

1 정의

자동차의 주행저항(Automotive Running Resistance)이란 자동차가 노면 상을 주행하고자 할 때, 자동차의 **진행을 방해하고자 하는 방향으로 작용하는 역방향의 모든 힘의 합**을 말한다.

2 주행저항의 종류

수평한 노면을 일정속도로 주행하는 경우는 구름저항과 공기저항이 주행저항으로 작용한다. 등판 길에서는 여기에 구배저항이 추가되고 가속주행에서는 가속저항이 더해진다. 따라서 오르막길을 가속주행하는 경우에는 구름저항, 공기저항, 구배저항 및 가속저항 모두가 작용하게 된다.

(1) 구름저항(Rolling Resistance)

자동차가 수평한 노면을 일정한 속도로 주행할 때 발생하는 저항이다. 구름저항은 타이어가 노면을 구를 때 타이어가 변형되는 데 따르는 저항, 노면의 변형에 의한 저항, 노면의 불균일(요철 등)에 의한 충격, 자동차 각 부 베어링의 마찰 등으로 구성된다.

참고

노면조건에 따른 구름저항계수

노면조건	구름저항계수(μ_r)
양호한 평활 아스팔트 포장도로(건조)	0.01~0.02
양호한 평활 콘크리트 포장도로(건조)	0.01~0.02
정지작업이 잘된 평탄한 비포장도로	0.04~0.05
정지작업이 불량한 돌이 많은 비포장도로	약 0.08
새로이 모래와 자갈을 깐 도로	0.12~0.13
사질노면	약 0.17
모래 또는 점토질의 험한 도로	0.2~0.3

(2) 공기저항(Air Resistance)

자동차가 주행 중에는 공기의 저항을 받게 되는데 **자동차의 진행 방향에 반대되는 방향으로 작용하는 공기의 힘**을 공기저항이라 한다. 공기의 힘은 공기저항 외에 양력, 횡력, 요잉 모멘트(yawing moment) 등을 발생시키고 고속 시의 안정성, 조정성에 크게 영향을 준다. 또한 공기저항은 자동차의 정면 면적에 비례하고 자동차 속도의 제곱에 비례한다.

참고

공기역학의 6분력(공력 6분력, 空力六分力)

자동차가 주행 중에 받게 되는 공기의 힘은 복잡하지만, 차체의 각 방향의 중심축에 작용하는 힘과 모멘트(moment : 움직임)로서 표현된다. 모두 여섯 개가 있으며, 이들 힘과 모멘트는 개별적으로 작용하지 않고 복합적으로 작용하며, 이들을 공기역학의 6분력(分力)이라고 한다.

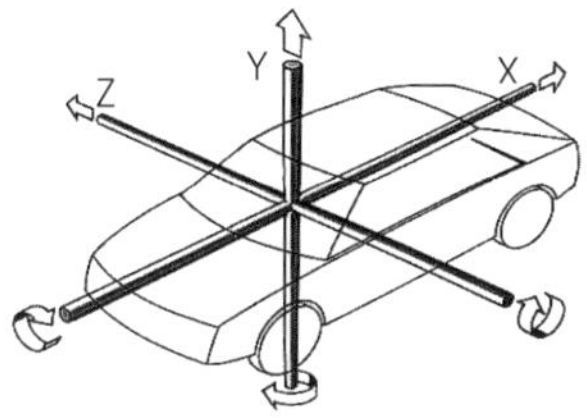

[그림 1－24] 공기역학의 6분력

(1) 중심축에 작용하는 힘

① 항력(drag force) : 진행 반대의 방향으로 작용하는 힘(그림의 X방향)
② 양력(lift force) : 차체의 위 방향으로 작용하는 힘(그림의 Y방향)
③ 횡력(side force) : 옆 방향으로 작용하는 힘(그림의 Z방향)

(2) 모멘트(moment)

① 종방향 모멘트(pitching moment) : 중심을 지나는 좌 · 우축 옆으로 회전하는 모멘트(그림의 Z축으로 돌아가려는 움직임)
② 횡방향 모멘트(rolling moment) : 중심으로 통하는 전 · 후축을 중심으로 회전작용을 하는 모멘트(그림의 X축으로 돌아가려는 움직임)
③ 수평 모멘트(yawing moment) : 중심으로 통하는 상 · 하축을 중심으로 회전작용을 하는 모멘트(그림의 Y축으로 돌아가려는 움직임)

(3) 구배저항(등판저항, Gradient Resistance or Hill Climbing Resistance)

자동차가 경사진 언덕길을 올라가는 경우는 항상 중력이 경사면에 평행인 분력(分力)에 의해 **자동차의 무게중심(center of gravity)이 뒤방향으로** 작용해 자동차의 전진을 방해하게 된다. 이 저항을 구배저항 또는 등판저항이라고 한다.

(4) 가속저항(관성저항, Accelerating Resistance)

자동차가 일정한 속도로 주행하다 그 속도를 가속하였을 때 자동차는 먼저 달리는 속도를 그대로 유지하려는 일종의 관성이 저항으로 작용한다. 이것을 가속저항이라 한다. 여기서 관성이란 운동하고 있는 물체에 외력을 가하였을 때 그 운동의 속도를 그대로 유지하려는 성질을 말한다. 또한 이 가속저항은 자동차를 **가속할 때 필요한 힘**으로, 이 힘이 가속력이 된다. 이 힘은 관성에 의한 저항과 동일하다.

제 1 장

출제 예상 문제

• 자동차 일반

01 자동차의 구동방식과 기관의 위치에 따른 특징에 대한 설명으로 옳지 않은 것은?

① 앞기관 뒷바퀴 구동식은 전체로서의 중량 분배의 조절이 어려우나, 조정성이나 안정성이 있다.
② 뒤기관 뒷바퀴 구동식은 일부의 승용차와 버스에 이용된다.
③ 앞기관 앞바퀴 구동식은 차실공간을 유효하게 이용할 수 있으며, 연료가 절약되는 형식이다.
④ 앞기관 전륜구동식은 앞 · 뒤바퀴에 모두 동력을 전달하여 구동하는 형식으로 산길이나 고르지 않은 도로운행에 적합하다.

해설 앞기관 뒷바퀴 구동식은 자동차 전체로서의 중량 분배의 조절이 쉬우며, 조정성이나 안정성이 있다.

02 앞기관 앞바퀴(F · F) 방식의 특징이 아닌 것은?

① 추진축이 불필요하다.
② 험로에서 차량 조정성이 양호하다
③ 후륜이 무거워 언덕길 출발 시 유리하다.
④ 실내공간이 넓어지고 무게가 가볍다.

해설 FF 방식은 앞 엔진의 동력을 앞바퀴에 전달하는 구동방식이다. FF 방식은 엔진과 구동바퀴의 거리가 짧아서 추진축이 불필요하고 따라서 동력의 손실이 적으며, 구동장치 대부분이 앞에 있기 때문에 다른 구동방식과 비교해 무게가 가볍고 실내공간이 넓다는 장점이 있다. 또한 험로에서 차량 조정성이 양호하다는 특징이 있다.

03 자동차의 기본 구조에 대한 설명으로 틀린 것은?

① 자동차는 크게 섀시(chassis)와 보디(body, 차체)로 나눈다.
② 섀시만 있어도 자동차는 움직인다.
③ 보디는 사람이 타거나 화물을 적재하는 부분으로 자동차의 외관에 해당한다.
④ 계기류, 등화장치, 방향 지시기 등은 섀시를 이루는 장치가 아니다.

해설 계기류, 등화장치, 방향 지시기 등도 섀시를 이루는 장치이다.

04 자동차의 섀시에 속하지 않는 것은?

① 트렁크 ② 동력 전달 장치
③ 조향장치 ④ 프레임, 휠

해설 섀시는 자동차에서 보디를 제외한 부분으로 엔진, 동력전달장치, 조향장치, 현가장치, 제동장치, 주행장치, 전기장치 등이 섀시에 속한다. 트렁크는 보디(차체)에 속한다.

05 자동차의 제원에서 제원치에 해당되지 않는 것은?

① 치수(Dimensions)
② 하중(Weights)
③ 성능(Performance)
④ 가격(Cost)

해설 **자동차의 제원 표시(제원치)의 종류**
㉠ 치수(Dimension)
㉡ 질량(Masses) · 하중(Weight)
㉢ 성능(Performance)

06 다음 중 자동차 제원의 정의가 잘못 설명된 것은?

① 전장이란 자동차의 제일 앞쪽 끝에서 뒤쪽 끝까지의 최대길이를 말하며, 범퍼, 후미등과 같은 부속물은 포함하지 않는다.
② 전폭이란 자동차의 너비를 자동차의 중심면과 직각으로 측정했을 때의 부속품을 포함한 최대너비로서 하대 및 환기장치는 닫혀진 상태이며, 백미러는 포함되지 않는다.
③ 최저 지상고란 접지면에서 자동차의 가장 낮은 부분까지의 높이를 말하며, 브레이크 드럼의 아랫부분은 이 지상고의 측정에서 제외된다.
④ 최대 적재 상태란 빈차 상태(공차 상태)에서 승차정원 및 최대 적재량의 화물을 균등하게 적재한 상태를 말한다.

해설 **전장(overall length)**
자동차의 중심선에 평행한 연직면 및 접지면에 평행하게 측정했을 때(범퍼, 후미등과 같은 부속물 포함) 자동차의 제일 앞쪽 끝에서 뒤쪽 끝까지의 최대길이를 말한다.

정답 01 ① 02 ③ 03 ④ 04 ① 05 ④ 06 ①

07 자동차의 성능제원이라 할 수 없는 것은?

① 연료소비율 ② 토크
③ 최대 접지압력 ④ 최대출력

해설 최대 접지압력은 자동차의 중량에 관한 제원이다.

참고 **최대 접지압력**
최대 적재 상태에서 접지 부분에 걸리는 단위 면적에 대한 무게로 타이어 접지 부분의 너비 $1cm^2$에 대한 무게(kgf/cm^2)로 나타낸다.

08 자동차 및 자동차부품의 성능과 기준에 관한 규칙상 용어의 설명이 잘못된 것은?

① "축중"이라 함은 자동차가 수평 상태에 있을 때에 1개의 차축에 연결된 모든 바퀴의 윤중을 합한 것을 말한다.
② "윤중"이라 함은 자동차가 수평 상태에 있을 때에 1개의 바퀴가 수직으로 지면을 누르는 중량을 말한다.
③ "차량 중량"이라 함은 적차 상태의 자동차의 중량을 말한다.
④ "최대 적대량"이라 함은 자동차에 적재할 수 있도록 허용된 물품의 최대중량을 말한다.

해설 ③ 차량 총중량에 대한 설명이다. 차량 중량은 공차 상태의 자동차의 중량을 말한다.

09 자동차의 앞 · 뒤 차축의 중심에서 중심까지의 수평거리를 무엇이라 하는가?

① 윤간거리(윤거) ② 전폭
③ 축간거리(축거) ④ 오버행(Over Hang)

해설 **용어 정의**
① 윤간거리(윤거) : 좌우 타이어가 지면을 접촉하는 지점에서 좌우 두 개의 타이어 중심선 사이의 거리
② 전폭 : 자동차의 너비를 자동차의 중심면과 직각으로 측정했을 때의 부속품을 포함한 최대너비로서 하대 및 환기장치는 닫혀진 상태이며, 백미러는 포함되지 않는다.
④ 오버행(Over Hang) : 자동차 바퀴의 중심을 지나는 수직면에서 자동차의 맨 앞 또는 맨 뒤까지(범퍼, 견인고리, 윈치 등을 포함)의 수평거리

10 자동차 중량(무게)과 관계없는 저항은?

① 공기저항 ② 등판저항
③ 구름저항 ④ 가속저항

해설 공기저항은 공기 속을 운동하는 물체가 공기로부터 받는 저항으로 자동차의 투영 면적과 주행속도의 곱에 비례한다. ②, ③, ④항은 차량의 중량(하중)과 관계있다.

참고 **공기저항(Air resistance, Ra)**
자동차가 주행 중에는 공기의 저항을 받게 되는데, 자동차의 진행 방향에 반대되는 방향으로 작용하는 공기의 힘을 공기저항이라 한다. 공기저항은 자동차의 정면 면적에 비례하고, 자동차 속도의 제곱에 비례한다.

11 변속기의 입력축과 출력축의 회전수의 비를 무엇이라 하는가?

① 저항력 ② 여유력
③ 가속능력 ④ 변속비

해설 ④ 변속기의 입력축과 출력축의 회전수의 비를 변속비라 하며, 이는 주행 상태에 따라 선택할 수 있다.
① 저항력은 주행저항에 상당하는 힘으로서 전 차륜에 있어 힘의 총합이다.
② 여유력은 구동력과 저항력의 차로서, 이 여유력은 가속력, 견인력, 등판력으로 나타난다.
③ 가속능력은 자동차가 평지주행에서 가속할 수 있는 최대 여유력을 말한다.

12 자동차의 차량 총중량 · 윤중 · 축중에 대한 설명이 잘못된 것은?

① 승용자동차의 차량 총중량은 20톤을 초과해서는 안된다.
② 승합자동차의 차량 총중량은 25톤을 초과해서는 안된다.
③ 자동차의 축중은 10톤을 초과해서는 안된다.
④ 자동차의 윤중은 5톤을 초과해서는 안된다.

해설 **「자동차 및 자동차부품의 성능과 기준에 관한 규칙」 제6조 제1항**
자동차의 차량 총중량은 20톤(승합자동차의 경우에는 30톤, 화물자동차 및 특수자동차의 경우에는 40톤), 축중은 10톤, 윤중은 5톤을 초과하여서는 아니된다.

13 자동차의 성능 가운데 견인력, 등판력, 경제성을 좌우하는 요소가 되는 것은?

① 압축비 ② 변속비
③ 배기량 ④ 토크

해설 일반적으로 누르고 당기는 힘을 단순히 힘이라고 말하지만 이것에 대해 회전하려고 하는 힘을 토크라고 한다. 토크는 자동차의 성능 가운데 견인력, 등판력, 경제성을 좌우하는 요소가 된다.

정답 07 ③ 08 ③ 09 ③ 10 ① 11 ④ 12 ② 13 ④

14 **전륜구동방식(front wheel drive) 자동차의 장점을 나열하였다. 옳지 않은 것은?**

① 전·후 차축 간의 하중 분포가 균일하다.
② 동력 전달 경로가 짧아 동력 전달 손실이 적다.
③ 추진축 터널이 없어 차실 내 주거성이 좋다.
④ 커브 길과 미끄러운 길에서 조향 안정성이 양호하다.

해설 전·후 차축 간의 하중 분포가 균일한 것은 후륜구동방식의 장점이다.

15 **자동차의 제원 중 자동차의 성능과 관계가 먼 것은?**

① 등판능력　② 최대출력
③ 구동력　④ 최대안전 경사각도

해설 자동차의 성능과 관련된 제원은 등판능력, 최대출력, 구동력, 토크, 연료소비량 등이 있으며, 최대안전 경사각도는 자동차의 치수 관련 제원이다.

16 **차량의 무게와 관련하여 자동차가 수평 상태에 있을 때 1개의 바퀴가 수직으로 지면을 누르는 중량은?**

① 축중　② 윤중
③ 차량 중량　④ 차량 총중량

해설 용어 정의
① 축중 : 자동차가 수평 상태에 있을 때 1개의 차축에 연결된 모든 바퀴의 윤중을 합한 것을 말한다.
② 차량 중량 : 공차 상태의 자동차의 중량을 말한다.
③ 차량 총중량 : 적차 상태의 자동차의 중량을 말한다.

17 **전륜구동형(FF) 차량의 특징이 아닌 것은?**

① 추진축이 필요하지 않으므로 구동 손실이 적다.
② 조향 방향과 동일한 방향으로 구동력이 전달된다.
③ 후륜구동에 비해 빙판 언덕길에 주행에 유리하다.
④ 후륜구동에 비해 오버스티어링 현상이 크다.

해설 앞엔진 앞바퀴 구동차(FF : Front engine Front drive)
(1) 구조 : 차량 앞쪽에 엔진을 설치하고 앞바퀴로 직접 구동하는 형식
(2) 특징
㉠ 엔진과 구동바퀴의 거리가 짧아 동력 손실이 적다.
㉡ 실내공간이 넓다.
㉢ 직진 안정성이 좋은 언더스티어링(Under－Steering : 회전하고자 하는 목표치보다 덜 회전되는 현상) 경향
㉣ 미끄러지기 쉬운 노면의 주파성이 좋음
㉤ 앞바퀴에 구동장치나 조향장치가 복합적으로 설치되므로 구조가 복잡함
☞ ①, ②, ③항이 전륜 구동차량의 특징이며, 전륜구동 차량은 앞이 무거워 선회 시 언더스티어링 경향이 크다.

18 **자동차의 중심선에 평행한 연직면 및 접지면에 평행하게 측정했을 때, 자동차의 제일 앞쪽 끝에서 뒤쪽 끝까지의 최대길이를 무엇이라 하는가?**

① 전장　② 전고
③ 휠베이스　④ 전폭

해설 용어 정의
② 전고 : 빈차 상태에서 접지면으로부터 자동차의 최고부까지의 높이
③ 휠베이스(축거) : 앞 차축 중심과 뒤 차축 중심의 수평거리
④ 전폭 : 자동차의 너비를 자동차의 중심면과 직각으로 측정했을 때의 부속품을 포함한 최대너비

19 **구름저항이 생기는 원인이 아닌 것은?**

① 도로와 타이어의 변형
② 소용돌이의 발생
③ 도로의 굴곡에 의한 충격
④ 바퀴의 미끄럼

해설 구름저항(Rolling Resistance)의 정의
자동차가 수평한 노면을 일정한 속도로 주행할 때 발생하는 저항(타이어의 탄성변형에 의한 저항)

▶ 구름저항의 발생원인
㉠ 타이어가 노면을 구를 때 타이어의 변형
㉡ 노면의 굴곡 및 변형
㉢ 노면의 불균일(요철 등)에 의한 충격
㉣ 자동차 각 부 베어링의 마찰에 의한 바퀴의 미끄럼 발생 등

정답 14 ① 15 ④ 16 ② 17 ④ 18 ① 19 ②

CHAPTER 02 기관 일반

01 열기관(Heat Engine)의 개요

1 정의

① **열에너지를 기계적 에너지**로 바꾸어 유효한 일을 할 수 있도록 하는 기계

② 외연기관과 내연기관 등이 있음

2 종류

(1) 외연기관

혼합기를 실린더 밖에서 연소(증기기관)

(2) 내연기관

혼합기를 실린더 안에서 연소(현재 자동차 엔진에 사용)

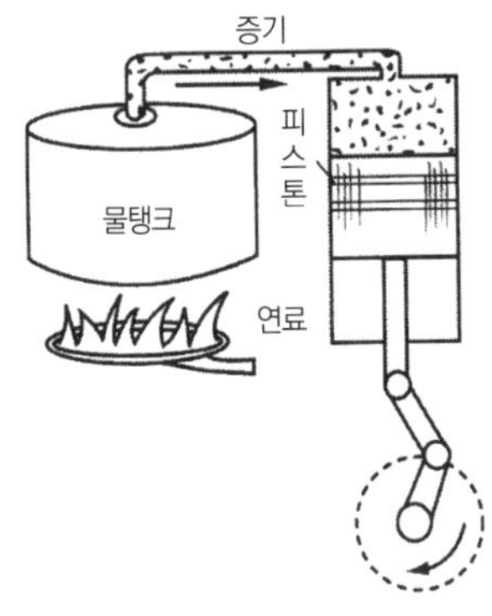

[그림 1-25] 외연기관(왕복운동형)의 원리도

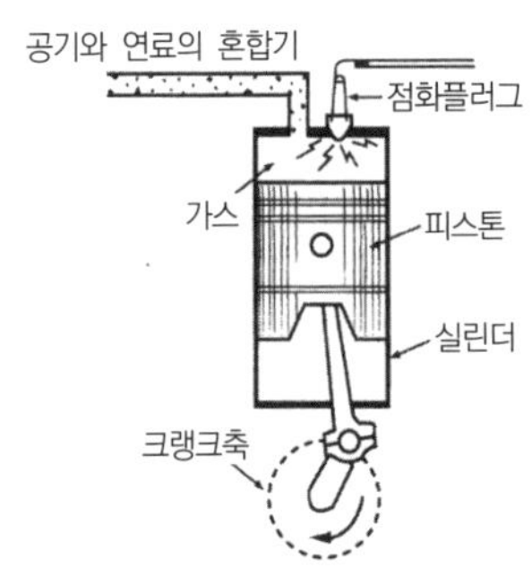

[그림 1-26] 내연기관(피스톤형)의 원리도

3 내연기관의 구비조건

① 물질을 연소시켜 열에너지를 발생시킬 것

② 연소가스가 직접 기관에 작용하여 열에너지를 기계적 에너지로 바꿀 것

③ 동력의 발생 자체가 그 목적일 것

4 내연기관의 분류

(1) 사용연료에 의한 분류

① **가솔린 엔진** : 휘발유를 연료로 하여 열에너지를 발생시키는 기관

② **디젤 엔진** : 경유를 연료로 하여 열에너지를 발생시키는 기관

③ **석유 엔진** : 석유를 연료로 하여 열에너지를 발생시키는 기관

④ **LPG 엔진** : 액화석유가스를 연료로 하여 열에너지를 발생시키는 기관

(2) 점화방식에 의한 분류

① **전기점화방식** : 전기적 불꽃으로 연료를 연소시킴(예 가솔린 기관, LPG 기관, 석유기관)

② **압축착화방식** : 공기를 높은 압축비로 가압할 때 발생하는 압축열로 연료를 연소시킴(예 디젤 기관)

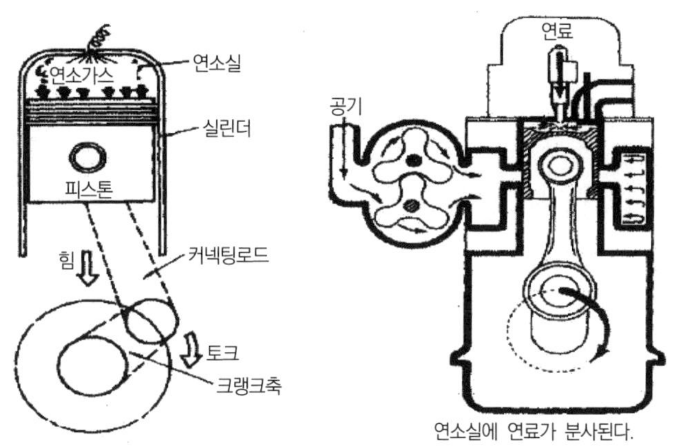

(a) 전기점화방식(가솔린 기관) (b) 압축착화방식(디젤 기관)

[그림 1-27] 전기점화방식과 압축착화방식

(3) 행정수에 의한 분류

① **4행정 사이클 엔진** : 피스톤 4행정에 1사이클을 완성하는 기관

② **2행정 사이클 엔진** : 피스톤 2행정에 1사이클을 완성하는 기관

(4) 실린더 수에 의한 분류

① **단기통** : 실린더가 1개인 기관(오토바이 엔진)

② **2기통** : 실린더가 2개인 기관(소형자동차, 오토바이)

③ **3기통** : 실린더가 3개인 기관(경형자동차)

④ **다기통** : 실린더가 4개 이상인 기관(일반 차량)

※1, 3, 5기통 외에는 홀수 기통이 없다.

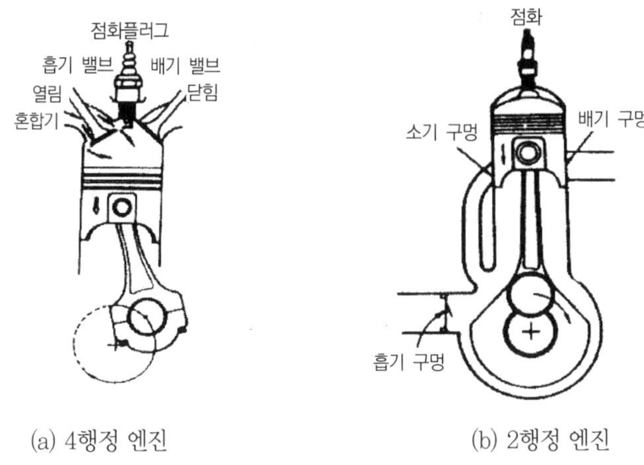

[그림 1-28] 4행정 엔진과 2행정 엔진

(5) 실린더 배열에 의한 분류

① **직렬형** : 도립형이라고도 하며, 실린더가 일렬로 배열된 형식

② **V형** : 실린더의 수가 많을 때 기관의 길이를 짧게 하기 위하여 실린더를 90°의 각도 차이를 두고 양쪽으로 나누어 설치한 형식

③ **W형** : 이중 V형이라고도 함

④ **X형** : 실린더의 수가 많은 비행기 기관 등에서 사용

⑤ **성형** : 방사형 모양으로 실린더를 배치한 형식(비행기 기관)

⑥ **수평 대향형** : 실린더를 좌우 180°의 각도 차이를 두고 설치한 형식

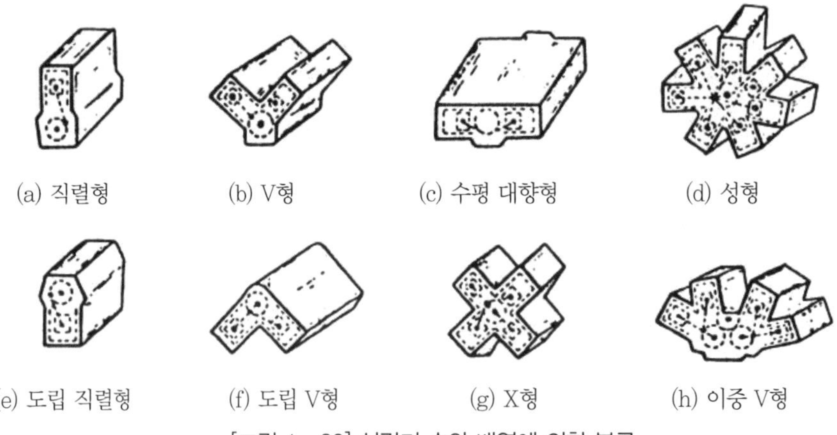

[그림 1-29] 실린더 수와 배열에 의한 분류

(6) 운동방식에 의한 분류

① **왕복운동형(피스톤형) 엔진** : 피스톤의 상하 왕복운동으로 출력을 내는 기관으로 가장 많이 사용

② **가스터빈 엔진(회전형 또는 유동형)** : 연료를 연소시킨 후 그 연소열로 터빈을 회전시켜 동력을 얻는 기관

③ 로터리(방켈) 엔진(회전형 또는 유동형) : 피스톤 대신에 로터를 두어 로터의 회전을 이용한 기관

④ 제트, 로켓 엔진(분사추진형) : 연료의 연소압력을 후면으로 분출할 때 발생하는 추진력을 이용하는 기관

▌운동방식에 따른 열기관의 분류

구 분	운동방식	기 관
내연기관	왕복운동형(피스톤형)	가솔린
		디젤
		LPG
		석유
	회전형(유동형)	로터리(방켈), 가스터빈
	분사추진형	로켓
외연기관	왕복운동형	증기기관
	회전형	증기터빈

(7) 열역학적 사이클에 의한 분류

① 정적 사이클(Otto Cycle) : **가솔린 엔진**에 이용, 연료를 **일정한 체적하**에서 연소시키는 형식

② 디젤(정압) 사이클(Diesel Cycle) : **저속 디젤 엔진**에 이용, 연료를 **일정한 압력하**에서 연소시키는 형식

③ 사바테(복합) 사이클(Sabathe Cycle) : **고속 디젤 엔진**에 이용, 연료를 **일정한 체적하에서 착화시킨 후 일정한 압력하**에서 최고의 폭발압력을 얻는 기관

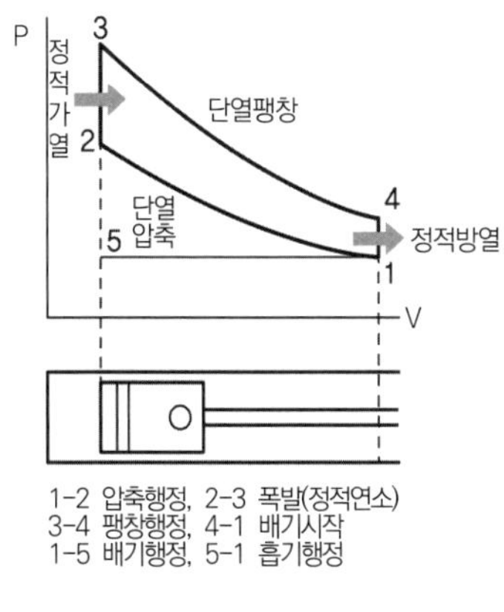

[그림 1-30] 오토 사이클의 지압(P-V)선도

정압가열

1-2 압축행정, 2-3 연료분사(정압연소)
3-4 팽창행정, 4-1 배기시작
1-5 배기행정, 5-1 흡기행정

[그림 1-31] 정압 사이클의 지압(P-V)선도

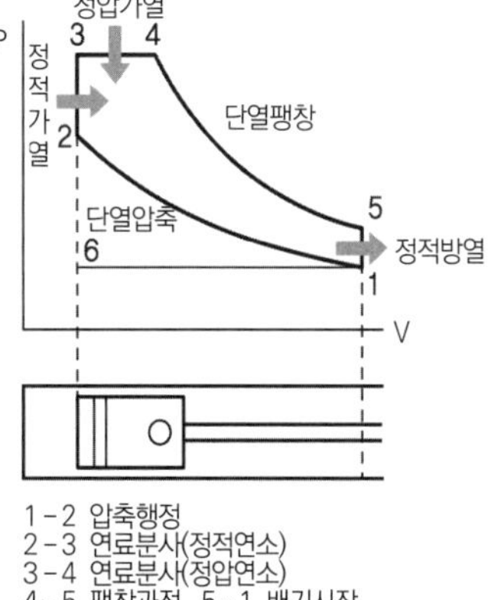

[그림 1-32] 사바테 사이클

참고

1. **열역학적 이론 3사이클의 열효율 비교**
   어느 사이클이라도 압축비가 증가하면 열효율이 상승하며, 또한 다음과 같은 관계가 성립한다.
   ① 공급 열량과 압축비가 일정할 때의 열효율 : 오토 사이클>사바테 사이클>디젤 사이클
   ② 공급압력과 최고압력이 일정할 때 열효율 : 디젤 사이클>사바테 사이클>오토 사이클
2. **지압선도(P–V 선도, Indicator Diagram)**
   기관 작동 중 실린더 내의 압력과 부피의 관계를 나타내는 선도이다. 세로는 압력의 변화를, 가로는 체적의 변화를 나타낸다. 지압선도는 1사이클을 완료하였을 때 피스톤이 한 일의 양을 표시한다.

(8) 냉각방식에 의한 분류

① **공랭식** : 공기를 이용한 냉각방식
② **수냉식** : 물을 이용한 냉각방식

(9) 밸브 배열에 의한 분류

① I–Head형(Over Head Valve Engine)
   ㉠ **흡 · 배기 밸브가 모두 실린더 헤드**에 설치
   ㉡ O.H.V.(Over Head Valve)형 : 캠축이 실린더 블록에 설치
   ㉢ O.H.C.(Over Head Cam Shaft)형 : 캠축이 실린더 헤드 위에 설치
      • S.O.H.C.(Single Over Cam Shaft) : 캠축이 한 개
      • D.O.H.C.(Double Over Cam Shaft) : 캠축이 두 개
   ㉣ I.H.C.형 : 캠축이 실린더 헤드 안에 설치
② L–Head형(S.V. : Side Valve Type Engine)
   ㉠ **흡 · 배기 밸브가 모두 실린더 블록**에 설치
   ㉡ 밸브 기구가 간단함
③ F–Head형 : 흡기 밸브는 실린더 헤드에, 배기 밸브는 실린더 블록에 설치
④ T–Head형 : 흡 · 배기 밸브가 실린더 양 옆에 설치

참고

I–Head형에는 있으나 L–Head형에는 없는 것은 '푸시로드, 로커암'이다.

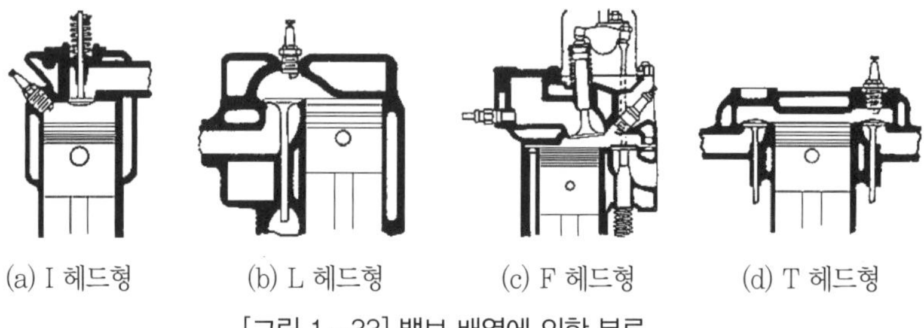

(a) I 헤드형 (b) L 헤드형 (c) F 헤드형 (d) T 헤드형

[그림 1–33] 밸브 배열에 의한 분류

02 엔진의 구성

1 기관 본체(Engine)

① 실린더 헤드(Cylinder Head)
② 실린더 블록(Cylinder Block)
③ 크랭크케이스(Crank Case)
④ 실린더(Cylinder)
⑤ 피스톤(Piston)
⑥ 커넥팅로드(Connecting Rod)
⑦ 크랭크축(Crank Shaft)
⑧ 플라이휠(Fly Wheel)
⑨ 밸브 및 밸브 기구(Valve & Valve Machine)

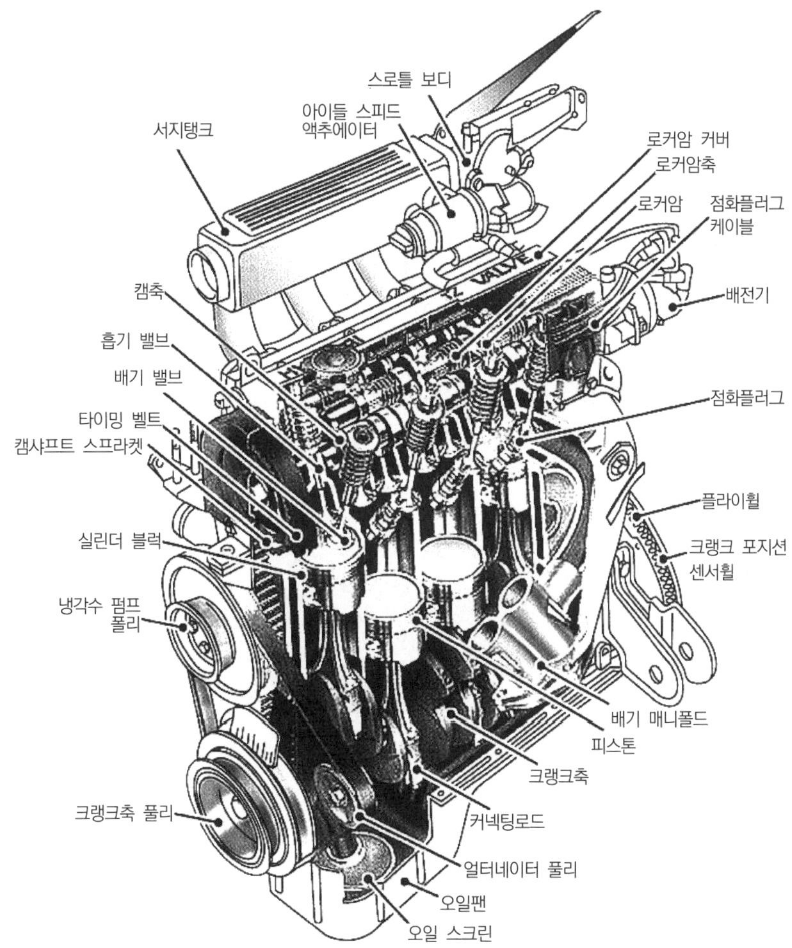

[그림 1-34] 가솔린 기관의 각부 구조

2 부수장치

① 윤활장치(Lubrication System)
② 냉각장치(Cooling System)
③ 연료장치(Fuel System)
④ 흡 · 배기장치(Intake & Exhaust Manyfold)
⑤ 점화장치(Ignition System)
⑥ 시동장치(Starting System)
⑦ 충전장치(Charging System)

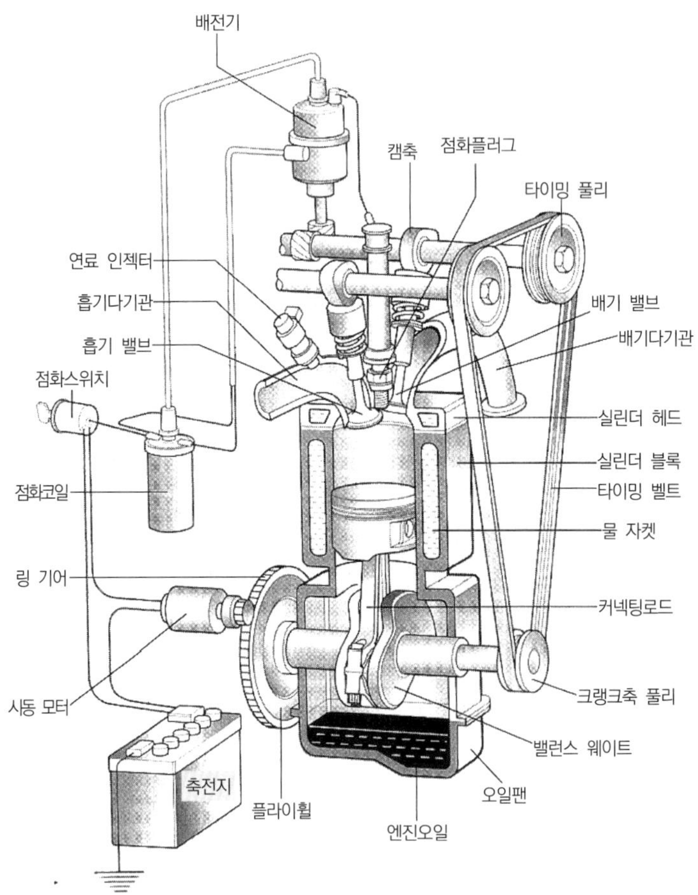

[그림 1-35] 가솔린 기관의 기본 구조

03 엔진 작동 원리

1 내연기관의 기본 작동 원리

(1) 흡입작용

① 기관 내의 피스톤이 실린더 내에서 아래로 하강운동을 하면(시동 모터에 의해서) 실린더 내의 체적은 커지게 되고, 압력은 낮아지게 되어 실린더 내의 압력이 대기압보다 낮은 진공(부압) 상태가 된다.

② 이때 흡기 밸브를 열면 대기압과 진공과의 압력 차이로 공기가 실린더 내에 유입된다.

③ 이 공기가 흡입될 때 **연료와 혼합된 상태로 흡입하는 것이 가솔린 엔진**이고, **공기만을 흡입하는 것이 디젤 엔진**이다.

(2) 압축작용

① 흡입작용에서 공기가 실린더 내에 충분히 흡입되면(피스톤이 하사점에 이르렀을 때) 흡기 밸브는 닫혀지고 피스톤은 **상승운동**을 시작한다.

② 피스톤의 상승운동에 따라 실린더 내에 흡입된 공기는 체적이 작아지고 그에따라 실린더 내의 압력도 높아지며, 피스톤의 운동에너지가 열에너지로 바뀌므로 압축된 공기의 온도도 높아지게 된다.

(3) 연소작용

① 피스톤이 상사점에 이르러 압축이 끝나면 점화플러그(디젤 엔진은 분사 노즐)에서 전기적 불꽃을 일으키면(디젤 엔진은 연료를 분사) 연료가 연소된다.

② 이때의 연소는 빠른 속도로 진행되어 연소실 내의 온도는 급상승하게 되며, 이것이 열에너지가 된다.

③ 이 열에너지는 팽창하는 힘으로 피스톤에 작용하여 **피스톤을 강제로 하강**시킨다.

④ 피스톤이 하강하는 힘이 커넥팅로드를 통하여 크랭크축의 회전운동으로 바뀌어 자동차를 구동하는 회전력이 된다.

(4) 배출작용

① 연소된 가스는 불필요하기 때문에 실린더 밖으로 배출해야 한다.

② 피스톤이 하사점에 도달한 시기에 배출 밸브가 열리고 **피스톤이 상승운동**하면서 연소된 가스를 밖으로 내보내게 된다.

2 엔진 용어 정의

(1) 1사이클(1 cycle)

기관이 작동하면서 흡입, 압축, 연소 후 연소가스를 밖으로 배출하게 되면 계속적인 작동을 위하여 새로운 혼합기(공기)를 흡입해야 하고, 흡입, 압축, 연소, 배출의 작용이 연속하여 일어날 때 한 번의 **흡입, 압축, 연소, 배출의 작용을 1사이클**이라 한다.

(2) 4행정 1사이클 기관

흡입, 압축, 연소, 배출의 1사이클을 피스톤의 4행정, 2왕복(크랭크축 2회전) 동안에 완성하는 기관

(3) 2행정 1사이클 기관

흡입, 압축, 연소, 배출의 1사이클을 피스톤 2행정, 1왕복(크랭크축 1회전) 동안에 완성하는 기관

(4) 상사점(上死點, T.D.C)과 하사점(下死點, B.D.C)

① 피스톤은 실린더 내에서 상하 직선 왕복운동을 하며, 이 움직임은 커넥팅로드를 통하여 크랭크축에 전달되어 직선운동이 회전운동으로 바뀌어진다.

② 피스톤의 최상승 위치를 상사점(上死點, T.D.C : Top Dead Center), 최하강 위치를 하사점(下死點, B.D.C : Bottom Dead Center)이라 한다.

③ 상사점과 하사점 사이의 거리를 행정(Stroke)이라 하며, 또한 피스톤이 상사점에서 하사점으로 또는 하사점에서 상사점으로 한번 이동하는 것도 행정(Stroke)이라고 한다.

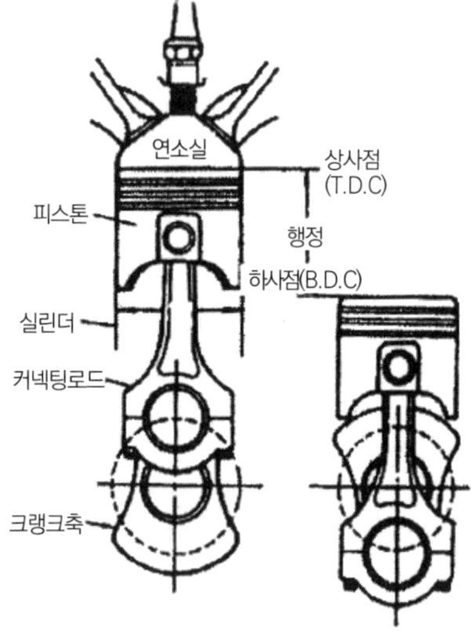

[그림 1-36] 상사점과 하사점

(5) 피스톤 배기량

① 피스톤은 상사점과 하사점 사이를 왕복운동하면서 배출작용 시에 실린더 내의 연소가스를 밖으로 배출하게 되는데, 피스톤이 연소가스를 배출할 수 있는 양은 상사점과 하사점 사이의 체적, 즉 행정체적이다. 이것을 피스톤 배기량이라고 한다.

② 결국 행정체적과 피스톤 배기량은 같은 것으로, 구하는 공식은

㉠ 피스톤 배기량(한 실린더만의 배기량)

$$V_p = \frac{\pi}{4} \times D^2 \times L = 0.785 \times D^2 \times L$$

㉡ 총배기량(기관 전체의 배기량)

$$V_a = \frac{\pi}{4} \times D^2 \times L \times N = 0.785 \times D^2 \times L \times N$$

㉢ 분당 배기량(1분간 배출하는 양)

$$V_m = \frac{\pi}{4} \times D^2 \times L \times N \times R = 0.785 \times D^2 \times L \times N \times R$$

여기서, π : 원주율(공학상 3.14) D : 실린더 내경(cm)
L : 피스톤 행정(cm) N : 실린더 수
R : 크랭크축 분당 회전수(rpm)

예제

어떤 4행정 4기통 기관의 내경×행정이 70mm×90mm이고, 회전속도가 2,000rpm이라면 이 기관의 분당 배기량은 얼마인가?

해설 $\underset{ⓐ}{\underline{0.785}} \times \underset{ⓑ}{\underline{7^2}} \times \underset{ⓒ}{\underline{9}} \times \underset{ⓓ}{\underline{4}} \times \underset{ⓔ}{\underline{1,000}} = 1,384,740\text{cm}^3$

ⓐ는 π를 4로 나눈 수 ⓑ는 실린더 내경(cm)
ⓒ는 피스톤 행정(cm) ⓓ는 실린더(기통) 수
ⓔ는 회전수 2,000rpm을 2로 나눈 수(4행정 기관이기 때문에)

ⓐ, ⓑ, ⓒ까지만 계산을 하면 ☞ 피스톤 배기량이 되고,
ⓐ, ⓑ, ⓒ, ⓓ까지 계산을 하면 ☞ 총배기량이 된다.

* $1\text{cm}^3 = 1\text{cc}$(cc는 Cubic Centimeter로 '세제곱센티미터'의 약자)

(6) 압축비

① 피스톤이 상사점에 있을 때 피스톤과 실린더 헤드 사이의 공간을 연소실이라 하며, 이 체적을 연소실 체적(틈용적 또는 간극용적)이라 한다.

② 피스톤이 하사점에 있을 때 행정체적과 연소실 체적이 만드는 총체적을 실린더 체적이라 한다.

③ 즉, **실린더 체적=연소실 체적+행정체적**이 된다.

④ 피스톤이 하사점에서 상사점으로 이동하면 실린더 총체적이 연소실 체적으로 줄어들게 되며, 이 줄어든 비율을 압축비라 한다.

실린더 총체적(V)=연소실 체적(V_2)+ 행정체적(V_1)

⑤ 압축비(ε)$= \frac{V}{V_c} = \frac{V_c + V_s}{V_c} = 1 + \frac{V_s}{V_c}$

$V = V_c + V_s$

여기서, ε : 압축비 V : 실린더 체적
V_c : 연소실 체적 V_s : 행정체적

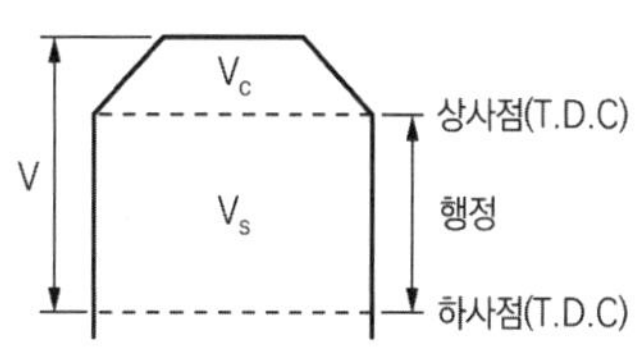

$$\varepsilon = 1 + \frac{V_s}{V_c}, \quad V_2 = \frac{V_s}{\varepsilon - 1}, \quad V_s = (\varepsilon - 1) \cdot V_c$$

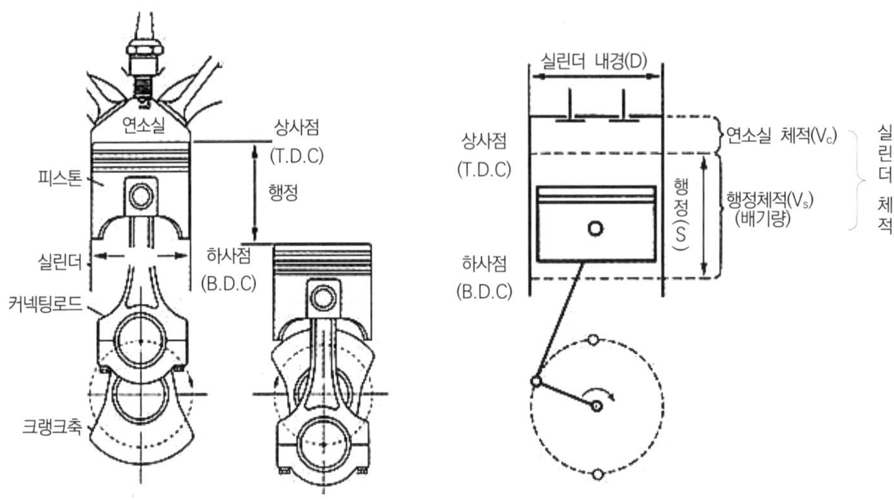

[그림 1-37] 배기량 및 압축비의 이해

04 4행정 기관과 2행정 기관

1 4행정 1사이클 기관

(1) 작용

① 흡입행정(Intake Stroke)

㉠ 피스톤 하강행정
㉡ 흡기 밸브 열림, 배기 밸브 닫힘
㉢ 혼합기 또는 공기가 실린더 내로 들어옴
㉣ 크랭크축 1/2회전(180°)

② 압축행정(Compression Stroke)

㉠ 피스톤 상승행정
㉡ 흡기 밸브 닫힘, 배기 밸브 닫힘
㉢ 실린더 내의 혼합기 또는 공기를 압축
㉣ 크랭크축 1회전(360°)
㉤ 압축비

- **가솔린 기관=7~11 : 1**
- **디젤 기관=15~22 : 1**

㉥ 압축압력

- **가솔린 기관 : 7~11kgf/cm²**
- **디젤 기관 : 30~45kgf/cm²**

㉦ 압축온도

- 가솔린 기관 : 120~140℃
- 디젤 기관 : 500~550℃

③ 폭발(동력, 팽창)행정(Power Stroke, Expansion Stroke)

㉠ 피스톤 하강행정

㉡ 흡기 밸브 닫힘, 배기 밸브 닫힘

㉢ 압축된 가스를 연소

㉣ 피스톤이 팽창압력에 의해 힘을 얻고 크랭크축을 회전시킴

㉤ 크랭크축 $1\frac{1}{2}$ 회전(540°)

㉥ 폭발압력

- **가솔린 기관 : 35~45kgf/cm^2**
- **디젤 기관 : 55~65kgf/cm^2**

④ 배기행정(Exhaust Stroke)

㉠ 피스톤 상승행정

㉡ 흡기 밸브 닫힘, 배기 밸브 열림

㉢ 연소된 가스를 실린더 밖으로 배출

㉣ 크랭크축 2회전(720°)

㉤ 배기가스 온도 : 600~900℃

㉥ 배기가스 압력 : 3~4kgf/cm^2

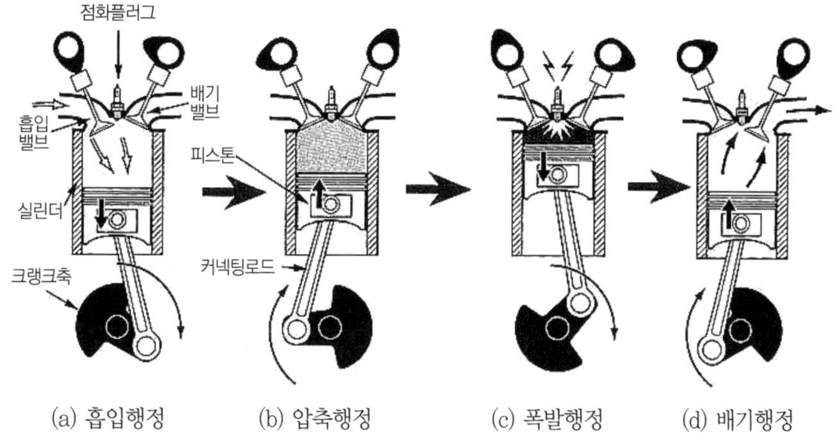

[그림 1－38] 4행정 사이클 기관의 작동

(2) 특징

① 장점

㉠ 각 행정이 완전히 구분되어 불확실한 곳이 없다.

㉡ 흡기 기간이 길어 **체적효율이 좋다.**

㉢ 흡입행정 시 냉각 효과가 좋아 열적 부하가 적다.

㉣ 연료소비율이 비교적 적다(연비가 좋음).

㉤ 저속에서 고속까지 **회전속도의 범위가 넓다.**

㉥ 기동이 쉽고 실화가 일어나지 않는다.

② 단점

㉠ 밸브 기구가 복잡하고 이에 대한 정비가 필요하다.

㉡ **충격**이나 기계적 **소음**이 크다.

㉢ 동력(폭발) 횟수가 적어 실린더 수가 적을 경우 사용이 곤란하다(맥동이 큼).

㉣ 가격이 비싸고, 마력당 중량이 크다.

㉤ 탄화수소(HC)의 배출은 적으나 질소산화물(NOx)의 배출이 많다.

2 2행정 1사이클 기관

(1) 작용

① 상승행정

㉠ 주 행정 : 압축행정, 부 행정 : 흡입행정(일부 소기작용)

㉡ 피스톤 상승행정

- 실린더 내에서는 **압축작용**
- 크랭크케이스에서는 피스톤의 상승으로 부압(진공) 발생
- 크랭크케이스 내로 혼합기(공기) 들어옴

㉢ 크랭크축 1/2회전(180°)

② 하강행정

㉠ 주 행정 : 폭발행정, 부 행정 : 배기행정(소기행정)

㉡ 피스톤 하강행정

- 연료의 연소로 인한 **동력 발생**
- 피스톤의 하강운동으로 크랭크케이스 내에 압력 발생
- 이 압력으로 배기 구멍과 소기 구멍이 열리면서 배기구로 연소가스 배출
- 소기 구멍을 통하여 실린더 내로 혼합기 유입

㉢ 크랭크축 1회전(360°)

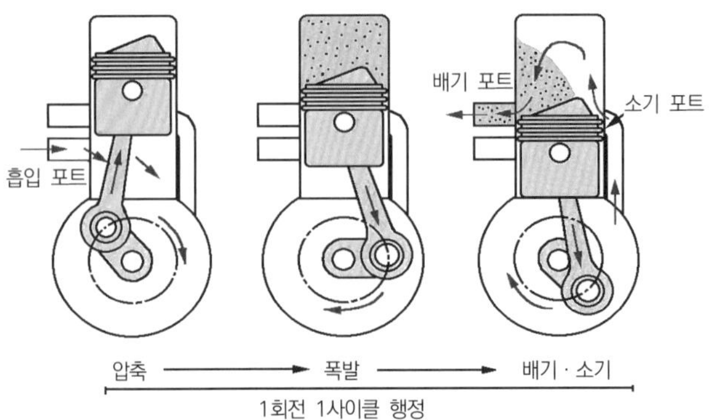

[그림 1-39] 2행정 1사이클 기관의 작동

③ 작용 설명

㉠ 구조

- 2행정 기관은 밸브를 두지 않고 실린더 벽에 소기 구멍과 배기 구멍을 둔다.
- 크랭크케이스에 흡기 구멍을 둔다.

㉡ 작용

- 피스톤이 하사점에서 상사점으로 상승이동을 하면 먼저 소기 구멍이 막히고 조금 더 피스톤이 상승하면 배기 구멍이 막히게 된다. 이때부터 피스톤의 상승운동으로 실린더의 체적이 작아지며 실린더 내의 혼합기가 압축된다.
- 이때 크랭크케이스에는 피스톤의 상승운동으로 체적이 커지게 되고 그에 따라 부압(진공)이 발생되어 크랭크케이스 내로 혼합기가 흡기 구멍의 체크밸브(리드밸브)를 열고 유입된다.
- 피스톤이 상사점에 이르면 점화 불꽃(연료분사)에 의해 연료가 연소된다.
- 연소가스의 팽창압력이 피스톤에 작용하면 피스톤은 하강운동을 하면서 크랭크축을 회전시키게 된다.
- 피스톤이 더욱 하강하여 하사점 부근에 이르게 되면 배기 구멍이 열리면서 실린더 내 연소가스의 압력과 대기압의 압력 차이로 실린더 내의 연소가스가 스스로 밖으로 빠져나간다. 이러한 현상을 **블로다운(blow-down) 현상**이라 한다.
- 피스톤이 조금 더 내려오면 소기 구멍이 열리게 된다.
- 피스톤이 하사점 가까이 내려오면 크랭크케이스에는 피스톤의 하강운동으로 체적이 작아져 압력이 발생되고, 이 압력에 의해 크랭크케이스 내에 흡입되었던 혼합기가 소기 구멍을 통하여 실린더 내로 유입된다.
- 실린더 내로 유입된 혼합기는 배출되는 배기가스의 방향으로 배기가스를 밀어내는 역할을 하게 되는데, 이 작용을 **소기작용**이라 한다.
- 피스톤이 다시 상승운동을 하면 소기 구멍이 피스톤에 의해 막히고 조금 더 피스톤이 상승하면 배기 구멍이 막히며 압축작용이 발생하는데, 배기 구멍이 막히기 전까지 피스톤의 상승운동은 실린더 내의 배기가스를 밖으로 내보내는 역할을 한다(잔류가스 소기).

④ 소기 방법

㉠ 횡단 소기식(Cross Scavenging Type)

- 소기 구멍과 배기 구멍이 서로 **마주보고** 설치되어 있는 형식
- 피스톤에 **디플렉터**를 두어 연료소비를 감소시킴
- 디플렉터의 기능 : 소기가스에 와류 발생, 연료소비율 감소, 압축압력 증대

㉡ 루프 소기식(Roop Scavenging Type) : **소기 구멍과 배기 구멍을 같은 방향**에 설치, 소기 구멍을 아래에 배기 구멍을 위에 설치한 형식, 아래로 혼합기(공기)가 들어와서 위로 나감

㉢ 단류 소기식(Uniflow Scavenging Type)

- **소기 구멍은 실린더 블록에, 배기 구멍은 실린더 헤드에** 설치한 형식
- 2행정 기관에서 유일하게 배기 밸브가 있는 형식
- 아래로 혼합기가 들어와서 위쪽으로 나감

(a) 횡단 소기식 (b) 루프 소기식 (c) 단류 소기식

[그림 1－40] 2행정 사이클 디젤 엔진의 소기방식

참고

소기(scavenging, 掃氣)란?

2행정 사이클 기관에 있어서, 잔류 배기가스를 실린더 밖으로 밀어내면서 새로운 공기를 실린더 내에 충전시키는 작용을 말하며, 2행정 사이클 디젤 엔진의 소기방식에는 횡단 소기식(cross scavenging type), 루프 소기식(roop scavenging type), 단류 소기식(uniflow scavenging) 등이 있다.

(2) 특징

① 장점

㉠ 4행정 1사이클 기관에 비해 **1.6~1.7배 출력이 크다.**

㉡ 회전력 변동이 작다(맥동이 작음).

㉢ 실린더의 수가 적어도 회전이 원활하다.

㉣ 밸브 장치가 간단하여 소음이 적다.

㉤ 마력당 중량이 작고, 값이 싸다.

② 단점

㉠ 흡입 시간이 4행정 기관의 1/2 정도로 흡입효율이 나쁘다.

㉡ **배기효율이 나쁘다.**

㉢ 피스톤의 압축행정 시 유효행정이 짧다.

㉣ 저속 운전이 어렵고 **역화** 현상이 생긴다.

㉤ 실린더 벽에 구멍이 있기 때문에 피스톤과 피스톤 링의 소손이 빠르다.

참고

1. 블로다운(Blow-Down)

배기행정 초기에 배기 밸브(또는 구멍)가 열려 배기가스 자체 압력에 의하여 자연히 배출되는 현상이다.

2. 디플렉터(Deflecter)

2행정 사이클 기관의 피스톤 헤드에 설치한 돌출부이며, 작용은 혼합가스의 와류 촉진, 잔류가스의 배출을 쉽게 하여 압축비를 높인다.

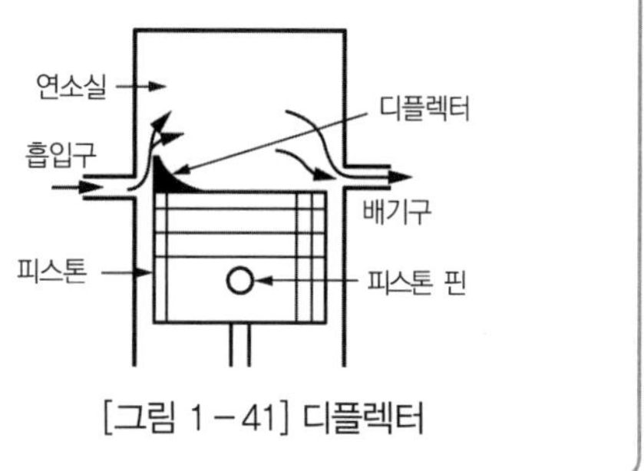

[그림 1-41] 디플렉터

3 4행정 사이클 기관과 2행정 사이클 기관의 비교

(1) 동작 · 성능별 비교

구 분		4행정 기관	2행정 기관
1	행정 구분	각 행정이 확실하게 구분한다.	행정의 구분이 모호하다.
2	흡입효율	높다.	낮다.
3	열효율	높다.	낮다.
4	연료소비량	적다.	많다.
5	회전 범위	회전속도의 범위가 넓다.	저속 회전이 어렵다.
6	마모	적다.	많다.
7	밸브 장치	복잡하다.	간단하다.
8	동력행정	2회전에 1회 동력 발생	1회전에 1회 동력 발생
9	출력	작다.	4행정에 비해 1.6~1.7배
10	맥동	회전력 변동이 크다.	회전력 변동이 작다.
11	실린더 수	적으면 사용 곤란	회전이 원활
12	유효행정	길다.	짧다.
13	사용처	일반적인 자동차 기관	오토바이 기관

(2) 4행정 기관과 2행정 기관의 장단점

구 분	4행정 기관	2행정 기관
장점	• 각 행정이 완전히 구분되어 있다. • 열적 부하가 적다. • 회전속도 범위가 넓다. • 체적효율이 높다. • 연료소비율이 적다. • 기동이 쉽다.	• 4행정 사이클 기관의 1.6~1.7배의 출력이 발생한다. • 회전력의 변동이 적다. • 실린더 수가 적어도 회전이 원활하다. • 밸브 장치가 간단하다. • 마력당 중량이 가볍고 값이 싸다.

구 분	4행정 기관	2행정 기관
단점	• 밸브 기구가 복잡하다. • 충격이나 기계적 소음이 크다. • 실린더 수가 적을 경우 사용이 곤란하다. • 마력당 중량이 무겁다. • HC의 배출은 적으나 NOx의 배출이 많다.	• 유효 행정이 짧아 흡 · 배기가 불완전하다. • 윤활유 및 연료소비량이 많다. • 저속이 어렵고, 역화(back fire)가 발생한다. • 피스톤과 링의 소손이 빠르다. • NOx의 배출은 적으나 HC의 배출이 많다.

참고

역화(逆火, Back Fire)

엔진의 흡입계통으로 불꽃이 나오는 현상이다. 즉, 흡기다기관과 기화기 또는 에어크리너 속의 혼합기를 점화 연소하는 현상으로, 시동 시에 지나치게 농후하거나 지나치게 희박한 혼합비 때문에 일어나기 쉬우며, 또는 정상적인 혼합비라도 점화시기가 현저히 지연될 때 일어나기 쉽다.

05 가솔린 기관과 디젤 기관

1 가솔린 기관의 특징

① 휘발유를 연료로 사용

② **전기점화방식**으로 연소(점화장치 필요)

③ 흡입 시 혼합기를 흡입

④ 실린더 헤드에 연소실이 형성

⑤ 압축비와 압축압력이 낮음

⑥ 폭발압력이 낮아 소음과 진동이 적음

⑦ 기관 중량이 가벼워 마력당 중량이 작음

⑧ 연료소비량이 많음

2 디젤 기관의 특징

① 경유를 연료로 사용

② **압축착화방식**으로 연소

③ 압축비와 압축압력이 높고 폭발압력이 높음

④ 소음과 진동이 큼

⑤ 기관의 강도가 커야 하기 때문에 마력당 중량이 큼

⑥ 흡입 시 공기만을 흡입

⑦ 연료 분사 장치가 필요
⑧ 비교적 연료소비량이 적음

3 가솔린 기관과 디젤 기관의 비교

구 분		가솔린 기관	디젤 기관
1	사용연료	가솔린(휘발유)	경유(디젤)
2	압축비	7~11 : 1	15~22 : 1
3	연료공급	기화기 및 연소실에서 혼합	분사 노즐에서 연료분사
4	속도조절	흡입되는 혼합가스량	분사되는 연료의 양
5	흡입물질	공기와 연료의 혼합기	공기만은 흡입
6	열효율	25~32%	32~38%
7	연료소비율	230~300g/PS－h	150~240g/PS－h
8	압축온도	120~140℃	500~550℃
9	폭발압력	35~45kgf/cm^2	55~65kgf/cm^2
10	압축압력	8~11kgf/cm^2	35~45kgf/cm^2
11	출력당 중량	3.5~4kg/PS	5~8kg/PS
12	점화방식	전기점화	압축착화
13	연소실	간단	복잡
14	실린더 지름	60~110mm(160mm 이하)	70~185mm(제한을 받지 않음)
15	연료의 중요성분	옥탄가	세탄가
16	실린더 형식	일체식 또는 건식	습식
17	작동, 소음, 진동	작다.	크다.
18	이론 사이클	오토 사이클	디젤 또는 사바데 사이클

제 2 장

출제 예상 문제

• 기관 일반

01 자동차 가솔린 기관에 필요한 사항으로 가장 적합하지 않은 것은?

① 규정의 압축압력
② 높은 압축비
③ 정확한 점화시기
④ 적당한 혼합비

해설 가솔린 기관에 필요한 요소는 규정의 압축압력, 정확한 점화시기, 적당한 혼합비이다.

02 내연 기관의 기본 사이클에서 가솔린 기관의 표준 사이클은?

① 정적 사이클 ② 정압 사이클
③ 복합 사이클 ④ 사바테 사이클

해설 ① 정적 사이클(오토 사이클) : 일정한 체적에서 연소가 일어나며, 가솔린 기관(스파크 점화기관)의 표준 사이클이다.
② 정압 사이클(디젤 사이클) : 일정한 압력에서 연소가 일어나며, 저속 · 중속 디젤 기관의 표준 사이클이다.
③ 복합 사이클(사바테 사이클) : 일정한 체적과 압력에서 연소가 일어나며, 고속 디젤 기관의 표준 사이클이다.

03 압축비가 동일할 경우 이론적으로 열효율이 가장 높은 사이클은?

① 오토 사이클 ② 디젤 사이클
③ 복합 사이클 ④ 모두 같다.

해설 압축비가 동일할 때 이론적으로 열효율은 오토 사이클이 가장 높고, 사바테 사이클, 디젤 사이클 순서이다.

04 다음 그림은 무슨 사이클인가?

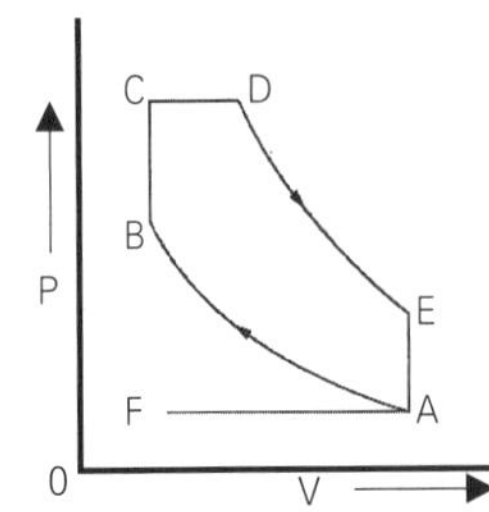

① 오토 사이클 ② 디젤 사이클
③ 복합 사이클 ④ 카르노 사이클

해설 복합 사이클(사바테 사이클)의 지압(P－V)선도

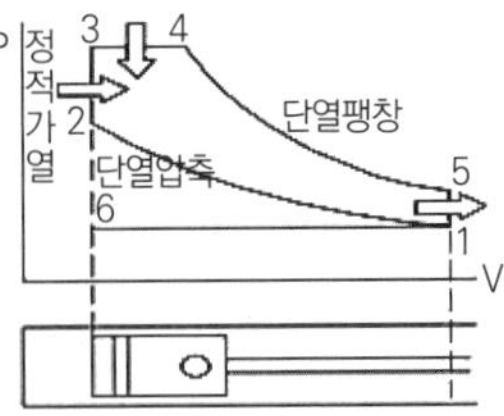

1 → 2 : 압축행정
2 → 3 : 연료분사(정적연소)
3 → 4 : 연료분사(정압연소)
4 → 5 : 팽창과정 5 → 1 : 배기시작
1 → 6 : 배기행정 6 → 1 : 흡기행정

05 1PS 1시간 동안 하는 일량을 열량 단위로 표시하면?

① 약 432.7kcal ② 약 532.5kcal
③ 약 632.3kcal ④ 약 732.5kcal

해설 ㉠ 1PS－H는 75kgf · m×3,600sec＝270,000kgf · m
㉡ 1kcal는 427kgf · m이므로 $\frac{270,000}{427} = 632.3\text{kcal}$

06 엔진의 제동마력과 지시마력의 비율을 백분율(%)로 곱해준 것은?

① 연소효율 ② 기계효율
③ 체적효율 ④ 제동효율

해설 기계효율 $= \frac{\text{제동마력}}{\text{지시마력}} \times 100$

07 다음 중 가솔린은 어느 물질들의 화합물인가?

① 탄소와 수소 ② 수소와 질소
③ 탄소와 산소 ④ 수소와 산소

해설 가솔린은 탄소와 수소의 유기화합물이다.

08 다음 사항 중 연소 상태에 영향을 주는 조건이 아닌 것은?

① 기관의 온도 ② 배기량
③ 피스톤의 속도 ④ 연소실의 모양

해설 **연소에 영향을 주는 요소**
기관의 온도, 피스톤의 속도, 연소실의 모양 등이다.

정답 01 ② 02 ① 03 ① 04 ③ 05 ③ 06 ② 07 ① 08 ②

09 가솔린 기관에서 점화플러그가 점화되면 연소상태의 화염이 거의 균일한 속도로 전파되는 정상 연소속도는?

① 약 2~3m/s
② 약 20~30m/s
③ 약 200~300m/s
④ 약 2000~3000m/s

해설 가솔린 기관의 정상 연소속도는 약 20~30m/s이며, 노크가 발생하였을 때의 연소속도는 약 300~2,000m/s이다.

10 4행정 사이클 기관에서 크랭크축이 4회전할 때 캠축은 몇 회전하는가?

① 1회전 ② 2회전
③ 3회전 ④ 4회전

해설 4행정 사이클 기관에서 크랭크축이 2회전할 때 캠축은 1회전한다.

11 4행정 기관에서 캠축 타이밍 기어와 크랭크축 타이밍 기어의 잇수비는?(단, 캠축 기어 잇수 : 크랭크축 기어 잇수)

① 1 : 1 ② 2 : 1
③ 4 : 1 ④ 1 : 2

해설 4행정 기관의 캠축 기어와 크랭크축 기어의 잇수비는 2 : 1이다.

12 블로다운(Blow-Down) 현상에 대한 설명으로 옳은 것은?

① 밸브와 밸브 시트 사이에서의 가스 누출 현상
② 압축행정 시 피스톤과 실린더 사이에서 공기가 누출되는 현상
③ 피스톤의 상사점 근방에서 흡·배기 밸브가 동시에 열려 배기 잔류가스를 배출시키는 현상
④ 배기행정 초기에 배기밸브가 열려 배기가스 자체의 합력에 의하여 배기가스가 배출되는 현상

해설 블로다운이란 배기행정 초기에 배기 밸브가 열려 배기가스 자체의 압력에 의하여 배기가스가 배출되는 현상이다.

13 2행정 사이클 기관에서 2회의 폭발행정을 하였다면 크랭크축은 몇 회전하겠는가?

① 1회전 ② 2회전
③ 3회전 ④ 4회전

해설 2행정 사이클 기관이 2회의 폭발행정을 하면 크랭크축은 2회전한다.

14 실린더 형식에 따른 기관의 분류에 속하지 않는 것은?

① 수평 대향형 ② 직렬형 엔진
③ V형 엔진 ④ T형 엔진

해설 실린더 형식에 따른 분류에는 직렬형, 수평 대향형, V형, 성형(방사형) 등이 있다.

15 디젤 기관과 비교한 가솔린 기관의 장점이라고 할 수 있는 것은?

① 기관의 단위 출력당 중량이 적다.
② 열효율이 높다.
③ 대형화 할 수 있다.
④ 연료소비량이 적다.

해설 가솔린 기관은 디젤 기관에 비해 기관의 단위 출력당 중량이 적은 장점이 있다.

16 4행정 6실린더 기관에서 6실린더가 한 번씩 폭발하려면 크랭크축은 몇 회전하는가?

① 2회전 ② 4회전
③ 6회전 ④ 12회전

해설 6실린더 기관은 크랭크축 120°마다 1회의 폭발이 발생하므로 120°×6 = 720°, 따라서 크랭크축은 2회전한다.

17 기관의 총배기량을 구하는 식은?

① 총배기량 = 피스톤 단면적 × 행정
② 총배기량 = 피스톤 단면적 × 행정 × 기통 수
③ 총배기량 = 피스톤의 길이 × 행정
④ 총배기량 = 피스톤의 길이 × 행정 × 기통 수

해설 기관의 총배기량 = 피스톤 단면적×행정×기통 수로 구한다.

18 실린더 지름 70mm, 피스톤 행정 70mm인 4실린더 기관의 총배기량은?

① 1,077cc ② 1,177cc
③ 977cc ④ 1,000cc

해설 ㉠ $V = 0.785 \times D^2 \times L \times N$
여기서, V : 총배기량, D : 실린더 안지름(내경)
L : 피스톤 행정, N : 실린더 수
㉡ $0.785 \times 7^2 \times 7 \times 4 = 1,077$cc

정답 09 ② 10 ② 11 ② 12 ④ 13 ② 14 ④ 15 ① 16 ① 17 ② 18 ①

19 연소실 체적이 210cc이고, 행정체적이 3,780cc인 디젤 6기통 기관의 압축비는 얼마인가?

① 17 : 1 ② 8 : 1
③ 19 : 1 ④ 20 : 1

해설 ㉠ $\varepsilon = \frac{V_c + V_s}{V_c}$

여기서, ε : 압축비, V_s : 실린더 배기량(행정체적)
V_c : 연소실 체적

㉡ $\frac{210+3,780}{210} = 19$

20 가솔린 기관의 연소실 체적이 행정체적의 20%이다. 이 기관의 압축비는?

① 6 : 1 ② 5 : 1
③ 8 : 1 ④ 7 : 1

해설 연소실 체적이 행정체적의 20%이므로 압축비는
$\frac{20+100}{20} = 6$

21 한 개의 실린더 배기량이 1,400cc이고, 압축비가 8일 때 연소실 체적은?

① 175cc ② 200cc
③ 100cc ④ 150cc

해설 ㉠ $V_c = \frac{V_s}{\varepsilon - 1}$ ㉡ $\frac{1,400}{8-1} = 200\text{cc}$

22 연소실 체적이 40cc이고, 압축비가 9 : 1인 기관의 행정체적은?

① 280cc ② 300cc
③ 320cc ④ 360cc

해설 ㉠ $V_s = V_c \times (\varepsilon - 1)$
㉡ $40 \times (9-1) = 320\text{cc}$

23 기관의 회전속도가 4,500rpm이다. 연소 지연 시간이 1/600초라고 하면 연소 지연 시간 동안에 크랭크축의 회전각은 몇 도인가?

① 35 ② 40
③ 45 ④ 50

해설 ㉠ $I_t = 6Rt$

여기서, I_t : 연소 지연 시간 동안의 크랭크축 회전각도
R : 기관의 회전속도
t : 연소 지연 시간

㉡ $6 \times 4,500\text{rpm} \times \frac{1}{600} = 45^\circ$

정답 19 ③ 20 ① 21 ② 22 ③ 23 ③

CHAPTER 03 기관 본체

01 실린더 헤드(Cylinder Head)

1 기능

① 실린더 블록 윗면에 볼트로 설치

② 기밀과 수밀을 유지하고 피스톤, 실린더와 함께 연소실을 형성

③ 내부에는 물통로, 오일 통로가 설치되고 외부에는 점화플러그와 밸브 및 밸브 기구가 설치되며 겨울철 동파를 방지하기 위하여 코어플러그를 설치

[그림 1－42] 실린더 헤드의 구조

2 구비조건

① 고온에서 **열팽창이 적을 것**

② 팽창압력에 견딜 수 있는 충분한 강도가 있을 것

③ 가열하기 쉬운 열점이 없을 것

3 재질

① 주철 또는 알루미늄 합금(Y합금)을 사용

② 알루미늄 합금을 사용하는 이유

㉠ 가볍기 때문이다.

- 마력당 중량이 적다.
- 작업이 용이하다.

㉡ 열전도성이 우수하다.

- 열점이 생기지 않는다.
- 조기 점화가 일어나지 않는다.
- 고속 기관에서 냉각 효과가 우수하다.

㉢ 제작이 쉽다.
- 대량 생산이 가능하다(다이캐스팅으로 제작).
- 내식성이 양호하다.

③ 주철과 알루미늄 합금의 비교

구 분		주철	알루미늄 합금
1	비중	7.2	2.7
2	열전도성	나쁘다.	좋다.
3	열변형	작다.	크다.
4	강도	크다.	작다.
5	경도	크다.	작다.
6	조기 점화	크다.	작다.
7	마력당 중량	크다.	작다.
8	작업성	불량하다.	양호하다.
9	제작	주조	다이캐스팅
10	내구성	크다.	작다.
11	내식성	불량하다.	양호하다.
12	열점	잘 생긴다.	잘 생기지 않는다.

4 형태

(1) 일체식

① 모든 실린더가 한 개의 헤드로 된 것
② 수냉식 엔진, 가솔린 엔진, 6기통 이하 디젤 엔진

(2) 분할식

① 실린더마다 별개, 또는 2~3개로 분리된 것
② 공랭식 엔진, 6기통 이상 디젤 엔진

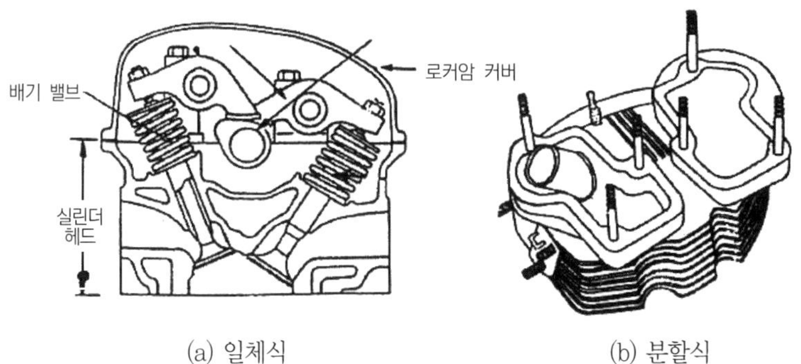

[그림 1-43] 일체식과 분할식

참고

1. **열점(Heat Point)이란?**
   ① 연소실 내벽에 돌출되어 연소열로 가열된 부분
   ② 열점의 종류 : 배기 밸브, 카본, 점화플러그, 기타 돌출부

2. **조기 점화(Pre-Ignition)**
   ① 가솔린 기관에서 정상 점화시기 이전에 연료가 연소되는 현상
   ② 대부분 열점에 의하여 발생하기 때문에 표면 착화 또는 과조 착화라고도 함

5 변형

(1) 원인

① 실린더 헤드 볼트 작업 불량(가장 많음)

㉠ 조이기 : **안에서 바깥쪽**을 향해 대각선 방향으로 조이며, 토크렌치를 사용하여 서너번에 나누어 규정의 토크(회전력)로 조일 것

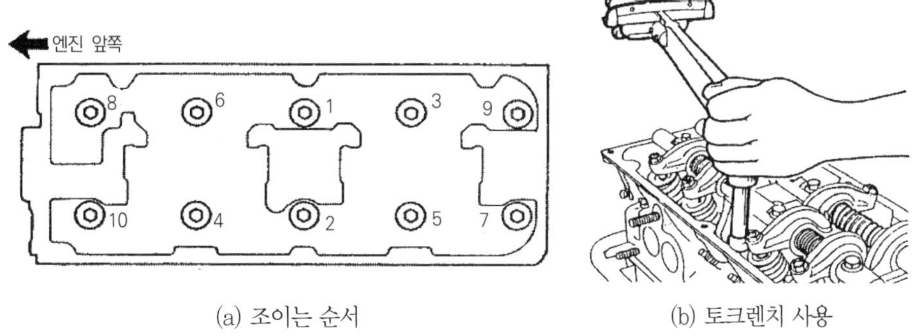

(a) 조이는 순서 (b) 토크렌치 사용

[그림 1-44] 실린더 헤드 볼트 조이는 순서

㉡ 풀기 : **밖에서 안쪽**을 향해 대각선 방향으로(조이기의 역순) 풀 것

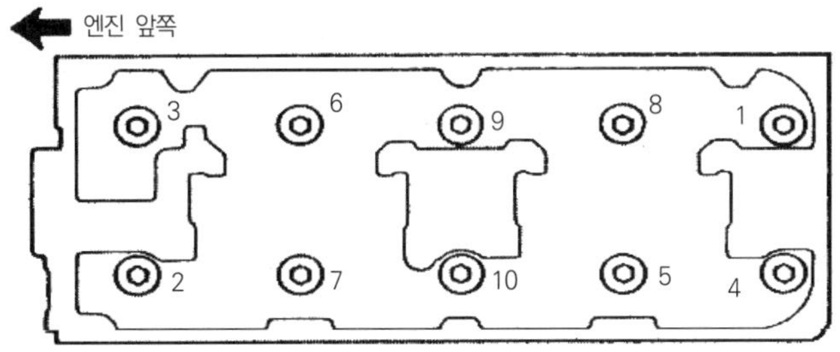

[그림 1-45] 실린더 헤드 볼트 푸는 순서

㉢ 실린더 헤드가 잘 떨어지지 않을 때 : 고무해머로 충격을 가함, 자중을 이용, 압축공기의 압력이나 압축압력을 이용

② 실린더 헤드 개스킷의 불량
③ 엔진의 과열, 과냉
④ 재질 불량, 제작 시 열처리 불량

(2) 영향

① **압축가스 누설(blow-by)** : 연료소비율 증대, 엔진 출력 감소
② **냉각수 누설** : 냉각효율 불량, 엔진 과열, 엔진오일 변질
③ **엔진오일 누설** : 오일 소비량 증대, 마모 및 마멸 증대

(3) **계측기** : 직각자(직정규)와 필러 게이지(시크니스 게이지)

(4) 점검개소 및 한계값

① **점검개소** : 최소 6개소 이상 ② **한계값** : 0.2mm

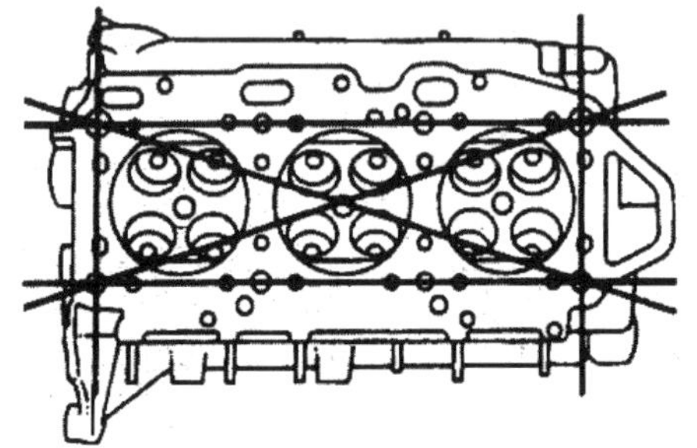

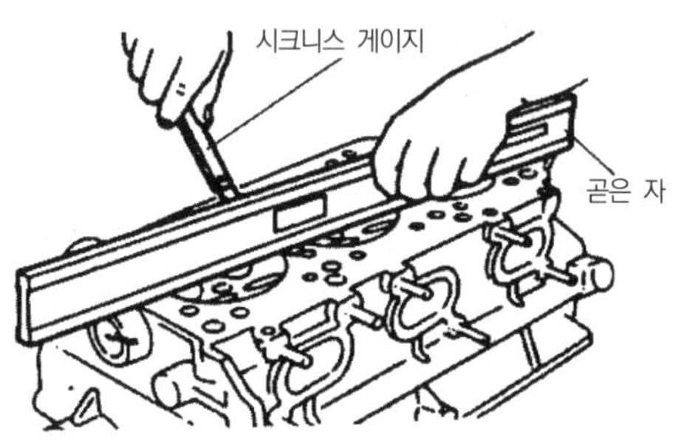

[그림 1-46] 실린더 헤드의 구조

(5) **수정** : 일반적인 수정 방법으로 평면연삭기(Surface Grinder)로 수정

(a) 좌우로 움직임

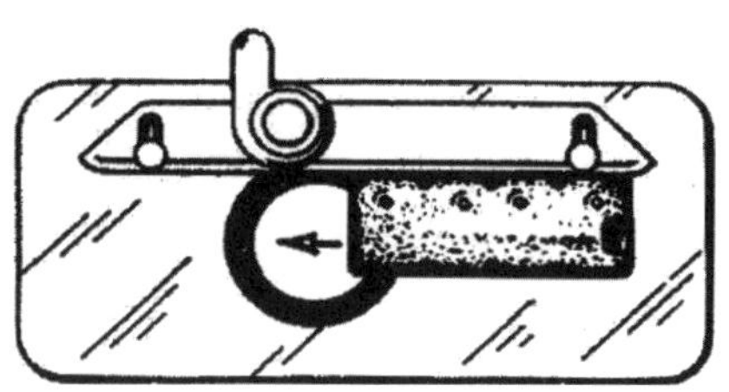

(b) 상하로 움직임

[그림 1-47] 평면연삭기

(6) 수정 후의 영향

① 연소실 체적이 작아져 압축비가 높아지고, 심하면 노킹이 발생
② 수정 후에는 실린더 헤드 개스킷의 두께로 연소실 체적을 조정

6 균열(Crack : 국부적인 틈 · 갈라짐)

(1) 원인

① 냉각수 동결
② 급격한 열적 변화
③ 엔진 과열
④ 제작 시 열처리 불량

(2) 영향 : 변형 시와 동일

(3) 점검법

① 자기탐상법
② 염색탐상법
③ 형광염료탐상법
④ X선법
⑤ 육안검사법
⑥ 타진법

(4) 수정 : 저온 용접이나 심한 것은 교환

02 연소실(Combustion Chamber)

1 기능

실린더 헤드와 피스톤 사이에 형성된 연료가 연소되는 공간으로 이 공간의 체적을 연소실 체적(틈용적, 간극용적)이라고 한다.

2 가솔린 기관의 연소실

(1) 구비조건

① **화염 전파에 요하는 시간을 짧게** 할 것
② 연소실 내의 표면적은 최소로 할 것
③ 가열되기 쉬운 돌출부를 두지 말 것
④ 밸브 면적을 크게 하여 흡 · 배기작용을 원활하게 할 것
⑤ 압축행정 끝에서 와류를 활발히 발생시킬 것

(2) I-Head형 기관 연소실

	구 분	반구형	쐐기형	욕조형	지붕형
1	표면적	작다.	크다	크다.	크다.
2	스퀴시부	거의 없다.	크다.	있다.	있다.

구 분		반구형	쐐기형	욕조형	지붕형
3	와류	거의 없다.	활발하다.	있다.	있다.
4	열효율	낮다.	높다.	조금 있다.	조금 높다.
5	화염 전파 거리	짧다.	길다.	보통이다.	보통이다.
6	화염 전파 속도	느리다.	빠르다.	보통이다.	보통이다.
7	흡·배기 밸브	크게 할 수 있다.	비교적 작다.	작다.	작다.
8	제작	비교적 쉽다.	비교적 어렵다.	반구형과 쐐기형의 중간형	반구형의 개량형

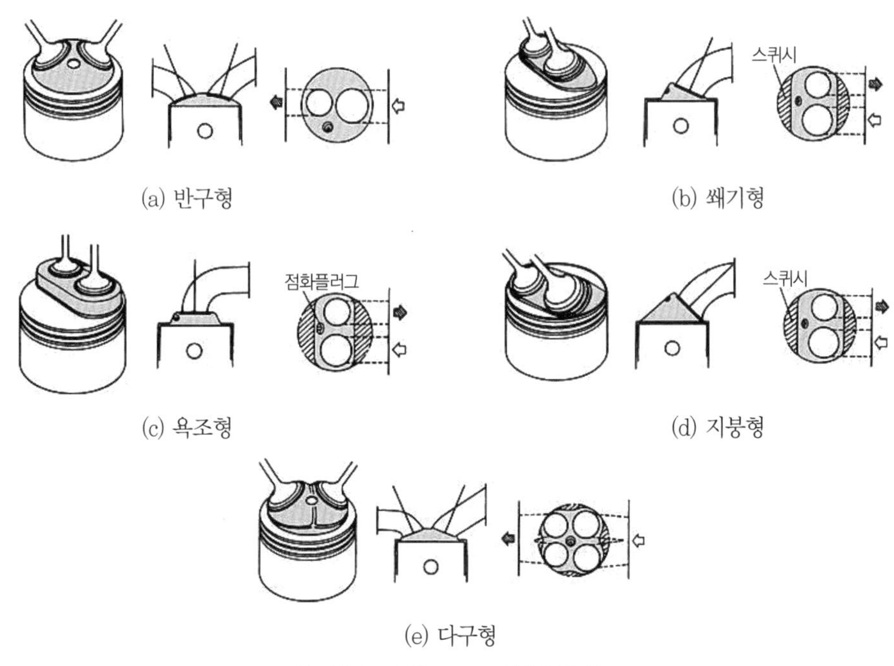

[그림 1－48] I－Head형 연소실

참고

스퀴시(Squish)란?

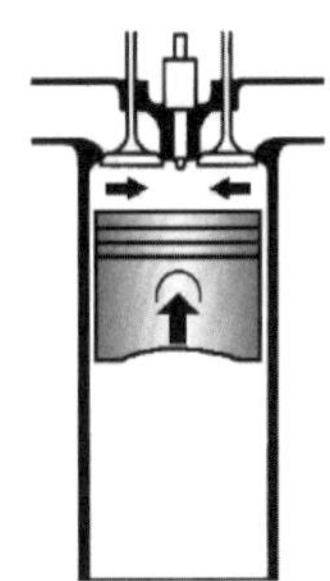

[그림 1－49] 스퀴시

연소실 내에서 혼합기를 좁은 틈새로 밀어붙이는 것으로, 피스톤이 상사점에 가까워졌을 때 실린더 헤드와의 틈새가 특히 좁아지도록 한 부분(스퀴시 에어리어)을 설치해 두면 압축행정에서 이 부분에 화염이 흡입된 혼합기가 밀려나 다음의 팽창행정에서 흡입되므로(역스퀴시) 혼합기의 연소속도가 높아지고 연비가 좋아지는 효과가 있다. 단, 스퀴시 에어리어가 너무 크면 이 부분에 화염이 전파되지 않는 경우도 있다.

(3) L-Head형 기관

① 특징

㉠ 고압축비를 얻을 수 없다.
㉡ 체적효율이 낮다.
㉢ 와류작용은 활발하다.

② 종류

㉠ 리카도형(Ricardo Type)
㉡ 와트모어형(Whatmou Type)
㉢ 제인웨이형(Janeway Type)
㉣ 평편형(Flat Type)

03 실린더 헤드 개스킷(Cylinder Head Gasket)

1 기능

실린더 헤드 개스킷은 실린더 블록과 실린더 헤드 사이에 설치되어 기밀과 수밀, 유밀을 유지한다.

[그림 1-50] 실린더 헤드 개스킷

2 구비조건

① 내식성이 클 것
② 내열성이 클 것
③ 내압성이 클 것

3 종류

(1) 보통 개스킷

① 석면 주위를 동판 또는 강판으로 감싼 형태
② 제작이 용이하고 저렴
③ 일반적으로 가장 많이 사용

(2) 스틸 베스토 개스킷(Steel Besto Gasket)

① 강판 양면에 석면을 압착하고 표면에 흑연을 바른 형태
② 고열, 고부하, 고압축, 고회전, 고출력용에 많이 사용

(3) 스틸 개스킷(Steel Gasket)

① 강판만으로 얇게 만든 형태
② 실린더 블록과 실린더 헤드면을 정밀 가공해야 함

③ 개스킷의 두께는 약 2mm 정도
④ 고급 차량에 사용(예 캐딜락, 리무진 등)

4 설치 시 주의사항

① 사용하던 개스킷은 재사용하지 않음(무조건 교환)
② 오일 구멍 및 냉각수 구멍 확인
③ 접힌 구멍이 실린더 헤드 쪽을 향하도록 함
④ 개스킷 양면에 접착제를 바름(밀착 양호와 기밀 향상)

5 실린더 헤드 개스킷 손상 시 영향

(1) 냉각수 누설

① 엔진 과열
② 냉각수 소비량 증대
③ 크랭크케이스에 냉각수 유입
④ 엔진오일 변질(우유색으로 변함)

(2) 엔진오일 누설

① 엔진 과열
② 오일 소비량 증대
③ 오일 압력 감소
④ 각부 마모 및 마멸 증대
⑤ 냉각수에 오일 유입

(3) 압축가스 누설

① 압축압력 감소
② 연료소비량 증대
③ 엔진 출력 감소
④ 엔진오일 희석
⑤ 카본 발생 증대

04 실린더 블록(Cylinder Block)

1 기능

① 실린더 블록(Cylinder Block)은 엔진의 기초 구조물로 엔진의 수명을 결정
② 내부에는 물통로(Water Jacket)를 두어 냉각수를 순환
③ 외부에는 여러 부수장치들이 부착

(a) 실린더 블록(위)

(b) 실린더 블록(아래)

[그림 1－51] 실린더 블록

2 재질

① 주철 : 일반적으로 가장 많이 사용

② 알루미늄 합금

㉠ 2륜 자동차, 경자동차, 비행기 등에서 사용

㉡ 외국 차량에는 대부분 경합금 재질을 사용

3 구비조건

① 충분한 강도가 있을 것

② 내구성이 있을 것

4 구성

① 실린더를 감싸는 실린더 블록

② 위 크랭크케이스와 일체로 주조

③ 하부에는 아래 크랭크케이스가 설치

④ 내부에는 실린더가 설치

⑤ 물통로와 오일 통로가 설치

⑥ 코어플러그 설치

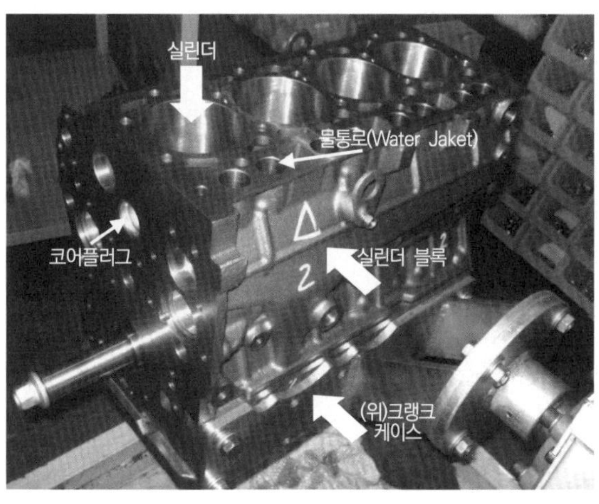

[그림 1－52] 실린더 블록의 상세 구조－1

(a) 위 크랭크케이스(래더프레임)

(b) 아래 크랭크케이스(오일팬)

[그림 1-53] 실린더 블록의 상세 구조-2

05 크랭크케이스(Crankcase)

크랭크축이 설치되는 블록 부분을 위 크랭크케이스(upper crankcase), 오일팬 부분을 아래 크랭크케이스(lower crankcase)라고 부른다.

1 위 크랭크케이스(Upper Crankcase)

① 크랭크축을 지지한 새들(saddle)부가 있다.
② 크랭크축에 오일을 공급하기 위한 오일 통로를 설치한다.
③ 강도를 크게 하기 위한 리브를 두었다.

[그림 1-54] 위 크랭크케이스

2 아래 크랭크케이스(Lower Crankcase)

① **오일팬**이라고도 한다.
② 엔진오일을 저장하는 오일탱크이다.
③ 얇은 강판으로 제작한다.
④ 섬프와 배플이 있다.
㉠ 섬프(Sump) : 엔진이 기울어져도 오일이 고여 있도록 파여진 부분
㉡ 칸막이(배플, Baffle) : 작동 중 진동에 의한 오일의 유동을 방지

㉢ 아래 크랭크케이스(오일팬)를 얇은 강판으로 만든 이유 : 엔진 각 부를 순환하면서 뜨거워진 오일을 흐르는 공기에 의하여 **냉각시키기 위한 것**

㉣ 오일 냉각기 설치 : 내부에 오일 냉각기(유온 조절기)를 두어 엔진오일의 온도를 낮추고 또 일정하게 유지하도록 하는 것도 있음

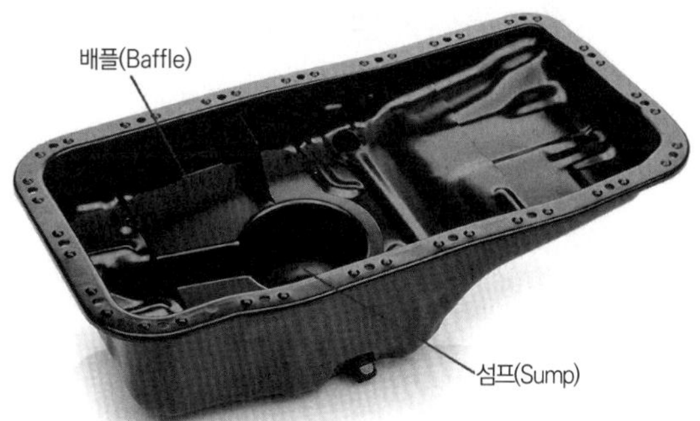

[그림 1－55] 아래 크랭크케이스(오일팬)

06 실린더(Cylinder)

1 기능

피스톤 행정의 약 2배의 길이를 갖는 진원형의 통으로 **피스톤의 작용을 안내**하는 가이드의 역할을 한다.

2 재질

① **주철** : 일반적으로 가장 많이 사용한다.

② **알루미늄 합금** : 2륜 자동차나 비행기 등에서 사용되고 있다.

※실린더 안쪽 벽에 약 0.1mm 정도의 두께로 크롬(Cr)도금을 하여 내마멸성을 높인 것도 있다.

3 종류

(1) 일체식

① 실린더 블록과 동일한 재료로 **일체 주조**한 것

② 가솔린 차량에 주로 사용

(2) 삽입식(라이너식 또는 슬리브식)

① 실린더 블록과 **별개로** 만들어 삽입한 것

② 건식과 습식이 있음

③ **건식은 가솔린 차량에, 습식은 디젤 차량**에 주로 사용

④ 실린더 라이너는 주로(원심 주조법)으로 제작

4 라이너(Liner or Sleeve)

(1) 건식 라이너(Dry type)

① 실린더 블록을 통하여 **간접 냉각**한다.
② **삽입압력** : 내경 100mm당 2~3톤
③ **라이너 두께** : 2~3mm
④ 냉각수가 누설될 염려가 없다.
⑤ 일체식 실린더에 라이너를 삽입하면 건식 실린더가 된다.

(2) 습식 라이너(Wet Type Liner)

① 냉각수가 라이너 외벽을 직접 냉각한다.
㉠ 라이너 바깥면이 물통로를 구성
㉡ **냉각수가 직접 접촉**하여 냉각하므로 냉각 효과가 우수
② **삽입압력** : 가볍게 눌러 삽입할 정도
③ 실린더 블록과 라이너의 접촉력이 작기 때문에 실린더 블록과 라이너 사이로 냉각수가 누설될 우려가 있다.
④ 라이너 상부에 플랜지를 둔다.
• 라이너를 끼웠을 때 플랜지가 실린더 블록 윗면보다 조금 높아야 한다.
⑤ 하부에 고무제 실링을 2~3개 설치한다.
㉠ 실린더 블록과 라이너 사이를 통하여 냉각수 누출을 방지
㉡ 라이너의 열에 의한 변형을 방지
⑥ **라이너 두께** : 5~8mm
⑦ 삽입 시 표면에 진한 비눗물을 바른다.

5 건식 라이너와 습식 라이너의 비교

구 분		건식 라이너	습식 라이너
1	냉각방식	간접 접촉	직접 접촉
2	주용도	가솔린	디젤
3	두께	2~3mm	5~8mm
4	삽입압력	2~3톤(억지끼움/압입)	가볍게 눌러 삽입할 정도
5	플랜지	없다.	있다.
6	실링	없다.	2~3개
7	삽입 방법	유압프레스	표면에 비눗물을 바른다.
8	냉각 효과	좋지 못함	우수
9	누수 현상	없다.	있다.

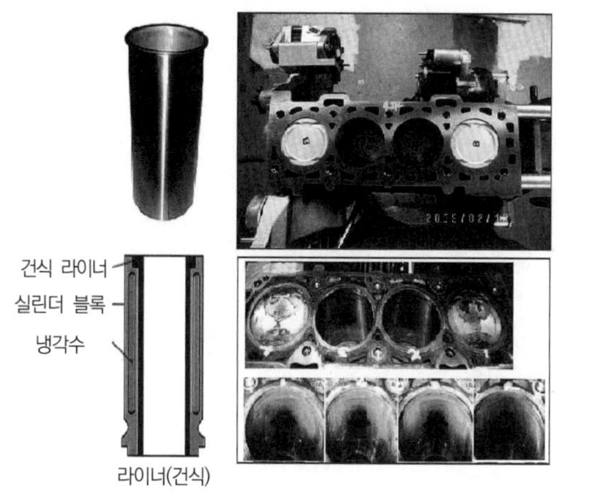

(a) 건식 라이너

(b) 습식 라이너

[그림 1－56] 건식 라이너와 습식 라이너의 구조 비교

6 마모

(1) 원인

① 피스톤 링과의 마찰
② 카본 등의 이물질
③ 흡입공기 속의 이물질
④ 금속 분말

(2) 영향

① 압축가스 및 연소가스의 누설 증대
② 피스톤의 측압 증대
㉠ 소음 · 진동 증대
㉡ 엔진 출력 감소
㉢ 엔진오일 희석
㉣ 오일 슬러지 증대
㉤ 연료소비량 증대
㉥ 오일 소비량 증대

(3) 마모 형태

① 실린더 상부에서 가장 마모가 크다.
㉠ 고온, 고압에 노출
㉡ 폭발압력에 의하여 측압이 커짐
㉢ 윤활 불량
② 크랭크축 방향보다 축의 직각 방향의 마모가 크다(피스톤 측압에 의하여).
③ 상사점에서 1/2~1인치 아랫 부분은 마모되지 않는다.
㉠ 피스톤 링과의 접촉이 없기 때문이다.
㉡ 이 부분(마모되지 않는 부분)을 리지(Ridge, 턱)라고 한다.
㉢ 리지가 심하면 기관 분해 시 피스톤 링이 리지에 걸려 빠지질 않기 때문에 리지리머로 제거해야 한다.

(4) 수정 방법

① **일체식 실린더** : 보링 작업

② **삽입식 실린더** : 라이너만 교환

(5) 계측기

① 내경 마이크로미터

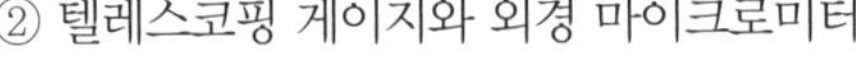

② 텔레스코핑 게이지와 외경 마이크로미터

③ 실린더 보어 게이지

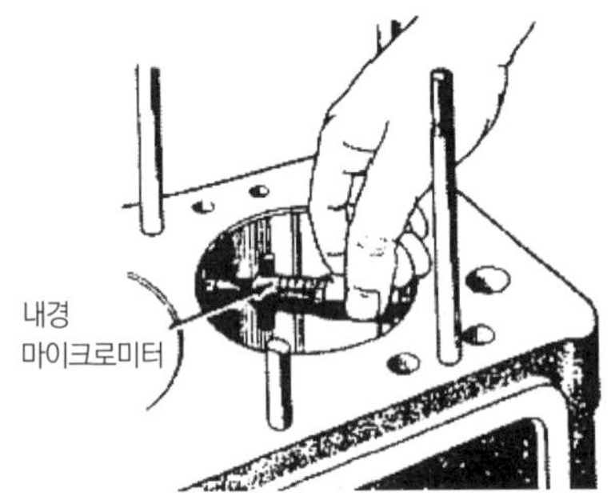

(a) 내경 마이크로미터

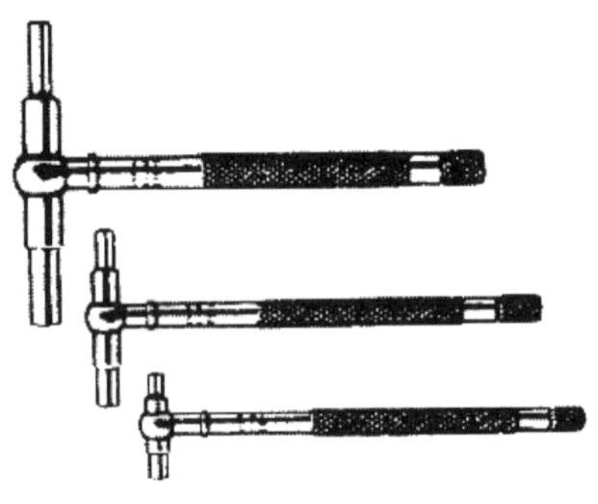

(b) 텔레스코핑 게이지

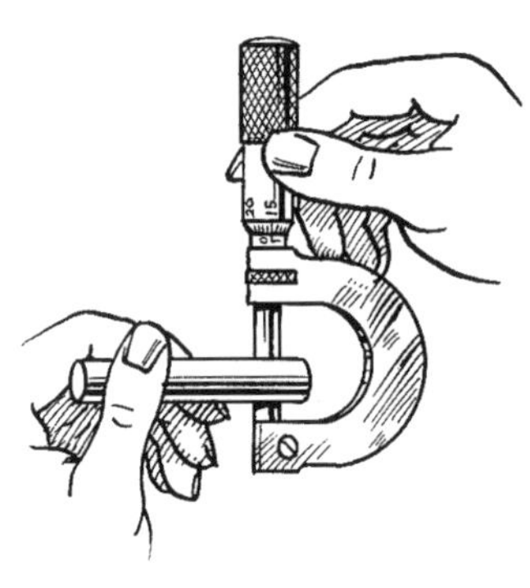

(c) 외경 마이크로미터

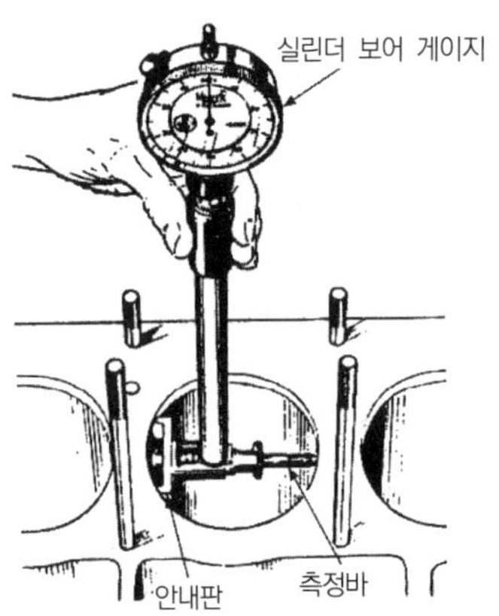

(d) 실린더 보어 게이지

[그림 1-57] 실린더 벽 마모량 측정 기기

(6) 측정 개소

① 축 방향으로 **상 · 중 · 하 3개소**

② 축의 직각 방향으로 상 · 중 · 하 3개소

③ 모두 2방향 6개소에서 측정

④ 가장 마모가 큰 값을 기관 전체의 마모량으로 함

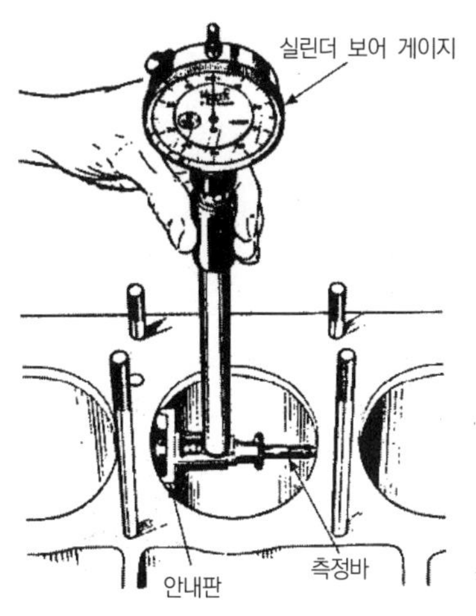

(a) 실린더 보어 게이지

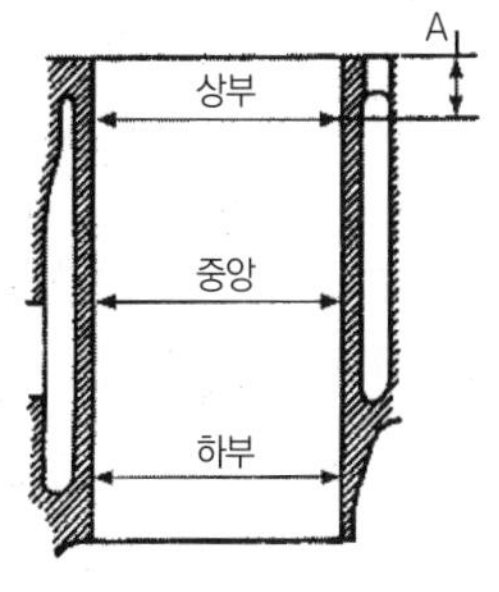

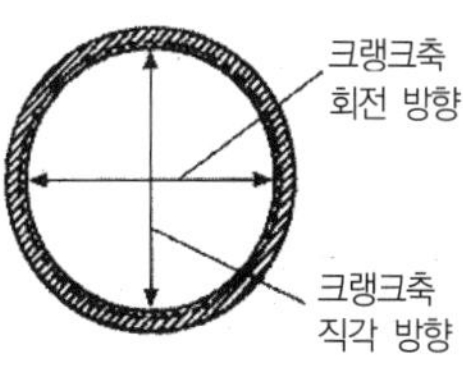

(b) 실린더 벽 마멸량 측정 부위

[그림 1－58] 실린더 벽 마모량 측정 부위

(7) 마모 한계값

① 실린더 내경 70mm 미만 : 0.15mm

② 실린더 내경 70mm 이상 : 0.20mm

(8) 실린더 수정값(＝보링값) 구하기

① 실린더를 측정하여 마모량을 구한다.

② 구한 마모량에 **진원 절삭량(0.2mm)**을 더한다(※진원 절삭량 or 수정 절삭량이라고도 함).

③ 위 ②에서 구한 값을 피스톤 O/S에 대입하여 O/S 기준값 중 ②에서 구한 값보다 큰 것 중에서 가장 가까운 것을 선정한다.

④ 수정값(실린더 수정 후의 내경 크기)을 구한다.

예제

실린더 표준(S.T.D) 지름이 78mm인 엔진을 보링하려고 할 때, 실린더 최대지름이 78.32mm로 나왔을 때 실린더 수정값(보링값)과 오버사이즈(O/S) 값을 각각 구하시오.

해설 ① 실린더 최대 마모량 : 78.32mm
진원(수정) 절삭량 : 0.2mm
② 실린더 최대 마모량과 진원(수정) 절삭량을 더한다.
78.32＋0.2＝78.52
③ 피스톤 오버사이즈 기준값에 0.52mm가 없으므로, 이 값보다 크면서 가까운 피스톤 오버사이즈 기준값인 0.75mm(3단계)를 선정한다.
∴ 실린더 수정값(보링값)은 78.75mm이며, 오버사이즈(O/S)값은 0.75mm이다.

(9) 피스톤 오버사이즈(O/S : Over Size) 기준값

단 계	1	2	3	4	5	6
치수(mm)	0.25	0.50	0.75	1.00	1.25	1.50

(10) 수정 한계값(최대 수정값)

① 실린더 내경 70mm 미만 : 1.25mm

② 실린더 내경 70mm 이상 : 1.50mm

(11) 보링(Boring)

① 실린더 구멍 내부를 **확대 가공**하는 것, 즉 타원으로 마멸된 실린더를 오버사이즈 피스톤에 맞추어 진원으로 연삭가공하는 작업이다.

② 보링 머신(Boring Machine)을 사용한다.

③ 보링 작업이 끝나면 호닝 작업을 수행한다.

(12) 호닝(Honing)

① 보링 시 생긴 바이트 자국(Bite Crater)을 없애기 위한 **다듬질** 작업으로 0.02mm 정도값을 준다.

② 호닝 머신(Honing Machine)을 사용한다.

③ 호닝 작업으로 보링 치수를 수정해서는 안 된다.

(13) 호닝 후 오차 한계

① 실린더 상호 간 오차 한계 : 0.02~0.05mm

② 실린더 상 · 중 · 하 각 부 간 오차 한계 : 0.01~0.02mm

07 실린더 행정 내경비(Piston Stroke / Cylinder Diameter)

1 정의

① 피스톤 행정(L)과 실린더 내경(D)과의 비이다.

② 행정이 내경보다 큰 엔진을 장행정 엔진이라 한다.

③ 행정이 내경보다 작은 엔진을 단행정 엔진이라 한다.

2 단행정 기관(Over Square Engine, L/D<1)

(1) 정의

① 피스톤 **행정이 실린더 내경보다 작은 엔진**이다.

② 회전력은 작으나, 회전속도가 빠르다.
③ 일반적으로 소형승용차, 고속용 차량에 많이 사용된다.

(2) 장점

① 피스톤 평균속도를 높이지 않고, 회전속도를 높일 수 있다.
② 단위 체적당 출력을 크게 할 수 있다.
③ 밸브 지름을 크게 할 수 있어 체적효율을 높일 수 있다.
④ 엔진의 높이를 낮게 할 수 있다.
⑤ 커넥팅로드의 길이가 짧아 강성이 증대된다.

(3) 단점

① 피스톤의 과열이 심하고 전압력이 커서 베어링을 크게 해야 한다.
② 엔진의 길이가 비교적 길게 된다.
③ 회전수가 커지면 관성이 증대되어 진동이 커진다.
④ 피스톤 측압이 커진다.

3 정방행정 기관(Square Engine, L/D=1)

(1) 정의

① 피스톤 **행정과 실린더 내경이 같은 엔진**이다.
② 회전력은 작으나, 회전속도는 빠르다.
③ 소형승용차에 많이 사용된다.

(2) 특징

단행정 기관과 장행정 기관의 중간 특성을 가지며, 소형승용차에 많이 사용된다.

4 장행정 기관(Under Square Engine, L/D>1)

(1) 정의

① 피스톤 **행정이 실린더 내경보다 큰 엔진**
② 회전력은 크나, 회전속도는 느리다.
③ 일반적으로 버스, 트럭, 건설기계 등에 사용된다.

(2) 장점

① 피스톤의 과열이 심하지 않고 피스톤 측압이 작다.
② 엔진의 길이가 비교적 짧다.
③ 속도보다는 힘을 위주로 하는 차량에 사용한다.

(3) 단점

① 커넥팅로드의 길이가 길어 강성이 작다.
② 엔진 높이가 높아진다.
③ 회전속도가 늦고, 엔진 무게가 무겁다.

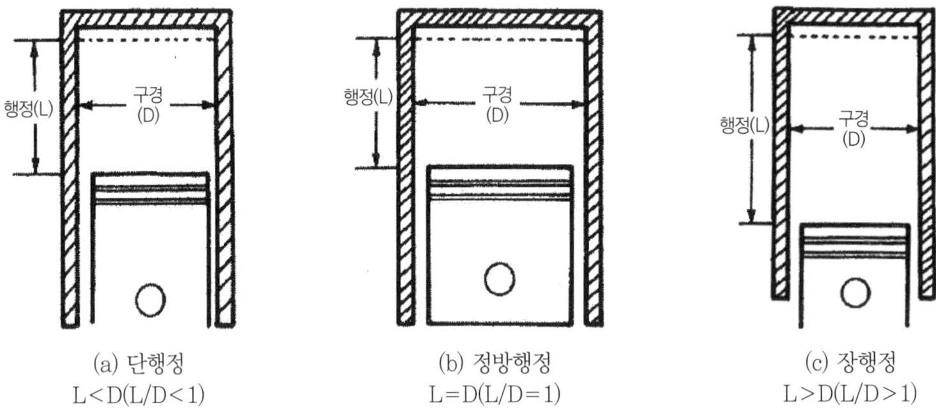

(a) 단행정
L<D(L/D<1)

(b) 정방행정
L=D(L/D=1)

(c) 장행정
L>D(L/D>1)

[그림 1－59] 실린더 행정 내경비에 따른 기관 분류

5 단행정 기관과 장행정 기관의 비교

구 분		단행정	장행정
1	행정	짧다.	길다.
2	내경	크다.	작다.
3	회전속도	고속	저속
4	출력	크다.	작다.
5	토크	작다.	크다.
6	기관높이	낮다.	높다.
7	기관길이	길다.	짧다.
8	밸브 지름	크다.	작다.
9	피스톤 과열	심하다.	적다.
10	진동	크다.	작다.
11	베어링 압력	크다.	작다.
12	커넥팅로드 길이	짧다.	길다.
13	강성	크다.	작다.
14	측압	크다.	작다.
15	용도	승용차	대형차

08 피스톤(Piston)

1 기능

① 실린더에서 상하 왕복운동을 한다.

② 동력행정 시 얻은 동력을 커넥팅로드를 통하여 크랭크축에 전달한다.

③ 크랭크축으로부터 동력을 받아 흡입, 압축, 배기행정을 완성한다.

2 구성

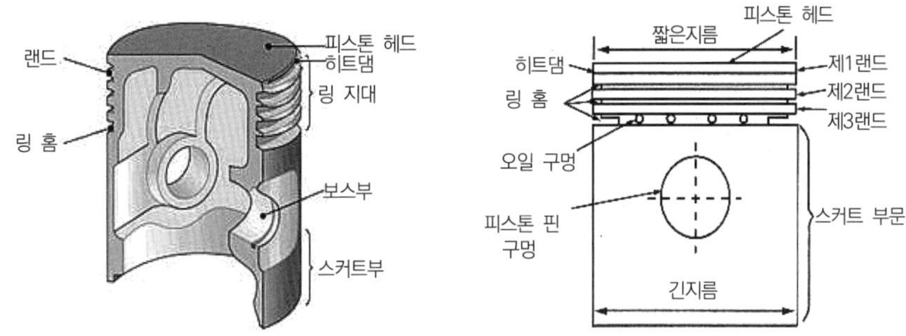

[그림 1-60] 피스톤의 구조

(1) 피스톤 헤드(Piston Head)부

① 압축압력, 폭발압력을 받는 부분

② 뒷부분에 리브를 설치하여 피스톤을 보강

③ 헤드의 열을 링이나 스커트부로 전달

(2) 링 지대(Ring Belt)

① 헤드에서 스커트 사이의 구역

② **링 홈**(Ring Groove) : 링이 끼워지는 부분으로 오일링 홈에는 과잉 오일을 배출하기 위한 오일 구멍이 뚫려 있음

③ **링 랜드**(Ring Land) : 홈과 홈 사이의 턱

(3) 히트댐(Heat Dam)

① 연료의 연소 시 발생하는 높은 **열을 일시 차단**

② 연소열이 스커트에 전달되는 것을 막고 피스톤 링을 통하여 방열되도록 한 것

③ 피스톤 헤드 제1랜드 부에 작고 얕은 **홈**으로 구성

[그림 1-61] 히트댐

(4) 스커트부(Skirt)

피스톤이 왕복운동을 할 때 **측압(Thrust)을 받는 부분**이며, 피스톤 지름은 이 스커트 부분의 지름으로 나타낸다.

(5) 보스부(Boss)

피스톤 보스 부분은 비교적 두껍게 되어 있으며, 여기에는 피스톤 핀이 끼워지는 구멍이 마련되어 있다.

> **참고**
>
> **피스톤 표면에 주석이나 아연으로 도금하는 이유**
> 피스톤이 작동 중 마찰열에 의한 타붙음을 방지하기 위해

3 구비조건

① 폭발압력을 유효하게 이용할 것
② 가스 및 오일의 누출이 없을 것
③ 마찰로 인한 기계적 손실이 없을 것
④ 기계적 강도가 클 것
⑤ 무게가 가벼울 것
⑥ **열전도성**이 좋을 것
⑦ **열에 의한 팽창이 없을 것**(=열팽창율이 적을 것)

4 재질

(1) 주철(특수주철)

장 점	단 점
• 알루니늄 합금에 비해 강도가 크다. • 열에 의한 **변형(팽창)이 작다.** • 피스톤 간극을 작게 할 수 있다. • 블로바이 및 피스톤 슬랩이 작다.	• 중량이 크다. • 운동 관성이 크다. • 열전도성이 낮다.

(2) 알루미늄 합금

장 점	단 점
• 중량이 작다. • **열전도성이 우수**하다. • 고속, 고압축비 기관에 적합하다.	• 강도가 작다. • 열에 의한 변형이 크다. • 피스톤 간극이 커야 한다. • 블로바이 및 피스톤 슬랩이 크다.

(3) 주철과 알루미늄의 비교

구 분		주철	알루미늄
1	강도	크다.	작다.
2	열팽창률	작다.	크다.
3	열전도성	작다.	크다.
4	중량	크다.	작다.
5	관성	크다.	작다.
6	피스톤 간극	작다.	크다.
7	피스톤 슬랩	작다.	크다.
8	블로바이	적다.	많다.
9	용도	저속용 기관	고속용 기관

※일반적으로 차량용 피스톤으로 알루미늄 합금(경합금)을 많이 사용한다.

5 알루미늄 합금(경합금) 피스톤의 종류

(1) Y 합금(구리계)

① 구성 성분 : Al(32.5%)+Cu(4%)+Ni(2%)+Mg(1.5%)

② 특징

㉠ 열전도성이 양호하다.
㉡ 내열성이 크다.
㉢ 고온에서 강도 및 경도의 감소가 적다.
㉣ 비중이 크다.
㉤ 열팽창계수가 크다.
㉥ 실린더 헤드, 실린더 블록 등에 사용된다.

(2) Lo-Ex 합금(규소계)

① 구성 성분 : Al(70~75%)+Cu(1%)+Ni(1~2.5%)+Mg(1%)+Si(12~25%)+Fe(0.7%)

② 특징

㉠ 열전도성이 불량하다.
㉡ 내열성이 크다.
㉢ 고온에서 강도 및 경도의 감소가 적다.
㉣ 비중이 작다.
㉤ 열팽창계수가 작다.
㉥ 내압성, 내마멸성, 내식성이 우수하다.

③ 알루미늄 합금의 비교

구 분		Y 합금	Lo-Ex 합금
1	계열	구리계	규소계
2	성분	Al+Cu+Ni+Mg	Al+Cu+Ni+Mg+Si+Fe
3	열전도성	양호	불량
4	내열성	양호	우수
5	비중	크다.	작다.

구 분		Y 합금	Lo-Ex 합금
6	열팽창	크다.	작다.
7	강도, 경도	작다.	크다.

6 피스톤의 종류

(1) 캠 연마 피스톤(타원형 피스톤, Cam Ground Piston)

① **보스부의 지름을 스커트부(측압 쪽)보다 작게** 한 형식(보스부 : 단경, 스커트부 : 장경)

② 온도 상승에 따라 보스 부분의 지름이 증대되어 엔진의 정상 온도에서 진원에 가깝게 되어 전면이 접촉하게 되는 피스톤

③ 현재 경합금 피스톤 대부분 이 형식임

④ 장경과 단경의 차이는 약 0.125~0.325mm

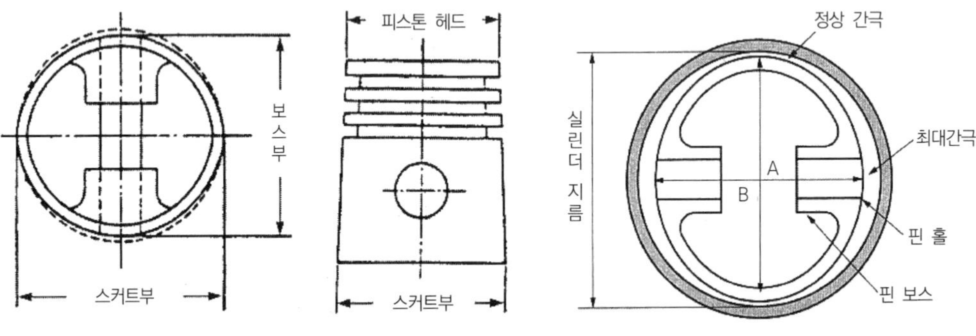

[그림 1-62] 캠 연마 피스톤

(2) 솔리드 피스톤(통형 피스톤, Solid Piston)

① **스커트부가 원통형**으로 된 것

② 상, 중, 하 직경이 동일

③ 기계적 강도가 높은 재질 사용

④ 열팽창계수가 낮아 가혹한 운전을 하는 차량에서 사용

⑤ 스커트부에 열팽창에 대한 보상장치가 없음

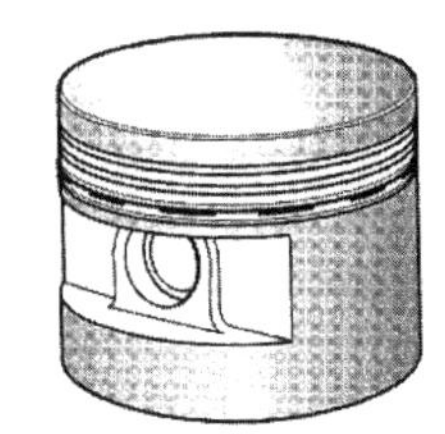

[그림 1-63] 솔리드 피스톤

(3) 스플릿 피스톤(Split Piston)

① 측압이 적은 쪽(폭발행정에서 측압을 받는 반대쪽)의 스커트 위 부분에 세로로 **홈을 두어** 스커트부로 열이 전달되는 것을 제한하는 피스톤

② 피스톤 간극을 작게 할 수 있어 피스톤 슬랩 현상이 작으며 홈에 의한 오일 제어가 양호

③ 스커트부에 홈이 있어 강도는 떨어지나 제작이 용이

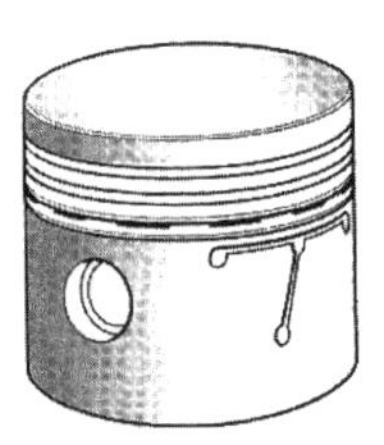

[그림 1-64] 스플릿 피스톤

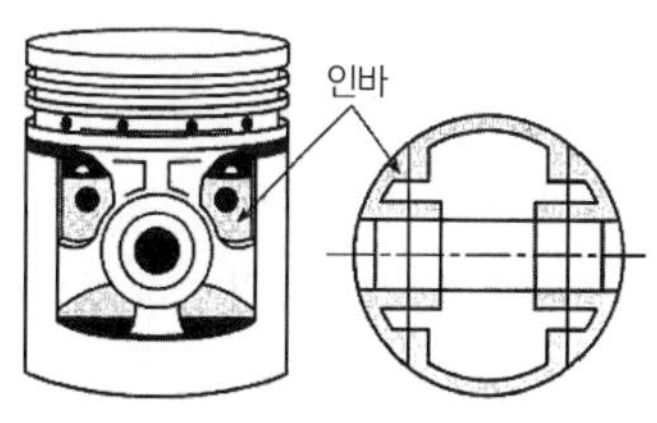

[그림 1-65] 인바 스트럿 피스톤

(4) 인바 스트럿 피스톤(Invar Strut Piston)

① 열팽창률이 매우 적은 인바(invar)제의 링을 스커트부에 넣고 일체 주조한 피스톤

② **열팽창이 가장 적은** 형식의 피스톤

③ 일정한 피스톤 간극을 유지할 수 있으며, 내구성이 큼

(5) 오프셋 피스톤(Off-Set Piston)

① 피스톤 슬랩을 방지하기 위해 상사점에서 피스톤의 경사 변환 시기를 늦춘 피스톤

② 피스톤의 중심과 핀 보스부의 중심을 **편심**(off-set)시킨 것

③ **피스톤에 오프셋을 두는 이유**

㉠ 피스톤의 회전을 원활하기 유지하기 위해

㉡ 진동 방지

㉢ 실린더와 피스톤의 편 마모 방지

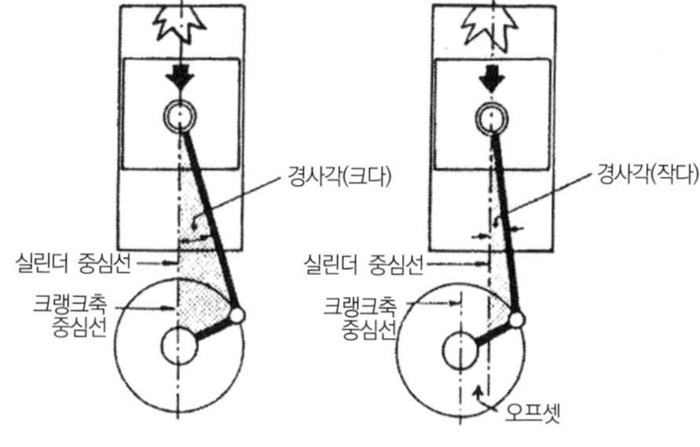

[그림 1-66] 오프셋 피스톤

(6) 슬리퍼 피스톤(Slipper Piston)

① 스커트부의 측압 받지 않는 부분을 떼어내어 **중량을 가볍게** 한 피스톤

② 측압 접촉 면적을 크게 하여 피스톤 슬랩을 감소시킨 것

③ 무게와 피스톤 슬랩을 감소시킬 수 있어 고속 엔진용으로 주로 사용

④ 무게와 피스톤의 슬랩을 감소시킬 수 있으나, 스커트를 절단한 부분에 오일이 고이기 쉬워 이것을 긁어내릴 때 출력손실이 발행하는 결점이 있음

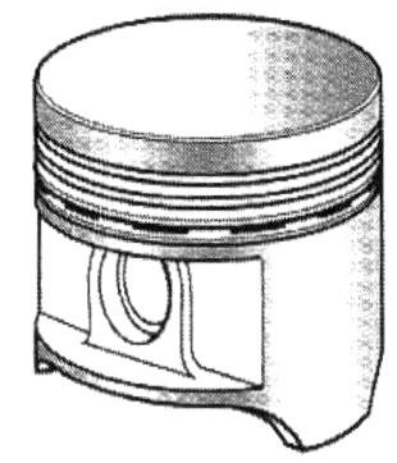

[그림 1-67] 슬리퍼 피스톤

7 피스톤 간극

(1) 정의

① **피스톤과 실린더 벽과의 간극**

② 실린더 최소내경 - 피스톤 최대외경

③ 실린더 최소내경은 실린더 하부에서 측정

④ 피스톤 최대외경은 스커트 보스부 직각 방향에서 측정

⑤ 피스톤의 **윤활과 열팽창을 고려**하여 간극을 둠

(2) **규정값** : 실린더 직경의 0.05%(약 0.01~0.03mm)

(3) 영향

① 간극이 크면

㉠ 블로바이 증대

㉡ 피스톤 슬랩 증대

㉢ 연료소비율 증대

㉣ 오일 소비율 증대

㉤ 출력 감소

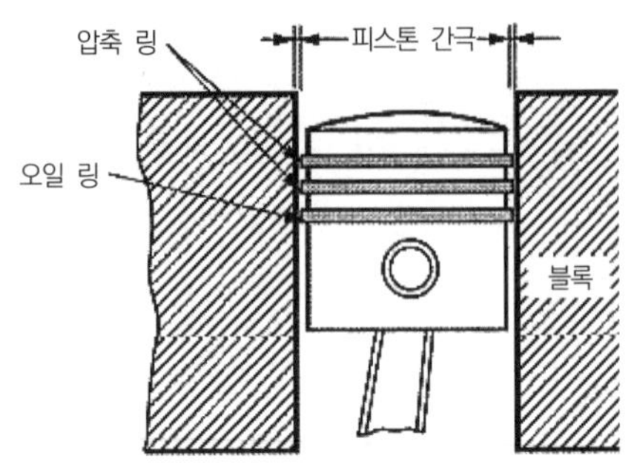

[그림 1-68] 피스톤 간극

> **참고**
>
> **피스톤 슬랩(piston slap)?**
>
> 피스톤이 운동 방향을 바꾸며 운동할 때 실린더 벽에 부딪치는 현상
>
> (1) 원인
>
> ① 피스톤 간극이 클 때
>
> ② 피스톤 링 및 링 홈의 마멸
>
> ③ 피스톤 링의 기능 저하
>
> ④ 실린더 벽 마모 시
>
> (2) 방지책
>
> ① 오프셋(off-set) 피스톤 사용
>
> ② 피스톤 간극을 정확히 유지(규정 간극 유지)

② 간극이 작으면

㉠ 마찰, 마모 증대

㉡ 심하면 소결

> **참고**
>
> **소결(고착, 융착, 타붙음 ; stick)**
>
> 피스톤이 작동 중 열에 의하여 실린더에 타 붙는 현상

(4) 계측기

① 내경 마이크로미터와 외경 마이크로미터

② 실린더 보어 게이지와 외경 마이크로미터

③ 필러 게이지와 스프링 저울

09 피스톤 링(Piston Ring)

1 3대 기능

(1) 기밀작용(밀봉작용)

실린더와 피스톤 사이를 통한 혼합기(공기)의 누설 방지

(2) 열전도 작용(냉각작용)

연소 시 피스톤 헤드의 높은 열을 실린더 벽을 통하여 방열(피스톤이 받는 열의 70~80%)

(3) 오일 제어작용(오일 긁어내리기 작용)

실린더 벽에 뿌려진 오일이 실린더 안으로 들어가지 않도록 긁어내리는 작용

2 구성

① 주철 또는 특수 주철을 원심 주조법으로 만들고, 그 일부를 잘라 개방시켜서 적당한 탄성을 준 것이다.
② 한 개의 피스톤에 통상 3~5개를 사용한다.
③ 링 표면에 크롬 도금한 링을 사용할 경우 톱 링(제1번 압축 링)에 사용한다.
④ 크롬 도금한 실린더에는 사용하지 않는다(같은 재료일 경우 마모가 커지기 때문).

3 구비조건

① 내열성과 내마멸성이 양호할 것
② 실린더에 일정한 면압을 줄 것 : 편심형 링
③ 제작이 용이하고 가격이 저렴할 것

4 종류

(1) 용도에 따라

① 압축 링

㉠ 목적 : **기밀 유지, 열전도 작용 및 일부 오일 제어**작용(제1링 : Top Ring, 제2링 : Second Ring)

㉡ 작용 : 압축 링은 하강 시 오일을 긁어내리고, 상승 시 오일을 묻혀 올림(유막 형성 및 경계 마찰)

참고

피스톤 링 호흡작용

피스톤 링의 호흡작용이란 피스톤 링이 상사점 또는 하사점에서 행정을 바꿀 때마다 피스톤 링의 위치가 바뀌는 작용을 말한다. 하사점에서 올라갈 때는 피스톤 링이 링 홈의 아래면에 밀착되고, 상사점에서 내려갈 때는 피스톤 링이 링 홈의 윗면에 접촉된다.

(a) 하강 시

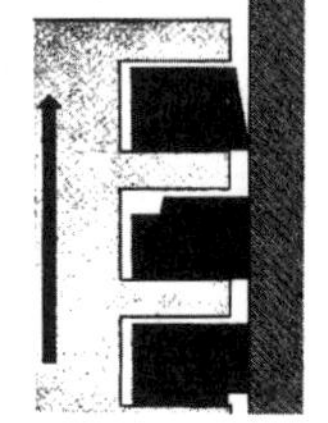

(b) 상승 시

[그림 1-69] 압축 링의 작동

② 오일 링

㉠ 목적 : **오일 제어**작용

㉡ 작용

- 오일 링은 실린더 벽을 윤활하고 남은 과잉의 엔진오일을 긁어내려 연소실에 유입되는 것을 방지한다.
- 링의 전 둘레에 걸쳐 홈이 파져 있어 긁어내린 오일을 피스톤 안쪽으로 보내어 피스톤 핀의 윤활을 하고 오일팬에 떨어진다.

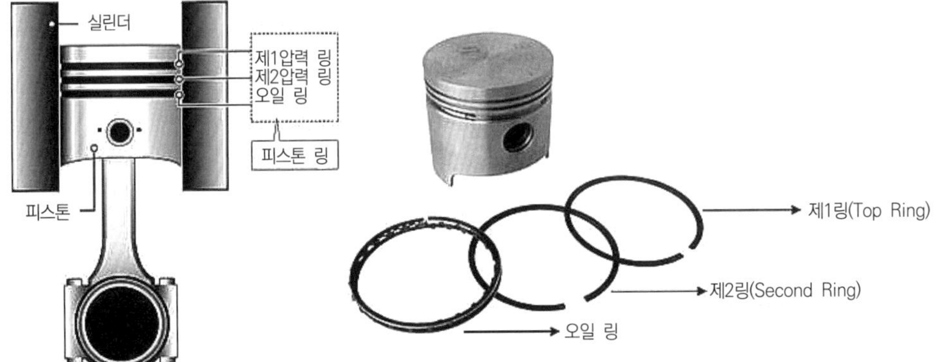

[그림 1-70] 압축 링과 오일 링

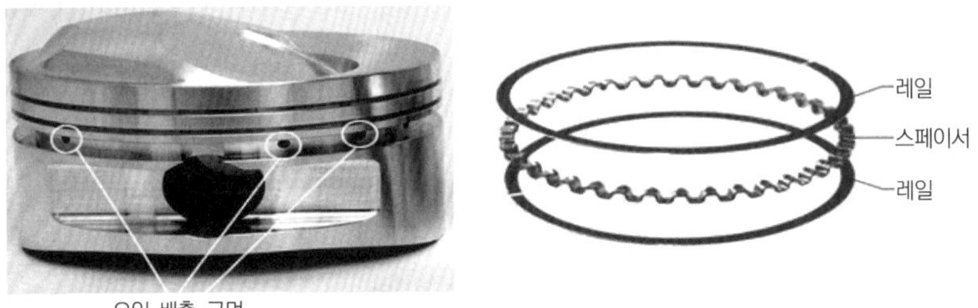

[그림 1-71] 오일 링과 장착 위치

(2) 모양에 따라

① 동심형 링

㉠ 링의 모양을 이루는 원호 중 바깥쪽 원과 안쪽 원의 중심이 **일치된** 형태이다.

㉡ 실린더 벽에 가하는 면압이 일정하지 않다.

㉢ 제작이 용이하고 정비가 용이하며 가격이 저렴하여 현재 대부분 이 형태의 링을 사용하고 있다.

② 편심형 링

㉠ 링의 바깥쪽 원과 안쪽 원의 중심이 **편심**된 형태이다.

㉡ 실린더 벽에 일정한 면압을 준다.

㉢ 제작이 어렵고 값이 비싸 잘 사용되지 않고 있다.

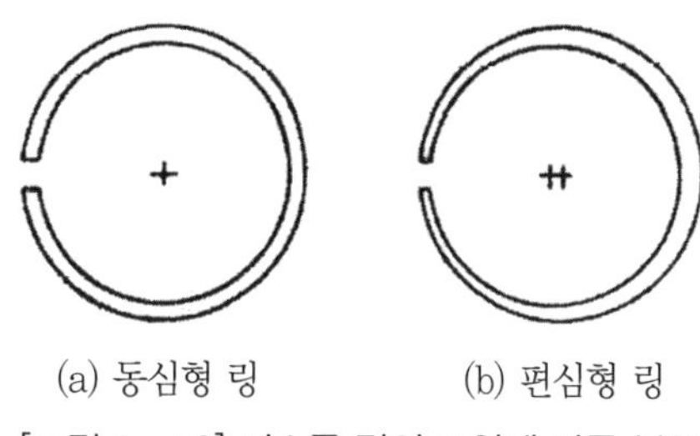

(a) 동심형 링　(b) 편심형 링

[그림 1-72] 피스톤 링의 모양에 따른 분류

5 절개구

(1) 기능

① 탄성을 주기 위해 링의 한쪽 끝을 잘라놓은 것이다.

② **열팽창을 고려하여** 절개구 간극을 둔다.

③ 절개구 간극을 통하여 블로바이가 발생한다.

④ 피스톤에 설치 시 120~180°의 차이로 측압 방향과 핀 보스 방향을 피하여 엇갈리게 설치한다.

(2) 종류

① 맞이음(종절 이음, 버트 이음 : Butt Joint) : 수직으로 자른 형태로 가장 많이 사용

② 각이음(경사절 이음, 앵글 이음 : Angle Joint) : 일정한 각도를 두고 자른 형태

③ 겹침 이음(계단 · 단이음, 랩 이음 : Lap Joint) : 끝 부분을 계단 형태로 자르고 겹침 상태

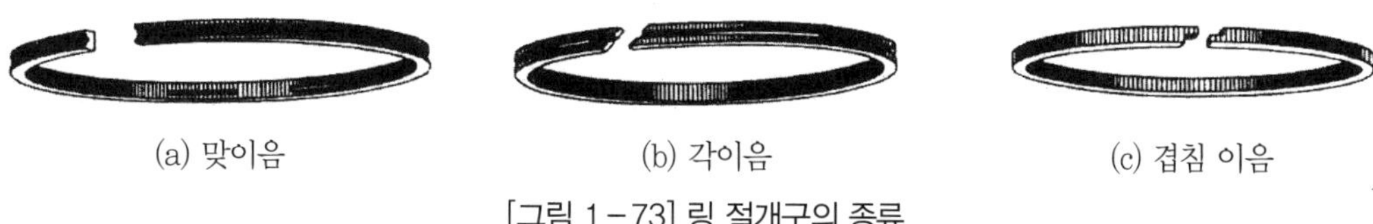

(a) 맞이음　(b) 각이음　(c) 겹침 이음

[그림 1-73] 링 절개구의 종류

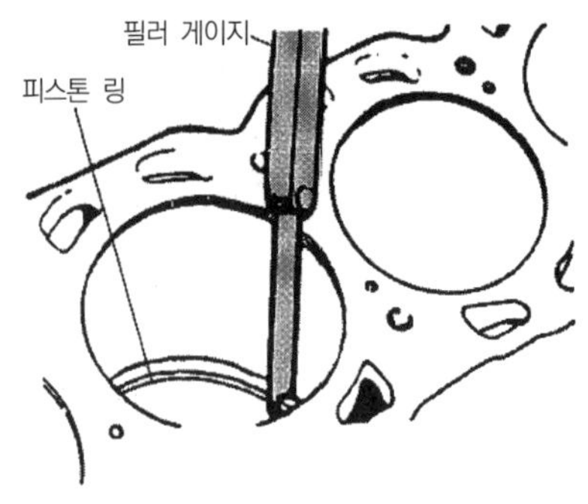

[그림 1-74] 링 이음 간극 측정

(3) 절개구 간극(링 이음 간극, Eng Gap)

① **크기** : 톱 링을 가장 크게 둔다.

② **영향**

㉠ 간극이 크면

- 블로바이 증대
- 엔진 **출력 저하**

㉡ 간극이 작을 때

- 링의 변형으로 실린더 벽에 이상 마모 형성
- 과도한 마찰열로 **소결**

(4) 사이드 간극(링 홈 간극, Piston Ring Side Gap)

① **두는 이유**

㉠ 링 홈과 링 사이의 간극

㉡ 작동 중 링의 호흡작용과 신축작용을 원활하게 하기 위하여

② **영향**

㉠ 간극이 클 때

- 블로바이 증대
- 오일 제어작용 불량
- 엔진 출력 감소
- 오일 소비량 증대
- 연료소비량 증대

㉡ 간극이 작을 때

- 링의 신축작용(호흡작용) 불량
- 마찰 및 마모 증대
- 심하면 소결

6 피스톤 작동 시 링의 작용

(1) 호흡작용(흡습작용)

① **정의** : 피스톤 링이 상사점 또는 하사점에서 행정을 바꿀 때마다 피스톤 링의 위치가 바뀌는 작용

② **두는 이유**

㉠ **기밀**작용과 **오일 제어**작용을 원활하게 하기 위해

㉡ 상승행정 시 **유막을 형성**하기 위해

③ **작용**

㉠ 피스톤은 폭발압력(크랭크축의 운동)에 의하여 아래로 하강(위로 상승)하지만 피스톤 링은 한쪽 면이 실린더 벽과 일정한 장력으로 접촉하고 있으므로 피스톤의 운동을 따라가지 못하고 변형된다.

㉡ 즉, 피스톤이 하사점에서 올라갈 때는 피스톤 링이 링 홈의 아래면에 밀착되고, 상사점에서 내려갈 때는 피스톤 링이 링 홈의 윗면에 접촉된다.

(2) 플래터 현상

① **정의** : 실린더의 마모, 링의 마모 등에 의하여 링의 장력이 과도하게 약해지면 폭발행정 시 폭발압력에 의하여 피스톤 링의 실린더 벽과 접촉하지 못하고 **공중에 떠 있는 현상**

② **플래터 현상이 일어나면**

㉠ 블로바이 현상이 증대된다.

㉡ 오일 소모량이 증대된다.

㉢ 연료소비율이 증대된다.

㉣ 압축압력이 저하된다.

㉤ 기관 출력이 저하된다.

7 링의 장력

(1) 기능

① 실린더 벽에 가하는 압력이다.

② 링의 절개로 인한 탄성력을 말한다.

③ 통상 1.0~1.2kg 정도를 둔다.

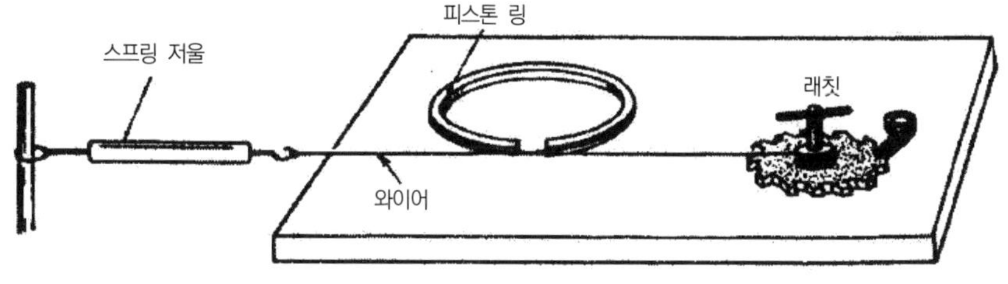

[그림 1-75] 피스톤 링의 장력 측정

(2) 영향

① **장력이 크면**

㉠ 실린더 벽과의 **마찰 증대** ㉡ **마모 증대**

㉢ **동력 손실 증대**

② **장력이 작으면**

㉠ 블로바이 증대 ㉡ 연료소비량 증대

㉢ 오일 소비량 증대 ㉣ **압축압력 저하**

㉤ 기관 출력 저하 ㉥ 열전도 능력 감소

㉦ 링 플래터 현상 발생

10 피스톤 핀(Piston Pin)

1 기능

① 피스톤 보스부에 끼워져 피스톤과 커넥팅로드 소반부를 연결한다.

② 작동 중 피스톤 핀은 충격하중과 전단하중을 받는다.

2 구비조건

① 가벼울 것 : 내부를 중공(中空)으로 함

② 내마멸성이 우수할 것 : 표면 경화

③ 맥동적인 하중에 견딜 강도가 있을 것

3 재질

• 저탄소강 / 니켈 크롬강

4 설치 방법

(1) 고정식

① 피스톤 보스에 **볼트**로 고정

② 커넥팅로드 소단부에 부싱 사용

(2) 반부동식(요동식)

① 커넥팅로드 소단부에 **클램프** 볼트로 고정

② 근래에는 열박음 방식을 사용

(3) 전부동식(부동식)

① 피스톤과 커넥팅로드 어디에도 고정시키지 않은 것

② 핀 보스부 양쪽에 **스냅 링**을 설치(핀이 빠져나오는 것을 방지)

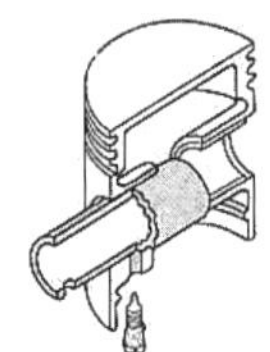

(a) 고정식

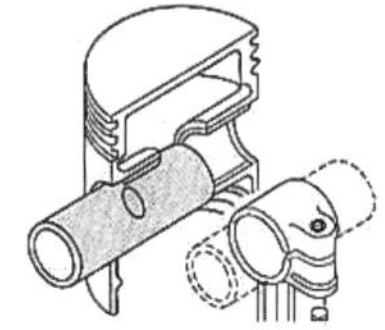

(b) 반부동식(요동식)

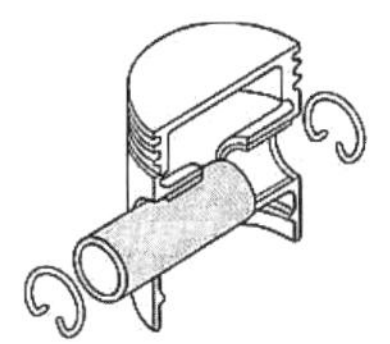

(c) 전부동식(부동식)

[그림 1－76] 피스톤 핀 설치 방법

11 커넥팅로드(Connecting Rod)

1 기능

피스톤과 크랭크축을 연결하는 막대

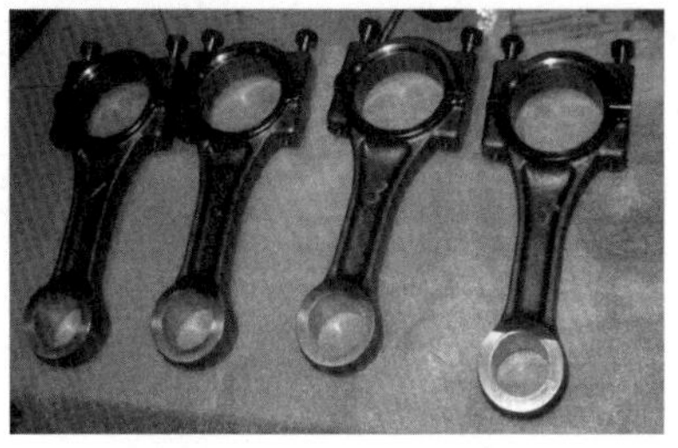

[그림 1-77] 커넥팅로드

2 구비조건

① 압축력과 인장력에 견딜 것
② 휨과 비틀림에 견딜 충분한 강도와 강성이 있을 것

3 재질

- 니켈 크롬강, 크롬 몰리브덴강

4 길이

(1) 커넥팅로드의 길이 : 피스톤 행정의 1.5~2.5배

(2) 길이에 따른 영향

길 때	짧을 때
• 엔진 높이 높아짐 • 강성이 작고, 중량이 커짐 • **측압이 작아짐**	• 엔진 높이 낮아짐 • 강성이 크고, 중량이 작아짐 • **측압이 커짐**

5 커넥팅로드 휨 또는 비틀림

(1) 영향

① 측압 증대
② 블로바이 증대
③ 연료 소비 증대
④ 오일 소비 증대
⑤ 엔진 출력 감소
⑥ 소음 · 진동 증대
⑦ 크랭크축 저널의 편마모
⑧ 실린더 벽의 이상 마모
※커넥팅로드가 휘거나 비틀렸어도 행정 길이에는 영향이 없다.

(2) **계측기** : 커넥팅로드 얼라이너와 필러 게이지

(3) **수정 방법** : 아버프레스로 수정

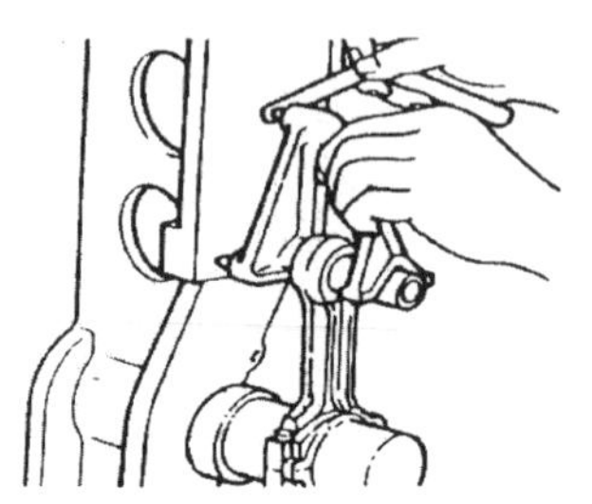

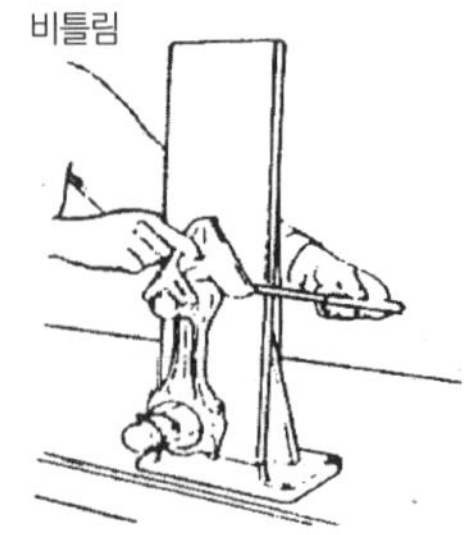

[그림 1－78] 커넥팅로드 얼라이너의 사용법

12 엔진 베어링(Engine Bearing)

1 기능

① 물체를 지지한다.
② 섭동 회전 시 마찰을 감소시킨다.
③ 축을 보호한다.

2 종류

(1) 작동 상태에 따라

① **평면 베어링(Plane Bearing)**
- ㉠ 일체형(부시형, Busy Type) : 원통형으로 된 것
- ㉡ 분할형(스프릿형, Split Type) : 원통형을 둘로 나눈 형태

② **전동 베어링(Rolling Bearing)**
- ㉠ 볼 베어링
- ㉡ 롤러 베어링
- ㉢ 테이퍼 롤러 베어링
- ㉣ 니들 롤러 베어링
- ㉤ 파일럿 롤러 베어링

(2) 하중 방향에 따라

① **레이디얼 베어링** : 하중이 직각으로 작용
② **스러스트 베어링** : 하중이 축 방향으로 작용(일체식과 분리식이 있음)
③ **앵귤러 베어링** : 하중이 직각 방향과 축 방향 모두에서 작용

3 구비조건

① **하중 부담 능력** : 압축, 충격하중에 견디는 능력
② **내피로성** : 경화, 균열, 변형에 충분히 견딜 수 있는 성질
③ **내식성** : 부식에 견디는 성질
④ **내마멸성** : 섭동면의 마찰에 의한 마멸이 적은 성질
⑤ **매입성** : 축과 베어링 사이의 이물질을 흡수하는 성질
⑥ **추종 유동성** : 축의 모양대로 마모되는 성질
⑦ **길들임성** : 원활하게 돌기 위해 틀을 잡아주며, 축을 보호하기 위해 축보다 먼저 마모되는 성질

4 평면 베어링의 재질

(1) 일체형(Bush type)

① **청동** : 구리(Cu)+아연(Zn)
② **황동** : 구리(Cu)+주석(Sn)
③ 알루미늄

(2) 분할형(Spit type)

① 배빗메탈(백메탈 : Babbitt Metal, White Metal)

㉠ 성분 : **주석**(Sn) 80~90%+**안티몬**(Sb) 3~12%+**구리**(Cu) 3~7%

㉡ 특징

- 화이트 메탈이라고도 한다.
- 매입성이 크다.
- 길들임성이 크다.
- 내식성이 크다.
- 피로강도가 작다.
- 고온강도가 작다.
- 열전도율이 불량하다.
- 현재 거의 사용하지 않는다.

② 켈밋메탈(적메탈 : Kelmet Metal, Red Metal)

㉠ 성분 : **구리**(Cu) 60~70%+**납**(Pb) 30~40%

㉡ 특징

- 매입성이 작다.
- 길들임성이 작다.
- 내식성이 작다.
- 피로강도가 크다.
- 고온강도가 크다.
- 열전도율이 양호하다.
- 반융착성이 양호하다.
- 고속, 고온, 고하중에 잘 견딘다.

③ 트리메탈(3층 메탈 : Tri Metal)

㉠ 성분 : 동합금의 셀에 연천동[**아연**(Zn) 10%+**주석**(Sn) 10%+**구리**(Cu) 80%]을 중간층으로 하고 표면에 배빗을 0.02~0.03mm 입힌 형식

㉡ 특징

- 배빗메탈과 켈밋메탈의 특성을 합한 것이다.
- 표면은 배빗메탈의 축을 보호하는 특성을 갖도록 한다(표면 : 배빗메탈 특성).
- 내부는 열적 · 기계적 강도를 양호하게 한다.

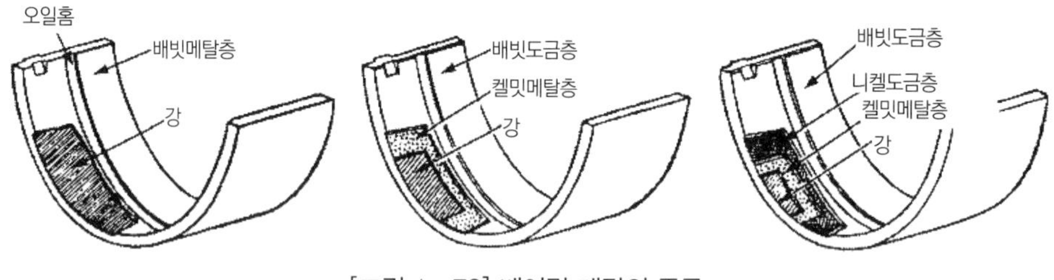

[그림 1-79] 베어링 메탈의 종류

5 구성

(1) 베어링 크러시(Bearing Crush)

① **베어링 바깥둘레와 하우징 안둘레의 차이**로 베어링이 0.025~0.075mm 정도 크다.

② 크러시를 두는 이유

㉠ 조립 시 밀착 양호 : 작동 중 **유동 방지**

㉡ 열전도율 양호 : 과열 방지

③ 크러시가 크면

㉠ 조립 시 찌그러져 유막 파괴

㉡ 심하면 소결 현상(stick : 열에 의해 타 붙는 것)

④ 크러시가 작으면

㉠ 작동 중 움직임(엔진의 작동 온도 변화로 헐거워져 축회전 시 따라 돌아감)

㉡ 열전달 불량으로 과열

(2) 베어링 스프레드(Bearing Spread)

① 베어링을 하우징에 끼우지 않았을 때의 **베어링 외경과 하우징 내경과의 차이**이다.

② 통상 0.125~0.50mm 정도의 차이를 둔다(베어링 외경이 큼).

③ 스프레드를 두는 이유

㉠ 베어링이 **제자리에 밀착**

㉡ 조립 시 이탈 방지

㉢ 크러시로 인한 안쪽 찌그러짐 방지

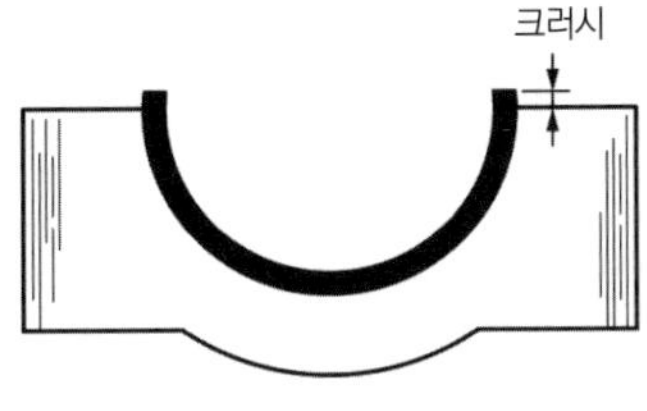

(a) 베어링 크러시

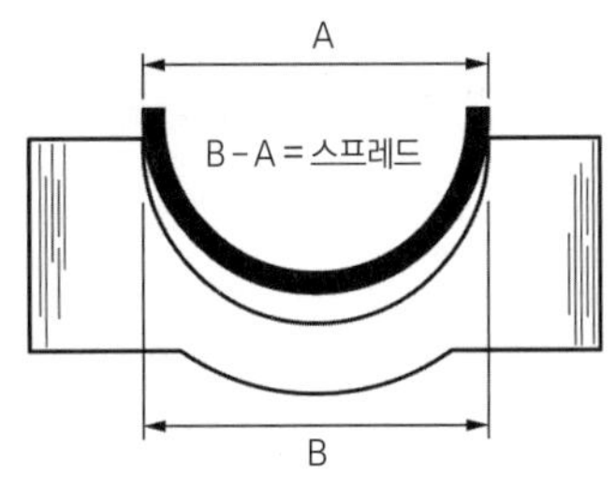

(b) 베어링 스프레드

[그림 1-80] 베어링 크러시와 스프레드

(3) 베어링의 두께(Bearing Thickness)

① 베어링을 하우징에 끼우지 않은 상태에서 중앙 부분의 두께이다.

② 베어링을 하우징에 끼우지 않은 상태에서는 중앙 부분이 양쪽보다 두껍다.

③ 하우징에 끼우고 규정의 토크로 체결되면 거의 균일한 두께를 나타낸다.

④ 작동 중 충격하중으로 인하여 유막이 갈라지는 것을 방지한다.

(4) 베어링 메탈층의 두께(Bearing Metal Lining Thickness)

① **베어링 메탈층의 두께는 얇은 것이 좋다.**

㉠ 배빗메탈의 두께 : 0.1~0.3mm

㉡ 켈밋메탈의 두께 : 0.2~0.5mm

㉢ 베어링 전체의 두께 : 1.0~3.0mm

② **두꺼울 때** : 마멸성 · 길들임성 · 매입성 향상, 내피로성 · 내구성 저하

③ **얇을 때** : 매입성 불량으로 저널 손상, 내피로성 · 내구성 증대

(5) 베어링 간극

① 베어링 내경과 축 외경 사이의 **윤활 간극**이다.

② 일반적으로 0.038~0.076mm 정도를 둔다.

③ **간극이 클 때**

㉠ 유압 저하

㉡ 오일 소비량 증대(예 간극이 2배 커지면 오일 소비량 5배가 증가된다.)

㉢ 진동 및 소음 증가

㉣ 축의 마모 증대

④ **간극이 작을 때**

㉠ 유막 파괴

㉡ 오일 공급 불량

㉢ 윤활 불량으로 마찰 증대

㉣ **소결(Stick)** 현상 발생

13 크랭크축(Crank Shaft)

1 기능

① 크랭크케이스 내 새들부에 설치한다.

② 피스톤의 **직선 왕복운동을 회전운동으로 바꾸어** 외부에 전달한다.

③ 동력행정에서는 피스톤으로부터 힘을 받아 회전력을 발생한다.

④ 흡입, 압축, 배기행정에서는 피스톤에 힘을 전달하여 사이클을 완성하도록 한다.

2 구비조건

① 고속 회전 시 진동이 없을 것

② 내마멸성이 클 것

③ 충격 하중에 견딜 것

④ 정적 · 동적 평형이 잡혀 있을 것(평형추 설치)

3 재질

• 고탄소강, 크롬 몰리브덴강

4 구성

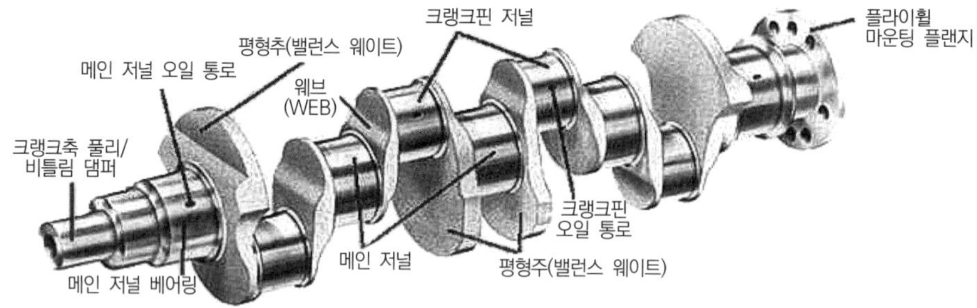

[그림 1-81] 크랭크축의 구성

① **메인 저널(Main Journal)** : 크랭크축의 하중 지지

② **핀 저널(Pin Journal)** : 커넥팅로드 대단부와 연결

③ **크랭크암(Crank Arm)** : 메인 저널과 핀 저널을 연결하는 막대

④ **평형추(Balance Weight)** : 정적 · 동적 평형 유지

⑤ **곡률 반경부(Rounding)** : 반경 5~8mm 정도의 곡률부로 저널과 암의 접촉부에 설치되어 응력집중 방지

⑥ **크랭크축 오버랩(Crank Shaft Over Lap)** : 메인 저널과 핀 **저널이 겹치는 상태**로 축의 고속 회전을 원활히 하고 축의 강도를 증대

⑦ **오일 구멍(Oil Hole)** : 오일 공급 통로

⑧ **오일 슬링거(Oil Slinger)** : 축의 뒷부분으로 오일의 누출을 방지

⑨ **플랜지(Flange)** : 플라이휠 설치부

[그림 1-82] 크랭크축과 크랭크케이스

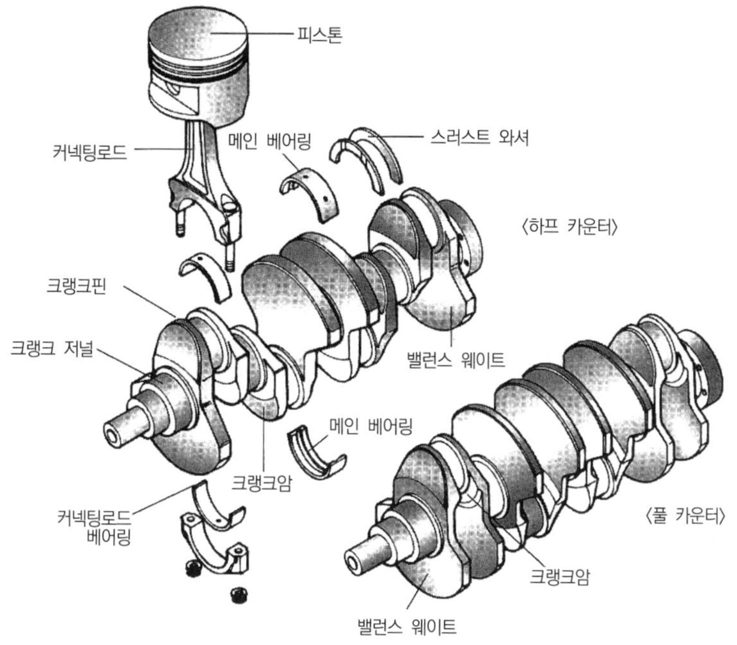

[그림 1-83] 크랭크축 및 축 주변 각 부의 명칭

5 형식

(1) 2기통

① **직렬형** : 위상각 180°

② **수평 대향형** : 위상각 360°

③ **V형** : 위상각 360°

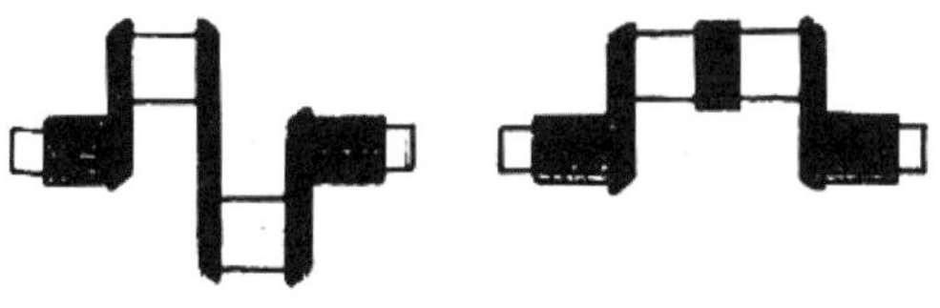

[그림 1-84] 2기통 기관의 크랭크축

(2) 4기통

① 직렬형, 수평 대향형

② **위상각** : 180°

③ 1번 핀과 4번 핀, 2번 핀과 3번 핀이 동일 평면상에 위치

④ 점화순서 : 1－3－4－2, 1－2－4－3

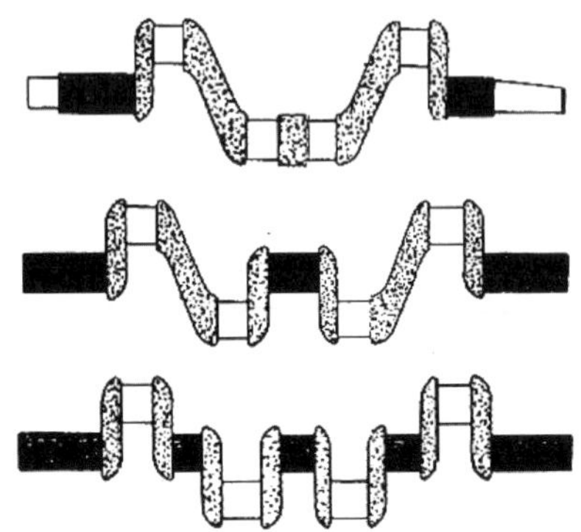

[그림 1－85] 수평 대향형 4기통 기관의 크랭크축

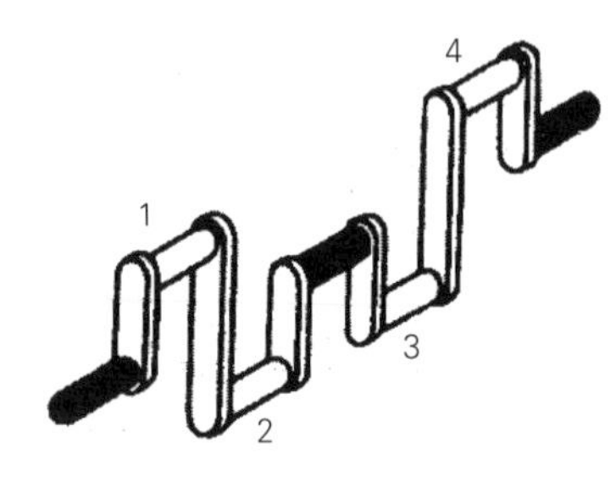

[그림 1－86] 직렬 4기통 기관의 크랭크축

(3) 6기통

① 직렬형, V형

② 위상각 : 120°

③ 1번 핀과 6번 핀, 2번 핀과 5번 핀, 3번 핀과 4번 핀이 동일 평면상에 위치

④ V형에서는 핀 저널이 3개이며, 1개의 핀에 2개의 커넥팅로드가 설치

⑤ 직렬형에서 1번 핀을 상사점 위치로 하였을 때 3번과 4번 핀이 왼쪽에 위치하면 좌수식, 오른쪽에 위치하면 우수식

⑥ 점화순서

㉠ 우수식 : 1－5－3－6－2－4

㉡ 좌수식 : 1－4－2－6－3－5

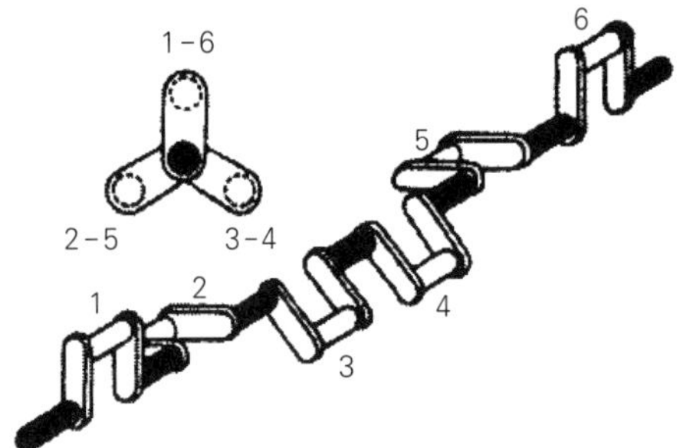

(a) 6기통 기관의 크랭크축(우수식)

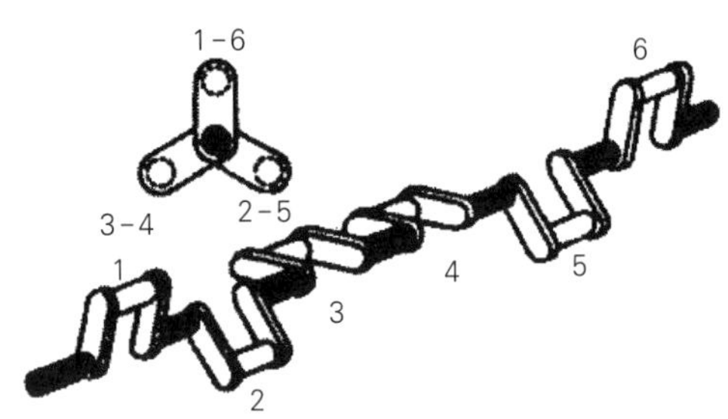

(b) 6기통 기관의 크랭크축(좌수식)

[그림 1－87] 직렬 6실린더형 크랭크축

(4) 8기통

① 직렬형, V형

② 위상각 : 직렬형＝90°, V형＝180°

③ V형에서는 핀 저널이 4개로 1개의 핀 저널에 2개의 커넥팅로드가 설치

④ 점화순서

㉠ 직렬형 : 1－6－2－5－8－3－7－4, 1－5－2－6－8－4－7－3

㉡ V형 : 1－8－4－3－6－5－7－2, 1－4－5－2－7－6－3－8

참고

1. 위상각이란?

다기통 엔진에서 연소가 일어나는 일정한 간격의 각도를 말한다.

2. 크랭크축 핀 저널 각도차(위상차)

① 크랭크축 핀 저널 각도차[위상차(각)＝크랭크축 동력회전각도＝점화순서 위상]

$$\text{크랭크축 핀 저널 각도차} = \frac{720°}{\text{기통수}}$$

② 4실린더 기관 : 180°, 6실린더 기관 : 120°, 8실린더 기관 : 90°

3. 좌 · 우수식이란?

1~6번 크랭크핀을 상사점의 위치로 하고 축을 앞에서 보았을 때 3~4번 핀의 위치가 좌측에 있으면 좌수식, 우측에 있으면 우수식이라고 한다.

6 점화순서 결정 시 고려할 사항

① **연소가 같은 간격**으로 일어나게 한다.

② 비틀림 진동이 일어나지 않도록 한다.

③ 혼합기의 분배가 균등하게 한다.

④ 인접한 실린더에 연이어 점화되지 않게 한다.

⑤ 한 개의 메인 저널에 연속 하중이 작용하지 않게 한다.

7 실린더 행정 구하기

(1) 4행정 4기통 기관에서 점화순서가 1－3－4－2일 때 3번 실린더가 압축행정 시 4번 실린더는 무슨 행정을 하는가?

① 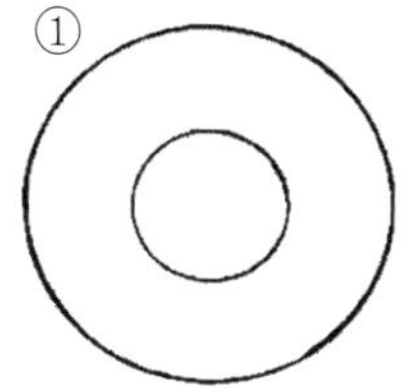

② 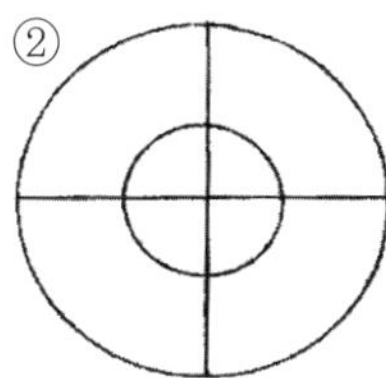

③ 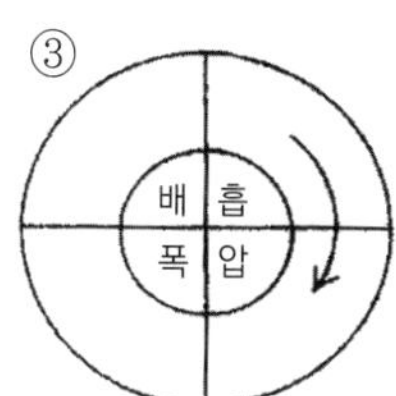

④ 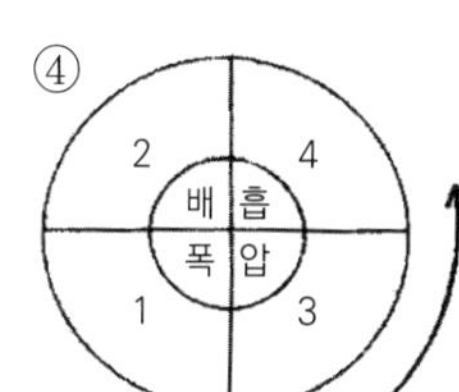

① 두 개의 원을 그린다.

② 두 개의 원을 4등분한다.

③ 안쪽 원에 시계 방향으로 행정순서를 적는다.

④ 조건 실린더 번호를 해당 행정 위치 바깥원에 적은 다음 시계 반대 방향으로 점화순서를 적는다.

☞ 위 설명과 같이 계산한 결과 1번 실린더는 폭발행정, 2번 실린더는 배기행정, 4번 실린더는 흡입행정을 한다.

(2) 4행정 6기통 기관에서 점화순서가 1－5－3－6－2－4일 때 3번 실린더가 압축초에 위치하면 2번 실린더는 무슨 행정을 하는가?

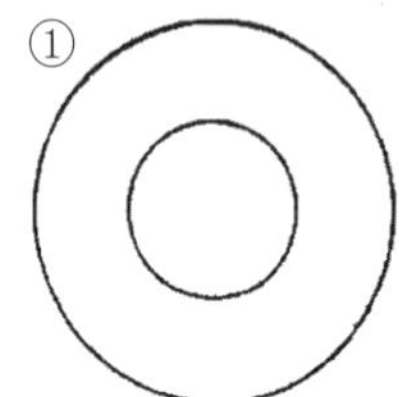

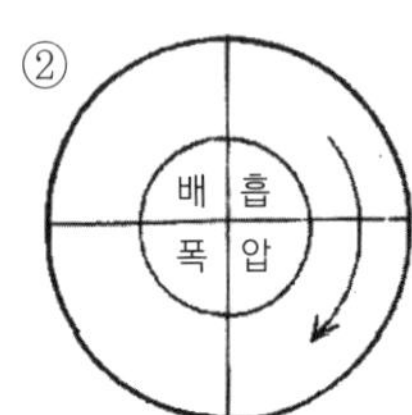

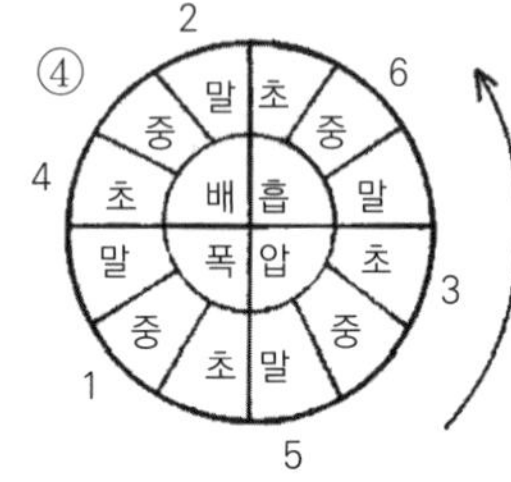

① 두 개의 원을 그린다.

② 두 개의 원을 4등분하고 안쪽에 행정을 시계 방향으로 적는다.

③ 각 행정을 3등분하고 시계 방향으로 초 · 중 · 말을 적는다.

④ 조건 실린더 번호를 해당 행정 위치에 기록하고 반시계 방향으로 한 칸씩 건너서 점화순서를 적는다.

☞ 위 설명과 같이 계산한 결과 1번 실린더는 폭발 중, 2번 실린더는 배기 말, 4번 실린더는 배기 초, 5번 실린더는 압축 말, 6번 실린더는 흡입 중 행정을 한다.

8 축의 휨

(1) 원인 : 반복 하중 및 충격 하중, 비틀림 진동

(2) 영향 : 고속 회전 시 진동 발생, 저널의 이상 마모

(3) 한계값

① 축의 길이 500mm 이하 : 0.03mm

② 축의 길이 500mm 이상 : 0.05mm

(4) 계측기 : 다이얼 게이지와 V 블록

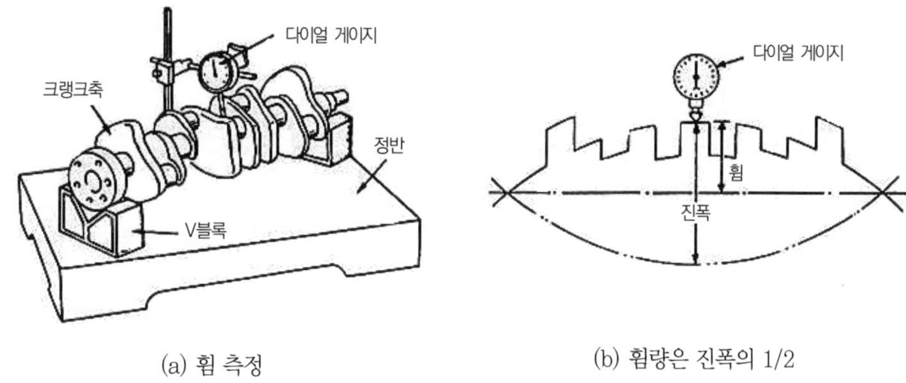

(a) 휨 측정

(b) 휨량은 진폭의 1/2

[그림 1-88] 크랭크축의 휨 측정

(5) 측정 방법

① 크랭크축 앞 · 뒤 메인 저널을 V 블록 위에 올려놓는다.

② 다이얼 게이지의 스핀들을 중앙 메인 저널에 설치한 후 천천히 크랭크축을 회전시키면서 다이얼 게이지의 눈금을 읽는다.

③ 이때 최대와 최소값의 차이의 **1/2이 크랭크축 휨값**이다.

(6) 수정 방법

① 가벼운 휨은 U/S로 절삭하여 수정한다.

② 한계값 이상일 때는 아버프레스로 수정한다.

9 축의 엔드 플레이(축방향 놀음 또는 스러스트 간극)

(1) 영향

① 간극이 크면

㉠ 커넥팅로드에 휨하중 작용
㉡ **피스톤 측압** 증대
㉢ 밸브 개폐 시기 틀려짐
㉣ 클러치 작동 시 충격, 진동 발생

② 간극이 작으면

㉠ 마찰 증대
㉡ 기계적 손실 증대
㉢ 심하면 **소결**
㉣ **소음 발생**

(2) 규정값 및 한계값

① **규정값** : 0.05~0.25mm

② **한계값** : 0.3mm

(3) **계측기** : 다이얼 게이지, 필러 게이지

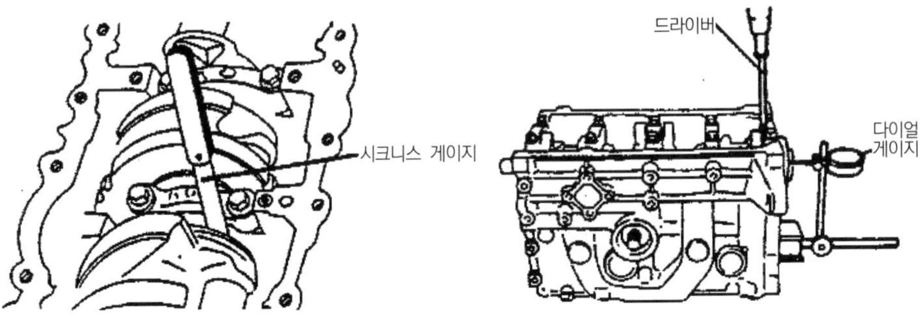

(a) 시크니스 게이지에 의한 점검 (b) 다이얼 게이지에 의한 점검

[그림 1-89] 크랭크축 엔드 플레이의 점검

(4) 측정 방법

① 크랭크케이스에 축을 설치하고 규정의 토크로 채결한다.

② 드라이버(또는 플라이 바)를 이용하여 축을 한쪽으로 민다.

③ **필러 게이지 사용 시** : 게이지를 스러스트 베어링이 있는 곳에 삽입하여 측정한다.

④ **다이얼 게이지 사용 시** : 축의 끝부분(플랜지 부분)에 직각이 되도록 게이지를 설치 후 영점 조정을 한 다음 축을 반대 방향으로 밀었을 때 게이지 지침이 움직인 양을 판독한다.

(5) 수정 방법

① 일체식 스러스트 베어링을 사용 시 스러스트 베어링을 교환한다.

② 분리식 스러스트 베어링을 사용 시 심으로 수정한다.

10 축 마멸 점검(메인 저널 및 핀 저널)

(1) 영향

① 베어링 간극이 커짐 ② 유압 저하

③ 오일 소모량 증대 ④ 소음 진동 증대

(2) 한계값

① **진원 마모** : 0.02mm

② **타원 마모** : 0.03mm

③ **테이퍼 마모** : 0.03mm

④ 진원 마모 상태가 한계값 이내로 마모되었어도 타원 마모나 테이퍼 마모가 한계값 이상 마모되면 수정한다.

(3) 조치

저널의 마멸량이 한계값 이상 시는 언더사이즈(U/S : Under Size) 베어링으로 맞추어 연삭 수정한다.

(4) 계측기 : 외측 마이크로미터

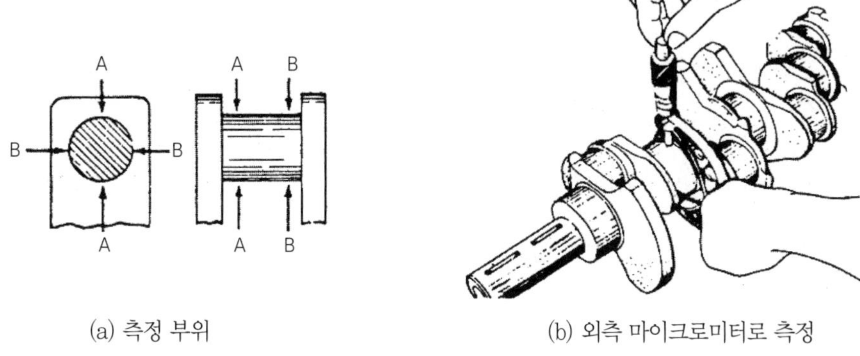

(a) 측정 부위 (b) 외측 마이크로미터로 측정

[그림 1-90] 크랭크축 저널 측정

(5) 측정 방법

오일 구멍을 피하여 4개소에서 측정한다(오일 구멍 좌우 양끝단에서 마모가 가장 큼).

(6) 수정 방법(U/S 구하기)

저널의 언더사이즈(U/S) 기준값은 **0.25~1.50mm까지 6단계**로 구성되어 있다. 또한 크랭크축의 저널을 연마 수정하면 지름이 작아지므로 표준값에서 연마값을 빼내어야 한다. 이렇게 하여 그 치수가 작아지므로 언더사이즈(U/S)라고 하며, **크랭크축 베어링은 표준보다 더 두꺼운 것을 사용**하여야 한다.

[수정값 및 언더사이즈(U/S) 계산 방법]

① 축의 외경을 측정하여 축의 최소 측정값을 구한다.

② 최소 측정값에서 진원 절삭량(바이트 절삭량 : 0.20mm)을 뺀다.

③ 위 ②에서 구한 값을 언더사이즈(U/S) 베어링 기준값에 대입하여 ②에서 구한 값보다 작은 것 중에서 가장 가까운 것을 선정하여, 저널 수정값(수정 후의 외경)을 구한다.

④ 크랭크축 표준외경에서 ③에서 구한 저널 수정값을 뺀 값이 U/S 값이 된다.

⑤ 언더사이즈(U/S : Under Size) 베어링 기준값

단 계	1	2	3	4	5	6
치수(mm)	0.25	0.50	0.75	1.00	1.25	1.50

예제

크랭크축 표준외경(S.T.D) 58.75mm인 어느 엔진의 크랭크축 저널의 지름을 측정하였더니 58.50mm로 나왔을 때, 수정값과 언더사이즈(U/S) 값을 각각 구하시오.

해설 ① 크랭크축의 최소 측정값 : 58.50mm, 진원(수정) 절삭량 : 0.2mm
최소 측정값에서 진원 절삭량(바이트 절삭량 : 0.20mm)을 뺀다.
(※진원으로 수정하려면 최소 측정값에서 0.2mm를 더 연마하여야 하므로)
58.50−0.2=58.30

② 언더사이즈 기준값에 0.30mm가 없으므로, 이 값보다 작으면서 가장 가까운 언더사이즈(U/S) 기준값인 0.25mm(1단계)를 선정한다. 따라서, 저널 수정값은 58.25mm가 된다.

③ 언더사이즈(U/S) 값
58.75mm(크랭크축 표준외경)−58.25mm(수정값)=0.50mm

즉, 이 값 언더사이즈(U/S)는 표준치수에서 수정하였을 때 끼울 수 있는 베어링 치수가 된다.
∴ **수정값은 58.25mm이며, 언더사이즈(U/S) 값은 0.50mm**

(7) 수정 한계값

① 축 외경 50mm 이하 : 1.00mm
② 축 외경 50mm 이상 : 1.50mm

11 베어링 간극

(1) 두는 이유

① 베어링 내경과 축 외경 사이의 윤활 간극을 둔다.
② 일반적으로 0.038~0.076mm 정도를 둔다.

(2) 영향

① 간극이 클 때
　㉠ **유압 저하**
　㉡ 오일 소모율 증대(간극이 2배 커지면 오일 소모량 5배 증가)
　㉢ 진동 및 소음 증가
　㉣ 축의 마모 증대

② 간극이 작을 때
　㉠ **유막 파괴**
　㉡ 오일 공급 불량
　㉢ 윤활 불량으로 마찰 증대
　㉣ **소결(Stick)** 현상

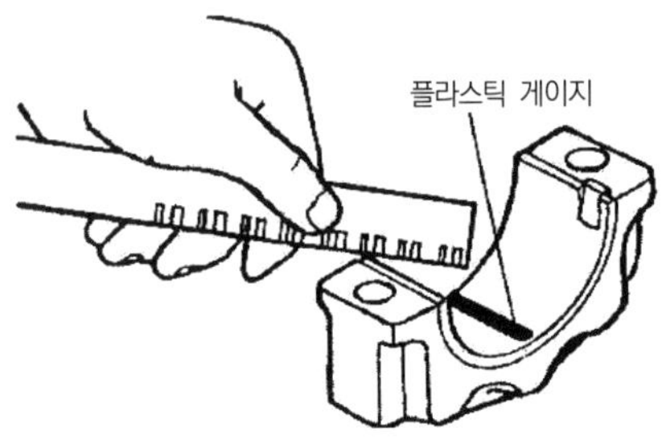

[그림 1−91] 플라스틱 게이지 사용법

(3) 계측기 : 플라스틱 게이지(테이퍼 마모를 가장 정확히 측정할 수 있음)

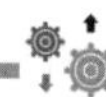

14 플라이휠(Fly Wheel)

1 기능

① 크랭크축 플랜지에 볼트로 설치되어 에너지를 일시적으로 저장하였다가 다시 방출하는 일을 수행한다.
② 엔진의 **맥동운동**을 원활하게 한다.
③ 클러치 마찰면으로 활용한다.
④ 시동 시 기동 전동기의 동력을 전달 받는 링 기어를 부착한다.

2 구비조건

① **회전 관성력**이 클 것
② 중량은 가능한 가벼울 것
③ 동적, 정적 평형이 잡혀 있을 것
④ 위 조건을 만족시키기 위하여 바깥 부분은 두껍게 하고 안쪽은 얇게 한 추와 같은 모양으로 함

3 재질 : 주철

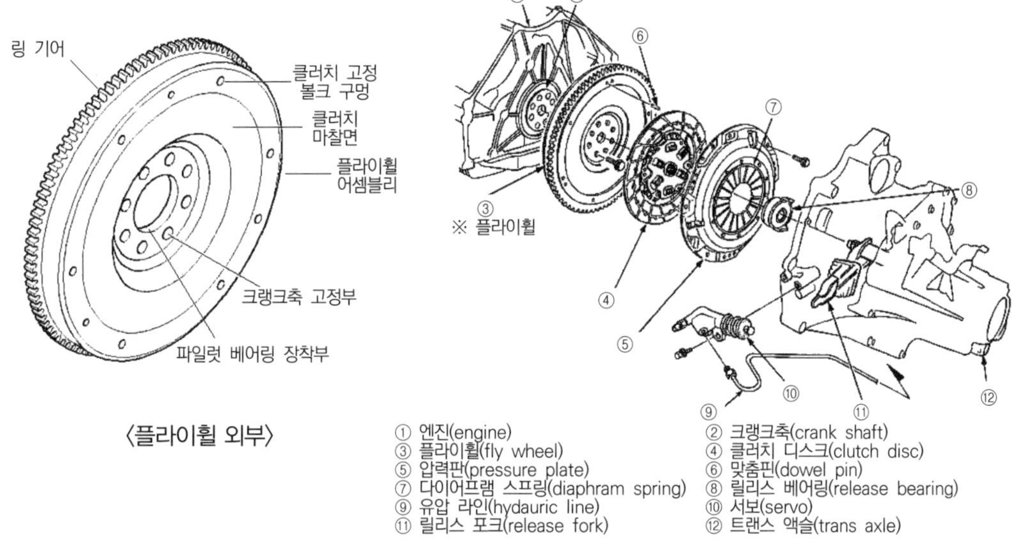

[그림 1－92] 플라이휠의 구조 및 장착 위치

4 구성

① **마찰면** : 클러치판과 접촉하여 마찰력을 발생
② **링 기어** : 시동 모터 피니언 기어와 접촉하여 엔진 시동(열박음으로 설치)
③ **도울 핀(평행 핀)** : 클러치 커버의 설치 위치를 안내
④ **파일럿 베어링** : 플라이휠 중심에 설치되어 클러치축(변속기 입력축)을 지지
⑤ **타이밍 마크** : 점화시기를 측정할 수 있는 마크가 설치된 것도 있음

5 동력 오버랩(Power Over Lap)

① 동력행정 각도와 동력 발생 각도(위상각)가 겹치는 상태이다.
② 동력의 겹침 각도가 큰 엔진은 상대적으로 엔진의 맥동이 작기 때문에 플라이휠의 크기가 작아도 된다.

6 플라이휠의 크기

엔진의 실린더 수와 회전속도(회전수)에 반비례한다.

7 비틀림

① **원인** : 재질 불량, 마찰열에 의한 변형
② **영향** : 동력 전달 불량, 동력 차단 불량, 진동 소음 발생
③ **계측기** : 다이얼 게이지
④ **한계값** : 0.05m

8 비틀림 진동 방지기(Torsional Vibration Damper)

(1) 기능

① 플라이휠을 설치함으로써 크랭크축의 비틀림 진동 억제
② 크랭크축 풀리 앞에 설치

(2) 비틀림 진동이 발생하는 원인

기관 작동 중 일정한 회전속도를 유지하다가 실린더 내에서 급격한 압력의 변화가 발생하면 비틀림 진동이 발생한다.

(3) 비틀림 진동의 크기

① 회전속도가 느릴수록 커진다.
② 플라이휠의 무게가 무거울수록 커진다.
③ 플라이휠에서 멀수록 커진다.

④ 크랭크축의 길이가 길수록 커진다.

⑤ 크랭크축의 강성이 작을수록 커진다.

(4) 구조

① **무게(휠)** : 관성을 이용하여 비틀림 진동 억제(플라이휠과 같은 작용)

② **합성고무** : 축과 댐퍼(휠) 사이에 설치되어 충격 흡수

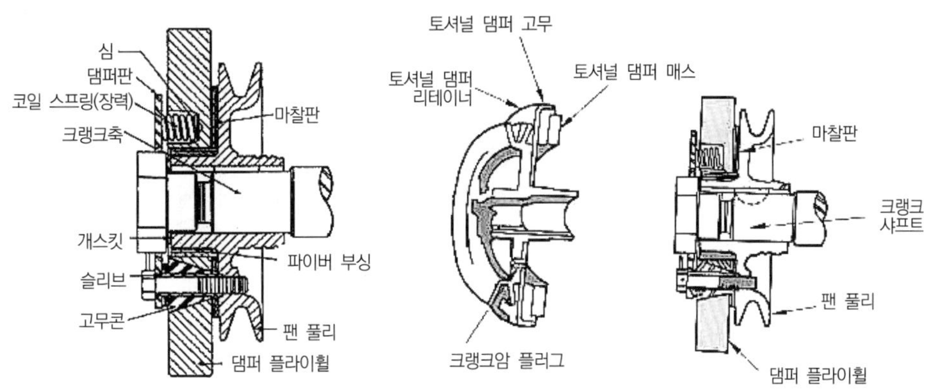

[그림 1-93] 비틀림 진동 방지기의 구조

15 밸브 및 밸브 기구(Valve & Valve Machine)

1 밸브 기구 동력 전달 순서

(1) I-Head 엔진(Over Head Valve Engine)

① O.H.V.형 : 크랭크축 기어 → 캠축 기어 → 캠 → 태핏(리프터) → 푸시로드 → 로커암 → 밸브

② O.H.C.형, I.H.C.형 : 크랭크축 스프로킷 → 체인(또는 벨트) → 캠축 스프로킷 → 캠축 → 캠 → 로커암 → 밸브

※ O.H.C. 엔진의 특징

- 캠축 **구동방식이 복잡**함
- 밸브 기구의 관성력이 작음
- 저속에서 고속까지 예민한 작용
- 고속에서도 **밸브 개폐 시기 안정**

(2) L-Head 엔진(Side Valve Engine)

크랭크축 기어 → 캠축 기어 → 캠축 → 캠 → 태핏(리프터) → 밸브

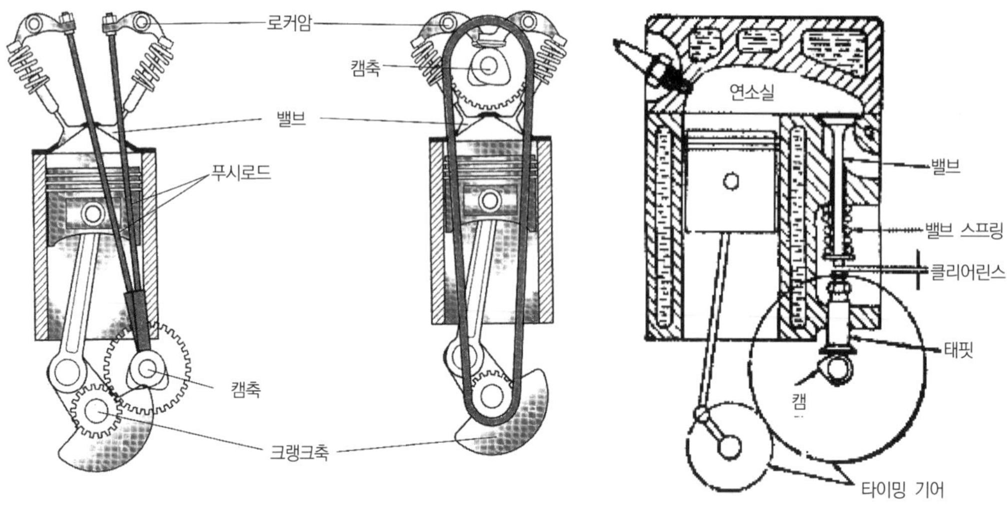

(a) O.H.V(오버 헤드 밸브) (b) O.H.C(오버 헤드 캠축)

[그림 1－94] I－Head 엔진

[그림 1－95] 사이브 밸브 기구

(3) 캠축(Cam Shaft)

① 기능

㉠ **크랭크축으로부터 동력을 전달 받아** 캠을 구동

㉡ 배전기 및 연료 펌프 구동

② 구동방식에 따른 분류

㉠ 직접 구동방식 : 기어 구동

- 캠축이 실린더 블록의 크랭크축 옆에 설치된 것
- 타이밍 기어(크랭크축 기어와 캠축 기어의 통칭)라고 함

㉡ 원격 구동방식 : 체인 구동, 벨트 구동

- 캠축이 실린더 헤드 위에 설치된 것
- 타이밍 체인 또는 타이밍 벨트라고 함

③ 구성

㉠ 캠축 구동 기어 : 캠 축 타이밍 기어(기어 구동방식)

㉡ 스프로킷 : 타이밍 체인을 구동(체인 또는 벨트 구동방식)

㉢ 타이밍 체인 : 체인을 통하여 크랭크축의 회전을 캠축에 전달

㉣ 타이밍 벨트 : 벨트를 통하여 크랭크축의 회전을 캠축에 전달

㉤ 캠축 저널 : 캠축을 지지

㉥ 배전기 구동 기어 : 배전기와 오일펌프를 구동

㉦ 연료 펌프 구동 편심캠 : 포막식 연료 펌프를 구동

㉧ 밸브 작동 캠 : 밸브를 개폐

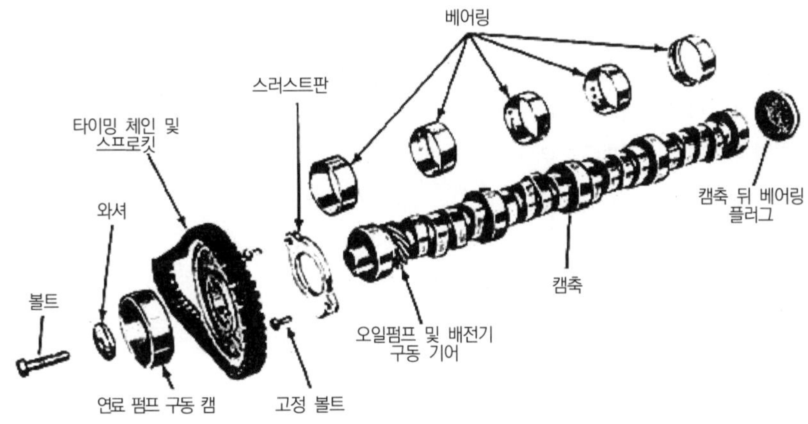

[그림 1-96] 캠축의 구조

④ **캠축의 구동방식**

㉠ 기어 구동방식(Gear drive type)

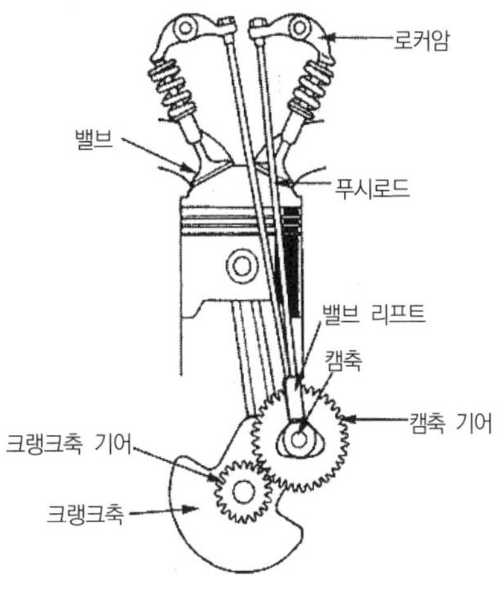

[그림 1-97] 기어 구동방식

- 개요 : 기어 구동방식은 실린더 블록에 캠축이 설치되어 크랭크축 앞쪽에 있는 크랭크축 기어와 캠축 기어가 직접 맞물려서 구동되는 형식으로 재질은 베이클라이트로 제작하여 크랭크축 기어와 맞물려 회전 시 소음 및 마멸을 감소한다.
- 특성
  - **동력 전달이 확실**하여 측압이 적으며, 동력 전달효율이 높다.
  - 회전비가 정확하기 때문에 밸브 개폐 시기가 확실하다.
  - 기어는 헬리컬 기어를 사용하며, 캠축 기어와 캠축 사이에 스러스트판(Thrust Plate)을 설치한다.
  - 이중 재질의 기어를 사용하기 때문에 충격을 흡수하므로 진동과 소음이 작다.

㉡ 체인 구동방식(Chain drive type)

- 개요 : 체인 구동방식은 크랭크축 기어와 캠축 기어를 체인으로 연결하여 캠축을 구동하는 방식으로 **축간거리가 긴 엔진에 사용**된다.
- 특성
  - 소음을 적게 할 수 있고 동력 전달 효율이 높으며, 캠축의 설치 위치를 자유롭게 할 수 있다.
  - 체인이 늘어나 헐거워지면 밸브 개폐 시기가 틀려지는 단점이 있다. 그러므로 최근에는 체인의 장력을 자동으로 조절해주는 텐셔너와 진동을 흡수하는 댐퍼를 설치하고 있다.

㉢ 벨트 구동방식(Belt drive type)

- 개요 : 크랭크축과 캠축 앞에 스프로켓을 설치하여 벨트로서 캠축을 구동하는 방식으로, 벨트의 장력을 자동으로 조정하는 텐셔너와 아이들러가 설치되어 있다. 최근의 승용차는 거의 이 방식을 사용하고 있다.
- 특성
  - **소음이 발생되지 않고 윤활이 필요 없다.**
  - 벨트는 섬유와 고무 재질로 되어 있어 열과 기름에 약하여 일정기간 사용 후 교환하여야 한다.

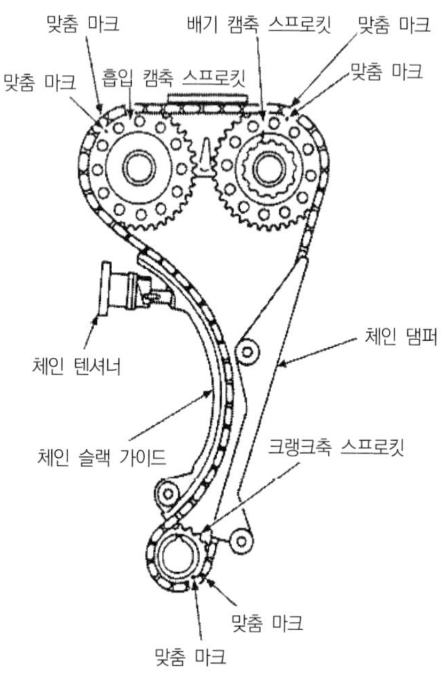

[그림 1-98] 체인 구동방식

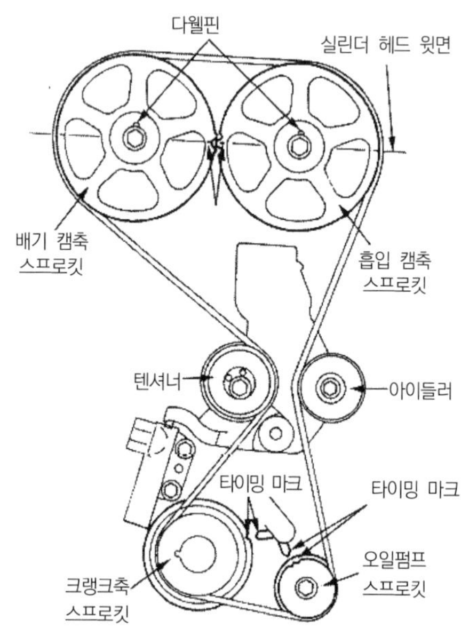

[그림 1-99] 벨트 구동방식

참고

크랭크축과 캠축의 이수비 및 회전비

(1) 기어 구동방식에서
  ① 크랭크축 기어와 캠축 기어의 이수비=1 : 2
  ② 크랭크축 기어와 캠축 기어의 회전비=2 : 1

(2) 체인 또는 벨트 구동방식에서
  ① 크랭크축 스프로킷과 캠축 스프로킷의 잇수비=1 : 2
  ② 크랭크축 스프로킷과 캠축 스프로킷의 회전비=2 : 1

(4) 캠

① 기능

㉠ **회전운동을 직선운동으로** 바꾸어 주는 기구의 통칭

㉡ 캠축의 회전운동을 태핏 또는 로커암에 전달

② 구성

㉠ 기초원(Base Circle) : 회전운동의 중심원

㉡ 노즈원(Nose Circle) : 노즈가 이루는 원

㉢ 노즈(Nose) : 밸브가 **완전히 열리는 점**

㉣ 양정(Lift) : 기초원과 노즈원의 거리

㉤ 플랭크(Flank) : 기초원과 노즈원의 연결 부분으로 태핏과 접촉하는 부분

㉥ 로브(Lobe) : 밸브가 열려서 닫힐 때까지의 거리

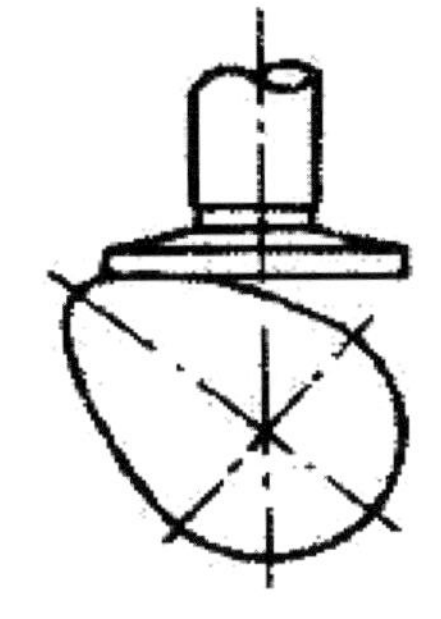

[그림 1－100] 캠의 구성

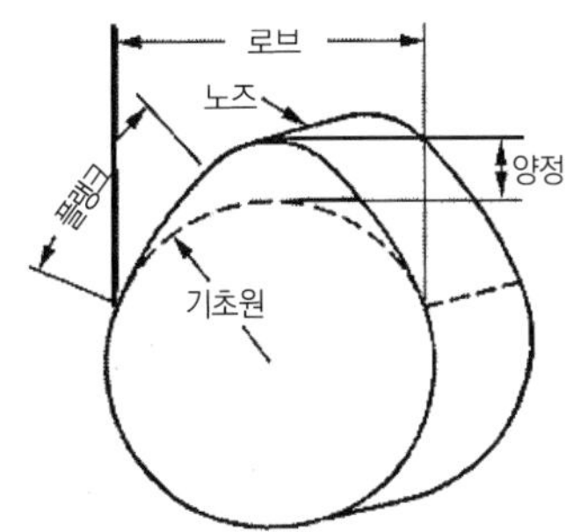

[그림 1－101] 캠의 구조

③ 종류

㉠ 접선캠

- 플랭크가 **접선(직선) 모양**으로 된 것
- 밸브 개폐가 급격히 이루어짐

㉡ 볼록캠

- 플랭크가 **원호 모양**으로 된 것
- 고속 엔진에 많이 사용
- 밸브가 빨리 열리고 열려 있는 시간이 김
- 비교적 제작이 쉬움
- 평면 태핏을 사용

㉢ 오목캠

- 일정 속도캠이라고도 함
- 롤러 태핏과 조합
- 정치용 대형 엔진에 주로 사용
- 플랭크가 **오목한 원호 모양**
- 밸브의 가속도를 일정하게 함

㉣ 비례캠

- 일정 회전수에서 밸브 기구의 변형을 고려하여 설계
- 캠의 가속도 변화가 원활하도록 함
- 밸브 기구의 충격 감소

㉤ 원호캠

- 노즈 부분이 원호 모양으로 된 것
- 밸브의 열림 시간이 김
- 주로 정치용 엔진에 사용

㉥ 편심륜(편심캠) : 연료 펌프 구동 캠

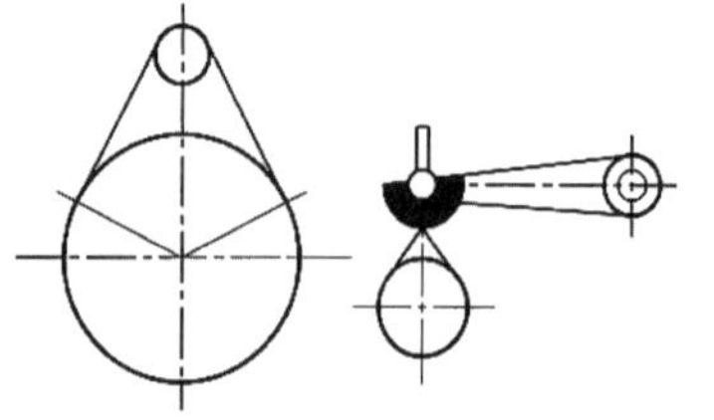

[그림 1－102] 접선캠

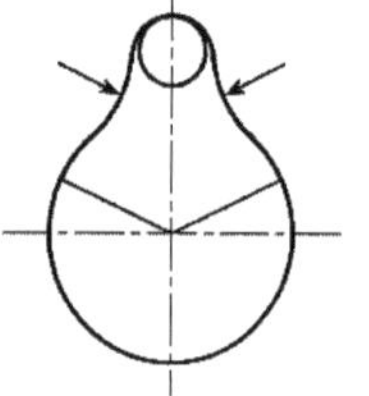

[그림 1－103] 볼록캠

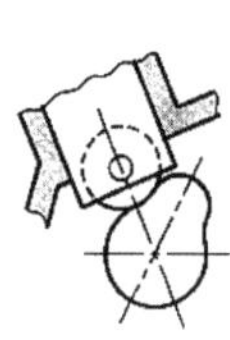

[그림 1－104] 오목캠

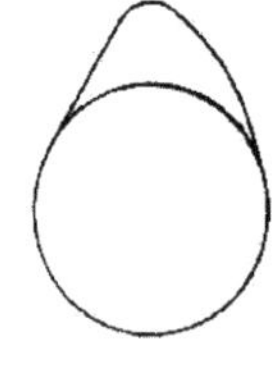

[그림 1－105] 비례캠

[그림 1－106] 원호캠

(5) 밸브 태핏(밸브 리프터, Tappet or Lifter)

① 기능

㉠ **캠의 회전운동을 상하 직선운동으로** 바꾸어 줌

㉡ 캠의 양정을 푸시로드에 전달하거나, 밸브를 직접 개폐

② 재질

㉠ 합금 주철이나 탄소강

㉡ 캠의 접촉면은 표면 강화

③ 종류 : 기계식 태핏, 유압식 태핏

④ 기계식 태핏

㉠ 원통형(I－Head Engine)

㉡ 플랜지형(L－Head Engine) : 밸브 간극을 조정할 수 있는 조정나사가 있음

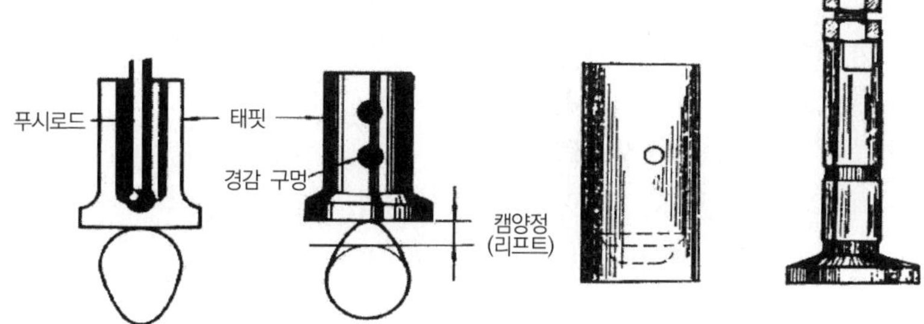

(a) 원통형
(I－Head OHV Type)

(b) 플랜지형
(L－Head)

[그림 1－107] 기계식 태핏의 종류

⑤ 유압식 태핏(Zero Lash Tappet)

㉠ 기능

- 엔진 윤활장치의 오일 압력을 이용
- 온도 변화에 관계없이 **밸브 간극을 '0'으로** 유지

㉡ 특징(장단점)

구분	장점	단점
유압식 태핏 (리프터)	• 밸브 개폐 시기가 정확하다. • 작동이 정숙하고, 진동이 없다. • 충격을 흡수하므로 밸브 기구의 내구성이 좋다. • 간격 조정이 필요없다.	• 오일펌프의 고장이 생기면 작동이 어렵다. • 유압회로가 고장 발생 시 작동이 불량하다. • 정상 유압에 이를 때까지 소음이 발생한다. • 구조가 복잡하다.

㉢ 구성

- 태핏 보디
- 플런저
- 플런저 스프링
- 체크볼 리테이너
- 체크볼 스프링
- 푸시로드 시트
- 스냅 링

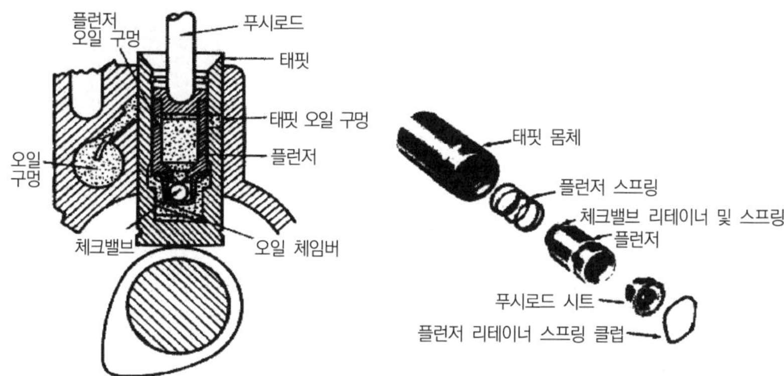

[그림 1－108] 유압식 태핏의 구조

㉣ 작동

- 태핏 상승 시
  - 체크볼이 닫히며 태핏 보디 내 유압 상승
  - 플런저가 상승하며 푸시로드를 밈
  - 체크볼이 플런저와 밀착될 때까지 약간의 오일 누출 현상이 발생하며, 그에 따라 양정이 0.02~0.5mm 정도 감소
- 태핏 하강 시
  - 체크볼이 열리며 보디 내 유압 저하
  - 유압 펌프의 유압에 의하여 오일 공급으로 푸시로드 시트가 밀어 올려져 밸브 간극은 항상 '0'을 유지

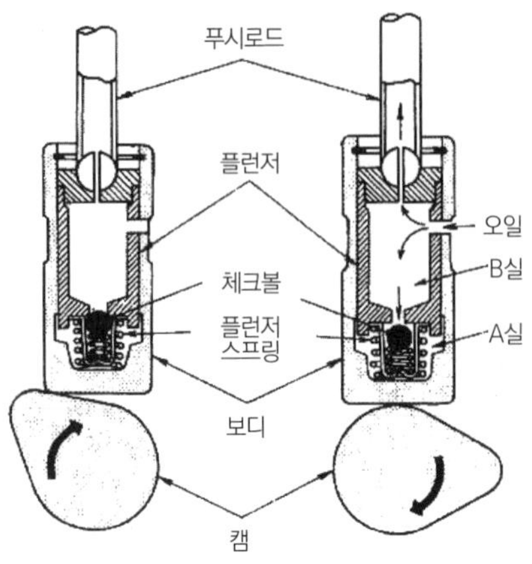

(a) 밸브 열림 (b) 밸브 닫힘

[그림 1-109] 유압 리프터(O.H.V식)

⑥ 캠과 태핏의 오프셋

㉠ 태핏 밑면에 캠의 중심과 태핏의 중심을 편심시킨 것

㉡ 편마모를 방지하기 위해

※기계식 밸브 태핏은 I헤드형의 경우 원통형이며, 그 내부에 푸시로드가 접촉되는 오목면이 있다.

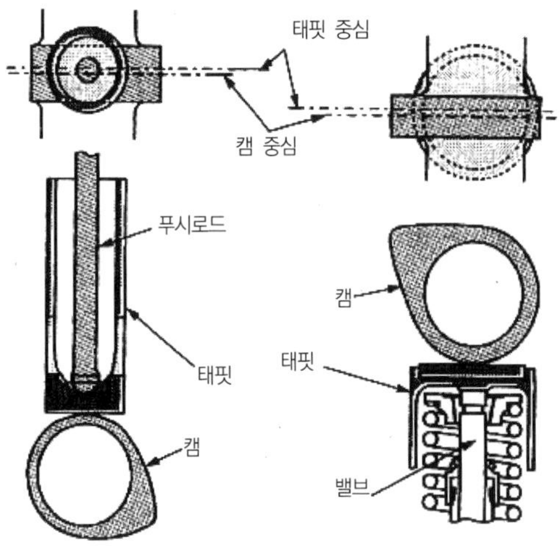

[그림 1-110] 태핏의 구조

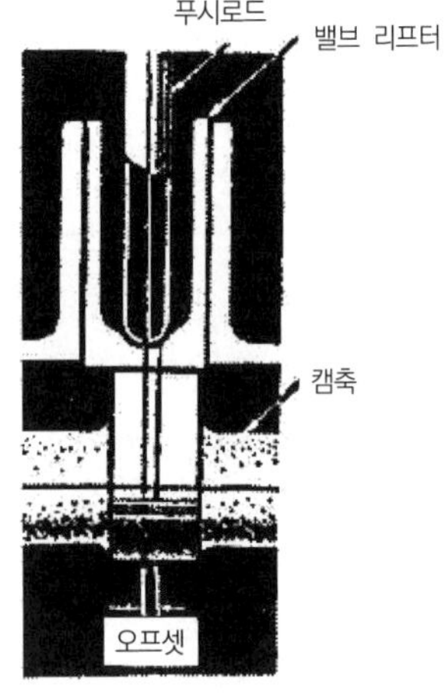

[그림 1-111] 태핏 오프셋
(기계식 태핏 원투형 I-Head OHV Type)

(6) 푸시로드(Push Rod)

① 기능 : 태핏의 **움직임을 로커암에** 전달

② 구비조건

㉠ 충분한 강성이 있을 것

㉡ 가벼울 것(관성 감소)

㉢ 내마멸성이 클 것(접촉면을 표면 강화)

㉣ 내부를 중공으로 하여 오일 통로로 이용한 것도 있음

③ 재질 : 크롬강

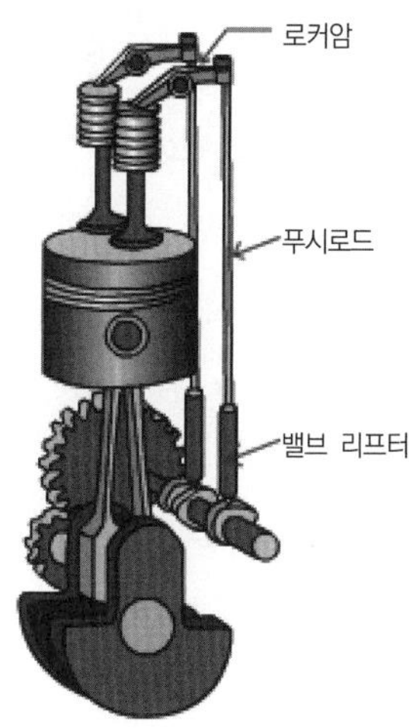

[그림 1-112] 푸시로드 및 밸브 태핏

(7) 로커암 어셈블리(Rocker Arm Assembly)

① 로커암(Rocker Arm)

㉠ 기능 : 푸시로드(Push Rod) 또는 캠(O.H.C, I.H.C 엔진)으로부터 동력을 전달받아 **밸브를 작동시킴**

㉡ 구조

- 로커암축을 중심으로 밸브와 접촉하는 쪽이 푸시로드 쪽보다 1.2~1.6배 길게 되어 있음(밸브 양정을 충분히 하기 위해)
- 밸브와 접촉하는 방향으로 오일 구멍이 있어 밸브 스템 끝과 로커암 앞끝, 캠과 로커암을 윤활하도록 함

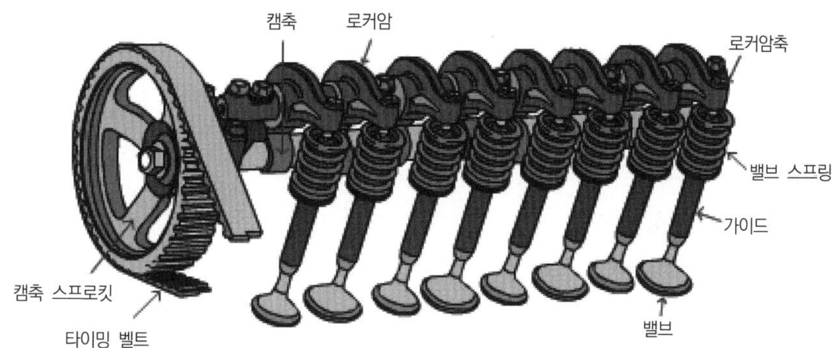

[그림 1-113] 로커암의 설치

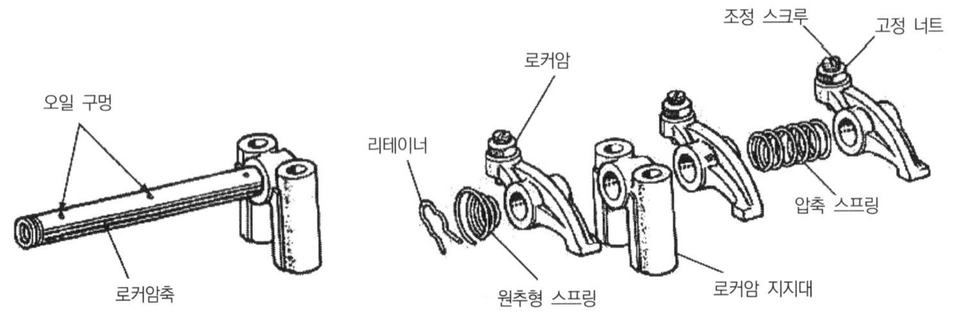

[그림 1-114] 로커암 어셈블리의 세부 구조

ⓒ 구비조건 : 내마멸성이 있을 것, 충분한 강성이 있을 것

ⓓ 재질 : 크롬강(형타 단조), 강판(프레스 성형)

② **로커암 스프링**(Rocker Arm Spring) : 로커암이 작동 중 축 방향으로 움직이는 것을 방지

③ **로커암축**(Rocker Arm Shaft) : 로커암을 지지하며 내부는 중공으로 하여 엔진오일 통로로 사용하기 위하여 양단에 플러그(마개)를 설치

④ **로커암축 서포트**(Rocker Arm Shaft Support) : 로커암축을 지지하며 O.H.C 엔진에서는 캠축 저널 캡으로도 사용

(8) 밸브 간극(Valve Clearance)

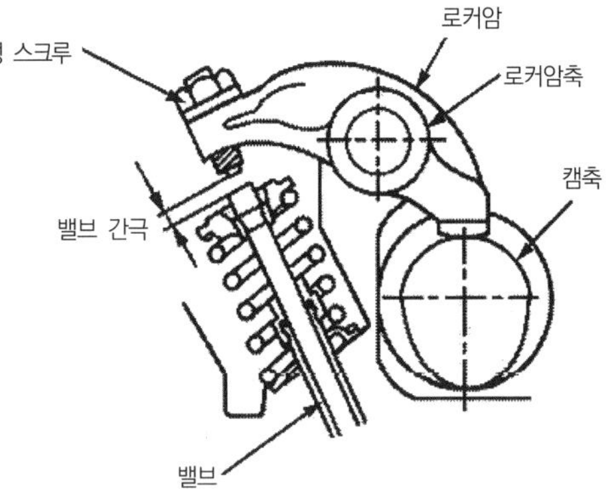

[그림 1-115] 밸브 간극

① 두는 이유 : 밸브의 **열팽창(선팽창)을 고려**하여

② 영향

㉠ 간극이 클 때

- 밸브가 늦게 열리고 빨리 닫힘
- **흡·배기효율 저하**
- 배기가 불완전하여 실린더 내의 온도 상승
- 작동 중 소음이 심해짐
- 스템 끝이 변형됨('탁탁'쳐서 찌그러짐)

㉡ 간극이 작을 때

- 밸브가 항시 열린 상태로 밀착이 불량해짐
- **블로바이 현상**이 커짐
- 냉각 불량으로 과열, 심하면 소결

㉢ 밸브 간극은 배기 밸브를 흡기 밸브보다 크게 함

2 밸브(Valve)

(1) 기능

흡 · 배기행정 시 연소실의 흡 · 배기 구멍을 열거나 닫아 줌으로써 작동을 원활이 하도록 한다.

(2) 구성

① 밸브 : 포핏 밸브

※밸브의 한 종류로 밸브 갓과 밸브 봉을 가진 버섯 모양의 밸브로서, 내연기관의 흡 · 배기 밸브로 사용

② 밸브 가이드

③ 밸브 스프링

④ 밸브 스프링 리테이너

⑤ 밸브 스프링 리테이너 록

> **참고**
>
> **포핏 밸브(Popet Valve)**
>
> 밸브의 한 종류로 밸브 갓과 밸브 봉을 가진 버섯 모양의 밸브로서, 내연기관의 흡 · 배기 밸브로 사용한다.

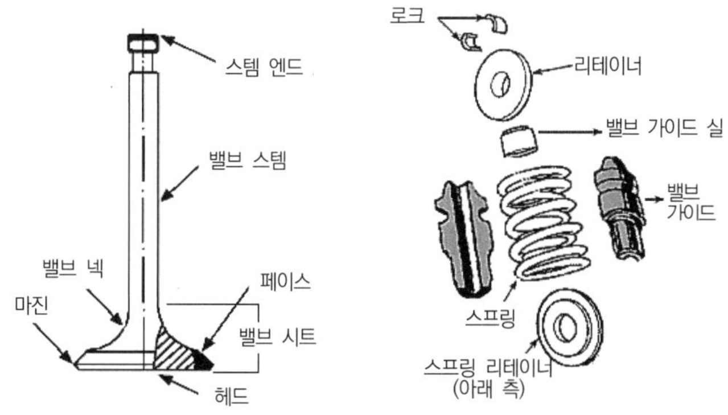

[그림 1－116] 밸브의 구조

(3) 구비조건

① 고온에서 견딜 것(엔진 작동 중 흡입 밸브는 최고 450~500℃, 배기 밸브는 700~800℃ 정도임)

② 밸브 헤드 부분의 **열전도율이 클 것**

③ 고온에서의 장력과 충격에 대한 저항력이 클 것

④ 고온 가스에 부식되지 않을 것

⑤ 가열이 반복되어도 물리적 성질이 변화하지 않을 것

⑥ 관성력이 커지는 것을 방지하기 위하여 무게가 가볍고 내구성이 클 것

⑦ 흡 · 배기가스 통과에 대한 저항이 적은 통로를 만들 것

(4) 밸브(포핏 밸브, Poppet Valve)의 주요 부분 및 기능

① 밸브 헤드(Valve Head)

㉠ 기능

- 밸브의 머리 부분을 말한다.
- 흡·배기작용에 영향을 주므로 여러 가지 형태로 만든다.
- 중심 부분은 연소가스의 높은 열을 받기 때문에 가장 온도가 높다.

㉡ 헤드의 모양

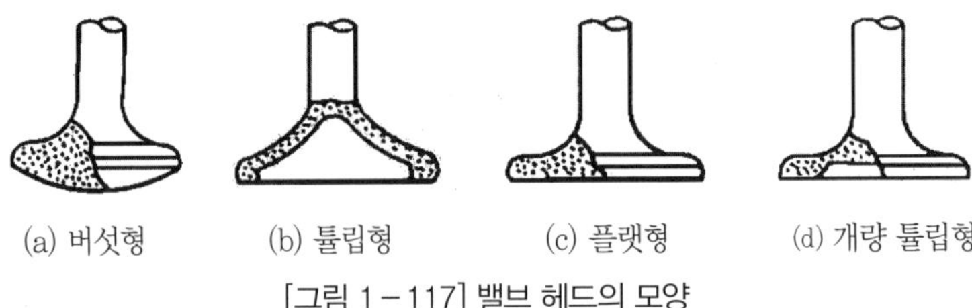

[그림 1-117] 밸브 헤드의 모양

㉢ 헤드의 재질

- 고온에 노출
- 내열강인 오스테나이트 사용

> **참고**
>
> **오스테나이트(Austenite)**
>
> 담금질을 통해 형성되는 금속조직의 종류로, 고온 약 1,000℃에서 철의 동소체 감마(γ)철에 탄소가 녹아 들어간 강철조직이다. 이 조직은 냉각 중에 변태를 일으키지 못하도록 급랭하여 고온에서의 조직(감마(γ)철)을 상온에서도 유지시킨 것으로 성질이 연하고 산성에 견디는 힘이 강하다.

② 밸브 마진(Valve Margin)

㉠ **밸브 헤드의 두께**를 나타낸다.

㉡ 다른 부분이 양호할 때 밸브의 재사용 여부를 결정하게 된다.

㉢ 마진의 두께는 최소한 0.8mm 이상이 되어야 한다.

㉣ 마진의 두께가 얇으면 작동 중 밸브가 변형되는 현상이 발생한다.

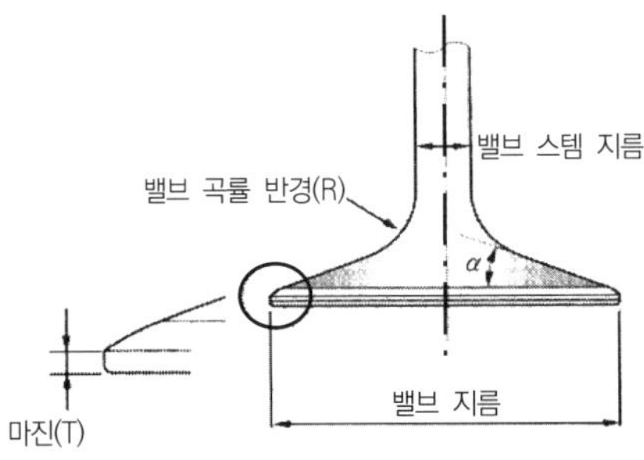

[그림 1-118] 밸브 마진

③ 밸브면(Valve Face)

㉠ 밸브 시트와 접촉하여 **기밀 유지 및 열전도 작용**

㉡ 밸브면의 각도는 30°, 45°, 60°의 3가지가 있으며, 흡기 밸브는 30°, 배기 밸브는 45°, 60°의 것이 쓰인, 일반적 정비상의 단계로 45°가 많이 사용되고 있음

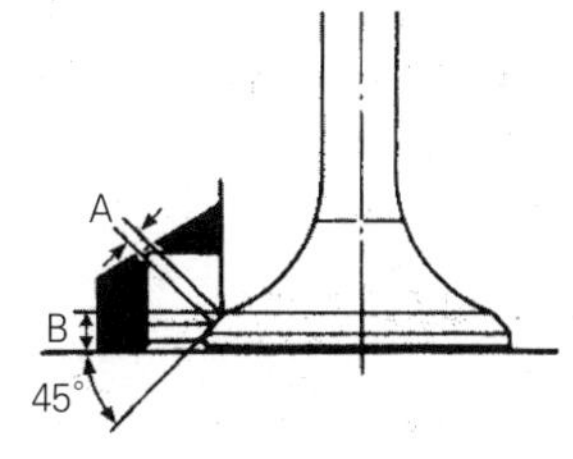

[그림 1-119] 밸브면의 각도

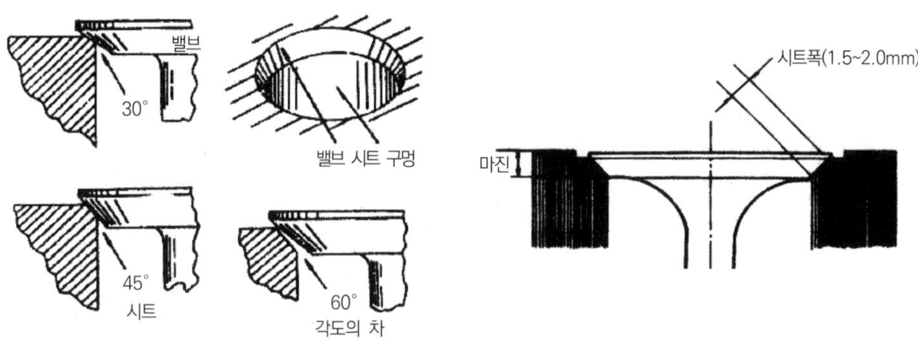

[그림 1-120] 밸브면과 밸브 시트

④ 곡률 반경부(Rounding)

㉠ 작동 중 발생하는 응력집중을 방지한다.

㉡ 스템과 헤드의 연결 부분을 곡선으로 한 것으로 혼합기의 와류를 좋게 한다.

⑤ 밸브 스템(Valve Stem)

㉠ 밸브 가이드의 안내에 따라 밸브가 직선으로 움직이게 하는 밸브의 **기둥**을 말한다.

㉡ 밸브 스프링 리테이너 록을 설치할 수 있는 홈이 있다.

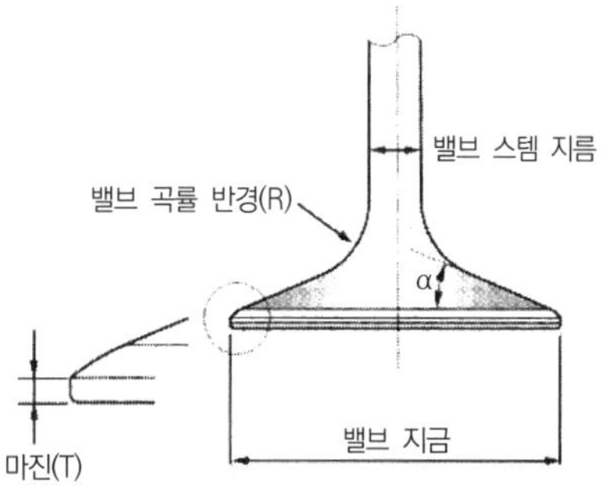

[그림 1-121] 밸브 곡률 반경(우산 부분)

㉢ 스템 끝부분은 평면으로 다듬질하며 약간 체임버 되어 있다.

㉣ 스템의 재질

- 가이드와 마찰
- 내마모성이 강한 페라이트 사용
- 스템 끝은 스텔라이트 재질로 만들기도 함(표면 경화)

㉤ 밸브 헤드와 스템을 각각 다른 이종 재질을 사용하는 이유

- 밸브 헤드부는 고온에 노출된다.

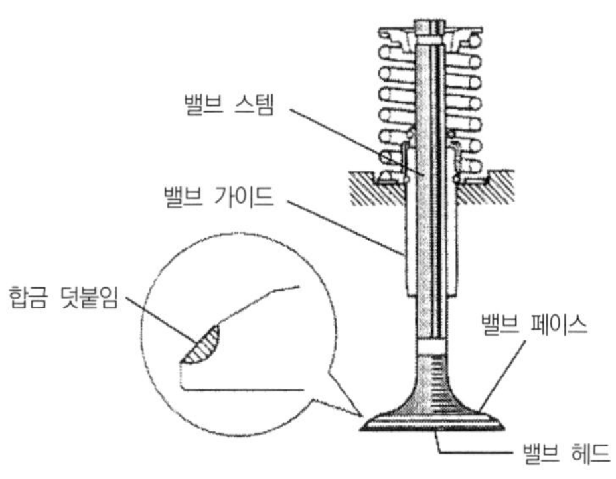

[그림 1-122] 밸브 스템

- 스템은 가이드와 마찰이 크다.
- 헤드부는 내열강인 오스테나이트계를 사용, 스템은 페라이트계의 강을 사용한다.
- 특수 용접을 한다.

⑥ 나트륨 냉각 밸브

㉠ 밸브 스템을 중공으로 하여, 내부에 나트륨 용액을 40~60% 정도 봉입한 밸브이다.

㉡ 작동 시 나트륨 용액이 상하로 유동하며 밸브 헤드의 열을 스템과 가이드로 보내어 방열한다.

㉢ 밸브 헤드의 온도를 약 100℃ 정도 더 낮출 수 있다.

㉣ 나트륨 냉각 밸브는 주로 배기 밸브에 사용한다.

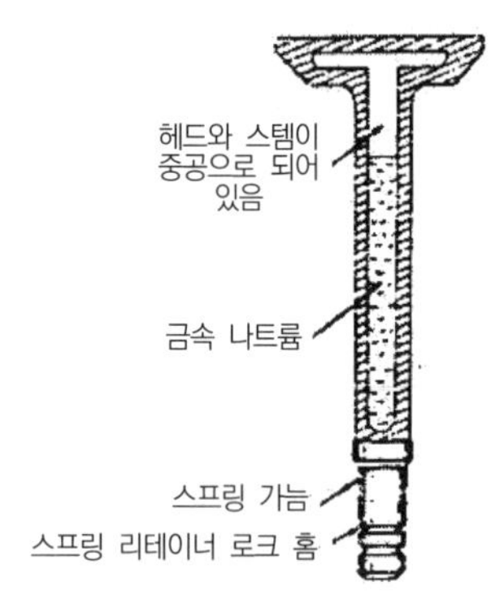

[그림 1－123] 나트륨 냉각 밸브

(4) 밸브 시트(Valve Seat)

① 기능

㉠ 밸브면과 접촉하여 **기밀 유지 및 열전달 작용**을 한다.

㉡ 밸브 헤드가 받는 열의 70~80%가 시트를 통하여 방열된다.

㉢ 시트의 각도는 밸브면의 각도에 따라 30°, 45°, 60°의 것이 있다.

② 간섭각

㉠ 밸브면과 시트 사이에 1/4~1° 정도 차이를 둔 것

㉡ 밸브가 정상 작동 온도에서 팽창하였을 때 완전 밀착

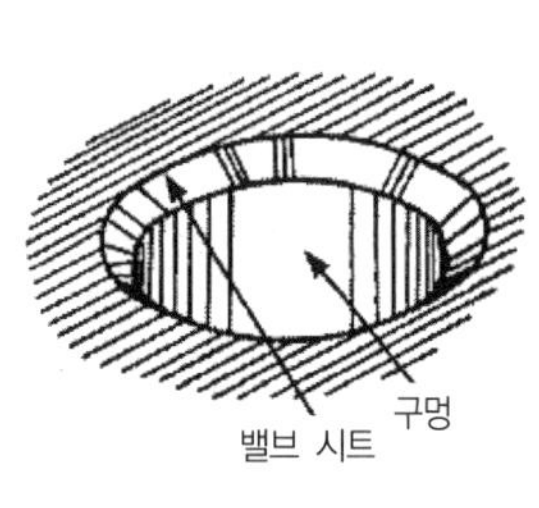

(a) 밸브 시트

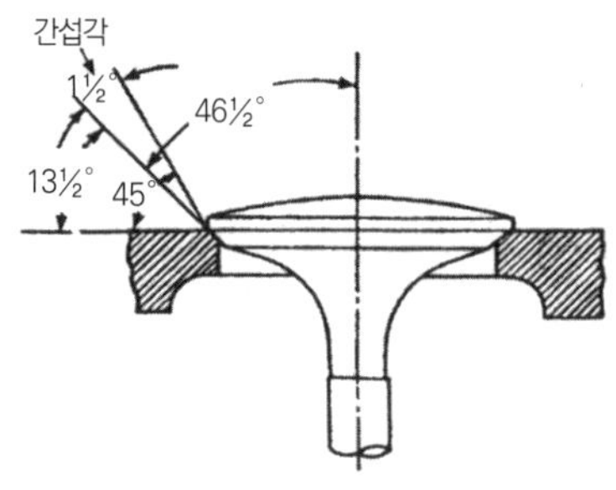

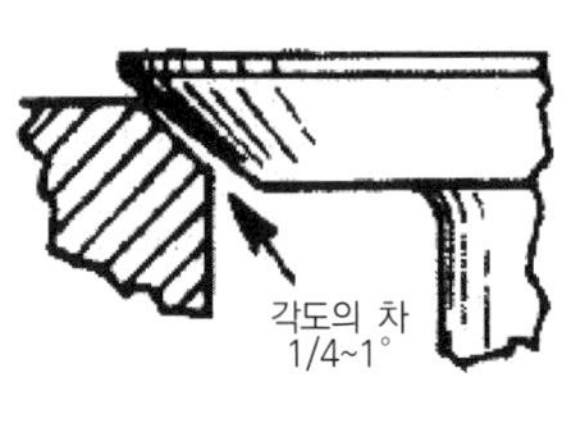

(b) 밸브의 간섭각

[그림 1－124] 밸브 시트의 구조

③ 시트폭(밸브면과의 접촉폭)

㉠ 1.5~2.0mm

㉡ 좁으면 : 기밀 유지 양호, 열전달 불량

㉢ 넓으면 : 열전달 양호, 기밀 유지 불량

④ 시트를 45°로 연삭 시 필요한 커터의 종류

㉠ 15°시트 커터로 연삭

㉡ 75°시트 커터로 연삭

㉢ 45°시트 커터로 연삭

㉣ 리머로 고르게 래핑 작업하며 시트폭 결정

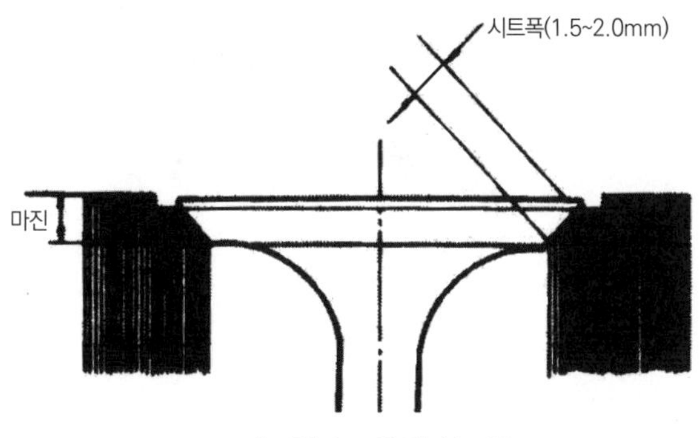

[그림 1－125] 시트폭

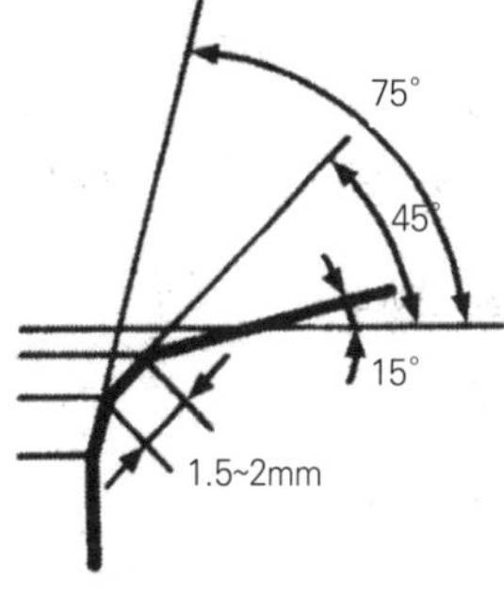

[그림 1－126] 시트 절삭각

⑤ 종류

㉠ 일체식 : 실린더 헤드와 동일 재질로 일체 주조한다.

㉡ 삽입식 : 실린더 헤드와 별개의 재질로 만들어 실린더 헤드에 끼우는 형태를 말하며, 알루미늄 합금제의 실린더 헤드에 주로 사용한다.

⑥ **재질** : 알루미늄 합금 실린더 헤드에는 시트만을 내열강이나 주철로 제작하여 끼운다.

참고

밸브 시트 침하 현상

밸브면과 시트가 접촉 시 충격으로 시트가 실린더 헤드를 파고 들어가는 현상으로, 밸브 스프링의 장력이 과도할 때 크게 발생한다.

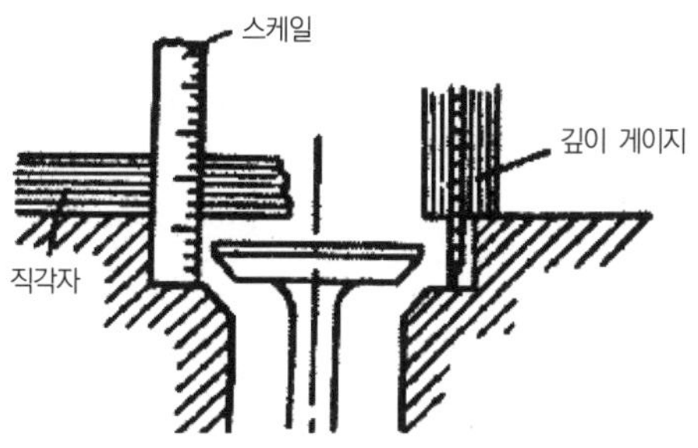

[그림 1－127] 밸브의 침하 현상과 수정

▪ 발생 시 조치

① 침하량이 1mm 이하일 때는 밸브 스프링 시트에 와셔를 넣어 수정한다.

② 침하량이 2mm 이상일 때는 시트 링을 교환한다.

(5) 밸브 가이드(Valve Guide)

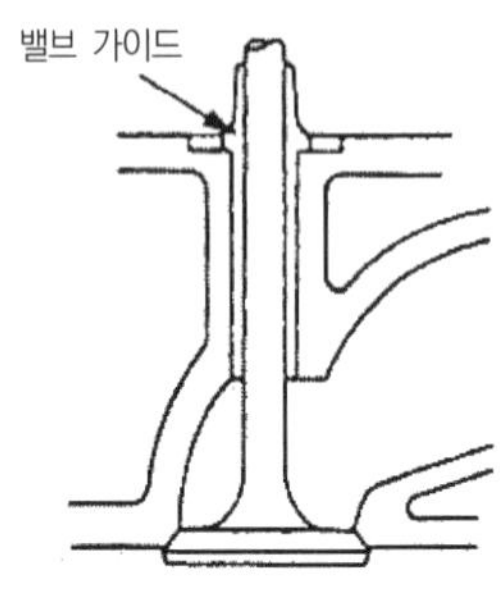

[그림 1－128] 밸브 가이드

① 기능 : 밸브 스템의 작용 **안내 및 지지**

② 종류

㉠ 직접식 : 실린더 헤드와 일체로 된 것

㉡ 교환식 : 실린더 헤드와 별개로 된 것(일체식과 분리식이 있음)

(a) 직접식 밸브 가이드

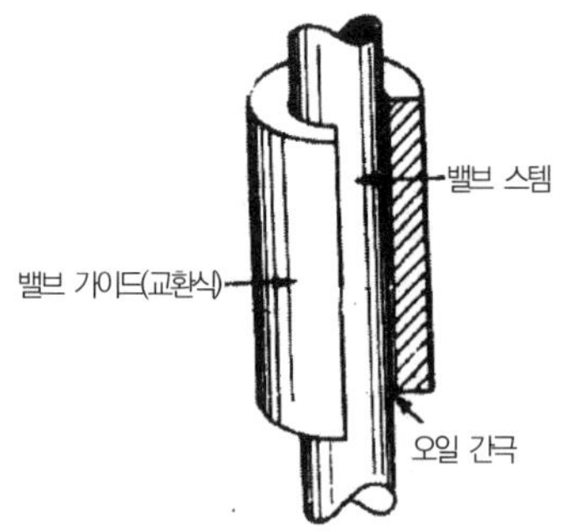

(b) 교환식 밸브 가이드

[그림 1－129] 밸브 스템과 가이드

③ 간극

㉠ 스템과 가이드 사이의 간극

㉡ 기준값 : 0.015~0.07mm

㉢ 크면 : 오일의 연소실 유입, 시트와 밸브면의 밀착 불량, 스템과 가이드의 편마모

㉣ 작으면 : **소결** 현상

④ 윤활

㉠ 가이드 윗부분에 실 컵이 설치되어 가이드와 스템 사이로 오일의 유입을 막고 있다.

㉡ 밸브 스템이 상하 작용 시 오일을 묻혀들여 경계 마찰로 윤활한다.

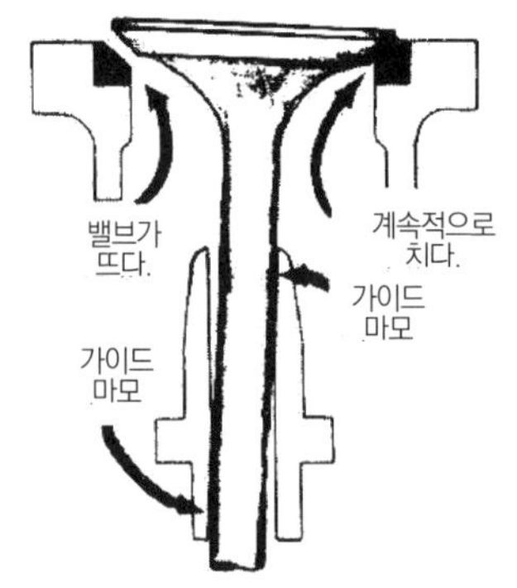

[그림 1－130] 밸브 가이드와 스템 사이의 마모

(6) 밸브 스프링(Valve Spring)

① 기능

㉠ 밸브면과 시트를 **밀착하여 기밀 유지**

㉡ 밸브가 캠의 형상에 따라 작용되도록 함

② 구비조건

㉠ 규정의 장력을 가질 것

㉡ 관성을 이겨 캠의 형상대로 움직이게 할 것

㉢ 최고속도에서도 견딜 수 있도록 내구성이 있을 것

㉣ 서징 현상을 일으키지 말 것

③ 재질 : 니켈강, 스프링(규소-크롬 ; Si-Cr)강

④ 종류

㉠ 등피치 스프링

㉡ 부등피치 스프링

㉢ 원뿔형 스프링

㉣ 2중 스프링

(a) 등피치 스프링

(b) 부등피치 스프링

(c) 원뿔(추)형 스프링

(d) 2중 스프링

[그림 1-131] 밸브 스프링의 종류

⑤ 점검

㉠ 장력

- 한계 : 설치 위치에서 감소량 **15% 이상 감소 시 교환**
- 밸브 스프링 장력에 따른 영향

	클 때	작을 때
장력	• 기밀 유지 및 냉각 양호 • 시트 침하 현상 증대 • 밸브 스템 끝의 변형(찌그러짐) • 밸브면의 마모 증대	• 기밀 유지 및 냉각 불량 • 밸브의 접촉 불량 • 스프링 서징 현상 발생 • 밸브의 복귀 불량(접촉 충격 발생)

㉡ 자유고
- 한계 : 규정값의 **3% 이상 감소 시 교환**
- 낮아지면 : 장력 감소
- 원인 : 피로

㉢ 직각도
- 한계 : 자유높이 **100mm당 3mm 이상** 변형 시 교환(=자유고의 3% 이상 변형 시 교환)
- 영향
  - 작동 시 수직으로 작동하지 못함
  - 스템과 가이드의 편마모
  - 밸브의 접촉 불량

㉣ 밸브 스프링 접촉면 상태는 2/3 이상 수평이어야 한다.

⑥ 밸브 스프링 서징(Surging) 현상

㉠ 밸브의 강제 진동이 스프링의 고유 진동의 정수배가 되었을 때 스프링이 외부의 작용 없이 스스로 개폐되는 현상 또는 고속 회전 시 강제 진동과 고유 진동의 **공명으로 스프링이 튕기는** 현상

㉡ 서징 현상 방지법
- **부등피치 스프링, 원뿔 스프링, 2중 스프링**
- 피치가 작거나 지름이 작은 쪽이 열 받는 쪽(헤드 방향)으로 가도록 설치한다.

참고

피치 & 등피치, 부등피치 스프링이란?

(1) 피치 : 스프링에서 코일 감긴 것 중 한 칸 사이의 거리
(2) 등피치 : 스프링의 피치가 같은 것
(3) 부등피치 : 스프링의 피치가 다른 것

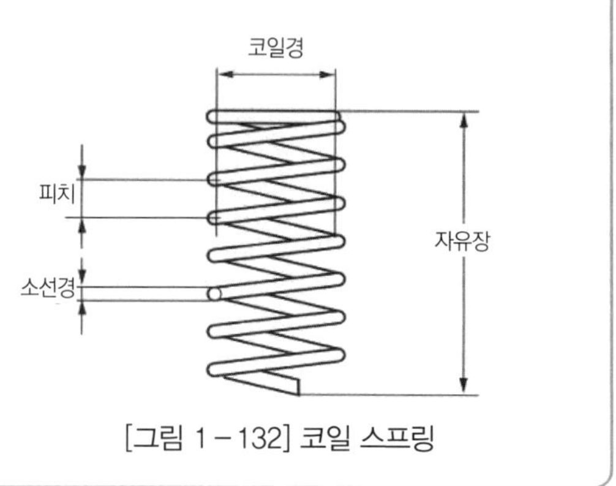

[그림 1-132] 코일 스프링

(7) 밸브 스프링 리테이너 및 로크(Valve Spring Retainer & Lock)

① 밸브 스프링 리테이너 : 밸브 스프링을 고정시킨다.

② 밸브 스프링 리테이너 로크 : 밸브 스프링 리테이너를 밸브 스템에 고정시킨다.

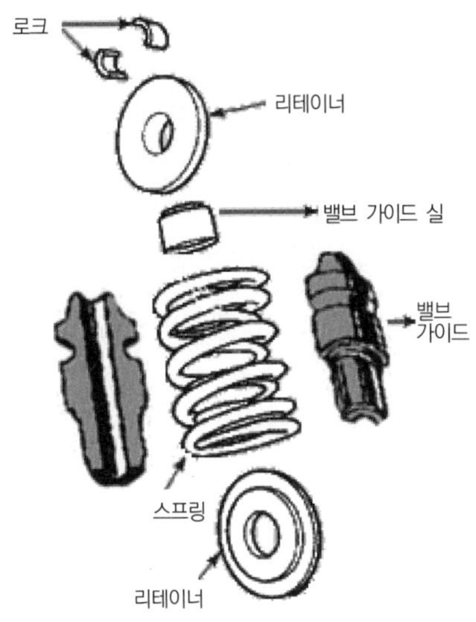

[그림 1－133] 밸브 스프링 리테이너 및 로크

(8) 밸브 회전 기구

① 목적

㉠ 밸브면과 시트 사이의 카본 퇴적 방지

㉡ 밸브 헤드의 온도 균일

㉢ 밸브 스템의 편마모 방지와 소결 방지

② 종류

㉠ 릴리스 형식(Release Type)

- 밸브가 열릴 때 엔진의 진동으로 회전
- 로커암과 스템 사이에 팁컵을 두어 팁컵과 스템 끝 사이의 간극 만큼 무부하 상태로 함

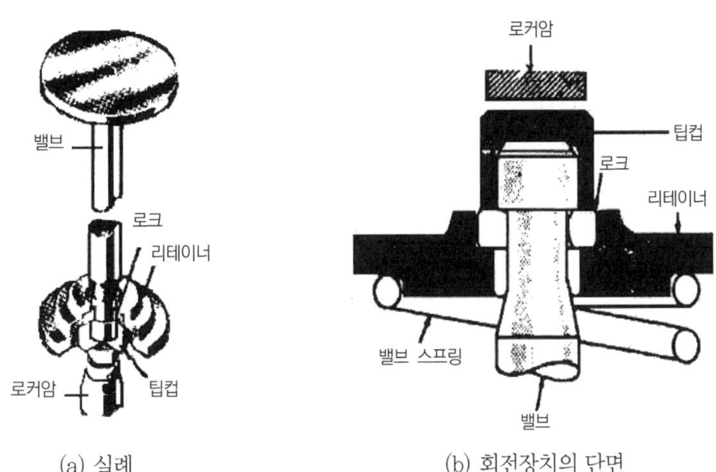

(a) 실례　　　(b) 회전장치의 단면

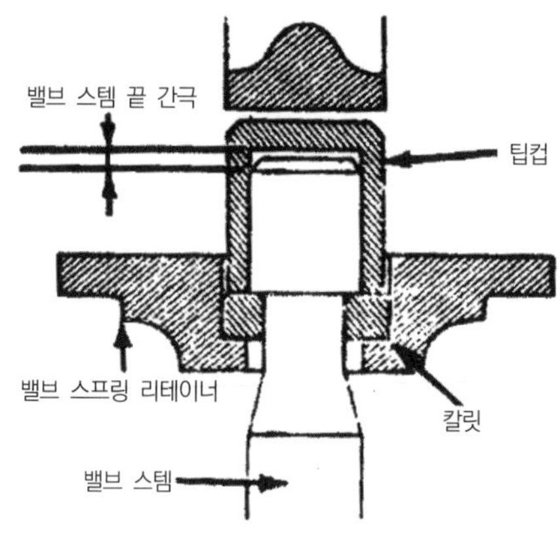

(c) 릴리스 형식

[그림 1-134] 릴리스 형식 밸브 회전장치

㉡ 포지티브 형식(Positive Type)

- 밸브가 열릴 때 강제로 회전시킴
- 밸브 스프링 리테이너에 플렉시블 와셔와 볼, 볼스프링을 설치
- 밸브 개방 시 플렉시블 와셔가 볼을 누르면 볼이 리테이너의 경사진 면을 내려가며 리테이너를 강제로 회전

(a) 회전장치 단면 (b) 포지티브 형식 상부

[그림 1-135] 포지티브 형식 밸브 회전장치

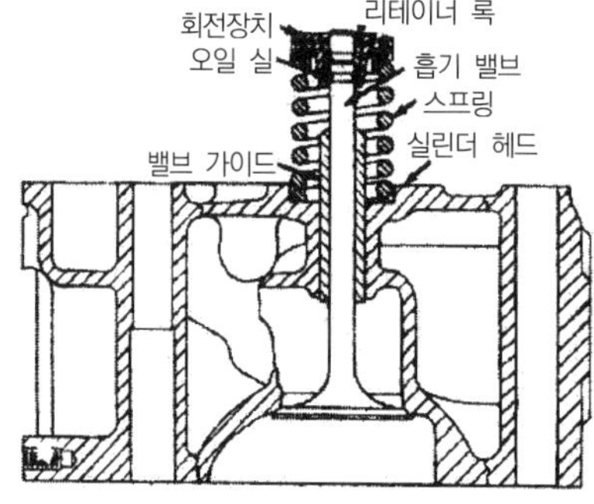

[그림 1-136] 포지티브 형식 밸브 회전장치의 구성

(9) 밸브 개폐 시기

① 밸브 오버랩(Valve Overlap)

㉠ 정의 : 가스의 흐름 관성을 유효하게 이용하기 위하여 흡 · 배기 밸브는 정확하게 피스톤의 상사점이나 하사점에서 개폐되지 못한다. 따라서 흡기 밸브는 상사점 전에 열려 하사점 후에 닫히고, 배기 밸브는 하사점 전에 열려서 상사점 후에 닫힌다. 그리고 상사점 부근에서는 **흡 · 배기 밸브가 동시에 열리는 현상**이 생기는데, 이것을 밸브 오버랩(Valve Overlap)이라 한다.

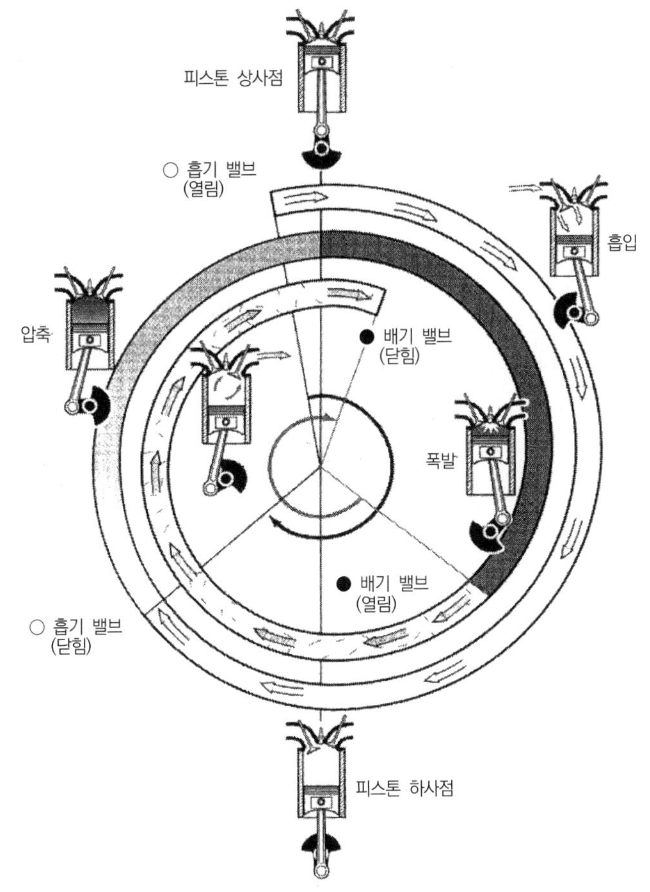

[그림 1－137] 밸브 개폐 시기 선도

㉡ 두는 이유

- 관성을 이용 **흡입효율** 증대
- 잔류 배기가스 **배출**
- 흡 · 배기**효율 향상**

㉢ 종류

- 정(+) 오버랩 : 흡 · 배기 밸브가 동시에 열려 있는 것

- 영(0) 오버랩 : 흡 · 배기 밸브의 겹침이 없는 것
- 부(−) 오버랩 : 흡 · 배기 밸브가 동시에 닫혀 있는 것

② 밸브 개폐 시기 선도

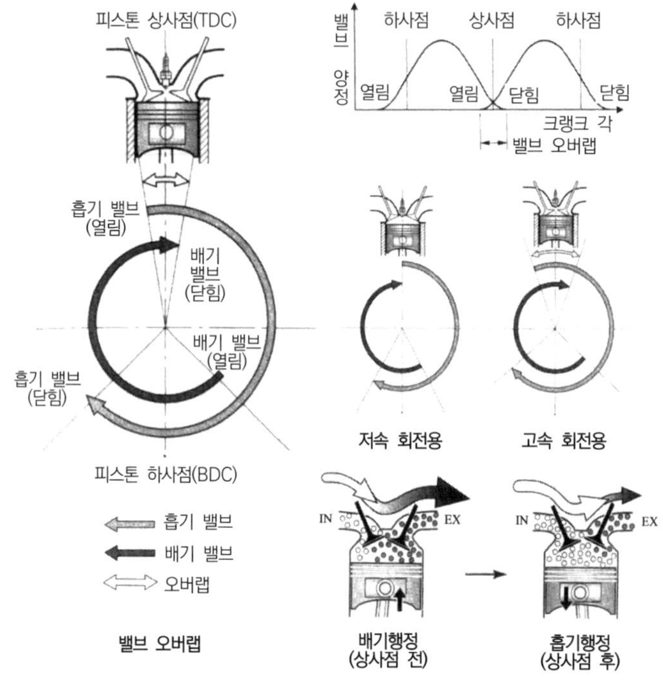

[그림 1−138] 밸브 개폐 시기

㉠ 흡 · 배기 밸브의 작용각

흡 · 배기 밸브 열림각+180°+흡 · 배기 밸브 닫힘각

㉡ 밸브 오버랩 각

흡기 밸브 열림각+배기 밸브 닫힘각

예제

어느 4행정 사이클 기관의 밸브 개폐 시기가 다음과 같다. 흡기행정 기간과 밸브 오버랩은 각각 얼마인가?

• 흡기 밸브 열림 : 상사점 전 18°	• 흡기 밸브 닫힘 : 하사점 후 46°
• 배기 밸브 열림 : 하사점 전 48°	• 배기 밸브 닫힘 : 상사점 후 12°

해설 ① 흡기행정 기간=흡기 밸브 열림각+180°+흡기 밸브 닫힘각=18°+180°+46°=244°

∴ 흡기행정 기간=244°

② 밸브 오버랩=흡기 밸브 열림각+배기 밸브 닫힘각=18°+12°=30°

∴ 밸브 오버랩 기간=30°

제 3 장

출제 예상 문제

• 기관 본체

01 내연기관에서 언더스퀘어 엔진은 어느 것인가?

① 행정/실린더 내경=1
② 행정/실린더 내경<1
③ 행정/실린더 내경>1
④ 행정/실린더 내경≤1

해설 실린더 행정 내경비
㉠ 언더스퀘어 엔진(장행정 엔진)[D<L] : 행정 · 내경비 (L/D>1.0)가 1.0 이상인 엔진
㉡ 스퀘어 엔진(정방행정 엔진)[D=L] : 행정 · 내경비 (L/D=1.0)가 1.0인 엔진
㉢ 오버스퀘어 엔진(단행정 엔진)[D>L] : 행정 · 내경비 (L/D<1.0)가 1.0 이하인 엔진

02 실린더와 실린더 헤드의 재질로서 필요한 특성 중 틀린 것은?

① 기계적 강도가 높아야 한다.
② 열팽창성은 크고, 열전도성은 낮아야 한다.
③ 열 변형에 대한 안정성이 있어야 한다.
④ 내마모성과 길들임성이 좋아야 한다.

해설 실린더 헤드 필요조건
㉠ 기계적 강도가 높으면서도 가벼워야 한다.
㉡ 열변형에 대한 안정성이 있어야 한다.
㉢ 열전도성이 좋은 반면에 열팽창계수는 낮아야 한다. (※열전도성 : 열이 받지 않게 골고루 퍼지게 하는 냉각 성능, 열팽창계수(열팽창률) : 열에 의해 늘어나는 성질)
㉣ 실린더 마찰면의 재질은 내마멸성과 길들임성(=내구성)이 좋아야 한다.

03 소형승용차 엔진의 실린더 헤드를 대부분 알루미늄 합금으로 만드는 이유로 알맞은 것은?

① 가볍고 열전달이 좋기 때문에
② 녹슬지 않기 때문에
③ 주철에 비해 열팽창계수가 작기 때문에
④ 연소실 온도를 높여 체적효율을 낮출 수 있기 때문에

해설 알루미늄 합금은 무게가 가볍고 열전도율이 높은 장점이 있어 실린더 헤드의 재료로 사용된다.

04 오버헤드 밸브 기관의 연소실 형식이 아닌 것은?

① 반구형 ② 쐐기형
③ 편평형 ④ 욕조형

해설 오버헤드형 밸브 기관의 연소실 종류에는 반구형 연소실, 지붕형 연소실, 욕조형 연소실, 쐐기형 연소실 등이 있다.

05 엔진작업에서 실린더 헤드 볼트를 올바르게 풀어내는 방법은?

① 반드시 토크렌치를 사용한다.
② 풀기 쉬운 것부터 푼다.
③ 바깥쪽에서 안쪽을 향하여 대각선 방향으로 푼다.
④ 시계 방향으로 차례대로 푼다.

해설 실린더 헤드 볼트 작업순서
㉠ 풀 때 : 변형을 방지하기 위해 대각선의 바깥쪽에서 중앙을 향해 푼다(밖 → 안).
㉡ 조일 때 : 변형을 방지하기 위해 대각선 중앙에서 바깥쪽을 향해 조인다(안 → 밖).

06 실린더 헤드 볼트의 조임에 대한 설명으로 옳은 것은?

① 중앙에서부터 바깥쪽으로 좌우, 상하 대칭으로 조인다.
② 대각선의 방향으로 1회에 완전히 조인다.
③ 토크렌치와 오픈렌치를 사용한다.
④ 볼트의 조임 순서와 실린더 헤드 변형과는 상관없다.

해설 실린더 헤드 볼트를 조일 때에는 중앙에서부터 바깥쪽으로 좌우, 상하 대칭으로 조인다.

07 기관의 실린더 헤드 볼트를 규정토크로 조이지 않았을 경우에 발생되는 현상과 거리가 먼 것은?

① 냉각수가 실린더에 유입된다.
② 압축압력이 낮아질 수 있다.
③ 엔진오일이 냉각수와 섞인다.
④ 압력 저하로 인한 피스톤이 과열한다.

해설 헤드 볼트를 규정값으로 조이지 않으면 냉각수 및 기관 오일 누출되며, 가스 블록바이가 발생하여 압축압력이 낮아진다.

정답 01 ③ 02 ② 03 ① 04 ③ 05 ③ 06 ① 07 ④

08 실린더 헤드의 변형을 점검할 때 사용하는 공구는?

① 수준기
② 곧은 자와 틈새 게이지
③ 다이얼 게이지
④ 플라스틱 게이지

해설 평면도 점검은 직각자(또는 곧은 자)와 필러(틈새) 게이지를 사용한다.

09 라이너 방식 실린더의 장점이라 볼 수 없는 것은?

① 마멸되면 라이너만 교환하므로 정비성능이 좋다.
② 원심 주조 방법으로 제작할 수 있다.
③ 라이너는 습식만 있으므로 냉각성능이 좋다.
④ 실린더 벽에 도금하기가 쉽다.

해설 **라이너 방식 실린더의 장점**
㉠ 마멸되면 라이너만 교환하므로 정비성능이 좋다.
㉡ 원심 주조 방법으로 제작할 수 있다.
㉢ 실린더 벽에 도금하기가 쉽다.

10 실린더 벽이 마모되었을 때 미치는 영향 중 틀린 것은?

① 엔진오일의 희석 및 마모
② 피스톤 슬랩 현상 발생
③ 압축압력 저하 및 블로바이 과다 발생
④ 엔진 출력 저하 및 연료 소모 저하

해설 실린더가 마멸되면 압축압력의 저하, 블로바이 발생, 기관 출력의 저하, 연료 및 기관 오일 소모량 증가, 기관 오일에 연료 희석, 피스톤 슬랩 발생, 열효율의 저하, 시동성능 저하 등이 일어난다.

11 내경 78mm의 실린더에서 최대 마멸량이 0.25mm일 때 보링 치수는 얼마인가?

① 내경을 78.40mm로 한다.
② 내경을 78.45mm로 한다.
③ 내경을 78.50mm로 한다.
④ 내경을 78.70mm로 한다.

해설 78.25mm + 0.2(진원 절삭값) = 78.45mm
그러나 78.45mm가 표준에 없으므로 크면서 가까운 값인 78.50mm로 보링한다.

12 OHV형 기관의 특징이 아닌 것은?

① 밸브의 지름이나 양정을 크게 할 수 있다.
② 연소실 현상을 치밀한 반구형이나 쐐기형으로 할 수 있으므로 열효율을 높일 수 있다.
③ 운동 부분의 중량은 무겁고 관성력이 크므로 밸브 스프링의 장력을 크게 할 필요가 있다.
④ 소음이 작고 구조가 복잡하다.

해설 OHV형 기관은 밸브 기구가 복잡하고 소음과 관성력이 커진다.

13 고속 회전을 목적으로 하는 기관에서 흡기 밸브와 배기 밸브 중 어느 것이 더 크게 만들어져 있는가?

① 흡기 밸브
② 배기 밸브
③ 양 밸브의 치수는 동일하다.
④ 1번 배기 밸브

해설 흡입효율을 높이기 위해 흡기 밸브 지름을 더 크게 제작한다.

14 밸브 스프링의 서징 현상에 대한 설명으로 맞는 것은?

① 밸브가 열릴 때 천천히 열리는 현상
② 흡·배기 밸브가 동시에 열리는 현상
③ 밸브가 고속 회전에서 저속으로 변화할 때 스프링의 장력의 차가 생기는 현상
④ 밸브 스프링의 고유 진동수와 캠 회전수가 공명에 의해 밸브 스프링이 공진하는 현상

해설 밸브 스프링 서징 현상이란 밸브 스프링의 고유 진동수와 캠 회전수가 공명에 의해 밸브 스프링이 공진하는 현상이다.

15 내연기관 밸브 장치에서 밸브 스프링의 점검과 관계가 없는 것은?

① 스프링 장력
② 자유높이
③ 직각도
④ 코일의 수

해설 **밸브 스프링의 점검사항**
㉠ 스프링 장력 : 규정값의 15% 이상 감소되면 교환
㉡ 자유높이 : 규정값의 3% 이상 감소되면 교환
㉢ 직각도 : 자유높이 100mm에 대해 3mm 이상 변형되면 교환

정답 08 ② 09 ③ 10 ④ 11 ③ 12 ④ 13 ① 14 ④ 15 ④

16 **밸브 스프링 서징 현상을 방지하는 방법으로 틀린 것은?**

① 밸브 스프링 고유 진동수를 높게 한다.
② 부등피치 스프링이나 원추형 스프링을 사용한다.
③ 피치가 서로 다른 2중 스프링을 사용한다.
④ 사용 중인 스프링보다 피치가 더 큰 스프링을 사용한다.

해설 밸브 스프링 서징 현상을 방지하기 위해서는 정해진 양정 내에서 충분한 스프링 정수를 얻도록 해야 한다. 그러기 위해서는 아래와 같은 서징 현상 방지대책을 세워야 한다.
㉠ 부등피치 스프링
㉡ 원뿔 스프링
㉢ 2중 스프링
㉣ 피치가 작거나 지름이 작은 쪽이 열 받는 쪽(헤드 방향)으로 가도록 설치한다.

17 **4행정 기관에서 흡기 밸브의 열림각은 242°, 배기 밸브의 열림각은 274°, 흡기 밸브 열림 시작점은 BTDC 13°, 배기 밸브의 닫힘점은 ATDC 16°이었을 때 흡기 밸브가 닫힘 시점은?**

① ATDC 20° ② ATDC 37°
③ ATDC 42° ④ ATDC 49°

해설 흡기 밸브의 닫힘 시점 = 흡기 밸브의 열림각 − (180° + 흡기 밸브의 열림 시작점)
☞ 242° − (180° + 13°) = 49°

18 **가스 흐름의 관성을 유효하게 이용하기 위하여 흡 · 배기 밸브를 동시에 열어주는 작용을 무엇이라 하는가?**

① 블로다운(blow−down)
② 블로바이(blow−by)
③ 밸브 바운드(valve bound)
④ 밸브 오버랩(valve over lap)

해설 **엔진 연소 시 현상**
㉠ 블로다운 : 배기행정 초기에 배기 밸브가 열려 연소가스 자체의 압력에 의하여 배출되는 현상
㉡ 블로백 : 혼합가스가 밸브와 밸브 시트 사이로 누출되는 현상
㉢ 블로바이 : 압축행정 시 혼합가스가 피스톤과 실린더 사이로 누출되는 현상
㉣ 밸브 오버랩 : 피스톤이 상사점에 있을 때 흡입 및 배기 밸브가 동시에 열려 있는 현상(※두는 이유 : 흡입효율 증대 및 잔류 배기가스의 배출을 돕기 위함)

19 **피스톤의 측압과 가장 관계있는 것은?**

① 커넥팅로드의 길이와 행정
② 피스톤 무게와 기통수
③ 배기량과 실린더 직경
④ 혼합비와 기통 수

해설 피스톤의 측압(피스톤이 운동 방향을 바꿀 때 실린더 벽에 압력을 가하는 현상)은 커넥팅로드의 길이와 행정에 관계된다.

20 **피스톤의 형상에서 보스 방향을 단경으로 하는 타원형의 피스톤은?**

① 오토서믹 피스톤
② 스플리트 피스톤
③ 캠 연마 피스톤
④ 솔리드 피스톤

해설 캠 연마 피스톤의 보스 부분은 두께가 두껍고 스커트 부분은 얇게 되어 있으며, 보스 부분의 열팽창이 스커트 부분보다 크기 때문에 보스 방향을 단경(짧은지름)으로 하는 타원형의 피스톤이다.

참고 **오토 서믹 피스톤(auto−thermic piston)**
열팽창이 적은 강철제 작은 링(small ring)을 피스톤 스커트 상부에 주입시켜 피스톤의 열팽창에 따른 변형을 적게 하기 위해 제작된 피스톤으로, 인바 스트럿형의 일종이다.

21 **측압을 받지 않는 스커트 부분을 잘라낸 것으로 실린더 마모를 적게 하며, 피스톤 중량을 가볍게 하고, 피스톤 슬랩을 감소시킬 수 있는 특징을 가진 피스톤은?**

① 타원형 피스톤 ② 오프셋 피스톤
③ 슬리퍼 피스톤 ④ 인바 스트럿 피스톤

해설 슬리퍼 피스톤(slipper piston)은 측압을 받지 않는 스커트 부분을 잘라낸 것으로 실린더 마모를 적게 하며, 피스톤 중량을 가볍게 하고, 피스톤 슬랩을 감소시킬 수 있다.

22 **피스톤에 오프셋(off set)을 두는 이유로 가장 올바른 것은?**

① 피스톤의 틈새를 크게 하기 위하여
② 피스톤의 마멸을 방지하기 위하여
③ 피스톤의 측압을 적게 하기 위하여
④ 피스톤 스커트부에 열전달을 방지하기 위하여

해설 피스톤의 슬랩 방지 목적으로 제작(측압 감소), 슬립을 방지하기 위해 피스톤 핀의 위치를 1.5mm 정도 오프셋(off−set)시켜 피스톤 경사 변환 시기를 늦춘 것

정답 16 ④ 17 ④ 18 ④ 19 ① 20 ③ 21 ③ 22 ③

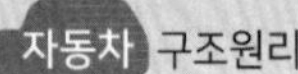

23 실린더와 피스톤의 간극이 과대 시 발생하는 현상이 아닌 것은?

① 압축압력의 저하 ② 오일의 희석
③ 피스톤의 과열 ④ 백색 배기가스 발생

해설 실린더와 피스톤 간극이 과대 시 발생 현상
㉠ 블로바이가 발생하므로 압축압력이 저하된다.
㉡ 피스톤 슬랩(Piston Slap) 현상이 발생된다.
㉢ 기관 오일이 연소실로 올라 연소되며, 이때 백색 배기가스가 발생한다.
㉣ 기관 오일이 연료로 희석된다.
㉤ 기관의 출력이 낮아진다.
㉥ 기관의 시동성능이 저하된다.

24 피스톤 링의 구비조건으로 틀린 것은?

① 고온에서도 탄성을 유지할 것
② 오래 사용하여도 링 자체나 실린더 마멸이 적을 것
③ 열팽창률이 적을 것
④ 실린더 벽이 편심된 압력을 가할 것

해설 피스톤 링의 구비조건
㉠ 내열성과 내마멸성이 양호할 것
㉡ 실린더에 일정한 면압을 줄 것(편심형 링)
㉢ 제작이 용이하고 가격이 저렴할 것

25 행정별 피스톤 압축 링의 호흡작용에 대한 내용으로 틀린 것은?

① 흡입 : 피스톤의 홈과 링의 윗면이 접촉하여 홈에 있는 소량의 오일의 침입을 막는다.
② 압축 : 피스톤이 상승하면 링은 아래로 밀리게 되어 위로부터의 혼합기가 아래로 새지 않게 한다.
③ 동력 : 피스톤의 홈과 링의 윗면이 접촉하여 링의 윗면으로부터 가스가 새는 것을 방지한다.
④ 배기 : 피스톤이 상승하면 링은 아래로 밀리게 되어 위로부터의 연소가스가 아래로 새지 않게 한다.

해설 피스톤 링의 호흡작용
피스톤 링이 상사점 또는 하사점에서 행정을 바꿀 때마다 피스톤 링의 위치가 바뀌는 작용을 말한다. 하사점에서 올라갈 때는 피스톤 링이 링 홈의 아래면에 밀착되고, 상사점에서 내려갈 때는 피스톤 링이 링 홈의 윗면에 접촉된다. 그러므로 동력행정에서는 가스가 피스톤 링을 강하게 가압하고, 링의 아래 면으로부터 가스가 새는 것을 방지한다.

26 다음 중 피스톤 핀 설치 방법의 종류가 아닌 것은?

① 고정식 ② 반부동식
③ 전부동식 ④ 3/4부동식

해설 피스톤 핀 설치 방법(고정방식)
㉠ 고정식
㉡ 반부동식(요동식)
㉢ 전부동식(부동식)

27 기관에서 크랭크축의 휨을 측정 시 가장 적합한 것은?

① 스프링 저울과 브이블록
② 버니어캘리퍼스와 곧은 자
③ 마이크로미터와 다이얼 게이지
④ 다이얼 게이지와 브이블록

해설 크랭크축의 휨 측정 기구
다이얼 게이지와 브이(V)블록

28 베어링이 하우징 내에서 움직이지 않게 하기 위하여 베어링의 바깥둘레를 하우징의 둘레보다 조금 크게 하여 차이를 두는 것은?

① 베어링 크러시
② 베어링 스프레드
③ 베어링 돌기
④ 베어링 어셈블리

해설 베어링 크러시(Bearing Crush)

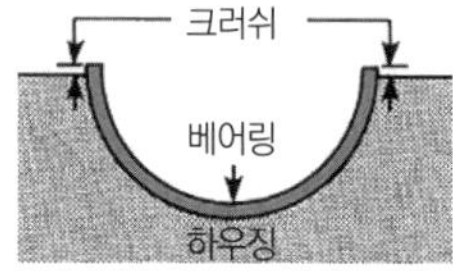

베어링이 하우징 내에서 움직이지 않게 하기 위하여 베어링의 바깥둘레를 하우징의 둘레보다 조금 크게 하여 차이를 두는 것이다.
▶ 두는 이유
㉠ 밀착성 증대
㉡ 열전도 양호

29 전자제어 가솔린 기관에서 진공을 측정할 수 없는 곳은?

① 흡기다기관 ② 서지탱크
③ 스로틀 보디 ④ 배기다기관

해설 진공을 측정할 수 있는 부위는 흡기다기관, 서지탱크, 스로틀 보디 등이다.

정답 23 ③ 24 ④ 25 ③ 26 ④ 27 ④ 28 ① 29 ④

30 엔진 베어링에서 스프레드에 대한 설명으로 맞는 것은?

① 베어링 반원부 중앙의 두께
② 베어링 반원부 가장자리의 두께
③ 베어링 바깥둘레와 하우징의 둘레와의 차이
④ 하우징의 안지름과 베어링을 끼우지 않았을 때 베어링 바깥쪽 지름과의 차이

해설 **베어링 스프레드(Bearing Spread)**

하우징의 안지름과 베어링을 끼우지 않았을 때 베어링 바깥쪽 지름과의 차이

▶ 두는 이유
㉠ 베어링이 제자리에 밀착
㉡ 조립 시 이탈 방지
㉢ 크러시로 인한 안쪽 찌그러짐 방지

31 흡기 매니폴드의 압력에 관한 설명으로 옳은 것은?

① 외부 펌프로부터 만들어진다.
② 압력은 항상 일정하다.
③ 압력 변화는 항상 대기압에 의해 변화한다.
④ 스로틀 밸브의 개도에 따라 달라진다.

해설 **흡기 매니폴드 압력**

피스톤이 흡입행정을 할 때 발생하는 것으로 스로틀 밸브의 개도(열림 정도)에 따라 달라진다.

정답 30 ④ 31 ④

CHAPTER 04 기관 부수장치

01 기관 윤활장치

1 목적

① 마멸 방지
② 마찰 손실을 최소로 하여 기계효율 향상

참고

마찰의 종류

(1) 고체 마찰 : 상대 운동을 하는 고체와 고체 사이의 마찰로 마모와 마멸, 마찰로 인한 동력 손실이 가장 크다.
(2) 유체 마찰 : 상대 운동을 하는 고체와 고체 사이에 충분한 오일이 유입되어 고체가 유체에 의하여 서로 접촉하지 않은 상태에서 유체의 점도에 의한 저항만이 존재하는 마찰로 가장 이상적인 윤활이다(윤활장치는 고체 마찰을 유체 마찰로 유도하는 장치임).
(3) 경계 마찰 : 고체 마찰과 유체 마찰의 중간 상태로 고체와 고체 사이에 얇은 유막을 형성시킨 것으로 유막이 형성되지 못한 부분은 고체 마찰을 하고, 유막이 형성된 곳은 유체 마찰을 한다.

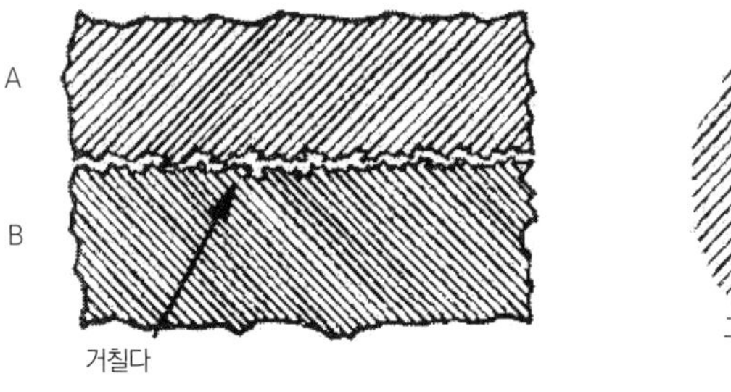

(a) 고체 마찰 (b) 유체 마찰

[그림 1 – 139] 마찰의 종류

2 윤활유

(1) 윤활유의 6대 기능

① 감마작용 : 마찰 및 마멸 감소
② 밀봉작용 : 틈새를 메꾸어 줌
③ 냉각작용 : 기관의 열을 흡수하여 오일팬에서 방열

④ **세척작용** : 카본, 금속 분말 등을 제거
⑤ **방청작용** : 작동 부위의 부식 방지
⑥ **응력분산작용** : 충격하중 작용 시 유막 파괴를 방지

(2) 구비조건

① **점도가 적당할 것**

㉠ 점도가 높으면

- 오일의 **유동성 저하**
- 유압 증대
- 오일의 기능 저하
- 동력 손실 증대

㉡ 점도가 낮으면

- 유막 형성 불량
- 유압 감소
- **마찰 및 마멸 증대**
- 과열

② 점도지수가 높을 것
③ 청정력(세정력)이 클 것
④ 열과 산에 안정성을 유지할 것
⑤ 적당한 비중일 것
⑥ **카본 생성이 적을 것**

㉠ 고온에 의하여 연소된 카본이 생성되는 것을 방지
㉡ 카본이 엔진에 미치는 영향

- 오일 계통에 슬러지 생성
- 링 홈에 들어가 링의 고착 발생
- 블로바이 현상 발생
- 오일 소비 증대
- 실린더 벽의 손상
- 점화플러그의 오염
- 연소실 내의 열점 원인

⑦ 인화점 및 발화점이 높을 것
⑧ 응고점이 낮을 것
⑨ 강인한 유막을 형성할 것
⑩ 기포 발생에 대한 저항력이 있을 것

(3) 엔진 윤활유 첨가제

① 산화방지제 ② 점도지수 향상제 ③ 부식 산화 방지제
④ 기포 방지제 ⑤ 청정 분산제 ⑥ 유성 향상제
⑦ 유동점 강하제 ⑧ 형광 염료

(4) 오일의 기본 성질

① **유성** : 유막을 형성하는 성질
② **점성** : 유체의 흐름 저항(**끈끈한 정도**)

③ **점도** : 오일 **점성 크기**

④ **점도지수** : 온도에 따라 점도가 변화하는 정도를 숫자로 표시

※**점도지수가 높을수록 '온도에 의한 점도 변화가 적다.'**라고 한다.

(5) 윤활유의 분류

① **SAE (구)분류** : 점도에 의한 분류 @ 미국자동차공학회

㉠ 표시 문자

- SAW5W, SAE10W, SAE20W, SAE10, SAE20, SAE40
- W 문자는 겨울용을 나타냄(−17.78℃에서 측정)
- 문자가 없는 것은 100℃에서 측정한 것
- 봄 · 가을 : SAE30, 겨울 : SAE10, SAE20, 여름 : SAE40, SAE50

▌단일등급(Single Grade Oil)

SAE 점도 변화	5W	10W	20W	20	30	40	50
사용하는 재질	한랭지용		겨울용		봄 · 가을용	여름용	혹서지용
사용하는 온도	←−25	−20	−10	0 10	20	30℃→	

※W는 겨울용을 나타내고 SAE 점도번호가 클수록 점도가 높다.

㉡ 다급 오일(범용 오일 : 전 계절용 오일) : 저온용 오일과 고온용 오일을 복합하여 저온에서 기동이 쉽도록 점도가 낮을 뿐만 아니라 고온에서도 오일의 기능을 나타낼 수 있도록 여러 급수의 오일을 혼합하여 조성한 것

▌온도에 의한 SAE 점도 구분 다급 오일(Multi Grade Oil)

구 분		가솔린 기관용	디젤 기관용
1	사용 온도 범위(℃)	−20 −10 0 10 20 30℃ 40℃	−20 −10 0 10 20 30℃ 40℃
2	SAE 점도 번호	50W−20 10W−30 10W−40, 10W−50 15W−40, 15W−50 20W−40, 30W−50	50W−30 10W−30 10W−40, 10W−50 15W−50 20W−50

② **API 분류** : 엔진의 운전조건에 따라 분류 @ 미국석유협회

구 분		좋은 조건	보통 조건	가혹한 조건
1	가솔린 기관	ML	MM	MS
2	디젤 기관	DG	DM	DS

③ SAE 신분류 : 엔진의 운전조건에 따라 분류 @ 미국석유협회 · 미국재료시험협회 · 미국자동차 공학회 공동 제정

구 분		좋은 조건	보통 조건	가혹한 조건
1	가솔린 기관	SA	SB	SC, SD
2	디젤 기관	CA	CB, CC	CD

④ API 분류와 SAE 신분류와 대조표

구 분			좋은 조건	보통 조건	가혹한 조건
1	가솔린 기관	API	ML	MM	MS
		SAE	SA	SB	SC, SD
2	디젤 기관	API	DG	DM	DS
		SAE	CA	CB, CC	CD

3 윤활장치

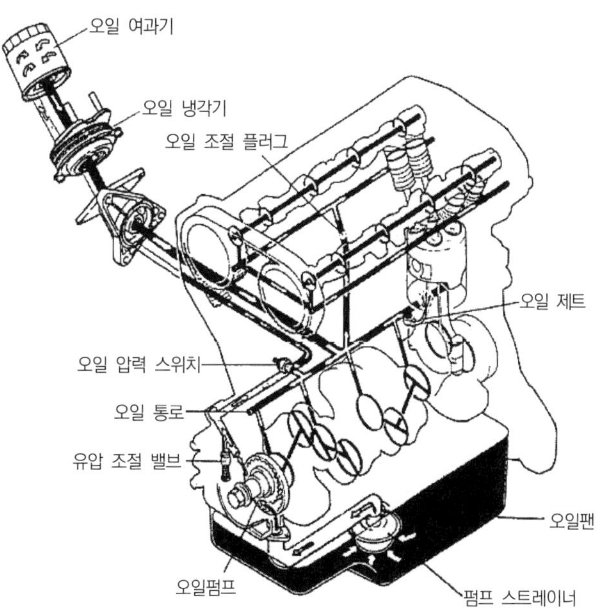

[그림 1-140] 엔진오일 공급장치의 구성

(1) 윤활방식

① 비산식 : 커넥팅로드 대단부에 있는 **주걱(디퍼)**을 이용한 것

② 압력식(압송식 또는 전압송식) : **오일펌프**를 사용하는 것

③ 비산 압력 조합식 : 비산식과 압력식을 **병용**하는 것

④ 혼기식 : 연료에 윤활유를 혼합하여 사용(2행정 가솔린 기관)

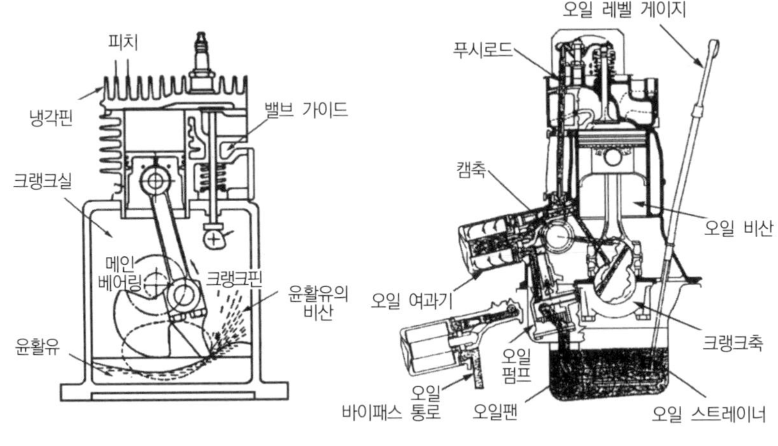

(a) 비산식　　　　(b) 압송식

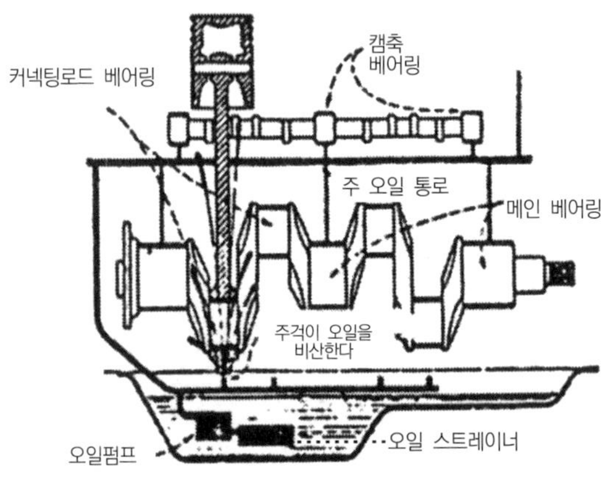

(c) 비산 압송식

[그림 1－141] 기관의 윤활방식

(2) 구성 및 기능

① **오일팬** : 엔진오일을 담아놓는 탱크(아래 크랭크케이스)

② **오일 스트레이너(흡입 스트레이너)**

㉠ 기능

- 오일팬과 오일펌프 흡입구 사이에 설치
- 오일 흡입 시 **비교적 큰 이물질과 불순물을 여과**
- 철망 형태(스크린)로 됨
- 스트레이너(스크린)가 막히면 바이패스 통로를 통함

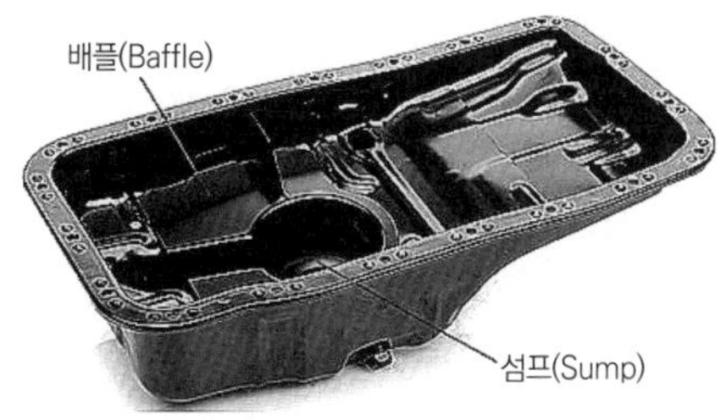

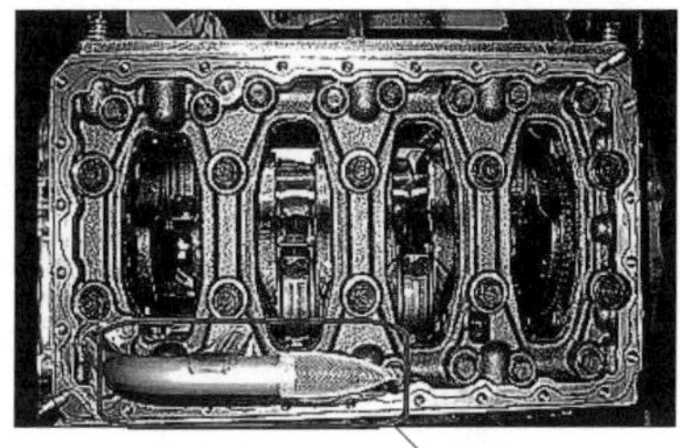

[그림 1-142] 오일팬 & 오일 스트레이너

③ 오일펌프

㉠ 기능 : 오일팬의 오일을 흡입 가압하여 윤활부로 압송

㉡ 구동방식 : 크랭크축 또는 캠축상의 헬리컬 기어와 접촉되어 구동

㉢ 종류

- 기어 펌프
  - 외접 기어 펌프 : 중장비 또는 **대형**차량
  - 내접 기어 펌프 : **소형**차량 또는 **중형**차량

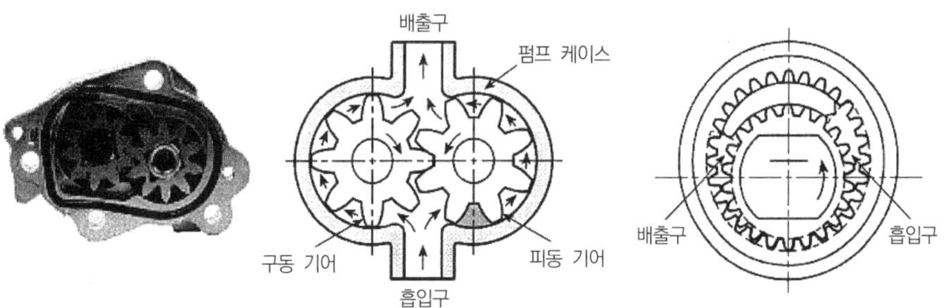

(a) 외접 기어 펌프 (b) 내접 기어 펌프

[그림 1-143] 기어형 오일펌프

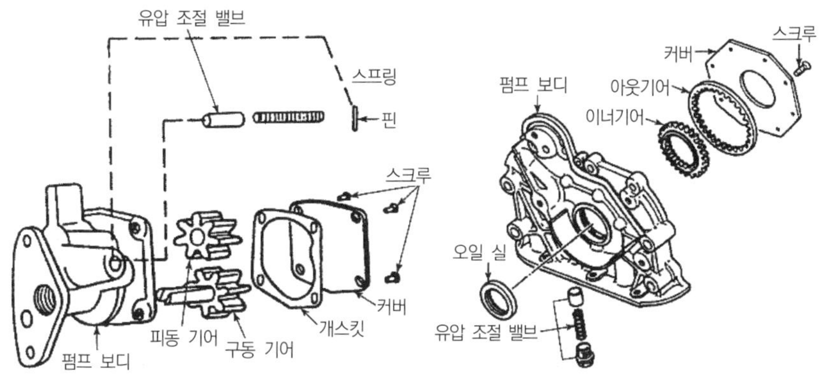

[그림 1-144] 기어형 오일펌프 분해도

- 로터리 펌프
  - 안 로터(이너 로터)와 바깥 로터(아웃 로터)로 구성
  - 안 로터의 잇수 : 4개, 바깥 로터의 잇수 : 5개
  - 안 로터와 바깥 로터의 회전수비=5 : 4
  - 회전수의 차이만큼 체적의 변화가 발생

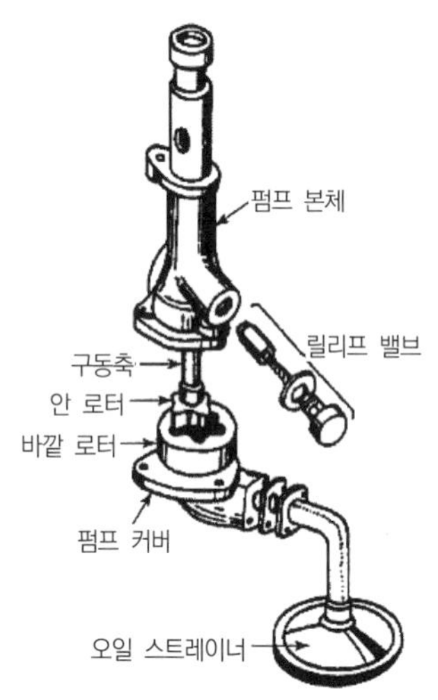

[그림 1-145] 로터리 오일펌프

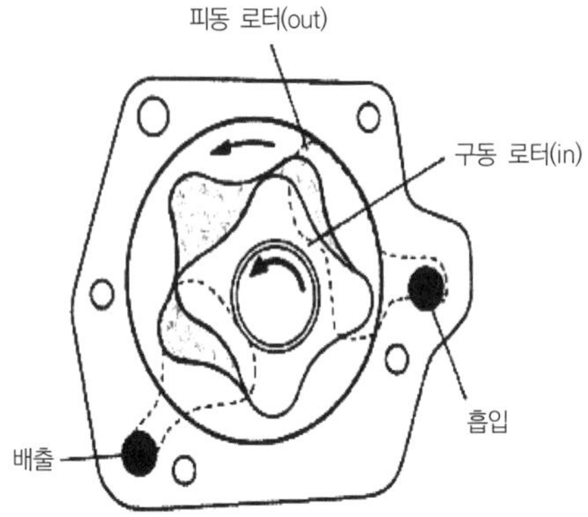

[그림 1-146] 로터리 펌프 또는 트로코이드 펌프

- 베인펌프
  - 편심형과 평형형 두 종류가 있으며, 편심형을 보편적으로 가장 많이 사용
  - 하우징과 그 속에 편심 회전하는 로터와 베인(날개)와 날개 홈의 스프링으로 구성
  - 작동은 펌프실 안에서 로터가 회전할 때, 날개(베인), 스프링의 작용에 의하여 펌프실 벽면을 눌러 주면서 회전하므로 오일을 흡입하여 배출구로 압송

[그림 1-147] 베인펌프

- 플런저 펌프
  - 엔진오일펌프로는 거의 사용하지 않음
  - 플런저, 스프링, 입 · 출구 체크볼 등으로 구성
  - 플런저는 캠축과 스프링에 의해 왕복운동을 하고, 이 왕복운동에 따라 발생되는 압력을 이용하여 윤활유를 공급

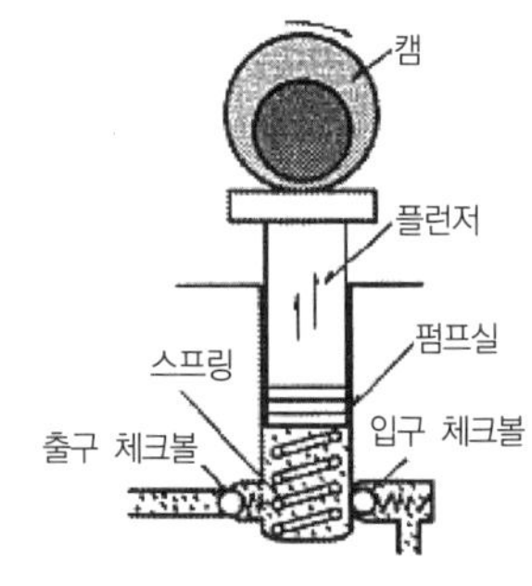

[그림 1-148] 플런저 펌프의 구조

④ 유압 조절 밸브(릴리프 밸브, pressure relief valve)

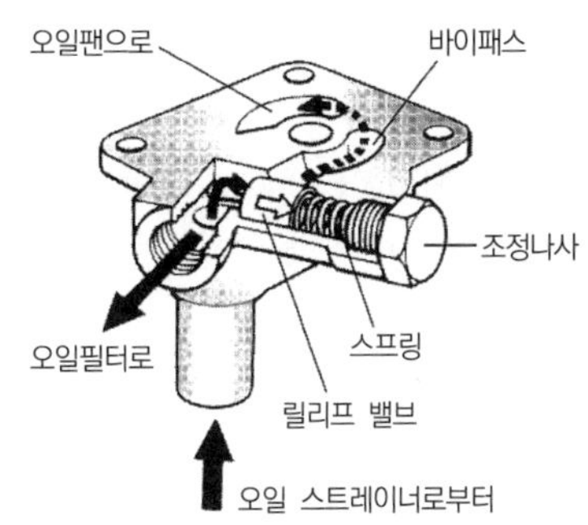

[그림 1-149] 유압 조절 밸브

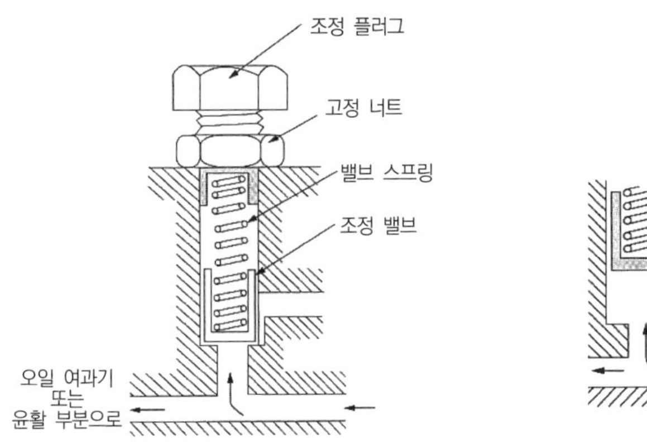

(a) 오일 압력이 낮을 때 (b) 오일 압력이 높을 때

[그림 1-150] 오일 압력 조절기의 구조와 원리

㉠ 기능 : 회로 내의 **유압이 과도하게 상승되는 것을 방지하고 일정하게 유지**함(압력이 과도하게 되면 연소실에 오일이 유입되어 연소됨)

㉡ 오일 송출 압력

- 가솔린 엔진
  - 저속 시 : 1~2kgf/cm^2
  - 고속 시 : 2~3kgf/cm^2
- 중장비 등 중차량 : 4~6kgf/cm^2

㉢ 유압 상승 및 저하 원인

유압이 높아지는 원인	유압이 낮아지는 원인
• 엔진의 온도가 낮아 오일의 점도가 높음 • 윤활회로 내의 막힘 • 유압 조절 밸브 스프링의 장력이 과다 • 유압 조절 밸브가 막힌 채로 고착 • 각 마찰부의 베어링 간극이 적을 때	• 엔진 오일의 점도가 낮음 • 오일팬의 오일량이 부족 • 유압 조절 밸브 스프링의 장력이 과소 • 유압 조절 밸브가 열린 채로 고착 • 각 마찰부의 베어링 간극이 클 때 • 오일펌프의 마멸 또는 고장

⑤ 오일 여과기

㉠ 기능 : 오일 속의 수분, 이물질 등의 불순물을 제거 · 분리

㉡ 엘리먼트 형식

- 여과망 교환식 : 여과망(엘리먼트, element)을 교환하고 여과기 케이스는 계속 사용
- 일체식 : 여과망과 여과기의 케이스가 일체형으로 되어 전체를 교환, 현재는 이 방식을 사용하고 있음

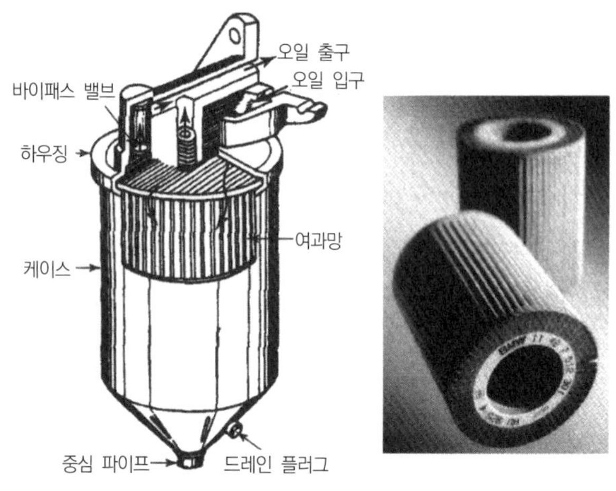

(a) 여과망 교환식

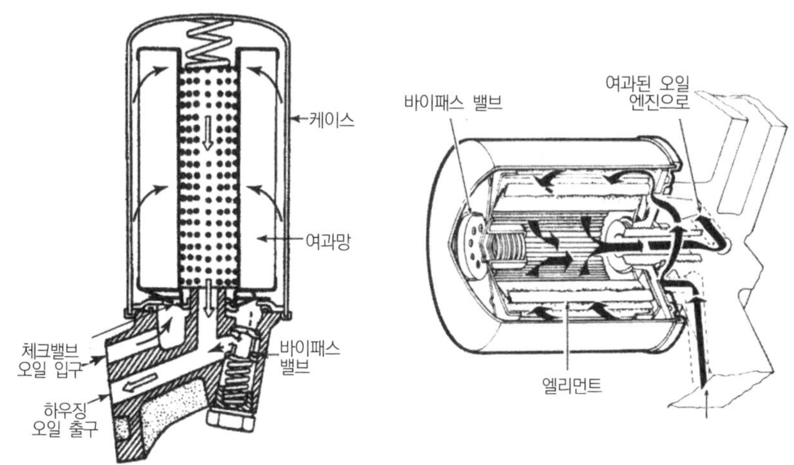

(b) 일체식 여과기의 구조와 원리

[그림 1-151] 오일 여과기의 종류

㉢ 여과방식

- 전류식 : 오일펌프에서 송출된 **오일 전부가 오일 여과기를 통과**하는 방식으로 작동 중 오일 여과기 엘리먼트가 막힐 경우 여과기에 설치된 바이패스 밸브를 통하여 여과되지 않은 오일이 윤활부로 흐른다(현재 대부분의 소형승용차는 전류식임).

• 분류식 : 오일펌프에서 송출된 오일을 나누어 여과기를 거쳐 **여과된 오일은 오일팬으로** 보내고, 일부는 **여과기를 거치지 않은 오일을 윤활부**에 보낸다.
• 샨트식 : 오일펌프에서 송출된 오일을 나누어 **일부는 여과하지 않은 상태**로 윤활부에 보내고, **일부는 여과하여** 윤활부로 보낸다.

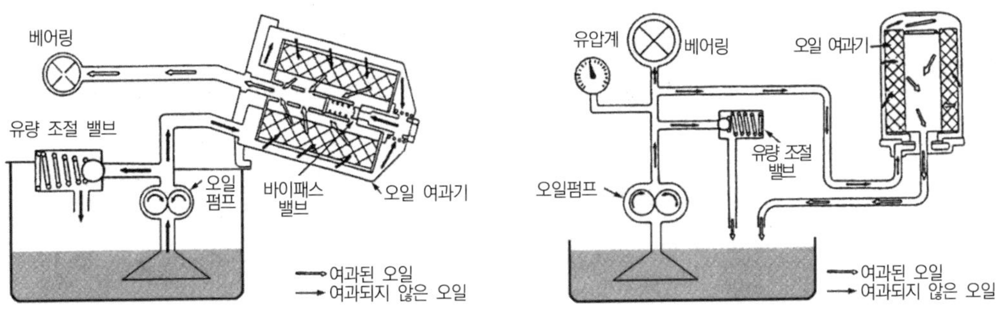

[그림 1－152] 전류식 오일 여과기

[그림 1－153] 분류식 오일 여과기

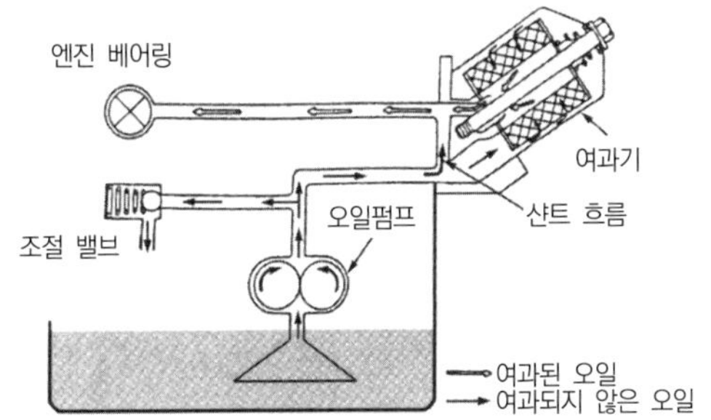

[그림 1－154] 샨트식 오일 여과기

⑥ 유면 표시기

㉠ 오일의 양, 색깔, 점도, 불순물 등을 점검

㉡ 오일의 양

• 엔진을 수평로에 위치
• 엔진을 시동하여 정상 온도로 한 다음 시동을 끄고 잠시 기다린다(순환되었던 오일이 돌아오기를 기다리는 시간).
• 유면 표시기를 빼어 헝겊으로 닦은 다음 다시 찍어본다.
• 오일의 표면이 'F'와 'L' 사이에서 'F'에 가깝게 있으면 된다(오일의 양이 너무 많으면 오일이 연소실로 올라가 연소됨).
• 오일의 양이 부족하면 동질의 오일로 보충한다(보충 또는 교환 시 한번에 보충하지 말고 여러 번에 나누어 주입함).

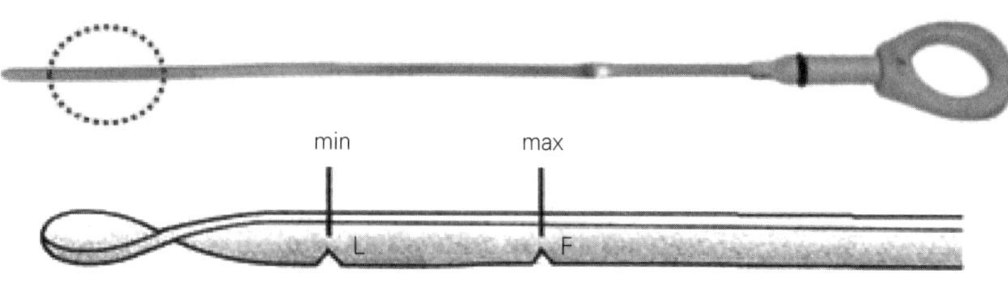

[그림 1-155] 유면 표시기

㉢ 오일의 색깔

- **붉은색 : 유연가솔린** 유입
- 노란색 : 무연가솔린 유입
- 검정색 : 심한 오염(오일 슬러지 생성)
- **우유색 : 냉각수** 혼입
- 회색 : 4에틸납 연소생성물의 혼입

⑦ 유압계

㉠ 오일의 순환압력을 운전석에서 볼 수 있도록 운전석 계기판(대시판)에 설치

㉡ 종류

- **부어든 튜브식(압력팽창식)** : 부어든 튜브를 통하여 섹터 기어(Sector Gear)를 움직여 지침으로 유압을 지시하는 방식
- **평형 코일식(밸런싱 코일식)** : 2개의 코일에 흐르는 전류의 크기를 저항에 의하여 가감하도록 하여 유압을 지시하는 방식
- **바이메탈 서모스탯식(바이메탈식)** : 기관 유닛의 다이어프램이 서모스탯 블레이드를 움직이면 계기부의 서모스탯 블레이드로 움직여 지침을 움직이는 방식

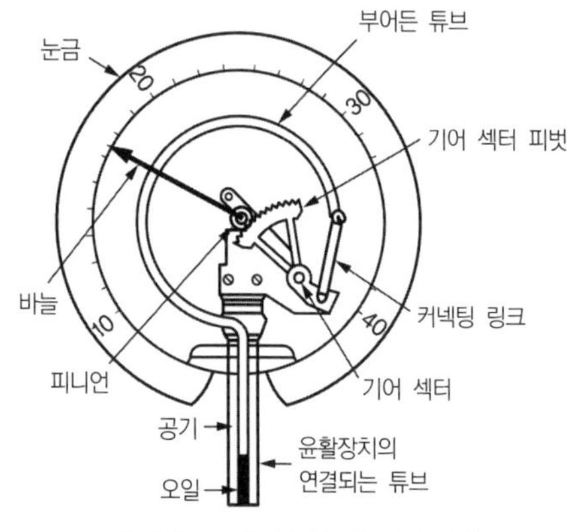

[그림 1-156] 부어든 튜브식

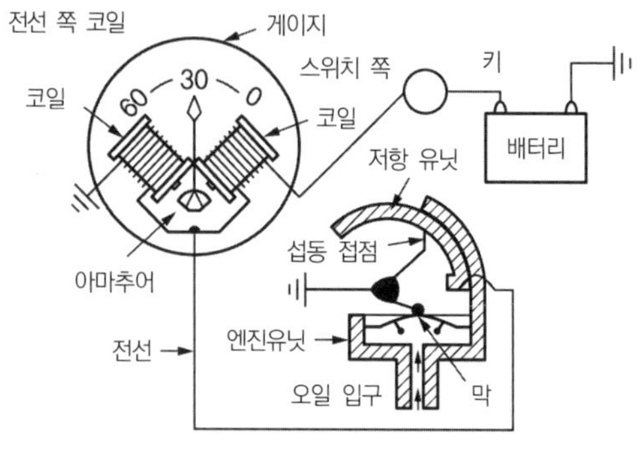

[그림 1-157] 평형 코일식

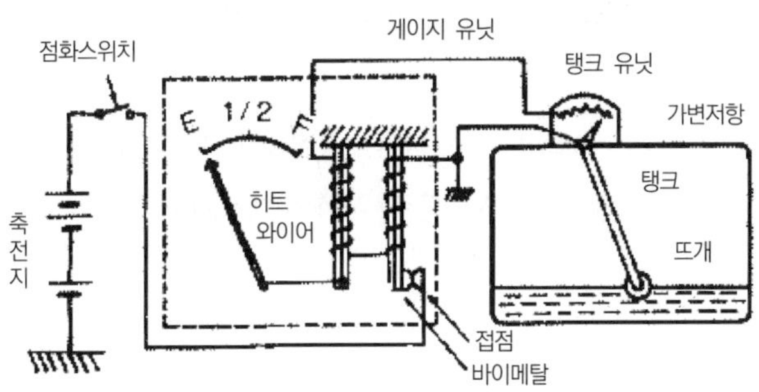

[그림 1-158] 바이메탈 서모스탯식(바이메탈식)

- **유압 경고등식(점등식)**
  - 유압이 정상이면 소등되고 유압이 낮아지면 점등되는 경고등 방식
  - 작동은 유압이 규정값에 도달하였을 때는 유압이 다이어프램을 밀어 올려 접점을 열어서 소등되고, 유압이 규정값 이하가 되면 스프링의 장력으로 접점이 닫혀 경고등이 점등됨
  - 현재 이 방식이 널리 사용되고 있음

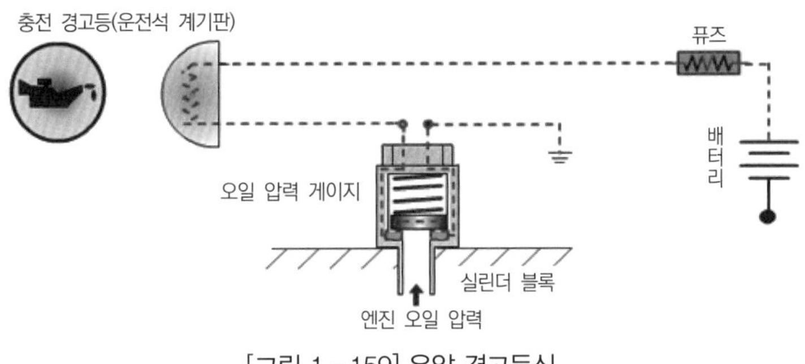

[그림 1-159] 유압 경고등식

> **참고**
>
> **유압 경고등이 점등되는 원인**
>
> 근래에는 유압 경고등식이 가장 많이 사용된다. 또한 유압 경고등이 점등되면 유압이 낮은 상태이며, 그 원인은 다음과 같다.
>
> - 엔진오일양의 감소
> - 윤활부의 과도한 마모
> - 유압 조절 밸브의 불량
> - 엔진오일의 점도 약화(변질, 오염 희석 등)
> - 오일펌프의 불량

4 크랭크케이스 환기장치

(1) 목적

① 블로바이에 의한 연소가스 및 미연소 가스의 유입으로 인한 **오일의 오염 및 오일 슬러지 생성 방지**

② 크랭크케이스 내의 압력 상승 방지

(2) 종류

① **자연 환기식(오픈 형식, NCN : Natural Crankcase Ventilation)** : 크랭크축 회전에 의한 **공기의 와류를 이용**하여 블리더 파이프로 환기시키는 방법으로 **현재 사용되지 않는다.**

② **강제 환기식(PCV ; Positive Crankcase Ventilation)**

㉠ **흡입다기관의 진공을 이용**하여 크랭크케이스 내(흡기다기관과 크랭크케이스를 연결)의 미연소가스를 흡기다기관으로 재순환시키는 방법으로 대기오염 및 오일 슬러지 생성을 방지한다.

㉡ 종류

- 실드 형식 : 블로바이 가스를 실린더 헤드 커버실로 도입하여 공기청정기를 거쳐 신선한 공기와 함께 기화기 또는 스로틀 보디로 흡입하는 방식
- 클로즈 형식 : 블로바이 가스를 공기청정기를 통하여 신선한 공기와 함께 실린더 헤드 커버에서 PCV(Positive Crankcase Ventilation) 밸브를 거쳐 기화기 또는 스로틀 보디로 흡입하는 방식

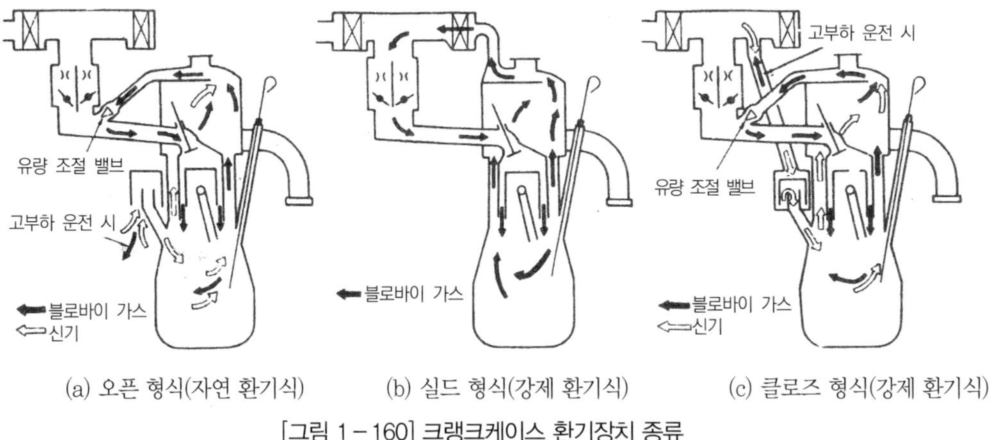

(a) 오픈 형식(자연 환기식) (b) 실드 형식(강제 환기식) (c) 클로즈 형식(강제 환기식)

[그림 1－160] 크랭크케이스 환기장치 종류

5 오일 냉각장치

① 윤활부를 순환하고 오일팬으로 되돌아오는 오일은 윤활부에서 흡수한 열을 간직하고 있게 되는데(냉각작용), 이 열을 **냉각시키지 않으면 점도가 낮아져 윤활 불량 상태**가 될 수 있다. 이처럼 뜨거워진 순환 오일을 냉각시키는 장치를 말한다.

② 공기를 이용하는 형식과 엔진 냉각수를 이용하는 형식이 있다.

③ 냉각수를 이용하는 방식은 대부분 오일팬 내에 냉각수 순환 파이프를 설치하는데, 이 파이프가 파손되었을 시 엔진오일이 변질되어 오일 색깔이 우유색으로 된다.

④ 냉각수를 이용하면 냉간 시는 냉각수가 열을 전달하여 온도를 높여주며, 온간 시는 냉각수가 오일의 열을 빼앗아 주므로 오일의 온도를 일정하게 유지할 수 있기 때문에 일명 **유온 조절기**라고도 한다.

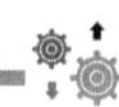

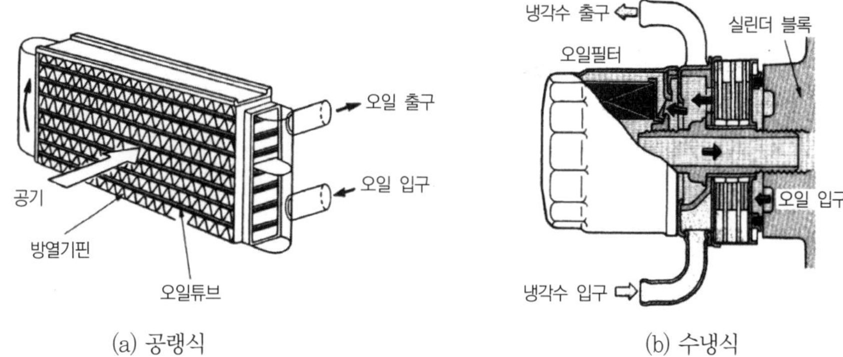

(a) 공랭식 (b) 수냉식

[그림 1-161] 오일 냉각기(oil cooler)

[그림 1-162] 오일 냉각기(수냉식 오일 냉각기의 설치 실례)

02 냉각장치

1 목적

① 연소가스의 높은 온도로 인한 과열 방지

② 엔진의 손상 방지와 내구성 증대

③ **엔진 과열**

㉠ 원인

- 냉각핀(공랭식)의 손상, 오염
- 냉각수의 부족
- 냉각수 순환계통의 막힘
- 이상 연소(노킹 등)
- 팬벨트의 이완 또는 절손

㉡ 영향

- 부품의 변형
- 윤활부 유막의 파괴
- 윤활유 손실 과다
- 엔진 출력 저하

④ 엔진 과냉

㉠ 원인

- 수온 조절기의 고장
- 겨울철 외기 온도의 저하
- 정상 온도 이전 차가운 외기 온도와의 접촉

㉡ 영향

- 엔진 출력의 저하
- 연료소비 증대
- 오일의 희석, 오염, 변질

2 냉각방식

(1) 공랭식 : 공기를 냉매로 함

① 특징

㉠ 주행 시에 발생하는 **주행풍을 이용하거나 송풍기를 이용**하여 기관을 냉각시키는 방식

㉡ 주로 2륜 자동차와 소형자동차의 기관에 많음

㉢ 가볍고, 난기운전(warm－up) 기간이 짧고, 기온이 영하일지라도 빙결될 염려가 없음

㉣ 소음이 크고, 송풍기를 사용할 경우 별도의 구동력을 필요로 함

② 종류

㉠ 자연통풍식

- **주행 시 부딪쳐 오는 공기로** 냉각
- 냉각수 보충 및 동결의 위험이 없음
- 과열되기 쉬운 부분에 냉각핀 설치
- **냉각 효과가 작아 과열**되기 쉬움

㉡ 강제통풍식

- 냉각 효과가 높아 과열되지 않음
- **구조가 복잡**함
- 냉각팬과 시라우드를 두어 공기를 강제로 순환

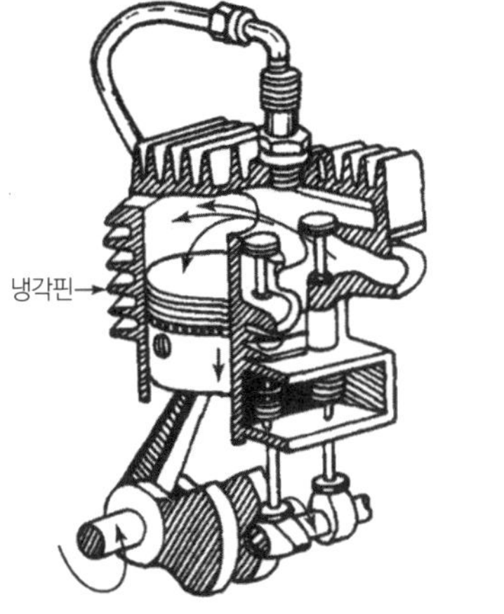

[그림 1－163] 자연통풍식

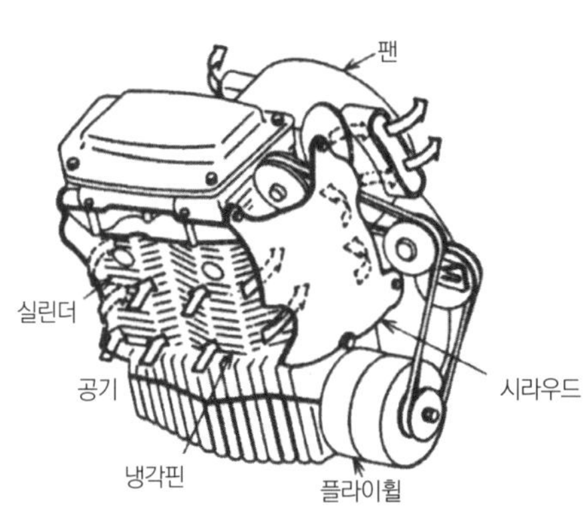

[그림 1－164] 강제통풍식

③ 공랭식의 장단점

장점	단점
• 간단하고 값싼 구조이다. • 단위 출력당 질량(kg/kW)이 가볍다. • 빙결 방지제가 들어있는 냉각수가 필요없다. • 냉각수 냉각기(액체 방열기)가 필요없다. • 누설 부위가 없다(냉각수에 의한). • 물 펌프가 필요없다. • 운전 안전성이 높다. • 정비의 필요성이 낮다. • 정상 작동 온도에 도달하는 시간이 짧다. • 냉각매질의 비등점에 의해 기관의 작동 온도가 제한되지 않는다.	• 냉각이 불균일하므로 기관 각 부분의 작동온도의 편차가 크다. • 피스톤 간극이 커야 하고 따라서 피스톤 소음이 크다. • 송풍기 구동동력이 비교적 많이 소비된다(기관출력의 약 3~4%). • 송풍기가 설치되고 또 기관의 냉각수 재킷(jacket)이 생략되므로 소음이 크다. • 공기의 비열이 낮기 때문에 냉각핀으로부터 공기로의 열전달 능력이 불량하다. • 실내 난방이 크게 지연되고, 불균일하다. • 제어가 곤란하다.

(2) 수냉식 : 물을 냉매로 함

① 특징

[그림 1-165] 수냉식(밀봉압력식) 냉각장치의 구조

② 종류

㉠ 자연순환식

• 냉각수의 **대류 현상**을 이용한다.

• 고성능 엔진에는 적합하지 않다.

㉡ 강제순환식

ⓐ 물 펌프와 방열기를 이용한다.

ⓑ 물 펌프로 실린더 내의 냉각수를 방열기로 강제 순환하여 냉각한다.

ⓒ 종류

- 압력순환식 : **압력식 캡을 이용**하여 비등점을 높이고 냉각수의 손실을 적게 한 형식이다.
  - 방열기를 적게 할 수 있다.
  - 엔진의 열효율이 증대된다.
  - 냉각수 보충 횟수를 줄일 수 있다.
- 밀봉압력식 : **방열기 캡을 밀봉하고 보조 물탱크를 별도로 설치**한 형식으로 압력식 캡을 사용하는 것은 압력순환식과 같다.
  - 냉각수의 손실을 줄일 수 있다.
  - 방열기 내의 냉각수가 부족 시 보조 물탱크의 냉각수가 사이펀 현상에 의하여 자동으로 보충된다.

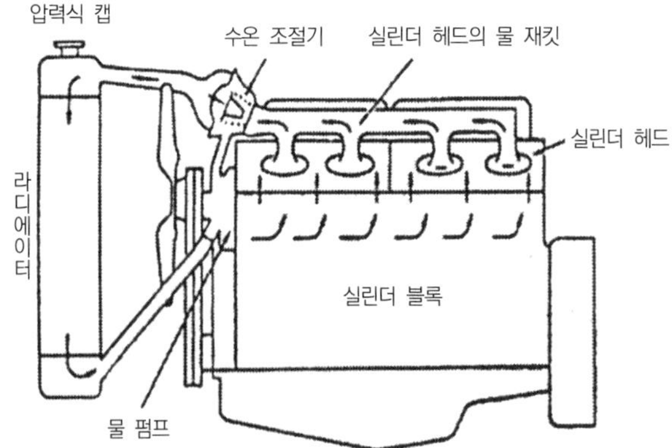

[그림 1－166] 압력순환식

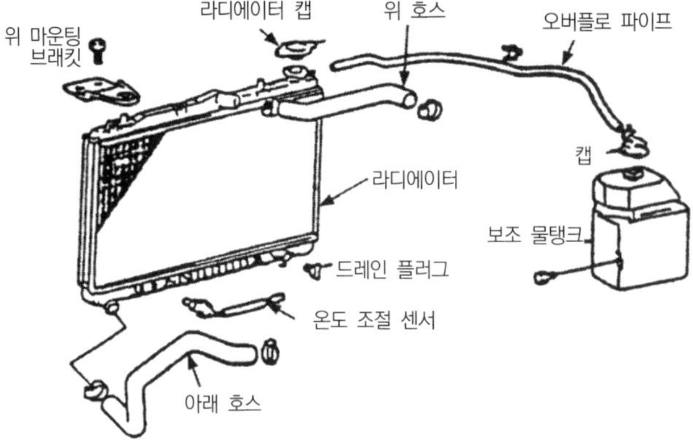

[그림 1－167] 밀봉압력식

참고

사이펀 현상

방열기 내의 온도가 높아져 냉각수가 비등되면 증기가 방열기를 빠져나가게 되나 엔진의 온도가 낮아지면 증기가 응축하여 방열기 내에 진공이 발생한다. 이때 보조 물탱크의 물이 진공과 대기압과의 압력차로 방열기로 유입되는 현상을 말한다.

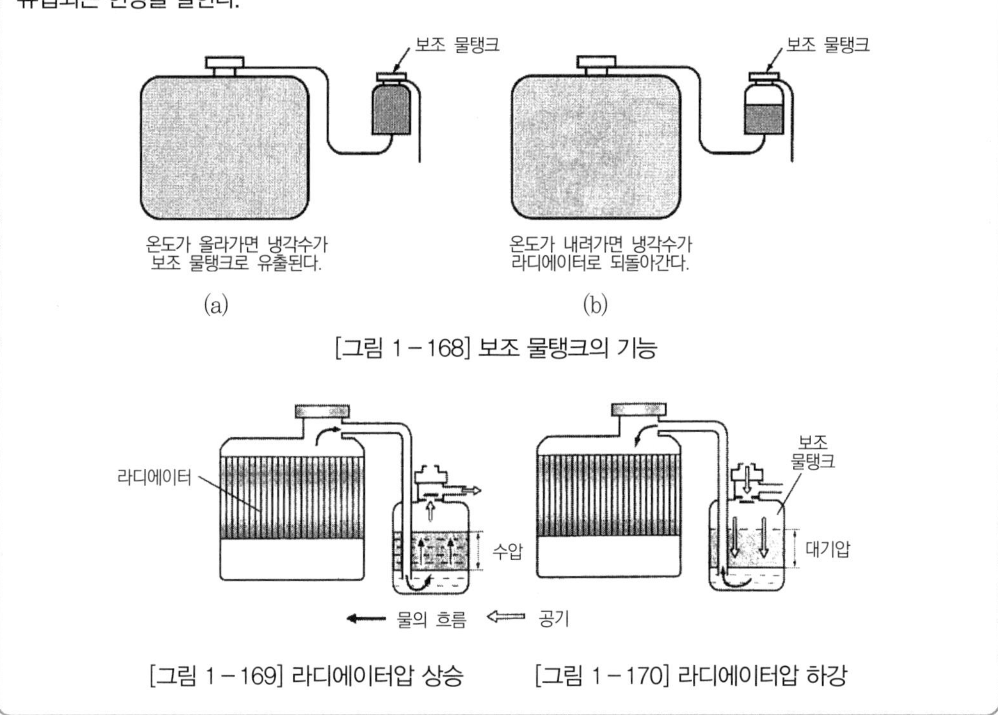

[그림 1－168] 보조 물탱크의 기능

[그림 1－169] 라디에이터압 상승　　[그림 1－170] 라디에이터압 하강

3 강제순환식 냉각장치

(1) 물 통로(Water Jakect)

실린더 블록과 실린더 헤드에 설치된 냉각수 통로로 실린더 벽, 밸브 가이드, 연소실 등과 접촉되어 있다.

(2) 물 펌프(Water Pump)

① **기능** : 실린더 블록 내의 더워진 냉각수를 방열기 쪽으로 순환시킴

② **원리** : **원심력**을 이용(원심력식 펌프 사용)

③ **펌프 효율** : 순환압력에 비례하고, 냉각수 온도에 반비례함

④ **구성 및 특징**

㉠ 펌프 하우징, 임펠러, 펌프축 및 베어링, 풀리로 구성된다.

㉡ 물 펌프 베어링에는 점도가 묽은 컵그리스를 주유한다.

㉢ 물 펌프의 회전수는 크랭크축 회전수의 1.2~1.6배로 회전한다.

[그림 1－171] 물 펌프(Water Pump)

(3) 수온 조절기(thermostat)

① 기능 : 냉각수 통로를 개폐하여 **엔진이 과냉 또는 과열되는 것을 방지**하는 것으로 일명 **정온기**라고도 한다.

② 작용 : 65℃에서 열리기 시작하여 85℃에서 완전히 열린다.

③ 종류

㉠ 벨로즈형

- 재질 : 주석 또는 동합금
- 봉입물질 : **에테르나 알코올** 등의 휘발성이 큰 물질
- 작용 방향 : 위쪽으로 열림
- 작동 : 에테르나 알코올이 열을 받아 팽창할 때의 팽창력으로 벨로즈의 주름관이 펴지며 밸브가 열림

(a) 열림 (b) 닫힘

[그림 1－172] 벨로즈형 [그림 1－173] 벨로즈형의 작동

㉡ 펠릿형(왁스형)

- 재질 : 주석 또는 동합금
- 봉입물질 : **왁스와 합성고무**(스프링과 같은 작용을 함)
- 작용 방향 : 아래쪽으로 열림
- 작동 : 왁스가 열을 받아 팽창하면 합성고무를 수축시키고, 이 수축되는 힘으로 플런저가 스프링의 장력을 이기고 밸브가 열림
- 바이패스 통로 : 수온 조절기가 닫혀 있는 상태에서 냉각수의 순환이 되지 않으면 펌프에 압력이 발생하므로 바이패스 밸브를 두어 엔진 내부에서 냉각수가 순환하도록 하였으며, 수온 조절기가 열리면 바이패스 밸브는 닫힘

[그림 1－174] 왁스 펠릿형

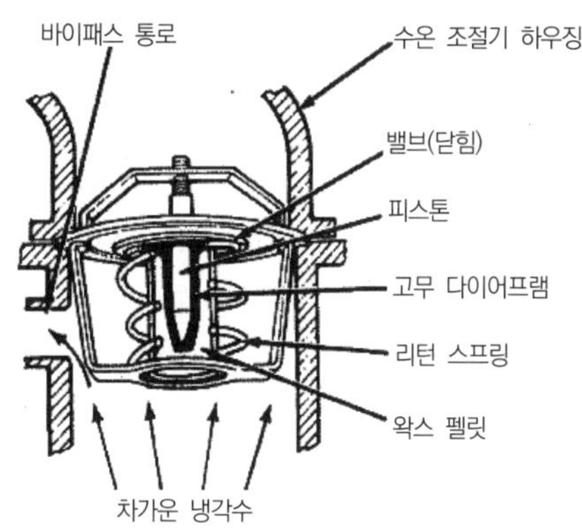

(a) 기관이 차가울 때(수온 조절기 닫힘)

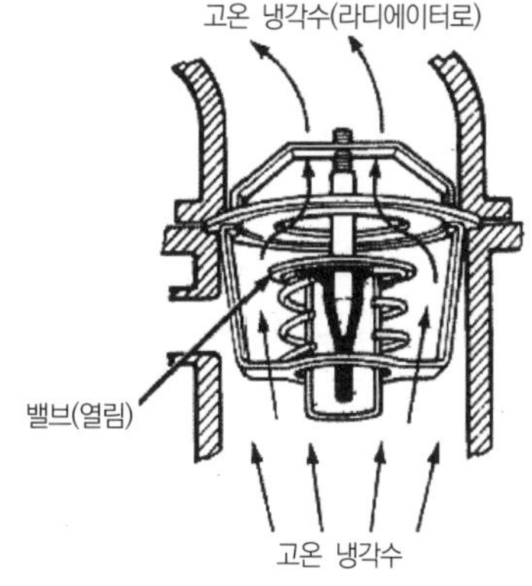

(b) 기관이 가열되었을 때(수온 조절기 열림)

[그림 1－175] 왁스 펠릿형의 작동

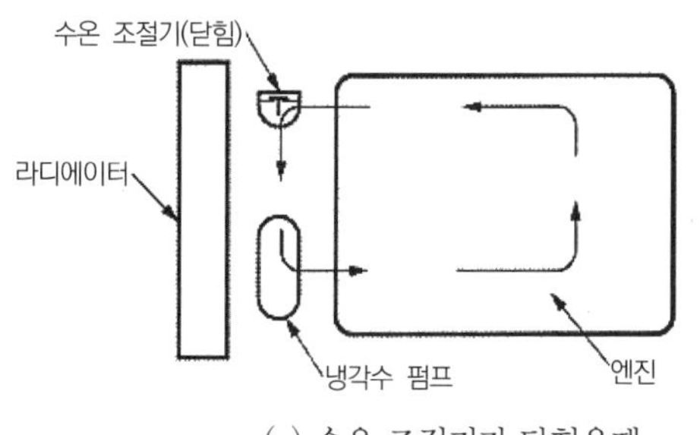

(a) 수온 조절기가 닫혔을때

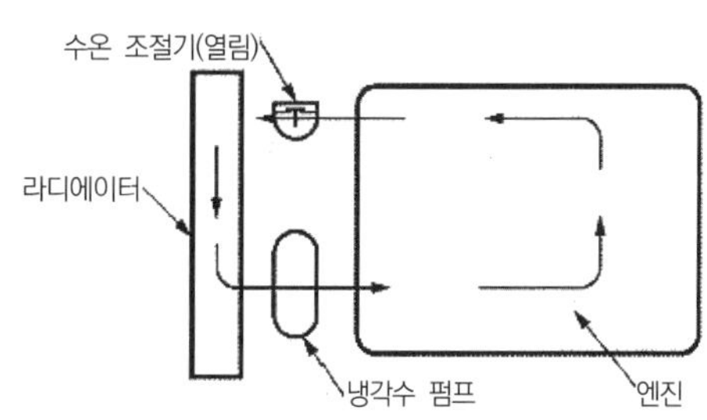

(b) 수온 조절기가 열렸을 때

[그림 1－176] 냉각수의 흐름

㉢ 바이메탈형 : 코일 모양의 **바이메탈이 수온에 의해** 비틀릴 때 밸브가 열리는 형식이다. 이 방식은 온도의 정확도가 떨어지기 때문에 현재 거의 사용하지 않는다.

[그림 1－177] 바이메탈형

(4) 방열기(Radiator)

① 기능 : 엔진에서 더워진 냉각수를 공기와의 접촉으로 냉각시킴

② 구비조건

㉠ **단위 면적당 방열이 클 것**

㉡ 공기저항이 작을 것

㉢ 냉각수의 흐름에 저항이 적을 것

㉣ 가볍고 작으며 강도가 클 것

③ 구성 및 기능

㉠ 상부 탱크 : 실린더 헤드 출구와 연결

㉡ 하부 탱크 : 냉각된 물을 저장하여 펌프에 공급

㉢ 방열기의 유출입 온도 차 : 5~10℃

㉣ 코어 : 위 탱크와 아래 탱크를 연결하는 튜브

㉤ 코어 막힘 한도(20% 이내) $= \dfrac{\text{신품주수량} - \text{구품주수량}}{\text{신품주수량}} \times 100$

㉥ 방열핀(냉각핀) : 공기와의 접촉 면적을 증대

㉦ 방열기 캡(압력식 캡)

- 목적
  - 냉각 순환압력을 상승(0.3~0.7kgf/cm^2) : 펌프 효율 증대
  - 냉각수의 **비등점을 높임**(112℃)
  - 냉각수의 손실을 감소
- 구성
  - 캡 : 마개
  - 압력 밸브 : 방열기 내의 냉각수가 비등하여 압력이 팽창되면 열려 증기로 변한 **냉각수를 방열기 밖으로 배출**
  - 압력 밸브 스프링 : 압력 밸브의 작동을 제어(장력은 게이지 압력으로 0.2~1.05kgf/cm^2)

– 진공(부압) 밸브 : 방열기 내의 냉각수 온도가 내려가고 수증기가 수축되어 진공이 발생되면 열려 외부의 공기(대기압)나 **저장 탱크의 물을 유입**하도록 함

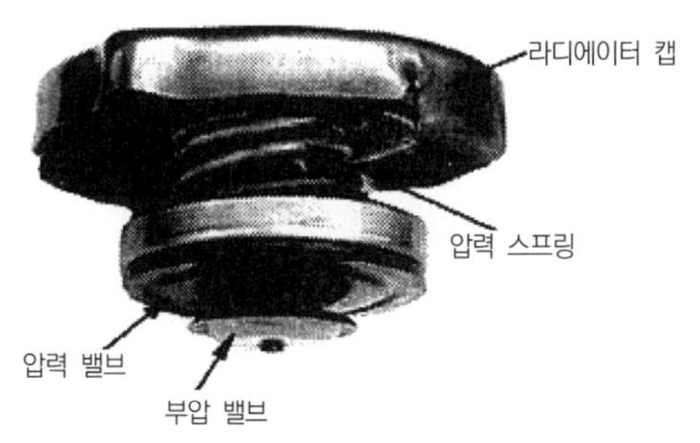

[그림 1 – 178] 라디에이터 캡의 구조

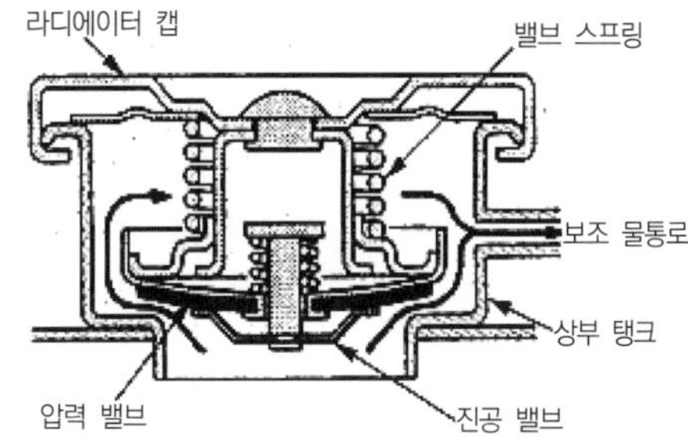

[그림 1 – 179] 라디에이터 캡의 작동

ⓞ 오버플로 파이프(Over Flow Pipe) : 방열기 주입구에 설치되어 방열기 내의 증기가 빠져나가거나 외부의 공기가 들어오는 통로, 이 파이프가 막히면 방열기가 파손됨

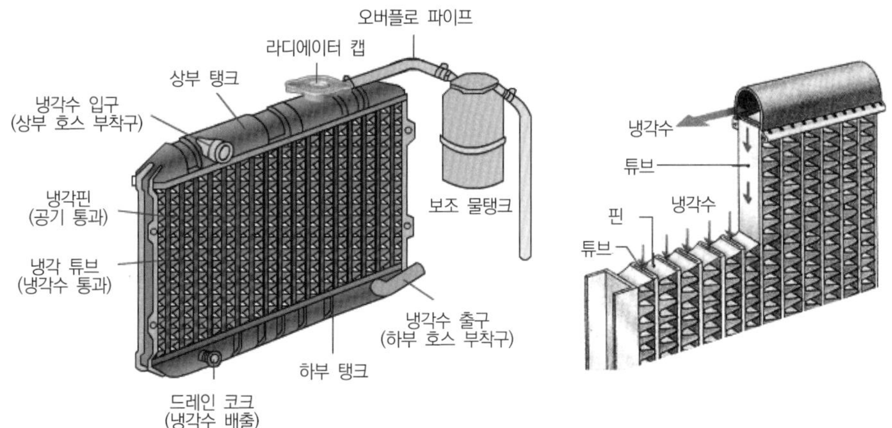

[그림 1 – 180] 라디에이터의 구조

④ 순환계통 청소

㉠ 냉각수 순환 반대 방향으로 수압을 보낸다(하부에서 상부로).

㉡ 플러싱 작업(플러시건을 이용)

- 플러시건에 압축공기와 수압이 있는 물을 연결한다.
- 방열기를 거꾸로 세운다.
- 방열기에 플러시건을 설치한다.
- 물 밸브를 열어 방열기에 물을 가득 채운다.
- 방열기에 물이 차면 플래시건의 공기밸브를 열고 압축공기를 서서히 보낸다.
- 이때 간헐적으로 조작해야 하며 갑자기 높은 압력을 보내면 방열기가 손상된다.
- 깨끗한 물이 나올 때까지 계속 작업한다.

⑤ 방열기 누설 시험

㉠ 방열기 내의 냉각수를 제거한다.

㉡ 방열기의 입출구 중 한쪽을 폐쇄한다.

㉢ 막지 않은 한쪽에 압축공기 호스를 연결한다.

㉣ 방열기를 물통에 넣는다.

㉤ 압축공기의 압력을 0.5~2.0kgf/cm^{2}의 압력으로 가압한다.

㉥ 방열기 주위에서 **기포가 발생하는**가를 살펴본다.

(5) 냉각팬(cooling fan)

① 기능

㉠ 방열기의 냉각 효과 증대

㉡ 배기다기관의 과열 방지

㉢ 날개의 비틀림 각도 : 20~30°

㉣ 재질 : 강판, 합성수지

② 종류

㉠ 유체 커플링식

- 기능 : 워터펌프는 크랭크축 풀리와 벨트로 연결되며 냉각팬과 워터펌프 사이에 점도가 높은 **실리콘 오일을 봉입**하고 유체저항에 의해 냉각팬과 워터펌프를 연결하여 구동하는 형식
- 특징 : 2,000rpm 이하 시는 일체로 회전하나 2,000rpm 이상 시는 커플링의 로터에 미끄럼 발생 회전 제한, 즉 유체 마찰을 이용하여 엔진의 회전속도가 2,000rpm 이상이 되어도 냉각팬의 회전수는 증가하지 않음
- 사용 오일 : 실리콘 오일
- 장점 : 고속 주행 시 소음 감소, 엔진 출력의 손실 감소, 팬벨트의 내구성 향상

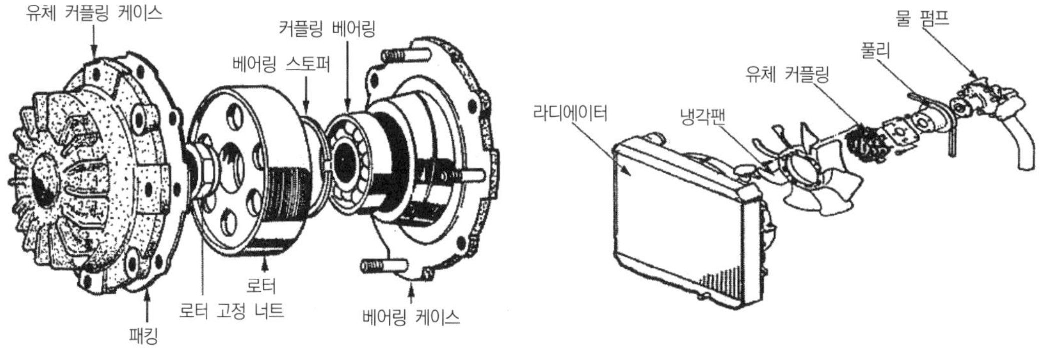

(a) 유체 커플링의 구조 (b) 유체 커플링의 위치

[그림 1-181] 유체커플링식

㉡ 전동식

- 기능 : 엔진의 동력을 이용하지 않고 **축전지의 전기를 이용**
- 장점
  - 냉각팬의 **설치 위치가 자유로움**
  - 온도 센서의 감지 기능으로 냉각 손실을 감소
  - 엔진의 과냉을 방지
- 전동팬의 작동 온도 : 92~93℃
- 전동팬의 정지 온도 : 85~87℃ 정도

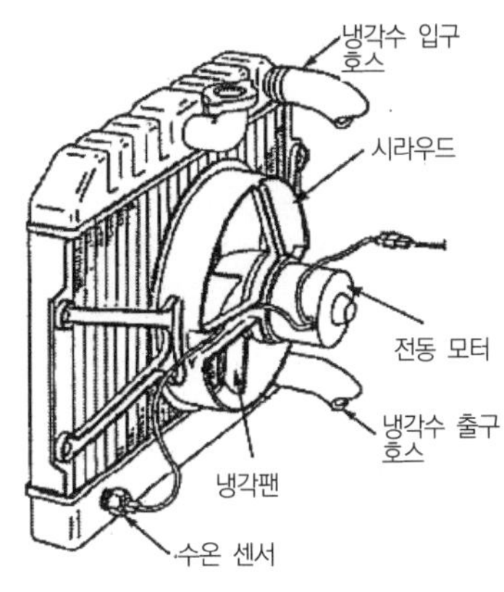

[그림 1-182] 전동식

(6) 팬벨트(구동 벨트, V-Belt)

① 기능 : 크랭크축의 **동력을 물 펌프와 발전기에 전달**

② 재질 : 섬유질과 고무로 짠 것

③ 구조 : 이음없는 V형을 사용

④ 장력

㉠ 10kgf의 힘으로 눌러 **13~20mm 정도의 이완**이 있으면 정상

㉡ 장력이 크면 발전기와 물 펌프 베어링의 손상 증대

㉢ 장력이 작으면 충전 불량, 엔진 과열, 벨트 소손 증대

㉣ 팬벨트 장력 조정

- 발전기와 물 펌프 사이에서 측정
- 발전기를 움직여 조정

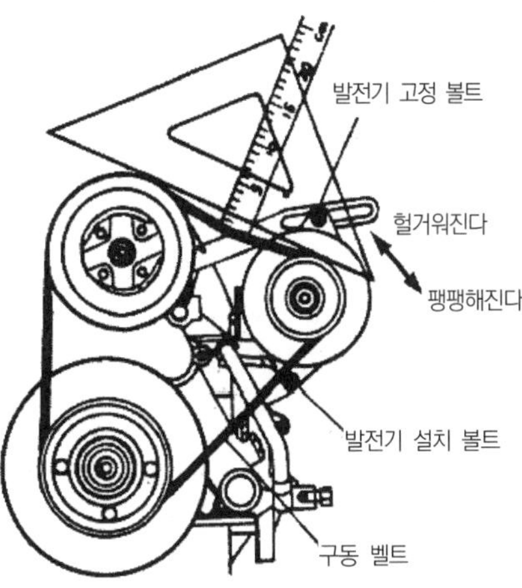

[그림 1-183] 벨트의 장력 점검 및 조정

참고

장력에 따른 영향

(1) 장력이 너무 크면(팽팽하면 : 유격이 작을 때)

① 발전기 및 물 펌프 베어링 마멸이 촉진

② 물 펌프의 고속 회전으로 기관이 과냉

(2) 장력이 너무 작으면(헐거우면 : 유격이 너무 클 때)

① 물 펌프 회전속도가 느려 기관이 과열

② 발전기의 출력이 저하하여 축전지 충전이 불충분

③ 소음이 발생하며, 구동 벨트(V-벨트)의 손상이 촉진

(7) 시라우드

방열기와 냉각팬을 감싸고 있는 것으로 **공기의 흐름을 돕고 와류로 인한 공기와의 충돌을 방지**한다.

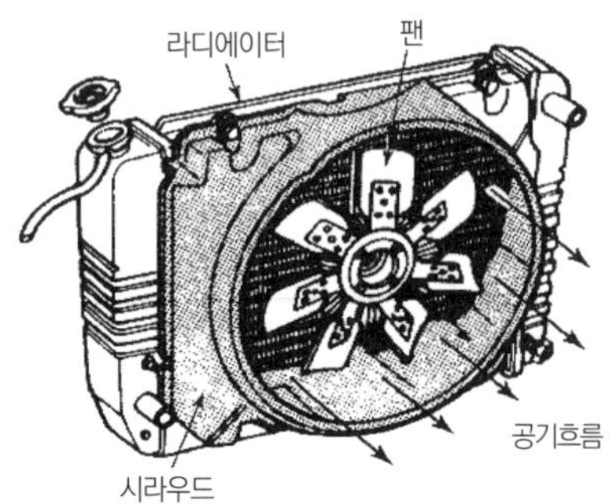

[그림 1－184] 시라우드

(8) 수온계

① 기능 : 냉각수의 순환 온도(75~95℃)를 운전석에서 확인할 수 있도록 운전석 계기판(대시판)에 설치

② 종류

㉠ 부어든 튜브식(압력팽창식)

- 방식 : 부어든 튜브를 통하여 **섹터 기어**(Sector Gear)를 움직여 지침으로 수온을 지시하는 방식
- 구성 : 부어든 튜브식(압력팽창식) 유압계와 같은 구조, 계기판과 기관 유닛 부분에 부어든 튜브와 섹터 기어로 구성
- 작동 : 부어든 튜브를 냉각장치의 냉각수 통로에 파이프로 연결하여 온도가 올라가면 부르동 튜브 내의 공기가 압축되므로 직선으로 펴지게 된다. 이 원리를 이용하여 부어든 튜브 끝에 설치되어 있는 기어가 계기바늘을 움직여서 온도를 표시하며 부어든 관식이라고도 한다.

㉡ 평형 코일식(밸런싱 코일식)

- 방식 : 2개의 코일에 흐르는 전류의 크기를 저항에 의하여 가감하도록 하여 수온을 지시하는 방식
- 구성 : 계기 부분과 기관 유닛 부분으로 구성, 계기 부분은 수온 지시부로서 평형 코일식(밸런싱 코일식) 유압계와 같은 구조로 되어 있음, 기관 유닛 부분에는 저항체(서미스터)를 두고 있음
- 작동 : **서미스터**는 전기저항이 낮은 온도에서는 크고, 온도가 상승함에 따라 감소하는 성질이 있다. 그러므로 냉각수 온도가 저하하면 이 저항체의 저항이 커져서 12의 자력이 강하므로 온도계 지침이 C(cool)로 움직이고, 냉각수 온도가 상승하여 저항이 적어지면 코일 12의 자력이 커지므로 온도계 지침이 H(high) 쪽으로 머물게 된다.

ⓒ 현재 사용되는 수온계(온도 감지기)는 온도에 따라 저항이 반비례하는 특성을 갖는 반도체인 서미스터(부특성)를 사용하며, 현재 자동차에서는 평형 코일식(밸런싱 코일식)을 가장 많이 사용하고 있다.

(9) 냉각수와 부동액

① **냉각수** : 코어의 막힘을 억제하기 위해 **산이나 염분 등의 불순물이 적은 연수를 사용**해야 한다.

ⓐ 연수 : 증류수, 수도물, 빗물(산이나 염분 등의 불순물이 적은 물)

ⓑ 경수 : 우물물, 샘물, 강물, 시냇물 등(산이나 염분 등의 불순이 많이 포함되어 있어 금속을 부식시킴)

② **부동액**

ⓐ 기능 : 겨울철 빙점을 낮추어 냉각수의 빙결(동결) 방지

ⓑ 부동액의 구비조건

- 물과 쉽게 혼합되어야 한다.
- 비등점이 높아야 한다.
- 부식성이 없어야 한다.
- 순환성이 좋아야 한다.
- 휘발성이 없어야 한다.
- 팽창계수가 작아야 한다.

ⓒ 종류

- 일시부동액(**메탄올**)
  - 비등점 : 82℃(증발되기 쉽다.)
  - 빙점 : -30℃
  - 보충 시 혼합액을 사용
- 영구부동액(**에틸렌글리콜**)
  - 비등점 : 197.2℃
  - 빙점 : -50℃
  - 보충 시 물만 보충
  - 금속을 부식시키고 불연성임
  - 팽창계수가 크고 침전물이 엔진에 쉽게 부착
- 에틸렌글리콜 대신에 글리세린을 사용할 수 있으나 물과 혼합 시 잘 섞어야 한다.

ⓓ 물과 부동액을 혼합 시 주의 사항 : 그 지방 최저온도보다 5~10℃ 낮게 설정한다.

물(%)	부동액(%)	빙점(℃)
60	40	-20
50	50	-30
40	60	-35

제 4 장

출제 예상 문제

• 기관 부수장치

01 기관에서 윤활의 목적이 아닌 것은?

① 마찰과 마멸 감소
② 응력집중작용
③ 밀봉작용
④ 세척작용

해설 윤활유의 6대 기능
㉠ 감마작용 : 마찰 및 마멸 감소
㉡ 밀봉작용 : 틈새를 메꾸어 줌
㉢ 냉각작용 : 기관의 열을 흡수하여 오일팬에서 방열
㉣ 세척작용 : 카본, 금속 분말 등을 제거
㉤ 방청작용 : 작동 부위의 부식 방지
㉥ 응력분산작용 : 충격하중 작용 시 유막 파괴를 방지

02 기관의 윤활유 구비조건으로 틀린 것은?

① 비중이 적당할 것
② 인화점 및 발화점이 낮을 것
③ 점성과 온도와의 관계가 양호할 것
④ 카본 생성에 대한 저항력이 있을 것

해설 윤활유의 구비조건
㉠ 인화점 및 발화점이 높을 것
㉡ 비중이 적당할 것
㉢ 응고점이 낮을 것
㉣ 기포의 발생에 대한 저항력이 있을 것
㉤ 카본 생성이 적을 것
㉥ 열과 산에 대하여 안정성이 있을 것
㉦ 청정력이 클 것
㉧ 점도가 적당할 것

참고 인화점은 불을 가까이하였을 때
인화점은 불이 붙는 최저의 온도이며 발화점(착화점)은 주변 온도에 의해 불이 붙는 최저의 온도이다. 인화점 및 발화점이 낮으면 화재의 위험이 높아진다.

03 윤활유 소비 증대의 가장 큰 원인이 되는 것은?

① 비산과 누설
② 비산과 압력
③ 희석과 혼합
④ 연소와 누설

해설 윤활유의 소비는 새는 것(누설)과 타는 것(연소)이며, 50% 이상 소모 시 해체 정비해야 한다.

04 기관 각 운동부에서 윤활장치의 윤활 역할이 아닌 것은?

① 동력 손실을 적게 한다.
② 노킹 현상을 방지한다.
③ 기계적 손실을 적게 하며, 냉각작용도 한다.
④ 부식과 침식을 예방한다.

해설 ①, ③, ④항 외에도 마찰과 마멸을 감소시키고, 응력집중을 방지한다.

05 윤활장치에서 유압이 높아지는 이유로 맞는 것은?

① 릴리프 밸브 스프링의 장력이 클 때
② 엔진오일과 가솔린의 희석
③ 베어링의 마멸
④ 오일펌프의 마멸

해설 유압이 높아지는 원인
㉠ 엔진의 온도가 낮아 오일의 점도가 높음
㉡ 윤활회로 내의 막힘
㉢ 유압 조절 밸브(릴리프 밸브) 스프링의 장력이 과다함
㉣ 유압 조절 밸브가 막힌 채로 고착
㉤ 각 마찰부의 베어링 간극이 적을 때
즉 ②, ③, ④항은 유압이 낮아지는 원인이다.

06 기관의 윤활장치에서 유압 조절 밸브는 어떤 작용을 하는가?

① 기관의 부하량에 따라 압력을 조절한다.
② 기관 오일량이 부족할 때 압력을 상승시킨다.
③ 불충분한 오일량을 방지한다.
④ 유압이 높아지는 것을 방지한다.

해설 유압 조절 밸브(릴리프 밸브, relief valve)
회로 내의 유압이 과도하게 상승되는 것을 방지하고 일정하게 유지한다(압력이 과도하게 되면 연소실에 오일이 유입되어 연소).

07 윤활방식 중, 오일펌프에서 나온 윤활유 전부를 여과기를 통해서 윤활부로 보내는 방식은?

① 분기식 ② 분류식
③ 샨트식 ④ 전류식

정답 01 ② 02 ② 03 ④ 04 ② 05 ① 06 ④ 07 ④

해설 윤활유 여과방식
㉠ 전류식 : 오일펌프에서 공급된 윤활유가 전부 여과기를 통해서 윤활부로 공급
㉡ 샨트식 : 오일펌프에서 공급된 윤활유 일부를 여과하여 윤활부에 공급하고 여과되지 않은 윤활유도 윤활부에 공급

08 윤활유의 점도를 설명한 것으로 맞는 것은?

① 내압능력 상태를 수치로 나타낸 것
② 윤활능력 상태를 수치로 나타낸 것
③ 연료와의 혼합 친밀도 상태를 수치로 나타낸 것
④ 윤활유의 묽고 진한 상태를 수치로 나타낸 것

해설 윤활유의 점도란 윤활유의 묽고 진한 상태를 수치로 나타낸 것이다.

09 기관의 윤활유 급유방식과 거리가 먼 것은?

① 비산압송식
② 전압송식
③ 비산식
④ 자연순환식

해설 윤활유 급유방식에는 비산식, 전압송식(=압송식, 강제압송식), 비산압송식(=비산압력식) 등이 있다.

10 전압송식 급유 방법의 장점이 아닌 것은?

① 배유관 고장이나 기름통로가 막혀도 급유를 할 수 있다.
② 크랭크케이스 내에 윤활유 양을 적게 하여도 된다.
③ 베어링 면의 유압이 높으므로 항상 급유가 가능하다.
④ 각 주유부의 급유를 일정하게 할 수 있다.

해설 전압송식은 배유관 고장이나 기름통로가 막히면 급유를 할 수 없는 단점이 있다.

11 기관의 윤활장치 유압이 낮은 이유로 거리가 먼 것은?

① 베어링의 유막간극의 과대
② 기관의 오일 부족
③ 유압 조절 밸브의 스프링 장력이 약할 경우
④ 오일 여과기의 막힘

해설 유압이 낮아지는 원인
㉠ 엔진오일의 점도가 낮다.
㉡ 오일팬의 오일량이 부족하다.
㉢ 유압 조절 밸브 스프링의 장력이 과소하다.
㉣ 유압 조절 밸브가 열린 채로 고착
㉤ 각 마찰부의 베어링 간극이 클 때
㉥ 오일펌프의 마멸 또는 고장
즉, 오일 여과기가 막히면 유압이 높아진다.

12 기관에 냉각수가 혼입되었을 때 윤활유의 색으로 가장 적합한 것은?

① 검정색　② 회색
③ 우유색　④ 적색

해설 기관 상태에 따른 오일의 색깔
㉠ 붉은색 : 유연가솔린 유입
㉡ 노란색 : 무연가솔린 유입
㉢ 검정색 : 심한 오염(오일 슬러지 생성)
㉣ 우유색 : 냉각수 혼입
㉤ 회색 : 4에틸납 연소생성물의 혼입

13 기관의 정상 가동 중 가장 적합한 냉각수의 온도는?

① 100~130℃
② 30~50℃
③ 70~95℃
④ 50~70℃

해설 기관의 온도는 실린더 헤드 물 재킷 내 냉각수의 온도로 표시하며, 70~95℃가 정상이다.

14 다음 중 기관의 과열 원인이 아닌 것은?

① 벨트 장력 과대
② 냉각수의 부족
③ 팬벨트 장력 헐거움
④ 냉각수 통로의 막힘

해설 기관의 과열 원인
㉠ 냉각수 부족, 누출
㉡ 팬벨트 장력 헐거움
㉢ 냉각수 통로의 막힘
㉣ 벨트 장력 과소
㉤ 물 펌프 불량
㉥ 수온 조절기 불량(=수온 조절기 닫힌 채 고장)
㉦ 팬벨트 끊어짐

정답 08 ④ 09 ④ 10 ① 11 ④ 12 ③ 13 ③ 14 ①

15 라디에이터의 코어 튜브가 파열되었다면 그 원인은?

① 물 펌프에서 냉각수 누수일 때
② 팬벨트가 헐거울 때
③ 수온 조절기가 제 기능을 발휘하지 못할 때
④ 오버플로 파이프가 막혔을 때

해설 냉각수의 온도가 증가하게 되면 열팽창에 의해 압력이 증가된다. 따라서 압력식 캡을 통해 오버플로 파이프를 거쳐서 보조 탱크로 이동하게 되는데, 파이프가 막히면 전체 압력이 증가하여 라디에이터의 코어 튜브가 파손될 수 있다.

16 신품 라디에이터의 냉각수 용량이 원래 30L인데 물을 넣으니 15L 밖에 들어가지 않는다면 코어의 막힘률은?

① 10% ② 25%
③ 50% ④ 98%

해설 코어 막힘률

$$= \frac{\text{신품 용량} - \text{구품 용량}}{\text{신품 용량}} \times 100$$

☞ $\frac{30-15}{30} \times 100 = 50\%$

17 냉각장치에서 냉각수의 비등점을 올리기 위한 장치는?

① 압력 캡 ② 진공 캡
③ 냉각핀 ④ 물 재킷

해설 냉각장치 압력식 캡은 냉각수에 압력을 가하여 비등점을 약 112℃ 정도 높임으로 증발을 방지하고, 열방산 효율을 높여, 냉각 효과를 크게 할 수 있다.

18 라디에이터 압력식 캡에 대한 내용 중 적용되지 않는 것은?

① 규정 압력은 0.2~1.05kgf/cm^{2}이다.
② 라디에이터 내의 압력이 높으면 압력 밸브가 작동하고, 압력이 낮으면 진공 밸브가 작동한다.
③ 압력식 캡의 압력 밸브와 진공 밸브의 작용으로 냉각 범위를 넓힐 수 있다.
④ 기관 회전수가 2,000rpm 이상 시 압력을 낮춘다.

해설 압력 캡은 압력 밸브와 진공 밸브의 작용으로 냉각 범위를 넓힐 수 있으며, 압력이 높으면 압력 밸브가 작동하고 압력이 낮으면 진공 밸브가 작동한다. 규정 압력은 0.2~1.05kgf/cm^{2}이다.

19 벨로즈형 수온 조절기 내부에 밀봉되어 있는 액체는?

① 왁스 ② 에테르
③ 경유 ④ 냉각수

해설 벨로즈형은 벨로즈 속에 휘발성이 큰 에테르나 알코올이 봉입되어 있다.

20 왁스실에 왁스를 넣어 온도가 높아지면 팽창축을 올려 열리는 온도 조절기는?

① 벨로즈형 ② 펠릿형
③ 바이패스 밸브형 ④ 바이메탈형

해설 펠릿형은 왁스실에 왁스를 넣어 온도가 높아지면 팽창축을 올려 열리는 온도 조절기이다.

21 엔진은 과열하지 않고 있는데 방열기 내에 기포가 생긴다. 그 원인으로 가장 적합한 것은?

① 서모스탯 기능 불량
② 실린더 헤드 개스킷의 불량
③ 크랭크케이스에 압축 누설
④ 냉각수량 과다

해설 실린더 헤드 개스킷이 불량하거나 파손되면, 압축가스가 새어나와 엔진은 과열하지 않아도 방열기 내에 기포가 발생한다.

22 부동액으로 사용하지 않는 것은?

① 벤젠 ② 에틸렌글리콜
③ 메탄올 ④ 글리세린

해설 메탄올, 글리세린, 에틸렌글리콜 등이 있으며, 현재 가장 많이 사용되는 에틸렌글리콜은 비등점이 197.2℃, 응고점이 -50℃인 불연성 포화액이다.

23 냉각수 규정 용량인 15L인 라디에이터에 냉각수를 주입하였더니 12L가 주입되어 가득 찼다면 이 경우 라디에이터의 코어 막힘률은 얼마인가?

① 20% ② 25%
③ 30% ④ 45%

해설 코어 막힘률

$$= \frac{\text{신품 용량} - \text{구품 용량}}{\text{신품 용량}} \times 100 = \frac{15-12}{15} \times 100 = 20\%$$

☞ 코어 막힘률이 20% 이상이면, 라디에이터(방열기)를 교환해야 한다.

정답 15④ 16③ 17① 18④ 19② 20② 21② 22① 23①

CHAPTER 05

가솔린 연료장치

01 연료와 연소

1 연료

(1) 개요(가솔린 : 휘발유)

① 석유계의 원유에서 정제한 액체연료로 휘발성이 크고 발열량이 크다.

② 증류 온도 : 30~200℃

③ **탄소와 수소의 화합물**

④ 발열량 : 11,000~11,500kcal/kg

(2) 조성

① 파라핀계 : 50~65%

② 나프텐계 : 30~50%

③ 방향족계 : 2~4%

(3) 성질

① 휘발성 : 엔진의 기동과 가속에 필요

② 인화성 : 불꽃을 가까이했을 때 연소하는 것

③ 인화점 : -42.8℃

④ 착화성 : 온도에 따라 자연 연소하는 것

⑤ 착화점 : 200~500℃

⑥ 옥탄가 : 연료의 **내폭성**을 나타내는 정도

※ 보통휘발유 : 88~90, 고급휘발유 : 95 이상, 무연휘발유 : 91 정도

- 옥탄가 $= \dfrac{\text{이소옥탄}}{\text{이소옥탄} + \text{노멀헵탄}} \times 100$
- 옥탄가를 노킹 방지가라 하며, 가솔린에서 옥탄가를 높이기 위하여 유연휘발유는 4에틸납을 첨가하고 무연휘발유는 적은 양의 4에틸납에다 메틸알코올 등을 섞기도 한다(최근에는 환경규제로 MTBE(Methyl Tertiary Butyl Ether)를 사용).
- 연료의 옥탄가를 측정하기 위하여 압축비를 임의로 변화시킬 수 있도록 장치한 엔진을 CFR 엔진이라 한다.

2 연소

(1) 정상연소

① 점화플러그에서 점화 후 완전 연소되는 상태

② **연소속도** : 20~30m/s

(2) 이상 연소

① **조기 점화** : 점화플러그에서 점화하기(점화시기) 이전에 열점에 의하여 연소되는 현상으로 노킹 현상이 수반되기도 한다.

② **후기 점화** : 점화플러그에서 점화 후 연소 진행 중에 열점에 의하여 미연소 가스가 연소되는 현상으로 노킹을 수반한다.

③ **노킹** : 실린더 내의 연소에서 화염면이 미연소 가스에 점화되어 연소가 진행되는 사이에 미연소의 말단가스가 고온 · 고압으로 되어 자연발화를 일으킴으로 압력의 급상승과 연소속도의 증대로 **엔진에 충격을 주는 현상**이다. 또한 정상 점화로 인한 화염과 자기착화로 인한 화염이 충돌하여 **고주파 진동**을 일으킨다. 이 진동을 데토네이션파라고 한다.

㉠ 노킹 시 연소속도 : 2,000~3,000m/s

㉡ 노킹 발생 원인(가솔린 기관)

- 기관에 과부하가 걸렸을 때
- 기관이 과열되었을 때
- 점화시기가 너무 빠를 때
- 혼합비가 희박할 때
- 낮은 옥탄가의 가솔린을 사용하였을 때

㉢ 노킹이 기관에 미치는 영향

- 기관 과열 및 출력 저하
- 실린더와 피스톤의 마멸 및 고착 발생
- 흡 · 배기 밸브 및 점화플러그 등의 손상
- 배기가스 온도 저하
- 기계 각 부의 응력 증가

㉣ 노킹 방지책(가솔린 기관)

- 고옥탄가의 연료(**내폭성이 큰 가솔린**)를 사용한다.
- 압축비, 혼합가스 및 냉각수 **온도를 낮춘다.**
- 화염 전파 속도를 빠르게 하고, **화염 전파 거리를 짧게** 한다.
- 혼합가스에 **와류를 증대**시킨다.
- 연소실 내에 퇴적된 카본을 제거한다.
- 점화시기를 늦추어 준다(점화시기 지연).
- 혼합비를 농후하게 한다.

3 연료장치(가솔린)

공기와 연료를 적당한 비율(8~20 : 1)로 혼합하여 실린더 내에 공급하는 장치를 연료장치라 한다.

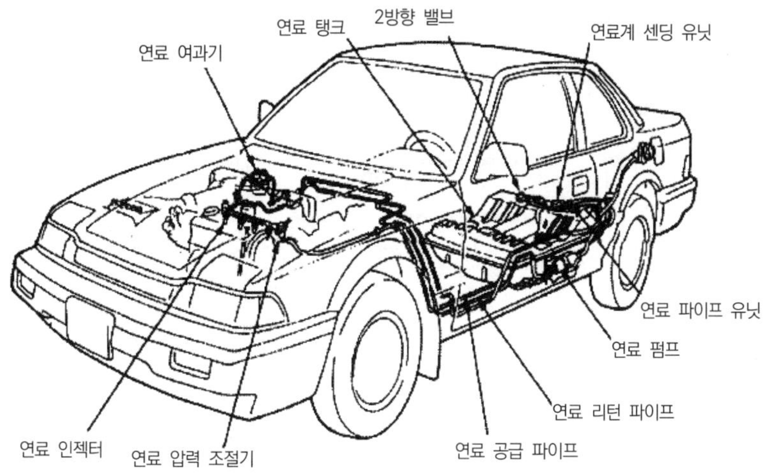

[그림 1-185] 연료장치

(1) 연료 공급 순서

① **기화기 형식** : 연료 탱크 → 연료 여과기 → 연료 펌프 → 기화기 → 흡기다기관 → 실린더

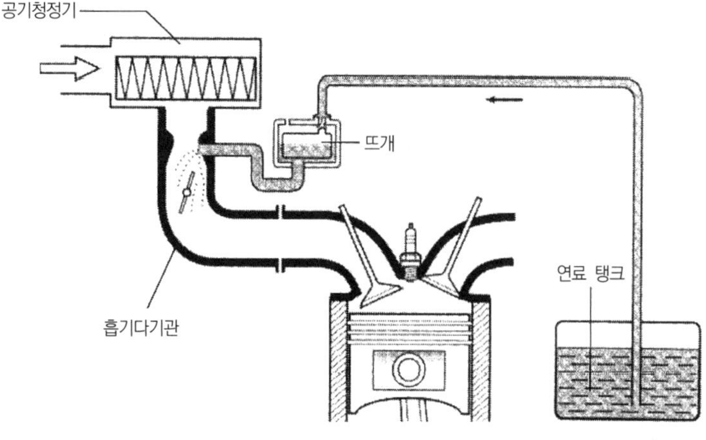

[그림 1-186] 기화기 형식

② 전자제어 연료 분사 방식 : 연료 탱크 → 연료 펌프 → 연료 여과기 → 분배 파이프 → 각 실린더

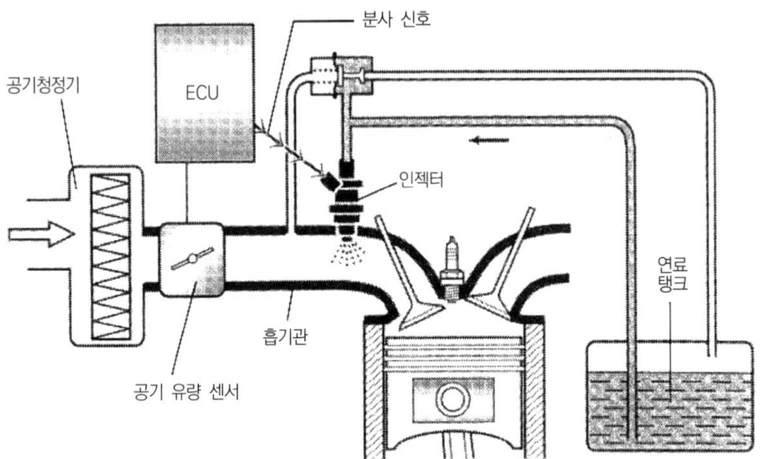

[그림 1－187] 전자제어 연료 분사 방식

4 구성

(1) 기계식(기화기식)

① 연료 탱크(Fuel Tank)
② 연료 파이프(Distribution Pipe)
③ 연료 여과기(Fuel Filter)
④ 연료 펌프(Fuel Pump)
⑤ 기화기(Carburetor)

(2) 전자식(전자제어 연료 분사 방식)

① 연료 탱크(Fuel Tank)
② 연료 펌프(Fuel Pump)
③ 연료 여과기(Fuel Fiter)
④ 분배 파이프(Delivery Pipe)
⑤ 인젝터(Injector)
⑥ 연료 압력 조절기(Fuel Pressure Control Solenoid Valve)

02 기계식(기화기식) 연료장치

1 연료 탱크(Fuel Tank)

① 1일 주행에 필요한 연료량 저장(배기량이 큰 엔진일수록 용량이 큼)

② 재질 : 강판

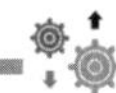

③ 내부는 주석이나 아연 도금으로 방청 처리(부식 방지)

④ 외부는 방청도료로 도포

⑤ 연료 주입구에 스트레이너 설치(여과기능)

⑥ 연료 탱크 주입구 및 가스배출구 설치 시 주의사항

(※자동차 및 자동차부품의 성능과 기준에 관한 규칙 제17조 관련)

㉠ 배기관으로부터 30cm 이상 떨어지게 설치

㉡ 노출된 전기 단자로부터 20cm 이상 떨어지게 설치

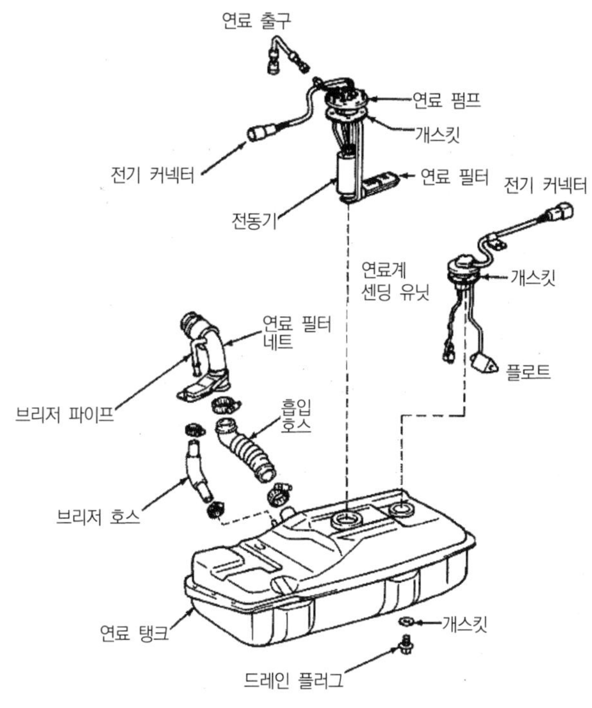

[그림 1－188] 연료 탱크의 구성

참고

1. 특히 한랭 시 연료 탱트에 연료를 가득 채워야 하는 이유?

주행이 끝난 후 수분이 응축되는 것을 방지하기 위함이다(응축결로 현상 방지).

2. 연료 탱크의 수리는?

납땜으로 한다(단, 가솔린 증기 완전 제거 후).

2 연료 파이프(Fuel Pipe)

① 재질 : 구리 및 강제의 파이프(통상 강제를 사용)

② 곡선 부분은 플렉시블 호스를 사용한다(내유성 있는 고무).

③ 내부는 아연이나 주석 도금, 외부는 구리 도금을 한다(내 · 외부 모두 방청 처리).

④ 파이프를 구부릴 때에는 내부에 모래 등을 넣고 구부리고, 피팅을 풀거나 조일 때에는 오픈엔드랜치(스패너)를 사용한다.

3 연료 여과기(Fuel Filter)

① 연료 속의 불순물(먼지, 수분 등)을 분리 · 제거

② 설치 위치

㉠ 내부식 : 연료 탱크 내에 연료 펌프와 함께 설치

㉡ 외부식 : 연료 펌프 전 또는 후에 설치(연료 라인 또는 엔진룸)

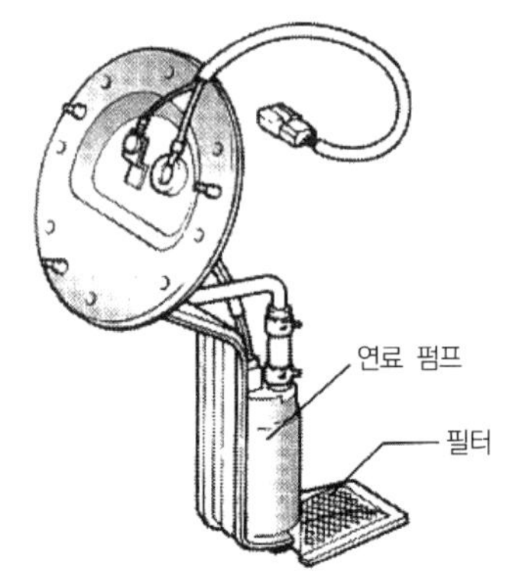

[그림 1-189] 내부식 연료 여과기

[그림 1-190] 외부식 연료 여과기

③ 종류

㉠ 분해형 : 교환 시 엘리먼트만 교환

㉡ 비분해형(카트리지식) : 교환 시 전체 교환

4 연료 펌프(Fuel Pump)

(1) 기계식(포막식, 다이어프램식)

① 연료 탱크에서 연료를 빨아들여 기화기에 압송한다(1m 정도 높이 흡입능력).

② 캠축에 있는 편심캠에 의하여 작동한다.

③ **송출압력** : 0.2~0.3kgf/cm^2

④ 송출압력은 다이어프램 리턴 스프링 장력에 의해 결정된다.

⑤ 로커암이 마모되거나 로커암과 캠의 거리가 멀어지면 연료 송출량이 작아진다.

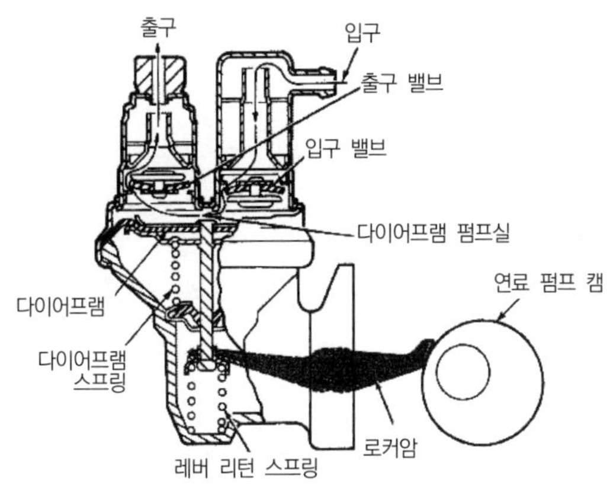

[그림 1－191] 기계식 연료 펌프

(2) 전동식

① 전자제어 연료 분사 방식 엔진에서 사용

② 축전지 전기를 이용

③ 직류 전동기(D.C 모터) 형식으로 엔진 기동 시 항시 작동

④ 종류

㉠ 내장형(인탱크형)

- 연료 탱크 내에 설치된 형식
- 소음 억제, 베이퍼 록 방지

㉡ 외장형(인라인형)

- 연료 탱크 밖에 설치된 형식
- 시동 토크는 적으나 내구성이 높음
- 토출 맥동이 비교적 적음

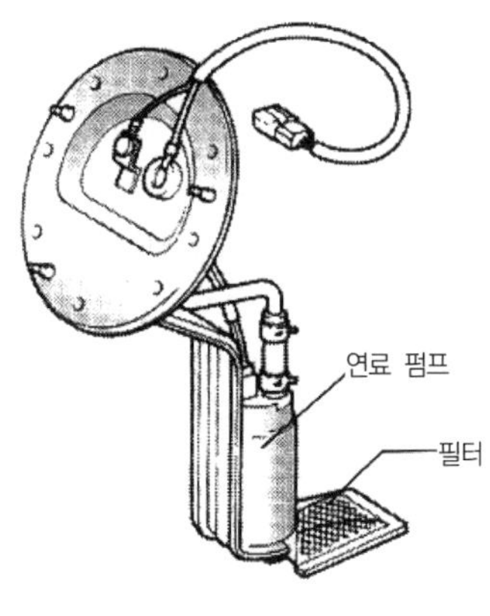

[그림 1－192] 연료 펌프(내장형)의 외형

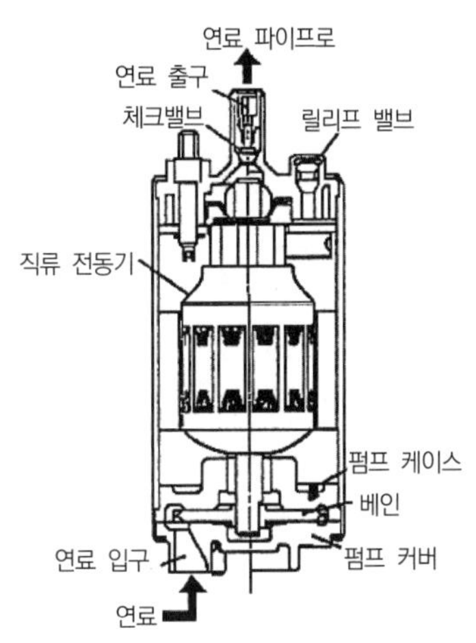

[그림 1－193] 연료 펌프(내장형)의 구조

5 기화기(Carburetor)

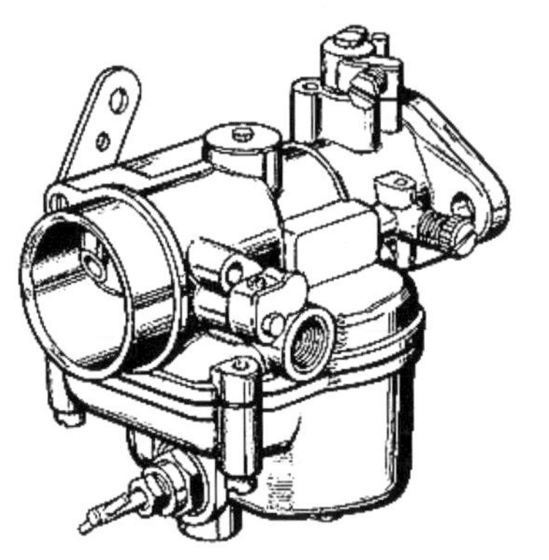

[그림 1－194] 기화기의 외관

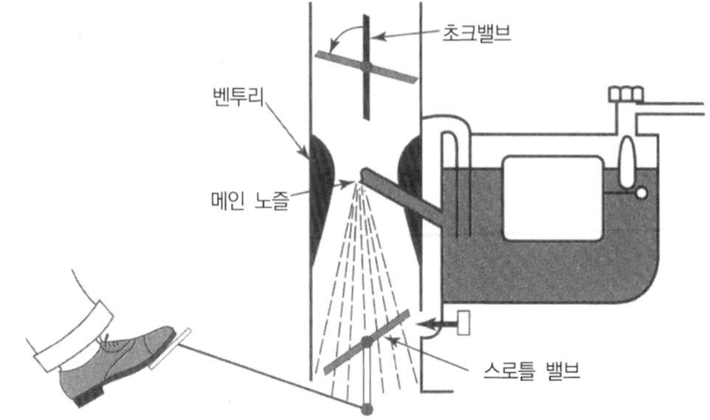

[그림 1－195] 기화기의 원리도

(1) 기능

엔진의 운전 상태에 따라 공기와 연료를 적당한 혼합 비율로 혼합함과 동시에 안개처럼 미립화(무화)하여 각 연소실에 공급한다.

(2) 혼합비

엔진에서는 적절한 연소를 행하게 하기 위해서, 공급되는 혼합기의 공기와 연료의 비율이 중요하다. 이 비율은 공기와 연료의 혼합 비율(중량비)로, 즉 엔진에 흡입되는 혼합기 중 **공기의 중량을 연료의 중량으로 나눈 값**이며, 이 비율을 **혼합비 또는 공연비(空燃比)**라고 한다.

(3) 엔진이 요구하는 적정 공연비(공기와 연료의 혼합비)

① 이론적 가솔린의 완전연소 혼합비는 14.7 : 1이다(※통상 15 : 1이라고 한다).

② 실린더 내에서 연소 가능 범위 내 혼합비는 8~20 : 1이다.

③ 적정 혼합비(공연비)

구 분		혼합비	상 태
1	가연 혼합비	8~20 : 1	연소 가능한 범위 내 공연비
2	이론 혼합비	15 : 1	완전연소를 위한 이론적 공연비
3	경제 혼합비	16~17 : 1	연비를 향상시킬 수 있는 공연비
4	기동 혼합비	5 : 1 정도	엔진 기동 시 농후한 공연비가 필요 ※다만 냉간 시는 약 1~2 : 1
5	가속 혼합비	8 : 1 정도	가속하는 순간 일시적으로 농후한 공연비를 공급
6	출력 혼합비	13 : 1 정도	엔진에서 가장 출력이 클 때의 공연비 (스로틀 밸브가 완전히 열렸을 때)
7	공전 및 저속 혼합비	12 : 1 정도	공전 및 저속 시는 연료소비율보다 엔진 회전 상태가 중요

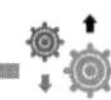

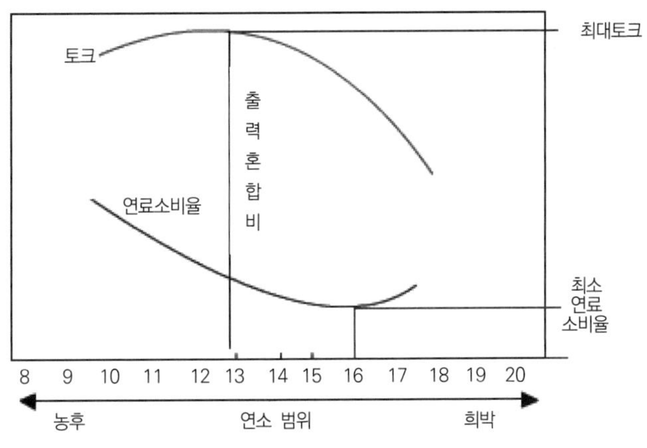

[그림 1－196] 연소 범위에 따른 연료 혼합비

(4) 기화기의 원리

① **연속의 법칙(유체의 질량 보존 법칙)** : 단위 시간 내에 관내를 흐르는 연료의 양은 어느 곳에서나 일정하다.

② **베르누이 정리(분무기 원리, 벤투리 효과 ; Venturi Effect)** : 관내를 흐르는 유체는 단면적이 크면 유속은 느려지나 압력은 높아지며 단면적이 작으면 유속은 빨라지나 압력은 작아진다. 즉, 유속과 압력은 서로 반비례한다.

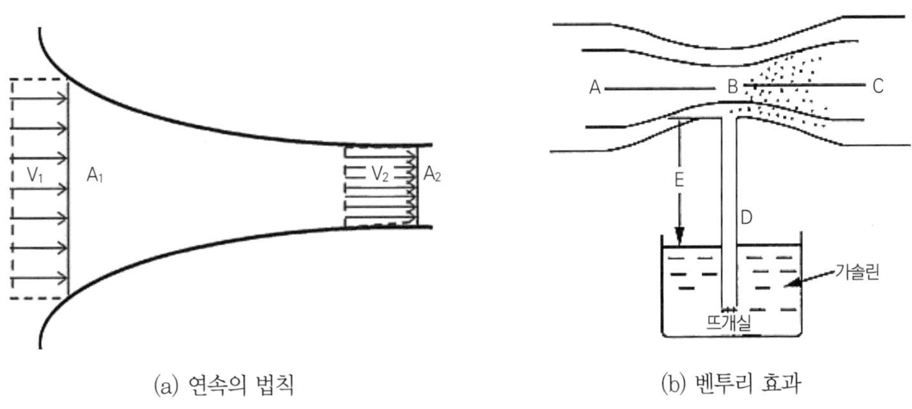

(a) 연속의 법칙 (b) 벤투리 효과

pAV＝일정

여기서, p : 밀도, A : 유체가 지나가는 단면적, V : 유체의 속도

[그림 1－197] 기화기의 원리

③ **에어 블리드 효과(Air Bleed Effect)** : 뜨개실의 연료가 노즐을 통하여 잘 빨려 올라가고 연료가 공기와 잘 혼합되도록 하기 위하여 노즐 중간에 공기를 주입할 수 있는 관을 부착한다. 이와 같이 연료와 공기가 혼합된 상태를 이멀전(Emulsion)이라 한다. 실제 기화기에서는 이와 같은 효과를 위해 에어제트를 이용한다.

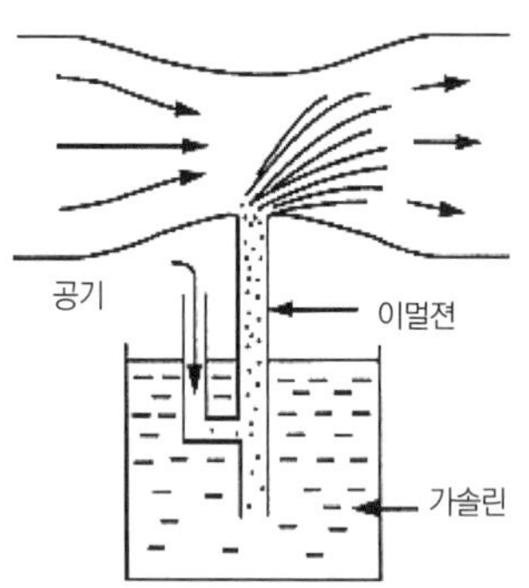

[그림 1-198] 에어 블리드 효과

(5) 기화기의 주요 구조

① **벤투리관** : 공기의 유속을 빠르게 하기 위하여 관의 지름을 작게한 곳

② **제트** : 연료의 유량을 계량하기 위한 곳

③ **노즐** : 연료 분출 구멍

④ **뜨개실** : 연료 탱크

⑤ **스로틀 밸브** : 엔진의 출력을 제어하는 곳

⑥ **초크밸브** : 흡입공기량을 제어하는 곳

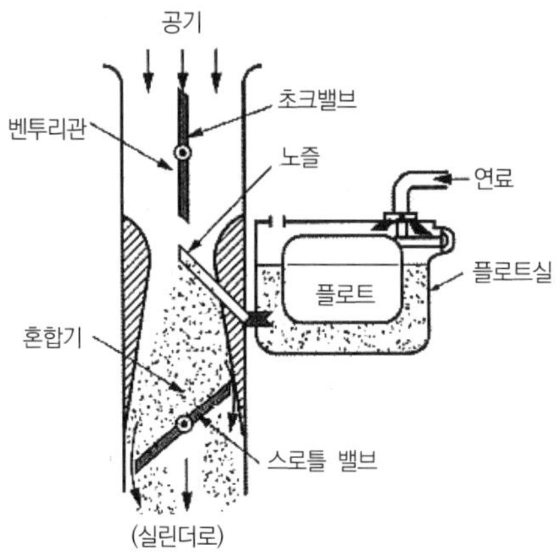

[그림 1-199] 기화기의 기본 구조

03 전자제어 가솔린 분사장치

1 개요

열기관에서 열효율이 큰 엔진이란 적은 연료소비율로 높은 출력을 얻을 수 있는 엔진을 말하며, 엔진에서 필요로 하는 연료만을 실린더에 공급하므로 연료의 경제성과 함께 유해가스를 줄이고 높은 출력을 얻을 수 있도록 고안된 기관이 전자제어기관이다.

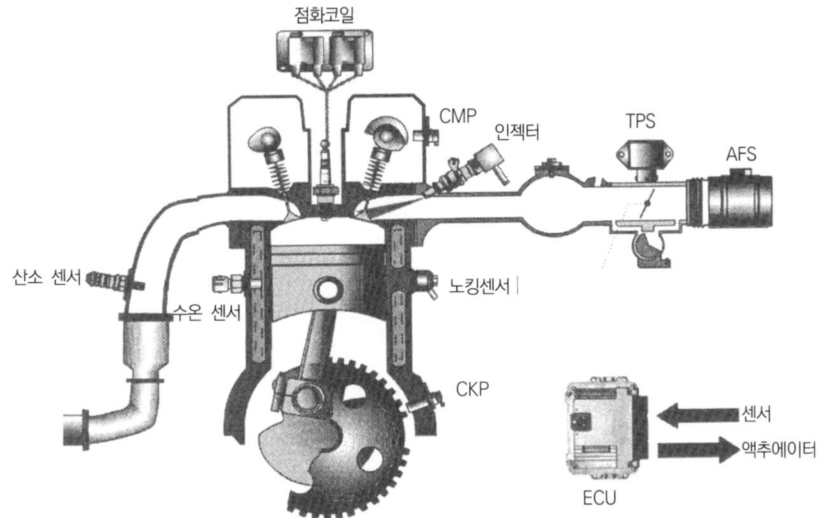

[그림 1－200] 전자제어 가솔린 분사장치의 기본 구성

2 전자제어 연료 분사 장치의 특성

① 기화기식 기관에 비하여 고출력을 얻을 수 있다.

② 부하 변동에 따른 필요한 연료만을 공급할 수 있어 연료소비량이 적고 각 실린더마다 일정한 연료가 공급된다.

③ 급격한 부하 변동에 따른 연료공급이 신속하게 이루어진다.

④ 완전연소에 가까운 혼합비를 구성할 수 있어 연소가스 중의 배기가스를 감소시킨다.

⑤ 한랭 시 엔진이 냉각된 상태에서 온도에 따른 적절한 연료를 공급할 수 있어 시동성능이 우수하다.

⑥ 흡입 매니폴드의 공기 밀도로 분사량을 제어 공급하여 고지에서도 적당한 혼합비를 형성하므로 출력의 변화가 적다.

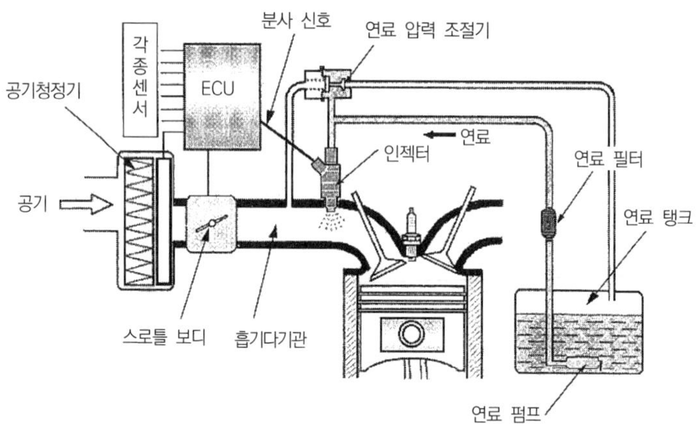

[그림 1－201] 전자제어 가솔린 분사장치

3 연료 분사 장치의 분류

(1) 제어방식에 따른 분류

① 기계식 제어방식(Mechanical Control Injection Type)

- 기계적 검출방식(K－Jetronic) : 연료분사량을 흡입계통에 설치된 **센서 플레이트에 의해 연료 분배기 내의 제어 플런저를 움직여** 인젝터로 통하는 통로의 면적을 변화시켜 제어하는 기계－유압식이다. 또한 이 방식은 기계적으로 연속 분사하는 방식으로 정밀한 제어가 어려우며, 현재 국내 시판되는 자동차에는 이 방식을 사용하지 않는다.

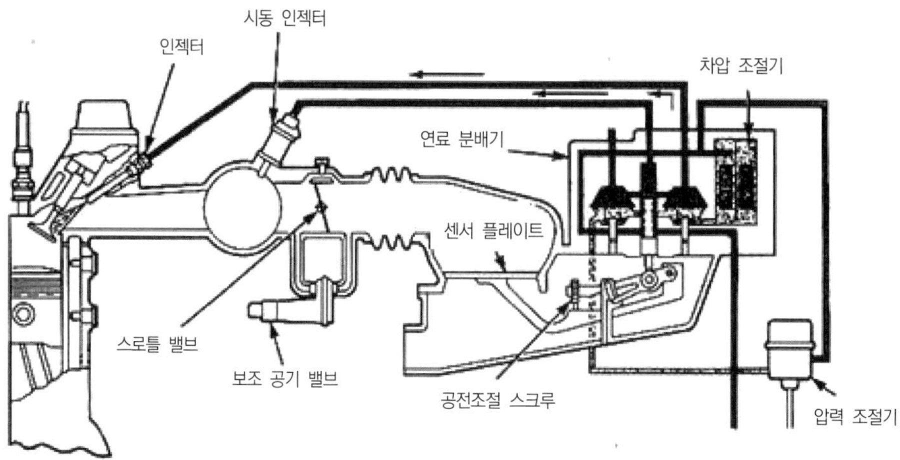

[그림 1－202] K－jetronic의 구조

② **전자 제어 방식**(Electronic Contol Injection Type)

㉠ 흡입공기량 검출방식(L－Jetronic) : 흡기다기관에 흡입되는 공기량을 **직접 검출**하며, 공기량을 체적 유량 및 질량 유량으로 검출하는 **직접 계측 방식**이다.

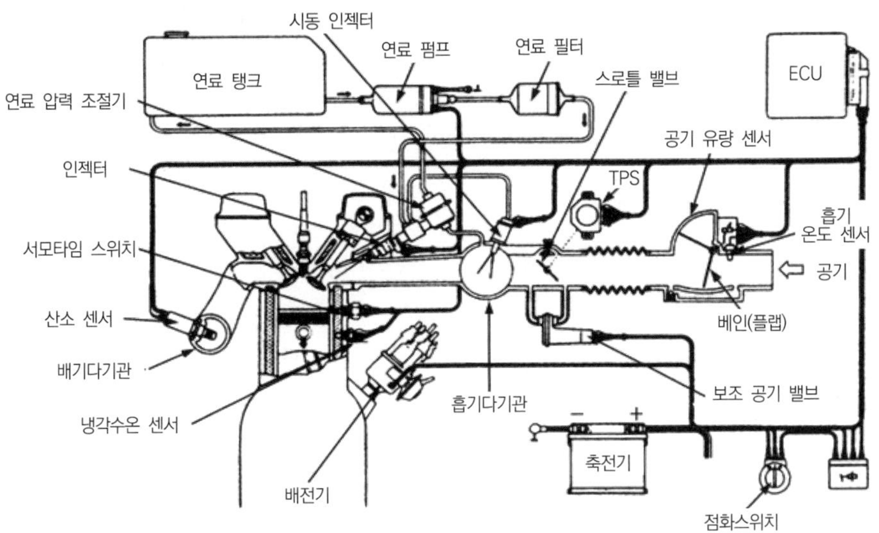

[그림 1－203] L－Jetronic의 구조

㉡ 흡기압력 검출방식(D－Jetronic) : 흡기다기관의 **절대압력(진공, 부압)**을 검출하여 연료 분사량을 결정하는 방식으로 공기량을 **간접 계측**한다. 이 방식이 진정한 전자제어라고도 할 수 있다.

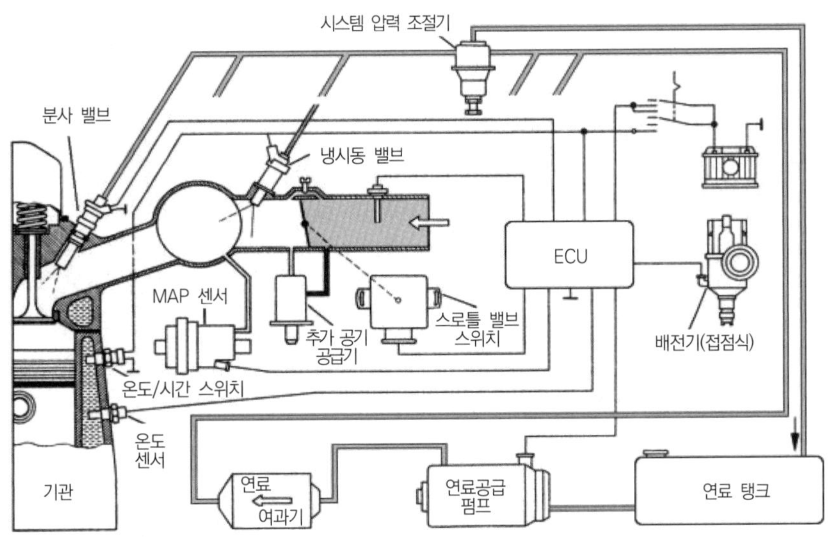

[그림 1－204] D－Jetronic의 구조

(2) 인젝터 배치방식에 따른 분류

① 종류

㉠ 싱글 포인트 인젝션(SPI : Single Point Injection) : 인젝터 1개 또는 2개를 **스로틀 밸브 위에 설치**하여 연료를 공동 분사하는 방식으로 TBI라고도 한다.

㉡ 멀티 포인트 인젝션(MPI : Multi Point Injection) : 인젝터를 **각각의 실린더에 설치**하여 연료를 독립 분사하는 방식이다.

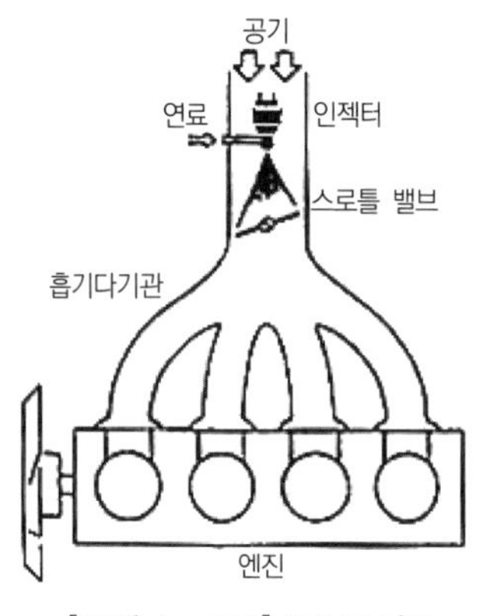

[그림 1－205] SPI 구성도

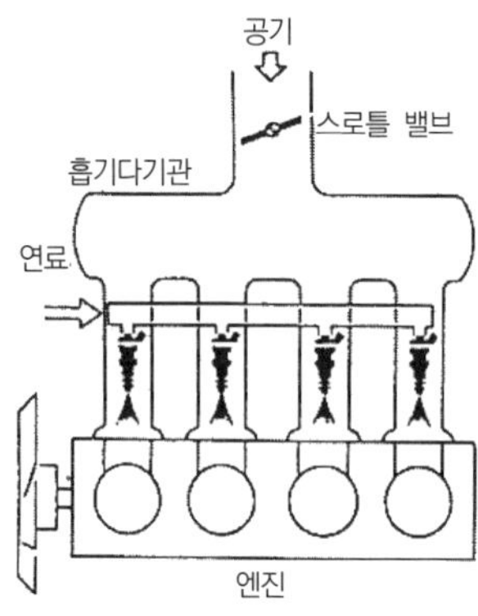

[그림 1－206] MPI 구성도

㉢ 실린더 내 가솔린 직접 분사 방식(GDI : Gasoline Direct Injection) : 디젤 기관과 같이 **실린더 내에 직접 고압으로** 가솔린을 분사하는 방식으로 약 35~40 : 1의 희박 공연비로도 연소가 가능한 것이 특징이다.

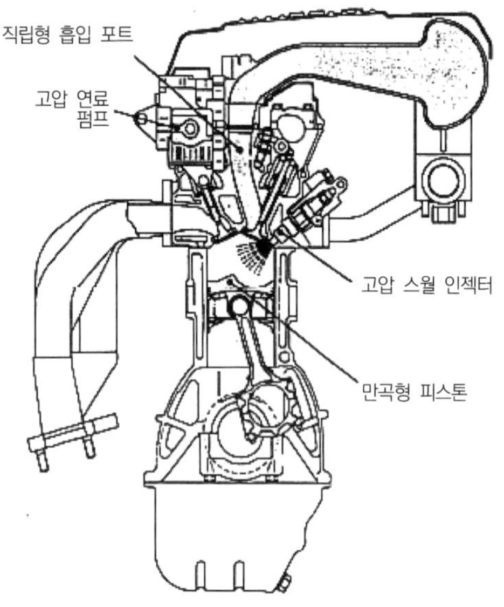

[그림 1－207] GDI 기본 구성

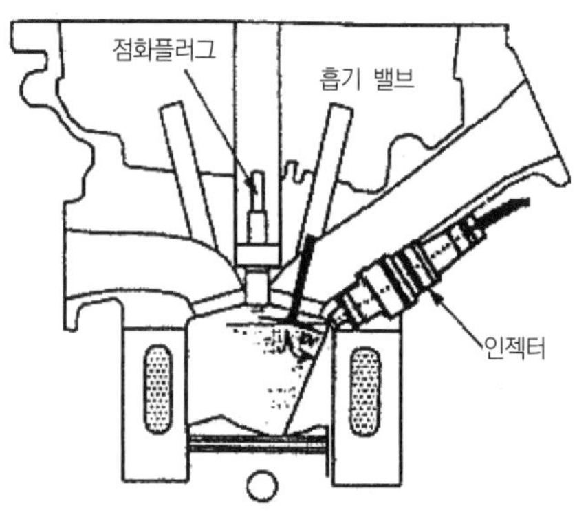

[그림 1－208] GDI 엔진

② 각 방식별 특징

㉠ SPI 방식의 특징

• 응축 현상에 따른 냉시동 과도특성은 기화기 방식에 비해 별로 향상이 없음
• MPI만큼 최적의 체적효율을 내는 매니폴드 설계 불가능
• 실린더 상황에 맞는 **연료 제어 불가능**
• 연료계량이 안정되어 있음
• 값이 쌈

㉡ MPI 방식의 특징

• 응축 현상이 전혀 문제되지 않음
• 각 실린더에 모두 인젝터가 장착되어 실린더에서 수집한 정보에 의해 **맞춤형 연료분사 가능**
• 온, 냉에 관계없이 과도 동작 시에도 최적의 성능 보장
• 체적효율의 최적화에 집중하여 매니폴드(다기관) 설계 가능
• 토크 영역의 변경 가능(저속 또는 고속)

㉢ GDI 방식의 특징

• 직접 실린더로 분사되 연료는 공기를 식혀주는 효과를 내 더 많은 공기를 흡입하여 높은 압축비 구현 가능, 즉 출력특성이 향상
• **초 희박 공연비(약 35~40 : 1)**로 연비 개선 효과가 큼
• 연소효율을 높이고 촉매 활성화 시간을 크게 줄여 **유해 배기가스를 저감**
• 연료를 실린더로 직접 분사하기 때문에 연료량을 정밀하게 제어가 가능하여, 운전 시 가속 **응답성이 매우 향상**
• 가장 큰 단점으로 시스템 각 부의 부품이 고가이므로, 기존 전자제어 시스템 대비 차량 가격이 매우 높아지는 단점

(3) 기본 분사량 제어방식에 따른 분류

① **흡기다기관 압력 조정 분사식(M.P.C 방식 : Manifold Pressure Controlled injection type)** : 흡입 공기량을 공기 흡입구(Air Funnel) 부분에 가해지는 대기압력에 의해 센서 플레이트를 이동시키고 이 움직임은 연료 분배기의 제어 플런저의 행정을 변화시켜 분사량을 제어하는 방식으로 국내에서는 채택되지 않고 있다. K－Jetronic이 여기에 속한다.

② **공기량 조정 분사식(A.F.C 방식 : Air Flow Controlled injection type)** : 스로틀 밸브의 개도에 따라 공기청정기로 유입되는 흡입공기량을 직접 공기 유량계(A.F.M : Air Flow Meter)로 검출하여 이 신호를 기준으로 기본 분사량을 결정하여 분사시키는 방식으로 L－Jetronic이 여기에 속한다.

③ **흡기다기관 절대압력 검출방식(M.A.P 센서 방식 : Manifold Absolute Pressure Sensor type)** : 스로틀 밸브 열림량의 변화가 흡기다기관 내의 진공도(부압)를 변화시키므로 흡입공기량을 흡기다기관 내 진공압력의 변화를 이용하여 검출하는 방식으로 D－Jetronic이 여기에 속한다.

(4) 흡입공기량 계측방식에 따른 분류

① 직접 계측 방식

㉠ 매스플로 방식(Mass Flow Type : 질량 또는 체적 유량 방식) : 흡기다기관에 흡입되는 공기량을 직접 검출하며, 공기량을 체적 유량 및 질량 유량으로 검출하는 **직접 계측 방식**이다. L-Jetronic이 여기에 속한다.

㉡ 종류

- 체적 유량 검출방식 : 베인식(메저링 플레이트식), 칼만 와류식
- 질량 유량 검출방식 : 열선식(Hot Wire Type), 열막식(Hot Film Type)

② 간접 계측 방식

㉠ 스피드 덴시티 방식(Speed Density Type ; 속도-밀도방식) : **흡기다기관 내의 절대압력**(대기압력+진공압력), 스로틀 밸브의 열림 정도, 기관의 회전속도로부터 흡입공기량을 간접 계측하는 방식으로, D-Jetronic이 여기에 속한다.

㉡ 흡기다기관 내 압력 측정 : 피에조(Piezo, 압전소자) 반도체 소자를 이용한 **MAP 센서**를 사용한다.

(5) 연료 분사 방식에 따른 분류

① 독립(순차 또는 동기) 분사 방식

㉠ 점화순서에 따라 각 실린더의 흡입행정 직전(배기행정 말)에 맞추어 **각 인젝터가 순차적으로** 연료를 분사하는 방식

㉡ 공연비 제어성능 및 엔진 반응성(응답성) 우수

㉢ 일반적인 정속 주행 시에 사용

② 그룹 분사 방식

㉠ 1, 3번 기통과 2, 4번 기통의 2그룹으로 나누어 **크랭크축 1회전에 1회씩 교대로 분사**

㉡ 중부하 시에 사용되며, 가속할 때 응답성능이 좋음

③ 동시(비동기) 분사 방식

㉠ 모든 인젝터가 한꺼번에 동시에 분사하는 것

㉡ 모든 실린더에 대하여 **크랭크축 매회전마다 1회씩 일제히 분사**하는 것 (1사이클에 2회 분사)

㉢ 시동 시나 급가속 시 등 고부하 시에 작동

▮ 연료 분사 방식에 의한 분류

형 식		분사 특징	장단점
1	독립 분사	1사이클당 1회 흡입행정 직전에 분사	공연비 제어성능 우수, 엔진 반응성 양호
2	그룹 분사	각 기통을 그룹으로 묶어 흡입행정 근처에서 분사	가속 응답성 양호
3	동시 분사	1사이클당 2회 분사	흡입 · 압축 등의 행정에 무관하며 1개소에 1회 분사

04 전자제어 가솔린 분사장치의 구성 및 기능

1 연료계통

(1) 연료 탱크(Fuel Tank)

① 연료 탱크는 연료를 담아두는 통으로 연료 게이지 유닛과 증발가스를 포집하기 위한 파이프라인이 설치되어 있다.

② 내부에 연료 펌프가 설치되기도 한다.

③ 연료 주입구와 연료 출구가 있고, 배플이 설치되어 있다.

④ 내부는 아연 도금으로 방청처리한다.

(2) 연료 펌프(Fuel Pump)

① **개요** : 연료 탱크에서 연료를 빨아들여 인젝터에 압송하는 일을 하며 기화기 방식에는 캠축에 의해 작동되는 기계식이었으나 전자제어 연료분사식의 연료 펌프는 전자력으로 구동되는 전동기를 사용하며, 연료 탱크 내에 들어 있는 내장식 펌프를 주로 사용한다.

② **구성 및 기능**

㉠ 전동 모터 : 12V용으로 페라이트 자석식 모터를 사용하며, 내부에는 연료로 채워져 있어 냉각과 함께 소음 감소의 효과도 있다.

㉡ 임펠러 또는 롤러 베인 : 모터축상에 설치되어 모터와 함께 회전하며, 원심력에 의하여 연료를 흡입 송출한다.

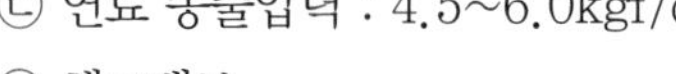
㉢ 연료 송출압력 : 4.5~6.0kgf/cm^2

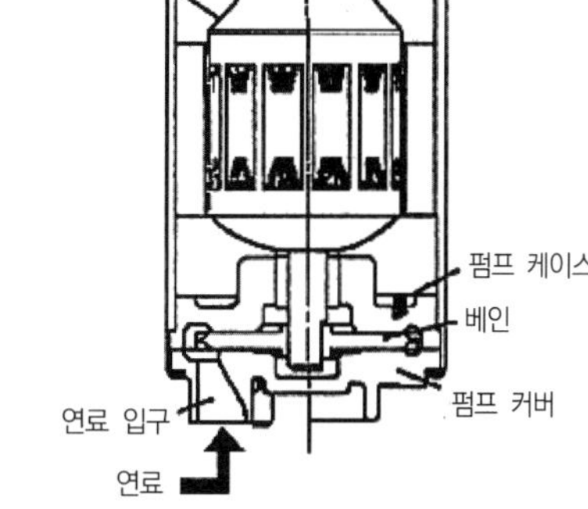

[그림 1－209] 연료 펌프의 구조 (연료 탱크 내장형)

㉣ 체크밸브

- 출구에 1개만 설치하는 형식과 입구와 출구에 각각 1개씩 2개를 설치하는 형식이 있다.
- 입구 체크밸브는 연료 펌프 내의 연료가 연료 탱크로 누출되지 않도록 한다.
- 출구 체크밸브는 연료 펌프에서 송출되었던 연료가 되돌아 오지 않도록 하여 잔압을 유지하도록 한다.
- 잔압을 두는 이유 : **재시동성 향상, 베이퍼 록 방지, 신속한 작동**

㉤ 릴리프 밸브

- 연료 펌프의 송출**압력이 규정 이상이 되는 것을 방지하고 압력을 일정하게 유지**한다.

- 릴리프 밸브의 작동압력은 연료 펌프의 송출압력이 4.5~6kgf/cm^2 이상이면 열려 펌프를 무부하 운전시킨다.
- 연료 펌프는 공기량 센서와 연동으로 작동하며, AFS의 작동이 정지되면 연료 펌프의 작동도 정지되어 불필요한 연료의 누출을 방지한다. 즉, 어떤 원인에 의해(자동차 전복 등) 엔진이 정지하면 흡입공기량이 없는 상태에서 연료 펌프가 작동을 하므로 연료의 유출로 인한 화재의 위험을 방지하기 위함이다.

(3) 연료 압력 조절기(Fuel Pressure Regulator)

① 흡기다기관의 **압력 변화에 대응하여 연료분사 압력을 일정하게 유지**하므로 연료분사량을 일정하게 해주는 것으로 인젝터에 걸리는 연료의 압력을 흡기다기관 내의 압력보다 2.5~3.5 kgf/cm^2 정도 높도록 조절한다.

② 다이어프램과 스프링, 체크볼(베어링)로 구성되어 있다.

③ 인젝터에서 연료를 분사하는 분사압력이 높으면 분사량이 많아지고, 분사압력이 낮으면 분사량도 적어지게 된다.

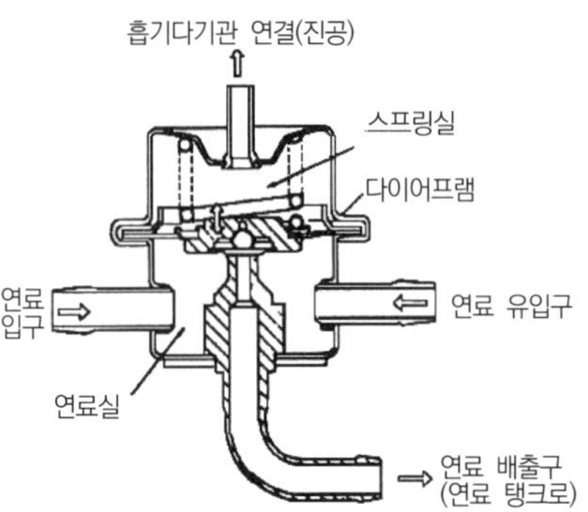

[그림 1-210] 연료 압력 조절기의 구조

④ 스프링 설치부에서 흡기다기관의 진공이 작용하고 있어, 연료압력과 흡기다기관의 진공의 압력 차이에 따라 항상 압력을 유지한다.

⑤ 연료 압력 조절기는 분배 파이프 배출부에 설치되어 여분의 연료가 연료 탱크로 복귀된다.

⑥ 체크볼은 분배 파이프의 연료가 연료 탱크로 누설되지 않도록 하여, 잔압이 유지되도록 한다.

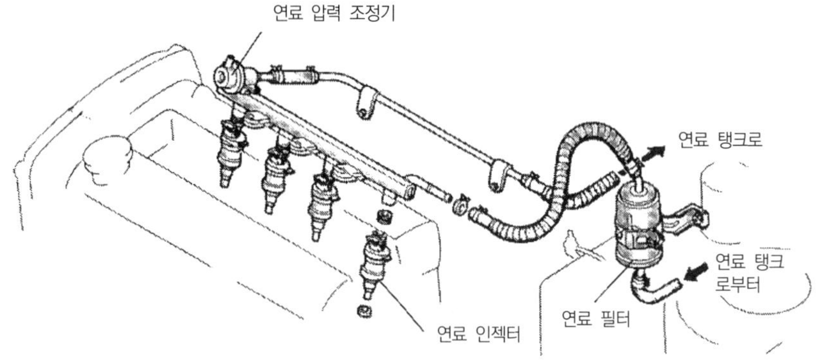

[그림 1-211] 연료 압력 조절기의 위치

(4) 분배 파이프(딜리버리 파이프, Delivery Pipe)

분배 파이프는 인젝터와 연결되어 각각의 인젝터에 연료를 공급하는 튜브이며, 연료분사 시의 맥동을 방지하고 일정한 압력을 유지하기 위하여 전체 인젝터의 분사량보다 많은 양을 저장하도록 하고 있다.

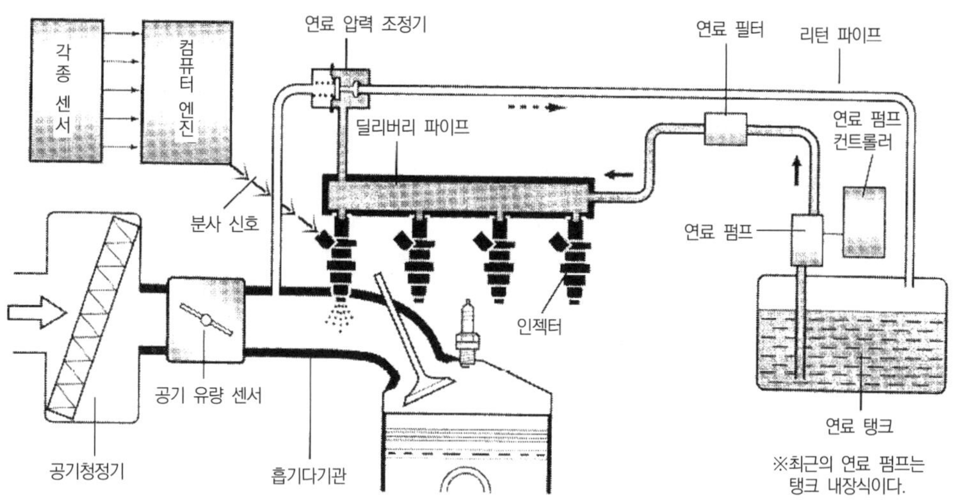

※연료 필터 : 연료에 혼입한 미세한 먼지나 수분을 제거한다.
일반적으로 엘리먼트에 여과지를 사용한 카트리지형이다.

[그림 1-212] 연료의 경로

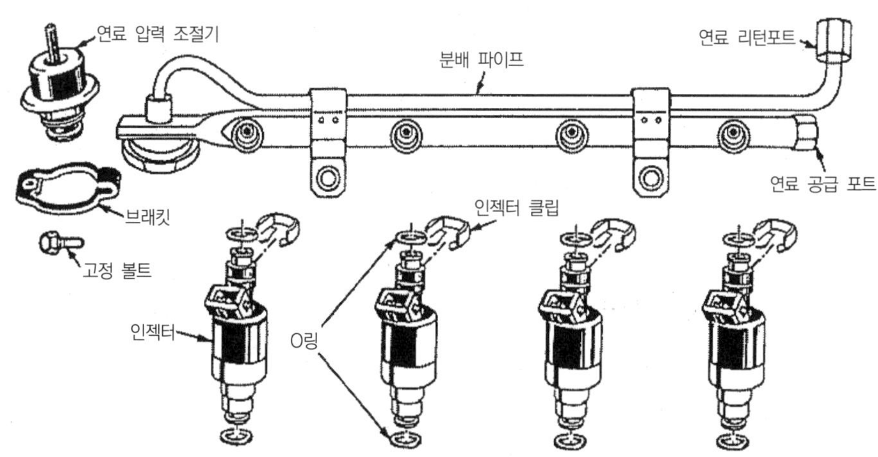

[그림 1-213] 딜리버리 파이프의 구조

(5) 인젝터(Injector)

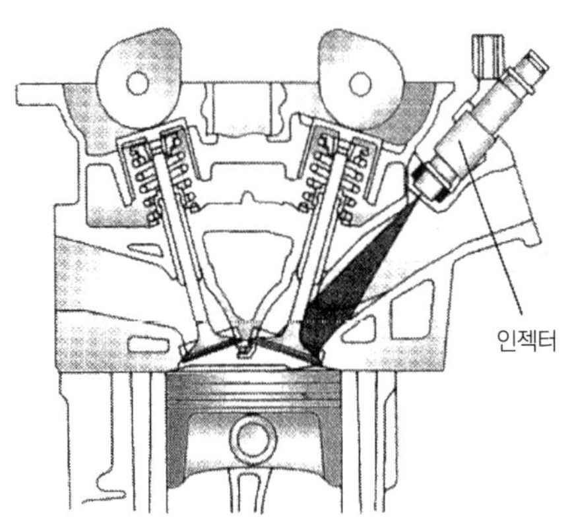

[그림 1-214] 인젝터

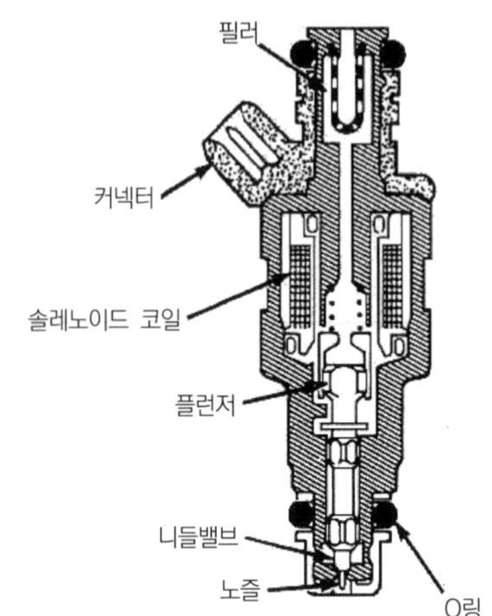

[그림 1-215] 인젝터의 구조

① 기능 : 흡입 밸브 상단 흡기다기관에 설치되어 **ECU의 분사 신호에 의하여** 연료를 분사하는 장치

② 구조

㉠ 플런저 : 니들밸브를 누르고 있다가 ECU 신호에 의해 작동한다.

㉡ 솔레노이드 코일 : ECU 신호에 의해 전자석이 된다.

㉢ 니들밸브 : 연료 필요시 개방하여 분사한다.

③ 작동

㉠ 솔레노이드 밸브를 사용하며, 12V 축전지 전압이 작용된다.

㉡ ECU의 분사 신호에 따라 연료의 흡기다기관에 분사한다.

㉢ ECU는 크랭크 각 센서의 신호에 따라 분사시기를 결정하고, 공기량 센서의 신호에 따라 분사량을 연산하여, 인젝터의 분사 시간을 결정한 후 인젝터에 전기적 신호를 보낸다.

> **참고**
>
> **분사량의 결정**
>
> 인젝터의 분사량의 결정은 분구의 면적, 연료의 압력이 일정하므로 니들밸브의 개방시간, 즉 솔레노이드 코일의 통전시간에 의해 ECU가 분사량을 결정한다.

④ 인젝터의 분사시기

㉠ 독립(순차 또는 동기) 분사 방식

- 1번 실린더 상사점 센서와 크랭크 각 센서가 동기하여 각 실린더의 점화순서에 따라 각 실린더의 흡입행정 직전(배기행정 말) 인젝터를 작동하며, **크랭크축 2회전에 1회 분사**를 한다. 분사순서는 점화순서와 같다.
- 공연비 제어성능 및 엔진 반응성(응답성)이 우수하다.

㉡ 그룹 분사 방식

- 1, 3번 기통과 2, 4번 기통의 2그룹으로 나누어 **크랭크축 1회전에 1회씩 교대로 분사**한다.
- 특징 : 흡입행정 부근에서 연료가 분사되므로 혼합가스가 곧바로 실린더 내로 흡입되므로 가속할 때 응답성능이 좋다.

㉢ 동시(비동기) 분사 방식

- 모든 인젝터가 **한꺼번에 동시에 분사**하는 방식이다.
- 모든 인젝터가 **크랭크축 1회전에 1회의 분사(1사이클당 2회씩)를 하는 방식**으로 인젝터의 분사 신호를 받아 분사한다.

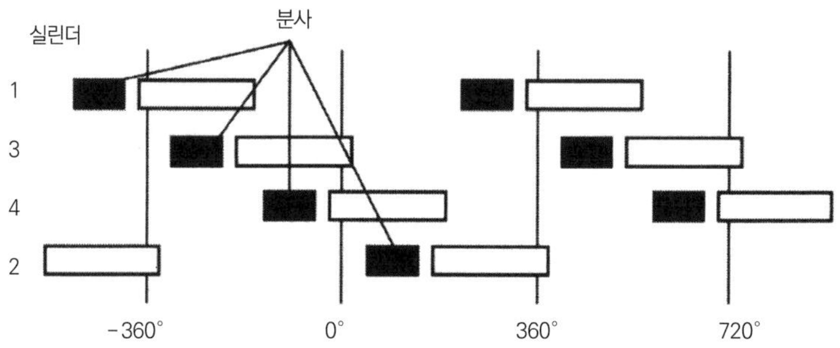

[그림 1-216] 독립(순차 또는 동기) 분사 방식

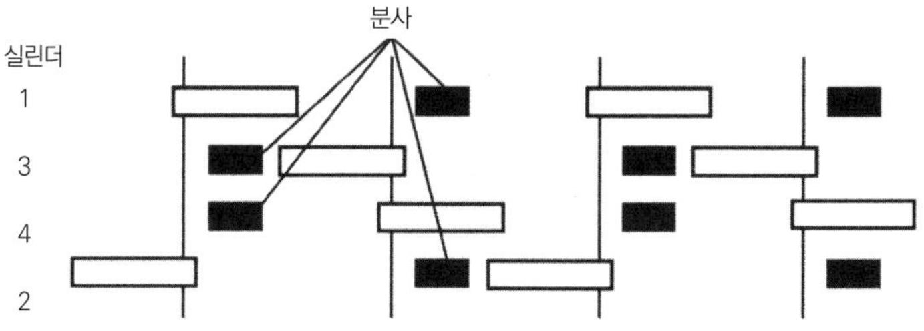

[그림 1-217] 그룹 분사 방식

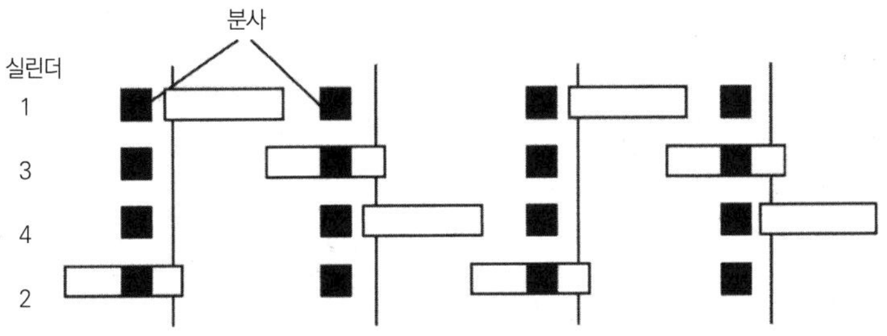

[그림 1-218] 동시 분사 방식

⑤ 인젝터 제어

㉠ 인젝터의 전원은 연료 펌프와 같이 사용되어, 연료 펌프 정지 시 즉시 인젝터도 작동이 중지되어 불필요한 연료가 분사되는 것을 방지한다.

㉡ 인젝터의 ECU에 의해 분사 시간이 결정되며, 냉간 시동 시는 낮은 회전수와 낮은 온도로 인한 혼합가스의 응축으로 희박해질 수 있기 때문에 연료분사량을 농후하게 제어하고 점화시기도 제어하게 된다.

㉢ 감속 시 또는 과도하게 빠른 회전에서는 엔진을 보호하고, 불필요한 연료소모를 방지하기 위하여 연료분사를 차단한다.

2 흡기계통

(1) 흡입공기량 센서(AFS : Air Flow Sensor)

① **베인식(메저링 플레이트식)** : 체적 유량 검출방식

㉠ 에어클리너 내에 **센서 플랩을 설치하여 흡입공기량을 계측**하는 방식으로 공기량을 체적 유량으로 검출한다.

㉡ 구성

- 센서 플랩 : 흡입공기량에 따라 움직이며, 포텐셔미터에 움직임을 전달한다.
- 댐퍼 플랩 : 센서 플랩의 충격적인 움직임을 제어하기 위하여 설치한 것으로 댐핑 체임버 내에서 작동한다.
- 댐핑 체임버 : 댐퍼 플랩이 작동하는 공간으로 급가속 시 발생하는 센서 플랩의 충격적인 작동을 방지하여 정확한 공기량을 검출하도록 한다.
- 포텐셔미터 : 센서 플랩과 연동으로 작동하는 가변저항으로 센서 플랩의 움직임을 전압비로 바꾸어 흡입공기량을 검출하여 ECU에 전달한다.
- 바이패스 통로 : 센서 플랩을 거치지 않고 실린더에 공기가 흡입될 수 있도록 통로로 공회전 시에 공기를 공급한다.

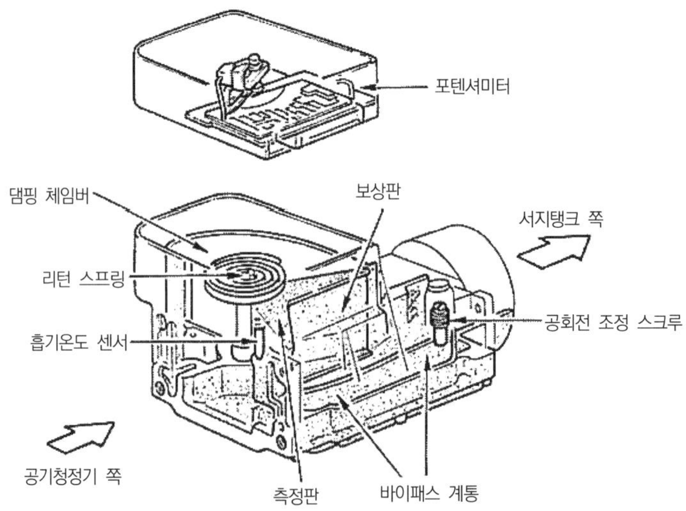

[그림 1-219] 베인 방식(메저링 플레이트식)의 공기 유량 센서의 구조

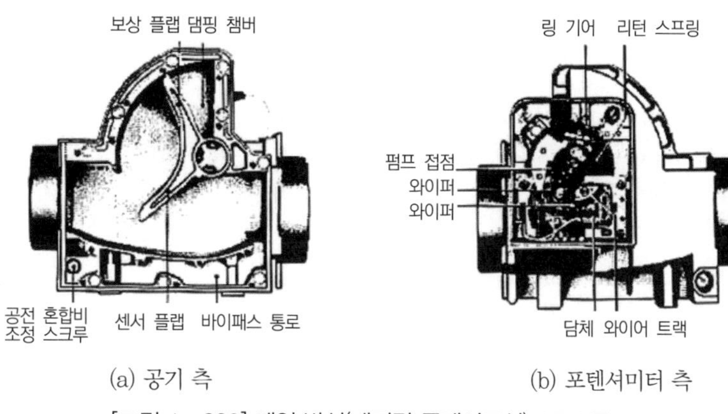

(a) 공기 측　　　　(b) 포텐셔미터 측

[그림 1－220] 베인 방식(메저링 플레이트식) AFM 구조

② **칼만 와류식** : 체적 유량 검출방식

㉠ 에어클리너에 설치되어 공기의 양을 검출, 흡입공기량을 **체적 유량 방식**으로 검출한다.

㉡ 구성

- 와류 발생기 : 흡입되는 **공기에 와류(소용돌이)를 만들어** 주는 것으로 초음파를 변조시키는 작용을 한다.

[그림 1－221] 칼만 와류식의 구조

- 초음파 송 · 수신기 : 와류 발생기 양면에 초음파 발생기와 수신기를 설치하여 흡입되는 공기의 와류에 초음파를 발사하면 초음파가 와류에 의해 잘라지고 교란되어 수신기에 불규칙한 신호가 포착되게 된다. 이 불규칙한 신호를 파형 정형화하여 선명한 디지털 신호로 변조하므로, 흡입되는 공기량을 감지하도록 한다.
- 바이패스 통로 : 공기량 센서를 거치지 않고 공기가 흡입되는 통로로 공회전 시 공기를 공급한다.

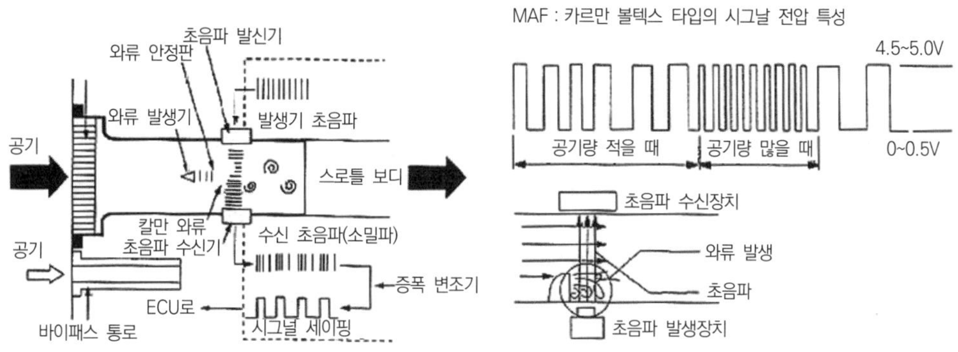

[그림 1－222] 칼만 와류식 계측 원리

참고

칼만 와류식의 원리

흡입공기의 통로에 돌기를 만들어 공기가 지나면서 와류를 일으키게 한다. 이 와류에 초음파를 보내면 수신되는 초음파의 주파수가 와류의 정도에 따라 변하게 되는데, 이 원리를 이용한 것으로 공기흐름의 양에 따라 와류 발생이 달라진다.

- 공회전 : 25~50Hz
- 2,000rpm 정도 : 70~130Hz

③ 열선식(Hot Wire Type) & 열막식(Hot Film Type) : 질량 유량 검출방식

㉠ 공기가 흐르는 에어클리너 통로 중앙에 설치되어 **와이어나 필름을 가열하여 흐르는 공기량에 따라 식으면서 저항이 변하는 방식을 이용**하여 공기량을 검출한다.

㉡ 구성

- 열선 : 4개의 저항(열선)을 설치하여, 이 열선을 통과하는 공기에 빼앗기는 열량 만큼 공급되는 전압을 검출하여 공기량을 계측한다.
- 온도 보상 저항(보조 열선) : 열선을 통과하는 공기의 온도는 질량 계측에 상당히 중요하다. 이 공기의 온도를 감지하여 보상하기 위해 설치한 열선이다.

㉢ 핫와이어 대신에 백금막으로 바꿔 플라스틱으로 코팅한 핫필름 방식도 있으며, 이는 모든 기능이 핫와이어 방식과 동일하나, 핫와이어는 공기 중 이물질이 흡착되면 감도가 떨어져서 와이어 대신 필름을 사용하여 신뢰성을 높인 것이 차이이다.

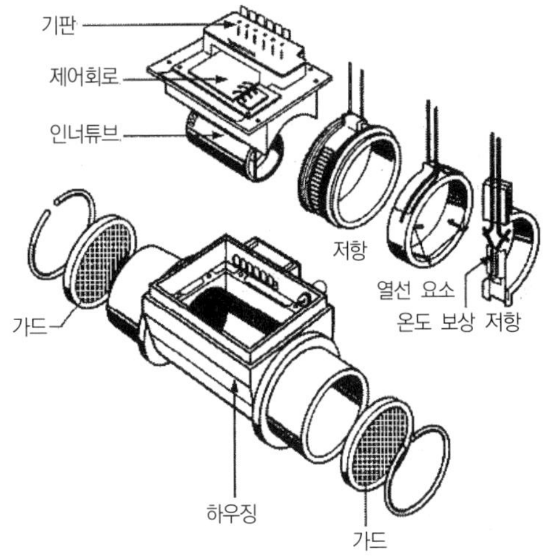

[그림 1-223] 열선식(Hot Wire Type)의 구조

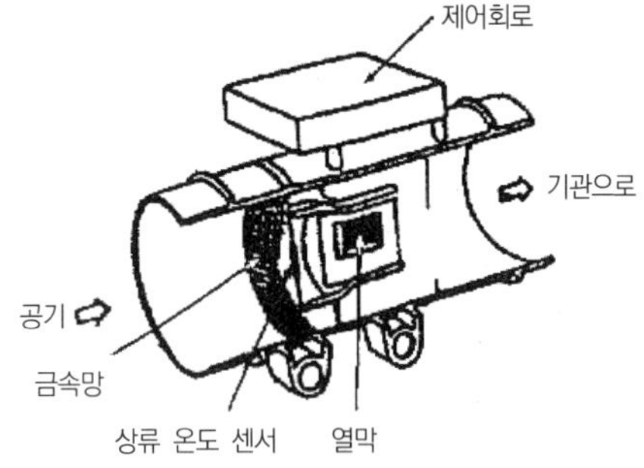

[그림 1-224] 열막식(Hot Film Type) 구조

④ 흡기다기관 절대압력 검출방식(MAP 센서 방식)

㉠ MAP 센서 방식은 **D-Jetronic에서 사용**하며, 흡입공기량과 흡기다기관 **부압**의 상관관계를 이용하여 공기량을 검출하는 방식이다.

㉡ 구성
- MAP 센서 : ECU와 연결되는 3개의 배선, 실리콘 칩, 피에조 저항
- 진공 포트 : 흡기다기관과 연결되는 진공 포트

㉢ MAP 센서를 이용하여 공기의 밀도로 공기량을 간접 계측한다.

㉣ MAP 센서는 진공 센서로서 흡기다기관 압력을 검출하며, 사이클에 대한 분사량을 결정한다.

㉤ 흡입공기량과 흡기다기관의 압력의 관계는 회전속도에 따라 다르다.

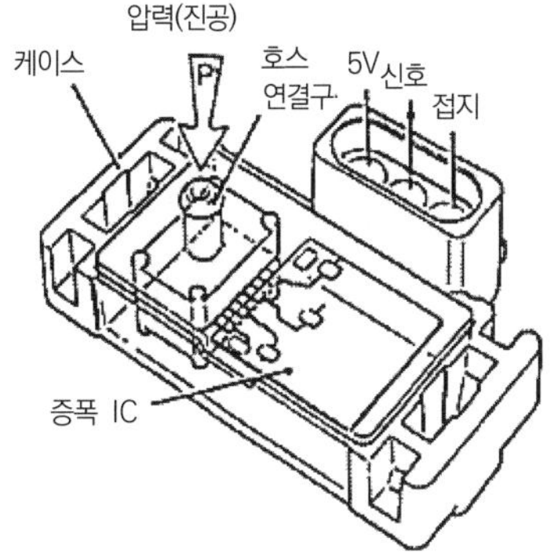

[그림 1-225] MAP 센서의 구성도

[그림 1-226] MAP 센서의 구조

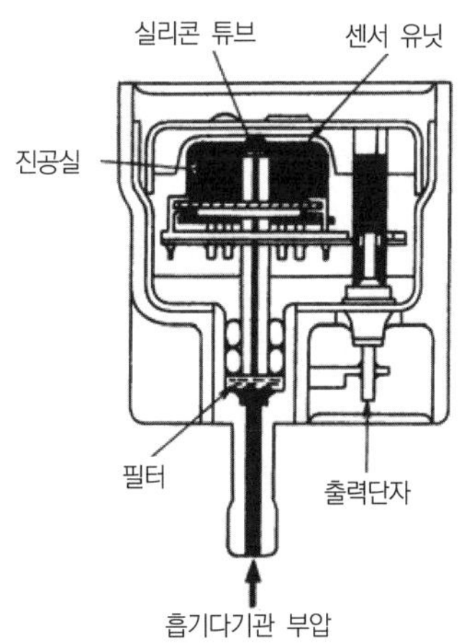

[그림 1-227] MAP 센서의 구조

(2) 흡기온도 센서(ATS : Air Temperature Sensor)

① 역할 : 흡입되는 공기의 온도를 입력시키면 흡입공기의 온도를 보정한다(**흡기온도 검출+흡기 온도에 알맞은 연료량 보정**).

② 기능 : 흡입되는 공기의 온도에 따라 밀도가 달라지고 흡입되는 공기의 질량이 변한다. 이에 따라 분사되는 연료의 양도 변화되어야 하기 때문에 흡입공기 온도를 검출하여 분사량을 보정하도록 한다. 온도 센서로는 온도에 따라 저항값이 반비례하는 부특성 서미스터를 주로 사용하며, 공기량 센서와 함께 설치된다.

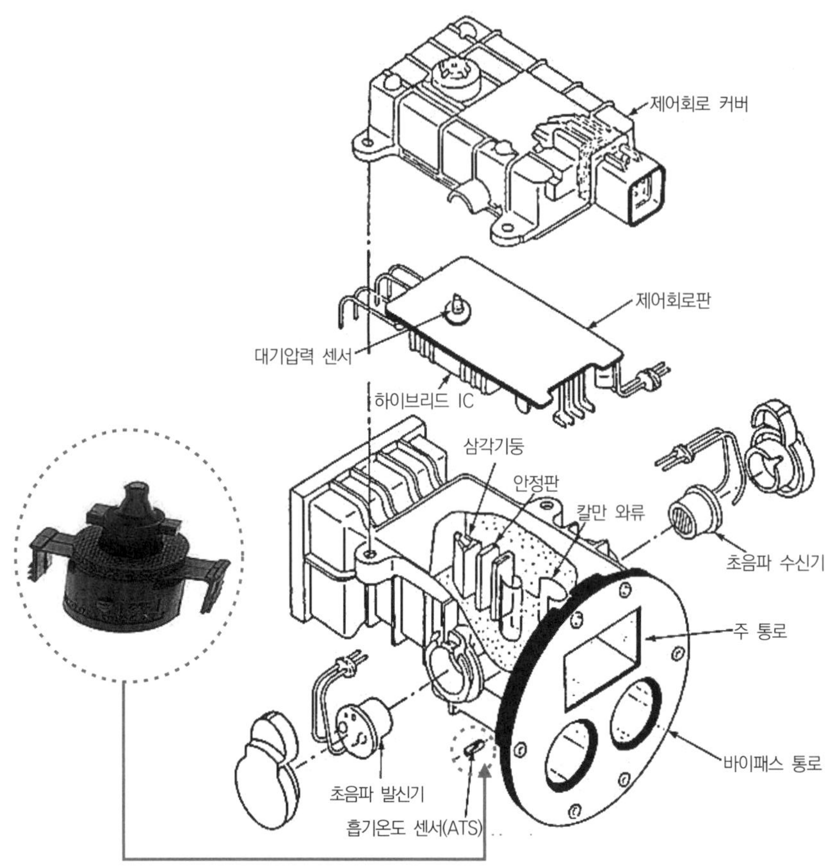

[그림 1-228] 흡기온도 센서(ATS)의 위치 및 구조

(3) 대기압 센서(BPS : Barometric Pressure Sensor)

① **역할** : 대기의 압력에 비례하는 아날로그 전압으로 변화시켜 ECU에 보내어 자동차의 고도를 계산한 후 연료분사량과 점화시기를 조절한다(**고도에 따른 연료분사량+점화시기 보정**).

② **기능** : 차의 고도에 따라 공기의 질량이 변하므로 이 고도를 계산하여 흡입공기량의 변화를 검출하고, 분사량을 보정하는 것으로 **압전소자**를 사용한다.

[그림 1-229] 대기압 센서(BPS)의 위치 및 구조

(4) 스로틀 보디(Throttle Body)

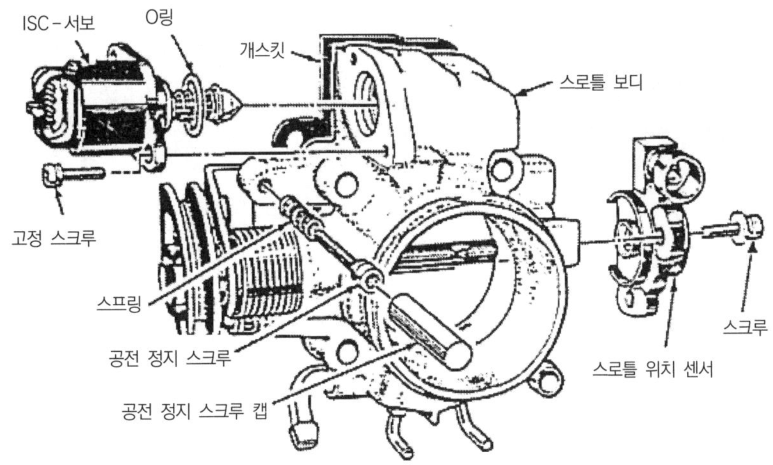

[그림 1-230] 스로틀 보디의 구조

① 기능 : **흡입공기량을 제어**하는 장치

② 구성

㉠ 스로틀 밸브 : 가속 페달과 연동되어 흡입공기량을 제어

㉡ ISC 서보 : 공회전할 때 **공전속도를 제어**하는 장치

㉢ TPS 센서 : 스로틀 밸브의 **열림량을 검출**

㉣ 기타 장치

- 빙결 현상을 방지하기 위하여 하단부에 냉각수 통로가 설치
- 각종 진공장치를 작동시키기 위한 진공 포트 설치

③ 스로틀 포지션 센서(TPS : Throttle Position Sensor)

㉠ 역할 : 스로틀 밸브축이 회전하면 출력전압이 변화하여 기관 상태를 판정하고 감속 및 가속 상태에 따른 연료분사량을 결정(**가속 상태에 따른 연료량 보정**)

㉡ 기능

- TPS는 스로틀 밸브의 축과 같이 연동되는 일종의 가변 저항기로서 스로틀 밸브의 개도를 검출하기 위한 것
- 스로틀 밸브가 회전하면 저항값이 변화하며, 이 변화되는 저항값은 전압 변화(0.5~5V)로 출력
- ECU는 변화된 출력 전압값과 기관 회전수 등 다른 센서로부터의 입력 신호를 바탕으로 기관 운전조건을 판정하여 분사량 결정

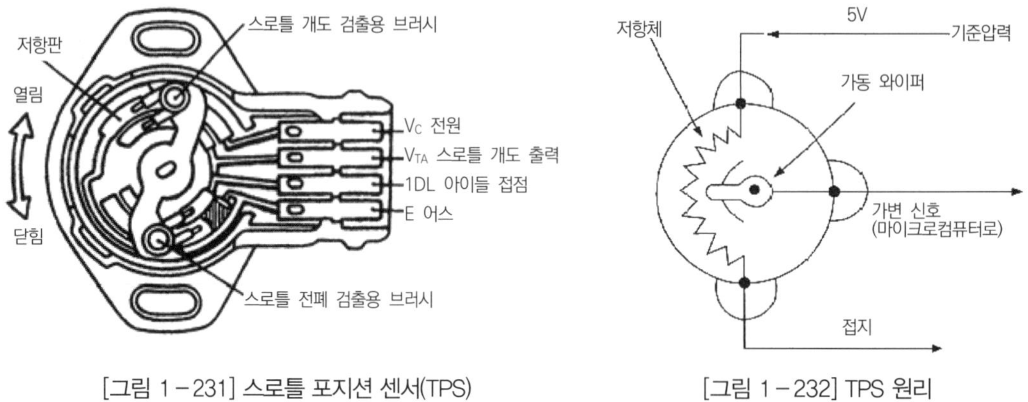

[그림 1-231] 스로틀 포지션 센서(TPS)

[그림 1-232] TPS 원리

(5) 공전속도 조절기(I.S.C : Idle Speed Controller)

공전속도 조절기는 엔진이 공전 상태일 때 부하에 따라 안정된 **공전속도를 유지**하게 하는 장치로, 종류에는 ISC-Servo 방식, 스텝모터 방식, 솔레노이드 방식이 있다.

(※본 책에서는 ISC-Servo 방식, 스텝모터 방식에 대해서만 설명하고자 한다.)

① ISC-Servo 방식

㉠ 기능 : ECU의 제어 신호에 따라 ISC-Servo 모터가 회전하여 웜 기어가 회전하면서 플런저를 이동시키면서 스로틀 밸브의 개도를 조정하여 공회전 속도를 조절하는 기능 수행

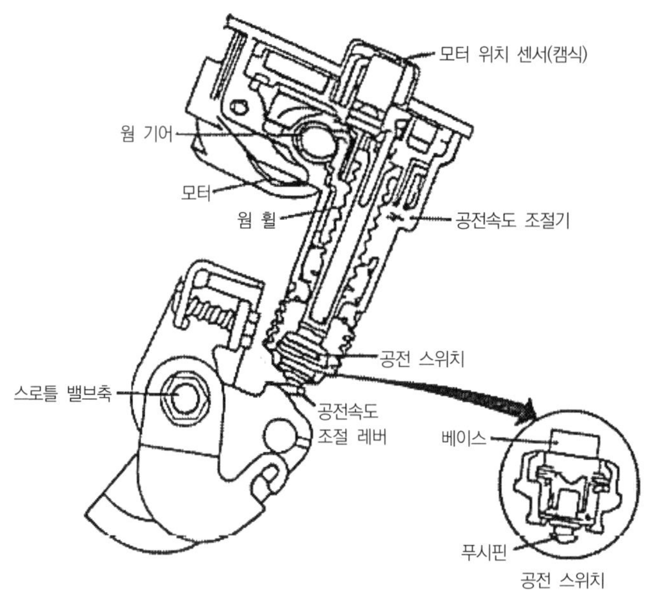

[그림 1-233] ISC-Servo의 구조

㉡ 구성 : ISC-Servo 모터, 웜 기어 및 웜 휠, 모터 위치 센서(MPS), 공전 스위치(Idle S/W) 등으로 구성

ⓐ ISC-Servo 모터 : ISC-Servo는 Idle Speed Control Servo의 약어로 공회전 속도를 조절하는 모터를 말한다. 이 모터는 엔진 상태에 따른 각종 센서의 신호를 토대로 ECU에 의해 제어된다.

- ISC-Servo 제어 기능
  - 시동 시 제어 : 냉각수 온도에 따른 스로틀 밸브의 개도를 제어
  - 패스트 아이들 제어 : 냉간 시동 후 엔진의 회전속도를 제어하여 정상 작동온도에 빨리 도달하도록 함
  - 아이들 업 제어 : 에어컨, 파워스티어링 및 기타 전기적 부하가 발생 시 공전속도를 목표치까지 상승, 즉 차량의 전기 부하 등에 의해 엔진 회전수가 떨어지는 것을 방지하기 위한 제어임

> **참고**
>
> **아이들 업 시기(조건)**
>
> - 공회전 상태에서 냉각수 온도가 낮을 때
> - 파워스티어링 오일 압력이 높을 때
> - 차량의 전기 부하가 클 때
> - 에어컨을 작동시킬 때

  - 대시 포트 제어 : 급감속 시 연료 차단과 함께 스로틀 밸브가 급격하게 닫힘을 방지(**완만하게 닫히게**)하여 회전속도 저하를 완만히 하거나 급감속 시 충격을 완화함, 즉 **스로틀 밸브의 닫힘 속도를 제어**

ⓑ 웜 기어, 웜 휠 : ECU의 제어에 의해 모터의 회전운동을 플런저가 직선왕복을 할 수 있게 하는 기어 장치

ⓒ 모터 위치 센서(MPS ; Motor Position Sensor)

- 역할 : ISC-Servo의 플런저 위치를 검출한 신호를 ECU로 보내면 ECU는 MPS 신호, 공전 신호, 수온 센서의 신호, 부하 신호, 차속 센서의 신호 등을 연산하여 **스로틀 밸브의 열림 정도를 제어**함으로써 공전속도를 조절
- 기능
  - ISC-Servo 내에 설치되어 공회전 상태에서 직선 왕복운동하는 플런저의 상·하 위치를 검출하는 가변저항식 센서
  - 플런저의 상단 부분에 MPS의 섭동핀이 접촉되어 있어 플런저가 작동할 때 내부 저항이 변화하여 출력 전압이 변화됨
  - 이에 따라 MPS는 ISC-Servo 플런저의 위치를 검출하여 ECU로 보내면 ECU는 각종 신호와 연산하여 스로틀 개도를 적절히 조절하여 공회전 속도를 제어함

ⓓ 아이들 스위치(Idle S/W)

- 역할 : 아이들 스위치는 ISC-Servo 플런저 앞 끝에 접점식으로 설치되어 엔진이 **공회전 상태임을 검출하여 ECU에 보내는 장치**

- 원리 : 스로틀 밸브가 공전 상태에 놓이면 푸시핀이 눌러져 접점이 ON 상태가 되고, 스로틀 밸브가 열려 엔진이 회전속도가 증가하면 스프링 장력에 의해 접점이 OFF되므로 이 상태를 감지함

② 스텝모터 방식(Step Motor Type)

㉠ 기능 : 스로틀 밸브를 바이패스하는 흡입 통로에 스텝모터(펄스모터라고도 함)를 설치하여 흡입공기량을 증감시켜 **공전속도를 제어**

㉡ 구성 : 스텝모터(로터와 스테이터 코일), 피드 스크루 기구(회전운동을 직선운동으로 전환), 밸브(핀틀)

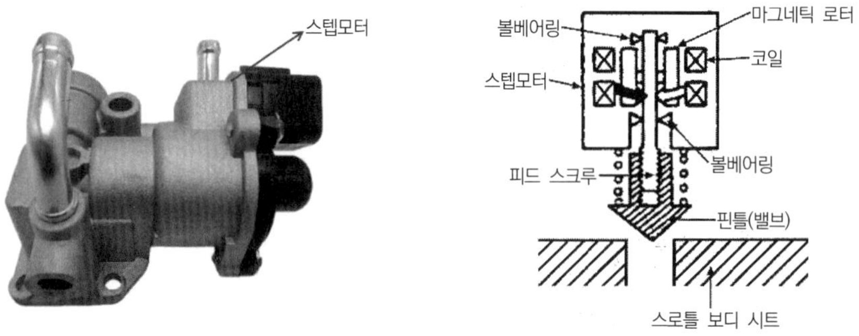

[그림 1-234] 스텝모터의 구조

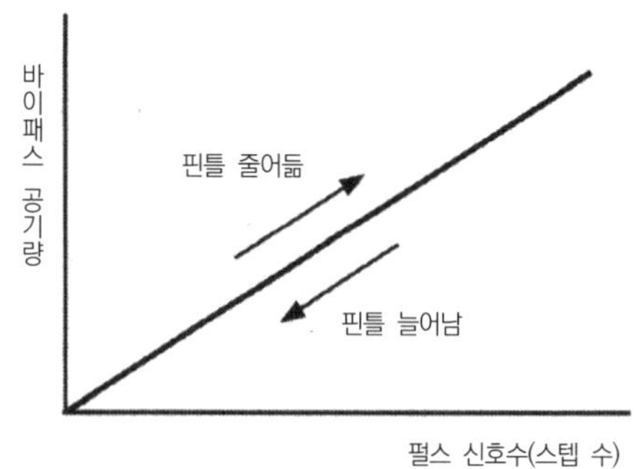

[그림 1-235] 펄스 신호 증감에 따른 공기량의 변화

㉢ 원리

- 스텝모터는 스테이터 코일에 흐르는 전류를 단계적으로 변환 · 제어하는 것에 의해 로터를 정방향 또는 역방향의 어느 한쪽으로 회전시키고, 피드 스크루(feed screw)에 의해 밸브는 상하운동을 하여 공기가 통과하는 면적을 조절한다.
- ECU는 엔진을 시동할 때 밸브의 완전 열림 또는 완전 닫힘의 상태로부터 제어를 시작하고 제어한 스텝 수와 정방향 또는 역방향의 어느 방향으로 움직였는가를 파악한다.
- 최근의 밸브 위치를 항상 기억장치에 기억시킬 수 있으므로 **제어의 정확도가 우수**하다.
- 스텝마다 순차 제어에 의하여 변화시키기 때문에 **응답속도에는 한계**가 있다.

㉣ 스텝모터 방식의 장단점

장점	단점
• ECU에 의한 제어가 매우 쉽다. • 브러시가 없어 신뢰성이 크다. • 모터 위치 센서(MPS)의 피드백이 필요 없어 제어계통이 간단해진다. • 회전각도 오차가 누적되지 않는다.	• 직류 모터보다 능률이 떨어진다. • 정지할 때 정지 회전력이 크게 발생한다. • 출력당 무게가 무겁다. • 특정 주파수에서 공진 및 진동 현상이 일어난다.

3 제어계통

(1) 크랭크 각 센서(CAS : Crank Angle Sensor, CPS : CrankShaft Position Sensor)

① 기능 : 각 실린더의 크랭크 각(피스톤 위치)을 감지하여 이를 펄스 신호로 바꾸어 ECU에 보내면, ECU는 이 신호를 기초로 하여 기관의 회전속도를 계산하고 연료 분사 시기와 점화시기를 결정한다(**연료 분사 시기＋점화시기 결정**).

> **참고**
>
> 크랭크 각 센서는 페일 세이프(Fail－Safe : 고장이 났을 경우 안전을 확보하는 기능)가 없으므로 고장 시 시동이 걸리지 않는다.

② 종류

㉠ 광학식(옵티컬 방식, Optical Type) : 배전기 내에 센서를 설치한 방식

- 원리 : 원주 방향으로 여러 개 뚫린 원판이 캠축과 같이 회전하면서 **발광 다이오드**에서 빛을 원판(타킷 휠)에 보내면 그 빛이 원판의 구멍을 통과하여 빛을 받은 수신판(**포토 다이오드**)에서 전압이 발생하여 **크랭크축의 회전각도를 검출**하는 방법
- 특징 : 초기에는 가장 보편적으로 사용하였으나, 빛을 받아 전압을 발생시키는 광센서가 열과 습기에 약하고 노이즈(Noise) 발생이 많아 최근에는 별로 사용하지 않음

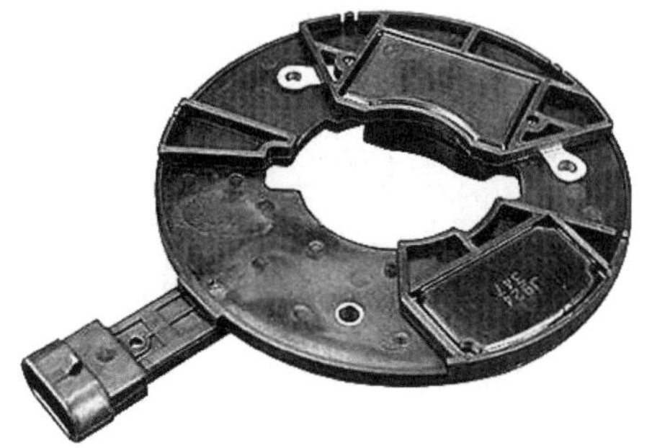

[그림 1－236] 광학식 크랭크 각 센서

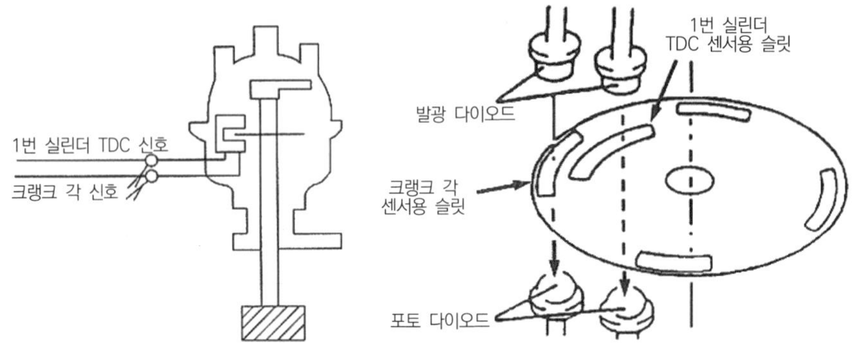

[그림 1-237] 광학식 크랭크 각 센서

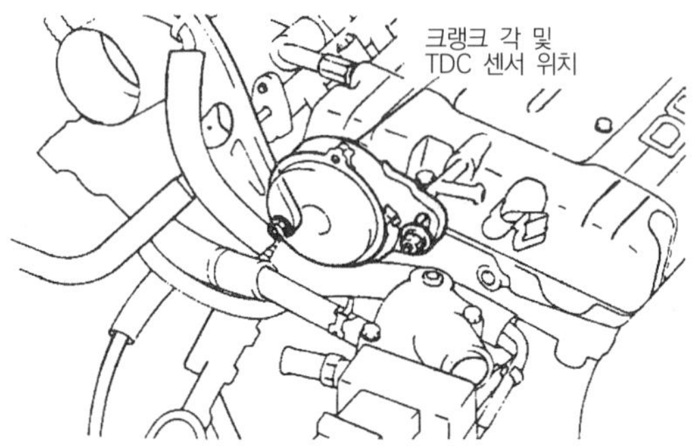

[그림 1-238] 광학식 크랭크 각 센서 위치(예 쏘나타 Ⅱ)

㉡ 마그네틱 방식(Magnetic Type) : 마그네틱 센서를 이용하여 시그널 전압이 발생하는 원리를 이용한 방식

- 원리 : 마그네틱 센서로 센서에서 자력선을 방출하며 **플라이휠이 자력선을 자르고 지나면 신호(Signal) 전압이 발생하는 원리를 이용**한 것으로 전원공급이 필요 없이 신호가 발생되게 되어 있다.
- 특징 : 별도의 전원공급 없이 신호(Signal)를 발생시킬 수 있어 편리하지만 엔진 회전수(rpm)에 따라 신호의 크기가 변화한다.

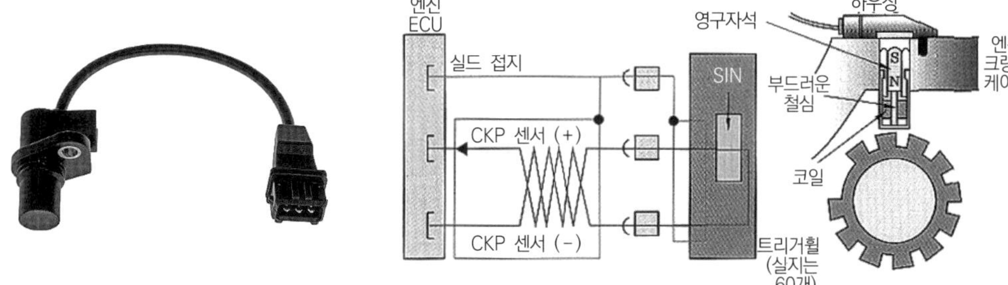

[그림 1-239] 마그네틱 방식 크랭크 각 센서

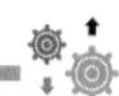

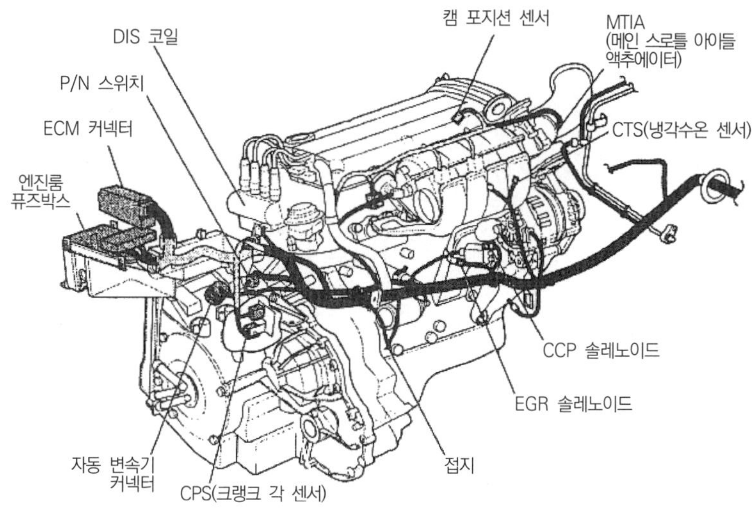

[그림 1－240] 마그네틱 방식 크랭크 각 센서 위치(예 누비라Ⅱ)

㉢ 홀 센서 방식(Hall Sensor Type) : **홀 효과(Hall Effect)**를 이용한 방식

- 원리 : 센서 안에 회로가 있어 12V가 공급되어 이 센서 감지부에서 전자를 방출하는데, 이 전자를 방출하는 부위(센서 감지부)를 1.0±0.5mm 이내의 간극으로 어떤 금속체가 지나치면 방출된 전자와 부딪히면서 센서 내부에서 회로에 의해 5V가 나오게 된다.
- 특징 : 열과 노이즈(Noise)에 약한 옵티컬 타입이나 시그널의 판정에 기준을 정확히해야 하는 마그네틱 타입에 비해 노이즈(Noise)가 적고 **신뢰성이 높아 절대적으로 유리하여 최근에 많이 사용**하는 편이다.

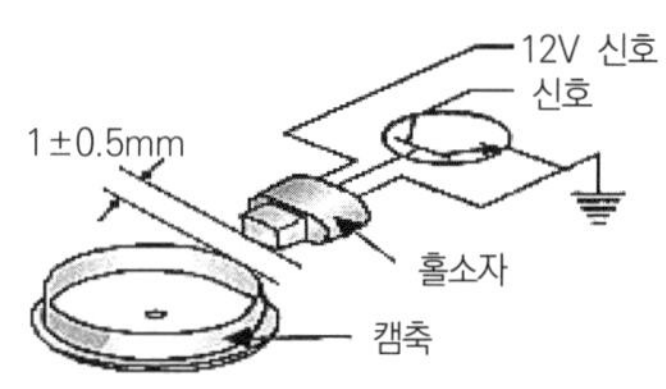

[그림 1－241] 홀 센서 방식 크랭크 각 센서

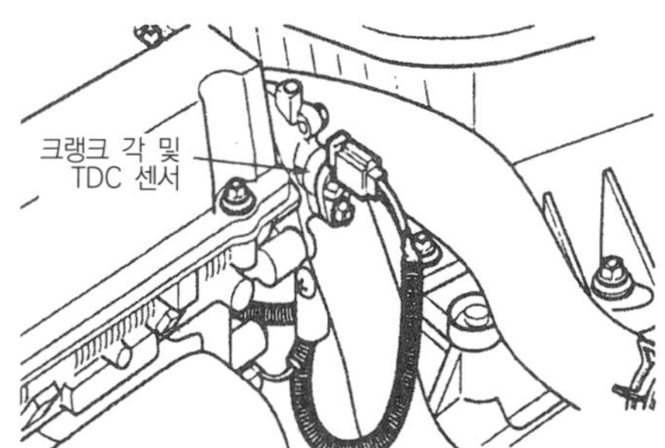

[그림 1－242] 홀 센서 방식 크랭크 각 센서 위치(예 EF 소나타 2.0)

참고

홀 효과(Hall Effect)

- 자기장 속의 도체에서 자기장의 직각 방향으로 전류가 흐르면, 자기장과 전류 모두에 직각 방향으로 전기장이 나타나는 현상

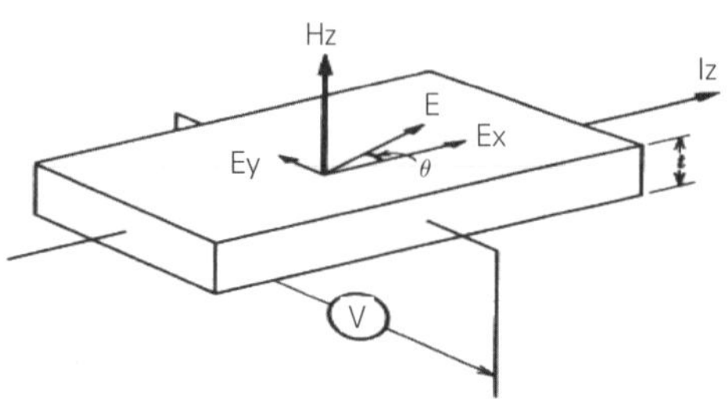

[그림 1－243] 홀 효과(Hall Effect)

- 2개의 영구자석 사이에 도체를 직각으로 설치하고 도체에 전류를 공급하면 도체 내의 전자(電子)는 공급 전류와 자속의 방향에 대해 각각 직각 방향으로 굴절되어 한쪽은 전자 과잉 상태가 되고 다른 한쪽은 전자 부족 상태가 되어 양 끝에 전위차가 발생되는 현상

(2) No.1 TDC 센서

크랭크 각 센서와 함께 설치되어 있다. 4실린더 기관의 1번 실린더 압축행정의 상사점, 6실린더 기관은 1번, 3번, 5번 실린더의 상사점을 검출하여, 이를 펄스 신호로 바꾸어 ECU에 보내면 이 신호를 기초로 하여 **연료 분사 순서를 결정**한다.

(3) 노크 센서(Knock Sensor)

엔진에서 최대토크가 발생되는 시기는 노킹을 일으키는 점화시기 전후 근방에 있다. 따라서 노크 센서를 이용 토크 한계를 검출하면 노킹 영역 한계까지 점화시기를 진각시킬 수 있고, 엔진 출력을 보다 유효하게 얻을 수 있다. 노크 센서는 **실린더 블록에 설치**되어 **노크 발생을 감지**하여 ECU에 보내며, ECU는 점화시기를 제어하여 노크를 억제한다.

[그림 1－244] 노크 센서

[그림 1-245] 노크 센서의 장착 위치 실례

(4) 냉각수온 센서(WTS : Water Temperature Sensor, CTS : Coolant temperature Sensor)

[그림 1-246] 냉각수온 센서의 외관

수온 센서는 흡기다기관의 냉각수 통로에 설치되어 **냉각수 온도를 검출**하는 일종의 가변저항기로 주로 부특성 **서미스터**를 사용하며, 온도 변화에 따른 출력 전압의 값으로 엔진의 난기 상태를 판단하여 엔진이 냉각 상태일 때 연료량을 적절히 증가시켜 엔진의 냉간 시동이 용이하도록 한다.

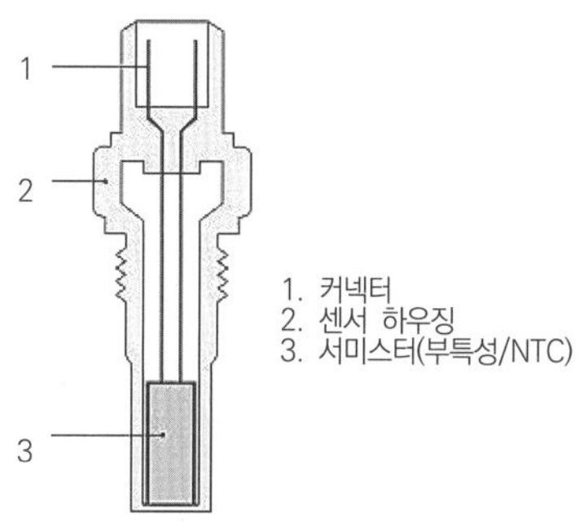

[그림 1-247] 냉각수온 센서의 구조

[그림 1-248] 냉각수온 센서의 실차 위치 실례

(5) 차속 센서(VSS : Vehicle Speed Sensor)

차속 센서는 계기판(속도계) 내에 장착되어 있는 리드 스위치 형식과 변속기에 장착되어 전자석을 이용한 마그네틱 형식, 홀 효과를 이용하는 홀 센서 형식이 있다.

계기판 속도계 내에 리드 스위치 형식은 **차량의 속도를 검출하여 ECU에 전달**한다. 이 방식은 전극을 진공 유리관 내에 설치하고 이부에서 자석을 회전시키면 두 전극이 붙었다 떨어졌다 하며 스위치와 같이 작동하여 펄스 신호로 출력한다. ECU는 이 신호를 검출하여 **차속을 결정**하고, 부하가 걸렸는지의 여부를 확인한다.

(a) 마그네틱형

(b) 리드 스위치형

(c) 홀 센서형

[그림 1-249] 차속 센서의 종류

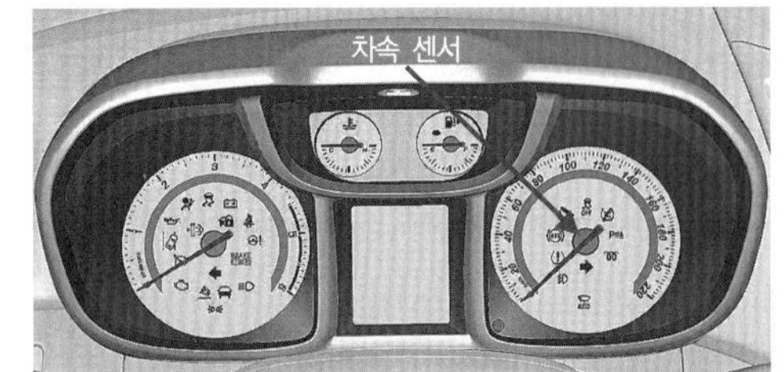

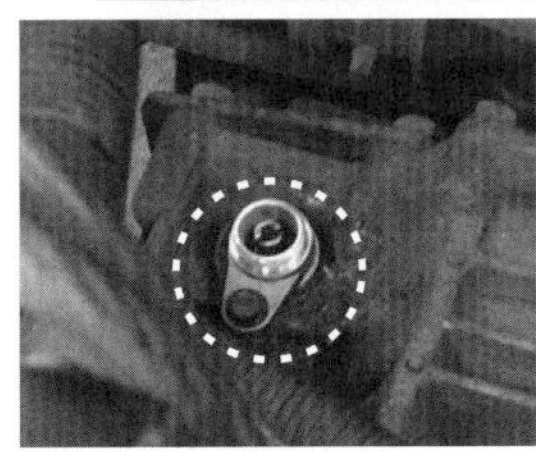

[그림 1-250] 차속 센서의 장착 예

(6) 인히비터 스위치

자동 변속기에서 P와 N 레인지 이외에서는 시동이 걸리지 않도록 스위치로, ECU에 자동 변속기임을 알려 주고, 현재 시프트 레인지를 알려주는 스위치이다.

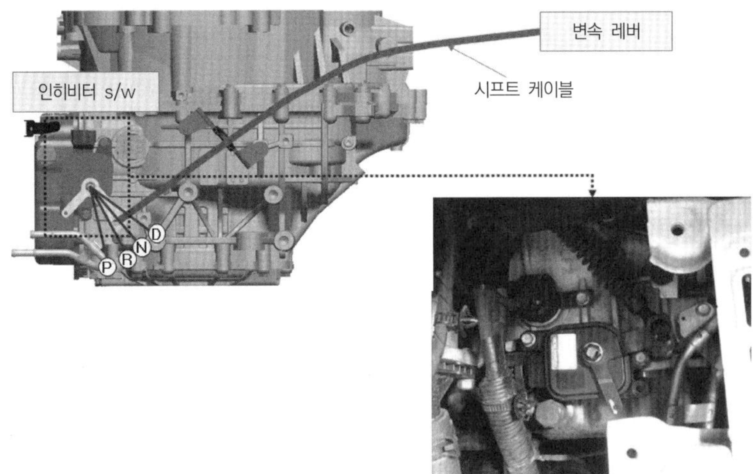

[그림 1-251] 인히비터 스위치의 장착 구조도

(7) 산소 센서(O_2 센서)

배기다기관 내에 설치되어 배출되는 **연소가스 내의 산소농도를 검출**하여 연료분사량을 피드백시킨다. 이 산소 센서는 지르코늄 주위를 백금막으로 감싸고 대기와 배기가스를 대응시켜 산소의 농도에 따라 공연비가 희박할 때 0.1V를, 공연비가 농후할 때 0.9V를 발생하여 분사량을 **피드백**시킨다.

[그림 1-252] 산소 센서 단품 외관

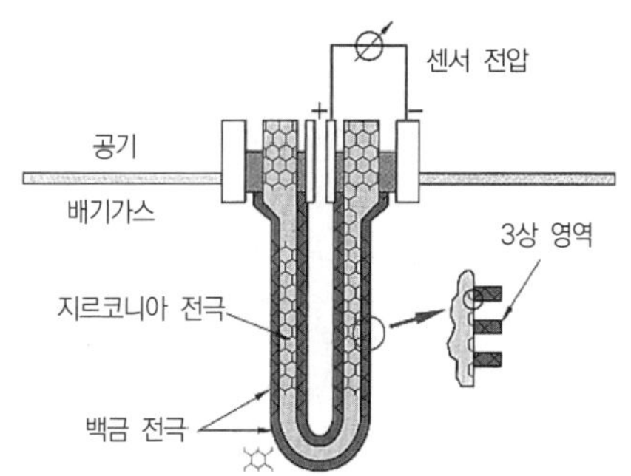

[그림 1-253] 산소 센서의 작동

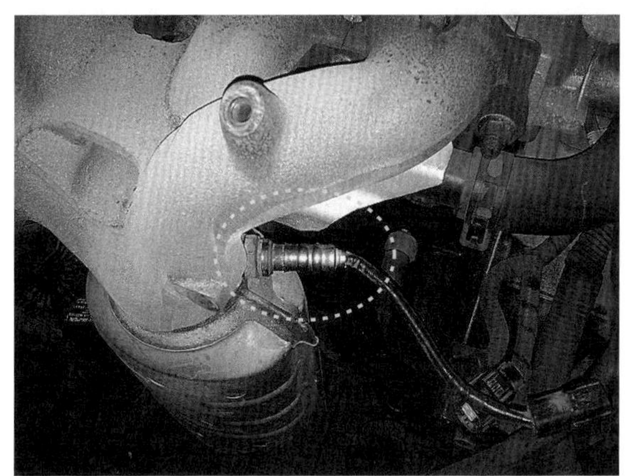

[그림 1-254] 산소 센서의 실차 장착 예

제 5 장

출제 예상 문제

• 가솔린 연료장치

01 가솔린 연료의 구비조건으로 맞지 않은 것은?

① 단위 중량당 발열량이 적을 것
② 빠른 속도로 연소되며 완전연소될 것
③ 인화 및 폭발의 위험이 적고 가격이 저렴할 것
④ 연소 후에 탄소 및 유해 화합물이 남지 않을 것

해설 가솔린 연료의 구비조건
㉠ 연소속도가 빠르고, 완전연소될 것
㉡ 연소 후 유해 화합물이 발생되지 않을 것
㉢ 내폭성이 크고, 가격이 저렴할 것
㉣ 온도에 관계없이 유동성이 좋을 것
㉤ 연소 상태가 안정될 것
㉥ 부식성이 적을 것
㉦ 용이하게 기화하며, 단위 중량당 발열량이 클 것

02 자동차 연료로 사용하는 휘발유는 주로 어떤 원소들로 구성되어 있는가?

① 탄소와 황 ② 산소와 수소
③ 탄소와 수소 ④ 탄소와 4에틸납

해설 자동차용 연료는 수소(H)와 탄소(C)의 화합물로 구성되어 있다.

03 연료 1kg을 연소시키는 데 드는 이론적 공기량과 실제로 드는 공기량의 비를 무엇이라고 하는가?

① 중량비 ② 공기율
③ 중량도 ④ 공기 과잉률

해설 엔진에 공급되는 공기와 연료의 질량비를 공연비라고 하며, 실제 운전에서 흡입된 공기량을 이론상 완전연소에 필요한 공기량으로 나눈 값을 공기 과잉률이라고 한다.

$$공기\ 과잉률(\lambda) = \frac{실제\ 공연비}{이론\ 공연비}\quad 또는$$

$$\frac{실린더에\ 유입된\ 실제\ 공기량(kg)}{완전\ 연소에\ 필요한\ 이론\ 공기량(kg)}$$

규정값은 통상 $0.9 \leq \lambda \leq 1.1$이며, λ값이 1일 때 이론 공연비와 같으며, 이 값이 1보다 작으면 농후, 1보다 크면 희박한 혼합기임을 나타낸다.

04 가솔린 기관의 노킹을 방지하기 위한 방법이 아닌 것은?

① 화염 전파 속도를 빠르게 한다.
② 냉각수 온도를 낮춘다.
③ 옥탄가가 높은 연료를 사용한다.
④ 혼합가스의 와류를 방지한다.

해설 가솔린 기관 노킹 방지책
㉠ 고옥탄가의 연료(내폭성이 큰 가솔린)를 사용한다.
㉡ 압축비, 혼합가스 및 냉각수 온도를 낮춘다.
㉢ 화염 전파 속도를 빠르게 하고, 화염 전파 거리를 짧게 한다.
㉣ 혼합가스에 와류를 증대시킨다.
㉤ 연소실 내에 퇴적된 카본을 제거한다.
㉥ 점화시기를 늦추어 준다(점화시기 지연).
㉦ 혼합비를 농후하게 한다.

05 다음 중 가솔린 엔진의 노킹 발생 원인에 속하지 않는 것은?

① 혼합기가 농후하다.
② 점화시기가 빠르다.
③ 엔진의 온도가 높다.
④ 옥탄가가 낮다.

해설 노킹 발생 원인(가솔린 기관)
㉠ 기관에 과부하가 걸렸을 때
㉡ 기관이 과열되었을 때
㉢ 점화시기가 너무 빠를 때
㉣ 혼합비가 희박할 때
㉤ 낮은 옥탄가의 가솔린을 사용하였을 때

06 가솔린 기관에서 심한 노킹이 일어나면?

① 급격한 연소로 고온, 고압이 되어 충격파를 발생한다.
② 배기가스 온도가 상승한다.
③ 기관의 온도 저하로 냉각수 손실이 작아진다.
④ 최고압력이 떨어지고 출력이 증대된다.

정답 01 ① 02 ③ 03 ④ 04 ④ 05 ① 06 ①

해설 노킹이 기관에 미치는 영향
㉠ 기관 과열 및 출력 저하
㉡ 실린더와 피스톤의 마멸 및 고착 발생
㉢ 흡·배기 밸브 및 점화플러그 등의 손상
㉣ 배기가스 온도 저하
㉤ 기계 각 부의 응력 증가

07 가솔린 연료 내에서 노크를 일으키기 어려운 성질인 내폭성을 나타내는 수치는?

① 옥탄가
② 점도
③ 세탄가
④ 베이퍼 록

해설 용어 정의
① 옥탄가 : 가솔린에서 연료의 내폭성을 나타내는 정도로 가솔린의 앤티노크성을 나타내는 지표로서 수치가 클수록 노킹이 일어나기 힘든 가솔린이라는 것을 나타낸다.
② 점도 : 유체의 흐름에서 어려움의 크기를 나타내는 양, 즉 끈적거림의 정도를 표시하는 것이다.
③ 세탄가 : 디젤 연료의 착화성을 나타내는 값으로 세탄가가 클수록 연료의 착화성이 좋고 디젤 노크를 일으키지 않는다.
④ 베이퍼 록 : 액체를 사용하는 계통에서 열에 의하여 액체가 증기(베이퍼)로 되어 어떤 부분에 갇혀 계통의 기능이 상실되는 것을 말한다.

08 다음 식의 (　)에 알맞은 것은?

$$\text{옥탄가} = \frac{\text{이소옥탄}}{\text{이소옥탄} + (\quad)} \times 100(\%)$$

① 노멀헵탄
② 알파(α)메틸나프탈린
③ 톨루엔
④ 세탄

해설 옥탄가
옥탄가는 노킹이 잘 일어나는 노멀헵탄(n-Heptane)을 옥탄가 '0'으로 하고, 노킹이 잘 일어나지 않는 이소옥탄(iso-Octane)을 옥탄가 '100'으로 임의 선정하여 기준으로 삼는다. 가솔린의 옥탄가는 기준 시료인 노멀헵탄/이소옥탄 혼합물 중 이소옥탄의 함유 퍼센트가 된다.
즉, 예를 들어 옥탄가가 '80'이라는 것은 이소옥탄 80%와 햅탄 20%를 혼합한 연료의 안티노크 강도만큼의 성능이 나온다는 것이다.

09 기관의 옥탄가 측정에서 이소옥탄 70%, 노멀헵탄 30%일 때 옥탄가는?

① 30%　　② 60%
③ 70%　　④ 90%

해설 $\text{옥탄가} = \frac{\text{이소옥탄}}{\text{이소옥탄} + \text{노멀헵탄}} \times 100$

$= \frac{70}{70+30} \times 100 = 70\%$

10 옥탄가를 측정하기 위하여 특별히 장치한 기관으로서 압축비를 임의로 변경시킬 수 있는 기관은?

① L.P.G 기관　　② C.F.R 기관
③ 디젤 기관　　④ 오토 기관

해설 C.F.R(Cooperative Fuel Research) 기관
연료의 옥탄가를 측정하기 위하여 압축비를 임의로 변화시킬 수 있도록 장치한 엔진

11 다음 중 기화기식과 비교한 MPI 연료 분사 방식의 특징으로 잘못된 것은?

① 저속 또는 고속에서 토크 영역의 변화가 가능하다.
② 온·냉 시에도 최적의 성능을 보장한다.
③ 설계 시 체적효율의 최적화에 집중하여 흡기다기관 설계가 가능하다.
④ 월 웨팅(wall wetting)에 따른 냉시동 특성은 큰 효과가 없다.

해설 MPI(Multi Point Injection)는 흡입 밸브 바로 전에 모든 실린더마다 인젝터가 설치되어 SPI(Single Point Injection) 방식처럼 흡입 통로 벽에 연료가 젖는 현상인 월 웨팅(wall wetting) 현상이 없다.

12 SPI(Single Point Injection) 방식의 연료 분사 장치에서 인젝터가 설치되는 가장 적절한 위치는?

① 흡입 밸브의 앞쪽
② 연소실 중앙
③ 서지탱크(Surge Tank)
④ 스로틀 밸브(Throttle Valve) 전(前)

해설 SPI(Single Point Injection) 방식은 스로틀 밸브 전(前)에 인젝터가 1개 설치되어 모든 실린더에 연료를 공급하며, MPI(Multi Point Injection) 방식은 흡입 밸브 바로 전에 모든 실린더마다 인젝터가 설치되어 있다.

정답 07 ① 08 ① 09 ③ 10 ② 11 ④ 12 ④

13 간접 분사 방식의 MPI(Multi Point Injection) 연료 분사 장치에서 인젝터가 설치되는 곳은?

① 각 실린더 흡입 밸브 전방
② 서지탱크(Surge Tank)
③ 스로틀 밸브(Throttle Valve)
④ 연소실 중앙

해설 ㉠ MPI(Multi Point Injection) 연료 분사 장치에서 인젝터는 각 실린더마다 흡입 밸브 전에 있다.
㉡ SPI(Single Point Injection) 연료 분사 장치에서 인젝터는 스로틀 밸브 전에 있다.

14 흡입공기량의 계측방식에서 공기량을 직접 계측하는 센서의 형식으로 틀린 것은?

① 핫필름식
② 칼만 와류식
③ 핫와이어식
④ 맵 센서식

해설 **연료 분사 장치의 형식**
㉠ K-기계식 체적 유량 방식
㉡ L-직접 계측 방식
- 체적 : 베인식(메저링 플레이트식), 칼만 와류식
- 질량 : 핫와이어식, 핫필름식

㉢ D-간접 계측 방식 : MAP 센서를 이용한 진공(부압) 연산방식

15 전자제어 가솔린 기관에서 인젝터 제어에 대한 내용으로 틀린 것은?

① 흡기온도, 냉각수 온도에 따라 기본 분사량을 결정한다.
② 산소 센서를 이용하여 연료분사량을 피드백 제어한다.
③ ECU는 인젝터의 통전 시간을 결정한다.
④ 배터리 전압이 낮으면 인젝터 통전 시간을 연장시킨다.

해설 **기본 분사량 제어**
인젝터는 크랭크 각 센서(CAS or CPS)의 출력 신호와 공기흐름 센서(AFS)의 출력을 계측한 ECU 신호에 의해 인젝터가 구동되며, 분사횟수는 크랭크 각 센서의 신호 및 공기량에 비례한다. 즉, 기본 분사량을 결정짓는 것은 공기흐름 센서(AFS)에서 측정한 흡입공기량과 크랭크 각 센서(CAS or CPS)의 엔진 회전수 신호에 의해 결정한다.

16 기관을 크랭킹할 때 가장 기본적으로 작동되어야 하는 센서는?

① 크랭크 각 센서
② 수온 센서
③ 산소 센서
④ 대기압 센서

해설 기관을 크랭킹할 때 가장 기본적으로 작동되어야 하는 센서는 크랭크 각 센서이다.
※크랭크 각 센서의 역할 : 연료 분사 시기+점화시기 결정

17 전자제어 연료 분사 장치에서 기본 분사량의 결정에 영향을 주는 것은?

① 엔진 회전수와 흡입공기량
② 흡입공기량과 냉각수온
③ 냉각수온과 스로틀 각도
④ 스로틀 각도와 흡입공기량

해설 기본 연료분사량을 결정하는 요소는 엔진 회전수(크랭크 각 센서의 신호)와 흡입공기량(공기 유량 센서의 신호)이다.

18 전자제어 분사장치에서 기본 분사 시간을 결정할 때 입력받는 신호는?

① 스로틀 포지션 센서 정보, 수온 센서 정보
② 엔진 회전수, 수온 센서 정보
③ 흡입공기량 센서 정보, 엔진 회전수
④ 흡입공기량 센서 정보, 스로틀 포지션 센서 정보

해설 기본 분사 시간은 흡입공기량 센서 신호와 엔진 회전수 신호로 결정한다.

19 가솔린 전자제어 기관에서 연료 분사 순서를 결정하는 입력 신호를 주는 센서는?

① 크랭크 각 센서
② 산소 센서
③ 공기흐름 센서(맵 센서)
④ 스로틀 포지션 센서

해설 연료 분사 순서를 결정하는 입력 신호를 주는 것은 크랭크 각 센서이다.

정답 13 ① 14 ④ 15 ① 16 ① 17 ① 18 ③ 19 ①

20 가솔린 전자제어 기관에 사용되는 공기 유량 센서의 종류가 아닌 것은?

① 볼 순환식 센서
② 베인식 센서
③ 칼만 와류식 센서
④ 열선식 센서

해설 베인 방식(메저링 플레이트 방식), 칼만 와류 방식, 핫와이어 방식, 핫필름 방식 등이 있다.

21 전자제어 엔진에서 흡입하는 공기량을 측정하는 방법이 아닌 것은?

① 스로틀 밸브 열림각
② 피스톤 직경
③ 흡기다기관 부압
④ 엔진 회전속도

해설 흡입공기량의 검출 방법에는 스로틀 밸브의 개도(열림 각도), 흡기다기관 부압, 기관 회전속도 등이 있다.

22 공기량 검출 센서 중에서 초음파를 이용하는 센서는?

① 핫필름식 에어플로 센서
② 칼만 와류식 에어플로 센서
③ 댐핑 챔버를 이용한 에어플로 센서
④ MAP을 이용한 에어플로 센서

해설 칼만 와류식(L-jetronic)
㉠ 공기청정기 내에 설치
㉡ 공기의 체적 유량을 계량하는 방식으로, 센서 내에서 소용돌이(와류)를 일으켜 단위 시간에 발생하는 소용돌이 수를 초음파 변조에 의해서 공기 유량을 검출

23 열선식 흡입공기량 검출방식에서 이용된 것은?

① 열량 ② 시간
③ 전류 ④ 주파수

해설 열선식은 열선에 전류를 공급한 후 흡입공기량이 증가하여 열선이 냉각되면 ECU가 전류를 증가시키는 방식으로 흡입공기량을 검출한다.

24 공기량을 계측하는 방법 중 간접 계량 방식에서 감지하는 것이 아닌 것은?

① 흡기다기관의 절대압력
② 스로틀 밸브의 개도
③ 기관 회전수
④ 핫필름의 전압

해설 간접 계량 방식에서 감지하는 것은 흡기다기관의 절대압력, 스로틀 밸브의 개도(열림 정도), 기관 회전수 등이다.

25 MAP 센서의 기능으로서 알맞게 설명한 것은?

① 흡기 매니폴드 내의 공기온도를 측정한다.
② 에어클리너 내의 공기량을 직접 측정한다.
③ 흡기 매니폴드 내의 부압 상태를 측정한다.
④ 에어클리너 내의 절대압력을 측정한다.

해설 MAP 센서는 흡기 매니폴드 내의 부압(절대압력) 상태를 피에조 저항(압전소자)을 이용하여 흡입공기량을 간접 계측하고 기본 분사 시간을 결정한다.

26 가솔린 기관 흡기계통에서 스로틀 보디의 구성 부품이 아닌 것은?

① 칼만 와류식 에어플로 센서
② 스로틀 포지션 센서
③ 스로틀 밸브
④ 공전 조절장치

해설 칼만 와류 방식 에어플로 센서는 공기청정기 내에 설치된다.

27 전자제어 기관에서 스로틀 보디의 주 기능으로 가장 적당한 것은?

① 공기량 조절
② 오일량 조절
③ 혼합기 조절
④ 공연비 조절

해설 스로틀 보디의 주 역할은 흡입공기량 조절이다. 즉, 흡입공기량을 제어하는 장치이다.

28 TPS(스로틀 포지션 센서)에 대한 설명으로 틀린 것은?

① 일반적으로 가변저항식이 사용된다.
② 운전자가 가속 페달을 얼마나 밟았는지 감지한다.
③ 급가속을 감지하면 컴퓨터가 연료 분사 시간을 늘려 실행시킨다.
④ 분사시기를 결정해 주는 가장 중요한 센서이다.

해설 운전자가 가속 페달을 밟은 정도에 따라 저항값이 변화하는 가변 저항 방식이며, 급가속을 감지하면 컴퓨터(ECU)가 연료 분사 시간을 늘려 실행시킨다.

정답 20 ① 21 ② 22 ② 23 ③ 24 ④ 25 ③ 26 ① 27 ① 28 ④

29 다음 중 TPS(스로틀 포지션 센서) 신호에 영향을 받지 않는 것은?

① 엔진 속도
② 연료분사량
③ 자동 변속기의 변속시점
④ 연료 펌프 압력

해설 스로틀 위치 센서 신호에 영향을 받는 것은 엔진 회전속도, 연료분사량, 자동 변속기의 변속시점 등이다.

30 흡기다기관의 압력으로 흡입공기량을 간접 계측하는 방식은?

① 칼만 와류 방식 ② 핫필름 방식
③ MAP 센서 방식 ④ 베인 방식

해설 MAP 센서 방식(D-jetronic)
㉠ 피에조 저항형
㉡ 흡입공기량 간접 계측 방식
㉢ 흡기다기관의 절대압력 변동에 따른 흡입공기량을 검출하여 컴퓨터로 전송
㉣ 엔진의 연료분사량 및 점화시기를 조절하는 신호로 이용
㉤ 스로틀 밸브가 많이 열리면(센서 출력이 높을 때) 흡기다기관의 절대압력이 낮아 연료분사량이 많아짐

31 크랭크 각 센서의 설명 중 틀린 것은?

① 기관 회전수와 크랭크축의 위치를 감지한다.
② 기본 연료분사량과 기본 점화시기에 영향을 준다.
③ 고장 발생 시 곧바로 정지한다.
④ 고장 발생 시 대체 센서값을 이용한다.

해설 크랭크 각 센서는 페일 세이프(고장이 났을 경우 안전을 확보하는 기능)가 없으므로 고장 시 시동이 걸리지 않는다.

32 O_2 센서(지르코니아 방식)의 출력 전압이 1V에 가깝게 나타나면 공연비가 어떤 상태인가?

① 희박하다.
② 농후하다.
③ 공연비가 14.7 : 1에 가깝다는 것을 나타낸다.
④ 농후하다가 희박한 상태로 되는 경우이다.

해설 산소 센서는 300℃ 이상에서 정상 작동을 하며 배기가스를 통해 공연비를 제어한다. 지르코니아 산소 센서는 희박 시 0.1~0.45V를, 농후 시 0.45~1V 정도의 기전력을 컴퓨터(ECU)로 보낸다.

33 O_2 센서 점검 관련 사항으로 적절하지 못한 것은?

① 기관은 워밍업한 후 점검한다.
② 출력 전압을 쇼트시키지 않는다.
③ 출력 전압 측정은 아날로그 시험기로 측정한다.
④ O_2 센서의 출력 전압이 규정을 벗어나면 조정 계통에 점검이 필요하다.

해설 산소 센서 취급 시 주의사항
㉠ 반드시 무연(4에틸납이 포함되지 않은) 가솔린을 사용한다.
㉡ 출력 전압 측정 시는 반드시 디지털 멀티 테스트를 사용한다(※아날로그 멀티 테스트 사용 시 파손 우려).
㉢ 산소 센서의 온도가 정상 온도가 된 후 측정한다.
㉣ 출력 전압을 단락(쇼트)시켜서는 안 된다.
㉤ 센서의 내부 저항은 절대로 측정해서는 안 된다.

34 전자제어 기관의 연료분사 제어방식 중 점화순서에 따라 순차적으로 분사되는 방식은?

① 동시 분사 방식 ② 그룹 분사 방식
③ 독립 분사 방식 ④ 간헐 분사 방식

해설 전자제어 기관의 연료분사 제어방식
(1) 독립(순차 또는 동기) 분사 방식
㉠ 점화순서에 따라 각 실린더의 흡입행정 직전(배기행정 말)에 맞추어 각 인젝터가 순차적으로 연료를 분사하는 방식
㉡ 공연비 제어성능 및 엔진 반응성(응답성) 우수
㉢ 일반적인 정속 주행 시에 사용
(2) 그룹 분사 방식
㉠ 1, 3번 기통과 2, 4번 기통의 2그룹으로 나누어 크랭크축 1회전에 1회씩 교대로 분사
㉡ 중부하 시에 사용되며, 가속할 때 응답성능이 좋음
(3) 동시(비동기) 분사 방식
㉠ 모든 인젝터가 한꺼번에 동시에 분사하는 것
㉡ 모든 실린더에 대하여 크랭크축 매회전마다 1회씩 일제히 분사하는 것(1사이클에 2회 분사)
㉢ 시동 시나 급가속 시 등 고부하 시에 작동

35 전자제어 연료 분사 장치에 사용되는 크랭크 각 센서의 기능은?

① 엔진 회전수 및 크랭크축의 위치를 검출한다.
② 엔진 부하의 크기를 검출한다.
③ 캠축의 위치를 검출한다.
④ 1번 실린더가 압축상사점에 있는 상태를 검출한다.

정답 29 ④ 30 ③ 31 ④ 32 ② 33 ③ 34 ③ 35 ①

해설 ④항의 경우 1번 TDC 센서를 의미하며 점화 및 연료 분사 순서를 결정하게 한다. 크랭크 각 센서(CAS 또는 CPS)는 각 실린더의 크랭크 각(피스톤 위치)을 감지하여 이를 펄스 신호로 바꾸어 ECU에 보내면, ECU는 이 신호를 기초로 하여 기관의 회전속도를 계산하고 연료 분사 시기와 점화 시기를 결정한다.

36 **전자제어 연료분사 엔진에서 연료 펌프 내에 체크밸브를 두는 중요한 이유는?**

① 베이퍼 록을 방지하기 위하여
② 가속성을 향상시키기 위하여
③ 연비를 좋게 하기 위하여
④ 연료 펌프 작동에 있어서 저항을 적게 받기 위하여

해설 **체크밸브의 기능**
㉠ 연료 라인의 잔압 유지
㉡ 엔진의 재시동성 향상
㉢ 베이퍼 록 방지

37 **부특성 흡기온도 센서(ATS)에 대한 설명으로 틀린 것은?**

① 흡기온도가 낮으면 저항값이 커지고, 흡기온도가 높으면 저항값은 작아진다.
② 흡기온도의 변화에 따라 컴퓨터(ECU)는 연료 분사 시간을 증감시켜주는 역할을 한다.
③ 흡기온도 변화에 따라 컴퓨터(ECU)는 점화시기를 변화시키는 역할을 한다.
④ 흡기온도를 뜨겁게 감지하면 출력 전압이 커진다.

해설 대체로 온도 관련 센서는 부특성, 즉 온도가 높으면 저항이 작아지는 특성이 있다. 흡기온도 센서(ATS)는 병렬방식 형태로 컴퓨터(ECU)가 인식하므로 뜨거워지면 저항은 감소하나 전압은 높아지게 된다.

38 **전자제어 가솔린 분사장치에 사용되는 연료 압력 조절기에서 인젝터의 연료 분사 압력을 항상 일정하게 유지하도록 조절하는 것과 직접 관계되는 것은?**

① 엔진의 회전속도
② 흡기다기관의 진공도
③ 배기가스 중의 산소농도
④ 실린더 내의 압축압력

해설 연료압력 조절기는 인젝터 부근의 압력(약 2.5kgf/cm^2)을 일정하게 유지시켜 주며 흡기다기관의 진공을 이용한다.

39 **전자제어 연료 분사 장치에서 고지대에서의 연료량 제어방법으로 맞는 것은?**

① 대기압 센서 신호로서 기본 연료분사량을 증량시킨다.
② 대기압 센서 신호로서 기본 연료분사량을 감량시킨다.
③ 대기압 센서 신호로서 연료 보정량을 증량시킨다.
④ 대기압 센서 신호로서 연료 보정량을 감량시킨다.

해설 고지대에서는 산소가 희박하기 때문에 대기압 센서의 신호를 받아 기본 연료분사량을 감량시킨다.

참고 **대기압 센서(BPS : Barometric Pressure Sensor)**
대기의 압력에 비례하는 아날로그 전압으로 변화시켜 ECU에 보내어 자동차의 고도를 계산한 후 기본 연료분사량과 점화시기를 조절한다(고도에 따른 기본 연료분사량+점화시기 보정).

정답 36 ① 37 ④ 38 ② 39 ②

CHAPTER 06 LPG 연료장치

LPG는 **프로판과 부탄이 주성분**으로 프로필렌과 부틸렌이 포함되어 있다. 액화석유가스는 가열이나 감압에 의해서 쉽게 기화되고 냉각이나 가압에 의해서 액화되는 특성을 가지고 있다. 또한 증기압을 이용하므로 증기압력이 저하되면 연료의 공급이 잘 이루어지지 않기 때문에 계절에 따라서 프로판과 부탄의 혼합 비율을 변경하여 필요한 증기 압력을 유지하여야 한다. 또한 장점은 퍼컬레이션이나 베이퍼 록 현상이 없으며, 단점은 겨울철 시동 곤란과 연료의 취급 및 공급 절차의 복잡, 가솔린 대비 출력 저하 등의 단점이 있다.

01 LPG 연료장치

1 LPG 연료

① 유전에서 분출되는 천연가스나 석유를 정제하여 석유제품에서 만들 때 부생되는 가스를 회수 압축과 냉각으로 액화

② 상온에서 낮은 압력으로 액화됨(액화석유가스)

③ 성분

㉠ 프로판 : 47~50%　　㉡ 부탄 : 36~42%　　㉢ 올레핀 : 8%

참고

계절에 따른 혼합 비율 조절

최근에 사용하는 LPG는 엔진 시동성능 향상(증기압 확보) 및 출력 향상을 위해 혼합 비율을 조절한다.

- 여름철 : 부탄 100%(출력성능을 향상시키기 위해)
- 겨울철 : 프로판 30%, 부탄 70%(엔진 시동성능을 향상시키기 위해 '증기압' 확보)

2 LPG 가스의 성질

① 무색, 무미, 무취

② 일산화탄소를 포함하지 않으므로 중독성은 없으나 마취됨(다량 섭취 시)

③ 연소 시 공기량이 부족하면 불완전연소로 일산화탄소 발생

④ 발열량 : 12,000kcal/kg

⑤ **액체 상태의 중량** : 1L의 무게는 약 0.5kg, 공기중량의 1/2

⑥ **기체 상태의 중량** : 1L당 240~270배로 팽창, 공기중량의 1.5~2배(즉, 프로판 1L는 270L, 부탄 1L은 약 240L로 팽창)

3 LPG 기관의 주요 특징

① 연소효율이 높고 엔진의 운전이 **정숙**하다(연소속도는 가솔린보다 느리나, 옥탄가가 높음).

② 엔진오일이 쉽게 오손되지 않고 **엔진의 수명이 길다**(LPG의 비점이 낮기 때문에 실린더 내에서 완전 기화).

③ 대기오염이 적다(일산화탄소의 함유량이 가솔린의 1/2).

④ 경제적이다.

⑤ 퍼컬레이션이나 **베이퍼 록 등의 현상이 없다.**

참고

퍼컬레이션(percolation) 현상

인젝터 노즐로부터 기포와 함께 다량의 가솔린이 분출되는 현상으로, 시동이 어렵고 공회전 시 부조 등의 원인이 된다.

4 LPG 기관의 장단점

장 점	단 점
• 가솔린보다 가격이 저렴하여 경제적이다. • 엔진오일의 소모가 적으므로 오일 교환 주기가 길어진다. • 옥탄가가 높아(90~120) 노킹 현상이 일어나지 않는다. • 연소실에 카본 부착이 없어 점화플러그의 수명이 길어진다. • 기체 연료이므로 열에 의한 베이퍼 록이나 퍼컬레이션 등이 발생하지 않는다. • 가솔린에 비해 쉽게 기화하므로 연소가 균일하여 엔진 소음이 적다. • 혼합기가 가스 상태로 실린더에 공급되기 때문에 일산화탄소(CO)의 배출량이 적다. • 황(S) 성분이 매우 적어 연소 후 배기가스에 의한 부식 및 배기다기관, 소음기 등의 손상이 적다.	• 증발잠열로 인하여 겨울철 엔진 시동이 어렵다. • 연료의 취급과 절차, 보급이 불편하고 트렁크의 사용공간에 제약을 받는다. • 일반적으로 NOx의 배출가스는 가솔린에 비해 더 많이 배출된다. • 가스연료를 사용하므로 위험성에 항시 노출된다. • LPG 연료 탱크(봄베)를 고압 용기로 사용하기 때문에 차량의 중량이 증가한다.

5 연료 공급 순서

LPG 탱크(액체 상태) → 여과기(액체 상태) → 솔레노이드 밸브 → 프리히터 → 베이퍼라이저(기화, 감압 및 조압) → 믹서 → 실린더

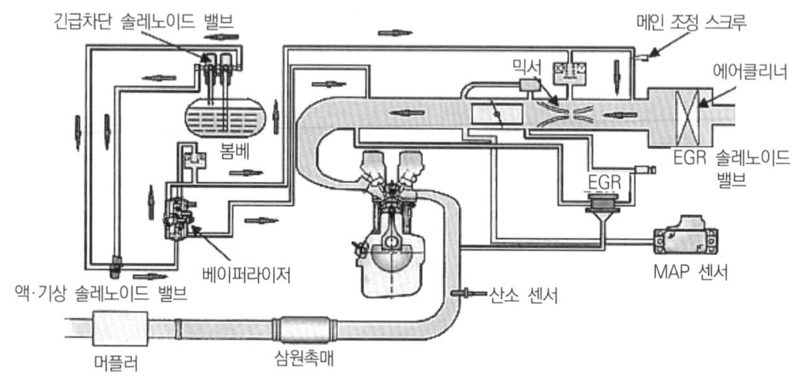

[그림 1-255] LPG 연료장치 계통도

02 LPG 연료장치 시스템 구성

1 LPG 탱크(봄베, Bombe)

① 주행에 필요한 LPG를 저장하는 탱크이며, 액체 상태로 유지하기 위한 압력은 7~10kgf/cm^{2}이다.

[그림 1-256] LPG 봄베(연료 탱크)의 구조

② 기체 배출 밸브, 액체 배출 밸브, 충전 밸브, 용적 표시계 등으로 구성되어 있다.

㉠ 기체 배출 밸브 : 봄베의 기체 LPG 배출 쪽에 설치되어 있는 **황색** 핸들의 밸브

㉡ 액체 배출 밸브 : 봄베의 액체 LPG 배출 쪽에 설치되어 있는 **적색** 핸들의 밸브

㉢ 과류 방지 밸브 : 기 · 액체 밸브 내부에 일체로 장착되어 **배관의 연결부 등이 파손되었을 때** LPG가 과도하게 흐르면 밸브가 닫혀 **유출을 방지**한다.

[그림 1－257] 과류 방지 밸브

㉣ 충전 밸브 : 봄베의 기체 배출 밸브 부근에 설치되어 있는 녹색 핸들의 밸브이며, 충전 밸브 내에는 안전 밸브와 과충전 방지 밸브가 설치되어 내압과 LPG량을 조절한다.

※LPG 충전 시 연료 주입구를 통해 충전 밸브 → 안전 밸브를 지나 과충전 방지 밸브를 통해 봄베로 충전한다.

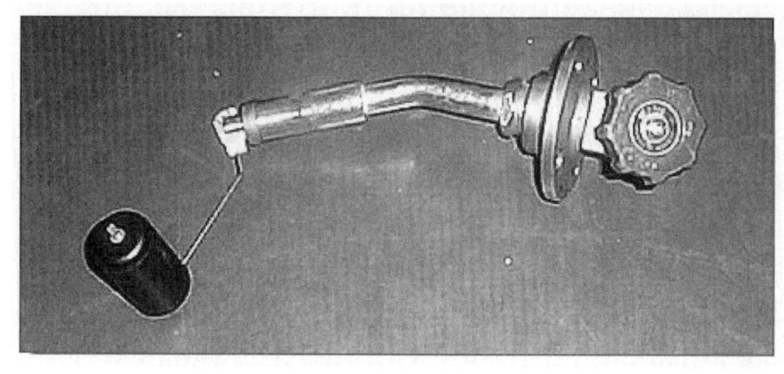

[그림 1－258] 충전 밸브

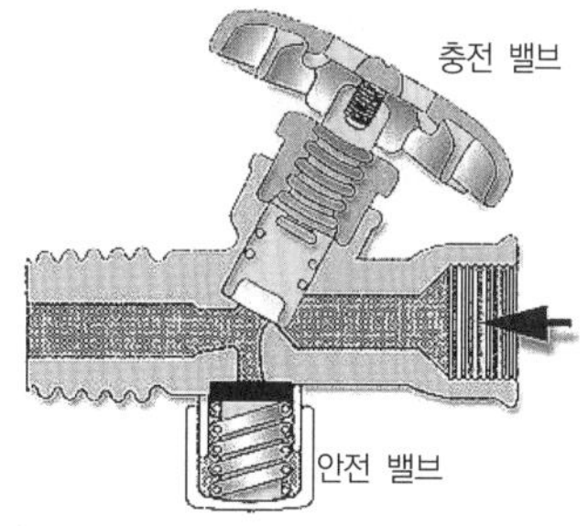

[그림 1－259] 충전 밸브의 구조

• 안전 밸브 : 봄베 바깥쪽에 충전 밸브와 일체로 조립, 압력을 일정하게 유지시키는 작용을 한다(봄베 내의 압력이 상승하여 규정값 이상이 되면, 밸브가 열려 LPG가 봄베에서 연결된 호스를 거쳐 대기 중으로 방출).

[그림 1－260] 안전 밸브

• 과충전 방지 밸브 : 충전 밸브를 통과한 LPG는 과충전 방지 밸브를 통하여 봄베 내부로 주입되는데, **LPG의 충전은 안전상의 이유로 봄베의 85%를 넘으면 안 된다.** 그래서 봄베 내부의 연료량을 85%로 일정하게 유지시켜 주는 밸브인 과충전 방지 밸브가 장착되어 있다.

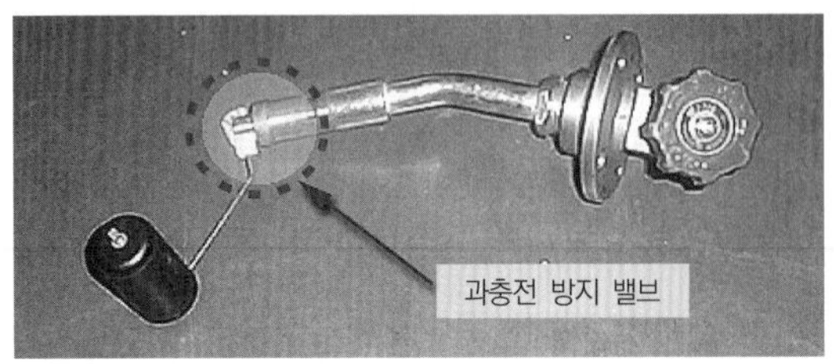

[그림 1-261] 과충전 방지 밸브

㉤ 용적 표시계 : 봄베의 LPG 충전 시에 충전량을 나타내는 계기이며, LPG는 봄베 용적의 85%까지만 충전해야 한다.

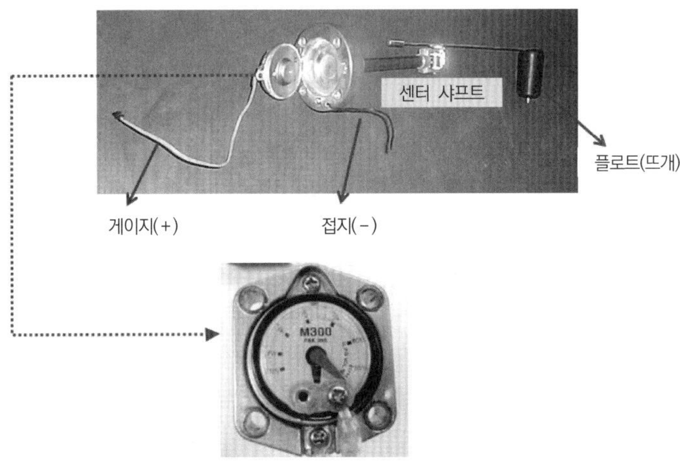

[그림 1-262] 용적 표시계 구조

2 LPG 여과기

탱크와 솔레노이드 사이에 설치되어 철분 및 먼지 등의 이물질을 제거한다.

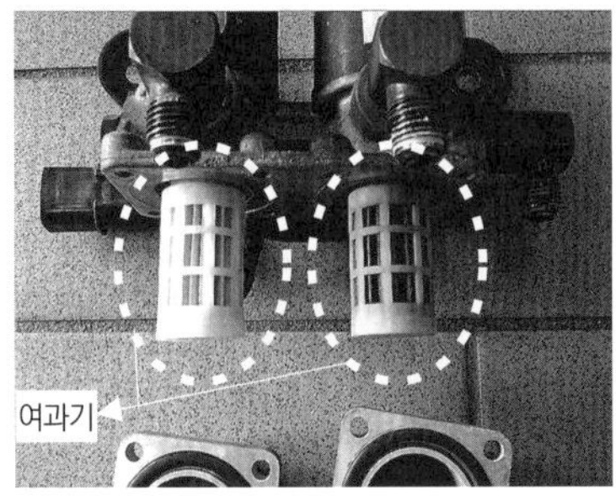

[그림 1-263] LPG 여과기

3 긴급차단 솔레노이드 밸브

① 봄베 근처에 설치되어 있으며, **엔진룸에 설치**되는 솔레노이드 밸브와 구조는 같다.

② **주행 중 돌발사고**로 인해 엔진이 정지하게 되면 엔진 ECU는 엔진룸에 설치되어 있는 액 · 기상 솔레노이드 밸브와 긴급차단 밸브의 전원을 차단, **봄베에서의 연료를 일제히 차단**한다.

③ 연료 배관계통의 연료 누출 방지를 연료 탱크의 최단거리에서 차단해 미연의 화재 및 폭발 위험을 방지하는 데 목적이 있다.

[그림 1－264] 긴급차단 솔레노이드 밸브

> **참고**
>
> **긴급차단 솔레노이드 밸브의 작동조건**
>
> - 점화스위치 'ST' 신호가 입력이 되면 ECU는 운전자가 시동을 거는 것으로 판단, 긴급차단 솔레노이드 밸브를 'ON'한다.
> - RPM 신호가 입력이 되면 '시동이 걸려있구나.'라고 판단하여 ECU은 긴급차단 솔레노이드 밸브를 'ON' 한다. 이와 같이 LPG가 필요로 할 때에만 작동한다.
> - 주행 중 돌발사고로 시동이 꺼지게 되면 액 · 기상 및 긴급차단 솔레노이드 밸브 전원을 'OFF'시켜 봄베의 배출 밸브에서 나온 LPG를 차단한다.

4 솔레노이드 밸브(전자 밸브, 액 · 기상 솔레노이드 밸브)

① 엔진 쪽에 설치되어 액 · 기상 솔레노이드 밸브로 구성, **운전석에서 조작**하는 연료 차단 밸브이다.

② 엔진의 냉각수 수온이 낮을 때는 봄베 내의 기화되어 있는 LPG 연료를 사용하는 것이 시동성이 양호하며, 시동 후에는 양호한 주행성능을 얻기 위해 액체 상태의 LPG 공급이 필요하다.

③ **수온 센서의 신호를 받아**

㉠ 냉간 시동 시(엔진 냉각수 온도 15℃ 미만) : 기상 솔레노이드 밸브를 연다. → 기체 상태의 연료가 엔진으로 공급

㉡ 온간 시동 시(엔진 냉각수 온도 15℃ 이상) : 액상 솔레노이드 밸브를 연다. → 액체 상태의 연료가 엔진으로 공급

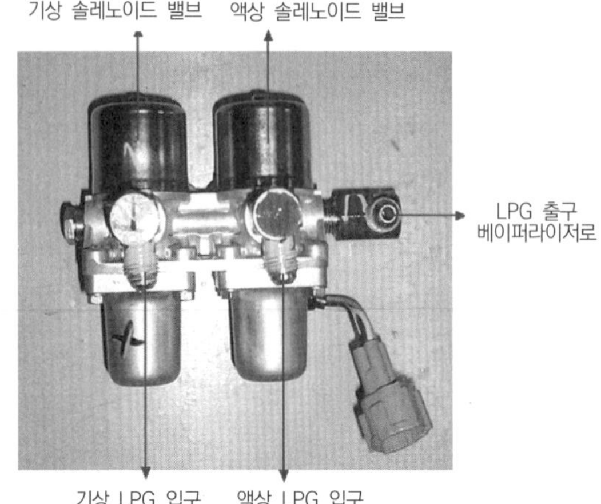

[그림 1－265] 전자 밸브 또는 액·기상 솔레노이드 밸브

5 프리히터(Pre－heater)

① 베이퍼라이저 직전에 프리히터를 설치하여 액상의 연료를 엔진 냉각수로 가열하여 쉽게 기화할 수 있게 한다.

② 엔진의 냉각수가 프리히터 가스 통로 아래에 벽을 사이에 두고 순환하여 가열된 증발잠열을 공급하기 위해 설치한다.

※프리히터는 초기 LPG 차에 사용되었으나 최근에는 거의 사용되지 않고 있다(최근 방식은 베이퍼라이저와 일체로 구성되어 있음).

[그림 1－266] 프리히터

6 베이퍼라이저(Vaporizer, 감압 기화 장치 또는 증발기)

① 봄베에서 공급된 **LPG의 압력을 감압하여 기화시키는 작용**을 한다.

② 일정한 압력으로 유지시켜, 엔진의 부하 증감에 따라 기화량을 조절한다.

③ 엔진성능을 결정하는 부품이다.

④ **베이퍼라이저의 3대 기능**

  ㉠ **감압**(압력을 낮춤)

  ㉡ **기화**(액체 → 기체화)

  ㉢ **조압**(엔진 출력 및 연비를 향상시킬 수 있도록 압력을 조절하는 기능)

⑤ **구성**

  ㉠ 수온 스위치 : 수온이 15℃ 이하일 때는 기상, 15℃ 이상일 때는 액상 솔레노이드 밸브 코일에 전류를 흐르게 한다.

  ㉡ 1차 감압실 : LPG를 0.3kgf/cm^{2}로 감압시켜 기화시키는 역할을 한다.

  ㉢ 2차 감압실 : 1차 감압실에서 감압된 LPG를 대기압에 가깝게 감압하는 역할을 한다.

  ㉣ 기동 솔레노이드 밸브 : 한랭 시 1차실에서 2차실로 통하는 별도의 통로를 열어 시동에 필요한 LPG를 확보해주고, 시동 후에는 LPG 공급을 차단하는 일을 한다.

  ㉤ 부압실 : 기관의 시동을 정지하였을 때 부압 차단 다이어프램 스프링 장력이 부압실보다 커서 2차 밸브를 시트에 밀착시켜 LPG 누출을 방지하는 일을 한다.

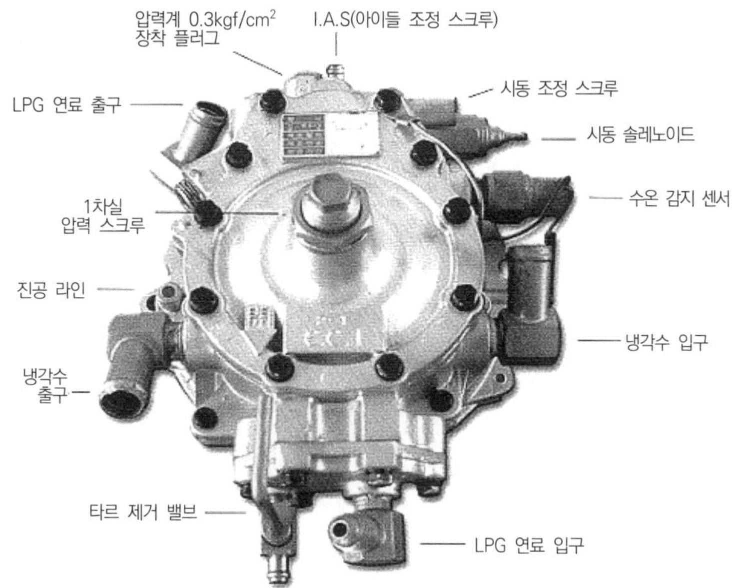

[그림 1-267] 베이퍼라이저의 구조

7 믹서(Mixer, 혼합기)

① 베이퍼라이저에서 기화된 **LPG를 공기와 혼합하여 연소실에 공급**하는 장치이다.

② 연소에 가장 적합한 혼합비를 연소실에 공급하며, 차량 운행조건에 맞는 **공연비를 형성 · 제어**한다.

※LPG 기관의 이론적 완전연소 혼합비 15 : 3(공기 : LPG)

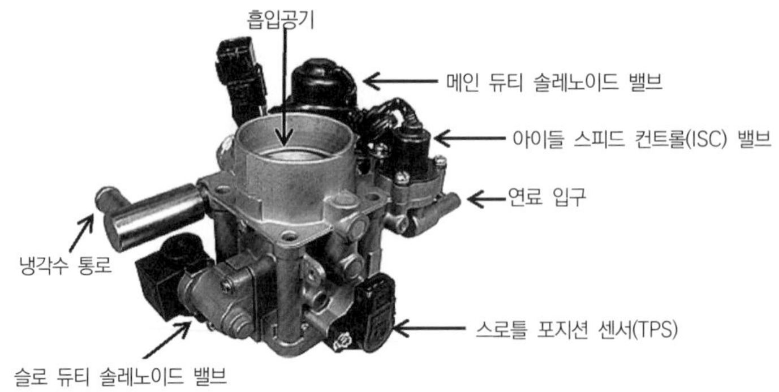

[그림 1－268] 믹서의 구조

03 LPI 연료장치

1 LPI 연료장치의 개요

LPI(Liquid Petroleum Injection) 장치는 **LPG를 고압의 액체 상태(5~15bar)로 유지하면서 ECU에 의해 제어되는 인젝터를 통하여 각 실린더로 분사**하는 방식이다. 즉, LPG가 각각의 실린더에 독립적으로 공급 제어되는 방식이다. 기존 가스믹서 형식의 LPG 연료장치에 비해 출력, 연비, 저온 시동성, 역화, 타르 발생 등이 개선되고 유해 배기가스가 감소되었다. 또한 엔진 작동 중 연료 라인 내의 기체 발생을 억제할 수 있으며, LPG 엔진에서 주요부품이었던 **베이퍼라이저나 믹서 등의 부품이 사용되지 않는다.**

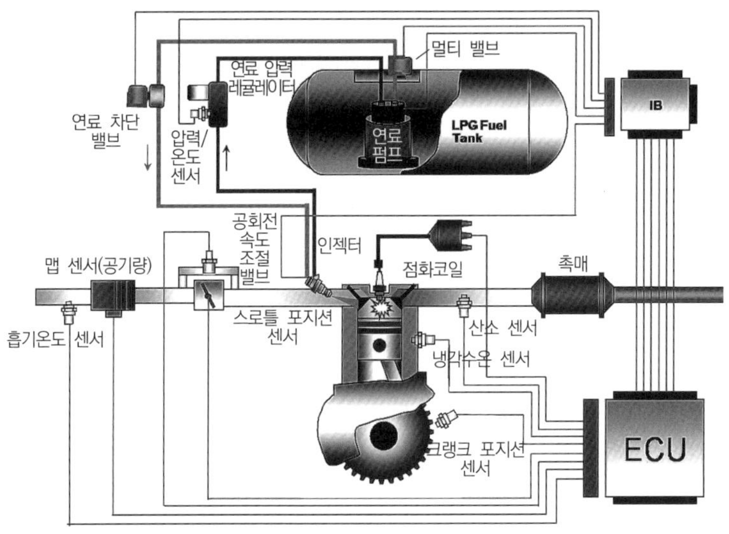

[그림 1－269] LPI 연료장치 구성도

2 LPI 엔진의 장점

① 겨울철 **냉간 시동성이 향상**된다.

② 가솔린 엔진과 동등한 수준의 출력성능을 발휘한다.

③ **정밀한 연료 제어로 유해 배기가스의 배출이 적다.**

④ 타르 발생 및 역화(Back Fire) 발생의 문제점을 개선할 수 있다.

3 LPI 연료장치의 구성

(1) 봄베(Bombe)

LPG를 저장하는 탱크이며, 연료 펌프 어셈블리, 충전 밸브, 유량계 등이 부착되어 있다.

① **봄베 보디** : 연료 펌프가 내장되어 있으며, 안전을 위해 봄베 체적의 85%까지만 충전하도록 하고 있다.

② **펌프 구동 드라이버** : 인터페이스 박스(IFB)에서 신호를 받아 펌프를 구동하기 위한 모듈이다.

③ **멀티 밸브 어셈블리** : 액체 상태, 매뉴얼(수동) 밸브, 연료 차단 솔레노이드 밸브, 릴리프 밸브, 과류 방지 밸브 등으로 구성한다.

④ **충전 밸브** : 주입구로부터 주입되는 액상의 가스연료를 배출구를 통해 봄베의 내부에 공급하기 위한 밸브이다.

⑤ **유량계** : 봄베의 LPG 충전 시에 충전량을 나타내는 계기이다.

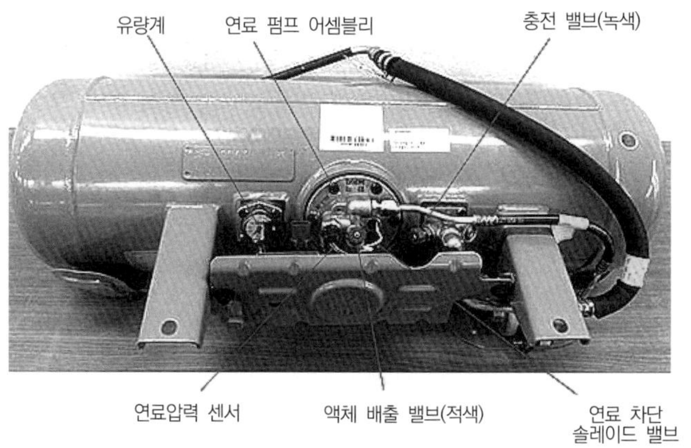

[그림 1－270] 봄베의 구조

(2) 연료 펌프

연료 펌프는 멀티 밸브 하우징 부분, BLDC 모터 부분, 양정형 펌프 부분으로 구성되어 있으며, 봄베 내의 연료에 잠겨 있기 때문에 작동 소음 및 베이퍼 록 방지의 기능이 있다.

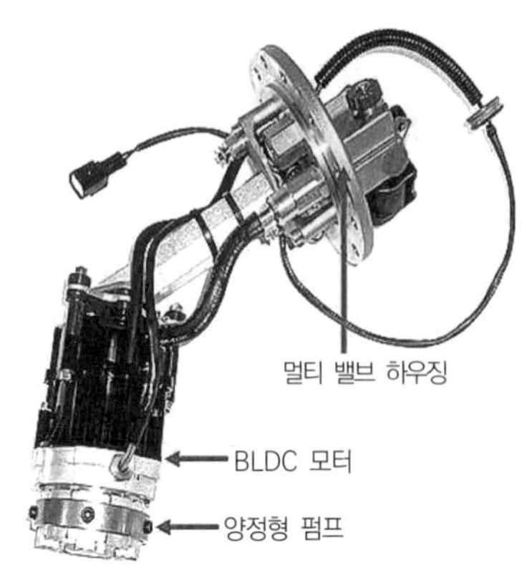

[그림 1-271] 연료 펌프의 외관

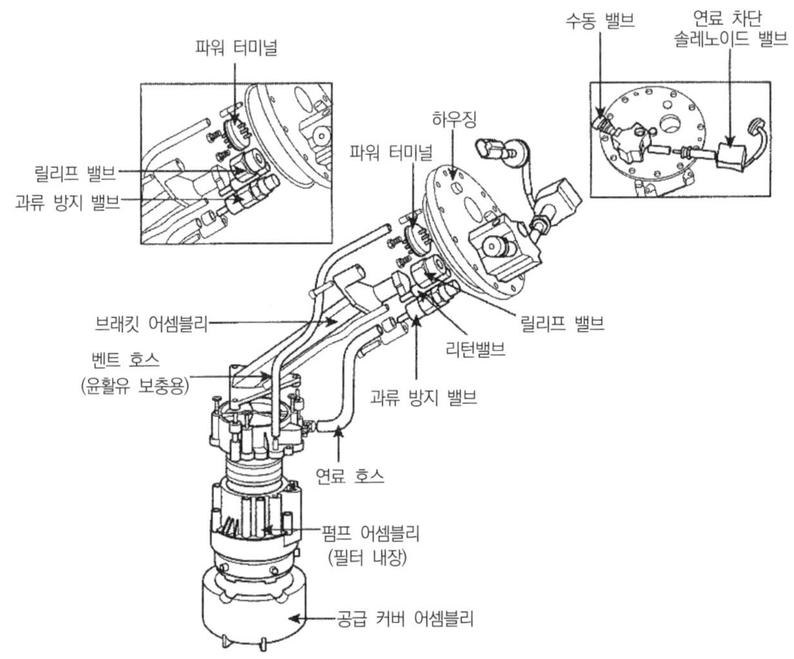

[그림 1-272] 연료 펌프 구성품

참고

BLDC(Brushless Direct Current) 모터

코일을 기계적인 브러시 대신에 트랜지스터를 이용한 것으로 브러시가 없기 때문에 스파크가 발생되지 않아 가스 폭발의 위험이 없으며, 브러시가 있는 DC 모터보다 수명이 길다.

① **펌프 구동 드라이브** : 연료 펌프 내의 BLDC 모터를 구동하기 위한 컨트롤러로, 인터페이스 박스(IFB)에서 신호를 받아 운전 상태에 따라 5스텝(500rpm, 1,000rpm, 1,500rpm, 2,000rpm, 2,500rpm)까지 속도를 제어한다.

[그림 1-273] 펌프 구동 드라이브

② **멀티 밸브 어셈블리** : 연료 차단 솔레노이드 밸브, 매뉴얼(수동) 밸브, 릴리프 밸브, 과류 방지 밸브 등으로 구성되어 있다.

㉠ 연료 차단 솔레노이드 밸브 : 연료 차단 솔레노이드 밸브(Cut-off Solenoid Valve)는 연료 펌프에서 인젝터로 공급되는 연료 라인을 전기적인 신호에 의해 개폐하는 역할을 한다. 기관 시동을 ON/OFF할 때 작동하는 ON/OFF 방식이다. 즉, 시동을 ON하면 연료가 공급되고, 시동을 OFF하면 연료가 차단된다.

㉡ 매뉴얼(수동) 밸브 : 장시간 차량을 운행하지 않을 경우 수동으로 LPG 공급 라인을 차단할 수 있는 밸브이다.

㉢ 릴리프 밸브 : LPG 공급 라인의 압력을 액상으로 일정하게 유지시켜 열간 재시동성을 향상시키는 역할을 한다. 입구에 연결되는 판과 스프링 장력에 의해 LPG 압력을 20±2bar에 도달하면 봄베로 LPG를 복귀시킨다.

㉣ 과류 방지 밸브 : **차량 사고 등으로 연료 라인이 파손**되었을 때 연료 탱크로부터의 **연료 송출을 차단**하여 LPG 방출로 인한 위험을 방지하는 역할을 하며, 체크밸브(Check Valve)라고도 한다.

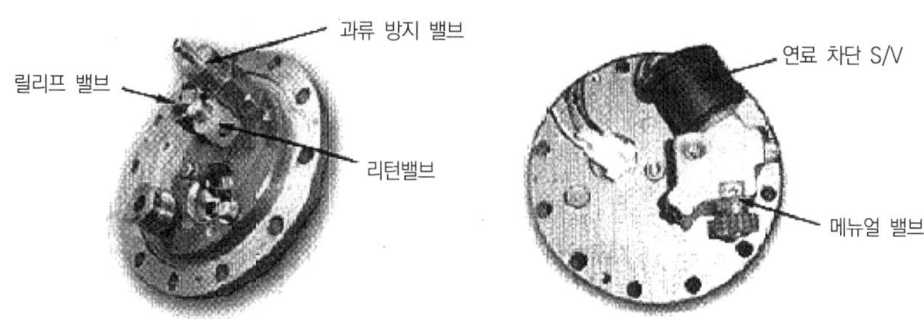

[그림 1-274] 멀티 밸브 어셈블리

(3) 연료압력 조절기 유닛(Fuel Pressure Regulator Unit)

① 기능

㉠ 봄베에서 송출된 높은 압력의 LPG를 다이어프램과 스프링의 균형을 이용하여, LPG 연료 라인의 압력을 5bar로 항상 일정하게 유지시켜 주는 역할

㉡ LPG 연료 라인 내의 가스압력과 온도를 LPI 인터페이스 박스에 전달하여, 연료를 공급 또는 차단하는 역할

② 구성

㉠ 연료압력 조절기(연료압력 레귤레이터) : LPG 공급압력을 조절하며, 펌프 압력보다 항상 5bar 이상이 되도록 한다.

㉡ 가스 온도 센서 : 온도에 따른 LPG 공급량 보정 신호로 사용되며, LPG 성분 비율을 판정할 수 있는 신호로도 사용된다.

㉢ 가스 압력 센서 : LPG 공급압력 변화에 따른 LPG 공급량 보정 신호로 사용되며, 기관을 시동할 때 연료 펌프 구동 시간 제어에도 영향을 준다.

㉣ 연료 차단 솔레노이드 밸브 : LPG 공급을 차단하기 위한 밸브이며, 점화스위치(key)를 OFF로 하면 LPG 공급을 차단한다.

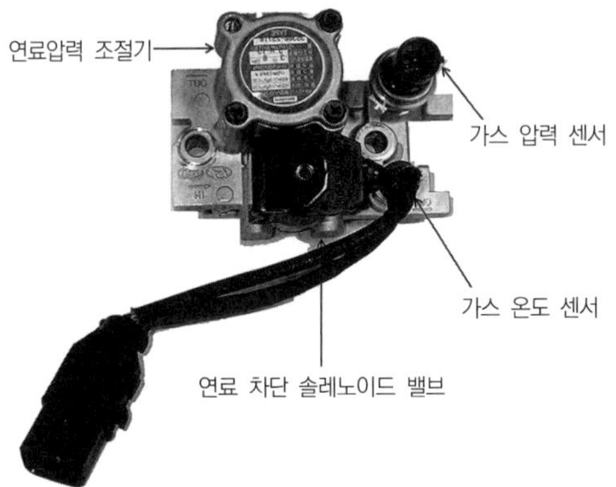

[그림 1-275] 연료압력 조절기 유닛

(4) 제어계통

① **인젝터(Injector)** : 액체 상태로 엔진의 흡기 밸브를 향하여 분사하는 솔레노이드 밸브형 연료분사기로 내부에 **기화잠열에 의한 수분의 빙결 현상을 방지하는 아이싱 팁(Icing tip)**이 장착되어 있다.

㉠ 인젝터 니들밸브가 열리면 연료압력 조절기를 통하여 공급된 높은 압력의 LPG는 연료 파이프의 압력에 의해 분사된다.

㉡ 분사량 조절은 인젝터의 통전 시간을 제어하여 조절되며, LPG 공급압력을 감지한 IFB(인터페이스 박스)에 의해 통전 시간이 제어된다.

참고

IFB(Inter Face Box)란?

엔진 전자제어 컨트롤 모듈의 일종으로, 엔진 제어 컴퓨터(ECU)와는 별개로 IFB는 LPG 인젝터와 펌프 드라이버를 제외하고 가스 온도 센서와 가스 압력 센서의 신호가 입력된다.

② 아이싱 팁(Icing tip) : LPG 분사 후 발생하는 **기화잠열로 인하여 주위 수분이 빙결을 형성하는데, 이로 인한 기관성능 저하를 방지하기 위해 아이싱 팁을 사용**한다.

㉠ 아이싱 팁은 재질의 차이를 이용하여 얼음의 결속력을 저하시켜 얼음의 생성을 방지하는 작용을 한다.

㉡ 엔진 열을 이용해 연료 인젝션 시 액상이 기상으로 바뀌면서 주변의 열을 흡수해 빙결되는 것을 방지하는 부품으로 열전도성이 좋은 황동재질을 사용한다.

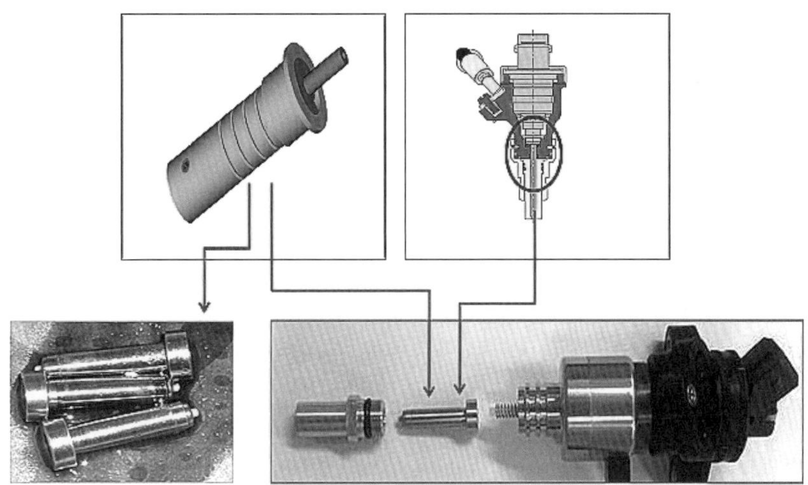

[그림 1-276] 인젝터 및 아이싱 팁

[그림 1-277] 엔진에 결합된 인젝터

제 6 장

출제 예상 문제

• LPG 연료장치

01 다음 중 LPG 연료의 단점이 아닌 것은?

① 대기오염 물질을 많이 방출한다.
② 한랭 시 시동이 곤란하다.
③ 출력이 가솔린보다 다소 낮다.
④ 연료가 가스 상태이므로 위험하다.

해설 LPG 연료의 단점
㉠ 한랭한 경우 시동이 곤란하다.
㉡ 출력이 가솔린보다 다소 낮다.
㉢ 연료가 가스 상태이므로 위험하다.

02 LPG 자동차에 대한 설명으로 틀린 것은?

① 배기량이 같은 경우 가솔린 엔진에 비해 출력이 낮다.
② 일반적으로 NOx는 가솔린 엔진에 비해 많이 배출된다.
③ LPG는 영하의 온도에서는 기화되지 않는다.
④ 탱크는 밀폐방식으로 되어 있다.

해설 LPG 자동차의 특징
㉠ 배기량이 같은 경우 가솔린 엔진에 비해 출력이 낮다.
㉡ 일반적으로 NOx는 가솔린 엔진에 비해 많이 배출된다.
㉢ 탱크(Bombe)는 밀폐방식으로 되어 있다.

03 LPG 엔진의 특징을 옳게 설명한 것은?

① 기화하기 쉬워 연소가 균일하다.
② 겨울철 시동이 쉽다.
③ 베이퍼 록이나 퍼컬레이션이 일어나기 쉽다.
④ 배기가스에 의한 배기관, 소음기 부식이 쉽다.

해설 LPG 엔진의 특징
㉠ 윤활유의 희석이 적어 점도 저하가 적다.
㉡ 연료의 가격이 저렴하여 경제적이다.
㉢ 유황분의 함유량이 적어 윤활유의 오염이 적다.
㉣ 실린더에 가스 상태로 공급되기 때문에 유해 배출물의 발생이 적다.
㉤ 비교적 가솔린 엔진에 비해 옥탄가가 높다.
㉥ 기화하기 쉬워 연소가 균일하다.

04 LPG 기관의 장점이 아닌 것은?

① 공기와 혼합이 잘 되고 완전연소가 가능하다.
② 배기색이 깨끗하고 유해 배기가스가 비교적 적다.
③ 베이퍼라이저가 장착된 LPG 기관은 연료 펌프가 필요 없다.
④ 베이퍼라이저가 장착된 LPG 기관은 가스를 연료로 사용하므로 저온 시동성이 좋다.

해설 베이퍼라이저가 장착된 LPG 기관은 한랭 시 또는 장시간 정차 시에 증발잠열 때문에 시동이 곤란하다는 단점이 있다.

05 LPG 자동차에서 연료 공급 계통 순서로 맞는 것은?

① 봄베 → 긴급차단 밸브 → 연료 파이프 → 연료 필터 → 액·기상 솔레노이드 밸브 → 베이퍼라이저 → 믹서 → 엔진
② 봄베 → 긴급차단 밸브 → 연료 파이프 → 연료 필터 → 액·기상 솔레노이드 밸브 → 믹서 → 베이퍼라이저 → 엔진
③ 봄베 → 긴급차단 밸브 → 액·기상 솔레노이드 밸브 → 엔진
④ 봄베 → 믹서 → 연료 파이프 → 연료 필터 → 액·기상 솔레노이드 밸브 → 베이퍼라이저 → 긴급차단 밸브 → 엔진

해설 LPG 연료장치 연료 공급 순서
봄베(LPG 탱크) → 긴급차단 밸브 → 연료 파이프 → 연료 여과기(필터) → 액·기상 솔레노이드 밸브(전자 밸브) → 베이퍼라이저(감압·조압, 기화) → 믹서 → 개별 실린더

06 LPG 연료 차량의 주요 구성장치가 아닌 것은? (단, LPI 제외)

① 베이퍼라이저(vaporizer)
② 연료 여과기(fuel filter)
③ 믹서(mixer)
④ 연료 펌프(fuel pump)

정답 01 ① 02 ③ 03 ① 04 ④ 05 ① 06 ④

해설 LPG 연료장치 구성부품 및 역할

㉠ 봄베 : 액체 상태로 저장

㉡ 봄베 내에 송출 밸브(기체 배출 밸브, 액체 배출 밸브), 과류 방지 밸브, 충전 밸브, 용적 표시계 등으로 구성

㉢ 긴급차단 솔레노이드 밸브
- 봄베 근처에 설치되어 있으며, 엔진룸에 설치되는 솔레노이드 밸브와 구조는 같음
- 자동차 주행 중 돌발사고로 인해 시동이 꺼질 경우 봄베(연료 탱크)에서의 연료를 차단

㉣ 액·기상 솔레노이드 밸브(=연료 차단 솔레노이드 밸브=전자 밸브)
- 냉간 시동 시(15℃ 이하)는 기상 솔레노이드 밸브를 열어 기체 상태로 LPG 공급
- 15℃ 이상 되면 액상 솔레노이드 밸브를 열어 액체 상태의 LPG를 베이퍼라이저에 공급

㉤ 프리히터(예열기) : 미리 LPG를 가열하여 LPG 일부 또는 전부를 증발시켜 베이퍼라이저에서 기화를 촉진하는 장치

㉥ 베이퍼라이저의 3대 기능
- 감압(압력을 낮춤)
- 기화(액체 → 기체화)
- 조압(엔진 출력 및 연료소비량에 만족할 수 있도록 압력을 조절하는 기능)

㉦ 믹서 : 공기와 LPG를 15 : 3의 비율로 혼합하여 각 실린더에 공급하는 역할

07 LPG 자동차의 봄베에 부착되지 않는 것은?

① 충전 밸브　② 액상 밸브
③ 용적 표시계　④ 듀티 솔레노이드 밸브

해설 LPG 봄베 내에는 송출 밸브(액상 밸브, 기상 밸브), 과류 방지 밸브, 충전 밸브, 용적 표시계 등으로 구성되어 있으며, 듀티 솔레노이드 밸브(메인 듀티 & 슬로 듀티)는 믹서에 설치되어 있는 부품이다.

08 LPG 자동차에서 연료 탱크의 최고충전은 85%만 채우도록 되어 있는데, 그 이유로 가장 타당한 것은?

① 충돌 시 봄베 출구 밸브의 안전을 고려하여
② 봄베 출구에서의 LPG 압력을 조절하기 위하여
③ 온도 상승에 따른 팽창을 고려하여
④ 베이퍼라이저에 과다한 압력이 걸리지 않도록 하기 위하여

해설 LPG 봄베에 연료의 충전은 온도 상승에 따른 팽창을 고려하여 봄베 용적의 85%까지만 한다.

09 LPG 연료장치에서 배관의 연결부 등이 파손되었을 때 연료가 과도하게 흐르면 밸브가 닫혀 연료의 유출을 방지하는 밸브는?

① 안전 밸브
② 충전 밸브
③ 과류 방지 밸브
④ 액체 배출 밸브

해설 과류 방지 밸브는 LPG 연료장치에서 배관의 연결부 등이 파손되었을 때 연료가 과도하게 흐르면 밸브가 닫혀 연료의 유출을 방지한다.

10 LPG 기관의 연료장치에서 냉각수의 온도가 낮을 때 시동성을 좋게 하기 위해 작동되는 밸브는?

① 기상 밸브
② 액상 밸브
③ 안전 밸브
④ 과류 방지 밸브

해설 기상 밸브는 냉각수의 온도가 낮을 때 시동성능을 향상시키기 위해 작동된다. 15℃ 이하일 때 기상 솔레노이드 밸브가 열려 기체 상태 LPG 공급, 15℃ 초과일 때 액상 솔레노이드 밸브가 열려 액체 상태 LPG를 베이퍼라이저에 공급한다.

11 LP 가스를 사용하는 자동차에서 차량 전복으로 인하여 파이프가 손상 시 용기 내 LP 가스연료를 차단하기 위한 역할을 하는 것은?

① 영구자석
② 과류 방지 밸브
③ 체크밸브
④ 감압 밸브

해설 과류 방지 밸브는 LP 가스를 사용하는 자동차에서 차량 전복으로 인하여 파이프가 손상되었을 때 용기 내 LP 가스를 차단한다.

12 LPG를 사용하는 자동차에서 안전 밸브가 설치된 충전 밸브의 역할이 아닌 것은?

① 연료의 충전
② 과충전 방지
③ 과류 방지
④ 용기의 파열 및 폭발 방지

해설 충전 밸브의 역할은 연료 충전, 과충전 방지, 용기 파열 및 폭발 방지 등이다.

정답 07 ④ 08 ③ 09 ③ 10 ① 11 ② 12 ③

13 LP 가스 용기 내의 압력을 일정하게 유지시켜 폭발 등의 위험을 방지하는 역할을 하는 것은?

① 안전 밸브
② 과류 방지 밸브
③ 긴급차단 밸브
④ 과충전 방지 밸브

해설 안전 밸브는 봄베 내의 압력을 일정하게 유지시켜 폭발 등의 위험을 방지한다(봄베 내의 압력이 상승하여 규정값 이상이 되면 이 밸브가 열려 대기 중으로 LPG 방출).

14 LPG 기관에서 액체 상태의 연료를 기체 상태의 연료로 전환시키는 장치는?

① 베이퍼라이저
② 솔레노이드 밸브 유닛
③ 봄베
④ 믹서

해설 베이퍼라이저는 액체 LPG를 기체 LPG로 기화시키는 작용, LPG의 압력을 낮추는 작용(=감압), LPG 압력을 조절하는 기능(=조압) 등을 한다.

15 LPG 물성에 관한 설명 중 틀린 것은?

① 액화, 기화가 용이하다.
② 기체 상태의 LPG는 공기보다 가볍다.
③ 액체 상태의 LPG는 물보다 가볍다.
④ 기화할 때 다량의 열을 필요로 한다.

해설 **LPG 물성(물리적 성질)**
① 액화, 기화가 용이하다.
② 기체 상태의 LPG는 공기보다 무겁다.
③ 액체 상태의 LPG는 물보다 가볍다.
④ 기화할 때 다량의 열을 필요로 한다.

16 LPI 엔진에서 인젝터에 아이싱 팁(Icing tip)을 설치한 주된 목적으로 가장 적합한 것은?

① 저온 시동성 향상을 통한 배출가스 저감
② 원활한 급가속
③ 기화잠열로 인한 수분 빙결 방지
④ 고속 시 출력 증대

해설 **LPI 인젝터 아이싱 팁(Icing tip) 설치 목적**
LPG 연료분사 후 발생하는 기화잠열로 인하여 주위 수분이 빙결을 형성하는데, 이로 인한 기관성능 저하를 방지하기 위해 아이싱 팁을 사용한다.

17 다음 중 LPI 연료장치의 구성부품이 아닌 것은?

① 봄베
② 베이퍼라이저
③ 연료 펌프
④ 연료 압력 조절기 유닛

해설 **LPI 연료장치의 주요 구성**
㉠ 봄베(Bombe) : LPG를 저장하는 탱크이며, 연료 펌프 어셈블리(연료 펌프 구동 드라이버, 연료 송출 밸브, 수동 밸브, 연료 차단 솔레노이드 밸브, 과류 방지 밸브), 유량계 등이 부착되어 있다.
㉡ 연료 펌프 : 연료 펌프는 크게 멀티 밸브 하우징 부분, BLDC 모터 부분, 양정형 펌프 부분으로 구성되어 있다.
㉢ 연료압력 조절기 유닛(Fuel Pressure Regulator Unit) : LPG 연료 라인의 압력을 5bar로 항상 일정하게 유지시켜 주는 역할을 한다. 연료압력 조절기, 가스 온도 센서, 가스 압력 센서, 연료 차단 솔레노이드 밸브로 구성되어 있다.
㉣ 인젝터(Injector) : 솔레노이드 밸브형 연료분사기로, 내부에 기화잠열에 의한 수분의 빙결 현상을 방지하는 아이싱 팁(Icing tip)이 장착되어 있다.
※ 기존 LPG 엔진에서 주요 부품이었던 베이퍼라이저나 믹서 등의 부품이 삭제되어 기존 LPG 엔진 대비 성능이 크게 개선되었다.

18 LPI 연료장치를 장착한 자동차에 대한 설명으로 틀린 것은?

① LPG를 고압의 액체 상태로 유지하면서 ECU에 의해 제어되는 인젝터를 통하여 각 실린더로 분사하는 방식이다.
② 기존 가스믹서 형식의 LPG 연료장치에 비해 출력, 연비, 저온 시동성, 역화, 타르 발생 등이 개선되고 유해 배기가스가 감소되었다.
③ LPG가 각각의 실린더에 독립적으로 공급 제어되는 방식이다.
④ LPG 엔진에서 주요 부품이었던 베이퍼라이저나 믹서 등의 부품을 사용하여, 엔진 작동 중 연료 라인 내의 기체 발생을 억제하였다.

해설 기존 LPG 엔진에서 주요 부품이었던 베이퍼라이저나 믹서 등의 부품이 사용되지 않아, 기존 가스믹서 형식의 LPG 연료장치에 비해 출력, 연비, 저온 시동성, 역화, 타르 발생 등이 개선되고 유해 배기가스가 감소되었다. 또한 엔진 작동 중 연료 라인 내의 기체 발생을 억제할 수 있게 되었다.

정답 13 ① 14 ① 15 ② 16 ③ 17 ② 18 ④

CHAPTER 07 흡·배기장치 및 배출가스 정화장치

01 공기청정기

1 필요성

① 기관 작동 중 공기 흡입과정에서 공기와 함께 들어오는 먼지 등은 피스톤링, 실린더 벽, 피스톤 등을 마멸시킨다.

② 기관을 순환하는 오일에 혼합되어 오일 슬러지를 발생시키고, 윤활부의 마멸을 촉진한다.

2 기능

① 흡입공기의 여과

② 흡입공기의 소음 감소

③ 흡기 밸브를 통한 역화 방지

3 종류

(1) 건식

① 밖에서 안으로 흡입되는 동안에 엘리먼트에 의하여 여과

② 엘리먼트는 여과지 또는 여과포 등을 접은 방사선상의 형태

③ **점검 및 청소**

㉠ 1,500~3,000km 주행 시마다 **압축공기로 청소**

㉡ 엘리먼트 안에서 밖으로 압축공기를 불어줌

㉢ 가깝게 공기를 불면 엘리먼트가 손상될 수 있으므로 엘리먼트에서 5cm 정도 떨어져서 청소

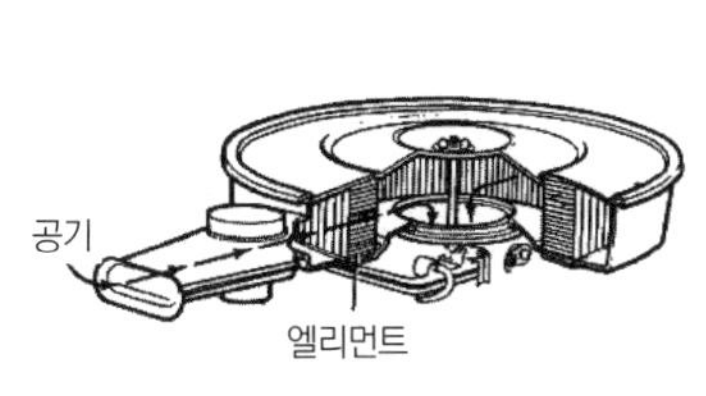

(a) 링형 에어클리너

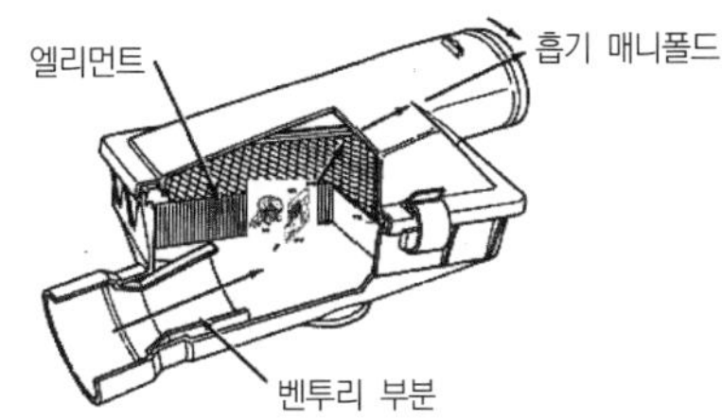

(b) 패널형 에어클리너

[그림 1-278] 건식 공기청정기

(2) 습식

① 엘리먼트는 스트레이너의 스틸로 되어 있다.

② 하부에는 **엔진오일**이 적당량 들어 있다.

③ 공기청정기 케이스와 엘리먼트 사이를 거쳐 공기가 흡입되면 공기가 하부의 오일과 접촉하면서 방향을 바꿀 때 오일이 비산되어 엘리먼트에 흡착된다.

④ 공기가 오일 속을 통과할 때 무거운 먼지는 오일과 접촉 시에 떨어지고 가벼운 것은 엘리먼트를 통과할 때 엘리먼트에 부착된다.

⑤ 정기적으로 엘리먼트를 세척액으로 닦아주고 엔진오일을 갈아주어야 한다.

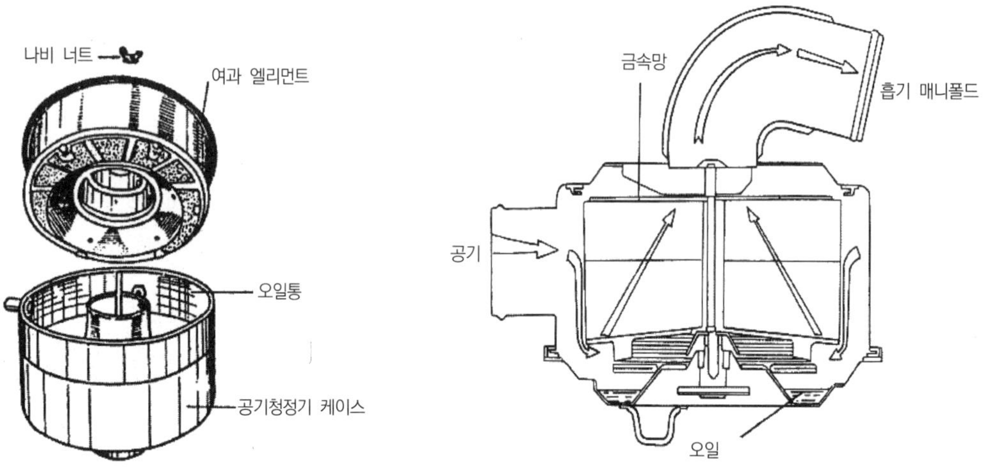

[그림 1－279] 습식 공기청정기

02 흡 · 배기 다기관

1 흡기다기관(Intake Manifold)

흡기 매니폴드(Intake Manifold)라고도 하며, 혼합기의 흐름 저항을 적게하여 **각각의 실린더로 균일한 혼합기를 분배하는 역할**을 하며 혼합기에 와류를 형성시켜야 한다.

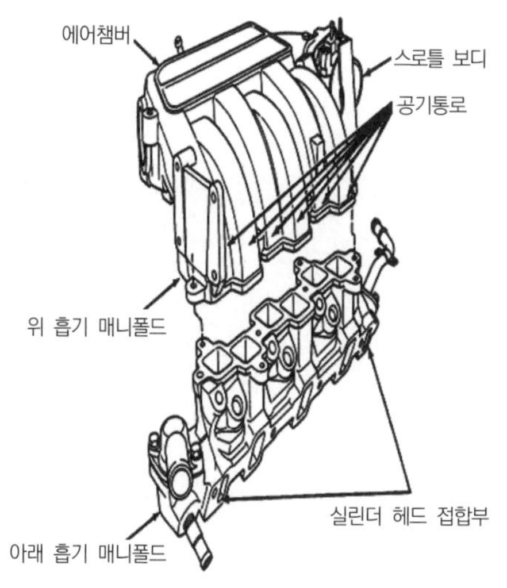

[그림 1-280] 흡기장치 구성도

[그림 1-281] 흡 · 배기장치 절개도

[그림 1-282] 흡기다기관

(1) 구비조건

① 혼합가스(공기)가 각 실린더에 균일하게 분배될 것(흡기다기관의 길이는 각 실린더에 공기가 균등한 분배가 되도록 설계해야 함)

② **굴곡을 두지 말 것**

③ 흡기다기관의 길이는 각 실린더에 균등한 배분이 되도록 할 것

④ 혼합기에 와류를 일으키게 할 것

(2) 재질 : 주철, 알루미늄

(3) 다기관의 직경 : 실린더 직경의 25~35%

2 배기다기관(Exhaust Manifold)

① 기관 각 실린더에서 배출하는 배기가스를 모아 밖으로 내보내는 통로

② 유출저항이나 배기 간섭이 적은 형상으로 제작해야 함

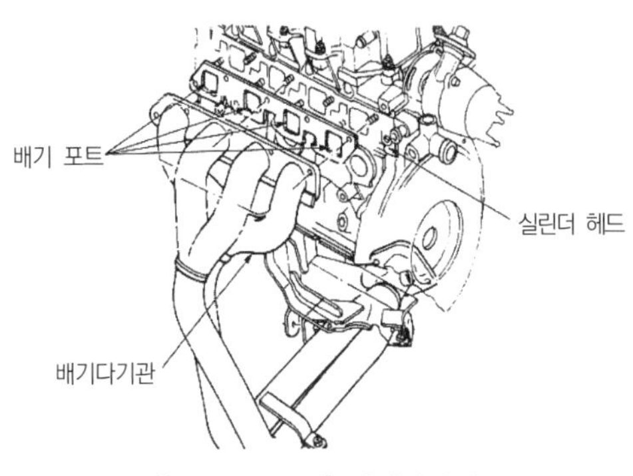

[그림 1－283] 배기다기관

[그림 1－284] 배기다기관 장착 위치

3 소음기

(1) 기능

배기가스의 온도를 저하시키고 소음을 방지한다.

(2) 배기가스 온도, 속도, 배압

① **배기가스 온도** : 600~900℃

② **배기가스 속도** : 250~300m/s

③ **배기가스 압력(배압)** : 3~4kgf/cm^2

(3) 소음기 능력과 출력의 관계

소음기의 능력을 크게 하면 배압이 커져 엔진 출력이 감소하고, 소음기의 능력을 작게 하면 엔진 출력은 커지나 소음이 커진다.

(4) 배기가스 색에 의한 엔진 상태 구분

① **무색, 담청색** : 정상(완전연소)

② **검은색** : 진한 혼합비(농후한 혼합기)

③ **연한 황색(엷은 자색)** : 엷은 혼합비(희박한 혼합기)

④ **백색** : 윤활유 연소

⑤ **회색** : 농후한 혼합이고, 윤활유 연소

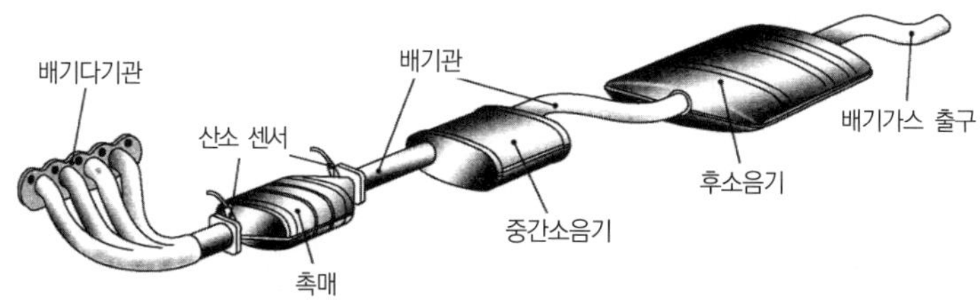

[그림 1-285] 배기장치의 구성도

03 배출가스 정화장치

1 개요

(1) 배출가스의 성분

① 증발가스 : 탄화수소(HC)

② 블로바이 가스 : 탄화수소(HC), 일산화탄소(CO), 이산화탄소(CO_2), 수증기(H_2O), 질소화합물(NOx)

③ 배기가스

㉠ 무해성 가스 : 이산화탄소(CO_2), 수증기(H_2O)

㉡ 유해성 가스 : 일산화탄소(CO), 탄화수소(HC), 질소화합물(NOx)

참고

자동차로부터 나오는 배출가스의 비율

배출가스	설 명	배출 비율
배기가스	배기관을 통하여 나오는 가스	60%
블로바이 가스(blow-by gas)	실린더로부터 크랭크케이스 쪽으로 누출되는 가스	25%
연료증발가스	연료 탱크, 배관 등 연료장치로부터 나오는 가스	15%

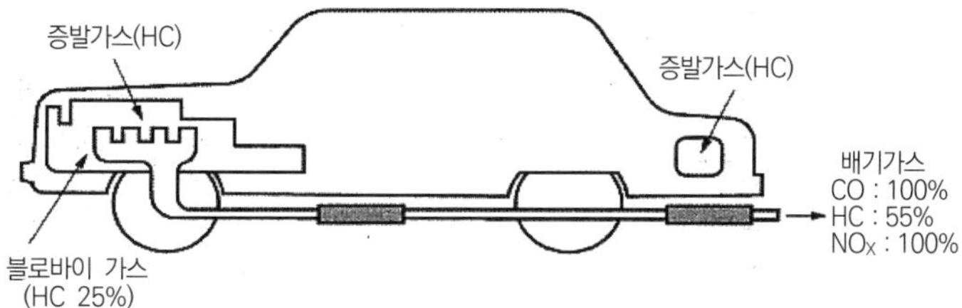

[그림 1-286] 자동차의 유해 배출가스

(2) 배출가스의 영향

① **탄화수소(HC)** : 광화학 스모그 형성으로 **시계를 악화시키며 점막을 자극**하고 미각을 잃게 하며, 장시간 노출되면 뇌를 자극하여 환각을 일으키기도 한다.

② **질소화합물(NOx)** : 햇빛 속의 자외선과 반응하여 **광화학 스모그의 주 원인**이 되어 **눈이나 호흡기에 자극**을 준다.

③ **일산화탄소(CO)** : 배출가스 중 그 양이 가장 많으며, 인체에 들어와 혈액 중의 **헤모글로빈**과 결합하면 혈액의 산소량 결핍으로 인하여 **두통과 현기증이 발생하고 심하면 마비 현상**과 함께 생명을 앗아가기도 한다.

(3) 유해가스의 배출 특성

① 각 유해가스별 배출 특성

㉠ 일산화탄소(CO)와 탄화수소(HC) : **연료의 양이 많을 때(가속 시, 냉간 시동 시)** 또는 연소온도가 낮을 때, 불완전연소 시에 발생한다.

㉡ 질소화합물(NOx) : **연료의 양이 적거나(가속 시, 급감속 시, 노킹 발생 시)** 이론 혼합비에 가까울 때 또는 **연소온도가 높을 때** 많이 발생한다.

② 공연비(혼합비)에 따른 배출 특성

구분		CO	HC	NOx
1	이론 공연비보다 농후할 때	↑	↑	↓
2	이론 공연비보다 약간 희박할 때	↓	↓	↑
3	이론 공연비보다 아주 희박할 때	↓	↑	↓

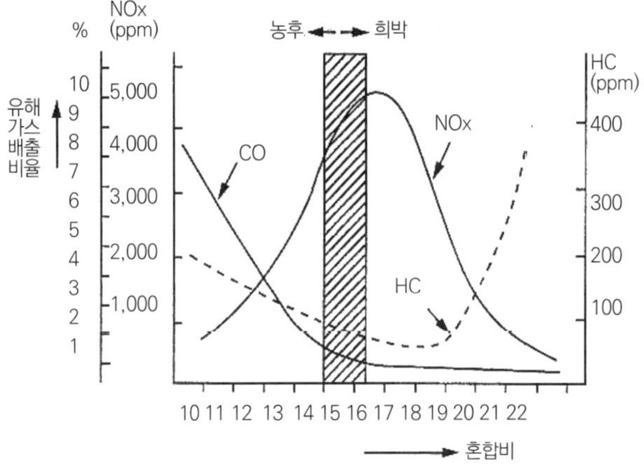

[그림 1-287] 혼합비와의 관계

③ 엔진 온도에 따른 배출 특성

구분		CO	HC	NOx
1	기관 저온 시	↑	↑	↓
2	기관 고온 시	↓	↓	↑

④ 가·감속에 따른 배출 특성

구분		CO	HC	NOx
1	공회전 시(무부하 시)	↑	↑	↓
2	가속 시	↑	↑	↑
3	감속 시	↑	↑	↓

2 배출가스 정화장치

(1) 증발가스 정화장치

① 기능 : 연료 탱크 및 연료회로상에 발생하는 연료증발가스를 **차콜 캐니스터**에 포집한 후 **퍼지 컨트롤 솔레노이드 밸브(P.C.S.V)의 작동**에 의해 연소실로 유입되어 연소를 시킨다.

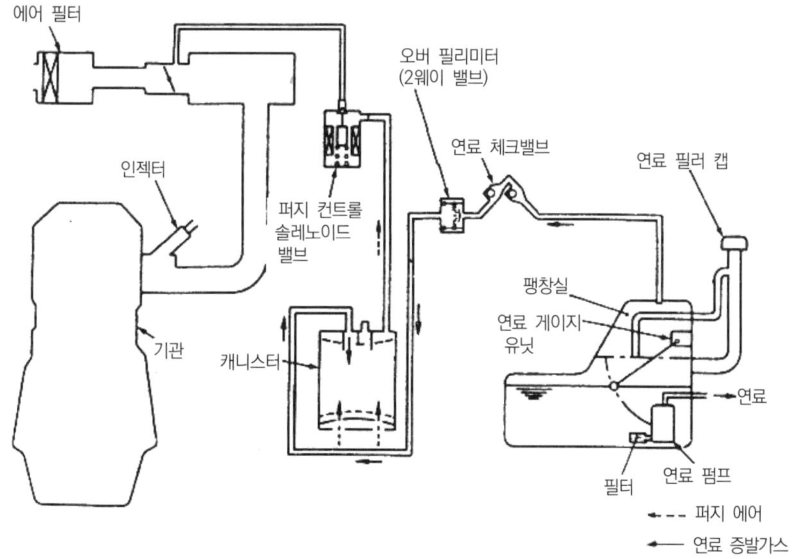

[그림 1－288] 연료 증발가스 정화장치

② 구성 및 작용

㉠ 차콜 캐니스터 : 내부에 **활성탄**이 들어있는 원형의 통으로 엔진이 정지 상태일 때 증발된 **연료가스를 포집**한다.

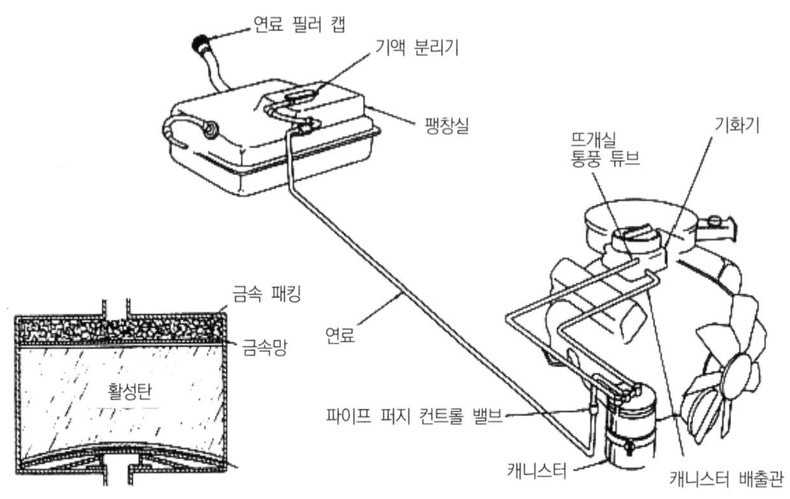

[그림 1-289] 캐니스터의 구성도

㉡ 퍼지 컨트롤 솔레노이드 밸브(P.C.S.V)

- 공전 시나 정상 온도 이전에는 작동하지 않는다.
- 공전 시나 정상 온도 이전을 제외한 조건에서는 컴퓨터(ECU)의 신호에 의해 포집된 증발 가스를 흡기다기관을 통하여 연소실로 유입 · 연소시킨다.

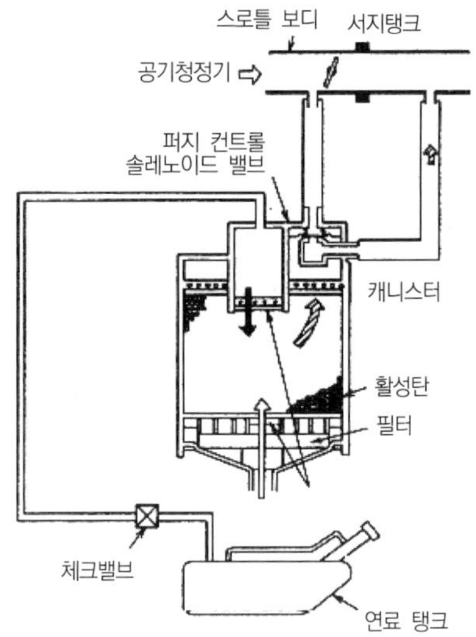

[그림 1-290] 퍼지 컨트롤 솔레노이드 밸브(P.C.S.V)의 구성도

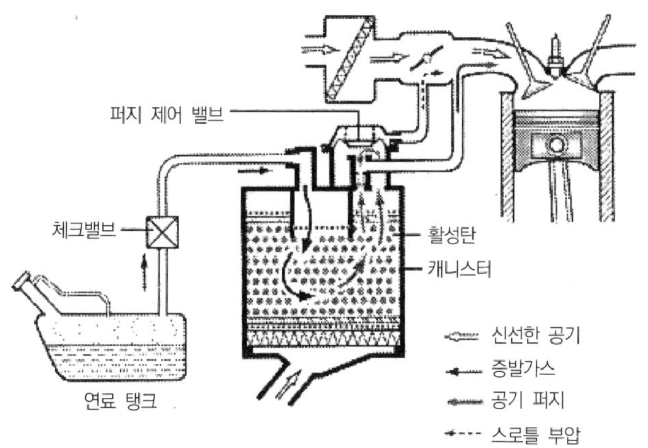

[그림 1-291] 캐니스터와 PCV의 작동

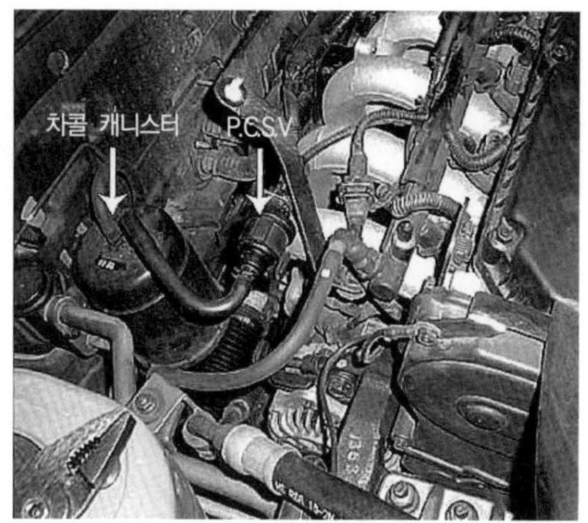

[그림 1-292] 실차에 장착된 캐니스터 및 P.C.S.V 외관

(2) 블로바이 가스 정화장치(P.C.V : Positive Crankcase Ventilation Valve, 강제 환기 밸브)

① 기능 : 크랭크케이스에 배출된 **블로바이 가스를 흡기다기관의 진공을 이용하여 연소실로 재순환** 하므로 오일 슬러지를 방지하고, 유해가스의 대기 중 방출을 방지한다.

② 종류 : 오픈 시스템, 실드 시스템, 클로즈 시스템

※최근의 자동차에는 대부분 클로즈(밀폐식) 형식이 사용되고 있다.

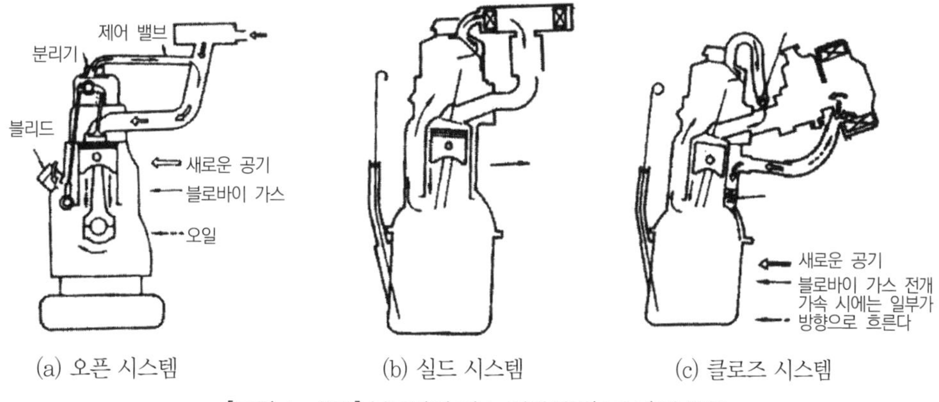

[그림 1-293] 블로바이 가스 정화장치(P.C.V)의 종류

③ 작용

㉠ 정상 작동 시 : P.C.V 밸브를 통하여 연소실로 유입

㉡ 급가속 시 및 고부하 시 등 : 흡기다기관의 부압이 작아지므로 P.C.V 밸브를 통하지 못하고 블리더 파이프를 통하여 유입

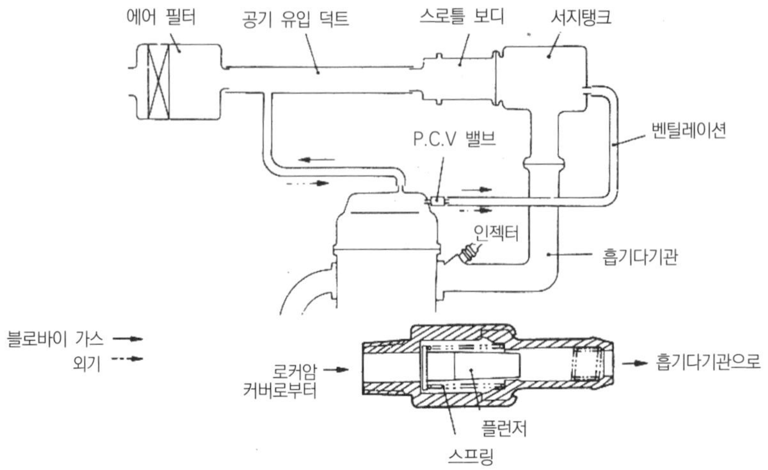

[그림 1－294] 클로즈 형식 P.C.V 장치 작동

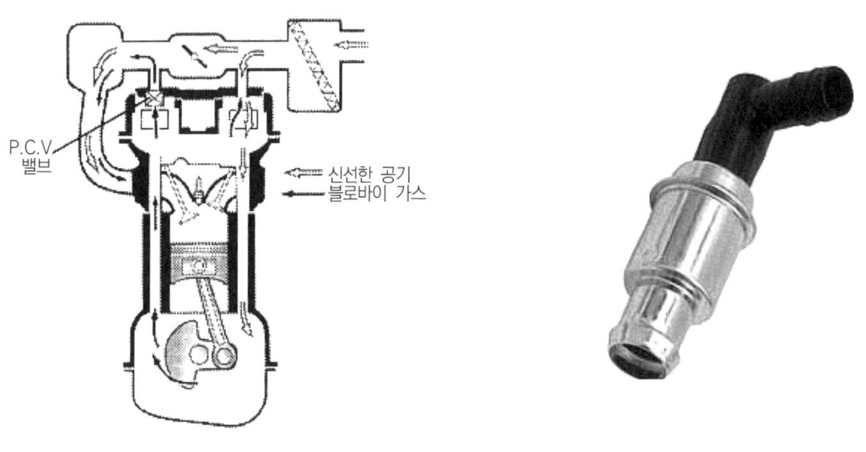

[그림 1－295] 블로바이 가스의 흐름

[그림 1－296] P.C.V 밸브

> **참고**
>
> **P.C.V 밸브(미터링 밸브) : 계량 밸브**
> - 설치 위치 : 크랭크케이스에서 다기관으로 통하는 부압 파이프 중간에 설치
> - 기능 : 부압의 세기에 따라 블로바이 가스 유량 조절

(3) 배기가스 정화장치

① 배기가스 재순환 장치(EGR 장치)

㉠ 기능 : 배기가스의 온도가 높을 때 **배기가스의 일부를 연소실로 재순환하여 연소온도를 낮추므로 질소화합물(NOx)의 발생을 억제**한다.

㉡ 종류 : 기계식, 전자식

(※217쪽 ㉢ 구성 및 작용은 기계식에 대한 설명이다.)

- 기계식 : 흡기관의 부압에 의해 밸브의 열고 닫음을 할 수 있는 식으로 적정 온도에 개폐되는 서모밸브의 움직임에 따라 EGR 밸브가 작동하는 흡기관의 부압을 조절한다.
- 전자식 : 수온 센서, 스로틀 밸브 개도, 회전속도 등의 운전조건을 ECU가 감지하여 ECU가 운전조건에 맞게 EGR 밸브에 흡기부압이 작동하도록 제어한다.

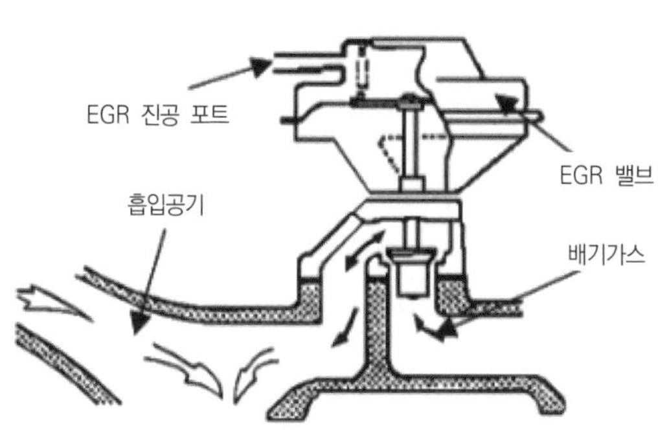

[그림 1-297] EGR 밸브의 작동(기계식)

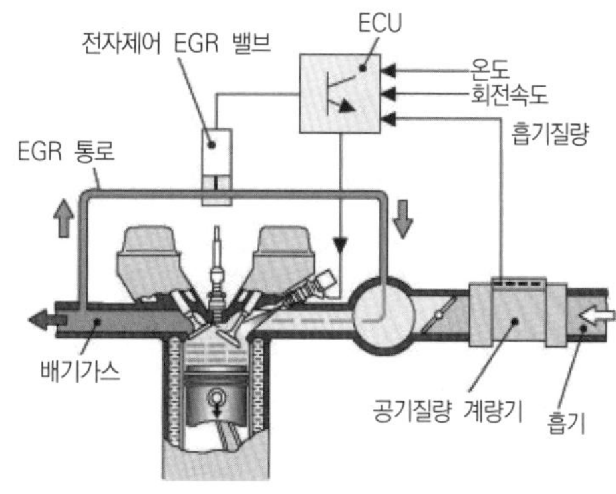

[그림 1-298] EGR 밸브의 작동(전자식)

㉢ 구성 및 작용

- EGR 밸브 : 스로틀 밸브의 열림정도에 따른 흡기부압에 의하여 제어되며, EGR 밸브의 신호 진공은 서모밸브(Themo Valve)와 진공 밸브에 의해 조절된다.

[그림 1-299] EGR 밸브(기계식)

[그림 1-300] EGR 밸브의 위치도(전자식)

- 서모밸브 : 펠릿형 수온 조절기와 같은 작용으로 냉각수 온도에 따라 작동하며, 냉간 시(65℃ 이하)에는 EGR 밸브의 작동을 정지시킨다.
- 진공 조절 밸브 : 기관 작동 상태에 따라 EGR 밸브를 조절하여 배기가스의 재순환되는 양을 조절한다.

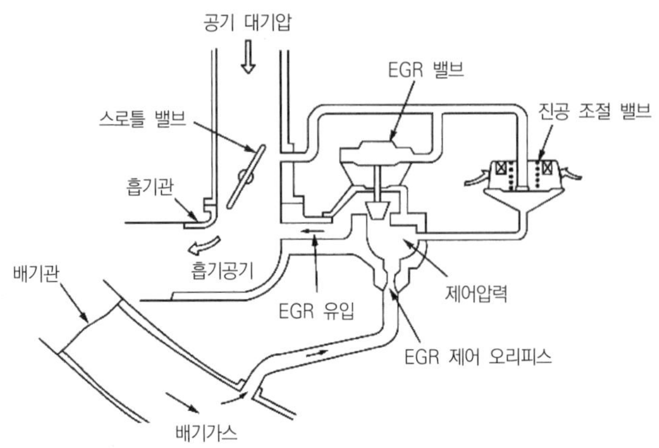

[그림 1－301] EGR 시스템 작동 계통도(기계식)

㉣ $\text{EGR율} = \dfrac{\text{EGR 가스량}}{\text{흡입공기량} + \text{EGR 가스량}} \times 100$

참고

1. EGR 작동조건

EGR 작동되는 조건은 엔진의 특정 운전 구간(냉각수 온도가 65℃ 이상이고, 중속 이상)인 NOx가 다량 배출되는 운전 영역에서만 작동

2. EGR 작동하지 않는 조건

① 냉각수 온도 65℃ 미만
② 공회전 시
③ 급가속 시
④ 전부하 운전 영역(Full-throttle : 액셀 페달을 끝까지 밟아서 스로틀 밸브를 전개하여 최고마력을 내는 상태)
⑤ 농후한 혼합가스로 운전되어 출력을 증대시킬 경우

② 촉매장치(Catalytic Converter)

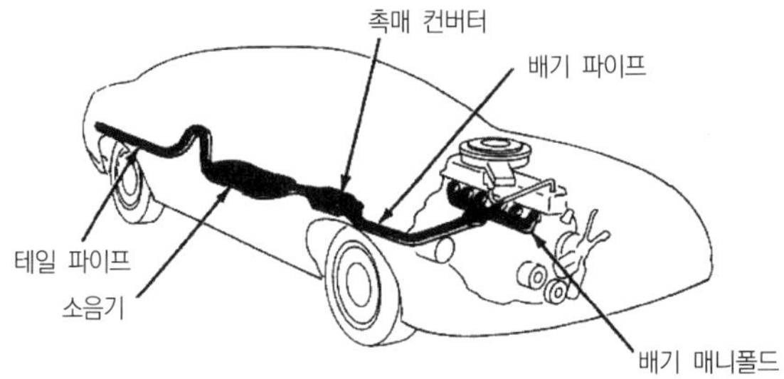

[그림 1－302] 촉매장치(촉매 컨버터)

㉠ 촉매 : 자신은 별로 변하지 않고 적당한 조건하에서 반응물질의 산화 또는 환원을 돕는 성질이 있는 물질

㉡ 기능 : 배기다기관 아래쪽에 설치되어 배기가스가 촉매 컨버터를 통과할 때 **유해 배기가스의 성분을 낮추어 주는 장치**

㉢ 촉매장치의 종류

- 형상에 따라
  - 펠릿형(Pellet Type) : 2~4mm 정도의 지름을 가진 알루미나(Al_2O_3) 담체 표면에 **백금, 팔라듐, 로듐** 등을 부착시켜 단열재 케이스 속에 설치한 형식

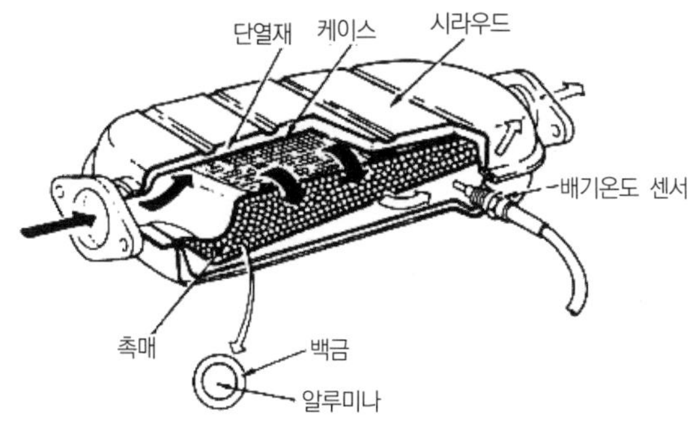

[그림 1-303] 펠릿형

  - 모노리스형(벌집형, Monolith or Honey comb type) : **벌집 모양의 담체 표면에 백금** 등의 촉매제를 부착하여 사용하는 형식

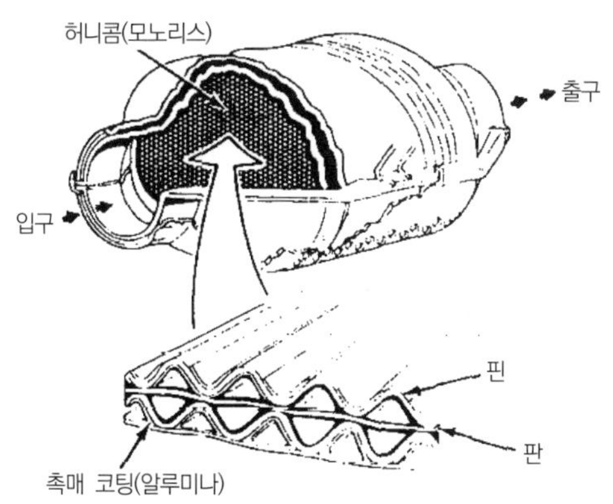

[그림 1-304] 모노리스형

- 기능에 따라
  - 산화촉매 : 배기가스 속의 **CO, HC를 CO_2와 H_2O**로 산화
  - 환원촉매 : 배기가스 속의 **NOx를 N_2와 O_2**로 환원
  - 삼원촉매 : 배기가스 속의 **CO, HC, NOx를 동시에 하나의 촉매로** 처리

㉣ 삼원 촉매 장치(Three way catalyst) : 백금+로듐을 사용하여 자동차에 배출되는 유해가스 CO, HC의 산화반응과 동시에 NOx의 환원반응도 동시에 행한다. 즉, 배기가스 내의 CO, HC, NOx를 하나의 촉매로 정화처리하는 것이다.

[그림 1－305] 삼원 촉매 장치

ⓜ 촉매제

- 백금(Pt) : 산화작용으로 탄화수소(HC)와 일산화탄소(CO)를 이산화탄소(CO_2)와 수증기(물, H_2O)로 변환시킨다.
- 로듐(Rh) : 탄화수소(HC)와 일산화탄소(CO)는 산화작용으로 이산화탄소(CO_2)와 물(H_2O)로 변환시키고, 질소화합물을 분리작용으로 질소(N_2)와 산소(O_2)로 환원시킨다.

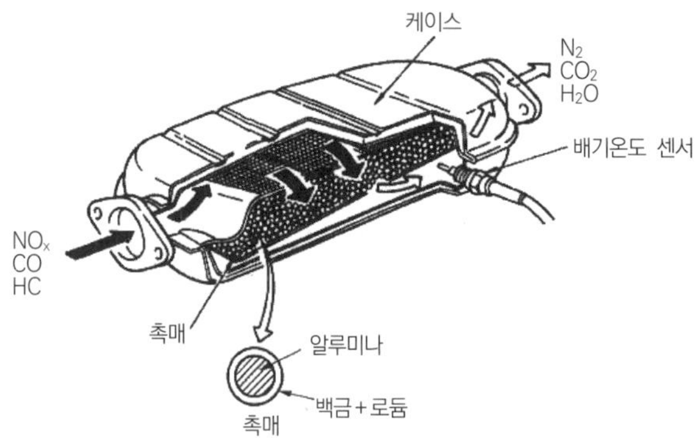

[그림 1－306] 삼원촉매의 정화

ⓑ 삼원 촉매 장치의 구조 및 작용

- 담체는 세라믹 재질을 이용, 벌집 형태로 구성되어 있다.
- 벌집 형태의 가스관 표면에는 **백금과 로듐이 도금**되어 있다.
- 배기가스가 백금과 로듐을 접촉할 때 유해원소가 무해원소로 변환된다.
- **촉매작용은** 800~900℃ **이상의 온도에서 정상 작동**한다.

ⓢ 2차 공기 공급 장치

- 기능 : 삼원 촉매 장치에 산화를 위한 산소의 양이 부족할 때 발생하는 컨버터의 손상을 방지하기 위하여 ECU에 의해 제어를 받아 촉매 컨버터에 공기를 공급하는 장치이다.
- 구성 : 리드밸브, 진공 스위치 밸브, 서모밸브 등으로 구성되어 있다.

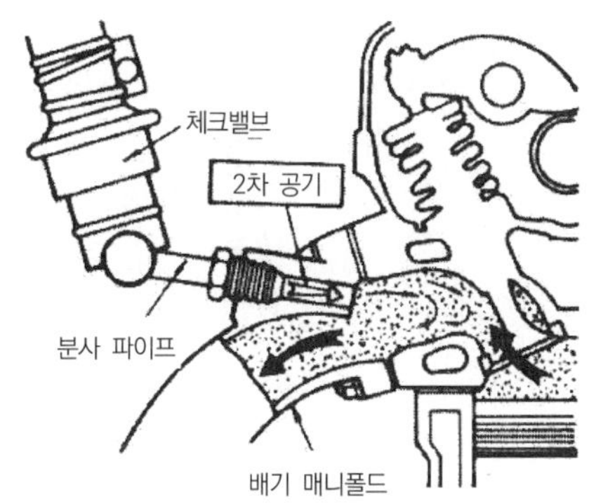

[그림 1－307] 2차 공기 공급 장치

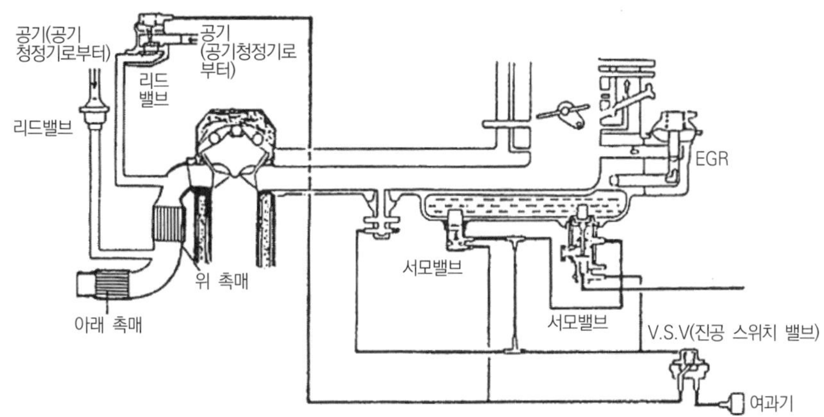

[그림 1－308] 2차 공기 공급 장치의 구성

⓪ 삼원 촉매 장치의 정화율

- 정화율 관계
  - 유해가스 3성분의 정화율 관계 : 공연비와 촉매장치 입구에서의 배기가스 온도와 관계가 있다.
  - 가장 높은 정화율을 나타내는 지점 : 이론 공연비 부근과 배기가스 온도 320℃ 이상에서 높은 정화율을 나타낸다.
- 이론 공연비(14.7 : 1)를 제어하기 위한 방법
  - 산소 센서(O_2)를 이용한 **폐회로(closed loop)**가 가장 효율적
  - 산소 센서는 배기가스 중의 산소농도를 검출, 출력 전압으로 변환하여 ECU에서 공연비를 **피드백 제어**

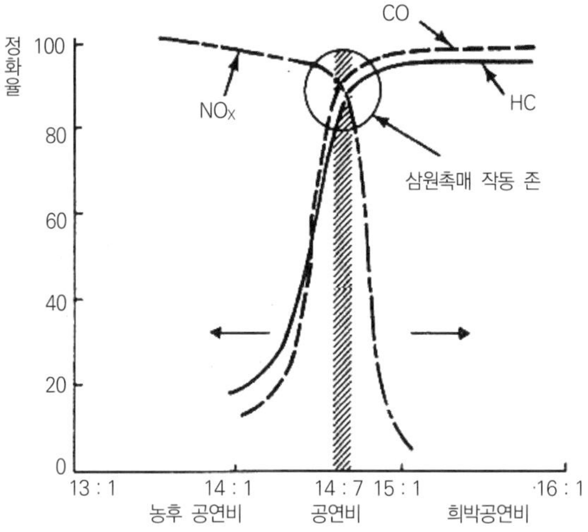

[그림 1－309] 삼원 촉매 장치의 정화 특성

- 삼원촉매의 온도 특성
  - 삼원촉매는 일정 온도 이상(300~800℃) 되어야 정상 기능 발휘
  - 엔진이 일정 온도가 되기 전까지는 유해 배기가스가 그대로 배출

참고

1. **개회로(open loop) 및 폐회로(closed loop)**

① 개회로(open loop) : 제어 신호를 주고서 그 신호에 의해서 어떻게 변했는지는 상관하지 않는 회로나 시스템을 의미한다. 즉, 엔진에 있어서는 피드백 작용이 있어서는 안 되는 시동 시, 냉간 시, 가속 시 등에서는 개회로(open loop) 상태라 한다.

예 엔진이 워밍업 되기 전의 연료량 제어나, 액셀레이터를 많이 밟아 엔진에서 많은 파워를 내도록 할 때의 연료량 제어

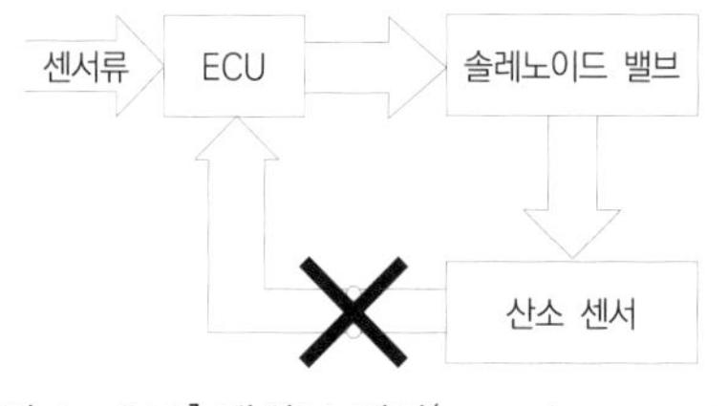

[그림 1－310] 개회로 제어(open loop control)

② 폐회로(closed loop) : 입력에 의하여 출력이 변화하는 것을 다시금 입력으로 넣어주는 형태의 회로나 시스템을 의미한다. 즉, 피드백 작용이 이루어지고 있을 때를 폐회로(closed loop) 상태라 한다.

예 난기된(워밍업이 끝난 상태) 엔진의 연료량 제어나 공회전 시의 엔진 회전수 제어

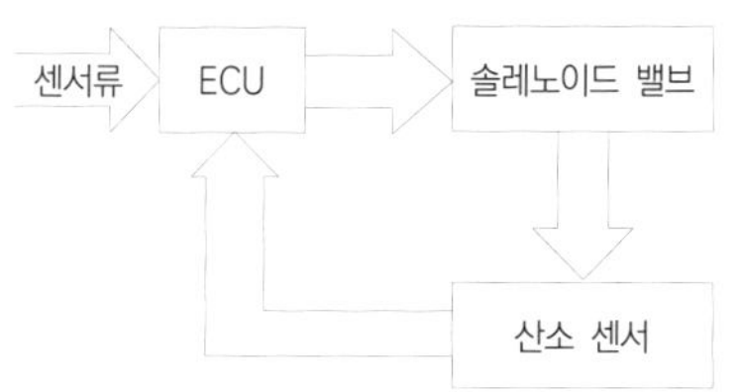

[그림 1－311] 폐회로 제어(closed loop control)

2. **산소 센서에 있어서의 피드백 제어(Feedback Control)**

이론 공연비(14.7 : 1)가 되도록 ECU가 산소 센서의 정보를 받아 인젝터 분사 시간을 제어하여 연료분사량을 조절하는 것이다.

ⓩ 산소 센서(O_2 센서)

[그림 1-312] 산소 센서

[그림 1-313] 산소 센서의 위치

ⓐ 기능 : 배기가스를 정화하기 위하여 촉매장치를 사용할 경우 촉매의 정화율은 이론 공연비 부근일 때가 가장 높다. 그래서 공연비를 제어하기 위하여 **산소 센서를 배기다기관에 설치하여 배기가스 중의 산소농도를 검출**한다. 산소 센서의 종류에는 지르코니아 형식과 티타니아 형식이 있다.

ⓑ 종류 및 특성

- 지르코니아 형식(현재 가장 많이 사용)
  - 구조 : 지르코니아 소자(ZrO_2) 양면에 백금 전극이 있고, 이 전극을 보호하기 위해 전극의 바깥쪽에 세라믹 코팅
  - 작동 : 고온에서 내측(대기의 접촉부, O_2 센서의 내부)과 외측(배기가스와 접촉부, O_2 센서의 바깥쪽)의 산소농도에 의해 기전력을 발생하는 성질을 이용한 것
    (※지르코니아 소자는 높은 온도에서 양쪽의 산소농도가 커지면 기전력을 발생하는 성질이 있다.)

[그림 1-314] 지르코니아 산소 센서

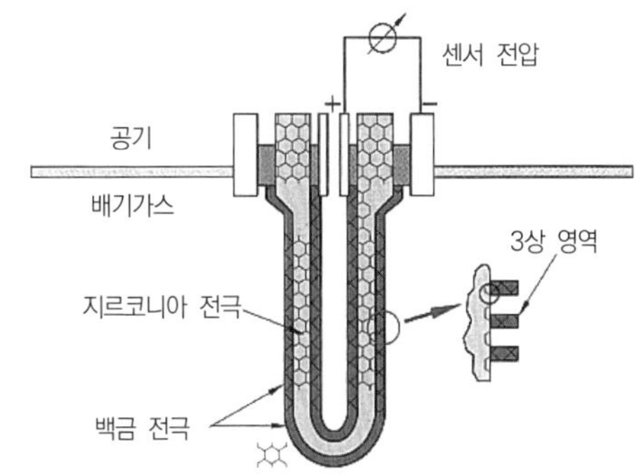

[그림 1-315] 지르코니아 산소 센서의 구조

참고

센서의 발생 출력(기전력) : 1V 미만

- 혼합비가 희박할 때 : 0.1V
- 혼합비가 농후할 때 : 0.9V

• 티타니아 형식

–구조 : 티타니아 산소 센서 세라믹 절연체 끝에 티타니아 소자를 설치한 형식

–작동 : 전자 전도체인 티타니아가 주위의 산소분압에 대응하여 산화 또는 환원되어 그 결과 전기저항이 변화하는 성질을 이용한 것

[그림 1－316] 티타니아 산소 센서

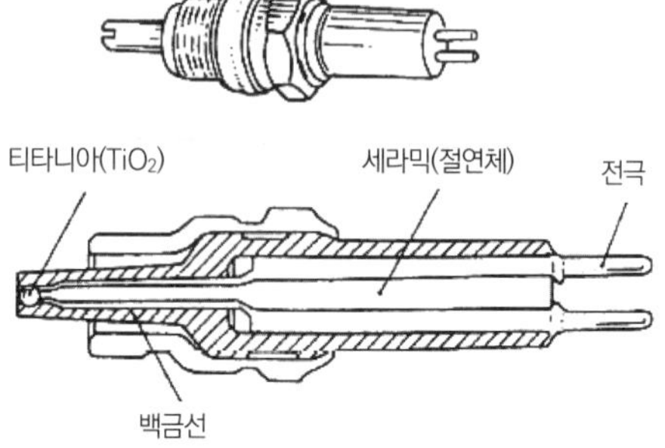

[그림 1－317] 티타니아 산소 센서의 구조

㉩ 산소 센서 취급 시 주의사항

• **반드시 무연(4에틸납이 포함되지 않은) 가솔린을 사용**한다.

• 출력 전압을 측정할 때는 **반드시 디지털 멀티 테스트를 사용**한다.
(※아날로그 멀티 테스트 사용 시 파손 우려)

• 산소 센서의 온도가 정상 온도가 된 후 측정한다.

• 출력 전압을 단락(쇼트)시켜서는 안 된다.

• 센서의 내부 저항은 절대로 측정해서는 안 된다.

제 7 장

출제 예상 문제

• 흡 · 배기장치 및 배출가스 정화장치

01 기관에 흡입되는 공기를 여과하고 흡입 시 강한 소음을 감소시키는 기능을 하는 것은?

① 서지탱크 ② 공기청정기
③ 촉매장치 ④ 공기 덕트

해설 공기청정기(에어클리너)는 공기여과와 흡기소음을 감소시키는 작용을 한다.

02 건식 공기청정기의 막힘을 방지하기 위한 여과기 청소 방법은?

① 물속에 넣어 세척한다.
② 오일로 세척한다.
③ 압축공기로 불어낸다.
④ 가솔린으로 청소한다.

해설 **건식 공기청정기 점검 및 청소**
㉠ 1,500~3,000km 주행 시마다 압축공기로 청소한다.
㉡ 엘리먼트 안에서 밖으로 압축공기를 불어준다.
㉢ 가깝게 공기를 불면 엘리먼트가 손상될 수 있으므로 엘리먼트에서 5cm 정도 떨어져서 청소한다.

03 공기청정기가 막혔을 때 배기가스 색깔로 가장 알맞은 것은?

① 무색 ② 백색
③ 흑색 ④ 청색

해설 공기청정기가 막히면 실린더 내로 공급되는 공기가 부족하므로 불완전연소하여 배기가스 색깔은 흑색이 배출되며, 엔진의 출력이 저하한다.

04 흡입효율이 저하되는 직접적인 원인이 아닌 것은?

① 배압(back pressure)이 높다.
② 밸브 개폐 시기가 불량하다.
③ 점화시기가 불량하다.
④ 서지탱크 내의 압력이 부족하다.

해설 흡입효율이 저하되는 원인은 배압이 높을 때, 밸브 개폐 시기가 불량할 때, 서지탱크 내의 압력이 부족할 때, 공기청정기 엘리먼트가 막혔을 때 등이다.

05 가솔린 기관의 배기관에서 흑색연기를 뿜는 원인은?

① 윤활유가 연소실에 침입
② 연료의 과다
③ 연료의 부족
④ 윤활유의 부족

해설 공기청정기가 막히거나 연소실에 연료가 과다하게 공급되면 흑색연기를 배출한다.

06 가솔린 기관의 배기관에서 연한 황색(또는 엷은 자색)의 연기가 배출되는 원인으로 바른 것은?

① 엔진오일 연소실 유입
② 혼합비 농후
③ 정상(완전연소)
④ 혼합비 희박

해설 **배기가스 색에 의한 엔진 상태**
㉠ 무색 또는 담청색 : 정상(완전연소)
㉡ 검은색 : 진한 혼합비(농후한 혼합기)
㉢ 연한 황색(엷은 자색) : 엷은 혼합비(희박한 혼합기)
㉣ 백색 : 윤활유 연소(엔진오일 연소실 유입)
㉤ 회색 : 농후한 혼합이고, 윤활유 연소

07 자동차의 배기장치에 대한 설명으로 틀린 것은?

① 기통수가 1개인 기관에서는 실린더에 배기다기관이 없이 직접 배기 파이프를 부착한다.
② 배기 파이프는 배기가스를 외부로 방출하는 강관이며 배기가스 열의 일부를 발산하는 역할도 한다.
③ 소음기를 부착하면 기관의 배압이 감소하고 출력이 높아진다.
④ 배기관은 배기가스의 흐름에 저항을 주지 않아야 한다.

해설 단기통 엔진에서는 통상 배기다기관 없이 직접 배기 파이프를 부착한다. 배기 파이프는 배기다기관에서 나오는 배기가스를 외부로 방출하는 강관으로, 배기가스 열의 일부를 발산하는 역할도 한다. 또한 소음기를 부착하면 배기가스 온도를 저하시키고, 소음을 방지하는 기능을 가져오지만 배압이 증가해 엔진 출력은 감소한다.

정답 01 ② 02 ③ 03 ③ 04 ③ 05 ② 06 ④ 07 ③

08 다음 중 배기다기관의 기능으로 틀린 것은?

① 각 실린더에서 배출된 연소가스를 모은다.
② 배기 간섭을 최소화한다.
③ 열용량을 최대화한다.
④ 배압을 최소화한다.

해설 배기다기관은 기관 각 실린더에서 배출하는 배기가스를 모아 밖으로 내보내는 통로로, 유출저항이나 배기 간섭, 배압 및 열용량을 최소화 시키는 형상으로 제작해야 한다.

09 다음 중 배기장치에 의해 일어나는 엔진의 배압을 더 커지게 하는 가장 큰 원인은?

① 부식된 소음기
② 오버사이즈의 소음기
③ 부식된 배기관
④ 오일과 탄소 알갱이로 막혀 있는 소음기

해설 배압이란 배기가스의 압력으로 보통 측정은 산소 센서를 빼고 그 자리에 배압 테스터를 설치하여 측정한다. 배압의 증가는 '배기장치의 구성품이 막혀 있어서'가 가장 큰 원인이다. 배압이 높으면 신기의 량이 줄므로 출력이 저하한다.

10 가솔린을 완전연소시키면 발생되는 화합물은?

① 이산화탄소와 아황산
② 이산화탄소와 물
③ 일산화탄소와 이산화탄소
④ 일산화탄소와 물

해설 가솔린을 완전연소시키면 이산화탄소(CO_2)와 물(H_2O)이 발생된다.

11 유독성 배기가스 중 맹독성이며, 공기 중의 습기와 반응하여 질산으로 변하며, 또한 폐 기능을 저하시키고 광화학 스모그의 주요원인이 되는 배기가스는?

① 질소산화물 ② 일산화탄소
③ 탄화수소 ④ 유황산화물

해설 질소산화물은 고온 · 고압의 연소에 의하여 생성되는 물질이며, 눈에 자극을 주고 폐 기능에 장애를 일으키는 광화학 스모그의 주원인 물질이다.

12 자동차의 유해배출 가스 중 블로바이 가스의 배출 방지대책으로서 적당한 것은?

① 캐니스터 설치 ② PCV 밸브 설치
③ EGR 밸브 설치 ④ 인젝터 설치

해설 블로바이 가스는 PCV 밸브를 통해 흡기다기관으로 유입된다.

13 실린더와 피스톤 사이의 틈새로 가스가 누출되어 크랭크실로 유입된 가스를 연소실로 유도하여 재연소시키는 배출가스 정화장치는?

① 촉매변환기
② 배기가스 재순환 장치
③ 연료 증발가스 배출 억제장치
④ 블로바이 가스 환원장치

해설 블로바이 가스 환원장치는 실린더와 피스톤 사이의 틈새로 가스가 누출되어 크랭크실로 유입된 가스를 연소실로 유도하여 다시 연소시키는 정화장치이다.

14 가솔린 자동차의 배기관에서 배출되는 배기가스와 공연비와의 관계를 잘못 설명한 것은?

① CO는 혼합기가 희박할수록 적게 배출된다.
② HC는 혼합기가 농후할수록 많이 배출된다.
③ NOx는 이론 공연비 부근에서 최소로 배출된다.
④ CO_2는 혼합기가 농후할수록 적게 배출된다.

해설 NOx는 이론 공연비 부근에서 최대로 배출된다.

15 연료 탱크에서 증발되는 증발가스를 제어하는 캐니스터 퍼지 솔레노이드 밸브는 어느 때에 가장 많이 작동되는가?

① 시동할 때 ② 가속할 때
③ 공회전할 때 ④ 감속할 때

해설 연료 탱크에서 증발되는 증발가스를 제어하는 캐니스터 퍼지 솔레노이드 밸브는 가속할 때 가장 많이 작동한다.

16 배기가스 재순환(EGR) 장치에 관한 설명으로 틀린 것은?

① 연소가스가 흡입되므로 엔진 출력이 다소 떨어질 수 있다.
② 뜨거워진 연소가스를 재순환시켜 연소실 내의 연소온도를 높여 유해가스 배출을 억제한다.
③ 질소산화물(NOx)을 저감시키기 위한 장치이다.
④ 엔진의 냉각수 온도가 낮을 때는 작동하지 않는다.

해설 ①, ③, ④항 이외에 연소가스를 연소실로 재순환시켜 연소실 내의 연소온도를 낮춰 질소산화물의 배출량을 저감시킨다.

정답 08 ③ 09 ④ 10 ② 11 ① 12 ② 13 ④ 14 ③ 15 ② 16 ②

17 **활성탄 캐니스터(charcoal canister)는 무엇을 제어하기 위해 설치하는가?**

① CO_2 증발가스
② HC 증발가스
③ NOx 증발가스
④ CO 증발가스

해설 연료 탱크에서 발생한 HC 증발가스를 포집하는 것은 차콜(활성탄) 캐니스터이다. P.C.S.V(퍼지 컨트롤 솔레노이드 밸브)는 엔진 ECU의 제어를 통해 캐니스터에 포집된 HC 가스를 연소실로 보낸다.

18 **블로바이 가스(blow-by gas) 환원장치는 어떤 배출가스를 줄이기 위한 장치인가?**

① CO ② NOx
③ HC ④ CO_2

해설 **블로바이 가스 환원장치**
㉠ 블로바이 가스의 주성분은 HC(탄화수소)
㉡ 크랭크케이스의 블로바이 가스를 흡기다기관으로 유입하여 연소
㉢ P.C.V(Positive Crankcase Ventilation) 밸브 사용
㉣ 공전 · 저속 시 P.C.V밸브 이용, 고속 · 가속 시 블리더 파이프 이용

19 **삼원 촉매 장치에 대한 설명으로 거리가 먼 것은?**

① CO와 HC는 산화되어 CO_2와 H_2O로 된다.
② NOx는 환원되어 N_2와 O로 분리된다.
③ 유연휘발유를 사용하면 촉매장치가 막힐 수 있다.
④ 차량을 밀거나 끌어서 시동하면 농후한 혼합기가 촉매장치 내에서 점화할 수 있다.

해설 **삼원 촉매 장치 산화 및 환원 작용**
(1) 산화작용 : 배기가스 속의 CO, HC → CO_2와 H_2O로 산화
(2) 환원작용 : 배기가스 속의 NOx → N_2와 O_2로 환원

20 **압축 및 폭발행정 시 피스톤과 실린더 벽 사이로 탄화수소가 다량 포함된 미연소가스가 누출되는 현상을 무엇이라 하는가?**

① 블로바이(blow-by) 현상
② 블로다운(blow-down) 현상
③ 블로백(blow-back) 현상
④ 블로업(blow-up) 현상

해설 **엔진 연소 시 이상 현상**
① 블로바이 : 피스톤이 압축 및 폭발행정 시 피스톤과 실린더의 벽 사이로 혼합기 또는 연소가스가 다량 크랭크케이스 쪽으로 누출되는 현상
② 블로다운 : 배기행정 초기에 배기 밸브가 열려 연소가스 자체의 압력에 의하여 배출되는 현상
③ 블로백 : 혼합가스가 밸브와 밸브 시트 사이로 누출되는 현상

21 **전자제어 기관에서 배기가스가 재순환되는 EGR율(%)을 바르게 나타낸 것은?(단, EGR 가스량 : A, 배기공기량 : B, 흡입공기량 : C, 배기가스량 : D, 흡입가스량 : E)**

① $\text{EGR율} = \frac{A}{B+A} \times 100$
② $\text{EGR율} = \frac{A}{C+A} \times 100$
③ $\text{EGR율} = \frac{E}{C+A} \times 100$
④ $\text{EGR율} = \frac{D}{B+A} \times 100$

해설 EGR 율이란 실린더로 흡입되는 전체 공기량 중에 배기가스량이다.

22 **EGR 밸브가 작동하지 않는 경우는?**

① 엔진 중속 시
② 공회전 시
③ 대기온도가 과다할 때
④ 대기압이 과다할 때

해설 배기가스 재순환 장치는 NOx가 다량 배출되는 엔진의 연소온도가 높을 때 작동하는 장치이다. 공회전 시에는 엔진의 부조 현상 방지 및 질소산화물(NOx)이 미형성되므로 작동하지 않는다.

참고 (1) EGR 작동조건
엔진의 특정 운전 구간(냉각수 온도가 65℃ 이상이고, 중속 이상)인 NOx가 다량 배출되는 운전 영역에서만 작동
(2) EGR 작동하지 않는 조건
㉠ 냉각수 온도 65℃ 미만
㉡ 공회전 시
㉢ 급가속 시
㉣ 전부하 운전 영역(Full-throttle)
㉤ 농후한 혼합가스로 운전되어 출력을 증대시킬 경우

정답 17 ② 18 ③ 19 ② 20 ① 21 ② 22 ②

23 분해 조립한 기관의 배출가스를 측정한 결과 혼합비 조정에 따른 CO, HC, NOx를 발생량의 관계가 그림과 같이 나타냈을 때 맞게 연결된 것은?

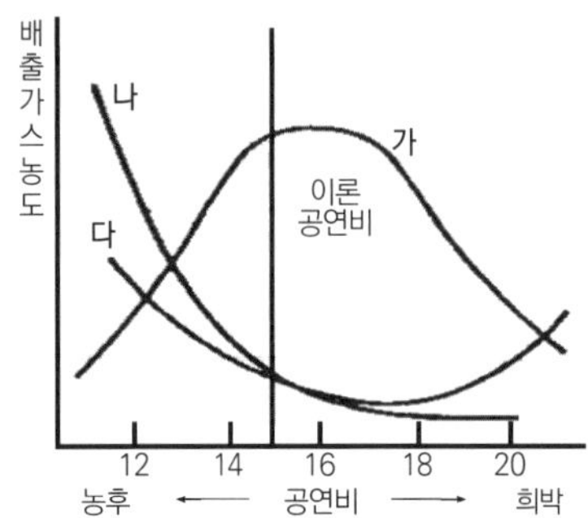

① 가 : NOx　나 : CO　다 : HC
② 가 : CO　나 : NOx　다 : HC
③ 가 : HC　나 : CO　다 : NOx
④ 가 : NOx　나 : HC　다 : CO

해설 공연비와 배출가스의 관계

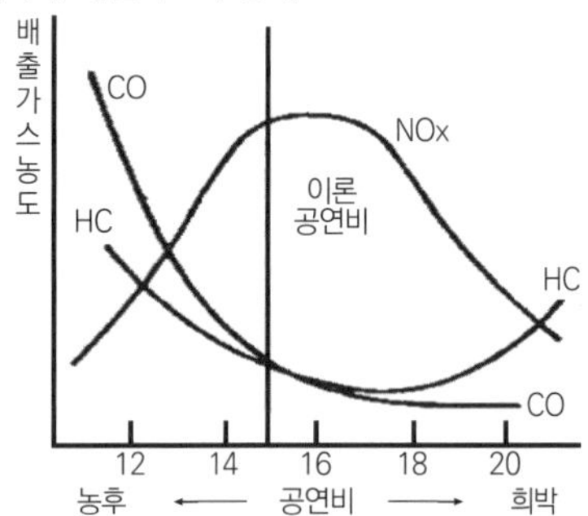

㉠ 이론 완전연소 혼합비보다 농후한 혼합비 상태 : NOx는 감소하나 CO, HC는 증가
㉡ 이론 완전연소 혼합비보다 희박한 혼합비 상태 : NOx는 증가하나 CO, HC는 감소
㉢ 이론 완전연소 혼합비보다 아주 희박한 혼합비 상태 : NOx, CO는 감소하나 HC는 증가

24 엔진에서 질소산화물(NOx)이 가장 많이 발생할 때의 혼합비는?

① 6 : 1　② 10 : 1
③ 14 : 1　④ 16 : 1

해설 탄화수소(HC)는 아주 농후한 공연비이거나 희박한 공연비에서 배출량이 증가한다. 또한 일산화탄소(CO)는 이론 공연비에 가까울수록 발생량이 감소하며, 질소산화물(NOx)은 이론 공연비로 갈수록 발생량이 증가하여 이론 공연비보다 약간 희박할 때 최고치를 나타낸다.

정답 23 ① 24 ④

CHAPTER 08

디젤 기관

01 개요

1 특징

디젤 기관은 연료의 특성상 공기만을 흡입한 후 높은 압축비로 가압하여 발생하는 **압축열로 연료를 연소시킨다(압축착화)**. 또한 점화장치가 없으며, 연료를 분사할 수 있는 분사장치가 있다.

2 디젤 기관과 가솔린 기관의 비교

(1) 동작 · 성능별 비교

구 분		가솔린 기관	디젤 기관
1	사용연료	가솔린(휘발유)	경유(디젤)
2	압축비	7~11 : 1	15~22 : 1
3	연료공급	기화기 및 연소실에서 혼합	분사 노즐에서 연료분사
4	속도조절	흡입되는 혼합가스량	분사되는 연료의 양
5	흡입물질	공기와 연료의 혼합기	공기만은 흡입
6	열효율	25~32%	32~38%
7	연료소비율	230~300g/PS-h	150~240g/PS-h
8	압축온도	120~140℃	500~550℃
9	폭발압력	35~45kgf/cm^2	55~65kgf/cm^2
10	압축압력	8~11kgf/cm^2	35~45kgf/cm^2
11	출력당 중량	3.5~4kg/PS	5~8kg/PS
12	점화방식	전기점화	압축착화
13	연소실	간단	복잡
14	실린더 지름	60~110mm(160mm 이하)	70~185mm(제한을 받지 않음)
15	연료의 중요성분	옥탄가	세탄가
16	실린더 형식	일체식 또는 건식	습식
17	작동, 소음, 진동	작다.	크다.
18	이론 사이클	오토 사이클	디젤 또는 사바데 사이클

(2) 디젤 기관의 장단점

장 점	단 점
• 열효율이 높고, 연료소비율이 적다. • 인화점이 높은 경유를 사용하므로 그 취급이나 저장에 위험이 적다. • 대형 엔진 제작이 용이하다. • 경부하 시 효율이 그다지 나쁘지 않다. • 점화장치가 없어 이에 따른 고장이 적다.	• 운전 중 진동과 소음이 크다. • 엔진의 출력당 무게와 형체가 크다. • 연료 분사 장치가 매우 정밀하고 복잡하며, 제작비가 비싸다. • 압축비가 높아 큰 출력의 기동 전동기가 필요하다. • 폭발압력이 높아 엔진 각 부를 튼튼하게 해야 한다.

3 연료와 연소

(1) 연료(디젤유)

① 원유에서 정제
② 탄소와 수소의 화합물
③ **발열량** : 11,000kcal/kg
④ **인화점** : 500~600℃
⑤ **착화점** : 250~350℃

(2) 구비조건

① 적당한 점도일 것
② **인화점이 높고 발화점이 낮을 것**(착화 지연 기간 단축)
③ 내폭성 및 내한성이 클 것
④ 불순물이 없을 것
⑤ 카본 생성이 적을 것
⑥ 온도에 따른 점도의 변화가 적을 것
⑦ 유해 성분이 적을 것
⑧ 발열량이 클 것
⑨ 적당한 윤활성이 있을 것

(3) 세탄가

① 디젤 연료의 착화성을 나타내는 정도

$$\text{세탄가} = \frac{\text{세탄}}{\text{세탄} + \alpha - \text{메틸나프탈린}} \times 100$$

② 연소촉진제(착화성 향상제)

㉠ 초산아밀
㉡ 아초산아밀
㉢ 초산에틸
㉣ 아초산에틸
㉤ 아질산아밀
㉥ 질산에틸
㉦ 과산화테드탈린

4 디젤 노크

① 착화 늦음 기간 중에 분사된 다량의 연료가 화염 전파 기간 중에 연소되어 실린더 내의 압력이 급격히 상승되고, 이에 따라 피스톤이 실린더 벽을 때리는 현상이다.

② 방지법

㉠ 착화성이 좋은 연료(세탄가가 높은 연료)를 사용하여 **착화 지연 기간을 짧게 한다.**

㉡ 압축비, 압축압력, 압축온도를 높인다.

㉢ 흡입공기의 온도, 연소실 벽의 온도, 엔진의 **온도를 높인다.**

㉣ 흡입공기에 와류가 일어나도록 한다.

㉤ 회전속도를 빠르게 한다.

㉥ 분사시기를 알맞게 조정한다.

㉦ **분사개시에 분사량을 적게 하여 급격한 압력상승을 억제**한다.

5 연소과정(연소의 4단계)

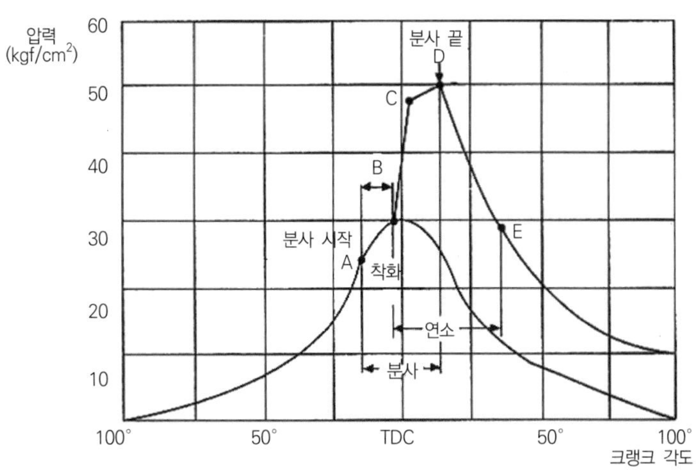

[그림 1－318] 디젤 기관의 연소과정

(1) 착화 지연 기간(연소 준비 기간)

① 연료가 연소실 내에 분사되어 **착화될 때까지의 기간**([그림 1－319]에서 A~B 기간)

② 연료가 분사되어 압축열을 흡수, **불이 붙기까지의 기간**

> **참고**
>
> **착화 늦음의 원인**
>
> • 연료의 착화성(세탄가)
> • 실린더 내의 온도 및 압력
> • 압축공기의 와류
> • 연료의 미립도(무화 : 공기와의 혼합)
> • 연료의 분사 상태(관통 및 분포)

(2) 화염 전파 기간(폭발 연소 기간, 정적 연소 기간)

① 연료가 착화되어 폭발적으로 연소하는 기간([그림 1-319]에서 B~C 기간), 즉 **혼합가스에 불이 확산되는 기간**

② 착화 지연 기간에 분사된 연료가 동시에 연소되어 실린더 내의 온도와 압력이 급상승

③ 실린더 내의 와류, 연료의 성질, 혼합 상태 등이 좋으면 그만큼 화염 전파가 빨라지고 압력상승도 빠르다.

④ 화염 전파 기간이 길어지면 노킹이 발생하기 쉽다.

(3) 직접 연소 기간(제어 연소 기간, 정압 연소 기간)

① **분사된 연료가 분사와 동시에 연소되는 기간**([그림 1-319]에서 C~D 기간)

② 상사점을 지나도록 연료는 계속 분사되며 상사점 이후에 분사된 연료는 화염 전파 기간에서 생긴 화염 때문에 동시에 연소되며, 이 기간의 연소압력이 가장 높다.

③ 압력 변화는 연료의 분사량을 조정하여 어느 정도 조정할 수 있기 때문에 제어 연소 기간이라고도 한다.

④ 직접 연소 기간은 일정한 압력하에서 이루어지는 정압 연소과정

(4) 후기 연소 기간(후연소 기간)

① 직접 연소 기간에 **연소하지 못한 연료가 연소되는 기간**([그림 1-319]에서 D~E 기간)

② 후기 연소 기간이 길면 배기온도가 높아지고, 열효율이 저하되여 연료소비율이 커진다. 그러므로 이 기간은 짧아야 효율이 좋아진다.

02 디젤 엔진의 연소실

1 구비조건

① 분사된 연료를 가능한 짧은 시간 내에 완전연소시킬 것

② 평균 유효압력이 높으며, 연료소비율이 적을 것

③ 고속 회전에서의 연소 상태가 좋을 것

④ 기동이 쉬우며 디젤 노크가 적을 것

2 디젤 기관 연소실의 분류

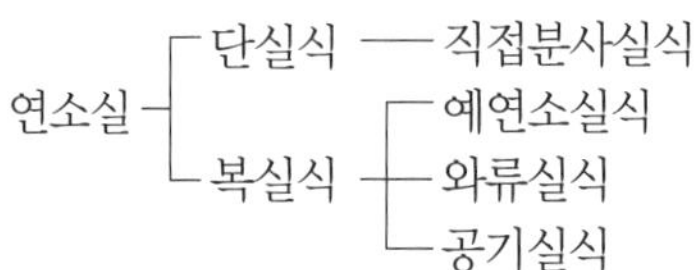

(1) 직접분사실식

① **구조** : 실린더 헤드와 피스톤 헤드에 요철로 되어 있고, 공기와 연료가 잘 혼합되도록 **다공형 노즐**을 사용한다.

② **연료소비율** : 170~200g/PS−h

③ **연료분사압력 : 150~300kgf/cm²**

④ **연소압력** : 80kgf/cm²

⑤ **직접분사실식의 장단점**

장 점	단 점
• 구조가 간단하며 열효율이 높다. • 연료소비가 적다. • 실린더 헤드가 간단하여 열변형이 적다. • 연소실 체적이 작아 냉각 손실이 적다. • 시동이 쉬우며 예열 플러그가 필요 없다.	• 복실식에 비하여 공기의 소용돌이가 약하므로 공기의 흡입율이 나쁘고 고속 회전에 적합하지 않다. • 분사압력이 높아 분사 펌프와 노즐 등의 수명이 짧다. • 사용연료의 변화에 민감하여 노크를 일으키기 쉽다. • 다공형 노즐을 사용하므로 비싸다.

참고

예열 플러그

디젤 엔진에서 엔진 시동 보조장치로서 한랭 시 실린더에 유입된 공기를 가열하여 줌으로써 시동이 쉽게 걸리도록 해주는 장치이다.

(2) 예연소실식

① **구조** : **주 연소실 위쪽에 예연소실**을 두어 연료분사

② **연료소비율** : 200~230g/PS−h

③ **연료분사압력 : 100~130kgf/cm²**

④ **연소압력** : 50~60kgf/cm²

⑤ **예연소실식의 장단점**

장 점	단 점
• 연료의 분사 개시 압력이 비교적 낮으므로 연료장치의 고장이 적고, 수명이 길다. • 사용연료의 변화에 민감하지 않아 노크가 적다. • 운전 상태가 정숙하다. • 공기와 연료의 혼합이 잘되고 다른 형식보다 기관에 유연성이 있다. • 제작비가 염가이다.	• 실린더 헤드의 구조가 복잡하며, 예열 플러그가 필요하다. • 연료소비가 많으며, 연소실 구조가 복잡하다. • 예연소실 용적에 대한 표면적이 크기 때문에 냉각 손실이 크다. • 엔진 소음이 크고, 진동이 있다.

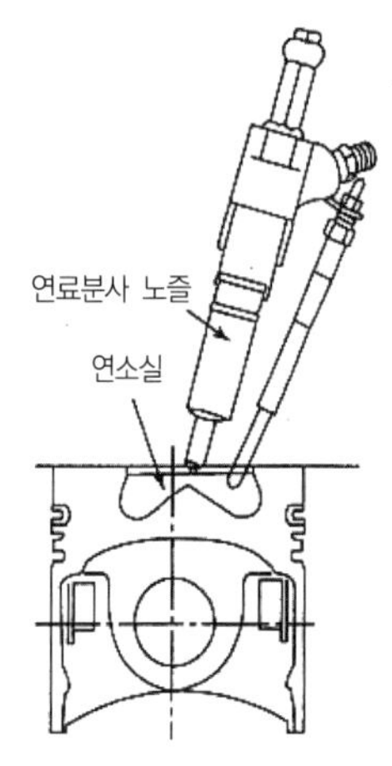

[그림 1-319] 직접분사실식

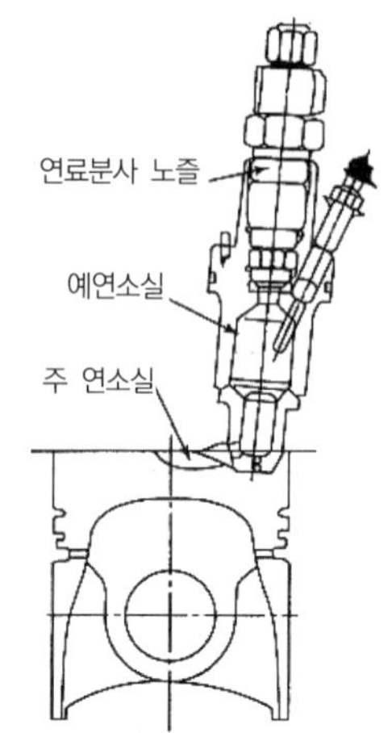

[그림 1-320] 예연소실식

(3) 와류실식

① **구조** : 실린더 헤드에 와류실을 두어 강한 와류가 발생하는 형식

② **연료소비율** : 190~220g/PS-h

③ **연료분사압력** : **100~140kgf/cm^2**

④ **연소압력** : 55~65kgf/cm^2

⑤ 와류실식의 장단점

장 점	단 점
• 압축에 의해 생기는 와류를 이용하므로 공기와의 혼합이 잘되고 회전수 및 평균 유효압력이 높다. • 분사압력이 낮아도 된다. • 운전이 정숙하고, 회전속도 범위가 넓어 원활한 운전을 할 수 있다.	• 실린더 헤드의 구조가 복잡하다. • 분사 구멍의 억제 작용, 연소실 용적 및 단면적비가 크므로 직접분사식보다 열효율이 낮다. • 저속 시에 노크를 일으키기 쉽다. • 예열 플러그를 필요로 한다.

(4) 공기실식

① **구조** : 실린더 헤드에 주연소실과 연결된 **공기실을 설치한 형식**

② **연료소비율** : 200~230g/PS-h

③ **연료분사압력** : **100~140kgf/cm^2**

④ **연소압력** : 45~50kgf/cm^2

⑤ 공기실식의 장단점

장 점	단 점
• 연소가 완만하게 진행되기 때문에 최고 폭발압력이 낮아 진동이 적고, 작동이 조용하다. • 기동이 쉬우며, 예열 플러그가 필요하지 않다.	• 연료의 분사시기가 기관의 작동에 크게 영향을 준다. • 후적연소가 일어나기 쉽고, 배기온도가 높으며 열효율이 나쁘다. • 연료소비가 비교적 많다.

> **참고**
>
> **후적**
>
> 연료분사가 끝난 다음 노즐 끝에 연료방울이 생겼다가 연소실로 떨어지는 현상이다.

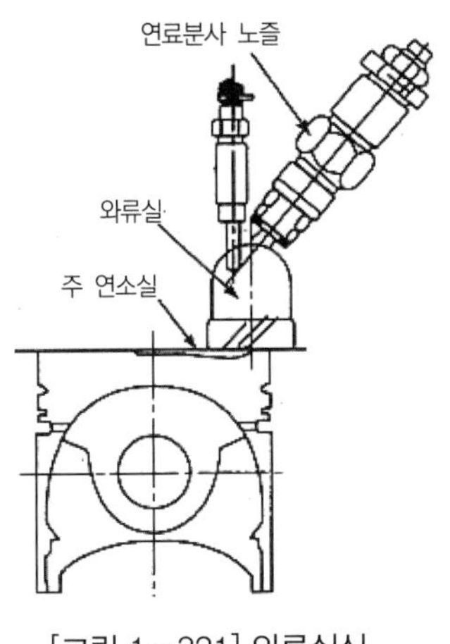

[그림 1-321] 와류실식

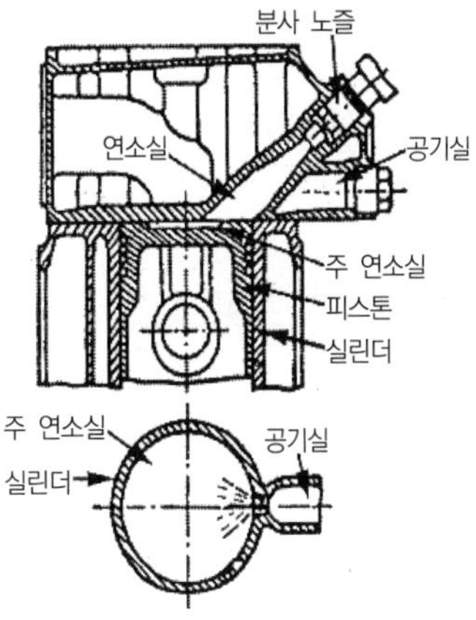

[그림 1-322] 공기실식

3 디젤 기관 연소실의 종류에 따른 특징 비교

	구 분	직접분사실식	예연소실식	와류실식	공기실식
1	구조	간단	복잡	복잡	복잡
2	분사압력(kgf/cm^2)	150~200	80~120	100~140	100~120
3	연소실 체적	작다.	20~50%	60~90%	6.5~20%
4	압축비	13~16 : 1	16~20 : 1	15~17 : 1	13~17 : 1
5	압축압력(kgf/cm^2)	80	50~60	55~65	45~50
6	연료소비율(g/PS-h)	170~200	200~250	190~220	210~250
7	연료분사	주연소실	예연소실	와류실	주연소실
8	와류	크다.	작다.	가장 크다.	작다.
9	평균 유효압력	크다.	작다.	크다.	가장 작다.
10	사용연료	민감	둔감	민감	둔감
11	예열 플러그	없다.	있다.	있다.	없다.
12	분사 노즐	구멍형	핀틀형, 스로틀형		
13	노크	많다.	적다.	저속 시 많다.	적다.
14	연료장치 수명	짧다.	길다.	길다.	길다.
15	열효율	높다.	낮다.	낮다.	낮다.
16	세탄가	높다.	낮다.	높다.	낮다.

참고

평균 유효압력(平均有效壓力, mean effective pressure)

증기기관이나 내연기관에서 피스톤의 평균압력을 말하며, P－V 선도의 면적으로 표시된 일의 양(즉, 1사이클 중 수행된 일)을 행정체적(배기량)으로 나눈 값이며, 도시 평균 유효압력(IMEP : Indicated Mean Effective Pressure)과 제동 평균 유효압력(BMEP : Brake Mean Effective Pressure)으로 정의하며, 보통 도시 평균 유효압력(IMEP)을 사용한다. 평균 유효압력을 증가시키기 위해서는 압축비 상승, 흡입공기량을 증가시켜야 한다.

03 디젤 연료장치

1 연료장치의 구성

① 연료 탱크(Fuel Tank)
② 연료공급 펌프(Feed Pump & Priming Pump)
③ 연료 여과기(Fuel Filter)
④ 분사 펌프(Injection Pump)
⑤ 분사 파이프
⑥ 분사 노즐(Injection Nozzle)

2 연료 공급 순서

연료 탱크 → 연료 여과기 → 연료공급 펌프 → 연료 여과기 → 분사 펌프 → 분사 파이프 → 분사 노즐 → 연소실

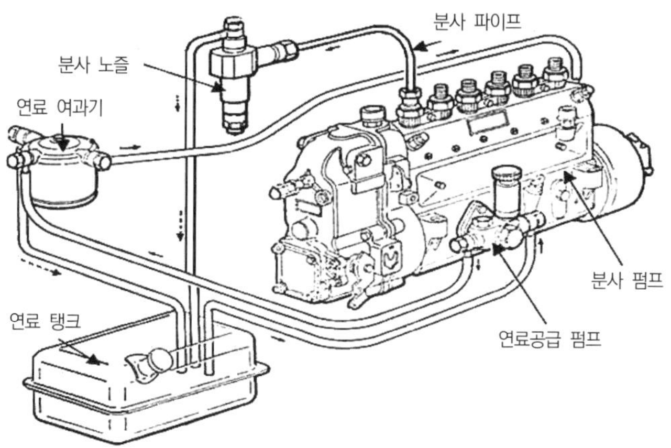

[그림 1－323] 디젤 엔진의 연료 공급 계통

3 각 장치별 구조와 기능

(1) 연료 탱크(fuel tank)

① 일일 주행 또는 일일 작업에 필요한 양을 저장

② 내부에 칸막이 설치 및 아연 도금

③ 외부에 리브 설치 및 방청도료 도포

④ 겨울철 주행(작업) 후 연료를 만충시킬 것(동결 방지)

(2) 연료공급 펌프(fuel feed pump)

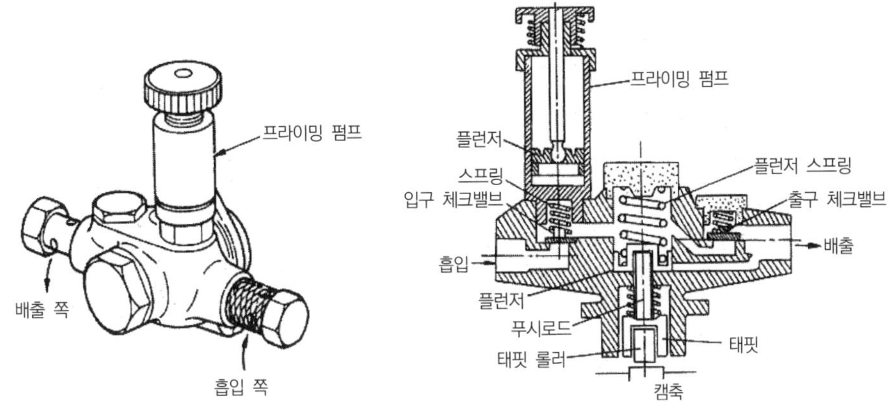

[그림 1－324] 공급 펌프의 구조

① 탱크 내의 연료를 흡입, 가압하여 분사 펌프에 공급

② 분사 펌프의 편심캠에 의하여 작동

③ **송출압력** : 2~3kgf/cm^2

④ 플런저형을 사용

⑤ 작동

㉠ **플런저**가 하강하면 흡입 밸브가 열려 탱크의 연료를 흡입

㉡ 플런저가 상승하면 압력에 의하여 흡입 밸브가 닫히고 송출 밸브가 열림

㉢ 송출 밸브가 토출된 연료는 플런저 뒷부분으로 유입

㉣ 플런저가 리턴 스프링에 의해 하강하면 플런저 윗부분은 부압으로 탱크 내의 연료를 흡입하고 플런저 뒷부분에 유입된 연료는 리턴 스프링의 장력에 의해 분사 펌프로 압송

㉤ 송출압력은 리턴 스프링의 장력으로 조정

㉥ 연료가 과도하게 공급되면 공급 펌프에서 분사 펌프 사이의 압력(배압)이 증가되어 리턴 스프링의 장력보다 커지면 플런저가 하강하지 못하게 되어 송출 중지

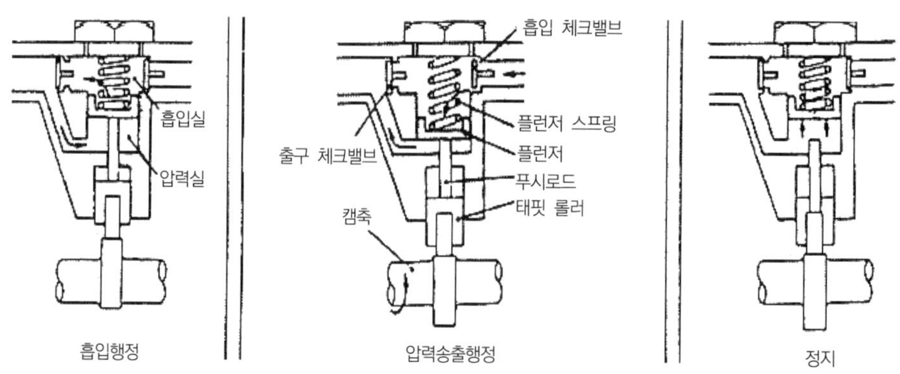

[그림 1-325] 연료공급 펌프의 작용

(3) 프라이밍 펌프(priming, 핸드 펌프 또는 수동 펌프)

엔진 정지 중 **연료의 공급 및 연료회로 내의 공기빼기** 작업에 사용한다.

① **공기빼기 작업** : 디젤 엔진은 연료회로 내에 공기가 침입하면 시동 불능이 되거나 디젤 노크가 발생한다.

② **공기빼기 순서** : 연료 공급 순서(공급 펌프 → 연료 여과기 → 분사 펌프)와 같다.

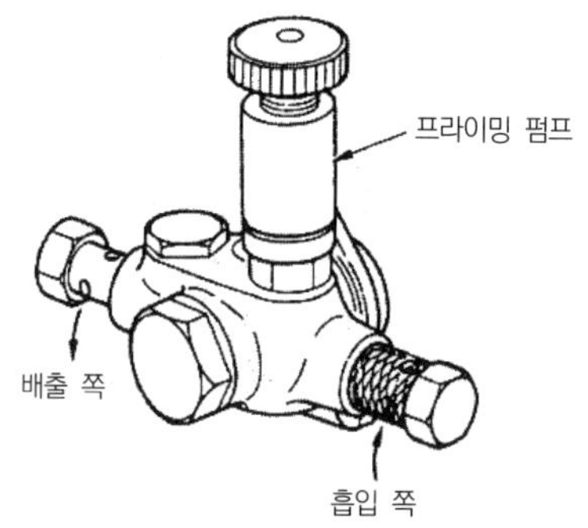

[그림 1-326] 프라이밍 펌프

(4) 연료 여과기(fuel filter)

① 연료 속의 먼지나 수분을 제거 분리

② 오버플로 밸브가 있어 여과기 내의 압력을 $1.5kgf/cm^2$로 유지

③ 여분의 연료는 리턴 파이프를 통하여 탱크로 복귀

④ 오버플로 밸브

㉠ 여과기 **보호**

㉡ 연료의 **맥동 방지**

㉢ **공기빼기** 작업

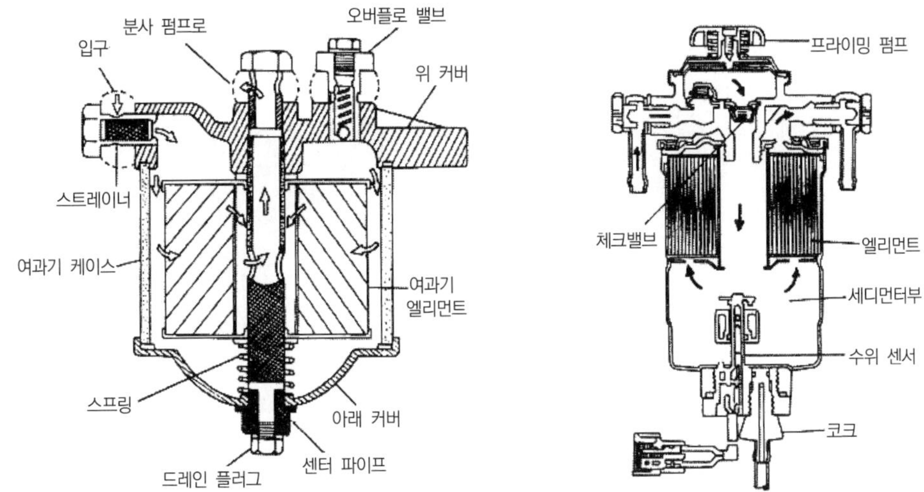

[그림 1-327] 연료 여과기의 구조

(5) 분사 펌프(injection pump)

공급 펌프로부터 공급된 연료를 가압하여 노즐로 보내는 역할을 한다.

① 종류

㉠ 독립식 : 기관의 각 실린더마다 분사 펌프를 1개씩 갖는 방식이며, 구조가 복잡하고 조정이 어려우나 고속용 기관에 적합한 방식이다.

㉡ 분배식 : 실린더 수에 관계없이 한 개의 분사 펌프를 사용하여 각 실린더에 연료를 공급, 구조가 간단하고 조정이 쉬우나 실린더 수가 많은 경우에는 부적합하다.

㉢ 공동식 : 분사 펌프는 1개이나 어큐뮬레이터(accumulator, 축압기)가 있어 이곳에 고압의 연료를 저장하였다가 분배기로 각 실린더에 공급하는 방식이다.

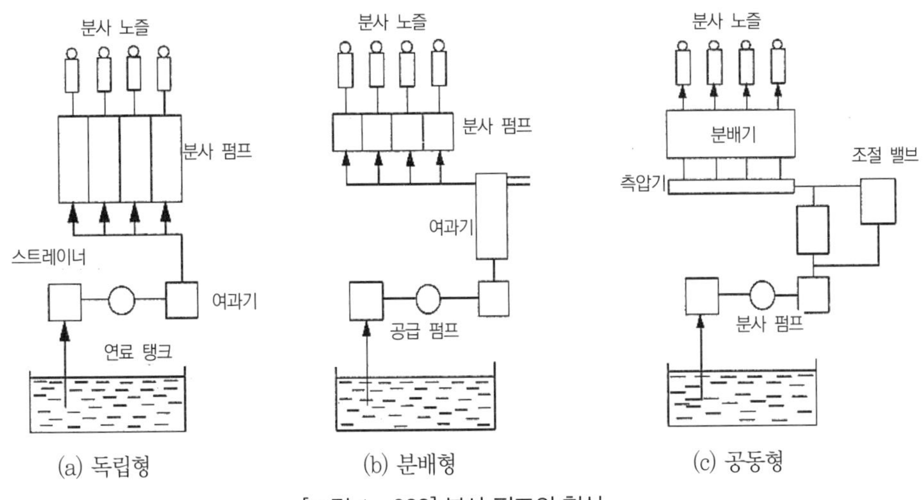

[그림 1-328] 분사 펌프의 형식

② 독립식 분사 펌프의 구조와 기능

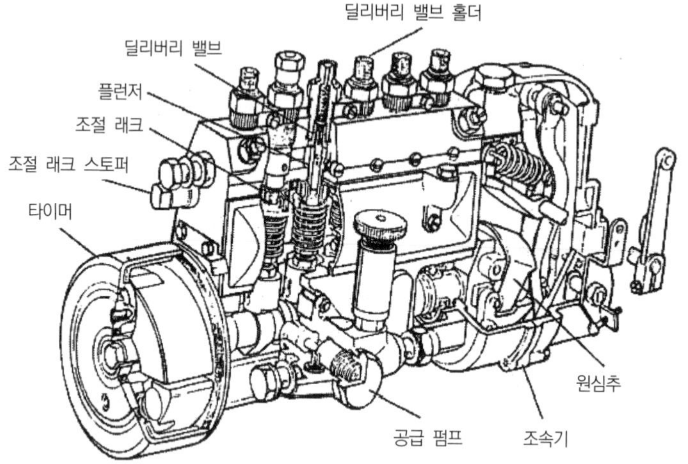

[그림 1-329] 독립식 분사 펌프

㉠ 캠축과 캠

- 크랭크축으로부터 동력을 받아 작동
- 4행정 사이클 기관은 크랭크축의 1/2로 회전하고, 2행정 사이클 엔진은 크랭크축 회전속도와 같음
- 펌프 엘리먼트의 플런저와 공급 펌프 구동(편심캠)
- 비례캠 사용

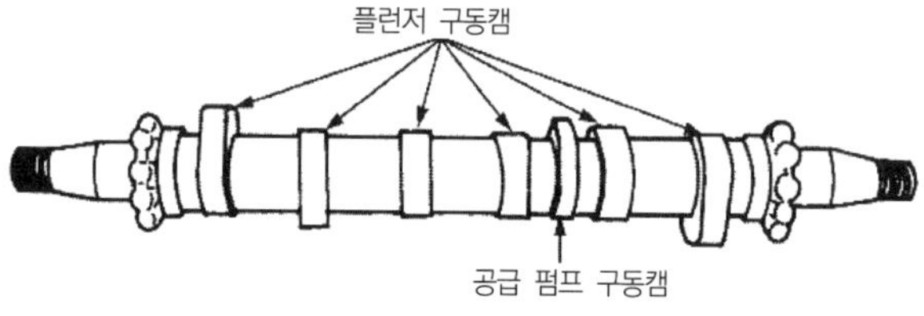

[그림 1-330] 캠축의 구조

㉡ 태핏

- 캠과 접촉하여 플런저 작동
- 롤러형을 사용
- 헤드부에 태핏 간극을 조정하기 위한 조정나사가 있음
- 태핏 간극 : 플런저가 캠에 의하여 최고 위치로 밀어올려졌을 때 플런저 헤드부와 플런저 배럴 윗면과의 간극을 말하며(0.5mm), 플런저의 예행정을 조정

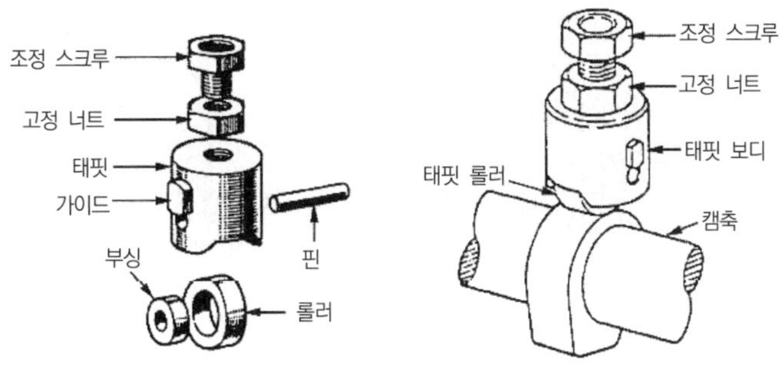

(a) 태핏의 분해도 (b) 캠과 태핏의 조립도

[그림 1-331] 태핏의 구조

㉢ 펌프 엘리먼트(플런저 배럴과 플런저)

ⓐ 플런저 배럴 : 플런저가 내부에서 상하 왕복운동을 하여 **흡입된 연료를 가압 송출하는 작용**을 하도록 하는 가이드 역할을 한다.

ⓑ 플런저

- 제어 슬리브 설치
- 하단부에 구동 플랜지 및 리턴 스프링이 설치
- 중심부에 바이패스 구멍과 옆면에 리드홈이 설치되어 두 홈은 연결되어 있다.

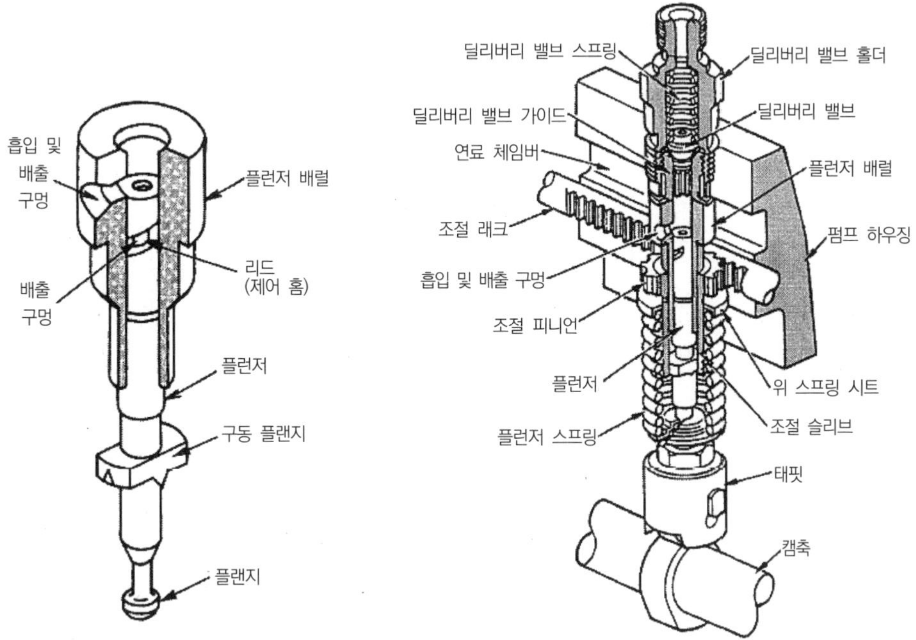

[그림 1-332] 플런저 배럴과 플런저

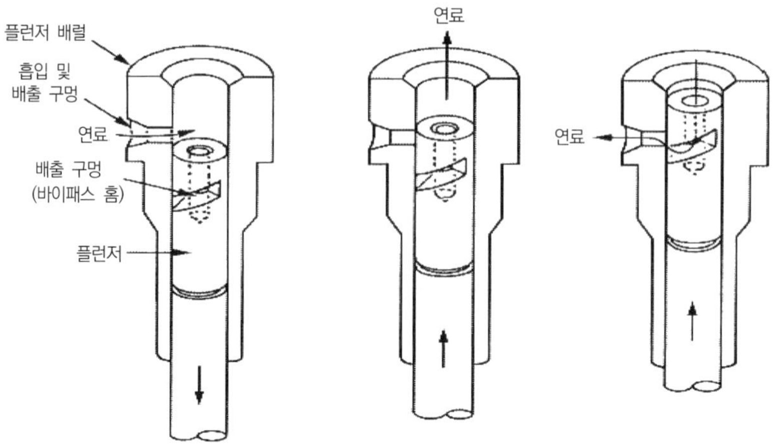

플런저 배럴
흡입 및 배출 구멍
연료
배출 구멍 (바이패스 홈)
플런저
연료
연료

(a) 흡입 (b) 분사 개시 (c) 분사 완료

[그림 1-333] 플런저의 작동과정

- 리드의 종류(리드홈의 형상에 따라 여러 가지로 구분)와 분사시기 관계
  - 정리드형 : 분사 개시에 분사시기가 **일정**하고, 분사 말기가 **변화**되는 형식
  - 역리드형 : 분사 개시에 분사시기가 **변화**되고, 분사 말기가 **일정**한 형식
  - 양리드형 : 분사 개시와 말기의 분사시기가 **모두 변화**하는 형식

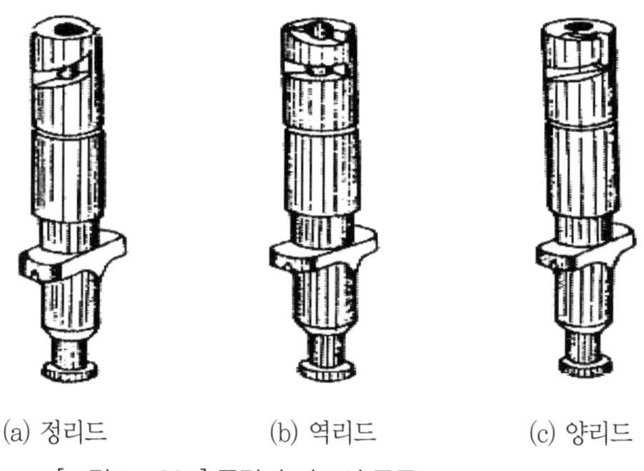

(a) 정리드 (b) 역리드 (c) 양리드

[그림 1-334] 플런저 리드의 종류

- 플런저의 행정
  - 예행정 : 플런저 윗면이 공급 구멍을 막을 때까지 움직인 거리이다.
  - 유효행정 : 플런저 윗면이 공급 구멍을 막은 다음부터 연료 송출이 중지될 때까지 플런저가 움직인 거리이고, **분사량이 결정**된다. 즉, **유효행정이 길어지면 분사량이 많아지고, 유효행정이 짧아지면 분사량도 작아진다.**
    (※유효행정과 분사량은 비례)
  - 전행정 : 예행정과 유효행정을 합한 거리이다.

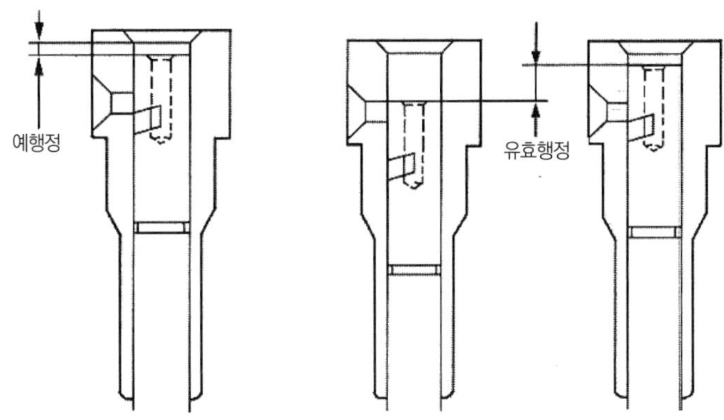

[그림 1-335] 플런저의 행정

㉣ 연료 제어 기구

- 제어 래크(control rack)
  - 제어 피니언을 좌우 회전시켜 유효행정을 변화
  - 무송출에서 전송출까지 21~25mm 이동
- 제어 피니언(control pinion)
  - 래크의 직선운동을 회전운동으로 변화시켜 슬리브에 전달
  - 피니언과 슬리브의 위치를 변화하여 분사량을 조정
- 제어 슬리브(contol sleeve)
  - 피니언의 회전운동을 플런저에 전달하여 유효행정을 변화
  - 슬리브 홈에 구동 플랜지가 설치

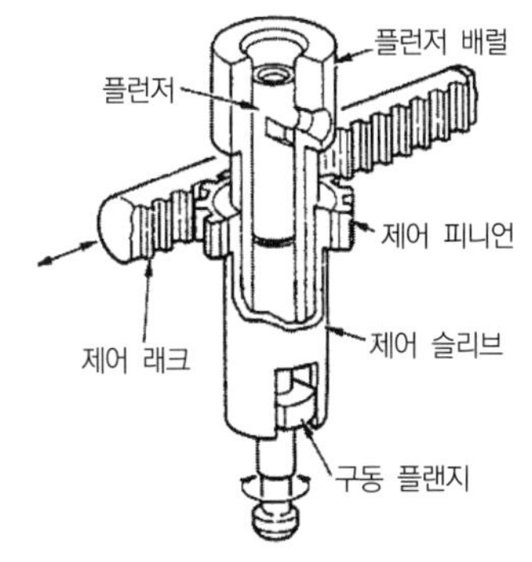

[그림 1-336] 플런저 회전 기구의 구조

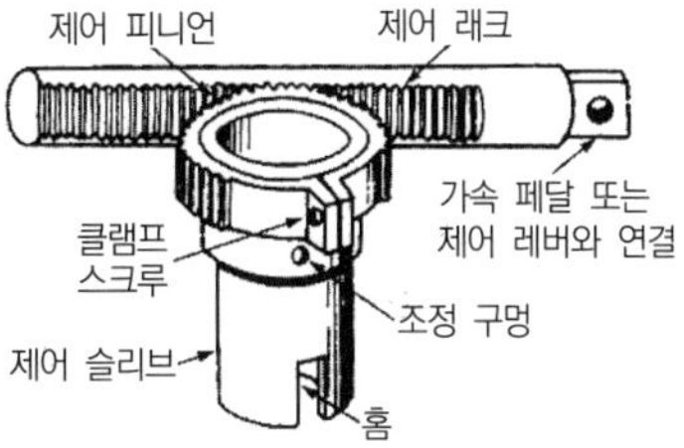

제어 피니언
제어 래크
가속 페달 또는 제어 레버와 연결
클램프 스크루
조정 구멍
제어 슬리브
홈

[그림 1-337] 연료 제어 기구

㉤ 조속기

ⓐ 기능 : 디젤 엔진에 있어서 회전속도나 부하변동에 따라 자동적으로 제어 래크를 움직여 **분사량을 조절하는 것**으로서 최고 회전속도를 제어하고 동시에 저속 운전을 안정시키는 일을 한다.

ⓑ 종류

- 기계식 : 캠축에 원심추를 설치하여, 회전속도에 따른 원심추의 원심력으로 작동
  - 최고 · 최저속도 조속기 : 최고속도를 제한하고 최저속도를 안정시킴
  - 전속도 조속기 : 전속도에서 분사량을 조정하는 것

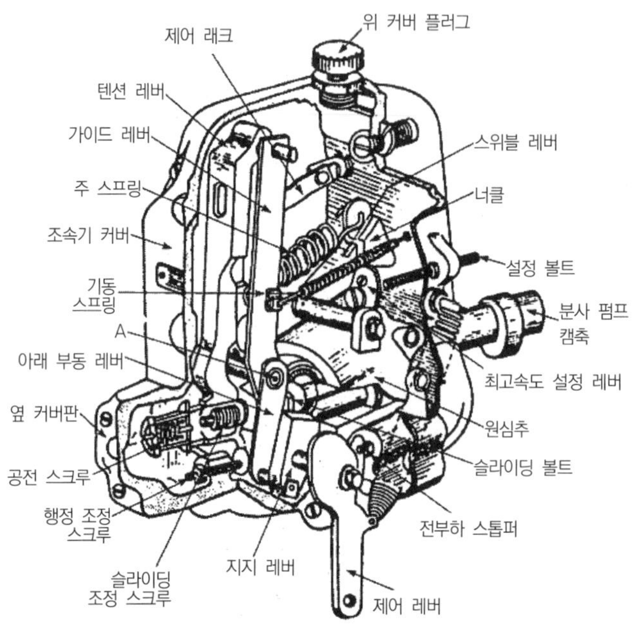

[그림 1-338] 기계식 조속기의 구조

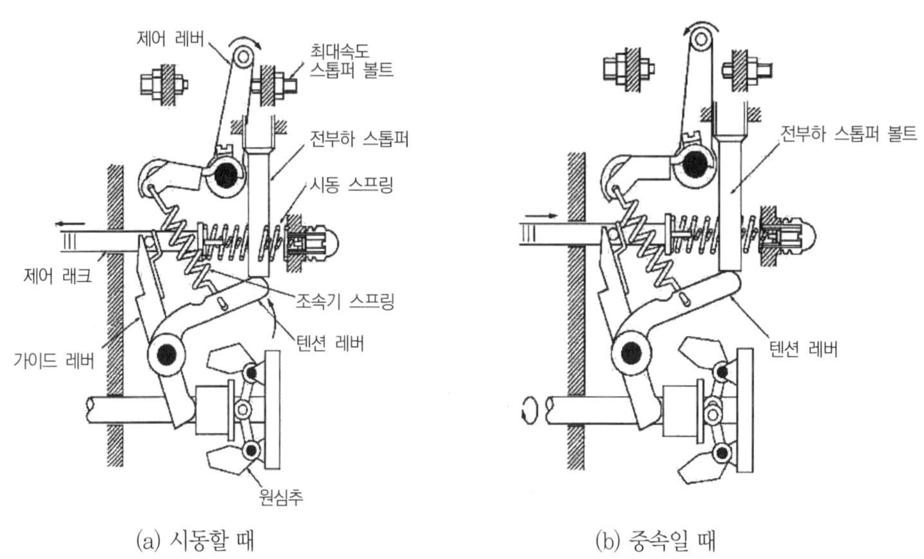

[그림 1-339] 기계식 조속기의 작동과정

• 공기식 : 흡기다기관의 진공을 이용하는 막(다이어프램)을 설치하여, 회전속도와 부하에 따라 작동

－전속도 조속기 : 모든 속도에서 분사량을 조정

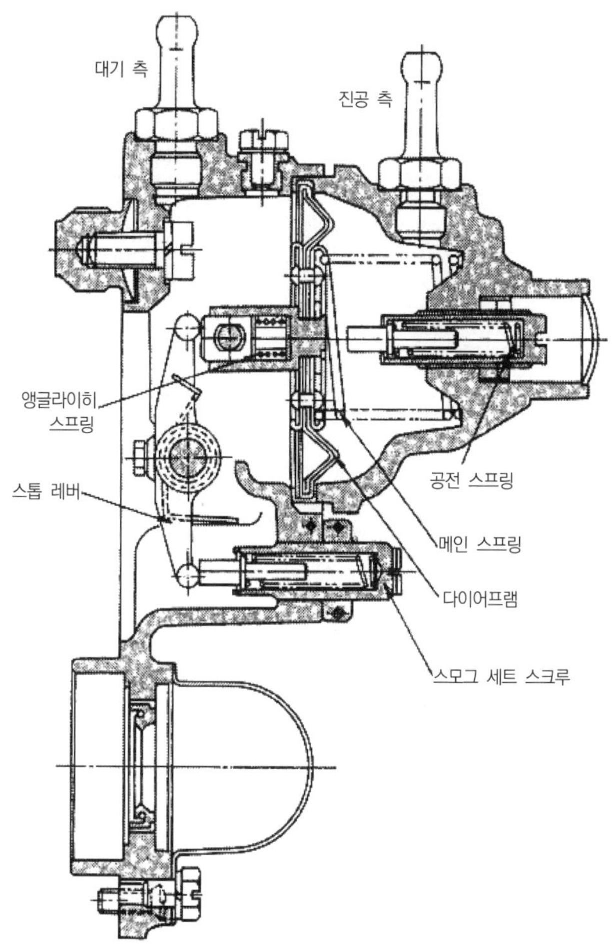

[그림 1－340] 공기식 조속기의 구조

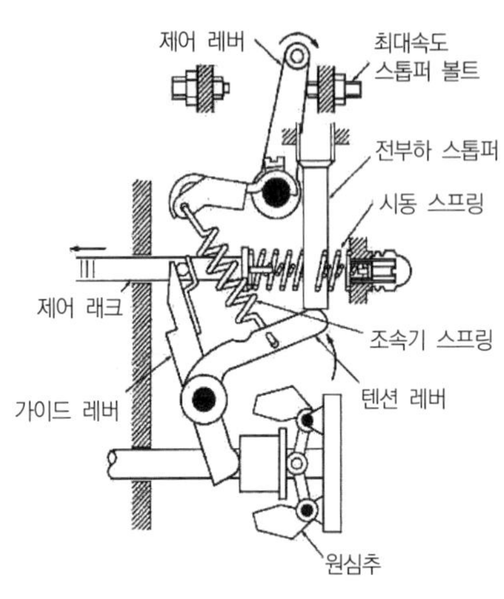

(a) 시동할 때

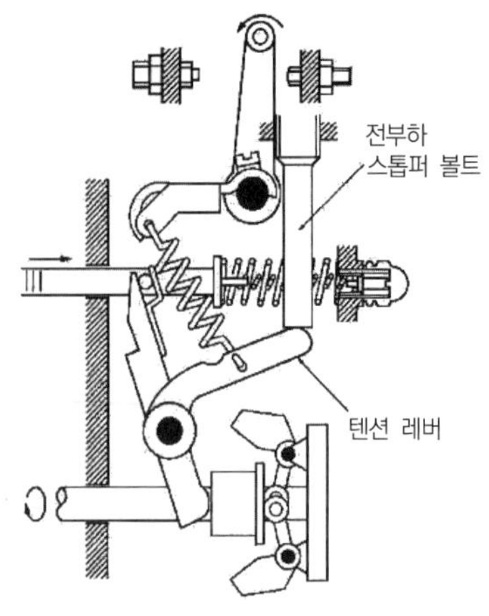

(b) 중속일 때

[그림 1-341] 공기식 조속기의 작동과정

- 앵글라이이히 장치
  - 앵글라이이히는 독일어로 '**평균**'이란 뜻으로 공기와 연료의 균일한 비율을 유지하기 위해 **흡입공기에 알맞은 연료를 분사**시키는 역할을 한다.
  - 또한 모든 속도의 범위에서 공기와 연료의 혼합 비율을 일정하게 하는 장치로 기계식과 공기식 모두에 설치된다.

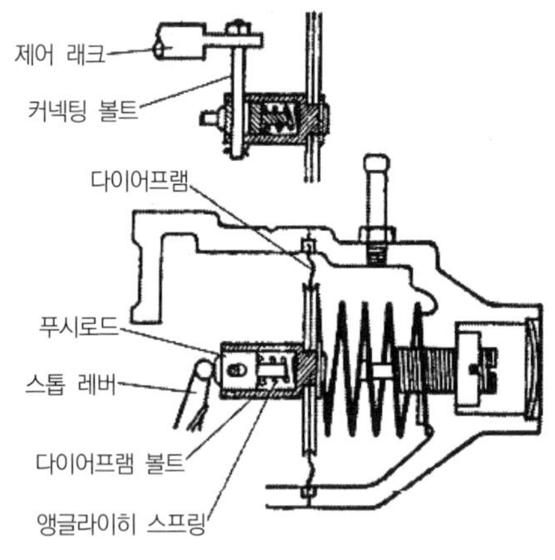

[그림 1-342] 앵글라이이히 장치의 구조(공기식 조속기)

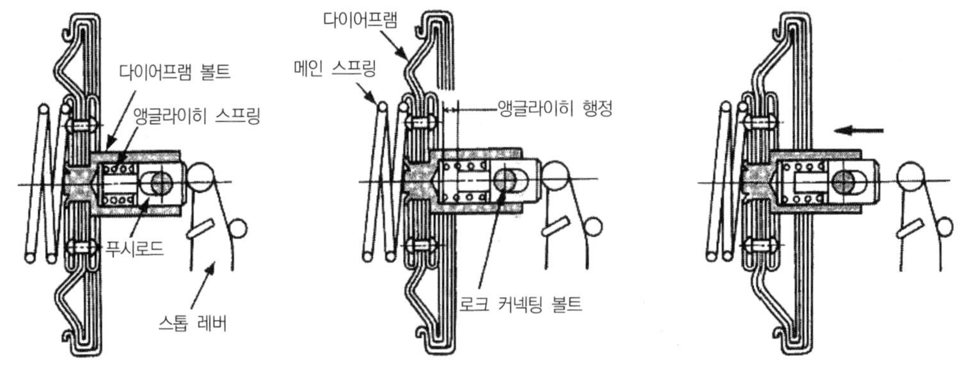

[그림 1-343] 앵글라이이히 장치의 작동(공기식 조속기)

참고

헌팅(hunting)

엔진 회전속도 변동에 대한 조속기의 작동이 부적절할 때 회전이 파상적으로 변동하는 현상으로 공전 상태가 불안정해진다.

ⓑ 분사량 불균형률(불균율) : 다기통 엔진에서 각 실린더의 분사량의 차이가 있으면 연소압력의 차이로 진동이 발생된다. 분사량의 불균율의 허용 범위와 공식은 아래와 같다.

- 규정(법규상) : ±3% 이내
- (+) 불균율 $= \dfrac{\text{최대 분사량} - \text{평균 분사량}}{\text{평균 분사량}} \times 100$
- (−) 불균율 $= \dfrac{\text{평균 분사량} - \text{최소 분사량}}{\text{평균 분사량}} \times 100$

ⓢ 딜리버리 밸브(delivery valve, 송출 밸브)

- 플런저 배럴 윗면에 설치된 일종의 송출 체크밸브이다.
- 플런저 배럴 내의 압력이 일정 압력 이상이 되었을 때 분사관으로 연료를 송출한다.
- 신속한 작동을 위해 연료의 **역류를 방지**하고 분사관 내에 분사압력의 70~80% 정도의 **잔압을 유지**한다. 또한 분사 후 노즐의 **후적을 방지**한다.

참고

후적이란?

노즐에서 실린더 내에 연료를 분사 후 노즐 팁에 연료가 방울로 맺혀 연소실에 떨어지는 것이다.

ⓞ 분사시기 조정장치(자동 타이머, Injection Timer)

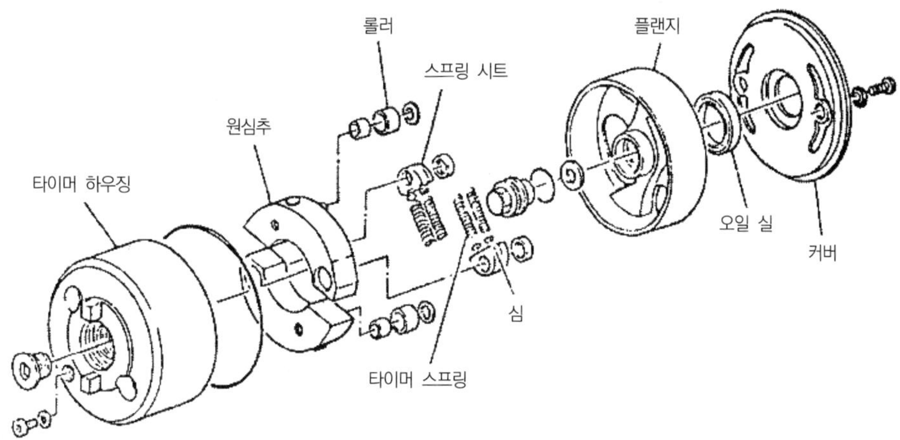

[그림 1-344] 분사시기 조정장치(자동 타이머)의 구조

- 엔진의 부하 및 회전속도에 따라 분사시기를 조정
- 회전속도에 따라 원심력을 이용
- 착화 지연 기간 동안 크랭크축의 회전각도에 따라 분사시기 조정 필요
  (※최고 폭발압력 : 압축상사점 후 12° 부근)

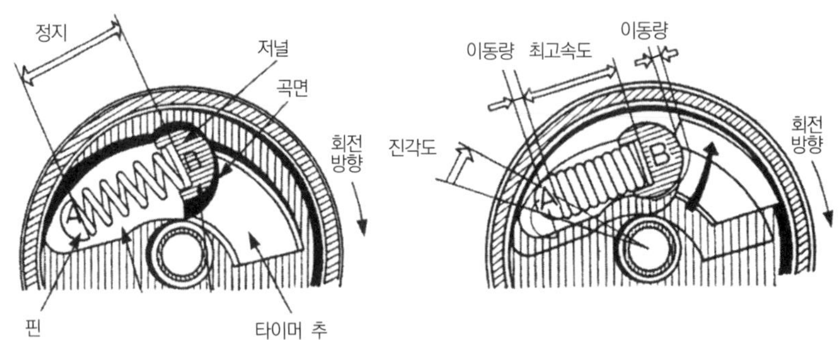

[그림 1-345] 분사시기 조정장치(자동 타이머)의 작동

③ 분배식 분사 펌프의 구조와 기능

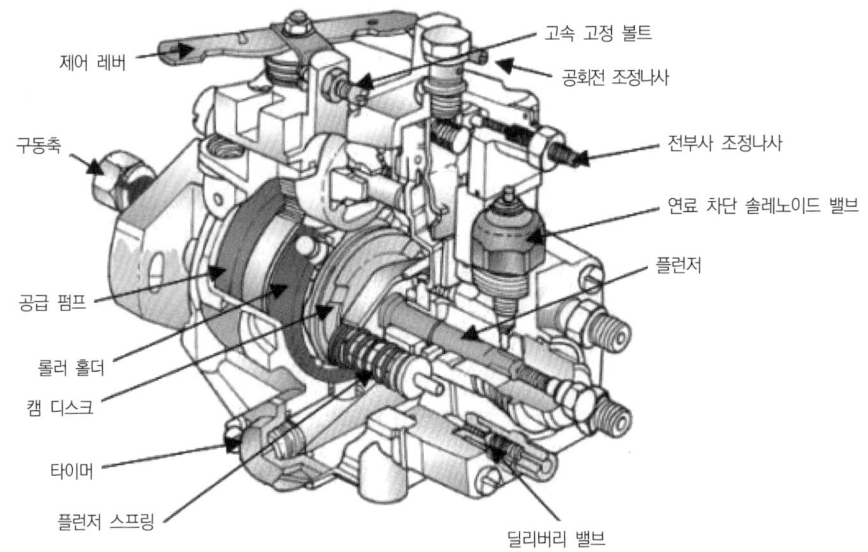

[그림 1-346] 분배식 분사 펌프의 구조

㉠ 개요 : 분배식 연료분사 펌프는 소형 디젤 기관에 주로 사용되는 형식으로 분사 펌프의 크기, 무게 가격 등이 양호하여 6기통 이하의 엔진에 주로 사용된다.

㉡ 특징

- 연료분사량이 균일하다(불균율 : ±2%).
- 엔진 시동이 용이하다.
- 자유로운 조속성능과 적절한 토크성능이 있다.

- 엔진 흡입효율이 양호하다.
- 윤활이 필요 없다.
- 고속 운전이 가능하고 소형 경량이다.

㉢ 주요 구조 : 분배식 연료분사 펌프는 독립식에 비해 1개의 플런저가 회전하며 왕복운동을 하면서 각 실린더에 연료를 분배한다. 분사 펌프의 구동은 구동축에 의해 이루어지며 캠과의 접촉은 구동판으로 한다. 분배식 분사 펌프를 크게 나누면 4개 부분으로 나눌 수 있다.

- 하이드롤릭 헤드(유압 헤드) : 블록과 플런저, 스로틀 밸브, 셔틀밸브, 딜리버리 밸브 등으로 구성되며 연료분사, 분사량 제어, 조속작용을 한다.
- 연료공급 펌프 : 베인식 펌프를 주로 사용하며 연료를 분사 펌프 내부로 압송한다. 또한 조정기 밸브가 있으며, 펌프의 회전수에 따르는 압력을 자동 진각한다.
- 본체 : 알루미늄 합금으로 되어 있으며, 상부에 하이드롤릭 헤드가 있고 하부에 캠축, 플런저 기어 등으로 되어 있다.
- 자동 진각 장치 : 구동부와 분사 펌프 본체 사이에 위치하며 더블 헬리컬 기어와 커플링으로 펌프의 구동축과 캠 사이를 연결하며, 연료공급 펌프로부터의 송출연료의 변화에 의하여 오른쪽이나 왼쪽으로 이동하여 구동축과 캠의 상대적 위상을 조절하여 엔진의 회전수에 적합한 진각을 한다.

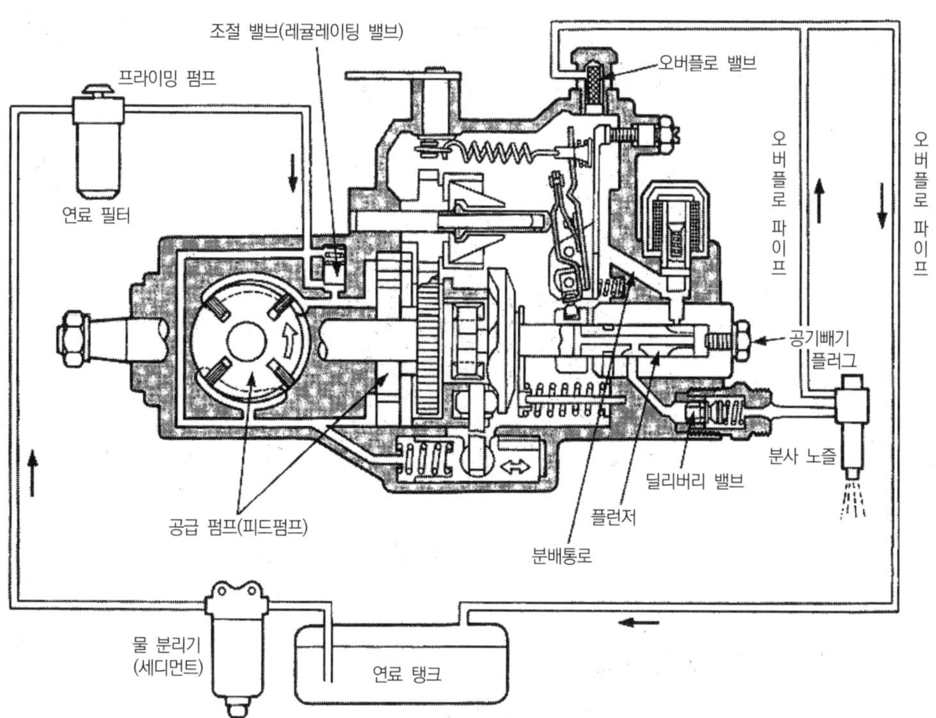

[그림 1-347] 분배식 분사 펌프의 연료 공급 경로

(6) 분사 파이프(fuel injection pipe, 고압 파이프)

분사 펌프의 각 펌프 출구와 분사 노즐을 연결하는 강관으로 양끝은 고압의 연료가 새지 않도록 **유니온 피팅**(union fitting)으로 되어 있다. 분사 파이프의 길이는 분사 지연을 감소하기 위해 가능한 짧아야 하고 각 실린더의 분사 늦음이 같아지도록 모두 같게 되어 있다.

> **참고**
>
> **분사 파이프의 구비조건**
> - 분사시기 및 분사량의 불균일을 방지하기 위하여 길이는 모두 동일하여야 한다.
> - 맥동 및 분사 늦음을 방지하기 위하여 길이는 가능한 짧아야 한다.
> - 일정한 간격으로 고정하여 외부의 진동에 영향을 받지 않도록 하여야 한다.
> - 분사압력 및 분사시기의 변화를 방지하기 위하여 굽힘 각도의 반경은 30mm 이상이어야 한다.

(7) 분사 노즐(injection nozzle)

① 기능 : 분사 펌프로부터 보내어진 연료를 **무화 상태**로 연소실에 분사

② 분무 형성 3대 조건

㉠ **관통** : 높은 압력의 가스를 뚫고 나갈 수 있는 압력이 필요

㉡ **분포(분산)** : 연소실 전체에 고루 퍼져야 함

㉢ **무화** : 공기와의 혼합이 잘 되어야 함

③ 구비조건

㉠ 무화가 잘될 것
㉡ 분산이 좋을 것
㉢ 충분한 압력이 있을 것
㉣ 내구성이 좋을 것
㉤ 후적이 없을 것

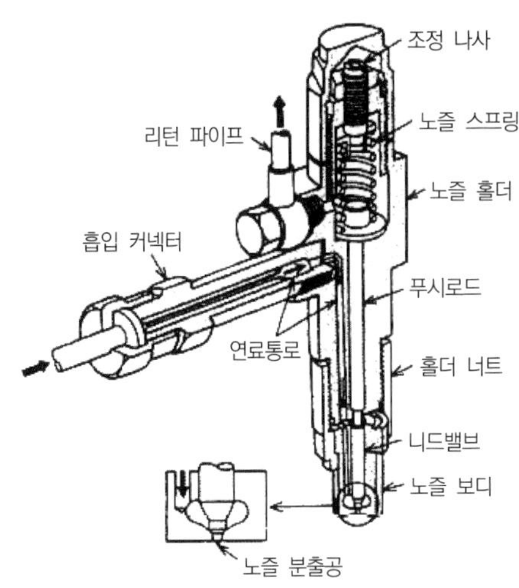

[그림 1－348] 분사 노즐

④ 노즐의 종류

㉠ 개방형 노즐

- 구조 : 분사 펌프와 노즐 사이에 밸브가 없고 **노즐이 항상 열려** 있는 것
- 장단점

장 점	단 점
• 구조가 간단하고, 가격이 싸다. • 정비 보수가 용이하다. • 파이프 내에 공기가 잔재하지 않는다.	• 니들밸브가 없어 분사압력을 조정할 수 없다. • 분사압력이 일정하지 않고, 무화가 나쁘다. • 압력이 낮을 때 후적이 발생한다.

㉡ 폐지형(밀폐형) 노즐

- 구조 : 분사 펌프와 노즐 사이에 밸브를 두어 **필요시만 밸브를 열어** 분사되게 한 것
- 종류 및 특징

구 분	구멍형	핀틀형	스로틀형
형태	니들밸브 앞끝이 원뿔형	니들밸브 앞끝이 판형	니들밸브 앞끝이 나팔형(개량형)
사용처	직접분사실식	복실식	
분공의 크기	0.3~0.5mm	약 1mm	
분사압력	150~300kgf/cm^2	100~140kgf/cm^2	
시동성	시동 용이	예열장치 필요	
무화성	양호	불량	양호
연료소비량	적다.	비교적 많다.	적다.
내구성	낮다.	높다.	
분사 각도	5~6°(90~120°)	4~9°	
기타	분공이 막히기 쉽고 연료 누출의 염려가 있다.	분무 상태가 나쁘다.	분사 개시 후 분사량이 적어 디젤 노크 방지

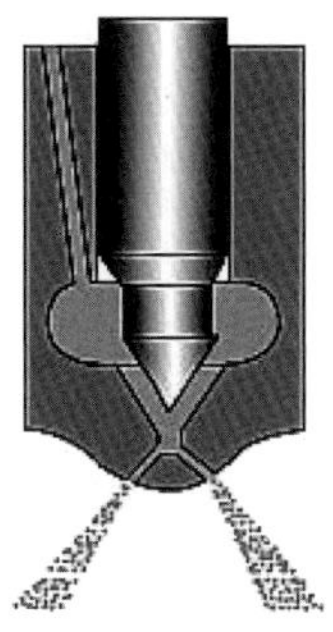

(a) 구멍형

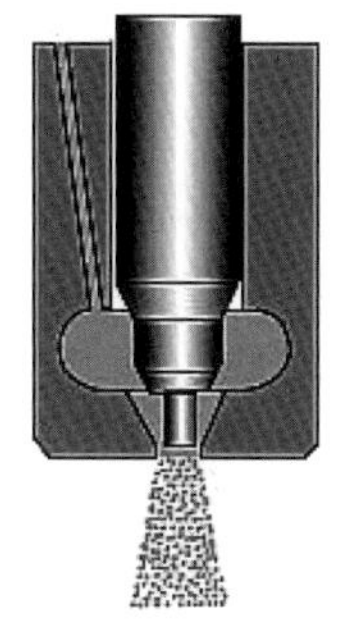
(b) 핀틀형

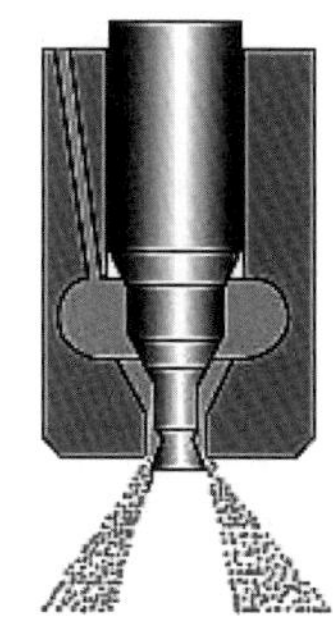
(c) 스로틀형

[그림 1-349] 폐지형(밀폐형) 노즐의 종류

⑤ **노즐의 구조**

㉠ 노즐 홀더 : 노즐 몸체

㉡ 노즐 스프링 : 니들밸브를 가압하여 연료분사시킴

㉢ 분사압력 조정나사 : 스프링 장력을 조절하여 분사 개시 압력을 조정

㉣ 푸시로드 : 니들밸브를 누름

㉤ 니들밸브 : 분공을 막았다가 필요시(분사 시) 개방

㉥ 노즐 팁 : 니들밸브가 설치되는 곳으로 연소실에 노출되는 부분

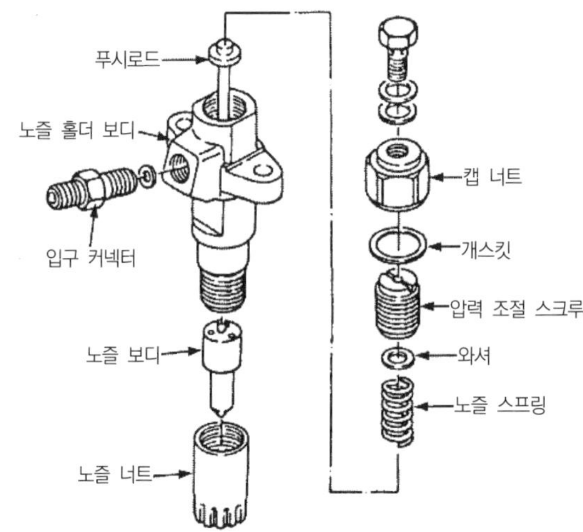

[그림 1-350] 분사 노즐의 구조

⑥ **노즐 테스터** : 노즐의 작동 상태 점검

㉠ 점검 항목

- 분사 개시 **압력**
- 분사 **각도**
- 분무 상태(**무화 상태**)
- 분사 끝의 상태(**후적 유무**)

㉡ 시험 시 주의사항

- 노즐 시험기를 사용하며 시험 경유의 온도는 점도를 고려하여 20℃, 비중은 0.82~0.84 정도로 한다.
- 시험을 할 때 연료의 분무에 손이 닿지 않도록 주의한다.
  (※분무입자 피부 침투 시 중독 우려)

04 과급기

1 개요

엔진의 **흡입효율(충진효율)**을 높이기 위하여 흡기공기에 압력을 가하는 펌프

2 특징 및 종류

(1) 특징

① **엔진 출력 35~45% 증가**
② 엔진 중량 20~25% 증가
③ **연료소비율 향상**
④ **착화 지연이 짧음**
⑤ 회전력 증대
⑥ 밸브 오버랩 시 연소실에 공기 순환을 도움
⑦ 고출력 시 배기온도 저하

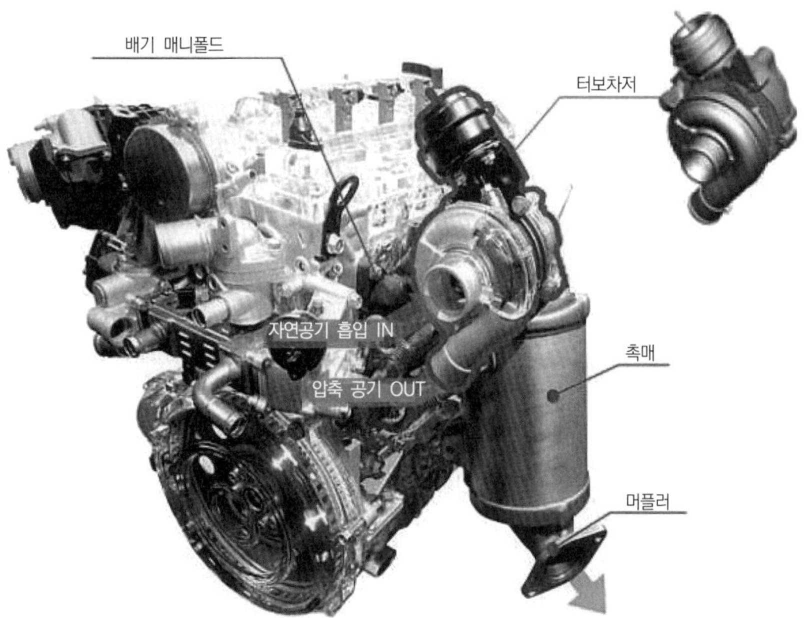

[그림 1－351] 과급장치의 개략도

(2) 종류

① 기계구동식(Super Charger, Roots Blower)

㉠ 엔진에 의해 **벨트로 구동**(엔진 동력 손실)

㉡ 송풍기 또는 블로어라고도 하며, **2행정 디젤 기관에서 주로 사용**

② 배기터빈식(Turbo Charger)

㉠ **배기가스의 압력으로** 구동한다(가장 많이 사용).

㉡ 배기가스는 높은 온도와 압력을 가지고 있으므로 배출 시 팽창력이 있어 **터빈**을 회전시킨다.

㉢ 터빈이 회전하면 터빈축과 일체로 된 **임펠러**가 회전하면 흡기공기에 속도를 준다.

㉣ 빠른 속도로 흡입되는 공기는 **디퓨저에서 속도에너지를 압력에너지로** 바꾼다.

㉤ 과급기의 윤활은 엔진오일로 한다.

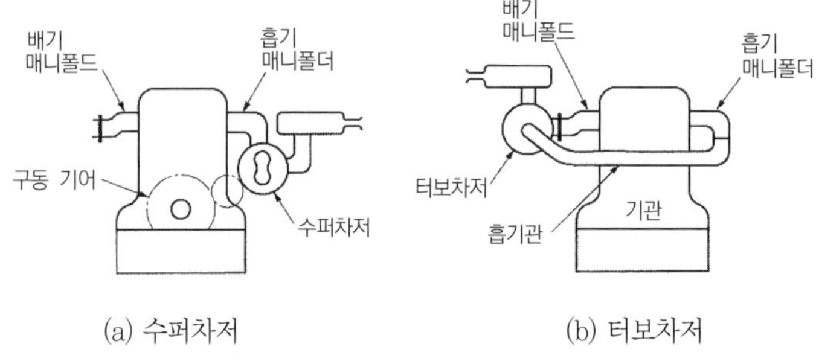

(a) 수퍼차저 (b) 터보차저

[그림 1－352] 과급기의 종류

> **참고**
>
> **디퓨저(Diffuser)**
>
> 원심식 과급기의 날개 바퀴에 설치된 것으로 공기의 속도에너지를 압력에너지로 바꾸는 장치이다. 즉, 속도가 작아지고 압력은 커진다.

(3) 터보차저의 구조

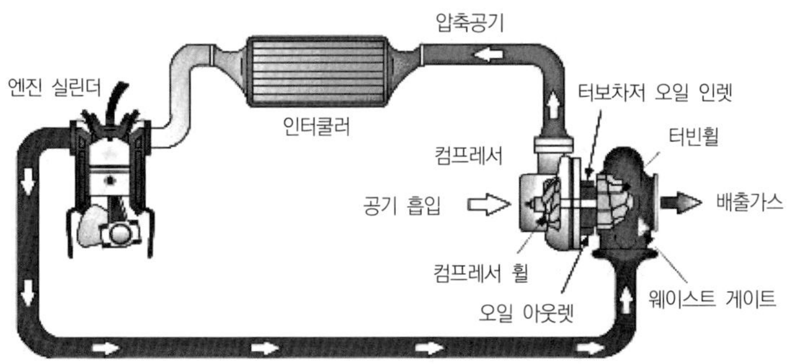

[그림 1－353] 터보차저 시스템의 구성

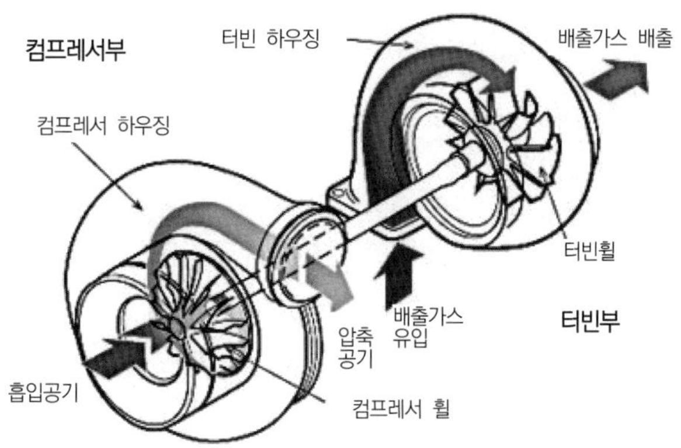

[그림 1－354] 터보차저의 작동 원리

① **펌프** : 펌프는 흡입 쪽에 설치된 날개로 **공기를 실린더에 압력을 가하여 공급**하는 역할을 한다. 과급기의 효율은 펌프와 디퓨저에 의해서 결정된다.

② **터빈** : 배기가스가 통과하는 배기다기관 내에 설치되어 배기가스의 온도와 압력에 의해 임펠러(날개)가 회전을 하여, 이 회전력으로 **펌프 측 임펠러를 회전시키는 역할**을 한다.

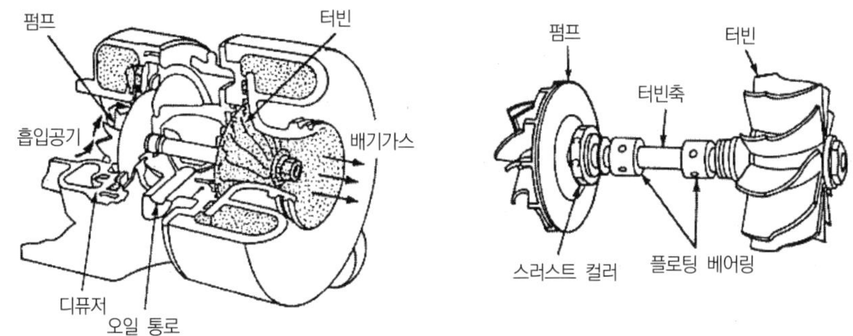

[그림 1－355] 펌프와 터빈

05 인터쿨러(Inter Cooler)

엔진 **체적효율**을 높이기 위해 실린더 이전에 **공기를 냉각**시키는 냉각기

1 종류

냉각 방법에 따라 **공랭식과 수냉식**으로 분류

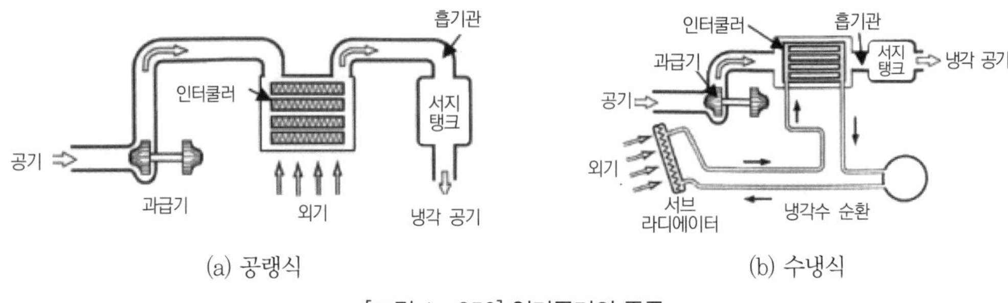

(a) 공랭식 (b) 수냉식

[그림 1-356] 인터쿨러의 종류

2 기능

① **가솔린 엔진의 경우** : 공기가 압축되면 온도 상승으로 노킹이 발생하므로 이때 인터쿨러는 공기 온도를 낮추어 노킹 방지

② **디젤 엔진의 경우** : 공기가 압축되면 공기 밀도 저하로 출력이 감소하므로 이때 냉각하여 밀도를 회복시키는 일을 담당

06 디젤 기관 시동 보조장치

1 감압장치(De-Compression Device)

(1) 개요

디젤 기관은 높은 압축열로 연료를 연소시키기 때문에 시동저항이 크다. 이 **시동저항을 감소시키기 위해** 시동 시 흡입 밸브 또는 배기 밸브를 약간 열어 압축압력을 감소시키는 장치이다.

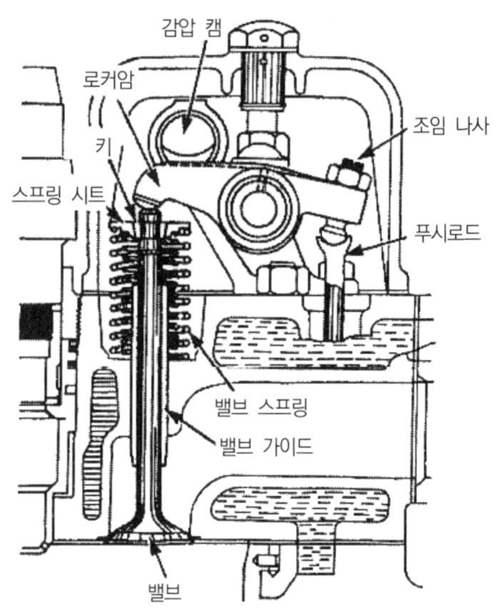

[그림 1-357] 감압장치의 구조

(2) 기능

① 엔진 시동 시 감압

② 엔진 정지 시 감압

③ 엔진 고장 시 손으로 회전 가능

2 예열장치

디젤 엔진은 압축착화 엔진이므로 한랭 시에는 잘 착화되지 않는다. 예열장치는 실린더나 흡기다기관 내의 공기를 미리 가열하여 시동을 쉽게 해주는 장치이다.

(1) 예열장치의 종류

① 예열 플러그식

㉠ 연소실 내의 압축공기를 **직접 예열**한다.

㉡ 예연소실식 및 와류실식 엔진에 사용한다.

㉢ 구성 : 예열 플러그, 예열 플러그 파일럿, 예열 플러그 저항기, 히트 릴레이

㉣ 각 구성요소의 기능

- 코일형 예열 플러그
  - **직렬로 결선**되어 있다.
  - 히트 코일이 연소실에 **직접 노출**되어 있다.
  - 기계적 강도나 가스에 의한 부식에 약하다.
  - 굵은 열선으로 만들어져 있다.
  - 히트 코일에 과대 전류가 흘러 파손됨을 방지하기 위해 회로 내에 저항을 둔다(예열 플러그 저항은 적음).

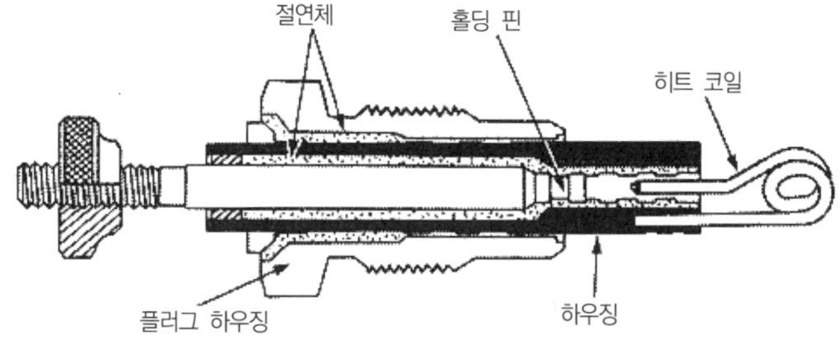

[그림 1-358] 코일형 예열 플러그

- 실드형 예열 플러그
  - **병렬로 결선**되어 있다.
  - 튜브 속에 열선이 들어있어 연소실에 **노출되지 않는다.**
  - 발열부가 가는 열선으로 되어 있다.
  - **발열량이 크고, 열용량도 크다.**
  - 내구성이 향상되며 하나가 단선되어도 작용한다.
  - 예열 플러그 저항기가 필요하지 않다.
  - 현재는 거의 이 형식을 사용한다.

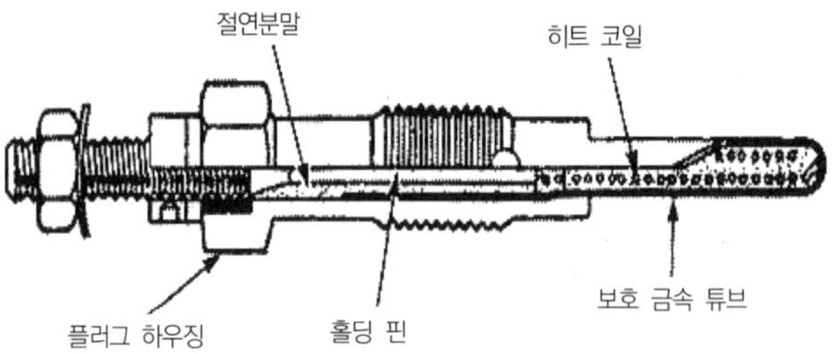

[그림 1-359] 실드형 예열 플러그

• 예열 플러그 파일럿

-예열 플러그 파일럿은 예열 플러그의 적열 상태를 운전석에서 점검할 수 있도록 하는 장치

-예열 플러그와 동시에 적열되며, 표시등으로 된 것은 예열 플러그의 적열이 완료됨과 동시에 소등

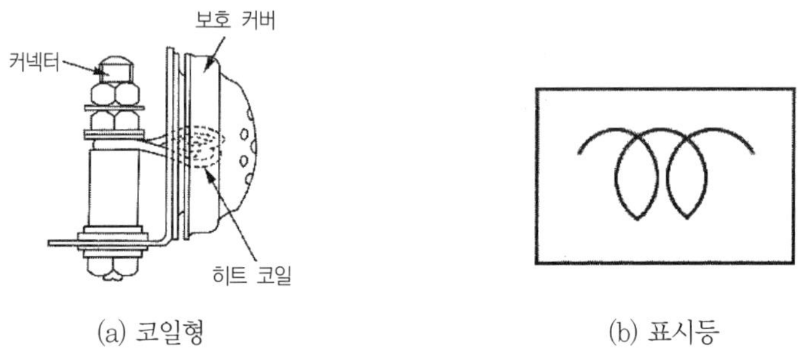

(a) 코일형 (b) 표시등

[그림 1-360] 예열 플러그 파일럿의 구조

• 예열 플러그 저항기

-코일형 예열 플러그 회로 내에 삽입하는 저항

-예열 플러그에 규정된 전압이 가해지도록 직렬로 저항기를 접속하여, 축전지 전압과 예열 플러그 전압 차이만큼 전압을 강하시키는 역할

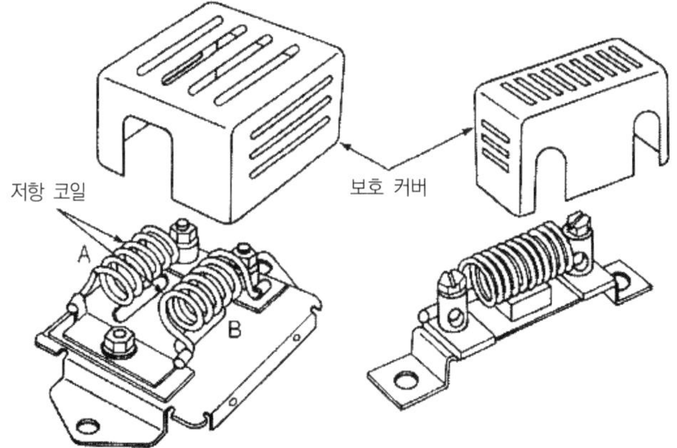

[그림 1-361] 커먼레일 디젤 엔진(CRDI) 장치의 구성도

- 히트 릴레이 : 예열 회로를 흐르는 전류가 크기 때문에 **기동 전동기 솔레노이드 스위치의 손상을 방지하기 위하여** 둔 것

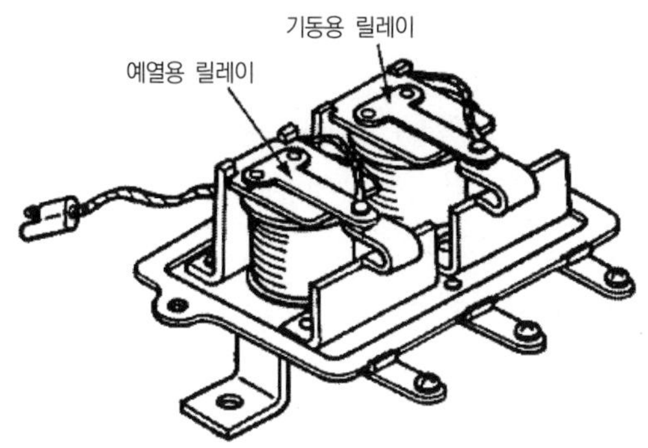

[그림 1-362] 히트 릴레이의 구조

② 흡기 가열식

㉠ 실린더에 흡입되는 공기를 가열하는 방식

㉡ 직접분사실식 엔진에 사용

㉢ 종류 : **흡기 히터식, 히트 레인지**

- 흡기 히터
  - 흡기다기관 내에 설치되며, 연료 탱크와 흡기 히터로 구성
  - 스위치를 닫고 나서 10~15초 후에 엔진 기동
  - 스위치를 닫으면 코일에 전류가 흘러 노즐 보디가 가열
  - 노즐이 가열되면 연료가 유출되어 실드에 마련된 구멍으로 들어오는 공기와 혼합 착화 연소, 연소된 열로 실린더에 들어온 흡기공기를 가열

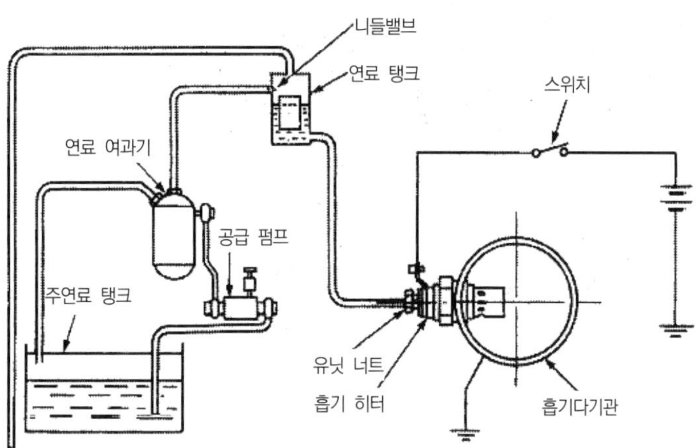

[그림 1-363] 흡기 히터의 구조

- 히트 레인지
  - 직접분사실식 엔진에서 예열 플러그를 설치할 적당한 곳이 없기 때문에 흡기다기관 히터(heater, 열선)를 설치한 것
  - 흡기다기관에 설치한 열선에 전원을 공급하여 발생하는 열에 의해 흡입되는 공기를 가열하는 예열장치
  - 히터의 용량은 400~600W
  - 축전지 전압이 직접 가해짐

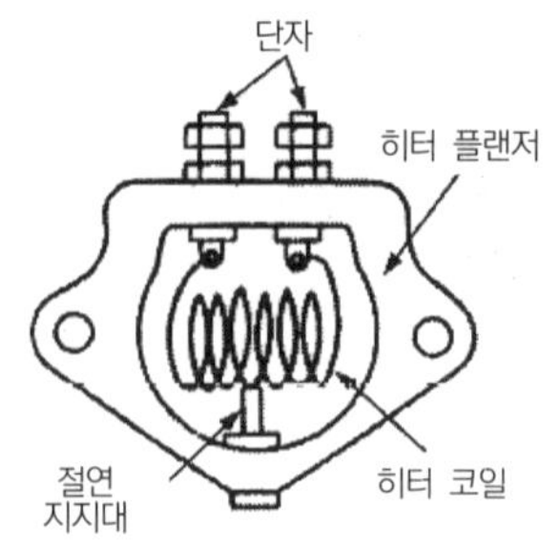

[그림 1-364] 히트 레인지의 구조

07 커먼레일 디젤 엔진(CRDI)

커먼레일식은 연료의 압력 발생이 커먼레일 분사 시스템에서 분리되어 있으며, 연료의 분사 압력은 엔진의 회전속도와 분사되는 연료량에 독립적으로 생성된다. 연료의 분사량과 분사시기는 **ECU에 의해** 계산되어 분사 유닛을 경유하여 **인젝터 솔레노이드 밸브를 통하여 각 실린더에 분사**된다.

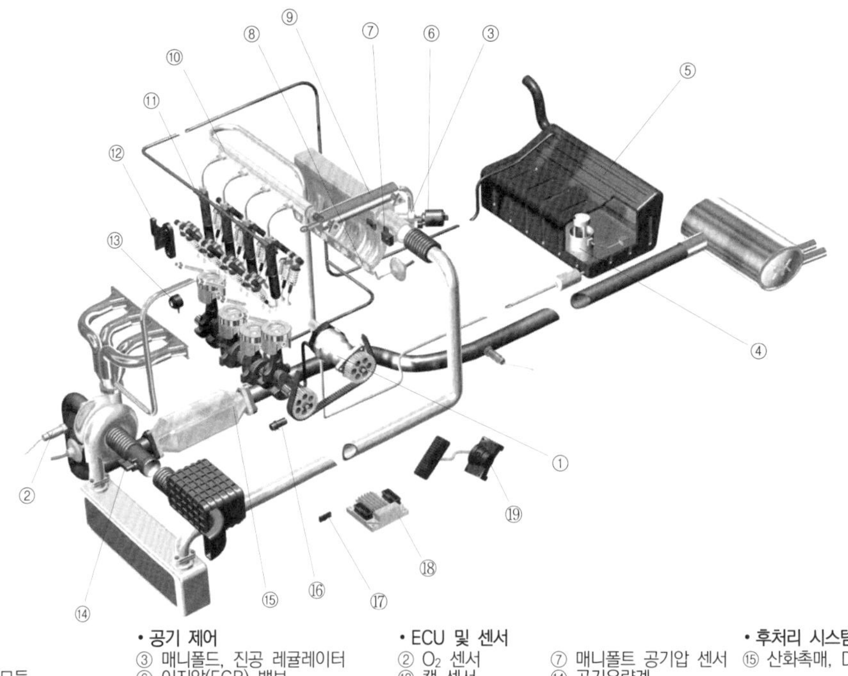

- 연료 제어
  - ① 고압 펌프
  - ④ 연료 탱크 모듈
  - ⑤ 연료 탱크
  - ⑩ 레일, 고압 파이프
  - ⑪ 인젝터
  - ⑬ Knock Sensor
- 공기 제어
  - ③ 매니폴드, 진공 레귤레이터
  - ⑥ 이지알(EGR) 밸브
  - ⑧ 스월밸브
  - ⑨ EGR 쿨러
- ECU 및 센서
  - ② O_2 센서
  - ⑫ 캠 센서
  - ⑯ 크랭크 센서
  - ⑱ ECU
  - ⑦ 매니폴트 공기압 센서
  - ⑭ 공기유량계
  - ⑰ 대기압 센서
  - ⑲ 페달 모듈
- 후처리 시스템
  - ⑮ 산화촉매, DPF

[그림 1-365] 커먼레일 디젤 엔진(CRDI) 장치의 구성도

1 커먼레일 엔진의 특성

① **고압 직접 분사 엔진**
② 출력과 연비 향상
③ 강화된 배기가스 규제 만족
④ ECU에 의한 정확한 연료 제어
⑤ 저소음 · 저공해 엔진

2 커먼레일 엔진과 기존 디젤 엔진의 성능 비교

구 분	기존 디젤	커먼레일	성능의 차이점
연료분사 제어방식	조속기를 통해 엔진의 원심력에 비례하여 연료분사량 제어	ECU가 각 센서의 정보를 입력 받아 전기적 신호로 분사 제어	최적의 조건에 맞춰 연료를 분사하므로 적은 연료로 높은 출력을 얻을 수 있음
연료분사 횟수	엔진 폭발행정 시 1회 분사	엔진 폭발행정 시 전분사, 주분사 2차례 걸쳐 분사함	최고 폭발압을 줄이면서 연소실 내 고른 압력분포를 얻을 수 있음, 소음 가소
연료분사 압력	최대 750~1,100bar	최대 1,350~1,600bar	고압의 연료를 연소실에 직접 분사함으로써 출력 향상과 배기가스 저감
인젝터 연료 공급방식	연료분사 펌프에서 각각의 연료 파이프를 통해 인젝터로 공급	커먼레일에서 인젝터로 직접 공급	일정한 고압으로 직접 연소실로 공급되어 엔진 반응 시간이 단축되고 가속성능 향상

3 커먼레일 엔진의 연료분사 특성

(1) 파일럿 분사(Pilot injection, 예비분사)

주분사가 이루어지기 전 연료를 분사하여 연소가 잘 이루어지게 하기 위한 분사이며, 예비분사 실시 여부에 따라 엔진의 **소음과 진동을 줄이기 위한** 목적

참고

예비분사를 실시하지 않는 경우

- 예비분사가 주분사를 너무 앞지르는 경우
- 엔진 회전수 3,200rpm 이상인 경우
- 연료분사량이 너무 적은 경우
- 주분사 시 연료량이 충분하지 않은 경우
- 연료압력이 최소압(100bar) 이하인 경우
- 엔진에 오류가 발생한 경우

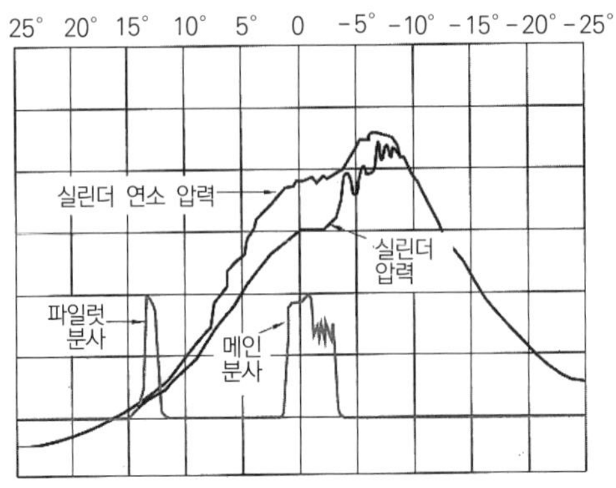

[그림 1-366] 커먼레일 엔진의 연료분사

(2) 메인 분사(Main injection, 주분사)

엔진의 출력에 직접 관계되는 에너지는 주분사로부터 나온다. 주분사는 예비분사가 실행되었지를 고려하여 연료분사량을 계산한다.

(※최근에는 예비분사 2회, 주분사 1회, 사후분사 2회를 하는 엔진도 있다.)

참고

커먼레일 엔진에서 주분사량(분사 시간)을 결정짓는 요소들

- 엔진 토크값(가속 페달 센서값)
- 흡입공기량과 흡기온도
- 엔진 회전수
- 대기압
- 냉각수 온도

4 CRDI 연료장치의 구성

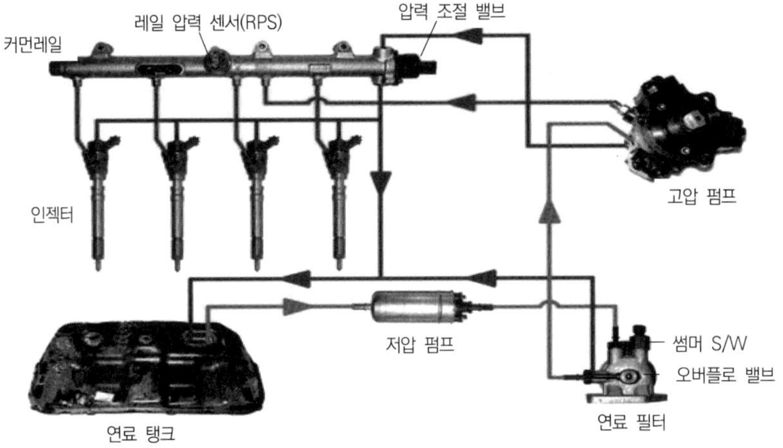

[그림 1-367] 커먼레일 연료 라인의 구성도

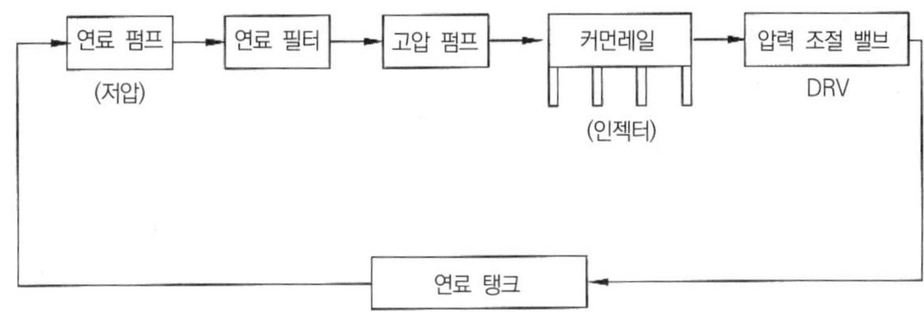

[그림 1-368] 커먼레일 시스템의 연료 흐름도

(1) 저압 연료 펌프

① 저압 연료 펌프는 1차 압력을 형성하는 것으로 고압 펌프에 연료를 이송한다.

② 기계식 또는 전기식이 있다.

③ 최초 발생 토출압력은 4~5bar로 발생된다.

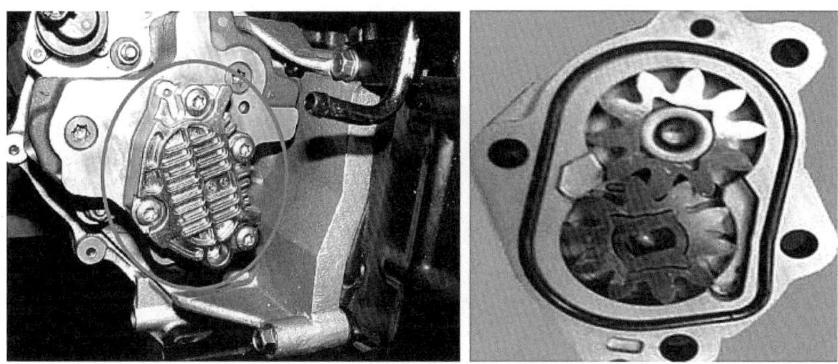

[그림 1-369] 저압 연료 펌프(기계식)

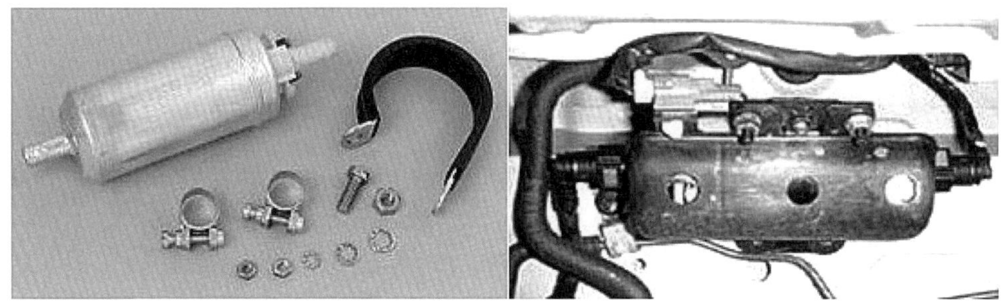

[그림 1-370] 저압 연료 펌프(전기식)

(2) 고압 펌프

엔진의 캠축에 의해 구동(타이밍 체인 또는 벨트와 연동)되며, 저압 연료 펌프에서 공급된 연료를 **고압으로 형성하여 커먼레일(어큐뮬레이터)에 송출**한다. 최고압력은 1,420bar이고, 설정압력은 1,350bar이다.

[그림 1-371] 고압 펌프 분해도

(3) 커먼레일(어큐뮬레이터)

고압 펌프로부터 이송된 연료가 저장되고 축압되는 파이프이다. 연료가 분사될 때의 압력 변화는 레일 체적과 내부 압력으로 유지되며, 레일 압력은 ECU에 의해 제어하는 압력과 고압 펌프의 속도에 따라 정해진다.

[그림 1-372] 커먼레일

(4) 인젝터

① **방식** : 커먼레일 인젝터는 고압 연료 펌프로부터 송출된 연료가 레일을 통해 인젝터까지 공급되고 공급된 연료를 연소실에 직접 분사하는 DI(Dirert Injection) 방식이다.

② **작동순서** : ECU에서 코일에 전류공급 → 밸브가 연료압력으로 들어 올려짐 / 니들과 노즐이 상승, 컨트롤 챔버(제어 챔버)를 통해 연료 배출 → 고압연료 연소실 분사

③ 인젝터 제어 : **ECU 내부 구동 드라이브에서** 높은 전압 및 전류로 제어

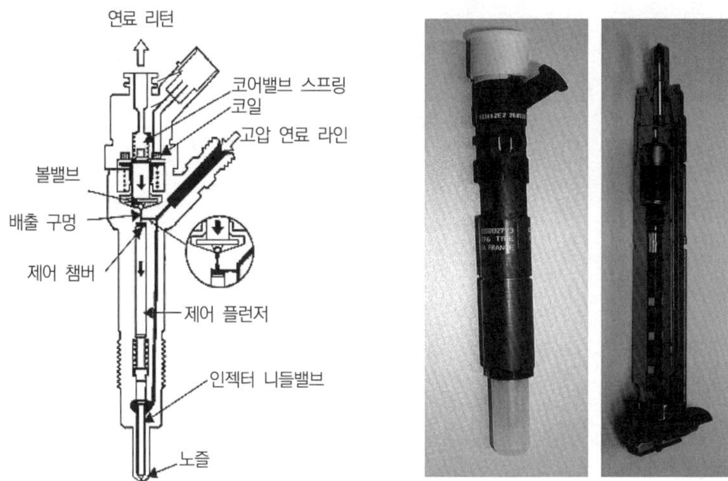

[그림 1－373] 커먼레일 인젝터

(5) 프리히터

① 냉각수 라인(히터) 내에 가열 플러그를 설치하여 외기 온도가 낮을 경우 일정 시간 동안 작동시켜 엔진에서 히터로 유입되는 냉각수의 온도를 높여줌으로써 히터의 난방성능을 향상시킨다.

② 시동이 걸린 상태에서 냉각수온이 70℃ 이하이면 ECU는 병렬로 연결된 히터 릴레이를 작동하고, 냉각수온이 70℃ 넘으면 ECU가 자동으로 전원을 OFF시킨다.

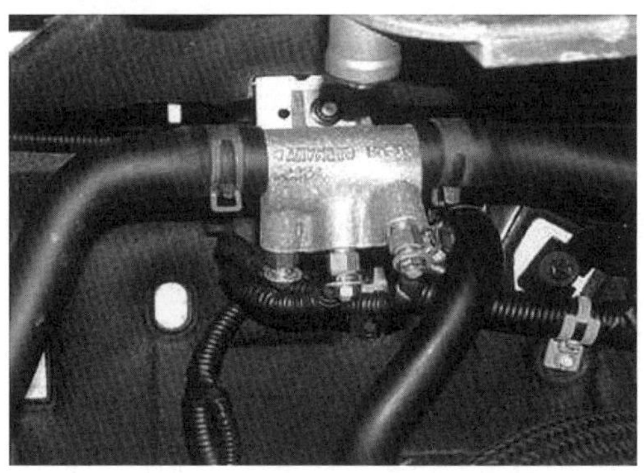

[그림 1－374] 커먼레일 프리히터

(6) 연료 필터

① 기능 : 연료 필터는 연료 속에 함유되어 있는 수분이나 이물질을 여과하여 고압 펌프의 손상을 방지하여, 고압 펌프에서 원활한 작용이 이루어지도록 한다.

② 구성 : **연료 히팅 장치, 연료온도 스위치, 수분 감지 센서**

㉠ 연료 히팅 장치

- 연료 필터의 히터는 ECU의 제어와는 관계없이 연료 필터 내 연료온도 스위치 ON/OFF에 따라 작동한다.

• 연료온도 스위치 : 연료 히팅 장치 내에 내장되어 있는 연료온도 스위치는 바이메탈식으로 -3℃ 이하 시 스위치의 접점이 붙으면서 릴레이가 작동(ON)되어 연료 필터 내의 히터를 작동하여 연료를 가열한다.

ⓛ 수분 감지 센서 : 수분 감지 센서는 필터 내에 수분이 감지될 경우 수분 경고등을 점등시키며, 이때 연료 필터의 수분을 제거해 주어야 한다.

[그림 1-375] 커먼레일 연료 필터

(7) ECU 입력요소

① 레일(연료) 압력 센서(RPS) : 피에조 압전 소자로 커먼 레일 압축기의 **연료압력을 측정하며 연료량 및 분사시기를 조정하는 신호로 이용**

② 에어플로 센서(AFS) : 핫필름 방식으로 연료량 보정과 EGR율 계산에 사용

③ 흡기온도 센서(ATS) : 부특성 서미스터로 연료분사량, 분사시기, 시동 시 연료량 제어 등에 보정 신호로 사용

④ 액셀러레이터 포지션 센서(APS) 1, 2 : 센서 1은 주 센서로 연료분사량과 분사시기를 결정하는 신호이며, 센서 2는 센서 1을 검사하는 센서로 차량의 급출발을 방지하기 위한 센서

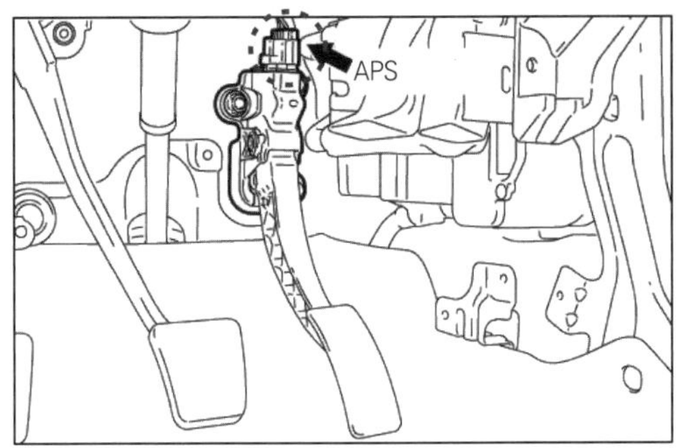

[그림 1-376] 액셀러레이터 포지션 센서의 위치

⑤ 연료온도 센서(FTS) : 부특성 스미스터로 연료온도에 다른 연료분사량 보정 신호로 이용

⑥ 냉각수온 센서(WTS) : 냉각수의 온도 변화에 따라 연료량 보정을 하는 신호로 이용되며 열간 시에는 냉각팬 제어 신호로 이용

⑦ **크랭크 포지션 센서(CPS)** : 마그네틱 방식으로 크랭크축의 각도, 피스톤의 위치, 엔진 회전수 등을 검출하며 피스톤의 위치는 연료 분사 시기를 결정, 고장 시 엔진을 정지시킴

⑧ **캠 포지션 센서(CMP)** : 홀 센서 방식으로 1번 실린더 압축상사점을 검출하여 연료 분사 순서를 결정

⑨ **차속 센서(VSS)** : 타코미터 차속 표시용 신호, 공회전 보정 듀티 범위 제한, 냉각팬 제어, 최대차속 초과 시 연료분사 중지, 차량 울렁거림 제어, 트랙션 컨트롤 제어 시에 이용

⑩ **노크 센서** : 엔진의 이상 연소 유무를 파악하여 엔진의 진동을 감지, 아이들 안전성 제어 및 인젝터 손상 여부를 파악하여 경고등을 점등시키며 센서 고장 시 엔진 회전수, 공기량, 냉각수온 등 MAP값에 따라 점화시기를 보정

⑪ **대기압 센서(BPS)** : ECU 내에 설치되어 있으며, 대기압에 따라 분사시기 설정 및 연료분사량을 보정하며 EGR 금지 등을 결정

참고

커먼레일 시스템의 EGR 작동 중지 조건

- 엔진 공회전 시(1,000rpm 이하 52초 이상)
- 에어플로 센서 고장 시
- EGR 밸브 고장 시
- 냉각수 온도가 15℃ 이하 또는 100℃ 이상인 경우
- 배터리 전압이 8.9V 이하인 경우
- 고도가 1,000m 이상인 경우
- 흡기공기온도가 60℃ 이상인 경우

⑫ 기타 스위치

㉠ 클러치 스위치 신호 : 접점식 스위치로 정속 해제 시와 스모그 컨트롤 시에 필요한 기어 단수의 인식에 사용되며 충격 감소 보정용으로도 사용

㉡ 에어컨 스위치 신호 : 에어컨 작동 시 엔진 회전수의 저하를 방지하기 위해 연료분사량 보정 신호로 이용

㉢ 블로워 모터 스위치 : 전기 부하에 따른 엔진 회전수의 저하를 방지하기 위해 연료분사량 보정 신호로 이용

㉣ 에어컨 압력 스위치 : 로우 및 하이 스위치 신호는 에어컨 라인에 냉매 유무 및 막힘 유무를 판단하여 에어컨 콤프레서를 작동시키는 신호로 이용

㉤ 이중 브레이크 스위치 신호 : 액셀레이터 포지션 센서의 고장 여부를 판단하는 신호로 이용

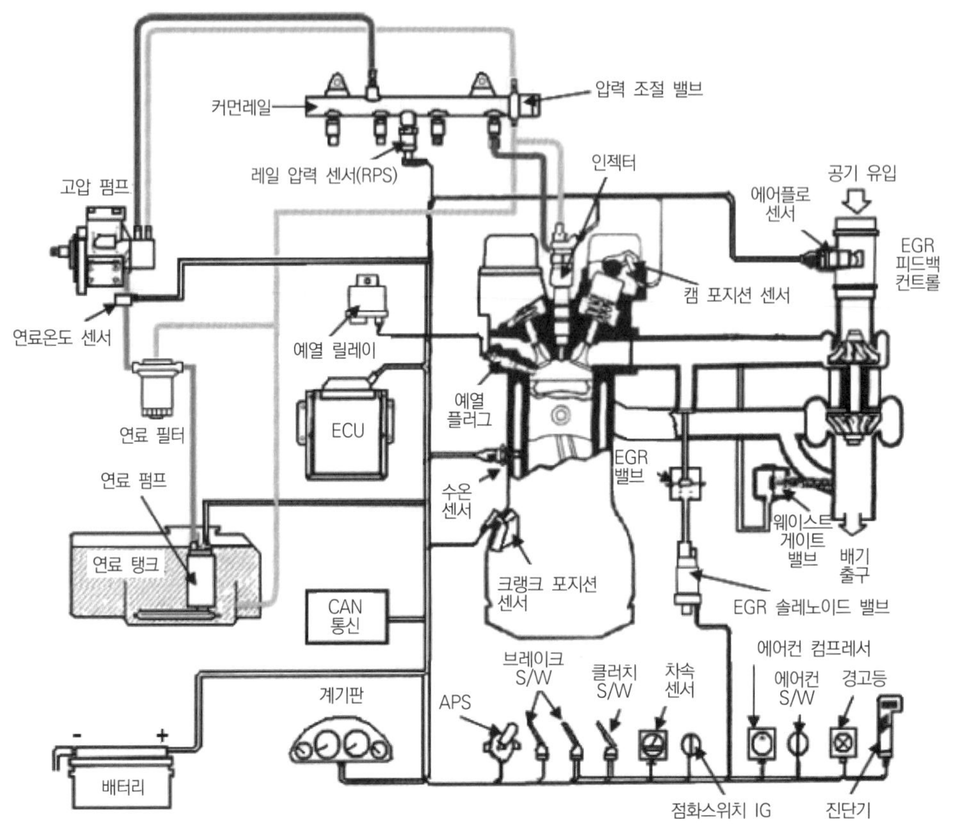

[그림 1-377] 커먼레일 입 · 출력 시스템도

(8) 커먼레일 시스템의 주요 입 · 출력 신호 및 제어

입력 신호	제어	출력 신호와 액추에이터
• 흡입공기 유량 센서(MAFS) • 흡기온도 센서(IATS) • 냉각수 온도 센서(ECTS) • 액셀페달 위치 센서(APS) • O_2 센서(HO_2S) • 부스트 압력 센서(BPS) • 연료온도 센서(FTS) • 크랭크축 포지션 센서(CKPS) • 캠축 포지션 센서(CMPS) • 커먼레일 압력 센서(RPS) • 연료 수분 감지 센서 • 차량 속도 센서	• ECU • 자기진단 • 고장 경고등(MIL)	• 연료분사 제어 • 연료압력 조절 밸브(FPRV) • 레일 압력 조절 밸브(RPRV) • 전자식 EGR 솔레노이드 밸브 • 가변 터보차저(VGT) 솔레노이드 밸브 • 스로틀 플랩 액추에이터 • 가변 스월 액추에이터

제 8 장

출제 예상 문제

• 디젤 기관

01 디젤 기관 연료의 구비조건으로 부적당한 것은?

① 착화온도가 높아야 한다.
② 기화성이 작아야 한다.
③ 발열량이 커야 한다.
④ 점도가 적당해야 한다.

해설 디젤 기관 연료의 구비조건
㉠ 적당한 점도일 것
㉡ 인화점이 높고 발화점이 낮을 것(착화 지연 기간 단축)
㉢ 내폭성 및 내한성이 클 것
㉣ 불순물이 없을 것
㉤ 카본 생성이 적을 것
㉥ 온도에 따른 점도의 변화가 적을 것
㉦ 유해 성분이 적을 것
㉧ 발열량이 클 것
㉨ 적당한 윤활성이 있을 것

02 디젤 기관 연료의 세탄가와 관계없는 것은?

① 세탄가는 기관성능에 크게 영향을 준다.
② 옥탄가가 낮은 디젤 연료일수록 그의 세탄가는 높다.
③ 세탄가가 높으면 착화 지연 시간을 단축시킨다.
④ 세탄가란 세탄과 α-메틸나프탈린의 혼합액으로 세탄의 함량에 따라 다르다.

해설 옥탄가는 가솔린 연료의 노크 방지성을 나타내는 수치이므로 세탄가와는 무관하다.

03 디젤 연료의 세탄가를 바르게 나타낸 것은?

① $\frac{\text{세탄}}{\text{세탄}+\text{이소옥탄}}\times 100[\%]$

② $\frac{\text{세탄}}{\text{세탄}+\text{노멀헵탄}}\times 100[\%]$

③ $\frac{\text{세탄}}{\text{세탄}+\alpha\text{-메틸나프탈린}}\times 100[\%]$

④ $\frac{\text{세탄}}{\text{세탄}-\text{노멀헵탄}}\times 100[\%]$

해설 세탄가(cetane number)
디젤 연료의 착화성을 나타내는 정도

$$\text{세탄가}=\frac{\text{세탄}}{\text{세탄}+\alpha\text{-메틸나프탈린}}\times 100[\%]$$

04 세탄가가 높은 연료를 사용하면 디젤 기관에 어떤 현상이 발생하는가?

① 점화가 나쁘다.
② 노크가 일어나기 쉽다.
③ 착화가 양호하다.
④ 어떠한 관계도 없다.

해설 디젤 연료의 세탄가가 높으면 착화가 양호하다.

05 디젤 기관의 연료 발화촉진제에 해당되지 않는 것은?

① 초산에틸 ② 아초산아밀
③ 카보닐아밀 ④ 아초산에틸

해설 디젤 연료 발화촉진제(착화성 향상제)
㉠ 초산아밀 ㉡ 아초산아밀
㉢ 초산에틸 ㉣ 아초산에틸
㉤ 아질산아밀 ㉥ 질산에틸
㉦ 과산화테드탈린

06 디젤 기관 연소에서 기간이 길어지는 경우 노킹이 발생하는 기간은?

① 착화 지연 기간 ② 화염 전파 기간
③ 직접 연소 기간 ④ 후기 연소 기간

해설 착화 지연 기간은 연료가 연소실에 분사된 후 착화될 때까지의 기간으로 약 1/1,000~4/1,000초 정도 소요되며, 이 기간이 길어지면 노크가 발생한다.

07 디젤 기관의 연소에 영향을 미치는 중요 요소와 가장 관계가 적은 것은?

① 분사시기 ② 연료의 인화점
③ 분무의 상태 ④ 공기의 유동

해설 연소에 영향을 미치는 요소는 분사시기, 연료의 착화점, 분무의 상태, 공기의 유동 등이다.

정답 01 ① 02 ② 03 ③ 04 ③ 05 ③ 06 ① 07 ②

08 디젤 노크를 방지하기 위한 방법이 아닌 것은?

① 착화성이 좋은 연료를 사용한다.
② 압축비가 높은 기관을 사용한다.
③ 분사 초기의 연료분사량을 많게 하고 착화 후기 분사량을 줄인다.
④ 연소실 내의 와류를 증가시키는 구조로 만든다.

해설 **디젤 노크 방지법**
㉠ 착화성이 좋은 연료(세탄가가 높은 연료)를 사용하여 착화 지연 기간을 짧게 한다.
㉡ 압축비, 압축압력, 압축온도를 높인다.
㉢ 흡입공기의 온도, 연소실 벽의 온도, 엔진의 온도를 높인다.
㉣ 흡입공기에 와류가 일어나도록 한다.
㉤ 회전속도를 빠르게 한다.
㉥ 분사시기를 알맞게 조정한다.
㉦ 분사 개시에 분사량을 적게 하여 급격한 압력상승을 억제한다.

09 가솔린 기관과 비교할 때 디젤 기관의 장점이 아닌 것은?

① 부분 부하 영역에서 연료소비율이 낮다.
② 넓은 회전속도 범위에 걸쳐 회전토크가 크다.
③ 질소산화물과 일산화탄소가 조금 배출된다.
④ 열효율이 높다.

해설 **디젤 기관의 장점**
㉠ 열효율이 높고, 연료소비율이 적다.
㉡ 인화점이 높은 경유를 사용하므로 그 취급이나 저장에 위험이 적다.
㉢ 대형 엔진 제작이 용이하다.
㉣ 경부하 시 효율이 그다지 나쁘지 않다.
㉤ 점화장치가 없어 이에 따른 고장이 적다.

10 디젤 기관의 연소실 형식 중 연소실 표면적이 작아 냉각 손실이 작은 특징이 있으며, 보조 가열 장치가 없는 경우 시동성이 가장 좋은 것은?

① 직접분사실식 ② 예연소실식
③ 와류실식 ④ 공기실식

해설 직접분사실식은 연소실 표면적이 작아 냉각 손실이 작고 보조 가열장치가 없는 경우에도 시동성이 가장 좋다.

11 디젤 기관의 연소실 중 예연소실의 분사압력으로 적합한 것은?

① 100~120kgf/cm^2 ② 200~300kgf/cm^2
③ 400~500kgf/cm^2 ④ 300~700kgf/cm^2

해설 ㉠ 직접분사실식 : 200~300kgf/cm^2
㉡ 예연소실식 : 100~120kgf/cm^2
㉢ 와류실식 : 100~140kgf/cm^2

12 디젤 기관에서 예연소실식의 장점이 아닌 것은?

① 단공 노즐을 사용할 수 있다.
② 분사 개시 압력이 낮아 연료장치의 고장이 작다.
③ 작동이 부드럽고 진동이나 소음이 적다.
④ 실린더 헤드가 간단하여 열변형이 적다.

해설 **예연소실식의 장단점**
(1) 장점
㉠ 연료의 분사 개시 압력이 비교적 낮으므로 연료장치의 고장이 적고, 수명이 길다.
㉡ 사용연료의 변화에 민감하지 않아 노크가 적다.
㉢ 운전 상태가 정숙하다.
㉣ 공기와 연료의 혼합이 잘 되고, 다른 형식보다 기관에 유연성이 있다.
㉤ 제작비가 염가이다.
(2) 단점
㉠ 실린더 헤드의 구조가 복잡하며, 예열 플러그가 필요하다.
㉡ 연료소비가 많으며, 연소실 구조가 복잡하다.
㉢ 예연소실 용적에 대한 표면적이 크기 때문에 냉각 손실이 크다.
㉣ 엔진 소음이 크고, 진동이 있다.

13 디젤 기관의 분사 펌프식 연료장치의 연료공급 순서가 맞는 것은?

① 연료 탱크 → 연료 여과기 → 연료공급 펌프 → 연료 여과기 → 분사 펌프 → 고압 파이프 → 분사 노즐 → 연소실
② 연료 탱크 → 연료 여과기 → 연료공급 펌프 → 분사 펌프 → 연료 여과기 → 고압 파이프 → 분사 노즐 → 연소실
③ 연료 탱크 → 연료공급 펌프 → 연료 여과기 → 분사 펌프 → 연료 여과기 → 고압 파이프 → 분사 노즐 → 연소실
④ 연료 탱크 → 연료 여과기 → 연료공급 펌프 → 연료 여과기 → 분사 펌프 → 분사 노즐 → 고압 파이프 → 연소실

정답 08 ③ 09 ③ 10 ① 11 ① 12 ④ 13 ①

해설 디젤 엔진의 연료 공급 순서

연료 탱크 → 연료 여과기 → 연료공급 펌프 → 연료 여과기 → 분사 펌프 → 고압 파이프 → 분사 노즐 → 연소실

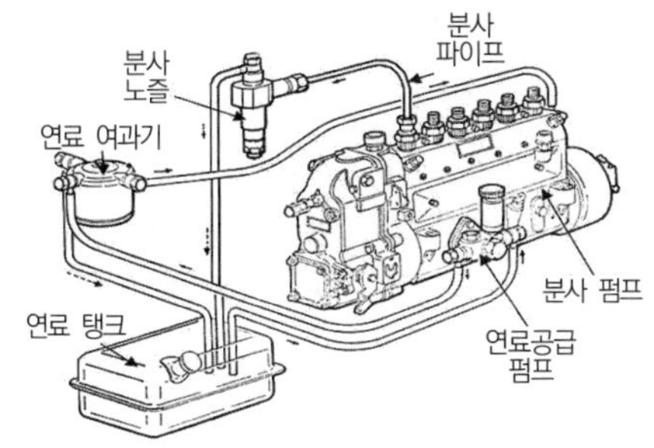

14 디젤 기관에서 연료분사 펌프의 거버너는 어떤 작용을 하는가?

① 분사압력을 조정한다.
② 분사시기를 조정한다.
③ 착화시기를 조정한다.
④ 분사량을 조정한다.

해설 거버너(조속기)

연료분사량 조정장치(엔진의 속도와 부하 조절)

☞ 연료분사량을 조정하여 최고회전을 제어한다.

15 디젤 기관에서 딜리버리 밸브 작용에 대한 설명으로 틀린 것은?

① 연료의 역류를 방지한다.
② 고압 파이프 안의 잔압을 유지한다.
③ 분사압력을 조절하는 밸브이다.
④ 연료분사 시 후적을 방지한다.

해설 딜리버리 밸브의 기능

㉠ 후적 방지
㉡ 역류 방지
㉢ 잔압 유지

16 연료 여과기의 오버플로 밸브의 기능이 아닌 것은?

① 연료 여과기 내의 압력이 규정 이상으로 상승되는 것을 방지한다.
② 엘리먼트에 부하를 가하여 연료 흐름을 가속화한다.
③ 연료의 송출압력이 규정 이상으로 상승되는 것을 방지한다.
④ 연료 탱크 내에서 발생된 기포를 자동적으로 배출시키는 작용도 한다.

해설 오버플로 밸브의 기능

㉠ 연료 여과기 내의 압력이 규정 이상으로 상승되는 것을 방지한다.
㉡ 공급 펌프에서 소음이 발생되는 것을 방지한다.
㉢ 기포를 자동적으로 배출시키는 작용을 한다.

17 각 실린더의 분사량을 측정하였더니 최대 분사량이 66cc, 최소 분사량이 58cc, 평균 분사량이 60cc이였다면 분사량의 [+]불균율은?

① 10%　　② 15%
③ 20%　　④ 30%

해설 $[+]\text{불균율} = \dfrac{\text{최대 분사량} - \text{평균 분사량}}{\text{평균 분사량}} \times 100$

☞ $\dfrac{66-60}{60} \times 100 = 10\%$

18 디젤 기관에서 연료분사량 부족의 원인 중 틀린 것은?

① 기관의 회전속도가 낮다.
② 분사 펌프의 플런저가 마멸되었다.
③ 토출 밸브 시트가 손상되었다.
④ 토출 밸브 스프링이 약화되었다.

해설 연료분사량 부족의 원인은 분사 펌프의 플런저 마멸, 토출 밸브 시트의 손상 또는 토출 밸브 스프링의 약화, 분사 노즐의 기능 불량 등이다.

19 디젤 기관에서 연료분사의 3대 요인과 관계가 없는 것은?

① 무화　　② 분포
③ 디젤지수　　④ 관통력

해설 연료분사의 3대 조건

㉠ 관통 : 높은 압력의 가스를 뚫고 나갈 수 있는 압력이 필요
㉡ 분포(분산) : 연소실 전체에 고루 퍼져야 함
㉢ 무화(안개화) : 공기와의 혼합이 잘 되어야 함

20 디젤 기관의 밀폐형 노즐에 속하지 않는 것은?

① 핀틀형 노즐　　② 다공형 노즐
③ 스로틀형 노즐　　④ 플런저형 노즐

해설 밀폐형 노즐의 종류

㉠ 핀틀형 노즐
㉡ 구멍형(단공형, 다공형) 노즐
㉢ 스로틀형 노즐

정답 14 ④ 15 ③ 16 ② 17 ① 18 ① 19 ③ 20 ④

21 디젤 기관 구멍형 노즐의 특징이 아닌 것은?

① 연료소비율이 적다.
② 연료의 무화가 좋다.
③ 기관의 시동이 쉽다.
④ 연료 분사 개시 압력이 비교적 낮다.

해설 **구멍형 노즐의 장단점**

(1) 장점
㉠ 분사압력이 높아 무화가 좋다.
㉡ 엔진 기동이 쉽다.
㉢ 연료소비량이 적다.

(2) 단점
㉠ 가공이 어렵고 제작비가 비싸다.
㉡ 구멍이 막힐 우려가 있다.
㉢ 분사압력이 높아 수명이 짧고, 연료가 새기 쉽다.

22 디젤 기관 분사 노즐에 대한 시험 항목이 아닌 것은?

① 연료의 분사량
② 연료의 분사각도
③ 연료의 분무 상태
④ 연료의 분사압력

해설 **분사 노즐에 대한 시험 항목**
㉠ 분사 개시 압력
㉡ 분사각도
㉢ 분무 상태(무화 상태)
㉣ 분사 끝의 상태(후적 유무)

23 2행정 사이클 디젤 기관에서 항상 한 방향의 소기류가 일어나고 소기효율이 높아 소형 고속 디젤 기관에 적합한 소기법은?

① 단류 소기법　② 루프 소기법
③ M.A.N 소기법　④ 횡단 소기법

해설 **2행정 사이클 기관 소기방식**
㉠ 횡단 소기법(크로스 형식)
㉡ 루프 소기법(MAN 형식)
㉢ 단류 소기법(유니플로 형식)

※단류 소기법(유니플로 형식)은 항상 한 방향의 소기흐름이 일어나고 소기효율이 높아 소형 고속 디젤 기관에 적합하다.

(a) 횡단 소기

(b) 루프 소기

(c) 단류 소기

24 디젤 기관에서 과급기의 사용 목적으로 틀린 것은?

① 엔진의 출력이 증대된다.
② 체적효율이 작아진다.
③ 평균 유효압력이 향상된다.
④ 회전력이 증가한다.

해설 과급기는 터보차저와 슈퍼차저가 있다. 배기가스 압력을 이용한 방식을 터보차저라 하고, 엔진의 출력을 이용한 방식을 슈퍼차저라고 한다. ①, ③, ④항 외 과급기의 체적효율이 커진다.

25 다음 중 디젤 기관에서 과급기를 사용하는 이유가 아닌 것은?

① 체적효율 증대　② 출력 증대
③ 냉각효율 증대　④ 회전력 증대

해설 과급기는 흡입공기를 흡입하여 공기의 흐름을 속도에너지에서 압력에너지로 바꿔주므로 흡기온도가 올라간다. 이 가열된 흡기온도는 공기의 밀도를 낮게 하므로 인터쿨러로 냉각시켜야 한다. 그러므로 냉각효율을 증대하기 위해서 인터쿨러가 장착되어 그 기능을 수행한다.

26 디젤 기관의 인터쿨러(Inter-Cooler) 장치는 어떤 효과를 이용한 것인가?

① 압축된 공기의 밀도를 증가시키는 효과
② 압축된 공기의 온도를 증가시키는 효과
③ 압축된 공기의 수분을 증가시키는 효과
④ 배기가스를 압축시키는 효과

해설 **인터쿨러(Inter Cooler)**
터보차저에서 배기가스 압력을 이용하여 공기가 압축되면 공기 밀도 저하로 출력이 감소하므로, 이때 냉각하여 밀도를 회복시키는 일을 담당한다.

27 과급기에서 공기의 속도에너지를 압력에너지로 바꾸는 장치는?

① 디플렉터(Deflector)
② 터빈(Turbine)
③ 디퓨저(Diffuser)
④ 루트 슈퍼차저(Loot Super-Charger)

해설 **디퓨저(Diffuser)**
터보차저의 날개바퀴에 설치된 것으로 공기의 속도에너지를 압력에너지로 바꾸는 장치이다. 즉, 속도가 작아지고 압력은 커진다.

정답 21 ④ 22 ① 23 ① 24 ② 25 ③ 26 ① 27 ③

28 전자제어 디젤 엔진의 연료 분사 장치 중 커먼레일(Common rail)에 대한 설명으로 옳은 것은?

① 분사압력이 속도에 따라 증가하면 분사량도 증가한다.
② 분사압력의 발생과 분사과정이 독립적으로 이루어진다.
③ 캠 구동장치를 사용하므로 구조가 단순하다.
④ 파일럿 분사는 불가능하다.

해설 디젤 커먼레일(Common rail) 방식은 분사압력의 발생과 분사과정이 독립적으로 이루어지는 시스템이다.

29 커먼레일 엔진에서 파일럿 분사의 기능으로 맞게 설명한 것은?

① 예비분사를 통하여 주분사의 착화 지연 시간을 짧게 한다.
② 주분사를 통하여 착화 지연 시간을 짧게 한다.
③ 주분사 시간을 길게 하여 착화 지연 시간을 짧게 한다.
④ 주분사 시간을 짧게 하여 착화 지연 시간을 길게 한다.

해설 **파일럿 분사(Pilot injection, 예비분사)**
주분사가 이루어지기 전 연료를 분사하여 주분사의 착화 지연 시간을 짧게 하여 연소가 잘 이루어지게 하기 위한 것이며, 또한 예비분사 실시 여부에 따라 엔진의 소음과 진동을 줄일 수 있다.

30 다음은 커먼레일(CRDI) 디젤 엔진의 내용이다. 다음 ( ) 안에 적합한 내용은?

> 예비분사(Pilot Injection)는 주분사가 이루어지기 전 미세한 연료를 연소실에 분사하여 연소 가 잘 이루어지게 한다. 이러한 예비분사를 실시하는 주요 이유는 엔진의 (a)과 (b)을 줄이기 위한 것에 목적을 두고 있다.

① a : 매연, b : 소음
② a : 소음, b : 진동
③ a : 연료소비율, b : 진동
④ a : 배압, b : 매연

해설 **커먼레일 엔진의 연료분사 특성**
㉠ 예비분사(Pilot Injection) : 주분사가 이루어지기 전 미세한 연료를 연소실에 분사형 연소가 잘 이루어지게 한다. 이러한 예비분사를 실시하는 주요 이유는 엔진의 소음과 진동을 줄이기 위한 것에 목적을 두고 있다.
㉡ 주분사(Main Injection) : 엔진의 출력에 직접 관계되는 에너지는 주분사로부터 나온다. 주분사는 예비분사가 실행되었지를 고려하여 연료분사량을 계산한다.

참고 **커먼레일 엔진에서 주분사량(분사 시간)을 결정짓는 요소들**
㉠ 엔진 토크값(가속 페달 센서값)
㉡ 엔진 회전수
㉢ 냉각수 온도
㉣ 흡입공기량과 흡기온도
㉤ 대기압

정답 28 ② 29 ① 30 ②

전 기

오세인의 자동차 구조원리

오세인의 자동차 구조원리

www.cyber.co.kr

CHAPTER 01

전기 일반

01 전기의 3요소

전기의 흐름에는 **전압, 전류, 저항**의 3요소가 있어야 한다.

1 전압

① 도체에 전류가 흐를 수 있게 하는 전기적 압력으로 **전위차**라고도 한다.

② 기호 : E, 단위 : V

③ 1Ω 의 도체에 1A의 전류를 흐르게 할 수 있는 전기의 압력을 1V라 한다.

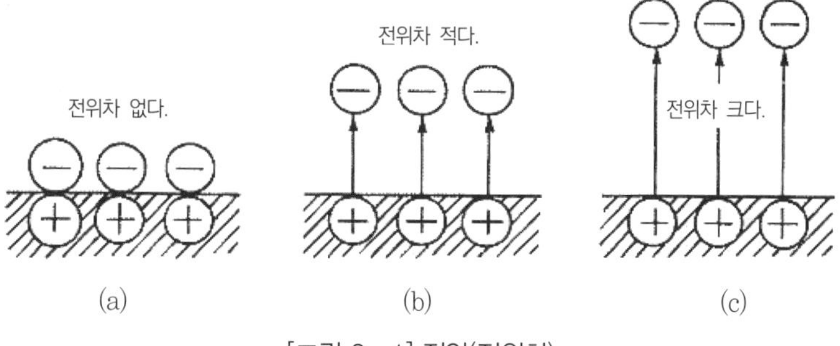

[그림 2 – 1] 전압(전위차)

2 저항

① 도체 내에 전류가 흐를 때, 전류의 흐름을 방해하는 요소

② 기호 : R, 단위 : Ω

③ 1A의 전류를 통하는데 1V의 전압을 필요로 하는 도체의 저항을 1Ω 이라 한다.

④ 저항의 접속법

㉠ 직렬접속

- 합성저항은 각 저항을 합한 것과 같다.
- 합성저항의 크기는 각 저항값보다 크다.
- 회로에 흐르는 전류의 크기가 작아진다.
- 각각의 저항에 흐르는 전류는 같으나, 작용하는 전압의 크기는 다르다.

• 합성저항

$$R = R_1 + R_2 + R_3 + \cdots\cdots + R_n$$

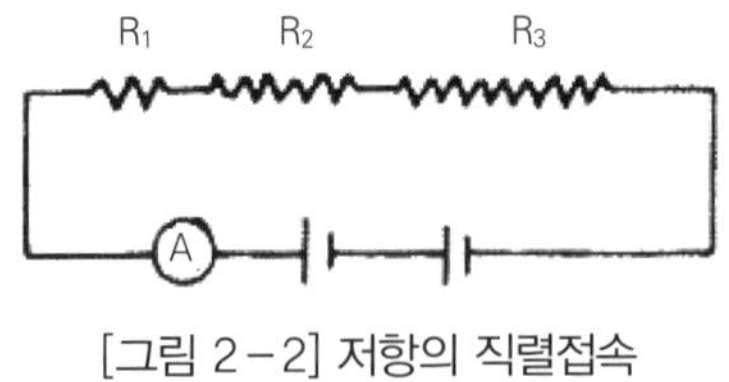

[그림 2-2] 저항의 직렬접속

㉡ 병렬접속

• 합성저항은 각 저항의 역수를 합한 값의 역수와 같다.

• 합성저항의 크기는 각 저항값보다 작다.

• 회로에 흐르는 전류의 크기가 커진다.

• 각각의 저항에 가해지는 전압의 크기는 같으나 흐르는 전류의 크기는 다르다.

• 합성저항

$$R = \frac{1}{\frac{1}{R_1} + \frac{1}{R_2} + \frac{1}{R_3} + \cdots\cdots + \frac{1}{R_n}}$$

㉢ 직병렬접속 : 직렬접속과 병렬접속을 병행한 것

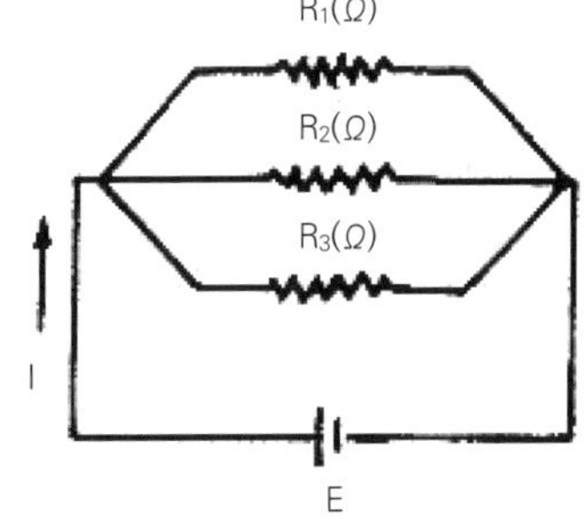

[그림 2-3] 저항의 병렬접속

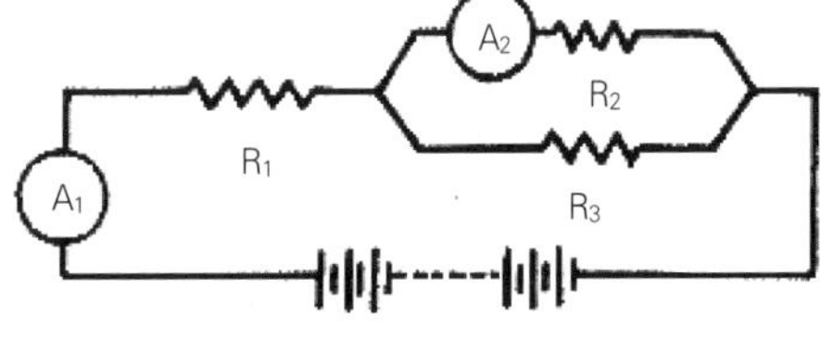

[그림 2-4] 저항의 직병렬접속

⑤ 접촉저항

㉠ 회로의 접속부의 접촉 불량으로 인한 저항이다.

㉡ 접촉저항이 커지면 전류의 흐름이 나빠지게 된다.

㉢ 접촉저항은 접촉부의 단면적과 접촉압력에 반비례하며, 접촉면의 부식 상태 등에 따라서도 달라진다.

⑥ 전압강하

㉠ 도체에 전류가 흐를 때 가해진 전압이 저하되는 현상이다.

㉡ 도체의 고유저항과 접속부의 접촉저항에 의하여 발생한다.

㉢ 직렬접속 시 많이 일어난다.

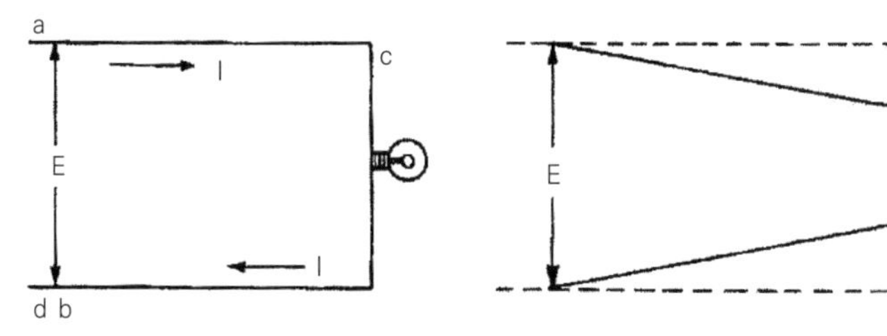

[그림 2-5] 전압강하

⑦ 고유저항

㉠ 도체가 가지고 있는 본래의 저항을 고유저항이라 하며, 도체의 재질 · 온도 · 형상 등에 따라 달라진다.

㉡ **도체의 고유저항은 길이에 비례**하고, **단면적에 반비례**한다.

㉢ 도체의 고유저항

$$R = \rho\frac{l}{A}$$

여기서, ρ = 도체의 고유저항(Ω · cm)
l = 도체의 길이(cm)
A = 도체의 단면적(cm^2)

▌도체의 고유저항

금 속		고유저항 20℃에서($\times10^{-6}$㎝)	고유저항 온도계수 20℃에서 1℃ 변화량)
은	Ag	1.62	0.0038
구리	Cu	1.69	0.00393
알루미늄	Al	2.62	0.0039
금	Au	2.40	0.0034
백금	Pt	10.5	0.003
텅스텐	W	5.48	0.0045
주철	Fe	75~100	0.0019
니켈	Ni	6.9	0.006
콘스탄틴	Ni40+Cu60	49(0℃)	−0.004~+0.0001
망간	Mn	44(0℃)	0.000002~0.00005
니크롬	Ni+Cr+Fe	100(24℃)	0.004

㉣ 저항과 온도와의 관계

- 도체의 저항은 온도가 올라가면 저항은 증가하고 온도가 내려가면 저항도 내려간다(온도에 비례).
- 탄소나 반도체, 절연체 등의 물질의 저항은 온도에 반비례한다.
- 온도가 1℃ 변화함에 따라 저항값의 변화량을 저항의 온도계수라 한다.

3 전류

① '+' 전하의 이동 또는 '−' 전자(자유 전자)의 이동

② 기호 : I, 단위 : A

③ 1A란 임의의 한 점을 매초 $1Q$ 전하가 이동하는 것을 말한다.

$$I=\frac{Q}{t}(A)$$

여기서, I : 전류(A)
Q : 전기량(Coulomb)
t : 전류가 흐르는 시간(sec)

④ 전류의 3대 작용

㉠ 발열작용
- 전류가 도체 속을 흐를 때 도체의 저항에 의하여 발생
- 도체의 저항이 클수록 큼
- 등화장치, 시거라이터 등

㉡ 화학작용
- 전류가 도체 속을 흐를 때 대전작용에 의해 발생
- 전기도금, 축전지 등

㉢ 자기작용
- 전류가 도체 속을 흐를 때 도체 주위에 전자력이 발생
- 전동기(모터), 발전기 등

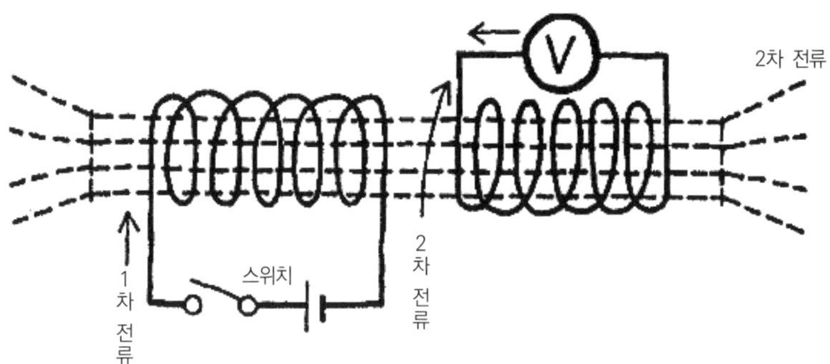

[그림 2－6] 자기작용

4 전기회로

① 전류가 흐를 수 있도록 도체를 연결한 것

② 개회로(Open Circuit) : 회로가 연결되지 않은 상태

③ 폐회로(Close Circuit) : 회로가 연결되어 전류가 흐를 수 있는 상태

④ 단선(Open) : 회로를 형성하는 도체가 끊어진 것

⑤ 단락(Short) : 도체끼리 접속되어 회로의 길이가 짧아진 것

⑥ 접지(Ground, Earth) : 도체와 몸체(보디)가 접속된 것

⑦ 전기회로의 기호

기 호	명 칭	설 명
	Battery(배터리)	전원 배터리를 의미하며, 긴 쪽이 ⊕, 짧은 쪽이 ⊖임
	Condenser(콘덴서)	전기를 일시적으로 저장하였다가 방출함 (교류에는 전도성이 있으며, 직류는 전류를 전달하지 못함)
	Resistor(저항)	고유저항, 니크롬선 등
	Variable Resistor (가변저항)	저항값이 변하는 저항(인위적 또는 여건에 따라)
	Bullb(전구)	램프를 의미
	Double Bulb(더블 전구)	이중 필라멘트를 가진 램프, 테일라이트, 헤드라이트 등
	Coil(코일)	전류를 통하면 전자석이 됨(자장의 발생)
	Double Magnetic	두 개의 코일이 감긴 전자석 혹은 마그넷, 스타팅 모터의 마그넷 스위치
	Transtormer(변압기)	변압기로서 이그니션 코일같은 경우
	S.W(스위치)	일반적인 스위치를 표시함
	Relay(릴레이)	S_1과 S_2에 전류를 통하면 코일이 전자석이 되어 스위치(SW)를 붙여줌
	S.W	2단계 스위치로서 평상시 붙어 있는 접점은 흑색으로 표시함
	Delay Relay (지연 릴레이)	지연 릴레이로서 일종의 Timmer 역학을 의미함. 그림은 Off 지연 릴레이임
	(N.O) Normal Open(스위치)	평상시 접촉이 이루어지지 않다가 누를 때만 접촉됨. 혼 스위치, 각종 스위치 등
	Normal Close(스위치)	평상시에는 접촉이 이루어지나 누를 때만 접촉 안 됨, 주차 브레이크 스위치, 림 스위치, 브레이크 스위치 등에 쓰임

기 호	명 칭	설 명
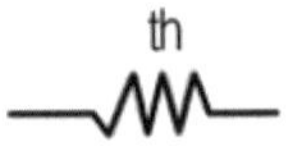	Thermistor(서미스터)	외부 온도에 따라 저항값이 변함, 온도가 올라가면 저항값이 낮아지는 부특성과 그 반대로 저항값이 올라가는 정특성 서미스터가 있음
	Diode(다이오드)	한 방향으로만 전류를 통할 수 있음(화살표 방향), 화살표 반대 방향으로는 흐르지 못함
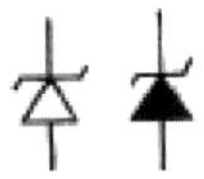	Zener Diode (제너 다이오드)	제너 다이오드 역방향으로 한계 이상의 전압이 걸리면 순간적으로 도통 한계 전압을 유지함
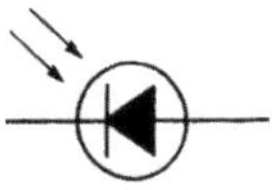	Photo－Diode (포토 다이오드)	빛을 받으면 전기를 흐를 수 있게 함, 일반적으로 스위칭 회로에 쓰임
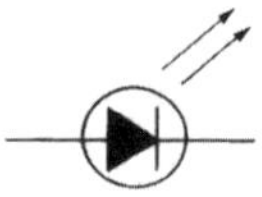	LED(발광 다이오드)	전류가 흐르면 빛을 발하는 파일럿 램프(Pilot Lamp) 등에 쓰임
	TR(트랜지스터)	그림의 왼쪽은 NPN형, 오른쪽은 PNP형으로서 스위칭, 증폭, 발진작용을 함
	Photo－Transistor (포토 트랜지스터)	외부로부터 빛을 받으면 전류를 흐를 수 있게 하는 감광소자임, CDS라고 함
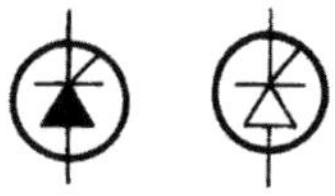	(SCR) Thyristor(사이리스터)	다이오드와 비슷하나 캐소드에 전류를 통하면 그때서야 도통되는 릴레이와 같은 역할을 함
	Piezo－Electric Element(압전소자)	힘을 받으면 전기가 발생하며 응력 게이지 등에 주로 사용함, 전자 라이터나 수정 진동자를 의미하기도 함
	Logic OR(논리 합)	논리회로로서 입력부 A, B 중 어느 하나라도 1이면 출력 C도 1임 ※1이란 전원이 인가된 상태, 0은 전원이 인가되지 않은 상태
	Logic AND(논리적)	입력 A, B가 동시에 1이 되어야 출력 C도 1이며, 하나라도 0이면 출력 C는 0이 됨
	Logic AND(논리 부정)	A가 1이면 출력 C는 0이고, 입력 A가 0일 때 출력 C는 1이 되는 회로
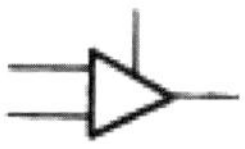	Logic Compare (논리 비교기)	B에 기준 전압 1을 가해주고 입력단자 A로부터 B보다 큰 1을 주면 동력입력 D에서 C로 1신호가 나가고 B전압보다 작은 입력이 오면 0신호가 나감(비교 회로)
	Logic NOR (논리합 부정)	OR 회로의 반대 출력이 나옴, 즉 둘 중 하나가 1이면 출력 C는 0이 되고 둘다 0이면 출력 C는 1이 됨

기 호	명 칭	설 명
	Logic NAND (논리적 부정)	AND 회로의 반대 출력이 나옴, A, B 모두 1이면 출력 C는 0이며 모두 0이거나 하나만 0이어도 출력 C는 1이 됨
	Interated Circuit	IC를 의미하며, A · B는 입력을, C · D는 출력을 나타냄
	Motor(모터)	모터
	Disconnection(비접속)	배선이 접속되지 않은 상태
	Connection(접속)	배선이 서로 접속되어 있는 상태
	Earth(어스)	어스 ⊖쪽에 접지시킨 것을 의미
	Socet(소켓)	암컷 소켓을 의미, 모든 회로도에서는 주로 암컷 소켓의 배선 색깔을 표시

02 전기회로 법칙

1 옴의 법칙

① 독일의 옴이라는 사람이 발견하였다.

② 도체에 흐르는 **전류(I)의 크기는 그 도체의 저항(R)에 반비례하고 도체에 가해진 전압(E)에 비례**한다.

$$I=\frac{E}{R} \qquad E=IR \qquad R=\frac{E}{I}$$

여기서, I=전류(A), R=저항(Ω), E=전압(V)

2 키르히호프의 법칙

(1) 제1법칙

임의의 한 점에 유입된 전류의 총합과 유출된 전류의 총합은 같다.

$$I_1+I_2=I_3+I_4$$

(2) 제2법칙

폐회로에 있어서 기전력의 합과 전압강하의 총합은 같다.

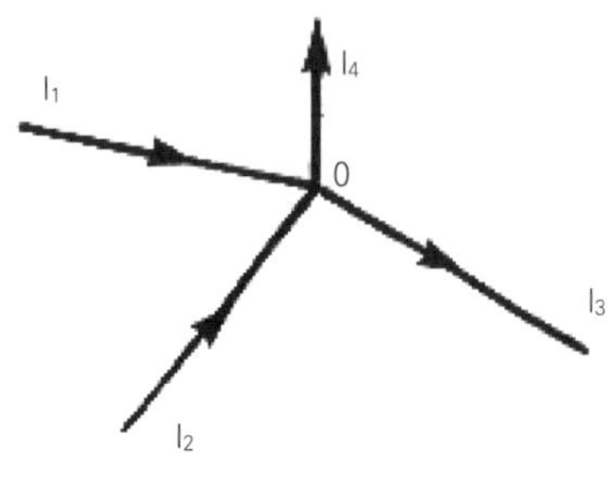

[그림 2-7] 키르히호프의 제1법칙

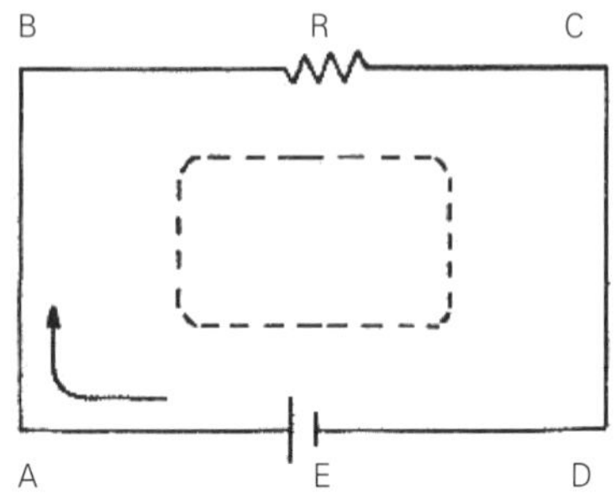

[그림 2-8] 키르히호프의 제2법칙

3 줄의 법칙

① 전류가 도체 속을 흐를 때 발생하는 열량은 도체의 저항과 전류의 제곱의 곱에 비례

② 전선에 전류가 흐르면 전류 제곱에 비례하는 줄의 열 발생

4 앙페르의 오른나사 법칙

도체에 전류가 흐르면 오른나사의 방향으로 맴돌이 전류가 발생한다.

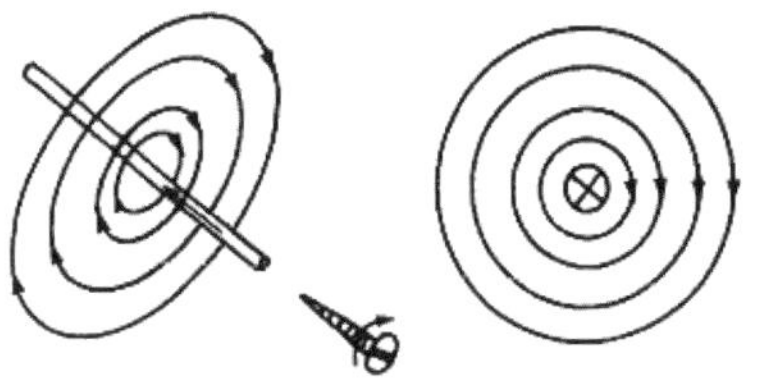

⊗ : 전류가 들어가는 방향

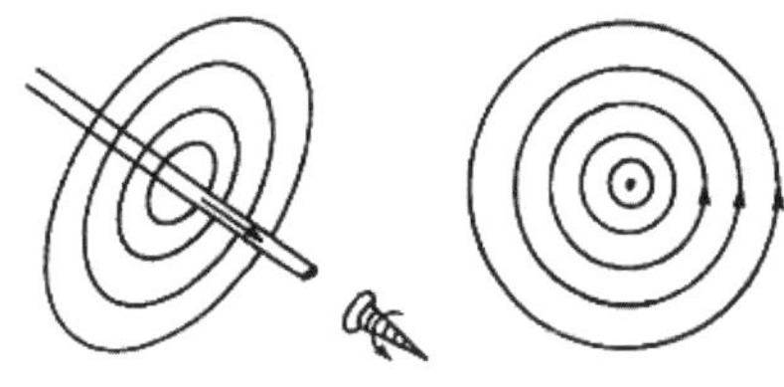

◉ : 전류가 나오는 방향

[그림 2-9] 앙페르의 오른나사 법칙

5 플레밍의 왼손 법칙(기동 전동기에 응용)

① 자계 내의 도체에 전류가 흐르면 도체는 움직인다.

② 왼손의 엄지와 인지와 중지를 서로 직각이 되게 한다.

③ 엄지 : 도체의 운동 방향

인지 : 자력선의 방향

중지 : 전류의 방향

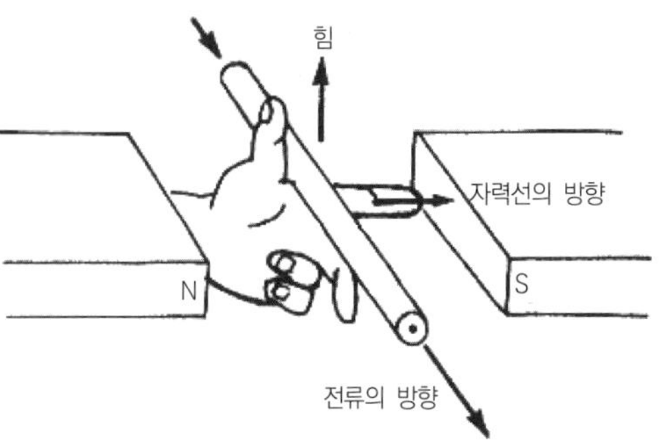

[그림 2-10] 플레밍의 왼손 법칙

6 플레밍의 오른손 법칙(발전기에 응용)

① 자계 내의 도체를 자력선의 직각 방향으로 움직여 자력선을 자르면 도체에 기전력이 유기된다.

② 오른손의 엄지, 인지, 중지를 서로 직각이 되게 한다.

③ 엄지 : 도체의 **운동** 방향

인지 : **자력선**의 방향

중지 : **기전력**의 방향

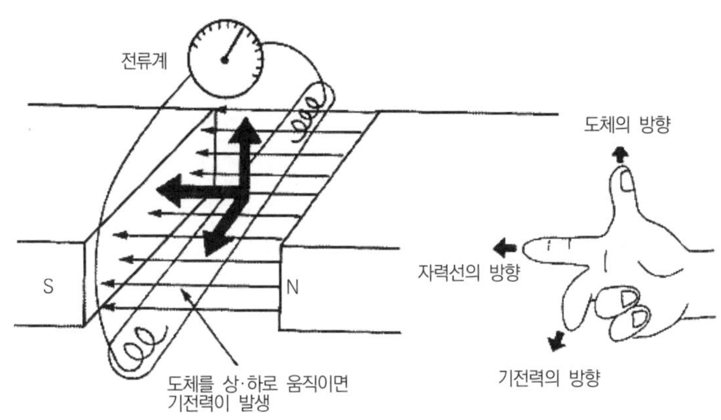

[그림 2－11] 플레밍의 오른손 법칙

7 플레밍의 오른손 엄지손가락 법칙(솔레노이드와 릴레이에 응용)

① 철심 주위에 도체를 감고 도체에 전류를 흐르게 하면 자력선이 오른손 엄지손가락 방향으로 발생하여 철심이 움직인다.

② 오른손 엄지손가락과 다른 손가락을 직각이 되게 한다.

③ 인지와 다른 손가락을 전류의 흐름 방향으로 쥐었을 때 엄지손가락 방향으로 전자력이 발생한다.

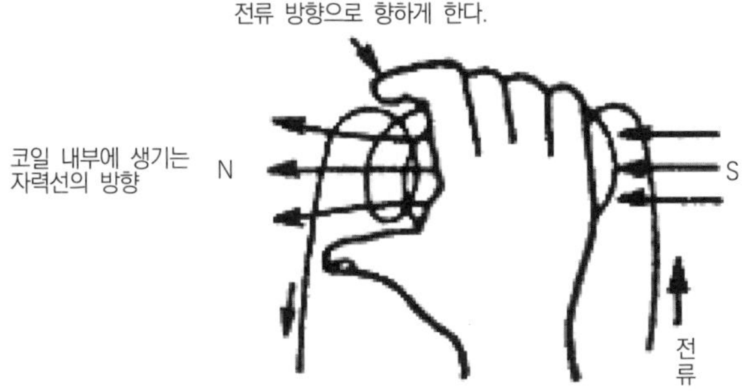

[그림 2－12] 오른손 엄지손가락 법칙

03 전력과 전력량

1 전력

① 전기가 도체 속을 흐르면서 하는 일의 크기

② 기호 : P(전력), 단위 : W(와트)

$$P = E \times I = I^2 \times R = \frac{E^2}{R} \qquad E = \frac{P}{I} \qquad I = \frac{P}{E}$$

여기서, P : 전력(W), E : 전압(V), I : 전류(A), R : 저항(Ω)

③ 전력과 마력

1PS＝75kg－m/sec＝736W(0.736kw)＝632.3kcal

2 전력량

① 도체 속을 흐르는 전류가 일정 시간 동안에 한 일의 양

② 단위 : Wh, $P \times t$(시간)

3 전선의 허용 전류

도체에 전류가 흐를 때 안전하게 사용할 수 있는 허용 한계의 전류값

4 퓨즈

① 회로가 단락 또는 누전되었을 때 전선이 타거나 과대한 전류가 흐르지 않도록 하여 회로 및 전기기기를 보호하는 것

② 회로상에 직렬로 연결

③ 재질 구성＝납 또는 납＋주석＋안티몬 또는 납＋구리＋안티몬

04 전지와 전지의 연결법

1 전지

① 화학적으로 전기를 발생시키는 것으로 1차 전지와 2차 전지가 있다.

② 1차 전지 : 재사용이 불가능한 것으로 건전지가 대표적인 예이다.

③ 2차 전지 : 재사용이 가능한 것으로 축전지가 대표적인 예이다.

2 직렬연결

① 전지의 (+)와 (−)를 연결

② 전압은 개수배로 상승

③ 전류는 1개의 양과 같음

3 병렬연결

① 전지의 (+)와 (+)를, (−)와 (−)를 연결

② 전압은 1개의 전압과 같음

③ 전류는 개수배로 상승

4 직병렬연결

① 직렬연결과 병렬연결을 병용

② 전압과 전류가 함께 상승

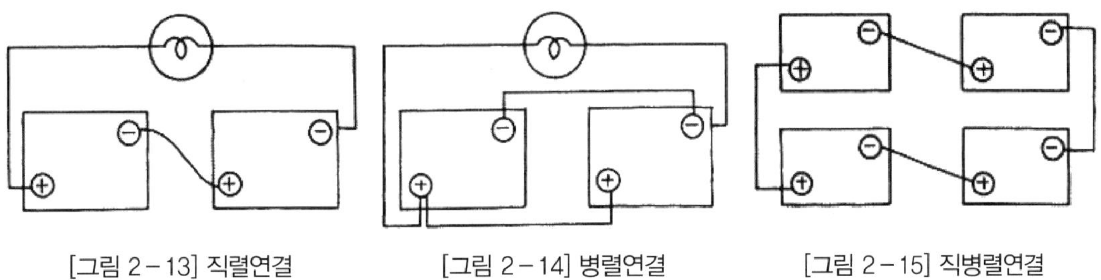

[그림 2−13] 직렬연결 [그림 2−14] 병렬연결 [그림 2−15] 직병렬연결

5 축전기(Condenser)

① 전류의 정전 특성(동종 반발, 이종 흡인)을 이용하여 전하를 저장

② 저장할 수 있는 크기를 정전 용량이라 함

③ 기호 : C(쿨롱), 단위 : F(패럿)

④ 1F은 1V의 전압을 가했을 때 1Q의 전하가 저장되는 용량으로서

$$Q = C \times E$$

여기서, Q=전기량, C=정전 용량, E=전압

⑤ 정전 용량은

㉠ 가해진 **전압에 비례**

㉡ 상대하는 금속판의 **면적에 비례**

㉢ 금속판 사이의 절연체의 **절연도에 정비례**

㉣ 금속판 사이의 **거리에 반비례**

⑥ 축전기 정전 용량을 크게 하는 방법

㉠ 극판의 면적을 넓게 한다.

㉡ 극판과 극판의 간격을 좁게 한다.

㉢ 절연도가 높은 절연체를 사용한다.

05 전류와 자기

1 자석

(1) 용어 해설

① **자석** : 자기의 성질을 가지고 있는 물체

② **자기** : 철편 등을 잡아당기는 성질

③ **자성** : 자석을 가까이 하면 자석으로 변할 수 있는 성질

④ **자력** : 자석의 세기

⑤ **자력선** : 눈에 보이지 않는 자기력이 전해지는 선

⑥ **자속** : 단위 면적 $1cm^2$를 통과하는 자력선의 다발

⑦ **자계** : 자기력이 미치는 범위

⑧ **자성체** : 자석이 될 수 있는 물체

⑨ **자극** : 자석의 양끝 부분으로 자력이 가장 큼

(2) 자석의 세기

① 자극의 세기는 두 자극을 마주보게 하여 접근시킬 때 서로 작용하는 흡인력 또는 반발력의 세기를 말한다.

② 두 자극 사이에 작용하는 힘은 두 자극 사이의 거리의 제곱에 반비례하고, 두 자극 세기의 곱에 정비례한다. 이것을 쿨롱의 법칙이라 한다.

2 맴돌이 자장

도체에 전류가 흐르면 도체 주위를 맴도는 현상의 자기장이 발생한다. 이 자장을 맴돌이 자장이라 하며, 맴돌이 자장은 앙페르의 오른나사 법칙에 따라 발생한다.

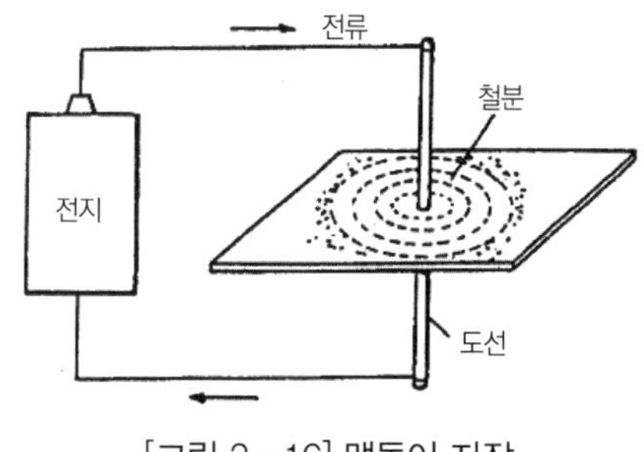

[그림 2-16] 맴돌이 자장

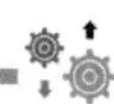

3 맴돌이 전류

① 도체 속을 자력선이 통과하고 있을 때 자력선을 증가시키든지, 도체를 움직일 때는 철심 내에 전자 유도 작용에 의해 기전력이 유도되어 자속의 변화를 방해하는 방향으로 전류가 흐른다.

② 이때 생긴 전류는 철심 중에 저항이 작은 통로를 따라 회로를 만들어 흐르게 된다.

③ 맴돌이 전류가 생긴 철심에는 그 철심의 저항에 따라 열이 발생되어 에너지가 손실된다. 이 손실을 맴돌이 전류 손실이라 하며, 맴돌이 전류 손실을 방지하기 위하여 철심을 성층 철심으로 한다.

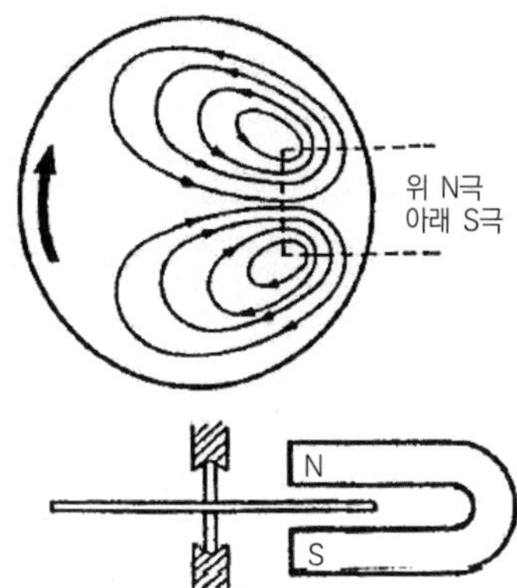

[그림 2-17] 맴돌이 전류(와전류)

4 전자석

철심 주위에 도체를 감고 도체에 전류가 흐르면 전류의 자기 작용에 따라 철심은 자석이 되는데, 이 자석의 성질은 전류를 차단하면 없어진다. 이러한 자석을 전자석이라 하며, 이 전자석의 힘 즉, 전자력은 도체에 흐르는 전류의 크기에 비례하여 발생한다.

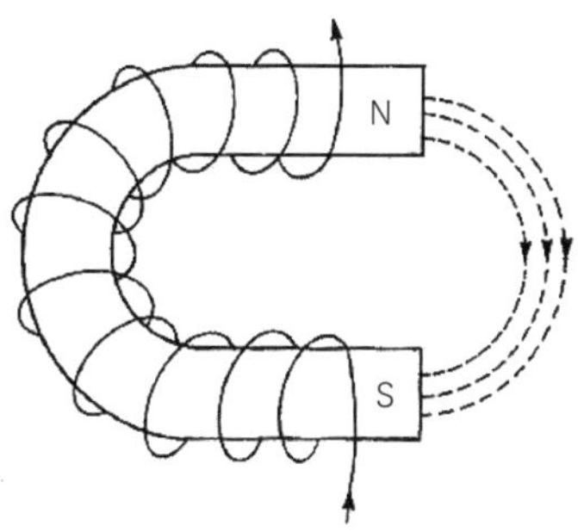

[그림 2-18] 전자석

5 렌츠의 법칙

① 유도기전력의 방향은 코일 속의 자속의 변화를 방해하는 방향으로 생긴다는 법칙으로 자석을 코일에 가까이할 때 자석 가까운 쪽에 같은 극이 나타나고 코일에 기전력을 발생하여 자석의 접근을 방해한다. 또 자석을 코일에서 멀리하면 자석 가까운 쪽에서는 다른 성질의 극이 되도록 기전력을 발생하여 자석이 멀어지는 것을 방해한다.

② 즉, 자력의 변화에 따라 코일에 **유도기전력**이 발생한다.

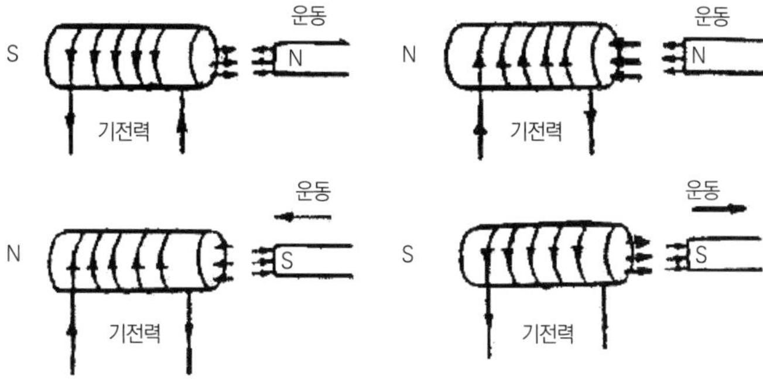

[그림 2-19] 렌츠의 법칙

6 자기 유도 작용

① 도체에 전류를 흐르면 도체 주위에 자장이 형성되는데, 도체에 흐르는 전류를 차단하면 도체 주위에 발생되었던 자장이 소멸된다.

② 도체에 자장이 소멸되는 것을 **방해하려는 방향으로**(전류의 흐름 반대 방향으로) 기전력이 발생한다.

③ 이러한 현상을 자기 유도 작용이라 하며, 자기 유도 작용에 의하여 발생한 기전력을 유도기전력(역기전력)이라 한다.

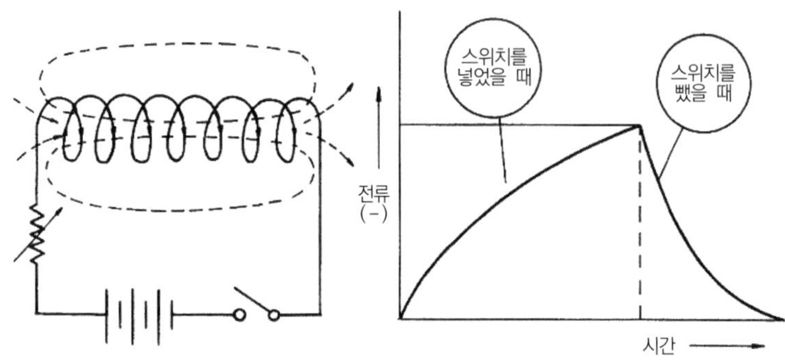

[그림 2-20] 자기 유도 작용

7 상호 유도 작용

① 두 개의 코일을 상대하도록 설치 후 1개의 코일에 유도작용을 발생시키면 **다른 코일에도 유도작용**이 발생된다.

② 이렇게 2개의 코일에 서로 유도작용이 발생하는 현상을 상호 유도 작용이라 한다.

③ 처음 유도작용이 발생한 코일을 1차코일, 다른 코일을 2차 코일이라 하며, 유도기전력의 크기는 1차 코일과 2차 코일의 감긴 횟수(권수)의 비율로 발생한다.

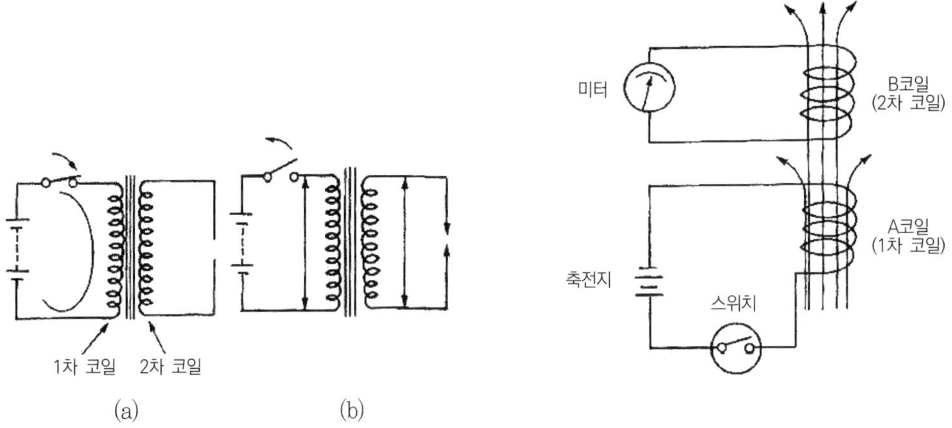

[그림 2-21] 상호 유도 작용

제 1 장 출제 예상 문제

• 전기 일반

01 다음은 전류의 3대 작용을 설명한 것으로 틀린 것은?

① 전구와 같이 열에너지로 인해 발열하는 작용을 한다.
② 축전지의 전해액과 같이 화학작용에 의해 기전력이 발생한다.
③ 코일에 전류가 흐르면 자계가 형성되는 자기작용을 한다.
④ 릴레이나 모터의 전류에 따라 홀 작용을 한다.

해설 **전류의 3대 작용**

㉠ 발열작용 : 전류가 흐르면 열이 발생되는 현상(시거라이터, 전구)
㉡ 화학작용 : 전류가 흐르게 하면 전해작용이 발생되는 현상(배터리, 전기 도금)
㉢ 자기작용 : 전류를 흐르게 하여 전기적 에너지를 기계적 에너지로 바꾸는 현상(전동기, 발전기, 솔레노이드)

02 전자가 물질 속을 이동할 때 이 전자의 이동을 방해하는 것을 무엇이라 하는가?

① 저항 ② 전력
③ 전류 ④ 전압

해설 **저항**

도체 내에 전류가 흐를 때, 전류의 흐름을 방해하는 요소

03 다음 중 옴의 법칙을 바르게 표시한 것은?

① $R = IE$
② $R = \frac{I}{E}$
③ $R = \frac{I}{E^2}$
④ $R = \frac{E}{I}$

해설 $I = \frac{E}{R}$, $E = IR$, $R = \frac{E}{I}$

여기서, E : 전압, I : 전류, R : 저항

04 그림과 같이 저항이 병렬로 연결되어 있다. 총 합성저항은 얼마인가?

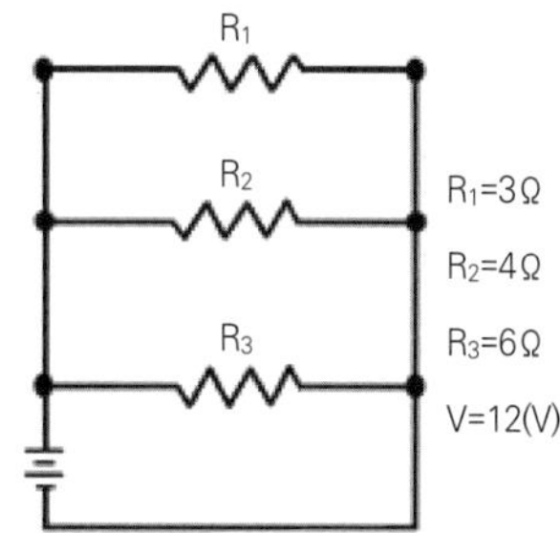

① 7.5Ω ② 0.75Ω
③ 1.33Ω ④ 0.075Ω

해설 ㉠ $\frac{1}{R} = \frac{1}{R_1} + \frac{1}{R_2} + \frac{1}{R_3}$

㉡ $\frac{1}{3} + \frac{1}{4} + \frac{1}{6} = \frac{4}{12} + \frac{3}{12} + \frac{2}{12} = \frac{9}{12}$

∴ 따라서 $R = \frac{12}{9} = 1.33\,\Omega$

05 자동차 전기장치에서 "임의의 한 점으로 유입된 전류의 총합과 유출한 전류의 총합은 같다."는 현상을 설명한 것은?

① 앙페르의 법칙
② 키르히호프의 제1법칙
③ 뉴턴의 제1법칙
④ 렌츠의 법칙

해설 **키르히호프의 제1법칙**

"회로 내의 어떤 한 점에 유입한 전류의 총합과 유출한 전류의 총합은 같다."

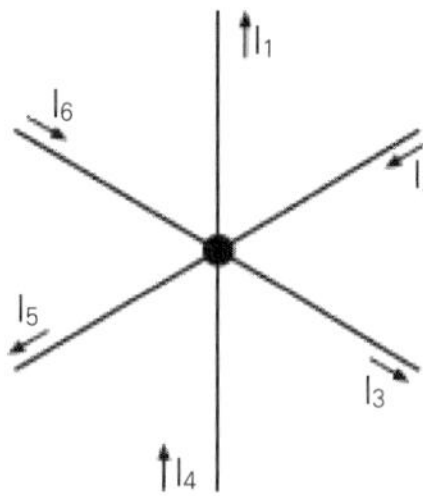

$I_1 + I_3 + I_5 = I_2 + I_4 + I_6$

정답 01 ④ 02 ① 03 ④ 04 ③ 05 ②

06 **다음 그림에서 $I_1=1A$, $I_2=2A$, $I_3=3A$, $I_4=4A$로 전류가 흐를 때 I_5에 흐르는 전류는 몇 [A]인가?**

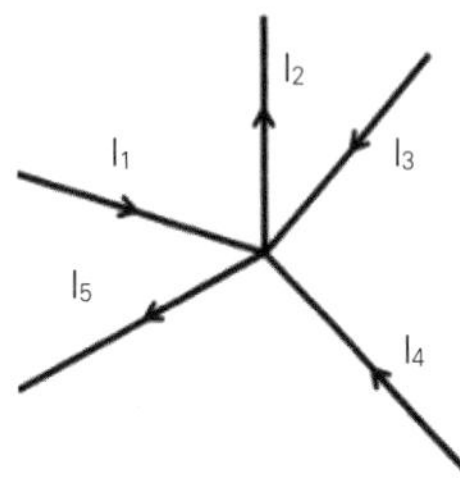

① 2[A] ② 4[A]
③ 6[A] ④ 8[A]

해설 ㉠ 유입한 전류$(I_1+I_3+I_4)$=유출한 전류(I_2+I_5)
㉡ $1A+3A+4A=2A+I_5$에서 $I_5=6A$

07 **축전기의 정전 용량에 대한 설명 중 틀린 것은?**

① 가해지는 전압에 비례한다.
② 상대하는 금속판의 면적에 비례한다.
③ 금속판 사이의 절연체 절연도에 비례한다.
④ 금속판 사이의 거리에 비례한다.

해설 축전기의 정전 용량
㉠ 금속판 사이 절연체의 절연도에 정비례한다.
㉡ 가해지는 전압에 정비례한다.
㉢ 상대하는 금속판의 면적에 정비례한다.
㉣ 상대하는 금속판 사이의 거리에는 반비례한다.

08 **도체의 저항에 관한 설명 중 틀린 것은?**

① 무게에 비례
② 길이에 비례
③ 단면적에 반비례
④ 고유저항에 비례

해설 ㉠ 도체의 저항은 길이에 정비례하고, 단면적에 반비례한다.
㉡ 전압과 도선의 길이가 일정할 때 도선의 지름을 $\frac{1}{2}$로 하면 저항은 4배로 증가하고 전류는 $\frac{1}{4}$로 감소한다.

09 **저항에 대한 설명으로 틀린 것은?**

① 형상 및 온도(20℃)를 일정하게 하였을 때 물질의 저항을 고유저항이라고 한다.
② 도체의 저항은 그 길이에 비례하고, 단면적에 반비례한다.
③ 고유저항이 큰 물질을 절연체라고 한다.
④ 금속은 온도가 상승하면 저항이 감소하고 탄소, 반도체, 절연물 등은 반대로 증가한다.

해설 금속은 온도가 상승하면 저항이 증가하고 탄소, 반도체, 절연물 등은 반대로 감소한다.

10 **6기통 디젤 기관에서 저항이 0.6Ω인 예열 플러그를 각 실린더에 병렬로 연결하였을 때 합성저항은?**

① 0.1Ω ② 0.2Ω
③ 0.3Ω ④ 0.4Ω

해설 합성저항

$$\frac{1}{R}=\frac{1}{0.6}+\frac{1}{0.6}+\frac{1}{0.6}+\frac{1}{0.6}+\frac{1}{0.6}+\frac{1}{0.6}=\frac{6}{0.6}$$

$$\therefore\ R=\frac{0.6}{6}=0.1\Omega$$

11 **다음 그림과 같이 회로가 구성되어 있다. 이 회로를 분석한 내용 중 틀린 것은?**

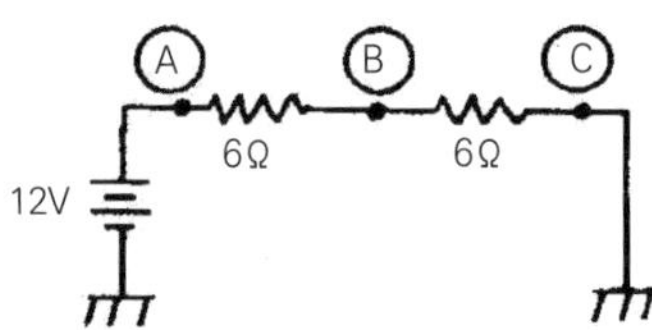

① 회로에 흐르는 전류는 1A이다.
② 제일 높은 전압은 A지점이고, 제일 낮은 전압은 C지점이다.
③ C지점의 전압은 6V이다.
④ B지점의 전압은 6V이다.

해설 $E=IR$
여기서, E : 전압, I : 전류, R : 저항
㉠ 전류$(I)=\frac{E}{R}$에서 $\frac{12}{6+6}=1A$
㉡ A점의 전압=12V
㉢ B점의 전압 $=E\cdot IR$에서 $12V\cdot(1A\times6\Omega)=6V$
㉣ C점의 전압=$0V$

정답 06 ③ 07 ④ 08 ① 09 ④ 10 ① 11 ③

12 12V-36W의 전구에 6V 전압이 인가되면 전력은?

① 6W ② 9W
③ 12W ④ 15W

해설 ㉠ 36W 전구의 저항

$$R=\frac{E^2}{P}=\frac{12\times12}{36}=4\Omega$$

㉡ 6V 전압이 인가될 때의 전력

$$P=\frac{E^2}{R}=\frac{6\times6}{4}=9W$$

13 자동차의 배선도에 사용되는 기호들이다. 퓨즈(FUSE)는?

① —|||||— ② —o⁄ o— ③ —∧∧∧— ④ —o∽o—

해설 ①항은 축전지
②항은 스위치
③항은 저항

정답 12② 13④

CHAPTER 02 기초 전자

01 반도체(Semeconductors)

1 재료의 비저항(고유저항)

① 모든 재료에는 **전류가 흐를 수 있는 정도**를 저항값으로 나타내며, 이 값을 재료의 비저항 또는 고유저항이라 한다.

② 비저항이 낮으면 도체에 가깝고 비저항이 높으면 부도체에 가깝게 되며, 도체와 부도체 사이의 저항을 갖는 물체를 **반도체**라 한다.

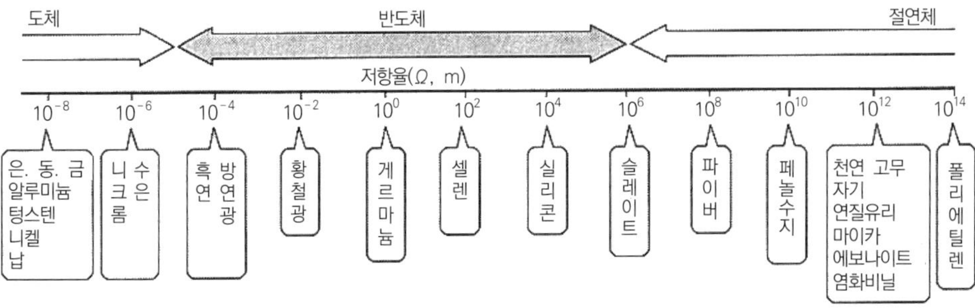

[그림 2-22] 각 물질의 고유저항

2 불순물 반도체

(1) 진성반도체

① 불순물이 섞여 있지 않은 순도 높은 반도체이다.

② 외부의 부하(전압, 열, 빛 등)를 가하면 자유전자나 홀의 수가 증가한다.

③ 순수한 실리콘이나 게르마늄 결정은 같은 수의 전자와 홀이 있으며, 이와 같은 반도체를 진성반도체라 한다.

(2) 불순물 반도체

① 진성반도체에 어떤 특성을 주기 위하여 적은 양의 불순물을 첨가한 반도체를 불순물 반도체라 한다.

② 불순물 반도체는 전자의 결합 상태에 따라 전기적 성질이 다르게 된다.

㉠ P형 반도체

- 전자가 **4인 원소와 전자가 3인 원소를 결합**시키면 공유 결합을 하여도 1개의 전자가 부족하게 된다.
- 이 부족한 자리는 홀로 남게 되어 (+) 성질을 지니게 된다.
- 이러한 반도체를 P형 반도체라 한다.

㉡ N형 반도체

- 전자가 **4인 원소와 전자가 5인 원소를 결합**하면 1개의 전자가 남게 된다.
- 이 전자는 구속력이 극히 약하여 자유로이 이동할 수 있다.
- 전자의 수가 많으므로 (-) 성질을 지니게 된다.
- 이러한 반도체를 N형 반도체라 한다.

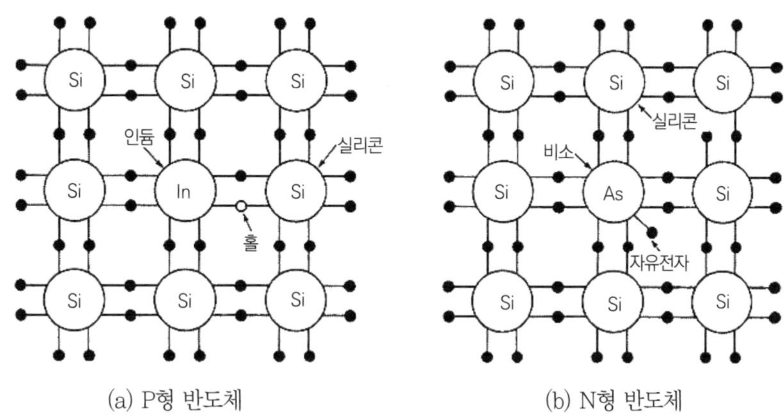

[그림 2-23] P형 반도체 & N형 반도체

(3) 불순물 반도체의 결합

① 접합의 방법

㉠ 무접합 : P형 반도체, N형 반도체 1개만을 사용하는 것

㉡ 단일 접합 : P형 반도체와 N형 반도체를 1개씩만 접합한 것(다이오드)

㉢ 이중 접합 : PNP 정션, NPN 정션 등의 트랜지스터

㉣ 다중 접합 : PNPN 형식으로 접합된 것으로 2개의 다이오드(이중 접합)를 다시 접합시킨 것(다이리스터, 핫트랜지스터)

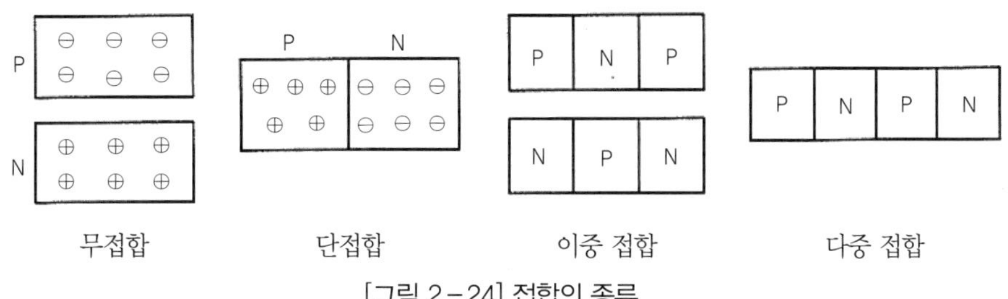

[그림 2-24] 접합의 종류

(4) 반도체의 특징

① 반도체는 **온도가 상승하면 저항이 감소**한다.

② 반도체는 그 안에 약간의 불순물이 혼합하면 저항이 감소한다.

③ 반도체는 열, 빛, 전압에 민감하게 반응한다.

④ 반도체의 물질로는 게르마늄, 규소(실리콘)이 많이 사용된다. 셀렌, 아산화구리, 베이클라이트도 반도체이나 그다지 많이 사용되지 않는다.

⑤ 다이오드, 트랜지스터, 집적회로 등에 사용된다.

02 반도체의 저항

1 서미스터

① **온도에 따라** 저항값이 크게 변하는 반도체이다.

② 온도 감지기(온도 센서)에 사용된다.

③ 온도에 따라 저항이 비례하는 정특성 서미스터(PTC)와 온도에 따라 저항이 반비례하는 부특성 서미스터(NTC)가 있으며, 일반적으로 부특성 서미스터를 사용한다.

2 다이오드의 종류

(1) 정류용 실리콘 다이오드

① P형 반도체 1개와 N형 반도체 1개를 단일 접합한 것

② 정방향으로는 전류가 흐르나 역방향으로는 전류가 흐르지 않음

③ 역방향으로 전류를 연결하면 공핍층이 커져 저항이 높아짐

④ **공핍층** : 접합면에 캐리어가 존재하지 않는 영역

⑤ **역내 전압(파괴 전압)** : 역방향으로 과도한 전압을 가하면 공핍층이 파괴되어 전류가 급격히 흐르게 되는데, 이 전압을 역내 전압이라 함

⑥ **교류 발전기, 경보장치** 등에 활용

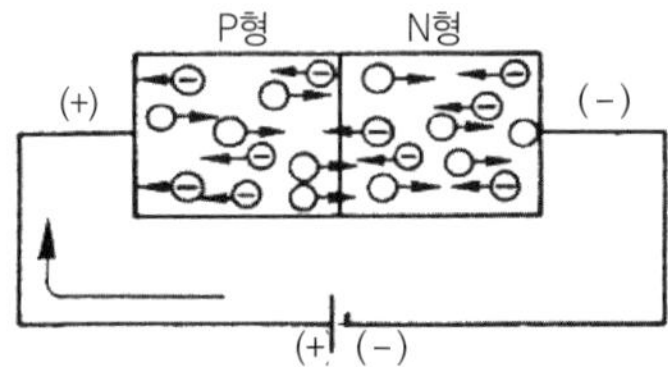

[그림 2-25] 순방향(전류가 흐를 때) 흐름

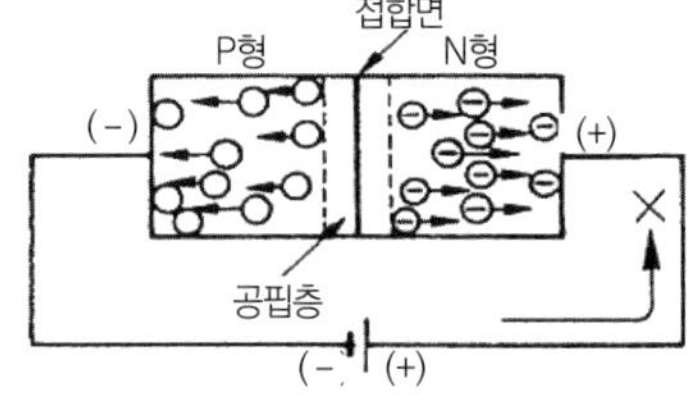

[그림 2-26] 역방향(전류가 흐르지 않을 때) 흐름

(2) 제너 다이오드

① 순방향 특성은 다이오드와 같으나 역방향 특성에서 일정 전압 이상이 가해지면 **역방향**으로도 전류가 흐른다.

② 역방향으로 전류가 흐르는 현상을 제너 현상, 이때의 전압을 제너 전압이라 한다.

③ **발전기 조정기** 등에 활용한다.

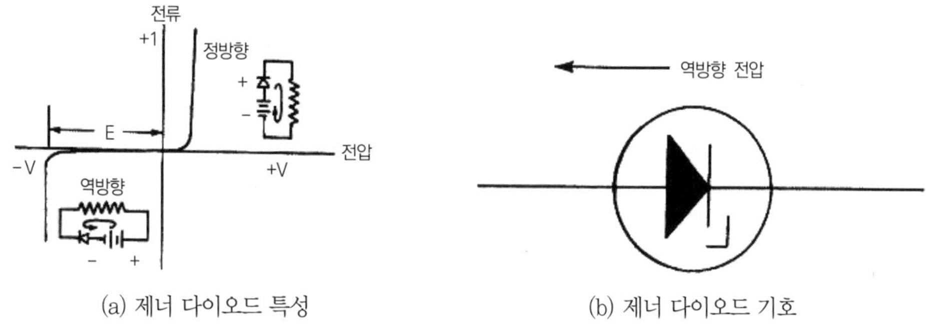

(a) 제너 다이오드 특성 (b) 제너 다이오드 기호

[그림 2-27] 제너 다이오드

(3) 포토 다이오드(핫 다이오드)

① 다이오드에 전압을 가해도 전류는 흐르지 않는다.

② 그러나 **빛을 비치면** 전류가 역방향으로 흐른다.

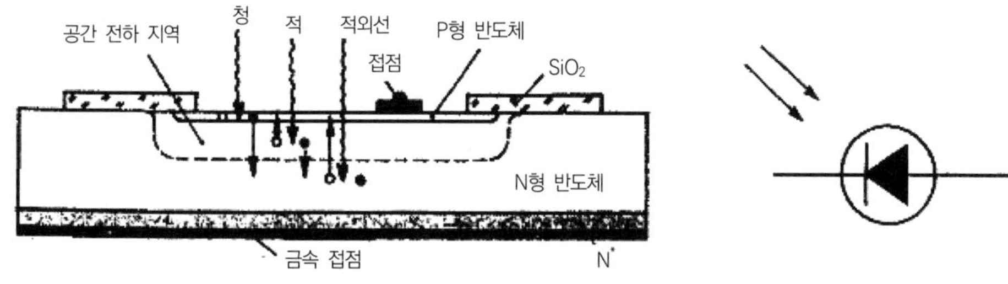

[그림 2-28] 포토 다이오드

(4) 발광 다이오드(LED)

① 다이오드에 순방향 **전압을 가하면 빛을 발생**한다.

② 발열이 거의 없고 소비 전력도 작으며, 수명이 백열전구의 10배 이상으로 길다.

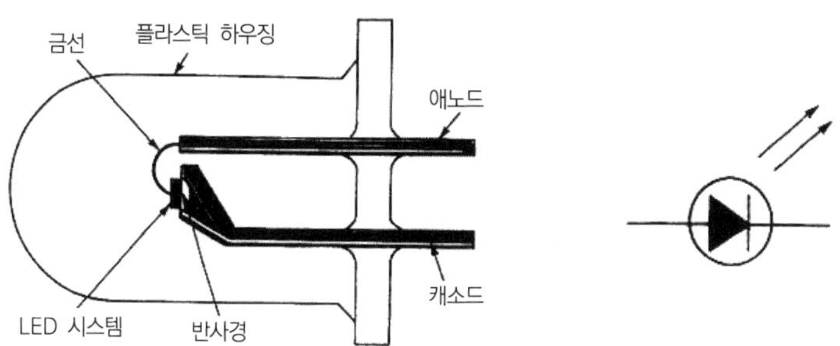

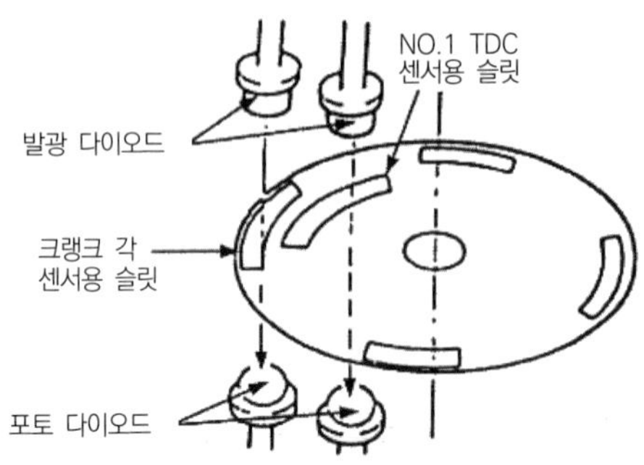

[그림 2-29] 발광 다이오드

※포토 다이오드와 발광 다이오드는 자동차 점화장치와 각종 표시등에 사용된다.

3 트랜지스터(TR)

(1) 구조

① 불순물 반도체 3개를 접합한 것으로 PNP형과 NPN형의 2가지가 있다.

② 트랜지스터의 한쪽을 컬렉터, 다른 한쪽을 이미터라 하며, 컬렉터와 이미터의 중간을 베이스라 한다.

㉠ 이미터(E : Emitter) : 전기의 캐리어를 방출한다.

㉡ 컬렉터(C : Collector) : 전기의 캐리어를 끌어모은다.

㉢ 베이스(B : Base) : 방출 전류를 제어한다.

(2) 작동원리

① 전류의 흐름

㉠ PNP 정션 : 이미터에서 베이스로 전류가 흐르면 이미터에서 컬렉터로 전류가 흐른다.

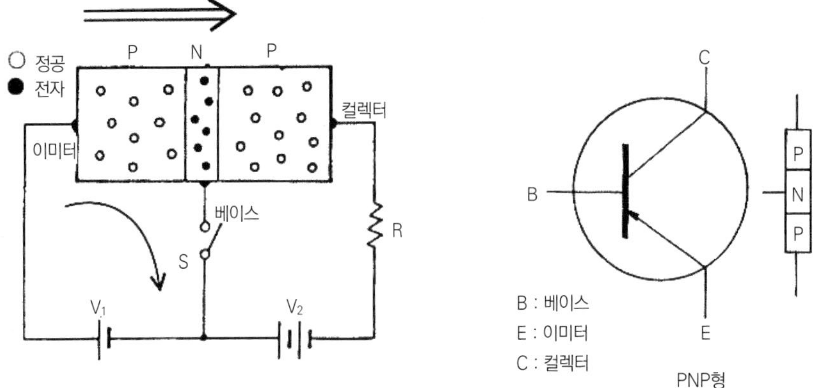

[그림 2-30] PNP 정션의 전기회로

㉡ NPN 정션 : 베이스에서 이미터로 전류가 흐르면 컬렉터에서 이미터로 전류가 흐른다.

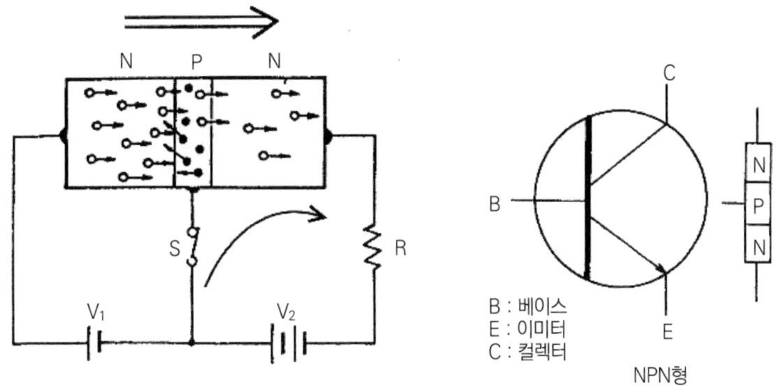

[그림 2－31] NPN 정션의 전기회로

② 트랜지스터의 작용

㉠ 스위칭 작용 : 베이스에 흐르는 전류를 **단속**하면 이미터나 컬렉터에 전류가 단속된다.

㉡ 증폭작용 : 베이스에 흐르는 전류는 총 전류의 2%로 작동이 되며, 나머지 98%가 이미터에서 컬렉터로 흐른다. 즉, 작은 전류로 큰 전류를 **제어**하는 것을 말한다.

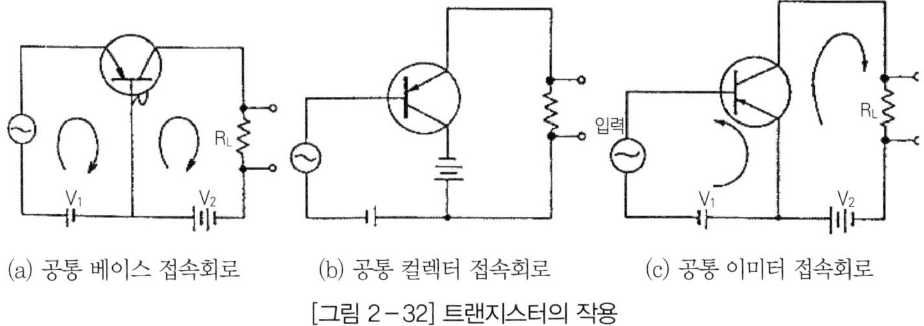

(a) 공통 베이스 접속회로　(b) 공통 컬렉터 접속회로　(c) 공통 이미터 접속회로

[그림 2－32] 트랜지스터의 작용

③ 트랜지스터의 장단점

㉠ 장점

- 내부에서 전력 손실이 적다.
- 내부에서 전압강하가 매우 적다.
- 기계적으로 강하고 수명이 길다.
- 극히 소형이고 가볍다.
- 진동에 잘 견디는 내진성이 크다.
- 예열하지 않고 곧 작동한다.

㉡ 단점

- 역내압이 낮기 때문에 과대 전류 및 전압에 파손되기 쉽다.
- **온도 특성이 나쁘다**(온도가 상승하면 파손되며, 고온에 매우 취약함).
- 정격값 이상으로 사용하면 파손되기 쉽다.

4 다중 접합 반도체

(1) 사이리스터

① PN 정션의 다이오드 2개를 접합한 상태로 PNPN의 형태를 나타낸다.

② 작동은 PNP 정션과 NPN 정션 두 개의 트랜지스터를 연결한 형식으로 구성된다.

③ P게이트형과 N게이트형이 있다.

④ **애노드, 캐소드, 게이트**로 구성된다.

⑤ 애노드에서 캐소드로 전류가 흐르도록 접속한 것을 순방향이라 하고 반대로 접속한 것을 역방향이라 한다.

⑥ 게이트에 전류가 흐르면 다이오드의 특성과 같이 작용한다.

⑦ 애노드에서 캐소드에 전류가 흐를 때 게이트에 가해지는 전압을 계속 상승시키면 어떤 전압에서는 게이트의 전류를 '0'으로 해도 순방향 전류는 계속 흐르게 된다. 이때의 전압을 브레이크 오버 전압이라 한다. 게이트의 전류가 '0'인 상태에서 순방향 전류가 흐르는 현상을 사이리스터의 ON 상태라 한다.

⑧ 콘덴서 방전식 점화장치(CDI)나 전기자동차에 사용된다.

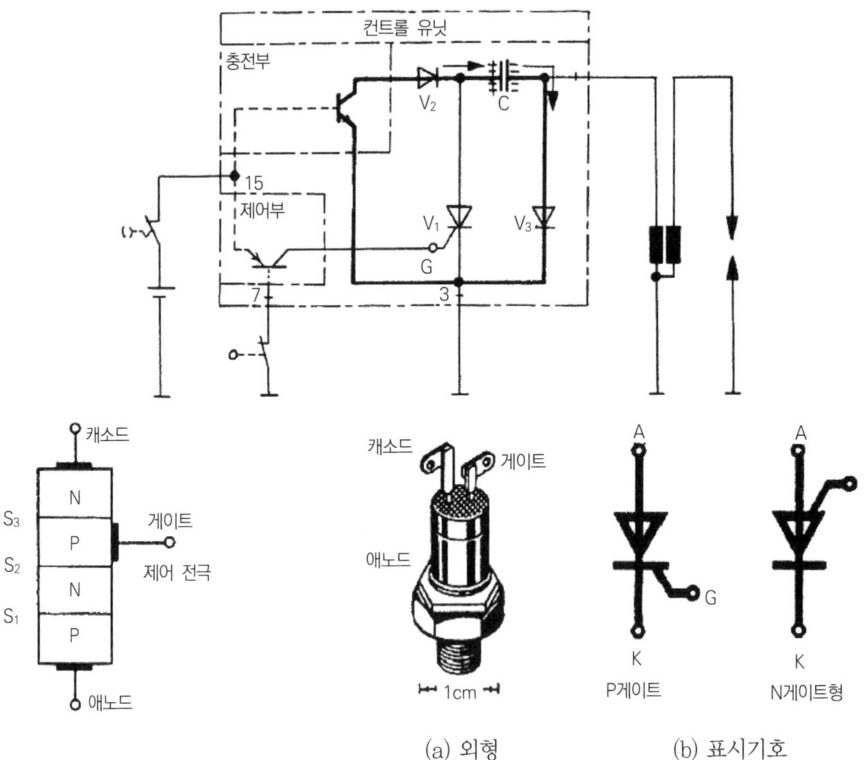

(a) 외형 (b) 표시기호

[그림 2-33] 사이리스터의 구조 및 전기회로

5 반도체의 장단점

장 점	단 점
• 극히 소형이고 가볍다. • 내부에서 전력 손실이 대단히 적다. • 예열 시간을 요하지 않고 곧 작동을 시작한다. • 기계적으로 강하고 수명이 길다.	• 온도가 올라가면 특성이 나빠지고 접합부가 떨어질 염려가 있다. • 일반적으로 역내압이 낮다. 따라서 높은 전압이 걸리는 곳에서는 사용할 수 없다. • 정격값을 넘으면 곧 파괴되기 쉽다.

03 논리회로(Logic Circuit)

1 아날로그 회로

일반적으로 컴퓨터 외부(자연계)에 존재하는 신호의 형태는 아날로그 신호로 축전지 전압 변동, 발전기 파형 등을 말하며, 이 아날로그 신호는 시간의 경과에 따라 직선적으로 변화된다. 이러한 물리적인 신호는 증폭을 하여 사용하는데, 증폭을 하는 방법으로는 TR을 이용하는 방법과 IC를 이용하는 방법이 있다.

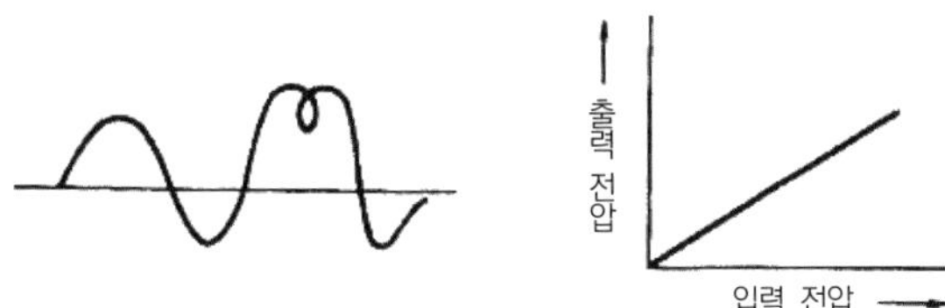

[그림 2-34] 아날로그 신호

2 디지털 회로

아날로그 회로가 직선의 상태를 나타내는데 비해 디지털 회로는 계단형의 상태를 나타낸다. 실제 컴퓨터 내의 모든 신호는 이 디지털 신호를 취급한다. 각종 센서에서 발생된 아날로그 전압이 컴퓨터로 처리되기 위해서는 디지털 신호로 변환되어야 하며, 그 장치는 매우 복잡하다.

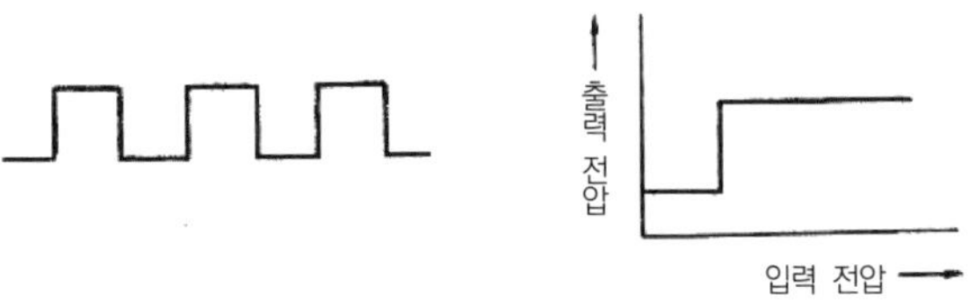

[그림 2-35] 디지털 신호

3 논리적 회로(AND 회로, 직렬회로)

논리적 회로는 두 개의 조건을 만족해야만 출력이 나오도록 되어 있다. 아래 [그림 2-37]에서 A, B 스위치가 **모두 ON되어야** 점등되는 회로 구성을 말한다.

진리표

A	B	C
0	0	0
0	1	0
1	0	0
1	1	1

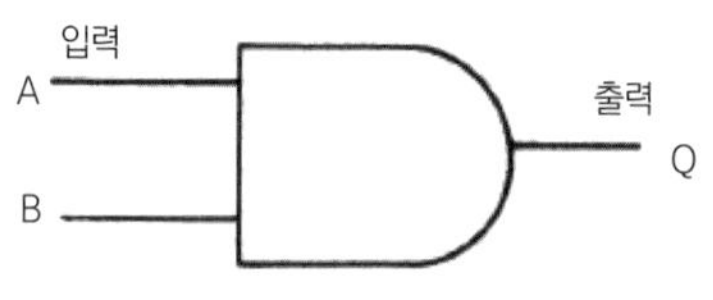

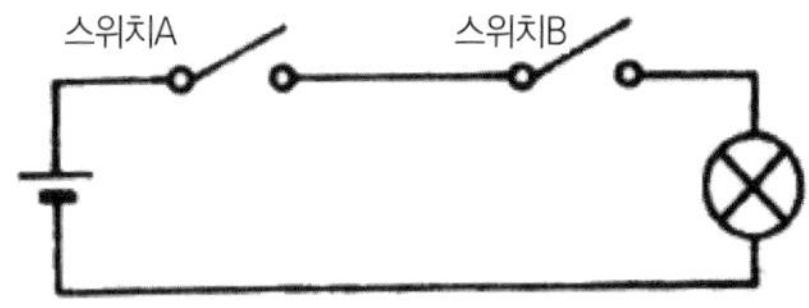

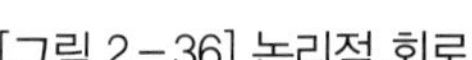
[그림 2-36] 논리적 회로

[그림 2-37] AND 회로의 구성

4 논리합 회로(OR 회로, 병렬회로)

논리합 회로는 두개의 조건 중 하나만 만족하여도 출력이 나오게 된 것으로 [그림 2-39] B에서 A, B 두 스위치 중 **하나만 ON되어도** 점등되는 회로 구성을 말한다.

진리표

A	B	C
0	0	0
0	1	1
1	0	1
1	1	1

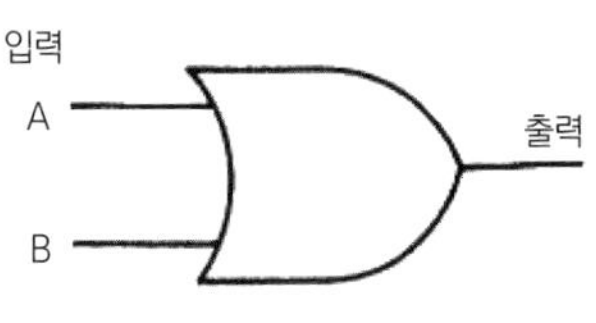

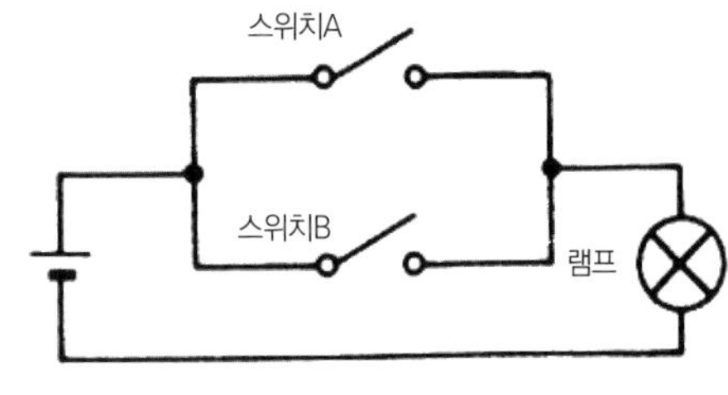

[그림 2-38] 논리합 회로의 구성

[그림 2-39] OR 회로의 구성

5 논리 부정(NOT)

논리 부정은 입력과 출력이 **반대로 나오는 것**을 말한다. 즉, 입력이 ON이면 출력은 OFF가 되고, 입력이 OFF가 되면 출력은 ON이 된다.

▮ 진리표

A	B
0	1
1	0

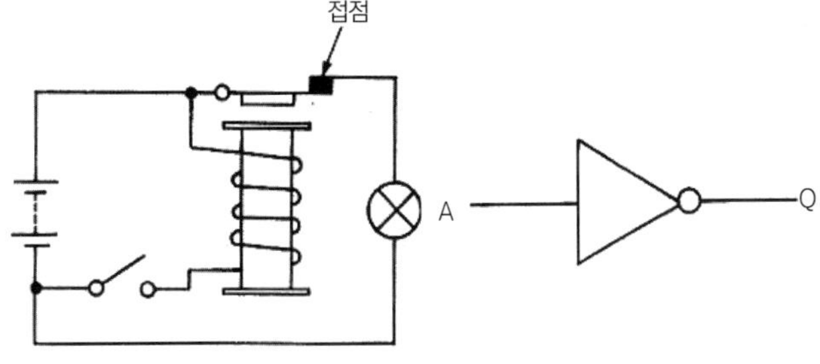

[그림 2 - 40] 논리 부정

6 논리적 부정(NAND)

논리적 부정은 논리적(AND)의 부정을 의미하며, **AND의 반대 출력**을 나타낸다.

▮ 진리표

A	B	C
0	0	1
0	1	1
1	0	1
1	1	0

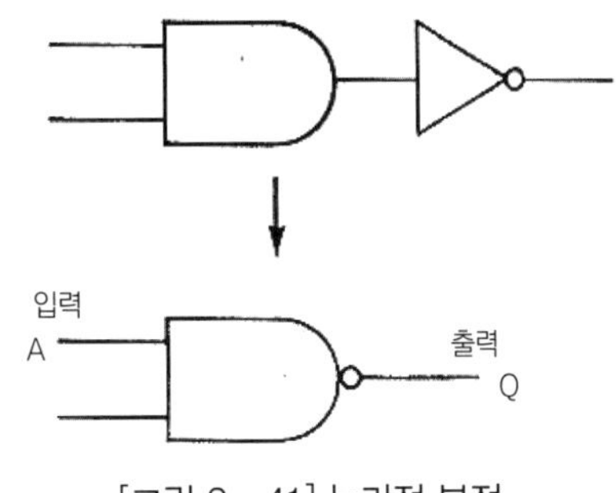

[그림 2 - 41] 논리적 부정

7 논리합 부정(NOR)

논리합 부정은 논리합(OR)의 부정을 의미하며, **OR의 반대 출력**을 나타낸다.

▮ 진리표

A	B	C
0	0	1
0	1	0
1	0	0
1	1	0

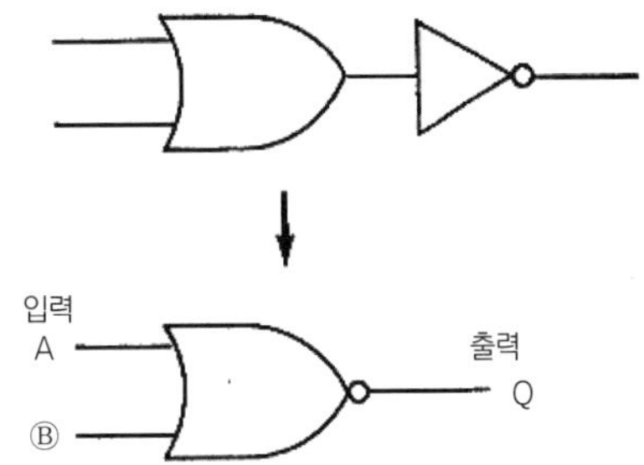

[그림 2 - 42] 논리합 부정

04 집적회로(IC : Interated Circuit)

1 정의

집적회로(IC)란 완전한 회로 기능을 갖춘 회로소자로서, 회로 내에 능동소자와 수동소자가 집적되어 서로 분리될 수 없는 구조로 되어 있다. 예를 들면 다이오드 트랜지스터, 저항, 콘덴서 등을 하나의 실리콘 결정의 기판에 회로를 집적한 것이며, 몇 개에서 수천 개의 트랜지스터를 가로세로 몇 mm인 실리콘 칩 위에 형성한 것으로 세라믹이나 플라스틱의 패키지에 들어 있다.

2 IC의 기능

IC는 그 기능에 따라 디지털 IC와 아날로그 IC로 나눌 수 있다. 디지털 신호란 어느 전압을 기준으로 기준 전압 이상이면 1이고 기준 전압 이하이면 0이라는 것이다. 따라서 신호가 1인 때와 0인 때의 차를 어느 정도 크게 하면 매우 안정된 신호를 나타낼 수 있다.

아날로그 신호란 아날로그 신호를 입력하여 그대로의 파형으로 증폭하여 출력하는 기능을 갖는 것으로, 리니어 IC라고도 하며, 저항의 온도에 따른 전류의 변화와 같이 **연속적으로 변화하는 신호**를 말한다.

3 IC의 특징

① 고장이 적고, 신뢰성이 높다.

② 가격이 저렴하다.

③ 회로의 소형화, 경량화가 가능하다.

④ 고속화할 수 있다.

⑤ IC의 장단점

장 점	단 점
• 소형이며 중량이 가볍다. • 모놀리틱 형식은 대량 생산할 수 있어 가격이 저렴하다. • 특성을 고루 갖춘 트랜지스터가 된다. • 납땜 개소가 적어 고장이 적다. • 진동에 강하다. • 소비 전력이 적다.	• 열에 약하다. • 코일은 모놀리식 IC(개의 규소 기판으로 만들어진 IC)화가 어렵다. • 용량이 큰 콘덴서는 IC 회로가 곤란하다.

제 2 장 출제 예상 문제

• 기초 전자

01 다이오드에 대한 설명으로 틀린 것은?

① 다이오드는 P형 반도체와 N형 반도체를 접합시킨 것이다.
② P형 반도체와 N형 반도체의 접합부를 공핍층이라 한다.
③ 발광 다이오드는 PN 접합면에 역방향 전압을 걸면 에너지의 일부가 빛으로 되어 외부에 발산한다.
④ 제너 현상은 역방향 전압을 작용시키면 공핍층의 가전자는 역방향 전압의 힘에 전류가 흐르는 현상을 말한다.

해설 발광 다이오드는 순방향으로 전류를 공급하면 캐리어가 가지고 있는 에너지의 일부가 빛으로 되어 외부에 방사한다.

02 외부로부터 빛을 받으면 전류를 흐를 수 있게 하는 센서로서 크랭크 각 센서, 일사 센서 등에 쓰이는 것은?

① 발광 다이오드
② 포토 다이오드
③ 제너 다이오드
④ PN 접합 다이오드

해설 포토 다이오드는 외부로부터 빛을 받으면 전류를 흐를 수 있게 하는 센서로, 크랭크 각 센서, 일사 센서 등에 쓰인다.

03 다음 그림에 나타낸 전기회로도의 기호 명칭은?

① 포토 다이오드
② 발광 다이오드(LED)
③ 트랜지스터(TR)
④ 제너 다이오드

해설 **발광 다이오드**
순방향으로 전류가 흐르면 빛이 발생되는 다이오드, 자동차에서는 자동차 점화장치와 각종 표시등에 사용한다.

04 다음 중 포토 다이오드를 표시한 것은 무엇인가?

① 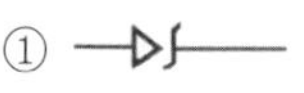
② 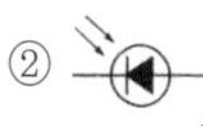
③
④ 

해설 ①항은 제너 다이오드, ②항은 포토 다이오드, ③항은 다이오드, ④항은 발광 다이오드이다.

05 다음 전기 기호 중에서 트랜지스터의 기호는?

① 
② 
③
④ 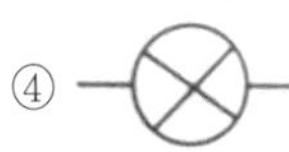

해설 ①항은 다이오드, ③항은 가변저항, ④항은 램프 기호이다.

06 반도체에 관한 설명 중 틀린 것은?

① PN 접합형 반도체를 다이오드라고 한다.
② 요구되지 않은 높은 전압이 인가되었을 때 차단되었던 전압을 통과시켜 소자를 보호하는 것을 제너 다이오드라고 한다.
③ 트랜지스터는 이미터, 컬렉터, 베이스로 되어 있다.
④ 부특성 서미스터는 온도가 상승하면 저항이 증가하는 반도체 소자이다.

해설 부특성 서미스터는 온도가 상승하면 저항이 감소한다.

07 다음 중 반도체의 장점이 아닌 것은?

① 극히 소형이고 경량이다.
② 내부 전력 손실이 매우 적다.
③ 역내압(逆耐壓)이 낮다.
④ 응답성이 빠르고 수명이 길다.

해설 반도체의 장점은 ①, ②, ④항이며, 역내압(逆耐壓)이 낮은 단점이 있다.

정답 01 ③ 02 ② 03 ② 04 ② 05 ② 06 ④ 07 ③

08 PNP 트랜지스터의 순방향 전류는 어떤 방향으로 흐르는가?

① 컬렉터에서 이미터로
② 베이스에서 컬렉터로
③ 이미터에서 베이스로
④ 컬렉터에서 베이스로

해설 PNP 트랜지스터는 이미터에서 베이스로 전류가 흘러야만 이미터에서 컬렉터로 전류가 흐른다. NPN 트랜지스터는 베이스에서 이미터로 전류가 흘러야만 컬렉터에서 이미터로 전류가 흐른다.

09 NPN 트랜지스터에 대한 설명으로 맞는 것은?

① 베이스에서 이미터로 순방향 전류가 흐른다.
② 베이스 전압보다 컬렉터 전압을 낮게 한다.
③ 베이스는 N극이다.
④ 이미터에서 베이스로 순방향 전류가 흐른다.

해설 베이스 전압보다 컬렉터 전압(주전압)이 높고, 베이스는 P, 베이스에서 이미터로 순방향 전류가 흐르면 컬렉터에서 이미터로 전류가 흐른다.

10 NPN형 트랜지스터가 작동될 때 각 단자의 전원이 바르게 표시된 것은?

① 베이스 : (+), 컬렉터 : (+), 이미터 : (−)
② 베이스 : (−), 컬렉터 : (−), 이미터 : (+)
③ 베이스 : (+), 컬렉터 : (+), 이미터 : (+)
④ 베이스 : (−), 컬렉터 : (−), 이미터 : (−)

해설 베이스가 P, 이미터가 N으로 베이스에서 이미터로 순방향 전류가 흘러야 하므로, 베이스는 (+), 이미터는 (−)이다. 그리고 컬렉터 전류가 이미터로 흘러야 하므로 컬렉터는 (+)이다.

11 그림의 전기회로도 기호의 명칭으로 올바른 것은?

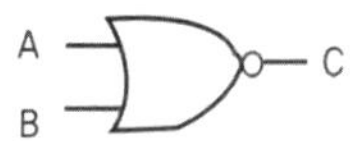

① 논리합(Logic OR)
② 논리적(Logic AND)
③ 논리 부정(Logic NOT)
④ 논리합 부정(Logic NOR)

해설 **논리합 부정(Logic NOR)**
OR 회로의 반대 출력이 나온다. 즉, 둘 중 하나가 1이면 출력 C는 0이 되고, 둘다 0이면 출력 C는 1이 된다.

정답 08 ③ 09 ① 10 ① 11 ④

CHAPTER 03 축전지

01 개요

1 정의

화학적 에너지를 전기적 에너지로 바꾸어 시동 시 전원으로 사용한다.

2 구비조건

① 소형 경량이며, 수명이 길 것
② 심한 진동에 견디고 취급이 편리할 것
③ 용량이 크고 가격이 저렴할 것

3 기능

① **시동 시** 전기적 부하 담당
② **발전기 고장 시** 전원 부담
③ 발전기 출력과 부하와의 **밸런스 조정**(운전 상태에 따르는 발전기 출력과 부하와의 불균형을 조정)

4 종류

(1) 1차 전지

1차 전지는 방전을 하였을 경우 재사용이 불가능한 것으로, 묽은 황산에 구리판과 아연판을 넣으면 아연판은 황산과의 화학작용으로 음(−)전하를 갖게 되고 구리판은 양(+)전하를 갖게 된다.

이 구리판과 아연판 사이에 저항을 접속하면 전류가 구리판에서 아연판으로 흐르게 된다. 이러한 작용에 의하여 화학적 에너지가 전기적 에너지로 변환된다. 그러나 아연판이 황산에 완전히 녹아 버리면 화학작용이 발생되지 않기 때문에 재사용이 **불가능(비가역성)**하다.

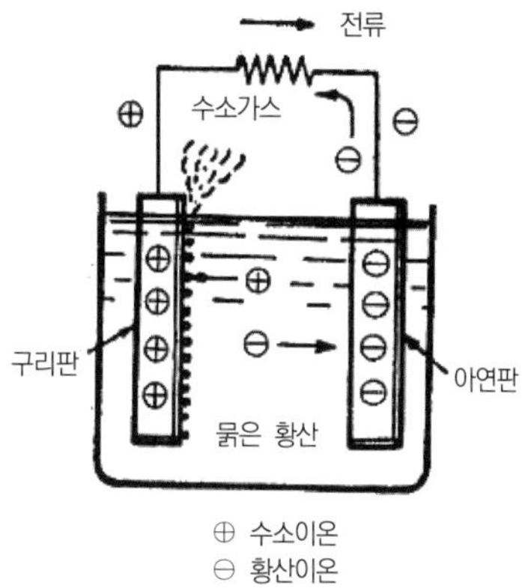

[그림 2－43] 1차 전지의 원리

1차 전지의 종류

전자의 종류	양 극	용 역	음 극	감극제	기전력
공기 전지	C	NaOH	Zn	공기	1.4V
중크롬산 전지	C	H_2SO_4	Zn		2.0V
표준 전지	Hg	$CaSO_4$	Cd	$K2Cr_2O_2$	1.0V

(2) 2차 전지

1차 전지는 화학적 에너지를 전기적 에너지로 변환하여 소모하면 재사용이 불가능하나 2차 전지는 화학적 에너지를 전기적 에너지로 변환하여 사용한 다음 전기적 에너지를 화학적 에너지로 바꾸어 저장할 수 있는 것으로 **재사용이 가능(가역성)**한 것을 말한다. 자동차에서는 2차 전지로 납산 축전지와 알칼리 축전지가 사용된다.

① 납산 축전지 : **과산화납과 해면상납을 묽은 황산에 반응**시켜 전기적 에너지를 발생하는 것으로 가장 많이 사용된다.

㉠ 건식

- 축전지를 제조, 충전, 세척, 건조, 밀폐한 후 전해액 없이 출고하므로 약 18개월간 충전 없이 보관할 수 있다.
- 사용할 때 전해액을 주입한다.

㉡ 습식

- 제작회사에서 출하할 때 전해액을 미리 넣고 출고하므로, 보관 중 축전지 내부의 각종 불순물 간에 화학반응이 발생하므로 자가방전이 일어날 수 있다.
- 심하게 방전되면 배터리가 손상되고 수명이 짧아지므로 정기적인 충전이 필요하다

② 알칼리 축전지 : **수산화 니켈과 카드뮴을 알칼리성 용액(가성가리)에 반응**시켜 전기적 에너지를 발생시키는 것으로 납산 축전지에 비해 과충전, 과방전에 잘 견디고 수명도 길지만 제작 원료의 공급에 제한을 받으므로 대량 생산이 어려워 가격이 비싸다.

참고

납산 축전지 '건식(Dry)과 습식(Wet) 충전 배터리'

전해액을 미리 넣어 제조 · 출고하는 배터리를 '습식 충전 배터리' 또는 '웨트 충전 배터리'라 하는데, 대부분의 납산 축전지가 그렇다. 또한 운송 중 전해액 누출이 우려되거나 보관 기간이 길어질 경우를 예상하여 사용하기 직전에 전해액을 전조 속에 주입하도록 한 배터리를 '드라이 충전 배터리'라 부르며, 오토바이용 배터리가 흔히 그렇다.

02 납산 축전지의 구성 및 기능

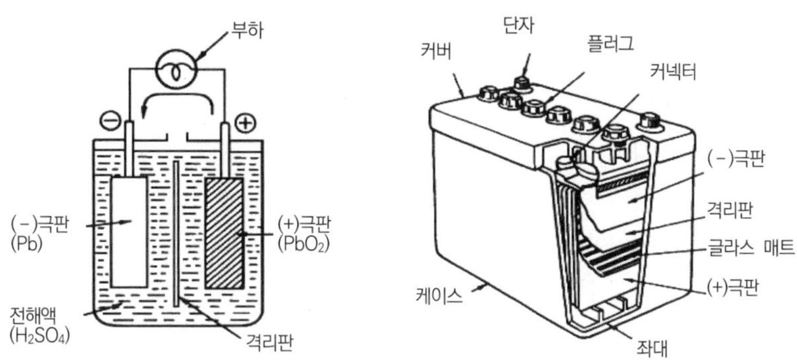

[그림 2-44] 납산 축전지의 원리 및 구조

1 극판

극판은 양극판과 음극판으로 나누어지며, 격자에 부착하여 소결시킨 것이다.

(1) 양극판

① 작용물질 : 과산화납(PbO_2)

② 색깔 : 암갈색

③ 다공성

(2) 음극판

① 작용물질 : 해면상납(Pb)

② 색깔 : 회색

③ 음극판에 비해 양극판이 활성적이라 두 극판 사이의 **화학적 평형을 고려하여 셀당 음극판을 양극판보다 1장 더** 둔다.

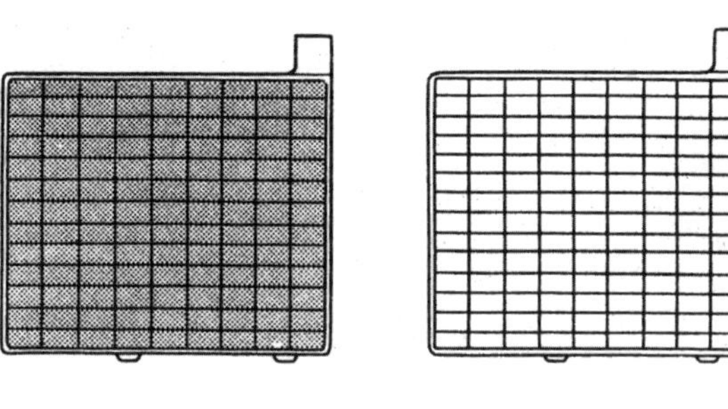

(a) 양극판 (b) 음극판

[그림 2-45] 극판

(3) 극판의 두께 : 2~3mm

(4) 극판의 수

셀당 양극판의 수는 3~5개(최고 14개) 정도이며, 극판의 수와 크기에 따라 축전지 용량이 결정된다.

(5) 구비조건

① **다공성**이어야 한다.
② 내식성이 커야 한다.
③ 탈락이 안 되어야 한다.
④ 균열이나 기공이 없어야 한다.
⑤ 전해액의 침투 확산이 잘되어야 한다.

2 격리판

양(+)극판과 음(−)극판 사이에 끼워져 두 극판의 단락을 방지한다.

(1) 종류

① 강화 섬유
② 미공성 고무
③ 합성수지
④ 목재 유리

(2) 필요조건

① 비전도성일 것
② 전해액의 확산이 잘될 것
③ 다공성일 것
④ 전해액에 부식되지 않을 것
⑤ 기계적 강도가 있을 것
⑥ 극판에 나쁜 물질을 내뿜지 않을 것

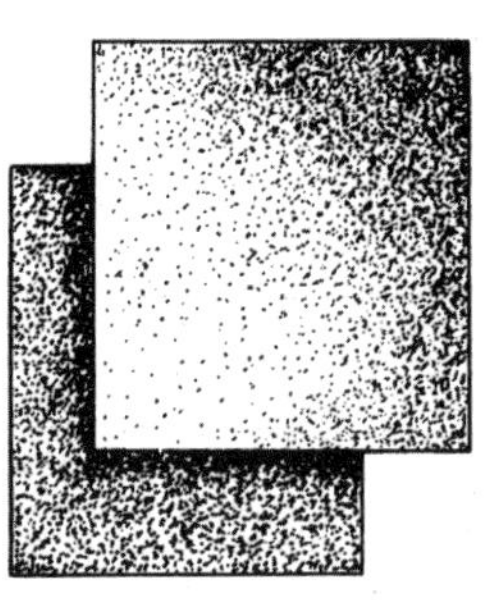

[그림 2-46] 격리판

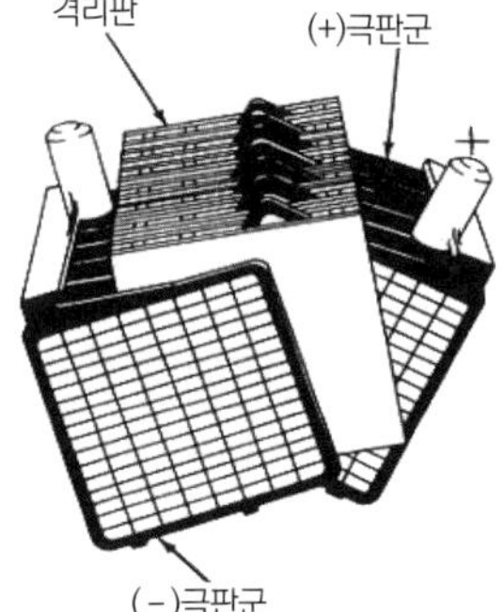

[그림 2-47] 격리판의 위치

(3) 설치

격리판은 한쪽면에 홈이 구성되어 있다. 이 홈이 있는 쪽이 양극판 쪽으로 향하게 설치해야 과산화납에 의한 격리판의 부식 방지와 전해액의 확산을 도모할 수 있다.

3 글라스 매트(Glass mat, 유리 매트)

양극판의 작용물질은 입자 사이의 결합력이 약하여 진동에 의해 쉽게 탈락될 수 있다. 이것을 방지하기 위하여 양극판 양면에 설치되어 일정한 압력으로 양극판을 눌러 작용물질이 떨어지는 것을 방지하는 것으로 격리판과 함께 사용된다.

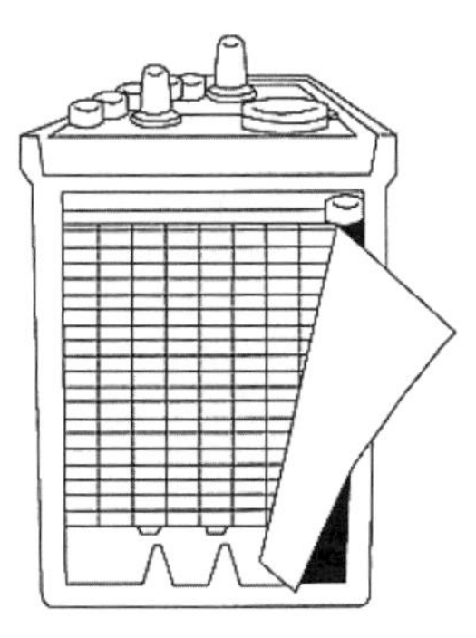

[그림 2-48] 글라스 매트

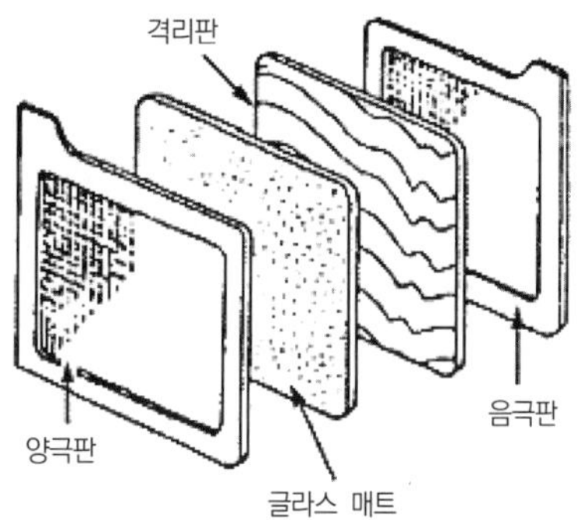

[그림 2-49] 글라스 매트의 위치

4 극판군(극판 스트랩, 단전지)

① 몇 장의 극판을 단자 기둥과 함께 접속시킨 것

② 극판군을 단전지 또는 셀이라 함

③ **음극판이 양극판보다 1장 더 많음(화학적 평형을 고려하여)**

④ 완전 충전 시 기전력

㉠ 셀당 2.1~2.3V(단자 전압 12.6~13.8V)

㉡ 6V 축전지 : 단전지 3개를 직렬 접속

㉢ 12V 축전지 : 단전지 6개를 직렬 접속

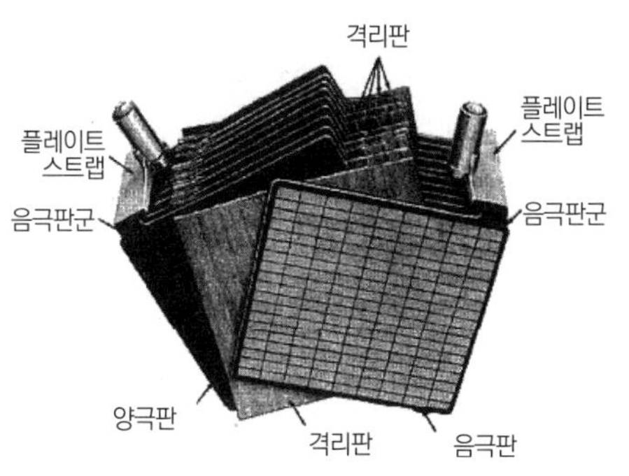

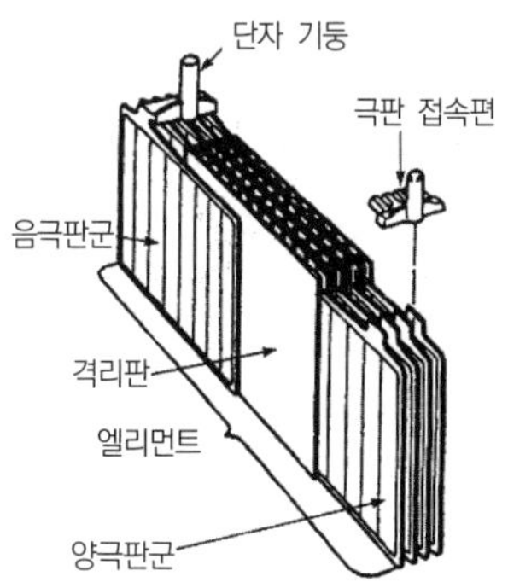

[그림 2-50] 극판군의 구성

5 케이스

① 재질 : 합성수지 또는 에보나이트로 일체 성형

② 엘리먼트레스트(브리지) : 작용물질의 탈락 또는 불순물의 침전에 의하여 극판의 단락을 방지한다.

③ 12V 축전자의 경우 6개의 격판으로 나누어져 있으며, 각 방에 단전지가 설치된다.

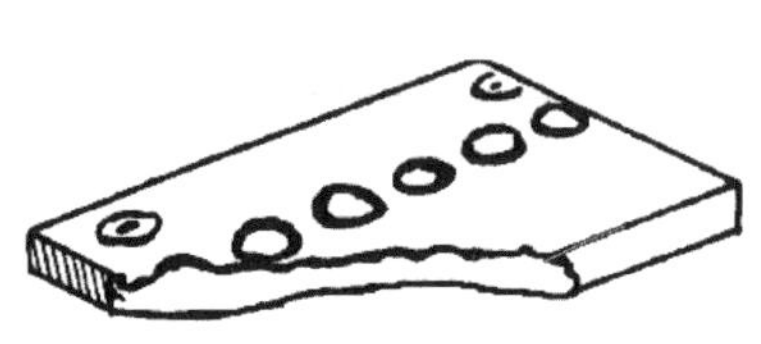

(a) 커버

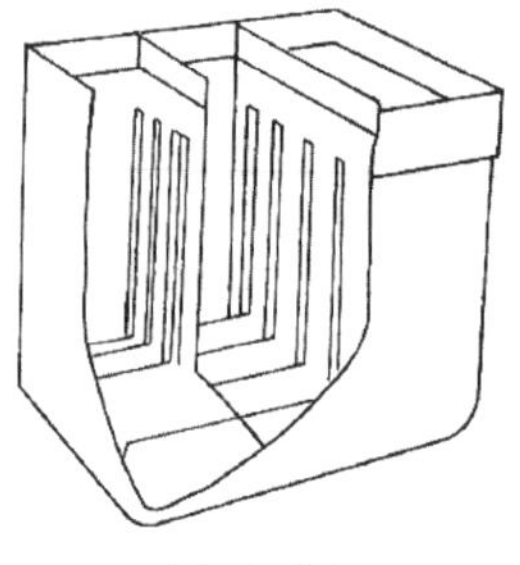

(b) 케이스

[그림 2-51] 케이스

6 커버 및 필러 플러그(벤트 플러그)

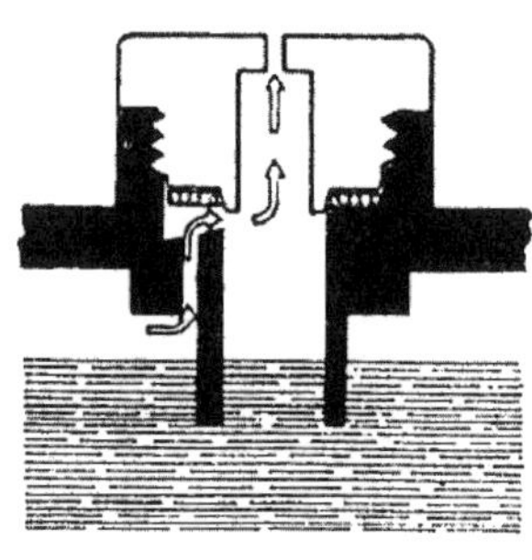

[그림 2-52] 벤트 플러그

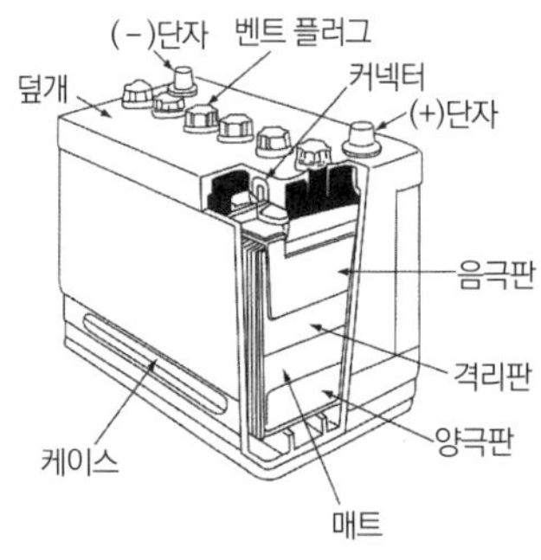

[그림 2-53] 벤트 플러그의 위치

① 단전지마다 별개로 된 것과 전체가 일체로 된 것이 있으며, 일반적으로 일체로 된 것이 많이 사용된다.

② 단전지마다 공기 구멍이 있는 벤트 플러그가 있어 화학작용 시 발생하는 가스를 배출한다.

③ 벤트 플러그는 가스 배출을 할 뿐만 아니라 전해액을 보충하기도 한다.

7 커넥터와 단자 기둥

① 단전지와 단전지를 직렬로 연결하는 것이 커넥터이며, 외부 회로와 접속할 수 있도록 한 것이 단자 기둥(터미널)이다.

② 단자 기둥은 외부 회로와 확실하게 접속되도록 하기 위하여 테이퍼되어 있다.

③ 단자 기둥 식별법

㉠ 직경 : 양(+)극 단자가 음(-)극보다 더 굵다.

㉡ 단자색 : 양(+)극은 적갈색, 음(-)극은 회색

㉢ 문자 : '+', '−' 또는 P(POS), N(NEG)

㉣ 감자를 단자 기둥에 접촉 시 : 색깔이 변하는 쪽이 양(+)극

㉤ 부식물 : 부식물이 많은 쪽이 양(+)극

㉥ 축전지 용량이 표시되어 있는 쪽이 양(+)극

㉦ 소금물을 부었을 때 : 기포 발생이 많은 쪽이 양(+)극

[그림 2-54] 단자 기둥과 접지 단자

8 전해액

(1) 기능 및 구성

① 순수한 황산(진한 황산)+순수한 물(증류수)

※순수한 황산은 색깔과 냄새가 없다. 일반적으로 황산에서 이상한 냄새가 나는 것은 황산에 불순물이 섞여 있기 때문이다.

② 극판과 접촉하여 화학작용 발생(전류 생성, 전류 저장)

③ 단전지(셀) 내부의 전류 전도 작용

(2) 비중(표준온도 20℃ 기준)

① 열대 : 1.240

② 온대 : 1.260

③ 한대 : 1.280

④ 냉대 : 1.300

⑤ 우리나라는 온대에 해당하기 때문에 1.260(20℃)의 비중을 사용하나, 실제 제작회사에서는 1.280(25℃)를 사용한다.

(3) 충 · 방전과 비중의 변화

① 충전 시는 황산이 극판에서 빠져 나오므로 전해액 비중이 높아지고, 방전 시는 황산이 극판에 침투되므로 전해액 비중이 낮아진다.

② 이러한 현상을 이용하여 축전지의 충전 상태를 판정할 수 있다.

③ 축전지의 비중 측정은 비중계를 이용하여 측정한다.

전해액 비중과 충전량

전해액 비중	충전된 양(%)	전해액 비중	충전된 양(%)
1.260	100	1.300	40
1.210	75	1.250	33
1.150	50	1.200	28
1.100	25	1.150	21
1.050	0		

(4) 온도와 비중의 변화

① 전해액의 온도가 1℃ 변화함에 따라 비중은 0.00074 변화

② **온도가 올라가면 비중은 내려가고, 온도가 낮아지면 비중은 커짐**

③ 비중은 전해액 온도를 표시하던가 표준온도로 환산하여 표시

④ 표준온도=20℃

⑤ 표준온도로의 비중 환산

$$S_{20} = St + 0.0007(t - 20)$$

여기서, S_{20} : 표준온도 20℃로 환산한 비중

S_t : t℃에서 실제 측정한 비중

t : 측정할 때의 전해액 온도

예제

1. 전해액 온도 40℃, 비중 1.266일 때 표준온도에서의 비중은?

해설 1.266+0.0007(40−20)=1.280

∴ 1.280

2. 전해액 온도 0℃, 비중 1.294일 때 표준온도에서의 비중은?

해설 1.294+0.0007(−20)=1.280

∴ 1.280

⑥ 1.260의 비중을 갖는 묽은 황산 1리터에 약 35%의 황산이 포함

⑦ 1AH 방전에 대해 황산은 3.66g이 소비되고 물은 0.67g이 생성

⑧ 표준온도에서 전해액의 비중이 1.200 이하로 저하되면 즉시 보충전 실시

온도 변화량	비중 변화량	계산 예		
		온 도	비 중	표준온도(20℃)로 환산
±1℃	±0.0007	21℃	1.2593	1.2593+0.0007=1.260
		19℃	1.2607	1.2607−0.0007=1.260

온도 변화량	비중 변화량	계산 예		
		온 도	비 중	표준온도(20℃)로 환산
±2℃	±0.0014	22℃	1.2586	1.2586+0.0014=1.260
		18℃	1.2614	1.2614−0.0014=1.260
±3℃	±0.0021	23℃	1.2579	1.2579+0.0021=1.260
		17℃	1.2621	1.2621−0.0021=1.260
±10℃	±0.007	30℃	1.253	1.253+0.007=1.260
		10℃	1.267	1.267−0.007=1.260
±20℃	±0.014	40℃	1.246	1.246+0.014=1.260
		0℃	1.274	1.274−0.014=1.260
±30℃	±0.021	50℃	1.239	1.239+0.021=1.260
		−10℃	1.281	1.281−0.021=1.260

(5) 전해액 비중과 빙결

① **비중이 낮으면 빙결(동결)온도가 높아지고, 비중이 높으면 빙결(동결)온도가 낮아진다.**

② 전해액이 빙결되면 극판의 작용물질이 파괴·탈락되어 재사용이 어렵다.

③ 한랭지 또는 겨울에는 완전 충전된 상태로 유지해야 한다.

④ 완전 충전된 상태에서 -30℃ 이하가 되지 않으면 빙결되지 않는다.

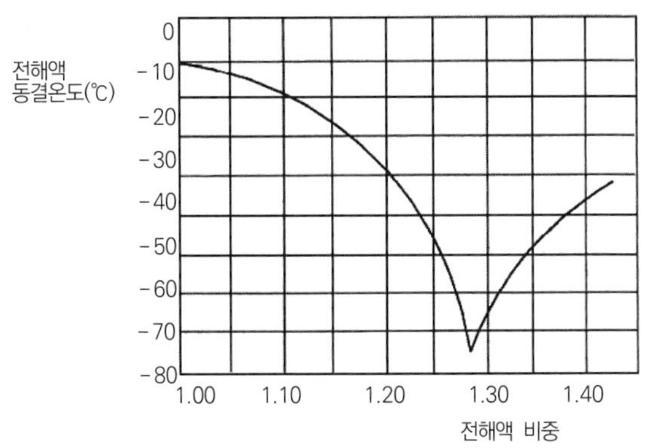

[그림 2-55] 전해액 비중과 동결온도

9 축전지의 기전력

① 단전지(셀)당 2.1 ~2.3V, 단자 전압 12.6~13.8V

② 기전력은

㉠ 전해액의 **온도에 비례**

㉡ 전해액의 **비중에 비례**

㉢ **방전 정도에 반비례**

▌단자 전압과 비중과의 관계

단자 전압(V)	비중(20℃)		충전량(%)
	A	B	
2.10 이상	1.260	1.280	100% 충전
2.00	1.210	1.230	75% 충전
1.95	1.160	1.180	50% 충전
1.85	1.110	1.130	25% 충전
1.75 이하	1.060	1.080	사용불가

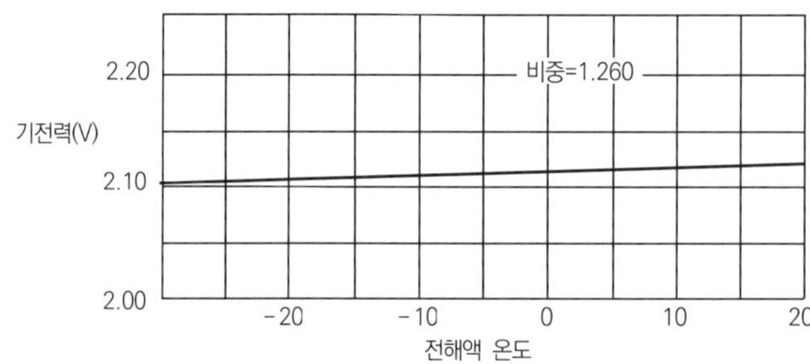

[그림 2-56] 기전력과 전해액 온도

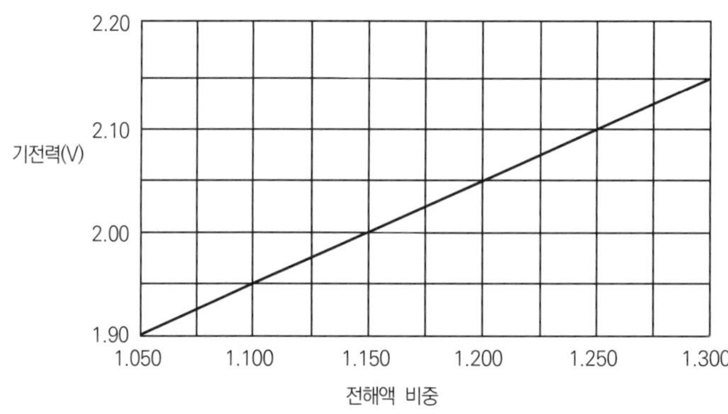

[그림 2-57] 기전력과 전해액 비중

10 방전 종지 전압

① 축전지를 일정 전류로 방전시켰을 때 더 이상 방전되지 않을 때의 전압이다.

② 단전지(셀)당 **1.75V**(단자 전압 10.5V)이다.

③ 축전지를 방전 종지 전압 이하로 방전하여서는 안 된다.

④ 방전 종지 전압에 이른 축전지를 휴지(사용하지 않고 방치한 상태) 후에 사용하면 약간의 용량이 발생되는데, 이 용량을 **잉여 용량**이라 한다.

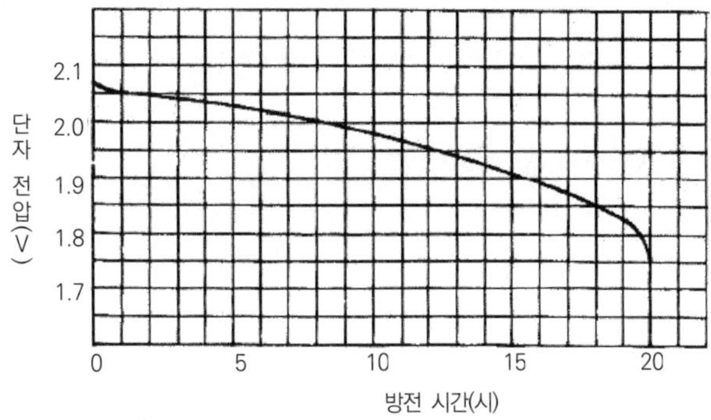

[그림 2－58] 방전 시간과 전압과의 관계

11 축전지 용량

- 완전 충전된 축전지를 방전 시 방전 종지 전압이 될 때까지 방전시킬 수 있는 양으로 시간당 방전량(A)과 방전 시간(H)으로 나타낸다.
- 단위 : AH(암페어 아워)

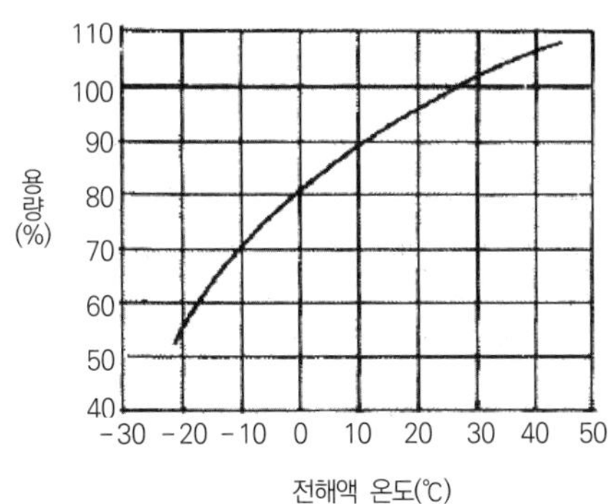

[그림 2－59] 전해액 온도와 축전지 용량

(1) 축전지 용량은

① 셀당 **극판의 수에 비례**한다.

② **극판의 크기에 비례**한다.

③ **전해액(황산)의 양에 비례**한다.

④ 용량은 **전해액의 온도에 따라 비례**한다.

(※온도가 높아지면 화학작용이 활발해져 용량이 높아지고, 온도가 낮아지면 화학작용이 완만하게 진행되어 용량이 낮아진다.)

(2) 용량 표시 방법

① **20시간율** : 20시간 동안 방전하였을 때 방전 종지 전압에 이르렀을 경우 매시간 방전한 양과 방전 시간의 곱으로 나타내는 방법이다.

② 25A율 : 매시 25A로 방전하였을 때 방전 종지 전압에 이를 때까지의 용량으로 나타낸다.
③ 냉간율 : 17.7℃(0°F)에서 300A의 용량으로 방전하였을때 1V 전압강하가 발생되기까지의 시간으로 나타낸다.
④ 우리나라에서는 20시간율을 사용한다.

12 자기 방전

(1) 정의

완전 충전된 축전지를 사용하지 않아도 방전되는 현상

(2) 원인

① 구조상 부득이한 것
② 불순물에 의한 것
③ 내부 단락에 의한 것

(3) 자기 방전의 크기

① 전해액의 온도에 비례한다.
② 불순물의 양에 비례한다.
③ 전해액의 비중에 비례한다.

(4) 방전량

온 도	방전량(%)	비중 저하량
30℃	1%	0.002
20℃	0.5%	0.001
5℃	0.25%	0.0005

※완전 충전된 축전지라도 보관 시에는 15일(2주)마다 보충전을 해야 한다.

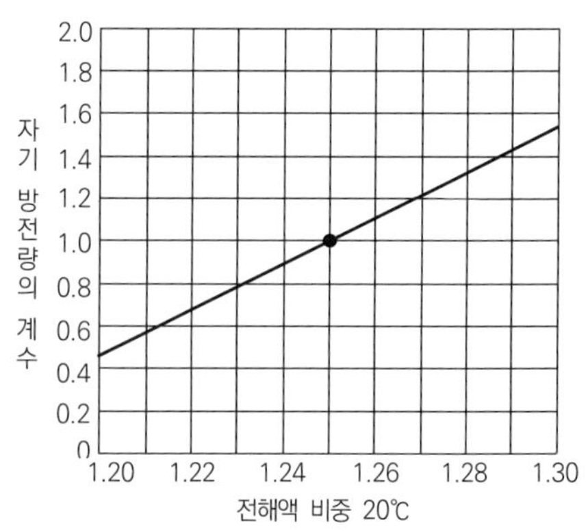

[그림 2-60] 비중과 자기 방전량

13 설페이션 현상(유화 현상)

① 설페이션 현상 : 극판이 **영구황산납**이 되는 현상
② 설페이션 현상의 원인
㉠ 과방전
㉡ 극판의 작용 물질 탈락
㉢ 전해액 양의 부족
㉣ 내부 단락
㉤ 장시간 방전 상태로 방치
③ 극판이 영구 황산납으로 변화되면 원래의 작용물질로 환원되지 않는다.

참고

축전지의 충 · 방전을 반복적으로 너무 많이 하면, 극판의 다공성이 상실되어 황산의 침투 확산이 안 되어 전류가 생성되지 않고, 점차 용량이 저하된다.

14 축전지의 화학작용

자동차용 납산 축전지는 전해액과 극판 사이에 발생하는 화학작용에 의해 충방전이 이루어지도록 한다.

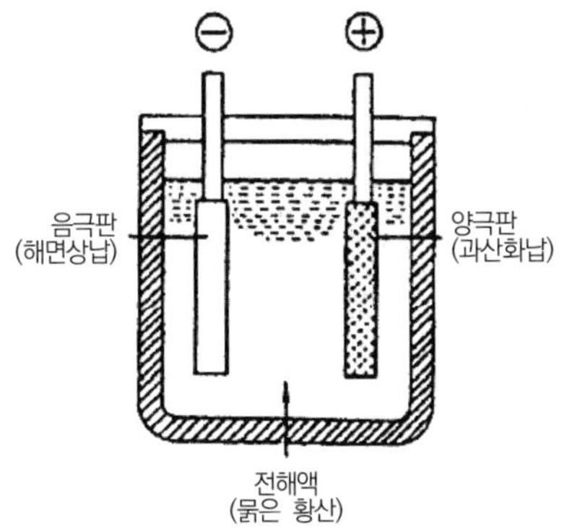

[그림 2-61] 납산 축전지의 원리

■ 납산 축전지의 충 · 방전 화학 반응

양극	전해액	음극		양극	전해액	음극
			방전			
PbO_2 +	$2H_2SO_4$ +	Pb	⇄	$PbSO_4$ +	$2H_2O$ +	$PbSO_4$
(과산화납)	(황산)	(해면상납)	충전	(황산납)	(물)	(황산납)

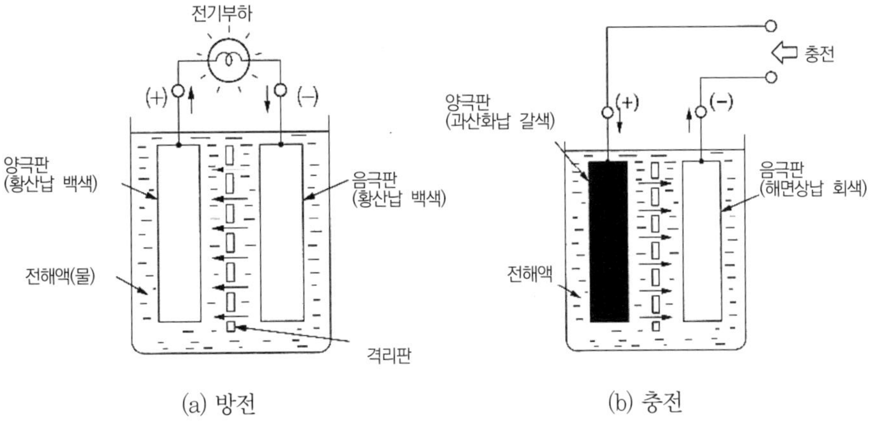

[그림 2-62] 충 · 방전의 화학작용

① **방전** : 축전지를 방전하면 양극판과 음극판은 황산의 침투로 **황산납**으로 변하며, 묽은 황산의 전해액은 **물**로 변하며 비중이 저하한다. 즉, 화학적 에너지가 전기적 에너지로 변하게 된다.

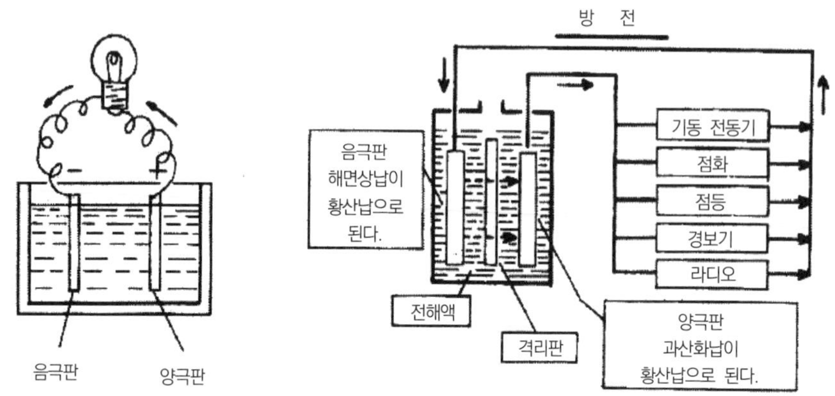

[그림 2-63] 방전 중의 화학작용

㉠ 양극판 : 과산화납(PbO_2) → 황산납($PbSO_4$)

㉡ 음극판 : 해면상납(Pb) → 황산납($PbSO_4$)

㉢ 전해액 : 묽은 황산($2H_2SO_4$) → 물($2H_2O$)

② **충전** : 방전된 축전지에 전기적 에너지를 가하면 극판과 묽은 황산이 화학 반응을 일으켜 극판 표면에 형성되었던 황산납이 분해되어 전해액 속에 방출된다. 이에 따라 양극판은 다시 **과산화납**으로, 음극판은 **해면상납**으로 환원되며, 전해액은 **묽은 황산**으로 환원되어 비중이 상승한다.

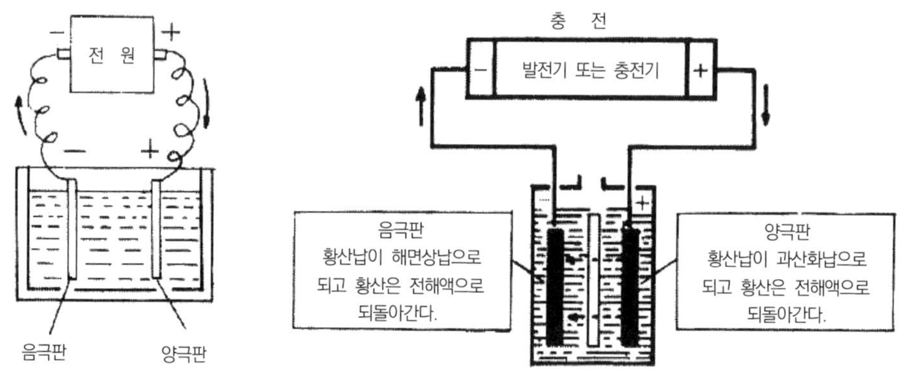

[그림 2-64] 충전 중의 화학작용

㉠ 양극판 : 황산납($PbSO_4$) → 과산화납(PbO_2)

㉡ 음극판 : 황산납($PbSO_4$) → 해면상납(Pb)

㉢ 전해액 : 물($2H_2O$) → 묽은 황산($2H_2SO_4$)

▌알칼리 축전지의 충 · 방전 화학 반응

양극		음극	전해액		양극		음극
$2NiO(OH)$	+	Cd	$2H_2O$	방전 ⇄ 충전	$2Ni(OH)_2$	+	$Cd(OH)_2$
(수산화제2니켈)		(카드뮴)	(수산화알칼리 용액)		(수산화제1니켈)		(수산화카드뮴)

③ 결국 축전지의 화학작용은 극판이 황산으로 인하여 팽창 수축을 반복하는 것으로 팽창 수축의 작용이 발생되지 않는 상태를 사이클링 쇠약이라 하고, 축전지 수명이 다 된 것으로 간주한다.

④ 또한 축전지의 화학작용은 황산의 이동이므로 전해액의 비중을 점검하여 충 · 방전 상태를 알 수 있다.

15 기타 축전지

(1) 알칼리 축전지

① **양(+)극판**

㉠ 수산화제2니켈[$2Ni(OH)$], 수산화제1니켈[$2Ni(OH)_2$]

㉡ 수산화니켈 분말과 흑연을 배합한 작용 물질(니켈 분말 소결+니켈 염용액 침투)

② **음(−)극판**

㉠ 카드뮴(Cd), 수산화카드뮴[$Cd(OH)_2$]

㉡ 카드뮴을 주제로 한 배합 물질(니켈 분말 소결+카드뮴 염용액 침투)

③ **격자** : 작은 구멍이 뚫린 강철판(포킷식) 또는 철망(소결식)의 형태

④ **전해액** : 수산화알칼리 용액을 사용하며 납산 축전지와 같이 직접 화학작용에 참여하지 않고 다만, 전류가 통하게 하는 역할만을 하며 따라서 충 · 방전 시에도 비중의 변화가 없다.

⑤ **격리판** : 합성수지판이나 부직포 또는 절연 막대

⑥ **케이스**

㉠ 합성수지 또는 니켈 도금을 한 강철제로 액 주입구는 밸브를 사용한다.

㉡ 수산화알칼리 용액은 탄산가스의 흡수가 잘되기 때문에 탄산가스의 흡수를 방지하기 위해 밸브를 사용한다.

⑦ **용량** : 정격 용량의 몇 배라는 식으로 표현한다. 즉, 100AH 축전지일 때 300A의 전류로 방전하는 것을 뜻한다. **알칼리 축전지의 용량은 시간율에 비해 거의 변하지 않는 특징**이 있다.

⑧ **셀당 전압** : 1.35V

⑨ **충 · 방전 특성** : 알칼리 축전지는 충 · 방전 시 시간의 경과에 따라 전압이 급격히 변화하지 않아 **시동성능이 우수**하다.

⑩ **장점**

㉠ 보수 및 취급이 용이하다.

㉡ 수명이 길다(납산 축전지의 2~3배).
㉢ 냉간 시동성능이 좋다(고부하에서의 내구성이 좋다).

⑪ 단점
㉠ 가격이 고가이다.
㉡ 니켈의 수요량을 만족할 수 없다.

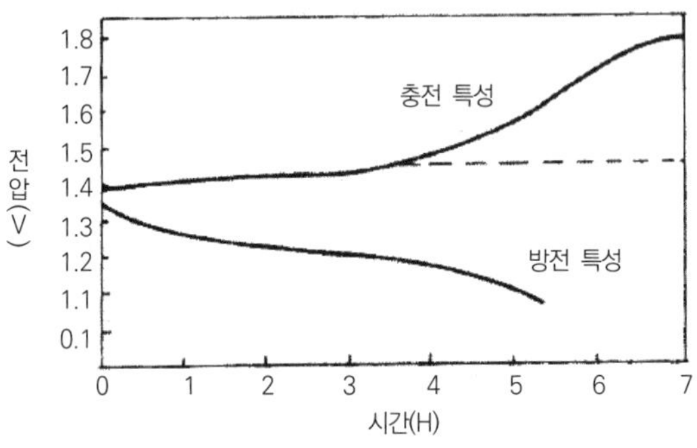

[그림 2-65] 충 · 방전 특성 곡선

(2) MF 축전지(Maintenance Free Battery, 무정비 축전지)

① 기능 : 자기 방전이나 전해액의 감소를 적게 한 것
② 특징
㉠ 증류수를 보충할 필요가 없다.
㉡ 자기 방전이 적다.
㉢ 장기간 보존할 수 있다.
③ 양(+)극판 : 납과 저안티몬 합금
④ 음(-)극판 : 납과 칼슘 합금
⑤ 철망 모양의 격자를 펀칭하여 사용

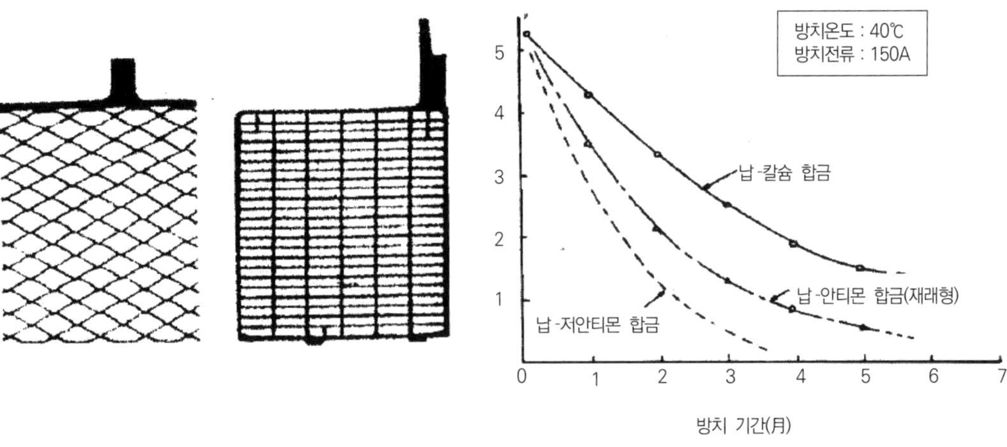

[그림 2-66] 축전지의 격자

[그림 2-67] 격자 합금별 자기 방전의 특성

⑥ 화학 반응 시 생긴 수소가스와 산소가스를 촉매제를 사용하여 물로 환원시킴

⑦ 벤트 플러그는 밀봉되어 있으며, **플러그에 촉매제를 보관**한다.

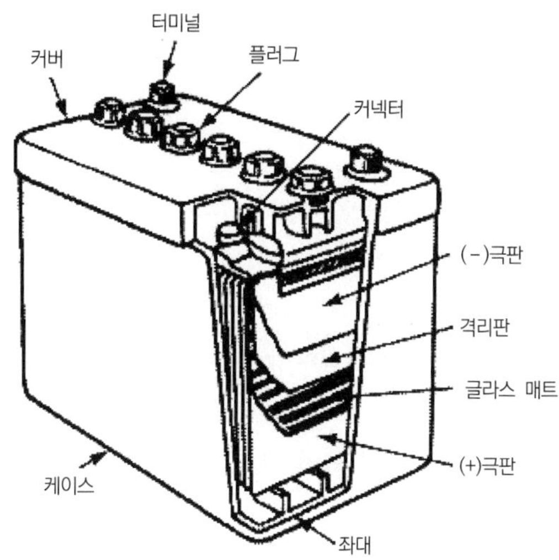

[그림 2-68] MF 축전지의 구조

⑧ MF 축전지의 성능 점검

[그림 2-69] MF 축전지의 성능 점검

16 축전지 충전법

(1) 초충전

① 축전지를 처음 사용하기 전에 시행하는 것

② 극판 내에 침투하여 있을 황산(전해액)을 완전히 제거하기 위함

③ 축전지에 규정의 전해액을 넣고 2~12시간 내에 충전 실시

④ 축전지 용량의 5%의 충전 용량으로 60~70시간 정도 충전

(2) 보충전

① 사용 중인 축전지의 재사용을 위하여 시행

② 정전류 충전법

㉠ 충전 **전류를 일정하게** 설정하고 충전

㉡ 전류의 구분

- 표준용량 : 축전지 용량의 10%
- 최소용량 : 축전지 용량의 5%(밤샘 충전)
- 최대용량 : 축전지 용량의 20%

㉢ 특징

- 최초 충전 용량이 작아 극판의 손상이 적음
- 충전 말기의 충전율이 높아 과충전이 되기 쉬움
- 충전 말기에 물의 전기 분해 작용으로 양(+)극판 쪽에서 산소가스를, 음(−)극판 쪽에서 수소가스를 발생한다. 이 수소가스는 폭발성이 있으므로 화기를 주의해야 함
- 가스 발생 후 1시간 간격으로 전해액의 비중을 3번 측정하여 측정값이 일정할 경우 충전 완료 판정

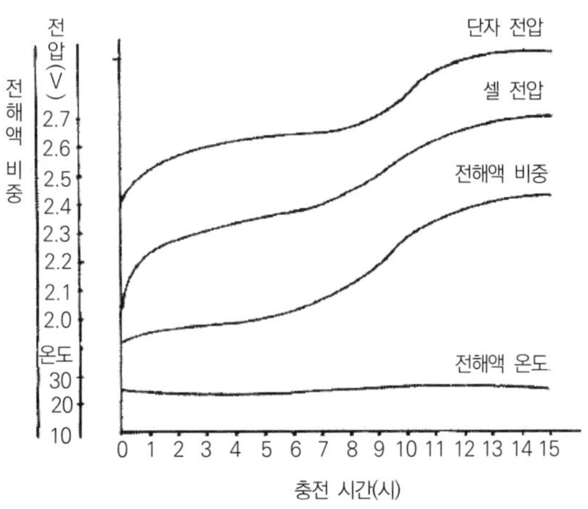

[그림 2-70] 정전류 충전의 특성

㉣ 주의사항

- 통풍이 잘되는 곳에서 실시
- 전해액의 **온도가 45℃가 넘지 않도록** 할 것
- 충전 중 화기 금지
- 과충전 주의(충전 말기에 1시간 간격으로 비중을 측정하여 비중의 변화가 없으면 충전이 완료된 것으로 봄)
- 밤샘 충전 시 5%의 충전 용량으로 충전
- 방전 상태로 두지 말고 즉시 충전을 할 것
- 원칙적으로 직렬접속으로 충전
- 부득이 병렬접속 충전 시는 최소용량의 축전지 충전 용량으로 충전 실시
- 배선접속을 역으로 하지 말 것

㉤ 충전 전 준비사항

- 축전지를 물이나 압축공기로 깨끗이 청소한다.
- 충전 중 발생하는 가스 방출을 위해 벤트 플러그를 모두 연다.

- 전해액을 점검하고 부족 시는 증류수를 규정량으로 보충한다. 이때 전해액을 넣거나 비중을 측정할 필요가 없다.
- 2개 이상의 축전지를 연결하여 충전할 경우에는 직렬접속을 원칙으로 하며, 이때 충전 전류는 1개일 때와 같으나 전압은 축전지 개수배로 높게 한다.

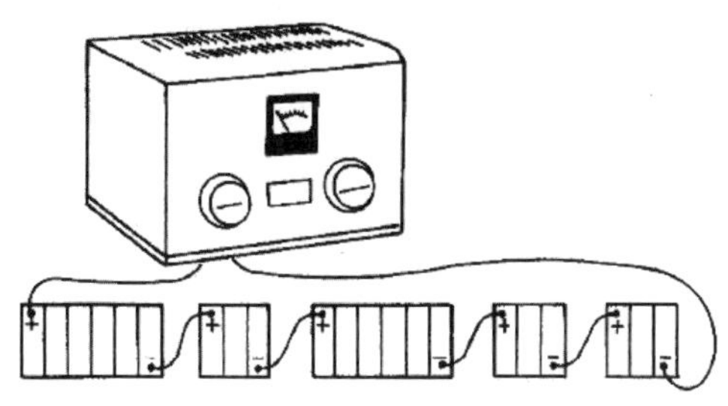

(a) 직렬접속

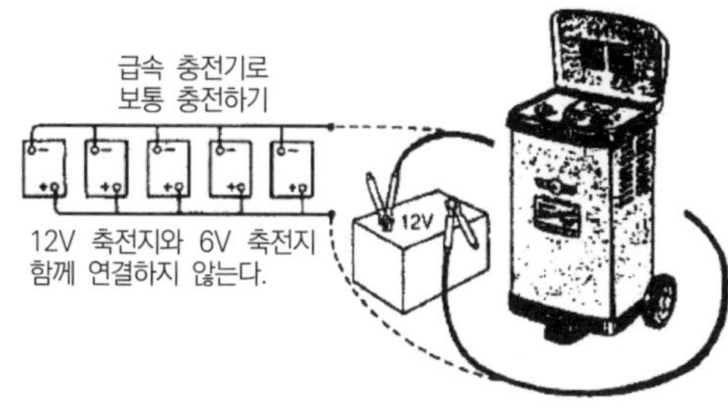

(b) 병렬접속

[그림 2-71] 축전기 접속법(충전 시)

③ 정전압 충전

㉠ 충전 **전압을 일정하게 설정**하여 충전

㉡ 특징

- 충전 초기의 충전율이 높아 극판이 손상되기 쉽다.
- 충전 말기의 충전율이 낮아 과충전의 우려가 없다.
- 산소나 수소가스의 발생이 거의 없다.
- 자동차 충전장치가 정전압에 속한다.

㉢ 주의사항

- 축전지의 충전을 가급적 빠른 시간 내에 실시한다.
- 전위차가 커지면 과충전 및 극판의 손상이 빨라져 축전지의 수명이 짧아진다.

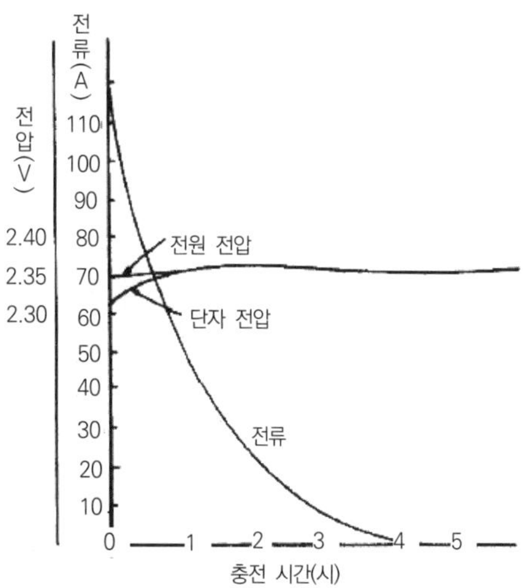

[그림 2-72] 정전압 충전의 특성

④ 단별 전류 충전법

㉠ 정전류 충전법의 변형

㉡ 충전 중 **전류의 용량을 단계적으로** 감소

㉢ 충전효율을 높이고, 전해액의 온도 상승을 감소

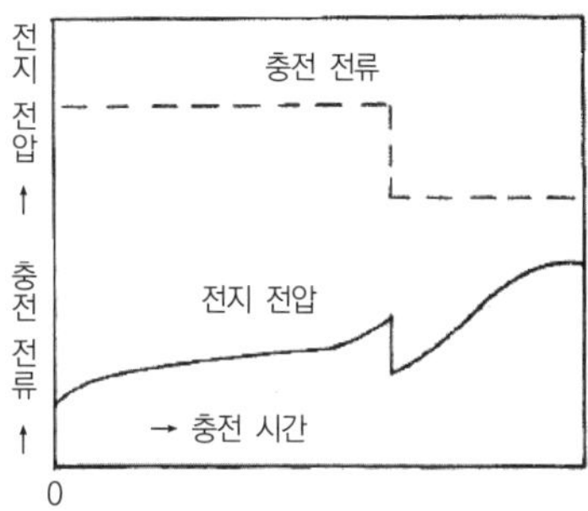

[그림 2-73] 단별 전류 충전의 특성

⑤ 급속 충전법

㉠ 보충전할 시간적 여유가 없을 때 실시

㉡ 충전 전류 : 축전지 용량의 1/2~1/3

ⓒ 급속 충전기 사용

ⓓ 주의사항

- 통풍이 잘 되는 곳에서 실시
- 충전 중 축전지에 충격이 없도록 할 것
- 충전 시간을 짧게 할 것
- 전해액의 온도가 45℃ 이상이 되지 않도록 할 것
- 차에 설치한 상태로 실시하지 말 것

ⓔ 차상 충전 시 주의 사항

- 발전기 다이오드의 손상을 방지하기 위하여 양쪽 터미널을 완전히 제거할 것
- 극성을 바르게 연결할 것

17 점검 정비

(1) 축전지의 2가지 점검사항(서비스레이팅)

① 물을 붓는 것

② 비중 측정

(2) 전해액량 점검

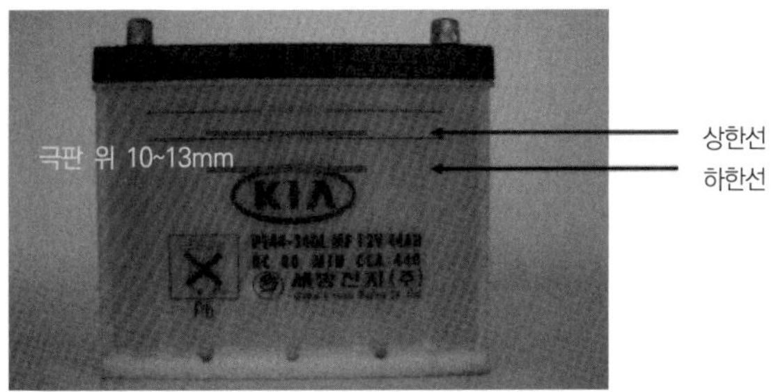

[그림 2-74] 전해액량 점검

① 15일마다 전해액량을 점검하고, 부족 시는 **극판 위** 10~13mm로 보충한다.

② 이때 증류수만을 보충한다.

(3) 전해액 보충

① 전해액의 누설 등으로 양이 부족할 경우는 전해액을 보충한다.

② 규정의 비중으로 희석한 묽은 황산을 사용한다.

③ 정기적으로 비중을 점검하여 비중이 현저히 낮아지면, 축전지 극판에 설페이션 현상이 발생되었음을 나타낸다.

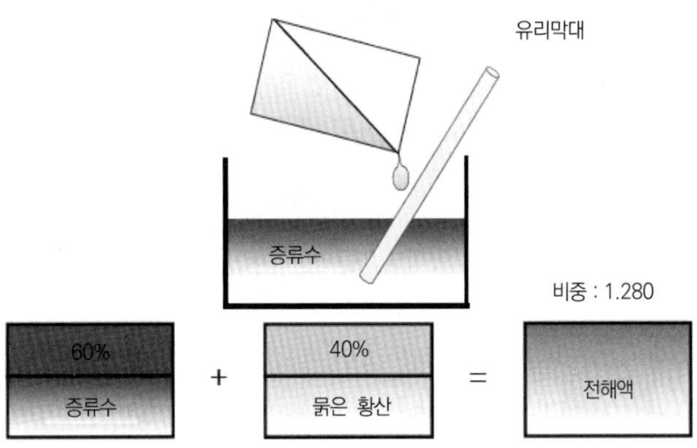

[그림 2-75] 전해액 만들기

(4) 케이스의 청소

전해액이 누설되었을 경우 **중탄산소다로 중화한 후 물로 세척**하고, 압축공기로 물기를 제거한다.

(5) 축전지의 고장 원인

① 외부 원인

㉠ 충전지의 충전량이 부족

- 발전기 V 벨트의 장력 약화 또는 이완
- 충전회로의 단선 또는 접촉 상태 불량
- 발전기 조정기의 불량

㉡ 축전지가 과방전될 때

- 기동 전동기의 불량이나, 너무 오랫동안 크랭킹을 계속하였을 경우
- 전조등 회로의 배선 단락, 접지 등으로 과대 전류가 소모

② 내부 원인

㉠ 극판의 내부 단락

㉡ 극판의 황산화(설페이션 현상)

㉢ 극판의 만곡(활 모양으로 굽음)

㉣ 사이클링 쇠약(극판 작용물질의 탈락)

제 3 장

출제 예상 문제

• 축전지

01 축전지 충 · 방전작용에 해당되는 것은?

① 발열작용 ② 화학작용
③ 자기작용 ④ 발광작용

해설 축전지는 전류의 화학작용을 이용한다.

02 납축전지가 완전히 충전된 상태에서 (+)극판은?

① PbO_2 ② Pb
③ PbO_4 ④ H_2SO_4

해설 축전지의 화학작용

양극	전해액	음극	방전	양극	전해액	음극
PbO_2 +	$2H_2SO_4$	+ Pb	⇄	$PbSO_4$	+ $2H_2O$ +	$PbSO_4$
과산화납	묽은 황산	해면상납	충전	황산납	물	황산납

03 축전지 셀의 음극과 양극의 판수는?

① 각각 같은 수다.
② 음극판이 1장 더 많다.
③ 양극판이 1장 더 많다.
④ 음극판이 2장 더 많다.

해설 극판 수는 화학적 평형을 고려하여 음극판이 1장 더 많다.

04 자동차에서 축전지를 떼어낼 때의 작업 방법으로 맞는 것은?

① 접지 터미널을 먼저 푼다.
② 양극 터미널을 먼저 푼다.
③ 벤트 플러그를 열고 작업한다.
④ 절연되어 있는 케이블을 먼저 푼다.

해설 축전지를 탈착할 때에는 접지 터미널(케이블)을 먼저 풀고, 설치할 때에는 나중에 설치한다.

05 다음 중 축전지용 전해액(묽은 황산)을 표현하는 화학기호는?

① H_2O ② $PbSO_4$
③ $2H_2SO_4$ ④ $2H_2O$

해설 납산 축전지의 전해액은 묽은 황산($2H_2SO_4$)을 사용한다.

06 0℃의 기온에서 축전지 전해액을 측정하였더니 비중계의 눈금이 1.274였다. 표준 상태(20℃)에서의 비중은?

① 1.254 ② 1.260
③ 1.267 ④ 1.288

해설 축전지 비중 환산

㉠ $S_{20} = St + 0.0007 \times (t - 20)$

여기서, S_{20} : 20℃에서의 전해액 비중
St : 실제 측정한 전해액 비중
t : 측정할 때의 전해액 온도

㉡ $1.274 + 0.0007 \times (0 - 20) = 1.260$

07 축전지를 과방전 상태로 오래두면 못쓰게 되는 이유로 가장 타당한 것은?

① 극판에 수소가 형성된다.
② 극판이 산화납이 되기 때문이다.
③ 극판이 영구황산납이 되기 때문이다.
④ 황산이 증류수가 되기 때문이다.

해설 과방전 상태로 오래두면 극판이 영구황산납이 되어 못쓰게 된다.

08 극판의 크기, 판의 수 및 황산의 양에 의해서 결정되는 것은?

① 축전지의 용량 ② 축전지의 전압
③ 축전지의 전류 ④ 축전지의 전력

해설 축전지의 용량은 극판의 크기, 판의 수 및 황산의 양에 의해서 결정된다.

09 축전지의 충 · 방전 화학식이다. (   )에 해당되는 것은?

$$PbO_2 + (\quad) + Pb \rightarrow PbSO_4 + 2H_2O + PbSO_4$$

① H_2O ② $2H_2O$
③ $2PbSO_4$ ④ $2H_2SO_4$

정답 01 ② 02 ① 03 ② 04 ① 05 ③ 06 ② 07 ③ 08 ① 09 ④

해설 축전지 충·방전 시 화학작용
㉠ 양극판 : 과산화납(충전) ⇄ 황산납(방전)
㉡ 음극판 : 해면상납(충전) ⇄ 황산납(방전)
㉢ 전해액 : 묽은 황산(충전) ⇄ 물(방전)

10 자동차용 배터리의 충전·방전에 관한 화학 반응으로 틀린 것은?

① 배터리 방전 시 (+)극판의 과산화납은 점점 황산납으로 변한다.
② 배터리 충전 시 (+)극판의 황산납은 점점 과산화납으로 변한다.
③ 배터리 충전 시 물은 묽은 황산으로 변한다.
④ 배터리 충전 시 (−)극판에는 산소가, (+)극판에는 수소를 발생시킨다.

해설 충전할 때 (−)극판에서는 수소를, (+)극판에서는 산소를 발생시킨다.

11 4A로 연속 방전하여 방전 종지 전압에 이를 때까지 20시간이 소요되었다. 축전지의 용량(AH)은?

① 5 ② 40
③ 60 ④ 80

해설 ㉠ $AH = A \times H$
여기서, AH : 축전지 용량
A : 일정방전 전류
H : 방전종지전압까지의 연속 방전시간
㉡ $4A \times 20H = 80AH$

12 20℃에서 양호한 상태인 100AH의 축전지는 200A의 전기를 얼마동안 발생시킬 수 있는가?

① 1시간 ② 2시간
③ 20분 ④ 30분

해설 ㉠ $AH = A \times H$ 에서 $H = \frac{AH}{A}$
㉡ $\frac{100AH}{200H} = 0.5H = 30$분

13 일반적으로 사용되는 축전지 용량 표시 방법이 아닌 것은?

① 20시간율 ② 25암페어율
③ 냉간율 ④ 50시간 방전율

해설 축전지 용량을 표시하는 방법에는 20시간율, 25암페어율, 냉간율이 있다.

14 축전지에서 온도가 내려가면 일어나는 현상으로 틀린 것은?

① 전압이 내려간다.
② 사용 용량이 줄어든다.
③ 전해액의 비중이 내려간다.
④ 동결하기 쉽다.

해설 축전지에서 온도가 내려가면 전압·전류·용량은 감소하고, 전해액의 비중은 올라가며 동결하기 쉽다.

15 축전지의 자기 방전율은 온도가 높아지면 어떻게 되는가?

① 일정하다. ② 높아진다.
③ 관계없다. ④ 낮아진다.

해설 자기 방전율의 관계
㉠ 전해액의 온도에 비례한다.
㉡ 불순물의 양에 비례한다.
㉢ 전해액의 비중에 비례한다.

16 축전지의 보충전에 대한 분류로 적합하지 않은 것은?

① 급속 충전
② 정속 충전
③ 정전류 충전
④ 정전압 충전

해설 축전지 충전법
(1) 초충전 : 제조 후 활성화하기 위한 충전
(2) 보충전
㉠ 정전압 충전법 : 일정 전압으로 충전(발전기)
㉡ 정전류 충전법 : 일정 전류로 충전(충전기) = 최소 : 용량의 5%, 표준 : 용량의 10%, 최대 : 용량의 20%
㉢ 단별전류 충전법 : 충전 전류를 단계적으로 감소하는 충전법
㉣ 급속 충전법 : 충전 전류를 축전지 용량의 1/2로 충전

17 축전지를 충전할 때 전해액의 온도가 몇 ℃가 넘지 않도록 주의하여야 하는가?

① 10℃ ② 30℃
③ 45℃ ④ 80℃

해설 충전 시 주의사항
㉠ 환기가 되는 곳에서 실시
㉡ 45℃ 이상 온도 상승 금지
㉢ 화기엄금(수소가스가 폭발성)
㉣ 차량 장착 상태에 충전 시 본선 제거

정답 10 ④ 11 ④ 12 ④ 13 ④ 14 ③ 15 ② 16 ② 17 ③

18 축전지를 급속 충전할 때 축전지의 접지 단자에서 케이블을 탈거하는 이유로 적합한 것은?

① 발전기의 다이오드를 보호하기 위해
② 충전기를 보호하기 위해
③ 과충전을 방지하기 위해
④ 기동 모터를 보호하기 위해

해설 급속 충전할 때 축전지 접지 단자의 케이블을 분리해야 하는 이유는 발전기의 다이오드를 보호하기 위함이다.

19 축전지를 급속 충전할 때 가장 조심해야 할 것은?

① 테이퍼 충전
② 축전지의 온도 상승
③ 자연방전
④ 기포의 발생

해설 급속 충전할 때 가장 조심해야 할 것은 축전지의 온도 상승이다.

참고 **급속 충전 시 주의사항**
① 통풍이 잘되는 곳에서 실시
② 충전 중 축전지에 충격이 없도록 할 것
③ 충전 시간을 짧게 할 것
③ 전해액의 온도가 45℃ 이상이 되지 않도록 할 것
④ 차에 설치한 상태로 설치하지 말 것

20 축전지를 과충전하면 어떻게 되는가?

① 극판이 황산화된다.
② 용량이 크게 된다.
③ 양극판 격자가 산화된다.
④ 단자가 산화된다.

해설 과충전하면 양극판 격자의 산화가 촉진되어 양극단자 쪽의 셀 커버가 부풀어 오르며, 전해액이 갈색을 띠고 부족해진다.

21 알칼리 축전지의 설명으로 틀린 것은?

① 과충전, 과방전 등 가혹한 조건에 잘 견딘다.
② 고율방전성능이 매우 우수하다.
③ 출력밀도(W/kg)가 크다.
④ 극판은 납과 칼슘 합금으로 구성된다.

해설 알칼리 축전지의 극판은 양극판은 수산화제2니켈, 음극판은 카드뮴, 전해액은 알칼리 용액으로 구성되어 있다.

22 납산 축전지에 대한 설명으로 옳은 것은?

① 12V 배터리는 12개의 셀이 직렬로 연결되어 있다.
② 배터리 용량은 '전압×방전 시간'으로 표시되어 있다.
③ 같은 전압, 같은 용량의 배터리를 직렬로 연결하면 용량이 배가 된다.
④ 극판의 개수가 많을수록 축전지 용량이 커진다.

해설 **축전지(battery)의 구성 및 특징**
㉠ 12V 배터리는 6개의 셀로 구성되어 있다.
㉡ 배터리 1셀당 전압은 2.1~2.3V 정도이다.
㉢ 1셀은 양극판과 음극판 및 격리판으로 구성되어 있다.
㉣ 음극판이 양극판의 수보다 1장 더 많다.
㉤ 극판수가 많으면 배터리 용량이 증가한다.
㉥ 같은 전압, 같은 용량의 배터리를 직렬로 연결하면 전압이 배가 된다(용량은 같음).
㉦ 배터리 전해액 비중은 1.260~1.280인 묽은 황산이다.
㉧ 비중은 온도에 따라 변화하며, 전해액 온도가 올라가면 비중은 낮아진다.
㉨ 온도가 높으면 자기 방전량이 많아진다.
㉩ 배터리 용량은 '전류(A)×방전 시간(H)'으로 표시되어 있다.

23 용량과 전압이 같은 축전지 2개를 직렬로 연결할 때의 설명으로 옳은 것은?

① 용량은 축전지의 2개와 같다.
② 전압이 2배로 증가한다.
③ 용량과 전압 모두 2배로 증가한다.
④ 용량은 2배로 증가하지만 전압은 같다.

해설 **배터리 직렬연결**
- 직렬연결이란 전압과 용량이 동일한 배터리 2개 이상을 (+)단자와 연결대상 배터리 (−)단자에, (−)단자는 (+)단자로 연결하는 방식이다.
- 직렬연결 시 배터리 용량은 1개와 같으며, 전압이 2배로 증가한다.

정답 18 ① 19 ② 20 ③ 21 ④ 22 ④ 23 ②

24 자동차용 일반 축전지에 관한 설명으로 맞는 것은?

① 일반적으로 축전지의 음극단자는 양극단자보다 크다.
② 정전류 충전이란 일정한 충전 전압으로 충전하는 것을 말한다.
③ 일반적으로 충전시킬 때는 [+]단자는 수소가, [−]단자는 산소가 발생한다.
④ 전해액의 황산 비율이 증가하면 비중은 높아진다.

해설 납산 축전지의 특징
① 축전지의 음극단자는 양극단자보다 가늘다.
② 정전류 충전이란 일정한 충전 전류로 충전하는 것을 말한다.
③ 충전시킬 때는 [+]단자에서는 산소가, [−]단자에서는 수소가 발생한다.

25 자동차용 MF 축전지의 특성 중 틀린 것은?

① 인디게이터로 충전 상태를 확인할 수 있다.
② 저온 시동능력이 좋다.
③ 충전 회복이 빠르고 과충전 시 수명이 길다.
④ 전기저항이 낮은 격리판을 사용한다.

해설 MF 축전지의 특성
㉠ 촉매장치가 있으므로 증류수를 보충할 필요가 없다.
㉡ 인디케이터(indicator)가 있어 충전 상태를 확인할 수 있다.
㉢ 자기 방전 비율이 낮아 장기간 보관이 가능하다.
㉣ 모든 배터리는 과충전시키면 수명이 짧아진다.

26 축전지 취급 시 주의해야 할 사항이 아닌 것은?

① 중탄산소다수와 같은 중화제를 항상 준비하여 둘 것
② 축전지의 충전실은 항상 환기장치가 잘되어 있을 것
③ 전해액 혼합 시에는 황산에 물을 서서히 부어 넣을 것
④ 황산액이 담긴 병을 옮길 때는 보호 상자에 넣어 운반할 것

해설 전해액을 혼합할 때에는 물에 황산을 서서히 부어야 한다. 물을 황산에 부으면 화합할 때 많은 열이 급격히 발생되어 폭발적인 현상이 일어나기 때문이다. 또한 용기는 비금속 내열성 및 화학 반응을 일으키지 않는 용기를 이용해야 한다.

27 축전지를 점검할 때의 안전사항이 아닌 것은?

① 축전지 케이스의 균열에 대하여 점검하고 정도에 따라 수리 또는 교환한다.
② 축전지 케이스 상부면의 황산이나 먼지는 휘발유나 알코올 등으로 깨끗이 닦아낸다.
③ 축전지 전해액 양은 정기적으로 점검한다.
④ 축전지 전해액은 언제나 피복에 묻지 않도록 한다.

해설 축전지 케이스 및 커버는 탄소소다와 물 또는 암모니아수 등으로 깨끗이 닦아낸다.

28 축전지의 용량을 시험할 때 안전 및 주의사항으로 틀린 것은?

① 축전지 전해액이 옷에 묻지 않도록 한다.
② 기름 묻은 손으로 시험기를 조작하지 않는다.
③ 부하시험에서 부하 시간을 15초 이상으로 하지 않는다.
④ 부하시험에서 부하 전류는 축전지 용량에 관계없이 일정하게 한다.

해설 축전지 용량 시험 시 안전 및 주의사항
① 축전지 전해액이 옷에 묻지 않게 한다.
② 기름이 묻은 손으로 시험기를 조작하지 않는다.
③ 부하시험에서 부하 시간은 15초 이상으로 하지 않는다.
④ 부하전류는 용량의 3배 이상으로 조정하지 않는다.

참고 축전지 용량 시험(부하시험)
축전지 용량 테스터를 단자 기둥에 접속하고, 축전지 용량의 3배 전류로 약 5~10초 동안(최대 15초 이내) 방전(크랭킹)시켰을 때 9.6V 이상이면 정상이다.

정답 24④ 25③ 26③ 27② 28④

CHAPTER 04 시동장치

01 개요

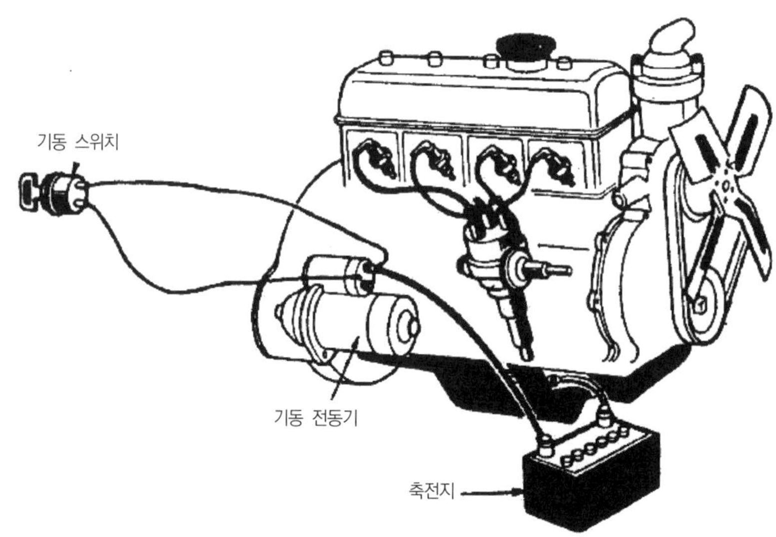

[그림 2-76] 시동장치

1 필요성

엔진은 자기 기동을 할 수 없기 때문에 외력으로 기동시켜야 한다.

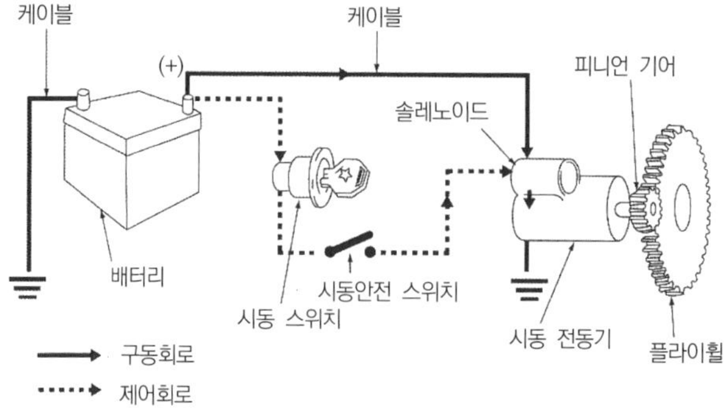

[그림 2-77] 시동장치의 구성

2 시동 방법

(1) **수동식** : 크랭크 핸들로 시동(예 경운기)

(2) **전기식** : 전동기를 이용하여 시동(일반적으로 사용)

① 벤딕스식

② 전기자 섭동식

③ 피니언 섭동식

㉠ 수동식(푸시버튼식)

㉡ 전자식(솔레노이드식)

3 시동 회전속도 및 출력

(1) **가솔린 엔진** : 100rpm 이상(0.5~1.5ps)

(2) **디젤 엔진** : 180rpm 이상(3.0~10ps)

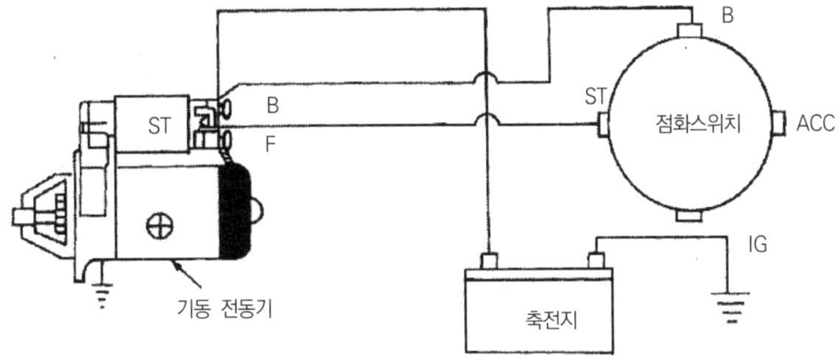

[그림 2-78] 시동장치 배선도

4 전동기

(1) 원리

① 자장 내에 도체를 설치하고 도체에 전류를 보내면 도체는 움직인다.

② 오른나사 법칙을 응용

㉠ 도체에 전류가 흐르면 도체 주위에 맴돌이 자장이 형성된다.

㉡ 맴돌이 자장이 자력선을 변화시킨다.

③ 도체의 운동 방향은 **플레밍의 왼손 법칙**에 따른다.

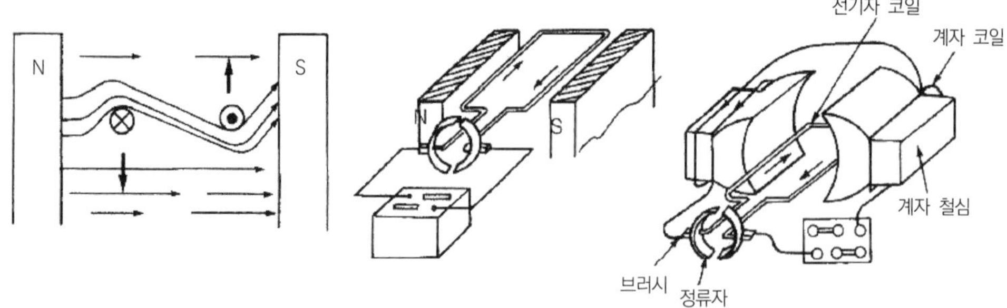

[그림 2-79] 직류 전동기의 원리

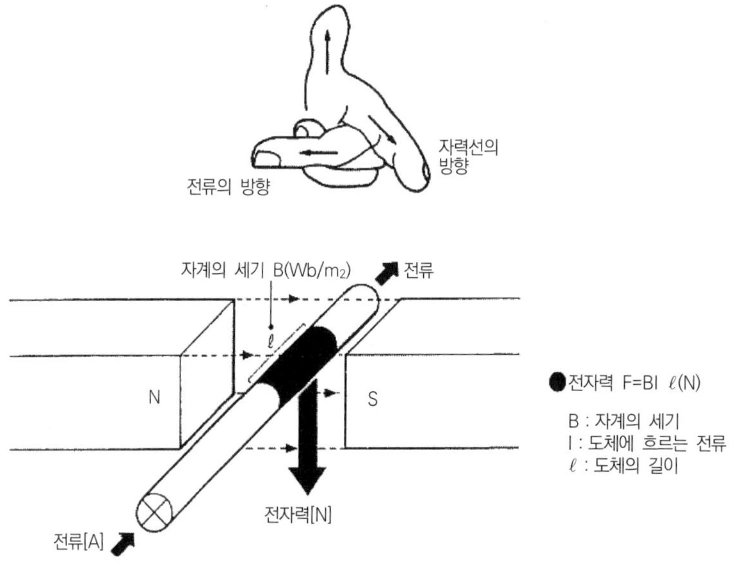

[그림 2-80] 플레밍의 왼손 법칙과 전자력

(2) **전동기의 출력** : 자력선의 크기와 도체에 흐르는 전류의 크기에 비례한다.

(3) **전동기의 종류**

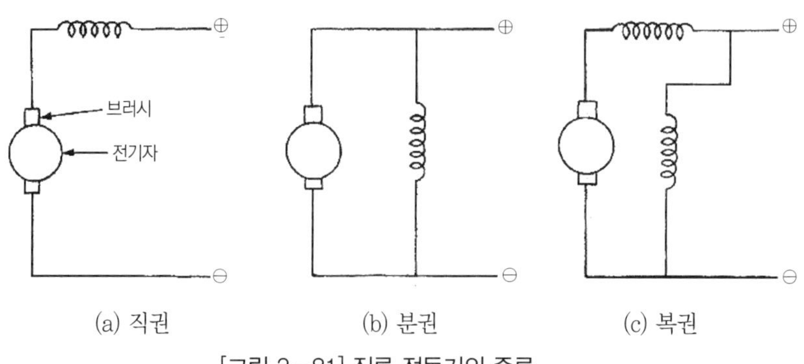

[그림 2-81] 직류 전동기의 종류

① **직권 전동기** : 전기자(아마추어) 코일과 계자(필드) 코일을 **직렬**로 연결

㉠ 토크 특성 : 직권 전동기의 토크는 **전기자 코일에 흐르는 전류의 제곱에 비례**하며 기관 기동 때와 같이 큰 부하가 걸릴 때 많은 전류를 소모하나 **발생 토크는 크다.**

㉡ 속도 특성

- 직류 전동기의 **회전속도가 빨라질수록 전기자에 흐르는 전류가 감소**되기 때문에(역기전력에 의해) 발생 토크는 작아진다.
- 직권 전동기는 부하가 높아 회전속도가 느릴수록 토크 발생이 크고, 부하가 낮아 회전속도가 빠를수록 토크 발생은 작아진다.

㉢ 자동차에서는 짧은 시간에 높은 토크를 발생시켜야 하기 때문에 직권 전동기를 사용한다.

② **분권 전동기** : 전기자(아마추어) 코일과 계자(필드) 코일을 **병렬**로 연결

㉠ 토크 특성 : 분권식도 직권식과 같이 전기자에 흐르는 전류에 비례하나 자장의 크기가 일정하므로 발생 토크는 직권식보다 낮다.

㉡ 속도 특성

- 분권식 전동기는 가해지는 축전지 전압이 거의 일정하므로 **속도의 변화가 거의 없다.**
- 회전속도는 가해진 전압에 비례, 자장의 세기에 반비례한다.
- 분권식 전동기는 일정한 회전속도를 나타내나, 발생 토크는 비교적 낮게 된다.

㉢ 자동차에서는 발전기에 응용한다.

③ **복권 전동기**

㉠ 전기자(아마추어) 코일과 계자(필드) 코일을 **직렬과 병렬(직병렬)**로 연결

㉡ 직권과 분권의 공통 특성

㉢ 자동차에서는 와이퍼 모터에 사용

▌직류 전동기의 비교

구 분	장 점	단 점
직권 전동기	시동 회전력이 크다.	회전속도의 변화가 크다.
분권 전동기	회전속도가 거의 일정하다.	회전력이 비교적 낮다.
복권 전동기	회전력이 비교적 크고 회전속도가 거의 일정하다.	구조가 복잡하다.

(4) 전동기의 기본 구성

① **전기자** : 전류가 흐르는 도체로 **회전력**을 발생

② **계자** : 전자석이 되어 **자력선**을 형성

③ **정류자** : 전기자에 전류를 **일정 방향으로** 흐르게 함

④ **브러시** : 정류자와 접촉하여 **전류의 흐름을 조정**

5 시동 전동기

(1) 개요

① 구비조건

㉠ 소형이고 가벼우며 출력이 커야 한다.

㉡ 시동 토크가 커야 한다.

㉢ 전원 용량이 작아도 작동이 잘 되어야 한다.

㉣ 방진 및 방수형이어야 한다.

㉤ 기계적인 충격에 견뎌야 한다.

② 시동 전동기의 특징

㉠ 엔진이 작동하면 플라이휠 링 기어와 시동전동기 피니언 기어가 자동으로 분리되어 엔진에 의한 과회전을 방지한다.

㉡ 시동 전동기의 사용 시간은 가능한 짧아야 한다(10~15초 이내).

㉢ 플라이휠 링 기어와 시동 전동기 피니언 기어의 기어비 : 10~15 : 1

㉣ 링 기어와 피니언 기어의 간극 : 3.5~4.5mm

㉤ 링 기어와 피니언 기어의 백래시 : 0.6~0.8mm

㉥ 시동 전동기의 출력

- 가솔린 기관 : 0.5~1.5PS
- 디젤 기관 : 3~10PS

㉦ 시동 전동기의 회전력

$$\text{필요회전력} = \text{크랭크축 회전력(회전저항)} \times \frac{\text{피니언 기어 이수}}{\text{링 기어의 이수}}$$

(2) 구조 및 기능

① **회전 부분** : 전기자 코일, 전기자 철심, 정류자(**회전력 발생**)

② **고정 부분** : 계자 코일, 계자 철심, 브러시(**자력 발생**)

③ **동력 전달 부분** : 전동기의 **회전력을 엔진에 전달**

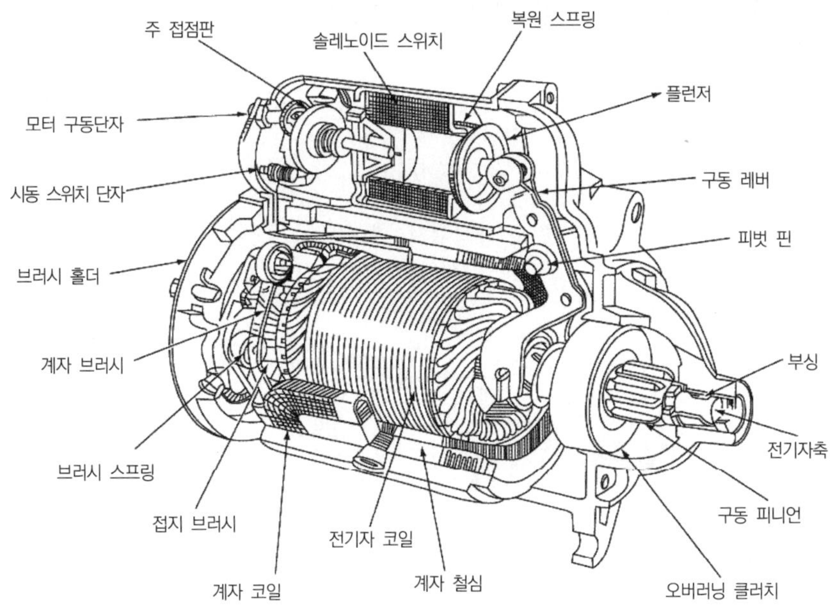

[그림 2-82] 시동 전동기의 구조

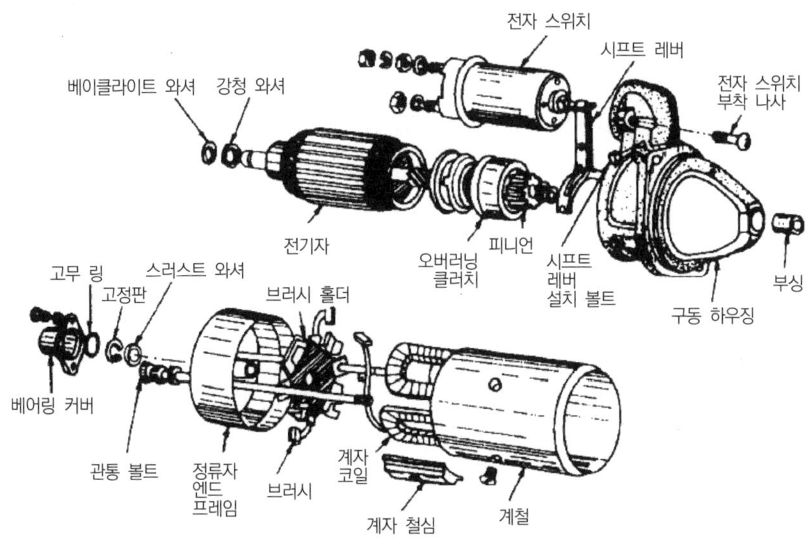

[그림 2-83] 시동 전동기의 분해도

(3) 회전 부분

① 전기자(아마추어, Armature)

㉠ 기능 : **회전력 발생**

㉡ 구성 : 코일, 철심, 축, 정류자

㉢ 코일

- 전류가 흐를 때 회전력 발생
- 평각선 사용
- 정류자 편과 연결
- 절연체로 감싸여짐
- 절연체의 종류 : 운모, 종이, 합성수지, 파이버 등

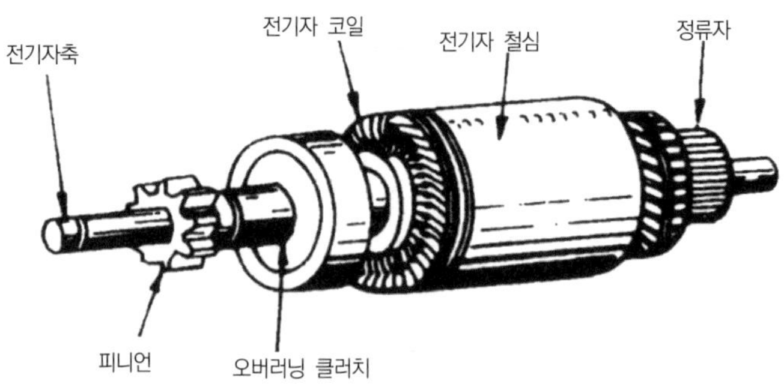

[그림 2-84] 전기자(아마추어)의 구조

㉣ 철심

- 규소강
- 0.35~1.0mm의 강판을 성층
- 자력선 통과를 쉽게하고 맴돌이 자장으로 인한 자장의 손실을 적게하기 위하여 얇은 철판으로 함
- 고속 회전 시 코일을 지지 및 보호
- 홈의 종류 : 개방형, 반개방형, 밀폐형

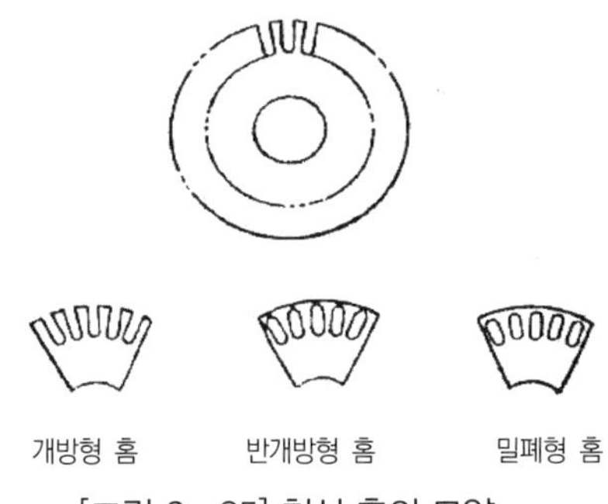

[그림 2-85] 철심 홈의 모양

㉤ 축

- 특수강
- 전기자와 정류자 및 철심, 피니언 기어가 설치
- 코일의 움직임을 회전운동으로 전환
- 스플라인이 파져 있음

② 정류자(Commutator)

㉠ 기능 : 브러시와 접촉하여 **전류가 일정 방향으로 흐르게** 함

㉡ 재질 : 경동

㉢ 형태 : 조각(세그먼트, Segment)으로 된 정류자 편을 절연체로 싸서 원형으로 한 것

㉣ 절연체 : 운모(마이카)

㉤ 정류자 편과 편 사이 : 약 1mm 정도

㉥ 언더 컷

- 정류자 편과 운모 사이의 간격
- 정류자 편이 마모되어 운모의 높이가 높아지면 정류자와 브러시의 접촉이 불량해짐
- 규정값 : 0.5~0.8mm(한계 : 0.2mm)

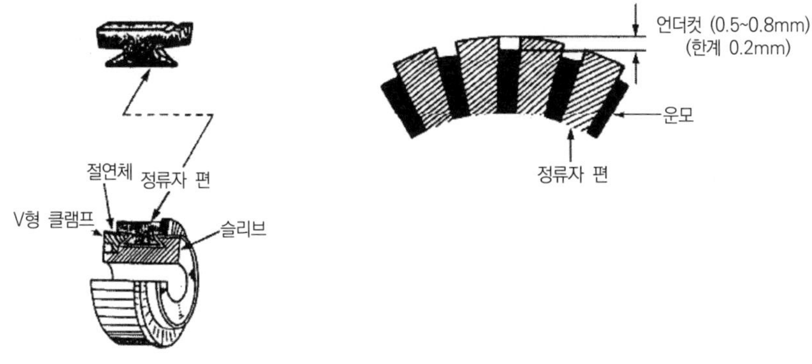

[그림 2-86] 정류자의 구조

③ 피니언 기어

㉠ 전기자축에 설치되어 전기자축과 함께 회전

㉡ 전기자축의 회전력을 외부(엔진)에 전달

㉢ 플라이휠과의 감속비(기어비) : 10~15 : 1

(4) 고정 부분

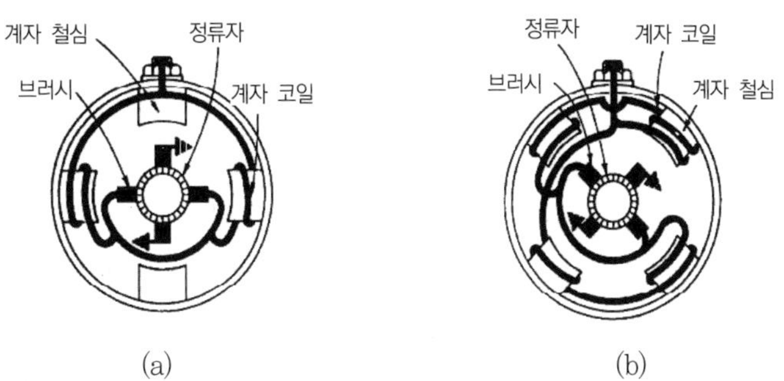

[그림 2-87] 시동 전동기의 고정 부분

① **계자 코일(Field Coil) & 계자 철심(Pole Core)**

㉠ 계자 코일

- 계자 철심 주위에 감겨 계자 철심에 **전자력**을 발생
- 평각선을 사용 전류를 크게 함
- 절연을 위해 섬유로 감쌈

㉡ 계자 철심

- 계자 코일에 전류가 흐르면 **전자석**이 됨
- 4개의 철심 사용
- 계철(yoke)에 접속 지지됨

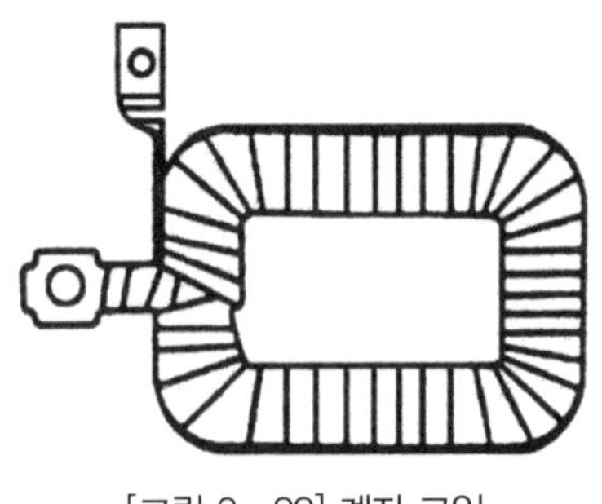

[그림 2-88] 계자 코일

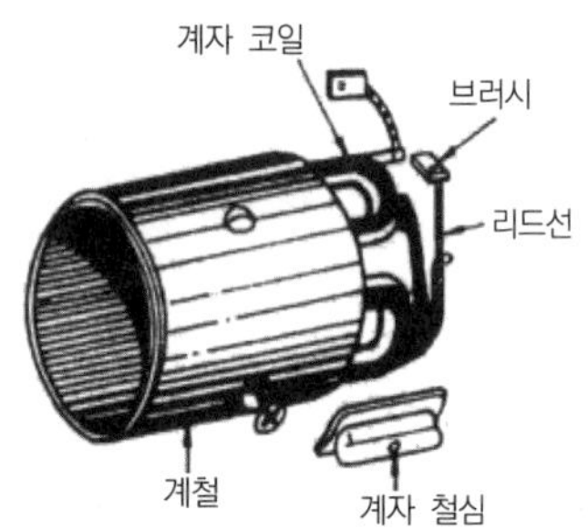

[그림 2-89] 계자 철심과 계자 코일 및 계철과의 연결 상태

② **브러시와 브러시 홀더**

㉠ 브러시

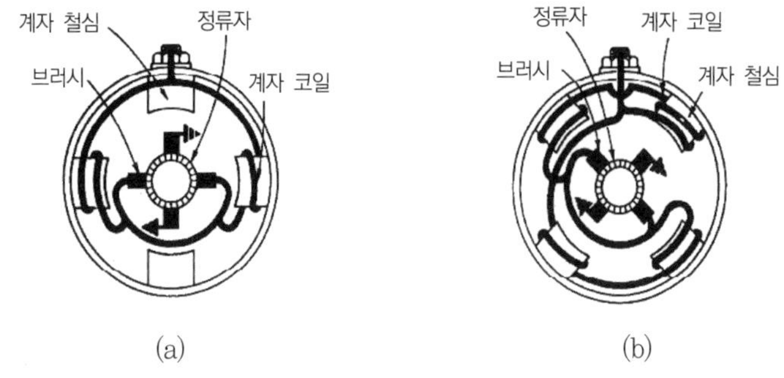

[그림 2-90] 브러시 위치

- 금속 흑연계
- 정류자와 접촉하여 **전류를 흐르게 함**
- 절연 브러시와 접지 브러시가 있음
- 절연 브러시는 브러시 홀더 사이에 절연체 삽입
- 사용한계 : **1/3 마모 시 교환**

㉡ 브러시 스프링

- 브러시와 정류자의 접촉을 양호하게 함
- 장력 : 0.5~2.0kgf/cm^2
  - 스프링 장력이 클 때 : 정류자 마모 증대, 브러시 마모 증대
  - 스프링 장력이 작을 때 : 정류자와 접촉 불량, 아크 발생(불꽃 방전), 정류자와 브러시 소손 증대

㉢ 브러시 홀더

- 브러시를 고정
- 접지 브러시의 접지 양호

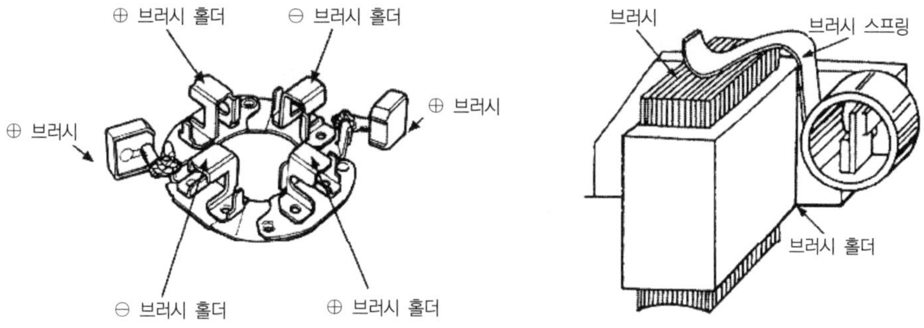

[그림 2-91] 브러시와 브러시 홀더의 구조

(5) 동력 전달 기구

① 기능 : 전기자축의 **회전력을 엔진 플라이휠에** 전달

② **종류**

㉠ 벤딕스식(관성 섭동식)

㉡ 전기자 섭동식

㉢ 피니언 섭동식(푸시버튼식 또는 수동식, 전자식)

③ **벤딕스식**

㉠ 피니언의 **관성**을 이용(나사의 원리)

㉡ 전기자축에 벤딕스 기어 설치

㉢ **구조 간단**

㉣ 내구성이 작음

㉤ 오버러닝(일방향) 클러치 불필요

㉥ 구동 스프링을 두어 피니언 기어 풀림 시의 충격을 완화

㉦ 엔진 역회전 시 쉽게 손상

㉧ 전기자가 회전한 다음 피니언 기어가 치합되기 때문에 치합이 불량하면 기어의 **충돌음** 발생

㉨ 엔진이 기동하면 회전력의 차이로 기어의 치합이 풀림

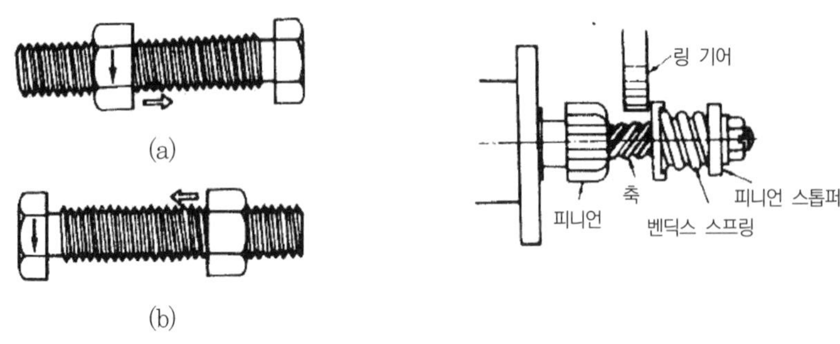

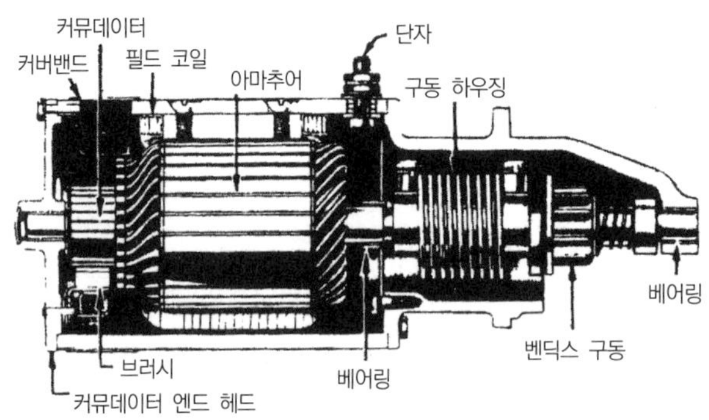

[그림 2－92] 벤딕스식 시동 전동기

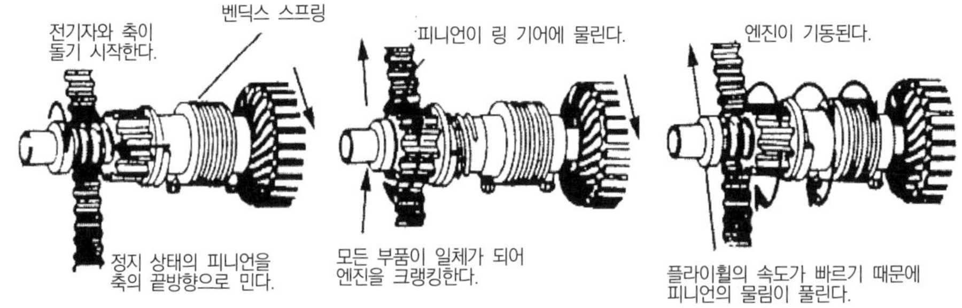

[그림 2－93] 벤딕스식 시동 전동기의 작동 원리

④ 전기자 섭동식

㉠ **자력선의 성질**을 이용 : 자력선은 직선 이동하려 한다.

㉡ 계철의 중심과 전기자축 중심이 오프셋(편심)이다.

㉢ 자장 발생용(전기자 이동용) 계철이 있다.

㉣ 피니언 기어 **치합 시 충격**이 크다.

㉤ 오버러닝 클러치가 필요하며 엔진 기동 후 전기자가 고속으로 회전되는 것을 방지하여 전기자 코일의 손상을 막는다(**다판 클러치 사용**).

㉥ 전기자가 회전한 다음 피니언 기어가 치합되므로, 치합이 불량하면 충돌음이 발생된다.

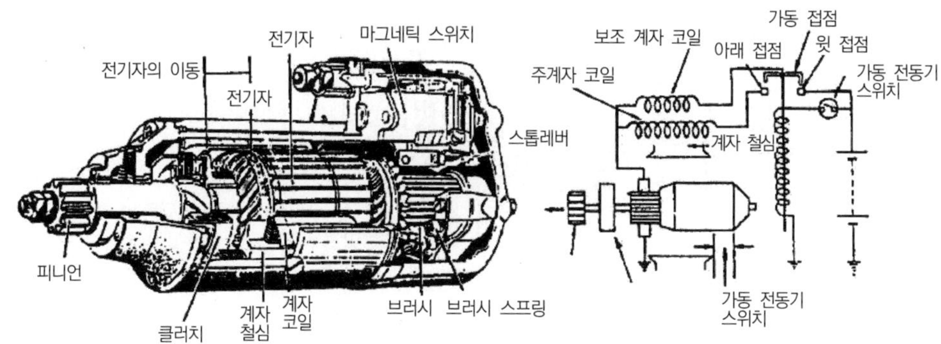

[그림 2-94] 전기자 섭동식 시동 전동기

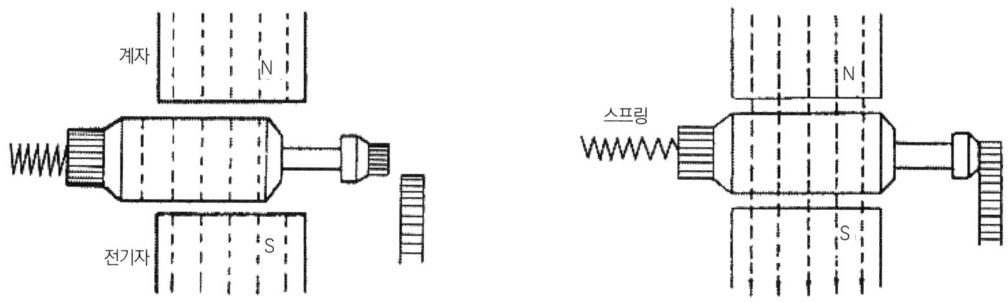

[그림 2-95] 전기자 섭동식의 구조와 작동

⑤ 피니언 섭동식(오버러닝 클러치식)

㉠ 전기자가 기동되기 전에 피니언 기어와 링 기어가 치합되게 하여 치합 불량으로 인한 충돌음을 방지한다(피니언 기어와 링 기어 보호).

㉡ 엔진이 기동된 후 전기자가 회전하지 않도록 **오버러닝 클러치를 사용**한다(롤러식 사용 : 영구주유식으로 주유할 필요가 없음).

㉢ 푸시버튼식(수동식)과 전자식이 있다.

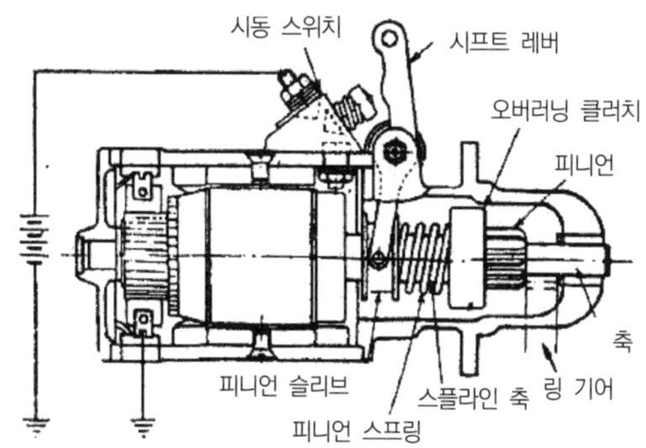

[그림 2-96] 수동(푸시버튼) 피니언 섭동식 시동 전동기

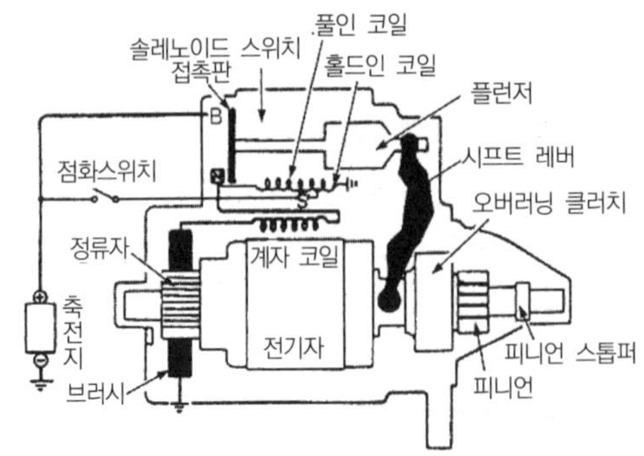

[그림 2-97] 전자 피니언 섭동식 시동 전동기

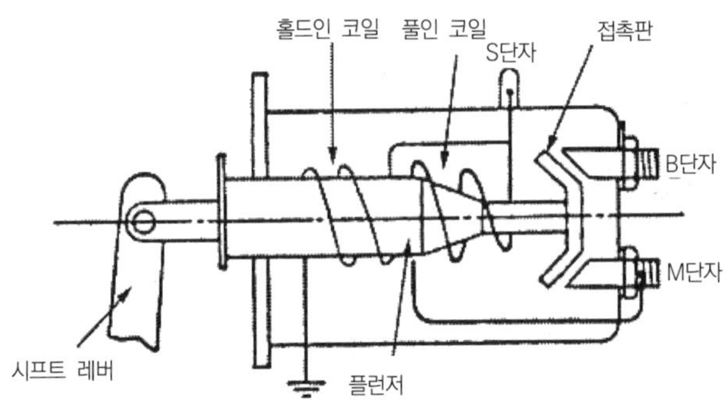

[그림 2-98] 솔레노이드 스위치의 구조

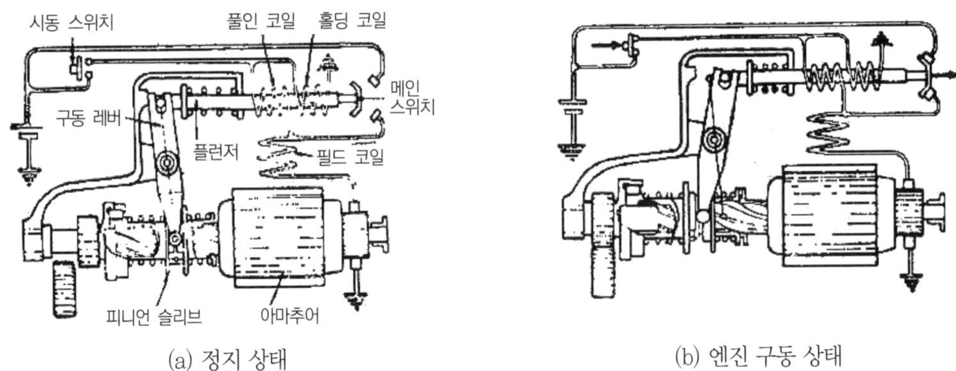

(a) 정지 상태 (b) 엔진 구동 상태

[그림 2-99] 전자 피니언 섭동식 시동 전동기의 작동

⑥ 오버러닝 클러치(일방향 클러치)

㉠ 한쪽 방향으로만 동력이 전달

㉡ 엔진 기동 후 스위치를 닫아두었을 때 엔진의 동력이 전기자에 전달되는 것을 방지

㉢ 종류

- 롤러식
  - 전동 베어링 형식으로 이너 레이스에 턱을 둠
  - 영구주유식 : 세척제로 세척 금지

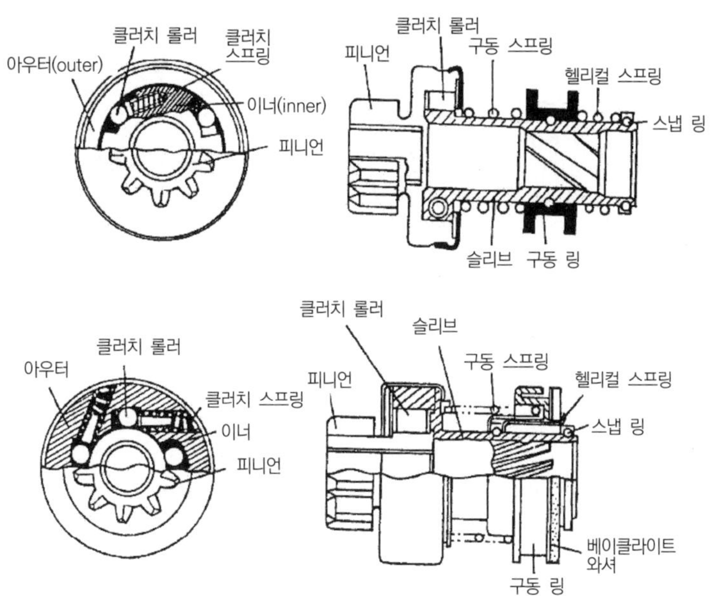

[그림 2-100] 롤러식 오버러닝 크러치

• 스프래그식
  - 직선과 대각선의 길이차를 이용
  - 엔진오일로 주유

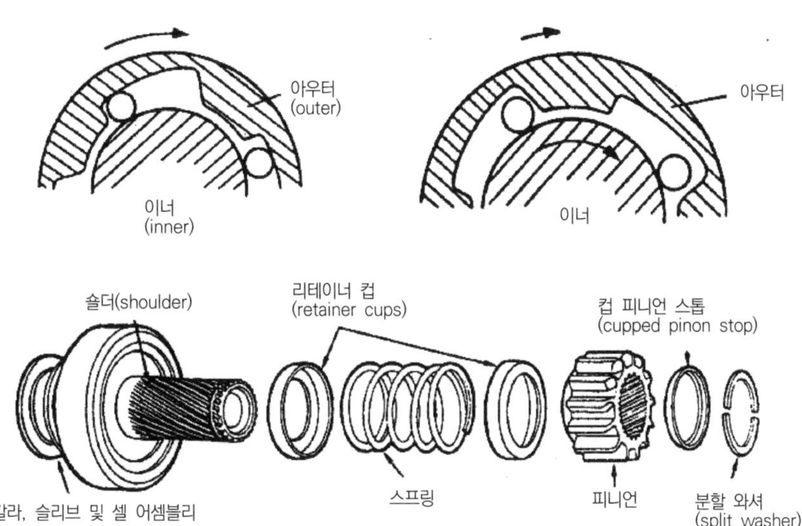

(a) 스프래그식 오버러닝 클러치 분해

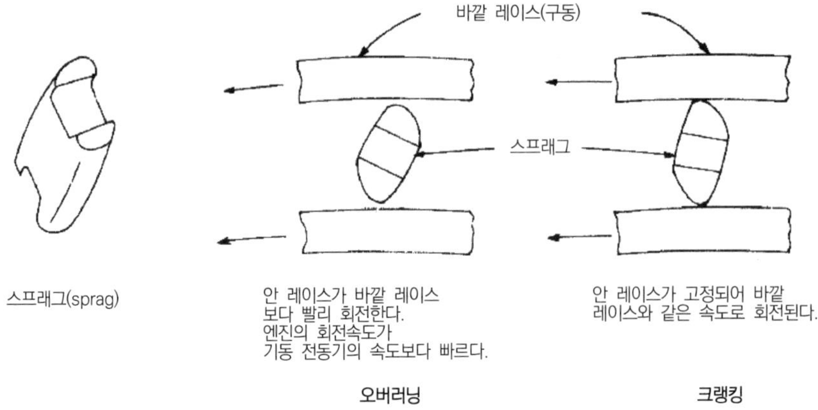

(b) 스프래그식 오버러닝 클러치 작용

[그림 2-101] 스프래그식 오버러닝 크러치

- 다판 클러치식
  - 건식 다판 클러치 사용
  - 과부하 시 미끄러짐을 이용

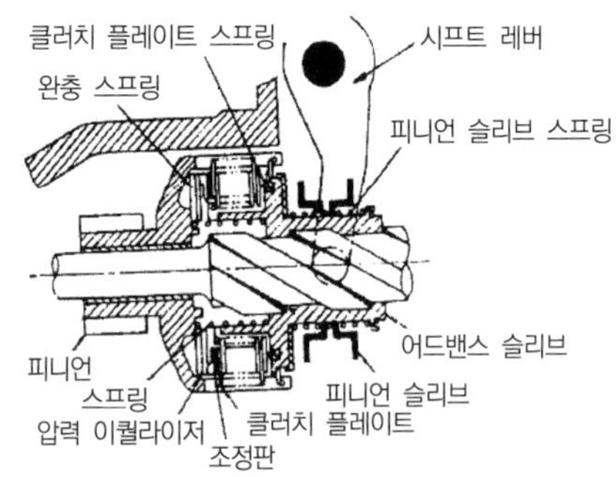

(a) 다판 클러치식 오버러닝 클러치

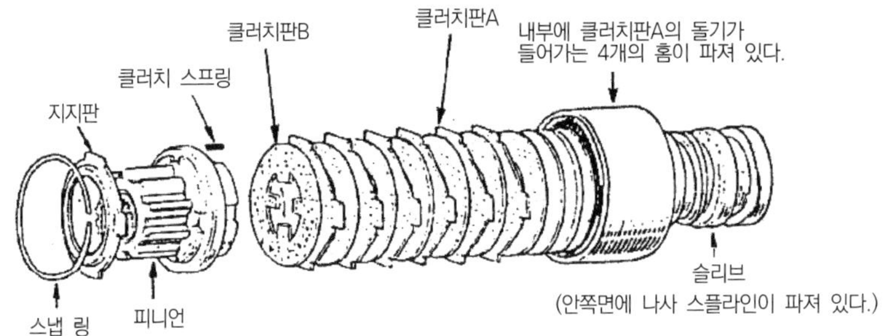

(b) 다판 클러치식의 분해

[그림 2-102] 다판 클러치식 오버러닝 클러치

(6) 전동기 스위치

① **푸시버튼식(수동식)** : 시동 시 손이나 발로 버튼을 누르면 버튼에 설치된 B단자가 전동기에 있는 F(M)단자에 접촉하기 전에 시프트 레버에 의해 피니언 기어와 링 기어가 치합되도록 한 형식

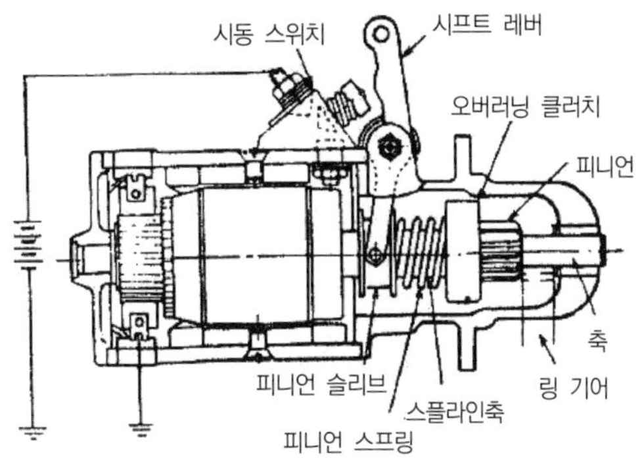

[그림 2-103] 푸시버튼식

② **전자식** : 솔레노이드 스위치(마그네틱 스위치라고도 함)를 이용

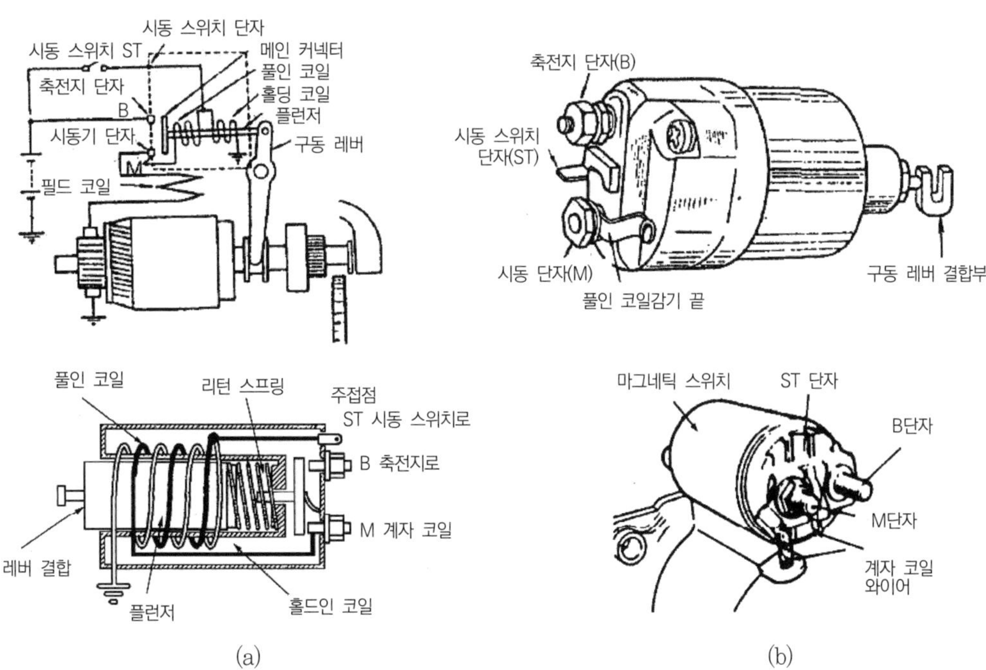

[그림 2-104] 마그네틱 스위치의 구조

㉠ 2개의 코일과 3개의 단자로 구성

- 코일 : 풀인 코일과 홀드인 코일
- 단자 : B단자, F단자, ST 단자

㉡ 풀인 코일 : 플런저를 **잡아당기는** 코일
- 굵은선 : 저항 0.4Ω
- ST 단자에서 감기 시작하여 F단자에 접속된다.
- 내부의 플런저를 잡아당겨 B단자와 F단자를 접촉시킨다.
- 축전지 전류가 B단자에서 F단자로 흐르면 전류가 차단된다.

㉢ 홀드인 코일 : 플런저를 잡아당긴 상태를 유지하는 코일
- 가는선 : 저항 1.1Ω
- ST 단자에서 감기 시작하여 몸체에 접지되어 있다.
- B단자와 F(M)단자가 접촉판에 의해 접촉되면 풀인 코일에는 전류가 흐르지 못하게 되므로 접촉판이 단자에서 떨어지는 것을 방지하고, 플런저의 접촉 상태를 유지시킨다.
- 접지가 불량하거나 단선이 되면 플런저가 흔들린다.

㉣ 플런저
- 앞쪽에 접촉판, 뒤에 시프트 레버를 설치한다.
- 접촉판은 구리판으로 되어 있다.
- 시프트 레버는 피니언 기어를 이동시킨다.

③ **전자식(마그네트식) 스위치의 작용**

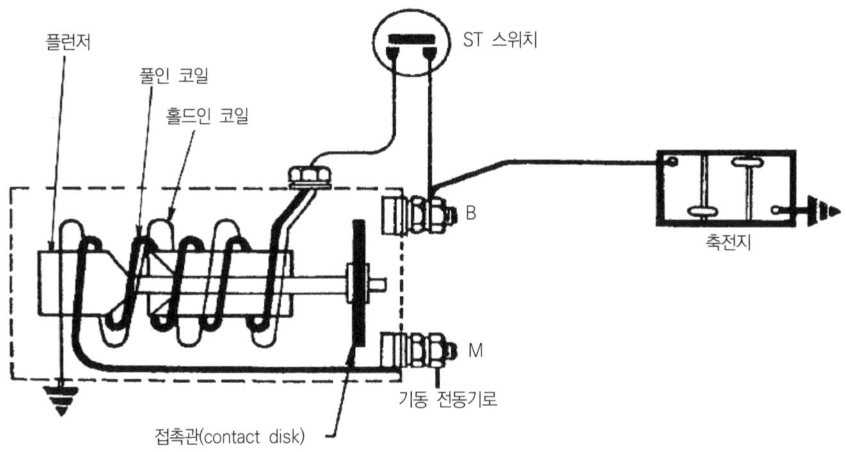

[그림 2-105] 마그네틱 스위치 회로 구성

㉠ 점화스위치(키 스위치)를 넣으면 점화스위치 B단자와 ST 단자의 접속으로 축전지 전류가 마그네틱 스위치 ST단자로 전류가 흐르게 되고, 이에 따라 풀인 코일과 홀드인 코일에 전류가 흐르게 된다.

㉡ 풀인 코일에 전류가 흐르면 철심이 여자되어 플런저가 당겨지고 시프트 레버에 의해 피니언 기어와 링 기어가 치합된 후, 접촉판이 마그네틱 스위치의 B단자와 M(F)단자를 접속시켜 계자 코일과 전기자 코일에 큰 전류가 흐르게 되면 시동 전동기가 회전을 하게 된다.

㉢ 시동 전동기가 회전을 하게 되면(B단자에서 F단자로 전류가 통하면) 풀인 코일에 흐르던 전류가 차단되고 이때에는 홀드인 코일에만 전류가 흘러 플런저를 잡아주게 된다.

㉣ 시동 후 점화스위치를 놓게 되면 점화스위치 B단자와 ST 단자의 접속이 풀리며 축전지 전류가 차단되어 마그네틱 스위치 풀인 코일과 홀드인 코일에 흐르던 전류도 차단되므로 플런저가 스프링의 힘으로 되돌아오게 되어 시동 전동기의 회전력이 사라지며 치합되었던 피니언 기어와 링 기어가 풀리게 된다.

6 점검 정비

(1) 회로 시험

① 전기자 시험

㉠ **그롤러 시험기** 사용

㉡ 전기자의 단선, 단락, 접지 및 정류자 밸런스 시험

참고

1. 전기자 단선, 단락, 접지 시험

전기자 코일의 단선, 단락, 접지 시험은 그롤러 시험기로 테스트하며, 전기자 코일의 단선(개회로), 단락, 접지에 대하여 시험한다.

2. 정류자 밸런스 시험

① 밸런스 시험 : 정류자 편과 편 사이의 저항은 일정하게 나와야 한다.
② 정류자 직경 : 표준직경보다 2mm 이상 마모 시 교환 또는 선반으로 삭정하여 수정한다.
③ 언더컷 : 0.2mm 이하 시 마이카(운모)를 깎아낸다.

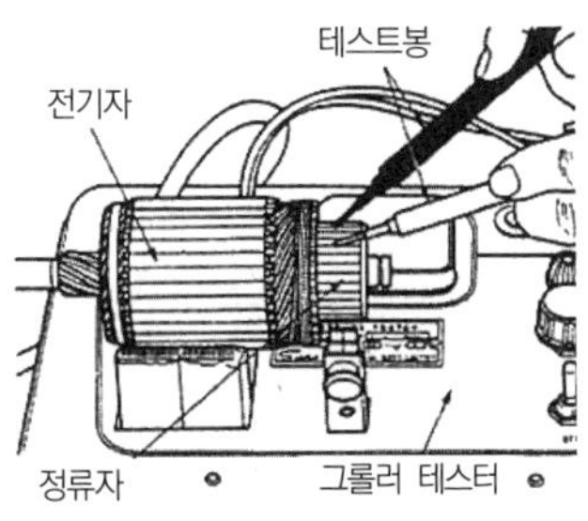

[그림 2－106] 그롤러 테스터

[그림 2－107] 정류자 밸런스 시험

② 계철의 시험

㉠ 그롤러 시험기 사용 : 회로 시험기(멀티미터)로도 가능

㉡ 계자 코일의 단선, 접지 시험

③ 브러시 시험

㉠ 스프링 장력 : 0.5~1.0kgf/cm^{2}이면 정상

㉡ 브러시 마모 : **1/3 이상** 마모 시 교환

(2) 계측 시험

① **무부하 시험** : 무부하 속도를 알아보기 위한 시험

㉠ 사용계측기

- 전류계
- 전압계
- 가변저항
- 회전속도계

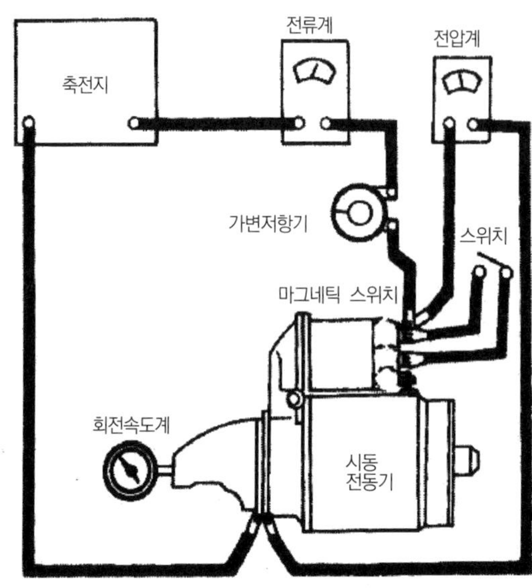

[그림 2－108] 무부하 시험

㉡ 판정

- 큰 전류가 흐르나 회전속도가 낮고 회전력이 낮을 때
  - －베어링의 오손 마모
  - －전기자축의 휨
  - －전기자 또는 계자 코일의 접지
  - －전기자 코일의 단락
- 큰 전류가 흐르나 작동되지 않을 때
  - －계자 코일의 단락
  - －전기자축 베어링의 소결
  - －전기자 코일의 접지 또는 단선
- 전류가 흐르지 않을 때
  - －계자 코일의 단선
  - －브러시 스프링의 피로 절손
  - －브러시의 마모

- 작은 전류가 흐르고 회전속도 및 회전력이 낮을 때
  - 계자 코일의 내부 저항 증가
  - 접속 불량, 정류자의 오손 등으로 내부 저항 증대
- 큰 전류가 흐르고 회전속도가 빠르나 회전력이 낮을 때
  - 계자 코일의 단락

② **회전력 시험(토크 시험)** : 회전력 시험에서의 회전력은 전기자가 회전되지 않기 때문에 정지 회전력을 측정한다.

㉠ 사용계측기

- 전류계
- 전압계
- 가변저항
- 브레이크암
- 스프링 저울

㉡ 판정 : 400~470A에서 0.93~1.2kgf·m 이상의 회전력이 발생되면 정상

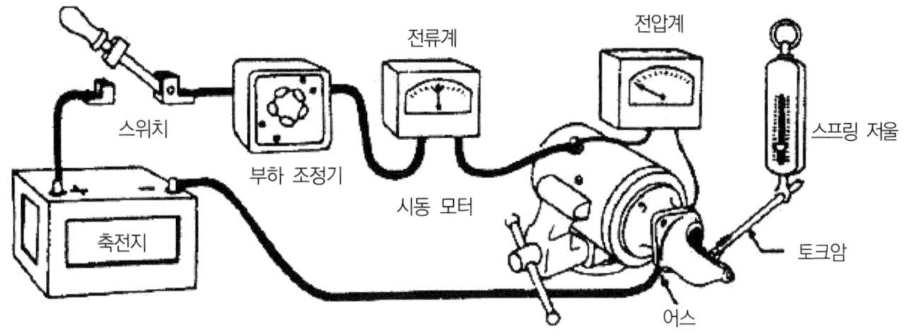

[그림 2-109] 회전력 시험

③ **고정 시험(스톨 시험 또는 저항시험)** : 가변저항을 조정하여 규정의 전압으로 하고 그때의 전류를 알아보기 위한 시험(흐르는 전류의 크기를 판독)

㉠ 사용계측기

- 전류계
- 전압계
- 가변저항
- 브레이크 암

㉡ 판정 : 400~500A 이하의 전류가 흐르면 정상

제 4 장 출제 예상 문제

• 시동장치

01 모터(전동기)의 형식을 맞게 나열한 것은?

① 직렬형, 병렬형, 복합형
② 직렬형, 복렬형, 병렬형
③ 직권형, 복권형, 복합형
④ 직권형, 복권형, 분권형

해설 전동기의 형식에는 직권 전동기, 분권 전동기, 복권 전동기가 있다.

02 자동차용 기동 모터(starting motor)에 사용되는 것은?

① 직류분권식 모터
② 직류직권식 모터
③ 교류복권식 모터
④ 교류 모터

해설 자동차용 기동 모터로 많이 사용되는 형식은 직류직권식 모터이다.

03 기동 전동기를 주요 부분으로 구분한 것이 아닌 것은?

① 회전력을 발생하는 부분
② 무부하 전력을 측정하는 부분
③ 회전력을 기관에 전달하는 부분
④ 자력을 발생하는 고정 부분

해설 기동 전동기의 주요 3부분
㉠ 회전 부분 : 전기자 코일, 전기자 철심, 정류자(회전력 발생)
㉡ 고정 부분 : 계자 코일, 계자 철심, 브러시(자력 발생)
㉢ 동력 전달 부분 : 전동기의 회전력을 엔진에 전달

04 기동 전동기에서 회전하는 부분이 아닌 것은?

① 오버러닝 클러치
② 정류자
③ 계자 코일
④ 전기자 철심

해설 회전하는 부분은 전기자, 정류자, 오버러닝 클러치 등이며, 고정되어 있는 부분은 계자 코일과 계자 철심, 브러시와 브러시 홀더 등이다.

05 기동 전동기에서 회전하는 부분은?

① 계자 코일 ② 계철
③ 전기자 ④ 솔레노이드

해설 기동 전동기 회전자
㉠ 전기자(아마추어, Armature) : 회전력 발생
㉡ 정류자(Commutator) 브러시와 접촉하여 전류가 일정 방향으로 흐르게 함

06 기동 전동기의 필요 회전력에 대한 수식은?

① 크랭크축 회전력 $\times \dfrac{\text{링 기어 잇수}}{\text{피니언 기어 잇수}}$
② 캠축 회전력 $\times \dfrac{\text{피니언 기어 잇수}}{\text{링 기어 잇수}}$
③ 크랭크축 회전력 $\times \dfrac{\text{피니언 기어 잇수}}{\text{링 기어 잇수}}$
④ 캠축 회전력 $\times \dfrac{\text{링 기어 잇수}}{\text{피니언 기어 잇수}}$

해설 기동 전동기의 필요 회전력
엔진을 시동하려고 할 때 이 회전저항을 이겨내고 기동 전동기로 크랭크축을 회전시키는 데 필요한 회전력을 시동 소요 회전력(=필요 회전력)이라고 한다. 또한 기동 전동기 소요 회전력은 엔진 플라이휠 링 기어와 기동 전동기 피니언의 기어비(약10~15 : 1)를 크게 하여 증대시킨다.

참고 기동전동기 소요 회전력(필요 회전력)
㉠ 엔진의 회전저항 $\times \dfrac{\text{피니언의 잇수}}{\text{링 기어의 잇수}}$
㉡ 크랭크축 회전력 $\times \dfrac{\text{피니언의 잇수}}{\text{링 기어의 잇수}}$
㉢ 크랭크축 회전력 $\times \dfrac{\text{기동 전동기의 피니언의 잇수}}{\text{플라이휠의 링 기어의 잇수}}$
☞ 위 ①, ②, ③은 동일 공식이며, 또한 크랭크축 회전력과 엔진 회전저항은 동일한 의미이다.

07 기동 전동기에서 오버러닝 클러치의 종류에 해당되지 않는 것은?

① 롤러식 ② 스프래그식
③ 전기자식 ④ 다판 클러치식

해설 오버러닝 클러치의 종류에는 롤러식, 스프래그식, 다판 클러치식 등이 있다.

정답 01 ④ 02 ② 03 ② 04 ③ 05 ③ 06 ③ 07 ③

08 다음은 현재 자동차에서 주로 사용되고 있는 자동차용 기동 전동기의 특징을 열거한 것이다. 틀린 설명은?

① 일반적으로 직권 전동기를 사용한다.
② 부하가 커지면 회전력은 작아진다.
③ 역기전력은 회전속도에 비례한다.
④ 부하를 크게 하면 회전속도가 작아진다.

해설 **자동차용 기동 전동기의 특징(직권식)**
①항 일반적으로 직권 전동기를 사용한다.
②항 부하가 커지면 회전력은 커진다.
③항 역기전력은 회전속도에 비례한다.
④항 부하를 크게 하면 회전속도가 작아진다.

09 자동차용 직권 전동기에 대한 설명으로 맞는 것은?

① 전동기의 회전력은 전기자 전류의 제곱에 반비례한다.
② 직권 전동기의 회전속도는 전압에 비례하고 계자의 세기에 반비례한다.
③ 직권 전동기는 기동 회전력이 크며, 회전속도는 거의 일정하다.
④ 직권 전동기는 부하가 클 때 전기자 전류가 커져 큰 회전력을 낼 수 있다.

해설 **자동차용 직권 전동기의 특징**
㉠ 전기자 코일과 계자 코일이 직렬로 접속되어 있다.
㉡ 기동 회전력이 크기 때문에 기동 전동기에 사용된다.
㉢ 전동기의 회전력은 전기자의 전류에 비례한다.
㉣ 전기자 전류는 역기전력에 반비례하고 역기전력은 회전속도에 비례한다.
㉤ 직권 전동기는 부하가 클 때 전기자 전류가 커져 큰 회전력을 낼 수 있다.

10 기동 전동기의 동력 전달 방식에 속하지 않는 것은?

① 피니언 섭동식　② 벤딕스식
③ 전기자 섭동식　④ 스프래그식

해설 (1) 기동 전동기의 동력 전달 방식(피니언과 링 기어의 물림 방식)
㉠ 벤딕스식
㉡ 피니언 섭동식
㉢ 전기자 섭동식
(2) 오버러닝 클러치의 종류
㉠ 롤러식
㉡ 스프래그식
㉢ 다판 클러치식

11 기관 시동 시 기관 자체가 회전을 시작하면 기동 전동기 쪽으로 회전력이 전달되어 파괴될 위험이 있다. 이를 막아주는 역할을 하는 것은?

① 마그네트 스위치
② 아마추어
③ 오버러닝 클러치
④ 피니언

해설 **오버러닝 클러치**
엔진이 기동되면 피니언과 링 기어가 물려 있으므로 기동 전동기가 엔진에 의해 고속으로 회전되어 전기자, 베어링, 브러시 등이 파손되는데, 이것을 방지하기 위해 엔진이 시동된 이후에는 피니언이 공회전하여 기동 전동기가 회전되지 않게 하는 장치가 오버러닝 클러치이다.

12 오버러닝 클러치 형식의 기동 전동기에서 기관이 시동된 후 계속해서 스위치를 작동시키면 발생될 수 있는 현상으로 가장 적절한 것은?

① 기동 전동기의 전기자가 타기 시작하여 곧바로 소손된다.
② 기동 전동기의 전기자는 무부하 상태로 공회전하고 피니언 기어는 고속 회전하거나 링 기어와 미끄러지면서 소음을 발생한다.
③ 기동 전동기의 전기자가 정지된다.
④ 기동 전동기의 전기자가 기관회전보다 고속 회전한다.

해설 오버러닝 클러치 형식의 기동 전동기에서 기관이 시동된 후 계속해서 스위치를 작동시키면 기동 전동기의 전기자는 무부하 상태로 공회전하고 피니언은 고속 회전한다.

13 기동 전동기에서 정류자에 미끄럼 접촉을 하면서 전기자 코일에 전류를 공급해 주는 것은?

① 브러시　② 아마추어 코일
③ 필드 코일　④ 솔레노이드 스위치

해설 기동 전동기에서 정류자에 미끄럼 접촉을 하면서 전기자 코일에 전류를 공급해 주는 것은 브러시이다.

14 다음 중 기동 전동기의 성능시험 항목이 아닌 것은?

① 무부하 시험　② 중부하 시험
③ 회전력 시험　④ 저항 시험

해설 기동 전동기의 성능시험은 무부하 시험(단품의 기동 모터 시험), 회전력 시험(피니언의 구동 회전력 시험), 저항 시험 등이 있다.

정답 08 ② 09 ④ 10 ④ 11 ③ 12 ② 13 ① 14 ②

15 다음 중 그롤러 시험기로 시험할 수 없는 것은?

① 전기자의 저항 시험
② 전기자의 단선 시험
③ 전기자의 접지 시험
④ 전기자의 단락 시험

해설 **그롤러 테스터 기동 전동기 시험 항목**
전기자 코일의
㉠ 단선(개회로) 시험
㉡ 단락 시험
㉢ 접지 시험

16 기동 전동기의 무부하 시험을 할 때 필요 없는 것은?

① 축전지 ② 전류계
③ 전압계 ④ 스프링 저울

해설 무부하 시험 사용 계측기는 축전지를 포함하여 아래와 같다.
㉠ 전류계
㉡ 전압계
㉢ 가변저항
㉣ 회전속도계

17 기동 전동기에 흐르는 전류값과 회전수를 측정하여 기동 전동기의 고장 여부를 판단하는 시험은?

① 단선 시험 ② 단락 시험
③ 접지 시험 ④ 무부하 시험

해설 **기동 전동기 무부하 시험**
기동 전동기의 무부하 속도를 알아보기 위한 시험으로, 기동 전동기의 전류값과 회전수를 측정하여 기동 전동기의 고장 여부를 판단한다.

18 기동 전동기의 회전력 시험은 어떠한 것을 측정하는가?

① 정지 회전력을 측정한다.
② 공전 회전력을 측정한다.
③ 중속 회전력을 측정한다.
④ 고속 회전력을 측정한다.

해설 **회전력 시험(토크 시험)**
기동 전동기 회전력 시험에서의 회전력은 전기자가 회전되지 않기 때문에 정지 회전력을 측정한다.

19 전자제어 엔진 시동 시 라디오가 작동되지 않도록 한 이유는?

① 시동 모터 작동을 원활하게 하기 위하여
② 발전기 작동을 원활하게 시키기 위하여
③ 에어컨 작동을 원활하게 시키기 위하여
④ 고장 발생 원인이 되기 때문에

해설 엔진을 시동할 때 라디오가 작동되지 않도록 하는 이유는, 시동 모터의 전기 부하를 최소화하여 시동 모터의 작동을 원활하게 하기 위함이다.

20 기관 크랭킹이 전혀 안 될 때의 원인 중 틀린 것은?

① 축전지 방전
② 시동 스위치 접속 불량
③ 퓨즈 블링크 불량
④ 점화장치 불량

해설 크랭킹이 전혀 안 되는 원인은 축전지의 완전방전, 시동 스위치 접속 불량, 퓨즈 블링크의 불량, 기동 전동기의 고장 등이다.

참고 **퓨즈 블링크**

퓨즈 블링크는 회로에 과전류가 흐를 때 녹아서 끊어지도록 제작된 작은 지름의 짧은 전선으로, 구성과 용도는 퓨즈와 비슷하다. 다만 차이는 퓨즈는 대체로 작은 전압을 차단해주고, 퓨즈 블링크는 고전압을 차단해주는 역할을 한다.

정답 15 ① 16 ④ 17 ④ 18 ① 19 ① 20 ④

CHAPTER

05 충전장치

01 개요

1 기능

① 축전지 방전 시 충전

② 전기적 부하에 전력 공급

※**시동 시는 축전지가 전원**이 되고 **운전 시는 발전기가 전원**이 된다.

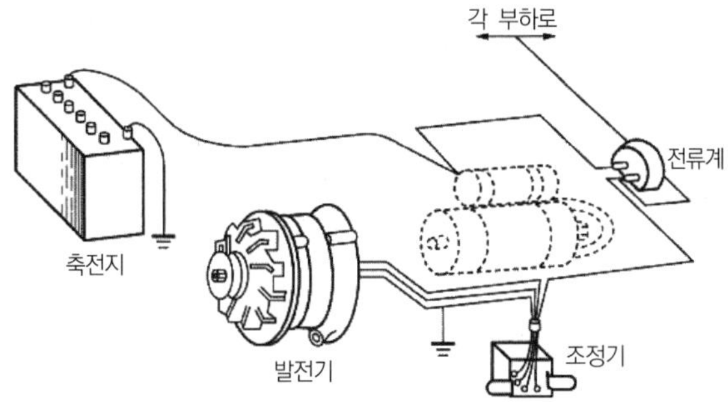

[그림 2-110] 충전장치

2 분류

(1) 출력 전류에 따라

① 직류 발전기(DC 발전기, Direct Current Generater)

② 교류 발전기(AC 발전기, Alternate Current Generater)

(2) 여자 방법에 따라

① 자여자 발전기 : **영구자석의 잔류자기에 의하여** 출력을 발생시키고 그 출력으로 여자하게 된 발전기 ☞ 직류 발전기

② 타여자 발전기 : **축전지 전원으로** 여자시키는 발전기 ☞ 교류 발전기

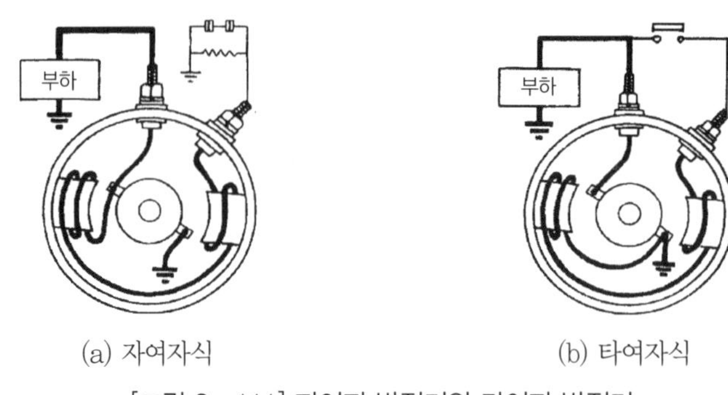

[그림 2-111] 자여자 발전기와 타여자 발전기

3 원리

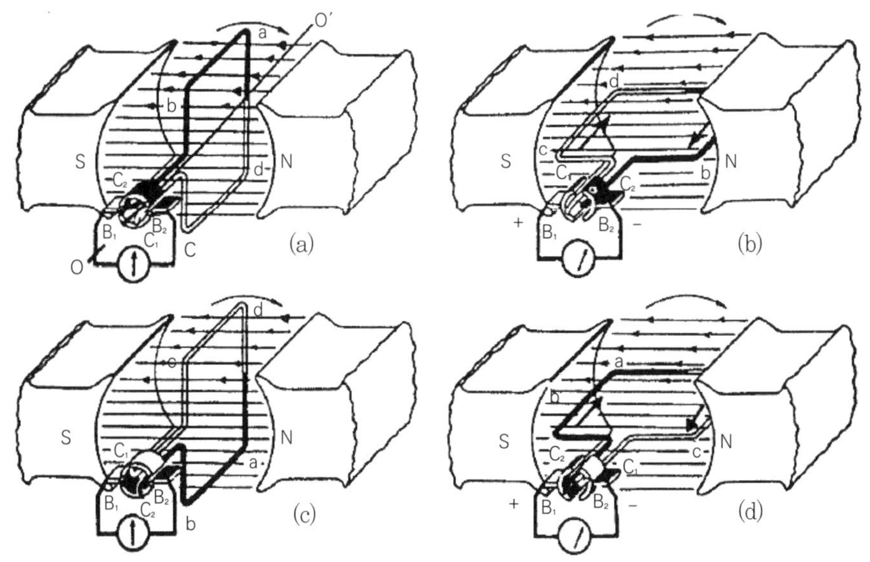

[그림 2-112] 발전기의 원리

① 자계 내에 도체를 설치하고 도체를 움직여 자장을 수직으로 끊으면 도체에 기전력이 유도된다.

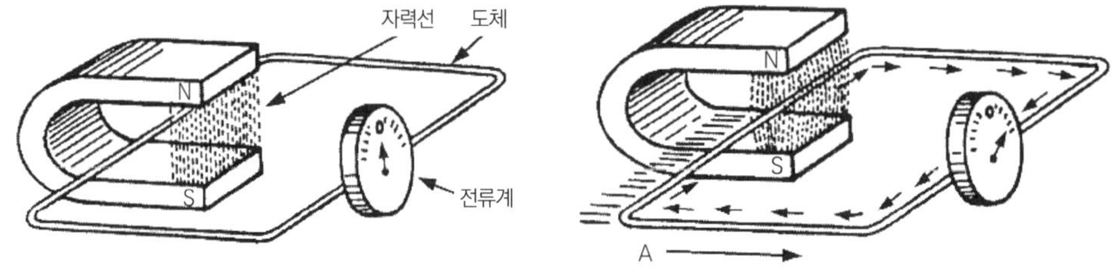

[그림 2-113] 전자 유도 방법

② 이것은 도체에 자력을 가한 후 변화시킨 것과 같은 현상으로 렌츠의 법칙에 따라 유도기전력이 발생한다.

③ 이 기전력은 자기 유도 작용에 의한 역기전력과 같다.

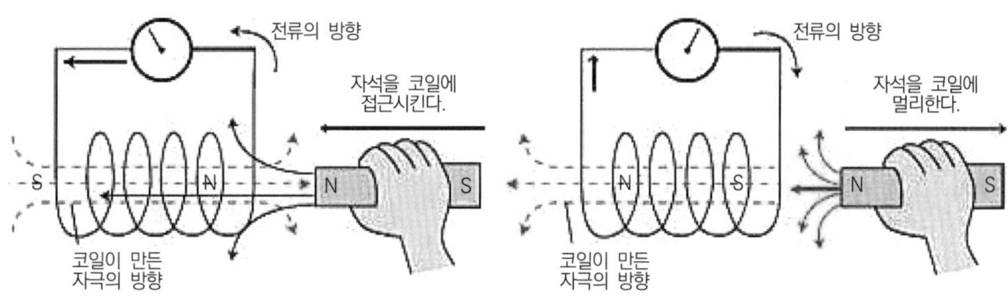

[그림 2-114] 렌츠의 법칙

> **참고**
>
> **렌츠의 법칙**
>
> "유도기전력은 코일 내의 자속의 변화를 방해하는 방향으로 발행한다."는 법칙이다.

④ 발전기의 유도기전력 발생 방향은 **플레밍의 오른손 법칙**에 따라 발생한다.

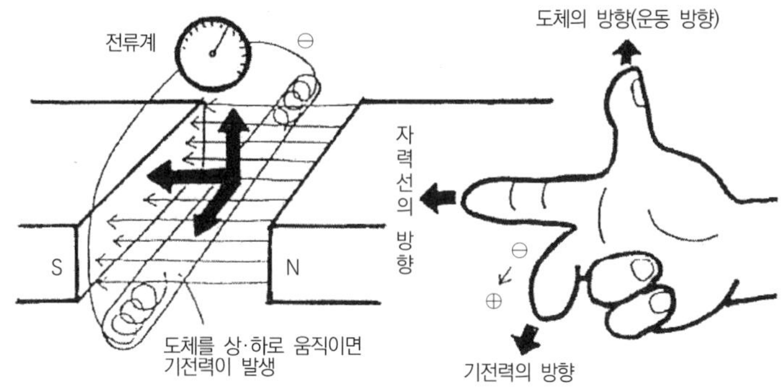

[그림 2-115] 플레밍의 오른손 법칙

⑤ 유도기전력의 크기는 자력선의 크기와 자력선을 끊는 횟수에 비례하여 발생한다.

⑥ **발전기는 분권식**(계자 코일과 전기자 코일이 병렬연결)을 응용한다.

02 직류 발전기와 발전기 조정기

1 직류 발전기(DC : Direct Current Generator)

(1) 구성

① **고정 부분** : 계철 하우징, 계자 철심, 계자 코일

② **회전 부분** : 전기자 코일, 전기자 철심

③ **정류 부분** : 정류자, 브러시

④ **동력 전달 부분** : 풀리 및 냉각팬

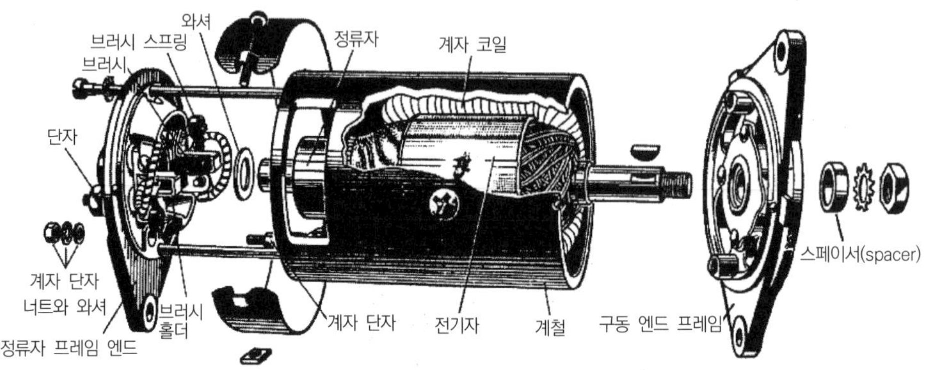

[그림 2-116] 직류 발전기의 구조

(2) 종류

① **내부 접지식** : 계자 코일이 발전기 내부에서 접지

② **외부 접지식** : 계자 코일이 조정기(발전기 외부)에서 접지

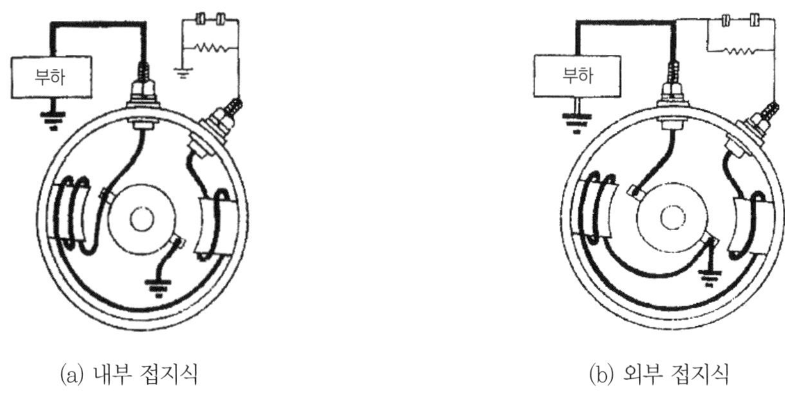

(a) 내부 접지식 (b) 외부 접지식

[그림 2-117] 내부 접지식과 외부 접지식

(3) 고정 부분

① **계철과 계자 철심(yoke and pole core)**

㉠ 계철 : 자력선의 통로

㉡ 계자 철심

- 영구자석 : 계자 코일에 전류가 흐르면 전자석이 되어 N극과 S극을 형성(잔류자기 형성)
- 계자 코일에 전류가 흐르면 전자석이 됨
- 전자석으로 만드는 이유는 자력을 크게 하기 위함
- 철심의 수는 2개임

② **계자 코일(fied coil)**

㉠ 전기자코일과 병렬연결

㉡ 계자 철심을 전자석으로 만듦

㉢ 평각선을 이용 : 많은 전류가 흐르도록 함

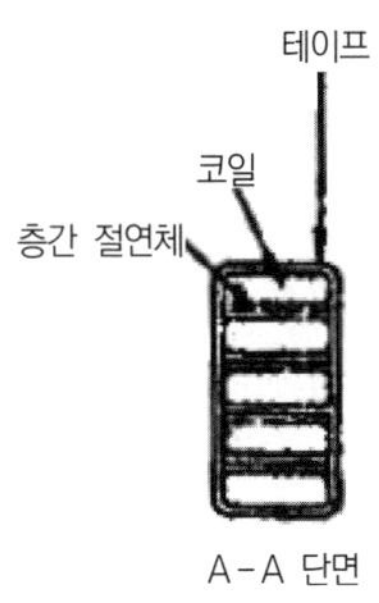

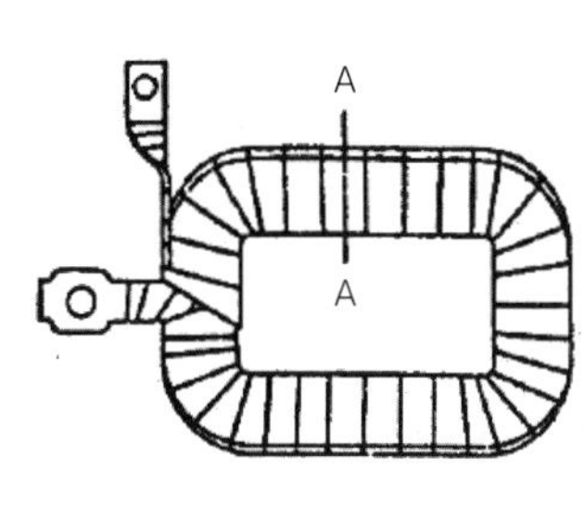

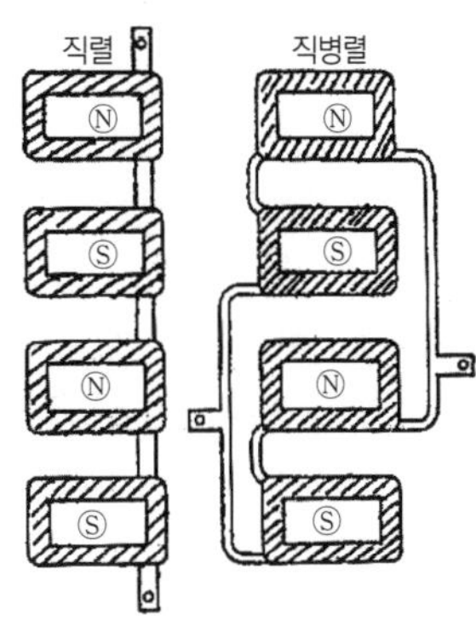

[그림 2-118] 계자 코일

(4) 회전 부분 : 전기자(amature)

① 자력선을 끊어 **유도기전력 발생**(교류)

② 정류자와 연결

③ 평각선을 이용

④ 전기자 철심 내에 설치

⑤ 계자 코일과 병렬연결

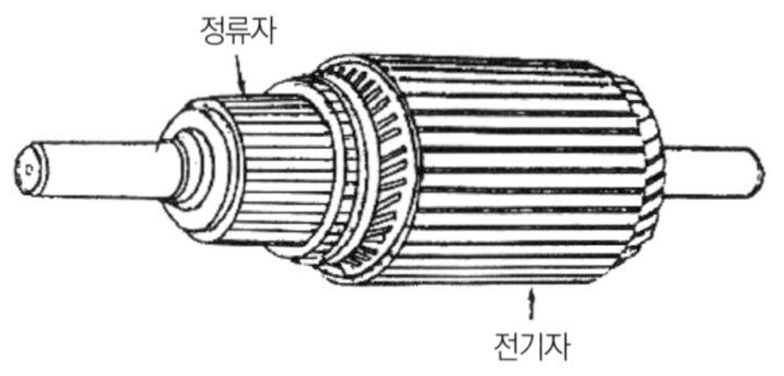

[그림 2-119] 전기자

(5) 정류 부분

① **정류자**

㉠ 전기자 코일과 연결

㉡ 얇은 편형으로 됨

㉢ 운모에 의하여 절연

㉣ 브러시와 접촉하여 교류를 직류로 정류

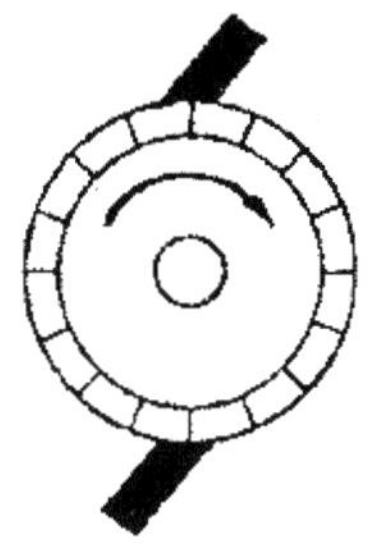

(a) 직류 발전기

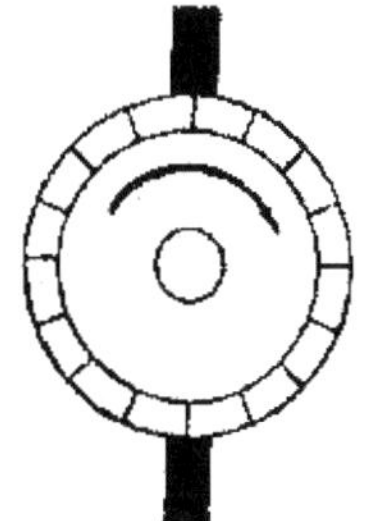

(b) 기동 전동기

[그림 2-120] 정류자와 브러시 접촉 상태

② **브러시(brush)**

㉠ 금속 흑연계 브러시

㉡ 브러시 스프링에 의하여 정류자와 사각 접촉

㉢ 사용한계 : **표준길이의 1/2**

③ **브러시 스프링**

㉠ 브러시를 스프링의 장력으로 정류자에 압착

㉡ 장력 : 0.5~2.0kgf/cm^2

㉢ 정류자와 접촉하여 **교류를 직류로 정류**

④ **브러시 홀더**

㉠ 브러시를 안내

㉡ 브러시 스프링과 브러시를 고정

(6) 동력 전달 부분

① **풀리** : 팬벨트(V-벨트)를 통하여 크랭크축으로부터 동력을 전달받아 전기자를 회전시켜 전자석을 끊게 함

② **냉각팬** : 정류자와 브러시의 접촉에 의하여 발생되는 열을 냉각

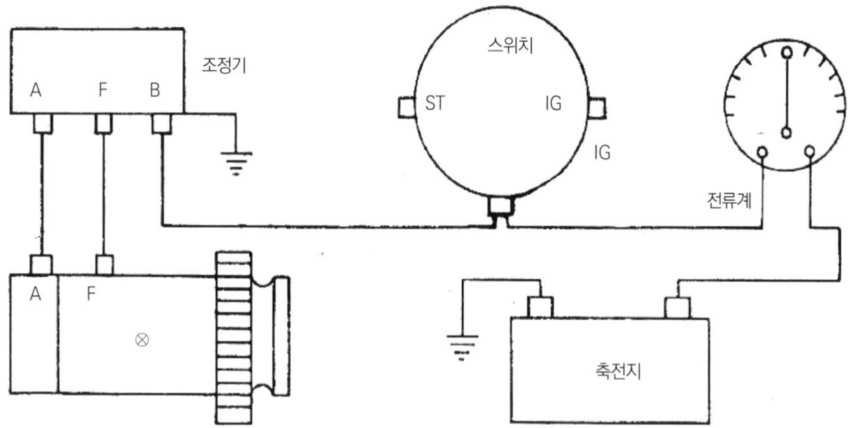

[그림 2-121] 직류 발전기 충전회로

2 DC 발전기 조정기(Regulator)

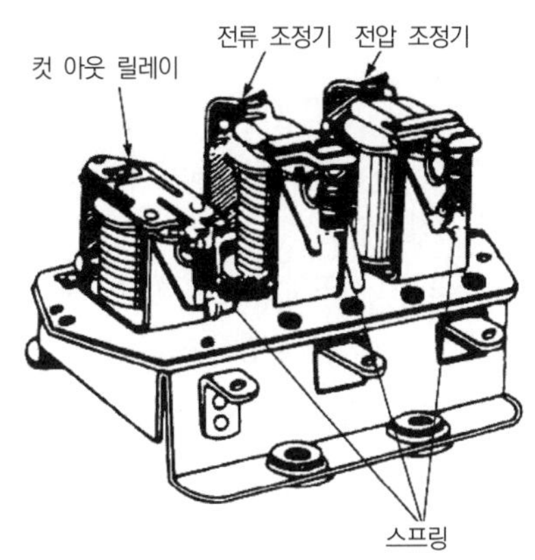

[그림 2-122] 직류(DC) 발전기 조정기의 구조

(1) 기능

① 발전기의 출력(전압, 전류)을 조정하여 일정한 **출력이 유지**되도록 함

② 축전지로부터 발전기로 전류가 **역류하는 것을 방지**

③ 계자 코일에 흐르는 전류를 가감 조정하여(저항을 이용) 발전기의 출력을 제어

④ 전자석 릴레이를 사용

(2) 구성

① **전압 조정기** : 발전기 **전압을 조정**하여 과도한 출력을 방지

② **전류 조정기** : 발전기 **전류를 조정**하여 과충전을 방지

③ **컷 아웃 릴레이(역류 방지기)** : 발전기의 출력이 없거나 작을 때 축전지의 전류가 발전기로 **역류하는 것을 방지**

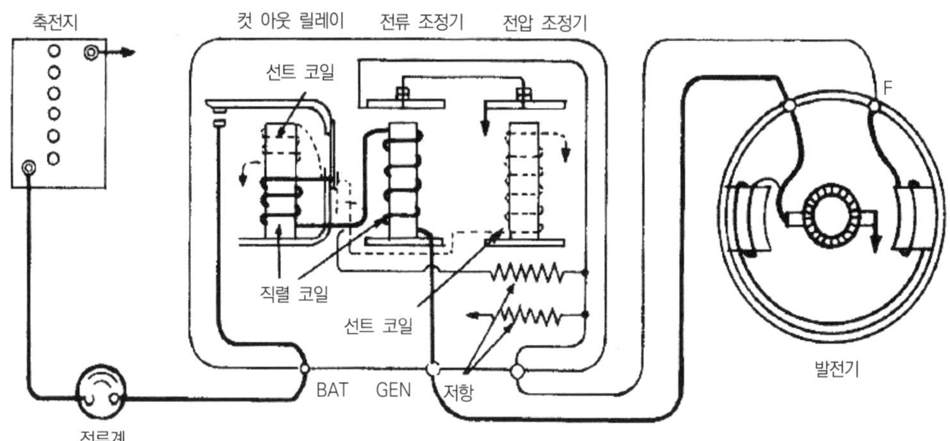

[그림 2-123] 직류(DC) 발전기 조정기 회로도

3 작동

(1) 컷 아웃 릴레이

① 발전기 출력이 축전지 용량보다 작으면 릴레이 접점은 떨어져 있다.

② 발전기 출력(전압)이 12.6~13.8V가 되면 접점이 접촉한다.

③ 이때부터 축전지에 충전이 시작된다.

④ 접점이 접촉할 때의 전압(12.6~13.8V)을 컷인 전압이라 한다.

⑤ 릴레이 코일은 굵은 선과 가는 선이 같은 방향으로 감겨 있다. 이것은 축전지의 전류가 역류될 때(발전기 정지 시) 잔류자장을 없애기 위함이다.

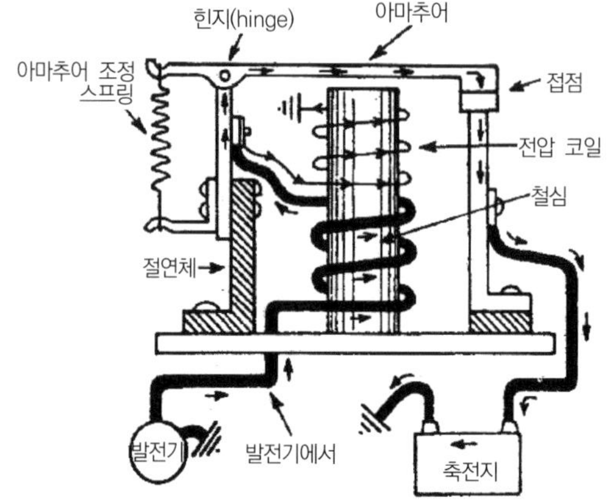

[그림 2-124] 컷 아웃 릴레이

(2) 전압 조정기

① 발전기의 발생 전압을 일정하게 유지한다.

② 계자 코일에 직렬로 저항을 설치한다.

③ 발생 전압이 규정 전압보다 높아지면 계자 코일에 흐르는 전류를 저항을 통하도록 하여 계자 철심의 자화력을 감소시켜 발생 전압을 저하시키고, 발생 전압이 낮아지면 계자 코일에 흐르는 전류를 저항을 통하지 않게 하여 전압을 회복시킨다.

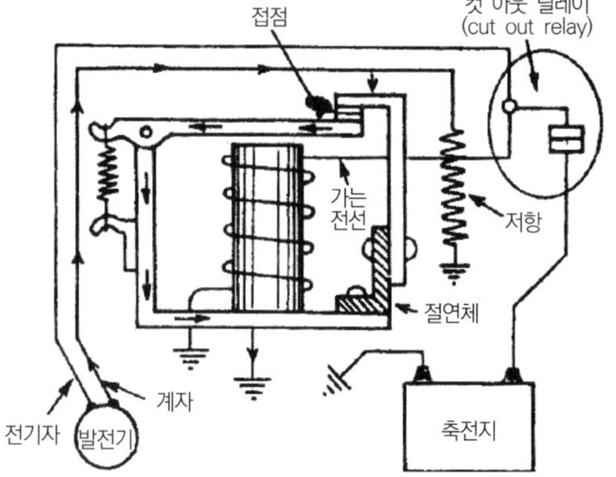

[그림 2-125] 전압 조정기 회로도

(3) 전류 제한기(또는 전류 조정기)

① 발전기의 발생 전류를 제한하여, 발전기 소손을 방지한다.

② 전기적 부하에서 큰 전류를 필요로 하면 발전기에 큰 부하가 걸려 많은 전류를 발생하게 되어 발전기가 소손되게 된다.

③ 발생 전류가 커지면 계자 코일에 흐르는 전류를 작게 하고(저항을 이용하여), 발생 전류가 작아지면 계자 코일에 흐르는 전류를 회복시켜 발생 전류를 제어한다.

④ 굵은 코일로 되어 있으며, 전류 제한기 릴레이 코일의 여자를 충전 전류로 한다.

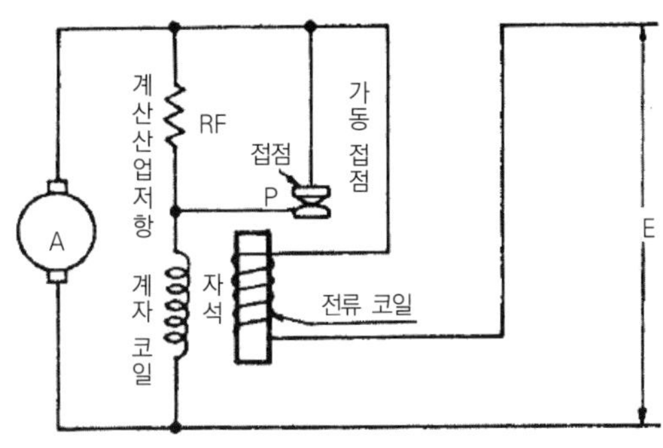

[그림 2－126] 전류 제한기

03 교류 발전기와 발전기 조정기

1 교류 발전기(AC : Alternator Current Generator)

(1) 개요

이전에 사용되고 있었던 직류 발전기(DC 제너레이터 또는 다이나모)는 전력을 발생하는 자계를 만들기 위해서 자기가 발전한 전력을 사용한다. 따라서 회전이 올라가지 않으면 충전이 안 된다. 그러나 교류 발전기는 자계를 배터리 전류로 만드는 것이므로, 공회전 시와 같은 저속 회전에서도 발전하며, 소형 경량화 할 수 있다. **로터(회전자), 스테이터(고정자), 레귤레이터(조정기), 렉티파이어(정류기)** 등으로 구성되어 있다.

(2) 교류(AC) 발전기의 특징

① 저속에서도 **충전성능이 우수**하다.

② 고속 회전에 잘 견딘다.

③ 회전부에 정류자가 없어 허용 회전속도 한계가 높다.

④ 소형 반도체(다이오드)에 의한 정류를 하기 때문에 전기적 용량이 크다.

⑤ **소형 경량**이다.

⑥ 컷 아웃 릴레이 및 전류 조정기를 필요로 하지 않는다.

(3) 구성

① 스테이터(DC 발전기 '전기자 코일'에 해당) : 고정자=**교류 발생**

② 로터(DC 발전기 '계자 철심'에 해당) : 회전자=**전자석**이 됨

③ 실리콘 다이오드(DC 발전기 '정류자와 브러시'에 해당) : 교류를 직류로 **정류**

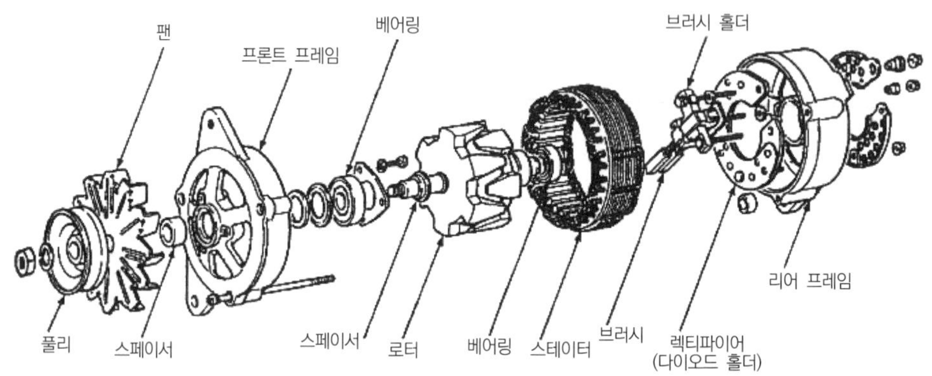

[그림 2-127] 교류 발전기의 구조

(4) 고정 부분

① 스테이터

㉠ DC 발전기 전기자에 해당

㉡ 성층한 철심에 독립된 3개의 코일(3상 코일)이 감겨있고 3상 교류가 유도

㉢ 발전기 바깥쪽에 고정되어 있어 원심력에 의한 층간 단락의 위험이 작고 내구성이 양호

㉣ 3상 결선 방법

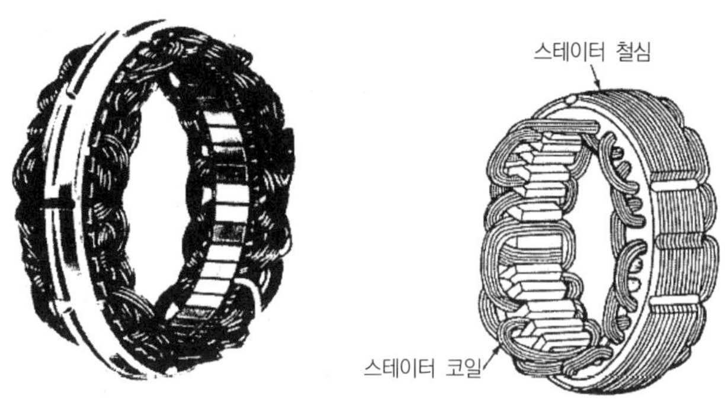

[그림 2-128] 스테이터의 구조

- 스타 결선(Y 결선)
  - 3개의 코일 한쪽을 공통점(중성점)으로 접속하고, 다른쪽을 출력선으로 끌어낸 것
  - 저속 회전 시 높은 전압이 발생되고 중성점의 전압(선간 전압의 약 1/2)을 활용할 수 있음
  - 선간 전압은 **상 전압의 $\sqrt{3}$ 배**임

- 델타 결선(△ 결선)
  - 3개의 코일을 2개씩 차례로 접속하고, 각각의 접속점을 출력선으로 끌어낸 것
  - 선간 전류는 **상 전류의 $\sqrt{3}$ 배**임

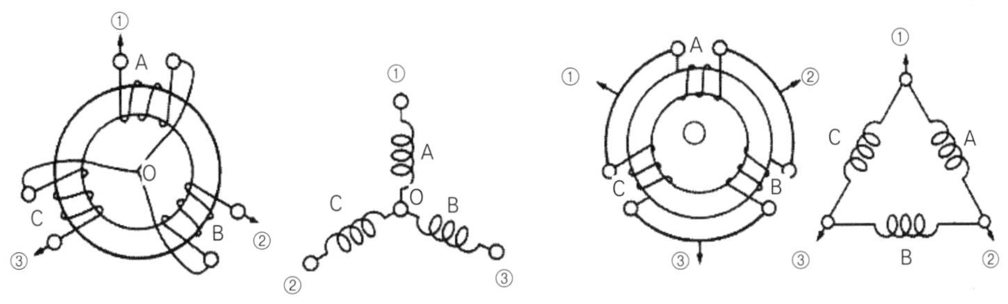

(a) 스타(Y) 결선 (b) 삼각(델타, △) 결선

[그림 2-129] 스테이터 코일의 3상 결선법

② 스테이터 철심
  ㉠ 얇은 두께로 성층한 규소 강판
  ㉡ 자력선의 통과를 원활하게 함

(5) 회전 부분

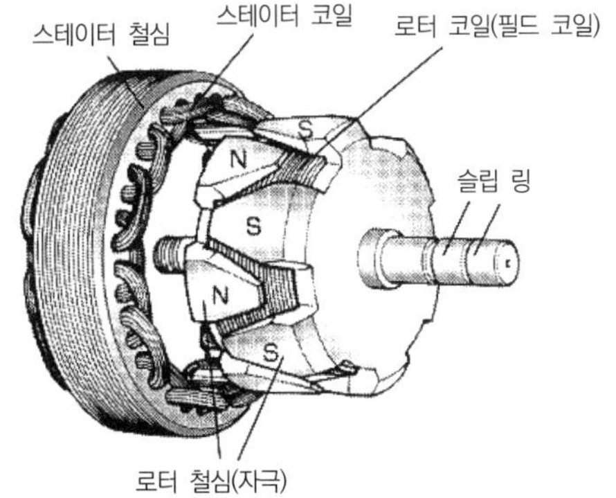

[그림 2-130] 로터와 스테이터

① 로터
  ㉠ DC 발전기 계자 철심에 해당
  ㉡ 내부에 로터 코일을 감싸고 있음
  ㉢ 로터 코일에 전류가 흐르면 **전자석**이 됨
  ㉣ 랜들 구성으로 자극을 여러 개로 할 수 있음
  ㉤ 회전하면서 스테이터 코일에 자장을 끊어지게 함

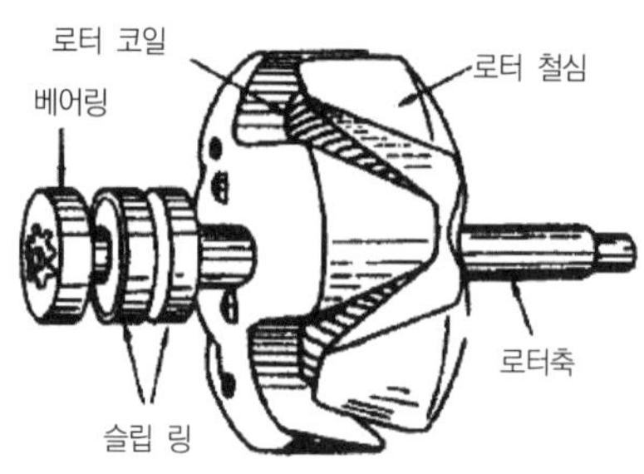

[그림 2-131] 로터

② **로터 코일**

㉠ DC 발전기 계자 코일에 해당

㉡ 로터 내에 설치되어 전류가 흐르면 로터를 전자석으로 만듦

㉢ 슬립 링을 통하여 전류를 공급 받음

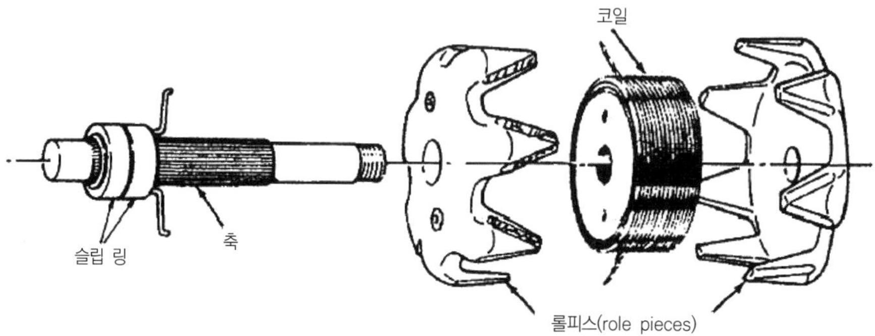

[그림 2-132] 로터 분해도

③ **슬립 링**

㉠ 브러시와 접촉해 있고 로터 코일 양끝과 연결되어 있으며, 로터축과 절연되어 있음

㉡ 로터 코일에 **전류가 일정 방향으로 흐르게 공급**하는 역할

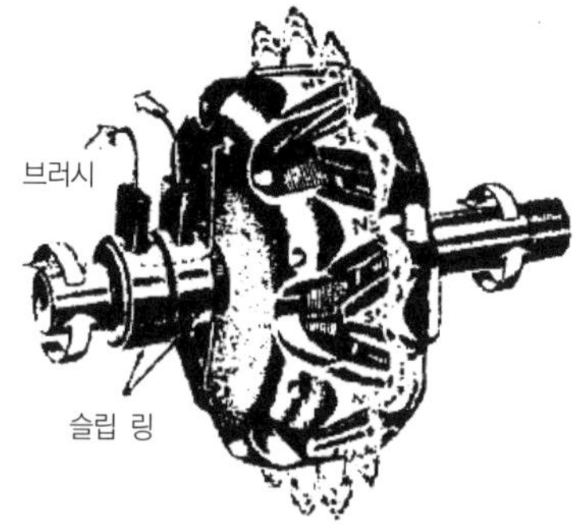

[그림 2-133] 로터 코일의 자화

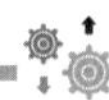

④ 브러시

㉠ 슬립 링과 접촉하여 **전류를 공급**하는 역할

㉡ 전기 흑연계가 사용(흑연의 양이 많음)

㉢ 사용한계 : 1/2

⑤ **풀리** : 크랭크축의 회전력을 받아 로터를 구동

⑥ **냉각팬** : 풀리와 함께 회전하며 공기를 순환시켜 다이오드를 냉각시킴

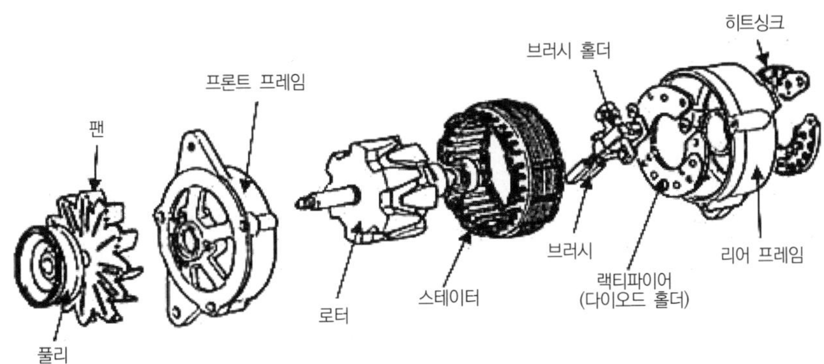

[그림 2-134] 교류 발전기 내부 구조

(6) 정류기(Rectifier)

① 스테이터에 유도된 **교류를 직류**로 전환한다.

② 정류자를 사용하지 못하기 때문에 정류기를 사용한다.

③ **실리콘 다이오드**를 주로 사용한다.

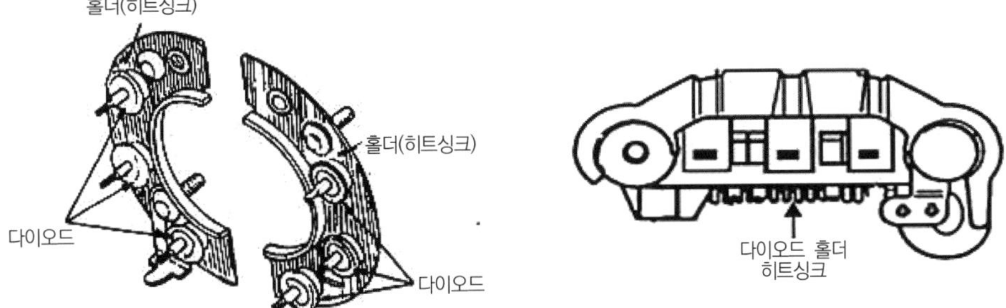

[그림 2-135] 정류기

④ 다이오드는 (+)다이오드 3개, (−)다이오드 3개로 모두 6개의 다이오드를 사용한다.

⑤ 다이오드는 히트싱크(다이오드 홀더)에 결합되어 있으며 히트싱크는 다이오드에 발생된 열을 방열시킨다.

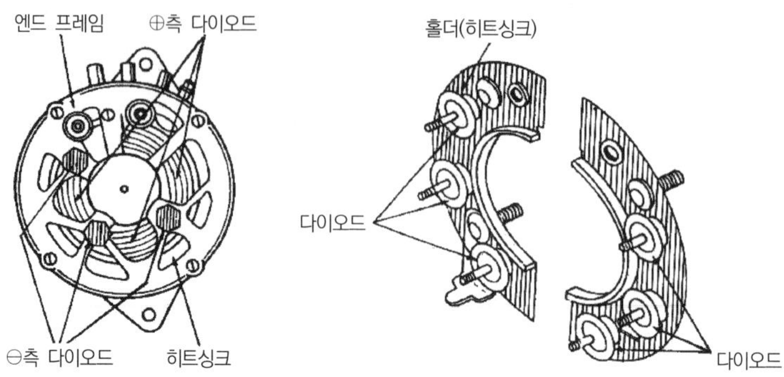

[그림 2-136] 엔드 프레임

⑥ 다이오드(Diode)

㉠ 다이오드의 기능 : **정류작용**을 하며, 축전지에서 발전기로 전류가 **역류하는 것을 방지**한다. 이것은 다이오드가 한쪽(정) 방향이 전류에 대한 저항은 낮으나 반대(역) 방향의 전류에 대해서는 상당히 높은 저항을 나타내기 때문이다.

㉡ 다이오드의 수 : 보통 (+)쪽에 3개, (−)쪽에 3개, 총 6개를 둔다.

㉢ 다이오드의 정류작용 : 다이오드에 의한 정류작용은 다이오드가 한쪽 방향으로만 전류가 흐르는 성질을 이용한 것으로 AC 발전기에서는 6개의 다이오드를 사용하여 전파 정류를 하게 된다. 이러한 정류작용에 의해 얻어진 정류파형은 완전한 직선상의 것은 되지 못하나 실제에 있어서 DC 발전기 출력전압과 다름없이 사용할 수 있다.

참고

전파 정류

- 4개 또는 6개의 다이오드를 브리지 접속하여 역방향 전류를 정방향 전류로 전환된다.
- 유도된 전류를 모두 사용할 수 있다.
- 정류된 전류가 직류화된 맥류이므로 직류 전류처럼 사용이 가능하다.

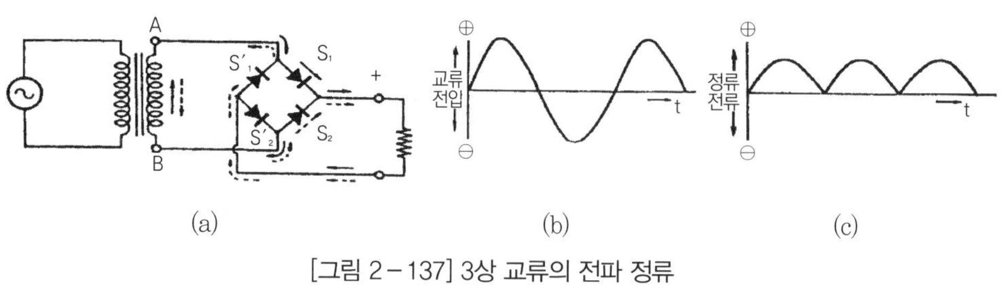

[그림 2-137] 3상 교류의 전파 정류

2 AC 발전기 조정기(Alternator Voltage Regulator)

(1) 기능

교류 발전기의 조정기는 전압 조정기만 필요하며, 전압 조정기는 발전기의 **발생 전압을 일정하게 유지**하기 위한 장치이다.

(2) 작동

작동 발생 전압이 규정보다 증가하면 로터(계자) 코일에 직렬로 저항을 넣어 여자 전류를 감소시켜 발생 전압을 감소시키고, 발생 전압이 낮으면 저항을 빼내어 규정 전압으로 회복시킨다.

(3) 종류

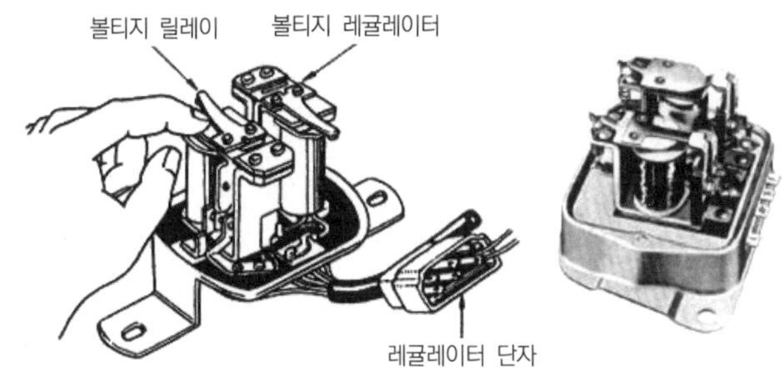

(a) 접점식 전압 조정기

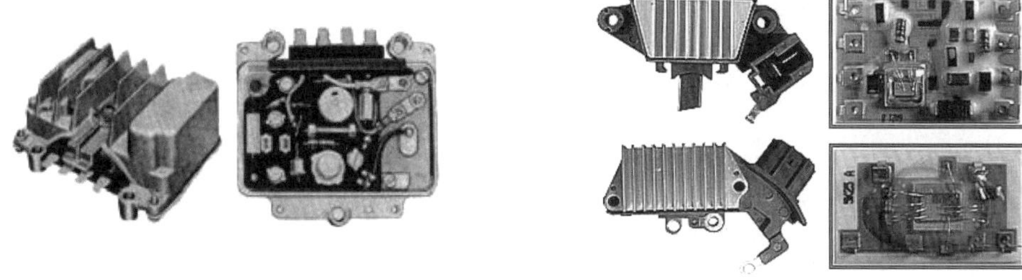

(b) 트랜지스터식 전압 조정기

(c) IC 조정기

[그림 2-138] 교류 발전기용 전압 조정기의 종류

① 접점식 조정기

② 트랜지스터식 조정기

③ IC 조정기

※현재는 트랜지스터형이나 IC 조정기를 사용하며, IC 조정기의 특징은 다음과 같다.

㉠ 배선을 간소화할 수 있다.

㉡ 진동에 의한 전압 변동이 없고, 내구성이 크다.

㉢ 조정 전압의 정밀도 향상이 크다.

㉣ 내열성이 크며, 출력을 증대시킬 수 있다.

㉤ 초소형화할 수 있어 발전기 내에 설치할 수 있다.

㉥ 축전지 충전성능이 향상되고, 각 전기 부하에 적절한 전력공급이 가능하다

3 교류 발전기의 점검 정비

(1) 교류 발전기의 취급상의 주의사항

① 축전지를 자동차에 접속 시 극성이 바뀌지 않도록 할 것

② 교류 발전기는 저속에도 충전이 가능하므로 축전지의 과충전에 유의할 것

③ 전압 조정기의 전압 조정 시 항상 점화스위치를 열고 조정할 것

④ 실리콘 다이오드는 역내 전압이 낮으므로 발전기를 회전시킨 상태에서 출력 단자를 단락시켜 단락 불꽃에 의한 발생 전압의 상태를 점검하거나 발전기와 축전지가 접속된 상태에서 급속 충전을 하지 말 것

⑤ 발전기에 물이 들어가지 않도록 해야 하며, 발전기 B단자를 접지시키거나 B단자를 떼고 고속 회전을 시키지 말 것

(2) 교류 발전기의 외곽 점검

① 발전기 설치 상태 점검

② 구동 벨트 장력 및 소손 상태 점검

③ 퓨즈의 결함 여부 점검

④ 발전기와 조정기의 배선 및 배선 설치 상태 점검

(3) 조정 전압 및 전류의 점검

① **전류가 클 경우** : 축전지의 방전 또는 내부 단락

② **전압이 낮거나 불안한 경우**
- 조정기의 각 접점이 오손되거나 또는 고착 상태로 있음
- 배선의 접촉 불량
- 저속 접점의 접점압력이 너무 약함

③ **전압이 높을 경우**
- 저속 접점의 접점압력이 너무 강함
- 조정기 코일 및 전압 릴레이 코일의 단선
- 조정기의 접지 불량
- 접점의 틈새가 너무 넓음
- 고속 접점의 접촉 불량
- 전압 조정기 단자의 단선

▌ 직류 발전기와 교류 발전기의 비교

항목 \ 구분		직류(DC) 발전기	교류(AC) 발전기
1	중량	크고 무겁다.	작고 가볍다.
2	브러시 수명	짧다.	길다.
3	회전자	정류자 손질 필요	슬립 링 손질 불필요
4	저속성능	충전 불량	충전 가능
5	고속성능	내구성 문제로 제한	충전 전류 안정
6	잡음	많다.	적다.
7	조정기	전압, 전류, 컷 아웃 릴레이	전압 조정기
8	여자 방법	자여자	타여자
9	최소 회전수	1,200rpm 이상	300rpm 이상
10	최고 회전수	8,000rpm	12,000rpm
11	중량에 따른 출력		직류 발전기의 1.5배

제 5 장

출제 예상 문제

• 충전장치

01 플레밍의 오른손 법칙과 관계있는 것은?

① 기동 전동기 ② 전류계
③ 전압계 ④ 발전기

해설 플레밍의 오른손 법칙을 이용한 장치는 발전기이며, 플레밍의 왼손 법칙을 이용한 장치는 기동 전동기, 전류계, 전압계 등이다.

02 플레밍의 오른손 법칙에서 엄지손가락은 어느 방향을 가리키는가?

① 자력선의 방향
② 도체의 운동 방향
③ 기전력의 방향
④ 전류의 방향

해설 플레밍의 오른손 법칙

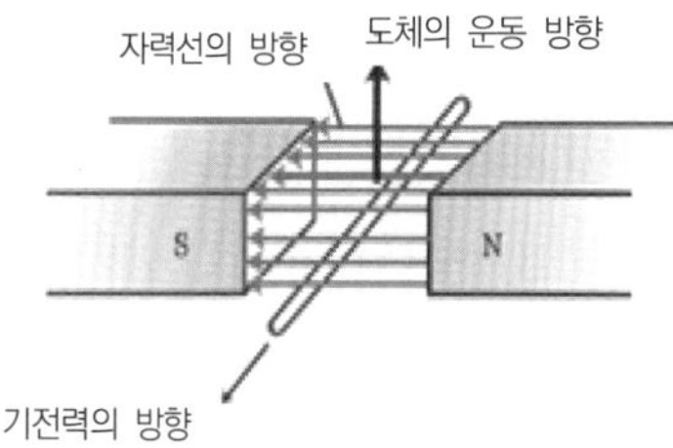

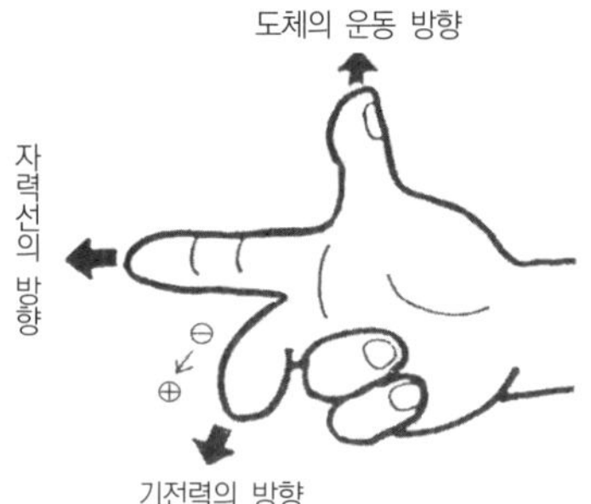

03 자동차에서 일반적으로 교류 발전기를 구동하는 V벨트는 엔진의 어떤 축에 의해 구동되는가?

① 크랭크축 ② 캠축
③ 뒤차축 ④ 변속기 출력축

해설 교류 발전기를 구동하는 V벨트는 엔진의 크랭크축에 의해 구동된다.

04 자동차용으로 주로 사용되는 발전기는?

① 단상 교류 ② Y상 교류
③ 3상 교류 ④ 3상 직류

해설 발전기는 플레밍의 오른손 법칙을 응용한다. 또한 교류 발전기에서 전류가 발생되는 부품은 스테이터이다. 여기서 3상 교류가 유도되고 $\sqrt{3}$ 배 높은 Y 결선을 사용하는데, 이것을 3상 교류 발전기라 한다.

05 자동차에서 발전기가 하는 역할을 설명한 것 중 가장 관련이 적은 것은?

① 소비되는 전류를 보상한다.
② 축전지만 충전한다.
③ 전기부하에 에너지를 공급하고, 축전지를 충전한다.
④ 등화장치에 필요한 전류를 공급한다.

해설 발전기의 역할
㉠ 축전지 충전
㉡ 전장부품에 에너지 공급
㉢ 등화장치에 필요한 전류공급

참고 발전기의 필요성
㉠ 다음 시동을 위하여 충전
㉡ 일반 주행 시 전기적 부하는 발전기가 부담(※시동 시는 축전지가 전원이 되고, 운전 시는 발전기가 전원이 됨)

06 발전기의 기전력 발생에 관한 설명으로 틀린 것은?

① 로터의 회전이 빠르면 기전력은 커진다.
② 로터 코일을 통해 흐르는 여자 전류가 크면 기전력은 커진다.
③ 코일의 권수와 도선의 길이가 길면 기전력은 커진다.
④ 자극의 수가 많아지면 여자되는 시간이 짧아져 기전력이 작아진다.

해설 ①, ②, ③항 이외에 자극의 수가 많아지면 여자되는 시간이 길어져 기전력이 커진다.

정답 01 ④ 02 ② 03 ① 04 ③ 05 ② 06 ④

07 배터리 및 발전기에 대한 설명 중 틀린 것은?

① 기관 정지 시에는 배터리만 전기장치의 전원으로 사용한다.

② 기관 시동 시는 배터리만 시동 모터와 점화코일에 전원을 공급한다.

③ 차량 전기 사용량이 발전기의 전원 공급량보다 많을 때는 배터리에서도 공급한다.

④ 기관 시동 시 예열장치의 전원공급은 발전기가 담당한다.

해설 기관 시동 시 예열장치(예열 플러그)에 전원을 공급하는 것은 배터리이다. 즉, 시동 시는 축전지가 전원이 되고, 운전 시는 발전기가 전원이 된다.

참고 **배터리(축전지)의 기능**

㉠ 시동 시 전원 부담

㉡ 발전기 고장 시 전원으로 작동

㉢ 운전 상태에 따르는 발전기 출력과 부하와의 불균형을 조정

08 다음 중 교류 발전기의 특징이 아닌 것은?

① 소형 · 경량이며, 고속 회전이 가능하다.

② 저속에서도 충전성능이 우수하며, 공전 상태에서도 충전이 가능하다.

③ 정류자가 없어 브러시 마멸이 적다.

④ 전류 조정기, 전압 조정기, 컷 아웃 릴레이 등과 함께 설치되어 있다.

해설 **교류(AC) 발전기의 특징**

㉠ 저속에서도 충전성능이 우수하다.

㉡ 고속 회전에 잘 견딘다.

㉢ 회전부에 정류자가 없어 허용 회전속도 한계가 높다.

㉣ 소형 반도체(다이오드)에 의한 정류를 하기 때문에 전기적 용량이 크다.

㉤ 소형 경량이다.

㉥ 컷 아웃 릴레이 및 전류 조정기를 필요로 하지 않는다.

09 다음 중 AC 발전기의 특징이 아닌 것은?

① 저속에서의 충전성능이 좋다.

② 속도 변동에 따른 적응 범위가 넓다.

③ 다이오드를 사용하므로 정류 특성이 좋다.

④ 스테이터 코일이 로터 안쪽에 설치되어 있기 때문에 방열성이 좋다.

해설 스테이터 코일 안쪽에 로터가 설치되어 있으며, 발전기의 냉각을 위해 냉각팬을 두고 있다.

10 다음 중 교류 발전기의 구성요소와 거리가 먼 것은?

① 자계를 발생시키는 로터

② 전압을 유도하는 스테이터

③ 정류기

④ 컷 아웃 릴레이

해설 **교류(AC) 발전기 구성**

㉠ 스테이터 : 직류 발전기의 전기자에 해당하는 것으로 3상 교류가 유기된다(전기 생성 → 전류 발생).

㉡ 로터 : 직류 발전기의 계자 코일과 계자 철심에 해당하는 것으로 회전하여 자속을 형성한다.

㉢ 슬립 링 : 브러시와 접촉되어 축전지의 여자 전류를 로터 코일에 공급한다.

㉣ 브러시 : 로터 코일에 축전지 전류를 공급하는 역할을 한다.

㉤ 실리콘 다이오드 : 스테이터 코일에 유기된 교류를 직류로 변환시키는 정류작용을 하며, 축전지에서 발전기로 전류가 역류하는 것을 방지한다.

11 교류 발전기에서 다이오드가 하는 역할은?

① 교류를 정류하고 역류를 방지한다.

② 교류를 정류하고 전류를 조정한다.

③ 전압을 조정하고 교류를 정류한다.

④ 여자전류를 조정하고 교류를 정류한다.

해설 실리콘 다이오드는 스테이터에서 발생한 교류를 직류로 정류하여 외부로 내보내고, 축전지에서 발전기로 전류가 역류하는 것을 방지한다.

12 교류 발전기에서 직류 발전기 컷 아웃 릴레이와 같은 일을 하는 것은?

① 다이오드 ② 로터

③ 전압 조정기 ④ 브러시

해설 **교류(AC) 발전기에서 '다이오드 및 로터, 전압 조정기, 브러시'의 역할**

① 다이오드 : 발전기의 전류가 배터리로만 가고 배터리의 전류가 발전기로 오는 것을 차단하며, 교류를 직류로 바꾸어 주는 정류작용 역할

② 로터 : 자속을 형성

③ 전압 조정기 : 발전기의 발생 전압을 13~15V 이하로 제어

④ 브러시 : 로터에 전류를 공급

정답 07 ④ 08 ④ 09 ④ 10 ④ 11 ① 12 ①

13 DC 발전기의 계자 코일과 계자 철심에 상당하며 자속을 만드는 것을 AC 발전기에서는 무엇이라 하는가?

① 정류기 ② 전기자
③ 로터 ④ 스테이터

해설 현재 자동차용 발전기는 주로 교류(AC) 발전기를 사용하며, 주요 구성품으로는 자속을 형성하는 로터와 전류가 발생하는 스테이터 그리고 교류를 직류로 바꾸어 주는 다이오드(정류작용) 등이 있다.

14 충전장치에서 자여자 발전기에 대한 설명으로 틀린 것은?

① 축전지의 전원을 이용하여 계자 코일을 여자한다.
② 자동차용으로 정전압 발생에 가장 가까운 분권 발전기를 사용한다.
③ 발생되는 전압은 코일이 1초 동안에 흐르는 자속 수에 비례한다.
④ 플레밍의 오른손 법칙을 이용하여 직류(DC) 발전기로 사용한다.

해설 자여자 발전기는 축전지의 전원을 이용하는 것이 아니라, 잔류하는 전기나 영구자석을 이용하는 것이며, 타여자 발전기가 축전지 전원을 이용하여 여자시키는 발전기이다.

15 교류 발전기와 직류 발전기의 차이점으로 교류 발전기의 유도전류는 어디에서 발생하는가?

① 계자코일 ② 로터
③ 스테이터 ④ 전기자

해설 **직류(DC) 발전기와 교류(AC) 발전기 비교**

항목/구분	직류(DC) 발전기	교류(AC) 발전기
발생 전압	교류	교류
정류기	브러시와 정류자	실리콘 다이오드
자속 발생	계자 철심, 코일	로터
조정기	전압, 전류, 컷 아웃 릴레이	전압 조정기
역류 방지	컷 아웃 릴레이	다이오드
전류 발생 (전기 생성)	전기자	스테이터

16 자동차용 교류 발전기에서 스테이터 코일의 Y결선에 대한 내용으로 틀린 것은?

① 각 코일의 한 끝은 공통점으로 접속하고 다른 쪽 끝을 각각 결선한 것이다.
② 선간 전압은 각 상전압의 $\sqrt{3}$ 배가 된다.
③ 전류를 이용하기 위한 결선 방법이다.
④ 저속에서 발생 전압이 높다.

해설 상전압에 대한 $\sqrt{3}$ 배의 선간 전압을 이용하는 결선 방법이다.

참고 **스테이터의 결선 방법**
㉠ 스타(Y) 결선 : 선간 전압은 각 상전압의 $\sqrt{3}$ 배이다.
㉡ 삼각(△) 결선 : 선간 전류는 상전류의 $\sqrt{3}$ 배이다.

17 3상 교류 발전기에서 3개의 스테이터 코일을 접속하여 3개의 선을 끌어내는 방법의 종류 중 틀린 것은?

① 스타 결선 ② 델타 결선
③ Y 결선 ④ 삼상 결선

해설 교류 발전기의 스테이터 코일 접속 방법에는 Y 결선(스타 결선)과 △ 결선(델타 결선)이 있다. 이중 Y 결선(스타 결선)은△ 결선(델타 결선)보다 선간 전압이 $\sqrt{3}$ 배 정도 높아 저속에서도 충전이 가능하다.
※△ 결선(델타 결선)은 '삼각 결선'이라고도 한다.

18 발전기에서 발생되는 유도기전력의 크기와 관계가 없는 것은?

① 전자석의 크기
② 전기자 코일의 권수
③ 정류자 편의 수
④ 발전기 회전속도

해설 **발전기에서 유도되는 기전력**
㉠ 전자석의 크기에 비례
㉡ 자력선 세기에 비례
㉢ 발전 회전속도에 비례

참고 **정류자 편수**
정류자를 구성하는 판을 '편'이라고 한다. 한 쪽, 두 쪽…… 부르는 것과 같다. 그래서 직류(DC) 발전기는 직류를 얻기 위해 여러 개의 정류자 편을 두는데, 그 수를 정류자 편수라고 한다.

정답 13 ③ 14 ① 15 ③ 16 ③ 17 ④ 18 ③

19 **발전기 기전력에 대한 설명으로 맞는 것은?**

① 로터 코일을 통해 흐르는 여자 전류가 크면 기전력은 작아진다.

② 로터 코일의 회전이 빠르면 빠를수록 기전력 또한 작아진다.

③ 코일의 권수가 많고, 도선의 길이가 길면 기전력은 커진다.

④ 자극의 수가 많아지면 여자되는 시간이 짧아져 기전력이 작아진다.

해설 **발전기 기전력**

①항 로터 코일을 통해 흐르는 여자 전류가 크면 기전력은 커진다.

②항 로터 코일의 회전속도가 빠르면 빠를수록 기전력 또한 커진다.

③항 코일의 권수가 많고, 도선의 길이가 길면 기전력은 커진다.

④항 자극의 수가 많아지면 여자되는 시간이 짧아져 기전력이 커진다.

20 **발전기 출력이 낮고 축전지 전압이 낮을 때, 원인으로 해당되지 않는 것은?**

① 충전회로에 높은 저항이 걸려 있을 때

② 발전기 조정 전압이 낮을 때

③ 다이오드의 단락 및 단선이 되었을 때

④ 축전지 터미널에 접촉이 불량할 때

해설 **발전기 출력이 낮고, 축전지 전압이 낮은 원인**

㉠ 충전회로에서 누전되고 있다.

㉡ 다이오드가 단락 또는 단선이 되었다.

㉢ 전장부품에서 요구하는 전류가 크다.

㉣ 발전기 조정 전압이 낮다.

㉤ 충전회로에 높은 저항이 걸려 있다.

21 **자동차 충전장치에 대한 설명으로 틀린 것은?**

① 다이오드는 교류를 직류로 변화시키는 역할을 한다.

② 배터리의 극성을 역으로 접속하면 다이오드가 손상되고 발전기 고장의 원인이 된다.

③ 발전기에서 발생하는 3상 교류를 전파 정류하면 교류에 가까운 전류를 얻을 수 있다.

④ 출력 전류를 제어하는 것은 제너 다이오드이다.

해설 **충전장치**

①항 다이오드는 전류의 역류를 방지하고, 교류를 직류로 변화시키는 역할을 한다.

②항 배터리의 극성을 역으로 접속하면 다이오드가 손상되고 발전기 고장의 원인이 된다.

③항 발전기에서 발생하는 3상 교류를 전파 정류하면 직류에 가까운 전류를 얻을 수 있다.

④항 교류(AC) 발전기용 전압 조정기에서 전압을 일정하게 유지할 수 있도록, 출력 전류를 제어하여 전압을 조정하는 반도체 소자는 제너 다이오드이다.

정답 19 ③ 20 ④ 21 ③

CHAPTER 06 점화장치

01 개요

1 기능

압축된 혼합가스에 전기적으로 불꽃을 일으켜 점화 연소시키는 장치

2 종류

(1) 축전지 점화식

일반적으로 가장 많이 사용하는 형태로 **축전지 전원(발전기 전원)을 이용**하는 형식을 말한다.

① **접점식 점화방식** : 배전기에 있는 기계식 접점을 이용하여 1차 전류를 개폐하는 방식으로, 신뢰성이 낮아 현재 사용하지 않는 방식이다.

② **반도체 점화방식** : 반도체를 이용하여 저속성능 안전, 고속성능 향상, 착화성 향상, 전자제어를 가능하게 한 방식이다.

㉠ 트랜지스터식 점화장치
- 반트랜지스터식 점화장치
- 전트랜지스터식 전화장치

㉡ 축전기 방전식 점화장치(C.D.I)

③ **전자제어식 점화장치** : 엔진의 회전속도, 부하 정도, 엔진의 온도 등을 검출하여 **컴퓨터(ECU)**에 입력시키면 컴퓨터는 점화시기를 연산하여 1차 전류를 차단하는 신호를 **파워 트랜지스터**로 보내어 점화코일에서 2차 전압을 발생시키는 방식이다.

㉠ 고강력 점화식(HEI : High Energy Ignition)

㉡ 전자배전 점화방식(DLI : Distributor less Ignition)

(2) 고압 자석 점화식

점화장치용 발전기를 설치한 형태로 가속성, 고속성 등에 부적합하다(초기에는 사용되었으나, 현재는 2륜차 등의 일부에만 사용).

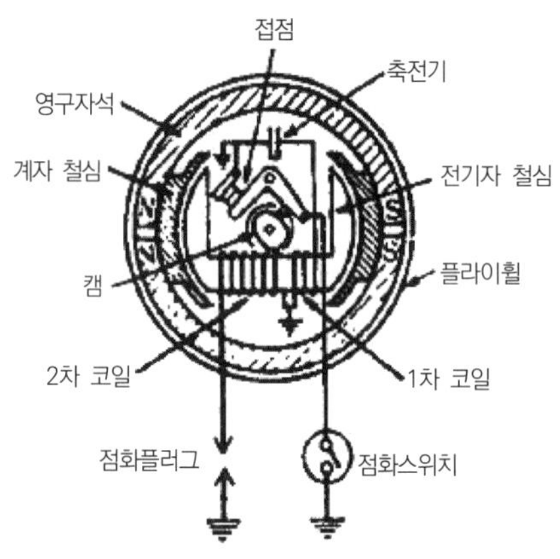

[그림 2－139] 고압 자석식 점화장치

02 축전지 점화식의 구성 및 기능

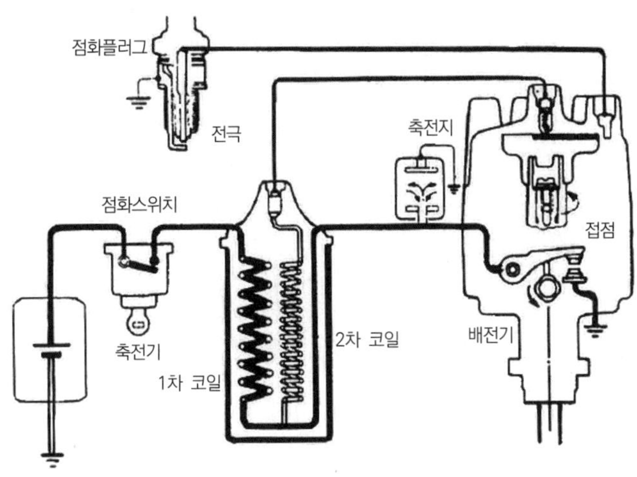

[그림 2－140] 점화회로의 구성(접점식 점화장치)

1 점화스위치(Ignition Switch)

(1) 기능

1차 회로의 전류를 운전석에서 개폐함과 동시에 시동, 기타 모든 전원을 개폐하는 스위치로 기본적인 단자가 5개 있다.

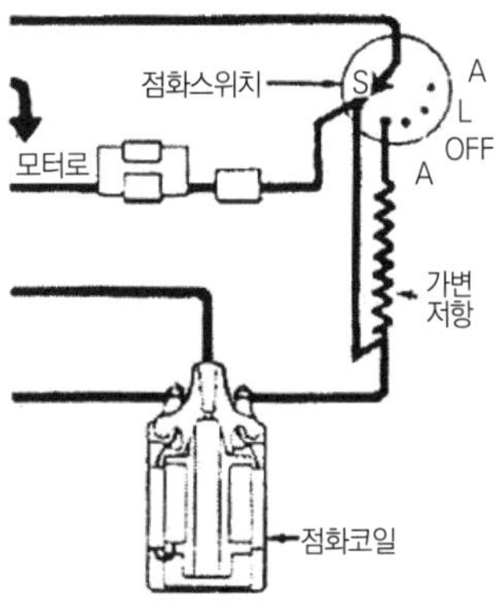

[그림 2－141] 점화스위치

(2) 구조

① B단자 : 배터리 본선(발전기 출력선)과 접속
② ACC 단자 : 점화 및 시동장치를 제외한 부분과 접속
③ IG 단자 : 점화코일 1차 저항과 연결
④ R단자 : 점화코일 (+)단자와 연결
⑤ ST 단자 : 시동 모터 ST 단자와 연결

▌점화스위치 전원 단자

전원 단자	사용 단자	전원 내용	해당 장치
B+	battery plus	IG/key 전원공급 없는 (상시 전원)	비상등, 제등등, 실내등, 혼, 안개등 등
ACC	accessory	IG/key 1단 전원공급	약한 전기 부하 오디오 및 미등
IG 1	ignition 1 (ON 단자)	IG/key 2단 전원공급 (accessory 포함)	클러스터, 엔진 센서, 에어백, 방향지시등, 후진등 등(엔진 시동 중 전원 ON)

전원 단자	사용 단자	전원 내용	해당 장치
IG 2	ignition 2 (ON 단자)	IG/key start 시 전원공급 off	전조등, 와이퍼, 히터, 파워 윈도 등 각종 유닛류 전원공급
ST	start	IG/key St에 흐르는 전원	기동 전동기

2 점화코일(Ignition Coil)

(1) 기능

12V의 축전지 전압을 25,000V의 높은 고전압으로 승압시켜 점화플러그에서 양질의 불꽃 방전을 일으키도록 한 장치로 일종의 승압기이다.

(2) 원리

① 자기 유도 작용

㉠ 코일 전류가 흐르면 주위에 자장이 형성(맴돌이 자장)된다.

㉡ 자장에 변화를 주면 흐르는 전류는 단속-직류이기 때문에 코일에 자장의 변화를 방해하는 방향으로 기전력이 발생한다.

㉢ 자기 유도 작용에 따른 유도기전력은 코일의 권수(권선수=감긴 횟수)가 많을수록 크며 철심이 있으면 더욱 커진다.

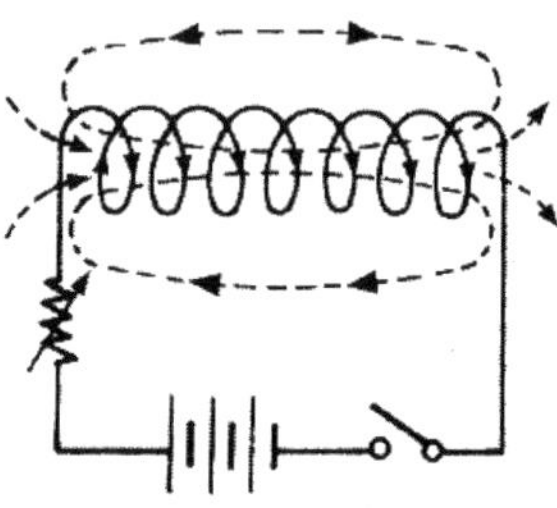

[그림 2-142] 자기 유도 작용

② 상호 유도 작용

㉠ 하나의 전기회로에 자장의 변화가 생기면 인접한 다른 회로에 자장의 변화를 방해하는 방향으로 유도기전력이 발생하는 현상이다.

㉡ 상호 유도 작용에 의한 유도기전력의 크기는 **1차 코일과 2차 코일의 권수비(권선수비=감긴 횟수비)에 따라 증감**한다.

$$E_2 = \frac{N_2}{N_1} \times E_1$$

여기서, E_1 : 1차 전압

E_2 : 2차 전압

N_1 : 1차 코일 권수

N_2 : 2차 코일 권수

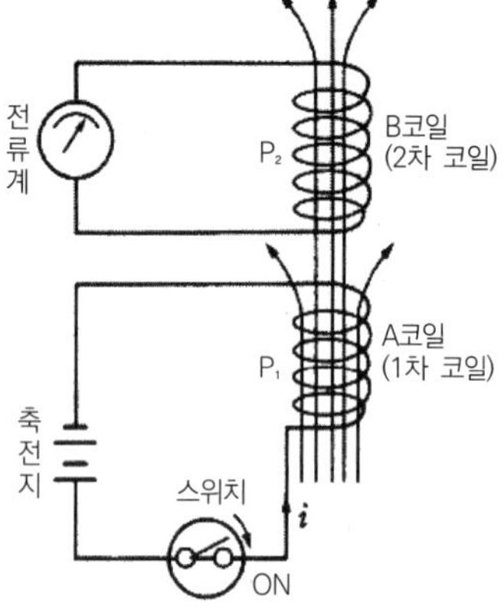

[그림 2-143] 상호 유도 작용

(3) 종류

① 개자로 철심형

② 폐자로 철심형(몰드형)

㉠ 고압철심형

㉡ 저압철심형

(4) 구조 및 기능

① 개자로 철심형(케이스 삽입 코일형)

㉠ 규소 철심 둘레에 1차 코일과 2차 코일을 겹쳐 감은 형태이다.

㉡ 1차 코일은 0.5~1.0mm의 굵기로 200~300회 정도 바깥쪽에 감겨 있다(방열을 위해서).

㉢ 2차 코일은 0.05~0.1mm의 굵기로 20,000~25,000회 정도 안쪽에 감겨 있다.

㉣ 1차 코일과 2차 코일의 권선비는 200~300 : 1 정도로 되어 있다.

㉤ 1차 코일의 저항은 3.3~3.4Ω, 2차 코일의 저항은 10,000Ω 정도이다.

㉥ 1차 코일의 감기 시작은 (+)단자에, 감기 끝은 (−)에 접속되고, 2차 코일의 감기 시작은 1차 코일 (−)단자에, 감기 끝은 중심 단자에 접속된다.

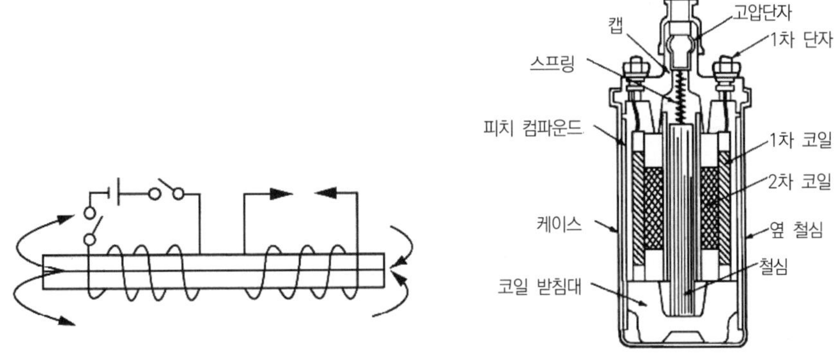

[그림 2-144] 개자로 철심형 점화코일의 구조

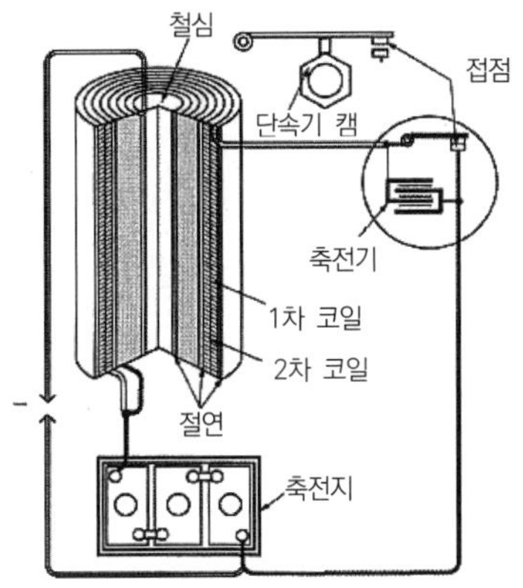

[그림 2-145] 개자로 철심형 점화코일의 원리

② **폐자로 철심형(몰드 코일형－HEI 형식)**

㉠ 전자제어식 차량에서 많이 사용하고 있는 형태이다.

㉡ 4각 철심의 안쪽에 1차 코일이, 바깥쪽에 2차 코일이 감겨 있다.

㉢ 폐자로 4각 철심이 자로(자속의 통로)를 형성하므로 **소형화**할 수 있고, 자속 손실이 없기 때문에 강한 자장의 변화를 나타내므로 강력한 2차 전압을 발생시키므로 고전압 유기가 쉽고 고속에서도 2차 전압이 안정되는 특성이 있다.

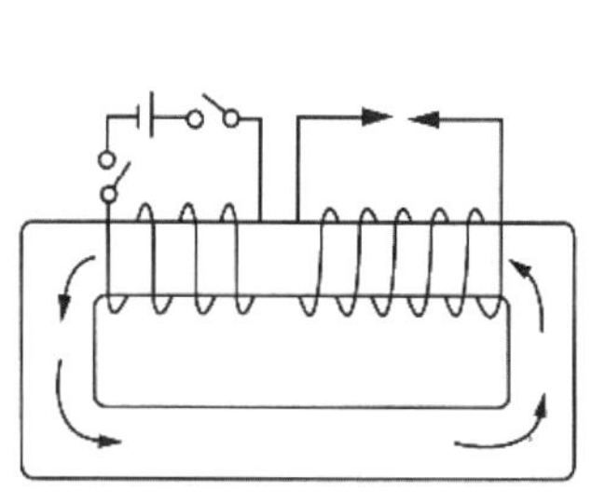

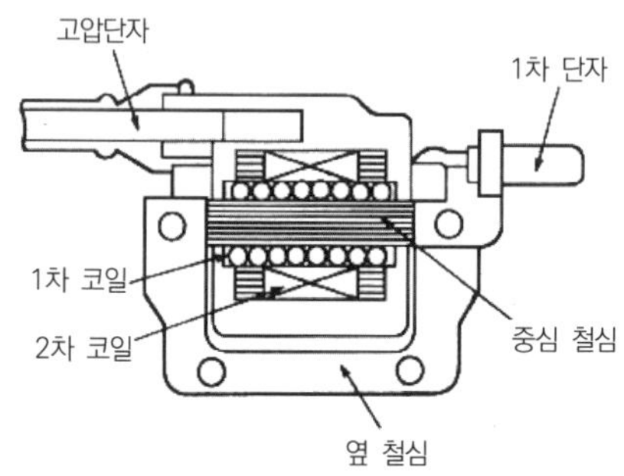

(a) 폐자로 철심형 구조

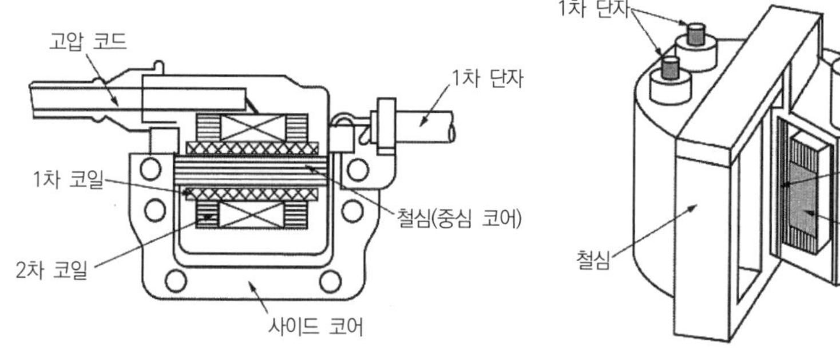

(b) 폐자로형 코일의 단면과 구조

[그림 2－146] 폐자로형 점화코일의 구조

(5) 점화코일의 요구 특성

① **속도 특성** : 크랭크축 회전속도 3,600rpm, 배전기 회전속도 1,800rpm에서 삼극 침상 시험기의 간극 6mm 이상의 불꽃이 방전되어야 한다.

② **온도 특성** : 80℃에서 안정된 불꽃을 발생할 수 있어야 한다.

③ **절연 특성** : 80℃의 온도에서 10MΩ 이상의 절연도를 가지고 있어야 한다.

(6) 1차 저항

① 코일의 발열 현상을 방지하기 위하여 설치한 것이다.

② 일종의 가변저항으로 12V의 전압에서 상온인 경우 저항이 0.5~0.6Ω를 나타내나, 온도가 상승하면 1.2~1.5Ω으로 되어 1차 전류를 제한한다.

③ 시동 시는 저항을 거치지 않도록 하여 시동성을 향상시킨다.

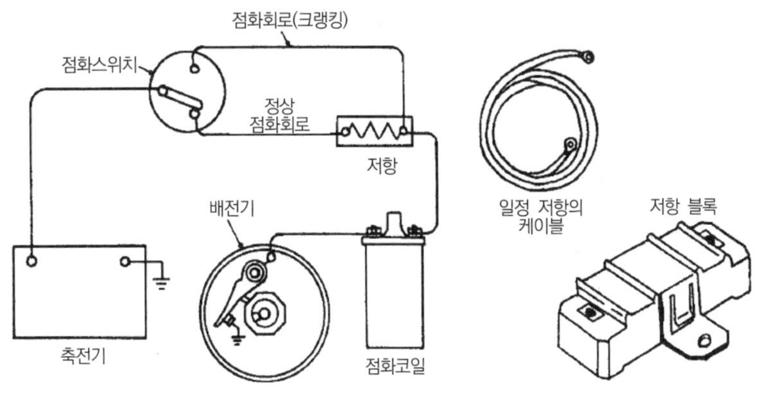

[그림 2-147] 1차 저항

3 배전기(Distributor)

(1) 기능

① 1차 전류의 단속 : 2차 고전압 유도

② 2차 고압의 분배 : 점화시기에 따라

③ 점화시기 진각 : 엔진 회전수에 따라

(2) 종류

① 기계식(접점식) : 접점을 이용하여 기계적으로 단속

② 무접점식(이그나이터 형식) : TR을 이용한 형식

③ 다이오드 형식(광학식)

④ 축전기 방전식(CDI 형식)

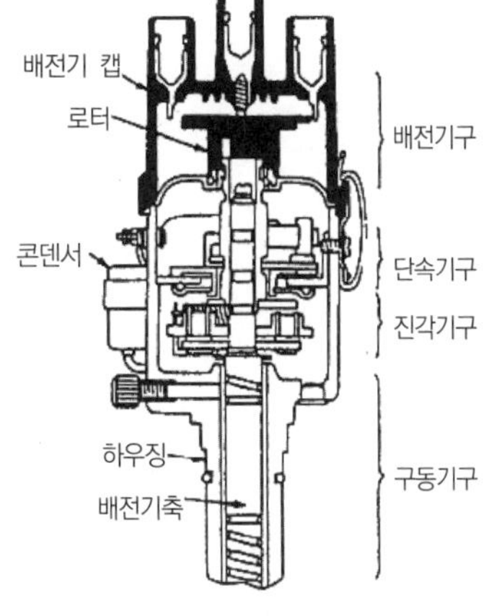

[그림 2-148] 접점식 배전기의 구조

(3) 단속기

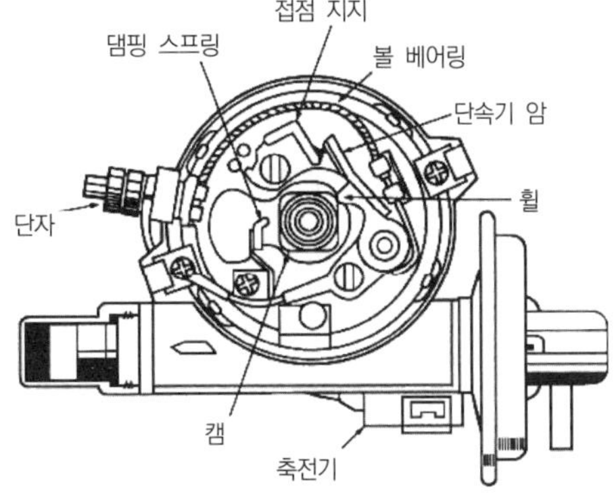

[그림 2-149] 접점식 단속기의 구조

① 기능 : 점화코일에서 유도작용이 발생하려면 전류가 교류이어야 한다. 따라서 1차 직류 **전류를 단속하여 직류를 교류화**시킨다.

② 구조

㉠ 단속기 스프링

- 장력 : 400~500g
- 스프링 장력이 강하면 : 러빙 블록(암 휠)과 단속기 캠의 빠른 마모
- 스프링 장력이 약하면 : 채터링 현상 발생

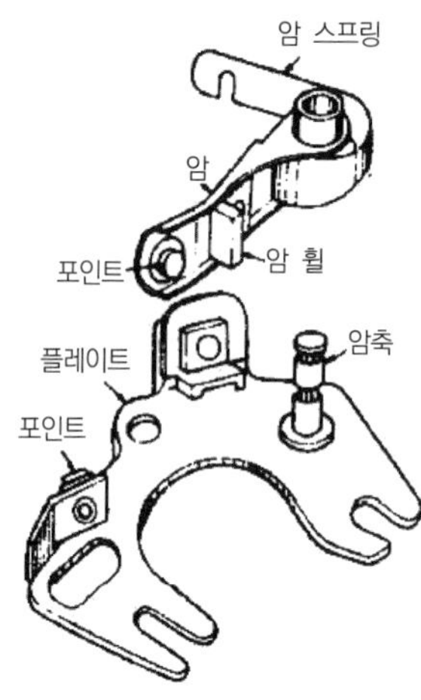

[그림 2-150] 단속기 스프링

참고

채터링 현상(Chattering)

엔진이 고속으로 회전할 때 접점의 개폐 속도가 매우 빨라 닫힐 때의 충격으로 인해 불규칙한 진동이 발생되는 현상으로 채터링이 발생되면 1차 전류가 감소하여 2차 전압이 저하된다.

㉡ 단속기 암

- 스프링의 장력과 러빙 블록의 작용을 접점에 전달
- 단속기 암은 단속기판의 핀에 부싱을 사이에 두고 설치
- 부싱이 마모되면 2° 이상의 점화시기의 변화 발생

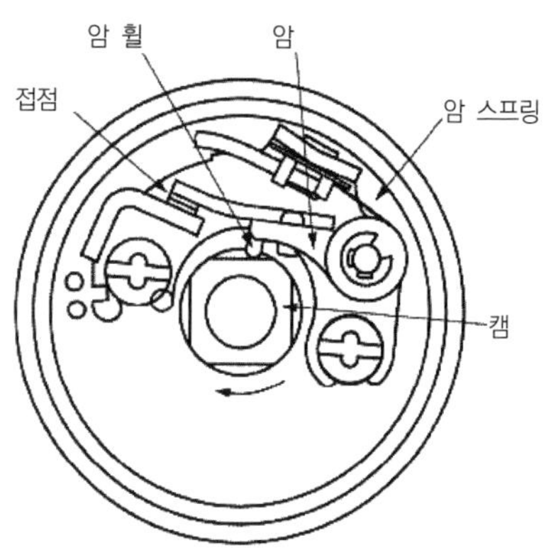

[그림 2-151] 단속기 암

㉢ 접점

- 암접점과 접지 접점으로 구성되어 있다.
- 접점 간극 : 0.4~0.5mm
  - **간극이 크면 캠각이 작아지고 점화시기 빨라짐**
  - **간극이 작으면 캠각이 커지고 점화시기 늦어짐**
  - 점화시기 : 접점이 떨어지는 시기로, 이때 점화 플러그에서 불꽃이 발생

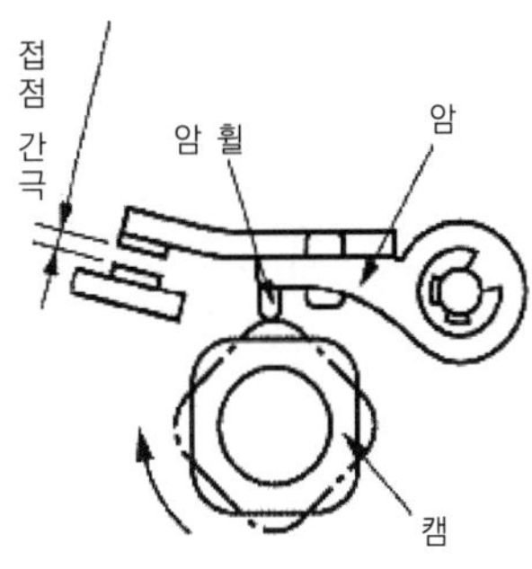

[그림 2-152] 접점의 구성

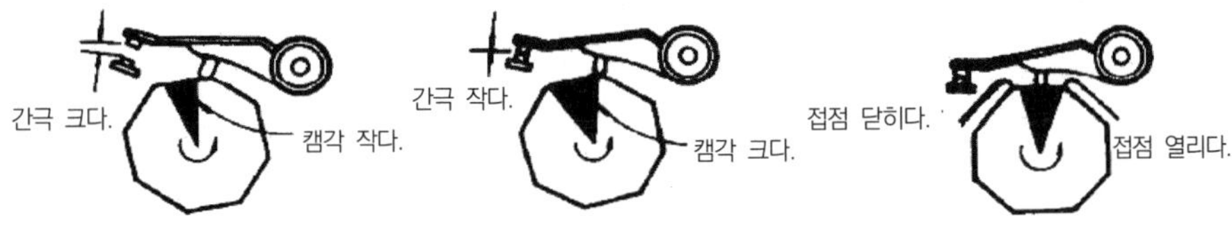

[그림 2-153] 단속기 접점

㉣ 러빙 블록(암 휠)

- 단속기 캠과 접촉하여 접점을 단속
- 러빙 블록이 마모되면 고속에서 실화(접점 간극이 작아짐)

㉤ 단속기 캠

- 배전기축에 연결되어 연동되며, 러빙 블록과 접촉하여 단속기 접점을 단속
- 캠각(드웰각) : **접점이 닫혀있는 동안 캠이 회전한 각도**로 실린더당 주어진 회전각도에 60%를 둔다.
  - 캠각이 크면 : **접점 간극이 작아지고 점화시기가 느려지며**, 1차 코일에 흐르는 전류가 많아져 **과열**
  - 캠각이 작으면 : **접점 간극이 커지고 점화시기가 빨라지며**, 1차 코일에 전류가 적어 2차 고전압이 낮아지고 **고속에서 실화**

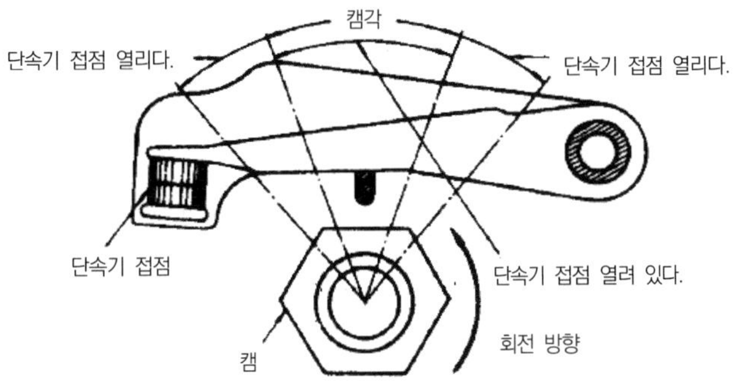

[그림 2-154] 단속기 캠 각도

▌캠각과 접점과의 관계

구분 \ 항목		캠각이 클 때	캠각이 작을 때
1	접점 간극	작다.	크다.
2	점화시기	늦다.	빠르다.
3	1차 전류	충분	불충분
4	2차 전압	높다.	낮다.
5	고속	실화 없음(실화 불발생)	실화 발생
6	점화코일	발열된다.	발열되지 않는다.
7	접점	소손된다.	소손되지 않는다.

(4) 축전기(콘덴서, Condenser)

① 기능

㉠ 불꽃 방전을 흡수하여 접점의 소손을 방지

㉡ 1차 코일의 1차 전류 빠른 회복

㉢ 단속기 접점과 병렬로 연결

② 규격

㉠ 용량 : 0.2~0.3μF

㉡ 용량이 크거나 작으면 단속기 접점 소손의 원인이 된다.

③ 축전기의 명세

㉠ 절연저항 : 85℃에서 1시간 경과 후 10MΩ 이상일 것

㉡ 내전압 : 전극과 대지 사이에 DC 1,000V를 가했을 때 1분간 견딜 것

㉢ 내열성 : 85℃ 이상

㉣ 용량 변화 : 온도에 의한 용량 변화 ±5%

㉤ 종류 : 종이 콘덴서

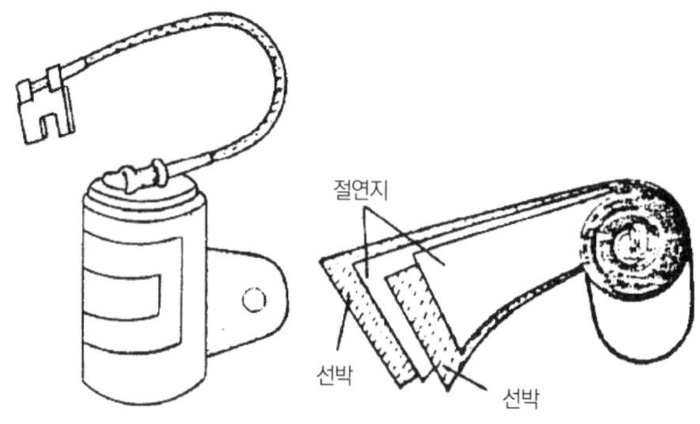

[그림 2－155] 콘덴서의 구조

(5) 배전기 캡과 회전자(로터)

① 배전기 캡

㉠ 재질 : 합성수지

㉡ 2차 고전압과 연결되는 중심 단자와 점화플러그와 연결되는 플러그 단자가 설치되어 있음

㉢ 중심 단자에는 카본 피스(탄소 조각)가 있어 회전자와 접촉

㉣ 회전자(로터) 앞끝과 플러그 단자가 접속될 때 중심 단자로 보내어진 2차 고전압을 점화플러그에 배전

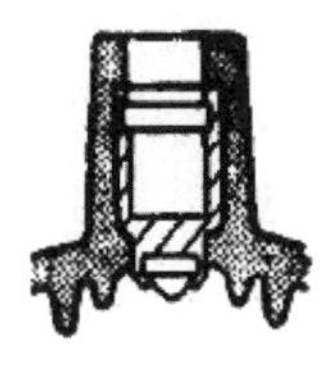
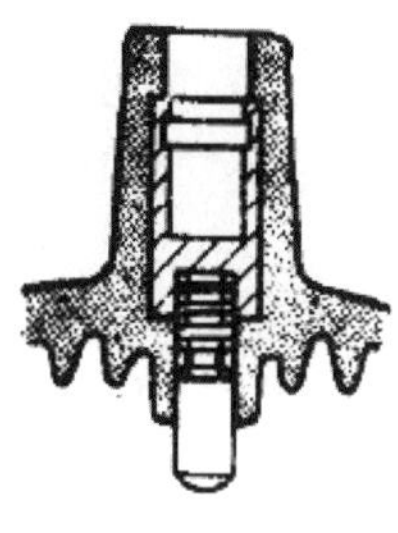

(a) (b)

[그림 2-156] 배전기 캡

② 회전자(로터)

㉠ 합성수지

㉡ 윗면 중심부에 구리 판이 설치되어 카본 피스와 접촉

㉢ 배전기 캠과 일체로 회전

㉣ 회전자와 플러그 단자 사이의 간극 : 0.35~0.4mm

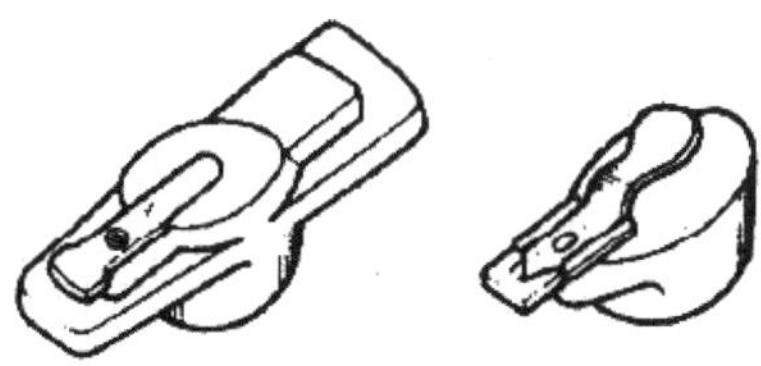

[그림 2-157] 로터(회전자)

(6) 점화 진각 기구

① 필요성

㉠ 연소 지연 기간 단축

- **전기적 지연**
- **화학적 지연** : 연료의 성질(옥탄가, 휘발성 등)
- **기계적 지연** : 연소실의 모양 등

㉡ 엔진 폭발압력을 유효하게 이용할 수 있는 지점 : 상사점 후(ATDC) 10~15°(12°)

㉢ 엔진의 회전속도가 빨라지면 그에 따라 점화시기도 빨라져야 한다(엔진의 회전속도와 관계 없이 연소 지연 기간은 일정하기 때문).

② 종류와 기능

㉠ 원심식 진각장치

- 엔진의 회전속도에 따라 점화시기를 진각
- 진각도 : 15~20°
- 구조
  - 원심추 2개
  - 원심추 스프링 2개
  - 원심추와 스프링은 배전기축에 있는 거버너 판에 설치
  - 원심추에는 단속기 캠을 구동하는 핀이 설치
- 작용
  - 배전기축은 엔진에 따라 회전(엔진 회전수 1/2)
  - 엔진 회전속도가 빨라지면 원심력이 커지며 원심추가 밖으로 벌려짐
  - 원심추에 있는 캠 구동판에 있는 단속기 캠이 회전 방향으로 더 회전하며 단속기 접점을 빨리 단속

(a) 진각 전 (b) 진각 후

[그림 2-158] 원심식 진각장치의 구조 및 작용

㉡ 진공식 진각장치

- 엔진의 부하(스로틀 밸브 열리기 정도)에 따라 점화시기를 진각
- 진각도 : 7~8°
- 구조
  - 막(다이어프램) : 흡기다기관의 진공을 이용
  - 막 스프링(리턴 스프링)
  - 풀 로드(Pull Rod) : 한쪽은 막에, 한쪽은 단속기판에 연결

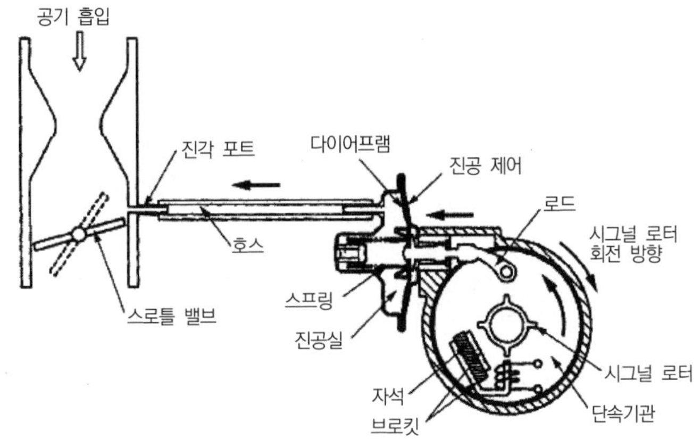

[그림 2－159] 진공식 진각장치의 구조

- 작용
  - 스로틀 밸브가 열려 공전에서 저속 또는 중속이 되면 스로틀 밸브 바로 위에(저속 구멍처럼) 설치된 구멍에 **진공이 발생**
  - 이 진공이 스프링의 장력을 이기고 **다이어프램**을 잡아당김
  - 다이어프램에 연결된 플로트가 단속기판을 단속기 캠(배전기축)의 회전 반대 방향으로 잡아 당김
  - 그에 따라 단속기 접점이 떨어지는 시기가 빨라짐

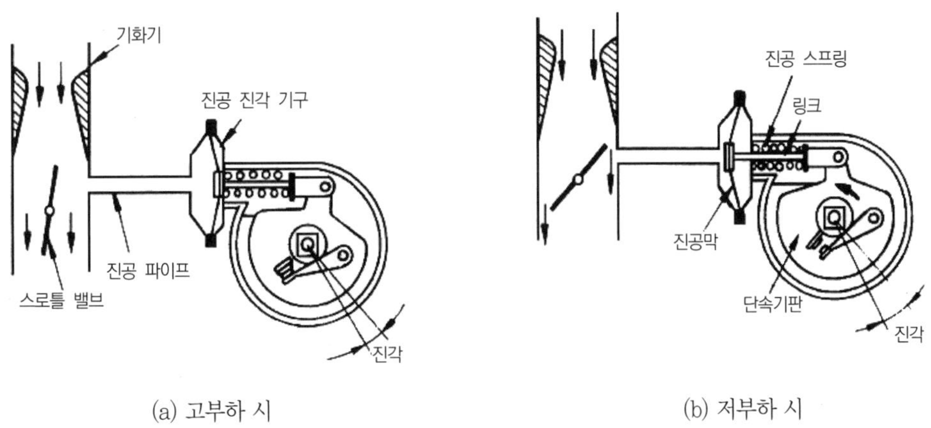

(a) 고부하 시 (b) 저부하 시

[그림 2－160] 진공식 진각장치의 작용

㉢ 옥탄 셀렉터

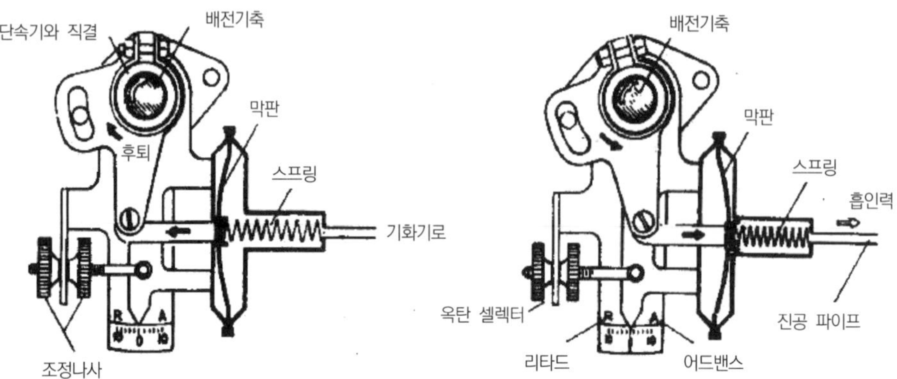

[그림 2-161] 진각장치와 옥탄 셀렉터

- 연료의 옥탄가에 따라 점화시기를 조정한다.
- 연료의 옥탄가가 높아지면 화학적 지연 기간이 길어진다.
- 따라서 저급(보통) 연료를 사용하다가 고급 연료로 바꾸어 사용 시는 옥탄가의 변화에 따라 점화시기를 조정해야 한다.
- A방향으로 움직이면(돌리면) 점화시기 진각
  R방향으로 움직이면(돌리면) 점화시기 후진
- 1눈금 움직이면 점화시기 2° 변화

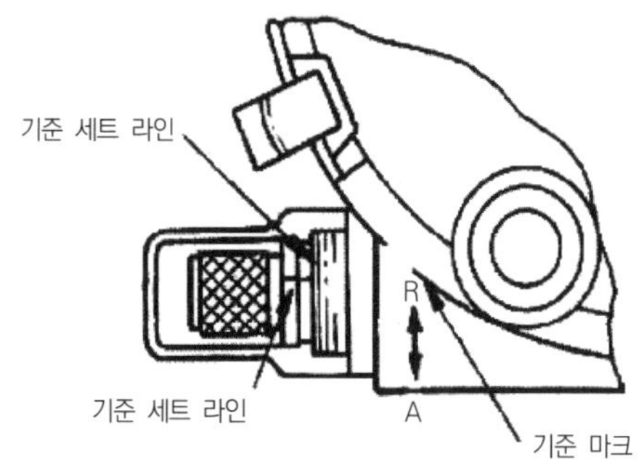

[그림 2-162] 옥탄 셀렉터의 조정

㉣ 원심 진공 병용식(가장 많이 사용)

- 원심식 진각장치와 진공식 진각장치를 병용한 것
- 저속에서 중속 사이에서는 진공식 진각장치가 작용
- 중속에서 고속 사이는 원심식 진각장치가 작용

4 고압 케이블(T.V.R.S 케이블)

① 2차 고전압을 배전기 캡과 점화플러그에 보내는 연결회로이다.

② 고압으로 인한 **고주파 방해를 막기 위하여** 내부에 10,000Ω (10KΩ)**의 저항**을 두며, 이것을 T.V.R.S 케이블이라 한다.

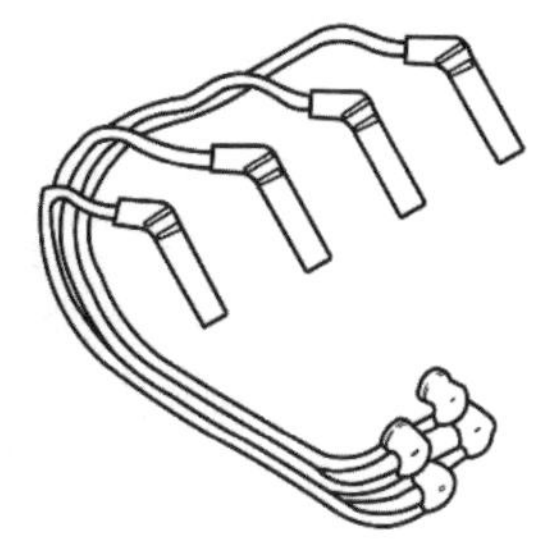

[그림 2-163] 점화 고압 케이블

5 점화플러그

(1) 기능

점화코일의 2차 고전압을 받아 불꽃 방전을 일으켜 혼합기에 점화한다.

(2) 구비조건

① 급격한 온도 변화에 견딜 것
② 고온 고압에서 기밀 유지
③ 고전압에서 충분한 절연도
④ 충분한 내구성
⑤ 내식성이 클 것
⑥ 충분한 강도
⑦ 방열성이 클 것(=열전도성이 클 것)
⑧ 불꽃 방전성능이 우수하고, 전극의 소모가 적을 것

(3) 구조

① 전극
　㉠ 중심 전극과 접지 전극으로 구성
　㉡ 두 전극 사이의 간극 : 0.5~0.8mm
　㉢ 재질 : 내열, 내산성이 큰 니켈합금 또는 백금
② 셀 : 외곽 부분을 이루는 강제
③ 절연체 : 내열성, 절연성이 큰 자기(사기, 애자)
④ 개스킷 : 기밀 유지

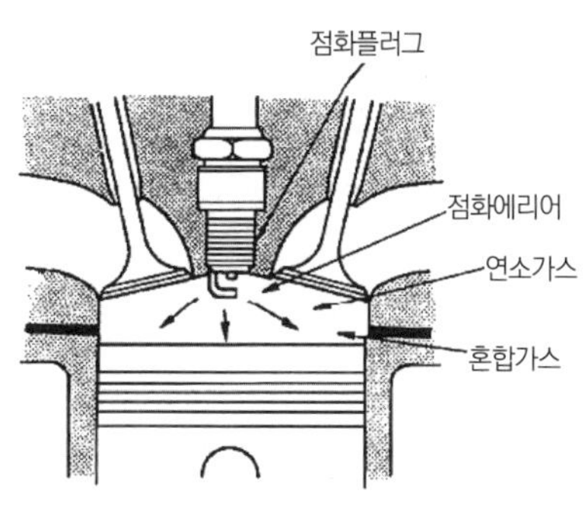

(a) 점화플러그의 설치 위치

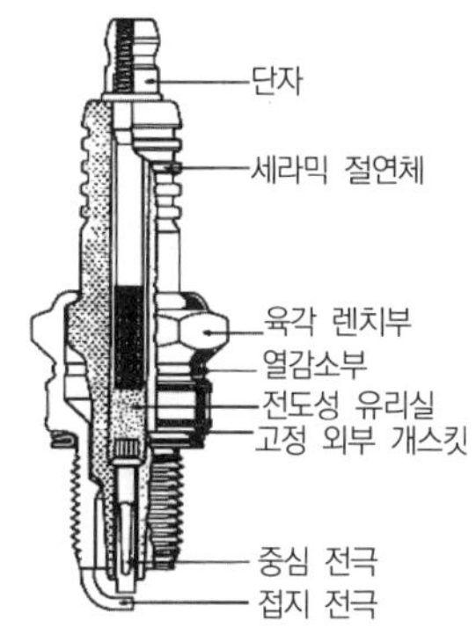

(b) 점화플러그의 구조

[그림 2-164] 점화플러그의 설치 위치 및 구조

[그림 2-165] 점화플러그의 전극 종류

(4) 자기 청정 온도

① 운전 시 전극 부분의 온도를 말하며, 전극 부분의 **자체 온도에 의해 탄소 등에 의해 오손 등을 청소하는 온도**를 말한다(최적 : 약 450~600℃).

② **전극 부분의 온도가 높으면(800℃ 이상) : 조기 점화** 현상 발생

③ **전극 부분의 온도가 낮으면(400℃ 이하) : 카본** 발생

④ 전극 부분의 온도는 400~800℃ 이내가 되어야 카본 발생을 억제하고, 조기 점화를 방지할 수 있다.

⑤ 최적의 온도는 **450~600℃**이며, 이 온도를 자기 청정 온도라 한다.

(5) 열값(열가)

① 점화플러그의 열방산 정도를 나타낸 것

② 자기 청정 온도를 유지하기 위함

③ 실링에서 아래까지 절연체의 길이와 직경에 의하여 결정

④ 종류

㉠ 냉형 : **길이가 짧은 것(열방산이 큰 것)으로 냉각 효과가 크기 때문에** 고압축비, 고속, 고부하 차량에 사용

* 운전 중 열을 많이 받고 조기점화 현상이 발생하면 냉형으로 교환

㉡ 열형 : **길이가 긴 것(열방산이 작은 것)으로 냉각 효과가 작기 때문에** 저압축비, 저속, 저부하 차량에 사용

* 엔진 작동 시 점화플러그에 카본이 많이 발생하면 열형으로 교환

㉢ 중간형 : 냉형과 열형의 중간 성질로 가장 많이 사용

> **열가는 점화플러그가 열을 연소실에서 실린더 헤드로 전달하는 정도를 나타낸다.**

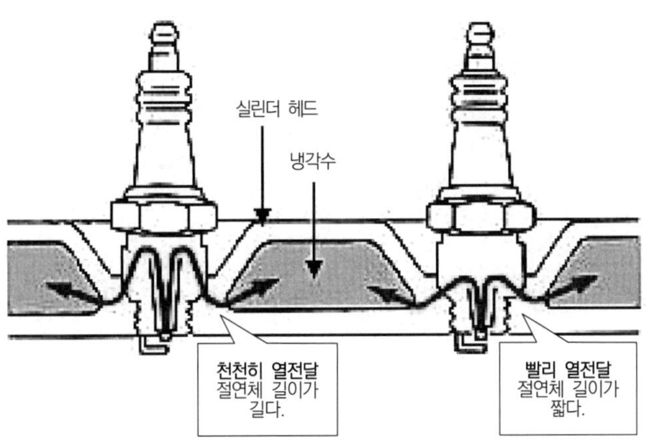

(a) 열형 플러그 (b) 냉형 플러그

[그림 2-166] 열값(열가)의 이해

▌ 점화플러그의 비교

구분 \ 종류		열형(고온형)	중열형	냉형(저온형)
1	형식	열 발산이 잘 안 되는 형식	열형과 냉형의 중간 형식	열 발산이 잘 되는 형식
2	사용조건	저압축비 저속 회전 저부하에 사용		고압축비 고속 회전 고부하에 사용
3	절연체 아래 부분의 길이 ■ 오손에 대한 저항력 □ 조기 점화에 대한 저항력	길다. 절연체	중간	짧다.

참고

점화플러그의 시험 항목

- 절연 시험
- 불꽃 시험
- 기밀 시험

03 반도체 점화장치

1 반트랜지스터식(Semi Transistor Type)

① 축전지식과 같이 단속기를 이용한다.

② 트랜지스터의 베이스 전류를 단속기로 제어하여 1차 전류를 단속한다.

③ 매우 작은 전류가 단속기 접점으로 흐르기 때문에 접점의 소손이 없다.

④ 접점이 오손되면 민감하게 반응하여 불꽃이 불량해진다.

⑤ 채터링 현상을 방지할 수 없다.

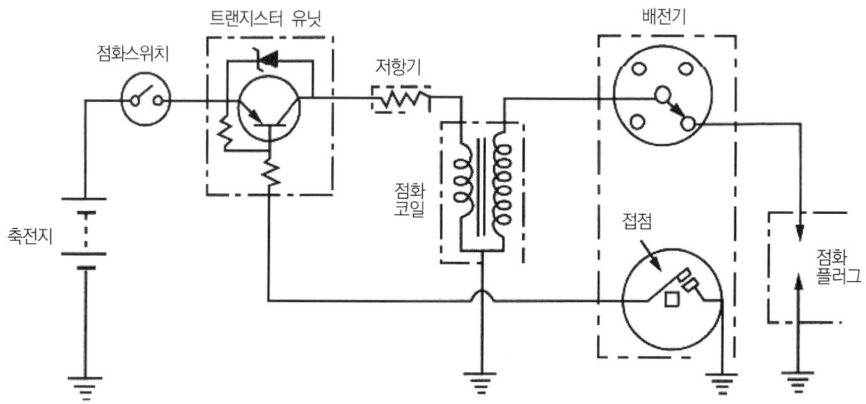

[그림 2-167] 반트래지스터식 점화장치 회로

2 전트랜지스터식(Full Transistor Type)

(1) 특징

① 전트랜지스터식에서는 **접점이 없기 때문에** 접점에 의해서 발생되는 문제점이 모두 해소된다.

② 점화 신호를 전기적으로 제어하므로 점화능력의 향상과 고속 회전 시에도 2차 전압이 확실하게 확보된다.

(2) 구성

① 픽업코일

② 마그넷

③ 시그널 로터(타이밍 로터)

참고

시그널 로터(Signal Rotor) : 기계식 배전기에서 배전기 캠과 접점의 역할을 하는 것
- 엔진 실린더 수와 같은 수의 돌기를 가지고 있음
- 전트랜지스터 점화장치의 배전기에 설치
- 엔진이 작동하면 배전기축에 의해 회전
- 시그널 제너레이터의 픽업코일에 통과하는 자속을 단속
- 자속의 변화량에 따른 유도전압이 발생되도록 한 것

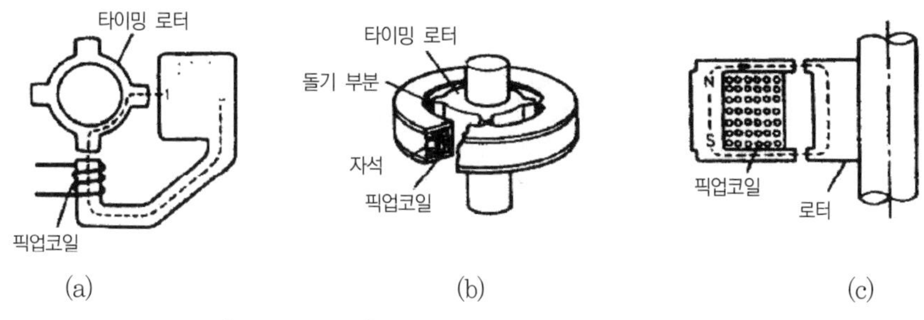

[그림 2-168] 픽업코일 및 마그넷, 시그널 로터

(3) 작용

① **점화코일** : 전트랜지스터식 점화코일에서는 **폐자로형 코일**이 사용되고 있다. 폐자로형 코일에서는 자속의 통로가 철심에 의하여 폐회로를 구성하여 자속을 크게 한 것으로서, 철심의 양은 많아지나 전선의 양은 작아져서 **소형 · 고성능**이다.

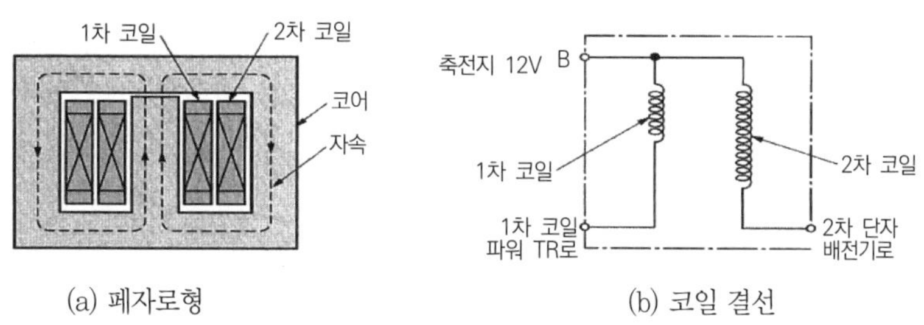

[그림 2-169] 폐자로형 코일

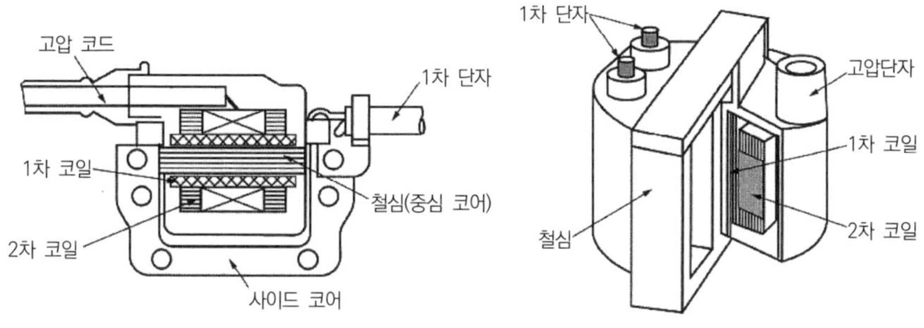

[그림 2-170] 폐자로형 코일의 단면과 구조

② 시그널 제너레이터(점화신호 발생기구)

㉠ 구조 : 브레이커 판 위에 마그넷과 픽업코일을 고정하고 배전기축에 시그널 로터를 고정한 구조

㉡ 작동 : 시그널 로터가 회전하면 시그널 로터의 돌기 부분이 픽업코일에 접근에 따라 픽업코일을 통과하는 자속의 변화량에 따른 **유도 전압이 픽업코일에 발생**되는 원리

㉢ 자속의 경로 : 마그넷(영구자석)으로부터 발생한 자속은 마그넷 → 배전기축에 의해 회전하는 시그널 로터 → 픽업코일 → 브래킷 → 마그넷

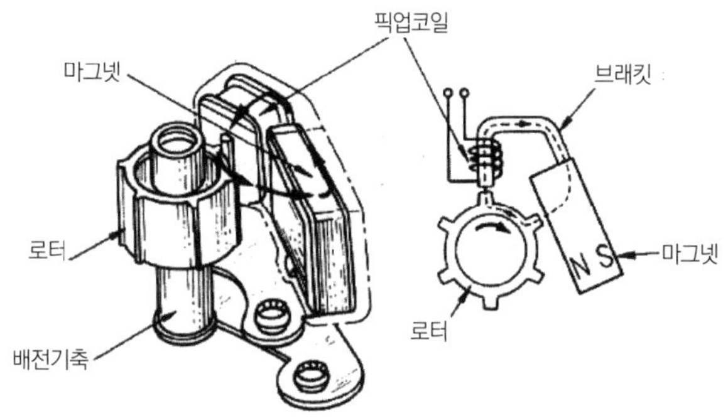

[그림 2－171] 시그널 제너레이터

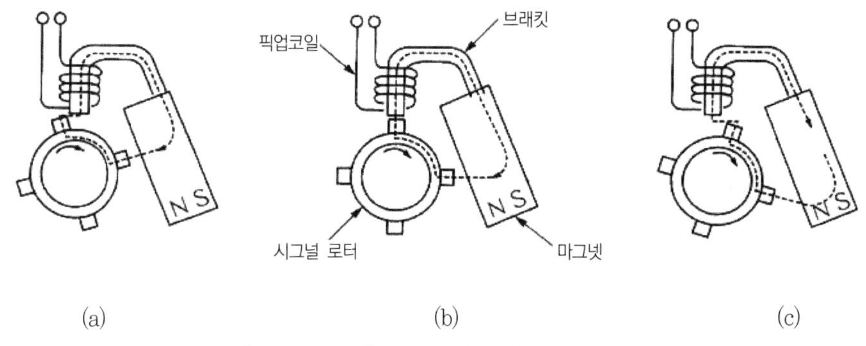

[그림 2－172] 시그널 제너레이터의 구조

③ 이그나이터

㉠ 구성

- 픽업코일에서 유도된 전압을 이용해 증폭 신호로 점화코일의 1차 전류를 단속하는 부분
- 유도 전압을 증폭하는 부분
- 유도 전압으로 점화 신호를 검출하는 부분

㉡ 기능

- 신호 검출
- 신호 증폭
- 1차 전류 단속 및 캠각 제어
- 정전류 제어

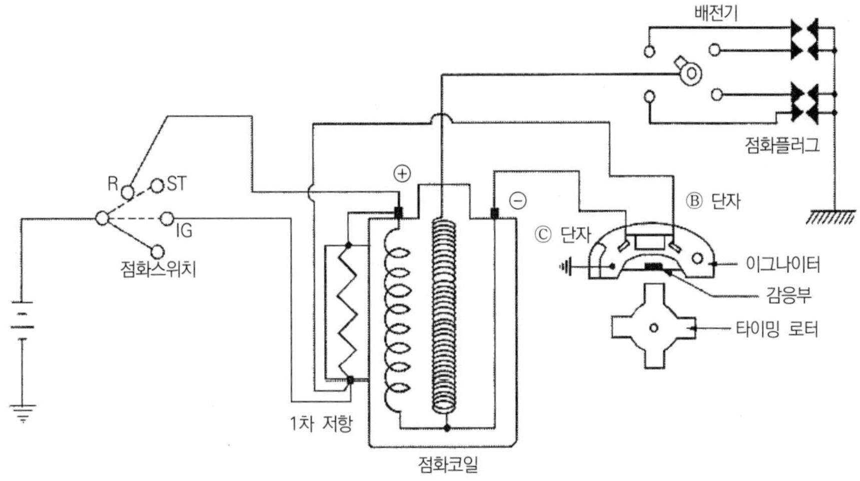

[그림 2-173] 이그나이터의 내부 회로도

3 축전기 방전식(CDI : Condenser Discharge Ignition)

(1) 개요

① 축전기(콘덴서)에 400V의 전압을 저장하였다가 점화 시 점화 1차 코일을 통하여 급격히 방전시킴으로서 2차 코일에 고전압을 유기시키는 장치

② 자석식 발전 코일식과 DC-DC 컨버터(직류 변압기)를 이용하는 방법이 있음

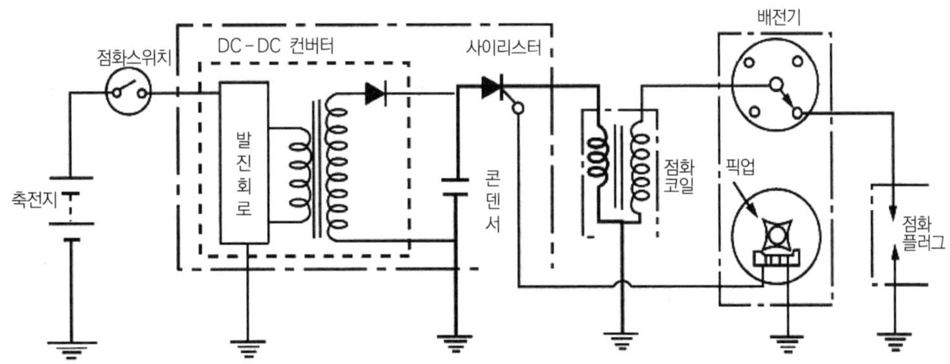

[그림 2-174] 콘덴서 방전식 점화장치의 회로

(2) DC-DC 컨버터식

① 점화스위치를 닫으면 축전지의 전류가 발진회로로 흐름

* 발진회로 : 외부 신호가 아닌 전원으로부터 보내진 전력으로 지속적인 전기 진동을 발생시키는 회로를 말하며 축전지 전류는 직류이기 때문에 유도작용을 일으키기 위하여 사용

② 발진회로는 축전지 전류에 진동을 주어 유도작용을 유기시켜 **승압**시킴(12V를 400V로)

③ 승압된 교류를 다이오드로 정류하여 축전기(콘덴서)에 충전

④ 점화 시 사이리스터 게이트에 신호가 가면 캐소드와 애노드는 통전 상태가 되어 축전된 400V의 전기를 사이리스터와 점화 1차 코일에 방전

⑤ 2차 코일은 빠른 속도로 2차 고전압을 유기

⑥ 방전이 끝나면 사이리스터는 차단 상태가 되고 축전기는 재충전됨

(3) 특징

① 고속 시 2차 고전압의 변화가 작다.

② 저속에서 안전성과 신뢰성이 크다.

③ 점화플러그 오손 시 2차 고전압의 변화가 작다.

④ 접점식에 사용 시 접점의 소손이 작다.

04 전자제어식 점화장치

1 HEI(High Energy Ignition, 고강력 점화방식)

(1) 특징

① 점화 진각장치가 없음

② 성능이 안정되어 있음

③ 내열성이 우수

④ 폐자로형 점화코일을 채택하여 소형 · 고성능

(2) 구성

① ECU

② 파워 트랜지스터(Power TR)

③ 센서

④ 폐자로형 점화코일

⑤ 배전기

(3) 점화장치 작동 흐름도 : 센서 → ECU → 파워 트랜지스터 → 점화코일

(4) 폐자로형 점화코일의 특징

① 케이스가 없다.

② 철심이 밖으로 노출되어 냉각이 양호하다.

③ 1차 코일을 더욱 굵은 선으로 사용할 수 있어 권수비가 작아도 된다.

④ 2차 코일을 바깥쪽에 설치할 수 있다.

⑤ 고속에서 성능이 양호하다.

⑥ 소형으로 제작이 가능하고, 발생 전압능력이 크다.

(5) 주요 구성요소별 기능 및 특징

① 점화코일

㉠ 폐자로(ㅁ자형, 몰드형)형 철심을 이용

㉡ 자기 유도 작용에 의해 생성되는 자속이 외부로 방출되는 것을 방지하기 위해 철심을 통해 자속으로 흐르도록 함

㉢ 코일의 굵기를 굵게 하여 더욱 큰 자속이 형성되어, 1차 코일의 저항을 감소시킴

㉣ 구조가 간단하여 내열성 및 방열성이 우수하므로 성능 저하가 일어나지 않으며, 쉽게 2차 고전압을 발생시킬 수 있음

② 파워 트랜지스터(Power TR)

㉠ 기능 : 점화 1차 코일에 흐르는 **전류 단속**(ECU의 신호를 받아)

㉡ 구조

- 베이스 단자 : ECU에 연결
- 컬렉터 단자 : 점화코일에 접속
- 이미터 단자 : 접지

㉢ 설치 위치 : 흡기다기관

㉣ 형식 : NPN형

㉤ 파워 트랜지스터의 작동 : **ECU에 의해 제어**

㉥ 작동 흐름도 : **센서 → ECU → 파워 트랜지스터 → 점화코일**

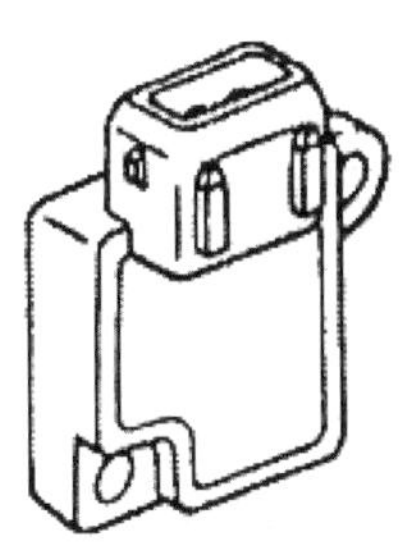

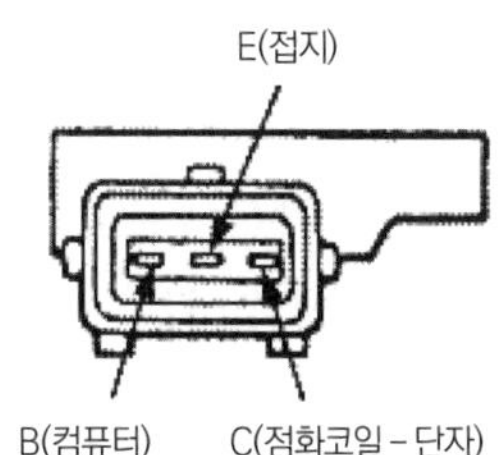

[그림 2 – 175] 파워 트랜지스터의 구조

③ 배전기 어셈블리

㉠ 구성요소

- 크랭크 각 센서
- 1번 TDC 센서
- 배전부(고압부)

ⓛ 형식

• 옵티컬 형식(Optidal type)
  - 크랭크 각 센서 및 1번 실린더 T.D.C 센서는 디스크와 유니트 어셈블리로 구성
  - 디스크에는 금속제 원판이 90° 간극으로 4개의 빛 통과용 크랭크 각 센서용 틈새(슬리트)가 있음
  - 내측의 1개의 1번 실린더 센서용 틈새
  - **발광 다이오드 2개, 포토 다이오드 2개**

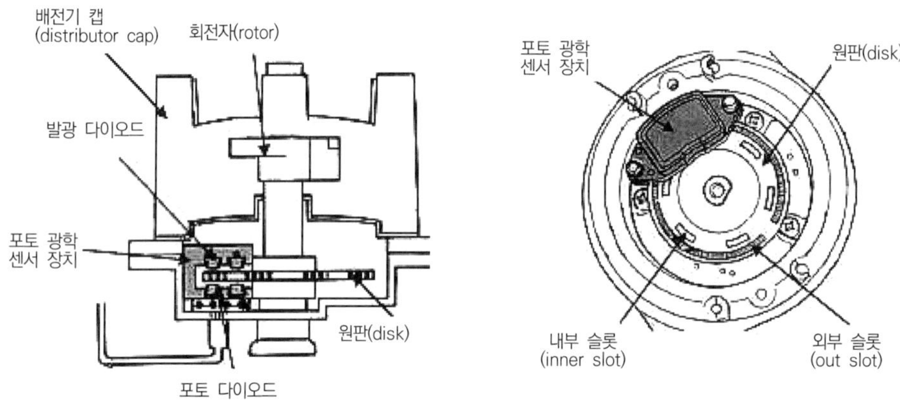

[그림 2-176] 옵티컬 형식의 세부 구조

• 인덕션 방식(Induction type)
  - **톤 휠**(ton wheel)**과 영구자석**을 이용하는 것
  - 제1번 실린더 상사점 센서 및 크랭크 각 센서의 톤 휠을 크랭크축 풀리 뒤 또는 플라이 휠에 설치
  - 크랭크축이 회전하면 **엔진 회전속도 및 제1번 실린더 상사점의 위치**를 검출
  - 위치를 검출하여 ECU에 입력시키면 ECU는 제1번 실린더에 대한 기초 신호를 식별하여 **분사순서를 결정**

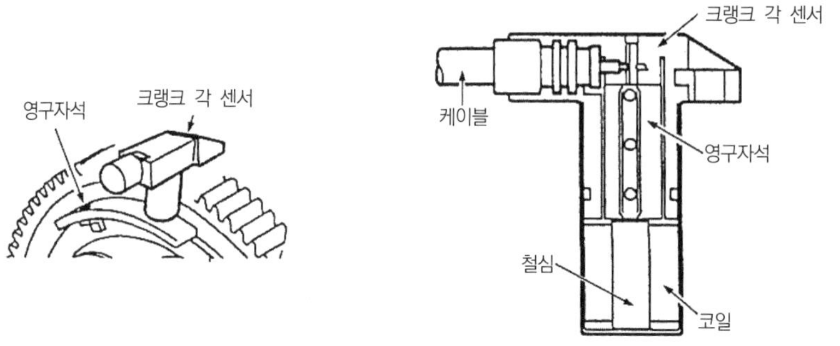

[그림 2-177] 인덕션 방식의 구조

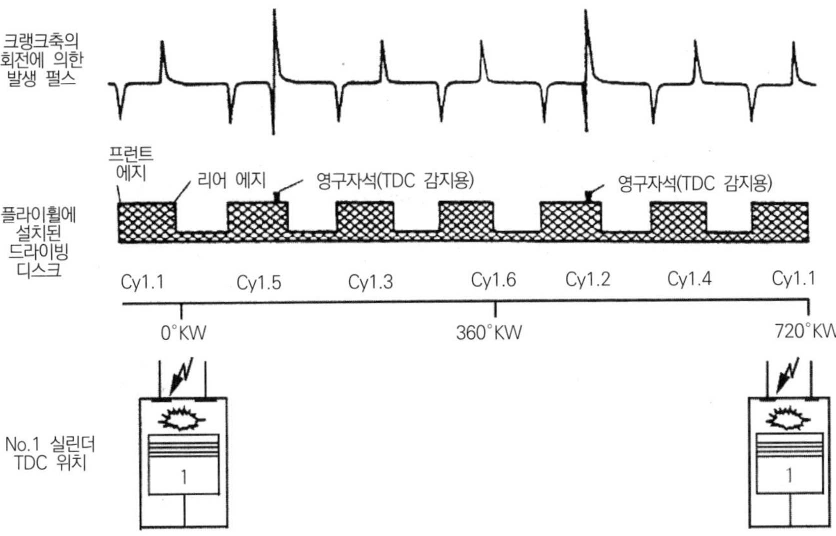

[그림 2-178] 크랭크축 회전에 의한 발생 펄스

- 홀 센서 방식(Hall sensor type)
  - 홀 센서를 배전기에 설치하고 **홀 효과**를 이용한 방식
  - 홀 효과에 의해 발생된 전압 변동이 ECU로 입력되면 ECU는 이 펄스를 아날로그/디지털(A/D) 변환기에 의해 디지털 파형으로 변화시켜 **크랭크 각을 검출**

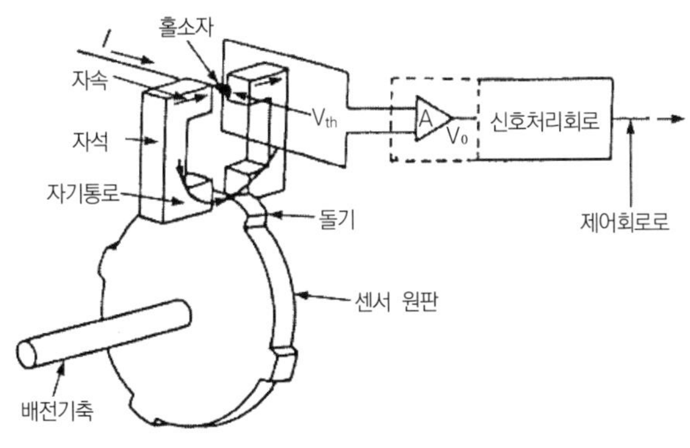

[그림 2-179] 홀 센서의 구조

2 DLI(Distributor Less Ignition, 전자배전 점화방식)

(1) 필요성

트랜지스터식을 포함한 모든 일반적인 점화방식에서는 1개의 점화코일에 의해 고전압을 발생시키고 배전기에 의해 각 점화플러그에 배전을 하므로, 전압강하와 누전이 발생되며 에너지 손실과 전파 잡음의 원인이 되기도 한다. 이러한 단점을 보완하기 위하여 **배전기를 제거하고, 점화코일과 점화플러그를 직접 연결하여 컴퓨터(ECU)를 이용**하여 배전하는 것이 전자 배전 방식이다.

(2) 종류

① 코일 분배식

㉠ 동시 점화 방식 : **2개의 실린더에 1개의 점화코일을 배당**하고, 두 실린더가 동시에 점화되도록 한 형식이다.

㉡ 독립 점화 방식 : **각 실린더마다 1개의 점화플러그에 1개의 점화코일을 결합**하는 형태로 실린더 수만큼 점화 코일이 사용되며, ECU 제어에 따라 점화시기에 점화를 한다(1코일+1스파크 플러그 방식).

② **다이오드 분배식** : 고압 전류의 방향을 다이오드에 의해 제어하는 방식으로 일종의 동시 점화 방식으로 생각할 수 있다.

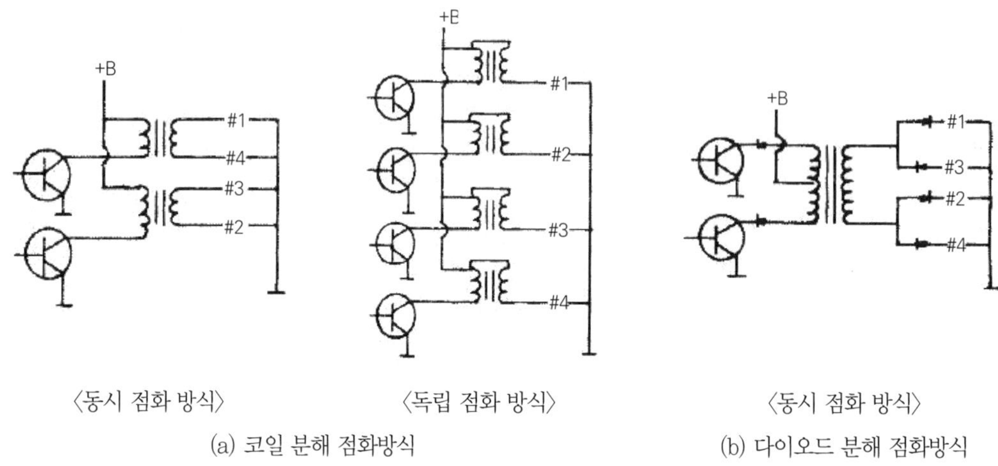

〈동시 점화 방식〉 〈독립 점화 방식〉 〈동시 점화 방식〉

(a) 코일 분해 점화방식 (b) 다이오드 분해 점화방식

[그림 2-180] 전자 배전 방식의 종류

(3) 특징

① 배전기에 의한 누전이 없다.

② 배전기와 로터에 의한 **고전압 에너지 손실이 없다.**

③ 배전기 캡에서 발생하는 고주파 방해(전파 잡음)가 없다.

④ 진각폭의 제한이 없다.

⑤ 2차 고전압 출력을 작게 하여도 유효방전에는 변함이 없다.

⑥ **내구성과 신뢰성**이 크다.

⑦ 전파 방해가 없어 다른 전자제어장치에도 유리하다.

3 DLI 장치의 구성 및 기능

(1) 점화코일

2개의 폐회로(몰드)형 점화코일을 하나로 결합한 형태로 1개의 점화코일에서 2개의 점화플러그와 접속할 수 있도록 2개의 터미널이 설치되어 있다.

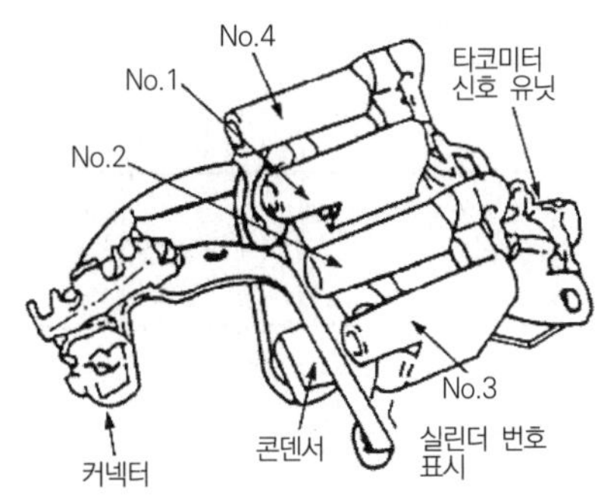

[그림 2-181] 점화코일의 구조

(2) 파워 트랜지스터

NPN 정션의 트랜지스터 2개를 사용하며 **컬렉터는 점화코일 (-)단자**와 연결되고 **이미터는 차체에 접지**되며, **베이스는 컴퓨터(ECU)**에 의해 제어된다.

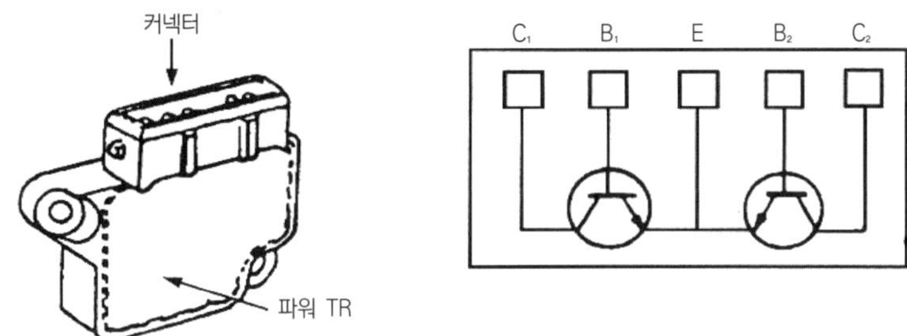

[그림 2-182] 파워 트랜지스터의 구조와 회로도

(3) 크랭크 각 센서

배전기 내에 설치되는 슬릿형 센서와 같으나 배전기가 없으므로 흡기용 캠축에 의해 구동된다. 디스크 바깥쪽에 설치된 슬릿에 의해 크랭크 각을 검출하여 ECU에 보내면 ECU는 점화코일의 1차 전류를 단속하여 신호를 **파워 트랜지스터**에 보낸다.

(4) NO.1 TDC 센서

크랭크 각 센서와 함께 설치되어 있으며, **1번 실린더와 4번 실린더의 압축상사점을 검출**하여 ECU에 보내면 ECU는 이 신호를 기초로 **연료 분사 신호와 점화할 기통을 결정**한다.

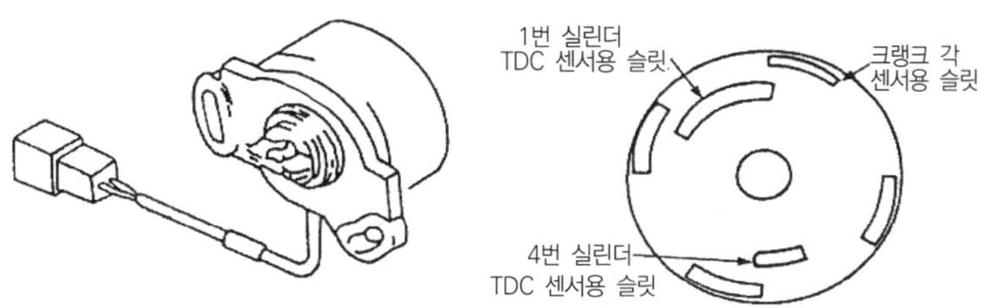

[그림 2-183] 크랭크 각 센서 및 디스크의 구조

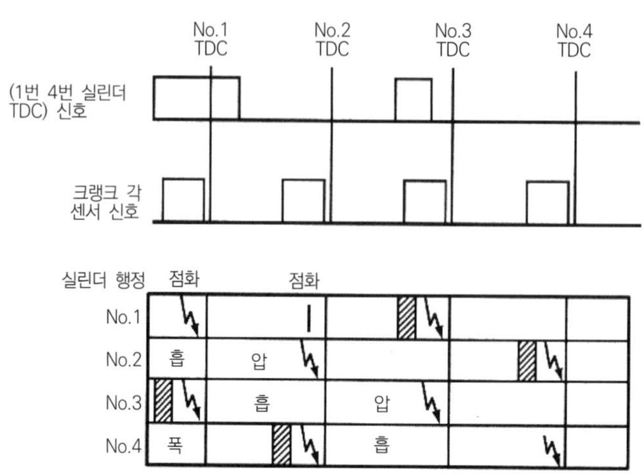

[그림 2-184] 크랭크 각 센서 및 NO.1 TDC 센서의 신호

4 점화장치 구성부품의 점검

(1) 점화코일

① 점화코일 1차 저항과 2차 저항을 측정하여 규정값 내에 들지 않으면 교환한다.

② 점화코일 절연저항을 측정한다(10MΩ).

(2) 축전기 시험 및 정비

① 축전기 직렬저항 시험

② 누설 시험(절연저항 시험)

③ 용량 시험

④ 축전기 시험 시 단속기 접점은 열려 있어야 함

(3) 단속기 접점 간극

단속기 접점 간극을 점검하여 규정에 맞지 않으면 접지 접점을 움직여 조정한다.

(4) 점화플러그 점검 정비

① 점검 및 교환시기

㉠ 약 5,000~8,000km 주행 후 점검

㉡ 약 15,000~20,000km 주행 후 교환

② 점화플러그 간극 : 0.5~0.8mm

제 6 장 출제 예상 문제

• 점화장치

01 코일에 흐르는 전류를 단속하면 코일에 유도 전압이 발생한다. 이러한 작용을 무엇이라고 하는가?

① 자력선 작용 ② 상호 유도 작용
③ 관성작용 ④ 자기 유도 작용

해설 **자기 유도 작용과 상호 유도 작용**
(1) 자기 유도 작용 : 코일에 흐르는 전류를 간섭(단속)하면 코일에 유도 전압이 발생되는 작용
(2) 상호 유도 작용 : 하나의 전기회로에 자력선의 변화가 생겼을 때 그 변화를 방해하려고 다른 전기회로에 기전력이 발생되는 작용

02 자기 유도 작용과 상호 유도 작용 원리를 이용한 것은?

① 발전기 ② 점화코일
③ 기동 모터 ④ 축전지

해설 점화코일은 1차 코일에서의 자기 유도 작용과 2차 코일에서의 상호 유도 작용을 이용한다.

03 코일에 자계의 변화를 가하면 코일에는 자계의 변화를 저지하려고 하는 방향으로 기전력이 발생하는 현상을 무엇이라고 하는가?

① 자기 유도 작용
② 렌츠의 법칙
③ 전류 자기 현상
④ 상호 유도 작용

해설 **자기 유도 작용**
1개의 코일에 흐르는 전류를 단속하면 코일에 유도 전압이 발생하는 작용이다. 즉, 코일에 자계의 변화를 가하면 코일에 자계의 변화를 저지하려고 하는 방향으로 기전력이 발생하는 현상이다.

04 전자제어 가솔린 분사장치에서 일반적으로 사용되는 점화방식은?

① 자석식 점화방식
② 접점식 점화방식
③ 전자파 발전식
④ 고에너지 점화방식

해설 전자제어 가솔린 분사장치에서 일반적으로 사용되는 점화방식은 고강력 점화방식(고에너지 점화방식, HEI)이나 전자배전 점화방식(DLI)을 사용한다.

05 자동차용 점화코일에서 1차 코일의 권수는 250회이고, 2차 코일의 권수는 25,000회일 때 2차 코일에 유기되는 전압은 몇 V인가?(단, 1차 코일 유기 전압은 250V이고, 축전지는 12V이다.)

① 20,000 ② 25,000
③ 35,000 ④ 40,000

해설 **점화코일에서 2차 고전압을 얻도록 유도하는 식**

$E_2 = E_1 \times \dfrac{N_2}{N_1}$	E_1 : 1차 코일의 전압 E_2 : 2차 코일의 전압 N_1 : 1차 코일의 권수 N_2 : 2차 코일의 권수 N_2, N_1 : 권수비 (1차와 2차 코일의 감은 수의 비)

$\therefore\ E_2 = 250 \times \dfrac{25,000}{250} = 25,000$

06 자계의 강도에 비례하는 전압을 발생하는 반도체의 성질을 무엇이라고 하는가?

① 피에조 효과
② 광전 효과
③ 홀 효과
④ 펠티어 효과

해설 **각종 전기 현상 용어 정의**
① 피에조 효과(또는 압전 효과) : 힘을 받으면 전기를 생성('압력에 의해 발생한 전기'라는 뜻)
② 광전 효과 : 물체가 빛을 쬐면 빛의 에너지를 흡수하여 전기적 변화를 일으키는 현상
③ 홀 효과 : 전류를 직각 방향으로 자계를 가했을 때 전류와 자계에 직각인 방향으로 기전력이 발생하는 현상(※자동에서는 주로 배전기 내 크랭크 각 센서(CAS)에 이용)
④ 펠티어 효과 : 서로 다른 금속을 붙여 놓고 전기를 가하면, 두 금속 사이에 에너지 흐름의 불연속 현상이 발생하여 결과적으로 기전력이 발생하는 현상

정답 01 ④ 02 ② 03 ① 04 ④ 05 ② 06 ③

07 기관에서 점화시기가 너무 늦을 경우 일어날 수 있는 현상으로 맞는 것은?

① 기관의 동력 증가
② 연료소비량의 감소
③ 배기관의 카본 퇴적
④ 기관의 수명 연장

해설 기관에서 점화시기가 너무 늦으면 불완전연소가 일어나 배기관에 카본이 퇴적되고, 기관의 출력이 감소된다.

08 기관에서 점화진각에 대한 설명 중 가장 거리가 먼 것은?

① 엔진의 회전속도가 빠를수록 진각시킨다.
② 공회전 시 연소를 원활히 하기 위하여 진각시킨다.
③ 흡기다기관의 부압이 높을수록 진각시킨다.
④ 노킹이 발생되면 진각시킨다.

해설 기관에서 점화진각
㉠ 엔진의 회전속도가 빠를수록 진각시킨다.
㉡ 흡기다기관의 부압이 높을수록 진각시킨다.
㉢ 노킹이 발생되면 진각시킨다.

09 캠각이 작아지면 기관에 미치는 영향은?

① 고속에서 실화하기 쉽다.
② 접점 간극이 작아진다.
③ 점화시기가 늦어진다.
④ 1차 전류가 커진다.

해설 캠각이 클 때, 작을 때 영향

항목/구분	캠각이 클 때	캠각이 작을 때
접점 간극	작다.	크다.
점화시기	늦다.	빠르다.
1차 전류	충분	불충분
2차 전압	높다.	낮다.
고속	실화 없음	실화 발생
점화코일	발열	발열 없음
접점	소손 발생	소손 없음

10 점화플러그의 자기 청정 온도의 가장 최적 온도는?

① 250~300℃　② 450~600℃
③ 800~950℃　④ 950~1100℃

해설 자기 청정 온도
㉠ 운전 시 전극 부분의 온도를 말하며, 전극 부분의 자체 온도에 의해 탄소 등에 의해 오손 등을 청소하는 온도(최적 : 약 450~600℃)
㉡ 전극 부분의 온도가 높으면(800℃ 이상) : 조기 점화 현상 발생
㉢ 전극 부분의 온도가 낮으면(400℃ 이하) : 카본 발생

11 캠각(cam angle)이 규정보다 작을 경우 나타나는 현상으로 옳은 것은?

① 접점 간극이 작아진다.
② 1차 전류가 커진다.
③ 점화시기가 늦어진다.
④ 고속에서 실화되기 쉽다.

해설 문제 9번의 해설을 참조한다.

12 점화플러그에서 자기 청정 온도가 정상보다 높아졌을 때 나타날 수 있는 현상은?

① 실화
② 후화
③ 조기 점화
④ 역화

해설 자기 청정 온도 : 최적 450~600℃
㉠ 400℃ 이하 : 카본 발생
㉡ 800℃ 이상 : 조기 점화 발생

13 점화플러그의 열값에 대한 설명으로 옳은 것은?

① 열값이 크면 냉형이다.
② 열값이 크면 열형이다.
③ 냉형은 냉각 효과가 적다.
④ 냉형은 저속 회전 엔진에 사용한다.

해설 열가(열값)
점화플러그의 열방산 정도를 나타낸 것
(1) 종류
㉠ 냉형 : 길이가 짧다. 냉각이 크다. 고압축비, 고속, 고부하 차량에 이용
㉡ 열형 : 길이가 길다. 냉각이 작다. 저압축비, 저속, 저부하 차량에 이용
(2) 적용
㉠ 운전 중 조기 점화 발생 시 : 냉형으로 교환
㉡ 운전 중 카본 생성 시 : 열형으로 교환

정답 07 ③ 08 ② 09 ① 10 ② 11 ④ 12 ③ 13 ①

14 고압축비, 고속 회전 기관에 사용되며 냉각 효과가 좋은 점화플러그는?

① 냉형 ② 열형
③ 초열형 ④ 중간형

해설 냉형은 고압축비 · 고속 회전 기관과 같은 열부하가 큰 기관에서 사용되며, 냉각 효과가 좋다.

15 점화플러그에 불꽃이 튀지 않는 이유 중 틀린 것은?

① 파워 TR 불량
② 점화코일 불량
③ 발전기 불량
④ ECU 불량

해설 점화플러그에서 불꽃이 발생하지 않는 원인은 점화코일 불량, 파워 TR 불량, 고압 케이블 불량, ECU 불량, 컨트롤 릴레이 불량 등의 문제이다.

16 점화플러그의 그을림 오손의 원인과 거리가 먼 것은?

① 점화시기 진각
② 장시간 저속 운전
③ 점화플러그 열값 부적당
④ 에어클리너 막힘

해설 점화플러그의 그을음의 주원인은 진한 혼합비, 점화플러그의 열가(열값) 선택 오류, 저속으로 장시간 운행 등의 원인이 있다.

17 점화플러그 점검 및 교환 시 안전 유의사항 중 적합하지 않은 것은?

① 점화플러그 절연체 부분의 파손으로 인한 손상이 없도록 취급 시 주의해야 한다.
② 전극의 간극을 조정할 때에는 무리하게 구부리면 손상될 수 있으므로 주의해야 한다.
③ 카본이나 오물을 청소할 때에는 끝이 뾰족한 공구를 사용하여 깨끗이 제거한다.
④ 점화플러그를 탈착한 경우에는 실린더에 이물질이 유입되지 않도록 주의한다.

해설 점화플러그에 부착된 카본이나 오물 제거는 점화플러그 청소기를 이용해야 한다.

18 다음 중 점화플러그의 시험 항목이 아닌 것은?

① 절연 시험 ② 불꽃 시험
③ 기밀 시험 ④ 자기 시험

해설 점화플러그의 시험 항목
㉠ 절연 시험
㉡ 불꽃 시험
㉢ 기밀 시험

19 트랜지스터식 점화장치는 트랜지스터의 무슨 작용을 이용하여 2차 전압을 유기시키는가?

① 스위칭 작용
② 자기 유도 작용
③ 증폭작용
④ 상호 유도 작용

해설 트랜지스터식 점화장치는 트랜지스터의 스위칭 작용을 이용하여 2차 전압을 유기시킨다.

참고 트랜지스터의 작용
㉠ 스위칭 작용 : 베이스에 흐르는 전류를 단속하면 이미터나 컬렉터에 전류가 단속된다.
㉡ 증폭작용 : 베이스에 흐르는 전류는 총전류의 2%로 작동이 되며 나머지 98%가 이미터에서 컬렉터로 흐른다. 즉, 작은 전류로 큰 전류를 제어하는 것을 말한다.

20 트랜지스터 점화장치의 특징 중 옳지 않은 것은?

① 불꽃 에너지가 감소되어 착화성이 향상된다.
② 고속성능이 안정된다.
③ 신뢰성이 향상된다.
④ 저속성능이 안정된다.

해설 트랜지스터식 점화장치의 특징
㉠ 안정된 고전압으로 저속성능이 향상된다.
㉡ 1차 전류를 증가시켜 고속성능이 향상된다.
㉢ 1차 전류의 단속 기국에 의한 결함이 없어 신뢰성이 향상된다.
㉣ 불꽃 에너지를 증가시켜 착화성이 향상된다.
㉤ 캠각 제어 등 부수적인 기능을 용이하게 제어할 수 있다.
㉥ 점화코일의 권수비를 작게 할 수 있고, 고속 운전 시 차단 전류의 감소가 적다.

정답 14 ① 15 ③ 16 ① 17 ③ 18 ④ 19 ① 20 ①

21 **접점식 점화장치와 비교한 트랜지스터 점화방식의 장점이다. 관계없는 것은?**

① 접점의 소손이나 전기 손실이 없다.
② 점화코일이 없어 비교적 구조가 간단하다.
③ 고속에서도 비교적 점화에너지 확보가 쉽다.
④ 고속에서도 2차 전압이 급격히 저하되는 일이 없다.

해설 트랜지스터식의 장점은 단속기가 없으므로 접점 소손이 없어 1차 전압을 저하시키지 않는다. 그래서 2차 전압을 크게 확보할 수 있다. 그래서 고속에서도 적합하다.

22 **전자제어 점화장치에서 점화시기를 제어하는 순서는?**

① 각종 센서 → ECU → 파워 트랜지스터 → 점화코일
② 각종 센서 → ECU → 점화코일 → 파워 트랜지스터
③ 파워 트랜지스터 → 점화코일 → ECU → 각종 센서
④ 파워 트랜지스터 → ECU → 각종 센서 → 점화코일

해설 **전자제어 점화장치 점화시기 제어 순서**
각종 센서 → ECU → 파워 트랜지스터 → 점화코일

23 **트랜지스터(NPN형)에서 점화코일의 1차 전류는 어느 쪽으로 흐르는가?**

① 이미터에서 컬렉터로
② 베이스에서 컬렉터로
③ 컬렉터에서 베이스로
④ 컬렉터에서 이미터로

해설 트랜지스터(NPN형)에서 점화코일의 1차 전류는 컬렉터에서 이미터로 흐른다.

24 **점화장치에서 파워 트랜지스터에 대한 설명으로 틀린 것은?**

① 베이스 신호는 ECU에서 받는다.
② 점화코일 1차 전류를 단속한다.
③ 이미터 단자는 접지되어 있다.
④ 컬렉터 단자는 점화 2차 코일과 연결되어 있다.

해설 NPN형 파워 트랜지스터는 ECU(컴퓨터)에 의해 제어되는 베이스 단자, 점화코일의 1차 코일과 연결되는 컬렉터 단자, 그리고 접지되는 이미터 단자로 되어 있다.

25 **고에너지식 점화방식(HEI : High Energy Ignition)에서 점화시기의 진각은 무엇에 의해 이루어지는가?**

① 원심 진각 장치
② 진공 진각 장치
③ ECU(Electric Control Unit)
④ 파워 트랜지스터

해설 전자제어식 점화장치의 점화시기는 센서 신호에 의한 엔진의 상태를 파악하고, 이것을 ECU가 받아서 분석 및 연산을 통하여 액추에이터(파워 TR)의 제어값을 구한다. 즉, 전자제어식 점화장치에서 점화시기를 ECU가 자동으로 조정한다.

26 **기본 점화시기 및 연료 분사 시기와 밀접한 관계가 있는 센서는?**

① 수온 센서
② 대기압 센서
③ 크랭크 각 센서
④ 흡기온도 센서

해설 **크랭크 각 센서(CAS 또는 CPS)**
각 실린더의 크랭크 각(피스톤 위치)을 감지하여 이를 펄스 신호로 바꾸어 ECU에 보내면 ECU는 이 신호를 기초로 하여 기관의 회전속도를 계산하고 연료 분사 시기와 점화시기를 결정한다.

27 **전자제어 연료 분사 장치에서 연료분사가 안 되는 현상과 점화코일에서 고전압이 발생하지 않는 현상이 발생할 때 제일 먼저 점검해야 할 항목은?**

① 크랭크 각 센서
② 냉각수 온도 센서
③ 스로틀 위치 센서
④ 대기압 센서

해설 연료분사가 안 되거나 점화코일에서 고전압이 발생하지 않으면 가장 먼저 크랭크 각 센서(CAS 또는 CPS)를 가장 먼저 점검해야 한다.

28 **CDI 점화장치란 무엇을 말하는가?**

① 축전기 방전식 점화장치
② 고 에너지 점화장치(또는 고강력 점화장치)
③ 고압 자석식 점화장치
④ 접점식 점화장치

정답 21 ② 22 ① 23 ④ 24 ④ 25 ③ 26 ③ 27 ① 28 ①

해설 CDI란 Condenser Discharge Ignition의 약자로 축전기 방전 점화장치를 말한다. 원리는 12V 전원을 발진기에 의하여 300~400V의 교류로 전환한 다음, 교류 파형 중에 반파로 일단 축전기에 충전, 사이리스터를 이용하여 1차 전류를 방전, 그 방전에너지로 고전압을 유기한다.

29 DLI(전자배전 점화방식) 시스템의 장점으로 틀린 것은?

① 점화에너지를 크게 할 수 있다.
② 고전압 에너지 손실이 적다.
③ 진각(advance)폭의 제한이 적다.
④ 스파크 플러그 수명이 길어진다.

해설 DLI(Distributor Less Ignition, 전자배전 점화방식)
㉠ 점화에너지를 크게 할 수 있다.
㉡ 고전압 에너지 손실이 적다.
㉢ 점화 진각(advance)폭의 제한이 적다.
㉣ 배전기에서 누전이 없다.
㉤ 내구성이 크고, 전파 방해가 없어 다른 전자제어장치에도 유리하다.
㉥ 고전압 출력을 감소시켜도 방전 유효에너지 감소가 없다.

30 DLI 점화장치의 구성요소 중 해당되지 않는 것은?

① 파워 TR　　② ECU
③ 로터　　④ 점화코일

해설 DLI(Distributer Less Ignition)는 배전기가 없는 무배전기 점화장치이므로 배전기 내에서 고압 전류를 배분하는 로터가 필요없다.

31 DLI(무배전기 점화) 방식의 종류에 해당되지 않는 것은?

① 코일 분배 동시 점화식
② 코일 분배 독립 점화식
③ 다이오드 분배방식
④ 로터 접점형 배전방식

해설 DLI의 종류
(1) 코일 분배방식 : 점화코일의 고전압을 점화플러그로 직접 분배시키는 방식
㉠ 코일 분배 동시 점화식 : 1개의 점화코일로 2개 실린더에 동시에 고전압을 분배
㉡ 코일 분배 독립 점화식 : 각 실린더마다 1개의 점화코일과 1개의 점화플러그가 결합되어 직접 점화
(2) 다이오드 분배방식 : 1개의 점화코일에 의해 2개의 실린더에 고전압이 공급되며, 다이오드에 의해 1개의 실린더에만 출력을 보내 점화시키는 방식이다. 고압 전류의 방향을 다이오드에 의해 제어, 일종의 동시 점화 방식이다.

32 전자제어 가솔린 기관에 대한 다음 설명 중 틀린 것은?

① 흡기온도 센서 신호는 연료 증량 시 보정 신호로 사용된다.
② 공회전 속도 제어를 위해 스텝모터를 사용하기도 한다.
③ 산소 센서의 출력 전압은 혼합기 농도에 따라 변화하며, 희박할 때보다 농후할 때 전압이 높다.
④ 점화시기는 점화 2차 코일의 전류를 크랭크각 센서가 제어한다.

해설 전자제어 가솔린 기관의 제어
①항 흡기온도 센서 신호는 연료를 증량시킬 때 보정 신호로 사용된다.
②항 공회전 속도 제어를 위해 스텝모터를 사용하기도 한다.
③항 산소 센서의 출력 전압은 혼합가스 농도에 따라 변화하며, 희박할 때보다 농후할 때 전압이 높다.
④항 점화시기는 점화 2차 코일의 전류를 ECU가 파워 트랜지스터의 베이스 전류를 제어함으로써 이루어진다.

정답 29 ④ 30 ③ 31 ④ 32 ④

CHAPTER 07

등화 및 계기장치

01 등화장치

1 배선방식

(1) 단선식

전원 쪽에서만 1개의 전선이 들어가고 접지는 부하 쪽의 금속 부가 차체에 직접 접지되는 형식으로 작은 전류가 흐르는 회로에 사용한다.

(2) 복선식

전원 쪽과 접지 쪽 모두 전선을 사용하는 방식으로 비교적 큰 전류가 흐르는 회로에 사용한다.

(3) 조명 용어

① **광속** : 빛의 다발[단위 : 루멘(Lumen), 기호 : Lm]

② **광도** : 빛의 세기[단위 : 칸델라(Candela), 기호 : Cd]

③ **조도** : 피조면의 밝기(빛을 받는 면의 밝기)[단위 : Lux(룩스), 기호 : Lx]

$$Lx = \frac{Cd}{r^2}$$

여기서, Lx : 조도, r : 거리(m), Cd : 광도

02 등화의 구조 및 회로

1 전조등

(1) 전조등 3요소

① 전구(또는 필라멘트) : 광원

② 반사경 : 빛을 앞으로 반사

③ 렌즈 : 빛을 모아 줌

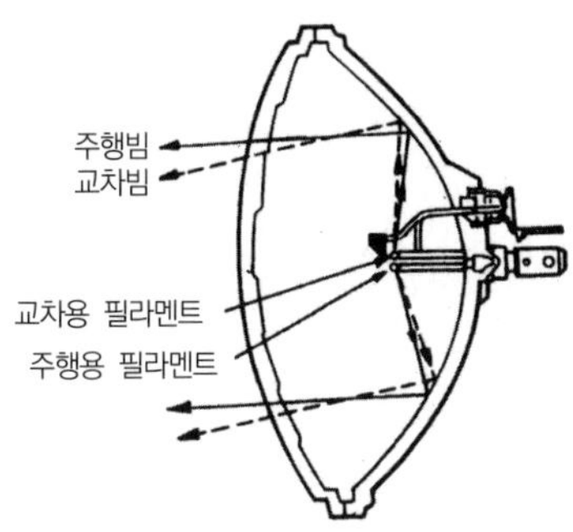

[그림 2－185] 필라멘트의 배치

(2) 전조등의 종류

① 세미 실드 빔식

㉠ 반사경과 렌즈가 일체로 되어 있고, **전구를 교환**할 수 있는 형태이다.

㉡ 가장 많이 사용되는 형태로 먼지나 습기 등이 유입되어 렌즈가 흐려질 수 있다.

② 실드 빔식

㉠ 전구, 반사경, 렌즈가 일체로 된 형태이다.

㉡ 내부에 불활성 가스가 봉입되어 있다.

㉢ 먼지, 습기 등이 유입되기 어려워 내구성은 높으나, 전구(필라멘트)가 끊어지면 **전체를 교환** 해야 한다.

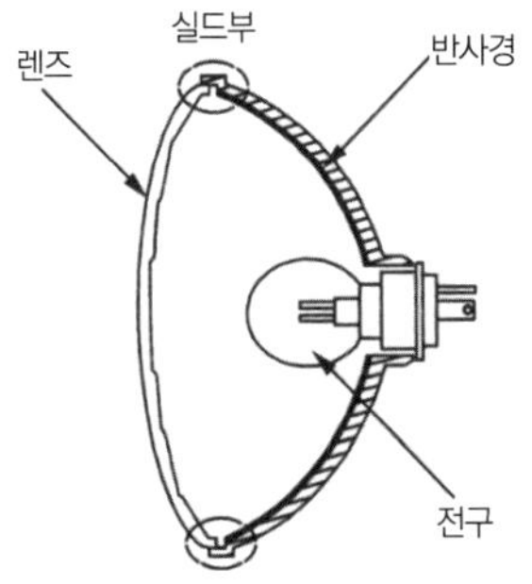

[그림 2－186] 세미 실드 빔식

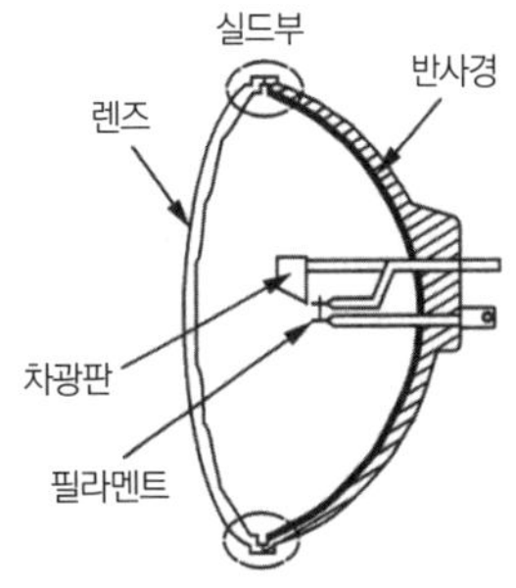

[그림 2－187] 실드 빔식

03 계기장치

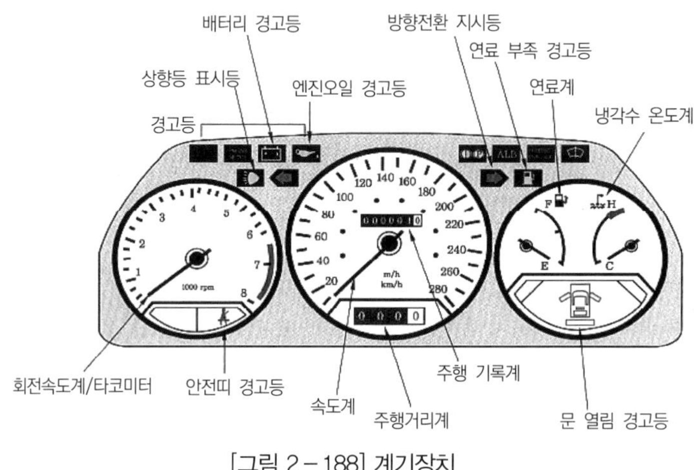

[그림 2-188] 계기장치

1 속도계

(1) 기능

자동차의 주행속도를 나타내는 것으로 변속기 출력축에 의해 작동한다.

(2) 종류

① **원심력식** : 원심추의 원심력을 이용하여 지침을 움직인다.

② **자석식** : 영구자석을 회전시키면 유닛에 설치된 헤어스프링을 감게되어 헤어스프링의 장력과 일치되는 지점에서 멈춘다.

③ **전기식** : 발전기의 원리를 이용하여 교류(펄스) 신호를 발생, 전류계를 작동시켜 속도를 나타낸다.

④ **전자식** : 발광 다이오드, 형광표지판 또는 액정 등을 이용하여 숫자 또는 그래프로 표시한다.

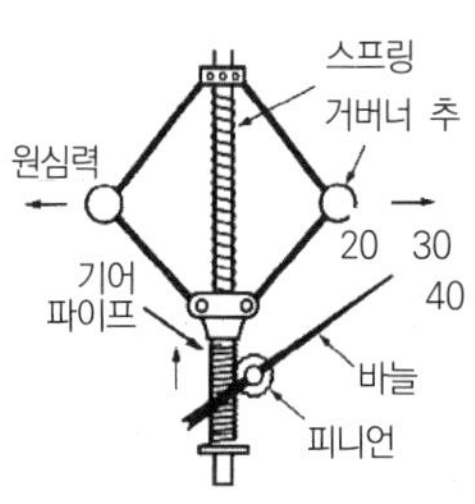

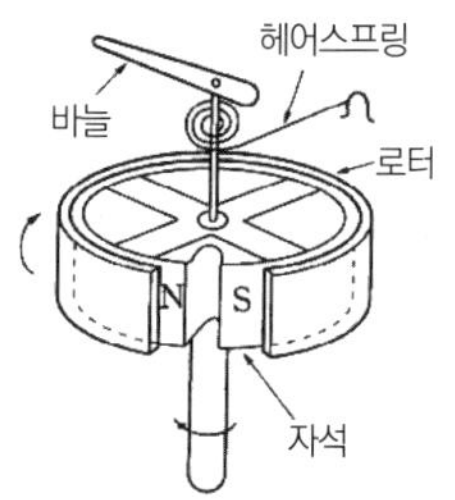

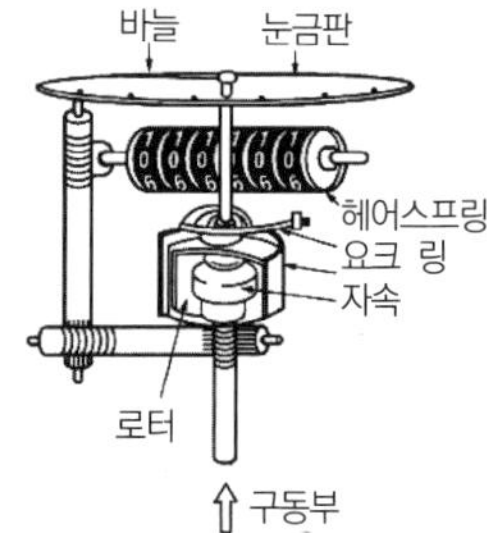

[그림 2-189] 속도계의 구조

2 유압계

(1) 기능

기관 윤활장치의 유압을 나타내는 계기

(2) 종류

① 지침식(계기식)

㉠ 부어든 튜브식(압력팽창식) : 부어든 튜브를 통하여 **섹터 기어**(Sector Gear)를 움직여 지침으로 유압을 지시하는 방식

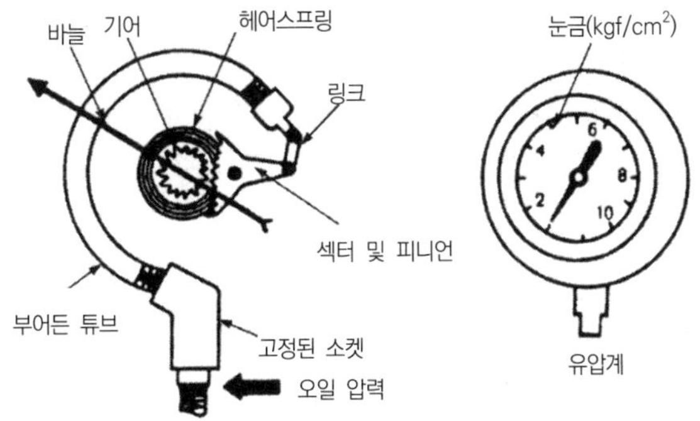

[그림 2-190] 부어든 튜브식

㉡ 밸런싱 코일식(평형 코일식) : 2개의 코일에 흐르는 **전류의 크기를 저항에 의하여 가감**하도록 하여 유압을 지시하는 방식

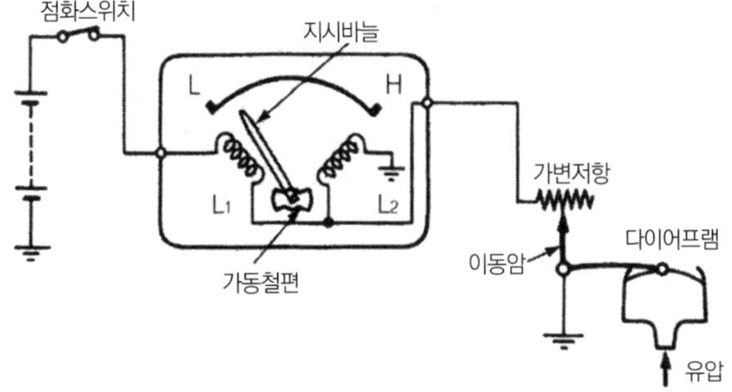

[그림 2-191] 밸런싱 코일식

㉢ 바이메탈식(또는 바이메탈 서모스탯식) : 기관 유닛의 **다이어프램**이 서모스탯 블레이드를 움직이면 계기부의 서모스탯 블레이드로 움직여 지침을 움직이는 방식

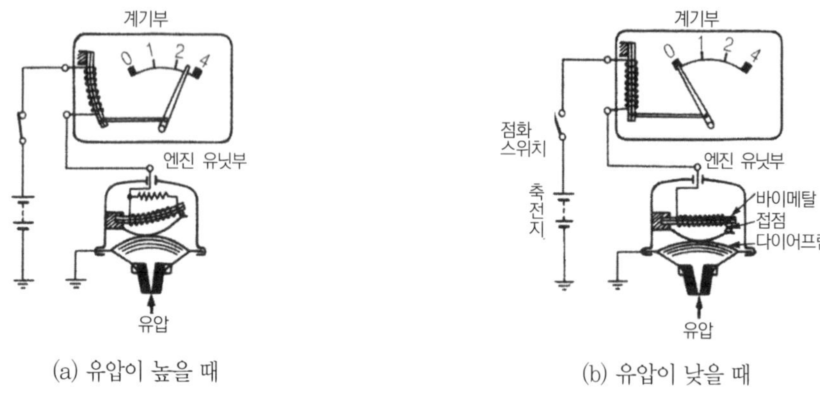

(a) 유압이 높을 때 (b) 유압이 낮을 때

[그림 2-192] 바이메탈 서모스탯식

② **유압 경고등식(점등식)** : 유압이 정상이면 소등되고 **유압이 낮아지면 점등**되는 경고등 방식으로, 현재 이 방식이 널리 사용되고 있다.

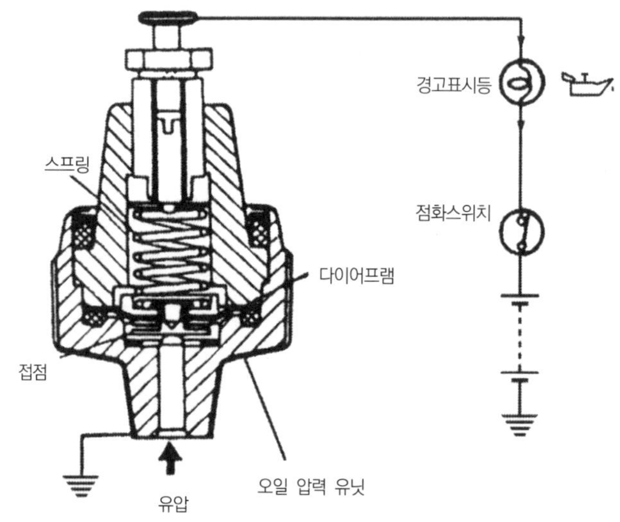

[그림 2-193] 유압 경고등식

3 연료계

(1) 기능

연료 탱크 내의 연료의 양을 나타내는 계기

(2) 종류

① **밸런싱 코일식(평형 코일식)** : 유닛부에 **가변저항기, 계기부에 밸런싱 코일**을 사용하는 것으로 그 원리는 밸런싱 코일식 수온계와 동일하다.

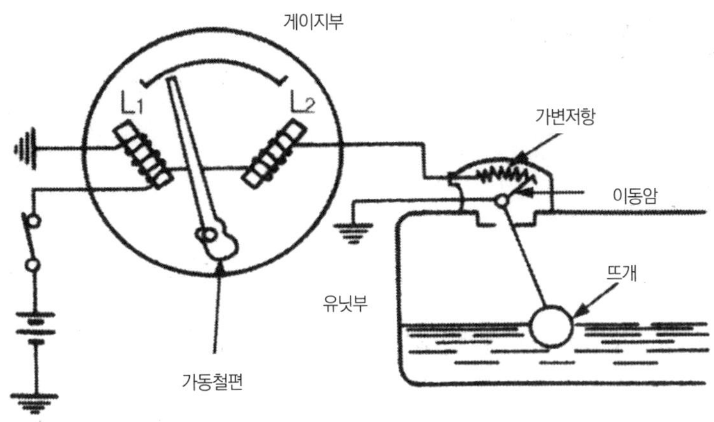

[그림 2-194] 밸런싱 코일식 연료계

② **바이메탈식** : 유닛에 바이메탈을 이용하여 연료가 많으면 **바이메탈**은 열팽창을 받아 휘어지고 그만큼 전류가 많이 흘러 바이메탈 계기부로 유닛부와 동일한 조건으로 가열되어 지시바늘이 움직인다.

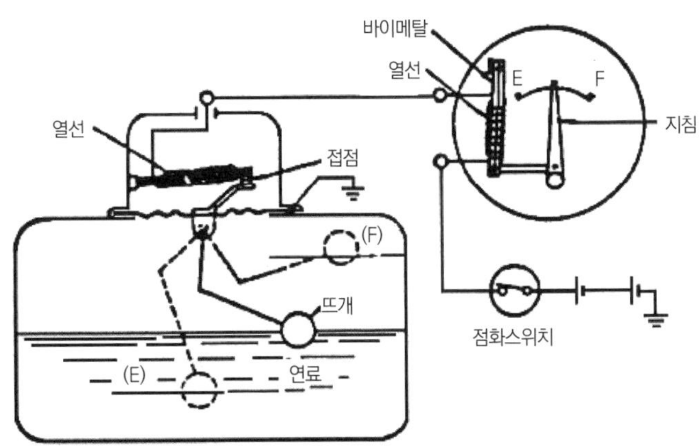

[그림 2-195] 바이메탈식 연료계

③ 경고등식(연료면 표시기식)

㉠ 연료 탱크의 연료 잔량이 일정치 이하가 되면 계기판의 **연료 잔량 경고등을 점등**하여 운전자에게 알리는 형식

㉡ 뜨개식과 서미스터식이 있으나 **대부분 서미스터식을 채택**하고 있음

㉢ 뜨개식은 뜨개의 움직임에 따라 접점이 열리고 닫히므로 점등되도록 한 방식

㉣ 서미스터식은 연료 탱크 내의 연료 잔량이 변화하면 그 내부에 장착된 서미스터가 연료 내에 잠기거나 노출됨에 따라 연료의 기화열 변화로 서미스터의 저항값이 달라지며, 이 저항값의 변화를 이용하여 연료 잔량 경고등을 점멸시킴

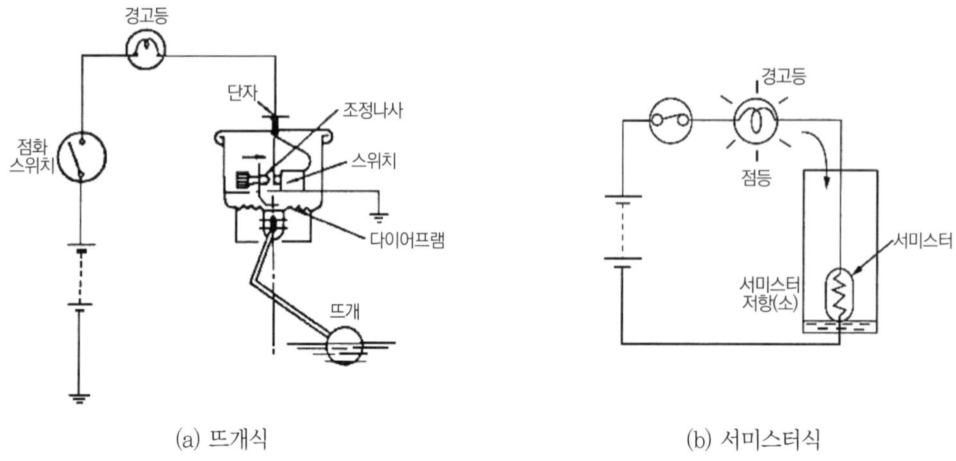

(a) 뜨개식 (b) 서미스터식

[그림 2-196] 경고등식(연료면 표시기식) 연료계

4 수온계

(1) 기능

실린더 헤드 물 재킷부의 냉각수 온도를 나타내는 계기로, 엔진 스위치를 켜면 작동한다.

(2) 종류

수온 센서는 냉각수 출구 쪽에 대부분 설치되며, 종류로는 **부어든 튜브식**, **밸런싱 코일식**, **바이메탈 서모스탯식**, **바이메탈 저항식**이 있다. 작동 원리는 연료계와 비슷하며, 두 개의 코일에 흐르는 전류의 크기를 저항에 의하여 가감하도록 한 밸런싱 코일식을 가장 많이 사용한다.

제 7 장 출제 예상 문제

• 등화 및 계기장치

01 조명에 대한 용어 중 조도의 설명으로 틀린 것은?

① 조도는 광원으로부터의 거리의 제곱에 비례한다.
② 조도란 빛을 받는 면의 밝기 정도를 나타내는 용어이다.
③ 일반적으로 피조면의 조도는 광원의 광도에 비례한다.
④ 조도의 단위는 Lux이다.

해설 조도

피조면의 밝기(빛을 받는 면의 밝기)
[단위 : Lux(룩스), 기호 : Lx]

$Lx(\text{조도}) = \frac{Cd}{r^2}$

여기서, r : 거리(m), Cd : 광도

※즉, 공식에서와 같이 조도는 광도에 비례하고, 광원으로부터의 거리의 제곱에 반비례한다.

02 광도가 200cd일 때 거리가 5m인 곳의 조도는 몇 Lux인가?

① 200 ② 40
③ 8 ④ 5

해설 조도는 광도에 비례하고 거리의 제곱에 반비례하므로, 식으로 표현하면

$\text{조도} = \frac{\text{광도}}{\text{거리}^2} = \frac{cd}{r^2} = \frac{200}{5^2} = 8\text{Lux}$

03 20,000cd의 전조등(광원)으로부터 10m 떨어진 위치에서의 밝기는 몇 룩스(Lux)인가?

① 2,000 ② 200
③ 20 ④ 20,000

해설 $\text{조도} = \frac{\text{광도}}{\text{거리}^2} = \frac{cd}{r^2} = \frac{20,000}{10^2} = 200\text{Lux}$

04 자동차에서 50m 떨어진 거리에서 조도를 측정하였더니 8Lux가 나왔다. 이때 자동차의 전조등에서 광원의 광도는 얼마인가?

① 12,500cd ② 15,000cd
③ 20,000cd ④ 22,000cd

해설 $\text{조도} = \frac{\text{광도}}{\text{거리}^2}$에서

$\text{광도} = \text{조도} \times \text{거리}^2 = 8 \times 50^2 = 20,000\text{cd}$

05 전조등의 종류 중 내부에 불활성 가스가 들어있으며, 사용에 따른 광도 변화가 없고 대기조건에 따라 반사경이 흐려지지 않는 등의 장점이 많은 전조등의 형식은 어느 것인가?

① 세미 실드 빔식
② 실드 빔식
③ 하이빔식
④ 로우빔식

해설 전조등의 종류

(1) 세미 실드 빔식
㉠ 반사경과 렌즈가 일체로 되어 있고, 전구를 교환할 수 있는 형태이다.
㉡ 가장 많이 사용되는 형태로 먼지나 습기 등이 유입되어 렌즈가 흐려질 수 있다.

(2) 실드 빔식
㉠ 전구, 반사경, 렌즈가 일체로 된 형태이다.
㉡ 내부에 불활성 가스가 봉입되어 있다.
㉢ 먼지, 습기 등이 유입되기 어려워 내구성은 높으나, 전구(필라멘트)가 끊어지면 전체를 교환해야 한다.

06 전조등의 종류에서 반사경과 렌즈가 일체로 되어 있고, 전구를 교환할 수 있는 형태는?

① 세미 실드 빔식
② 실드 빔식
③ 분할형
④ 통합형

해설 세미 실드 빔식

㉠ 반사경과 렌즈가 일체로 되어 있고, 전구를 교환할 수 있는 형태이다.
㉡ 가장 많이 사용되는 형태로 먼지나 습기 등이 유입되어 렌즈가 흐려질 수 있다.

정답 01 ① 02 ③ 03 ② 04 ③ 05 ② 06 ①

07 **연료 탱크의 연료량을 표시하는 연료계의 형식 중 계기식의 형식에 속하지 않는 것은?**

① 밸런싱 코일식
② 연료면 표시기식
③ 바이메탈 서모스탯식
④ 바이메탈 저항식

해설 **연료계(Fuel Gauge)**

(1) 개요
연료계(Fuel Gauge)에는 연료 탱크 안에 플로트를 띄워 놓고 여기에 암을 설치하여 그 위치를 전기저항의 변화로 조사하여 미터에 표시되도록 하는 계기식(지침식)과 연료가 적어지면 경고등이 점등하도록 하는 경고등식(연료면 표시기식 또는 표시등 방식)이 있다.

(2) 종류
1) 지침식(계기식)
㉠ 밸런싱 코일식(평형 코일식)
㉡ 바이메탈식
• 바이메탈 서모스탯식
• 바이메탈 저항식
2) 경고등식(연료면 표시기식 또는 표시등 방식)
㉠ 뜨개식
㉡ 서미스터식

08 **자기식의 계기 중에서 영구자석의 회전으로 전자 유도 작용에 의하여 로터에 발생된 맴돌이 전류와 영구자석의 상호작용에 의해 계기지침이 움직이는 계기는?**

① 수온계 ② 전류계
③ 유압계 ④ 속도계

해설 **계기장치**

① 수온계 : 서미스터의 온도에 따른 저항 변화로 감지하여 계기
② 전류계 : 흐르는 전류의 량을 감지하여 계기
③ 유압계 : 유압에 의한 계기의 팽창을 감지하여 계기
④ 속도계 : 맴돌이 전류와 영구자석의 상호작용에 의하여 계기지침이 움직이는 계기

09 **차속 센서(Vehicle Speed Sen sor)는 무엇을 이용하여 ECU에서 속도를 판단할 수 있도록 되어 있는가?**

① 저항 ② 전류
③ TR(트랜지스터) ④ 홀 센서

해설 차속 센서는 홀 센서를 이용하여 ECU에서 주행속도를 판단할 수 있도록 한다.

10 **계기판의 속도계에 대한 설명 중 잘못된 것은?**

① 속도계의 표시는 시간당 주행거리(km/h)로 표시된다.
② 차량 속도 센서 또는 속도계 구동 케이블 방식이 사용된다.
③ 구동 케이블 방식에서 속도계의 바늘 움직임은 자기 유도 작용을 이용한다.
④ 차량 속도 센서 방식은 변속기 출력축의 속도를 감지한다.

해설 속도계의 바늘 움직임은 전자 유도 작용을 이용한다.

11 **전조등의 배선 연결 방식은?**

① 직렬이다.
② 병렬이다.
③ 직병렬이다.
④ 단식배선이다.

해설 전조등은 안전을 고려하여 병렬로 연결되어 있다.

12 **다음 중 오토라이트에 사용되는 조도 센서는 무엇을 이용한 센서인가?**

① 다이오드
② 트랜지스터
③ 서미스터
④ 광전도 셀

해설 오토라이트(Auto Light)에 사용되는 조도 센서는 광도전 셀(광량 센서, Cds)이다.

참고 **광도전 셀(CdS)**
유화 카트뮴을 주성분으로 하여 빛의 광 강도에 의한 저항값의 감소를 이용한 센서이다.

13 **빛의 세기에 따라 저항이 적어지는 반도체로 자동전조등 제어장치에 사용되는 반도체 소자는?**

① 광량 센서(Cds)
② 피에조 소자
③ NTC 서미스터
④ 발광 다이오드

해설 광량 센서(Cds)는 자동전조등 제어장치에서 사용하며, 빛의 세기에 따라 저항이 적어지는 반도체이다.

정답 07 ② 08 ④ 09 ④ 10 ③ 11 ② 12 ④ 13 ①

14 전조등의 광량을 검출하는 라이트 센서에서 빛의 세기에 따라 광전류가 변화되는 원리를 이용한 소자는?

① 포토 다이오드
② 발광 다이오드
③ 제너 다이오드
④ 사이리스터

해설 포토 다이오드는 전조등의 광량을 검출하는 라이트 센서에서 빛의 세기에 따라 광전류가 변화되는 원리를 이용한다.

참고 **자동전조등 제어장치 '오토라이트 시스템'**
램프의 점등, 소등 또한 빔의 변환을 자동적으로 행하는 시스템으로 포토 다이오드 등 광 센서를 이용하면 날씨가 어두워질 때 미등(tail lamp)이, 야간 또는 터널에 진입하였을 경우 헤드램프(head lamp)가 자동 점등된다. 빔의 변환은 대향(對向) 차량의 헤드램프를 감지하고 행한다. 또한 전구 라이트 장치의 감시작용도 한다.

15 자동차 전기배선 작업에서 주의할 점 중 틀린 것은?

① 배선을 연결할 때에는 먼저 어스를 붙이고 연결한다.
② 배선을 차단할 때에는 먼저 어스를 떼고 차단한다.
③ 배선 작업장은 건조해야 한다.
④ 배선작업에서의 접속과 차단은 신속히 하는 것이 좋다.

해설 배선을 차단할 때에는 축전지 어스(earth, 접지)를 먼저 분리하고, 연결할 때에는 어스를 나중에 연결한다.

16 HID(고광도 헤드램프)의 설명 중 옳은 것은?

① 헤드램프의 반사판을 개선하여 광도를 향상시킨 장치이다.
② 헤드램프 전구 2개를 사용하여 광도를 향상시킨 장치이다.
③ HID 헤드램프에 할로겐 전구를 사용한다.
④ HID 헤드램프에 플라즈마 방전을 이용하는 장치이다.

해설 HID 헤드램프는 플라즈마 방전을 이용하는 장치이다.

참고 **HID(High Intensity Discharge) 헤드램프**
고전압 방출 헤드램프라 하며, 풀이하자면 'High 높은, Intensity 빛의 강도가, Discharge 방출'되는 헤드램프라 할 수 있다. 기존의 램프보다 강력한 빛이 방출되는 램프로, 원리는 HID 헤드램프 속 방전관에는 제논과 수은가스 그리고 금속 할로겐 성분 등이 들어 있으며 램프를 켜게 되면 방전관 양쪽 끝의 몰리브데넘(또는 몰리브덴) 전극에서 플라즈마 방전이 일어나 빛을 내는 원리이다.

참고 **HID 헤드램프의 장점**
㉠ 몰리브덴 전극에서 플라즈마 방전이 일어나면서 에너지화되어 빛을 방출하기에 광도 및 조사거리가 길다.
㉡ 필라멘트가 없어 전극 손상 우려가 없어, 램프 수명이 길다.
㉢ 고압의 전원을 공급하기에 점등이 빠르다.
㉣ 기존 할로겐 램프보다 전력 소모가 적어, 발전기 부하를 그만큼 줄일 수 있다.

정답 14 ① 15 ① 16 ④

CHAPTER

08 냉 · 난방장치

01 공기조화(air conditioning)

1 개요

(1) 정의

공기조화(air conditioning)란 한 장소의 공기 상태를 사람 또는 물건에 대해 사용 목적에 가장 합당한 상태로 유지하기 위한 수단을 말한다.

(2) 구성요소

① **온도** : 공기의 건구온도와 그 분포 상태

② **습도** : 공기의 습도와 그 분포 상태

③ **기류** : 공기의 유동 상태

④ **청정도** : 공기의 신선도

(3) 종류

① **보건용 공기조화** : 주택, 사무실 등에서 사람을 위한 공기조화

② **공업용 공기조화** : 생산 또는 물품의 적정 유지를 위한 공기조화

2 공기의 상태 변화

(1) 중력

모든 물질 사이에 작용하는 힘, 또는 인력을 말한다.

(2) 대기압

지구를 둘러싼 공기층이 지표에 작용하는 압력을 말하며, 해면(수면)에서의 압력을 대기압이라 한다.

(3) 진공

대기압이 작용하지 않는 상태로 공기 혹은 다른 기체들이 존재하지 않는 상태를 말한다.

(4) 건공기와 습공기

건공기의 체적으로 산소 21%, 질소 78%와 탄산가스, 아르곤, 헬륨 등의 기체가 혼합된 것이며, 이러한 건공기에 수증기가 혼합된 것을 습공기라 한다.

02 냉방장치

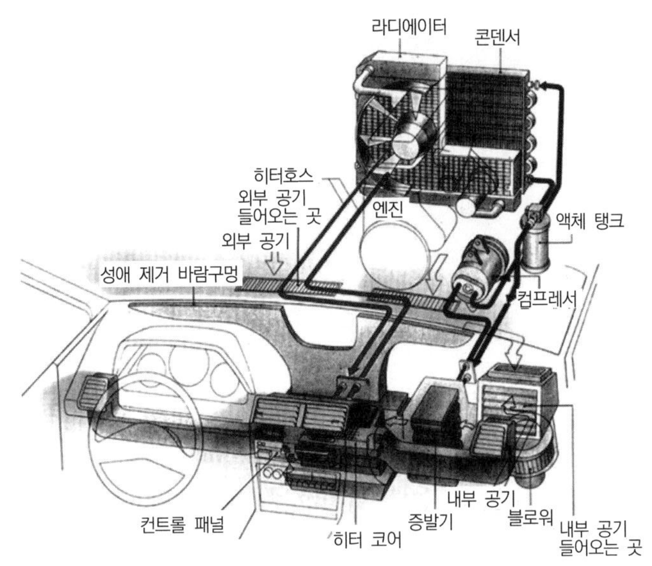

[그림 2-197] 자동차용 냉방장치 시스템 구성

1 자동차 실내의 열부하

① 승원부하 : **인체**에 의해 발생되는 열에너지

② 복사부하 : **태양**으로부터 받는 열에너지

③ 관류부하 : **차체 부근**에서 발생되는 대류에 의한 열의 이동

④ 환기부하 : **실내를 환기**하기 위한 열의 이동

2 작동 원리

(1) 원리

① **역 카르노 사이클**을 응용

② **자동차용 냉방장치 작동순서** : 압축기 → 응축기(콘덴서) → 건조기(리시버 드라이어) → 팽창 밸브 → 증발기(에바포레이터)

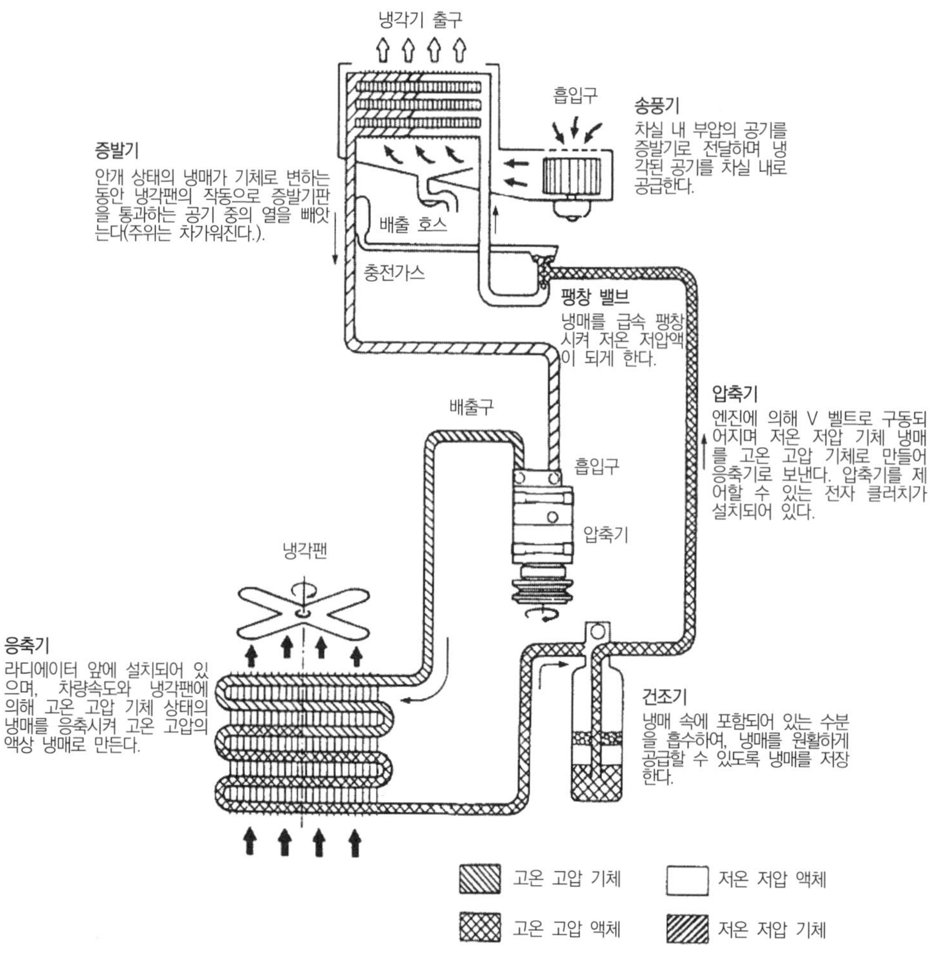

[그림 2-198] 냉방장치 작동 순서도

(2) 압축

저압 고온의 냉매가스를 압축하여 응축기에 보낸다.

(3) 응축

외기에 열을 주고 냉각되어 기체에서 액체로 변한다.

(4) 팽창

액화된 냉매를 증발하기 쉬운 상태로 압력을 낮추는 작용을 말한다.

(5) 증발

냉매는 증발기 내부에서 액체로부터 기체로 변화할 때 증발에 필요한 잠열을 주위의 공기로부터 흡수하게 된다.

3 냉매

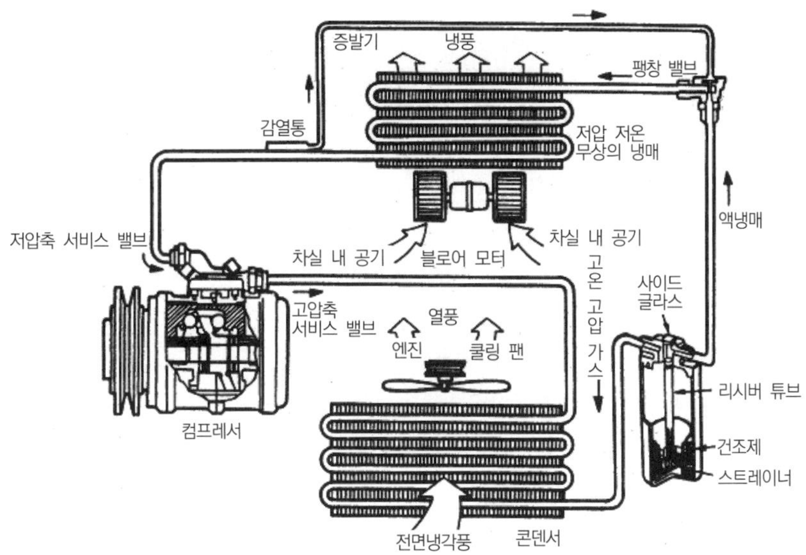

[그림 2-199] 냉매 순환 경로

(1) 개요

① 냉동 사이클의 작동유체(作動流體)로서 열을 빼앗아 열을 운반해 주는 매체

② 자동차 냉동장치에 주로 사용되는 냉매는 프레온(Freon) 또는 프레온-12인데, 약칭으로 R-12라는 산업용어로 널리 통용

③ 대기의 물질 중에 염화불화탄소(CFC)가 오존층 파괴, 즉 성층권의 오존과 반응하여 오존층의 두께 감소 내지는 오존층을 파괴하여 지표면에 다량의 자외선을 유입시켜 생태계를 파괴

④ CFC의 열흡수 능력이 크기 때문에 대기 중에 CFC 가스로 인한 지표면의 온도 상승(온실 효과)을 유발하는 물질로 판명됨에 따라 이의 생산과 사용을 규제

⑤ 오존층을 보호하고 지구의 환경을 보호하기 위해 단계별로 **R-12(구냉매)의 사용 및 생산을 규제하고, 신냉매인 R-134a(신냉매)를 대체 적용**하고 있음

(2) 냉매의 구비조건

① 무색 · 무미 및 무취일 것

② 가연성 · 폭발성 및 사람이나 동물에 피해가 없을 것

③ 낮은 온도와 대기압력 이상에서 증발하고, 여름철 뜨거운 공기 중의 저압에서 액화가 쉬울 것

④ **증발잠열이 크고, 비체적이 적을 것**

⑤ **임계온도가 높고, 응고점이 낮을 것**

⑥ 화학적으로 안정이 되고, 금속에 대해 부식성이 없을 것

⑦ 가스 누출 발견이 쉬울 것

(3) R-134a(신냉매)의 장단점

① 장점

㉠ 오존을 파괴하는 염소(Cl)가 없다.

㉡ 다른 물질과 쉽게 반응하지 않는 안정된 분자 구조로 되어 있다.

㉢ 열역학적 성질은 R-12와 비슷하다.

㉣ 불연성이며, 독성이 없다.

② 단점

㉠ R-12(구냉매)와 같은 응축온도에서 냉동능력이 떨어진다. 따라서 R-12와 동일한 냉방성능을 얻기 위해서는 응축온도를 낮추어야 한다.

㉡ 고무 및 플라스틱 제품의 상용성에 문제점이 있다.

㉢ 기존에 사용 중인 압축기 오일과 불 용해성의 문제점이 있다.

㉣ 온실 효과가 있으므로 회수 및 재생에 문제점이 있다.

㉤ 냉동유의 흡수성에 문제점이 있다.

4 에어컨의 주요 구성부품 및 기능

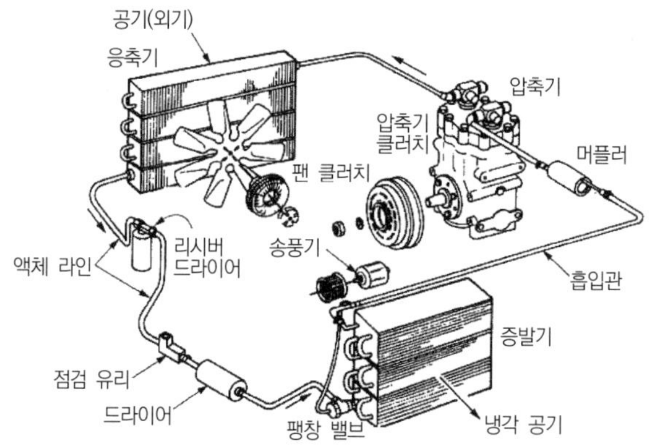

[그림 2-200] 냉방장치 구성도

(1) 압축기(컴프레서, Compressor)

압축기는 증발기에서 저압 기체 상태로 된 냉매를 **고온 고압으로 압축**하여 응축기(Condenser)로 보낸다.

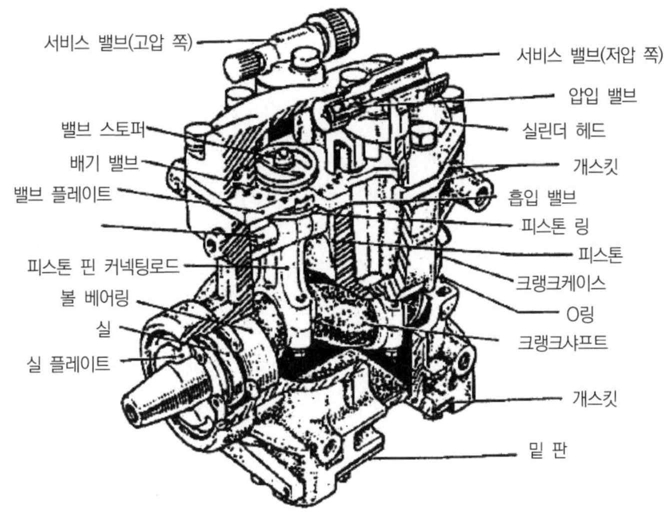

[그림 2-201] 압축기의 구조

(2) 전자석 클러치(마그넷 클러치, Magnetic Clutch)

압축기는 자동차 주행 상태 및 실내 온도 등에 따라 작동 · 정지가 가능해야 한다. 이러한 작동과 정지작용을 원만하게 하기 위한 장치가 마그넷 클러치이다.

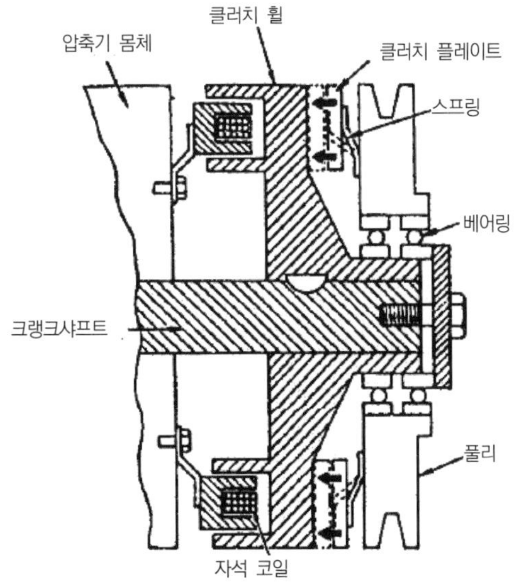

[그림 2-202] 전자석 클러치

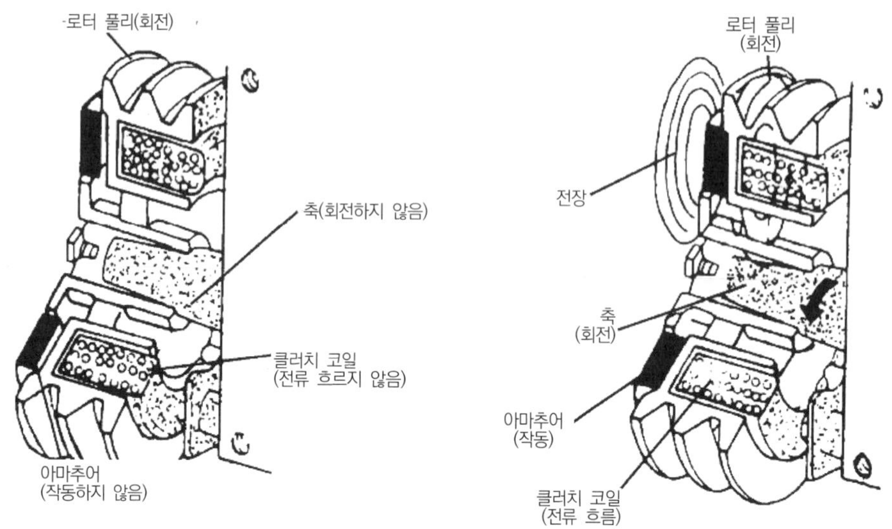

[그림 2-203] 전자석 클러치의 작동

(3) 응축기(콘덴서, Condenser)

압축기에서 들어온 **고온 고압의 기체 냉매를 대기로 열을 방출시켜 액체로** 만드는 일종의 방열기이다. 높은 압력에도 견딜 수 있는 구조로 되어 있어야 하며, 방출열이 많을수록 좋다.

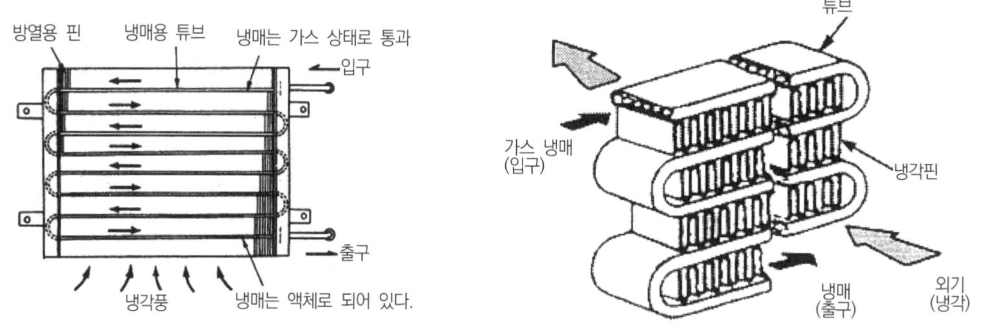

[그림 2-204] 응축기의 구조

(4) 건조기(리시버 드라이어, Receiver-Dryer)

응축기에서 들어온 냉매를 저장하고 또 팽창 밸브로 보내는 장치로 내부에 건조제를 봉입하여 **냉매 속의 수분을 흡수 분리 및 이물질 제거** 등의 역할을 한다.

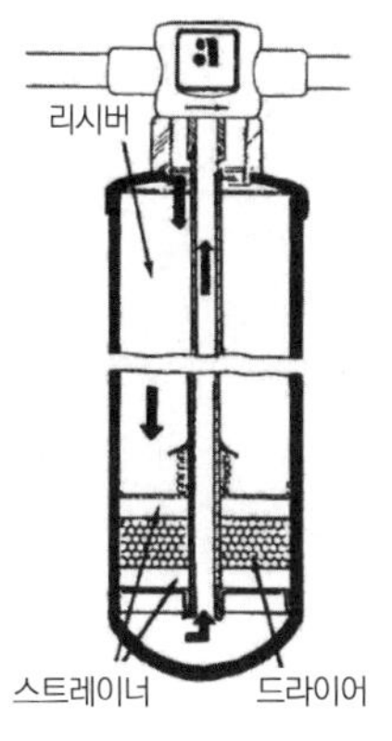

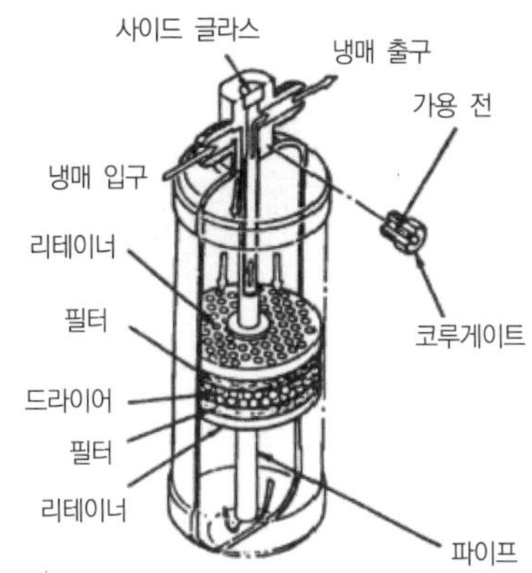

[그림 2－205] 건조기의 구조

(5) 팽창 밸브(익스펜션 밸브, Expansion Valve)

증발기 입구에 설치되어 응축기와 건조기를 거친 **고압의 냉매를 증발하기 쉽게 저온 저압의 냉매로** 증발기에 공급하며, 동시에 냉매의 양을 조절한다.

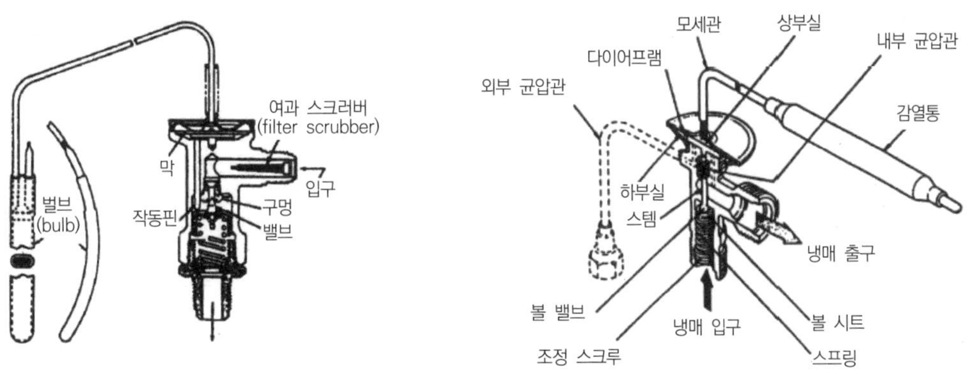

[그림 2－206] 팽창 밸브의 구조

(6) 증발기(에바포레이터, Evaporator)

팽창 밸브를 통과한 액체 상태의 냉매가 증발하기 쉬운 저온 저압의 안개 상태 냉매로 증발기 튜브를 통과할 때, 송풍기에 의해서 불어지는 공기에 의해 증발하여 기체로 된다. 이때 기화열에 의해 튜브 핀을 냉각시키므로 차실 내의 공기가 시원하게 된다. 즉, 증발기는 **공기로부터 열을 흡수**하는 일을 한다.

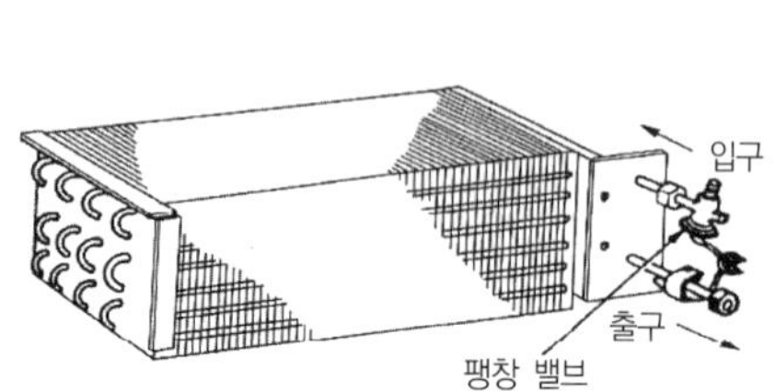

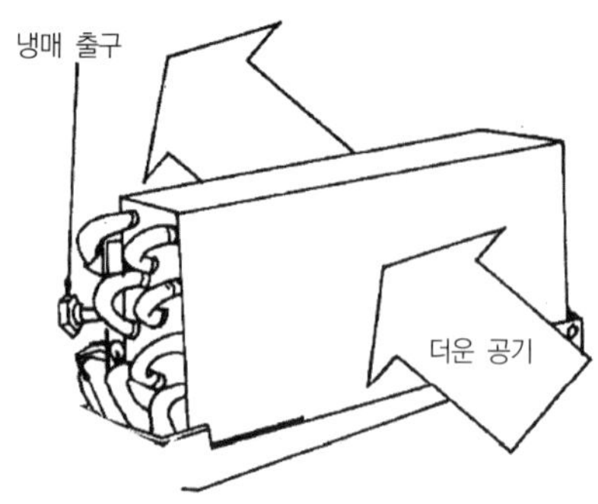

[그림 2-207] 증발기

(7) 송풍기(블로워, Blower)

저온화된 **증발기에 공기를 불어넣을 수 있는 역할**을 하는 것으로 대기 중의 공기, 또는 실내의 공기를 모터에 의해 팬(Fan)을 회전시켜 증발기 주위로 공기를 통과시켜 열 교환이 이루어진다. 이때 고온 다습한 공기가 저온 저습한 공기가 되어 실내로 유입되므로 쾌적한 환경을 유지한다.

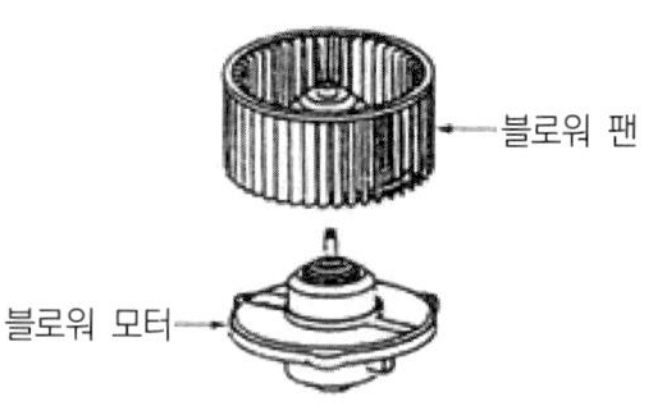

[그림 2-208] 송풍기의 구조

5 전자동 에어컨(FATC : Full Automatic Temperature Control)

(1) 전자동 에어컨의 개요

전자동 에어컨이란 운전자가 희망하는 온도를 한번 에어컨에 지시하면 **외부 조건의 변화에 관계없이 시스템 자신이 자동으로 냉방능력을 조절**하여 항상 지시된 온도로 실내 온도를 유지하는 시스템, Full Automatic Temperature Control의 약자로 **FATC**라 한다.

(2) 전자동 에어컨의 입력 및 출력 구성

▮ 전자동 에어컨의 입 · 출력 구성도

입력 부분	제어 부분	출력 부분
• 실내 온도 센서 • 외기 온도 센서 • 일사량 센서 • 핀 서모 센서 • 수온 센서 • 온도 제어 액추에이터 • 위치 센서 • AQS 센서 • 스위치 입력 • 전원공급	• FATC 컴퓨터	• 온도 제어 액추에이터 • 풍량 제어 액추에이터 • 내외기 제어 액추에이터 • 파워 트랜지스터 • HT 송풍기 릴레이 • 에어컨 출력 • 제어 패널 화면 DISPLAY • 센서 전원 • 자기 진단 출력

(3) FATC 구성요소 및 기능

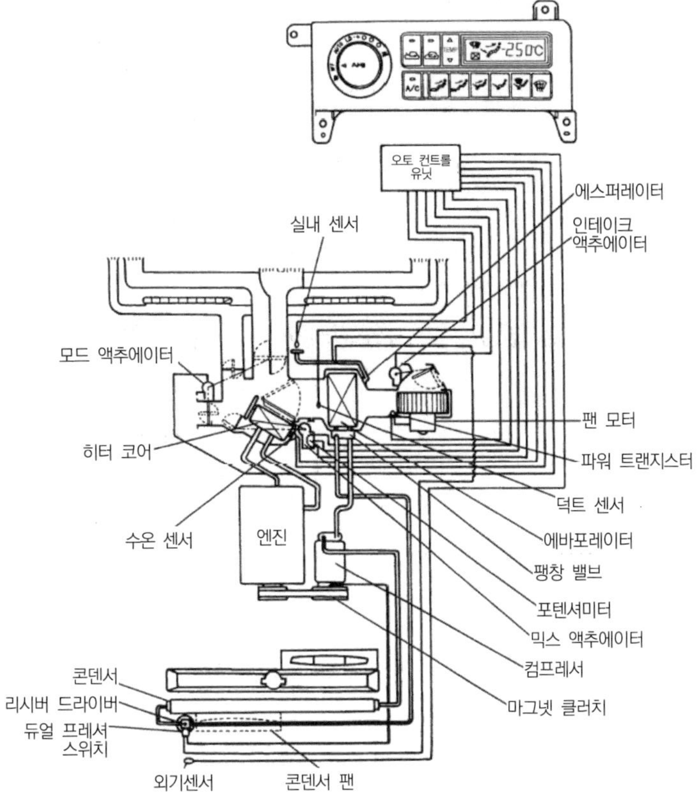

[그림 2-209] FATC 시스템 구성도

① 실내 온도 센서(In car Sensor) : NTC 서미스터 방식으로, 차량의 실내 공기 온도를 감지하여 FATC ECU에 입력시키는 역할을 한다.

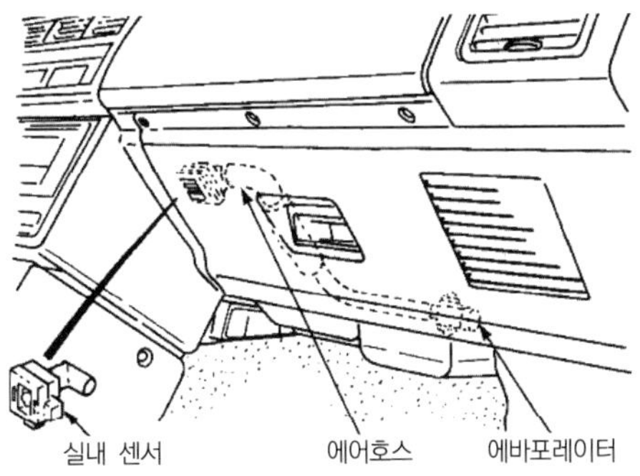

[그림 2-210] 실내 온도 센서 장착 위치

② **외기 온도 센서(Ambient Sensor)** : 콘덴서 앞쪽에 설치되어 있으며, 외기 온도를 감지하여 FATC ECU에 입력시키는 역할을 한다. FATC ECU는 실내 온도와 외기 온도를 기준으로 냉·난방 제어를 한다.

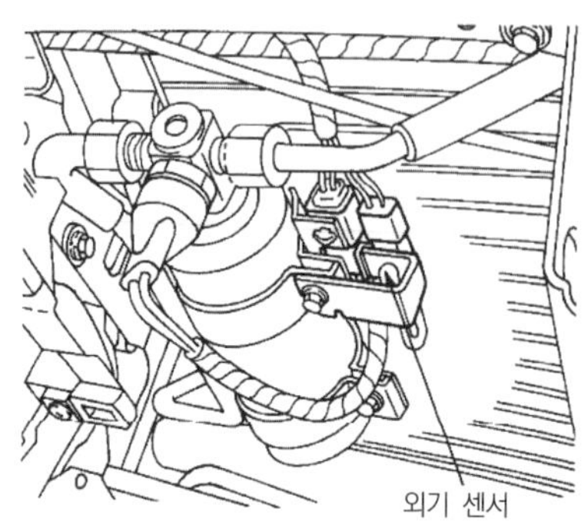

[그림 2-211] 외기 온도 센서 장착 위치

③ **일사량 센서(일사 센서, Photo Sensor)** : 실내로 내리쬐는 **일사량을 감지**하여 FATC ECU 보내며, 차내 온도 상승을 방지하기 위해 AUTO에 위치 시 팬 속도를 증가시킨다.

④ **핀 서모 센서(Fin Themo Sensor)** : 핀 서모 센서는 과냉으로 인한 증발기의 빙결을 방지하기 위하여 증발기 코어 핀의 온도를 감지하여 FATC ECU에 입력시키는 역할을 한다. NTC 서미스터 방식으로, 증발기 코어의 온도가 0.5℃ 이하이면 FATC ECU가 압축기를 강제로 OFF시킨다.

⑤ **수온 센서(WTS : Water Temperature Sensor)** : 히터 코어를 순환하는 냉각수 온도를 감지하여 FATC ECU에 보내면 FATC ECU는 설정 온도와 실내 온도, 외기 온도와의 차이를 비교하여 난방기동 제어를 실행한다.

⑥ **습도 센서(Humidity Sensor)** : 차량의 실내 습도를 검출하여 FATC ECU에 입력시켜 차내 습도 제어에 이용한다.

⑦ **AQS 센서(Air Quality System)** : **차 실내의 유해 및 악취가스를 감지하는 센서인 AQS 센서를 이용**하여, 배기가스를 비롯한 대기 중에 함유되어 있는 유해가스를 감지하여 가스가 차량 실내로 유입되는 것을 자동적으로 차단하고 승차 공간의 밀폐로 인한 산소 결핍 등의 현상이 발생할 때 **청정한 공기만 유입시켜 쾌적한 실내 환경을 유지**하기 위한 외부 공기유입 제어장치이다.

⑧ **파워 트랜지스터(Power Transistor)** : 파워 트랜지스터는 송풍기용 전동기의 전류량을 가변시켜 배출 풍량을 제어하는 역할을 한다.

⑨ **고속 송풍기 릴레이(High-Speed Blower Relay)** : 고속 송풍기 릴레이는 송풍기를 최대로 선택하였을 때 송풍기용 작동 전류를 제어하는 역할을 한다.

⑩ **압축기 구동 신호 출력** : FATC ECU는 각종 입력 센서들의 정보를 기초로 압축기 작동 여부를 판단한다. 작동조건이라 판단되면 FATC ECU는 12V 전원을 출력한다.

(4) FATC 제어 기능

① **배출 온도 제어** : 배출 온도 제어는 FATC ECU가 히터 코어 유닛에 설치된 온도 제어 액추에이터를 열고 닫음으로써 제어한다. 설정 온도 및 각종 센서에 따라 액추에이터를 이용하여 히터 코어 쪽 통로의 각도(0~100%)를 최적의 위치로 제어

② **배출 모드 제어** : 설정 온도에 따라 바람의 방향을 자동 조절하는 제어 기능으로, 운전자의 방향 선택 스위치에 의해 FATC ECU가 풍향 제어 액추에이터를 작동시켜 제어

참고

버튼 작동 시(누를 때) 송풍 방향 순서

운전자가 모드를 선택하면 벤트(VENT) → 바이레벨(BI LEVEL) → 플로(FLOOR) → 믹스(MIX) → 디프로스트(DEFROST) 순으로 제어한다.

모드 스위치					
OFF	VENT	VENT FLOOR	FLOOR	DEF FLOOR	DEF

③ **배출 풍량(블로워 속도) 제어** : 운전자가 설정한 온도와 현재 차량 실내의 온도를 비교하여 최대한 신속하게 차량 실내의 온도가 운전자가 설정한 온도에 도달하도록 단계적으로 배출 풍량을 제어

④ **내 · 외기 제어** : FATC ECU는 탑승자가 공조 상태를 조절할 수 없는 상태에서 최대한 승객을 보호하기 위하여 외부 공기를 유입시켜 내부 승객의 호흡 곤란 및 최소한의 자연공조 상태를 유지하기 위한 기능
(※AUTO 상태에서 에어컨 OFF 시 외기로 전환되며, 수동 상태에서 OFF 시는 OFF 전 상태를 유지한다.)

⑤ **압축기(컴프레서) ON/OFF 제어** : 운전 조건상 압축기 작동이 필요 없거나, 정지 필요시 자동으로 정지시키는 기능

⑥ **난방 기동 제어** : 자동 모드로 작동 중 냉각수 온도가 낮은 상태에서 난방 모드 선택 시, 차가운 바람이 운전자 쪽으로 강하게 배출되는 현상을 최소화 시켜주는 제어 기능

⑦ **냉방 기동 제어** : 증발기 온도가 높은 상태에서 냉방 모드를 선택 시, 미처 냉각되지 않은 뜨거운 바람이 운전자 쪽으로 강하게 배출되는 현상을 최소화 시켜주는 제어 기능

⑧ **일사량 보조 제어** : 차량 실내로 내리쬐는 빛의 양을 감지하여 체감온도가 상승되는 것을 방지하는 제어 기능, 작동은 일사량 센서에 의해 검출된 빛의 양이 증가되면 블로워 모터의 속도를 단계적으로 상승시켜 운전자 신체의 열 방출을 도움으로써 운전자의 체감온도 상승을 최소화 시킴

⑨ **최대 냉 · 난방 제어** : 운전자가 설정 온도를 17℃ 또는 32℃를 선택하였을 때 FATC ECU가 배출 온도, 배출 풍향(모드), 배출 풍량(송풍기 회전속도) 및 내 · 외기 모드 등을 특정 모드로 고정 제어하는 기능

⑩ **자기 진단 출력** : FATC ECU가 ECU로 입 · 출력되는 센서 및 액추에이터들의 전기적 단선 · 단락 또는 기계적인 결함이 발생되었을 때 고장을 인식하여 고장 내용을 전기적인 신호로 출력시키는 기능

03 난방장치

1 개요

대기의 온도가 저하함에 따라 차실 내의 온도가 떨어져 추위를 느끼게 된다. 이러한 추위를 난방장치(Heater)를 이용하여 차실 내의 온도를 상승케 하여 쾌적한 온도를 유지할 수 있는 장치이다. 그 열원은 여러 가지가 있으나 보편적으로 **엔진의 냉각수를 이용한 온수식을 많이 이용**한다.

2 구성 및 기능

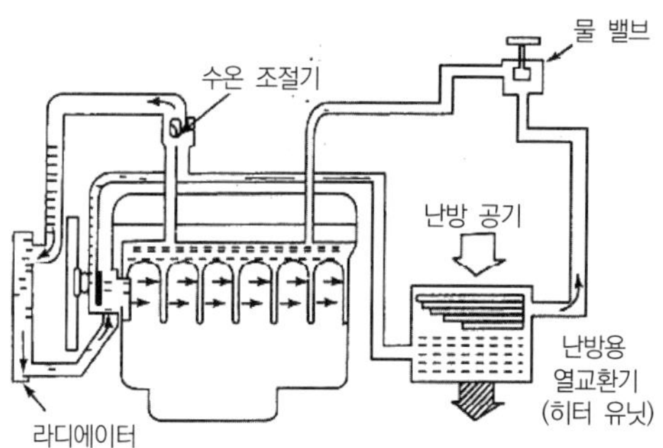

[그림 2-212] 온수식 난방장치의 구조

(1) 방열기

엔진의 냉각수가 통과하면서 많은 열을 방출할 수 있는 기구로, 상부에 냉각수 입구가 설치되고 하부에는 냉각수 출구가 설치된다.

(2) 송풍기

외기 또는 내기를 순환시켜 방열기를 통과하게 하므로 온도를 높여 준다. 송풍기는 직류 모터를 사용하며, 냉방장치와 함께 사용된다.

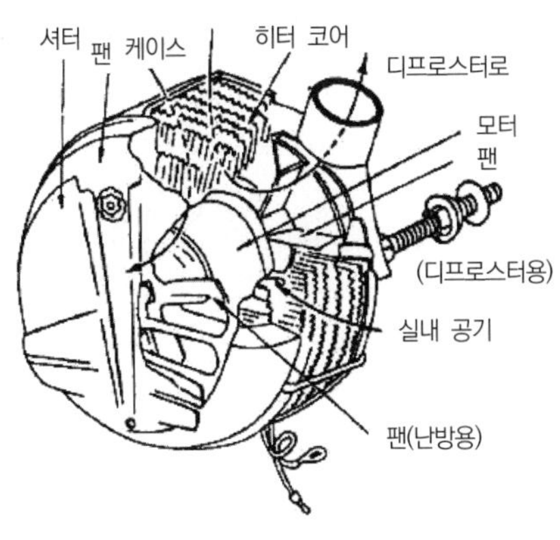

[그림 2-213] 방열기

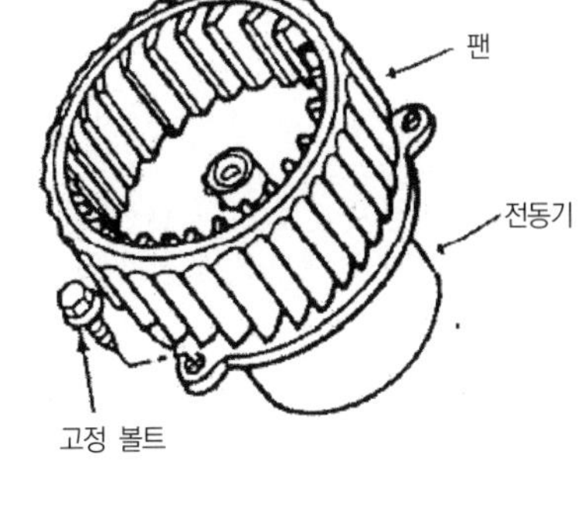

[그림 2-214] 송풍기

(3) 밸브

실내의 온도를 조절하기 위한 것으로 방열기로 들어가는 냉각수의 통로를 조절하는 장치이며, 운전석에서 조작할 수 있다.

제 8 장 출제 예상 문제

• 냉 · 난방장치

01 자동차 냉 · 난방장치 능력은 차실 내외조건의 차량 열부하에 의해 정해진다. 열부하 항목에 속하지 않는 것은?

① 면적부하 ② 관류부하
③ 승원부하 ④ 복사부하

해설 **자동차 실내의 열부하 항목**
㉠ 승원부하 : 인체에 의해 발생되는 열에너지
㉡ 복사부하 : 태양으로부터 받는 열에너지
㉢ 환기부하 : 실내를 환기하기 위한 열의 이동
㉣ 관류부하 : 차체 부근에서 발생되는 대류에 의한 열의 이동

02 차량에서 열적부하 요소 중 아래의 설명에 해당되는 것은?

주행 중 도어나 유리의 틈새로 외기가 들어오거나 실내의 공기가 빠져나가는 자연환기가 이루어진다.

① 승원부하 ② 복사부하
③ 환기부하 ④ 관류부하

해설 **차실에 대한 열적부하**
① 승원부하 : 사람의 수에 따른 부하(승객의 발열)
② 복사부하 : 복사열에 의한 부하(직사일광, 하늘로부터의 방사)
③ 환기부하 : 실내 공기를 배출하는 데 자연적, 강제적으로 환기할 때 받는 열 부하(자연환기(틈새바람)와 강제환기)
④ 관류부하 : 차체 부근에서 대류에 의해 받는 열 부하로 엔진의 발생 열이 가장 많이 작용(차실격벽, 바닥 또는 창유리부터의 열 이동)

03 자동차 에어컨 장치의 냉매 구비조건으로 틀린 것은?

① 비체적이 적을 것
② 증발잠열이 적을 것
③ 화학적으로 안정이 될 것
④ 사용 온도 범위가 넓을 것

해설 에어컨 냉매는 응축압력이나 증발압력이 너무 높지 않아야 하며, 임계온도는 상온보다 높아야 한다. 즉, 응고점이 낮고, 증발열은 커야 한다. 또한 증기의 비열이 크고, 액체의 비열은 작아야 하며, 증기의 비체적은 작아야 한다.

04 냉동기의 냉매의 구비조건으로 틀린 것은?

① 증발잠열이 높고, 비체적이 적을 것
② 임계온도가 낮고, 빙점이 높을 것
③ 불활성이며, 비가연성일 것
④ 금속의 부식이 없을 것

해설 **냉매의 구비조건**
㉠ 무색 · 무미 및 무취일 것
㉡ 가연성 · 폭발성 및 사람이나 동물에 피해가 없을 것
㉢ 낮은 온도와 대기압력 이상에서 증발하고, 여름철 뜨거운 공기 중의 저압에서 액화가 쉬울 것
㉣ 증발잠열이 크고, 비체적이 적을 것
㉤ 임계온도가 높고, 응고점이 낮을 것
㉥ 화학적으로 안정이 되고, 금속에 대해 부식성이 없을 것
㉦ 가스 누출 발견이 쉬울 것

05 신냉매(R-134a)의 특징으로 틀린 것은?

① 다른 물질과 쉽게 반응하지 않는다.
② R-12(구냉매)와 유사한 열역학적 성질이 있다.
③ 오존을 파괴하는 염소가 없다.
④ 불연성이고 독성이 있다.

해설 **신냉매(R-134a)의 특징**
㉠ 다른 물질과 쉽게 반응하지 않는다.
㉡ R-12(구냉매)와 유사한 열역학적 성질이 있다.
㉢ 오존을 파괴하는 염소가 없다.
㉣ 불연성이고 독성이 없다.

06 자동차 냉방장치에서 차량의 앞쪽 정면에 설치되어 고온 고압, 기체 상태의 냉매가 응축점에서 냉각되어 액체 상태로 되게 하는 것은?

① 압축기 ② 응축기
③ 건조기 ④ 증발기

해설 **응축기(콘덴서)**
라디에이터 앞쪽에 설치되어 있으며, 주행속도와 냉각팬의 작동에 의해 고온 고압의 기체 냉매를 응축시켜 고온 고압의 액체 냉매로 만든다.

정답 01 ① 02 ③ 03 ② 04 ② 05 ④ 06 ②

07 자동차 에어컨의 순환과정 중 맞는 것은?

① 압축기 → 건조기 → 응축기 → 팽창 밸브 → 증발기
② 압축기 → 팽창 밸브 → 건조기 → 응축기 → 증발기
③ 압축기 → 응축기 → 건조기 → 팽창 밸브 → 증발기
④ 압축기 → 건조기 → 팽창 밸브 → 응축기 → 증발기

해설 자동차 에어컨의 순환 경로

압축기(컴프레서) → 응축기(콘덴서) → 건조기(리시버 드라이어) → 팽창 밸브 → 증발기(에바포레이터)

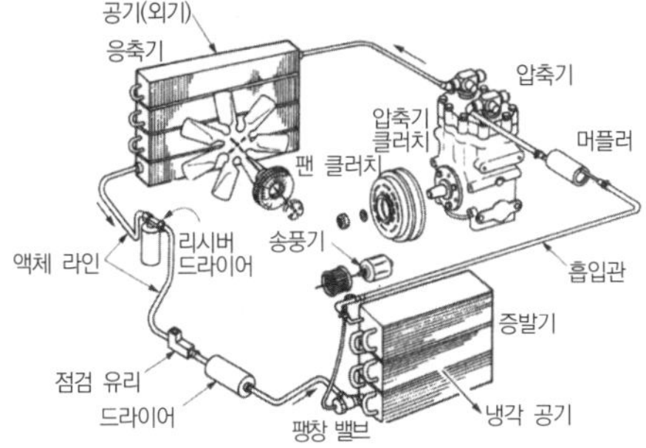

08 자동차 에어컨 장치에서 리시버 드라이어의 기능으로 틀린 것은?

① 액체 냉매의 저장 기능
② 수분 제거 기능
③ 냉매 압축 기능
④ 기포 분리 기능

해설 리시버 드라이어(건조기)의 기능

㉠ 액체 냉매의 저장 기능
㉡ 수분 제거 기능
㉢ 기포 분리 기능

09 냉방장치에 사용되는 팽창 밸브의 역할로 적당하지 않은 것은?

① 냉매의 양을 자동적으로 조절한다.
② 교축작용으로 저압 분무상의 냉매로 만든다.
③ 기체 상태의 냉매를 액체화한다.
④ 증발하기 쉽게 저온 저압의 냉매로 증발기에 공급한다.

해설 팽창 밸브의 역할

㉠ 고압의 냉매를 교축작용으로 저압 분무(스프레이 상태)상의 냉매로 만들어 증발기로 보낸다(즉, 액체 냉매를 저압으로 감압).
㉡ 공급되는 액체 냉매량을 자동적으로 조절한다.

10 다음 중 냉동 효과에 대한 설명으로 옳은 것은?

① 응축기에서의 방출열량
② 증발기에서의 흡입열량
③ 압축에서 공급되는 에너지
④ 공급된 에너지에 대한 냉동할 수 있는 열량의 비

해설 냉동 효과란 냉매 1kg이 흡수하는 열량으로 에어컨에서는 증발기에서 냉매가 기화하면서 온도가 급강하하여 열을 흡수하는 량을 말한다.

11 냉방장치의 증기압축 냉동 사이클 시스템에서 액체가 기체로 상태 변화할 때 주변의 열을 흡수하는 반응을 이용한 부품은?

① 압축기와 응축기
② 응축기와 어큐뮬레이터
③ 리시버 드라이어와 어큐뮬레이터
④ 증발기와 팽창 밸브

해설 증발기와 팽창 밸브는 액체가 기체로 상태 변화할 때 주변의 열을 흡수하는 반응을 이용한 부품이다.

참고 팽창 밸브 및 증발기

(1) 팽창 밸브(Expansion Valve)
㉠ 고압의 액체 냉매를 저압의 분무(스프레이)상의 상태로 만든다(교축작용).
㉡ 냉매량을 자동 조절한다.

(2) 증발기(Evaporator)
㉠ 냉매가 본격적으로 증발하는 장소이다.
㉡ 저온 저압의 기체 냉매로 만든다.

12 냉방장치에서 자동차 실내의 냉방 효과는 어떤 경우에 나타나는가?

① 증발기에서 흡입열량이 있을 때
② 증발기에서 방출열량이 있을 때
③ 공급에너지에 열량의 비가 발생될 때
④ 압축기에서 공급되는 에너지가 있을 때

해설 증발기에서 냉매가 증발하면서 주위의 열을 빼앗는다. 즉, 냉매는 증발기를 지나가는 공기의 열을 흡수하여 기화가 된다.

정답 07 ③ 08 ③ 09 ③ 10 ② 11 ④ 12 ①

13 전자동 에어컨(FATC)의 컨트롤 유닛(ECU)에 입력되는 부품이 아닌 것은?

① 콘덴서 센서(condenser sensor)
② 외기 온도 센서(ambient sensor)
③ 냉각수온 센서(W.T.S)
④ 일사량 센서(sun sensor, photo sensor)

해설 **전자동 에어컨(FATC) ECU 입력 부품**

㉠ 실내 온도 센서(In car Sensor)
㉡ 외기 온도 센서(Ambient Sensor)
㉢ 일사량 센서(일사 센서 : Photo Sensor or Sun Sen-sor)
㉣ 핀 서모 센서(Fin Themo Sensor)
㉤ 수온 센서(WTS : Water Temperature Sensor)
㉥ 습도 센서(Humidity Sensor)
㉦ AQS 센서(Air Quality System)

이 외에 온도 조절 액추에이터 위치 센서, 각종 스위치 입력 등이 있다.

14 전자동 에어컨(FATC)에서 AQS(Air Quality System)의 기능에 대한 설명 중 틀린 것은?

① 차실 내에 유해가스의 유입을 차단한다.
② 차실 내로 청정 공기만을 유입시킨다.
③ 승차 공간 내의 공기청정도와 환기 상태를 최적으로 유지시킨다.
④ 차실 내의 온도와 습도를 조절한다.

해설 **AQS(Air Quality System)**

AQS(Air Quality System)는 차실 내의 유해 및 악취가스를 감지하는 센서인 AQS 센서를 이용하여, 배기가스를 비롯한 대기 중에 함유되어 있는 유해가스를 감지하여 가스가 차량 실내로 유입되는 것을 자동적으로 차단하고 승차공간의 밀폐로 인한 산소 결핍 등의 현상이 발생할 때 청정한 공기만 유입시켜 쾌적한 실내 환경을 유지하기 위한 외부 공기유입 제어장치이다.

정답 13 ① 14 ④

CHAPTER 09

안전 및 편의장치

01 에어백(Air Bag)

1 기능

에어백은 충격 센서와 에어백 제어 모듈을 통해 운전자 및 승객을 보호하기 위한 충격 완화 장치이다. 특히 자동차 사고 때 일어나는 충격에 의해 운전자나 탑승자가 심한 부상을 입거나 심지어 목숨까지 잃는 사고가 빈번히 일어나자 이 충격을 조금이나마 완충할 수 있도록 개발한 안전벨트의 보조장치이다.

2 에어백의 구성요소

(1) 에어백 모듈(Air Bag Module)

에어백 모듈은 가스 발생기(인플레이터, Inflater or Inflator), 에어백, 패트 커버로 구성된다. 대부분의 에어백 모듈은 분해할 수 없으며, **에어백이 한 번이라도 작동되면 새것으로 교체**해야 한다.

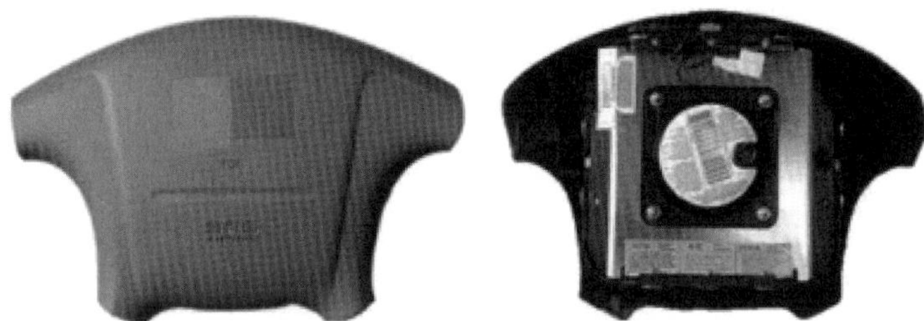

[그림 2-215] 에어백 모듈(운전석)

① 가스 발생기(인플레이터, Inflater or Inflator)

㉠ 기능 : 에어백 시스템의 **가스 발생장치**로 차량의 충돌 시 센서로부터 전달되는 신호 전류에 의해 화약이 점화되고, 가스 발생제를 순간적으로 연소시키고 **질소가스를 발생**시켜 에어백을 부풀게 한다.

㉡ 구성 : 인플레이터에는 화약, 점화제, 가스 발생기, 디퓨저 스크린 등을 알루미늄제 용기에 넣은 것으로 에어백 모듈 하우징에 장착된다.

㉢ 작동 : 인플레이터 내에는 점화 전류가 흐르는 전기 접속부가 있어 화약에 전류가 흐르면 화약이 연소하여 점화제가 연소되면 그 열에 의하여 가스 발생제가 연소한다. 연소에 의하여 급격히 발생한 질소가스가 디퓨저 스크린을 통과하여 에어백 안으로 유입되어 에어백을 부풀게 한다.

참고

디퓨저 스크린 기능

스크린은 연소가스의 이물질을 제거하는 필터 기능 외에도 가스온도의 냉각, 가스소음을 저감하는 역할을 한다.

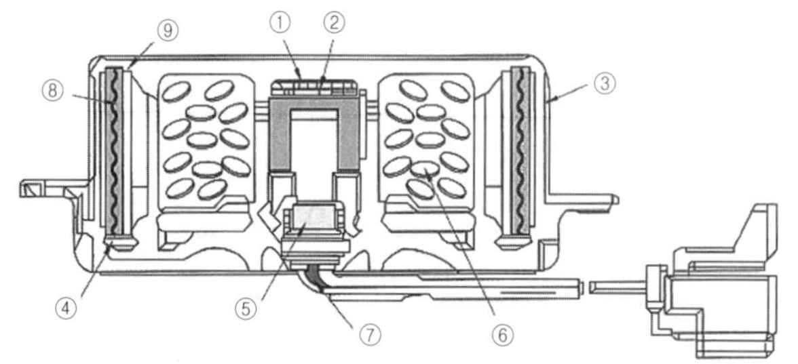

※ 주의 : 멀티미터로 측정 금지
① 점화회로
② 점화제
③ 인플레이터 하우징
④ 필터
⑤ 인플레이터
⑥ 가스 발생제
⑦ 단락용 클립
⑧ 디퓨저 스크린
⑨ 디퓨저

[그림 2-216] 인플레이터의 구조

참고

에어백 정비 시 주의사항

(1) 인플레이터 취급 주의사항
인플레이터 내에는 점화 전류가 흐르는 전기 접속부가 있어 화약에 전류가 흐르면 화약이 연소하여 작동의 우려가 있으므로, 테스터 등을 이용하여 측정해서는 안 된다. 즉, 에어백 인플레이터는 점화의 우려가 있어 분해 및 저항 측정을 하는 것은 절대 금물이다.

(2) 에어백 전개 후 정비 사항
① 점화된 에어백 모듈
② 에어백 ECU
③ 그 외 에어백 전개로 인한 파손된 부품

② **에어백** : 에어백은 내측에 고무 코팅된 나일론제 면으로 되어 있으며, 인플레이터와 함께 에어백 전개 시 팽창된다. 에어백은 점화회로에서 발생한 질소가스에 의해 팽창되고, 팽창 후 배출공으로 가스를 배출해 사고 후 운전자가 에어백에 눌리는 것을 방지한다.

③ **패트 커버(Pat Cover, 에어백 모듈 커버)** : 에어백 모듈이 전개되고 에어백 팽창 시 우레탄 커버가 갈라져 에어백이 밖으로 튕겨 나와 팽창하는 구조이다. 또한 패트 커버는 그물망으로 형성되어 에어백 전개 시 파편에 의한 인체의 상해를 방지한다.

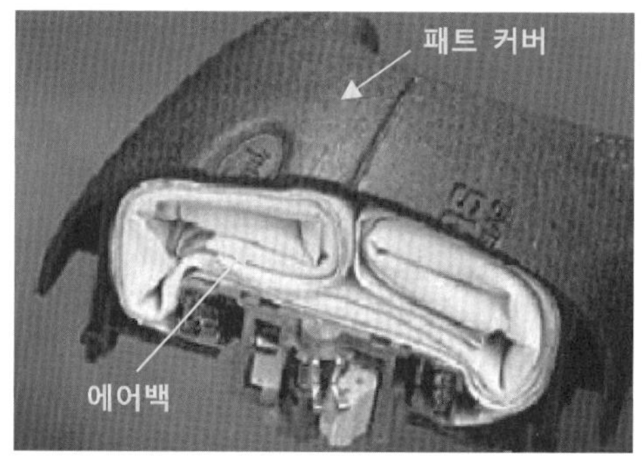

[그림 2-217] 에어백 및 패트 커버

(2) 클럭 스프링(Clock Spring)

① **기능** : 클럭 스프링은 조향 핸들과 스티어링 칼럼 사이에 장착되며, ACU(Air Bag Control Unit, **에어백 ECU)와 모듈 사이 배선을 접속하는 장치**이다.

② **작동** : 일반 배선을 사용해 연결할 경우 좌우 조향 시 배선이 꼬여 단선이 될 수도 있다. 이러한 단점을 보완한 클럭 스프링은 내부에 감길 수 있는 종이모양의 배선을 장착해 시계의 태엽처럼 감겼다 풀렸다 할 수 있게 작동한다.

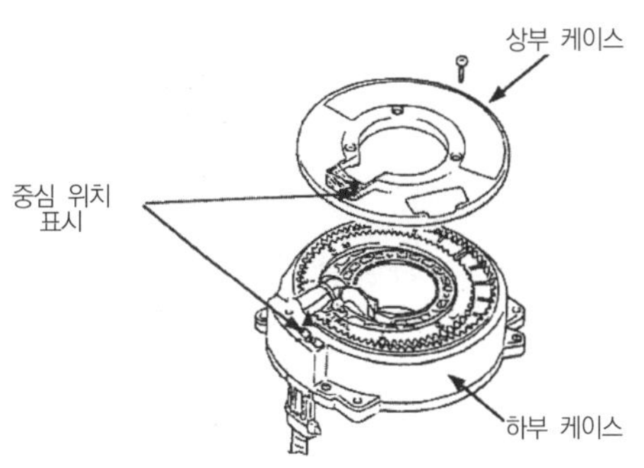

[그림 2-218] 클럭 스프링

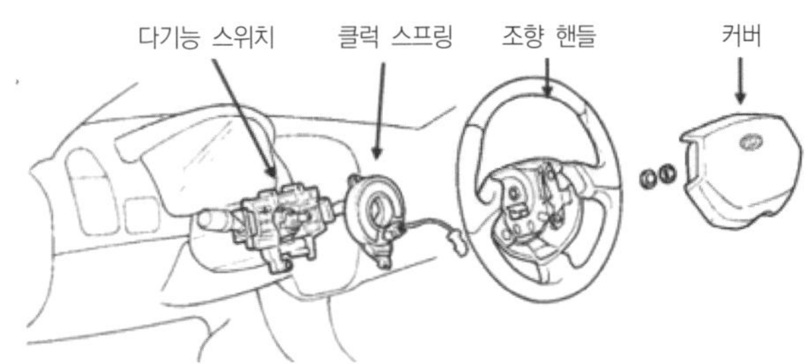

[그림 2-219] 클럭 스프링의 위치

(3) ACU(에어백 제어장치, 에어백 ECU)

Air-Bag Control Unit의 약자이다. 충돌 감지 센서에서 신호를 받아 에어백에 전달하는 장치로 **에어백의 전개 여부 등을 판단하고 제어하는 진단 제어장치**이다. 차량이 충돌로 충격을 받았으면, 그 충격이 에어백이 터질만한 충격인지 계산해주는 처리장치로 주로 차 중앙에 해당하는 운전석 우측 미션 하단에 설치되어 있다. SDM(Sensor Diagnostic Module)이라고도 불린다.

(4) 충돌 감지 센서

전방 충돌 감지 센서와 측면 충돌 감지 센서로 구분되어 있다. 가속도 센서(G센서)와 전복 감지 센서 ROS(Roll-Over Sensor) 등으로 구성되어 있다. 충돌 감지 센서는 **차량의 충돌 상태, 즉 가속값(G값)을 산출하는 센서**로 평상 주행 시 외 급가속 시와 급감속 시를 명확하게 구별하여 에어백 ECU로 출력하게끔 되어 있다. 즉, 충돌사고인지 아닌지 그리고 충돌 순간의 작용된 힘이 얼마만큼인지를 전기적인 값으로 출력하여 에어백 컨트롤 유닛(ACU)으로 보내주는 센서이다.

3 에어백 작동 전개 과정

센서의 충격 인식 → ACU(에어백 제어장치) 충격 계산 및 에어백 전개 여부 결정 → 인플레이터에 신호 보냄 → 에어백 전개

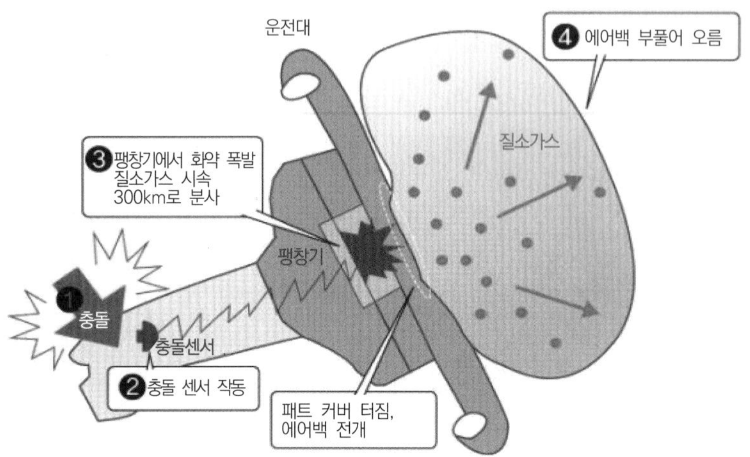

[그림 2-220] 에어백 작동과정

02 에탁스(ETACS : Electronic Time Alarm Control System)

1 개요

에탁스는 전자(Electronic), 시간(Time), 경보(Alarm), 제어(Control), 장치(System)의 첫 머리글자의 합성어이며, 자동차 전기장치 중 **시간에 의하여 작동하는 장치 또는 경보를 발생**시켜 운전자에게 알려주는 편의장치이다.

2 에탁스(ETACS) 제어 기능

① 와셔 연동 와이퍼 제어

② 간헐 와이퍼 및 차속감응 와이퍼 제어

③ 점화스위치 키 구멍 조명 제어

④ 파워 윈도 타이머 제어

⑤ 안전벨트 경고등 타이머 제어

⑥ 점화스위치(키) 회수 제어

⑦ 열선 타이머 제어(사이드 미러 및 앞 유리 성애 제거 포함)

⑧ 미등 자동소등 제어

⑨ 감광방식 실내등 제어

⑩ 도어 잠금 해제 경고 제어

⑪ 자동 도어 잠금 제어

⑫ 중앙 집중 방식 도어 잠금장치 제어

⑬ 도난경계 경보 제어

⑭ 점화스위치를 탈거할 때, 도어 잠금(lock) / 잠금 해제(un lock) 제어

⑮ 충돌을 검출하였을 때, 도어 잠금 / 잠금 해제 제어

⑯ 원격 관련 제어

- 원격시동 제어
- 키리스(keyless) 엔트리 제어
- 트렁크 열림 제어
- 리모컨에 의한 파워 윈도 및 폴딩 미러 제어

3 에탁스 입 · 출력요소

입력요소	제어	출력요소
• 와이퍼 INT 스위치, 와셔 스위치 • 열선 스위치 • 안전벨트 스위치 • 각종 도어 스위치 • 차속 센서 • 미등 스위치 • 발전기 L 출력 • 트렁크 스위치 • 키 삽입 스위치 • 도어 로크 스위치 • 운전석 파워 윈도 스위치 제어 항목 –파워 윈도 –도어 로크, 언로크 –충돌 시 언로크 기능	E T A C S	• 와셔 연동 와이퍼 • 뒷유리 열선 • 안전벨트 경고등 • 감광식 룸 램프 • 점화키 조명 • 파워 윈도 타이머 • 도어 열림 차임벨 • 속도감응 와이퍼 • 램프 AUTO CUT • 리어 파워 윈도 • 도난 경보기 • 주행 중 도어 로크 • 점화키 OFF후 언로크 • 경계 진입 시 비상등

제 9 장 출제 예상 문제

• 안전 및 편의장치

01 차량의 정면에 설치된 에어백에 관한 내용으로서 틀린 것은?

① 차량 전면에서 강한 충격력을 받으면 부풀어 오른다.
② 부풀어 오른 에어백의 팽창은 즉시 수축되면 안 된다.
③ 차량의 측면, 후면 충돌 시에는 작동하지 않을 수 있다.
④ 운전자의 안면부 충격을 완화시킨다.

해설 부풀어 오른 에어백의 팽창은 호흡을 방해하므로 충격을 흡수 후 즉시 수축되어야 한다. 또한 에어백은 팽창 시 승객의 하중으로 에어백을 누르면 질소가스는 뒤쪽에 설치된 2개의 배기 포트를 통하여 배출되어 충격이 감소되도록 한다.

02 자동차에서 에어백 시스템의 구성부품이 아닌 것은?

① 클럭 스프링(Clock Spring)
② 백(Bag)
③ 충돌 감지 센서
④ 차속 센서

해설 **에어백의 구성 요소**

(1) 에어백 모듈(Air Bag Module)
　㉠ 가스 발생기(인플레이터, Inflater or Inflator)
　㉡ 에어백(Air Bag)
　㉢ 패트 커버(Pat Cover, 에어백 모듈 커버)
(2) 클럭 스프링(Clock Spring)
(3) ACU(에어백 제어장치, 에어백 ECU)
(4) 충돌 감지 센서

참고 **에어백 작동 전개과정**

센서의 충격 인식 → ACU(에어백 제어장치) 충격 계산 및 에어백 전개 여부 결정 → 인플레이터에 신호 보냄 → 에어백 전개

03 에어백(Air Bag) 작업 시 주의사항으로 잘못된 것은?

① 스티어링 휠 장착 시 클럭 스프링의 중립을 확인할 것
② 에어백 관련 정비 시 배터리 (−)단자를 떼어 놓을 것
③ 보디 도장 시 열처리를 요할 때는 인플레이터를 탈거할 것
④ 인플레이터의 저항을 멀티 테스터로 측정할 것

해설 인플레이터 내에는 점화 전류가 흐르는 전기 접속부가 있어 화약에 전류가 흐르면 화약이 연소하여 작동의 우려가 있으므로, 테스터 등을 이용하여 측정해서는 안 된다. 즉, 에어백 인플레이터는 점화의 우려가 있어 분해 및 저항 측정을 하는 것은 절대 금물이다.

04 에어백 인플레이터(Inflator)의 역할을 바르게 설명한 것은?

① 에어백의 진동을 위한 전기적인 충전을 하여 배터리가 없을 때에도 작동시키는 역할을 한다.
② 점화장치, 질소가스 등이 내장되어 에어백이 작동할 수 있도록 점화 역할을 한다.
③ 충돌할 때 충격을 감지하는 역할을 한다.
④ 고장이 발생하였을 때 경고등을 점등한다.

해설 **인플레이터(Inflator)**

인플레이터는 에어백의 가스 발생장치로 점화장치에 의하여 가스 발생제(일반적으로 아질산나트륨)를 순간적으로 연소시켜 나온 질소가스로 에어백을 부풀게 하는 역할을 한다.

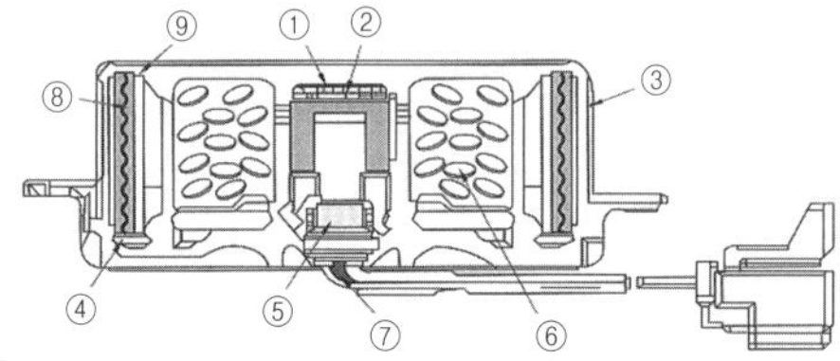

[인플레이터의 구성]
① 점화회로　② 점화제　③ 인플레이터 하우징
④ 필터　⑤ 인플레이터　⑥ 가스 발생제
⑦ 단락용 클립　⑧ 디퓨저 스크린　⑨ 디퓨저

정답 01 ② 02 ④ 03 ④ 04 ②

05 **일반적으로 에어백(Air Bag)에 가장 많이 사용되는 가스는?**

① 수소 ② 이산화탄소
③ 질소 ④ 산소

해설 에어백 시스템에 장착된 가스 발생기(Inflator)는 가스 발생제를 순간적으로 연소시키고, 질소가스를 발생시켜 에어백을 부풀게 한다. 이렇듯 에어백 시스템에 사용되는 가스는 질소가스(N_2)이다.

06 **에어백 진단기기를 사용하여 작업 시 안전 및 유의사항이 아닌 것은?**

① 인플레이터에 직접적인 전원공급을 삼가해야 한다.
② 에어백 모듈의 분해, 수리, 납땜 등의 작업을 하지 않아야 한다.
③ 미전개된 에어백은 모듈의 커버 면을 바깥쪽으로 하여 운반해야 한다.
④ 에어백 장치에 대한 부품을 떼어 내든지 점검할 때에는 축전지 단자를 분리하지 않는다.

해설 **에어백 진단기기 사용 시 주의사항**
에어백 진단기기를 사용하여 에어백 점검 · 정비 시에는 ①, ②, ③항 외에 반드시 축전지 전원을 차단(단자 분리)해야 한다.

07 **에어백 인플레이터에 장착된 디퓨저 스크린의 기능으로 틀린 것은?**

① 필터 기능
② 가스온도의 냉각
③ 가스소음을 저감
④ 가스연소 촉진

해설 **디퓨저 스크린(Filter) 기능**
스크린은 연소가스의 이물질을 제거하는 필터 기능 외에도 가스온도의 냉각, 가스소음을 저감하는 역할을 한다.

08 **다음 중 가속도(G) 센서가 사용되는 전자제어 장치는?**

① 배출가스 후처리 장치(DPF)
② 에어백 장치(Air－Bag System)
③ 중앙 집중식 제어장치(ETACS)
④ 정속 주행 장치(Cruise Control System)

해설 **에어백 충돌 감지 센서**
에어백 장치에 장착된 충돌 감지 센서는 전방 충돌 감지 센서와 측면 충돌 감지 센서로 구분되어 있다. 가속도 센서(G센서)와 전복 감지 센서 ROS(Roll－Over Sensor) 등으로 구성되어 주행 중 충돌이 발생되었을 때 가속도값(G값)이 충격한계 이상이면 에어백을 전개시켜 안전을 도모한다.
※가속도(G) 센서는 에어백과 전자제어 현가장치에서 사용한다.

09 **다음 중 에어백 시스템에서 클럭 스프링(Clock Spring)의 기능을 바르게 설명한 것은?**

① ACU(에어백 ECU)와 모듈 사이 배선을 접속하는 장치
② 자동차의 충돌을 감지하고 에어백 시스템에 전달하는 충격을 감지하는 장치
③ 가스 발생제를 순간적으로 연소시키고, 질소가스를 발생시켜 에어백을 부풀게 하는 장치
④ 에어백의 전개 여부 등을 판단하고 제어하는 진단 제어장치

해설 **클럭 스프링(Clock Spring)**
클럭 스프링은 조향 핸들과 스티어링 칼럼 사이에 장착되며, ACU(Air Bag Control Unit, 에어백 ECU)와 모듈 사이 배선을 접속하는 장치이다.

10 **다음 중 자동차 도난 방지 장치의 작동 설명으로 틀린 것은?**

① 도난 방지 장치가 경계 중에 외부에서 강제로 도어를 열었을 때 경보가 울린다.
② 도난 방지 장치가 경계 중에 외부에서 강제로 트렁크를 열었을 때 경보가 울린다.
③ 도난 방지 장치가 경계 중에 내부에서 도어로크를 로브로 언로크했을 때 경보가 울린다.
④ 도난 방지 장치가 경계 중에 기관 후드를 외부에서 강제로 열었을 때 경보가 울린다.

해설 **도난 방지 장치의 작동(경계 상태)**
도난 방지 차량에서 경계 상태가 되기 위한 입력요소는 후드 스위치, 트렁크 스위치, 도어 스위치 등이다. 그리고 다음의 조건이 1개라도 만족하지 않으면 도난 방지 상태로 진입하지 않는다.
㉠ 후드 스위치(hood switch)가 닫혀있을 때
㉡ 트렁크 스위치가 닫혀있을 때
㉢ 각 도어 스위치가 모두 닫혀있을 때
㉣ 각 도어 잠금 스위치가 잠겨있을 때

정답 05 ③ 06 ④ 07 ④ 08 ② 09 ① 10 ③

11 **편의장치 중 중앙 집중식 제어장치(ETA CS)에 포함된 기능이 아닌 것은?**

① 에어백 제어 기능
② 파워 윈도 제어 기능
③ 안전띠 미착용 경보 기능
④ 뒷유리 열선 제어 기능

해설 **에탁스(ETACS) 제어 기능**

- 와셔 연동 와이퍼 제어
- 간헐 와이퍼 및 차속감응 와이퍼 제어
- 점화스위치 키 구멍 조명 제어
- 파워 윈도 타이머 제어
- 안전벨트 경고등 타이머 제어
- 점화스위치(키) 회수 제어
- 열선 타이머 제어(사이드 미러 및 앞 유리 성애 제거 포함)
- 미등 자동소등 제어
- 감광방식 실내등 제어
- 도어 잠금 해제 경고 제어
- 자동 도어 잠금 제어
- 중앙 집중 방식 도어 잠금장치 제어
- 도난경계 경보 제어
- 점화스위치를 탈거할 때, 도어 잠금(lock)/잠금 해제(un lock) 제어
- 충돌을 검출하였을 때, 도어 잠금/잠금 해제 제어

※에어백 제어는 에어백 장치에 장착된 ACU(에어백 제어장치, 에어백 ECU)에서 제어한다.

12 **이모빌라이저 시스템에 대한 설명으로 틀린 것은?**

① 차량의 도난을 방지할 목적으로 적용되는 시스템이다.
② 도난 상황에서 시동이 걸리지 않도록 제어한다.
③ 도난 상황에서 시동 키가 회전되지 않도록 제어한다.
④ 엔진 시동은 반드시 차량에 등록된 키로만 시동이 가능하다.

해설 **이모빌라이저(Immobilizer) 시스템**

트랜스폰더(송신기와 응답기) 키 방식으로 차량의 도난을 방지할 목적으로 적용되는 것이며, 도난 상황에서 시동이 걸리지 않도록 제어한다. 또한 엔진 시동은 반드시 암호 코드가 일치할 경우(사전 차량에 등록된 키)에만 시동이 가능하도록 한 도난 방지 장치이다.

정답 11 ① 12 ③

섀시

오세인의 자동차 구조원리

www.cyber.co.kr

CHAPTER 01 자동차 섀시 일반

01 개요

1 정의

자동차는 **차체(보디)와 섀시**로 구분되어 있으며, 섀시는 여러 장치로 구성된다.

(1) 차체(Body)

자동차의 외형을 이루는 부분으로 차실, 적재함, 운전실, 트렁크, 펜더, 도어 등으로 구성된다.

(2) 섀시(Chassis)

자동차에서 차체를 제외한 부분 전체를 말하며, 여러 부품으로 구성되어 있다.

(a) 차체(보디)

(b) 섀시

[그림 3 - 1] 차체(보디)와 섀시

2 자동차의 구성

(1) 차체(보디)의 구성

① 차실 : 승객을 태우기 위한 부분

② 운전실 : 트럭 등에서 운전자가 탑승하기 위한 부분

③ 화물적재함 : 화물을 적재하기 위한 부분

④ 트렁크 : 승용차 등에서 화물을 적재하기 위한 부분

(2) 섀시의 구성

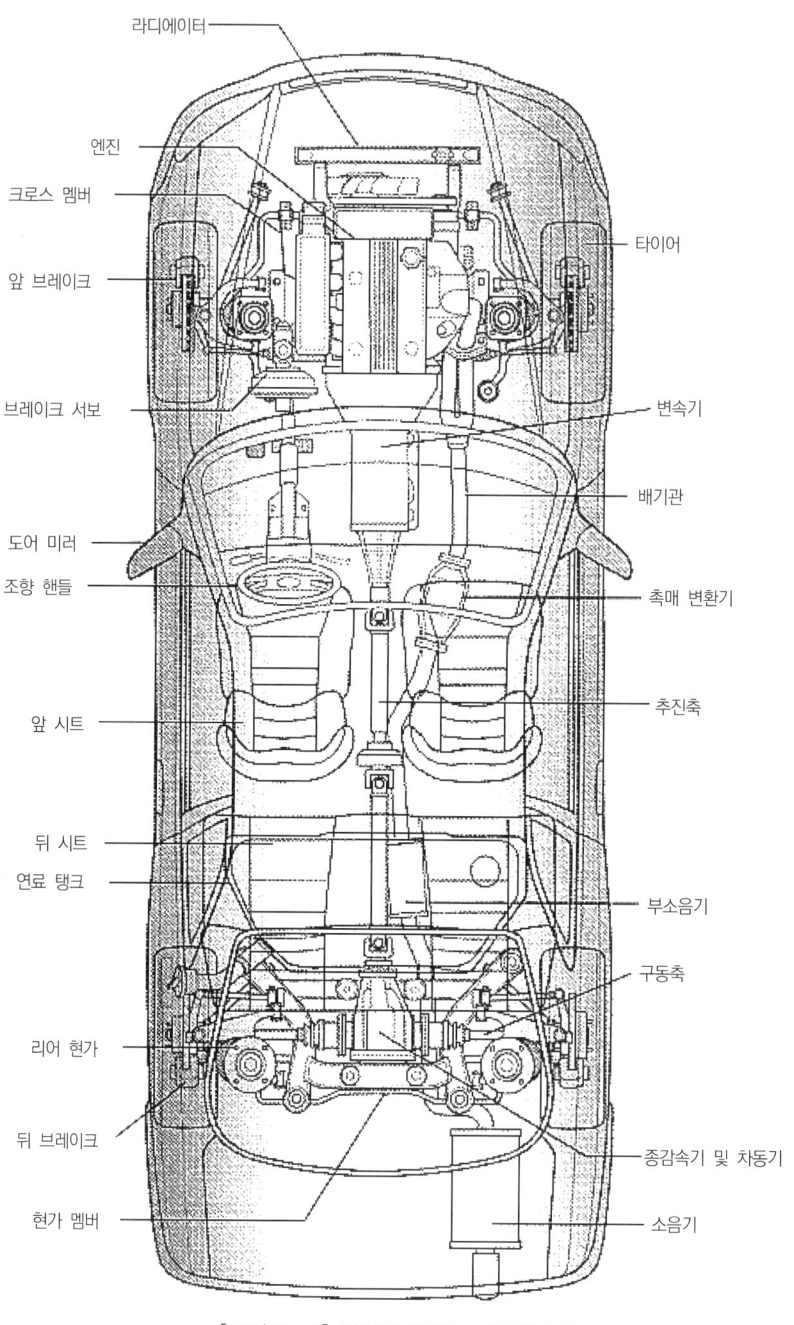

[그림 3-2] 위에서 바라본 섀시의 구성

① **동력 발생 장치** : 자동차를 구동할 수 있는 **구동력을 발생시키는 장치**로 연료를 연소시켜 발생하는 **열에너지를 기계적 에너지로 바꾸기 위한** 일련의 장치

㉠ 기관 본체(Engine Block)

㉡ 윤활장치(Lubrication System)

㉢ 냉각장치(Cooling System)

㉣ 연료장치(Fuel System)

㉤ 흡 · 배기장치(Intake & Exhaust System)

② **동력 전달 장치** : 엔진의 동력을 구동바퀴까지 **전달**하는 일련의 장치

㉠ 클러치(Clutch)

㉡ 변속기(Transmission)

㉢ 추진축(Propeller Shaft)

㉣ 종감속 장치(Final Reduction Gear)

㉤ 차동 기어 장치(Differential Gear)

㉥ 휠 및 타이어(Wheel & Tire)

③ **현가장치** : 자동차의 주행중 노면에서 발생한 **진동 및 충격을 완화**하는 장치로 승차감을 향상시키고 차체 각부의 내부 응력을 절감하여 내구성을 높이기 위한 충격 흡수 장치

④ **조종장치** : 자동차의 **진행 방향을 바꾸고 속도를 감속 · 정지**시키는 장치

㉠ 조향장치(Steering System) : 자동차의 진행 방향을 운전자 임의대로 조종할 수 있도록 설치된 장치이며, 핸들과 조향 기어, 조향 링키지로 구성된다.

㉡ 제동장치(Brake System) : 주행 중에 있는 자동차의 속도를 감속하거나 정지시킬 때, 또는 경사로에서 자동차를 정지 상태로 유지시킬 수 있는 장치를 말한다.

⑤ **차대(Frame)** : 차체 및 섀시의 여러 부품이 장착되는 자동차의 **뼈대**

02 구동륜에 의한 분류

자동차는 엔진에서 발생된 동력이 변속기와 종감속 장치를 거쳐 구동바퀴로 전달되며 타이어와 노면의 마찰력에 의하여 자동차는 주행한다. 이렇게 기관의 동력이 바퀴에 전달되는 형식에는 다음의 종류가 있다.

1 앞기관 후륜구동방식(FR type)

자동차의 앞부분에 엔진을 설치하고 변속기 → 추진축 → 종감속 장치 → 액슬축 → 뒤바퀴 순으로 동력이 전달되는 구동방식으로 현재 승용차를 제외한 차량에 주로 사용되고 있다.

(1) 장점

① 엔진, 클러치, 변속기가 운전석 가까이 있어 조작기구가 간단하다.
② 전방에 엔진이 설치되어 주행 시 엔진이 바람을 맞기 때문에 냉각 효과가 좋다.
③ 자동차의 각종 장치가 분산되어 있어 정비가 용이하다.
④ 트럭인 경우 기관이 화물의 적하작업에 방해되는 일이 없고 하대의 높이나 용적에 제약을 받지 않는다.

(2) 단점

① 운전석 전방에 기관실이 있으므로 운전자 시계가 방해된다.
② 차체의 전방 일부를 기관실이 차지하므로 차실 밑면적이 좁다.
③ 기관 또는 변속기의 소음, 연료 및 윤활유 냄새가 차실 내로 들어가기 쉽다.
④ 자동차를 뒤에서 미는 것처럼 구동하므로 고속으로 달릴 때에는 차량의 좌우 방향 앞바퀴 조향이 불안하게 되기 쉽다.

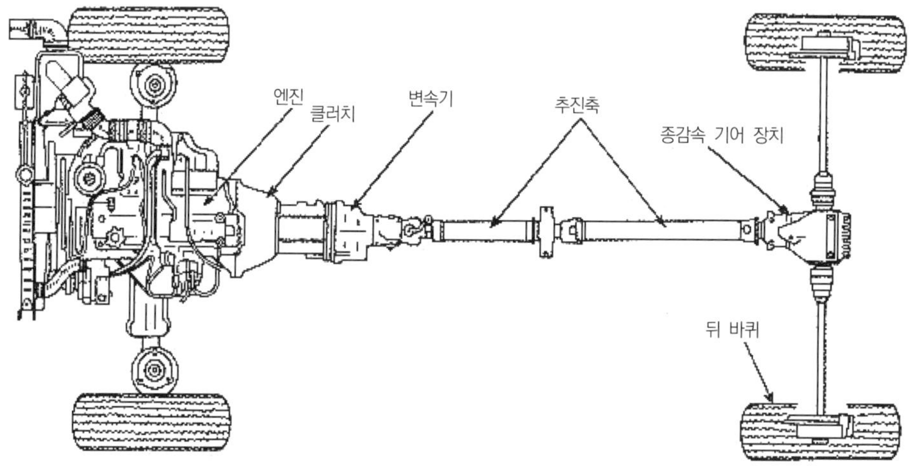

[그림 3-3] FR 방식 자동차

2 앞기관 전륜구동방식(FF type)

소형자동차 또는 승용자동차에 주로 사용되는 형식으로 엔진과 동력 전달 장치가 앞쪽에 모여 있고, **앞바퀴가 구동바퀴가 되는 형식**을 말한다.

(1) 장점

① 기관과 구동륜까지의 동력 전달 계통이 자동차 차체 앞부분에 설치되어 **추진축이 불필요**하고 바닥을 낮게 할 수 있어 모양과 **안정성**이 좋다.
② 동력 전달 계통 조작기구가 간단하다.
③ 자동차 주행 중 엔진에 바람을 직접 받을 수 있어 냉각이 효과적이다.

④ 추력이 전류 방향으로 작용하므로 눈길, 자갈길 등에서 차량의 **조종성**이 좋게 된다.

⑤ 앞이 무거워지므로 일정한 각도의 선회에서는 선회 반지름이 속도와 더불어 증가하여 조종성이 좋다.

(2) 단점

① 구조가 복잡해지고 제작비가 비싸다.

② 최소 회전 반지름이 후륜구동방식에 비하여 약간 크다.

③ 기관의 위치가 앞바퀴의 위치에 의하여 어느 정도 제한을 받는다.

④ 앞바퀴에 하중 부담이 커서 타이어의 마모가 심하다.

⑤ 언덕길에서는 앞바퀴의 하중이 감소하여 견인력이 작아진다.

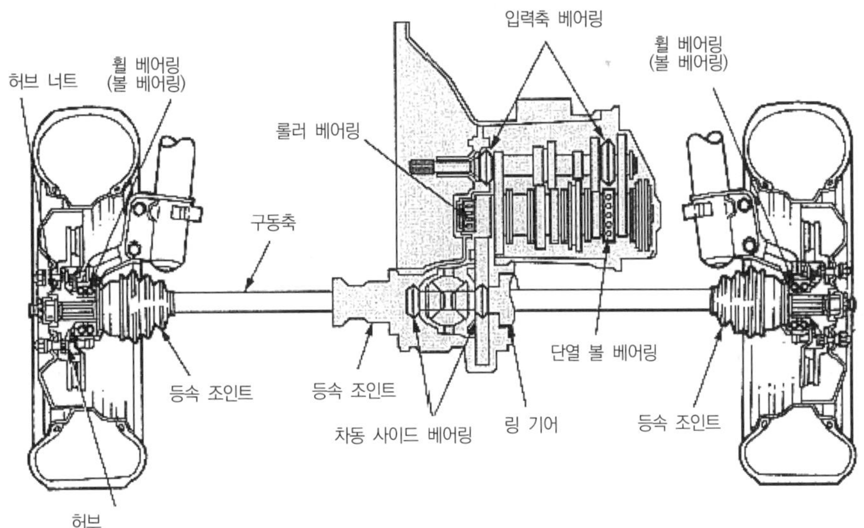

[그림 3-4] FF 방식 자동차

3 뒷기관 후륜구동방식(RR type)

이 형식은 주로 중형 이상의 **대형차에 사용**하는 방식으로 차체 후방에 엔진을 설치하고 뒷바퀴로 구동하는 형식을 말한다.

[그림 3-5] 후엔진 후륜구동식(RR차)

(1) 장점

① 변속기나 추진축의 용적이 불필요하다.

② 바닥을 낮출 수가 있어 안정성, 거주성이 양호하다.

③ 운전자의 시계가 넓고 차실을 크게 할 수 있다.

④ 기관, 변속기의 소음이나 냄새가 차실에 들어오지 않는다.

(2) 단점

① 후륜 하중이 크므로 일정 조향각도에 대한 선회 반지름이 고속일 때 작아지게 된다.
② 트럭용으로는 부적합하다.
③ 원격 조작이 필요하여 구조가 복잡하게 된다.
④ 기관 냉각기구가 복잡하게 된다.

4 중앙기관 후륜구동방식(MR type)

① 이 형식은 **앞바퀴와 뒷바퀴 사이에 엔진이 있고 뒷바퀴에 힘을 받아 자동차를 구동시키는 방식**으로, 무거운 엔진이 중앙에 있어 회전관성상 유리해 타 구동방식 대비 주행성능이 뛰어나다.
② 구조상 엔진의 크기에 제약이 적으나 엔진공간으로 인해 탑승공간이 좁아져 주로 주행성능에 중점을 둔 2인승 레이싱카나 스포츠카에 적용한다.

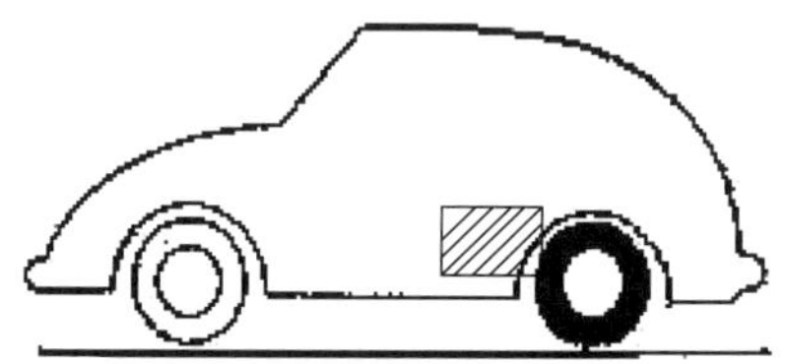

[그림 3-6] MR 방식 자동차

5 앞기관 총륜구동방식(4WD Type)

기본 FR 자동차와 동력 전달 방식이 비슷하다고 할 수 있으나, 4륜 모두 구동한다. 또한 구동계통 중간에 **트랜스퍼라고 부르는 동력 배분 장치**가 있으며, 4륜 구동으로 굴곡로를 주행할 때 발생하는 전후 차축의 회전차를 흡수하기 위하여 디퍼렌셜이라고 부르는 차동 기어를 장착한다.

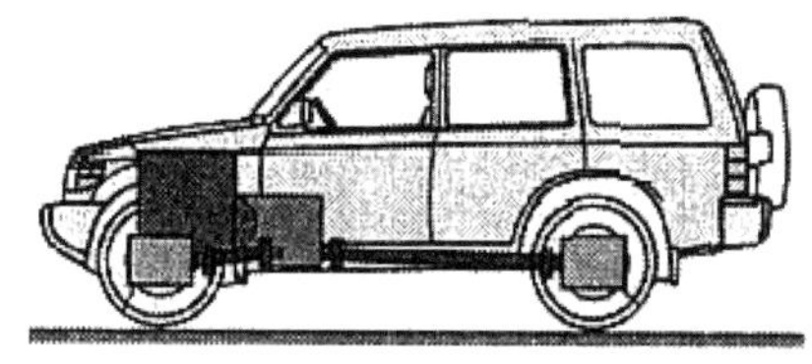

[그림 3-7] 4WD 방식 자동차

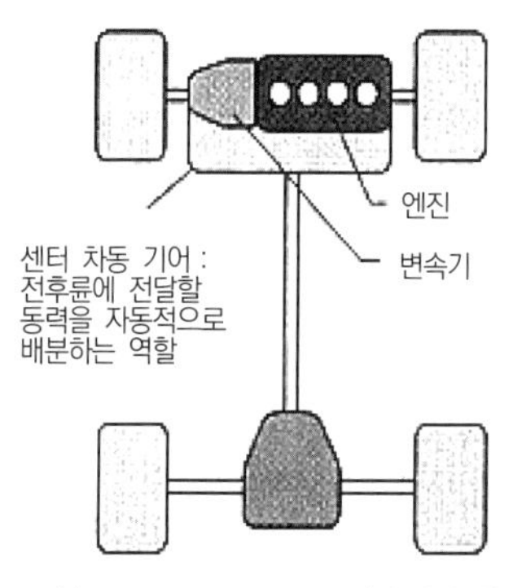

(a) Full-time 4WD(상시방식)

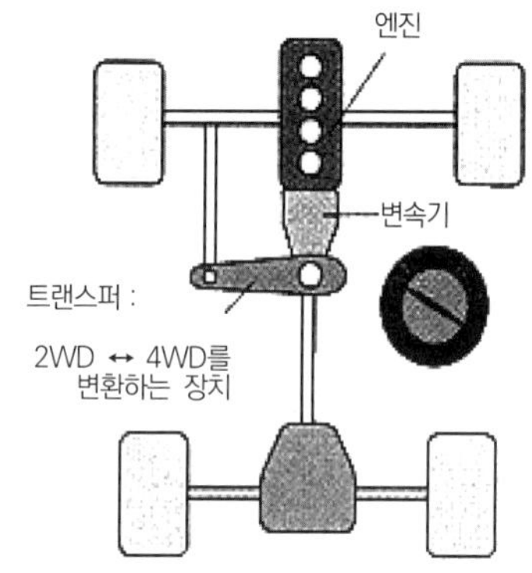

(b) Part-time 4WD(선택방식)

[그림 3-8] 4WD 구동방식

CHAPTER

02 동력 전달 장치

01 개요

1 정의

엔진에서 발생한 동력을 감속 또는 증속하여 자동차 주행 상태에 적합한 동력으로 환원하여 구동바퀴까지 전달하는 일련의 장치로 엔진의 설치 위치와 구동바퀴 선택에 따라 조금씩 다르다.

2 동력 전달 장치의 종류

① 앞엔진 뒷구동식(FR type) : 예전 승용차에는 많이 적용했으나, 최근에는 중형급 이상 고급승용차에 많이 채택

② 앞엔진 앞구동식(FF type) : 근래 중 · 소형 승용자동차에 많이 사용

③ 뒤엔진 뒷구동식(RR type) : 버스 등 대형차량에 많이 사용

④ 중앙엔진 뒷구동식(MR type) : 현재 거의 사용하지 않으나, 주로 2인승 레이싱카나 스포츠카에 적용

⑤ 총륜구동식(4-Wheel Drive type) : 모든 바퀴를 구동하는 형식으로, 건설 차량이나 군용 차량에 많이 사용

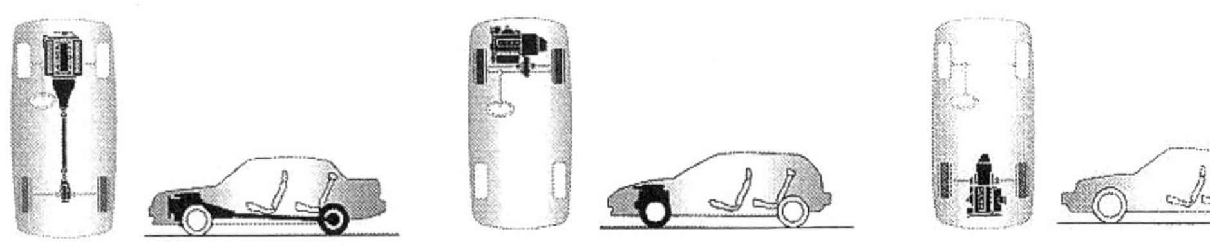

[그림 3-9] FR type

[그림 3-10] FF type

[그림 3-11] RR type

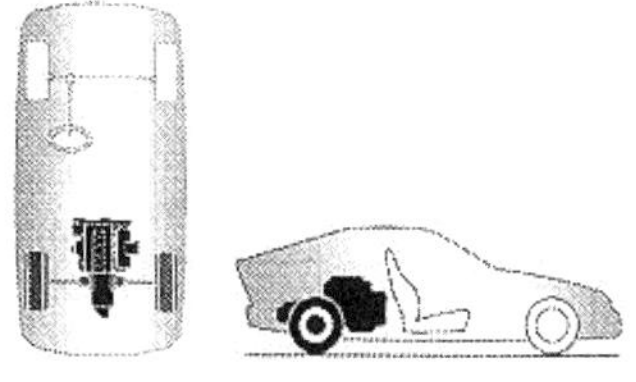

[그림 3-12] MR type

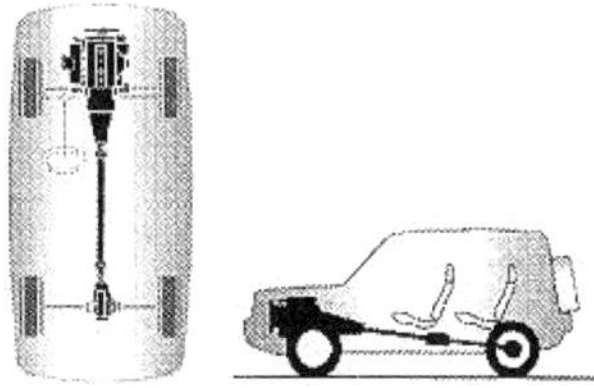

[그림 3-13] 4WD type

3 구성

(1) 클러치

엔진의 **동력을 단속**하여 변속기에 전달하는 장치이다.

(2) 변속기

클러치에 의하여 전달받은 동력을 자동차의 주행 상태에 알맞게 변속시켜 주는 장치이다.

(3) 드라이브 라인

변속기의 동력을 전달시 발생하는 **각도 변화와 길이 변화를 흡수하여 종감속 장치에 전달**하는 축이다.

(4) 종감속 장치

변속기에서 추진축을 통해 전달된 동력을 **최종 감속**한 후 직각으로 방향을 전환하여 액슬축에 전달하는 장치이다.

(5) 차동장치

자동차의 방향 전환 시 **좌우 바퀴의 회전차를 두어** 원활한 회전이 되도록 한 장치로 종감속 장치와 일체로 되어 있다.

(6) 차축(액슬축)

종감속 장치의 동력을 구동바퀴에 전달한다.

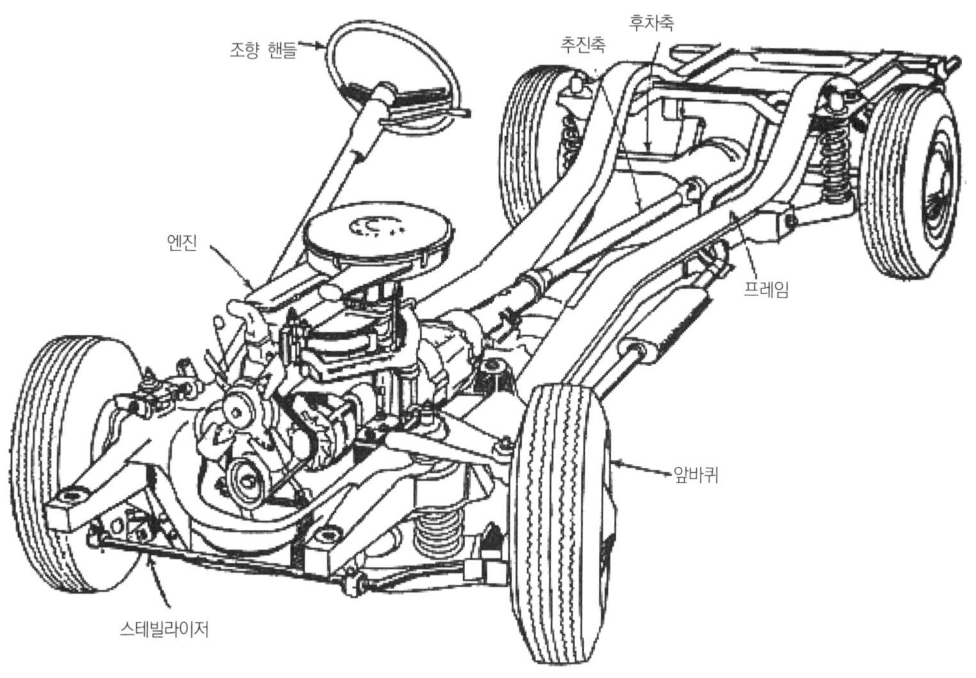

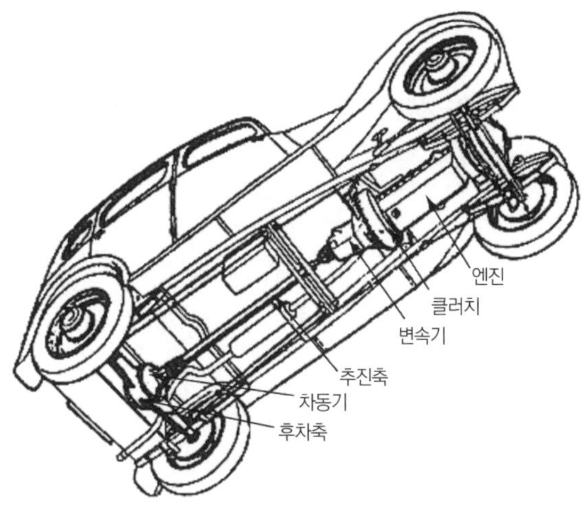

[그림 3－14] 동력 전달 장치의 구성

02 클러치(Clutch)

1 개요

(1) 기능

엔진과 변속기 사이에 설치되어 엔진의 동력을 변속기에 전달하고 또 필요에 따라 차단하여 주는 장치이다.

(2) 필요성

① **엔진 기동 시** : 엔진은 자기 기동을 할 수 없으므로 기동 시 엔진을 **무부하 상태**로 한다.

② **기어 변속 시** : 변속기의 **기어를 변속 시** 엔진의 동력을 차단하지 않으면 변속이 어렵다(즉, 변속기의 기어 바꿈을 위해).

③ **관성 주행 시** : **타력(타성) 주행**이라고도 하며, 엔진의 동력을 차단한 상태로 운전하는 것을 말한다.

(3) 구비조건

① 동력 차단이 신속하고 확실할 것

② 회전 부분의 평형이 좋을 것

③ **회전 관성이 작을 것**

④ 방열이 양호하여 과열되지 않을 것

⑤ 구조가 간단하고 고장이 적을 것
⑥ 접속된 후에는 미끄러지지 않을 것
⑦ 동력의 전달을 시작할 경우에는 미끄러지면서 서서히 전달될 것

(4) 종류

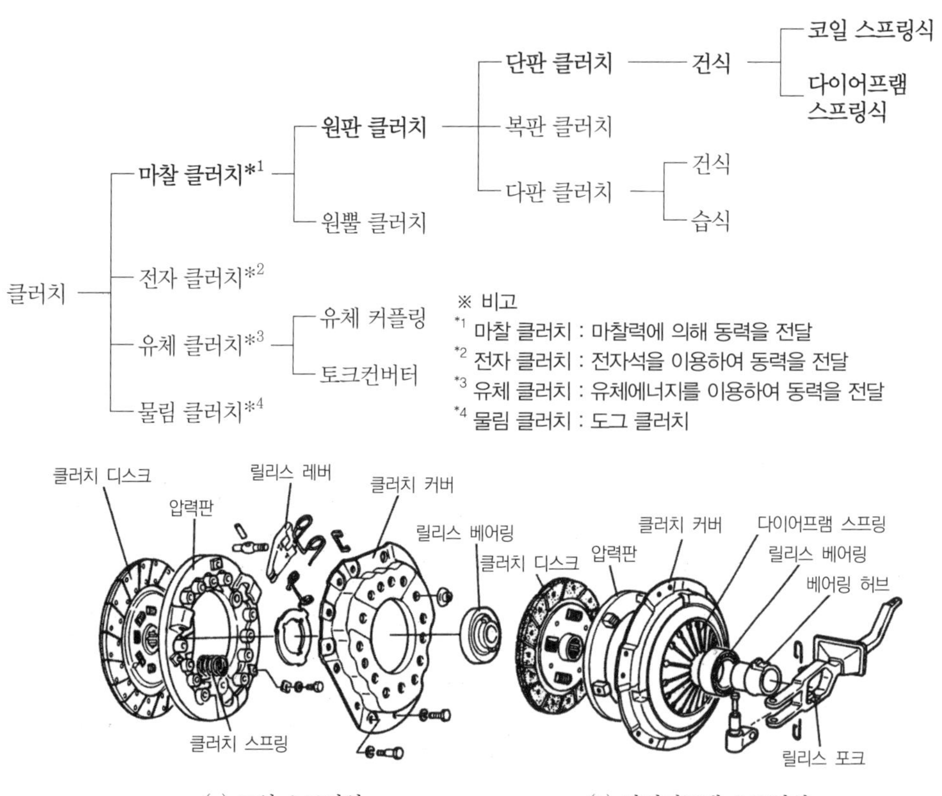

(a) 코일 스프링식 (b) 다이어프램 스프링식

[그림 3－15] 클러치 본체의 구성

2 클러치의 작동

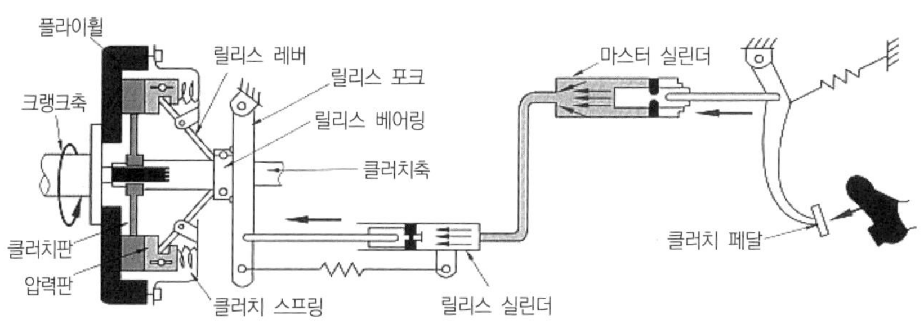

[그림 3－16] 클러치의 작동 원리(유압식)

(1) 동력의 차단

페달을 밟으면 페달에 연결되는 로드와 포크에 의해 압력판이 클러치판으로부터 **떨어져 차단**된다.

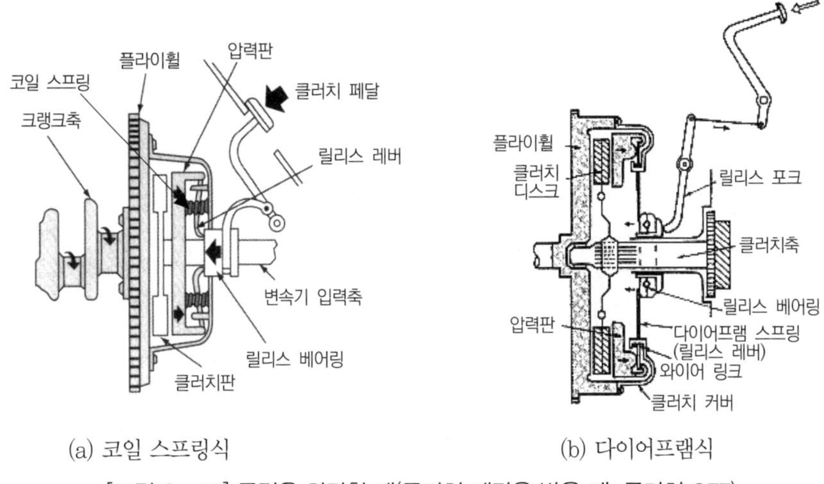

(a) 코일 스프링식 (b) 다이어프램식

[그림 3-17] 동력을 차단할 때(클러치 페달을 밟을 때, 클러치 OFF)

(2) 동력의 전달

페달을 놓으면 스프링이 압력판에 압력을 가하여 클러치판을 플라이휠 마찰면에 **밀어붙여 동력이 전달**된다.

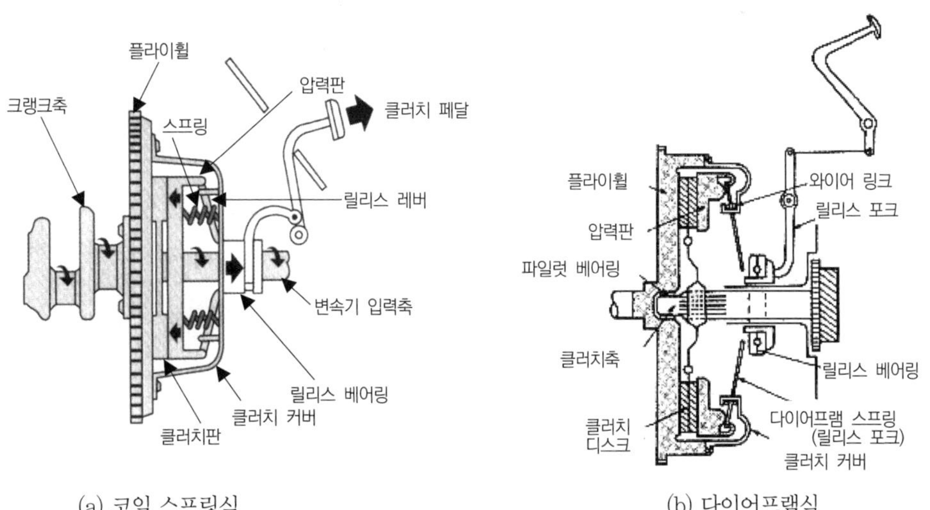

(a) 코일 스프링식 (b) 다이어프램식

[그림 3-18] 동력을 전달할 때(클러치 페달을 놓을 때, 클러치 ON)

3 마찰 클러치의 구조 및 기능

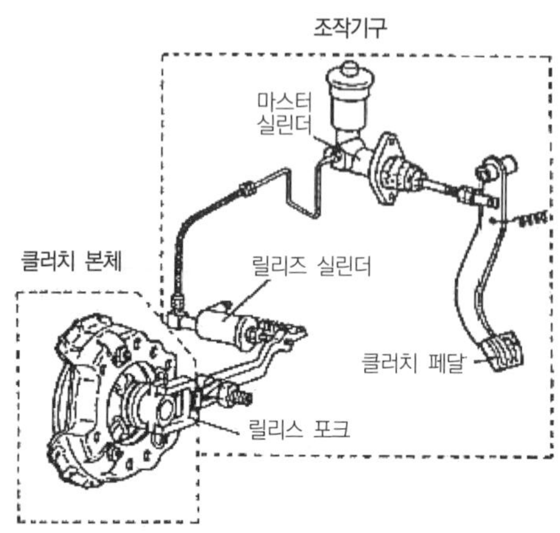

[그림 3-19] 건식 단판 마찰 클러치의 구조

(1) 클러치판(클러치 디스크, clutch disc)

플라이휠과 압력판 사이에 설치되며 클러치축에 끼워져 엔진의 **동력을 마찰력에 의하여 전달**하는 원형으로 된 판

① 클러치 라이닝(페이싱)

㉠ 플라이휠과 압력판에 접촉하여 마찰력 발생

㉡ **마찰계수** : 0.3~0.5μ

㉢ 재질 : 석면

㉣ 클러치 강판에 리벳으로 설치

- 리벳 깊이 한계 : 0.3mm
- 측정 : 버니어 캘리퍼스 또는 깊이 게이지

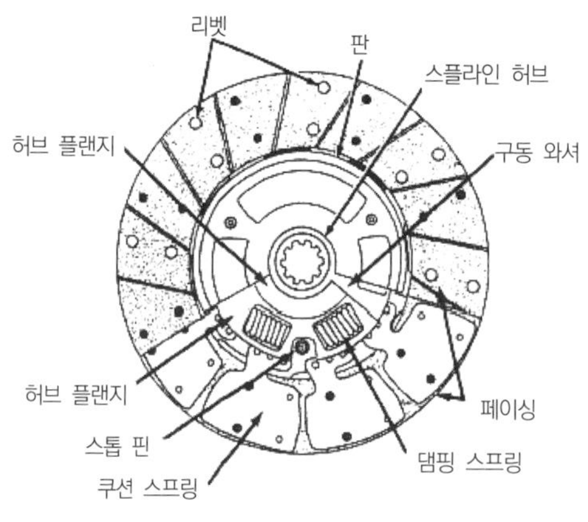

(a) 클러치판의 구조

(b) 클러치판 실물

[그림 3-20] 클러치판의 구조 및 클러치판 실물

ⓜ 마찰 시 발생하는 열을 발산하기 위하여 홈을 설치

ⓑ 클러치 라이닝의 구비조건

- 내열성
- 내마멸성
- 마찰계수의 변화가 적을 것
- 인체에 무해할 것

② 쿠션 스프링

㉠ 클러치 강판과 연결, 라이닝 사이에 물결(웨이브)형으로 설치

㉡ 클러치가 **수직으로 접촉 시 충격을 흡수**(클러치판의 변형, 편 마멸, 파손 방지)

㉢ 모든 차량에 전부 설치하는 것은 아님

③ 토션 댐퍼 스프링(비틀림 코일 스프링)

㉠ 클러치 허브에 설치

㉡ 코일형으로 된 스프링

㉢ 클러치 접촉 시 **회전 충격을 흡수**

㉣ 이 스프링이 파손되면 공전 시 소음이 많음

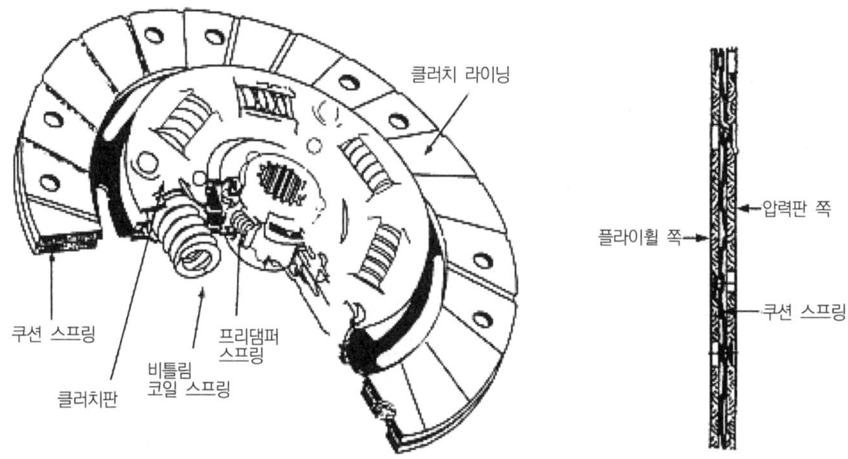

[그림 3-21] 쿠션 스프링 및 비틀림 코일 스프링

④ 허브

㉠ 스플라인 설치

㉡ 클러치축(변속기 입력축)에 끼워짐

㉢ 엔진의 동력을 전달

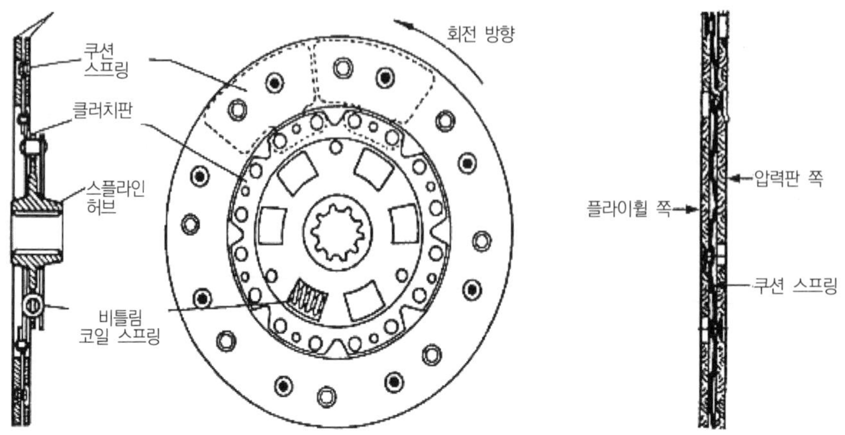

[그림 3-22] 클러치판의 구조 및 허브의 위치

(2) 클러치축(clutch shaft)

① 클러치판의 동력을 변속기에 전달한다.

② 소형 차량에서는 변속기 입력축과 동일하다.

③ 변속기 입력축과의 사이에 자재 이음을 두기도 한다(중장비).

④ 클러치의 회전 관성을 감소시키기 위해 클러치 브레이크가 설치되기도 한다.

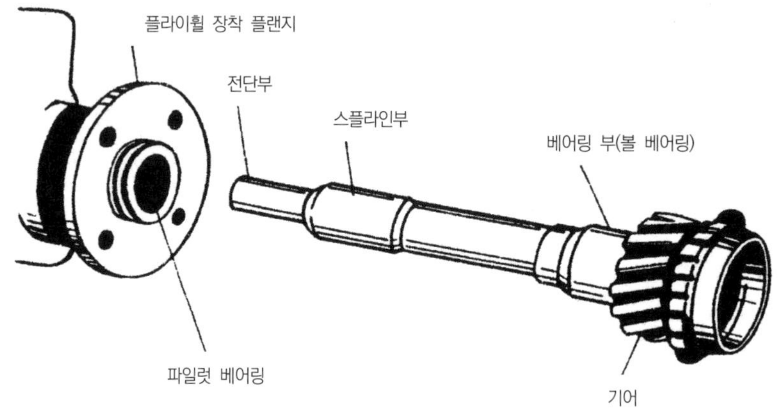

[그림 3-23] 클러치축

(3) 압력판(pressure plate)

릴리스 레버와 연결되어 있으며, 클러치 스프링의 힘으로 클러치판을 **플라이휠에 압착**시켜 마찰력을 발생시키는 일을 한다.

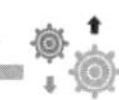

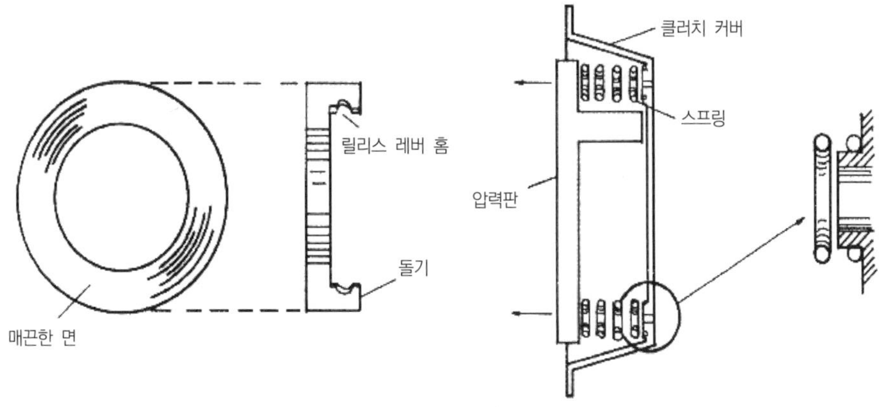

[그림 3-24] 압력판의 구조

(4) 클러치 스프링(clutch spring)

① 기능 : 클러치 커버와 압력판 사이에 설치되어 **클러치판에 압력을 발생**케 한다.

② 종류

㉠ 코일 스프링

- **중 · 대형 차량에서 많이 사용**한다.
- 통상 3~12개를 사용한다.
- 스프링 장력은 크나 고속 회전에서 원심력에 의해 스프링의 장력이 감소되는 현상이 있다.
- 릴리스 레버와 분리된다.

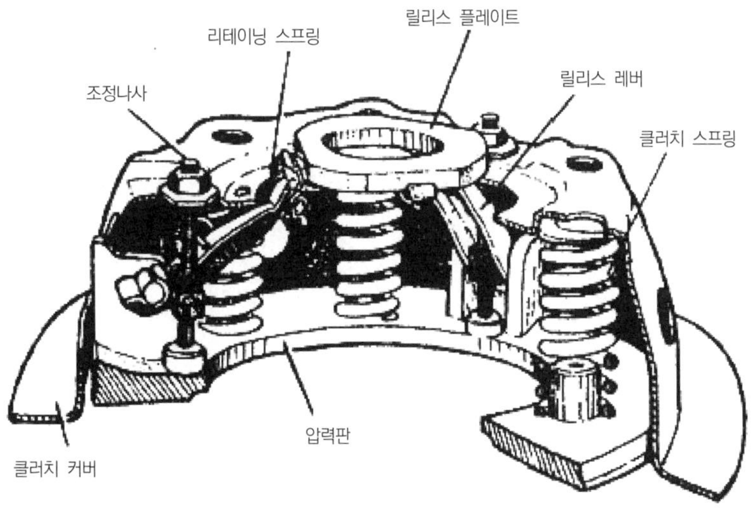

[그림 3-25] 코일 스프링

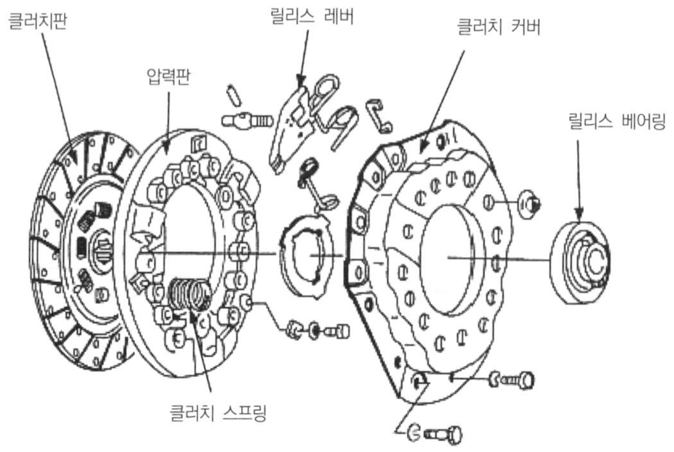

[그림 3-26] 코일 스프링 형식 클러치의 구성

㉡ 다이어프램 스프링(막 스프링)

- **원뿔 형태의 스프링 강**으로 제작한다.
- **주로 소형 차량**에서 사용한다.
- 스프링과 릴리스 레버가 일체로 된다.
- 릴리스 레버에 해당하는 핑거(finger : 중앙에 볼록하게)가 있다.
- **장력은 작으나 고속 회전 시 장력의 변화가 적고 평형이 좋다.**
- 작은 힘으로 조작이 가능하다.
- 작동 후 원상태로 복원시키기 위한 리트랙팅 스프링이 설치된다.
- 구조와 다루기가 편리하다.

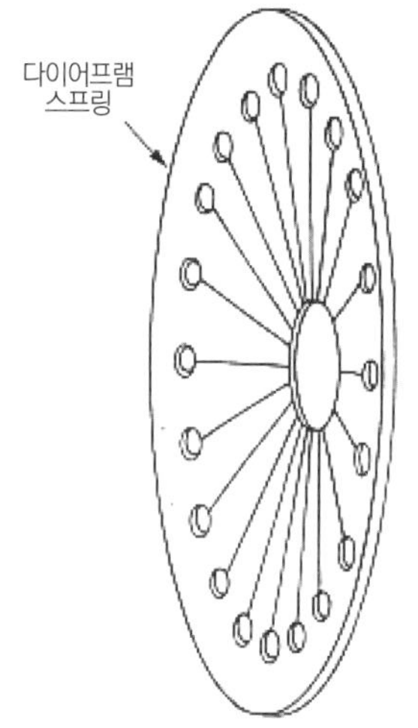

[그림 3-27] 다이어프램 스프링

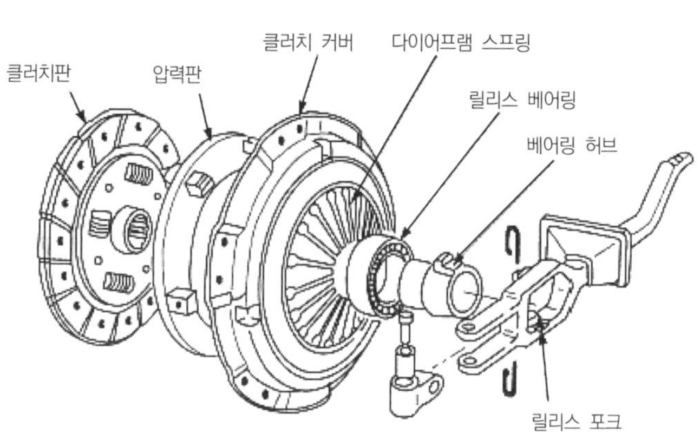

[그림 3-28] 다이어프램 스프링 형식 클러치의 구성

• 다이어프램 스프링 형식의 작동

– 클러치 페달을 밟을 때 : 릴리스 베어링에 의해 스프링 핑거 부분에 압력이 가해져 전체 다이어프램 스프링이 안쪽으로 구부러지면서 **압력판을 뒤로 잡아당겨 클러치 디스크를 플라이휠로 분리**

– 클러치 페달을 놓을 때 : 스프링 핑거 부분의 압력이 풀리면 다이어프램 스프링이 원위치되어 **클러치 디스크가 플라이휠에 압착**

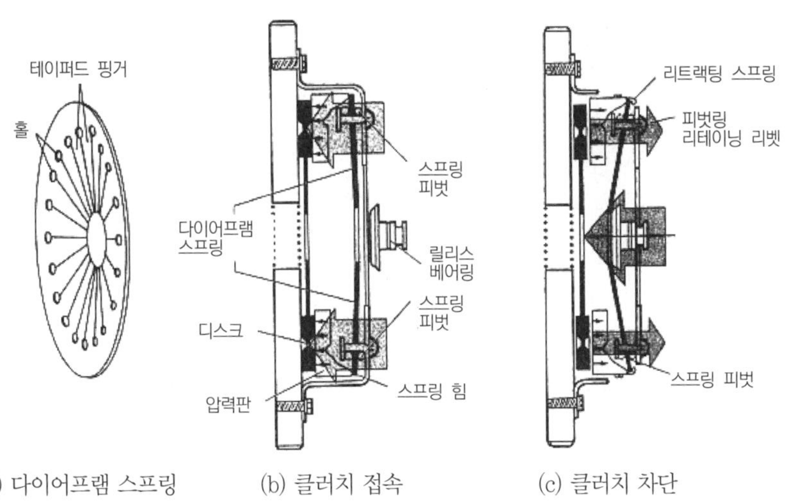

(a) 다이어프램 스프링 (b) 클러치 접속 (c) 클러치 차단

[그림 3-29] 다이어프램 스프링 클러치의 구조와 작동

③ **스프링 장력과 전달능력**

㉠ 스프링 장력은 동력 전달 효율에 직접 영향을 준다.

㉡ 장력이 크면

- 클러치 용량이 커져 미끄러짐이 없다.
- 접촉 시 **수직 충격**이 커진다.
- 클러치 조작력이 커진다.

㉢ 장력이 작으면

- 클러치 용량이 작아져 미끄러짐이 발생한다.
- 마찰에 의한 **라이닝의 빠른 손상**이 있다.
- 엔진의 회전이 증가해도 차량의 속도는 증가하지 않는다.

④ **스프링 점검사항**

㉠ 장력 : 표준치수의 3% 이내

㉡ 자유고 : 규정의 15% 이내

㉢ 직각도 : 자유높이 100mm에 대해 3mm 이내

(5) 릴리스 레버(release lever)

① 릴리스 베어링과 접촉하여 작동하며 압력판을 클러치판에서 분리한다.

② 코일형에서는 3개의 레버가 있다.

③ 릴리스 레버의 높이는 정확하게 같은 높이로 조정되어야 한다.

㉠ 릴리스 레버의 높이가 서로 다를 때
- 클러치 차단 불량
- 접촉 시 진동
- 클러치판의 런아웃 발생

㉡ 클러치판의 런아웃
- 한계값 : 0.5mm
- 측정 : 다이얼 게이지
- 심하면 : 교환

④ 릴리스 레버는 동력 차단 시만 릴리스 베어링과 접촉

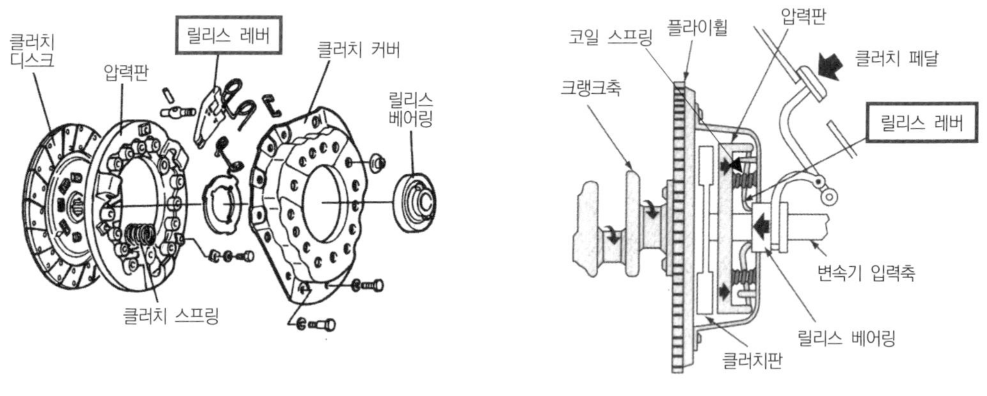

(a) 릴리스 레버의 위치 (b) 릴리스 레버의 역할

[그림 3-30] 릴리스 레버의 위치 및 역할

(6) 클러치 조작기구

① 기계식

㉠ 로드나 와이어를 이용하여 클러치를 조작

㉡ 특징
- 구조가 간단
- 작동 확실
- 동력 손실
- 원거리 조작 곤란
- 조작력이 큼

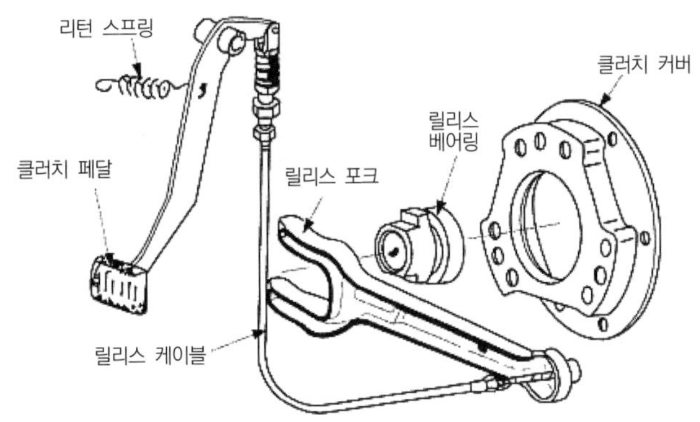

[그림 3－31] 기계식 조작기구

② 유압식

㉠ 조작력을 **유압으로 변환시켜** 클러치를 작동

㉡ 특징

- 마찰 손실이 적음
- 신속한 작동
- 구조 복잡
- **공기 침입 시 작동 불량**
- **조작력 감소**
- **설치 위치가 자유로움**
- 오일 노출 시 작동 불능

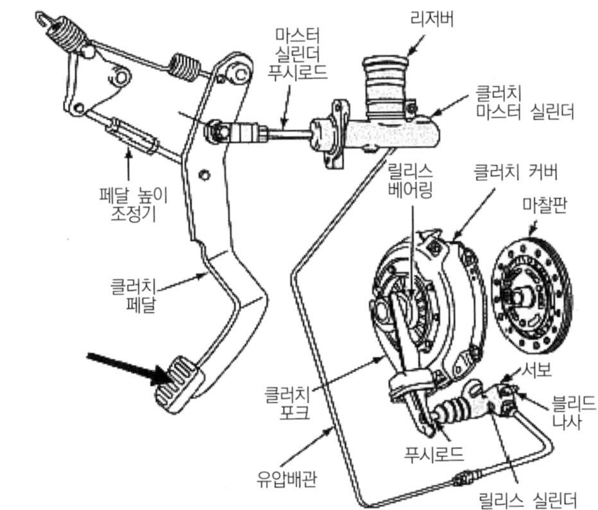

[그림 3－32] 유압식 조작기구

③ 클러치 페달

㉠ 운전석에 설치

㉡ 와이어(기계식)나 푸시로드(유압식)와 연결

㉢ **지렛대의 원리**를 이용하여 조작력 감소

④ 클러치 케이블(기계식)

㉠ 클러치 페달과 릴리스 포크가 연결되어 페달의 움직임을 포크에 전달

㉡ 앞쪽에 클러치 페달 자유 유격을 조정하는 스타휠(어저스터)이 부착

⑤ 마스터 실린더(유압식)

㉠ 클러치 페달의 **기계적 에너지를 유압으로 변환**

㉡ 구조 및 기능

- 푸시로드 : 페달의 힘을 피스톤에 전달
- 피스톤 : 푸시로드의 운동을 받아 작동
- 1차 컵 : **유압을 발생**
- 2차 컵 : **오일 누출을 방지**
- 실린더 부트 : 실린더 내에 먼지 등 오물 유입을 방지
- 피스톤 리턴 스프링 : 피스톤을 원위치로 복귀
- 오일 리턴 구멍 : 릴리스 실린더에 공급된 오일이 되돌아오는 구멍
- 오일 보상 구멍 : 작동 중 오일의 흐름을 보완

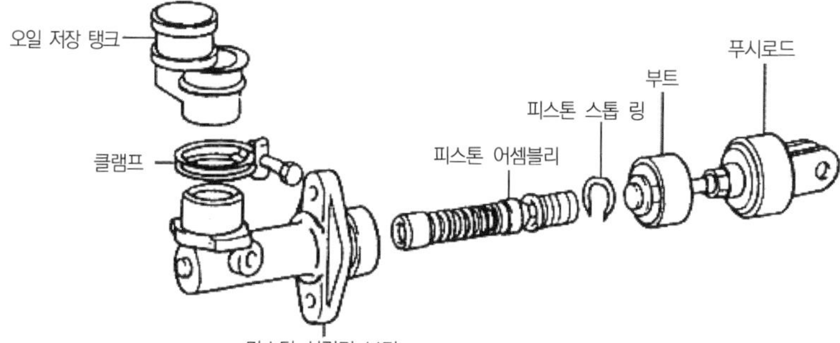

(a) 마스터 실린더의 분해

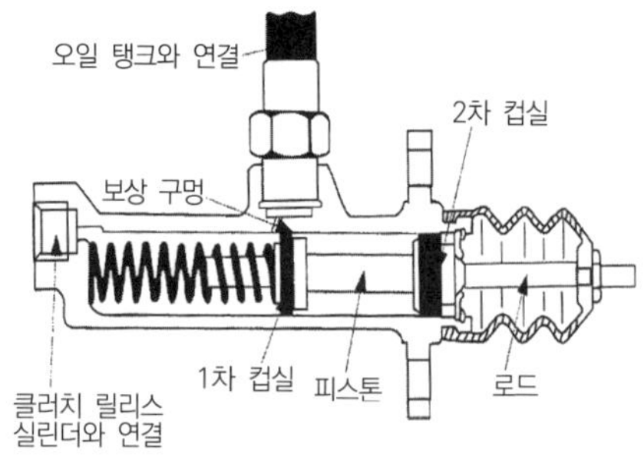

(b) 마스터 실린더의 각 부 명칭

[그림 3-33] 마스터 실린더의 구조

⑥ 릴리스 실린더(슬레이브 실린더 또는 오퍼레이팅 실린더)

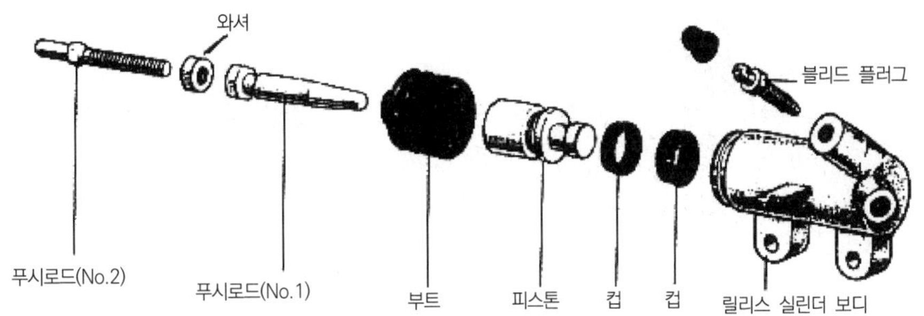

[그림 3-34] 릴리스 실린더의 분해

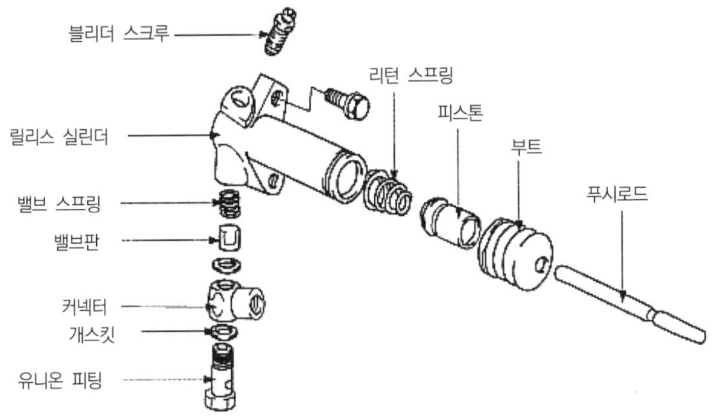

[그림 3-35] 릴리스 실린더의 각 부 명칭

㉠ 마스터 실린더의 유압을 기계적 에너지로 변환

㉡ 구조 및 작동

- 1차 피스톤 : 페달 자유 유격만큼 이동
- 2차 피스톤 : 릴리스 레버를 움직임
- 피스톤 컵 : 유압 발생 및 누출 방지
- 실린더 부트 : 먼지 등 오물 유입 방지
- 에어블리더 : 유입된 공기를 배출하는 구멍
- 푸시로드 : 피스톤의 움직임을 릴리스 포크에 전달
- 유압식에서는 페달 자유 유격을 푸시로드의 길이로 조정

⑦ 릴리스 포크

㉠ 와이어 또는 릴리스 실린더의 운동을 받아 릴리스 베어링을 작동한다.

㉡ 강판을 프레스 성형하거나 단조한다.

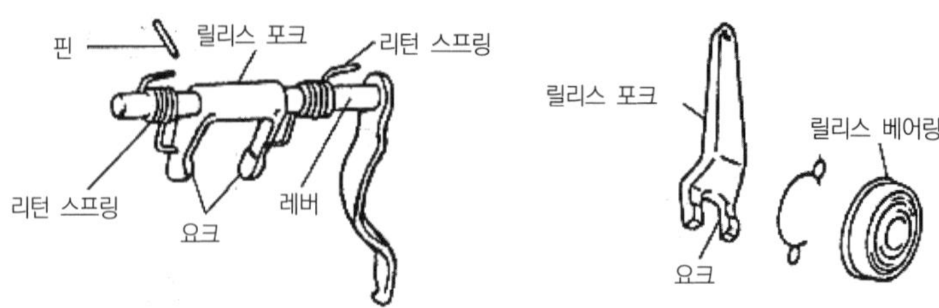

[그림 3-36] 릴리스 포크

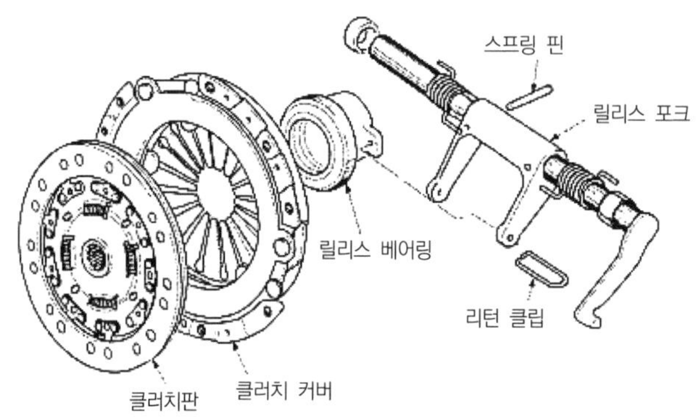

[그림 3-37] 릴리스 포크의 설치 위치

⑧ 릴리스 베어링

㉠ 릴리스 포크의 운동을 받아 릴리스 레버를 눌러 동력을 차단시킨다.

㉡ 베어링의 종류

• 앵귤러 접촉형 • 볼 베어링형 • 카본형

릴리스 베어링

베어링 칼라

[그림 3-38] 릴리스 베어링

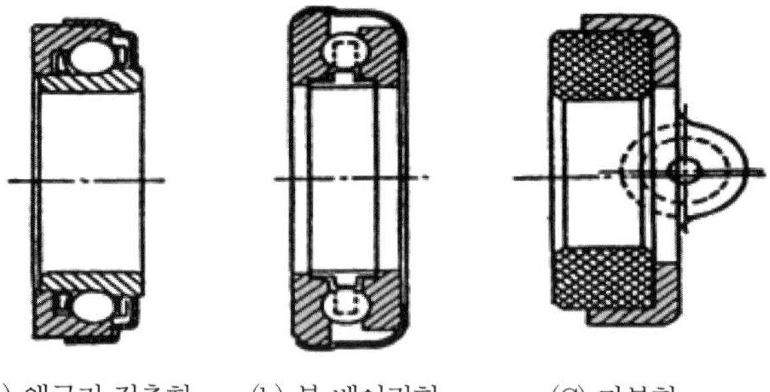

(a) 앵귤러 접촉형 (b) 볼 베어링형 (C) 카본형

[그림 3-39] 릴리스 베어링의 종류

㉢ 릴리스 베어링은 영구주유식으로 한다.

㉣ 릴리스 베어링과 릴리스 레버 사이에는 약간의 간극을 둔다.

㉤ 이 간극을 자유 유격(간극)이라 하며, 클러치 페달에서 측정한다.

㉥ 클러치 페달 자유 유격(간극)을 두는 이유

• 베어링의 내구성 증대

• 클러치 라이닝의 마모로 인한 미끄러짐 방지

- 릴리스 레버의 마모 방지
- 클러치 조작 시 운전자의 부담 감소

ⓢ 자유 유격(간극) 일반 값

- 베어링과 레버의 간극 : 0.3~0.5mm
- 페달의 간극 : 20~30mm

ⓞ 자유 유격(간극)의 정의 : 릴리스 베어링이 릴리스 레버에 닿을 때까지 움직인 거리

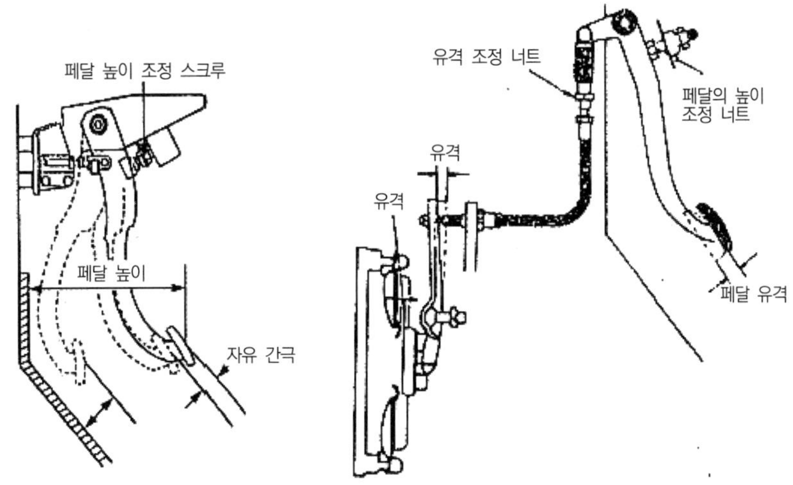

[그림 3-40] 클러치 자유 유격(간극)

ⓩ 자유 유격(간극)과 작동 상태

- 클러치 라이닝이 마모되면 유격이 작아짐
- **유격이 크면 클러치 차단 불량**
- **유격이 작으면 클러치 미끄러짐**

(7) 클러치 성능

① 클러치 용량

㉠ 클러치가 전달할 수 있는 회전력의 크기로 사용되는 엔진의 최고 회전력보다 커야 하므로 통상 엔진 회전력의 1.5~2.3배 정도이다.

㉡ 용량이 크면

- 클러치 접촉 시 충격 과다
- 심하면 엔진 정지

㉢ 작으면

- 동력 전달 불량
- 클러치 미끄러짐과 마모 증대

② 클러치가 미끄러지지 않을 조건

㉠ 클러치 용량에 관계되는 요소

- 클러치 라이닝의 **면적**
- 클러치 라이닝의 **마찰계수**
- 클러치 스프링의 **장력**

㉡ 클러치의 조건

$$Tfr \geq C$$

여기서, T : 스프링의 장력 　　f : 클러치판의 마찰계수
r : 클러치판의 유효반경 　　C : 엔진의 회전력

㉢ 클러치 미끄러짐 발생 시 현상

- 엔진을 가속시켜도 차량의 속도는 증가하지 않는다.
- 연료소비량이 커진다.
- 등판능력이 저하된다.
- 라이닝이 마찰열로 손상된다(마찰계수의 저하).
- 기관이 과열되기도 한다.

③ **복판 클러치를 사용하는 이유** : 클러치 용량을 크게 하려면 클러치판의 반경을 크게 해야 하는데, 클러치판의 크기도 일정한 한계를 가지므로 단판 클러치와 같은 클러치를 두 개(복판식) 또는 여러장(다판식) 사용하여 용량을 증대시킨다.

④ 클러치 조작에 필요한 힘

- 승용차 : 8~10kgf
- 중형차 : 10~15kgf

(8) 클러치의 고장 진단

① 클러치의 미끄러짐 : **동력 전달 불량**

- 클러치 페달 **자유 유격 과소**
- 라이닝(페이싱)의 마모
- 라이닝에 오일 부착
- 클러치 스프링의 장력 감소
- 플라이휠 및 압력판의 변형 또는 손상
- 클러치 라이닝의 마찰계수 감소

② 클러치의 차단 불량 : 변속 시 기어 **충돌음** 발생

- 클러치 페달 **자유 유격 과다**
- 클러치판의 과도한 런아웃
- 클러치 각 부의 과도한 마모
- 유압식에서 오일 부족(누설) 또는 공기 혼입

③ 출발 시 진동

- 릴리스 레버 높이 조정 불량
- 라이닝의 경화(마찰열에 의한)
- 비틀림 코일 스프링 쇠손 절손(공전 시 소음 증대)
- 클러치판의 접촉 불량
- 플라이휠 또는 클러치판, 압력판의 런아웃

④ 클러치의 소음
- 스플라인의 마모
- 비틀림 코일 스프링의 쇠손 절손
- 릴리스 베어링의 급유 부족 등으로 인한 마모
- 플라이휠의 하우징과 접촉

⑤ 클러치의 급격한 접속
- 라이닝에 오일 부착
- 라이닝 리벳의 노출(과다 마모)
- 비틀림 코일 스프링의 절손

03 변속기(Transmission)

1 개요

(1) 기능

① 엔진의 출력은 회전속도는 빠르나 회전력은 비교적 작다.

② 자동차의 주행 상태에 따라 회전속도를 변화시켜 회전력을 변환한다.

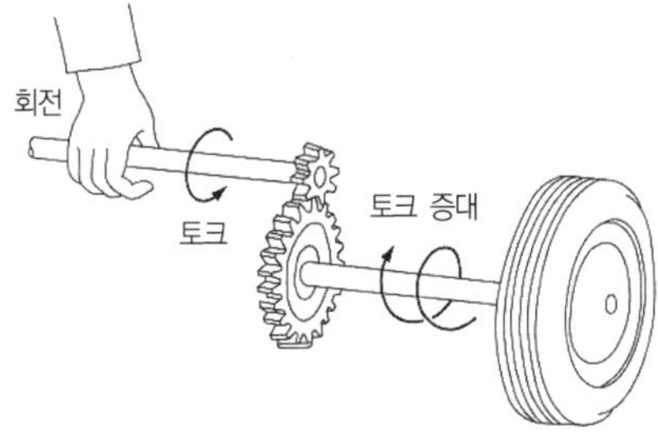

[그림 3-41] 기어 변속의 원리

(2) 필요성

① **회전력** 증대

② 기동 시 엔진 **무부하** 상태

③ **후진** 시

(3) 구비조건

① **단계없이** 연속 조작이 가능할 것

② 조작이 용이하고 신속 · 확실하며, 정숙하게 행해질 것

③ 전달효율이 좋을 것

④ 소형 경량일 것

⑤ 내구성이 크고 정비가 쉬울 것

(4) 종류

① **일정 기어비 변속기**

㉠ 점진 기어식

㉡ 선택 기어식

- 섭동(활동) 기어식
- 상시 물림식
- 동기 물림식

㉢ 유성 기어식

② **무한 기어비 변속기**

㉠ 자동 변속기

- 유체 클러치
- 토크컨버터

㉡ 무단 변속기(CVT)

2 선택 기어식

- 운전자 임의로 변속 단수 선택 가능
- 입력축, 출력축(주축), 부축으로 구성

(1) 섭동(활동) 기어식

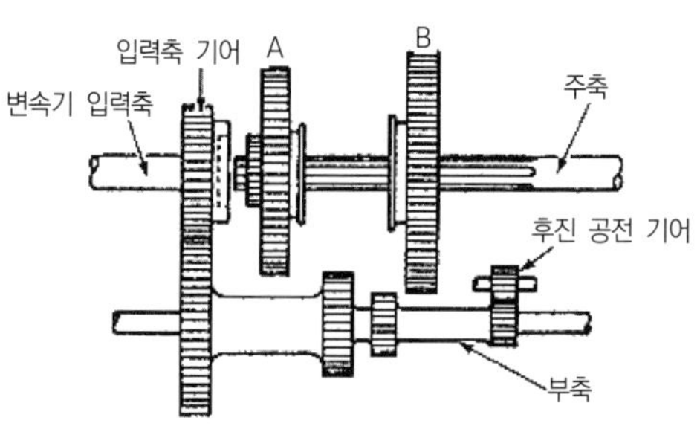

[그림 3-42] 섭동 기어식 변속기

① 개요

㉠ 출력축(주축)에 스플라인을 설치

㉡ 주축 스플라인에서 섭동하는 기어 설치

㉢ 변속 레버의 조작에 따라 **섭동 기어가 움직여 부축 상의 기어와 결합**

② 특징

㉠ **구조가 간단**하고 다루기 쉬움

㉡ 변속 시 기어 **충돌음** 발생(변속 조작이 어려움)

㉢ 기어의 손상이 많음

(2) 상시 물림식

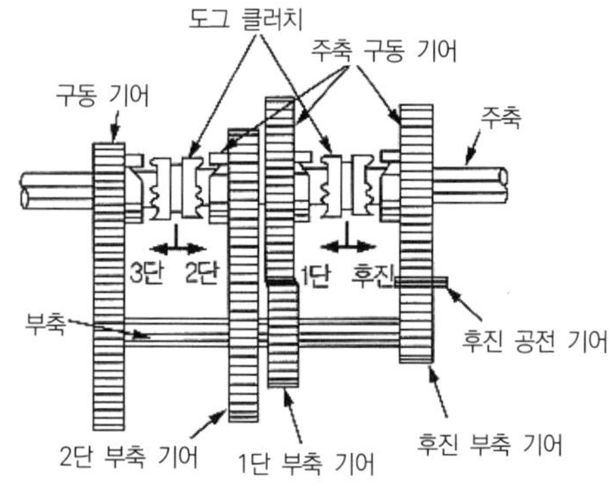

[그림 3-43] 상시 물림식 변속기

① 개요

㉠ 출력축(주축) 상의 기어와 부축 상의 기어가 **항상 치합**

㉡ 주축 스플라인에 **도그 클러치(물림 클러치) 설치**

㉢ 변속 레버의 조작에 따라 섭동 도그 클러치가 움직여 주축 상의 기어에 설치된 도그 클러치와 결합

② 특징

㉠ **비교적 구조 간단**

㉡ 섭동 기어식에 비해 기어 파손이 적음

㉢ 섭동 기어식에 비해 변속이 쉬움

㉣ 변속 시 기어 **충돌음** 발생

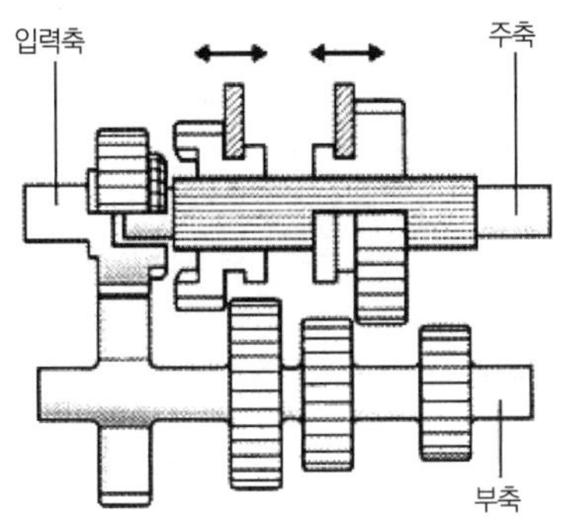

[그림 3-44] 섭동 기어식의 변속

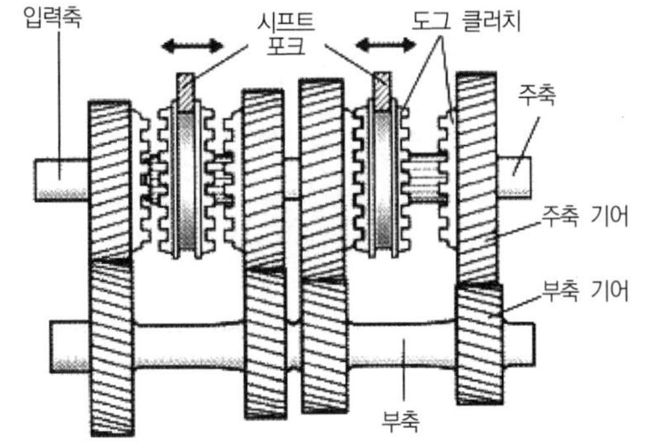

[그림 3-45] 상시 물림식의 변속

(3) 동기 물림식

① 개요

㉠ 주축 상의 기어와 부축 상의 **기어가 항시 치합**

㉡ **싱크로메시 기구** 사용

㉢ 변속 레버의 조작에 따라 싱크로메시 기구가 움직여 결합

② 특징

㉠ 치합되는 기어의 **원주속도를 일치시킴**(클러치 작용)

㉡ 내구성 증대

㉢ 변속 시 기어 **충돌음이 없음**

㉣ **기계효율이 좋고 가장 많이 사용**

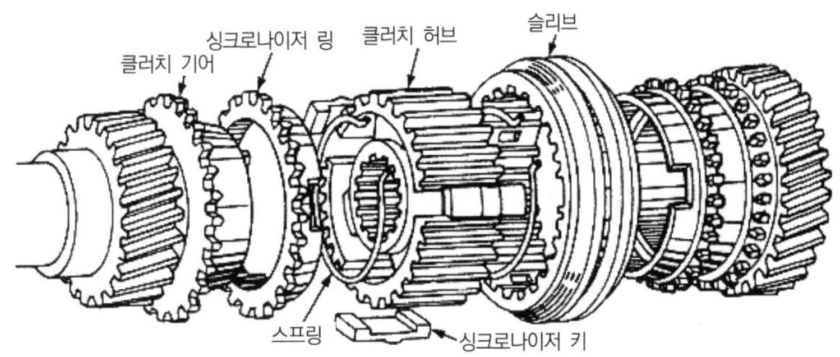

[그림 3-46] 동기 물림식 변속기

③ 싱크로메시 기구의 특징

㉠ 일정부하형

- 동기되지 않은 상태에서 무리한 변속 가능
- **경주용차** 등에서 사용

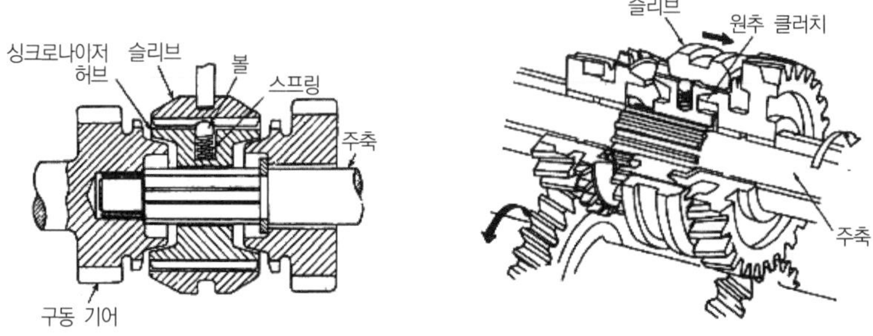

[그림 3-47] 일정부하형 싱크로메시 기구

㉡ 관성고정형

- 동기되어야 변속 가능
- 소음이 없고 정숙함
- **일반 차량**에 사용

※ 본 책에서는 관성고정형에 대해서 설명하고자 한다.

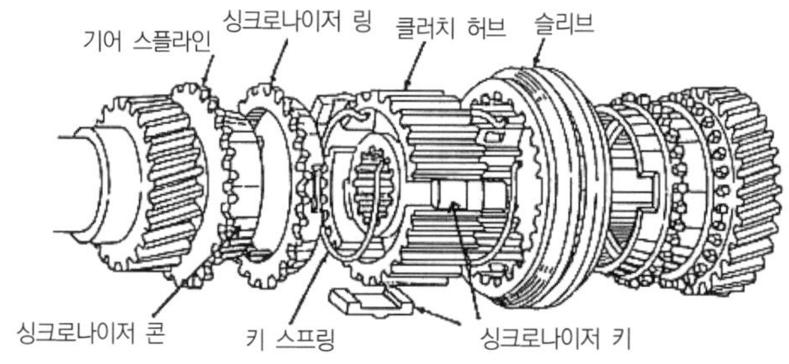

[그림 3-48] 관성고정형(키형식) 싱크로메시 기구

④ 관성고정형의 종류

㉠ 키 형식

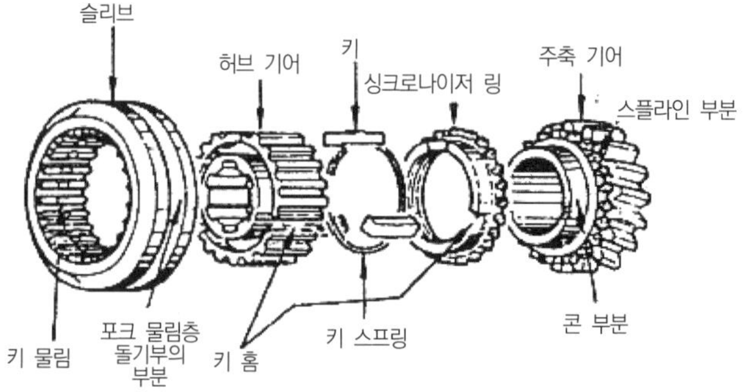

[그림 3-49] 키 형식의 구성

ⓐ 클러치 허브 : 주축 스플라인부에 설치

ⓑ 클러치 슬리브 : 클러치 허브에 설치

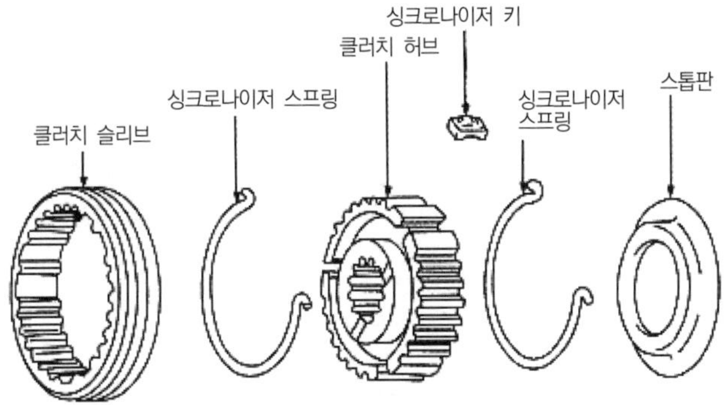

[그림 3-50] 클러치 허브와 클러치 슬리브

ⓒ 싱크로나이저 키
- 클러치 슬리브의 작동을 싱크로나이저 링에 전달
- 통상 3개 사용
- 클러치 허브에 설치

ⓓ 싱크로나이저 링
- 싱크로나이저 키의 힘을 받아 싱크로나이저 콘과 접촉하여 클러치 작용
- 재질 : 주석 또는 동합금
- 안쪽면에 나사형의 이빨과 홈이 설치
- 싱크로나이저 콘과 접촉을 위해 원뿔 모양

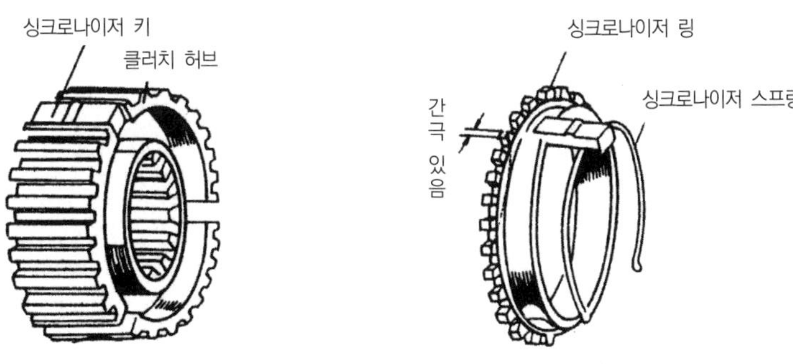

[그림 3-51] 싱크로나이저 키　　[그림 3-52] 싱크로나이저 링

ⓔ 싱크로나이저 콘(원뿔)
- 주축 상의 기어에 설치
- 싱크로나이저 링과 접촉하여 클러치 작용
- 클러치 슬리브와 치합되는 물림 기어 설치

ⓕ 작동

- 변속 레버를 조작하면 클러치 슬리브가 섭동하면서 싱크로나이저 키를 싱크로나이저 링의 방향으로 밀어줌
- 싱크로나이저 키는 슬리브의 힘을 받아 클러치 허브에서 섭동하며 싱크로나이저 링을 싱크로나이저 콘에 압착
  - 싱크로나이저 링 안쪽에 설치된 나사 모양의 이빨과 홈에 의하여 싱크로나이저 콘에 형성된 유막을 제거하며 마찰을 발생하며 원주속도 일치
  - 이때 슬리브가 더욱 움직이면 싱크로나이저 콘에 있는 물림 기어와 슬리브가 결합하여 동력 전달

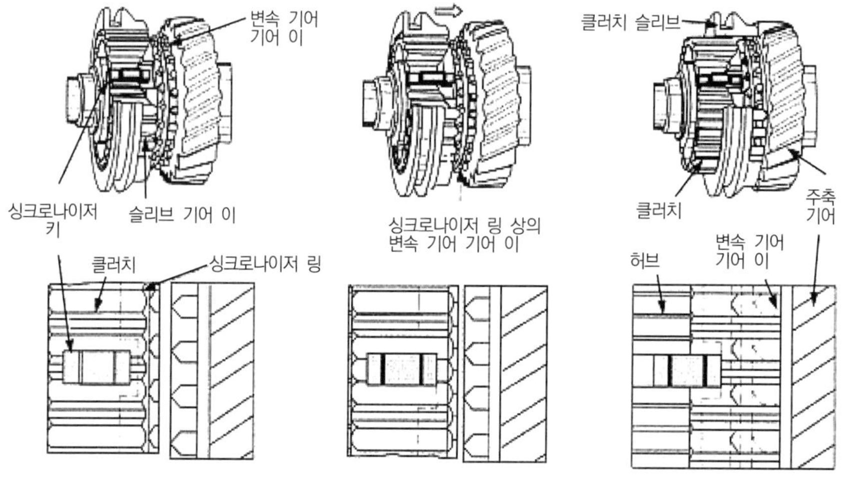

[그림 3-53] 키 형식 싱크로메시의 작동

ⓛ 핀 형식

- 클러치 허브 : 주축 상의 스플라인에 설치
- 클러치 슬리브 : 클러치 허브에 설치(6개의 구멍)
- 싱크로나이저 링
- 싱크로나이저 콘
- 싱크로나이저 핀 : 클러치 슬리브에 설치된 3개의 구멍에 설치되어 슬리브의 움직임에 의하여 싱크로나이저 링을 압착
- 가이드 핀 : 클러치 슬리브에 설치된 3개의 구멍에 설치되어 슬리브의 움직임을 안내

ⓒ 비교 : 키 형식은 싱크로나이저 링과 클러치 슬리브 앞끝의 챔버를 이용하여 클러치 작용을 하는데 비해 핀 형식은 싱크로나이저 핀의 계단부와 클러치 슬리브의 구멍에 의해 클러치 작용을 한다.

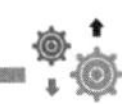

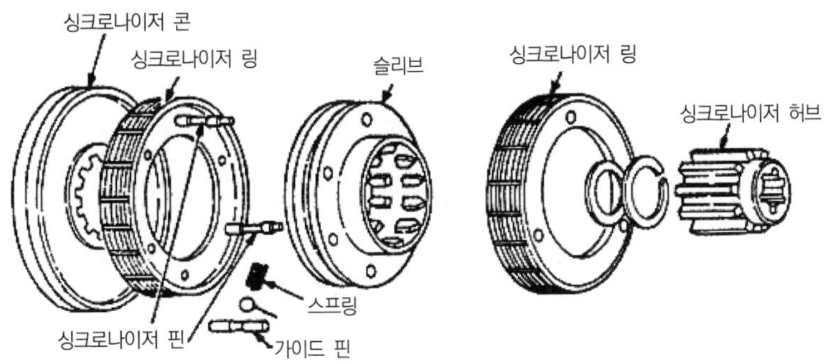

[그림 3－54] 핀 형식 싱크로메시 기구

(4) 조작기구

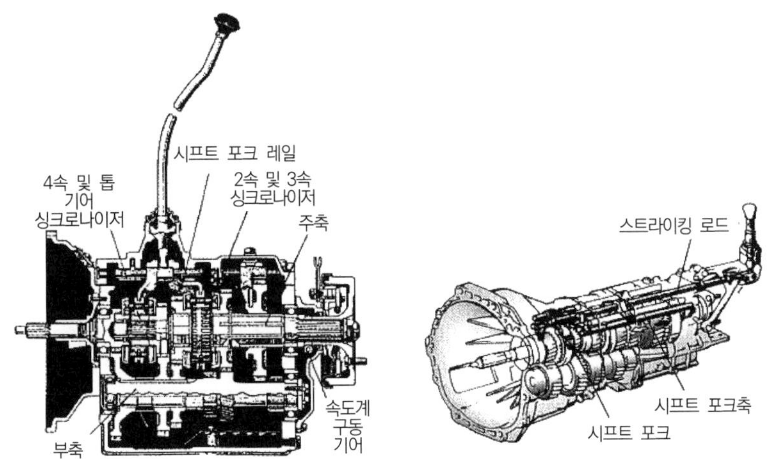

[그림 3－55] 직접 조작 방식

① **직접 조작 방식**

㉠ 변속 레버를 **변속기 케이스 커버에 직접 설치**

㉡ 가장 기본적인 조작기구

㉢ 구성

- 시프트 포크
  - 시프트 레일에 설치되어 클러치 슬리브와 결합
  - 변속 레버의 움직임에 따라 클러치 슬리브를 움직임
- 시프트 레일
  - 시프트 포크가 설치되어 섭동하는 레버
  - 변속기 케이스에서 섭동
- 로킹 볼
  - 기어 물림 상태 또는 중립 상태에서 시프트 레일을 고정
  - 기어 물림이 **빠지는 것을 방지**

- 인터록 : 하나의 기어가 치합되었을 때 다른 기어가 치합되는 것을 방지(기어의 **이중 물림 방지**)

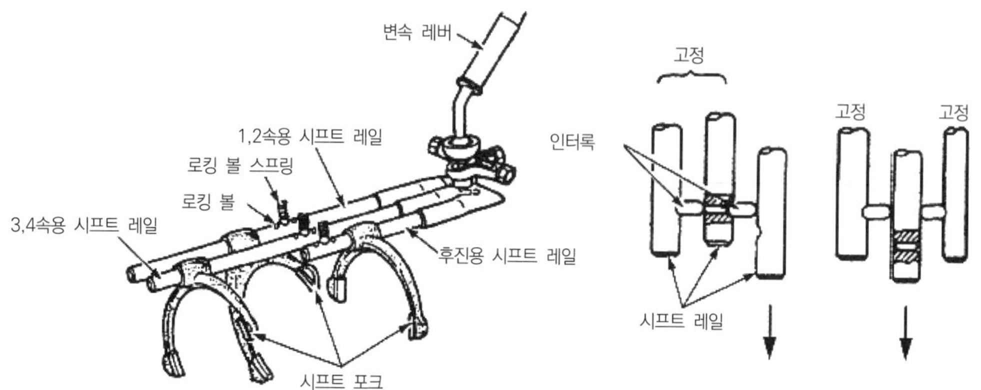

[그림 3-56] 로킹 볼과 인터록

② 원격 조작 방식

㉠ 변속 레버가 **변속기와 분리 설치**

㉡ 주로 조향 칼럼에 설치

㉢ 링키지와 로드로 연결

㉣ 종류

- 내부 선택식
- 외부 선택식

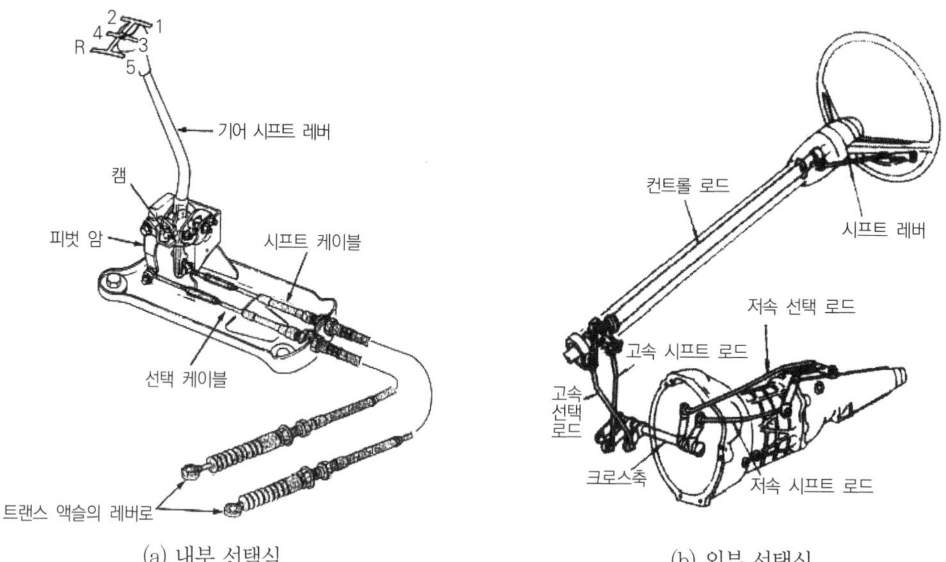

(a) 내부 선택식

(b) 외부 선택식

[그림 3-57] 원격 조작 방식

(5) 변속비(변속 감속비)

① 변속비 $= \dfrac{\text{엔진 회전수}}{\text{추진축 회전수}} = \dfrac{\text{부축 기어 잇수}}{\text{주축 기어 잇수}} \times \dfrac{\text{주축 기어 잇수}}{\text{부축 기어 잇수}} = \dfrac{\text{피동} \times \text{피동}}{\text{구동} \times \text{구동}}$

② **변속비가 크면 회전수 감소, 회전력 증대**

③ **변속비가 작으면 회전수 증대, 회전력 감소**

3 트랜스퍼케이스

① 앞뒤 모든 차륜을 구동시키는 장치

② 총륜구동식(4Wheel－Drive)에서 사용

③ 엔진의 동력을 모든 바퀴에 전달

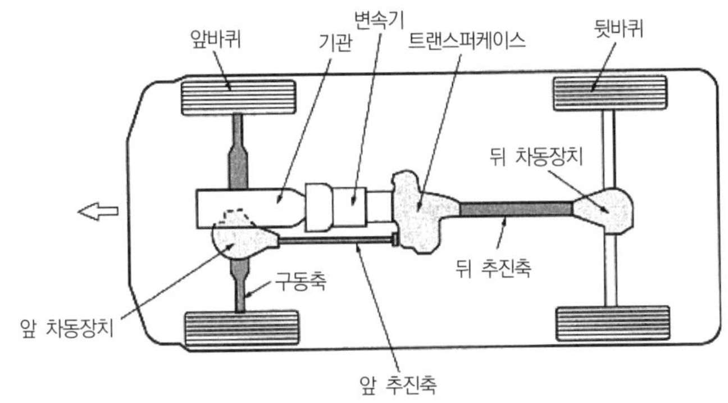

[그림 3－58] 4WD의 기본 구성

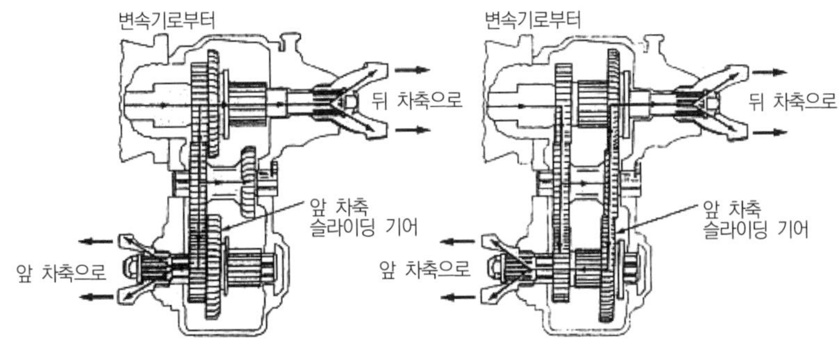

[그림 3－59] 4륜 구동 시 트랜스퍼케이스의 동력 흐름

4 변속기의 고장 진단

(1) 기어 변속이 어렵다.

① 시프트 레일의 굽음

② 변속 레버 및 시프트 레일 선단의 마모

③ 인터록의 파손

④ 조작 링키지의 마멸 및 조정 불량

⑤ 시프트 포크의 마멸

⑥ 부축 스러스트 간극의 과대

(2) 기어 변속이 어렵고 기어 충돌음이 난다.

① 클러치 페달 자유 유격이 큼
② 클러치 차단이 불량
③ 싱크로나이저 링과 콘의 마모
④ 점도가 큰 오일의 사용

(3) 기어가 잘 빠진다.

① 로킹 볼의 마모
② 로킹 볼 스프링의 쇠손 절손
③ 시프트 포크의 마멸
④ 기어의 과도한 마모
⑤ 조작 링키지의 조정 불량
⑥ 베어링 및 부싱의 마모
⑦ 부축 스러스트 간극의 과대

(4) 소음이 발생한다.

① 유량 부족
② 유질, 점도의 불량
③ 기어의 과도한 마모
④ 베어링의 마모
⑤ 주축 스플라인부의 마모

04 오버드라이브 장치

1 개요

(1) 정의

① 엔진의 **여유 출력**을 사용
② 평탄로 주행 시 추진축의 속도가 엔진의 회전속도보다 빠르게 하는 장치
③ 여유 출력이란
㉠ 엔진의 출력과 주행 저항의 차이를 말한다.
㉡ 구배길 등판, 가속 등에 사용한다.
㉢ 여유 출력이 큰 차량이 고급차이다.

(2) 특징

① 엔진 동일 회전속도에서 자동차의 속도를 30% 증가
② 연료소비량 20% 절감
③ **엔진의 수명 연장**
④ 운전 정숙
⑤ **타이어 마모가 빨라짐**
⑥ 오버드라이브 상태에서는 후진할 수 없음

(3) 종류

① 기계식

㉠ 종감속 장치에 설치

㉡ 시프트 레버로 운전석에서 조작

㉢ 변속기와 같은 형식

② 전자식

㉠ 전기적으로 작동

㉡ 자동차 속도가 **40km/h 이상**이 되면 작동

㉢ 변속기와 추진축 사이에 설치

㉣ **유성 기어 장치 사용**

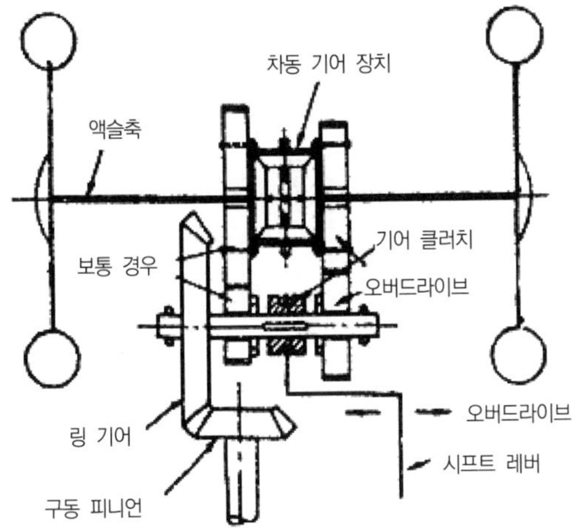

[그림 3-60] 기계식 오버드라이브 장치

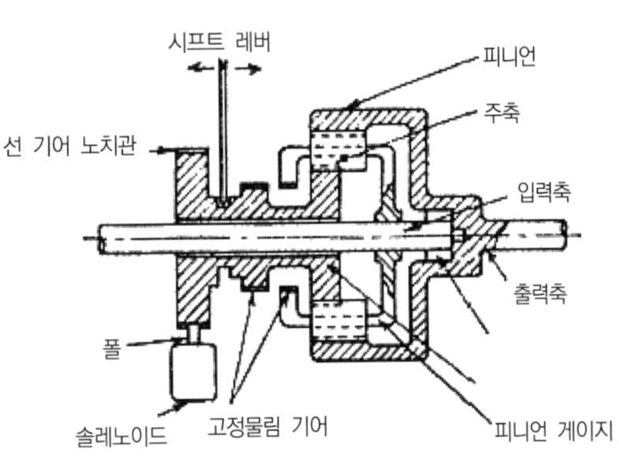

[그림 3-61] 전자식 오버드라이브 장치

2 전자식 오버드라이브 장치의 구성

(1) 유성 기어 장치

① 선기어

㉠ 변속기와 연결

㉡ 오버드라이브 시 고정

② 유성 기어 : 선 기어와 링 기어 사이에 설치

③ 유성 기어 캐리어

㉠ 유성 기어를 작동시킴

㉡ 변속기 출력축과 연결

㉢ 직결 시 선 기어와 결합되는 물림 기어가 있음

④ 링 기어 : 추진축과 연결

(2) 프리휠링(오버러닝 클러치 또는 일방향 클러치, One way clutch)

① 변속기축과 추진축 사이에 설치

② 동력을 한 방향으로 전달시킬 수 있지만, 반대 방향으로는 자유로이 회전되어 동력을 전달시킬 수 없도록 한 장치

③ 변속기의 회전을 추진축에 전달하나 추진축의 회전력이 변속기축에 전달되는 것을 방지

④ **이너 레이스(내륜)** : 변속기 주축 스플라인에 연결

⑤ **아웃 레이스(외륜)** : 오버드라이브축에 연결

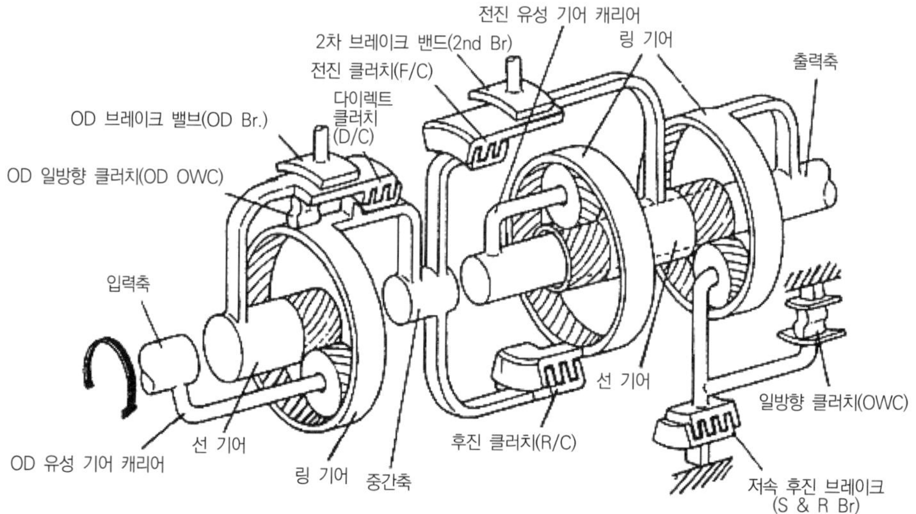

[그림 3-62] 자동 변속기 제어요소

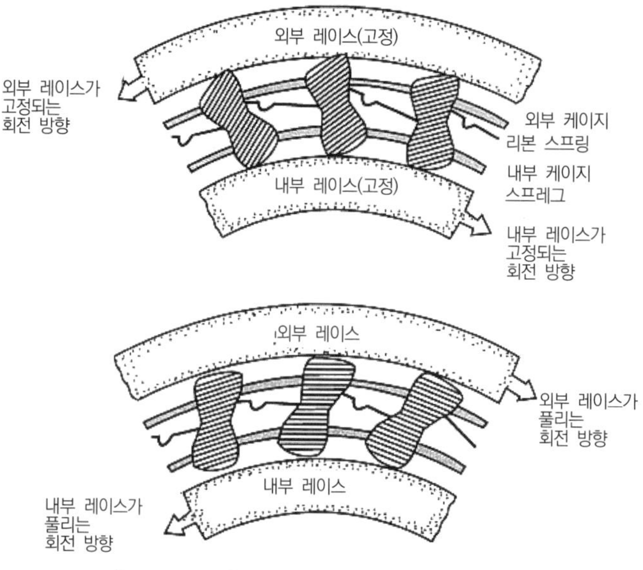

[그림 3-63] 일방향 클러치(one way clutch)

(3) 킥 다운 스위치

① 오버드라이브 상태를 해제 시에 작용하며, 가속 페달에 의해 작동한다.

② 가속 페달을 끝까지 밟으면 킥다운 스위치가 작용하여 모듈레이터 압력이 급격히 증가하게 된다.

③ 킥 다운 스위치가 작동하면 일정 속도 범위 내에서는 한 단 낮은 단으로 강제적으로 변속된다.

④ **주행 중에 급가속을 하고 싶을 때**는 가속 페달을 급격하게 밟아 주면 작동한다.

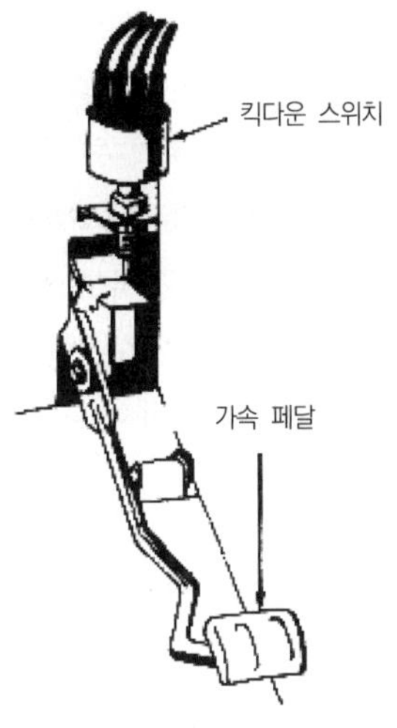

[그림 3-64] 킥 다운 스위치

05 자동 변속기

1 개요

(1) 정의

① 자동차의 주행 상태에 따라 자동으로 기어를 변속

② 토크컨버터와 조합하여 사용

③ 유성 기어 장치 사용

④ 유압으로 유성 기어 장치를 제어

⑤ 클러치 페달이 없음

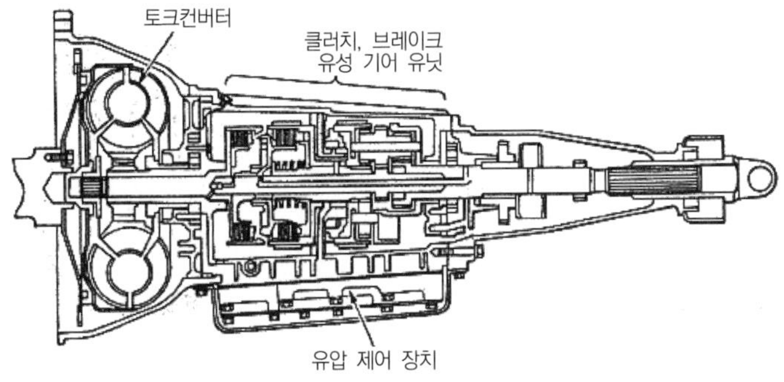

[그림 3-65] 자동 변속기의 구조

(2) 특징

① 기어 변속이 필요 없어 운전이 쉽고 피로가 경감된다.

② 각 부 진동과 충격을 유체가 흡수하므로 내구성이 증대한다.

③ 운전 중 충격에 의하여 엔진이 정지되는 일이 없다.

④ 구조가 복잡하고 가격이 비싸다.

⑤ 연료소비가 증가한다(수동식에 비해 약 10~20% 증가).

⑥ 밀거나 끌어서 시동할 수 없다.

(3) 구성

① 유체 클러치 또는 토크컨버터

② 유성 기어 장치

③ 제어장치

㉠ 동력부 : 유압 펌프

㉡ 작동부 : 브레이크 밴드, 클러치

㉢ 제어부 : 컨트롤 밸브(제어 밸브)

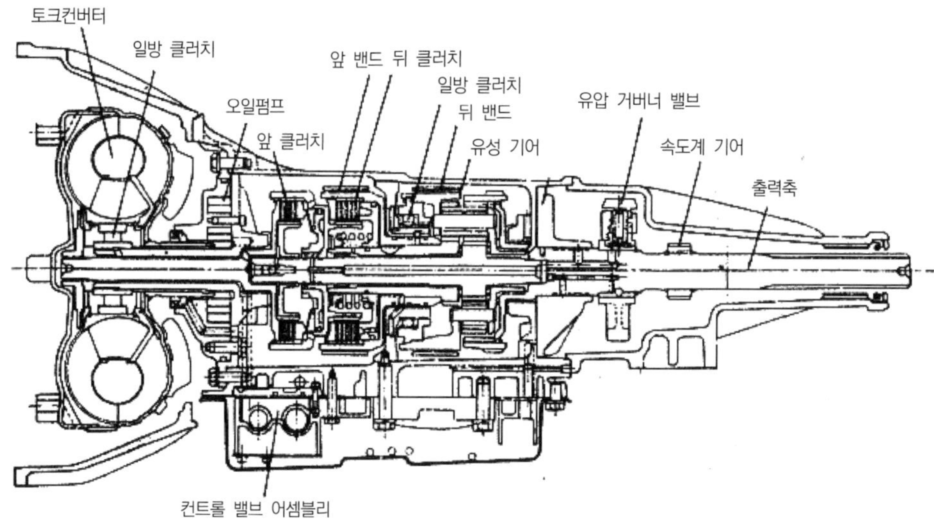

[그림 3-66] 자동 변속기 단면

2 유체 클러치

(1) 개요

① 유체 클러치는 **유체의 운동에너지를 이용하여 엔진의 동력을 전달 또는 차단하는 장치**로 자동 변속기에서 사용한다.

② 이 형식에서는 클러치 조작기구가 필요 없기 때문에 클러치 페달이 없다.

(2) 원리

2개의 날개차 사이에 오일을 채우고 한쪽의 날개차를 회전시키면 오일은 원심력이 발생하여(유체 에너지) 밖으로 튀어나가면서 다른 한쪽 날개차의 날개를 때리게 되며, 이때 오일의 힘을 받은 날개차는 회전을 하게 된다.

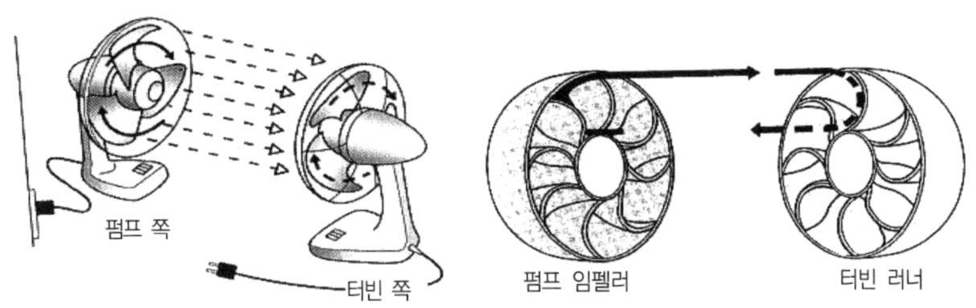

[그림 3-67] 유체 클러치의 원리

(3) 구성 및 기능

① **펌프 임펠러** : 엔진 크랭크축과 연결되어 **유체의 운동에너지**를 발생

② 터빈 러너 : **유체의 운동에너지에 의하여 회전**되며 변속기 입력 측 스플라인에 연결

③ 가이드 링 : 유체 충돌에 의한 **효율 저하를 방지**

(4) 특징

① 날개가 방사형으로 설치

② 엔진 회전수에 따라 회전력 정비례

③ **회전력 변환 비율**=1 : 1

④ 펌프와 터빈의 속도가 거의 같게 되는 지점을 클러치점이라 함

⑤ 클러치점에서는 오일의 순환이 정지(마찰 클러치와 동일)

⑥ 터빈 속도의 증가는 회전력의 증가, 터빈 속도의 감소는 회전력의 감소를 나타냄

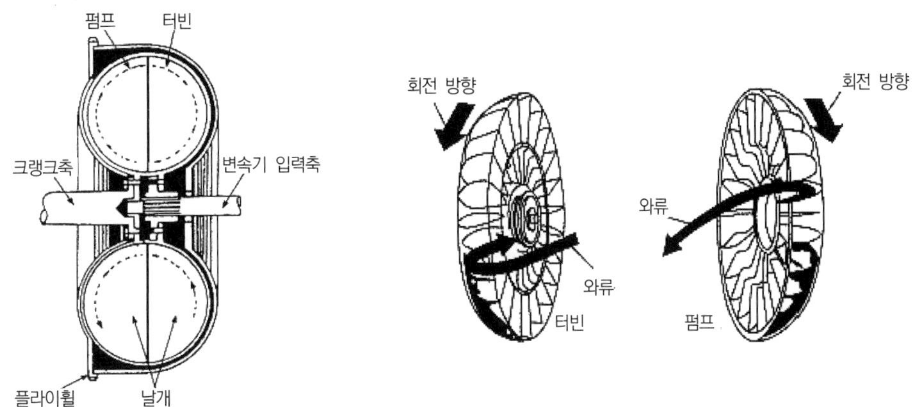

(a) 유체 클러치의 구조

(b) 유체 클러치 내부의 오일 유동 형태

[그림 3-68] 유체 클러치

(5) 유체 클러치 오일

① 자동 변속기용 오일과 동일

② 구비조건

㉠ 점도가 낮을 것　　㉡ 비중이 클 것　　㉢ 착화점이 높을 것

㉣ 내산성이 클 것　　㉤ 유성이 좋을 것　　㉥ 비등점이 높을 것

㉦ 응고점이 낮을 것　　㉧ 윤활성이 클 것

3 토크컨버터

(1) 구성 및 기능

① **펌프 임펠러** : 엔진 크랭크축과 연결되어 **유체의 운동에너지**를 발생

② 터빈 러너 : **유체의 운동에너지에 의하여 회전**되며 변속기 입력 측 스플라인에 연결

③ 스테이터

㉠ **토크컨버터에 사용**

㉡ 터빈에서 되돌아오는 **오일의 흐름 방향을 바꾸어 회전력 증대**

㉢ 회전력 증대의 크기(토크 변환비) : **2~3배(통상 2.5배)**

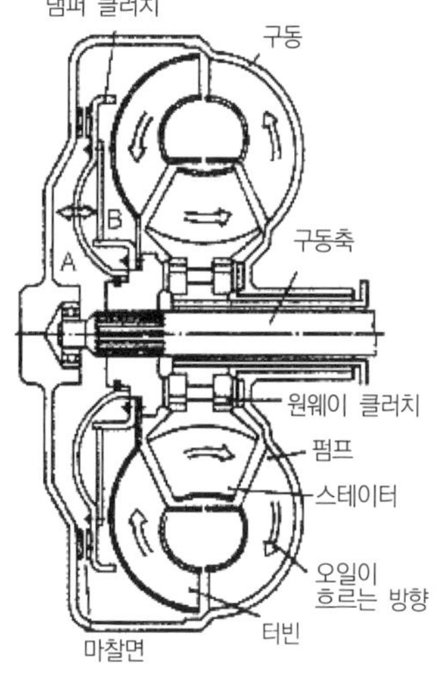

(a) 토크컨버터

(b) 토크컨버터의 구조

[그림 3-69] 토크컨버터의 구성

(2) 특징

① 날개가 곡선으로 설치

② 엔진 회전수에 따라 회전력 비례(곡선으로 나타남)

③ **회전력 변환 비율**=1 : 2~3(2.5)

④ 펌프와 터빈의 속도가 같게 되는 지점을 **클러치점**이라 함

⑤ 클러치점에서는 유체클러치와 동일

⑥ **스톨 포인트에서 회전력이 최대**

⑦ 펌프와 터빈의 속도비가 0일 때로 터빈은 정지한 경우이며, 이 점을 **스톨 포인트**라 함(차량이 정지 상태에서 출발하여 급가속하는 순간)

⑧ 터빈 속도의 증가는 회전력의 감소, 터빈 속도의 감소는 회전력의 증대를 나타냄

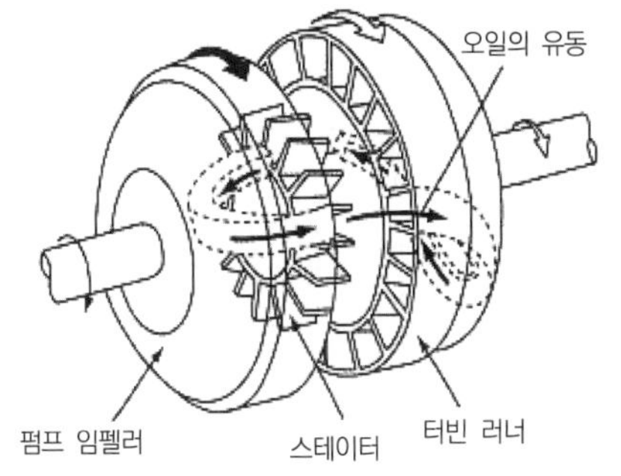

(a) 토크컨버터 내부의 오일 유동 형태

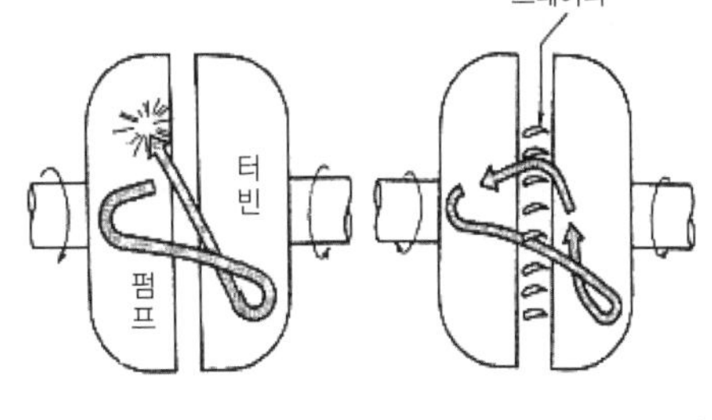

(b) 스테이터가 없는 경우 오일 흐름

(c) 스테이터가 있는 경우 오일 흐름

[그림 3-70] 토크컨버터의 오일 흐름

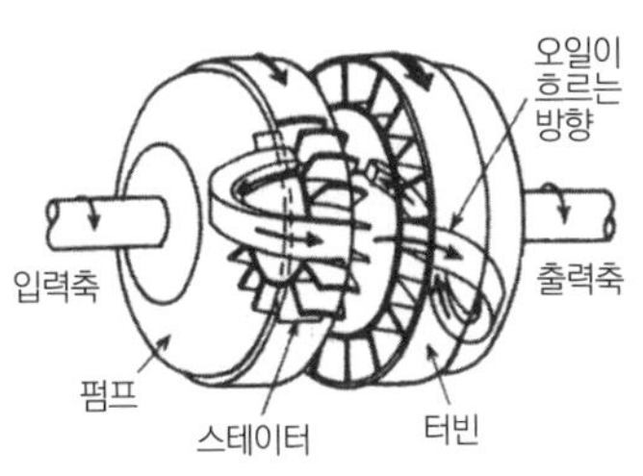

(a) 스테이터에 의한 토크의 증대

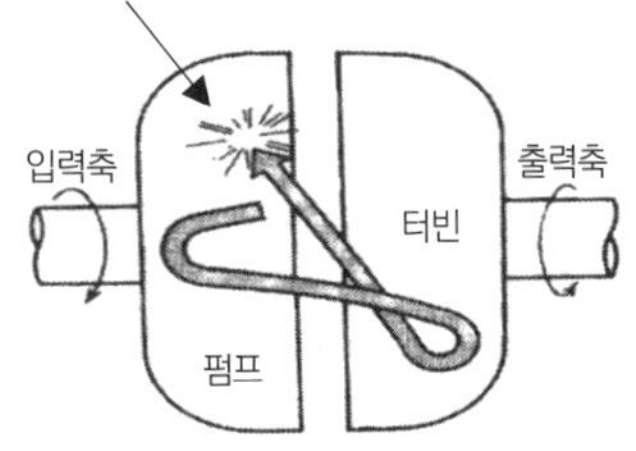

(b) 유체 클러치 안의 오일 흐름

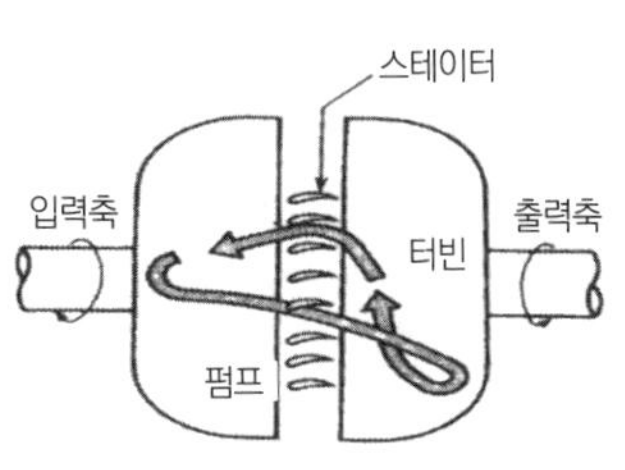

(c) 토크컨버터 안의 오일 흐름

[그림 3-71] 오일의 순환운동

(3) 유체 클러치와 토크컨버터의 비교

구 분	유체 클러치	토크컨버터
토크 변환 비율	1 : 1	2~3 : 1
구성요소	펌프, 터빈, 가이드 링	펌프, 터빈, 스테이터
날개 모양	직선 방사형	곡선 방사형
토크비의 변화	터빈 속도에 관계없이 1이다.	속도비가 0(스톨 포인트)에서 가장 높고 증가됨에 따라 저하되어 클러치점부터는 1을 유지한다.
효율의 변화	터빈의 회전속도가 증가함에 따라 0~100%에 가깝게 직선적으로 변한다.	펌프의 회전속도에 대하여 터빈의 회전속도가 느릴 때에는 큰 회전력을 얻고, 터빈이 펌프의 회전속도에 가까워짐에 따라 효율이 증가하다가 클러치점을 지나면 저하되어 유체 클러치의 작용을 한다.

① 유체 클러치의 성능 곡선도

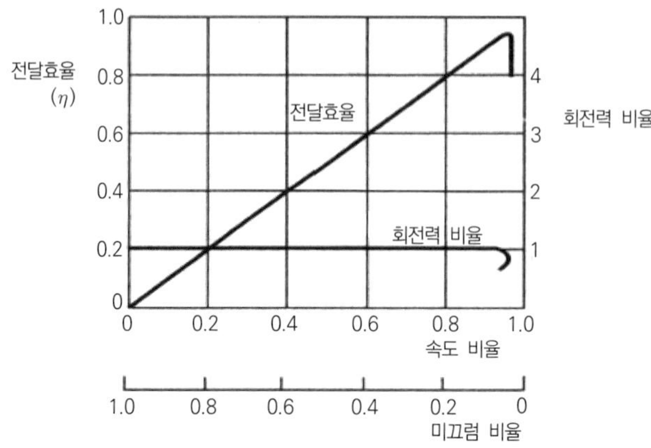

[그림 3-72] 유체 클러치의 성능 곡선도

② 토크컨버터의 성능 곡선도

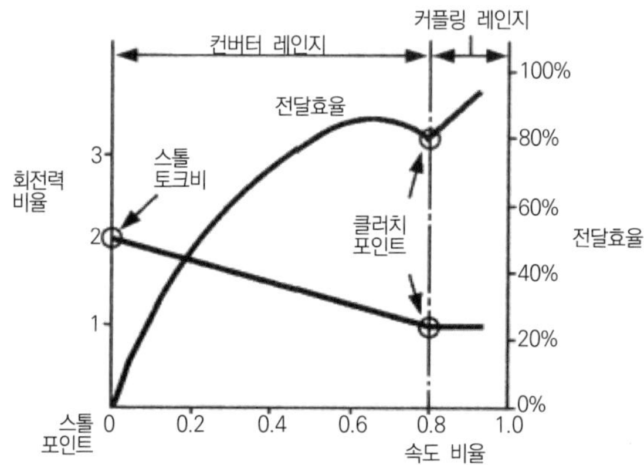

[그림 3-73] 토크컨버터의 성능 곡선도

참고

스톨 포인트와 클러치점

1. 스톨 포인트(실속점)
   속도비가 0일 때에는 터빈이 정지한 경우이며, 이때를 스톨 포인트(실속점)이라고 한다. 즉, 실속점에서는 토크비가 최대가 된다. 또한 터빈이 회전하기 시작하여 속도비가 증가하면 토크비는 저하되어 어느 속도에 달하면 거의 1에 이른다. 이 점이 클러치점이 된다.

2. 클러치점
   일방 클러치가 작용하여 스테이터가 펌프 및 터빈과 함께 회전하는 점(토크비가 1 : 1이 되는 지점)

4 댐퍼(로크 업) 클러치

(1) 역할

자동차의 주행속도가 일정 값에 도달하면 토크컨버터의 펌프와 터빈을 기계적으로 직결시켜 **미끄러짐에 의한 손실을 최소화하여 정숙성을 도모**하는 장치

(2) 위치

터빈과 토크컨버터 사이에 설치

(3) 동력 전달 순서

엔진 → 프런트 커버 → 댐퍼 클러치 → 변속기 입력축

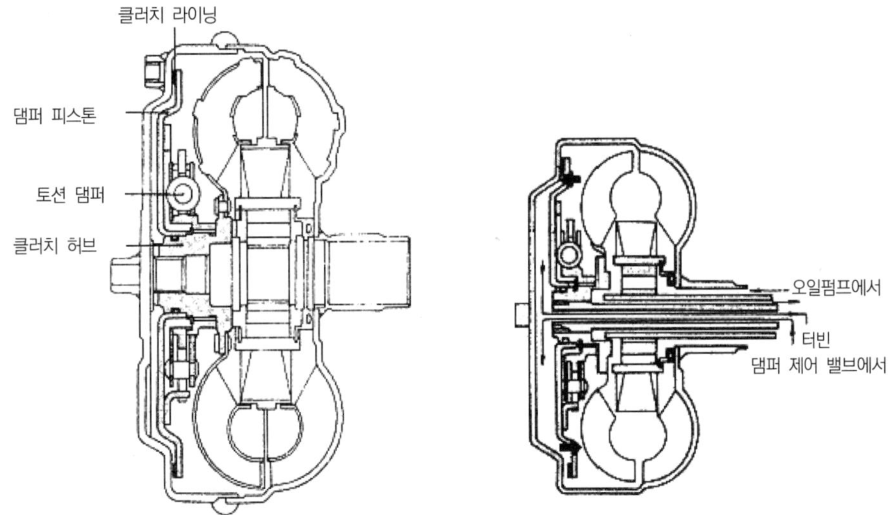

[그림 3-74] 댐퍼 클러치

> **참고**
>
> **댐퍼 클러치가 작용하지 않는 범위**
>
> - 제1속 및 후진일 때
> - 엔진 브레이크가 작동될 때
> - 오일의 온도가 60℃ 이하일 때
> - 엔진의 냉각수 온도가 50℃ 이하일 때
> - 3속에서 2속으로 시프트다운(shift down, 하향 변속)될 때
> - 엔진의 회전속도가 800rpm 이하일 때
> - 엔진의 회전속도가 2,000rpm 이하에서 스로틀 밸브의 열림이 클 때

5 유성 기어 장치

선 기어, 유성 기어, 유성 기어 캐리어, 링 기어 등의 기어와 기어의 제어를 위한 다판 클러치, 브레이크 밴드 등으로 구성되어 있으며, 기어 물림을 바꾸지 않고 원활한 변속을 할 수 있다. 자동 변속기에서 **유체 클러치나 토크컨버터와 조합하여 사용**된다.

(1) 구성

① 선 기어 : **중심부**의 기어

② 링 기어 : **최 외곽** 기어

③ 유성 피니언 기어 : **선 기어와 링 기어 사이**에 설치

④ 유성 기어 캐리어 : 유성 기어를 작동

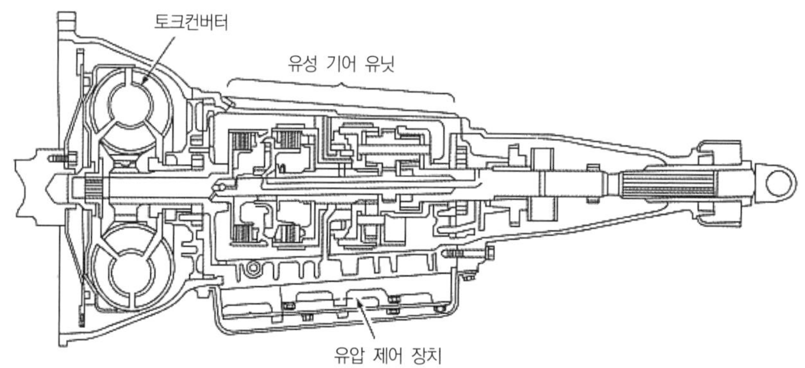

[그림 3-75] 자동 변속기의 구조

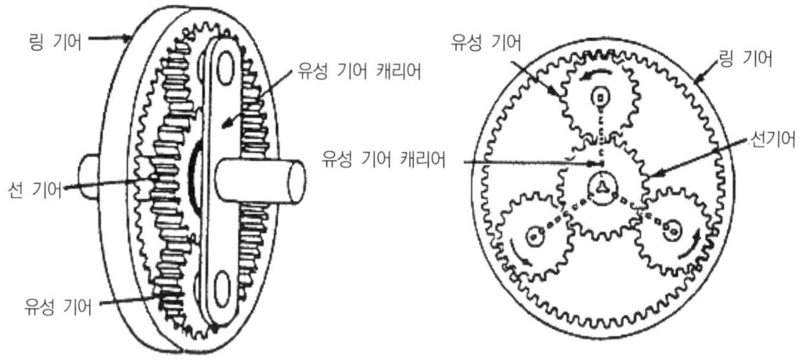

[그림 3-76] 유성 기어 장치의 구조

(2) 작동 원리

① 작동 3요소

㉠ 선 기어 : 중심 기어

㉡ 캐리어 : 유성 피니언 기어를 작동

㉢ 링 기어 : 바깥 외주 기어

② **중립** : 3요소 중 어느 것도 고정되거나 결합되지 않은 상태로 동력을 전달할 수 없다.

③ **직결** : 3요소 중 2요소가 결합하여 같은 방향, 같은 속도로 회전하게 되면 3요소가 모두 일체가 되어 같은 방향, 같은 속도로 회전하게 되는 상태로 변속이 없다.

④ **변속**

㉠ 3요소 중 한 요소가 고정되고 다른 한 요소가 구동하면 남은 한 요소가 피동이 되면서 피동 기어에서 증속, 감속, 역전의 변속이 이루어진다.

㉡ 이러한 작동을 위하여 브레이크 밴드, 또는 다판 클러치를 사용하며 기어 형식을 사용하는 것도 있다.

참고

유성 기어의 작동

- 감속의 원리 : 선 기어 고정, 링 기어 구동 ⇒ 유성 기어 캐리어 감속
- 증속의 원리 : 선 기어 고정, 유성 기어 캐리어 구동 ⇒ 링 기어 증속
- 역회전 원리 : 유성 기어 캐리어 고정, 선 기어 구동 ⇒ 링 기어 역전 감속

6 동력부(오일펌프)

(1) 개요

① 내접 기어 펌프를 1개 또는 2개 사용

② 2개 사용 시 입력축과 출력축에 각각 설치

(2) 앞 펌프

① 입력축에 설치

② 토크컨버터에 오일 공급

③ 토크컨버터 오일 압력 유지(약 3~7bar)

④ 유성 기어 장치 윤활

⑤ 라인 압력 상태의 작동유 공급

⑥ **라인 압력** : 오일펌프에서 가압된 오일이 유압 조절 밸브에서 조절된 오일 압력

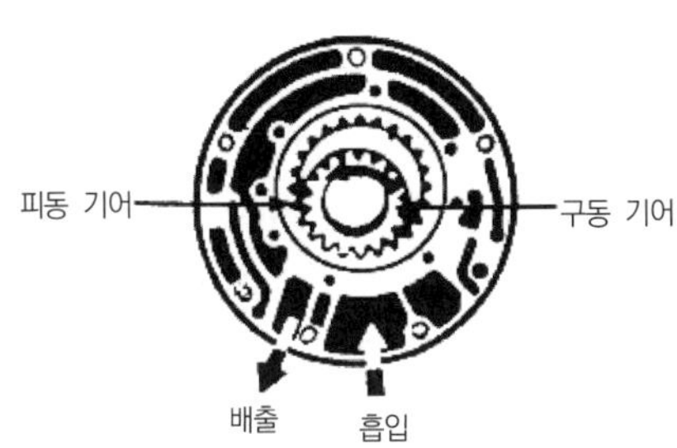

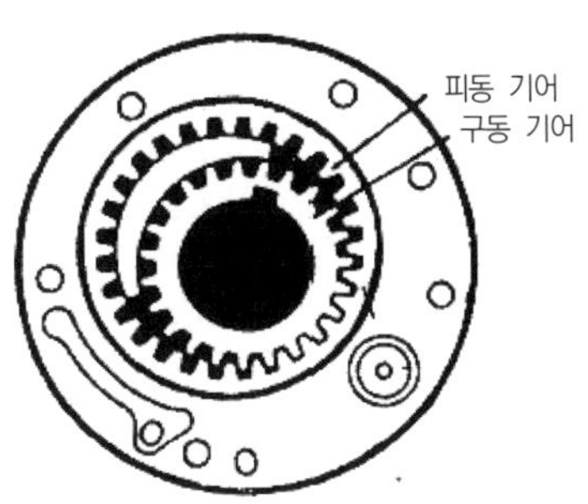

[그림 3-77] 자동 변속기 오일펌프

(3) 뒤 펌프

① 출력축에 설치

② 일정 속도 이상에서 변속기에 유압을 공급

7 작동부

(1) 전진 클러치

① 습식 다판 클러치 사용

② **구동판** : 전진 클러치 드럼 내면 스플라인에 설치

③ **피동판** : 선 기어 구동축 스플라인에 설치

④ 링 기어를 구동 및 차단

(2) 후진 클러치

① 습식 다판 클러치 사용

② **구동판** : 전진 클러치 드럼 외면 스플라인에 설치

③ **피동판** : 후진 클러치 내면 스플라인에 설치

④ 선 기어에 동력 전달 및 차단

(3) 전진 브레이크 밴드

① 후진 클러치 드럼에 설치

② 선 기어를 고정

(4) 후진 브레이크 밴드

① 제1, 제2 유성 기어의 구동축이 붙어 있는 유성 기어 캐리어 드럼에 설치

② 유성 기어 캐리어를 고정

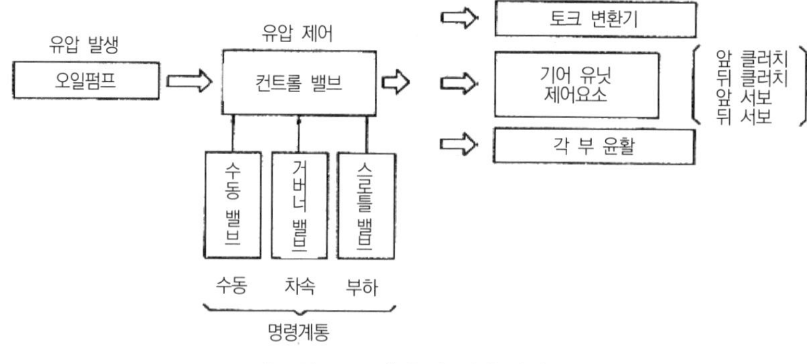

[그림 3-78] 유압 제어 장치

8 제어부(제어 밸브)

① 제어부의 각종 제어 밸브는 밸브 보디에 장착되어 있다.

② 밸브 보디는 오일펌프에서 공급된 유압을 작동부(클러치 및 브레이크 밴드) **유압회로의 변속에 필요한 유압을 제어**한다.

③ 제어 밸브에는 매뉴얼 밸브, 스로틀 밸브, 압력 조정 밸브, 시프트 밸브, 거버너 밸브 등으로 구성되어 있다.

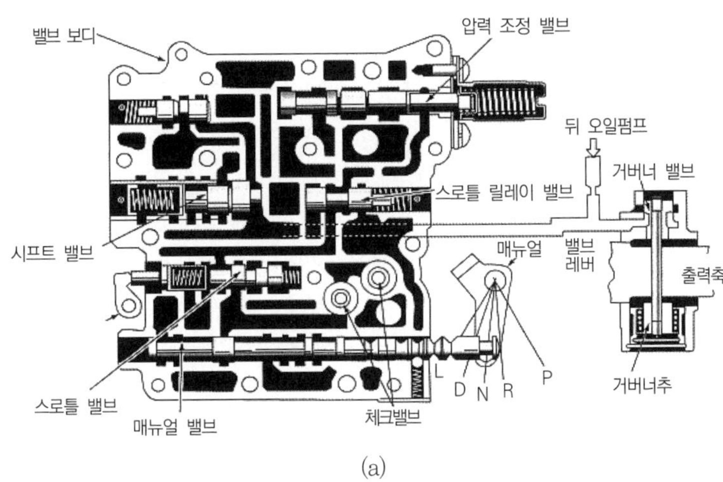

(a)

(b)

[그림 3-79] 밸브 보디의 구조

9 전자제어 자동 변속기

(1) 자동 변속기에서 전자제어장치를 사용하는 목적

운전자가 생각(의지) 및 주행 상태를 변속기의 제어요소에 전달하여 자동차를 원활하게 주행시키기 위해서는 여러 가지 정보가 필요하나 변속을 위한 가장 기본 정보는 변속 레버의 위치, 기관 부하(스로틀 밸브의 열림 정도), 주행속도이다.

(2) 전자제어 자동 변속기의 기본 원리

전자제어 자동 변속기는 기본적으로 유압식과 같은 구조를 하고 있으나 컨트롤 밸브 메카니즘(기계식)을 솔레노이드 밸브 메카니즘(전류 제어식)으로 대체하여 **유압을 컴퓨터(TCU)에서 제어하도록 설계**한 것이 다르다. 이 방식은 엔진의 가속 정도를 스로틀 위치 센서가, 출력축의 회전수는 차속 센서가 감지하여 TCU는 설정된 값에 전자 솔레노이드 밸브를 개폐하여, 시프트 밸브의 유압을 제어한다. 작용은 유압식과 같다.

(3) 전자제어 자동 변속기 주요 부품

① 컴퓨터(TCU : Transmission Control Unit) : TCU는 각종 센서에서 보내 온 신호를 받아 댐퍼 클러치 조절 솔레노이드 밸브, 시프트 조절 솔레노이드 밸브, 압력 조절 솔레노이드 밸브 등을 구동하여 댐퍼 클러치의 작동과 변속을 조절한다.

② 각종 제어 센서 및 역할

㉠ 스로틀 위치 센서(TPS) : 엔진 전자제어장치와 공용으로 사용되며, 스로틀 밸브 열림 정도를 검출한다. TPS 신호는 엔진 부하의 신호로서 주행 상태 및 공전 rpm 제어와 가속 상태를 TCU에 입력 정보 센서로서 자동 변속의 주요 변속 조건의 주요 센서이다.

㉡ 수온 센서(WTS) : 엔진 냉각온도가 50℃ 미만에서는 OFF되고, 그 이상에서는 ON되어 TCU로 입력시킨다.

㉢ 펄스 제너레이터 A : 고속 주행 시 변속 레버 위치를 D위치에 선택하고 주행의 **킥다운 드럼의 회전수를 검출**하여 TCU 또는 ECU에 보내준다.

㉣ 펄스 제너레이터 B : 자동 변속기 선택 레버 위치에 따라서 자동차의 주행속도를 파악하기 위해 **드라이브 기어의 출력축 회전수를 검출**하여 TCU로 입력시킨다.

㉤ 가속 페달 스위치 : 가속 페달 스위치의 ON, OFF를 검출한다. 즉, 가속 페달을 밟으면 OFF가, 놓으면 ON이 되어 이 신호를 TCU로 보내면 주행속도 72km/h 이하 스로틀 밸브가 완전히 닫혔을 때 크리프(creep)량이 적어 제2단으로 유도하기 위한 검출기이다.

㉥ 킥 다운 서보 스위치 : 운전자가 액셀레이터를 급격히 많이 밟을 때 **킥다운 밴드의 작동시점을 검출**하는 스위치(변속 시 유압 제어 시간을 제어)

㉦ 오버드라이브(O/D) 스위치 : 시프트 레버 손잡이에 부착되며 ON, OFF에 따라 그 신호를 컴퓨터로 보내어 ON에서는 제4속까지, OFF에서는 제3속까지 변속된다.

㉧ 차속 센서 : 자동차 주행속도를 검출하기 위한 센서이며, 변속기 속도계 구동 기어의 회전(주행속도)을 펄스 신호로 검출한다. 또한 펄스 제너레이터 B에 이상이 있을 때 페일 세이프 기능을 갖도록 한다.

㉨ 인히비터 스위치 : 자동 변속기 **변속 레버의 위치를 검출**하는 스위치로, 시프트 레버 P 또는 N레인지에서 시동이 가능하게 하고 R레인지에서 백 램프가 점등되게 한다. 그리고 D 또는 L레인지에서는 시동이 불가능하게 한다.

㉩ 오일 온도 센서 : 자동 변속기 오일(ATF)의 온도를 검출한다.

㉠ 파워 / 이코노미 / 홀드 변환 스위치 : 각 스위치의 ON / OFF를 검출한다(운전자의 의지에 의해서 주행조건에 가까운 변속 특성을 얻기 위해).

참고

크리프(Creep) 현상

크리프 현상이란 자동 변속기 차량에만 있는 현상으로, 엔진 시동이 걸려 있는 상태에서 변속기 레버를 P(Parking)와 N(Natural) 이외의 자리에 두었을 때 사이드 브레이크를 풀고 풋 브레이크 페달을 밟고 있지 않다면 자동차가 알아서 천천히 움직이게 되는 현상을 말한다. 이 현상으로 인한 장점은 자동차가 알아서 천천히 움직여주기 때문에 부드럽게 가속 및 후진이 가능하며, 정체된 도로와 오르막길에서 정차 후 출발 등에서 편리하다는 장점이 있다. 하지만 부주의하게 되면 사고로 이어진다는 단점이 있다.

10 자동 변속기용 오일(ATF : Automatic Transmission Fluid)

① 엔진오일(EO) 또는 유압유 오일(HO) 주유

② 일반적으로 EO SAE 10W 많이 사용

③ 정상유온 : 40~80℃

④ 표준유압 : 3.5~4.5bar

⑤ 점검시기 : 3,000~5,000km

⑥ 교환시기 : 20,000~40,000km

⑦ 구비조건

㉠ 적당한 점도를 가지고 점도지수가 높을 것(점도는 다소 낮은 것이 좋음)

㉡ 비중이 클 것

㉢ 인화점과 착화점이 높을 것

㉣ 내산성이 클 것

㉤ 유동성이 좋을 것

㉥ 윤활성이 좋을 것

㉦ 비점이 높을 것

㉧ 거품이 생기지 않을 것

⑧ 오일량 점검

㉠ 오일량 점검은 평탄한 장소에서 실시한다.

㉡ 엔진을 시동하여 **정상 운전온도로 워밍업시킨 후** 오일을 작동온도(약 70~80℃) 사이에서 변속 레버를 움직여 클러치나 브레이크 서보에 오일을 충분히 채운 후 오일량을 점검한다.

㉢ 오일량은 **하한선(COLD)과 상한선(HOT) 중간 부위**에 있어야 한다.

㉣ 오일이 부족하여 보충할 경우 반드시 자동 변속기용 오일(ATF)을 보충한다.

⑨ 자동 변속기의 오일 색깔

㉠ 투명도가 높은 붉은 색 : 정상

㉡ 갈색 또는 니스 모양 : 자동 변속기가 장시간 고온에 노출되어 **열화**를 일으킨 상태

㉢ 투명도가 없는 검은색 : 자동 변속기 내부 클러치판의 마멸 분말에 의한 **오일의 오손, 부싱 또는 기어가 마멸**된 경우

㉣ 백색 : 많은 양의 **수분이 유입**된 경우

11 점검 및 정비

(1) 스톨 테스트

엔진의 출력 및 변속기 내부의 클러치 미끄러짐, 토크컨버터 스테이터의 기능을 점검한다.

① 준비

㉠ 엔진을 정상 작동온도로 한다.

㉡ 타코미터를 장착한다.

㉢ 주차 브레이크를 작동시킨다.

㉣ 고임목을 고인다.

② 작업

㉠ 엔진을 가동시키고 P레인지에서 공회전 속도를 판독한다.

㉡ 시프트 레버를 P → R → N → D → 2 → 1의 위치로 변속하고, 다시 역순으로 변속을 시킨다. 이때 각 레인지에서 3초간 유지한다.

㉢ 변속 레버를 R레인지로 한다.

㉣ 왼발로 브레이크를 최대한 강하게 밟고 오른발로 가속 페달을 부드럽게 밟는다(5초 이내에 실시).

㉤ 엔진의 회전속도가 더 이상 증가하지 않을 때 타코미터를 판독한다.

㉥ 변속 레버를 N레인지로 하고 최소 1분간 공회전을 시킨다.

㉦ 같은 방법으로 D 또는 L레인지에서 실시한다.

③ 판정

㉠ 엔진 회전속도가 **2,000~2,300rpm이면 정상**이다.

㉡ D와 R레인지 모두 기준치보다 낮은 경우

- **엔진 출력 부족**
- 토크컨버터 내 스테이터 일방향 클러치 작동 불량

㉢ D와 R레인지 모두 기준치보다 높은 경우

- 오일 라인압이 낮음
- **일방향 클러치 작동 불량**

㉣ D레인지만 기준치보다 높은 경우

- 라인압이 낮음
- 오버드라이브 클러치가 미끄러짐
- 전진 클러치가 미끄러짐
- 일방향 클러치의 작동 불량

㉤ R레인지만 기준치보다 높은 경우

- 라인압이 낮음
- 오버드라이브 클러치가 미끄러짐
- 일방향 클러치의 작동 불량
- 1단 및 후진 브레이크가 미끄러짐

12 무단 변속기(CVT)

(1) 개요

① 주행 중 연속적인 변속비를 얻을 수 있고 **가변할 수 있는 변속기**를 말하며, 변속 충격 방지 및 연료소비율과 성능이 우수한 변속기를 말한다.

② 두 개의 가변 풀리와 한 개의 **금속 벨트를 이용**하여 모든 속도에서 무단 변속이 가능하도록 하였다.

③ 모든 작동은 유압을 이용하며 운전조건에 따른 최적 값에 따라 교대로 풀리 기구의 폭을 변화시켜 연속적으로 변속비를 변경시킨다.

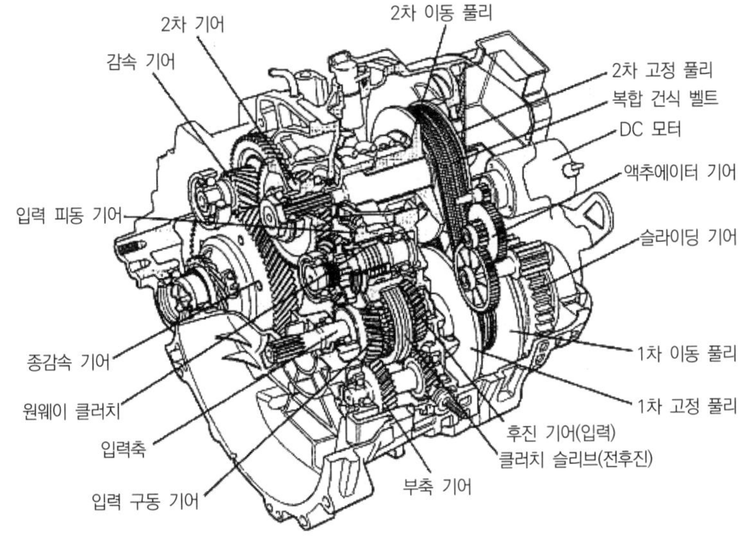

[그림 3-80] 무단 변속기의 구조

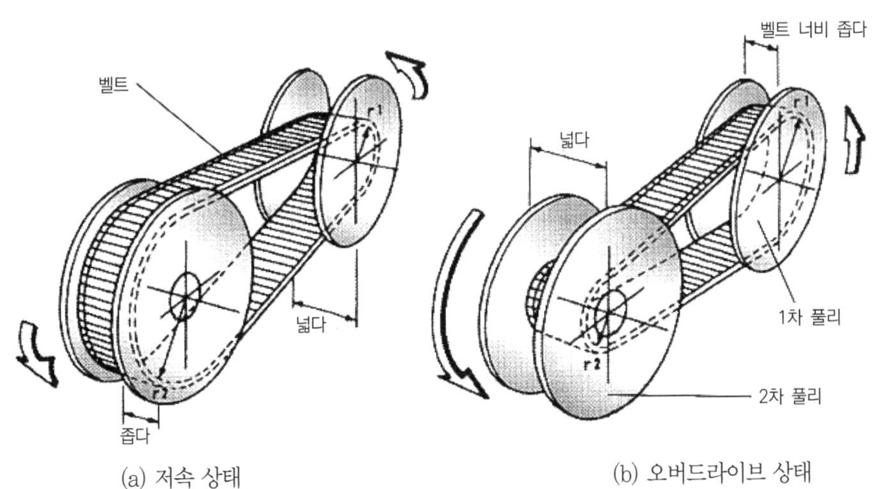

[그림 3-81] 벨트 구동방식 CVT

(2) 특징

① 발진 클러치에는 전자 클러치와 습식 다판 클러치가 사용된다.

② 발진 클러치의 설치 위치는 출력축에 설치되어 있다.

③ 차축에 가까운 곳에서 토크 베어링을 하므로 출발이 부드럽고 용이하다.

④ **정차 때도 차축을 회전시킬 수 있어 가속성이 우수**하다.

⑤ 엔진 정지 시는 발진 클러치에서 동력을 차단하므로 고장 등의 경우 쉽게 견인할 수 있다.

⑥ 입력축을 드라이브 축으로 관통시키므로 베어링 수를 작게 할 수 있고 마찰 손실이 적다.

(3) CVT 전자제어

① 변속 제어

㉠ VSS(차속 센서), TPS(스로틀 위치 센서), CAS(크랭크 각 센서)에 의해 제어

㉡ 컴퓨터는 목표 엔진 회전수와 주행 시 엔진 회전수를 비교하여 리니어 솔레노이드를 작동하여 변속비를 결정하는 4way 밸브를 제어

㉢ 변속 영역

- D레인지 모드
  - D : 드라이브(일반적 주행)
  - E : 경제 운전(고회전 영역을 감소)
  - S : 스포틱한 운전(스포츠 주행 가능)
- L레인지 모드
  - 저속 주행(1속 또는 2속)
  - 엔진 브레이크 작동

② 발진 제어

㉠ 발진 클러치의 전달 용량을 클러치와 피스톤 유압으로 제어

㉡ 브레이크를 작용하였을 때 크리프(creep)량을 적게 하여 경제성 부여

③ 측압 제어

㉠ 금속 벨트와 풀리와의 접촉력 제어

㉡ 변속비에 대한 유압 제어와 입력 토크를 고려하여 직선으로 제어

㉢ 마찰과 슬립률을 감소시켜, 오일펌프의 동력 손실 감소

㉣ 연비와 내구성 향상

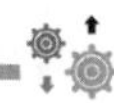

06 드라이브 라인

1 개요

(1) 기능

① 변속기의 출력을 뒤차축에 전달

② 주행 중 발생하는 **각도 변화 흡수**

③ 주행 중 발생하는 **길이 변화 흡수**

(2) 구성

① 추진축

② 자재 이음

③ 슬립 이음

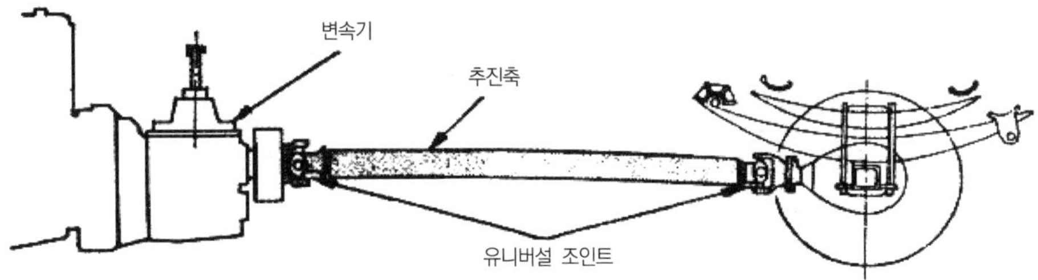

[그림 3－82] 드라이브 라인

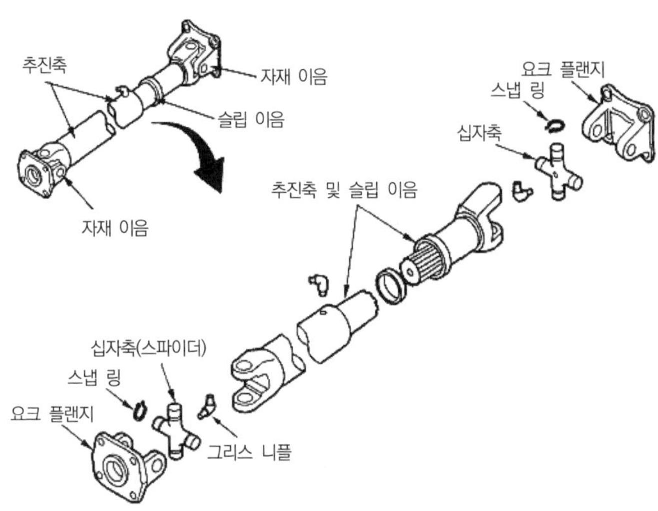

[그림 3－83] 드라이브 라인의 구성

2 추진축

(1) 기능

① 변속기와 연결되어 **변속기의 출력을 종감속 장치에 전달**

② 변속기와 종감속 장치 사이에 자재 이음으로 연결

③ 중간에 스플라인을 설치-슬립 이음

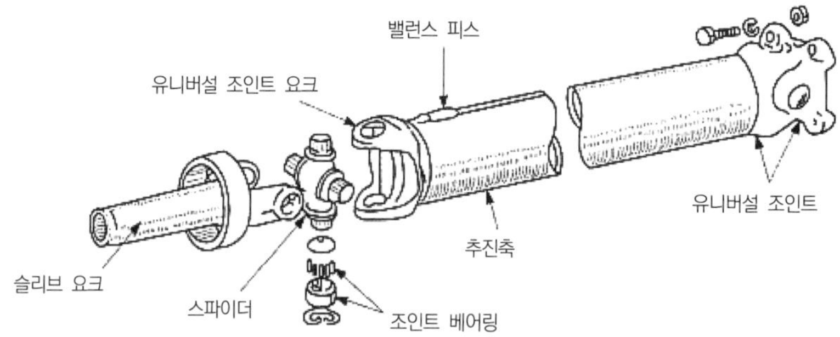

[그림 3-84] 추진축과 유니버설 조인트

(a) 추진축

(b) 슬립 조인트

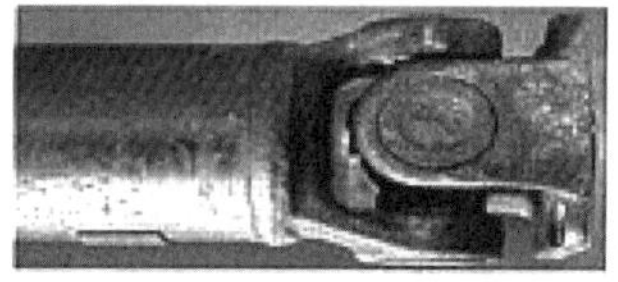

(c) 유니버설 조인트

[그림 3-85] 추진축 및 슬립 이음, 유니버설 조인트

[그림 3-86] 유니버설 조인트 체결

(2) 구성

① **재질** : 원형의 강관

② 양끝에 자재 이음과 결합되는 요크 설치

③ 한쪽 또는 중간에 슬립 이음을 위한 스플라인

④ **중간 베어링** : 추진축의 길이가 길 때 진동을 방지하기 위하여 축 중간에 베어링을 사용하여 축의 휩과 진동을 방지

⑤ **비틀림 방지기** : 추진축의 길이가 길면 비틀림 진동이 커지므로 비틀림 방지 댐퍼를 두어 비틀림 진동을 억제(중간 베어링 바로 뒤에 설치)

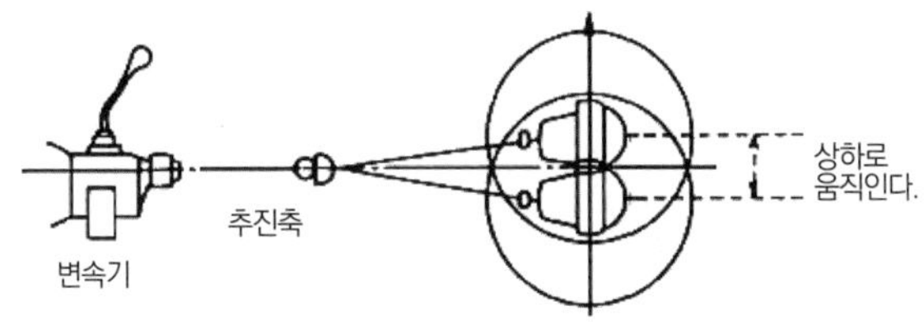

(a) 후륜구동형

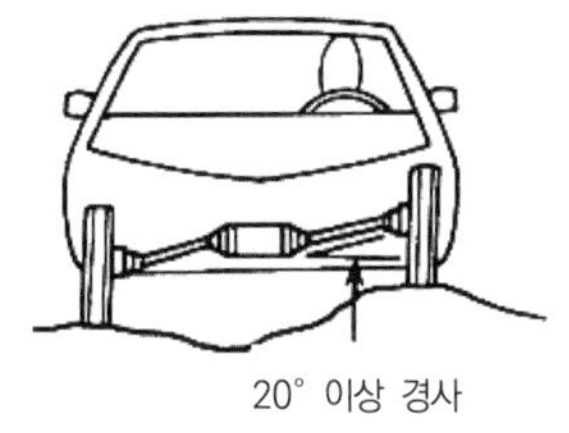

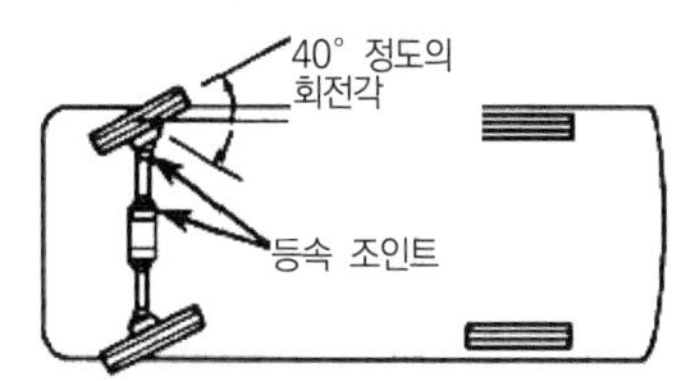

(b) 전륜구동형

[그림 3-87] 바퀴의 상하 진동

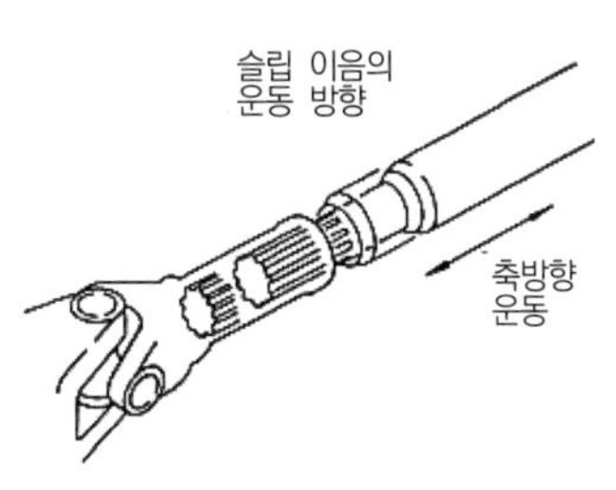

(a) 슬립운동

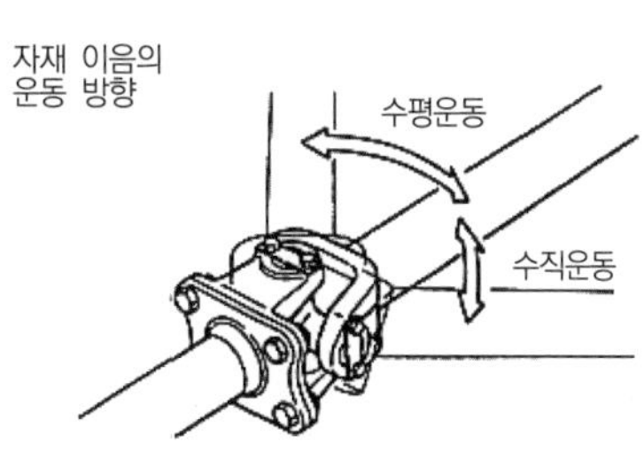

(b) 회전운동

[그림 3-88] 추진축의 운동

3 자재 이음

(1) 기능

자동차 주행 중 추진축의 **각도 변화에 대응**하여 피동축에 원활한 회전력을 전달

(2) 종류

① 십자축 자재 이음 ② 볼앤 트러니언 자재 이음
③ 플렉시블 자재 이음 ④ 등속도 자재 이음

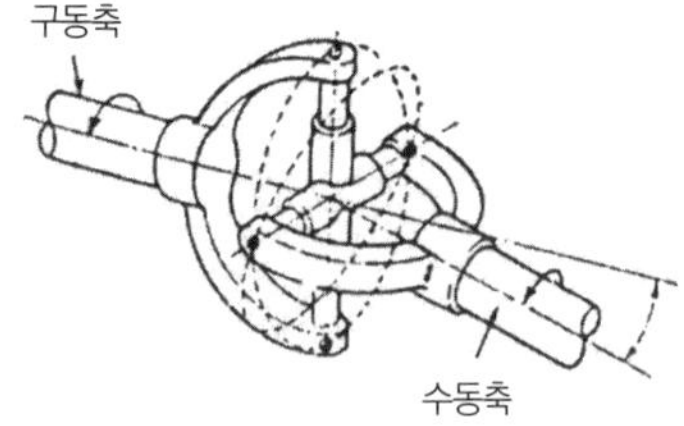

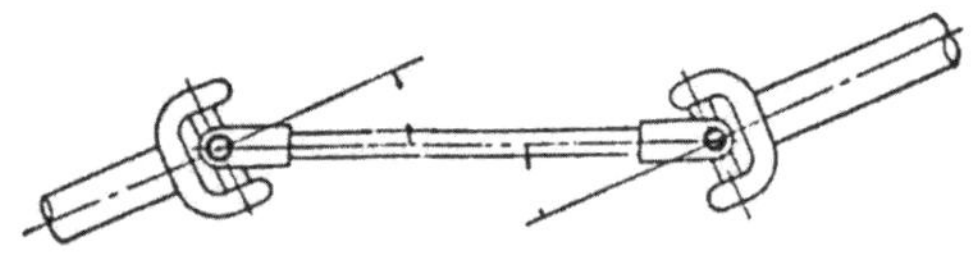

[그림 3-89] 자재 이음의 각도 변화

(3) 십자축 자재 이음(유니버설 조인트)

① 구성

㉠ 십자축(스파이더)과 2개의 요크로 구성
  * 요크 : 'ㄷ'자 모양으로 스파이더와 연결하는 것

㉡ 요크는 추진축 앞, 뒤에 하나씩 설치

㉢ 스파이더와 요크 사이는 니들 베어링 사용

㉣ 니들 베어링 주유는 그리스로 하고 주유는 피팅으로 함

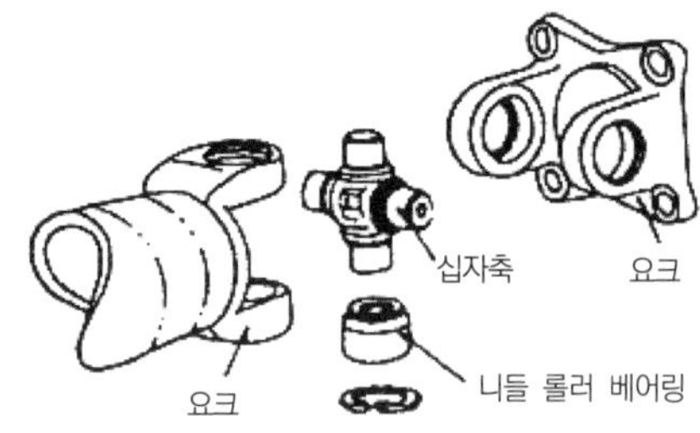

[그림 3-90] 십자축 자재 이음

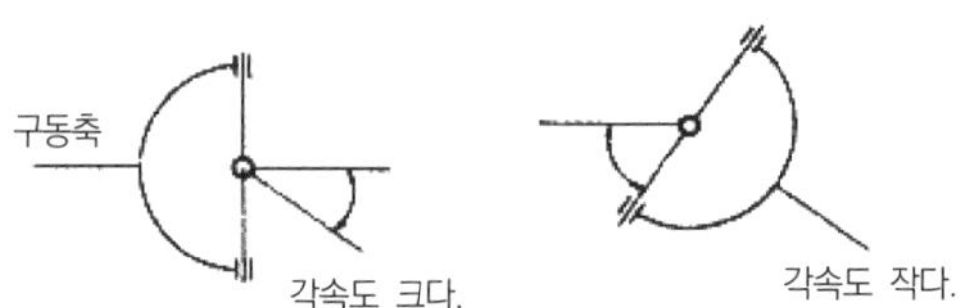

[그림 3-91] 십자형 자재 이음의 각도 변화

② 특징

㉠ 설치각 : 12~18°

㉡ 최대동력 전달각 : 25°

㉢ 큰 동력 전달 가능

㉣ 추진축의 양쪽 요크는 동일 평면상에 있어야 한다(축이 진동함).

㉤ 구동축이 등속도 운동을 하여도 피동축은 90°마다 속도가 변한다.

(4) 볼 앤 트러니언 자재 이음

① 구성

㉠ 실린더(보디)　　㉡ 핀　　㉢ 볼

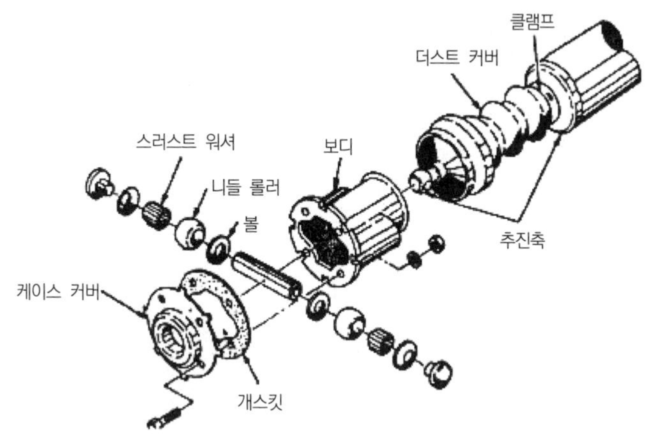

[그림 3-92] 볼 앤 트러니언 자재 이음

② 특징

㉠ 자재 이음과 슬립 이음을 일체로 한 형식이다.

㉡ 길이 변화에 대응하는 슬립 이음이 따로 필요 없다.

㉢ 마찰이 많고, 전달효율이 낮다.

㉣ 잘 사용하지 않는다.

(5) 플렉시블 자재 이음(탄성 자재 이음)

① 구성

㉠ 요크 : 3엽상의 모양

㉡ 경질고무 : 6각형 모양(6개의 구멍 설치)

② 특징

㉠ 회전이 정숙하고 주유가 필요 없음

㉡ 설치각 : 3~5°

㉢ 보조 이음으로 활용

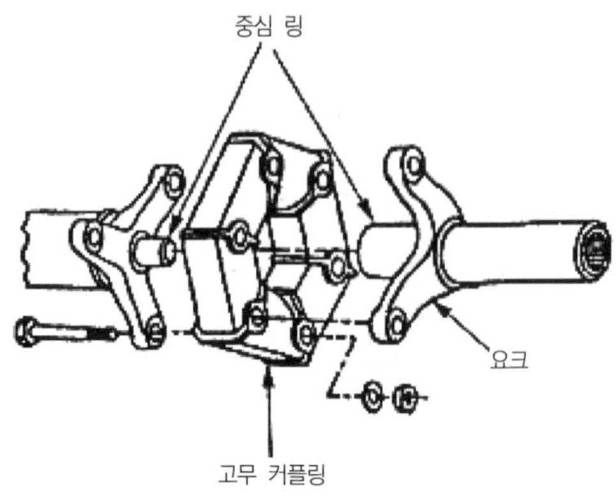

[그림 3-93] 플렉시블 자재 이음

(6) 등속 자재 이음(CV 자재 이음)

① 기능

㉠ 동력 전달 각도에 의한 **피동축의 속도 변화를 방지**

㉡ 볼과 안내를 이용하여 볼이 항상 축이 만나는 각의 2등분 상에 있게 한 것

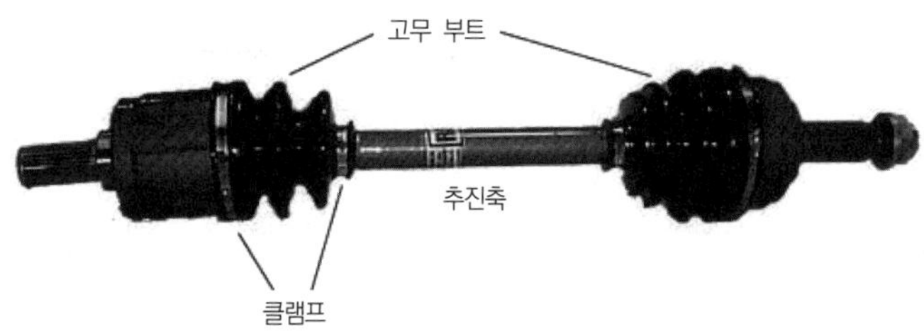

[그림 3-94] CV 자재 이음(등속 조인트 실물)

② 종류

㉠ 트랙터형 ㉡ 벤딕스 와이스형

㉢ 제퍼형 ㉣ 파르빌레형

㉤ 이중 십자형 ㉥ 버필드형

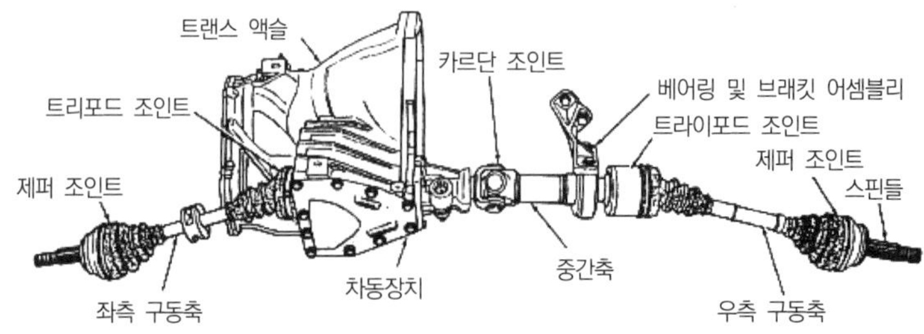

[그림 3-95] 앞바퀴 구동방식의 구동 라인

③ 특징

㉠ 구동축과 피동축의 속도 변화가 없다.

㉡ 설치각 : 29~30°

㉢ 앞바퀴 구동차의 구동축 또는 전륜 구동차의 구동축에 사용

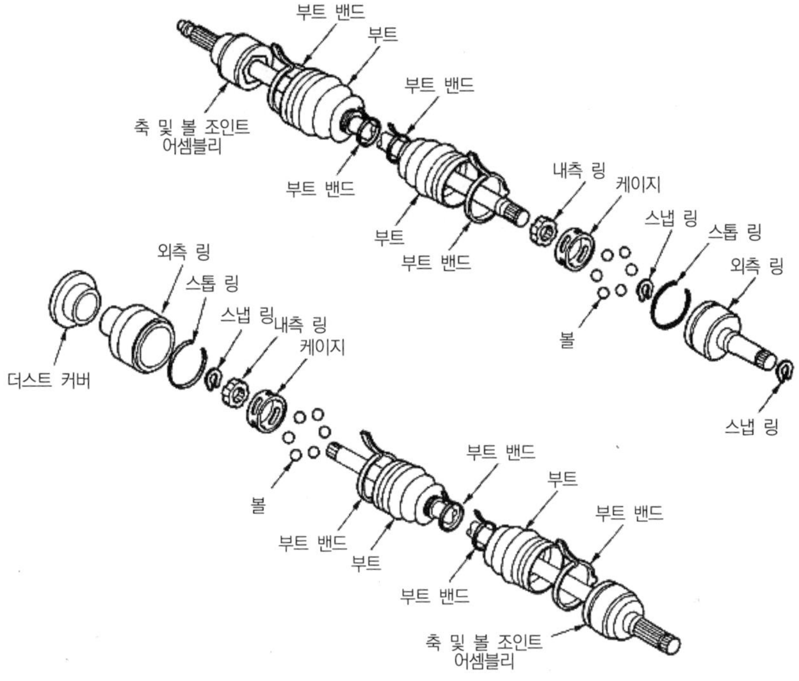

[그림 3-96] 등속 자재 이음의 상세 구조

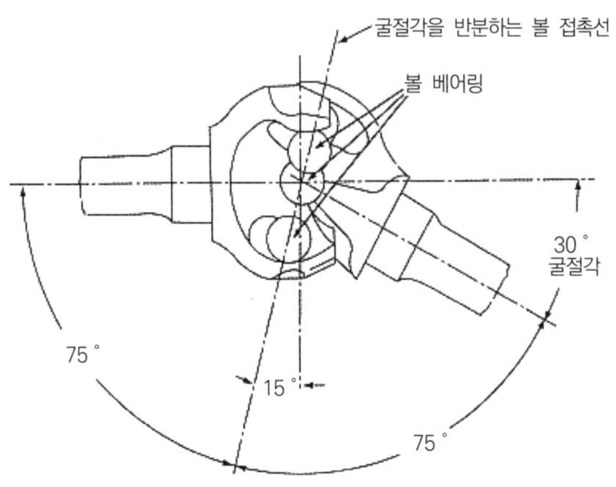

[그림 3-97] 등속 자재 이음의 등속 동력 전달

4 슬립 이음

① 주행 중 뒤차축의 진동으로 인하여 추진축의 길이 방향의 변화가 발생
② 스플라인을 이용하여 **길이 변화를 흡수**
③ 뒤차축 형식에서 사용(앞바퀴 구동차량에는 없음)

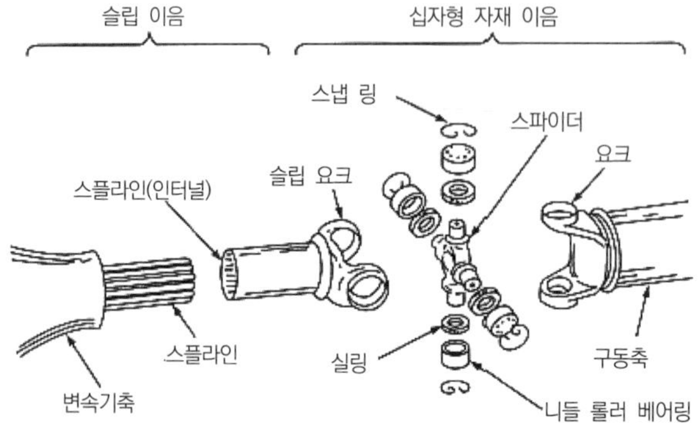

[그림 3-98] 슬립 이음과 십자형 자재 이음(유니버설 조인트)

5 추진축의 고장 진단

(1) 추진축이 진동하는 경우

① 니들 롤러 베어링의 파손 및 마모
② 추진축의 휨
③ 추진축의 동적 · 정적 불평형
④ 슬립 이음의 스플라인부의 마모(백래시가 큼)
⑤ 자재 이음 플랜지 결합 부분의 볼트 이완
⑥ 중간 베어링의 마모
⑦ 추진축 요크 방향의 틀림(동일 평면상에 없을 때)

(2) 출발 및 관성 운전 시 소음

① 스플라인 부의 마모
② 니들 롤러 베어링의 마모
③ 볼트 체결부의 헐거움
④ 중간 베어링의 마모

07 뒤차축 어셈블리

1 개요

(1) 기능

① 변속기의 출력을 자동차의 성능에 알맞게 **최종 감속**

② **선회 시 좌우 차륜의 회전속도에 차이**를 두어 원활한 회전 유도

③ 차축의 중량을 지지함과 동시에 **회전력을 구동바퀴에 전달**

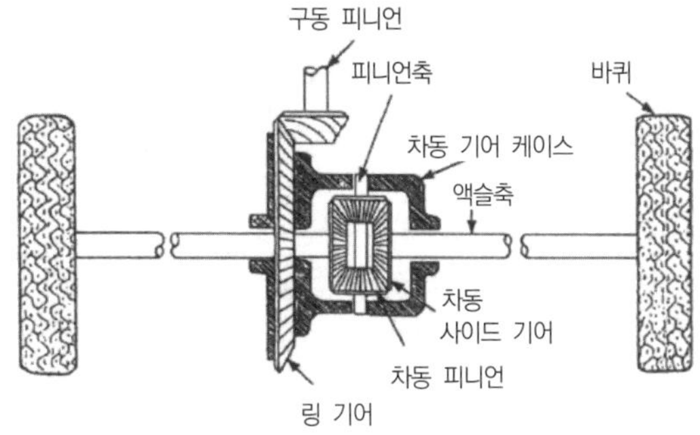

[그림 3-99] 뒤차축 어셈블리

(2) 구성

① 종감속 기어 장치

② 차동 기어 장치

③ 액슬 하우징 및 액슬축

[그림 3-100] 뒤차축 어셈블리의 구성

2 종감속 기어 장치

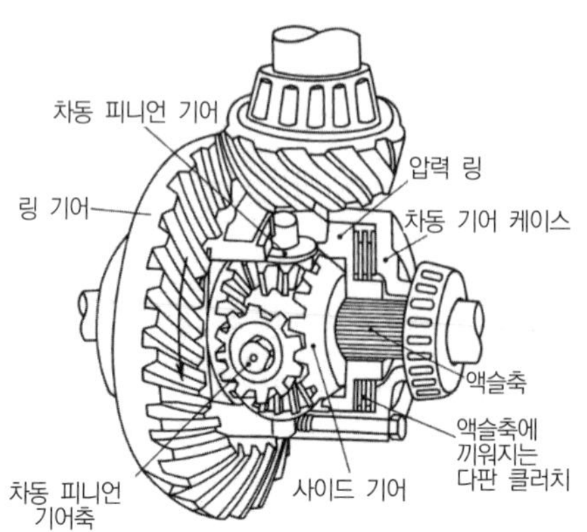

[그림 3-101] 종감속 기어 및 차동 기어 장치

(1) 기능

① 변속기의 회전력을 **최종적으로 감속하여 구동력 발생**

② 추진축을 통하여 전달된 회전력을 90°로 바꾸어 구동축에 전달

(2) 종류 및 특징

① 웜과 웜 기어

㉠ 감속비를 크게 할 수 있다.

㉡ 차축의 높이를 낮출 수 있다.

㉢ 전동효율이 낮다.

㉣ **발열**되기 쉽다.

② 베벨기어

㉠ 스퍼 베벨기어 : 기어의 이가 곧은 것(마모가 빠르기 때문에 현재는 사용되지 않음)

㉡ 스파이럴 베벨기어 : 기어의 이가 곡선으로(선회) 된 것(가장 많이 사용)

- 기어 물림률이 높아 **전동효율이 양호**하다.
- 회전이 정숙하고 원활하다.
- 마모가 적다.
- **측압이 발생**한다.

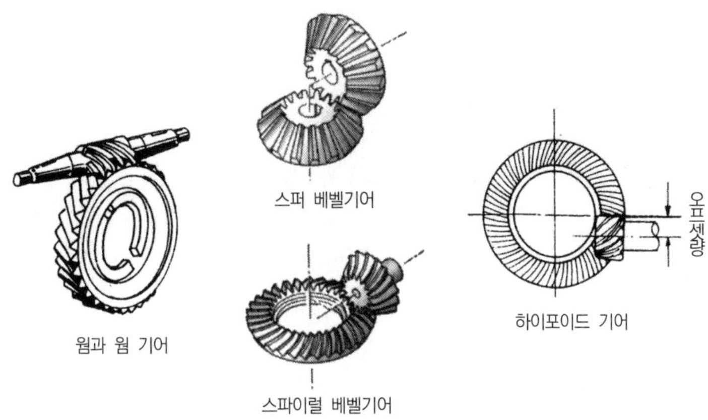

[그림 3－102] 종감속 기어의 종류

③ **하이포이드 기어**

㉠ 스파이럴 베벨기어의 변형(스파이럴 베벨기어와 치형은 같음)

㉡ **구동 피니언 기어의 중심이 링 기어의 중심 아래에 위치**(오프셋량 : 링 기어 직경의 10~20% 정도)

㉢ **안전성 및 거주성이 향상(차축 중심이 낮음)**

㉣ 구동 피니언 기어의 이를 크게 할 수 있음(강도 증대)

㉤ 회전이 정숙함

㉥ 제작이 어려움

㉦ **측압이 커서 극압 오일(하이포이드용 오일)을 사용해야 함**

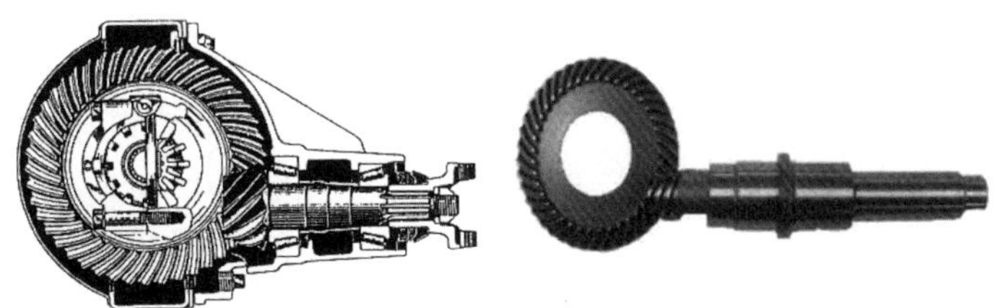

[그림 3－103] 하이포이드 기어

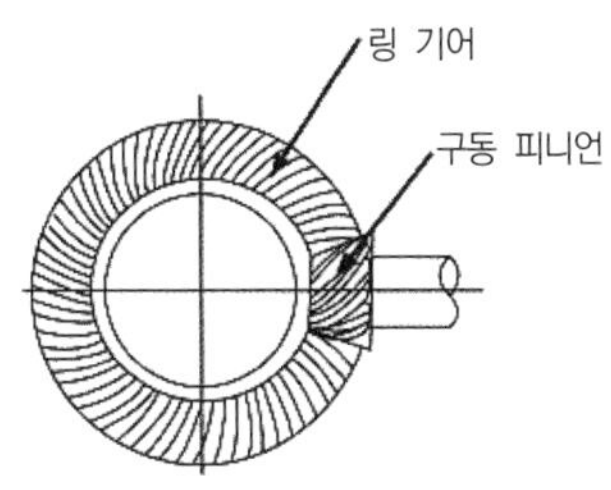

(a) 스파이럴 베벨기어

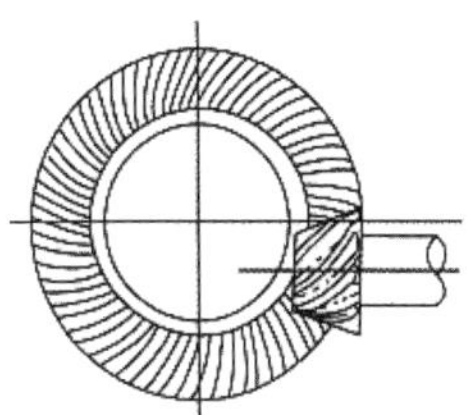

(b) 하이포이드 기어

[그림 3－104] 스파이럴 베벨기어와 하이포이드 기어의 비교

(3) 종감속비와 총감속비

① 종감속비 $= \dfrac{\text{링 기어의 잇수}}{\text{구동 피니언의 잇수}}$

② 총감속비 = 변속비(변속감속비) × 종감속비

③ 링 기어 회전수 $= \dfrac{\text{기관 회전수}}{\text{총감속비}} = \dfrac{\text{추진축 회전수}}{\text{종감속비}}$

④ 종감속비는 나누어 떨어지지 않는 값으로 한다(편마모 방지).

㉠ 승용차=4~6 : 1

㉡ 대형차=5~8 : 1

㉢ **종감속비가 크면 : 가속성능 및 등판능력은 향상되나 고속성능은 감소**

㉣ **종감속비가 작으면 : 고속성능은 향상되나 가속 및 등판성능 감소**

(4) 종감속 기어의 접촉 상태 및 수정

① **정상 접촉** : 링 기어 중심(피치원)에서 접촉(1/2 이상)

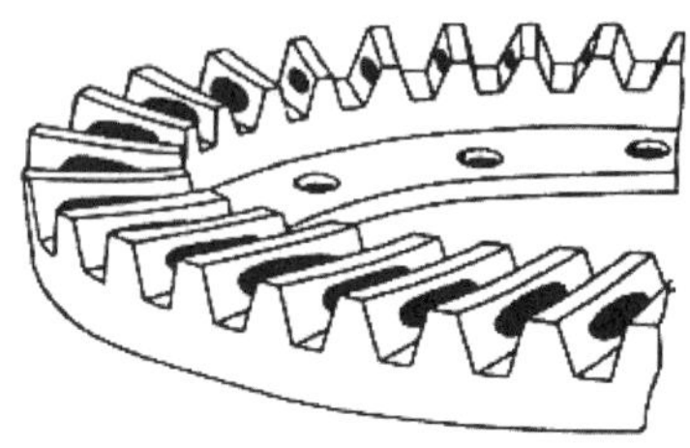

[그림 3-105] 정상 접촉

② **힐 접촉**

㉠ 기어의 선단부가 접촉

㉡ 구동 피니언이 링 기어에 가까워지도록

③ **토 접촉**

㉠ 기어의 후단부가 접촉

㉡ 구동 피니언이 링 기어에서 멀어지도록

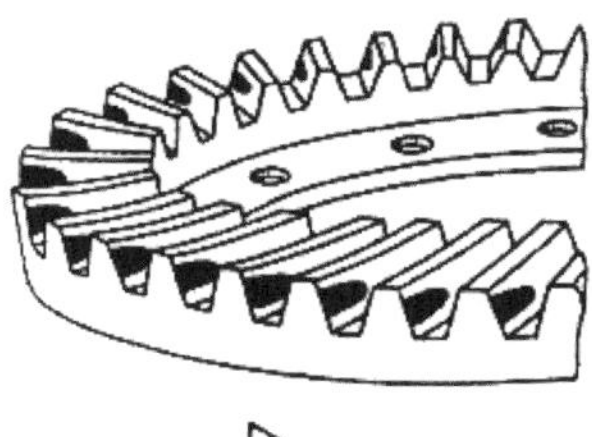

(a) 힐 접촉

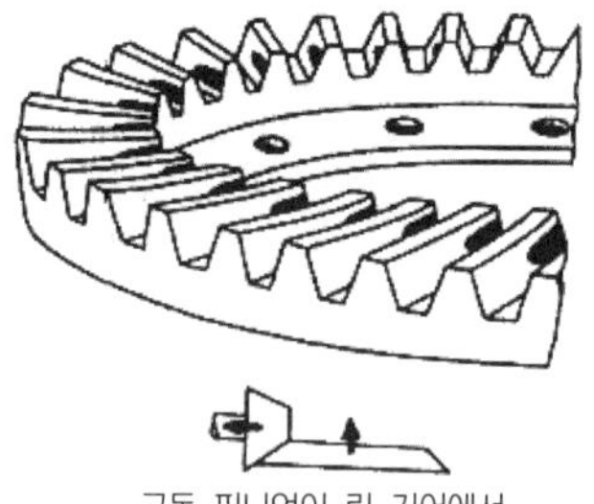

(b) 토 접촉

[그림 3-106] 종감속 기어의 접촉 상태-1

④ **페이스 접촉**

㉠ 기어의 이끝 부분이 접촉

㉡ 링 기어를 구동 피니언에 가깝게

⑤ **플랭크 접촉**

㉠ 기어의 이뿌리 부분이 접촉

㉡ 링 기어를 구동 피니언에서 멀게

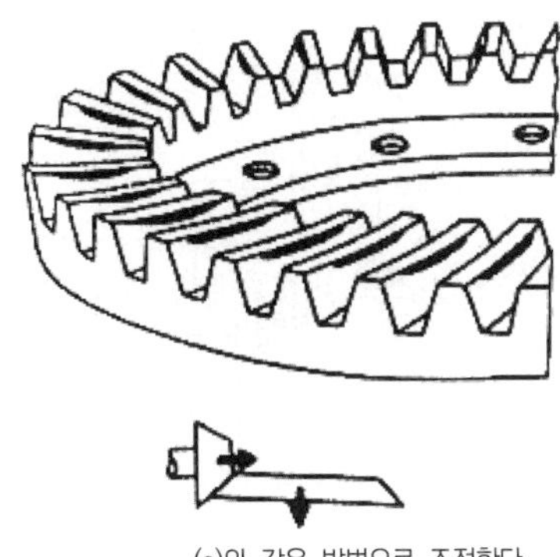

(a)와 같은 방법으로 조정한다.

(c) 페이스 접촉

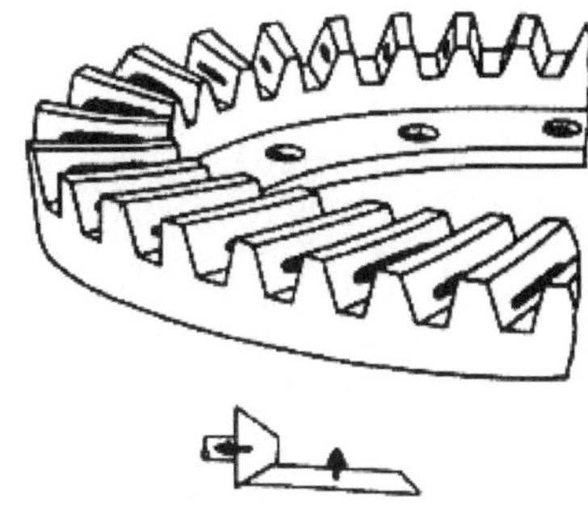

(b)와 같은 방법으로 조정한다.

(d) 플랭크 접촉

[그림 3－107] 종감속 기어의 접촉 상태－2

3 차동 기어 장치

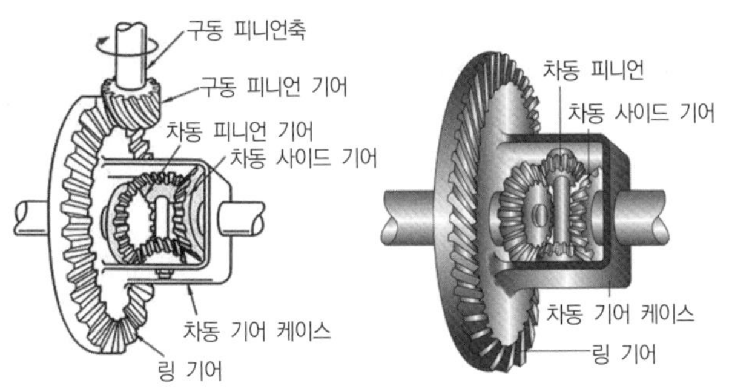

[그림 3－108] 차동 기어 장치의 구조

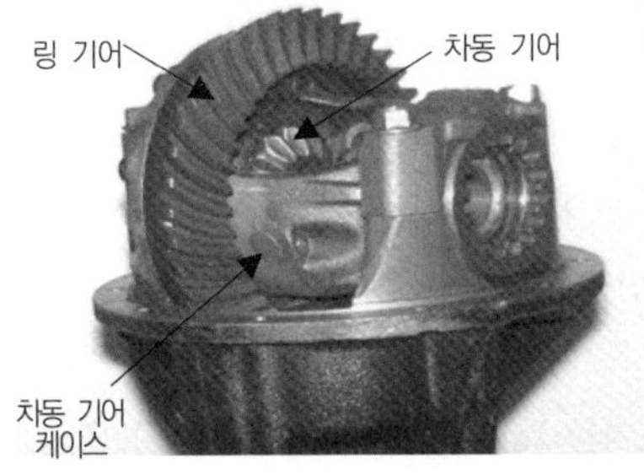

[그림 3－109] 차동 기어 장치 실물

(1) 기능

선회 시 좌우 구동륜의 회전수에 차이를 두어 원활한 회전이 되도록 한 장치

(2) **원리** : 랙과 피니언의 원리

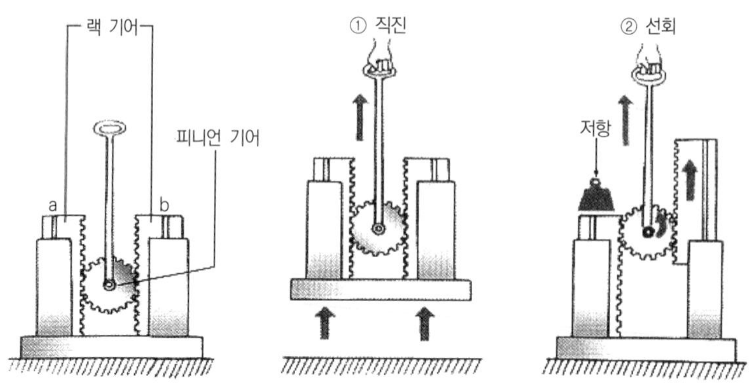

[그림 3-110] 차동장치의 원리(랙과 피니언)

(3) 구성

① **차동 기어 케이스** : 링 기어와 볼트로 결합

② **차동 피니언 기어** : 랙과 피니언에서 피니언의 역할

③ **피니언축** : 차동 케이스에 연결되어 링 기어의 회전을 피니언에 전달

④ **차동 사이드 기어** : 랙과 피니언에서 랙의 역할

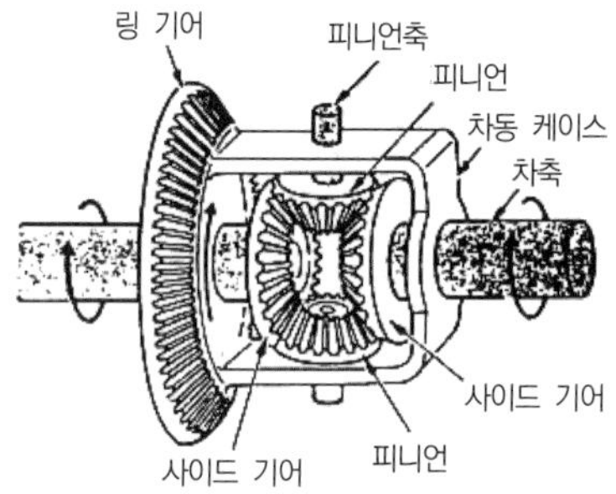

[그림 3-111] 차동장치의 구조

> **참고**
>
> **차동장치의 동력 전달 순서**
>
> 구동 피니언축 → 구동 피니언 → 링 기어 → 차동 기어 케이스(차동 피니언 기어 → 차동 사이드 기어) → 차축

(4) 작용

① 구동 피니언이 회전하면 링 기어가 회전

② 링 기어는 차동 케이스 플랜지에 볼트로 설치

③ 링 기어의 회전은 차동 케이스에 전달

④ 차동 케이스가 회전하면 그 회전속도를 차동 피니언축이 차동 피니언에 전달

⑤ 차동 피니언 기어는 양쪽에 차동 사이드 기어가 접촉

⑥ 차동 사이드 기어 안쪽에는 스플라인이 설치되어 구동축과 연결

⑦ 차동 피니언 기어에 접촉한 차동 사이드 기어의 좌우 저항이 같으면 **차동 피니언 기어는 자전을 하지 않은 상태로 공전**하며, 이때는 좌우 구동축의 회전속도가 같음

⑧ 차동 사이드 기어의 좌우 회전 저항이 서로 다르면 **차동 피니언 기어는 저항이 큰 사이드 기어 위를 자전과 공전**을 하게 되고, 이때 차동 피니언 기어의 자전력이 저항이 작은 차동 사이드 기어에 전달되어 저항이 작은 구동축의 회전이 빠르게 됨

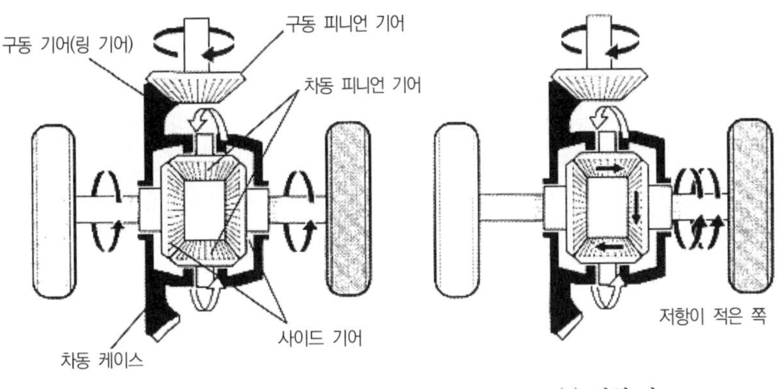

[그림 3-112] 차동기어 장치의 작동-1

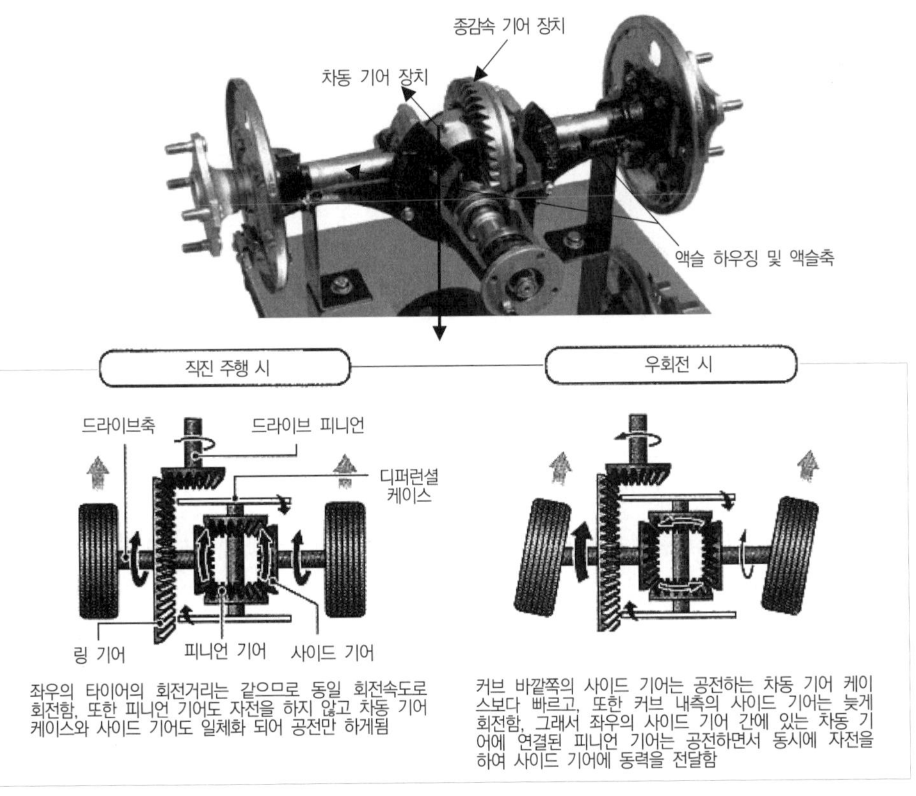

[그림 3-113] 차동기어 장치의 작동-2

(5) 바퀴의 회전수(또는 바퀴의 차동 회전수)

① $\dfrac{\text{기관 회전수}}{\text{종감속비}} \times 2 - (\text{상대바퀴의 회전수})$

② $\dfrac{\text{추진축 회전수}}{\text{종감속비}} \times 2 - (\text{상대바퀴의 회전수})$

예제

엔진의 회전속도가 2,400rpm, 제2속 변속비가 4 : 1, 추진축의 회전속도가 600rpm, 종감속비가 6 : 1일 때 왼쪽 바퀴가 80회전한다면 오른쪽 바퀴의 회전수는 얼마인가?

해설 $\frac{600}{6} \times 2 - 80 = 120$

$\therefore$ 120회전

4 자동제한 차동 기어 장치(LSD : Limited Silp Differential System)

(1) 목적

자동으로 **차동 기어 장치를 제한**하여 미끄러운 노면에서 출발을 용이하게 한 장치

(2) 기능

① 미끄러운 노면에서의 출발이 용이하게 또는 미끄러짐 방지

② **요철 노면을 주행할 때 자동차의 후부 흔들림 방지**

③ **타이어의 미끄러짐 감소로 타이어 수명 연장**

④ 급가속하거나 선회할 때 바퀴의 공전을 방지

⑤ 급가속하여 직진 주행 시 안정성 우수

(3) 종류

① 크라이슬러 슈어 그립 자동제한 차동장치(논슬립 차동장치)

② 논스핀 자동제한 차동장치

㉠ 주로 대형 트럭 등에 사용

㉡ 도그 클러치 이용

㉢ 한쪽 바퀴가 진탕에 빠졌을 때에는 양쪽의 액슬축이 직결된 것과 같이 되어 점착력이 작아진 쪽의 바퀴에 관계없이 주행할 수 있게 된 형식

참고

자동제한 차동 기어 장치(LSD)를 두는 이유

차동 제한 장치(差動制限裝置)라고도 한다. 자동차에는 회전을 할 때와 같이, 엔진의 동력을 좌우 구동바퀴에 차이를 두어 전달하는 장치가 있다. 이를 차동장치(差動裝置)라고 한다. 커브 길을 돌 때 없어서는 안 될 장치이지만, 한쪽 바퀴가 진흙탕 또는 모래에 빠지거나, 미끄러운 얼음 위에 있을 경우에는 문제가 발생한다. 예를 들어, 구동바퀴의 한쪽이 모래에 빠지게 되면, 차동장치는 대부분의 동력을 빠진 쪽 바퀴에 전달해 빠진 바퀴는 더 빠른 회전을 하면서 계속 헛돌게 된다. 반대로 빠지지 않은 바퀴에는 동력이 거의 전달되지 않아, 동력을 많이 받는 빠진 쪽 바퀴만 점점 더 빠져들어 결국 헤어나오지 못하게 된다.
LSD는 차동장치의 이런 단점을 해결해 주는 장치이다. 한마디로 차동작용이 제한되도록 하는 장치를 말한다.

5 액슬축(Axle Shaft, 차축)

(1) 기능

① 최종 구동력을 구동바퀴에 전달하는 축

② 안쪽은 차동 사이드 기어의 스플라인에 설치

③ 바깥쪽은 구동바퀴와 연결

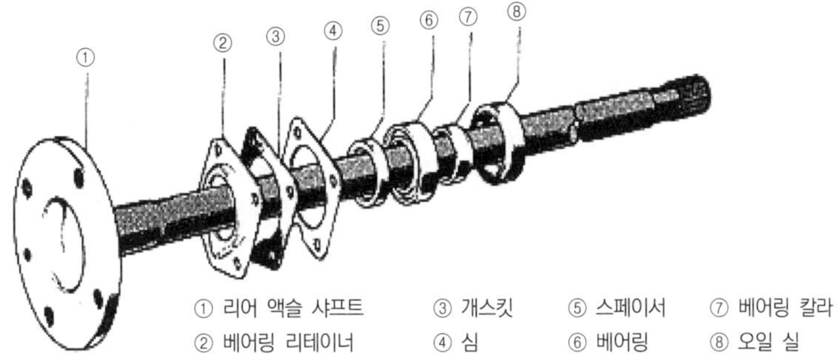

[그림 3－114] 차축의 구조

(2) 구조

① 안쪽 스플라인을 통해 차동 기어 장치의 사이드 기어와 연결

② 바깥쪽은 구동바퀴와 연결

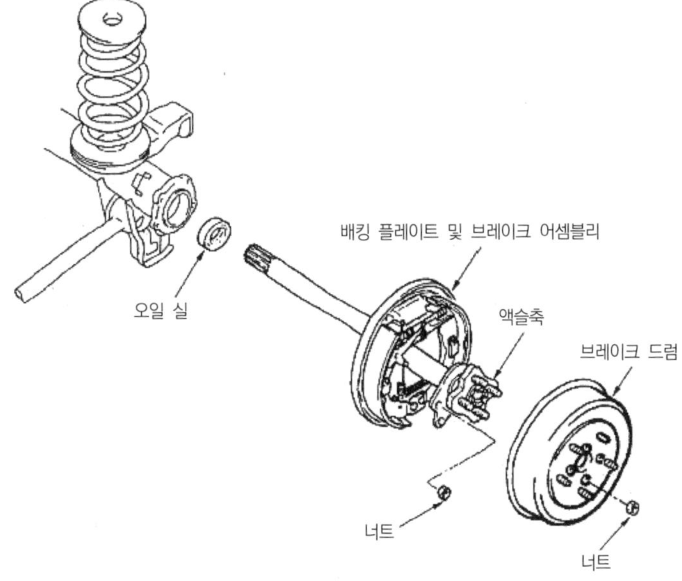

[그림 3－115] 차축의 연결도

(3) 축의 지지방식

① **앞바퀴 구동(FF) 방식의 앞차축** : 등속(CV) 자재 이음을 설치한 구동축과 조향 너클, 차축 허브, 허브 베어링 등으로 구성되어 있다.

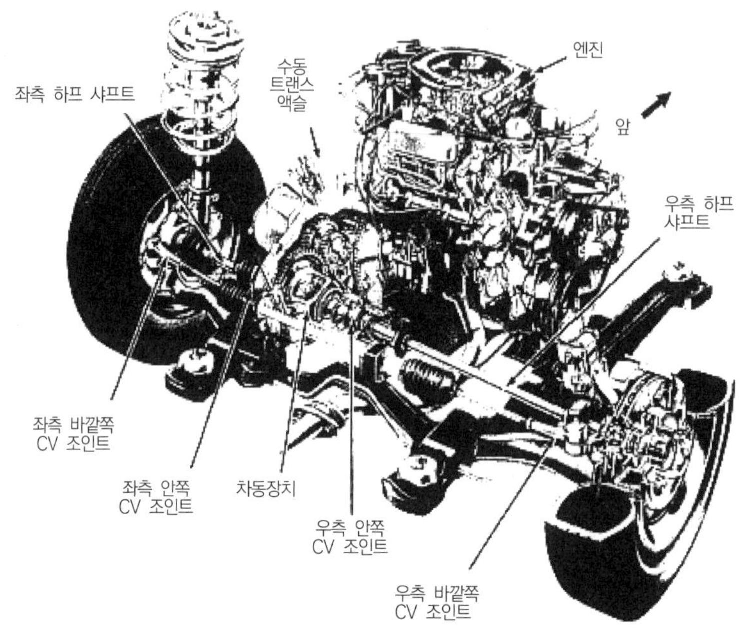

[그림 3－116] 앞바퀴 구동(FF) 방식의 앞차축

② 뒷바퀴 구동(FR) 방식의 뒤차축 지지방식

㉠ 전부동식

- 액슬축은 구동만하고 하중은 모두 액슬 하우징이 지지하는 형식
- 허브 베어링으로 테이퍼 롤러 베어링 2개 사용
- **바퀴를 떼어내지 않아도 액슬축 분리 가능**
- **대형차**에서 사용

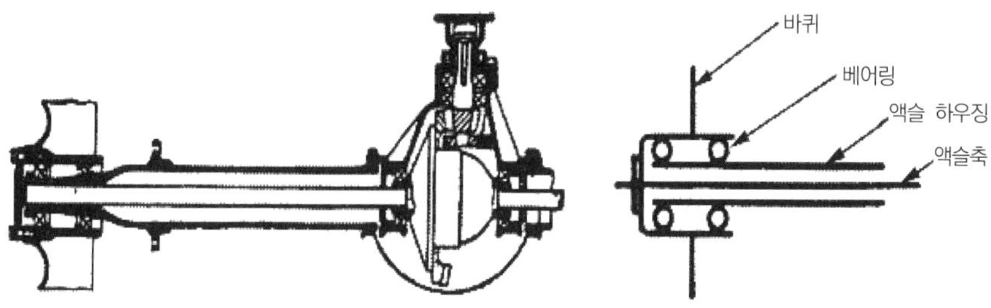

[그림 3－117] 전부동식－1

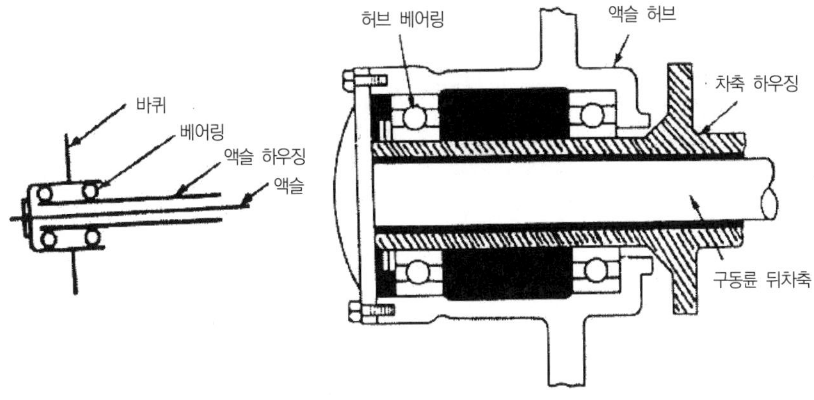

[그림 3-118] 전부동식-2

㉡ 1/2 부동식(반부동식)

- 액슬축이 윤하중에 1/2을 지지하고, 액슬 하우징이 1/2을 지지하는 형식
- 허브 베어링으로 볼 베어링 1개 사용
- **내부 고정장치를 풀어야 액슬축 분리 가능**
- **소형차에 사용**

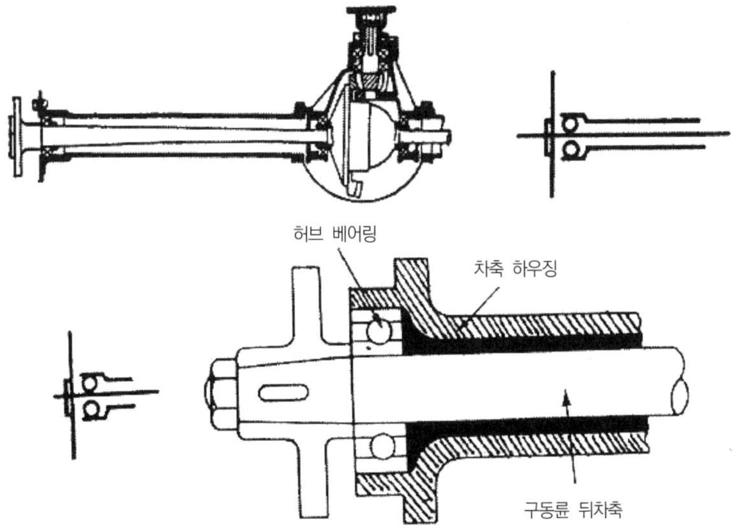

[그림 3-119] 1/2 부동식(반부동식)

㉢ 3/4 부동식

- 액슬축이 윤하중의 1/4을 지지하고, 액슬 하우징이 1/4을 지지하는 형식
- 허브 베어링으로 롤러 베어링 1개 사용
- **바퀴만 떼어내면 액슬축 분리 가능**
- **중형차에 사용**

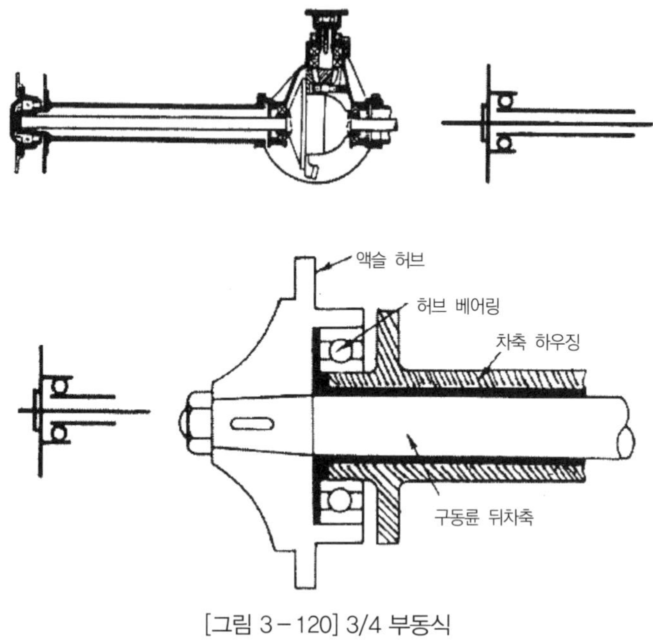

[그림 3-120] 3/4 부동식

6 액슬 하우징

(1) 기능

액슬축을 보호하고 종감속 및 차동장치를 보호하는 튜브 모양의 고정축

(2) 종류

① 밴조형

② 분할형

③ 빌드업형

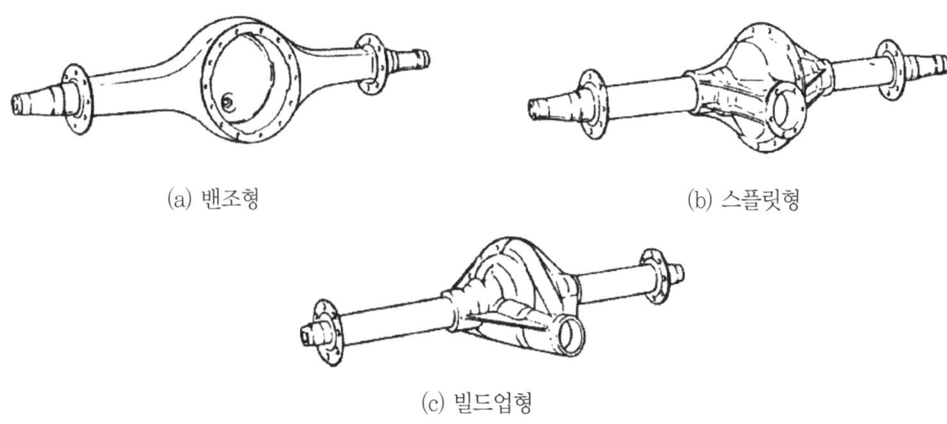

(a) 밴조형

(b) 스플릿형

(c) 빌드업형

[그림 3-121] 차축 하우징의 종류

7 주행 중의 이상 현상

(1) 주행 시 소음

① 오일 부족 또는 오일의 심한 오염
② 링 기어와 구동 피니언 이의 접촉 불량
③ 구동 피니언 기어 베어링의 이완
④ 차동 케이스 기어 베어링의 이완

(2) 주행 중 갑자기 소음 발생

① 사이드 베어링 파손
② 오일의 부족 및 오일의 심한 오염
③ 구동 피니언 기어의 백래시가 클 때
④ 링 기어와 차동 케이스의 체결 볼트 이완

(3) 휠의 소음

① 허브 베어링의 체결 이완
② 허브 베어링의 마모

제 1~2 장

출제 예상 문제

• 자동차 섀시 일반
• 동력 전달 장치

01 다음은 앞엔진 앞바퀴 구동차의 특성에 대한 설명이다. 다음 중 설명이 옳지 않은 것은?

① 엔진과 구동바퀴의 거리가 짧아서 동력 손실이 적고, 실내공간이 넓다.
② 직진 안전성이 좋은 언더스티어링 경향이 있다.
③ 적절한 중량 배분으로 조정성과 안정성이 우수하며, 구동력을 크게 하고 오버스티어링 경향이 있다.
④ 미끄러지기 쉬운 노면의 주파성이 매우 뛰어나다.

해설 엔진 위치와 구동방식에 의한 분류

(1) 앞엔진 앞바퀴 구동차(FF)
㉠ 동력 손실이 적다.
㉡ 실내공간이 넓다.
㉢ 직진 안전성이 좋은 언더스티어링(Under-Steering : 회전하고자 하는 목표치보다 덜 회전되는 현상) 경향
㉣ 미끄러지기 쉬운 노면의 주파성이 좋음

(2) 앞엔진 뒷바퀴 구동차(FR)
㉠ 엔진과 구동계통이 나뉘어 있어 적절한 중량 배분으로 조정성과 안정성 우수
㉡ 실내공간이 좁아지는 단점
㉢ 비, 눈길에서 취약

(3) 뒤엔진 뒷바퀴 구동차(RR)
㉠ 실내공간을 가장 넓게 확보
㉡ 구동력을 크게 하여, 오버스티어링 경향
㉢ 일부 중 · 대형 승용차 및 버스에 이용

(4) 앞엔진 전륜 구동차(4WD)
㉠ 구동력이 강하고 등판능력이 우수
㉡ 주로 지프차, 군용 차량에 널리 사용

02 앞바퀴에서 발생하는 코너링 포스가 뒷바퀴보다 크게 되면 나타나는 현상은?

① 토크스티어링 현상
② 언더스티어링 현상
③ 리버스스티어링 현상
④ 오버스티어링 현상

해설 앞바퀴에서 발생하는 코너링 포스가 크게 되면, 뒷바퀴는 원심력에 의해 밀리게 되므로 조향각이 커지는 오버스티어링 현상이 나타난다.

03 FR 형식 차량의 동력 전달 경로로 맞는 것은?

① 변속기 → 추진축 → 종감속 장치 → 바퀴
② 변속기 → 액슬축 → 종감속 장치 → 바퀴
③ 클러치 → 추진축 → 변속기 → 바퀴
④ 클러치 → 차동장치 → 변속기 → 바퀴

해설 FR(후륜 구동) 차량의 동력 전달 경로
자동차의 앞부분에 엔진을 설치하고 엔진 → 클러치 → 변속기 → 추진축 → 종감속 장치 → 액슬축 → 바퀴 순으로 동력이 전달되는 구동방식

04 수동 변속기 동력 전달 장치에서 마찰 클러치판에 대한 내용으로 틀린 것은?

① 클러치판은 플라이휠과 압력판 사이에 설치된다.
② 온도 변화에 대한 마찰계수의 변화가 커야 한다.
③ 토션 스프링은 클러치 접촉 시 회전 충격을 흡수한다.
④ 쿠션 스프링은 접촉 시 접촉 충격을 흡수하고 서서히 동력을 전달한다.

해설 운동 변화에 대한 마찰계수의 변화가 작아야 한다.

05 수동 변속기 차량의 마찰 클러치 디스크에서 비틀림 코일 스프링의 중요한 기능은?

① 클러치 접속 시 회전 충격을 흡수한다.
② 클러치판의 밀착을 더 크게 한다.
③ 클러치판과 압력판의 마모를 방지한다.
④ 클러치 면의 마찰계수를 증대한다.

해설 비틀린 코일 스프링(댐퍼 스프링 또는 토션 스프링이라고도 함)은 클러치가 접속할 때 발생하는 회전 충격을 흡수하는 작용을 한다.

정답 01 ③ 02 ④ 03 ① 04 ② 05 ①

06 자동 변속기 장치에서 클러치 압력판의 역할로 옳은 것은?

① 기관의 동력을 받아 속도를 조절한다.
② 제동거리를 짧게 한다.
③ 견인력을 증가시킨다.
④ 클러치판을 밀어서 플라이휠에 압착시키는 역할을 한다.

해설 클러치 압력판은 클러치판을 밀어서 플라이휠에 압착시키는 역할을 한다.

07 클러치가 미끄러지는 원인 중 틀린 것은?

① 마찰면의 경화, 오일 부착
② 페달 자유 간극 과대
③ 클러치 압력 스프링 쇠약, 절손
④ 압력판 및 플라이휠 손상

해설 **클러치가 미끄러지는 원인**

㉠ 클러치 압력판, 플라이휠 면 등에 기름이 묻었을 때
㉡ 클러치 페달의 자유 간극이 작을 때
㉢ 클러치 압력 스프링이 쇠약하거나 절손되었을 때
㉣ 클러치판이 마모되었을 때
㉤ 압력판 및 플라이휠이 손상되었을 때

08 T=스프링 장력, C=기관의 회전력, f=클러치판과 압력판 사이의 마찰계수, r=클러치판의 유효 반지름이라고 할 때, 클러치가 미끄러지지 않는 조건은?

① $Tfr \leq C$　　② $Tf \geq Cr$
③ $Tf \leq Cr$　　④ $Tfr \geq C$

해설 클러치가 미끄러지지 않으려면 $Tfr \geq C$이어야 한다.

09 클러치에 대한 설명 중 부적당한 것은?

① 페달의 유격은 클러치 미끄럼(slip)을 방지하기 위하여 필요하다.
② 페달의 리턴 스프링이 약하게 되면 클러치 차단이 불량하게 된다.
③ 건식 클러치에 있어서 디스크에 오일을 바르면 안 된다.
④ 페달과 상판과의 간격이 과소하면 클러치 끊임이 나빠진다.

해설 페달의 리턴 스프링이 약하면 클러치가 미끄러진다.

10 클러치 디스크의 런아웃이 클 때 나타날 수 있는 현상으로 옳은 것은?

① 클러치의 단속이 불량해진다.
② 클러치 페달의 유격에 변화가 생긴다.
③ 주행 중 소리가 난다.
④ 클러치 스프링이 파손된다.

해설 클러치 디스크의 런아웃이 크면 클러치의 단속이 불량해진다.

11 클러치 릴리스 베어링으로 쓰이는 것이 아닌 것은?

① 앵귤러 접촉형
② 평면 베어링형
③ 볼 베어링형
④ 카본형

해설 릴리스 베어링의 종류에는 앵귤러 접촉형, 볼 베어링형, 카본형 등이 있다.

12 수동 변속기 장착 차량에서 클러치가 미끄러질 때 발생하는 현상으로 틀린 것은?

① 가속성능 저하
② 연비 저하
③ 등판능력 감소
④ 기어가 잘 물리지 않음

해설 **클러치가 미끄러질 때 발생하는 현상**

㉠ 연비 저하(연료소비율 증가)
㉡ 가속성능 및 등판능력 감소
㉢ 클러치에서 소음 발생
㉣ 증속이 잘되지 않음

13 수동 변속기의 필요성으로 틀린 것은?

① 무부하 상태로 공전 운전할 수 있게 하기 위해
② 회전 방향을 역으로 하기 위해
③ 발진 시 각부에 응력의 완화와 마멸을 최대화하기 위해
④ 차량 발진 시 중량에 의한 관성으로 인해 큰 구동력이 필요하기 때문에

해설 **변속기의 필요성**

㉠ 무부하 상태로 공전 운전할 수 있게 하기 위해
㉡ 차량 발진 시 중량에 의한 관성으로 인해 큰 구동력이 필요하기 때문에(회전력을 증대)
㉢ 회전 방향을 역으로 하기 위해(후진을 하기 위해)

정답 06 ④ 07 ② 08 ④ 09 ② 10 ① 11 ② 12 ④ 13 ③

14 수동 변속기 차량에서 싱크로메시(synchro-mesh) 기구의 기능이 필요한 시기는?

① 기어가 빠질 때
② 차량이 정지할 때
③ 기어가 물릴 때
④ 고속일 때

해설 싱크로메시 기구는 기어가 물릴 때 동기 물림(치합) 작용을 한다.

15 수동 변속기에서 기어 변속 체결 시 기어의 이중 물림을 방지하기 위한 장치는?

① 파킹 볼 장치
② 인터록 장치
③ 오버드라이브 장치
④ 록킹 볼 장치

해설 인터록 장치는 변속기의 이중 물림을 방지하고, 록킹 볼 장치는 기어가 빠지는 것을 방지한다.

16 수동 변속기 자동차에서 변속이 어려운 이유 중 틀린 것은?

① 클러치의 끊김 불량
② 컨트롤 케이블의 조정 불량
③ 기어 오일 과다 주입
④ 싱크로메시 기구의 불량

해설 수동 변속기 자동차에서 변속이 어려운 이유
㉠ 클러치의 끊김 불량(클러치 자유 간극 과다)
㉡ 컨트롤 케이블의 조정 불량
㉢ 싱크로메시 기구의 불량(싱크로나이저 링과 기어 콘의 접촉이 불량)
㉣ 변속축 또는 포크가 마모된 경우

17 기관의 회전력을 액체의 운동에너지로 바꾸고, 액체의 운동에너지를 다시 동력으로 바꾸어 변속기에 전달하는 클러치는?

① 다판 클러치
② 단판 클러치
③ 유체 클러치
④ 리어 클러치

해설 유체 클러치는 기관의 회전력을 액체의 운동에너지로 바꾸고, 이 에너지를 다시 동력으로 바꾸어 변속기에 전달한다.

18 자동 변속기 유체 클러치의 구성부품이 아닌 것은?

① 터빈
② 스테이터
③ 펌프
④ 가이드 링

해설 스테이터는 토크컨버터의 구성부품이다.

19 유체 클러치에서 오일의 와류를 감소시키는 장치는?

① 펌프
② 가이드 링
③ 원웨이 클러치
④ 베인

해설 가이드 링은 오일의 맴돌이 흐름에 의한 유체충돌(와류)을 방지한다. 원웨이 클러치는 일방향 클러치이며, 고장 시 저속이 어렵지만 고속 시 관계없으며, 베인은 날개라는 의미이다.

20 토크컨버터(Torque Converter)의 구성품으로 맞는 것은?

① 펌프, 터빈, 스테이터
② 런너, 오일펌프, 스테이터
③ 유성 기어, 펌프, 터빈
④ 클러치, 브레이크, 댐퍼

해설 토크컨버터는 크랭크축과 연결된 펌프(임펠러), 변속기 입력축과 연결된 터빈(러너) 및 스테이터로 되어 있다.

21 토크컨버터의 토크 변환율은?

① 0.1~1배
② 2~3배
③ 4~5배
④ 6~7배

해설 토크컨버터의 토크 변환율은 2~3배이다.

22 토크컨버터가 유체 커플링에 비해 가장 큰 장점은?

① 토크비가 증가한다.
② 토크비가 감소한다.
③ 슬립율이 증가한다.
④ 승차감이 좋다.

해설 토크컨버터에는 스테이터가 있기 때문에 토크 비율이 증가하는 장점이 있다.

정답 14 ③ 15 ② 16 ③ 17 ③ 18 ② 19 ② 20 ① 21 ② 22 ①

23 기관의 회전속도가 일정할 때 토크컨버터의 회전력이 가장 큰 경우는?

① 터빈의 속도가 느릴 때
② 펌프의 속도가 느릴 때
③ 댐퍼 클러치가 작동할 때
④ 변환비가 1 : 1일 때

해설 터빈의 속도가 느릴 때 토크컨버터의 회전력이 가장 크다.

24 토크컨버터에서 터빈 러너의 회전속도가 펌프 임펠러의 회전속도에 가까워져 스테이터가 공전하기 시작하는 점은?

① 클러치점 ② 임계점
③ 영점 ④ 변속점

해설 클러치점이란 터빈 러너의 회전속도가 펌프 임펠러의 회전속도에 가까워져 스테이터가 공전하기 시작하는 점이다.

25 자동 변속기에서 유성 기어 장치의 구성요소가 아닌 것은?

① 유성 기어 캐리어
② 링 기어
③ 변속 기어
④ 선 기어

해설 유성 기어의 구성은 선 기어, 링 기어, 유성 기어(유성 피니언), 유성 기어 캐리어로 되어 있다.

26 토크컨버터 내에 있는 스테이터가 회전하기 시작하여 펌프 및 터빈과 함께 회전할 때 설명으로 맞는 것은?

① 오일 흐름의 방향을 바꾼다.
② 터빈의 회전속도가 펌프보다 증가한다.
③ 토크 변환이 증가한다.
④ 유체 클러치의 기능이 된다.

해설 스테이터가 회전하기 시작하여 펌프 및 터빈과 함께 회전하면 토크컨버터는 유체 클러치로 작동된다.

27 자동 변속기의 싱글 피니언 단순 유성 기어 장치에서 선 기어를 고정하고 캐리어를 구동하면 차속(출력 : 링 기어)은 어떻게 되는가?

① 증속된다. ② 감속된다.
③ 역전 증속된다. ④ 역전 감속된다.

해설 선 기어를 고정하고 캐리어를 구동하면 링 기어는 증속된다.

28 단순 유성 기어 요소 중 역회전시키기 위해서는 어느 요소를 고정해야 하는가?

① 선 기어
② 유성 기어 캐리어
③ 링 기어
④ 선 기어와 링 기어

해설 유성 기어 장치에서 역회전시키기 위해서는 유성 기어 캐리어를 고정해야 한다.

29 자동 변속기의 오일펌프 종류가 아닌 것은? (단, 토크컨버터는 제외)

① 내접 기어 펌프
② 베인 펌프
③ 로터리 펌프
④ 원심 펌프

해설 오일펌프의 종류에는 기어(내접 및 외접) 펌프, 베인 펌프, 로터리 펌프 등이 있다.

30 자동 변속기에서 일정한 차속으로 주행 중 스로틀밸브 개도를 갑자기 증가시키면 시프트다운(감속 변속)되어 큰 구동력을 얻을 수 있는 것은?

① 스톨
② 킥다운
③ 킥업
④ 리프트 풋업

해설 킥다운이란 일정한 차속으로 주행 중 스로틀 밸브 개도를 갑자기 증가시키면(급가속을 하면) 시프트다운(감속 변속)되어 큰 구동력을 얻을 수 있는 것이다.

31 자동 변속기의 D나 R 위치에서 기관의 최고 회전속도를 측정하여 변속기와 기관의 종합적인 성능을 시험하는 것을 무엇이라 하는가?

① 로드 테스트(Road Test)
② 스톨 테스트(Stall Test)
③ 유압 테스트(Hydraulic Test)
④ 지연 시간 테스트(Time Lag Test)

해설 스톨 테스트는 변속 레버의 D나 R 위치에서 기관의 최고 회전속도를 측정하여 변속기와 기관의 종합적인 성능을 시험하는 것이다.

정답 23 ① 24 ① 25 ③ 26 ④ 27 ① 28 ② 29 ④ 30 ② 31 ②

32 자동 변속기에서 스톨 시험의 목적에 어긋나는 것은?

① 토크컨버터의 동력 차단 기능
② 기관의 구동력 시험
③ 토크컨버터의 동력 전달 기능
④ 클러치의 미끄러짐 유무

해설 스톨 시험의 목적은 기관의 구동력 시험, 토크컨버터의 동력 전달 기능, 클러치의 미끄러짐 유무 등이다.

33 자동 변속기의 스톨 시험 결과 기관 회전수가 규정의 스톨 포인트보다 낮을 때 나타날 수 있는 원인으로 옳은 것은?

① 라인 압력 저하
② 기관 불량으로 규정 출력 부족
③ 변속기 내부 클러치 슬립
④ 밴드 브레이크의 슬립

해설 스톨 시험 결과 기관 회전수가 규정의 스톨 포인트보다 낮은 원인은 기관 불량으로 규정 출력 부족이다.

34 자동차에 사용되는 자동 변속기 오일의 구비조건으로 부적합한 것은?

① 기포 발생이 없고, 방청성이 있을 것
② 점도지수가 높고, 유동성이 좋을 것
③ 내열 및 내산화성이 좋을 것
④ 클러치 접속 시 충격이 크고 미끄럼이 없는 적절한 마찰계수를 가질 것

해설 **자동 변속기용 오일(ATF : Automatic Transmission Fluid)의 구비조건**

㉠ 적당한 점도를 가지고 점도지수가 높을 것(점도는 다소 낮은 것이 좋음)
㉡ 비중이 클 것
㉢ 인화점과 착화점이 높을 것
㉣ 내산성이 클 것
㉤ 유동성이 좋을 것
㉥ 윤활성이 좋을 것
㉦ 비점이 높을 것
㉧ 거품이 생기지 않을 것
㉨ 클러치가 접속할 때 충격이 적고 미끄럼이 없는 적절한 마찰계수를 가질 것

35 자동 변속기 오일 상태 점검 방법 중 틀린 것은?

① 오일량 점검은 평탄한 곳에서 실시한다.
② 오일량 COLD와 HOT의 중간 부위에 있어야 한다.
③ 오일이 부족하여 보충할 경우 일반 기어 오일을 사용한다.
④ 오일을 작동온도 상태에서 선택 레버를 움직여 클러치나 서보에 오일을 충분히 채운 다음 오일량을 점검한다.

해설 ①, ②, ④항 이외에 오일이 부족하여 보충할 경우 ATF를 사용한다.

36 자동 변속기 오일의 색깔이 흑색일 경우 그 원인은?

① 불순물 유입
② 오일의 열화 및 클러치 디스크 마모
③ 불완전 연소
④ 에어클리너 막힘

해설 오일 색깔이 흑색인 원인은 오일의 열화 및 클러치 디스크 마모이다.

37 자동차의 동력 전달 장치에서 슬립 조인트(slip joint)가 있는 이유는?

① 회전력을 직각으로 전달하기 위해서
② 출발을 쉽게 하기 위해서
③ 추진축의 길이 변화를 주기 위해서
④ 추진축의 각도 변화를 주기 위해서

해설 슬립 조인트는 추진축 길이 방향의 변화를 준다.

38 자동차에는 추진축 길이의 변화를 가능하게 하기 위하여 일반적으로 슬립 조인트가 사용된다. 다음의 어느 경우가 추진축의 길이를 변화시키는가?

① 기관 회전속도의 변화
② 자동차의 후진
③ 후차축의 상하운동
④ 자동차 속도의 변화

해설 슬립 조인트는 후차축이 상하운동을 할 때 추진축의 길이를 변화시킨다.

정답 32 ① 33 ② 34 ④ 35 ③ 36 ② 37 ③ 38 ③

39 동력 전달 장치에서 동력 전달 각도의 변화를 가능하게 하는 이음은?

① 슬립 이음
② 스플라인 이음
③ 축이음
④ 자재 이음

해설 자재 이음은 동력 전달 각도의 변화를 가능하게 한다.

40 CV(등속) 자재 이음은 주로 어디에 사용하는가?

① FR 차량에서 변속기와 구동축 사이에 설치되어 변속기의 출력을 구동축에 전달하는 용도로 사용된다.
② FF 차량에서 종감속 장치에 연결된 구동차축에 설치되어 바퀴에 동력 전달용으로 사용된다.
③ FR 차량에서 하중이 증가하거나 험로 주행 시 변속기와 뒤차축의 중심 변화로 인한 길이 변화에 대응하는 용도로 쓰인다.
④ FF 차량에서 변속기와 구동축 사이에 설치되어 길이 변화에 대응하는 용도로 쓰인다.

해설 CV 자재이음은 전륜 구동차(FF : Front engine Front drive)의 종감속 장치로 연결된 구동차축에 설치되어 바퀴에 동력을 주로 전달한다.

41 드라이브 라인의 설명 중 틀린 것은?

① 추진축의 앞뒤 요크는 동일 평면에 있어야 한다.
② 추진축의 토션 댐퍼는 충격을 흡수하는 일을 한다.
③ 슬립 조인트 설치 목적은 거리의 신축성을 제공해 주는 것이다.
④ 자재 이음은 일정 한도 내의 각도를 가진 두 축 사이에 회전력을 전달하는 것이다.

해설 추진축의 토션 댐퍼는 비틀림 진동을 방지한다.

42 자동차에서 최종 감속 기어에 일반적으로 가장 많이 사용되는 것은?

① 스퍼 기어　② 하이포이드 기어
③ 웜 기어　④ 스플라인 기어

해설 최종 감속 기어로 하이포이드 기어를 주로 사용하며, 이 기어는 구동 피니언이 링 기어 중심선 밑에서 물리도록 되어 있다.

43 종감속 기어 장치에 사용되는 하이포이드 기어의 장점이 아닌 것은?

① 운전이 정숙하다.
② 제작이 쉽다.
③ 기어 물림율이 크다.
④ FR 방식에서는 추진축의 높이를 낮게 할 수 있다.

해설 하이포이드 기어는 제작이 어려운 단점이 있다.

44 종감속비를 결정하는 데 필요한 요소가 아닌 것은?

① 엔진 출력
② 차량 중량
③ 가속성능
④ 제동성능

해설 종감속비는 엔진의 출력, 차량 중량, 가속성능, 등판능력 등에 의해 결정한다.

45 자동차의 차동 기어 장치를 바르게 설명한 것은?

① 필요시 양쪽 구동바퀴에 회전속도의 차이를 만드는 장치이다.
② 회전력을 앞차축에 전달하고 동시에 감속하는 일을 한다.
③ 회전하는 두 축이 일직선상에 있지 않고 어떤 각도를 가지고 있는 경우 두 축 사이에 동력을 전달하기 위한 장치이다.
④ 변속기로부터 최종 감속 기어까지 동력을 전달하는 축을 말한다.

해설 차동 기어 장치는 커브길을 선회할 때 양쪽 구동바퀴에 회전속도의 차이를 만드는 장치이다. 즉, 차량이 회전할 때 바깥쪽 바퀴의 회전속도를 증가시킨다.

46 동력 전달 장치에서 차동 기어 장치의 원리는?

① 후크의 법칙
② 파스칼의 원리
③ 래크의 원리
④ 에너지 불변의 원칙

해설 차동 기어 장치의 원리는 래크의 원리를 이용한다.

정답 39 ④ 40 ② 41 ② 42 ② 43 ② 44 ④ 45 ① 46 ③

47 자동 차동 제한 장치의 장점이 아닌 것은?

① 미끄러운 노면에서 출발이 용이하다.
② 미끄럼이 방지되어 타이어의 수명을 연장할 수 있다.
③ 고속 직진 주행에서 안전성이 양호하다.
④ 요철 노면을 주행할 때 후부 흔들림이 발생한다.

해설 요철 노면을 주행할 때 후부 흔들림이 방지된다.

48 다음 중 액슬축의 지지방식이 아닌 것은?

① 3/4 부동식 ② 반부동식
③ 1/4 부동식 ④ 전부동식

해설 액슬축(차축)의 지지방식에는 3/4 부동식, 반부동식, 전부동식 등이 있다.

49 자동차의 중량을 액슬 하우징에 지지하여 바퀴를 빼지 않고 액슬축을 빼낼 수 있는 형식은?

① 반부동식 ② 전부동식
③ 분리식 차축 ④ 3/4 부동식

해설 전부동식은 차량하중을 하우징이 모두 받고, 차축은 동력만을 전달하는 차축 형식으로 바퀴를 떼어내지 않고도 차축을 뺄 수 있다.

50 변속기의 1단 감속비가 4 : 1이고 종감속 기어의 감속비는 5 : 1이다. 이때의 총감속비는?

① 1.25 : 1 ② 20 : 1
③ 0.8 : 1 ④ 30 : 1

해설 ㉠ $Tr = Rt \times Rf$

여기서, Tr : 총감속비, Rt : 변속비
Rf : 종감속비

㉡ 4×5 = 20

51 종감속 및 차동장치에서 오른쪽 바퀴의 회전수가 300rpm, 왼쪽 바퀴의 회전수가 200rpm일 때 링 기어의 회전수는?

① 100rpm ② 150rpm
③ 150rpm ④ 250rpm

해설 ㉠ $R_n = \dfrac{\text{Rrn} \times \text{Rin}}{2}$

여기서, R_n : 링 기어의 회전수
R_{rn} : 오른쪽 바퀴의 회전수
R_{fn} : 왼쪽 바퀴의 회전수

㉡ $\dfrac{300+200}{2} = 250\text{rpm}$

52 변속비가 2이고, 종감속비가 7.0인 차량에서 왼쪽 바퀴는 고정시키고 오른쪽 바퀴만 회전하게 하였다면 오른쪽 바퀴의 회전수는? (단, 엔진을 2,100rpm으로 회전시킴)

① 150rpm ② 300rpm
③ 450rpm ④ 600rpm

해설 ㉠ $R_f = \dfrac{E_n}{RT \times Rf} \times 2$

여기서, Tn : 바퀴 회전수, Rt : 기관 회전수,
En : 변속비, R_f : 종감속비

㉡ $\dfrac{2,100}{2 \times 7} \times 2 = 300\text{rpm}$

53 자동차가 길이 400m의 비탈길을 왕복하였다. 올라가는데 3분, 내려오는데 1분 걸렸다고 하면 왕복의 평균속도는 몇 km/h인가?

① 10km/h ② 11km/h
③ 12km/h ④ 13km/h

해설 ㉠ 400m를 왕복하였으므로 800m, 이를 km로 바꾸면 0.8km
㉡ 총소요시간이 4분이므로 이를 시간으로 환산하면 4/60 시간
㉢ $\dfrac{0.8 \times 60}{4} = 12\text{km/h}$

54 자동차가 1.5km의 언덕길을 올라가는데 10분, 내려오는데 5분 걸렸다면 평균속도는?

① 8km/h ② 12km/h
③ 16km/h ④ 24km/h

해설 $\dfrac{1.5\text{km} \times 2 \times 60}{10\text{분} + 5\text{분}} = 12\text{km/h}$

정답 47 ④ 48 ③ 49 ② 50 ② 51 ④ 52 ② 53 ③ 54 ②

CHAPTER 03 현가장치

01 개요

1 기능

① 주행 중 **노면에서 받은 충격이나 진동 완화**
② 승차감과 주행 안전성 향상
③ 자동차 부품의 내구성 증대
④ 차축과 프레임(차대) 연결

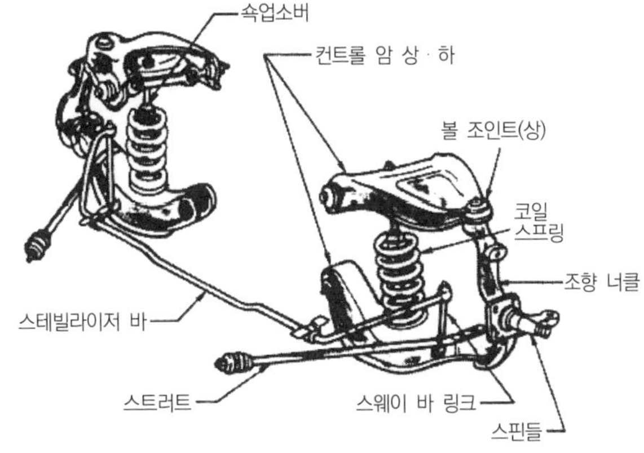

[그림 3-122] 현가장치의 구성도

2 구성

(1) 스프링

① **금속 스프링** : 판 스프링, 코일 스프링, 토션바 스프링
② **비금속 스프링** : 고무 스프링, 공기 스프링

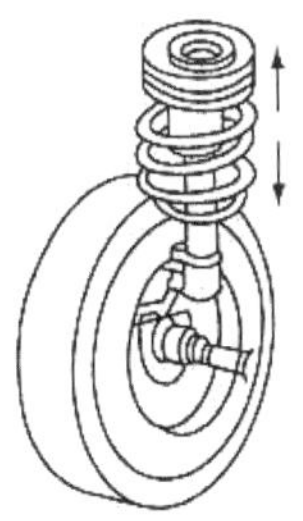
(a) 코일식

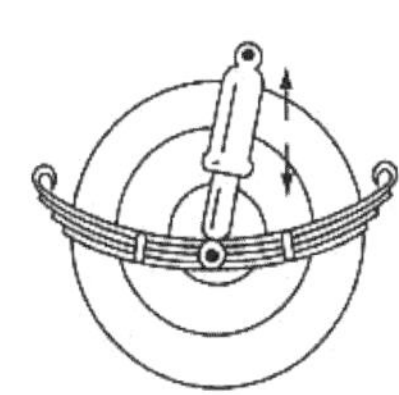
(b) 판식

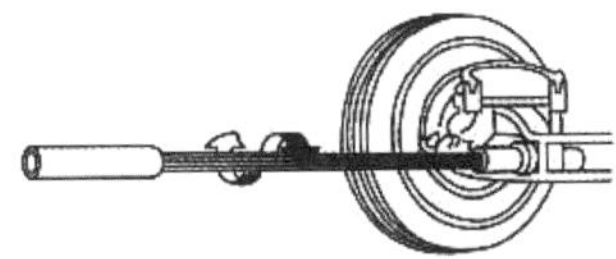
(c) 토션바식

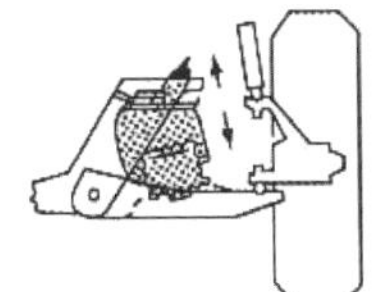
(d) 공기식

[그림 3-123] 현가장치 스프링의 종류

(2) 쇽업소버

① 텔레스코핑형
② 레버형
③ 드가르봉형

(3) 스테빌라이저

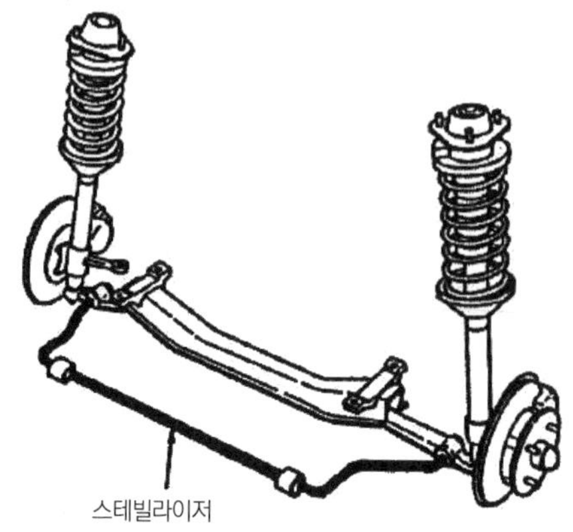

[그림 3-124] 스테빌라이저

02 기계식 현가장치

1 스프링

(1) 판 스프링(Leaf Spring)

① 형태 : 띠 모양의 **스프링 강판을 여러 장 겹쳐** 만든 것

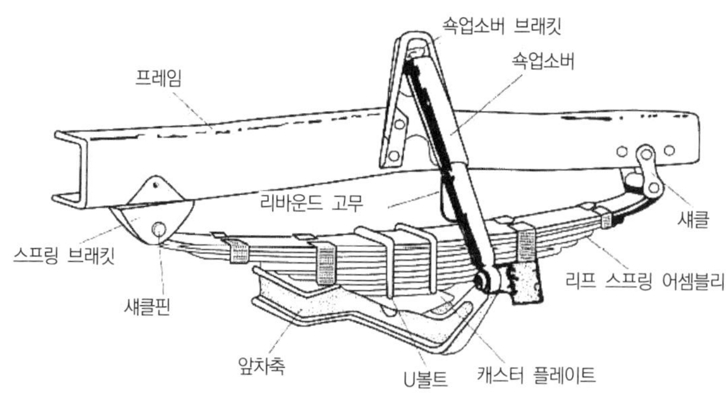

[그림 3-125] 판 스프링의 설치 상태와 구조

② 구조

㉠ 스팬 : 스프링 **아이와 아이 사이의 거리**

㉡ 스프링 아이 : 1번 스프링에 만들어진 차대(프레임)나 차체에 설치할 수 있는 구멍

㉢ 캠버 : 판 스프링의 **휨 양**

ⓓ 닙 : 스프링의 끝이 휘어진 부분

ⓜ 센터볼트 : 스프링의 중심을 연결하는 볼트

ⓑ U볼트 : 스프링을 차축에 설치하기 위한 볼트

ⓢ 클립 : 스프링이 흐트러짐을 잡아 줌

ⓞ 패드 : 스프링 연결부의 마모를 방지하기 위한 고무

ⓙ 플레이트 : U볼트가 끼워지고 스프링 지지 및 너트를 체결하기 위한 연결 부분

ⓒ 섀클

ⓐ 스프링의 압축 인장 시 길이 방향으로 **늘어나는 것을 보상**하는 부분

ⓑ 섀클의 종류

- 부싱의 종류에 따른 분류
  - 고무 부싱 섀클 : 주유 불필요
  - 나사 부싱 섀클 : 옆방향 움직임 방지
  - 청동 부싱 섀클 : 주기적 주유 필요
- 설치 방식에 따른 분류 : 압축 섀클, 인장 섀클

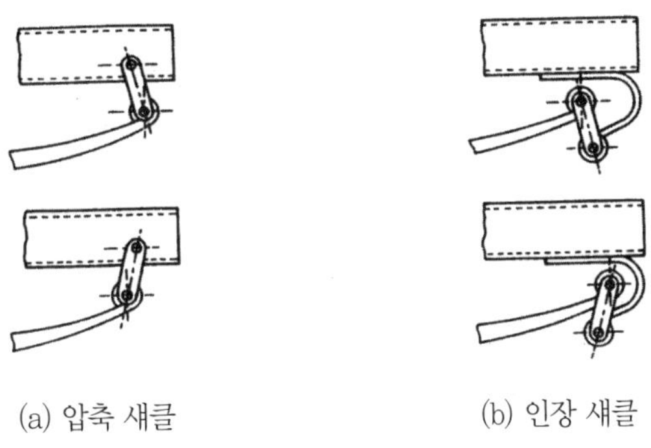

(a) 압축 섀클 (b) 인장 섀클

[그림 3-126] 섀클의 종류

ⓚ 섀클핀 : 섀클과 스프링 아이를 연결하는 핀

ⓣ 행거 : 스프링 **아이가 지지되는 부분**

ⓟ 스프링 오프셋 : 판 스프링의 앞쪽이 뒷쪽보다 짧음(이유 : 출발 시 스프링의 비틀림을 방지)

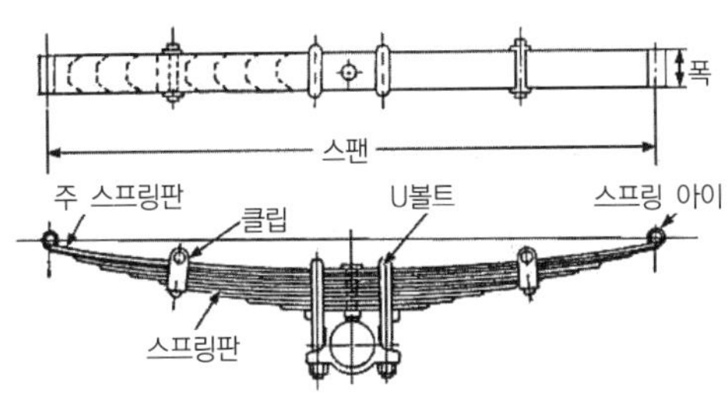

[그림 3-127] 판 스프링

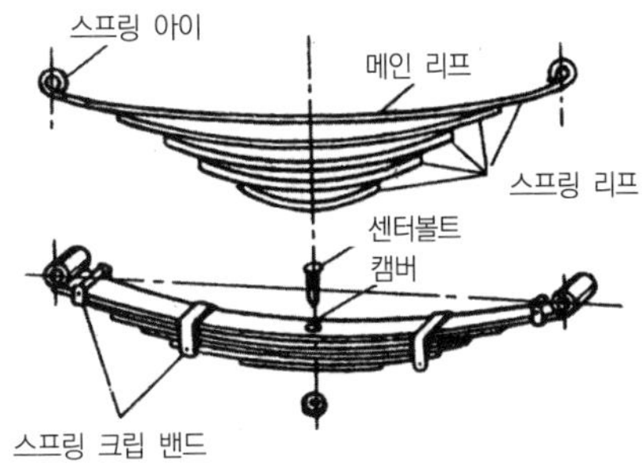

[그림 3-128] 판 스프링의 구성

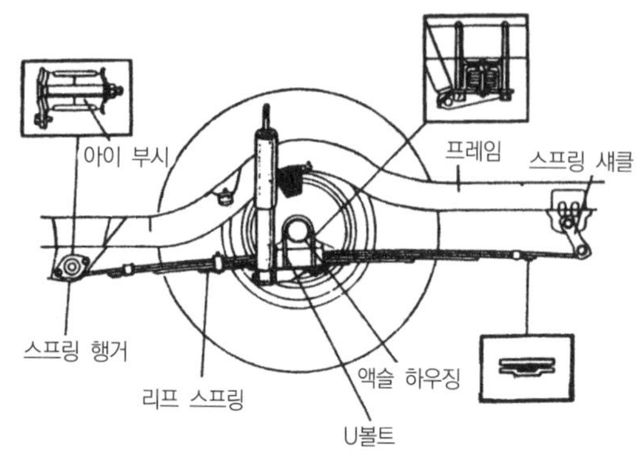

[그림 3-129] 판 스프링의 장착례(뒤차축)

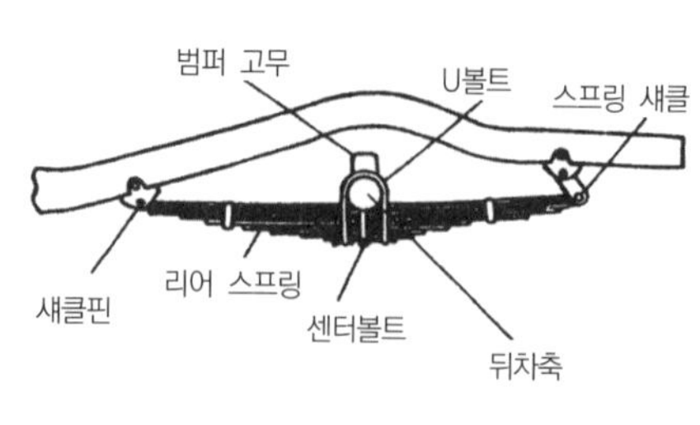

[그림 3-130] 뒤차축 판 스프링 장착

③ 특징

㉠ **큰 진동 흡수**
㉡ **비틀림 진동에 강함**
㉢ 구조 간단
㉣ 작은 진동 흡수율 작음
㉤ 승차감 저하
㉥ **일체차축식**에서 주로 사용

(2) 코일 스프링

① **형태** : 스프링 강을 코일 모양으로 한 것

② **구조**

㉠ 코일의 양끝은 설치를 위하여 평면 다듬질
㉡ 평면 부분을 제외하고 감긴 수로 유효 권수 표시

③ 특징

㉠ **작은 진동의 흡수율이 높음**
㉡ **승차감 우수**
㉢ 큰 진동의 감쇠작용이 작음
㉣ **옆방향 충격에 약함**
㉤ 구조 복잡
㉥ 쇽업소버와 함께 사용해야 함

코일 스프링
쇽업소버

(a) 코일 스프링

(b) 현가장치에 장착된 코일 스프링

[그림 3-131] 코일 스프링

(3) 토션바 스프링

① **형태** : 스프링 강을 **막대 형식**으로 한 것

② 특징

㉠ **비틀림 탄성을 이용**
㉡ 스프링의 장력(힘)은 단면적과 길이에 의해 정해짐
㉢ **좌우 구분이 되어 있으므로 설치 시 주의**
㉣ 진동의 **감쇠작용이 없어 쇽업소버를 병용**해야 함

㉤ 구조 간단

㉥ 단위 중량당 에너지 흡수율이 큼

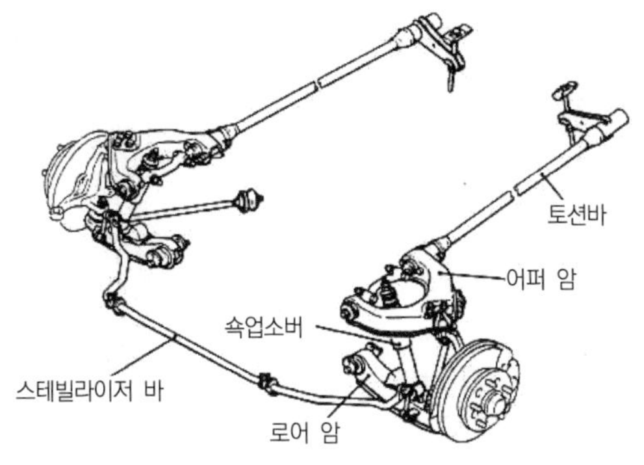

(a) 토션바 스프링의 설치 상태　　(b) 토션바

[그림 3－132] 토션바 스프링의 설치 상태

③ 설치방식

㉠ 가로방식 : 차체와 수직으로 설치

㉡ 세로방식 : 차체와 같은 방향으로 설치

(4) 공기 스프링

① 형태 : 공기의 압축성을 이용한 형식

② 종류

㉠ 벨로즈형(비반전형)

㉡ 다이어프램형(반전형)

㉢ 복합형

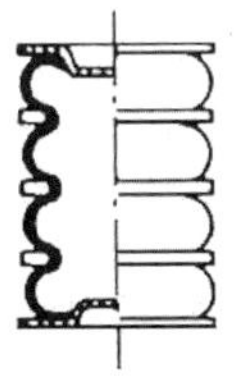

(a) 벨로즈형(비반전형)

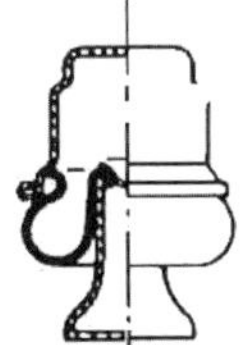

(b) 다이어프램형(반전형)

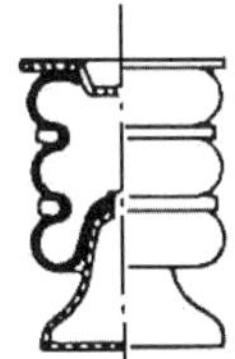

(c) 복합형

[그림 3－133] 공기 스프링의 종류

③ 특징

㉠ 다른 스프링에 비해 비교적 유연

㉡ 진동 흡수율이 양호

㉢ **차체 높이를 일정 유지**

㉣ 스프링의 세기(탄력)가 하중에 좌우

㉤ 구조가 복잡하고 제작비가 고가

㉥ 버스 등에서 사용

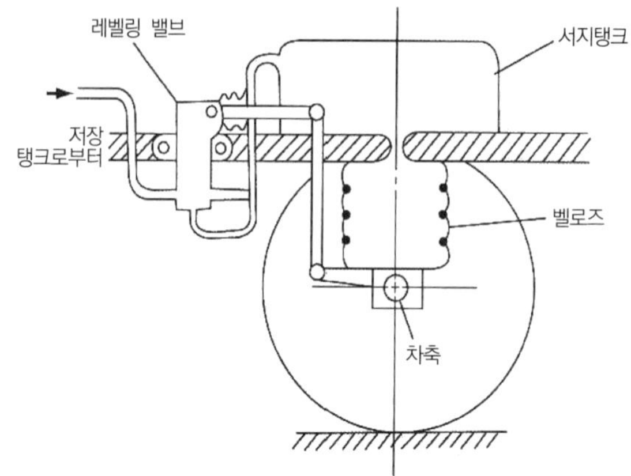

[그림 3-134] 공기 스프링 방식 현가장치

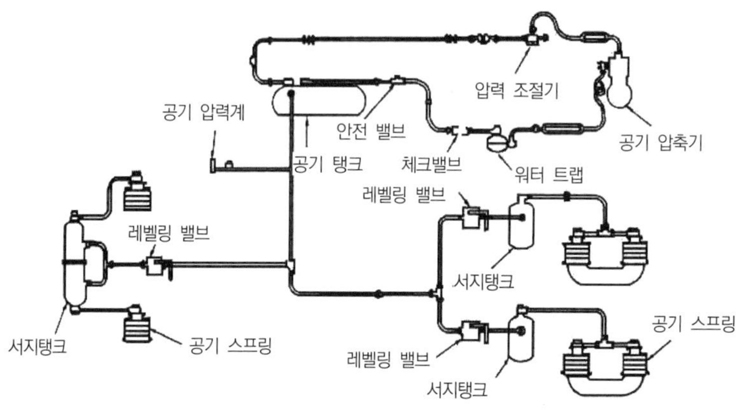

[그림 3-135] 공기 현가장치의 계통도

④ 구성 및 기능

㉠ 공기 스프링 : 차축과 차체를 연결하며 완충작용

㉡ 공기 압축기 : 엔진 크랭크축에 의해 작동하며 **압축공기를 생산**(엔진 회전속도에 1/2로 구동)

㉢ 공기 탱크 : 압축공기를 **저장**

㉣ 압력 조정기 : 압축공기의 최고압력을 **제어 또는 유지**(공기 탱크 내의 압력을 5~7kgf/cm^{2}로 유지시키는 역할)

㉤ 언로더 밸브 : 압축공기의 압력이 규정 압력 이상이 되면 공기 압축기의 흡기는 배기 밸브를 열어 **무부하 운전**시킴

㉥ 안전 밸브 : 탱크 내의 **압력이 7.0~8.5kgf/cm^{2}로 유지**시키고 탱크의 압축공기를 대기중으로 배출시켜 규정 압력(7.0~8.5kgf/cm^2) 이상으로 상승되는 것을 방지

㉦ 레벨링 밸브 : 차체의 하중에 따라 공기 스프링에 압축공기를 보내거나 공기 스프링의 압축공기를 대기 중에 배출하여 **차체의 높이를 일정하게 유지**

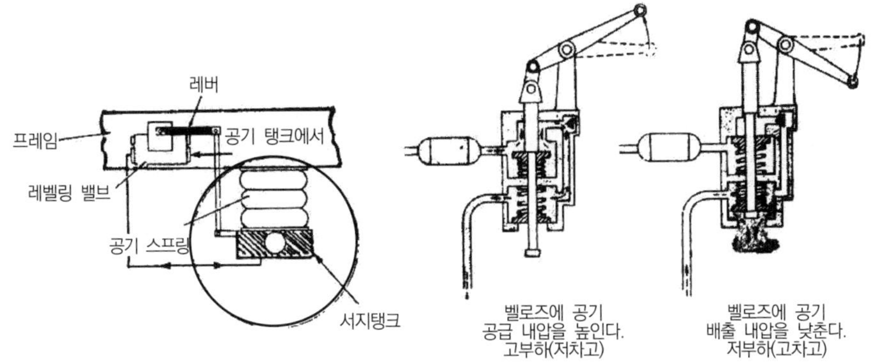

[그림 3-136] 레벨링 밸브의 작동

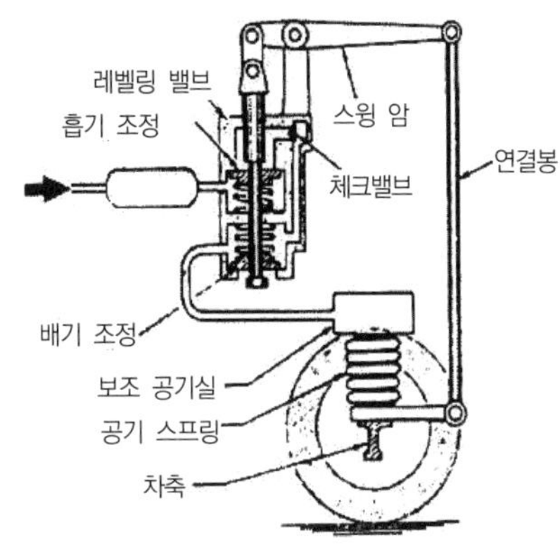

[그림 3-137] 공기 스프링 현가장치 구성

(5) 고무 스프링

① 특징

㉠ 고무의 탄성을 이용

㉡ 여러 형상으로 제작

㉢ 고무의 내부 마찰에 의한 감쇠작용

㉣ 작동이 조용하며 급유 불필요

㉤ 큰 하중에 약함

㉥ 주로 보조 스프링으로 사용

② 종류

㉠ 중공 스프링

㉡ 나이하르트 스프링

고무 스프링

[그림 3-138] 고무 스프링의 장착 상태

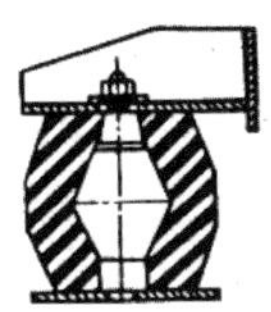

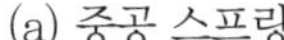

(a) 중공 스프링

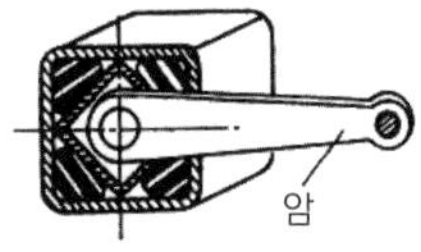

(b) 나이하르트 스프링

[그림 3-139] 고무 스프링의 종류

2 쇽업소버

(1) 기능

① 노면의 충격으로 발생된 스프링의 자유 진동을 흡수

② 스프링의 피로를 감소

③ 승차감 향상

④ 로드 홀딩 향상

⑤ 스프링 상 · 하 운동에너지를 열에너지로 변환

⑥ 오일의 점도와 오리피스에 의해 작용

(2) 종류

① **텔레스코핑형(또는 통형)**

㉠ 종류 및 기능

- 단동식
  - 늘어날 때(신장, rebound)만 감쇠력 발생
  - 줄어들 때(압축, bound)는 감쇠력 없어 차체에 충격을 주지 않음
  - 좋지 않은 길에서 유리
- 복동식
  - **늘어날 때와 줄어들 때 모두 감쇠력 발생**
  - 노즈 업 및 노즈 다운 방지
  - 승차 감각이 좋아 승용차용으로 적합

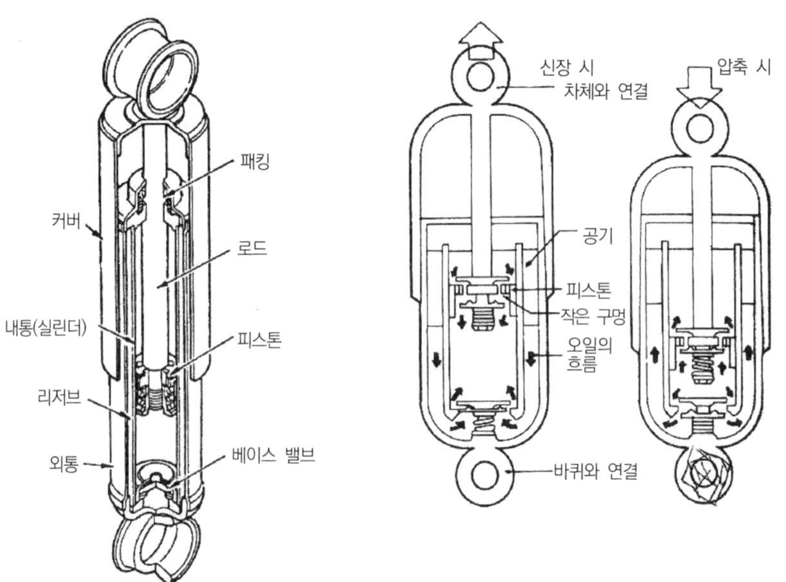

[그림 3－140] 텔레스코핑형 쇽업소버

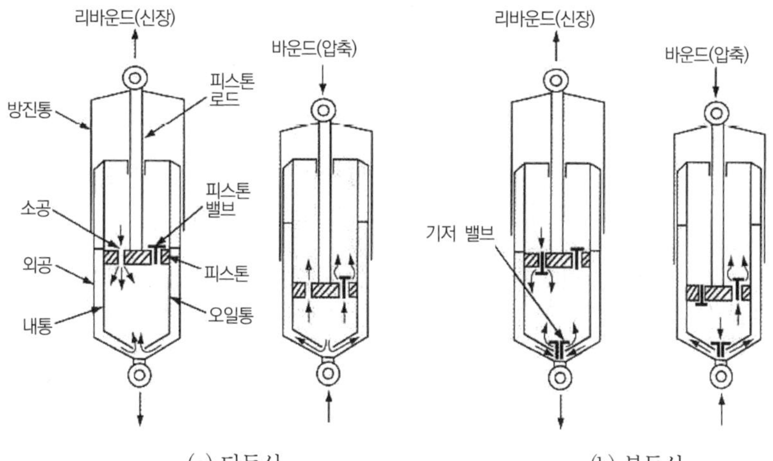

(a) 단동식　　　　　　(b) 복동식

[그림 3-141] 단동식 및 복동식의 작동

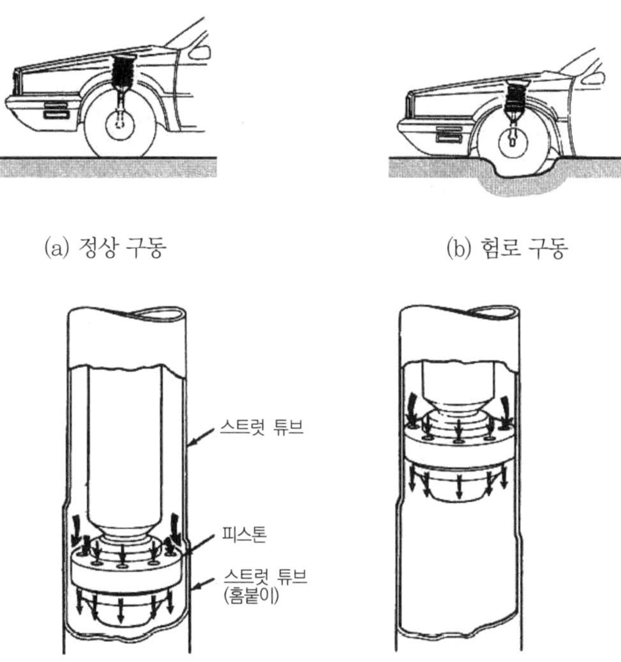

(a) 정상 구동　　　　　　(b) 험로 구동

[그림 3-142] 텔레스코핑형 쇽업소버의 작동

㉡ 특징

- 링크와 로드를 사용하지 않고 직접 설치할 수 있다.
- 마찰 손실이 적다.
- 구조가 간단하다.
- 실린더 내에 발생되는 유압이 낮다.
- 피스톤 행정이 길다.

- 실린더 제작에 어려움이 있다.
- 실린더가 이중으로 되어 방열 효과가 낮다.

참고

1. 로드 홀딩(Road Holding) : 자동차의 모든 바퀴가 노면에 찰싹 달라붙는 현상을 말한다.
2. 노즈 업 : 자동차가 출발할 때 앞이 들리는 현상
3. 노즈 다운 : 자동차가 제동 시에 앞이 내려가는 현상
4. 감쇠력 : 스프링의 진동을 멈추게 하기 위한 쇽업소버의 저항력. 즉, 쇽업소버를 늘릴 때나 압축할 때 더욱 강한 힘을 가하면 그 힘에 저항하려는 힘이 더욱 강하게 작용되는 저항력을 말한다.
5. 오버 댐핑 : 감쇠력이 커서 승차감이 딱딱한 것
6. 언더 댐핑 : 감쇠력이 너무 적어 승차감이 저하되는 것

② 레버형

㉠ 종류 : 피스톤형, 회전 날개형

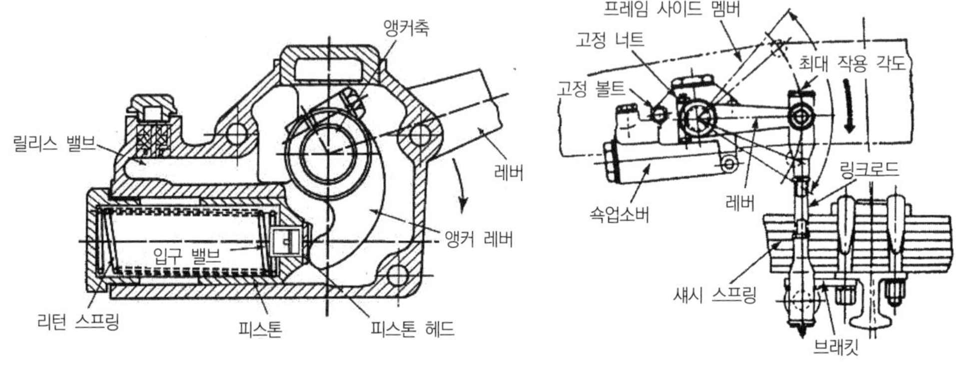

(a) 피스톤형 (b) 회전 날개형

[그림 3－143] 레버형 쇽업소버의 종류

㉡ 특징

- 링크나 레버로 설치
- 마찰 손실이 많음
- 피스톤과 실린더의 유밀 양호
- 온도 변화에 따른 영향이 적음
- 차체 설치 용이
- 구조 복잡
- 낮은 점도의 오일 사용 가능

③ 드가르봉형

㉠ 기능

- 텔레스코핑형의 개량형으로 실린더가 하나로 되어 있음
- 내부에 **질소가스를 30kgf/cm^2 봉입**
- 프리피스톤의 움직임으로 급격한 압력의 변화 방지

㉡ 특징

- 감쇠 효과 양호
- 방열 효과 양호
- 기포 발생 억제
- 분해 시 주의
- 오일의 열화 등 발생 억제

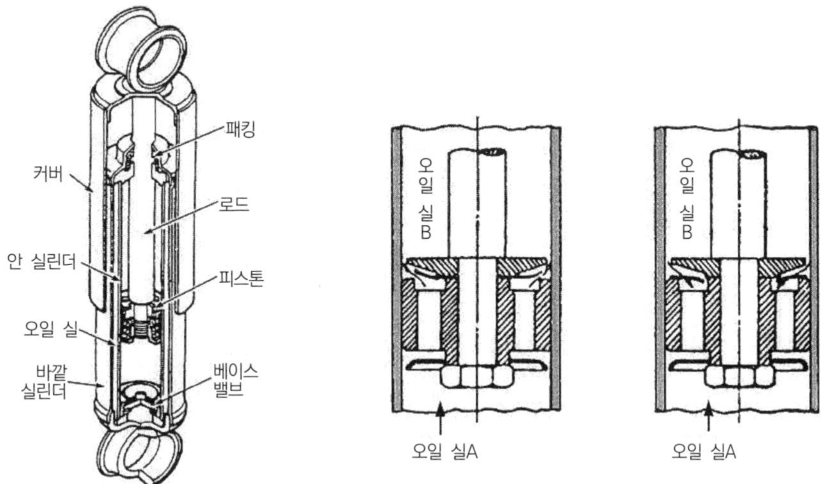

[그림 3－144] 드가르봉형 쇽업소버 구조

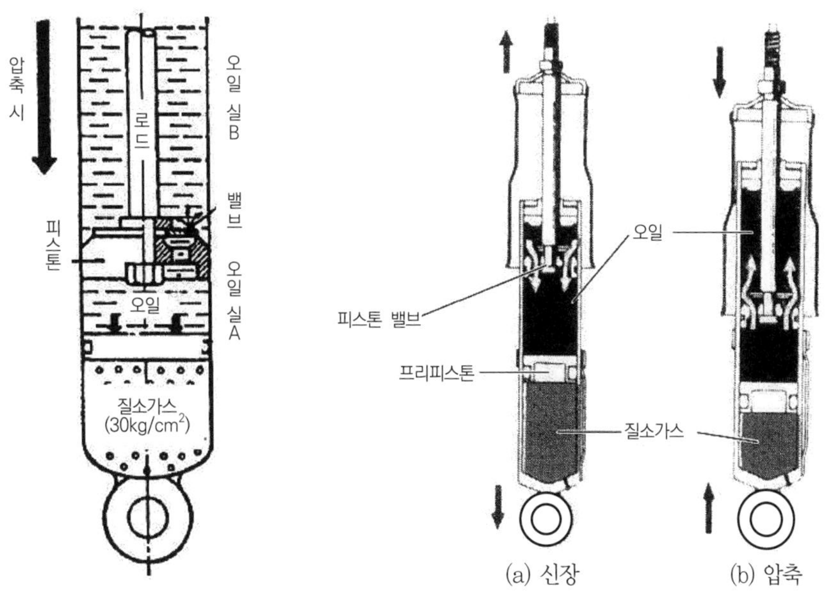

[그림 3－145] 드가르봉형 쇽업소버의 작동

3 스테빌라이저

(1) 기능

독립현가방식에서 선회 시 좌우 바퀴의 **진동을 억제하여 차체의 기울기를 방지**

(2) 형태

스프링 강을 **활대 모양**으로 한 것

(3) 특징

① 차의 평형 유지

② 차의 좌우 진동 억제

③ 선회 시 차의 전복을 방지

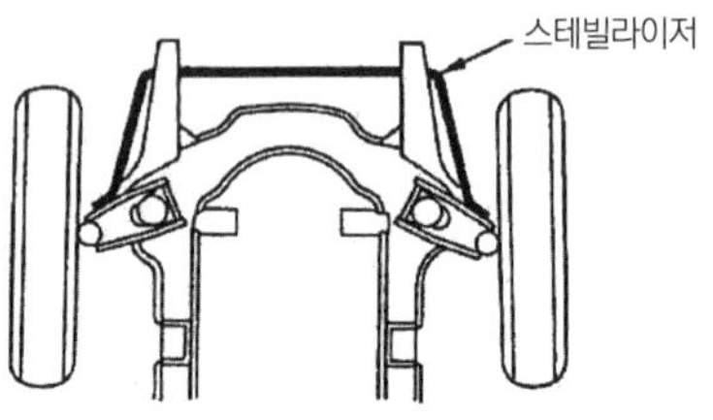

(a) 스테빌라이저의 결합 상태

스테빌라이저

(b) 스테빌라이저

[그림 3－146] 스테빌라이저의 설치

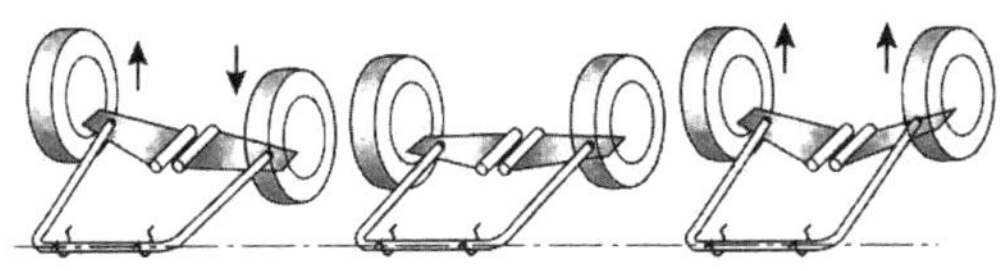

[그림 3－147] 스테빌라이저의 작동

4 현가장치의 종류

(1) 일체차축 현가방식

① 구성

㉠ 차축의 형태가 일체로 된 것

㉡ **판 스프링**을 주로 사용

㉢ 차축의 움직임(구동력)이 판 스프링을 통하여 차체에 전달

② 특징

㉠ 부품수가 적고 구조가 간단하다.

㉡ 선회 시 차체의 기울기가 작다.

㉢ 스프링 정수가 커야 한다.

㉣ 승차감이 나쁘다.

㉤ **앞바퀴에 시미 현상이 일어나기 쉽다.**

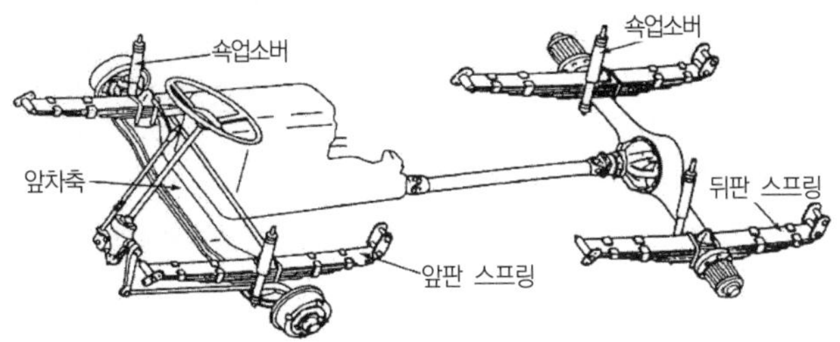

[그림 3-148] 일체차축 현가방식

(2) 독립현가방식

① 차축을 분할하여 양바퀴의 충격에 관계없이 된 형식이다.

② **승차감이나 안정성을 향상시키며 승용자동차에 많이 사용**한다.

③ **장점**

㉠ 로드 홀딩이 우수하여 안정성이 향상된다.

㉡ 바퀴의 시미 현상이 적고 스프링 정수가 작은 스프링도 사용할 수 있다.

㉢ **스프링 밑 질량이 작아 승차감이 우수**하다.

④ **단점**

㉠ 구조 및 서비스가 복잡하다(가격, 취급, 정비 면에서 불리).

㉡ 바퀴의 상하 진동에 의해 **윤거 및 전차륜 정렬이 틀려져 타이어 마멸이 촉진**된다.

㉢ 볼 이음부가 많아 마멸에 의한 전차륜 정렬이 틀려지기 쉽다.

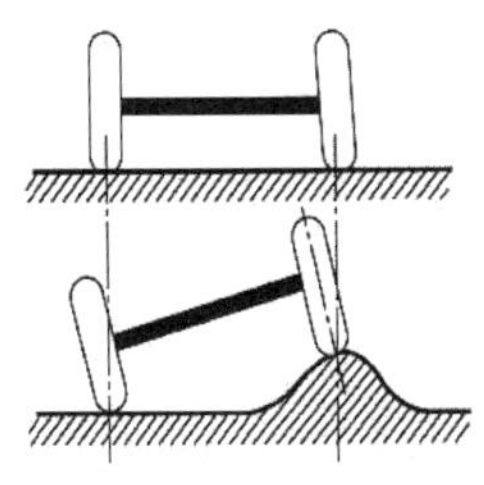

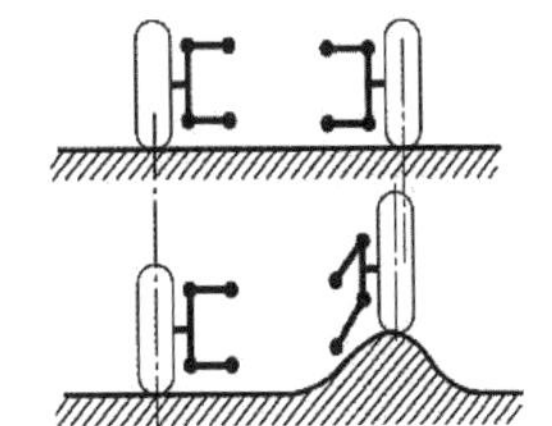

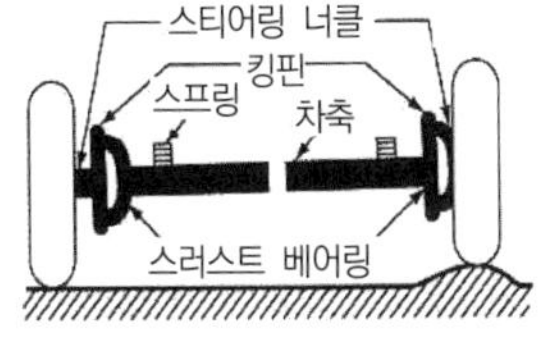

(a) 일체차축 현가방식

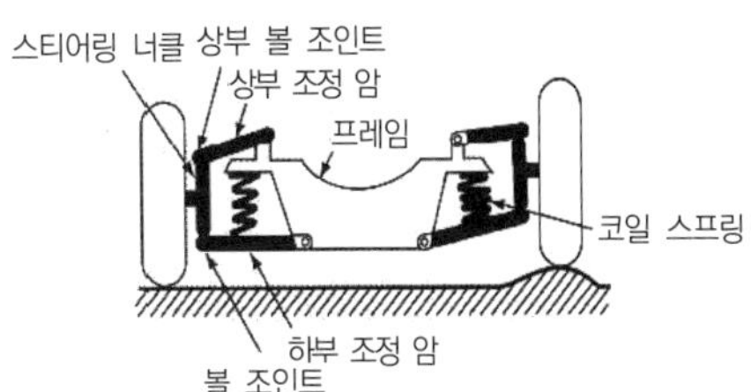

(b) 독립현가방식

[그림 3-149] 일체차축 현가방식과 독립현가방식의 비교

⑤ **형식**

㉠ 위시본 형식

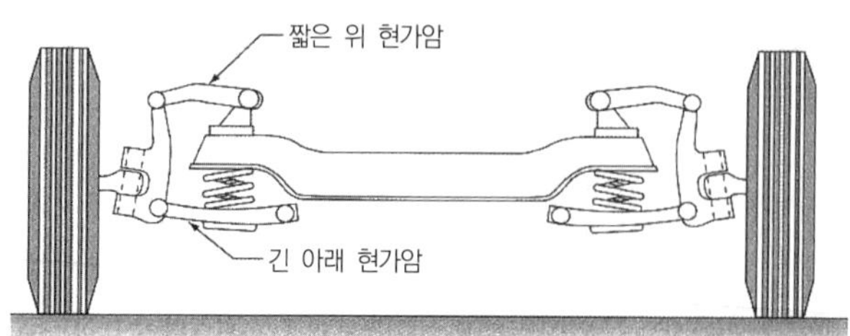

[그림 3-150] 위시본 형식

ⓐ 구성

- 위 컨트롤 암
- 아래 컨트롤 암
- 섀시 스프링
- 볼 조인트
- 컨트롤 암축

ⓑ 종류 및 특징

- 평행사변형 형식
  - 위, 아래 컨트롤 암의 길이가 같다.
  - **캠버의 변화는 없으나, 윤거의 변화가 있다.**
  - 타이어의 마멸이 빠르다.
- SLA 형식
  - 아래 컨트롤 암의 길이가 위 컨트롤 암의 길이보다 길다.
  - **윤거의 변화는 없으나, 캠버의 변화는 있다.**
  - 타이어의 마모가 작아 경제적이다.

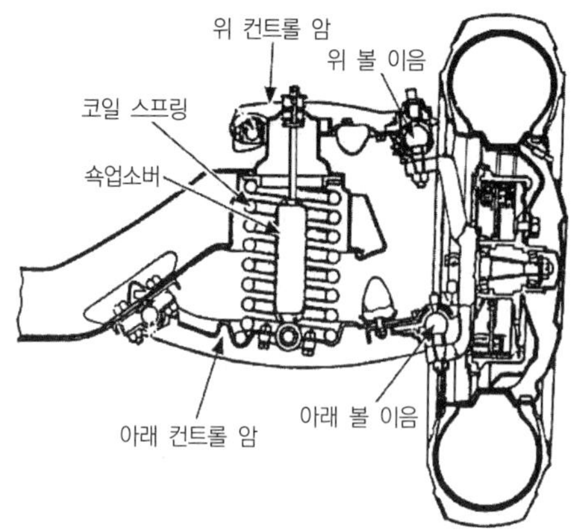

[그림 3-151] SLA 형식

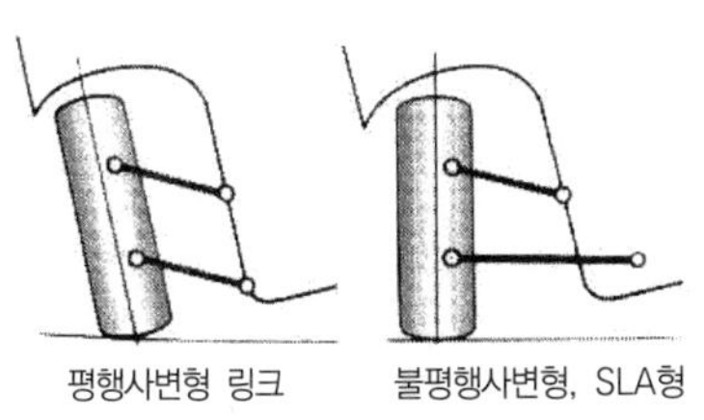

(a) 롤링 시 타이어 기울기

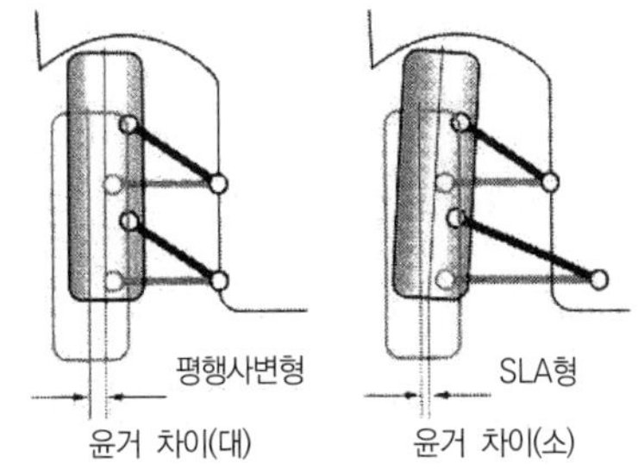

(b) 바운드 시

[그림 3-152] 평행사변형 형식과 SLA 형식의 비교

ⓛ 맥퍼슨 형식

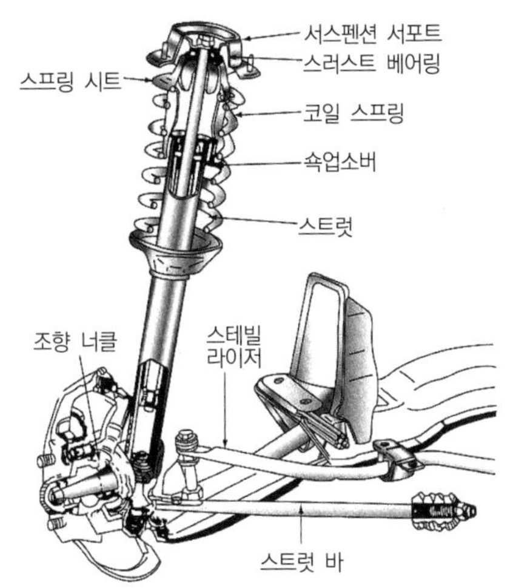

[그림 3-153] 맥퍼슨 형식

- 구성
  - 볼 조인트
  - 컨트롤암
  - 코일 스프링
  - 스트럿 바
- 특징
  - 현가장치와 조향장치가 일체로 된 형식
  - 코일 스프링과 쇽업소버가 현가 링크의 일체로 되어 하중을 지지
  - 소형차에 주로 사용
  - 구조 간단, 보수가 용이
  - **엔진실 유효면적을 크게 할 수 있음**
  - 스프링 밑 질량이 작아 로드 홀딩이 우수
  - **윤거는 약간 변하나, 캠버는 변화가 없음**

5 뒤차축 구동방식

차체(또는 프레임)는 구동바퀴로부터 추진력을 받아 전진이나 후진을 하며, 구동바퀴의 구동력을 차체(또는 프레임)에 전달하는 방식에는 **호치키스 구동, 토크 튜브 구동, 레디어스 암 구동방식**이 있다.

(1) 호치키스 구동

① 판 스프링을 이용한 구동방식

② 출발 시 발생하는 **리어 엔드 토크를 판 스프링이 흡수**

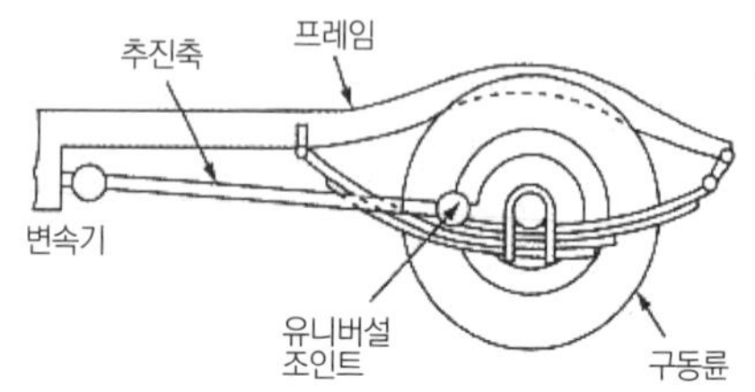

[그림 3-154] 호치키스 구동

(2) 토크 튜브 구동

① 토크 튜브로 추진축을 감싼 형태

② 코일 스프링을 현가장치에 사용

③ 밖에서 추진축이 보이지 않음

④ **리어 엔드 토크를 토크 튜브가 흡수**

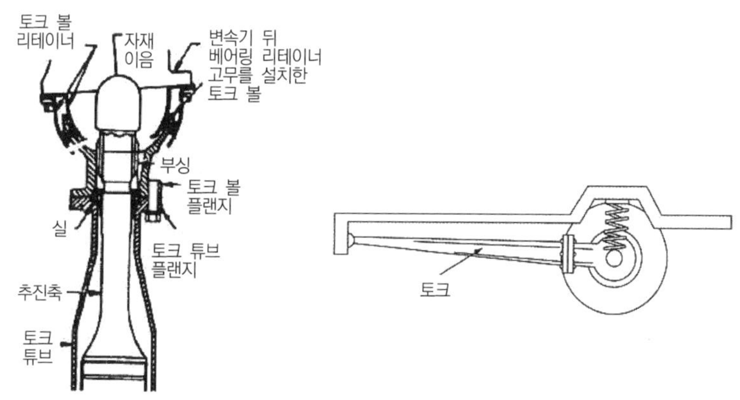

[그림 3-155] 토크 튜브 구동

(3) 레이디어스 암 구동

① 코일 스프링을 사용 차량에 이용

② 레이디어스 암(스트러트 바)을 차체와 차축을 연결하여 설치

③ **리어 엔드 토크를 레이디어스 암이 흡수**

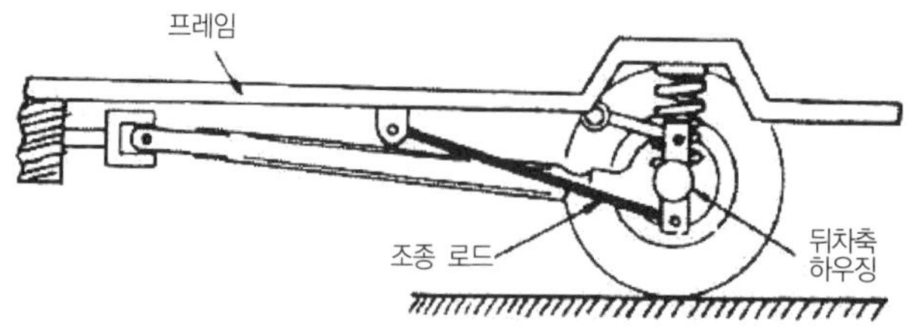

[그림 3-156] 레이디어스 암 구동

참고

리어 엔드 토크(rear & torque)

기관이 동력 전달 장치를 통하여 구동바퀴를 돌리면 구동축에는 그 반대 방향으로 돌아가려는 힘이 작용된다. 이 작용력을 리어 엔드 토크라고 한다.

6 현가 이론

(1) 승차감과 진동수

① **좋은 승차감** : 60~120 사이클/분

② **멀미감 발생** : 45 사이클/분 이하

③ **딱딱한 느낌** : 120 사이클/분 이상

(2) 스프링의 진동

① **스프링 위 질량의 진동**

㉠ 바운싱(Bouncing) : **차체가 Z축 방향과 평행운동**을 하는 고유 진동, 즉 차체의 상하운동

㉡ 롤링(Rolling) : **차체가 X축을 중심으로 하여 회전운동**을 하는 고유 진동, 즉 좌우 방향의 회전 진동

㉢ 피칭(Pitching) : **차체가 Y축을 중심으로 하여 회전운동**을 하는 고유 진동, 즉 앞뒤 방향의 회전 진동

㉣ 요잉(Yawing) : **차체가 Z축을 중심으로 하여 회전운동**을 하는 고유 진동, 즉 좌우 옆방향의 회전 진동

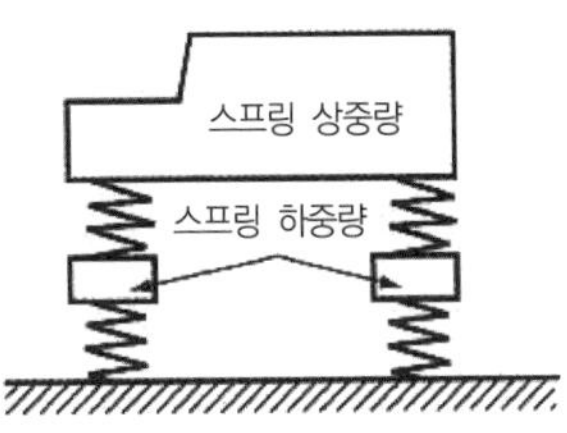

[그림 3-157] 스프링의 진동

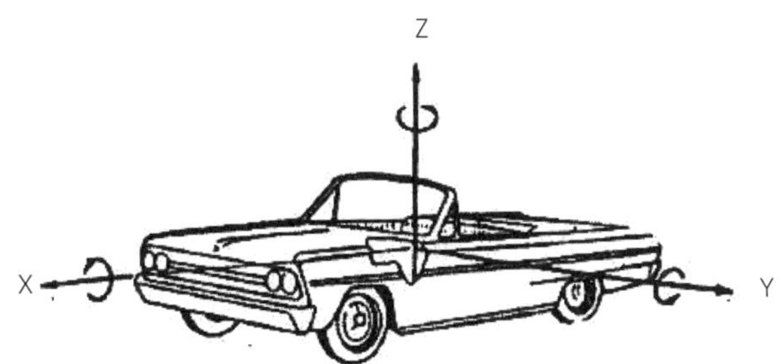

[그림 3-158] 스프링 위 질량의 진동

② **스프링 아래 질량의 진동**

㉠ 휠 홉(Wheel hop) : **차축이 Z방향의 상하 평행운동**을 하는 진동, 즉 수직 방향의 진동 ☞ (위 질량에서 : 바운싱)

㉡ 휠 트램프(Wheel Tramp) : **차축이 X축을 중심으로 하여 회전운동**을 하는 진동, 즉 좌우 방향의 회전 진동 ☞ (위 질량에서 : 롤링)

㉢ 윈드 업(Wind up) : **차축이 Y축을 중심으로 회전운동**을 하는 진동, 즉, 앞뒤 방향의 회전 진동 ☞ (위 질량에서 : 피칭)

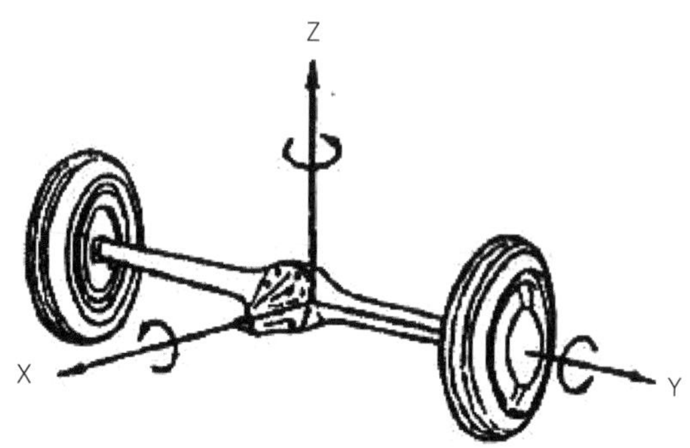

[그림 3-159] 스프링 아래 질량의 진동

(3) 기타 진동

① **완더(wander)** : 자동차가 직진 주행 시 어느 순간 한쪽으로 쏠렸다가 반대 방향으로 쏠리는 현상
② **로드스 웨이** : 자동차가 **고속 주행 시** 차의 앞부분이 상하좌우 제어할 수 없을 정도로 심한 진동
③ **트램핑** : 바퀴의 **정적 불평형**에 의한 바퀴의 **상하 진동**
④ **시미** : 바퀴의 **동적 불평형**에 의한 바퀴의 **좌우 진동**
⑤ **고속 시미** : 조향 링키지의 마모로 인한 바퀴의 진동
⑥ **노즈 다운** : 자동차의 앞쪽이 정차 시 앞쪽으로 숙여지는 현상
⑦ **노즈 업** : 출발 시 자동차의 앞쪽이 들리는 현상
⑧ **스탠딩 웨이브** : 타이어에 공기가 부족한 상태로 고속 주행 시 발생하는 물결 모양의 변형과 진동

(4) 스프링 상수

① 스프링 1mm 압축 또는 인장하는 데 필요한 힘
② 클 때 : 딱딱한 느낌
③ 작을 때 : 진동이 심함
④ 단위 : kgf/mm

03 전자제어 현가장치(ECS : Electronic Control Suspension)

1 개요

(1) 구성도

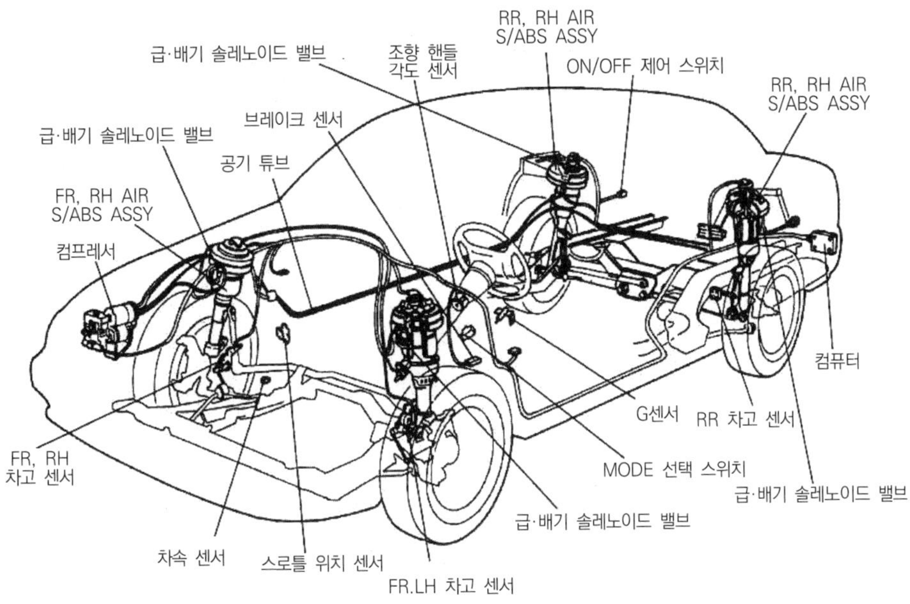

[그림 3-160] 전자제어 현가장치의 구성

(2) ECS 기능

자동차의 전자제어 현가장치는 각종 센서, ECU 액추에이터 등을 통해 노면의 상태, 주행조건, 운전자의 선택기능에 따라 **쇽업소버 스프링의 감쇠력과 차고 조절을 전자제어하는 시스템**이다. 전자제어 현가장치의 기능은 다음과 같다.

① 급선회를 할 때 원심력에 대한 차체의 기울어짐을 방지한다.
② 급제동을 할 때 노즈 다운을 방지한다.
③ **노면으로부터의 차량 높이를 조절**할 수 있다.
④ 노면의 상태에 따라 승차감을 조절할 수 있다.
④ 안정된 조향성을 준다.
⑤ 자동차의 승차 정원(하중)이 변해도 자동차는 수평을 유지한다.
⑥ 고속으로 주행할 때 차체의 높이를 낮추어 공기저항을 적게 하고 승차감을 향상시킨다.
⑧ 험한 도로를 주행할 때 스프링을 강하게 하여 쇽업소버 및 원심력에 대한 롤링을 없앤다.

(3) 작동 원리

차속, 조향 휠 각속도, 가속 페달 작동속도, 차체 높이, 차체 진동 등에 따라 선택 에어밸브의 제어에 의해 에어스프링의 상수와 쇽업소버의 댐핑력이 변화된다.

(4) 주요 구성요소

① **차속 센서** : 스프링 정수 및 감쇠력 제어를 이용하기 위한 주행속도를 검출한다.

② **차고 센서** : 차량의 높이를 조정하기 위하여 차체와 차축의 위치를 검출한다. **설치는 자동차 앞, 뒤에 2개 또는 3개가 설치**되어 있다.

③ **조향 핸들(휠) 각속도 센서** : 차체의 기울기를 방지하기 위해 **조향 휠의 작동속도를 감지하고 자동차 주행 중 급선회 상태를 감지**하는 일을 한다.

④ **스로틀 위치 센서** : 스프링의 정수와 감쇠력 제어를 위해 급 가감속의 상태를 검출한다.

⑤ **중력 센서(G센서)** : 감쇠력 제어를 위해 차체의 바운싱을 검출한다.

⑥ **전조등 릴레이** : 차고 조절을 위해 전조등의 ON, OFF 여부를 검출한다.

⑦ **발전기 L단자** : 차고 조절을 위해 엔진의 시동 여부를 검출한다.

⑧ **제동등 스위치** : 차고 조절을 위해 제동 여부를 검출한다.

⑨ **도어 스위치** : 차고 조절을 위해 도어 열림 상태 여부를 검출한다.

⑩ **액추에이터** : 유압이나 전기적 신호에 응답하여 어떤 작동을 하는 기구이며, 공기 스프링의 상수와 쇽업소버의 감쇠력을 조절한다.

⑪ **공기 압축기 및 릴레이** : 릴레이는 컴퓨터로부터 전원이 공급되면 전동기에 전기를 공급하여 공기 압축기에서 압축공기를 생산하여 공기 탱크로 보내도록 한다.

참고

1. 전자제어 현가장치에서 차량의 높이를 높이는 방법 : 공기 챔버의 체적과 쇽업소버의 길이를 증대시킨다.
2. 전자제어 현가장치에서 쇽업소버의 댐핑력을 조정하는 것 : 스텝모터

(5) 컴퓨터(ECU)의 제어 항목

① **스프링 상수와 감쇠력 선택** : AUTO, HARD, SOFT가 있다.

② 차고 조절 선택

③ 조향 핸들의 감도 선택

참고

1. AUTO 모드 : 주행속도와 노면 상태에 따라 차고의 높이를 자동으로 조절한다.
2. HARD 모드 : 진동이 딱딱한 느낌이 있으며, 안정된 조향성이 요구될 때에 선택한다.
3. SOFT 모드 : 진동이 부드러운 느낌이 있으며, 주행 중 안락한 승차감을 필요로 할 때에 선택한다.

(6) 컴퓨터(ECU)의 제어 기능(자세제어)

컴퓨터(ECU)는 차속 센서, 차고 센서, 조향 휠 각속도 센서, 스로틀 포지션 센서, 중력(G) 센서, 전조등 릴레이, 발전기 L단자, 브레이크 압력 스위치, 도어 스위치 등의 신호를 입력 받아 차고와 현가 특성을 조절한다.

① **안티 롤링(anti–rolling) 제어** : 선회할 때 자동차의 좌우 방향으로 작용하는 횡가속도를 G센서로 감지하여 제어한다.

② **안티 스쿼트(anti–squat) 제어** : 급출발 또는 급가속을 할 때에 차체의 앞쪽은 들리고, 뒤쪽이 낮아지는 노즈 업(nose–up) 현상을 제어한다.

③ **안티 다이브(anti–dive) 제어** : 주행 중에 급제동을 하면 차체의 앞쪽은 낮아지고, 뒤쪽이 높아지는 노즈 다운(nose–down) 현상을 제어한다.

④ **안티 피칭(anti–pitching) 제어** : 요철 노면을 주행할 때 차고의 변화와 주행속도를 고려하여 쇽업소버의 감쇠력을 증가시킨다.

⑤ **안티 바운싱(anti–bouncing) 제어** : 차체의 바운싱은 G센서가 검출하여, 바운싱이 발생하면 쇽업소버의 감쇠력은 소프트에서 미디엄이나 하드로 변환된다.

⑥ **차속 감응 제어(vehicle speed) 제어** : 자동차가 고속으로 주행할 때에는 차체의 안정성이 결여되기 쉬운 상태이므로 쇽업소버의 감쇠력은 소프트에서 미디엄이나 하드로 변환된다.

⑦ **안티 쉐이크 제어(anti–shake) 제어** : 사람이 자동차에 승·하차할 때 하중의 변화에 따라 차체가 흔들리는 것을 쉐이크라 하며, 주행속도를 감속하여 규정 속도 이하가 되면 컴퓨터는 승·하차에 대비하여 쇽업소버의 감쇠력을 하드로 변환시킨다.

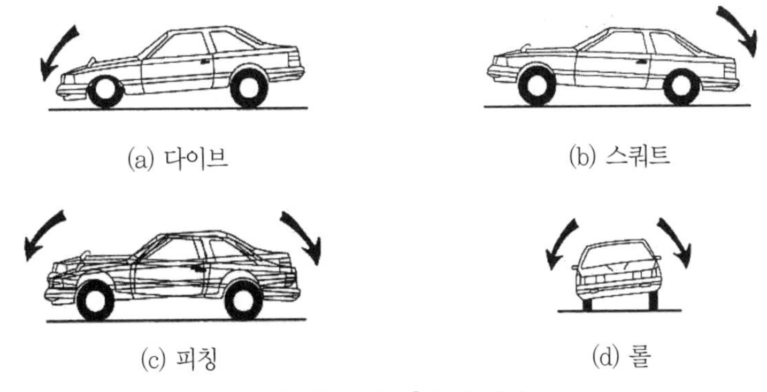

[그림 3–161] 차량 자세

> **참고**
>
> **차고 조정이 정지되는 조건**
>
> 다음과 같은 조건하에서는 주행 안정성을 위해 목표 차고와 실제 차고가 다르더라도 차고 조정은 이루어지지 않는다.
>
> • 커브길 급선회 시 • 급정지 시 • 급가속 시

제 3 장

출제 예상 문제

• 현가장치

01 현가장치에서 스프링 시스템이 갖추어야 할 기능이 아닌 것은?

① 승차감
② 원심력 향상
③ 주행 안정성
④ 선회 특성

해설 스프링이 갖추어야 할 기능은 승차감, 주행 안정성, 선회 특성 등이다.

02 다음 중 판 스프링을 사용할 때 특징이 아닌 것은?

① 스프링 자체의 강성에 의해서 차축을 정위치에 지지할 수 있어 구조가 간단하다.
② 판 사이의 마찰에 의한 진동 억제 작용이 크다.
③ 판 사이의 마찰 때문에 작은 진동 흡수가 곤란하다.
④ 옆방향 작용력에 대한 저항력이 없어 차축에 설치할 때 쇽업소버 또는 링키지 기구가 필요하다.

해설 옆방향 작용력에 대한 저항력이 크기 때문에 차축에 설치할 때 쇽업소버나 링키지 기구가 필요 없다.

03 다음 그림에 표시된 X는 무엇을 나타내는 것인가?

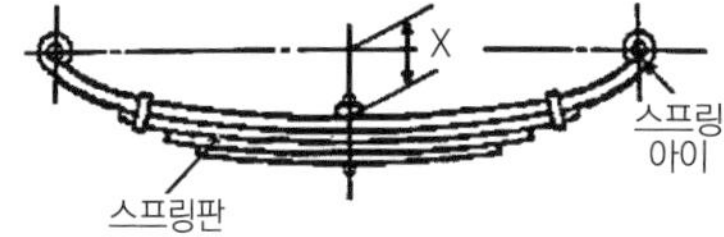

① 닙
② 스팬
③ 섀클
④ 캠버

해설 ① 닙(nip) : 스프링 양끝의 휘어진 부분이다.
② 스팬(span) : 스프링 아이(eye)와 아이 중심 거리이다.
③ 섀클(shackle) : 스프링이 완충작용할 때 스팬의 변화를 조절한다.
④ 캠버(camber) : 스프링의 휨량을 말한다.

04 공기식 스프링의 특성에 대한 설명으로 적합하지 않은 것은?

① 승객 등의 증감에 관계없이 항상 차체의 높이를 일정하게 유지할 수 있다.
② 하중의 증가에 관계없이 스프링 고유 진동수는 자동으로 변한다.
③ 고주파 진동을 잘 흡수한다.
④ 승차감이 좋으며, 진동의 완화에 의해 차량의 내용 수명이 길어진다.

해설 공기 스프링의 장점
㉠ 승객 등의 증감에 관계없이 항상 차체의 높이를 일정하게 유지할 수 있다.
㉡ 공기 자체의 감쇠성에 의해 고주파 진동을 흡수하였다.
㉢ 승차감이 좋으며, 진동의 완화에 의해 차량의 내용 수명이 길어진다.
㉣ 하중에 관계없이 고유 진동이 거의 일정하게 유지된다.

05 독립현가방식의 차량에서 선회할 때 롤링을 감소시켜 주고 차체의 평형을 유지시켜 주는 것은?

① 볼 조인트 ② 공기 스프링
③ 쇽업소버 ④ 스테빌라이저

해설 스테빌라이저는 차량이 선회할 때 발생하는 롤링을 감소시키고, 차량의 평형을 유지시키며, 차체의 기울기를 방지한다.

06 다음 중 독립현가방식과 비교한 일체차축 현가방식의 특성이 아닌 것은?

① 구조가 간단하다.
② 선회 시 차체의 기울기가 작다.
③ 승차감이 좋지 않다.
④ 로드 홀딩(road holding)이 우수하다.

해설 일체차축 현가방식의 특징
㉠ 부품수가 적고 구조가 간단하다.
㉡ 선회 시 차체의 기울기가 작다.
㉢ 스프링 정수가 커야 한다.
㉣ 스프링 밑 질량이 커 로드 홀딩이 좋지 못하고, 승차감이 나쁘다.
㉤ 앞바퀴에 시미 현상이 일어나기 쉽다.

정답 01 ② 02 ④ 03 ④ 04 ② 05 ④ 06 ④

07 **현가장치의 평행 판 스프링 형식에서 스프링이 완충작용할 때 스팬(span)의 변화를 조절해주는 것은?**

① 캐스터판
② 섀클
③ 센터볼트
④ U볼트

해설 **판 스프링의 구조**

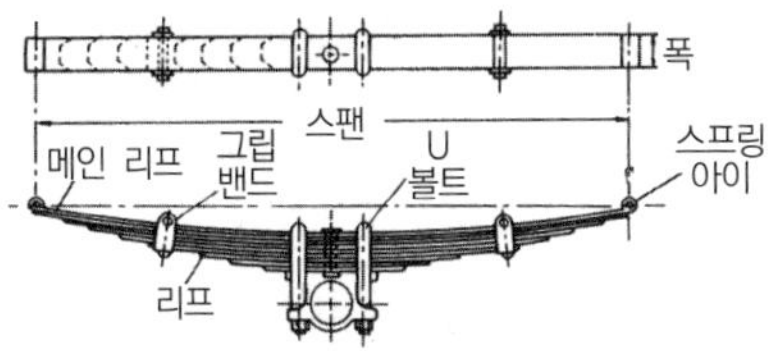

(a) 판 스프링(lear spring)

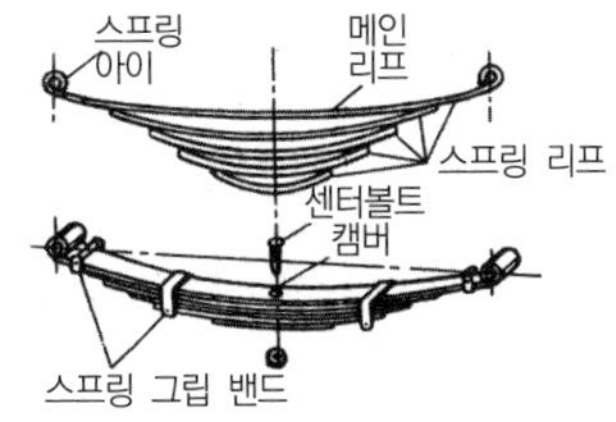

(b) 판 스프링의 구성

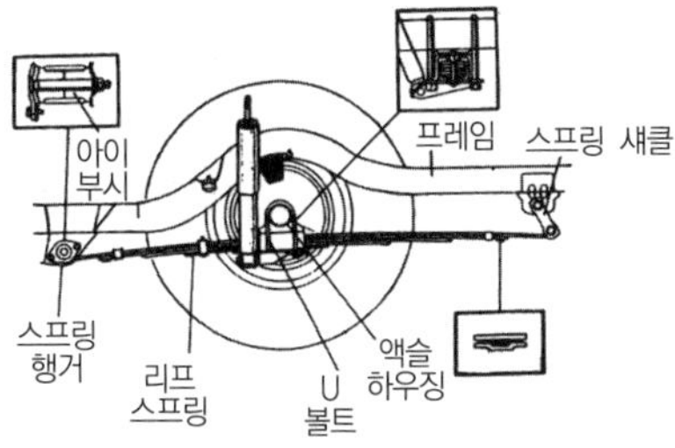

(c) 판 스프링의 장착 예(뒤차축)

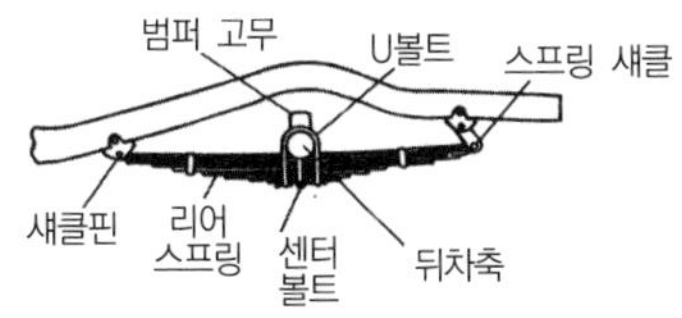

(d) 뒤차축의 장착

㉠ 아이 : 1번 스프링의 양끝 부분에 설치된 구멍으로 섀클핀에 의해 프레임에 설치
㉡ 스팬 : 스프링 아이와 아이 중심 간의 수평거리
㉢ 캠버 : 판 스프링의 휨량
㉣ 센터볼트 : 스프링의 위치를 유지시키기 위한 볼트
㉤ 닙 : 스프링 끝이 휘어진 부분으로 진동 발생 시 스프링이 벌어지는 것을 방지
㉥ 클립 : 진동 발생 시 스프링이 흐트러지는 것을 방지
㉦ 섀클 : 스프링 아이와 차체의 행거에 설치되어 스팬의 변화를 가능케 하는 역할을 함
㉧ U볼트 : 판 스프링을 차축 하우징에 고정시키기 위한 볼트

08 **독립현가방식의 장점에 속하지 않는 것은?**

① 스프링 정수가 큰 것을 사용할 수 있다.
② 스프링 아래 무게가 가벼우므로 승차감이 좋다.
③ 타이어의 접지성능이 양호하다.
④ 바퀴의 시미(shimmy) 현상이 적다.

해설 **독립현가방식의 특징**

㉠ 차량의 높이를 낮게 할 수 있어 안전성이 좋다.
㉡ 바퀴가 시미를 잘 일으키지 않고 로드 홀딩이 좋다.
㉢ 스프링 정수가 적은 스프링을 사용할 수 있다.
㉣ 스프링 아래 질량이 적어 승차감이 우수하다.
㉤ 일체차축 현가방식에 비해 구조가 복잡하다.
㉥ 주행 시 바퀴의 움직임에 따라 윤거나 얼라인먼트가 변화하므로 타이어 마모가 크다.

※독립현가방식에서 스프링 정수가 큰 것을 사용하면 승차감이 저하된다.

참고 정수 : 어떤 단위의 변위당 작용하는 힘

09 **위시본식 독립현가장치의 구조 및 작동에 관한 설명으로 틀린 것은?**

① 코일 스프링과 쇽업소버를 조합시킨 형식이다.
② 스프링 아래 부분의 중량이 크기 때문에 승차감이 좋다.
③ 로어와 어퍼 컨트롤 암의 길이가 같은 것이 평행사변형식이다.
④ SLA 형식(short/long arm type)은 장애물에 의해 바퀴가 들어 올려지면 캠버가 변한다.

해설 **위시본식 독립현가장치의 구조 및 특징**

㉠ 코일 스프링과 쇽업소버를 조합시킨 형식이다.
㉡ 로어와 어퍼 컨트롤 암의 길이가 같은 것을 평행사변형식, 위가 짧고 아래가 긴 것을 SLA 형식이라 한다.
㉢ SLA 형식은 장애물에 의해 바퀴가 들어 올려지면 윤거는 변하지 않으나, 캠버가 변한다(윤불캠변).
㉣ 스프링 아랫부분의 중량이 작아 승차감이 좋다.
㉤ 승용차용 전륜 현가장치로 많이 사용된다.

정답 07 ② 08 ① 09 ②

10 맥퍼슨 형식의 현가장치에 관한 특징이 아닌 것은?

① 구조가 간단하고 정비하기 쉽다.
② 스프링 아래 질량이 작아 로드 홀딩이 우수하다.
③ SLA 형식에 비해 캠버의 변화가 크다.
④ 엔진룸을 크게 할 수 있다.

해설 맥퍼슨 형식의 특징
㉠ 구성부품이 적어 구조가 간단하다.
㉡ 위시본 형식에 비해 정비가 용이하다.
㉢ 엔진룸의 유효체적이 넓다.
㉣ 승차감이 향상된다.
㉤ 스프링 밑 질량이 적어 로드 홀딩이 우수하다.
㉥ 윤거는 약간 변하나, 캠버는 변화가 없다.

11 SLA 방식의 위 컨트롤 암의 길이는?

① 아래 컨트롤 암보다 짧다.
② 아래 컨트롤 암과 같다.
③ 아래 컨트롤 암보다 길다.
④ 평행사변형이다.

해설 SLA(short & long arm) 방식은 위 컨트롤 암의 길이가 짧고 아래 컨트롤 암의 길이가 길다.

12 일반적으로 주행 중 멀미를 느끼는 진동수는 약 몇 cycle/min인가?

① 45cycle/min이하
② 45~90cycle/min
③ 90~135cycle/min
④ 135cycle/min이상

해설 진동수와 승차감
㉠ 걸어가는 경우 : 60~70cycle/min
㉡ 뛰어가는 경우 : 120~160cycle/min
㉢ 양호한 승차감 : 60~120cycle/min
㉣ 멀미를 느끼는 경우 : 45cycle/min 이하
㉤ 딱딱한 느낌의 경우 : 120cycle/min 이상

13 자동차의 진동 현상 중 스프링 위 Y축을 중심으로 하는 앞뒤 흔들림 고유 진동은?

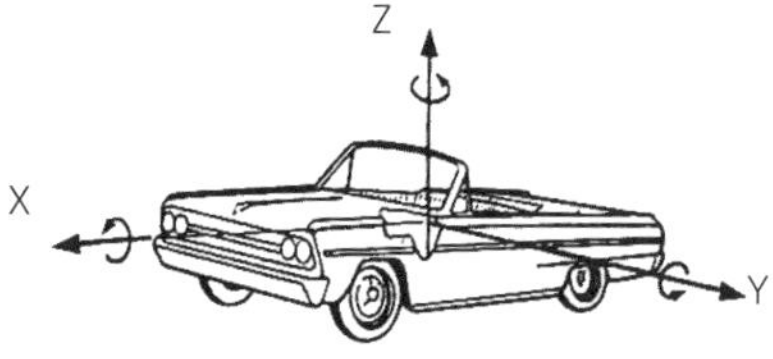

① 롤링(rolling) ② 요잉(yawing)
③ 피칭(pitching) ④ 바운싱(bouncing)

해설 피칭은 차체가 Y축을 중심으로 회전운동을 하는 고유 진동이다.

14 스프링 아래 질량의 고유 진동에 관한 그림이다. X축을 중심으로 하여 회전운동을 하는 진동은?

① 휠 트램프(wheel tramp)
② 와인드 업(wind up)
③ 롤링(rolling)
④ 사이드 쉐이크(side shake)

해설 휠 트램프는 X축을 중심으로 하여 회전운동을 하는 진동이다.

15 저속 시미 현상의 원인이다. 관계없는 것은?

① 쇽업소버의 작동 불량
② 앞 현가 스프링의 쇠약
③ 앞바퀴 공기압의 불균등
④ 타이어 공기압 과대

해설 저속 시미의 원인
㉠ 각 연결부의 볼 조인트가 마멸되었다.
㉡ 링키지의 연결부가 마멸되어 헐겁다.
㉢ 타이어의 공기압력이 낮다.
㉣ 앞바퀴 정렬의 조정이 불량하다.
㉤ 스프링 정수가 적다.
㉥ 휠 또는 타이어가 변형되었다.
㉦ 좌우 타이어의 공기압력이 다르다.
㉧ 조향 기어가 마모되었다.
㉨ 앞 현가장치(쇽업소버, 스프링 등)가 불량하다.

16 전자제어 현가장치의 기능으로 틀린 것은?

① 스프링 상수와 감쇠력 제어
② 차량 높이 제어
③ 급제동 시 바퀴 고착 방지
④ 차량 자세 제어

해설 전자제어 현가장치의 주요 기능
㉠ 스프링 상수와 감쇠력(댐핑력) 제어 기능
㉡ 차량 높이(차고) 제어 기능
㉢ 차량 자세 제어 기능

정답 10 ③ 11 ① 12 ① 13 ③ 14 ① 15 ④ 16 ③

17 전자제어 현가장치의 장점이 아닌 것은?

① 고속 주행 시 안전성이 있다.
② 조향 시 차체가 쏠리는 경우가 있다.
③ 승차감이 좋다.
④ 충격을 감소한다.

해설 **전자제어 현가장치의 장점**
㉠ 굴곡이 심한 노면을 주행할 때에 흔들림이 작은 평행한 승차감을 실현한다.
㉡ 고속으로 주행할 때 안전성이 있다.
㉢ 충격을 감소시키므로 승차감이 좋다.
㉣ 스프링 상수 및 감쇠력(댐핑력)을 제어한다.
㉤ 조종 안정성을 향상시킨다.

18 전자제어 현가장치(ECS)의 작동에 대한 설명이다. 틀린 것은?

① 노면의 상태에 따라 감쇠력이 변화한다.
② 주행조건에 따라 감쇠력이 변화한다.
③ 댐퍼의 감쇠력을 여러 단계로 설정하여 조정한다.
④ 항상 부드러운 상태로만 감쇠력이 조정된다.

해설 **전자제어 현가장치(ECU)의 작동**
㉠ 노면의 상태에 따라 감쇠력이 변화한다.
㉡ 주행조건에 따라 감쇠력이 변화한다.
㉢ 댐퍼의 감쇠력을 여러 단계로 설정하여 조정한다.

19 전자제어 현가장치에서 조향 휠의 좌우 회전 방향을 검출하여 차체의 롤링(rolling)을 예측하기 위한 센서는?

① 차속 센서 ② 조향각 센서
③ G센서 ④ 차고 센서

해설 **ECS 장치에서의 센서 기능**
㉠ 차속 센서 : 변속기 출력축의 회전을 전기적인 펄스 신호로 변환하여 ECU에 입력하여 자동차의 높이 및 스프링 상수, 쇽업소버의 감쇠력을 조정한다.
㉡ 조향각 센서 : 운전자의 조향 의도를 검출하여 차속 신호와 함께 선회 시 차의 좌우 진동 신호로 이용한다.
㉢ G센서 : 차체에 가해지는 가속도를 검출하는 센서로 ECS, ABS, 에어백 등에 사용된다.
㉣ 차고 센서 : 아래(low) 컨트롤 암과 센서 보디에 레버와 로드로 연결되며, 자동차의 앞뒤에 2개 또는 3개가 설치되어 레버의 회전량이 센서에 전달되어 자동차의 높이 변화에 따른 차축과 보디의 위치를 감지한다.
㉤ 스로틀 위치 센서 : 스프링의 정수와 감쇠력 제어를 위해 급 가감속의 상태를 검출한다.

20 전자제어 현가장치(ECS)의 부품 중 차고 조절과 관련 없는 것은?

① 차고 센서
② 스로틀 포지션 센서
③ 중력(G) 센서
④ 차속 센서

해설 차고 조절은 차속 센서, 중력(G) 센서, 차고 센서 등의 신호에 의해 이루어진다.

21 ECS 장착 자동차에서 주행 중 급커브 상태를 감지하는 센서는?

① 차속 센서
② 차고 센서
③ 스티어링 휠 각도 센서
④ 휠 속도 센서

해설 스티어링 휠(조향 핸들) 각도 센서는 스티어링 휠의 좌우 회전 방향을 검출하여 차체의 롤링(rolling)을 예측하기 위해 사용한다. 즉, 주행 중 급커브 상태를 감지한다.

22 전자제어 현가장치(ECS)에서 차고 조정이 정지되는 조건이 아닌 것은?

① 커브 길 급선회 시
② 급가속 시
③ 고속 주행 시
④ 급정지 시

해설 차고 조정이 정지되는 조건은 커브길을 급회전할 때, 급가속할 때, 급정지할 때 등이다.

정 답 17 ② 18 ④ 19 ② 20 ② 21 ③ 22 ③

CHAPTER 04

조향장치

01 기계식 조향장치

1 개요

(1) 기능

주행 또는 작업 중인 자동차의 방향을 변환시키는 장치

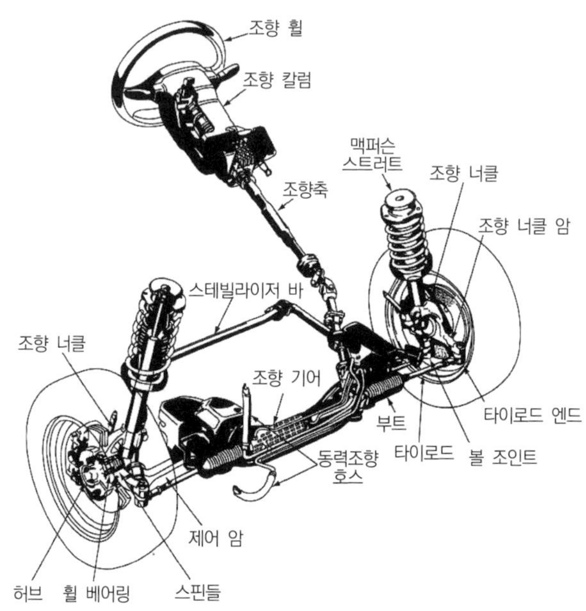

[그림 3－162] 조향장치의 구성

(2) 종류

① 기계식 조향장치

② 동력 조향장치

(3) 조향 이론(애커먼 장토식)

조향바퀴가 원활한 조향을 하려면 좌우 바퀴는 동심원을 그려야 하며, 이를 위하여 **좌우 바퀴의 조향각이 차이**를 가져야 한다.

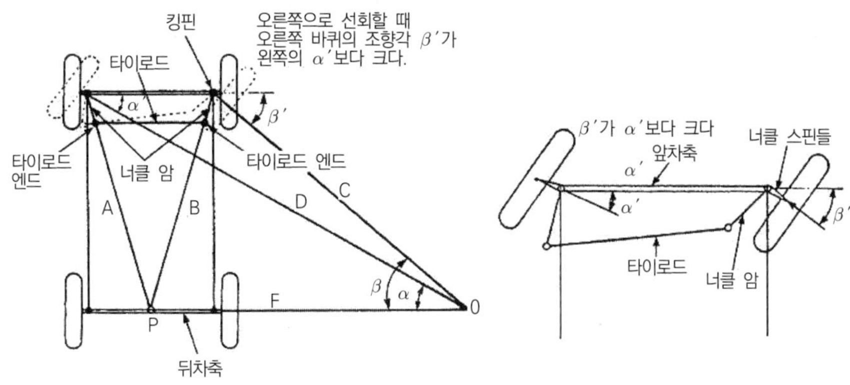

[그림 3－163] 조향 원리(애커먼 장토식)

① **구심력(코너링 포스)** : 선회 시 원심력에 의한 바퀴의 미끄러짐으로 발생

② **구심력의 위치** : 뒤차축 중심 연장선 상에 위치

③ **구심점** : 좌우 바퀴가 만드는 조향각은 좌우 바퀴의 중심선의 연장선이 뒤차축 중심의 연장선 위의 어느 한 점에 일치하여야 한다. 따라서 안쪽 바퀴의 조향각이 바깥쪽 바퀴의 조향각보다 커야 한다.

참고

구심력의 사전적 정의

구심력(코너링 포스, cornering force) : 자동차가 선회할 때 원심력과 평행을 이루는 힘, 즉 원심력에 대응하여 선회를 원활하게 하는 힘으로 코너링 포스 또는 구심력이라 한다.

- 구심력 : 원운동을 하는 물체에 안쪽으로 작용하는 힘을 말함
- 원심력 : 원운동을 하는 물체에 바깥쪽으로 작용하는 힘을 말함
  ※ 원심력이 발생하면 자동차의 좌우 진동, 즉 롤링이 발생, 승차감 저하

(4) 최소 회전반경

조향각도를 최대로 하고 선회하였을 때 그려지는 **바퀴의 최외측** 자국의 중심이 그리는 반경

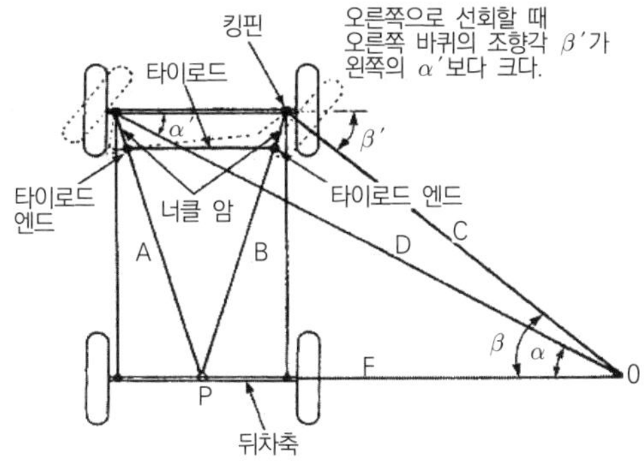

[그림 3－164] 최소 회전반경

① 법규상 「자동차 및 자동차부품의 성능과 기준에 관한 규칙 제9조」 : 자동차의 최소 회전반경은 **바깥쪽 앞바퀴자국의 중심선을 따라 측정할 때에 12미터**를 초과하여서는 아니된다.

② 실제상

㉠ 소형승용차 : 4.5~6m　　㉡ 대형트럭 : 7~10m

$$\text{최소 회전반경}(R)=\frac{L}{\sin\alpha}+r$$

여기서, R : 최소 회전반경(m)

L : 축거

$\sin\alpha$: 바깥쪽 바퀴의 각도

r : 킹핀 중심에서 타이어 중심까지의 거리

(5) 조향장치의 특성

① **사이드 슬립** : 저속 주행 시는 애커먼 장토의 원리가 그대로 적용되나, 고속 주행 시는 선회 중심점이 앞쪽으로 이동하게 되어 뒷바퀴가 바깥으로 미끄러지게 되고, 이에 따라 선회구심력이 발생한다.

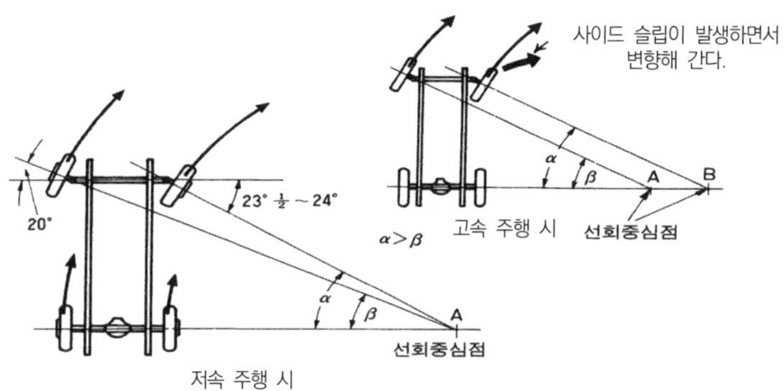

[그림 3-165] 고속 주행 시 사이드 슬립

② **오버스티어링** : 앞바퀴의 미끄러짐 각도가 뒷바퀴의 **미끄러짐 각도보다 작을 때** 정상 선회반경보다 작은 원을 그리게 된다.

③ **언더스티어링** : 앞바퀴의 미끄러짐 각도가 뒷바퀴의 **미끄러짐 각도보다 클 때** 정상 선회반경보다 큰 원을 그리게 된다.

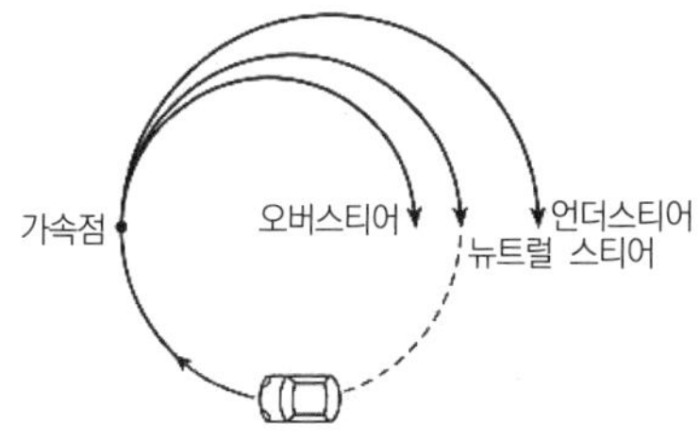

[그림 3-166] 스티어링의 특성

(6) 구비조건

① 조향 조작이 주행 진동이나 충격에 영향을 받지 않을 것
② 조작이 쉽고 원활할 것
③ 회전반경이 작을 것
④ 선회 시 섀시 및 보디에 영향이 작을 것
⑤ 고속 주행 시 조향 휠이 안정될 것
⑥ **조향 휠과 바퀴의 선회차가 크지 않을 것**
⑦ 수명이 길고 정비가 용이할 것

(7) 앞바퀴의 설치 관계

① **조향 너클** : 킹핀을 중심으로 회전하며 바퀴를 지지
② **킹핀** : 차축과 조향 너클을 연결하고 수선에 대해 규정의 각도를 가짐

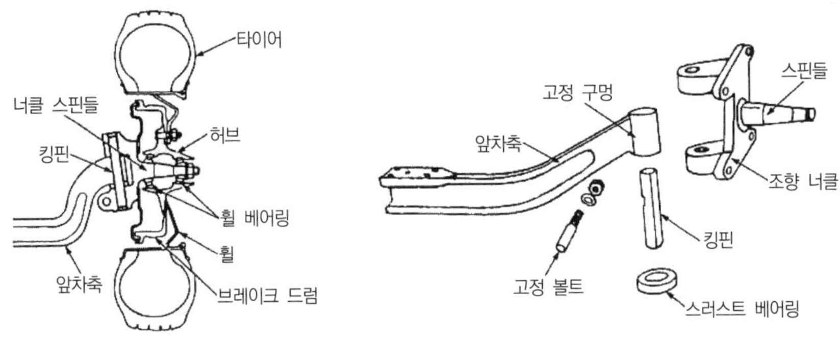

[그림 3-167] 킹핀 및 조향 너클의 분해도

㉠ 킹핀 설치방식
- 엘리옷형
  - 차축 양끝이 요크로 됨
  - 조향 너클이 요크 사이에 끼워짐
  - 킹핀을 중심으로 차축에 부싱 삽입
- 역엘리옷형
  - 조향 너클이 요크로 됨
  - 조향 너클에 부싱 삽입
- 마몬형
  - 차축 위에 조향 너클이 설치
  - 차체를 낮출 수 있음
- 르모앙형
  - 차축 아래에 조향 너클이 설치
  - 차체의 높이가 높음

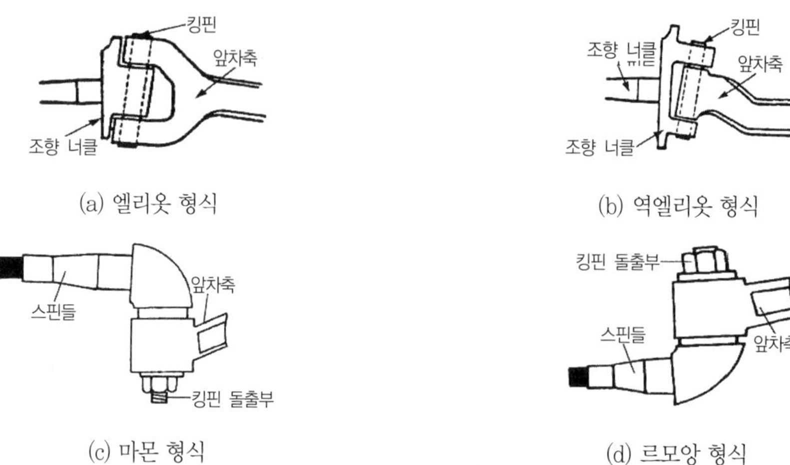

[그림 3 - 168] 킹핀 설치방식

2 현가장치 방식에 따른 장치 구성

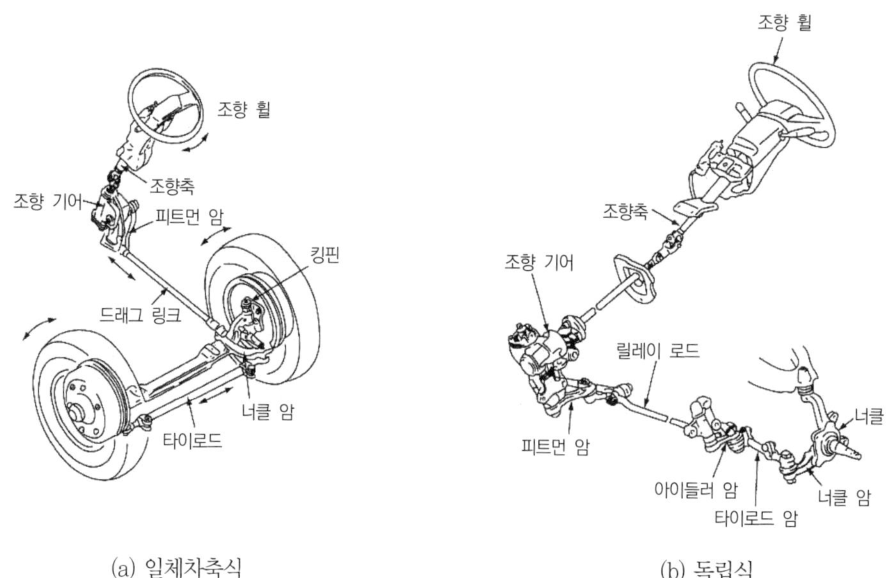

[그림 3 - 169] 일체차축식과 독립식 조향장치의 구조

(1) 일체 차축 방식의 조향장치 구성

① 조향 기어(steering gear)

② 피트먼 암(pitman arm)

③ 드래그 링크(drag link)

④ 타이로드 1개

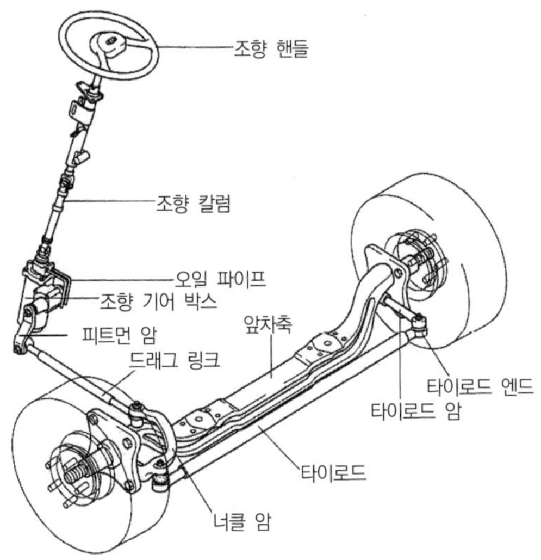

[그림 3-170] 일체 차축 방식의 조향장치 구성

(2) 독립 차축 방식의 조향장치 구성

① 조향 기어

② 피트먼 암

③ 중심 링크(아이들러 로드, 릴레이 로드)

④ 타이로드 2개

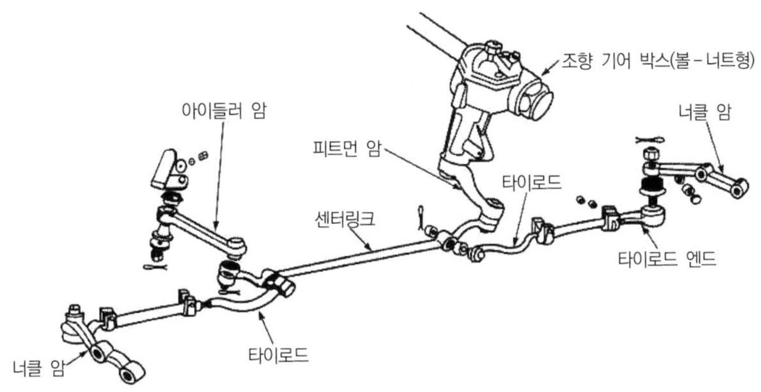

[그림 3-171] 독립 차축 방식의 조향장치 구성

> **참고**
>
> **조향장치의 동력 전달 순서**
>
> 조향 핸들 → 조향 기어 박스 → 섹터 축 → 피트먼 암

3 조향장치 부품별 구성 및 기능

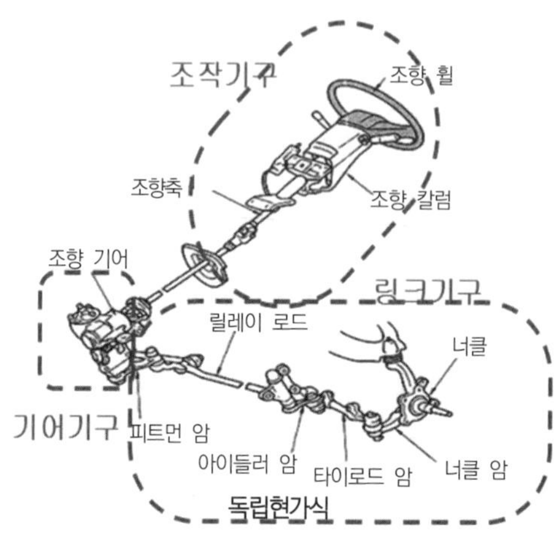

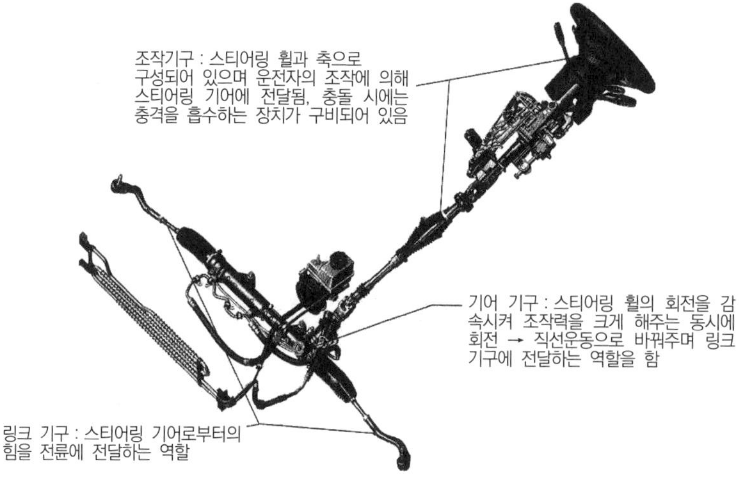

[그림 3-172] 조향장치

(1) 조향 핸들(조향 휠)

① 허브, 스포크, 림으로 구성

② 표면은 합성수지 또는 경질고무로 형성

③ 설치 : 테이퍼축 세레이션에 설치되고 볼트로 고정

④ 직경 : 450mm 정도

⑤ 자유 유격(핸들 유격)

㉠ 25~50mm(대형차), 2.5~5mm(소형차)

㉡ 조향 핸들을 돌렸을 때 바퀴의 움직임이 없이 핸들이 움직인 거리

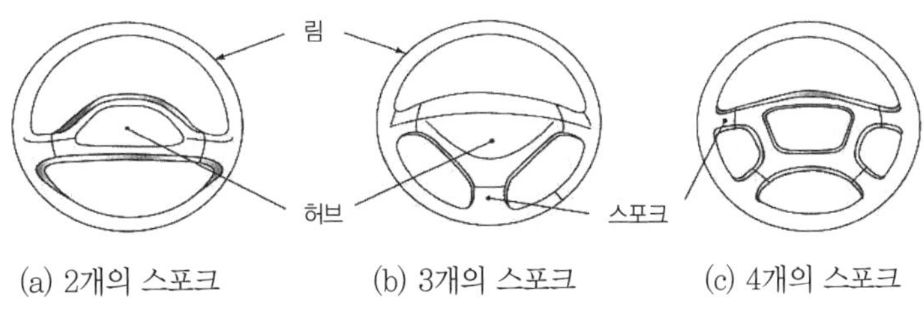

(a) 2개의 스포크 (b) 3개의 스포크 (c) 4개의 스포크

[그림 3－173] 조향 휠의 종류

참고

자유 유격(핸들 유격)이란?

조향 핸들을 돌렸을 때 바퀴의 움직임이 없이 핸들이 움직인 거리로 핸들 직경의 12.5%를 둔다.

※「자동차 및 자동차부품의 성능과 기준에 관한 규칙」 제14조
조향 핸들의 유격(조향바퀴가 움직이기 직전까지 조향 핸들이 움직인 거리를 말한다)은 당해 자동차의 조향 핸들 지름의 12.5% 이내이어야 한다.

[그림 3－174] 자유 유격 (핸들 유격)

예제

조향 핸들 지름이 300mm인, 자동차의 자유 유격의 한계값은?

해설 300×0.125=37.5(즉, 핸들 지름이 300mm인 자동차의 자유 유격 한계값은 핸들 지름 300mm에 12.5%인 37.5mm 안에 들어야 법규상 적합이다.)
∴ 한계값 37.5mm

(2) 조향축

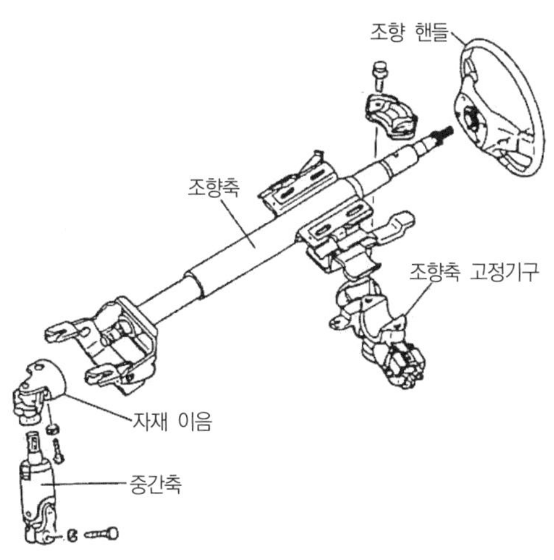

[그림 3－175] 조향 핸들과 조향축

① 기능

㉠ 조향 핸들의 움직임을 조향 기어에 전달

㉡ 축과 조향 기어 사이에 **탄성 이음** 사용

㉢ 설치 경사각 : 35~50°

㉣ 자재 이음을 사용한 것도 있음

② 조향 칼럼(안전축)

㉠ 메시 형식

- 칼럼 튜브의 일부를 **그물 모양**으로 한 것
- 조향 기어 쪽에는 플라스틱 핀을 설치하고, 핸들 쪽에는 캡슐을 사용하고 있음
- 장애물에 충돌하는 1차 충격 시는 플라스틱 핀이 파괴되어 수축
- 운전자가 핸들과 접촉하는 2차 충격 시는 캡슐이 파괴되어 조향축이 압축되어 충격을 흡수

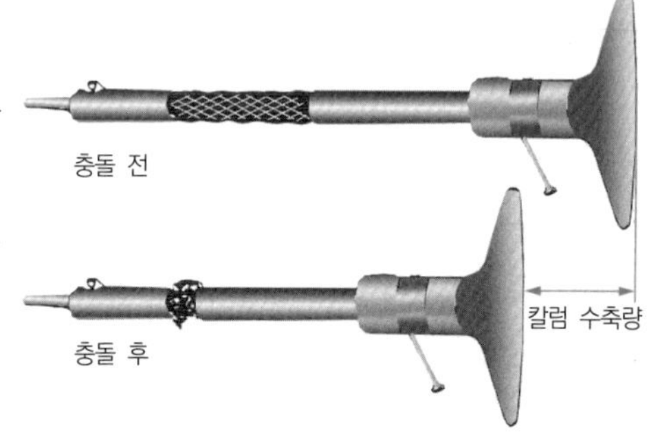

[그림 3－176] 메시 형식

㉡ 볼 형식

- **칼럼 튜브 2개**를 사용한 형식
- 칼럼 튜브 사이에 플라스틱 몰드로 지지된 다수의 볼을 삽입
- **충격을 받으면 볼이 칼럼 튜브 안으로** 들어가며 저항을 발생시키며 충격을 흡수

㉢ 벨로즈 형식

- 조향축은 2개로 나뉘어 설치
- 조향축은 서로 세레이션으로 연결
- 아래 조향축에는 **벨로즈**가 설치
- 충격을 받으면 벨로즈가 압축되어 충격을 흡수

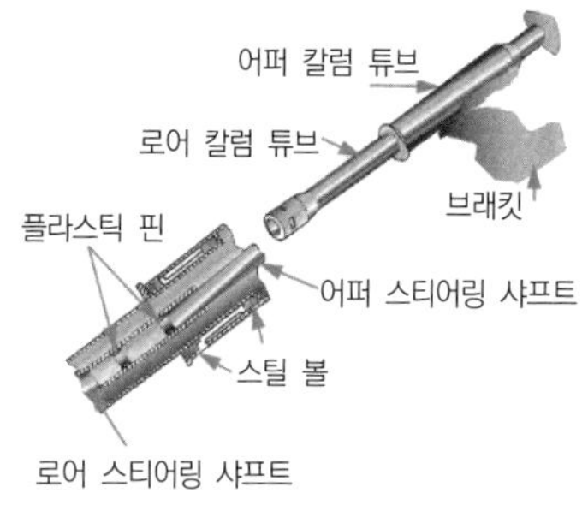

[그림 3－177] 볼 형식

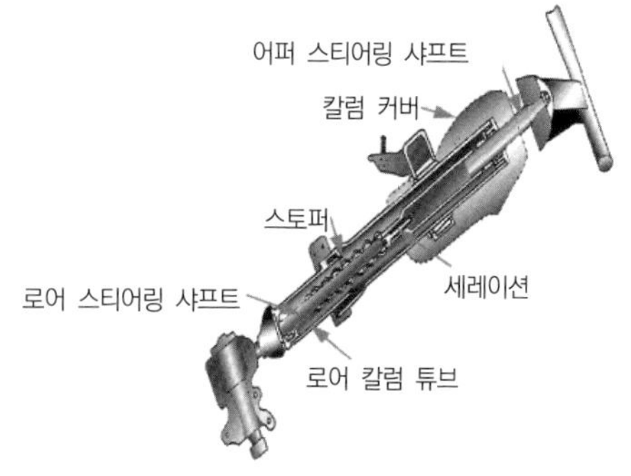

[그림 3－178] 벨로즈 형식

> **참고**
>
> **조향 칼럼(Steering column)**
>
> 조향이 들어 있는 원통 모양의 튜브로, 여기에는 충격 흡수 장치가 설치되어 있다.

(3) 조향 기어

① 핸들의 운동 방향을 바꾸고 회전력을 증대

② 구비조건

㉠ 선회 시 반력을 이길 것

㉡ 선회 시 조향바퀴의 상태를 알 수 있을 것

㉢ 복원 성능이 있을 것

③ 조향 기어비

㉠ 감속비 $= \dfrac{\text{조향 핸들이 움직인 각도}}{\text{피트먼 암이 움직인 각도}}$

㉡ 소형차 = 10~15 : 1, 중형차 = 15~20 : 1, 대형차 = 20~30 : 1

㉢ 크면 : 핸들 조작은 가벼우나 조향 조작이 늦어짐

㉣ 작으면 : 핸들 조작은 쉬우나 큰 조작력이 필요함

㉤ 핸들 조작력을 가볍게 하는 방법

- 타이어의 공기압을 높인다.
- 동력 조향 장치를 사용한다.
- 주행속도를 빨리한다.
- 조향 감속비를 높인다.

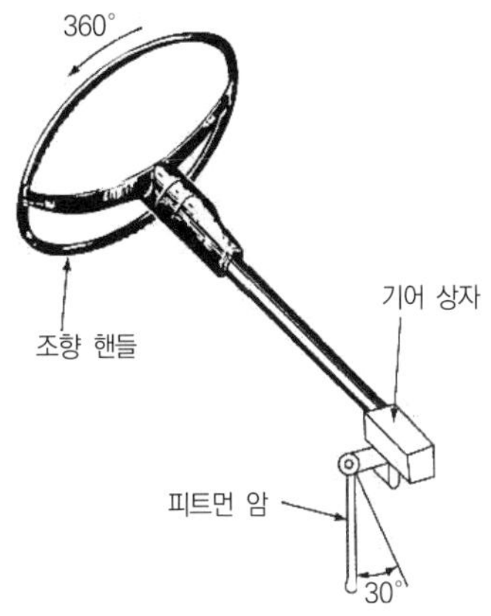

[그림 3-179] 조향 기어비의 개념

④ 조향방식의 종류

㉠ 가역식

- 바퀴로 핸들을 움직일 수 있는 방식
- 바퀴의 진동이 핸들에 직접 전달
- **핸들을 놓칠 수 있음**
- 조작력이 커야 함
- 운전자의 피로가 큼
- **소형차**에 사용
- 바퀴의 복원성이 좋음

㉡ 반가역식

- 바퀴로도 얼마간 핸들을 돌릴 수 있는 방식
- 바퀴의 진동이 일부 핸들에 전달

㉢ 비가역식

- 바퀴로는 핸들을 움직일 수 없는 방식
- 바퀴의 진동이 핸들에 전달되지 않음
- 바퀴의 주행 상태를 운전자가 감지할 수 없음
- 조향 기어의 마모가 빠름
- 운전자의 피로가 적음
- **대형차**에 사용
- **바퀴의 복원성이 나쁨**

⑤ 조향 기어의 형식

㉠ 웜 섹터 형식	㉡ 웜 섹터 롤러 형식
㉢ 볼 너트 형식	㉣ 웜 핀 형식
㉤ 볼 너트 웜 핀 형식	㉥ 스크루 너트 형식
㉦ 스크루 볼 형식	㉧ 랙과 피니언 형식

(a) 웜 섹터식

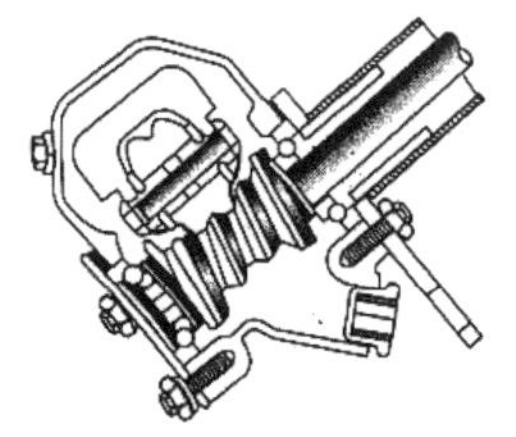

(b) 웜 섹터 롤러식

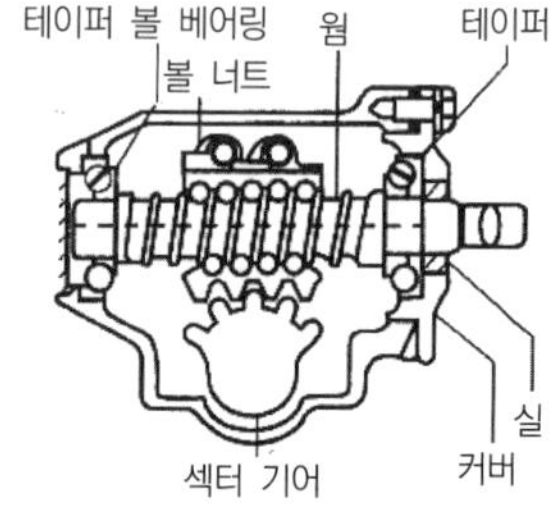

(c) 볼 너트식

[그림 3-180] 조향 기어의 종류

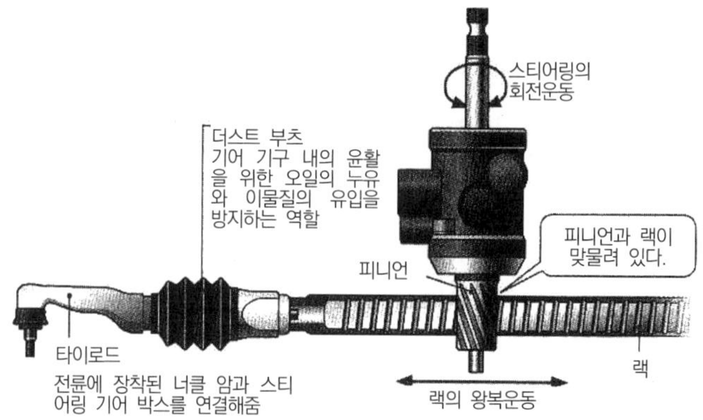

[그림 3-181] 랙과 피니언 형식의 작동

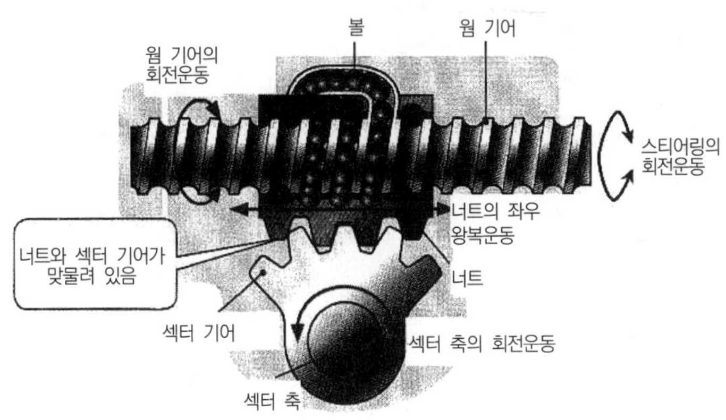

[그림 3-182] 볼 너트 형식의 작동

(4) 섹터 축

① 섹터가 설치된 축

② 조향축의 회전 방향을 바꿈

③ 세레이션을 통하여 피트먼 암과 연결

(5) 피트먼 암

① 핸들의 움직임을 드래그 링크나 중심 링크에 전달(일체 차축 방식에서는 드래그 링크로, 독립 차축 방식에서는 중심 링크로 전달)

② 섹터 축과 연결

③ 한쪽은 볼 이음 사용

④ 섹터 축의 회전운동을 원호운동으로 바꾸어 전달

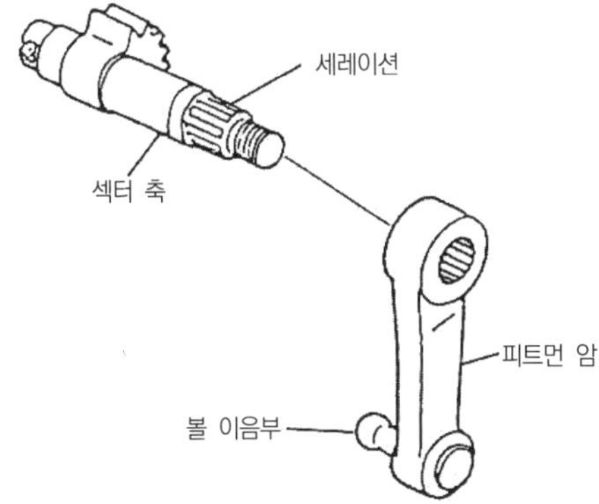

[그림 3-183] 섹터 축과 피트먼 암

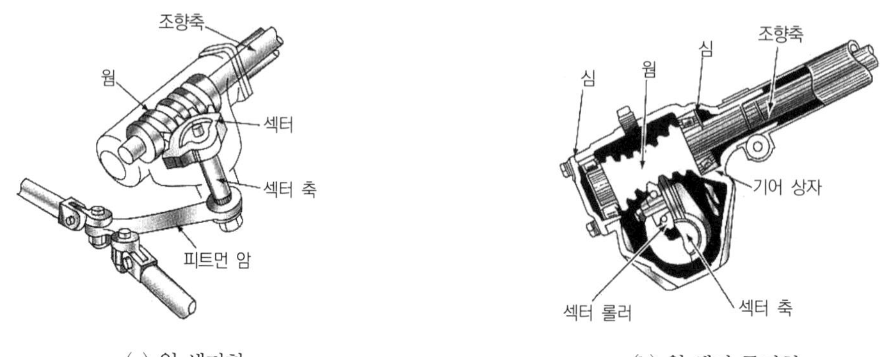

(a) 웜 섹터형 (b) 웜 섹터 롤러형

[그림 3-184] 웜 섹터 형식과 웜 섹터 롤러 형식

(6) 드래그 링크(일체 차축 방식에서만 적용)

① **중 · 대형차량에 사용**

② 피트먼 암과 조향 너클 암 또는 삼각 암을 연결

③ 피트먼 암의 원호운동을 전후 직선운동으로 변환

④ 스프링 위치에 따라 전후 구분이 되짐

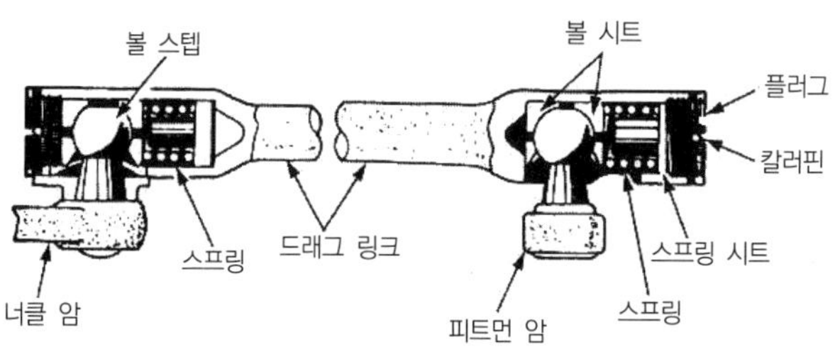

[그림 3-185] 드래그 링크의 구조

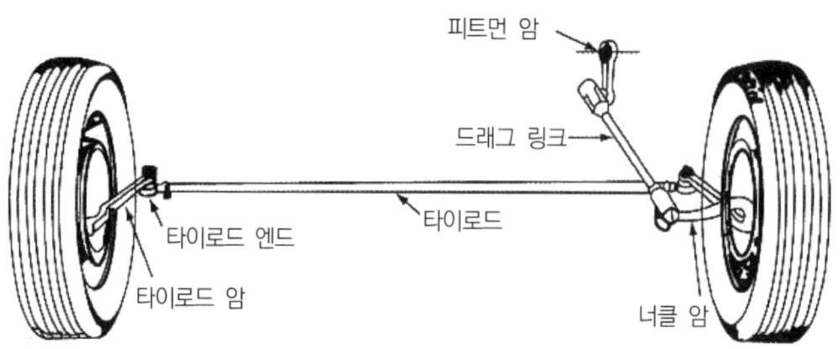

[그림 3-186] 일체 차축 방식 링크 기구

(7) 중심 링크(아이들러 로드, 릴레이 로드)

① 피트먼 암의 운동을 **타이로드에 전달**

② 한쪽은 피트먼 암에 다른 한쪽은 아이들러 암에 연결

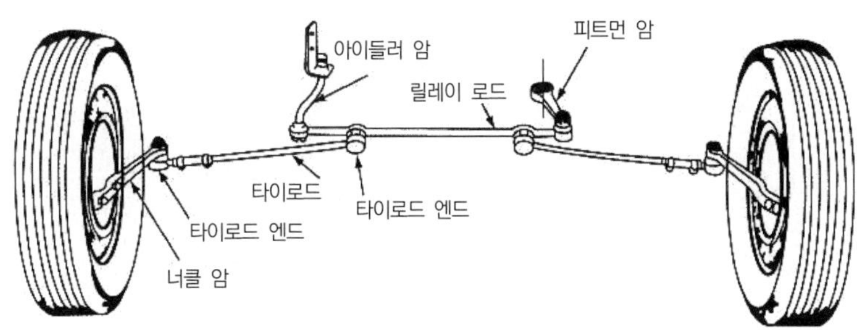

[그림 3-187] 독립 차축 방식 링크 기구

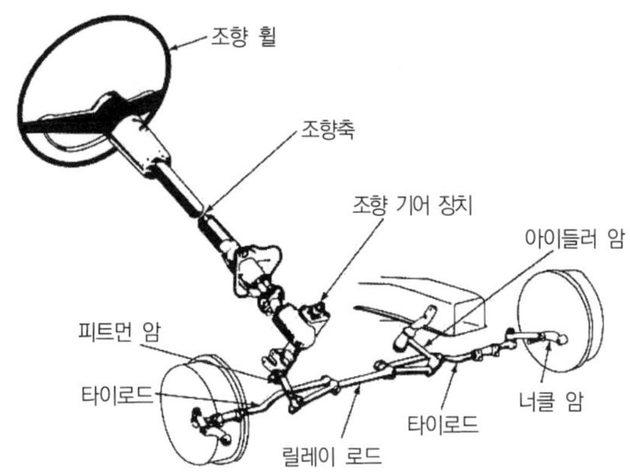

[그림 3-188] 독립 차축 방식 링크 기구의 구성도

(8) 삼각 암(아이들러 암)

드래그 링크 및 릴레이 로드를 평행으로 유지하기 위한 암

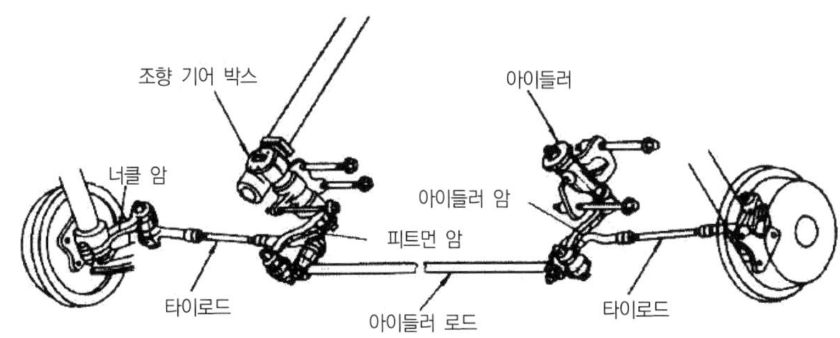

[그림 3-189] 아이들러 암의 구성

(9) 타이로드

① 피트먼 암 또는 드래그 링크의 움직임을 조향 너클에 전달

② **토인을 조정**할 수 있는 나사가 설치(좌우 나사의 방향이 다름)

③ 특히 타이로드의 끝부분을 타이로드 엔드라 하여 구분

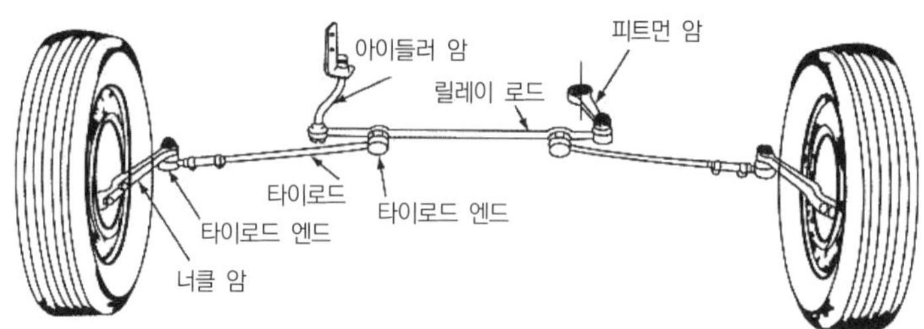

[그림 3-190] 타이로드 및 타이로드 엔드(독립 차축 방식)

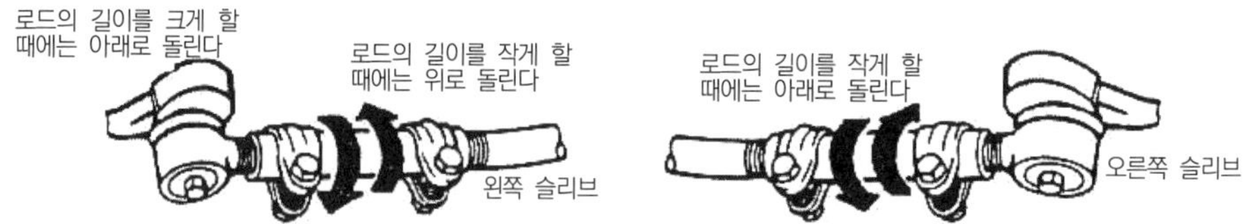

[그림 3-191] 토인 조정

참고

앞바퀴 정렬에서 토인(toe-in) 조정

타이로드(tie-rod) 길이로 조정한다(한쪽은 오른나사, 다른 한쪽은 왼나사로 되어 타이로드를 회전시키면 토인이 조정됨).

(10) 조향 너클

① 조향 링키지와 바퀴를 연결하고 **바퀴를 지지**

② 타이로드와 연결되는 너클 암이 설치

③ 일체식에서는 킹핀을 통하여 차축과 연결

④ 독립식에서는 볼 조인트를 통하여 차축 또는 차체와 연결

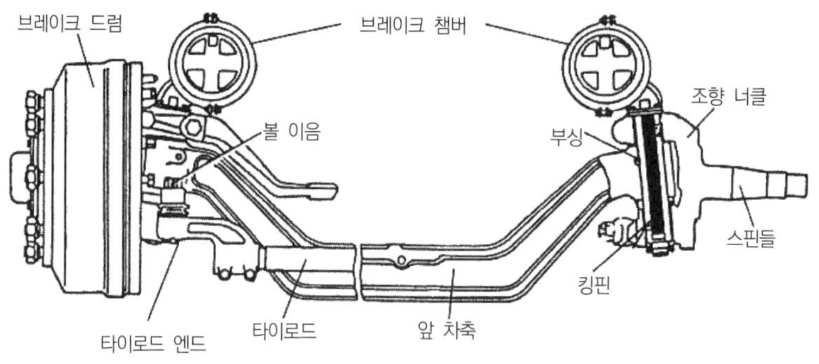

[그림 3-192] 일체 차축 방식의 조향 너클

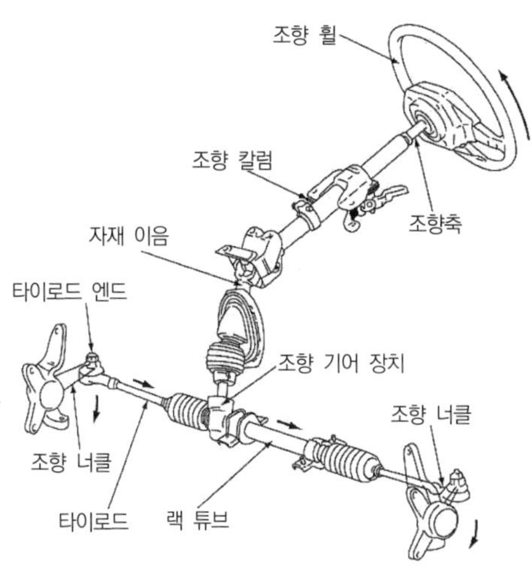

[그림 3-193] 독립 차축 방식의 조향 너클

4 고장 진단 및 점검

(1) 핸들 조작이 무겁다.

① 타이어 공기압이 낮음
② 현가장치의 불량
③ 전차륜 정렬 불량
④ 주유(동력 조향 오일) 부족
⑤ 조향 기어의 불량

(2) 주행 중 핸들이 흔들린다.

① 핸들 유격이 크다.
② 전차륜 정렬의 불량
③ 휠의 불평형
④ 타이어 공기압 부적당
⑤ 스테빌라이저의 불량
⑥ 쇽업소버의 불량

(3) 핸들이 한쪽 방향으로 쏠린다.

① 타이어 공기압의 불균형
② 브레이크 조정 불량
③ 전차륜 정렬의 불량
④ 현가 스프링의 절손, 쇠손
⑤ 쇽업소버의 불량
⑥ 휠의 불평형
⑦ 허브 베어링의 마모

(4) 핸들에 충격이 느껴진다.

① 타이어 공기압이 높다.
② 전차륜 정렬 불량
③ 쇽업소버의 불량
④ 조향 기어의 불량

(5) 핸들의 유격이 크다.

① 조향 기어의 조정 불량
② 허브 베어링의 마모 및 이완
③ 조향 링키지의 이완 및 마모
④ 과도한 타이어 공기압

02 동력 조향 장치

1 개요

(1) 목적

① 저압 타이어 사용, 차량의 대형화, 앞바퀴의 접지력 증대로 인한 조향 조작력이 커짐
② **조작력 증대로 인한 운전자의 피로 감소**

(2) 특징

① **조향 조작력 감소 : 2~3kg 정도**
② 경쾌한 조향
③ 신속한 작용
④ 시미 현상 방지
⑤ 노면으로부터의 충격 진동 흡수 및 전달 방지
⑥ 동력 조향의 고장 시 수동 전환 가능

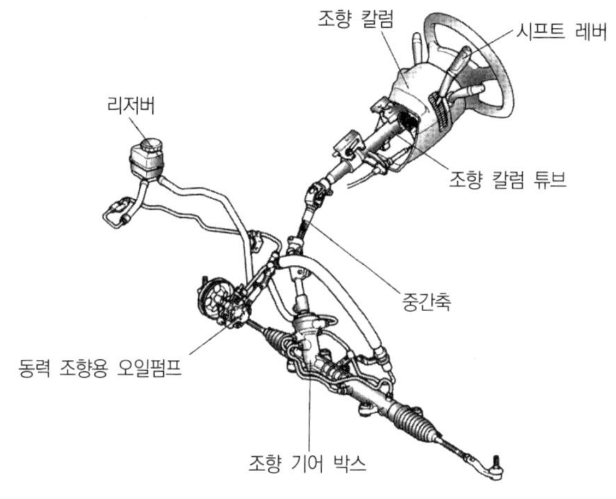

[그림 3-194] 동력 조향 장치

2 종류

(1) 링키지형

동력 실린더를 **조향 링키지** 중간에 설치

① **조합형** : 동력 실린더와 제어 밸브가 **일체로** 된 것으로 대형차량에 사용

② **분리형** : 동력 실린더와 제어 밸브가 **분리되어** 있으며 승용차에 사용

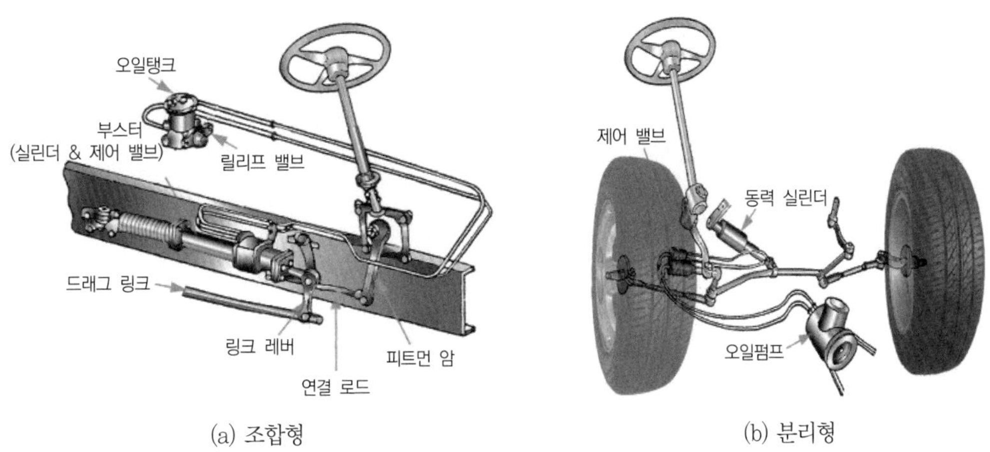

(a) 조합형　　(b) 분리형

[그림 3-195] 링키지형

(2) 일체형

동력 실린더를 **조향 기어 박스 내부에** 설치

① **인라인형** : 조향 기어 하우징과 볼 너트를 동력기구로 직접 사용

② **오프셋형** : 동력 발생 기구를 별도 설치

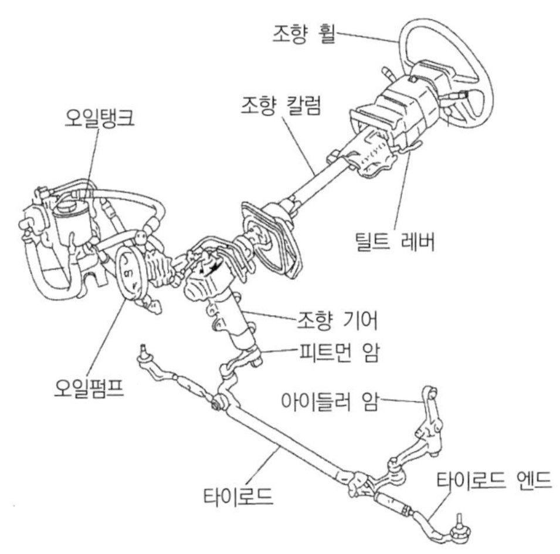

[그림 3-196] 일체형 동력 조향 장치의 구조

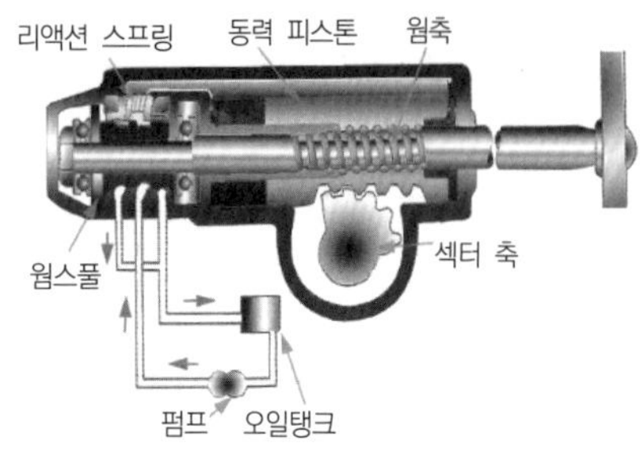

(a) 인라인형

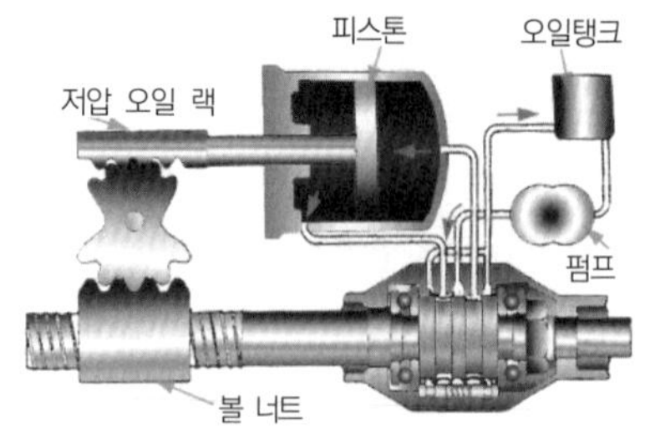

(b) 오프셋형

[그림 3-197] 일체형

3 구조

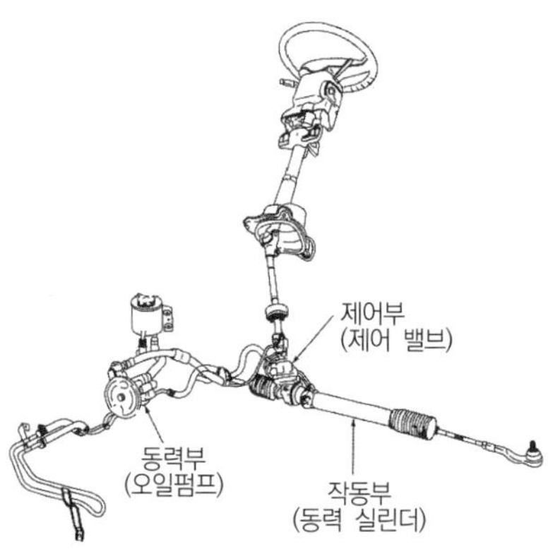

[그림 3-198] 동력 조향 장치의 구성

(1) 동력부(유압 펌프 또는 오일펌프)

① 베인펌프를 사용하여 **유압 발생**

② 엔진의 동력을 직접 이용

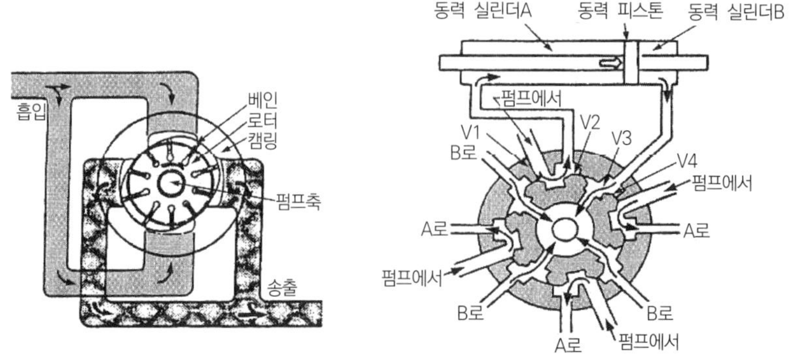

[그림 3-199] 오일펌프

(2) 작동부(유압 실린더 또는 동력 실린더, Power Cylinder)

① 유압을 받아 **보조력 발생**

② 타이로드 또는 피트먼 암 등 조향 링키지와 접속

③ 복동식 유압 실린더 사용

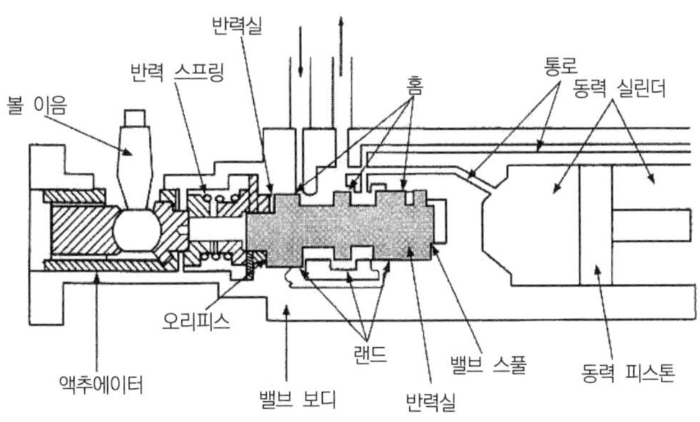

[그림 3-200] 동력 실린더와 제어 밸브

(3) 제어부(제어 밸브, Control Valve)

① **압력 조절 밸브** : 최고**유압을 제어**

② **유량 조절 밸브** : 작동**속도를 제어**

③ **안전 체크밸브** : 제어 밸브 내에 설치, 제어 동력 장치 **고장 시 수동 조작**으로 변환

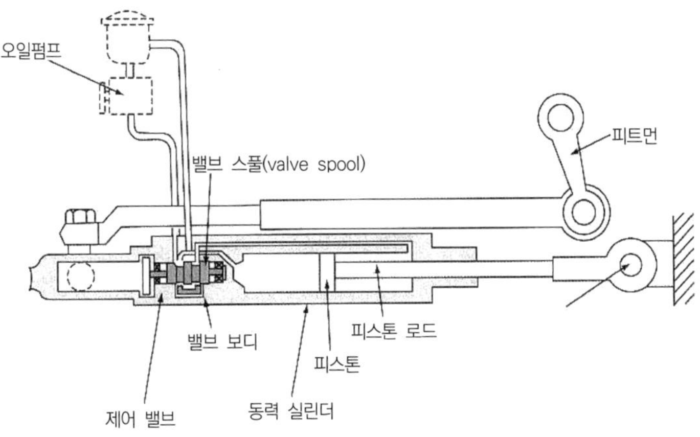

[그림 3-201] 제어 밸브의 구조

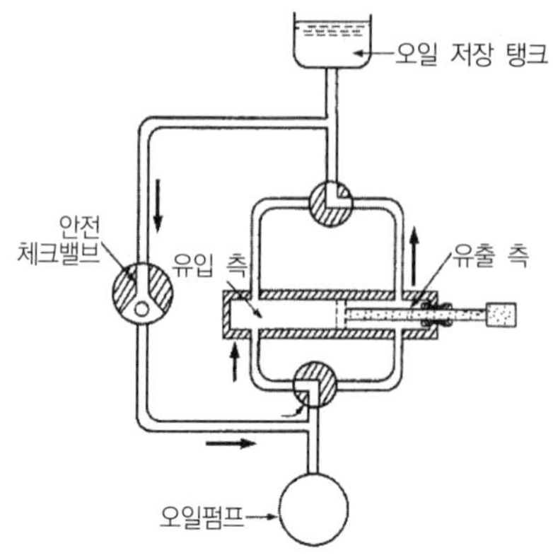

[그림 3-202] 안전 체크밸브

참고

안전 체크밸브의 작동(조작을 수동으로 전환)

- 엔진이 정지된 경우
- 오일펌프의 고장
- 오일 누출 등의 원인으로 유압이 발생하지 못할 때

4 구성

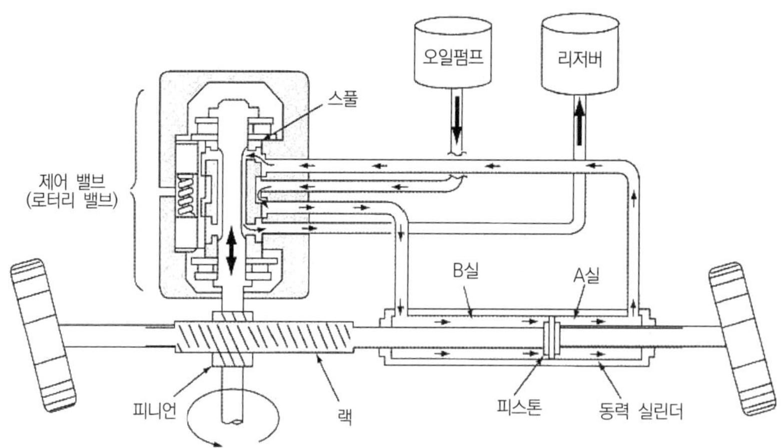

[그림 3-203] 동력 조향 장치의 작동 원리

(1) 동력장치

① 동력원이 되는 유압 발생

② 엔진에 의해 오일펌프 구동

③ 구성

㉠ 오일펌프

- 베인펌프 사용
- 엔진의 크랭크축과 연결된 고무벨트에 의해 구동

㉡ 압력 조절 밸브(pressure relief valve)

- **최고압력을 규제하는 밸브(최고유압을 제어)**
- 핸들을 최대로 돌린 상태를 오랫동안 계속하고 있을 때, 압력이 일정 이상이 되면 오일을 리저버(오일 저장 탱크)로 되돌려 최고유압을 조정

㉢ 유량 제어 밸브(flow control valve)

- **오일 통로의 유량을 조정(작동속도를 제어)**
- 펌프로부터의 오일 토출량이 규정 이상이 되면, 오일 일부를 리저버 탱크로 빠져나가게 하여 유량을 규정대로 유지시킴

(2) 작동장치

① 오일펌프에서 발생한 **유압을 기계적 에너지로** 바꾸는 부분

② 앞바퀴의 조향력을 발생

③ 복동식 동력 실린더 사용

> **참고**
>
> **동력 조향 장치의 복동식 동력 실린더**
>
> 피스톤에 의해 2개의 방으로 분리되어 있으며, 한쪽 방으로 오일이 들어오면 반대쪽 방의 오일은 오일탱크로 되돌아가는 방식인 복동식 동력 실린더를 채용하고 있다.

(3) 제어장치

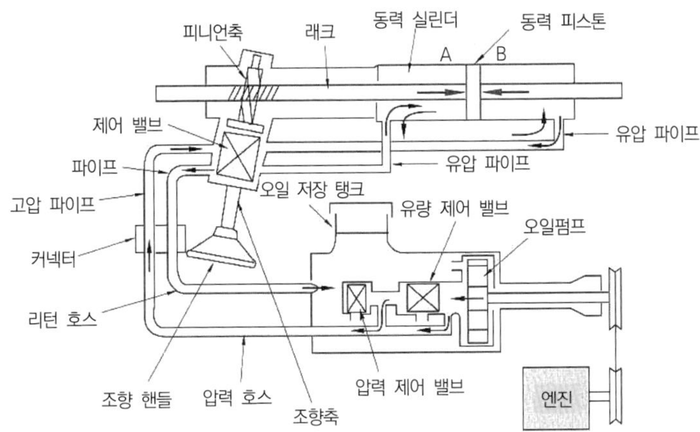

[그림 3-204] 동력 조향 장치의 구성도

① 오일라인을 개폐하는 밸브(핸들의 조작력을 조절하는 기구)

② 핸들의 조작으로 제어 밸브가 오일 회로를 바꾸어 동력 실린더의 **작동 방향과 작동 상태를 제어**

5 고장 진단 및 점검

(1) 유압이 낮다.

① 이음부 오일 누설
② 구동 벨트 이완 및 미끄러짐
③ 펌프 불량
④ 유압 조절 밸브의 불량
⑤ 제어 밸브 스프링의 절손, 쇠손
⑥ 동력 실린더의 마모
⑦ 유량의 부족

(2) 핸들 조작이 무겁다.

① 유압이 낮음
② 오일량의 부족
③ 공기 혼입
④ 피스톤 로드의 휨
⑤ 제어 밸브의 고착

(3) 핸들이 한쪽으로 쏠린다.

① 타이어 공기 압력이 불균일
② 앞바퀴 정렬 상태가 불량
③ 쇽업소버의 작동 상태 불량
④ 앞차축 한쪽 스프링 파손, 절손
⑤ 허브 베어링의 마멸 과다
⑥ 뒤차축이 자동차 중심선에 대해 직각이 되지 않음

(4) 핸들의 복원이 나쁘다.

① 피스톤 로드의 휨
② 유압의 저하
③ 제어 밸브의 고착 또는 손상

(5) 펌프에서 소음이 난다.

① 유량의 부족
② 공기 혼입
③ 흡입관 또는 필터의 막힘
④ 펌프 풀리의 이완

(6) 오일량 점검

① 기관을 정상 작동온도로 한다.

② 핸들을 좌우로 여러 번 돌려 조향 오일을 순환시킨다.

③ 기관을 정지시키고 유면을 점검한다.

④ 오일량이 부족하면 파워스티어링 오일(동력 조향 오일)을 보충한다.

참고

유압의 점검 및 공기빼기 작업

1. 유압의 점검
   ① 핸들이 작동하지 않을 때 : 5~20kgf/cm^2
   ② 핸들을 완전히 돌렸을 때 : 30kgf/cm^2
   ③ 기관 회전속도 1,500rpm일 때 : 50~70kgf/cm^2

2. 공기빼기 작업
   ① 오일탱크에 오일을 최대량까지 보충한다.
   ② 앞바퀴를 잭으로 고인 후 핸들을 좌우로 몇 번 회전하여 유면이 내려가면 오일을 다시 보충한다.
   ③ 기관을 시동하여 공회전 상태에서 다시 핸들을 좌우로 회전시키면 공기가 리저버 탱크로 빠져나간다.
   ④ 거품이 나오지 않을 때까지 반복한다.
   ⑤ 유압회로의 각 연결부에서 오일의 누출을 점검한다.
   ⑥ 오일의 양을 최대량으로 보충한다.

03 앞바퀴(전차륜) 정렬

1 개요

(1) 필요성

① 차륜의 진동 방지
② 조향 조작을 확실하게
③ 조작력 감소
④ 차축의 안정성
⑤ 핸들의 복원성
⑥ 주행 직진성
⑦ 타이어의 마모 경감 및 이상 마모 방지

(2) 종류

① 캠버
② 캐스터
③ 킹핀 경사각
④ 토인
⑤ 선회 시 토아웃

(3) 앞바퀴 정렬과 조향에 영향을 주는 요소

① 프레임의 정렬 상태
② 현가장치의 성능과 작용 상태
③ 뒤차축의 위치
④ 쇽업소버의 기능
⑤ 타이어의 공기압 및 마모 상태
⑥ 허브 베어링의 마모 상태

2 구성 및 기능

(1) 캠버(Camber)

① 정의 : 앞바퀴를 **앞에서** 보았을 때 바퀴가 수선에 이룬 각도

② 구분

㉠ 정(+)캠버 : 앞바퀴의 위쪽이 **밖으로** 기울어진 상태

㉡ 부(−)캠버 : 앞바퀴의 위쪽이 **안으로** 기울어진 상태

㉢ '0'의 캠버 : 앞바퀴가 **기울어지지 않고 수직으로** 서 있는 상태

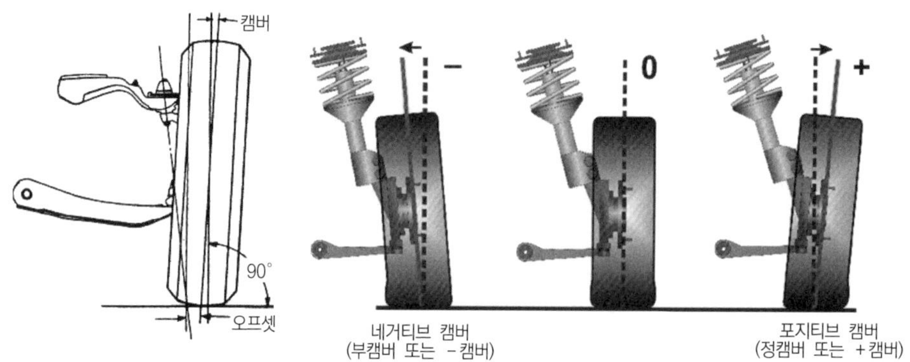

[그림 3−205] 캠버

③ 캠버각 : 0.5~1.5°

④ 특징

㉠ 핸들 조작력 감소

㉡ 하중에 의한 앞차축 휨 방지

㉢ 주행 중 **바퀴의 탈락을 방지**

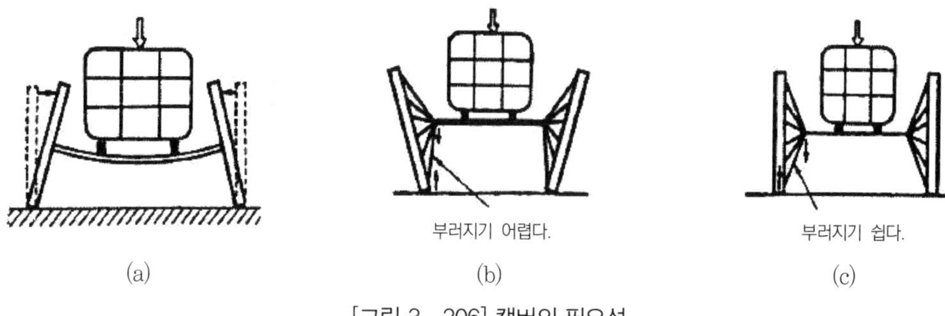

[그림 3−206] 캠버의 필요성

⑤ 캠버 이상 시 발생 현상

㉠ 연료소비율 증대

㉡ 타이어의 이상 마모

㉢ 핸들 조작력 증대

㉣ 급제동 시 핸들이 한쪽으로 쏠린다.

㉤ 주행 시 핸들이 한쪽으로 쏠린다.

(2) 토인(Toe-In)

① **정의** : 앞바퀴를 **위에서** 보았을 때 앞바퀴의 앞쪽이 뒤쪽보다 안으로 오므려진 상태

② **토인 값**

㉠ 승용차 : 2~3mm

㉡ 대형차 : 4~8mm

㉢ 일반 : 2~6mm

> **참고**
>
> **사이드 슬립(옆방향 미끄러짐)의 규정**
>
> 법규상 「자동차 및 자동차부품의 성능과 기준에 관한 규칙 제14조 4항」
> 조향바퀴의 옆으로 미끄러짐이 1m 주행에 좌우 방향으로 각각 5mm 이내이어야 한다.

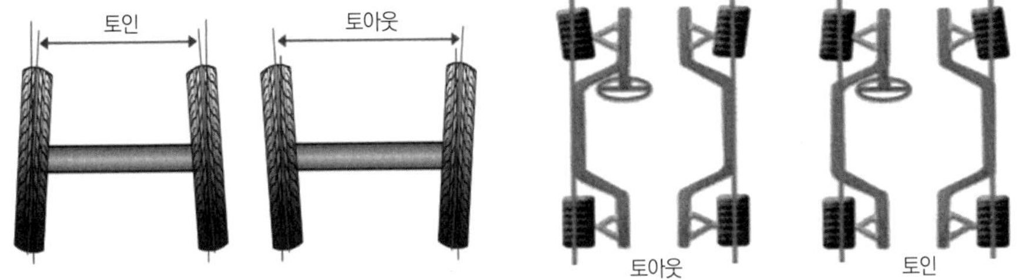

[그림 3-207] 토인

③ **특징**

㉠ 캠버에 의한 바퀴의 벌어짐 방지

㉡ 조향 링키지 마모에 의한 바퀴의 벌어짐(토아웃)을 방지

㉢ **바퀴의 미끄러짐과 타이어의 마멸 방지**

㉣ 타이로드로 조정

④ **토인 이상 시 발생 현상**

㉠ 타이어 이상 마모

㉡ 연료소비 증대

㉢ 직진성 감소

㉣ 핸들이 쏠림

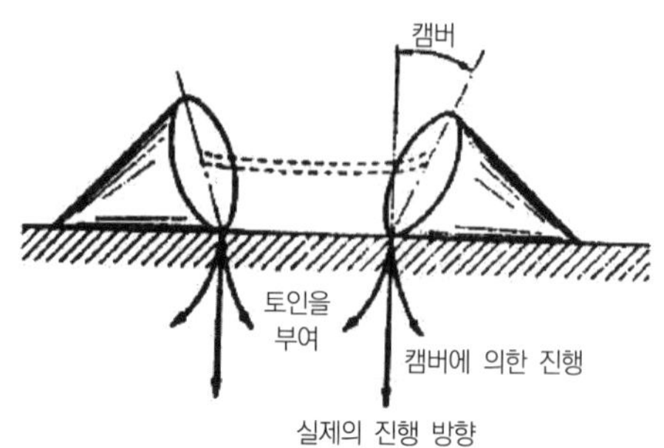

[그림 3-208] 토인의 필요성

(3) 캐스터(Caster)

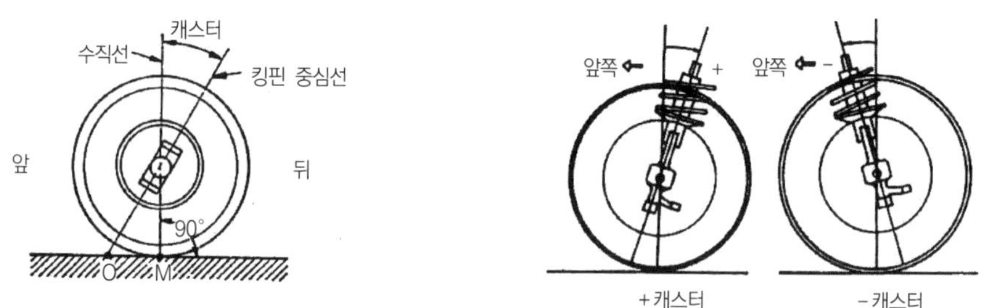

※ 바퀴를 옆에서 보았을 때

[그림 3-209] 캐스터

① 정의

㉠ 앞바퀴를 **옆에서** 보았을 때 킹핀(조향축)이 수선에 대해 이룬 각도

㉡ 볼 이음에서는 위 볼 이음과 아래 볼 이음의 연장선이 킹핀이 됨

② 구분

㉠ 정(+)캐스터 : 킹핀의 위쪽이 **뒤쪽으로** 기울어진 상태

㉡ 부(-)의 캐스터 : 킹핀의 위쪽이 **앞으로** 기울어진 상태

㉢ '0'의 캐스터 : 킹핀이 **수직으로** 서 있는 상태

③ 캐스터각 : 1/2~3°

④ 특징

㉠ 주행 중 조향바퀴에 **방향성(직진성)** 부여

㉡ 킹핀 경사각과 함께 **복원성** 부여

⑤ 캐스터 효과

㉠ 앞바퀴에 걸리는 하중은 킹핀을 통하여 작용하나 실제 저항은 접지점에서 발생한다.

㉡ 이에 따라 킹핀이 바퀴를 잡아당기고 있는 것과 같은 효과를 나타낼 수 있다.

㉢ **캐스터 효과는 '정'의 캐스터에서만** 얻을 수 있다.

㉣ '부'의 캐스터는 조향성이 향상되나 고속 주행 시 안정성이 결여되며, 핸들 조작이 급속하게 되기 쉽다.

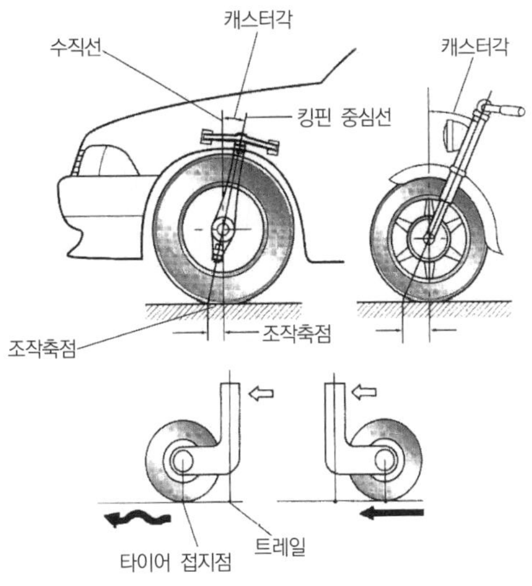

[그림 3-210] 캐스터 효과

(4) 킹핀 경사각(또는 조향축 경사각)

① **정의** : 앞바퀴를 **앞에서** 보았을 때 킹핀이 수선에 대해 이룬 각도

② **킹핀 경사각** : 6~9°

③ **특징**

㉠ 캠버와 함께 핸들 **조작력 감소**

㉡ 캐스터와 함께 **복원성** 부여

㉢ 바퀴의 시미 현상 방지

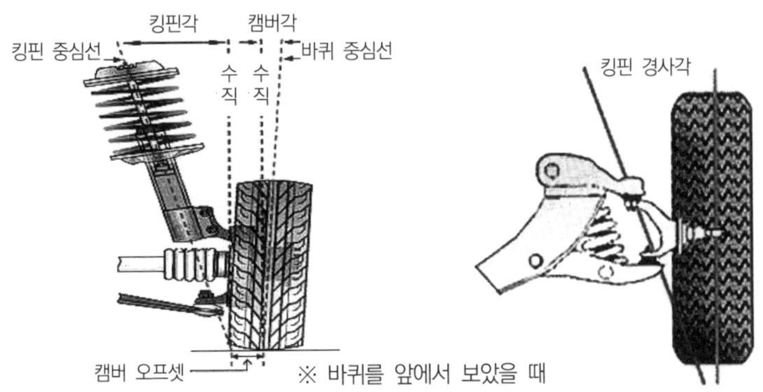

[그림 3-211] 킹핀 경사각

(5) 선회 시 토아웃

① 조향 이론인 애커먼 장토식의 원리

② 선회 시(핸들을 돌렸을 때)에 동심원을 그리며 **내륜의 조향각이 외륜에 조향각보다 큰 상태**

③ 조향 너클 암과 다이로드 및 피트먼 암의 관계에 의해 이루어짐

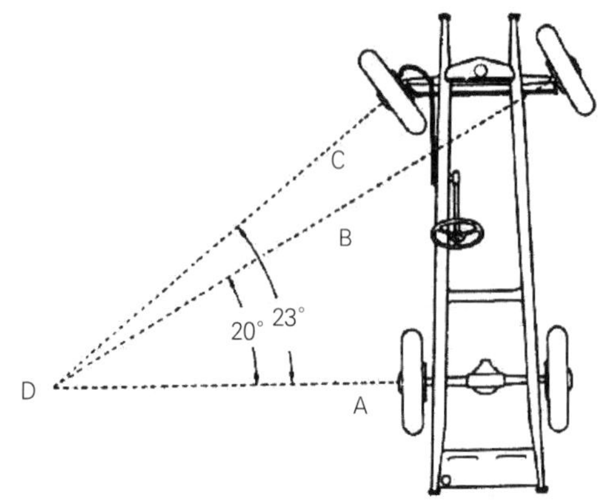

[그림 3-212] 선회 시 토아웃

참고

셋백(setback)과 추력각(스러스트 각, thrust angle)

1. 셋백(setback)

차량 좌우의 휠베이스(wheelbase) 거리의 차이(축거)로서 한쪽 바퀴가 다른 바퀴보다 앞 또는 뒤로 위치해 있다는 것을 의미한다. 보통 셋백은 공장에서 조립 시 오차에 의해 발생하거나 충격으로 캐스터의 변동에 의해 발생할 수 있다. 보통 셋백이 19mm 이상이면 차량이 옆으로 쏠리는 문제가 발생하게 된다.

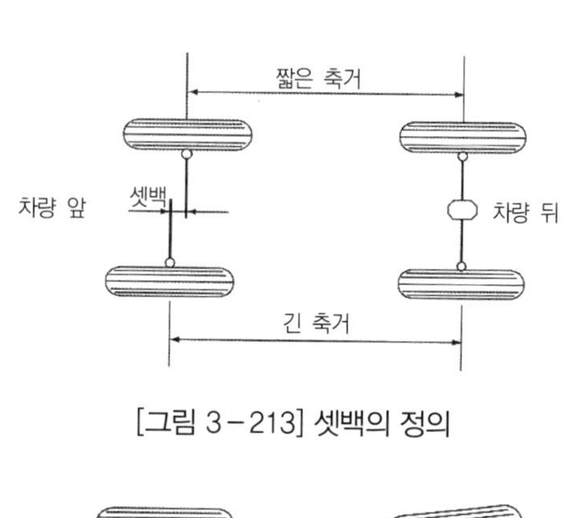

[그림 3-213] 셋백의 정의

2. 추력각(스러스트 각, thrust angle)

차량의 주행 방향은 차량의 길이 방향의 기하학적 중심선과 추력선에 의해 결정된다. 앞바퀴와 뒷바퀴 중간점을 연결한 선이 기하학적 중심선이고, 추력선은 뒷바퀴 차축의 중심에서 차량의 길이 방향으로 차축에 수직인 선을 말한다. 뒷바퀴 구동 자동차에서 차량은 추력선의 방향으로 진행하게 된다. 이 두 선이 일치하지 않을 경우 그 사이의 각을 추력각(thrust angle)이라고 하는데, 주로 섀시의 손상이나 뒤차축의 위치 지정이 올바르지 않아 발생한다. 추력각이 크게 되면 차량이 심하게 한쪽으로 쏠릴 수 있다.

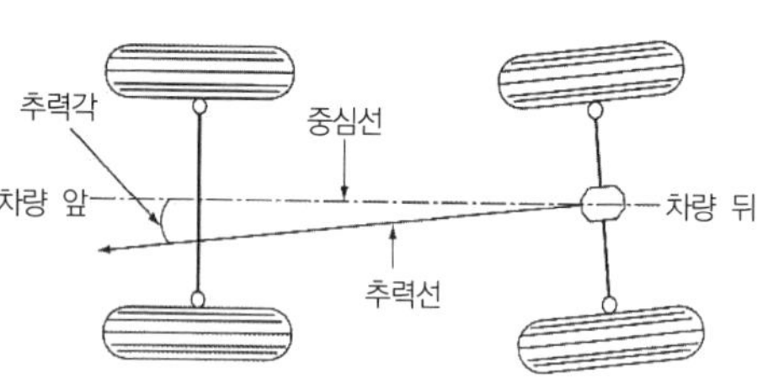

[그림 3-214] 추력각의 정의

3 점검 및 조정

(1) 앞바퀴 얼라인먼트 측정 전 예비 점검

① 공차 상태

② 수평로에 위치

③ 타이어 공기압 규정으로
④ 현가장치 정상 상태
⑤ 조향 링키지 정상 상태
⑥ 허브 베어링 정상

(2) 조정

① **캠버**

㉠ 맥퍼슨 형식 : 조정 불가 또는 일부 차종 조정 편심륜으로 조정 가능(캠버 조절의 폭이 극히 작음)

㉡ 위시본 형식 : 심 또는 조정 편심륜으로 조정 가능

㉢ 일체차축식 : 조정 불가

② **캐스터**

㉠ 일체차축식 : 캐스터 웨지로 조정

㉡ 맥퍼슨 형식 : 스트러트 바의 길이로 조정

㉢ 위시본 형식 : 심으로 조정

③ **킹핀 경사각** : 전차량 조정 불가

④ **토인** : 전차량 타이로드의 길이로 조정

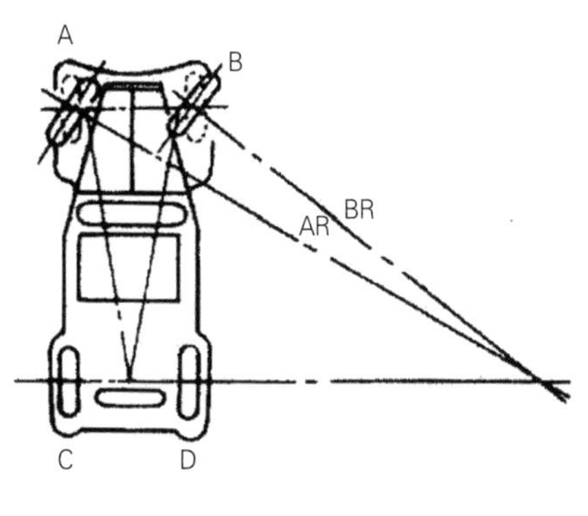

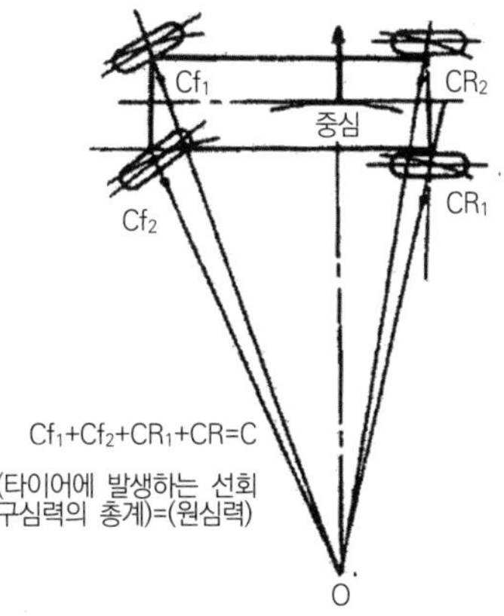

〈저속 시의 선회 상태〉

[그림 3－215] 선회 상태

(3) 사이드 슬립 점검 및 조정

① 사이드 슬립 테스터기 사용
② **한계값 : 1m당 좌우 각각 5mm(1km당 5m)** → 타이로드로 조정
③ **사이드 슬립(옆방향 미끄러짐)의 규정**

「자동차 및 자동차부품의 성능과 기준에 관한 규칙 제14조 4항」

조향바퀴의 **옆으로 미끄러짐이 1미터 주행에 좌우 방향으로 각각 5mm 이내**이어야 한다.

제 4 장 출제 예상 문제

• 조향장치

01 조향장치가 갖추어야 할 조건으로 틀린 것은?

① 조향 조작이 주행 중의 충격에 영향을 받지 않을 것
② 조작하기 쉽고 방향 변환이 원활하게 행하여 질 것
③ 선회 시 저항이 적고 선회 후 복원성이 좋을 것
④ 조향 핸들의 회전과 바퀴의 선회차가 클 것

해설 조향 핸들의 회전과 바퀴의 선회차가 작을 것

02 최소 회전반경(R)을 바르게 표시한 것은? (단, L : 축거, α : 바깥쪽 앞바퀴의 조향각, r : 바퀴 접지면 중심과 킹핀과의 거리)

① $R=\frac{\sin\alpha}{L}+r$
② $R=\frac{L}{\sin\alpha}+r$
③ $R=\frac{\sin\alpha}{L}-r$
④ $R=\frac{L}{\sin\alpha}-r$

해설 최소 회전반경 $R=\frac{L}{\sin\alpha}+r$

03 축간거리가 5m, 외측 바퀴의 최대 회전각 30°, 내측 바퀴의 최대 회전각은 45°이다. 이때의 최소 회전반경(m)은?

① 8　② 10
③ 14.1　④ 15.2

해설 $R=\frac{L}{\sin\alpha}+r$에서 $\frac{5\text{m}}{\sin 30°}=10\text{m}$

※지문상 킹핀 중심에서 타이어 중심까지의 거리가 주어지지 않았으므로 공식에서의 'r'은 적용하지 않는다.

04 축거 2.5m, 조향각 30°, 바퀴 접지면 중심과 킹핀과의 거리 25cm인 자동차의 최소 회전반경은?

① 4.25m　② 5.25m
③ 6.25m　④ 7.25m

해설 $R=\frac{L}{\sin\alpha}+r$에서 $\frac{2.5}{\sin 30°}+0.25=5.25$

05 조향 핸들의 유격이 크게 되는 원인과 거리가 먼 것은?

① 조향 기어의 백래시가 크다.
② 조향 링키지의 접속부가 헐겁다.
③ 스테빌라이저의 접속부가 마모되었다.
④ 조향 너클의 베어링이 마모되었다.

해설 조향 핸들의 유격이 크게 되는 원인
㉠ 볼 이음 부분, 앞바퀴 베어링이 마멸되었다.
㉡ 조향 너클이 헐겁거나 조향 기어의 백래시가 크다.
㉢ 조향 너클의 베어링이 마모되었다.
㉣ 조향 링키지의 접속부가 헐겁다.

06 주행 시 혹은 제동 시 핸들이 한쪽 방향으로 쏠리는 원인으로 거리가 먼 것은?

① 브레이크 조정 불량
② 휠의 불평형
③ 쇽업소버의 불량
④ 타이어 공기압력이 높음

해설 주행 중 조향 핸들이 한쪽 방향으로 쏠리는 원인
㉠ 휠 얼라인먼트(정렬)가 불량하다.
㉡ 휠이 불평형하거나 타이어 공기압력이 불균일하다.
㉢ 쇽업소버의 작동이 불량하다.
㉣ 뒤차축이 차량의 중심선에 대하여 직각이 되지 않는다.
㉤ 브레이크 라이닝 간극 조정이 불량하다.
㉥ 한쪽 휠 실린더의 작동이 불량하다.

07 자동차가 주행 중 스티어링 휠이 흔들리는 현상이 나타나고 있다. 이와 관련된 원인이 아닌 것은?

① 휠 얼라인먼트 불량
② 허브 너트의 풀림
③ 쇽업소버의 작동 불량
④ 브레이크 라이닝 간격 과다

해설 조향 핸들(스티어링 휠)이 흔들리는 원인
㉠ 휠 얼라인먼트가 불량하거나 바퀴의 허브 너트가 풀렸다.
㉡ 웜과 섹터의 간극이 너무 크다(조향 기어의 백래시가 큼).
㉢ 쇽업소버의 작동이 불량하다.
㉣ 앞바퀴의 휠 베어링이 마멸되었다.
㉤ 킹핀과 결합이 너무 헐겁거나 캐스터가 고르지 않다.

정답 01 ④ 02 ② 03 ② 04 ② 05 ③ 06 ④ 07 ④

08 주행 중 조향 핸들이 무거워졌다. 원인 중 틀린 것은?

① 앞 타이어의 공기가 빠졌다.
② 조향 기어 박스의 오일이 부족하다.
③ 볼 조인트의 과도한 마모
④ 타이어의 밸런스가 불량하다.

해설 조향 핸들이 무거운 원인
㉠ 타이어의 공기압력이 낮거나 마모가 과다하다.
㉡ 조향 기어 박스의 오일이 부족하다.
㉢ 조향 기어의 백래시가 작거나 볼 조인트가 과도하게 마모되었다.
㉣ 휠 얼라인먼트가 불량하다.

09 조향 기어비를 크게 하였을 때 현상으로 가장 거리가 먼 것은?

① 조향 핸들의 조작이 가벼워진다.
② 복원성능이 좋지 않게 된다.
③ 좋지 않은 도로에서 조향 핸들을 놓치기 쉽다.
④ 조향 기어장치 마모가 촉진될 수 있다.

해설 조향 기어비를 크게 하면 조향 핸들의 조작이 가벼워지고, 좋지 않은 도로에서 조향 핸들을 놓칠 우려가 적으나 복원성능이 좋지 못하고 조향 기어 장치의 마모가 촉진될 수 있다.

10 조향 핸들을 1회전하였을 때 피트먼 암이 45° 움직였다면, 조향 기어비는?

① 6 : 1　　② 7 : 1
③ 8 : 1　　④ 9 : 1

해설 ㉠ 조향 기어비

$$= \frac{\text{조향 핸들이 회전한 각도}}{\text{피트먼 암이 움직인 각도}}$$

㉡ $\frac{360^\circ}{45^\circ} = 8$

11 조향장치에서 많이 사용되는 조향 기어의 종류가 아닌 것은?

① 래크-피니언(rack and pinion) 형식
② 웜-섹터 롤러(worm and sector roller) 형식
③ 롤러-베어링(roller and bearing) 형식
④ 볼-너트(ball and nut) 형식

해설 웜 섹터형, 웜-섹터 롤러형, 볼 너트형, 캠 레버형, 래크와 피니언형, 스크루 너트형, 스크루 볼형 등이 있다.

12 동력 조향 장치의 구성 중 오일펌프에서 발생된 유압을 조향바퀴의 조향력으로 바꾸어 주는 것은?

① 동력부　　② 제어부
③ 회전부　　④ 작동부

해설 작동부는 오일펌프에서 발생된 유압을 조향바퀴의 조향력으로 바꾸어 주는 기구이다.

13 동력 조향 장치의 주요 3부로 맞는 것은?

① 작동부, 제어부, 링키지부
② 작동부, 동력부, 링키지부
③ 작동부, 제어부, 동력부
④ 동력부, 링키지부, 조향부

해설 ㉠ 동력부 : 동력원이 되는 유압을 발생(오일펌프, 유압 조절 밸브, 유량 조절 밸브)
㉡ 작동부 : 유압을 기계적 에너지로 변화시켜 조향력을 발생(동력 실린더)
㉢ 제어부 : 동력 실린더의 작동 방향과 작동 상태 제어, 즉 동력부에서 작동부로 공급되는 오일의 통로를 개폐하는 역할(제어 밸브, 안전 체크밸브)

14 파워스티어링 장치의 장점이 아닌 것은?

① 조향 기어비를 자유롭게 선정할 수 있다.
② 킥백(kick back)을 방지할 수 있다.
③ 부드러운 조향으로 앞바퀴의 시미모션을 감소시킬 수 없다.
④ 주행 안전성이 좋다.

해설 ㉠ 조향 조작력이 작아도 된다.
㉡ 조향 조작력에 관계없이 조향 기어비를 선정할 수 있다.
㉢ 조향 조작이 경쾌하고 신속하다.
㉣ 앞바퀴의 시미 현상을 방지할 수 있다.
㉤ 노면으로부터의 진동 및 충격을 흡수한다.
㉥ 킥백(kick back)을 방지할 수 있다.

15 동력 조향 유압계통에 고장이 발생한 경우 핸들을 수동으로 조작할 수 있도록 하는 부품은?

① 릴리프 밸브(relief valve)
② 안전 체크밸브(safety check valve)
③ 유량 제어 밸브(flow control valve)
④ 더블 밸런싱 밸브(double balancing valve)

해설 안전 체크밸브는 동력 조향 장치의 유압장치가 고장났을 때 조향 핸들을 수동으로 조작할 수 있도록 한다.

정답 08 ④ 09 ③ 10 ③ 11 ③ 12 ④ 13 ③ 14 ③ 15 ②

16 동력 조향 장치가 장착된 차량에서 오일량 점검 방법으로 가장 거리가 먼 것은?

① 자동차를 평탄한 지면에 세우고 점검한다.
② 엔진 공전 상태에서 조향 핸들을 완전히 좌우측으로 몇번 회전시킨다.
③ 오일 저장 탱크의 오일에 거품이 있거나 탁하지 않은가를 확인한다.
④ 엔진의 공전 상태에서 정지일 때와 가동 상태일 때의 오일량 차이를 점검하고, 이때 오일량 차이가 3mm 이상 차이가 나면 공기빼기 작업을 실시한다.

해설 오일량 점검 방법
㉠ 자동차를 평탄한 지면에 주차시킨다.
㉡ 기관을 시동하고, 자동차를 정차 상태로 유지하면서 조향 핸들을 여러 차례 회전시켜 오일의 온도가 50~60℃가 되도록 한다.
㉢ 기관 공전 상태에서 조향 핸들을 완전히 좌우 쪽으로 몇 번 돌린다.
㉣ 오일탱크에 거품이 있거나 혼탁하지 않은지를 확인한다.
㉤ 기관의 가동을 정지시킨 후 정지 상태일 경우와 기관 가동 상태일 때의 오일량 차이를 점검한다.
㉥ 오일량이 5mm 이상 차이가 나면 공기빼기 작업을 실시한다.

17 평탄한 도로에서 직진성과 안전성이 없는 차량의 수정 방법은?

① 더욱 정의 캐스터로 한다.
② 더욱 부의 캐스터로 한다.
③ 더욱 정의 캠버로 한다.
④ 더욱 부의 캠버로 한다.

해설 평탄한 도로에서 직진성과 안전성이 없는 차량은 더욱 정의 캐스터로 수정한다.

18 차륜 정렬의 목적으로 거리가 먼 것은?

① 선회 시 좌우측 바퀴의 조향각을 같게 한다.
② 조향 휠의 복원성을 유지한다.
③ 조향 휠의 조작력을 가볍게 한다.
④ 타이어의 편마모를 방지한다.

해설 앞바퀴 얼라인먼트의 역할
㉠ 조향 핸들의 조작을 작은 힘으로 쉽게 한다.
㉡ 조향 핸들의 조작을 확실하게 하고, 안전성을 준다.
㉢ 타이어의 마모를 최소화한다.
㉣ 조향 핸들에 복원성을 준다.

19 차륜 정렬에서 일정한 캠버가 주어졌을 때 토인을 두는 필요성으로 거리가 먼 것은?

① 앞바퀴를 평행하게 회전시킴
② 타이어 마멸의 감소
③ 하중에 의한 앞차축의 휨 방지
④ 토아웃 됨을 방지

해설 ③ 하중에 의한 앞차축의 휨 방지는 캠버의 역할이다.

20 토(toe)에 대한 설명으로 가장 거리가 먼 것은?

① 토인은 주행 중 타이어의 앞부분이 벌어지려고 하는 것을 방지한다.
② 토는 타이로드의 길이로 조정한다.
③ 토의 조정이 불량하면 타이어의 편 마모가 일어난다.
④ 토인은 조향 복원성을 위해 둔다.

해설 조향 복원성을 주는 요소는 캐스터와 킹핀 경사각이다.

21 자동차의 앞바퀴 정렬에서 토인 조정은 무엇으로 하는가?

① 드래그 링크의 길이
② 타이로드의 길이
③ 심의 두께
④ 와셔의 두께

해설 토인 조정은 타이로드의 길이로 한다.

22 앞바퀴 얼라인먼트의 예비 점검사항과 관계가 가장 적은 것은?

① 현가 스프링의 피로 등에 대해 점검한다.
② 허브 베어링의 헐거움에 대해 점검한다.
③ 앞 범퍼의 조립 상태를 점검한다.
④ 타이어의 공기압력을 점검한다.

해설 앞바퀴 얼라인먼트의 예비 점검사항
㉠ 볼 조인트의 마모, 현가 스프링의 피로를 점검한다.
㉡ 조향 링키지의 체결 상태 및 헐거움을 점검한다.
㉢ 타이어의 공기압력 및 휠 베어링의 헐거움을 점검한다.
㉣ 타이로드 엔드의 헐거움을 점검한다.

정답 16 ④ 17 ① 18 ① 19 ③ 20 ④ 21 ② 22 ③

23 사이드 슬립 시험기 사용 시 주의할 사항 중 틀린 것은?

① 시험기의 운동 부분은 항상 청결해야 한다.
② 시험기의 답판 및 타이어에 부착된 수분, 기름, 흙 등을 제거한다.
③ 시험기에 대하여 직각 방향으로 진입시킨다.
④ 답판 위에서 차속이 빠르면 브레이크를 사용하여 차속을 맞춘다.

해설 답판 위에서 차속이 빠르다고 브레이크를 사용해서는 안 된다.

24 사이드 슬립 테스터의 지시값이 4이다. 이것은 주행 1km에 대하여 앞바퀴의 슬립량이 얼마인 것을 표시하는가?

① 4mm ② 4cm
③ 40cm ④ 4m

해설 사이드 슬립 테스터의 지시값 4란 주행 1km에 대하여 앞바퀴의 옆방향 미끄러짐이 4m인 것을 표시한다.

25 자동차가 주행하면서 선회할 때 조향각도를 일정하게 유지하여도 선회 반지름이 커지는 현상은?

① 오버스티어링
② 언더스티어링
③ 리버스스티어링
④ 토크스티어링

해설 언더스티어링이란 자동차가 주행 중 선회할 때 조향각도를 일정하게 하여도 선회 반지름이 커지는 현상을 말한다.

정답 23 ④ 24 ④ 25 ②

CHAPTER

05 제동장치

01 개요

1 목적

주행 중인 자동차의 속도를 감속 또는 정지시키고 주차 시 정지 상태 유지

2 원리

차체의 **운동에너지를 마찰에 의한 열에너지로** 바꾸어 대기 중에 방출

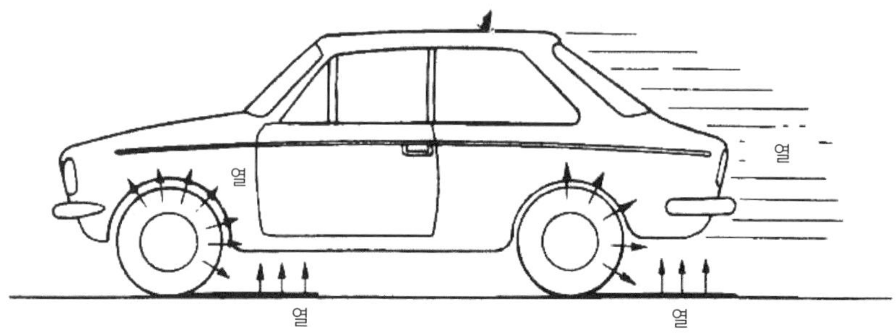

[그림 3-216] 제동장치의 열에너지 방출

3 종류

(1) 마찰 브레이크

① 풋 브레이크

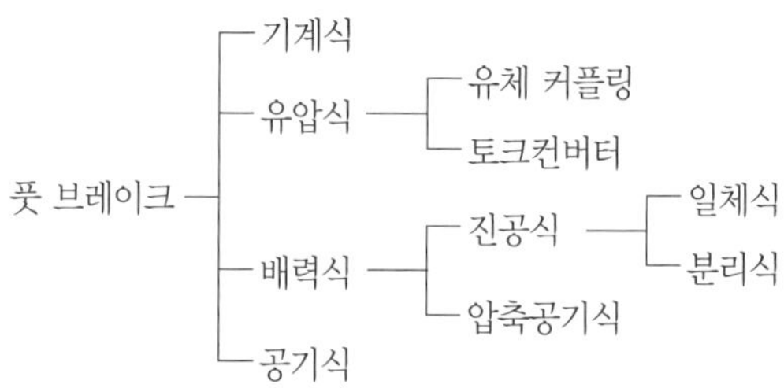

② 주차 브레이크

주차 브레이크(일명 핸드 브레이크) ─ 센터 브레이크 / 휠 브레이크

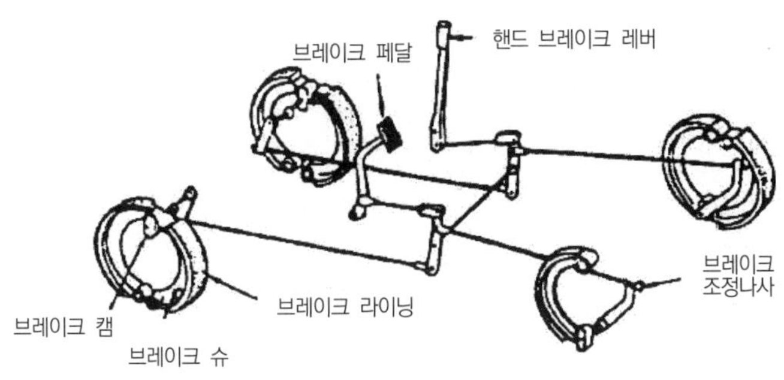

[그림 3-217] 기계식 제동장치

(2) 감속 브레이크

① 엔진 브레이크
② 배기 브레이크
③ 와전류 리타더
④ 하이드롤릭 리타더

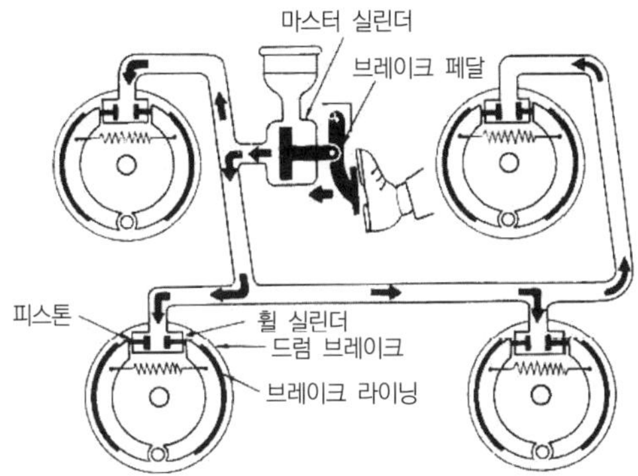

[그림 3-218] 제동장치의 기본 구성

참고

감속 브레이크 종류별 기본 원리

(1) 엔진 브레이크 : 엔진의 압축행정에 의한 엔진의 회전저항을 이용하여 제동하는 방식으로 긴 내리막길 또는 비나 눈이 온 미끄러운 길에서 사용한다.

(2) 배기 브레이크 : 대형트럭에 주로 장착되며 기본 원리는 배기관 내에 브레이크 밸브를 설치하고, 밸브를 닫아서 배기관 내의 압력을 높인다. 그러면 이 배압으로 배기관을 막아 엔진의 회전수를 떨어뜨려 제동을 하는 원리이다.

[그림 3-219] 배기 브레이크

(3) 와전류 리타더 : 리타더는 추진축의 중간에 설치되어 있으며, 프레임에 고정한 전자석(스테이터)의 양쪽에 추진축과 일체로 회전하는 디스크를 설치하여 이것이 추진축과 함께 회전하도록 되어 있다. 스테이터 코일에 전류가 흐르면 자장이 발생되며, 이 속에서 디스크를 회전시키면 와전류가 흘러 자장과의 상호작용으로 제동력이 발생한다.

(4) 하이드롤릭 리타더 : 바퀴에 의해 구동되는 회전자(rotor)의 회전에 의해 액체를 고정자(stator)에 충돌시켜 제동 효과를 발생시키는 방식으로 유압을 이용한 감속 브레이크 장치이다.

(3) 구비조건

① 작동이 확실하고 제동 효과가 양호할 것
② 신뢰성과 내구성이 우수할 것
③ 조작이 간편하고 점검 정비가 용이할 것
④ 제동작용이 적절하고 운전자에게 피로를 주지 말 것

02 유압식 제동장치

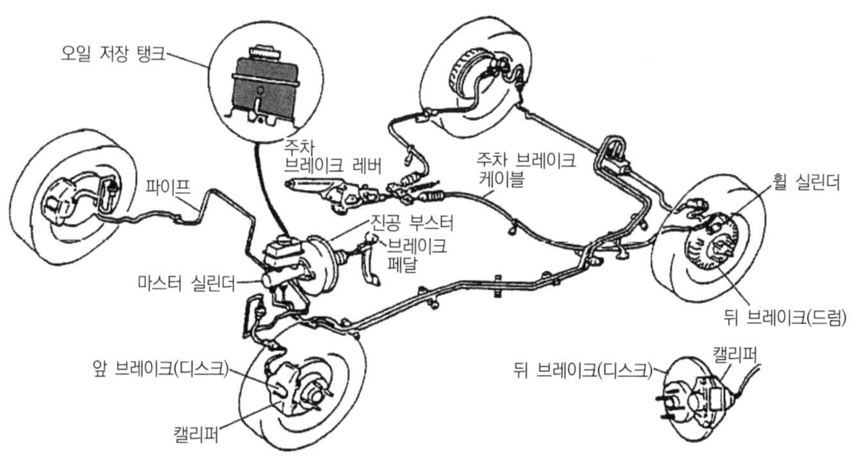

[그림 3－220] 유압식 제동장치의 구성

1 유압식 브레이크

(1) 원리

① **파스칼의 원리**를 이용
② 조작력 감소

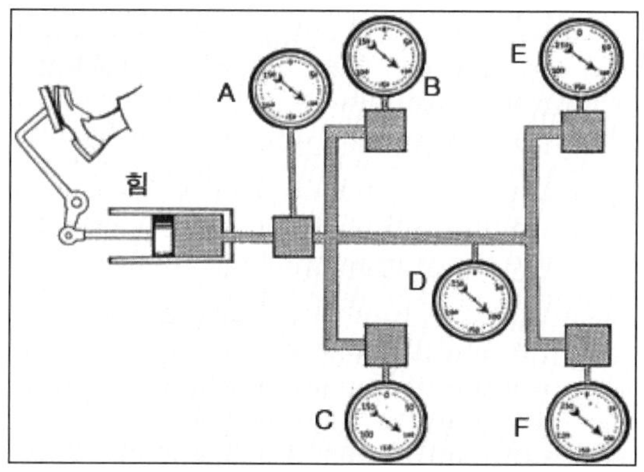

[그림 3－221] 파스칼의 원리

참고

유압식 브레이크의 원리 – 파스칼의 원리

완전히 밀폐된 액체에 작용하는 압력은 어느점에서나 어느 방향에서나 일정하다.
⇒ 파스칼의 원리를 응용한 것

(2) 구조 및 기능

① 브레이크 페달

㉠ 기능 : 운전 중 운전자가 작용

㉡ 구성

- 패드 : 제동 시 운전자의 발이 미끄러지지 않도록 한 고무
- 페달 : 운전자의 제동력을 마스터 실린더 푸시로드에 전달
- 페달 스토퍼 : 페달의 높이 조정
- 제동등 스위치 : 브레이크 페달을 밟았을 때 점등되는 구조
- 페달의 바닥 간격 : 제동 안전을 위하여 페달을 최대한 밟았을 때 바닥과 페달 아랫면 사이에는 최소 50mm의 간격이 있어야 함
- 리턴 스프링 : 페달 조작 후 페달을 제 위치로 환원시킴

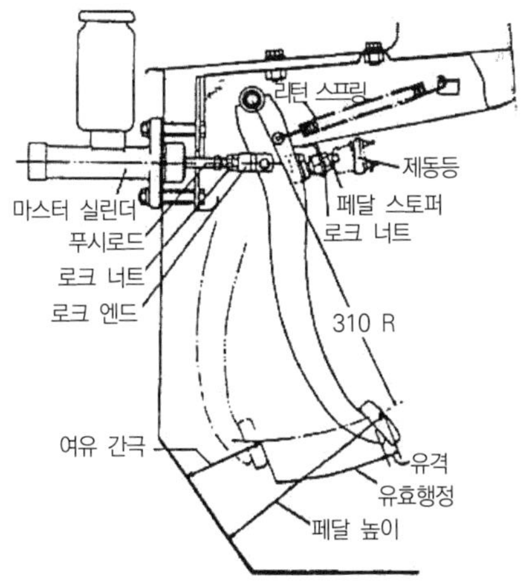

[그림 3-222] 브레이크 페달의 구조

② 마스터 실린더

㉠ 기능 : 페달의 **기계적 운동을 유압으로** 전환

㉡ 종류

- 싱글형 : 실린더 **한 개로 앞 뒤 모든 바퀴를** 제동
- 탠덤형 : 실린더가 **2개로 앞 뒤 바퀴를 분리하여** 제동

ⓒ 구성 및 작용

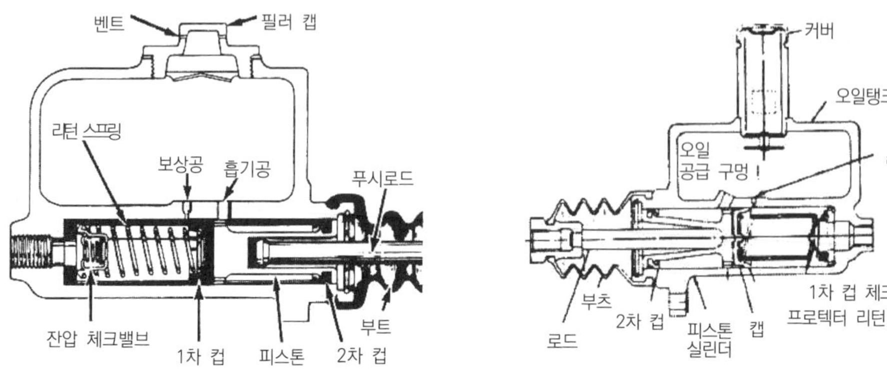

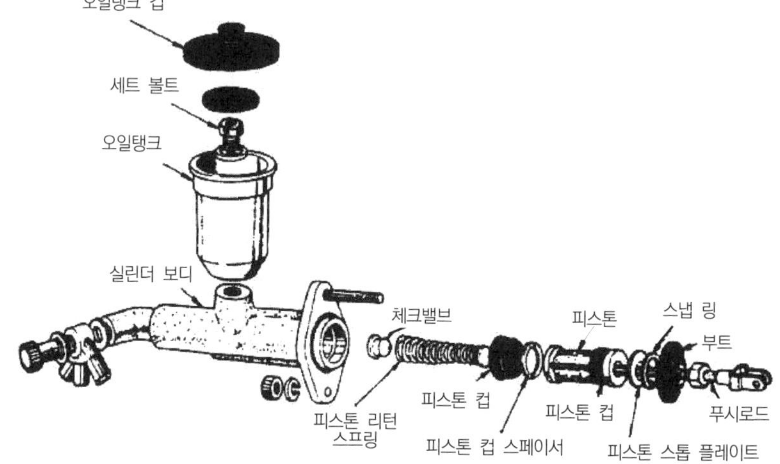

[그림 3-223] 마스터 실린더의 구조(싱글형)

ⓐ 푸시로드 : 페달의 움직임을 실린더 피스톤에 전달하며 페달 자유 유격을 조정한다.

ⓑ 피스톤

- 실린더 내에서 **유압 발생** 작용
- 실린더와 피스톤 간극 : 0.040~0.125mm

ⓒ 피스톤 컵

- 1차 컵 : **유압 발생**
  - 1차 컵이 리턴 구멍을 막을 때까지 페달이 움직인 거리를 브레이크 페달 자유 유격이라 함
  - 자유 유격 크기 : 20~25mm
- 2차 컵 : **오일 누설 방지**

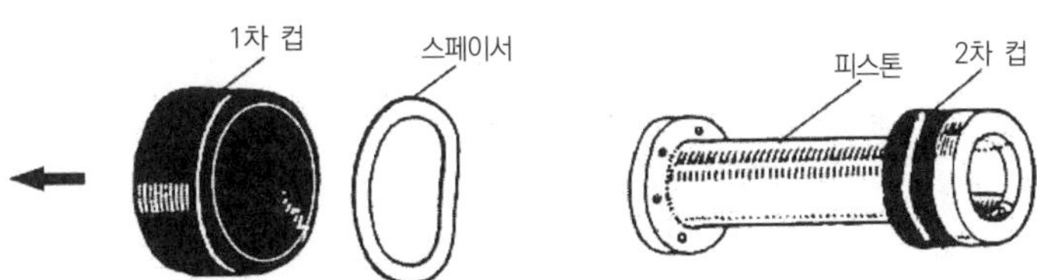

[그림 3-224] 피스톤과 피스톤 컵

ⓓ 피스톤 리턴 스프링 : 피스톤의 복귀작용 및 체크밸브를 고정하여 잔압을 유지

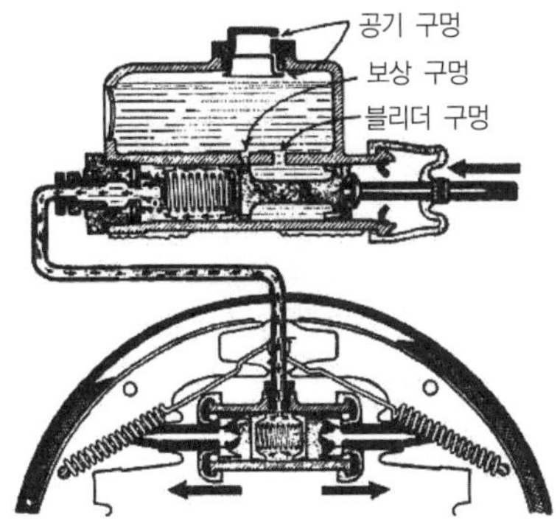

(a) 브레이크 페달을 밟았을 때

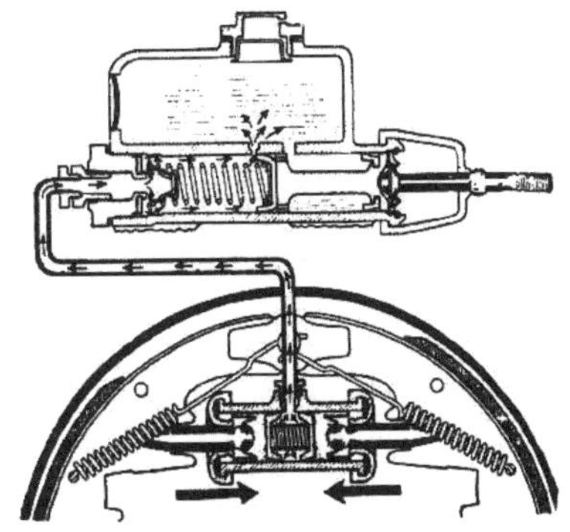

(b) 브레이크 페달을 놓았을 때

[그림 3-225] 피스톤 리턴 스프링의 작용

ⓔ 체크밸브 : 마스터 실린더와 휠 실린더 사이의 **잔압 유지**(0.6~0.8kgf/cm^2)

참고

잔압 유지 필요성

- 브레이크의 **신속한 작동**
- 휠 실린더 **오일 누출 방지**
- **베이퍼 록 방지**

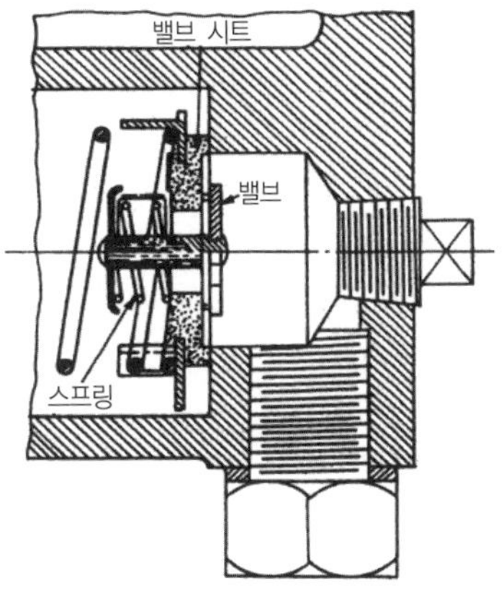

[그림 3-226] 체크밸브

참고

베이퍼 록(vapor lock, 증기 폐쇄 현상)의 원인 및 방지책

[그림 3-227] 베이퍼 록

베이퍼 록은 연료계통 또는 브레이크 장치 유압회로 내 액체가 증발(비등기화)하여 송유나 압력 전달 작용이 불능하게 되는 현상으로 그 원인과 방지책은 다음과 같다.

원 인	방지책
긴 내리막길에서 과도한 브레이크 작용에 의한 과열	엔진 브레이크를 병용하여 풋 브레이크의 사용을 줄인다.
회로 내 잔압의 저하	슈 리턴 스프링 또는 피스톤 리턴 스프링의 쇠약, 절손에 원인하므로 이를 교환한다.
라이닝과 드럼의 끌림에 의한 마찰기구의 과열	드럼의 평형 및 열방산 능력을 높이고 간극을 알맞게 조절한다.
브레이크 오일 불량 및 비점이 낮은 오일 사용	비점이 높은 양질의 브레이크 오일을 사용한다.

ⓕ 리턴 구멍
- 배출되었던 오일이 되돌아오는 구멍
- 리턴 구멍이 막히면 오일의 복귀가 나빠지고 페달이 점점 딱딱해지며 브레이크가 풀리지 않음

ⓖ 보상 구멍 : 피스톤 복귀 시 발생되는 진공 방지

ⓗ 부트 : 먼지 등의 유입 방지와 오일 누설 방지

③ 브레이크 파이프

㉠ 재질 : 강, 견사 등의 직물과 내유성 고무

㉡ 직경 : 약 5~8mm

㉢ 내부 : 아연 도금(방청처리)

㉣ 외부 : 구리 및 납도금

④ 휠 실린더

㉠ 기능
- **유압을 기계적 운동으로** 전환
- **브레이크 슈를 작동**시킴
- 차축에 고정된 배킹판에 설치

㉡ 구성 및 작용

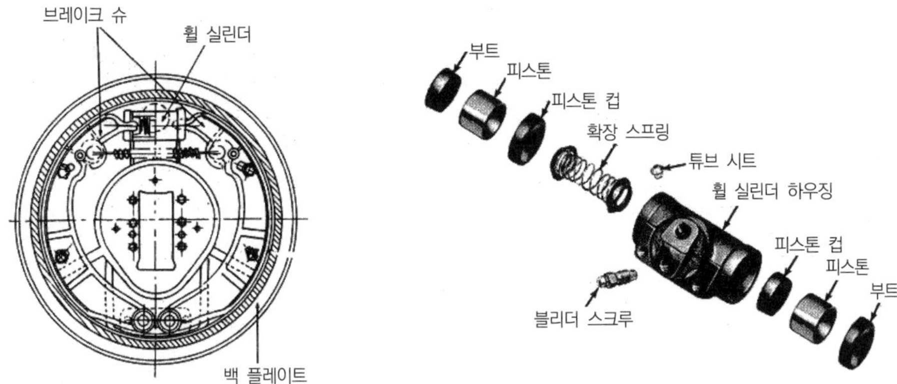

(a) 휠 실린더 장착　　　(b) 휠 실린더 단면

[그림 3-228] 휠 실린더의 구조

- 피스톤 : 유압을 받아 직선운동
- 피스톤 컵 : 오일 누출 방지와 운동력 발생
- 확장 스프링 : 실린더 내의 피스톤 컵이 수축되어 실린더와 피스톤 컵 사이에 간극이 생기는 것을 방지
- 부트 : 먼지 유입 방지와 오일 누설 방지
- 블리더 스크루 : 혼입된 공기를 배출하는 스크루

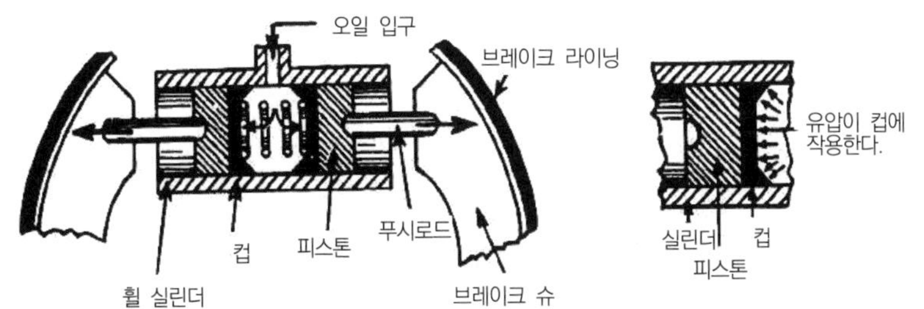

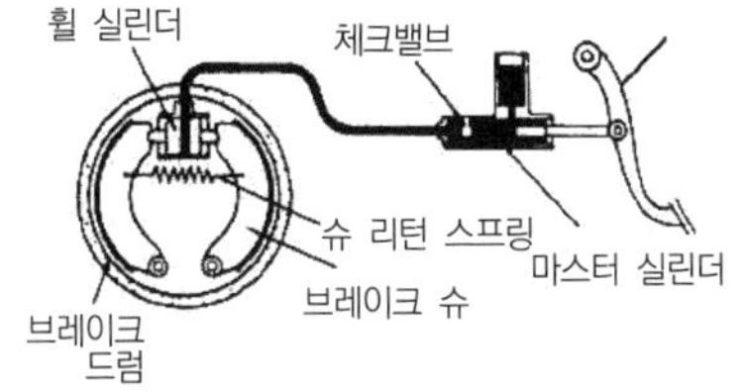

브레이크 페달

(a) 작동이 안 될 때　　　(b) 작동될 때

[그림 3-229] 휠 실린더의 작용

⑤ 브레이크 슈

㉠ 기능 : 휠 실린더 **피스톤의 힘을 받아 회전하는 드럼에 압착**되어 작용

㉡ 구성
- 테이블 : 라이닝이 설치
- 웨이브 : 테이블에 강성을 부여하며 휠 실린더 피스톤과 접촉
- 슈 리턴 스프링 : 제동력 해제 시(유압 해제 시) 슈를 제자리로 복귀
- 홀드다운 스프링 : 슈가 알맞은 위치에 있도록 함

㉢ 재질
- 승용차 : 강판
- 대형차 : 주철

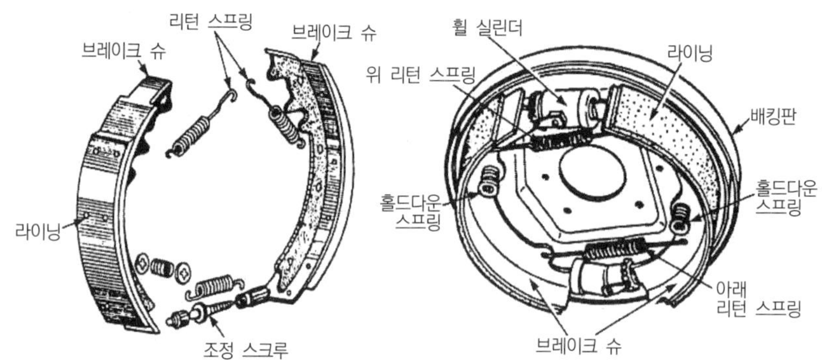

[그림 3-230] 브레이크 슈와 라이닝

⑥ 라이닝

㉠ 재질 : 석면(몰드 라이닝 사용)

㉡ **마찰계수** : 0.3~0.5μ

㉢ 구비조건
- 내열성, 내마멸성이 클 것
- 마찰계수가 클 것
- 기계적 강도가 클 것
- 온도 변화 및 **물에 의한 마찰계수의 변화가 적을 것**

⑦ 브레이크 드럼

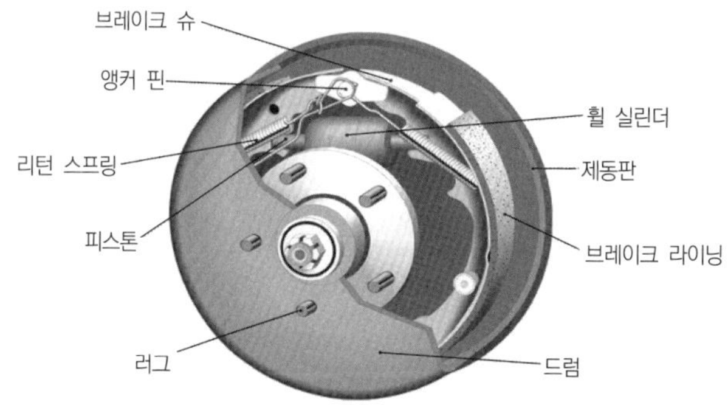

[그림 3-231] 드럼식 브레이크

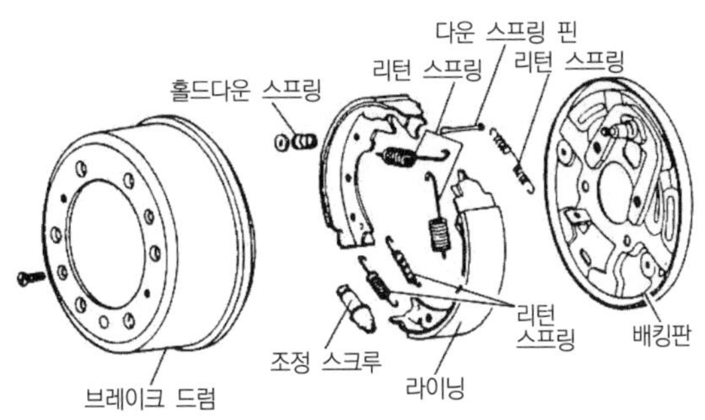

[그림 3-232] 브레이크 드럼의 내부 분해도

㉠ 기능 : 휠 허브에 볼트로 설치되어 바퀴와 함께 회전하며 슈와의 마찰로 제동력 발생

㉡ 재질 : 강판, 특수 주철, 알루미늄 합금

㉢ 구비조건

- 회전 평형이 잡혀있을 것
- 충분한 강성이 있을 것
- 내마멸성이 클 것
- 방열이 잘될 것
- 가벼울 것

㉣ 드럼의 표면 온도 : 600~700℃

- 페이드 현상 : 마찰열이 축적되어 **라이닝의 마찰계수가 급격히 저하**되고 제동력이 감소되는 현상
- 페이드 현상의 응급 조치 : 작동을 중지하고 열을 식힘

㉤ 슈와의 간극 : 약 0.3~0.4mm

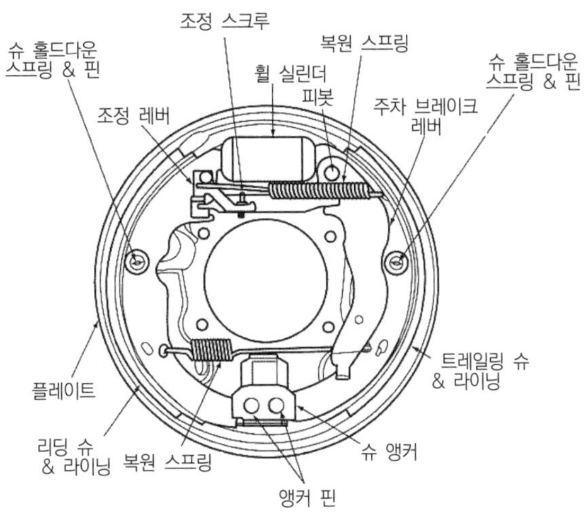

[그림 3-233] 드럼 브레이크의 구조

⑧ 브레이크 오일

㉠ 식물성 오일(피마자 오일+알코올)

㉡ 마스터 실린더 또는 휠 실린더 세척 시 알코올을 사용할 것

㉢ 구비조건

- 화학적으로 안정될 것
- 금속을 부식시키지 말 것
- 윤활성이 있을 것
- **적당한 점도와 점도지수가 클 것**(온도에 대한 점도 변화가 적을 것)
- **빙점(응고점)이 낮고, 비점(비등점)이 높을 것**
- **인화점 및 착화점이 높을 것**
- 고무제품에 팽창을 일으키지 말 것

㉣ 오일 보충 및 교환 시 주의사항

- 지정된 오일 사용
- 재사용하지 말 것
- 브레이크 제품은 알코올(또는 세척용 오일)을 사용할 것

※ 브레이크 부품(마스터 실린더 및 휠 실린더 등)의 분해 후 세척은 알코올 또는 세척용 오일을 사용해야 한다.

(3) 브레이크 슈와 드럼의 조합

① **자기 작동** : 슈와 드럼이 접촉할 때 슈가 **드럼과 함께 회전하려는 경향**이 생기며 슈와 드럼의 **압착력이 커지는 현상**

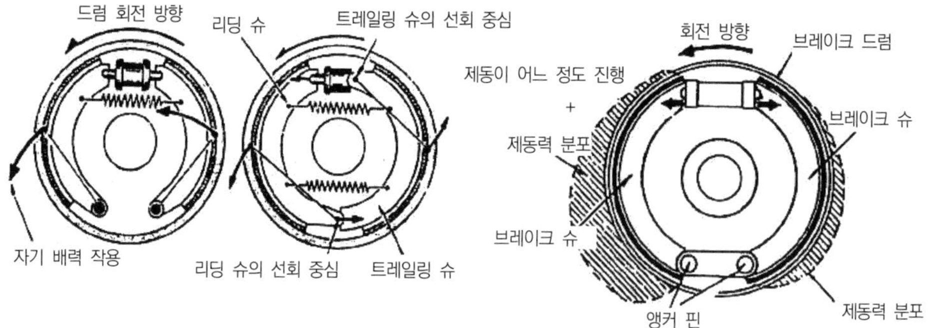

[그림 3-234] 자기 작동 작용

② **리딩 슈** : 자기 작동이 일어나는 슈

③ **트레일링 슈** : 자기 작동이 일어나지 않는 슈

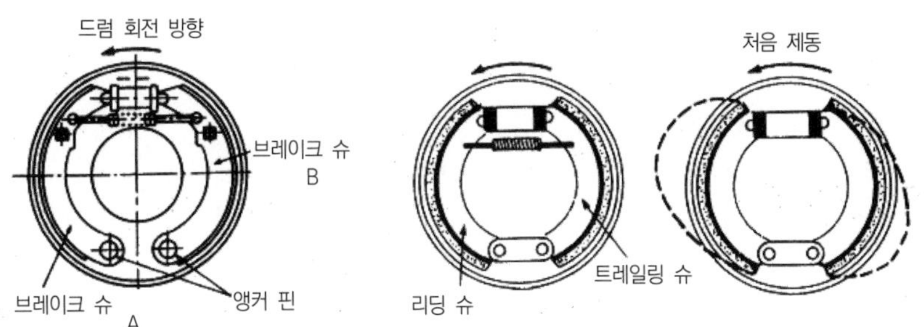

(a) 슈의 명칭 (b) 브레이크 시의 면압 분포

[그림 3-235] 브레이크 시 면압 분포

④ **1차 슈** : 자기 작동이 먼저 일어나는 슈

⑤ **2차 슈** : 자기 작동이 나중에 일어나는 슈

⑥ **전진 슈** : 전진 시에 자기 작동이 일어나는 슈

⑦ **후진 슈** : 후진 시에 자기 작동이 일어나는 슈

(4) 작동 상태에 따른 분류

① **논 서보 브레이크(non-servo brake)**

㉠ 제동 시 **해당 슈에만** 자기 작동이 일어나는 형식

㉡ 전진 시-전진 슈, 후진 시-후진 슈

㉢ 소형승용차에 사용

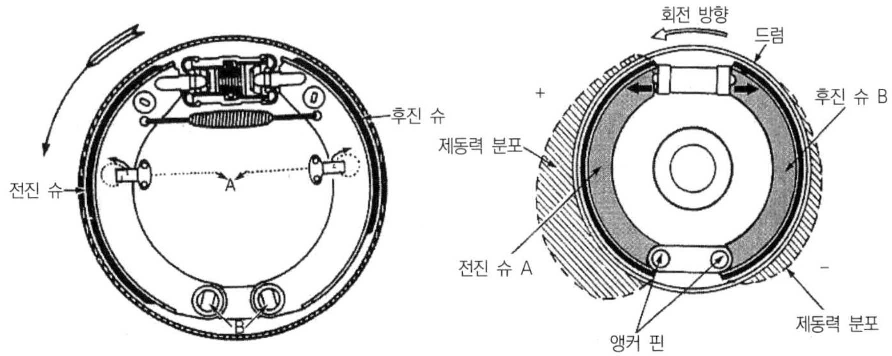

[그림 3-236] 논 서보 브레이크

② **서보 브레이크(servo brake)** : 제동 시 모든 슈에 자기 작동이 일어나는 형식

㉠ 유니 서보 형식(uni-servo type)

- **전진 시만** 모두 자기 작동이 일어남
- 전진 제동 시 : 2개의 슈 ☞ 리딩 슈, 후진 제동 시 : 2개의 슈 ☞ 트레일링 슈
- 후진 시 제동력 감소
- 소형, 중형 차량에 사용

㉡ 듀어 서보 형식(duo-servo type)

- **전 · 후진 모두 자기 작동**이 일어남
- 전 · 후진 모두 2개의 슈가 리딩 슈
- 전 · 후진 모두 자기 작동이 일어나 강력한 제동력 발생
- 중형, 대형 차량에 사용

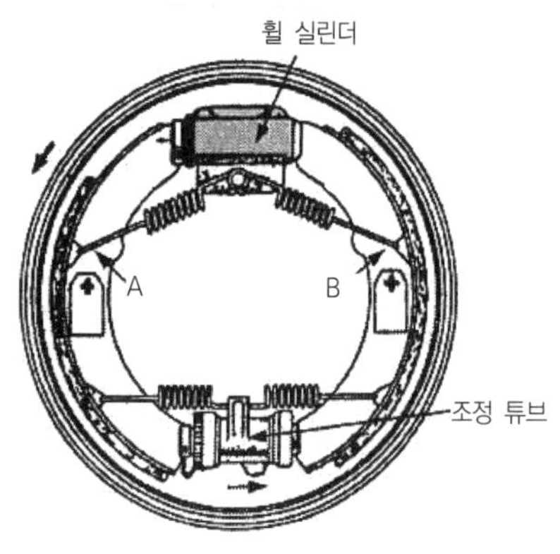

[그림 3-237] 유니 서보 형식

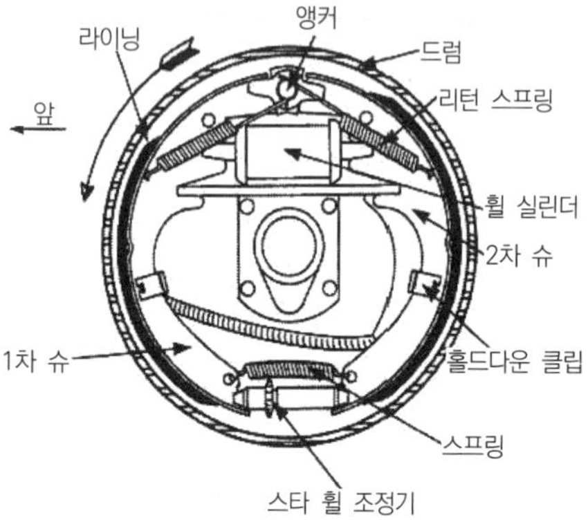

[그림 3-238] 듀어 서보 형식

(5) 자동 조정 브레이크

브레이크 라이닝이 마멸되면 라이닝과 드럼의 간극이 커지므로 페달을 밟는 양이 증가한다. 이에 따라 필요할 때마다 라이닝 간극을 조정해야 한다. 이 형식은 **라이닝 간극 조정이 필요할 때 후진에서 브레이크 페달을 밟으면 자동적으로 조정**된다.

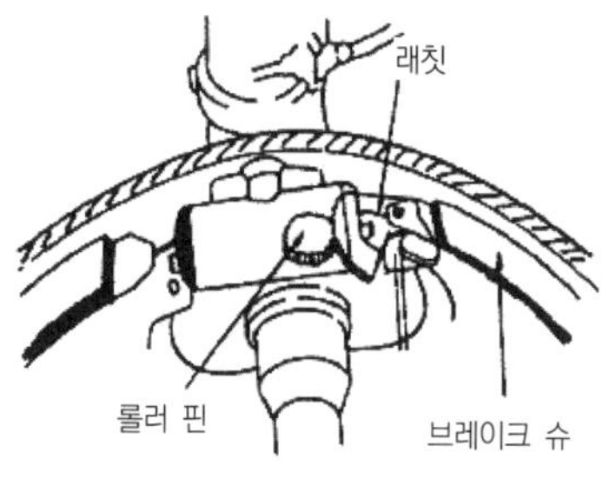

(a) 작동 전

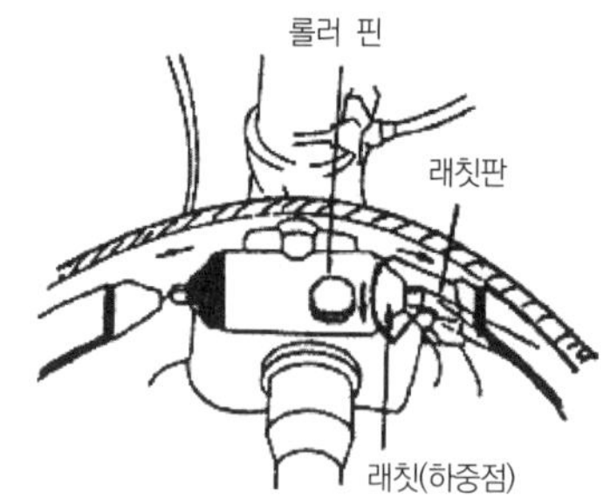

(b) 작동 후

[그림 3-239] 자동 조정 브레이크 장치-1

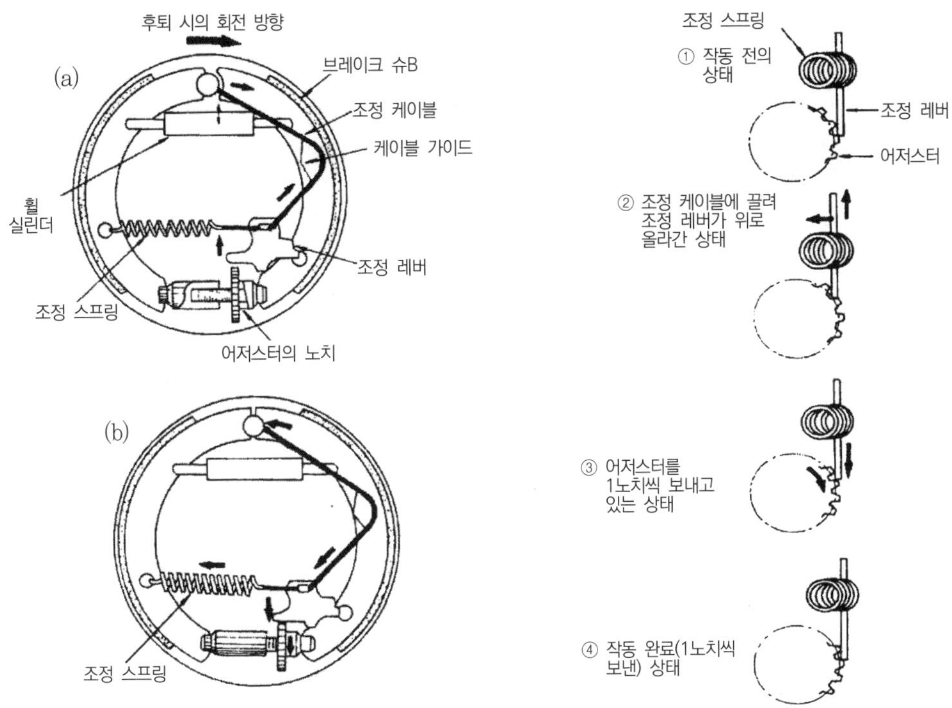

[그림 3-240] 자동 조정 브레이크 장치-2

(6) 앤티롤 장치

① **언덕길에서 일시 정차 후 출발 시 뒤로 구르는 것을 방지**

② 마스터 실린더와 휠 실린더 사이에 설치

③ 링키지는 클러치 페달과 연동되어 작용

④ 평탄로 또는 하향길에서는 작동하지 않음

(7) 탠덤 브레이크

① **제동 안전을 위하여** 앞뒤 바퀴에 각각 독립적으로 작용하는 2계통의 회로를 둔 것

② **마스터 실린더 2개를 하나로 조합**한 형태

③ 1차 피스톤(뒷바퀴 제동)작동 후 2차 피스톤(앞바퀴 제동) 작동

④ 구성 및 각 부 기능

구성	기능
1. 피스톤	간접 접촉
2. 피스톤 컵	• 1차 컵 : 유압 발생실의 유밀을 유지 • 2차 컵 : 외부로 오일 누출을 방지
3. 체크밸브	리턴 스프링과 함께 오일 회로에 잔압 유지
4. 리턴 스프링	피스톤을 신속하게 제자리에 복원하도록 함

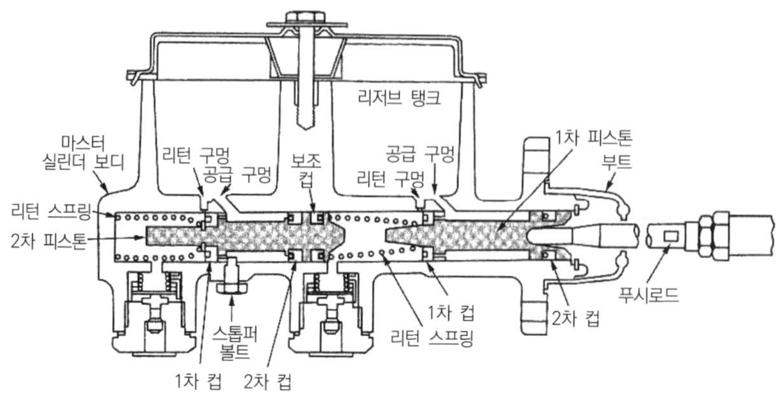

[그림 3-241] 탠덤 마스터 실린더의 구조

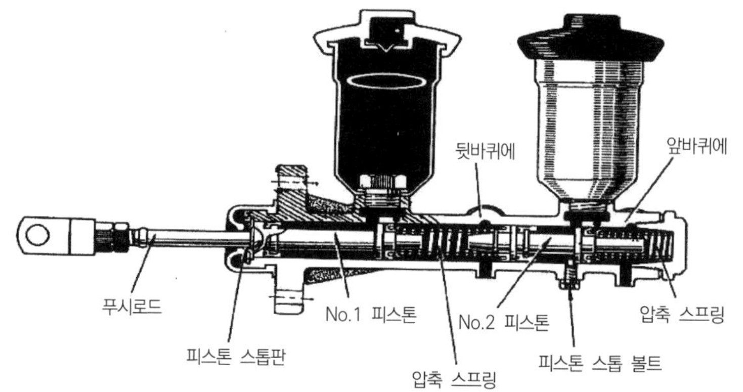

[그림 3-242] 탠덤 마스터 실린더의 외형

2 디스크 브레이크

(1) 기능

드럼 대신에 차축과 함께 회전하는 디스크를 마찰 패드(슈 라이닝)로 제동

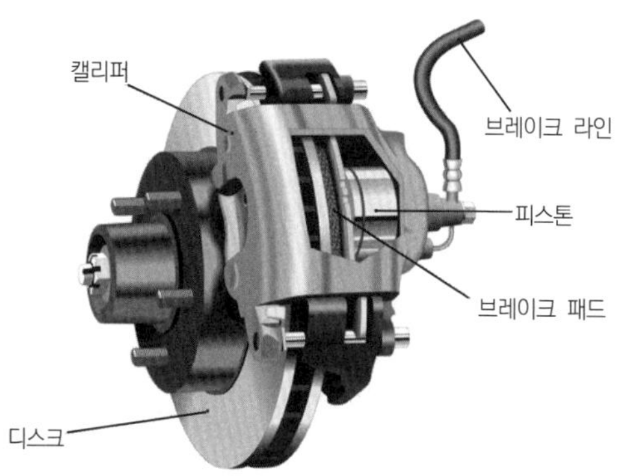

[그림 3-243] 디스크 브레이크의 구조

(2) 구성

① 페달

② 푸시로드

③ 마스터 실린더

④ 브레이크 파이프

⑤ 캘리퍼

㉠ 기능 : 휠 실린더의 기능

㉡ 구조 : 유압을 기계적 운동으로 전환하여 패드를 압착

(3) 디스크 브레이크의 종류

① 대향 피스톤형

㉠ 디스크 양쪽에 **2개의 브레이크 실린더를 설치**한 형식

㉡ 강성이 높고, 제동작용 우수

㉢ 피스톤을 양쪽에 설치하므로 부피가 커지고, 통기성이 나빠 냉각 효과가 떨어짐

㉣ 주차용 브레이크를 조합하기가 어려운 단점

㉤ 종류

- 캘리퍼 일체형
- 캘리퍼 분할형

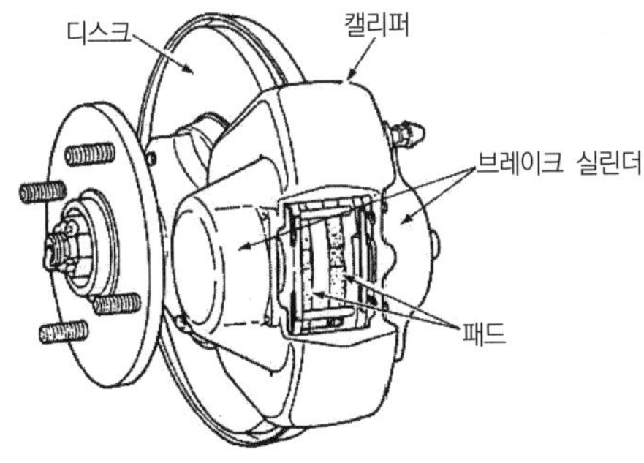

[그림 3-244] 대향 피스톤 형식(일체형)

② 부동 캘리퍼형

㉠ **브레이크 실린더를 1개 설치**한 것으로, 캘리퍼 전체가 좌우로 움직여 제동

㉡ 한쪽에만 실린더가 있고 반대 측의 패드는 반작용을 이용하여 캘리퍼가 이동하면서 디스크에 압력을 가하는 방식

㉢ 실린더를 한 개만 사용하므로 경량이고, 저가이면서 냉각작용이 우수

㉣ 최근 사용되는 디스크 브레이크는 대부분 이 형식을 채택

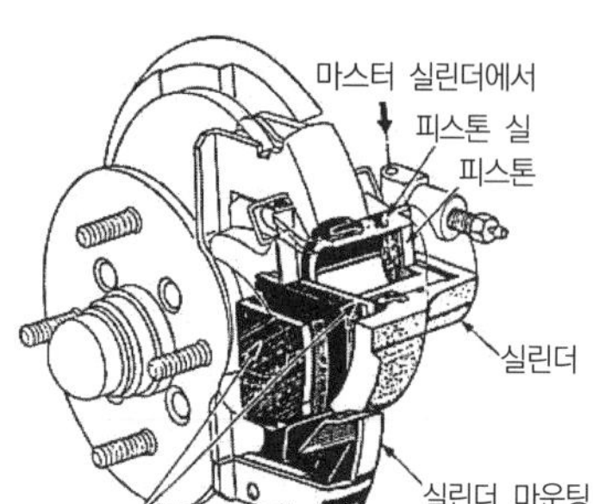

(a) 구조

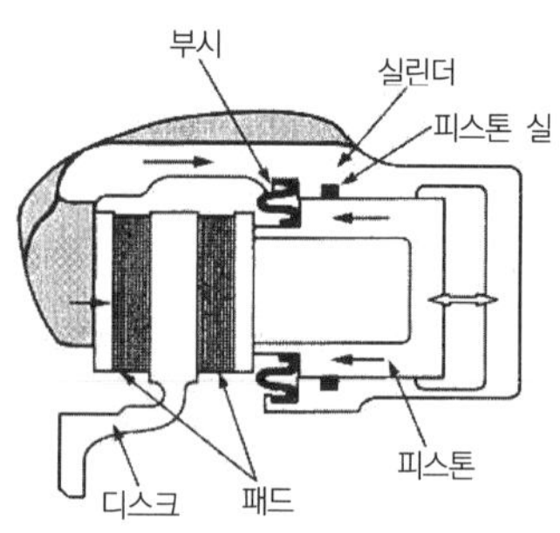

(b) 제동작용

[그림 3－245] 부동 캘리퍼 형식

③ 외주 디스크형

㉠ 디스크가 링 모양의 바깥 둘레에 설치되어 제동

㉡ 디스크부에 소음이 발생되기 쉽고 신뢰성의 문제로 현재 거의 사용되지 않음

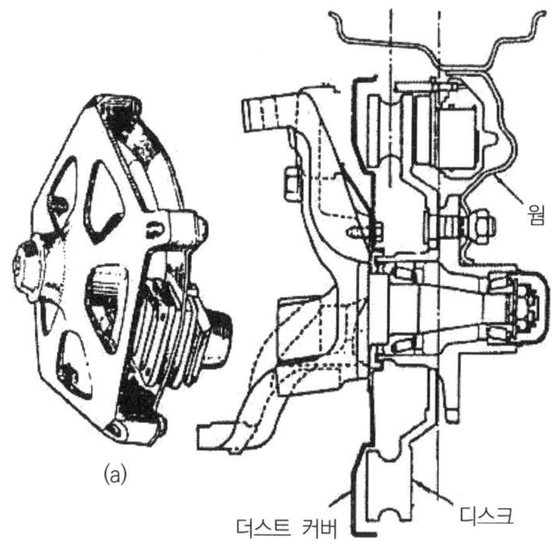

[그림 3－246] 외주 디스크 형식

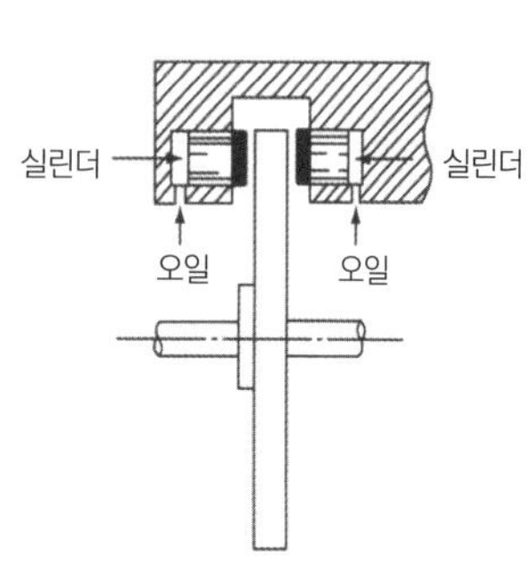

(a) 대향 피스톤형

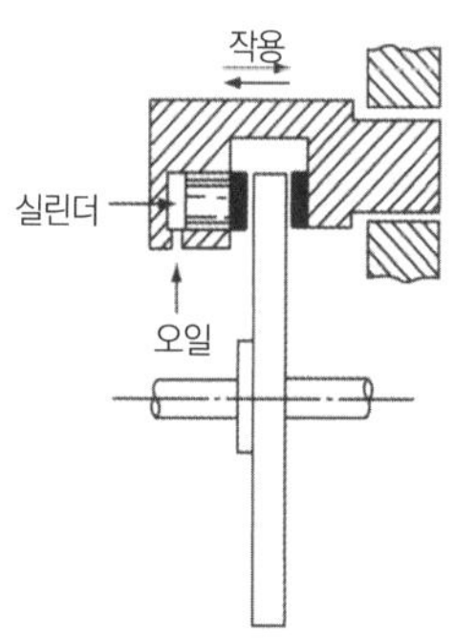

(b) 부동 캘리퍼형

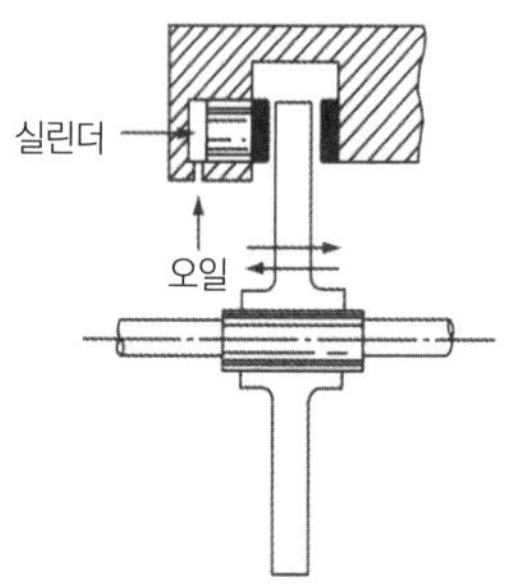

(c) 외주 디스크형

[그림 3－247] 디스크 브레이크의 종류

- 뒷바퀴용 디스크 브레이크
  - 주차 브레이크를 겸용
  - 브레이크 실린더가 차체에 설치
  - 패드에 링크와 레버로 연결

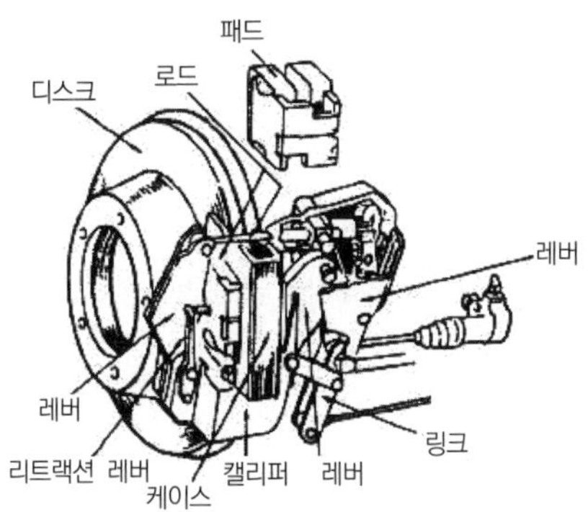

[그림 3-248] 뒷바퀴용 디스크 브레이크

참고

벤틸레이티드 디스크 브레이크(ventilated disc brake)

일반적으로 1개의 디스크이지만, 방열 효과를 좋게 하기 위해서 2개의 디스크를 합쳐, 그 틈새에 방사형의 핀을 설치하여 통기공으로 하고 있다. 방열 효과가 좋아 스포츠카나 레이싱카에 많이 사용되고 있으며, 현재는 고성능 승용차에도 많이 사용되고 있다. 디스크 온도를 보통 브레이크보다 30% 정도 낮게 할 수 있어 안정된 브레이크 성능을 얻고, 패드 수명도 길게 할 수 있다.

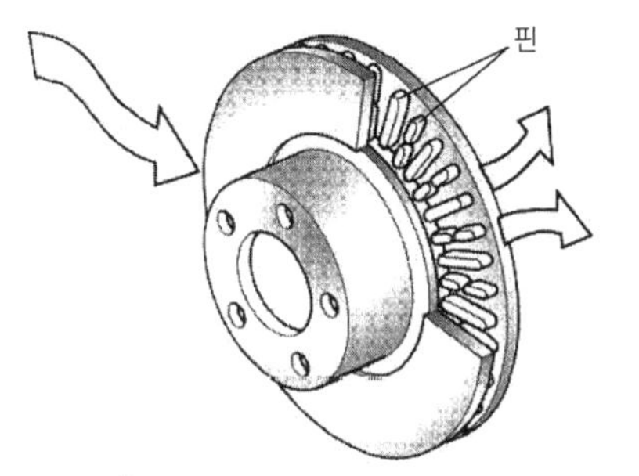

[그림 3-249] 벤틸레이티드 디스크 브레이크

(4) 디스크 브레이크의 특징

① **방열이 잘되므로** 베이퍼 록이나 페이드 현상의 발생이 적다.

② 회전 평형이 좋다.

③ 물에 젖어도 회복이 빠르다.

④ 한쪽만 브레이크 되는 일이 없다(**편제동이 없음**).

⑤ 고속에서 반복 사용하여도 제동력이 안정된다.

⑥ 패드와 디스크 사이의 간극 조정이 필요없다.

⑦ 마찰면이 작아 패드의 **압착력이 커야 한다**.

⑧ 자기 작동이 없어 페달 **조작력이 커야 한다**.

참고

1. **베이퍼 록(vapor lock)**
   ① 정의 : 사용 액체가 증발되어 송유 또는 압력전달이 불능하게 되는 현상
   ② 원인
   - 과도 브레이크 사용
   - 드럼과 라이닝의 끌림에 의한 과열
   - 마스터 실린더, 브레이크 슈 리턴 스프링의 쇠손에 의한 잔압 저하
   - 불량 오일 사용
   - 오일의 변질에 의한 비점 저하
2. **페이드 현상(fade phenomenon)** : 계속적인 브레이크 사용으로 드럼과 슈 또는 디스크와 패드에 마찰열이 축적되어 드럼이나 라이닝이 경화됨에 따라 제동력이 감소되는 현상
3. **공주거리 및 제동거리**
   ① 공주거리 : 페달을 밟아 슈가 드럼에 접촉, 브레이크가 듣기 시작할 때까지의 주행거리
   ② 제동거리(마찰계수에 따른)

$$Sf = \frac{v^2}{2 \cdot \mu \cdot g}$$

여기서, Sf = 제동거리(m)
v = 차의 속도(m/sec)
g = 중력가속도(9.8m/sec^2)
μ = 바퀴와 노면의 마찰계수

   ③ 제동거리(법규)

$$Sr = \frac{V^2}{100} \times 0.88$$

여기서, Sr = 제동거리(m)
V = 차의 속도(km/h)

(※제동거리 : 제동이 시작되어 차가 정지할 때까지의 거리)
4. **정지거리 = 공주거리 + 제동거리**

03 배력장치

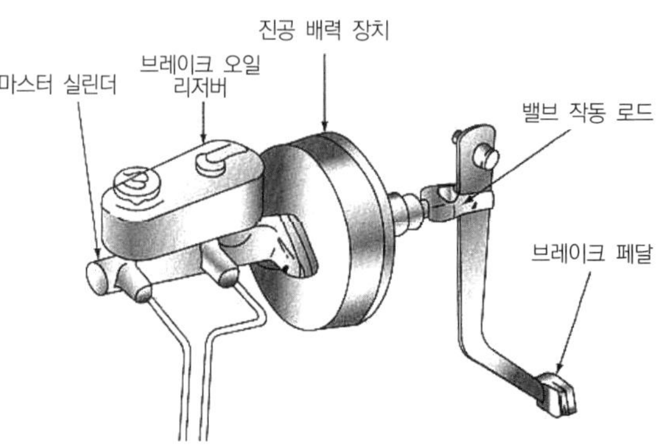

[그림 3-250] 진공 배력 장치

1 개요

유압 브레이크에서 조작력을 감소하고, 높은 제동력을 확보하기 위한 장치

2 구분

① 흡기다기관의 **부압과 대기압의 압력차**를 이용(**하이드로 백**)

② 압축공기의 **압력과 대기압의 압력차**를 이용(**하이드로 에어백**)

3 종류

(1) 진공식(하이드로 백 & 마스터 백)

① 기능

㉠ 흡기다기관의 진공(부압)과 대기압의 압력차를 이용

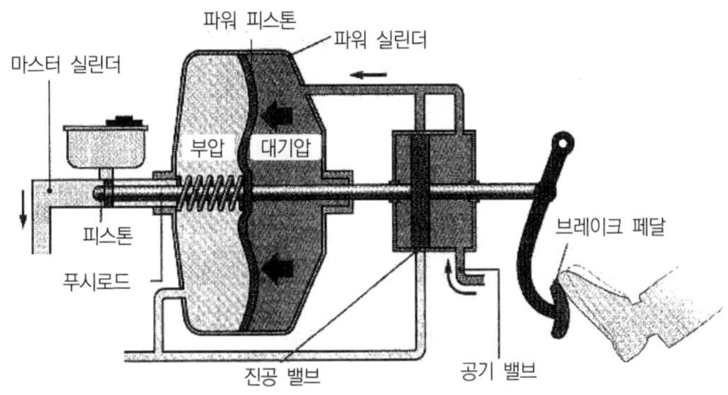

[그림 3-251] 진공식 배력장치 외 구조(일체형)

㉡ 정상 작동 시 흡기다기관의 압력과 대기압은 $1cm^2$당 0.7kgf 압력차가 발생

㉢ 이 압력차를 동력 피스톤에 작용시켜 배력

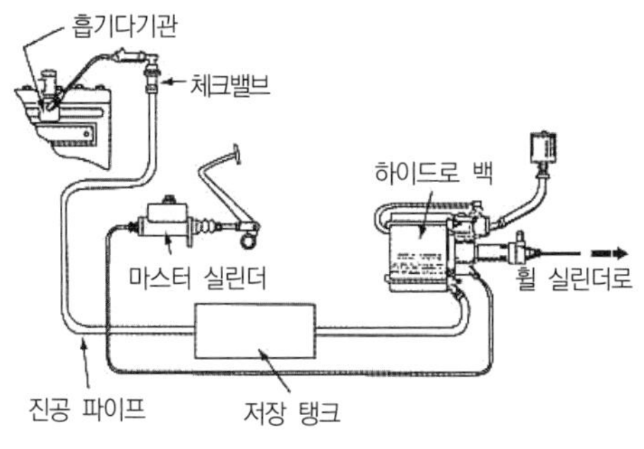

(a) 진공 배력 브레이크

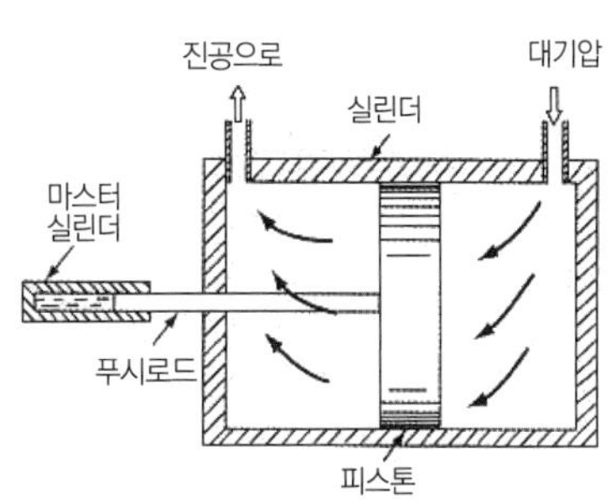

(b) 진공 배력 장치의 원리

[그림 3-252] 진공식 배력장치의 원리

② 구성

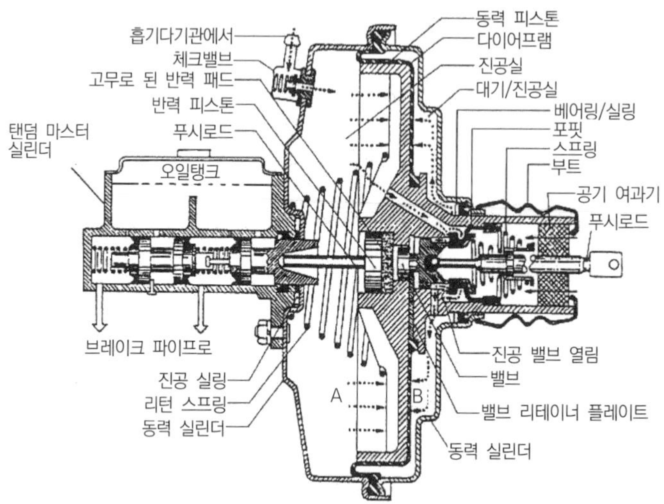

[그림 3－253] 배력장치의 구성

㉠ 하이드롤릭 피스톤부 : 동력 피스톤이 작동 시 회로 내의 유압을 더욱 배가시킴

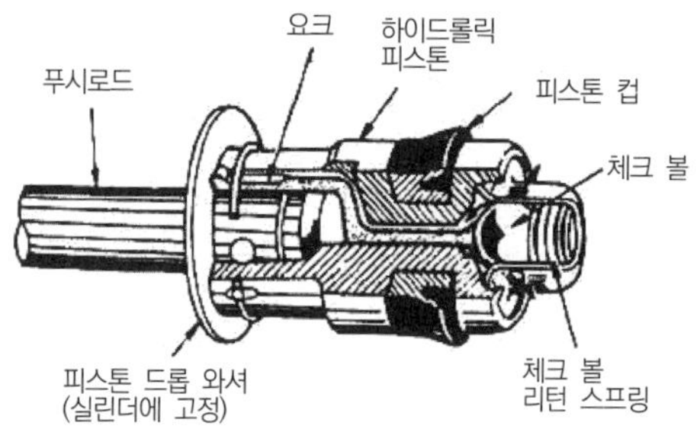

[그림 3－254] 하이드롤릭 피스톤

㉡ 릴레이부

- 릴레이 피스톤 : 마스터 실린더의 유압으로 다이어프램을 작동
- 다이어프램(막) : 피스톤의 운동을 받아 진공 밸브와 공기 밸브를 작동
- 진공 밸브
  - **대기압실과 진공실을 개폐**
  - 페달을 밟으면 진공 밸브 닫히고 페달을 놓으면 열림
- 공기 밸브
  - **대기와 대기압실을 개폐**
  - 페달을 밟으면 공기 밸브 열리고 페달을 놓으면 닫힘

㉢ 동력 실린더부 : 배력을 발생하여 하이드롤릭 피스톤을 작용

- 진공실 : 흡기다기관과 연결(항시 진공작용)

- 대기압실 : 제동 시 대기가 흡입되는 곳
- 동력 피스톤 : 대기압 작용 시 하이드롤릭 피스톤을 밀어 줌
- 리턴 스프링 : 제동력 해제 시 동력 피스톤을 원위치로 복귀(원뿔 스프링)

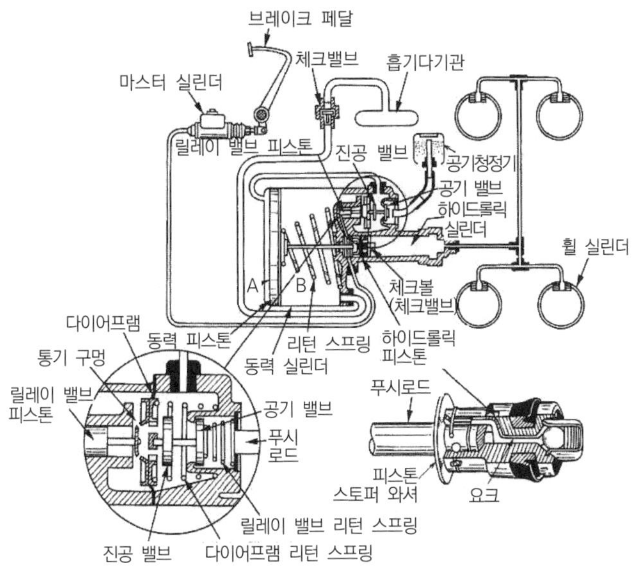

[그림 3－255] 진공식 배력장치의 릴레이부 및 동력 실린더부

③ 작용

㉠ 브레이크 페달을 밟았을 때

- 브레이크 페달을 밟으면 마스터 실린더의 유압이 릴레이 피스톤을 밀어 올린다.
- 릴레이 피스톤이 다이어프램을 밀어 올리면 다이어프램과 푸시로드에 설치된 진공 밸브가 닫힌다.
- 이때 진공실과 대기압실이 차단된다.
- 푸시로드를 더 밀어 올리면 공기 밸브가 열리면서 대기압이 대기압실로 유입된다.
- **대기압실의 대기압과 진공실의 흡기다기관 진공의 압력차에 의해** 동력 피스톤이 밀어 올려지며 제동력을 증대시킨다.

㉡ 브레이크 페달을 놓았을 때

- 브레이크 페달을 놓으면 릴레이 피스톤에 작용하던 압력이 제거되고, 다이어프램 리턴 스프링의 힘으로 다이어프램이 되돌아오게 되면 공기 밸브가 닫혀 대기와 대기압실을 차단한다.
- 다이어프램이 완전히 되돌아오면 대기압실과 진공실이 통하게 되어 대기압실의 공기가 진공실을 거쳐 흡기다기관으로 유입된다.
- **대기압실과 진공실의 압력이 같게 되면 동력 피스톤 리턴 스프링에 의해 동력 피스톤이 복귀**되어 제동력이 해제된다.
- 배력장치가 고장나도 원래의 유압은 작용한다.

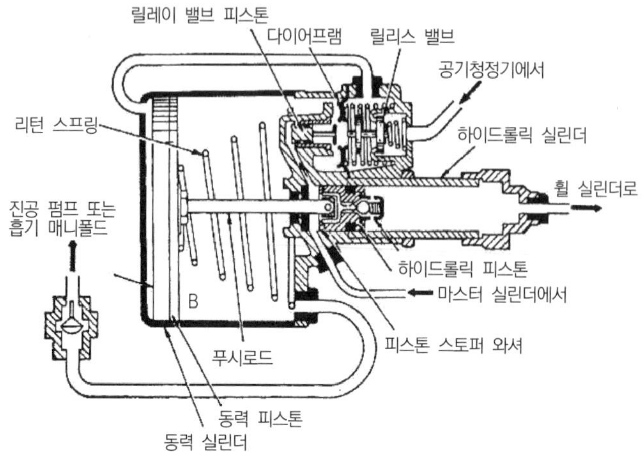

(a) 작동 전 제동 배력 장치의 상태

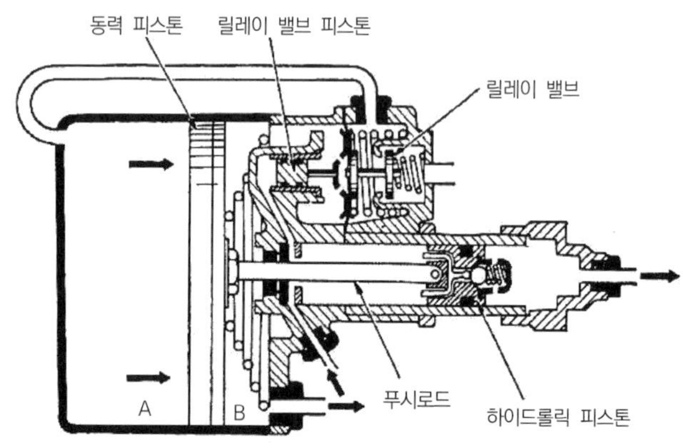

(b) 작동 중인 제동 배력 장치의 상태

[그림 3-256] 하이드로 백의 작동

④ 종류

㉠ 하이드로 백(분리형) : 마스터 실린더와 분리된 것으로 **설치 위치**가 **자유**롭다.

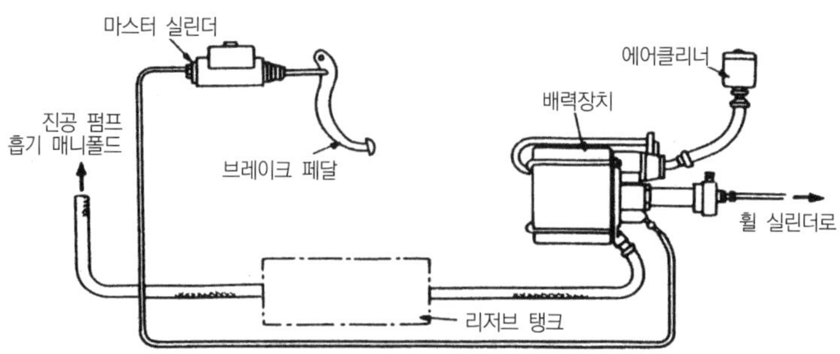

[그림 3-257] 진공식 분리형 배력장치 구성도

ⓛ 마스터 백(마스터 일체형, 부스터) : 마스터 실린더와 일체로 된 것으로 페달과 마스터 사이에 설치되어 **크기에 제한**을 받으며 페달을 밟는 제동력을 보조하는 역할을 하며 **소형차에서 사용**한다.

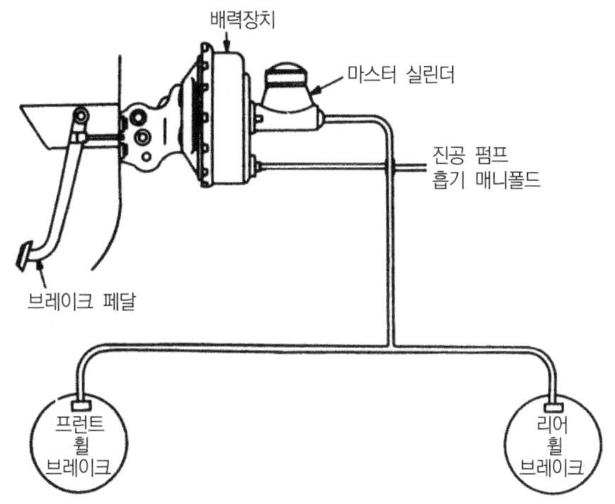

[그림 3-258] 진공식 일체형 배력장치의 구성도

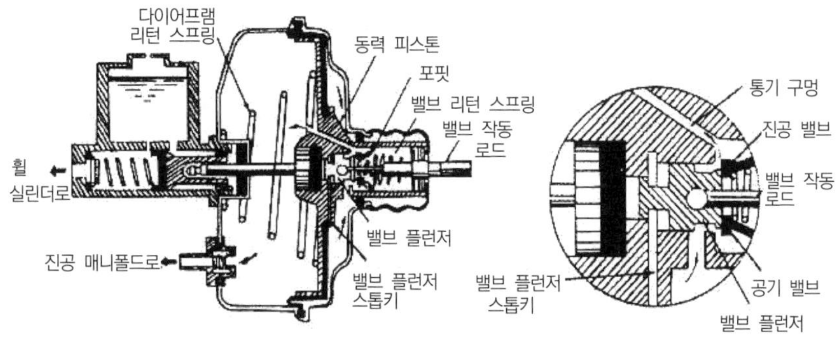

(a) 작용하지 않을 때

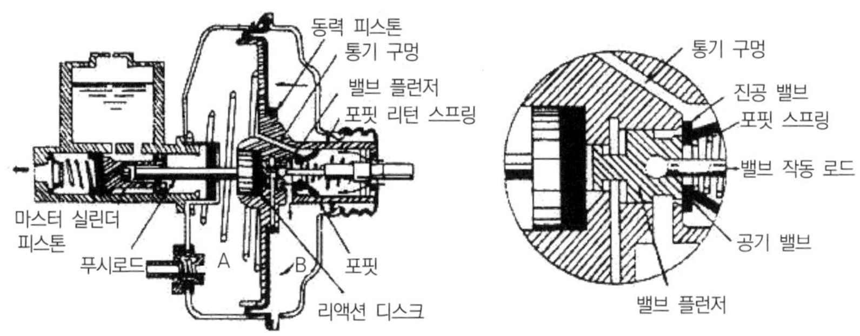

(b) 작용할 때

[그림 3-259] 마스터 백(마스터 일체형)의 작용

(2) 공기식(하이드로 에어백)

① **압축공기의 압력과 대기압의 압력차**를 이용

② 모든 구조와 작동은 진공식과 같음

③ 압축공기를 이용하기 때문에 압력 발생이 큼

④ 크기가 작아도 충분한 배력 발생

⑤ **대형차**에서 사용

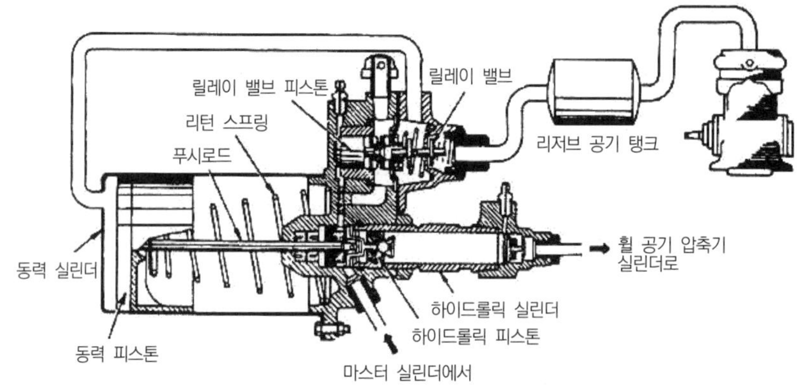

[그림 3-260] 하이드로 에어백의 구성

4 배력식 제동장치의 특징

① 조작력이 작아도 됨

② 운전자의 피로 경감

③ 강력한 제동력 발생

④ 배력장치에 고장 발생 시 유압 브레이크는 작용

⑤ 차체 중량에 영향이 적음

⑥ 구조가 복잡

⑦ 가격이 고가

⑧ 정비 면에서 불리

5 고장 진단 및 정비

(1) 공기빼기

① 유압식 브레이크 : 마스터 실린더에서 먼 곳부터 작업

② 배력식 브레이크 : 마스터 실린더에서 가까운 곳부터 작업

③ 작업 방법

㉠ 페달을 여러 번 밟은 후 그대로 밟고 있는다.

㉡ 휠 실린더 블리더 스크루를 풀고 공기와 함께 오일을 빼낸다.

㉢ 블리더 스크루를 잠근다.

㉣ 페달을 놓았다가 다시 여러 번 밟는다.

㉤ 공기가 완전히 제거될 때까지 계속한다.

㉥ 공기 블리더 스크루를 잠그기 전에 페달을 놓아서는 안 된다.

④ **스펀지 현상** : 유압회로 내에 공기가 혼입되면 페달을 밟았을 때 압력이 발생되지 않고 여러 번 반복하여 밟아야만 어느 정도 압력이 발생하는 현상으로 회로 내에 공기가 혼입되면 베이퍼 록 현상이 발생되기 쉽다.

(2) 브레이크가 한쪽으로 쏠린다.

① 브레이크 슈의 조정 **불량**
② 브레이크 파이프의 **막힘**
③ 휠 실린더 컵의 불량
④ 슈 리턴 스프링의 불량
⑤ 배킹판의 고정 볼트 이완
⑥ 드럼의 불평형

(3) 제동 시 소음 발생

① 라이닝의 표면 경화
② 라이닝의 마멸
③ 마찰계수의 저하
④ 슈의 조립 불량

(4) 페달의 유격이 크다.

① 베이퍼 록 발생
② 오일의 **누설**
③ 오일의 **부족**
④ 라이닝의 마모
⑤ 드럼과 슈의 간극 조정 불량(**간극 과다**)
⑥ 푸시로드의 조정 불량
⑦ 회로 내의 잔압 저하

(5) 브레이크가 잘 풀리지 않는다.

① 마스터 실린더 **리턴 구멍의 막힘**
② 슈 리턴 스프링의 **쇠손 및 절손**
③ 마스터 실린더, 피스톤 리턴 스프링의 쇠손 및 절손
④ 페달 리턴 스프링의 쇠손 및 절손
⑤ 마스터 **푸시로드의 조정 불량**(길이가 김)
⑥ 휠 실린더 피스톤 컵의 **팽창**

04 공기 브레이크

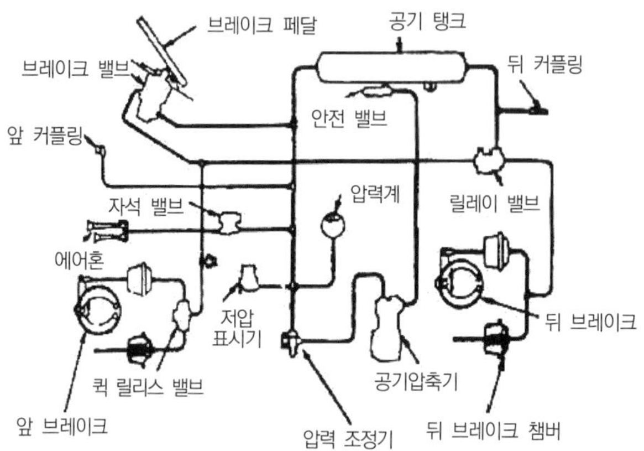

[그림 3-261] 공기 브레이크 회로도

1 개요

유압 대신에 압축공기의 압력을 이용하여 슈를 작동한다.

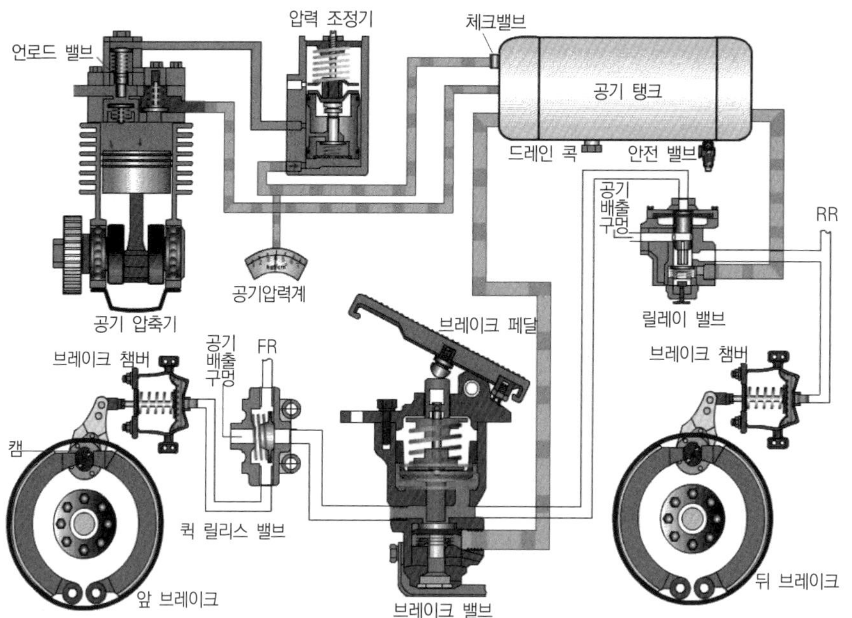

[그림 3-262] 공기 브레이크 계통도

2 구성 및 기능

(1) 압축공기 계통

① **공기 압축기(Air Compressor)** : 엔진에 의해 구동되고 **압축공기를 생산**

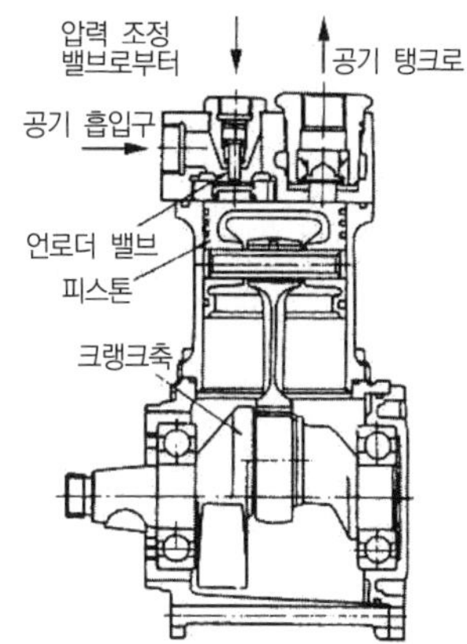

[그림 3-263] 공기 압축기의 구조

② 언로더 밸브(Unloader Valve)

㉠ 공기 압축기의 흡입 밸브에 설치

㉡ 공기 탱크 내의 압력이 8.5kgf/cm²에 이르면 압축작용을 정지시킴

㉢ **규정 압력 이상되면 공기 압축기를 무부하 운전**시킴

③ 압력 조정기(Air Pressure Regulator)

㉠ 공기 저장 탱크 내의 압력을 조절

㉡ 탱크 내 **압력을 5~7kgf/cm²로 유지**시키는 역할

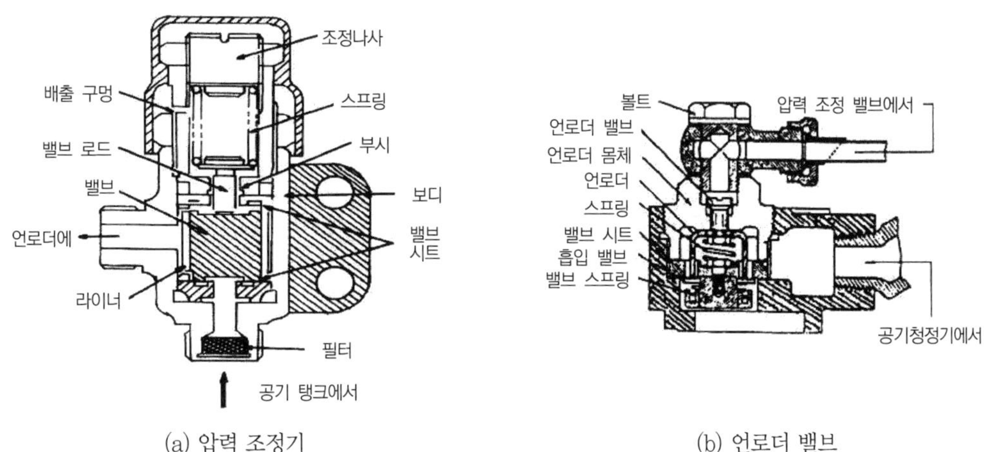

(a) 압력 조정기 (b) 언로더 밸브

[그림 3-264] 압력 조정기와 언로더 밸브

④ **공기 탱크(Air Reservoir)**

㉠ 압축공기를 저장하는 탱크

㉡ 구성

- 안전 밸브 : 탱크 내 압력이 **규정값(7~8kgf/cm^2) 이상이 되면 공기를 배출**하여 탱크를 보호한다.
- 체크밸브 : 공기 압축에서 압축공기가 보내질 때만 열려, 공기 탱크의 **공기가 압축기로 역류되는 것을 방지**한다.
- 드레인 코크 : 탱크 내의 수분 등을 제거하기 위해서

(2) 제동계통

① **브레이크 밸브(Brake Valve)** : 브레이크를 밟은 정도에 따라 릴레이 밸브를 작동(제동력 조절)

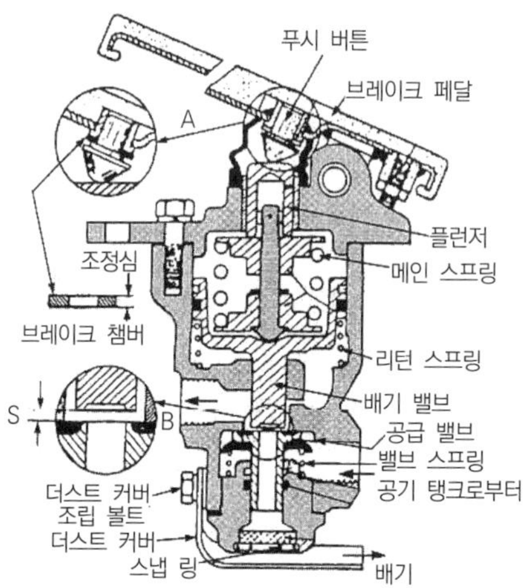

[그림 3-265] 브레이크 밸브의 구조

② **릴레이 밸브(Relay Valve)** : 브레이크 밸브에서 공급된 **압축공기를 브레이크 챔버에 직접 공급**하는 역할

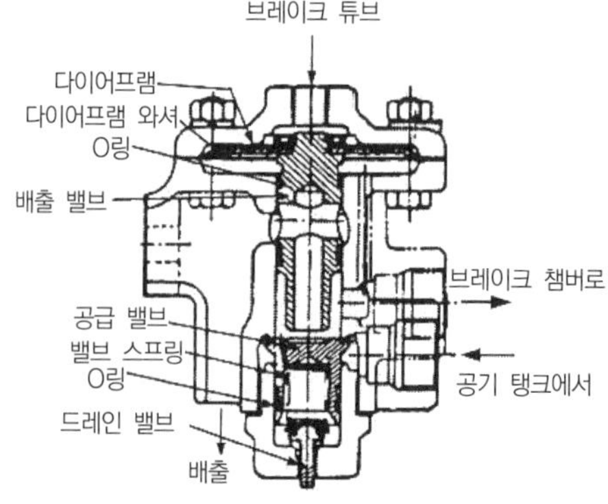

[그림 3-266] 릴레이 밸브의 구조

③ 브레이크 챔버(Brake Chamber) : **압축공기(공기압력)가 기계적 에너지**로 바뀌는 부분

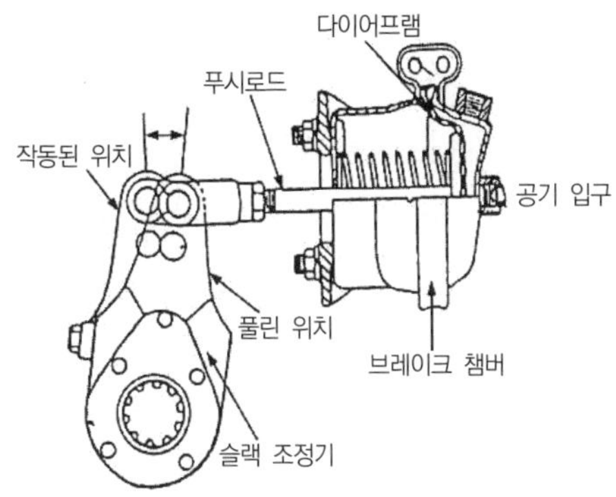

[그림 3-267] 브레이크 챔버의 구조

④ 캠(Cam) : 브레이크 슈를 팽창, 즉 **브레이크 슈를 드럼에 압착**시켜 제동력을 발생
(※유압식 브레이크의 휠 실린더를 대신하는 라이닝 슈 확장기구)

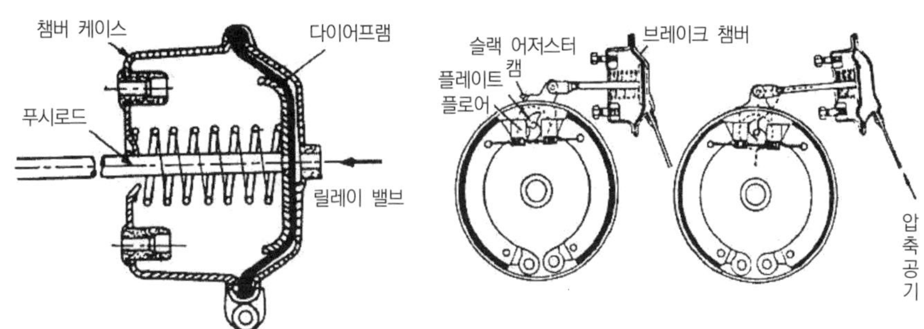

[그림 3-268] 브레이크 챔버와 캠

⑤ 퀵 릴리스 밸브(Quick Release Valve) : 양쪽 앞 브레이크 챔버에 설치되어 **브레이크 해제 시 압축공기를 신속히 대기 중에 배출**시키는 역할

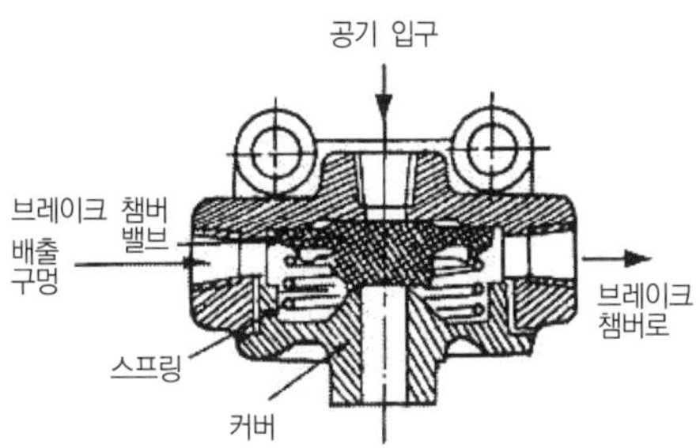

[그림 3-269] 퀵 릴리스 밸브의 구조

3 공기 브레이크의 장단점

(1) 장점

① 차체 중량에 제한을 받지 않는다.

② 공기가 일부 누출되어도 성능에 지장이 없다(압축공기를 계속 만들어냄).

③ 오일을 사용하지 않기 때문에 **베이퍼 록이 발생되지 않는다**.

④ 페달을 밟은 양에 따라서 제동력이 증가되므로 조작하기 쉽다.

⑤ 압축공기의 압력을 높이면 더 큰 제동력을 얻을 수 있다.

⑥ 압축공기 작동기구를 사용할 수 있다(혼, 와이퍼, 공기 스프링 등의 부속기기).

(2) 단점

① 제작비가 비싸다.

② 시스템이 복잡하다.

③ **엔진 출력이 소모**된다. ☞ 공기 압축기 구동

④ 엔진의 출력을 이용하여 공기를 압축하므로 **연료소비율**이 많다.

05 ABS 장치

1 개요

(1) 특징

① 급제동 시 전륜 **고착으로 인한 조향 능력 상실 방지**

② 후륜 고착인 경우 차체 미끄러짐으로 인한 차체 전복 방지

③ 차륜 고착으로 인한 제동거리 증대 방지

④ 눈길, 미끄러운 길에서 조향능력과 제동 안전성 유지

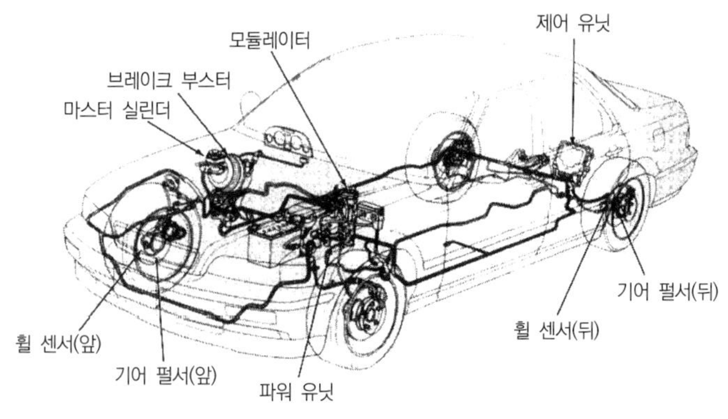

[그림 3-270] ABS 구성부품

(2) ABS의 제동 특성

① **직진 주행 시의 특징(한쪽 바퀴는 건조한 노면에 위치한 상태에서 제동할 때)** : 제동 시 각 바퀴가 독립적으로 제어되므로 직진 상태로 제동이 되고 제동거리가 단축된다.

② **선회 시의 특징(자동차가 커브길을 선회할 때 급제동 시)** : 제동 시 바퀴의 고착이 방지되어 선회 곡선을 따라 운전자의 조작대로 주행할 수 있다.

③ **ABS의 기능**

㉠ 방향 안정성 유지　　㉡ 조향 안정성 유지　　㉢ 제동거리 단축

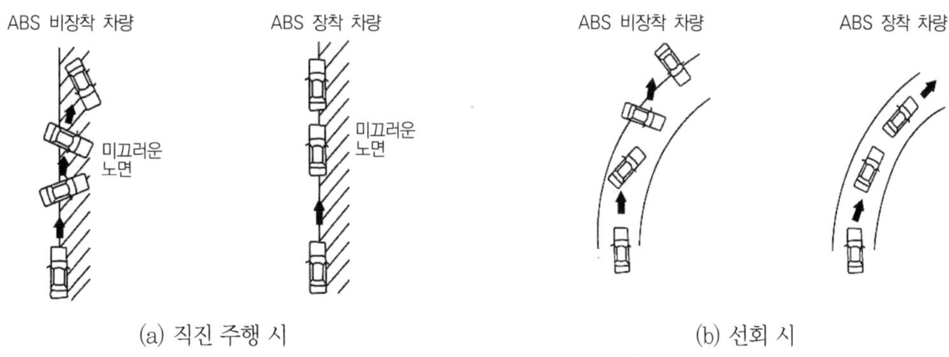

[그림 3-271] ABS 장착 차량의 특성

2 ABS의 구성과 기능

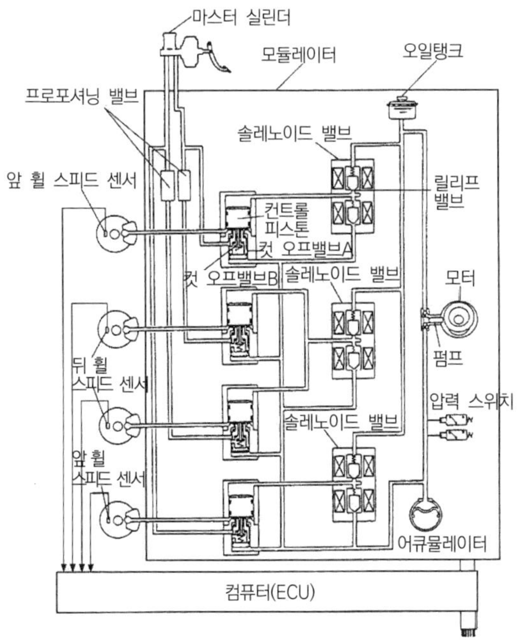

[그림 3-272] ABS System의 부품 구성도

(1) 휠 속도 센서(wheel speed sensor)

① 각 바퀴마다 설치한다.

② 허브와 함께 회전하는 톤 휠의 회전속도를 **바퀴의 회전속도로 검출하여** ABS ECU**에 입력**시킨다.

③ 휠의 회전속도를 검출하여 바퀴의 록업(Lock-UP)을 감지한다.

④ 스피드 센서의 폴 피스에 이물질이 붙어 있으면 바퀴의 회전속도 감지능력이 저하된다.

⑤ **마그네틱 픽업 코일 방식과 액티브 센서 방식(홀 센서)**이 있다.

⑥ **조정이 불가한 비조정 센서**이다.

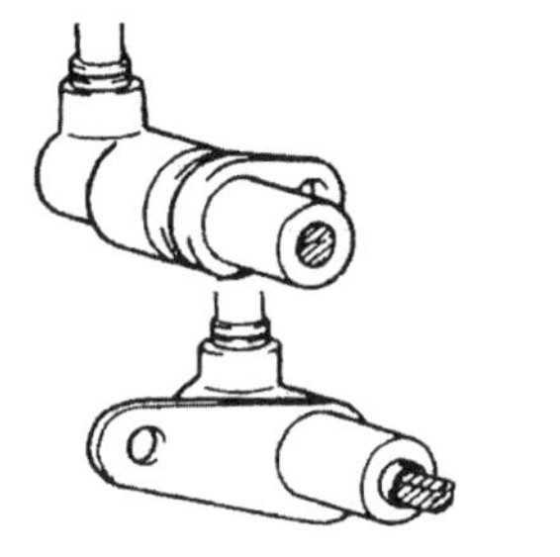

(a) 휠 스피드 센서의 외형

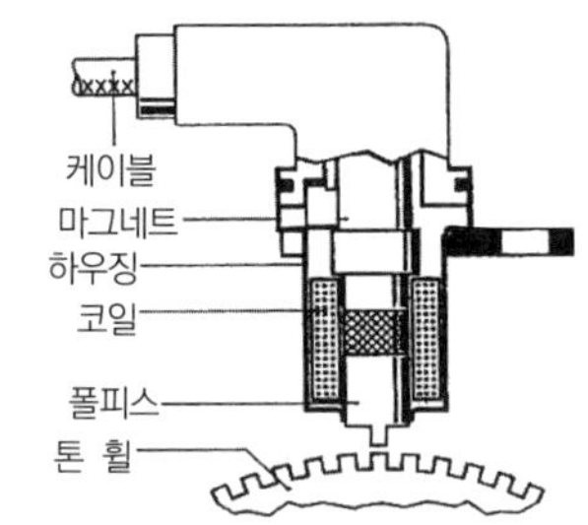

(b) 휠 스피드 센서의 내부 구조

[그림 3-273] 휠 스피드 센서의 외형 및 휠 스피드 센서의 내부 구조

(2) 컴퓨터(ECU : Electronic Control Unit)

① 휠 속도 센서의 신호에 의해 바퀴의 회전속도를 검출, 제동작용을 할 때 바퀴가 고착될 가능성이 있다고 판단되면 유압기구(하이드롤릭 유닛)의 **각 솔레노이드 밸브를 작동시켜 제동장치의 유압을 제어**한다.

② 즉, 각 바퀴가 고정(Lock-up)되지 않도록 하이드롤릭 유닛을 제어하여 휠 실린더의 유압을 적절하게 조절한다.

③ 전자제어 제동장치의 컨트롤 유닛(ECU) 기능

㉠ 각 센서의 고장 유무 감지

㉡ 유압기구(하이드롤릭 유닛)를 제어하여 바퀴의 고착(잠김) 방지

㉢ 휠 속도 센서의 정보 입력

④ 전자제어 제동장치의 컨트롤 유닛(ECU)의 보조 기능

㉠ 페일 세이프(Fail-Safe) 기능 : 브레이크 스위치, 주차 브레이크 스위치, 압력 스위치 등의 신호를 받아 ABS의 작동 상태를 검출하여 계통에 결함이 발생된 경우에는 ABS 기능을 차단하여 기본 제동장치로 작동하도록 함

㉡ 자기 고장 진단 기능

㉢ 펌프 모터의 제어 기능

(3) 하이드롤릭 유닛(HCU : Hydraulic Control Unit, 유압 조정기 또는 모듈레이터)

① 마스터 실린더에서 발생된 유압을 받아 ECU의 신호에 의해 **브레이크에 알맞은 유압으로 분배**하는 장치

② **모듈레이터(modulator)**라고도 하며, ECU의 제어 신호에 의해 **각 휠 실린더에 작용하는 유압을 조절**한다.

③ 컴퓨터의 신호를 받아 유압을 유지, 감압 · 증압시키는 작용을 하는 부품이다.

④ **유압 모듈레이터(유압 조절 장치)의 구성요소**

㉠ 솔레노이드 밸브 : 일반 브레이크 회로와 ABS 브레이크 회로를 **개폐시키는 역할**을 한다.

㉡ 어큐뮬레이터 : 감압 시에는 일시적으로 **오일을 저장하고, 증압 시에는 휠 실린더로 오일을 공급**한다.

㉢ 체크밸브 : 어큐뮬레이터에 저장된 **오일을 제어 밸브에 보내는 역할**을 한다.

㉣ 프로포셔닝 밸브

- 바퀴가 조기에 고착되지 않도록 뒷바퀴의 브레이크 **유압을 제어**하는 밸브
- 제동장치에서 고장이 발생하였을 때 뒷바퀴의 잠김으로 인한 스핀 방지

㉤ 딜레이 밸브(Delay Valve) : 자동차가 급제동할 때 뒤 휠 실린더 쪽으로 전달되는 **유압을 지연시켜 차량의 쏠림을 방지**한다.

㉥ 리미팅 밸브(Limiting Valve) : 급제동 시 마스터 실린더에 발생하는 유압이 일정압 이상이 되면 뒤 휠 실린더 쪽으로 전달되는 **유압 상승을 제어**한다.

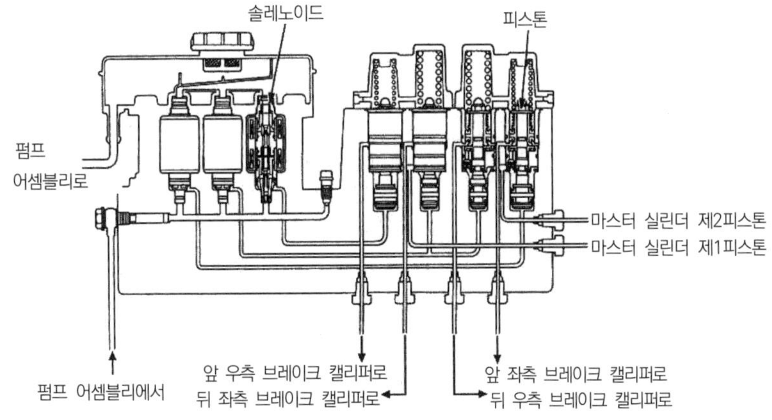

[그림 3-274] 모듈레이터의 구조

(4) 펌프 어셈블리

① 펌프 어셈블리는 모터, 여과기, 가이드, 피스톤 로드 및 실린더 보디 등으로 구성

② ABS가 작동할 때 유압을 발생시켜, 모듈레이터로 압송하는 역할

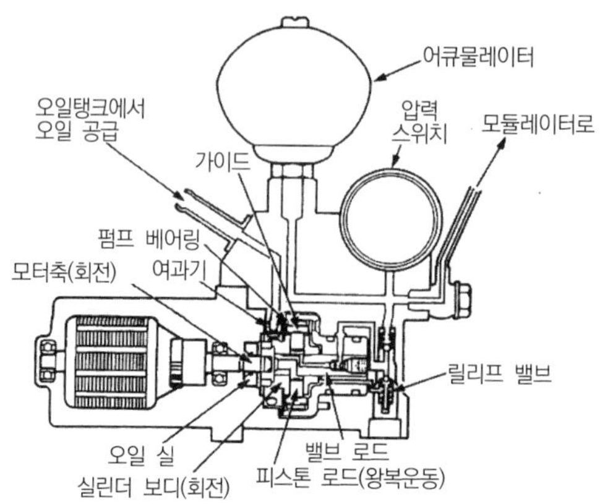

[그림 3-275] 펌프 어셈블리의 구조

(5) ABS 경고등

ABS 관련 시스템에 이상이 발견되면 계기판에 장착된 ABS 경고등을 점등시켜 운전자에게 이상을 알려 줌과 동시에 제동할 때 일반 브레이크 시스템으로 작동됨을 의미한다.

참고

ABS 경고등의 점등 조건

- 펌프모터의 작동 시간이 일정 시간을 초과한 때
- 주차 브레이크 레버를 해제시키지 않고 30초 이상을 주행한 때
- 주행 중 뒷바퀴가 고착된 때
- 주행 중 어느 한쪽 바퀴의 휠 스피드 센서의 출력값에 이상이 있는 때
- 솔레노이드 밸브의 작동 시간이 일정 시간을 초과한 때
- 솔레노이드 밸브 회로가 단선된 때
- 10km/h 또는 그 이상의 속도로 주행 중 ABS가 작동을 실행 중 솔레노이드 밸브 출력이 검출되지 않을 때

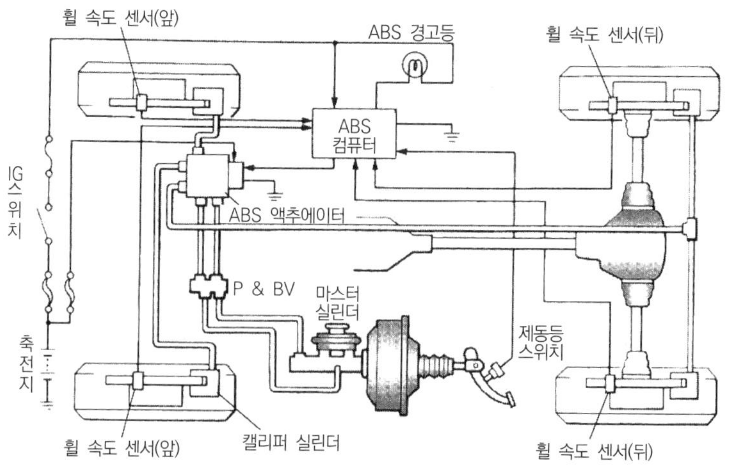

[그림 3-276] ABS 시스템 계통도

3 ABS의 원리에 관계되는 조건

① 마찰계수(노면의 조건)

② 바퀴속도

③ 자동차 속도

④ 미끄럼률

$$\text{미끄럼률} = \frac{\text{자동차 속도} - \text{바퀴 속도}}{\text{자동차 속도}} \times 100$$

4 점검 정비

(1) 고장 진단

ABS는 자기 진단 능력을 구비하고 있으며, 이상이 발생되면 진단 시스템은 고장 개소를 점검하여 ECU에 기억하고 이와 동시에 ABS 경고등을 통해 결함 내용을 운전자에게 알려준다.

(2) 초기 점검

초기 점검은 **모듈레이터 작동음을 들어보아 모터펌프의 소리와 솔레노이드의 딸깍거림** 등을 들어본다.

(3) 자기 진단에 의한 점검

① **축전지 전압 검사** : 축전지 전압은 반드시 9~16V일 것

② **경고등 점검** : 점화스위치를 ON으로 하고 ABS 경고등이 1초 동안 켜지는가 점검한다.

③ 자기 진단 테스터를 사용한다.

참고

에어빼기 작업(ABS 장착 차량)

- ABS 시스템을 장착 또는 수리 후에 브레이크 라인의 누유를 확인한다.
- 캘리퍼에 에어빼기 작업을 일반 브레이크와 동일하게 실시한다.
- 자기 진단 테스터를 연결한다.
- 점화스위치를 ON 위치로 하되 시동은 걸지 않는다.
- 에어블리드 스크루를 돌려 에어빼기 작업을 한다.
- 에어빼기 작업 중 브레이크 오일탱크의 오일을 수시로 점검 보충한다.
- 자기 진단 테스터를 사용하여 적당히 밸브를 작동시킨다.
- 브레이크 오일이 흘러나올 때까지 한 번에 1개의 에어블리드 스크루만 풀어 에어빼기 작업을 한다.

06 EBD(Electronic Brake-force Distribution)

1 EBD 개요

승차인원이나 적재하중에 맞추어 앞뒤 바퀴에 적절한 제동력을 자동으로 배분함으로써 안정된 브레이크 성능을 발휘할 수 있게 하는 **전자식 제동력 분배 시스템**

(1) 필요성

주행 중 급제동 시 차량 중량의 이동으로 인하여 후륜이 전륜보다 먼저 잠겨 스핀 발생으로 인한 사고를 야기시킬 수 있다. 이에 대한 대응책으로 프로포셔닝 밸브 또는 LCRV를 장착하여 후륜의 브레이크 압력을 전륜에 비해 감소시켜 후륜의 선행 록을 방지하였다.

하지만 기계적인 프로포셔닝 밸브나 LCRV 또는 LSPV만 가지고는 일정한 액압배분 곡선만 유지되어 이상적인 제동을 수행할 수 없었다. 프로포셔닝 밸브, LCRV, LSPV 등의 고장은 운전자가 알 수 없으며, 이때에는 급제동 시 차체의 스핀이 발생될 수 있다.

위와 같은 문제점 해소를 위하여 **후륜이 전륜과 동일하거나 또는 늦게 록(lock)되도록 ABS ECU가 제어하게 되는데, 이를 EBD(Electronic Brake−force Distribution) 제어**라 한다.

(2) 제동력 배분장치

① **프로포셔닝 밸브**(Proportioning valve, P밸브) : 제동 시 관성에 의해 차량의 무게중심이 앞으로 쏠리기 때문에 킥 브레이크가 먼저 작동하여 스핀의 우려가 발생한다. 따라서 **뒷 브레이크의 작동 유압을 감소**시켜 보내는 장치이다.

② **로드센싱 프로포셔닝 밸브**(LSPV : Load Sensing Proportioning valve) : 화물차의 경우 화물 적재량에 따라 뒷바퀴에 걸리는 하중이 달라지므로 뒷차축 하중에 따라 후륜의 휠 실린더로 보내는 유압의 세기를 조정한다.

③ EBD(Electronic Brake−force Distribution) : 프로포셔닝 밸브는 기계적으로 제동력을 분배하지만 EBD 시스템은 **ABS 내의 별도로 추가된 로직으로 뒤 브레이크 유압을 제어하는 기능을 수행**하여 차량의 조정 안정성과 브레이크 성능을 향상시키는 역할을 한다.

2 EBD 제어의 효과

① 기존 프로포셔닝 밸브에 대비해 후륜의 제동력을 향상시키므로 제동거리가 단축된다.

② 후륜의 액압을 좌우 각각 독립적으로 제어를 가능하도록 하여 선회 제동 시 안정성이 확보된다.

③ 브레이크 페달의 답력이 감소된다.

④ 제동 시 후륜의 제동 효과가 커지므로 전륜 브레이크 패드의 마모 및 온도 상승 등이 감소되어 안정된 제동 효과를 얻을 수 있다.

⑤ **프로포셔닝 밸브가 삭제**되었다.
⑥ 기존의 브레이크 장치에 대비하여 제동거리가 짧아진다.
⑦ 고장 시 운전자에게 상기함으로 운전상 안정성이 많이 확보되었다.

3 EBD의 안전성

① ABS 고장의 원인 중 다음과 같은 사항에서도 EBD는 계속 제어되므로 ABS 고장율이 감소된다.
  ㉠ 휠 스피드 센서 1개의 고장
  ㉡ 모터 펌프의 고장
  ㉢ 저전압으로 인한 고장
② 프로포셔닝 밸브의 고장 시 운전자가 알 수 있는 경고장치가 없어 운전자가 고장 여부를 알 수 없다. 만약 고장난 상태로 급제동 시 차체의 스핀이 발생될 수 있으나 EBD 고장 시에는 기존의 주차 브레이크 경고등을 점등하여 운전자에게 EBD 고장을 경고하여 운전자로 하여금 수리를 할 수 있도록 한다.

07 TCS(Traction Control System)

1 개요

TCS(Traction Control System)는 **출발 및 가속 시 바퀴가 헛도는 것을 방지하고 차량의 가속, 등판능력을 최대화** 시키는 장치이다. TCS는 다음과 같은 기능을 수행한다.

① 출발 및 가속 시 안전성 확보
② 저마찰에서의 안전성 및 구동력 향상
③ 가속, 등판능력 최대화

2 TCS 제어

(1) 슬립(Slip) 제어

미끄러운 노면에서 피동륜 속도와 구동륜 속도 또는 좌우 바퀴의 속도를 검출 · 비교하여 엔진 출력, 브레이크를 제어하여 가속성능을 확보한다.

(2) 트레이스(Trace) 제어

선회 가속 시 구동력 및 제동력을 제어하여 조향성능을 향상시킨다.

3 TCS의 종류

(1) ETCS(Electronic Throttle Control System)

엔진의 출력을 조절하여 제어하는 방식으로, 아래 3가지 방식으로 엔진토크를 제어한다.

① 엔진 제어

㉠ 점화시기 지연

㉡ 연료분사 저감 또는 커트

② 스로틀 개도 제어 : 밸브의 개폐

(2) BTCS(Brake Traction Control System)

TCS를 제어 시 엔진토크는 제어하지 않고 **브레이크 제어**만을 수행하는 방식이다.

(3) FTCS(Full Traction Control System)

ABS ECU가 TCS 제어를 함께 수행하며 바퀴의 휠 스피드 센서의 신호에 의해 구동바퀴의 미끄럼을 검출하면 브레이크 제어와 엔진 ECU와 통신하여 엔진 회전력을 감소하여 바퀴의 슬립을 방지한다.

4 TCS의 기능

(1) 눈길, 얼음길 등의 저마찰로 주행 시

노면 또는 타이어 마찰계수가 극히 적고 아주 미끄러지기 쉬운 노면에서는 타이어가 공전하지 않도록 신중한 액셀 조작이 필요하므로 공전 시 운전가가 미세조작을 하지 않아도 **자동적으로 엔진 출력이 낮아지고 공전을 가능한 억제**하여 구동력을 노면에 효율적으로 전달한다.

(2) 일반도로 가속 선회 시, 빠른 속도로 코너링 시

차의 후미가 밀려나가는 tail-out 현상이 발생될 수 있으므로 **액셀 페달을 전개해도 이와 관계없이 엔진 출력을 제어**하여 운전자의 의지대로 안전하게 선회가 가능하게 한다.

08 기타 브레이크

1 주차 브레이크

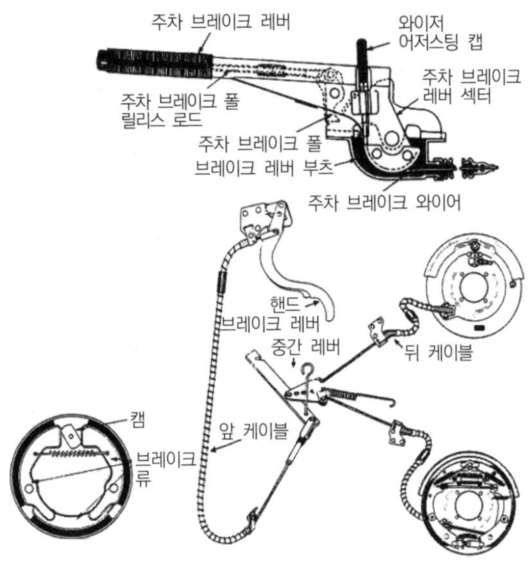

[그림 3－277] 주차 브레이크 장치의 구성

(1) 종류

① 설치 위치에 따라

㉠ 센터 브레이크 : **추진축**에 설치(변속기 출력축의 뒷부분에 설치)

㉡ 휠 브레이크 : **뒷바퀴**에 설치(드럼과 슈를 사용)

② 작동 상태에 따라

㉠ 내부 확장식 : 휠 브레이크(일반 승용차에 사용)

㉡ 외부 수축식 : 센터 브레이크(버스나 트럭에 사용)

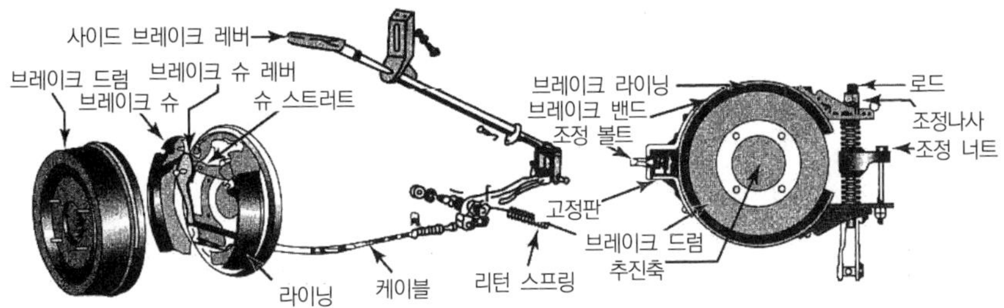

(a) 휠 브레이크(내부 확장식)　　(b) 센터 브레이크(외부 수축식)

[그림 3－278] 설치 위치에 따른 분류

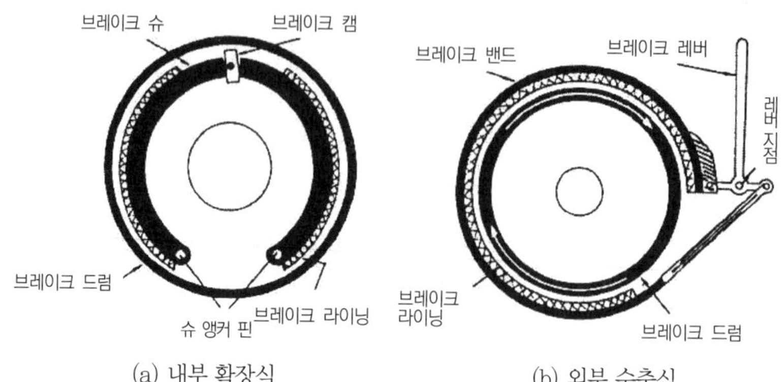

(a) 내부 확장식 (b) 외부 수축식

[그림 3-279] 작동 상태에 따른 분류

(2) 이퀄라이저

휠 브레이크 방식에서 **좌우 제동력을 고르게 분배하기 위한** 장치

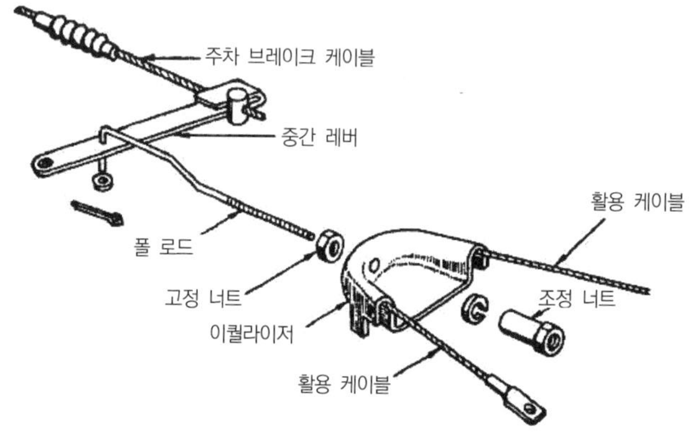

[그림 3-280] 이퀄라이저

(3) 조작기구

(a) 레버식 핸드 브레이크 조작기구 (b) 레버 링크 형식

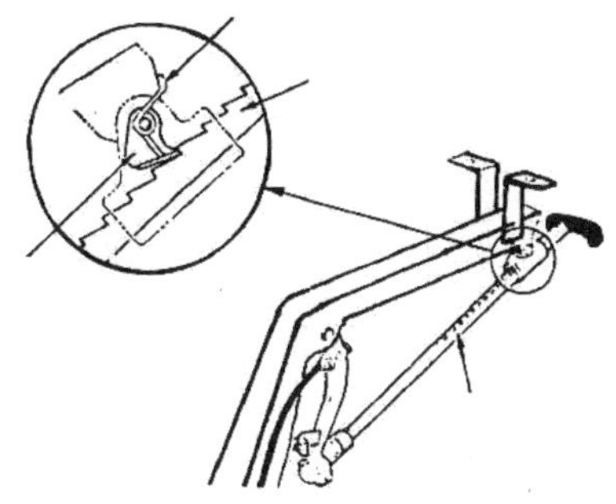

[그림 3-281] 조작기구

① 레버식과 스틱식이 있다.
② 스틱이나 레버 아랫 부분에 래칫을 설치하여 적당한 위치에서 고정하도록 되어 있다.
③ 레버 또는 스틱의 행정은 전 행정의 50~70%에서 제동이 되도록 해야 한다.

(4) 주차 브레이크의 작동

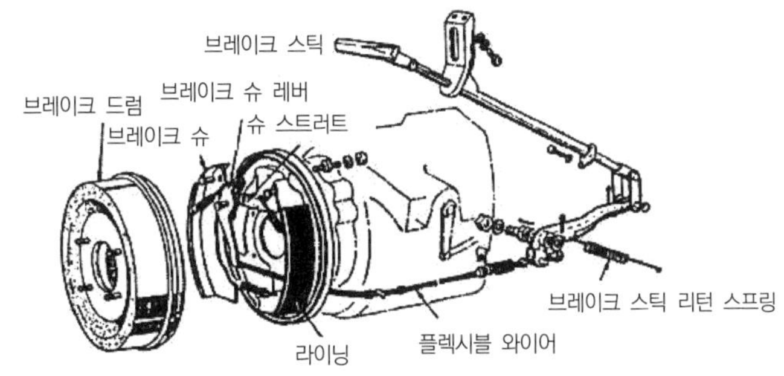

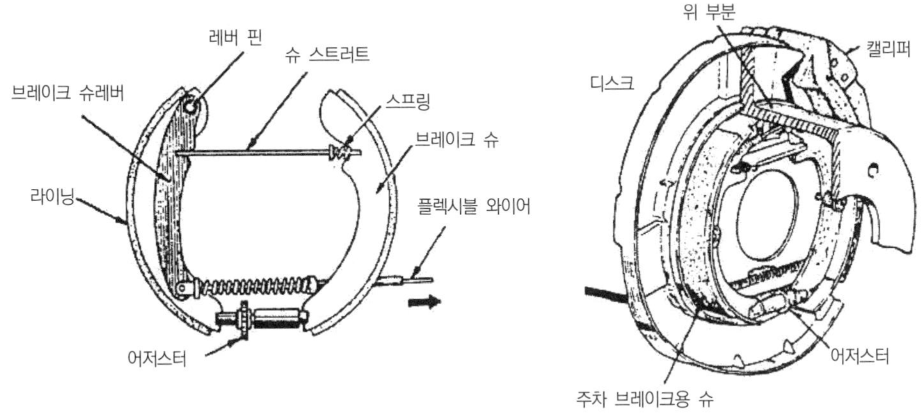

[그림 3-282] 주차 브레이크의 구조(휠 브레이크)

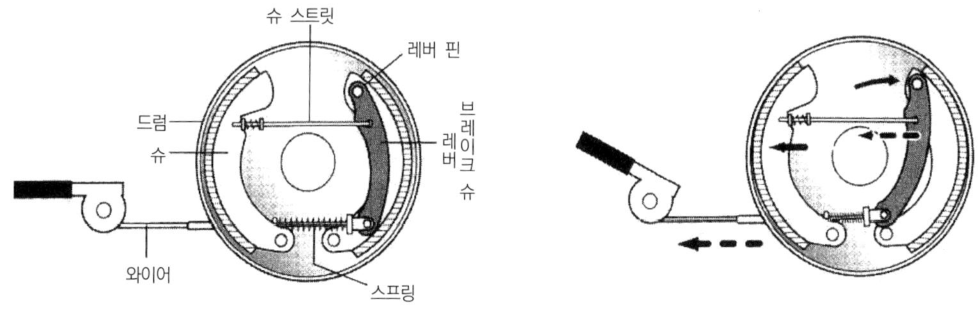

(a) 브레이크 OFF (b) 브레이크 ON

[그림 3-283] 휠식 주차 브레이크의 작동

2 감속 브레이크

(1) 기능

① 제3브레이크 장치라고도 한다.

② 주브레이크의 보조적 장치이다.

(2) 특징

① 주행 시 안전도 향상 및 운전자 피로도 감소

② 주제동장치의 사용 횟수를 줄일 수 있으므로 라이닝 또는 드럼의 마모가 감소

③ 미끄러운 도로에서 제동 시 타이어의 미끄러짐을 감소

④ 클러치 관계 부품의 마모 감소

⑤ 정숙한 제동작용

⑥ 과도한 브레이크 사용으로 인한 페이드 현상과 베이퍼 록 현상을 방지

(3) 종류 및 작용

① 엔진 브레이크

㉠ **기관의 압축행정에 의한 회전저항을 이용**(소극적 방식)

㉡ 긴 언덕길을 내려갈 때 저속 기어로 변속 후 클러치 페달을 밟지 말 것

㉢ 가속 페달을 밟지 말고 주브레이크를 병용

㉣ 엔진 시동을 끄면 엔진 브레이크의 효과가 없어짐

② 배기 브레이크

㉠ **배압에 의한 기관의 회전저항을 이용**(적극적 방식)

㉡ 대형 디젤 기관 등에서 사용

㉢ 버튼이나 레버로 작동

㉣ 배기 파이프의 일부를 막아 배기가스의 배출압력을 증대

㉤ 배압이 너무 커져 흡기다기관으로 역화되는 것을 방지하는 장치를 설치

㉥ 디젤 기관에서는 연료를 차단하는 장치를 설치

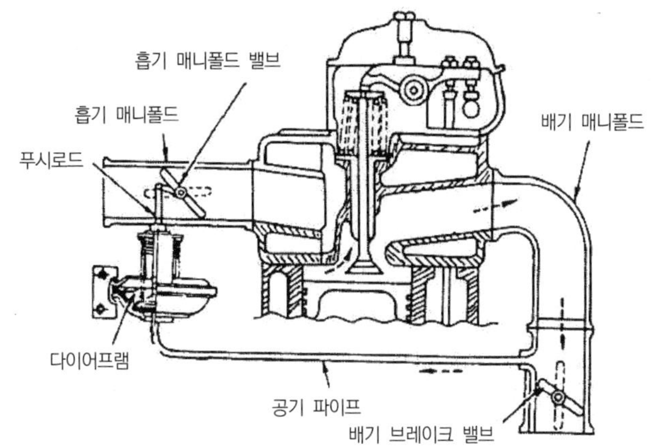

(a) 흡기 매니폴드 밸브와 배기 브레이크 밸브

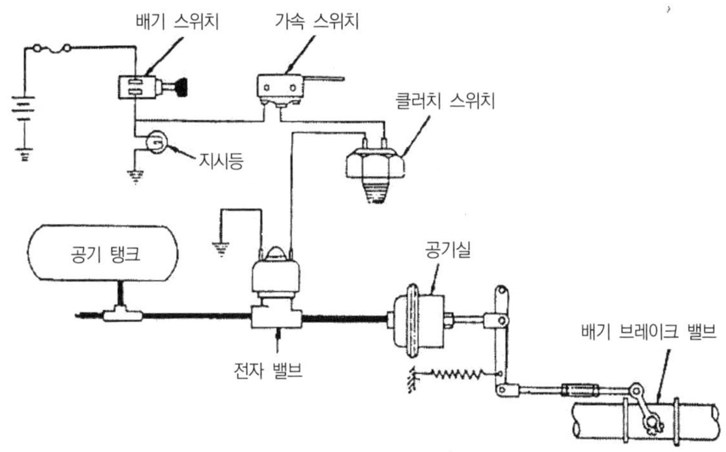

(b) 전기 공기식 배기 브레이크

[그림 3-284] 배기 브레이크

③ 와전류 리타더

㉠ 추진축과 함께 회전하는 로터 디스크와 축전기 전류에 의해 여자되는 전자석을 가진 스테이터로 구성

㉡ 디스크 좌우에 스테이터가 설치

㉢ 스테이터에 전류를 보내면 자장이 형성

㉣ 자장 내에서 디스크가 회전하면 **와전류가 발생되어 자장과의 상호작용으로 회전을 방해**

㉤ 디스크의 회전을 방해하는 힘이 제동력이 되며, 이때 발생된 열은 디스크에 설치된 방열핀을 통하여 대기 중에 방열

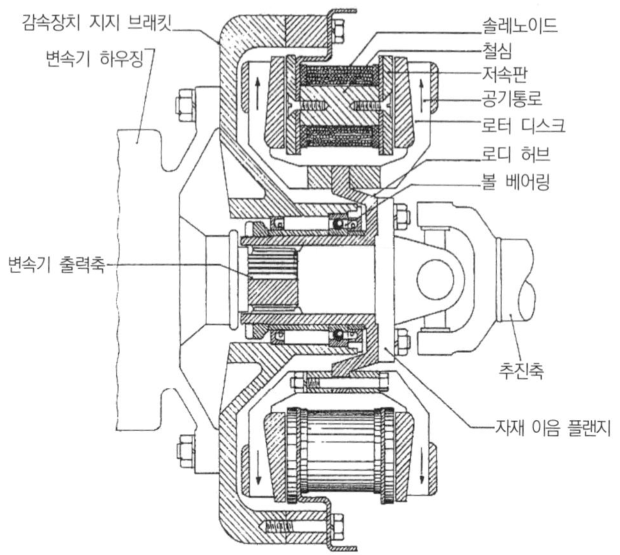

(a) 와전류 리타더 브레이크의 구조

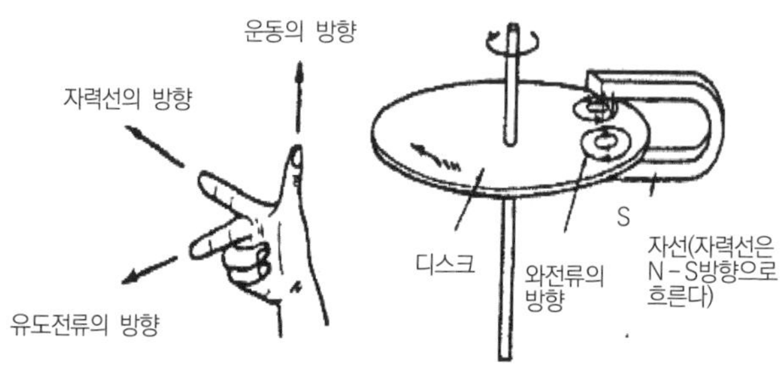

〈플레밍의 오른손 법칙에 의한 와전류의 발생〉

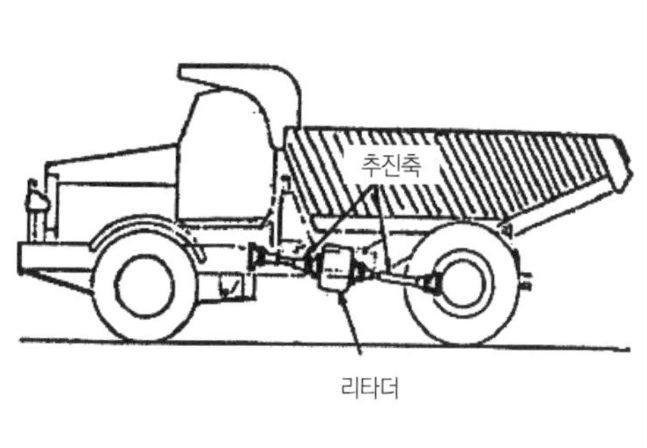

(b) 와전류 리타더의 설치

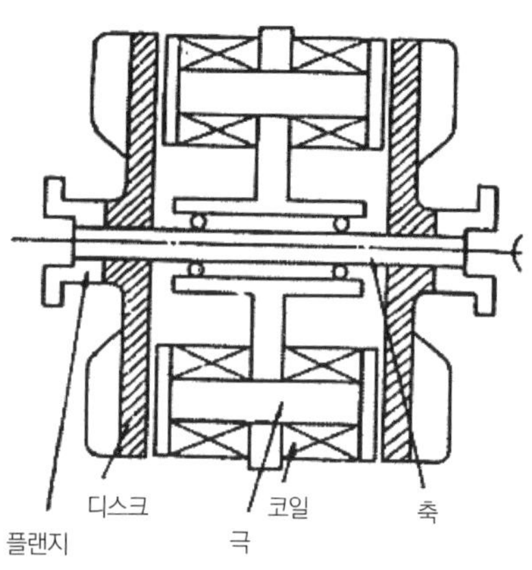

(c) 와전류 리타더의 외형

[그림 3-285] 와전류 리타더

제 5 장 출제 예상 문제

• 제동장치

01 유압식 브레이크 원리는 어디에 근거를 두고 응용한 것인가?

① 브레이크액의 높은 비등점
② 브레이크액의 높은 흡습성
③ 밀폐된 액체의 일부에 작용하는 압력은 모든 방향에 동일하게 작용한다.
④ 브레이크액은 작용하는 압력을 분산시킨다.

해설 유압 브레이크는 파스칼의 원리를 이용한 장치이며, 파스칼의 원리란 밀폐된 용기 내에 액체를 가득 채우고 압력을 가하면 모든 방향으로 같은 압력이 작용한다는 원리이다.

02 브레이크 페달의 유격이 과다한 이유 중 틀린 것은?

① 브레이크 슈의 조정 불량
② 브레이크 페달의 조정 불량
③ 타이어 공기압력의 불균형
④ 마스터 실린더의 파손

해설 브레이크 페달의 유격이 과다한 이유
㉠ 브레이크 페달 및 브레이크 슈의 조정(라이닝 간극)이 불량하다.
㉡ 브레이크 라이닝이 과다 마모되었다.
㉢ 마스터 실린더 또는 휠 실린더의 피스톤 컵이 파손되었다.
㉣ 유압회로에 공기가 유입되었다.

03 자동차에서 브레이크 작동 시 조향 핸들이 한쪽으로 쏠리는 원인이 아닌 것은?

① 휠 얼라인먼트의 조정이 불량하다.
② 좌우 타이어의 공기압이 다르다.
③ 브레이크 라이닝의 좌우 간극이 불량하다.
④ 마스터 실린더의 체크밸브의 작동이 불량하다.

해설 브레이크 페달을 밟았을 때 조향 핸들이 쏠리는 원인
㉠ 휠 얼라인먼트의 조정이 불량하다.
㉡ 좌우 타이어의 공기압이 다르다.
㉢ 브레이크 라이닝의 좌우 간극이 불량하다.
㉣ 라이닝의 접촉이 비정상적이다.
㉤ 한쪽 휠 실린더의 작동이 불량하다.

04 마스터 실린더에서 피스톤 1차 컵의 하는 일은?

① 오일 누출 방지 ② 유압 발생
③ 잔압 형성 ④ 베이퍼 록 방지

해설 피스톤 1차 컵은 유압을 발생시키고, 2차 컵은 오일 누출을 방지한다.

05 유압식 제동장치 탠덤 마스터 실린더(Tandem Master Cylinder)의 사용목적으로 적합한 것은?

① 앞 · 뒷바퀴의 제동거리를 짧게 한다.
② 뒷바퀴의 제동 효과를 증가시킨다.
③ 보통 브레이크와 차이가 없다.
④ 유압계통을 2개로 분할하는 제동 안전 장치이다.

해설 탠덤 마스터 실린더는 앞 · 뒤 브레이크를 분리시켜 제동안전을 유익하게 한다.

06 유압 브레이크에서 잔압과 관계가 있는 부품은?

① 마스터 실린더 피스톤 1차 컵과 2차 컵
② 마스터 실린더의 체크밸브와 복귀 스프링
③ 마스터 실린더 오일탱크
④ 마스터 실린더 피스톤

해설 잔압을 유지시키는 부품은 마스터 실린더의 체크밸브와 복귀 스프링이다.

07 브레이크 슈의 리턴 스프링의 장력이 약해지면 휠 실린더 내의 잔압은?

① 높아졌다 낮아졌다 한다.
② 낮아진다.
③ 일정하다.
④ 높아진다.

해설 브레이크 슈의 리턴 스프링의 장력이 낮아지면 휠 실린더 내의 잔압은 낮아진다.

정답 01 ③ 02 ③ 03 ④ 04 ② 05 ④ 06 ② 07 ②

08 유압식 제동장치의 작동에 대한 내용으로 맞는 것은?

① 브레이크 오일파이프 내에 공기가 들어가면 페달의 유격이 작아진다.
② 마스터 실린더 푸시로드 길이가 길면 브레이크 작동 후 복원이 잘된다.
③ 브레이크 회로 내의 잔압은 작동 지연과 베이퍼 록을 방지한다.
④ 마스터 실린더의 체크밸브가 불량하면 한쪽만 브레이크가 작동한다.

해설 ①항 브레이크 오일파이프 내에 공기가 들어가면 페달의 유격이 커진다.
②항 마스터 실린더 푸시로드 길이가 길면 브레이크 작동 후 브레이크가 잘 풀리지 않는다.
④항 마스터 실린더의 체크밸브가 불량하면 잔압이 낮아져 작동이 지연된다.

09 브레이크의 파이프 내에 공기가 들어가면 일어나는 현상으로 가장 적당한 것은?

① 브레이크 오일이 냉각된다.
② 오일이 마스터 실린더에서 샌다.
③ 브레이크 페달의 유격이 크게 된다.
④ 브레이크가 지나치게 급히 작동한다.

해설 파이프 내에 공기가 들어가면 브레이크 페달의 유격이 커지고 제동이 잘 되지 않는다.

10 브레이크 슈의 리턴 스프링에 관한 설명으로 가장 거리가 먼 것은?

① 브레이크 슈의 리턴 스프링이 약하면 휠 실린더 내의 잔압이 높아진다.
② 브레이크 슈의 리턴 스프링이 약하면 드럼을 과열시키는 원인이 될 수도 있다.
③ 브레이크 슈의 리턴 스프링이 강하면 드럼과 라이닝의 접촉이 신속히 해제된다.
④ 브레이크 슈의 리턴 스프링이 약하면 브레이크 슈의 마멸이 촉진될 수 있다.

해설 브레이크 슈의 리턴 스프링이 약하면 휠 실린더 내의 잔압이 낮아진다.

11 브레이크의 작동을 계속 반복하면 드럼과 슈의 마찰열이 축적되어 제동력이 감소된다. 이러한 현상을 무엇이라 하는가?

① 록킹 현상　② 슬립 현상
③ 베이퍼 록 현상　④ 페이드 현상

해설 페이드 현상이란, 브레이크의 작동을 계속 반복하면 드럼과 슈의 마찰열이 축적되어 제동력이 감소되는 것을 말한다.

12 일반적인 브레이크 오일의 주성분은?

① 윤활유와 경유
② 알코올과 피마자 기름
③ 알코올과 윤활유
④ 경유와 피마자 기름

해설 브레이크 오일의 주성분은 알코올과 피마자 기름이다.

13 브레이크 시스템에서 베이퍼 록이 생기는 원인이 아닌 것은?

① 과도한 브레이크 사용
② 비점이 높은 브레이크 오일 사용
③ 브레이크 슈 라이닝 간극의 과소
④ 브레이크 슈 리턴 스프링 절손

해설 베이퍼 록이 생기는 원인은 비점이 낮은 브레이크 오일을 사용했을 때이다.

14 회전 중인 브레이크 드럼에 제동을 걸면 슈는 마찰력에 의해 드럼과 함께 회전하려는 경향이 생겨 확장력이 커지므로 마찰력이 증대되는데, 이러한 작용을 무엇이라 하는가?

① 자기 작동 작용
② 브레이크 작용
③ 페이드 현상
④ 상승작용

해설 자기 작동 작용은 회전 중인 브레이크 드럼에 제동을 걸면 슈는 마찰력에 의해 드럼과 함께 회전하려는 경향이 생겨 확장력이 커지므로 마찰력이 증대되는 작용을 말한다.

15 드럼식 제동장치에서 자기 작동 작용을 하는 슈는?

① 리딩 슈　② 앵커 슈
③ 트레일링 슈　④ 패드 슈

해설 전진 방향으로 주행할 때 자기 작동이 발생되는 슈를 리딩 슈, 자기 작동이 발생되지 않는 슈를 트레일링 슈라 한다.

정답 08 ③ 09 ③ 10 ① 11 ④ 12 ② 13 ② 14 ① 15 ①

16 자동차의 제동장치에서 듀오 서보형 브레이크의 설명으로 옳은 것은?

① 전진 시 브레이크를 작동하면 1차 및 2차 슈가 자기 작동하고, 후진 시는 자기 작동을 하지 않는다.
② 전진 시 브레이크를 작동하면 1차 슈만 자기 작동한다.
③ 전·후진 시 브레이크를 작동하면 1차 및 2차 슈가 자기 작동한다.
④ 후진 시에만 1차 및 2차 슈가 자기 작동을 한다.

해설 듀오 서보 브레이크는 전·후진에서 브레이크를 작동하면 1차 및 2차 슈가 자기 작동한다.

17 브레이크(brake) 장치 중 듀오 서보 형식에서 전진할 때 앞쪽의 슈를 무엇이라고 하는가?

① 서보 슈 ② 후진 슈
③ 1차 슈 ④ 2차 슈

해설 듀오 서보 형식에서 전진할 때 앞쪽의 슈를 1차 슈라 한다.

18 브레이크 장치에서 페이드(Fade) 현상이 가장 적게 일어나는 제동장치는?

① 디스크 브레이크
② 서보 브레이크
③ 논 서보 브레이크
④ 2리딩 슈 브레이크

해설 페이드 현상이 가장 적게 일어나는 제동장치는 디스크 브레이크이다.

19 디스크 브레이크에 대한 설명 중 맞는 것은?

① 드럼 브레이크에 비하여 브레이크의 평형이 좋다.
② 드럼 브레이크에 비하여 한쪽만 브레이크 되는 일이 많다.
③ 드럼 브레이크에 비하여 베이퍼 록이 일어나기 쉽다.
④ 드럼 브레이크에 비하여 페이드 현상이 일어나기 쉽다.

해설 디스크 브레이크는 브레이크 평형이 좋고, 한쪽만 브레이크 되는 경우가 없으며, 페이드 현상이 적다. 또 방열성이 좋아 제동력이 안정된다.

20 제동 배력 장치에서 진공식은 무엇을 이용하는가?

① 대기 압력만을 이용
② 배기가스 압력만을 이용
③ 대기압과 흡기다기관의 부압의 차이를 이용
④ 배기가스와 대기압과의 차이를 이용

해설 하이드로 백(진동 배력 장치)은 대기압과 흡기다기관의 압력 차이를 이용하여 배력작용을 한다.

21 유압식 브레이크 장치에서 브레이크가 풀리지 않는 원인은?

① 오일 점도가 낮기 때문
② 파이프 내에 공기 혼입
③ 체크밸브 접촉 불량
④ 마스터 실린더의 리턴 구멍 막힘

해설 마스터 실린더 오일 구멍이 막히면 휠 실린더로 보내졌던 오일이 탱크로 복귀하지 못해 브레이크가 풀리지 않는다.

22 브레이크가 작동하지 않는 원인과 관계가 없는 것은?

① 브레이크 오일 회로에 공기가 들어있을 때
② 브레이크 드럼과 슈의 간격이 너무나 과다할 때
③ 휠 실린더의 피스톤 컵이 손상되었을 때
④ 브레이크 오일탱크 주입구 캡이 불량할 때

해설 브레이크가 작동하지 않는 원인
㉠ 브레이크 오일 회로에 공기가 들어있을 때
㉡ 브레이크 드럼과 슈의 간격이 너무나 과다할 때
㉢ 휠 실린더의 피스톤 컵이 손상되었을 때
㉣ 페달의 유격이 클 때
㉤ 라이닝의 마모가 과다할 때

23 유압식 브레이크 장치의 공기빼기 작업 방법으로 틀린 것은?

① 공기는 블리더 플러그에서 뺀다.
② 마스터 실린더에서 먼 곳의 휠 실린더부터 작업한다.
③ 마스터 실린더에 브레이크액을 보충하면서 작업한다.
④ 브레이크 파이프를 빼면서 작업한다.

해설 유압 브레이크의 공기빼기 작업
㉠ 마스터 실린더에서 가장 먼 곳의 휠 실린더부터 작업한다.
㉡ 마스터 실린더에 브레이크 오일을 보충하면서 작업한다.
㉢ 공기는 휠 실린더의 에어블리드 플러그에서 뺀다.
㉣ 브레이크 오일이 차체의 도장 부분에 묻지 않도록 주의한다.

정답 16 ③ 17 ③ 18 ① 19 ① 20 ③ 21 ④ 22 ④ 23 ④

24 공기 제동 장치의 특징에 대한 설명으로 틀린 것은?

① 차량 중량에 제한을 받지 않는다.
② 베이퍼 록 발생 염려가 없다.
③ 공기가 다소 누출되면 제동성능이 저하된다.
④ 브레이크 페달을 밟는 양에 따라 제동력이 비례한다.

해설 공기 브레이크는 공기가 다소 누출되어도 제동성능의 저하가 적다.

25 공기 브레이크에서 제동력을 증감하기 위하여 브레이크 챔버에 내보내는 공기의 량을 조절하는 것은?

① 압력 조정기　② 릴레이 밸브
③ 슬랙 조정기　④ 브레이크 밸브

해설 브레이크 밸브는 제동력을 증감하기 위하여 브레이크 챔버에 내보내는 공기의 량을 조절한다.

26 공기 브레이크에서 공기의 압력을 기계적 운동으로 바꾸어 주는 장치는?

① 릴레이 밸브　② 브레이크 챔버
③ 브레이크 밸브　④ 브레이크 슈

해설 브레이크 챔버는 공기압력을 기계적 운동으로 바꾸어 준다.

27 공기 브레이크 장치 중 브레이크 밸브에서 전달되는 공기압력으로 작동하며, 브레이크 챔버로 통하는 공기 통로를 개폐하여 브레이크 작동을 신속하게 하는 것은?

① 릴레이 밸브　② 체크밸브
③ 언로더 밸브　④ 안전 밸브

해설 릴레이 밸브는 브레이크 밸브에서 전달되는 공기압력으로 작동하며, 브레이크 챔버로 통하는 공기 통로를 개폐하여 브레이크 작동을 신속하게 한다.

28 공기식 브레이크 장치에서 공기압을 기계적 힘으로 바꾸어 라이닝을 움직이게 하는 것은?

① 푸시로드　② 하이드로 피스톤
③ 캠　④ 휠 실린더

해설 공기 브레이크에서 최종적으로 라이닝을 움직이는 부품은 캠이다.

29 자동차 주행 중 급정거하거나 제동을 걸 때 발생하기 쉬운 미끄러짐(Skid) 현상을 방지하는 전자제어장치는?

① TPS　② ABS
③ AFS　④ ECS

해설 ABS는 주행 중 급정거하거나 제동을 걸 때 발생하기 쉬운 미끄러짐(Skid) 현상을 방지하는 전자제어장치이다.

30 전자제어 제동장치(ABS)에 대한 설명으로 옳은 것은?

① 모든 차륜에 동시에 최대 제동압력을 작용시킨다.
② 페달 답력에 따라 각 차륜에 작용하는 제동압력을 제어한다.
③ 좌우 차륜의 노면 상태가 다를 때 차륜이 고착되지 않도록 제동압력을 제어한다.
④ 차륜과 노면 사이에 미끄럼마찰이 발생되도록 제동압력을 제어한다.

해설 ABS는 좌우 차륜의 노면 상태가 다를 때 차륜이 고착되지 않도록 제동압력을 제어한다.

31 자동차에 ABS 장치를 설치한 목적과 거리가 먼 것은?

① ECU에 의해 브레이크를 컨트롤하여 조종성 확보
② 최대 제동거리 확보를 위한 안전장치
③ 앞바퀴의 잠김(록)으로 인한 조향능력 상실 방지
④ 뒷바퀴의 잠김(록)으로 차체 스핀에 의한 전복 방지

해설 ABS의 역할

㉠ 조종성, 방향 안정성 부여
㉡ 제동거리 단축
㉢ 제동할 때 미끄럼 방지(타이어의 스키드(skid) 현상 방지)
㉣ 차체의 안전성 확보(차체 스핀에 의한 전복 방지)
㉤ 조향능력 상실 방지

정답 24 ③ 25 ④ 26 ② 27 ① 28 ③ 29 ② 30 ③ 31 ②

32 전자제어 제동장치(ABS)의 구성요소가 아닌 것은?

① 휠 스피드 센서
② 전자제어 유닛
③ 하이드롤릭 컨트롤 유닛
④ 각속도 센서

해설 ABS(Anti-lock Brake System)의 구성부품은 휠 스피드 센서, 전자제어 유닛, 하이드롤릭 컨트롤 유닛(유압 모듈레이터), 프로포셔닝 밸브 등이다.

33 자동차에서 제동 시의 슬립비를 표시한 것으로 맞는 것은?

① $\frac{\text{자동차 속도}-\text{바퀴속도}}{\text{자동차 속도}}\times 100$
② $\frac{\text{자동차 속도}-\text{바퀴속도}}{\text{바퀴 속도}}\times 100$
③ $\frac{\text{바퀴속도}-\text{자동차 속도}}{\text{자동차 속도}}\times 100$
④ $\frac{\text{바퀴속도}-\text{자동차 속도}}{\text{바퀴속도}}\times 100$

해설 $\frac{\text{자동차 속도}-\text{바퀴속도}}{\text{자동차 속도}}\times 100$로 표시한다.

34 자동차 제동거리의 산출 공식에서 정지거리란?

① 제동력이 발생하여서 차가 정지될 때까지의 운동거리를 말한다.
② 브레이크 페달을 밟아서 제동력이 발생하기 시작한 동안의 운동거리이다.
③ 정지거리=제동거리－공주거리이다.
④ 정지거리=제동거리＋공주거리이다.

해설 정지거리란 운전자가 위험물체를 보고 브레이크 페달을 밟아 차량이 정차할 때까지 거리, 즉 정지거리＝제동거리＋공주거리를 말한다.

35 미끄러운 노면에서 가속성 및 선회 안정성을 향상시키고 횡가속도 과대로 인한 언더 및 오버스티어링 현상을 방지하여 조향성능을 향상시키는 장치는?

① ABS(Anti Lock Brake System)
② TCS(Traction Control System)
③ ECS(Electronic Suspension System)
④ 정속 주행 장치(Cruise Control System)

해설 TCS는 미끄러운 노면에서 가속성 및 선회 안정성을 향상시키고 횡가속도 과대로 인한 언더 및 오버스티어링 현상을 방지하여 조향성능을 향상시키는 장치이다.

36 TCS(Traction Control System)의 특징이 아닌 것은?

① 슬립(slip) 제어
② 라인 압력 제어
③ 트레이스(trace) 제어
④ 선회 안정성 향상

해설 TCS의 기능에는 슬립 제어, 트레이스 제어, 선회 안정성 향상 등이다.

37 구동력 조절장치(TCS)의 조절방식의 종류에 속하지 않는 것은?

① 기관의 회전력 조절방식
② 구동력 브레이크 조절방식
③ 기관과 브레이크 병용 조절방식
④ 기관 회전수와 동력 전달 조절방식

해설 TCS의 조절방식의 종류에는 기관의 회전력 조절방식, 구동력 브레이크 조절방식, 기관과 브레이크 병용 조절방식 등이 있다.

정답 32 ④ 33 ① 34 ④ 35 ② 36 ② 37 ④

CHAPTER

06 프레임, 휠 & 타이어

01 프레임(차대)

[그림 3－286] 프레임

1 기능

엔진 및 섀시의 모든 부품을 장착할 수 있는 자동차의 **뼈대**

2 구비조건

가벼우며 충분한 강도를 가질 것

3 종류 및 특징

(1) 보통 프레임

① H형

㉠ **일명 사다리형 프레임**이라고도 하며, 만들기 쉽고 휨에 강하기 때문에 버스나 트럭 등에 사용

㉡ 2개의 사이드 멤버에 여러 개의 크로스 멤버와 보강판 및 범퍼 등을 설치하여 사다리 모양으로 한 것

㉢ 킥업 : 차실을 낮게 하기 위하여 크로스 멤버를 위로 향하는 활대 모양으로 한 것

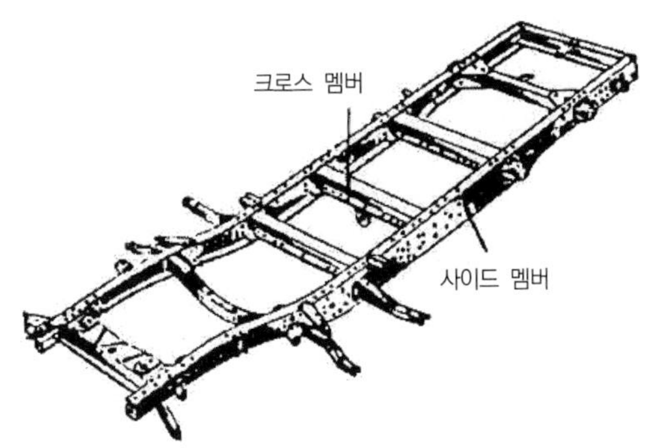

[그림 3-287] H형 프레임

② X형

㉠ 주로 승용차에 사용하며, 사이드 멤버의 중앙부를 좁게 하여 X자형으로 한 것

㉡ **비틀림 응력에 강함**

㉢ 제작이 어렵고 섀시 부품의 설치가 불리함

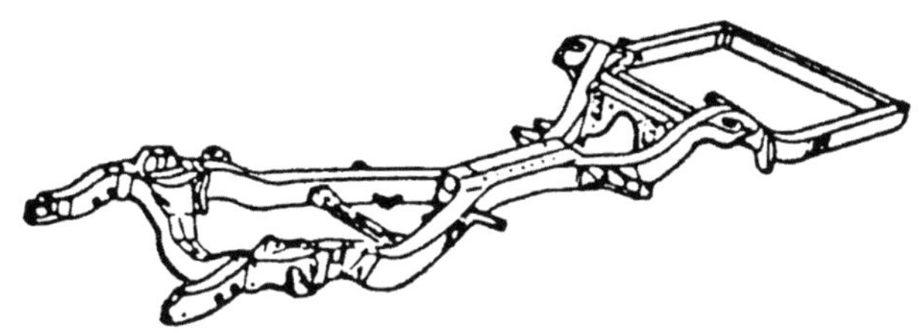

[그림 3-288] X형 프레임

(2) 특수 프레임

① 백본형

㉠ **주로 승용차에 사용**

㉡ 한 개의 굵은 강관으로 구성

㉢ **ㅁ형이나 I자형의 단면으로** 되어 있음

㉣ 기관과 차체를 설치하기 위한 브래킷을 설치

㉤ 전고와 중심을 낮출 수 있음

㉥ 제작이 불리

② 플랫폼형

㉠ **프레임과 차체 바닥을 일체로 한 것**

㉡ 차체와 프레임을 볼트로 결합

㉢ 프레임의 중량을 줄일 수 있고, 통기성이 좋음

③ 트러스형(Truss type)

㉠ **스포츠카, 경주용차** 등의 차량에 무게를 가볍게 하기 위하여 고안된 프레임

㉡ **입체 구조형**이라고도 함

ㄷ 20~30mm의 강관을 용접하여 프레임과 차체를 일체로 조립한 형태

ㄹ 대량 생산에 부적합하고, 높이가 높음

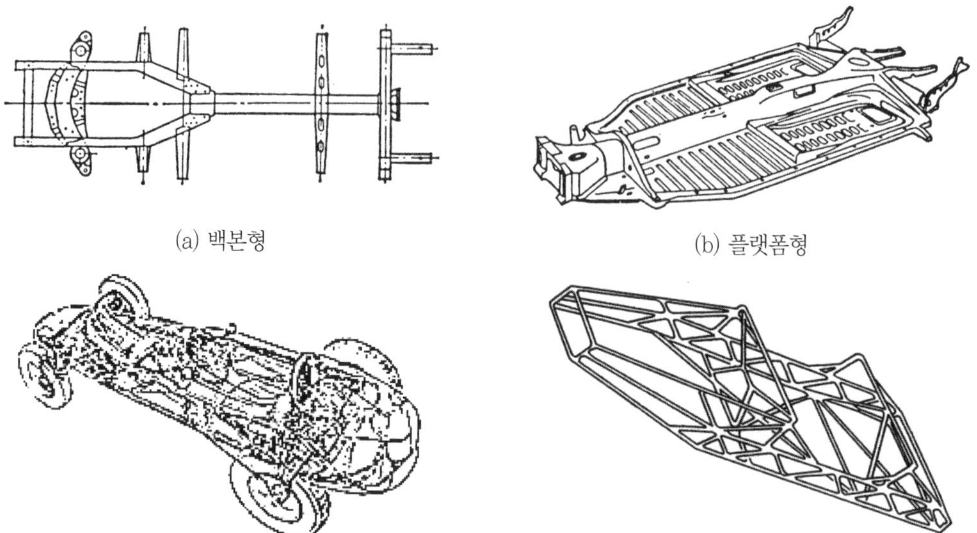

(a) 백본형

(b) 플랫폼형

(C) 트러스형

[그림 3-289] 특수 프레임의 종류

(3) 프레임 일체 구조형(단체 구조형 또는 모노코크 보디, Monocoque Body)

① **차체와 프레임을 일체로** 제작하여 하중과 충격에 견딜 수 있도록 한 형식

② 차량 중량을 감소시키고 **차실 바닥을 낮게 하는 데 유리**

③ 장단점

ㄱ 장점

- 차체의 중량이 가볍고 강성이 크다.
- 생산성이 좋고, 보디 조립의 자동화가 가능하다.
- **차고를 낮게 하고 차량의 무게 중심을 낮출 수 있다.**
- 객실 공간이 넓고, 주행 안정성이 높다.
- **충돌 시 충격에너지 흡수효율이 좋아 안전성이 우수**하다.
- 박판으로 조립되어 있기 때문에 충돌 시와 같이 큰 외력이 가해진 경우에는 국부적으로만 변형이 크고, 객실 부분에는 영향이 적다.

ㄴ 단점

- 소음이나 진동의 영향을 받기 쉽다.
- 엔진이나 섀시가 직접적으로 차체에 부착되므로, 이들을 고정하기 위한 마운팅 지지법 등에 고도의 기술을 필요로 한다.
- 일체 구조이기 때문에 **충돌에 의한 손상이 복잡하여 복원 수리가 비교적 어렵다.**

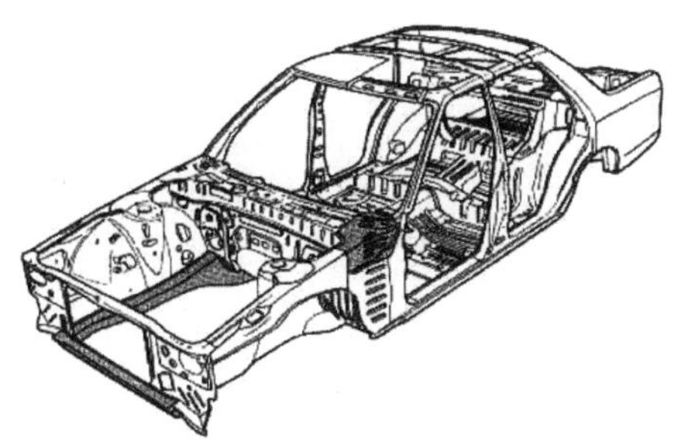

[그림 3－290] 프레임 일체 구조형(모노코크 보디)

02 휠과 타이어

1 휠

(1) 기능

① 허브와 림 사이를 연결

② 타이어와 함께 바퀴를 구성

(2) 조건

① 자동차 총중량 분담 지지

② 주행 시 회전력, 노면에서의 충격, 선회 시 원심력을 이길 것

(3) 구성

① 림(rim) : 타이어를 지지

② 디스크(disc) : 허브에 설치되는 부분

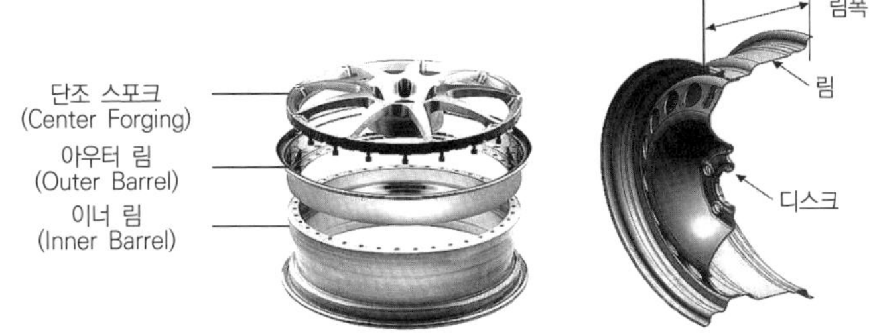

[그림 3－291] 휠의 구조와 명칭

(4) 종류

① 디스크 휠

㉠ 연강판으로 프레스 성형한 디스크 림과 리벳 또는 용접하여 결합한 구조

㉡ 무게를 가볍게 하고 냉각을 위하여 구멍이 설치

② 스포크 휠

㉠ 림과 허브를 강선으로 연결

㉡ 주로 2륜차에 사용

㉢ 경량이며, 냉각 효과가 높음

㉣ 구조가 복잡하고, 정비가 불리

③ 스파이더 휠

㉠ 중량급 자동차나 특수 대형차에 사용

㉡ 방사선 상의 림 지지대를 둔 것

㉢ 냉각이 잘되고 큰 직경의 타이어 사용 가능

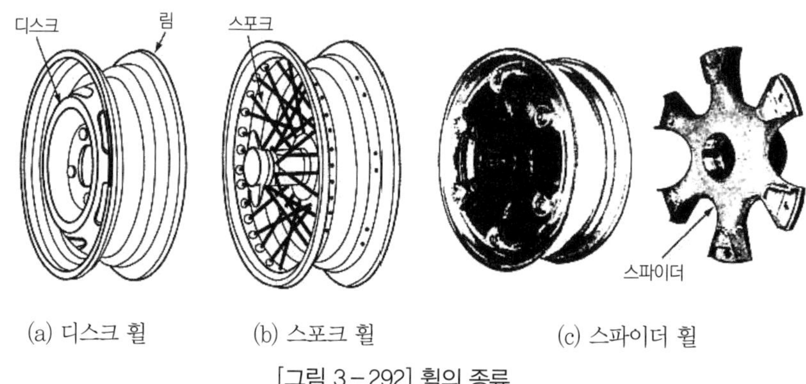

(a) 디스크 휠 (b) 스포크 휠 (c) 스파이더 휠

[그림 3-292] 휠의 종류

2 타이어

(1) 기능

① 하중을 지지

② 노면으로부터의 충격을 흡수

③ 노면과의 접착력으로 구동력과 제동력을 발생

④ 선회 시 구심력을 발생

⑤ 셀프 얼라이닝 토크에 의해 직진성 향상

(2) 타이어의 구조

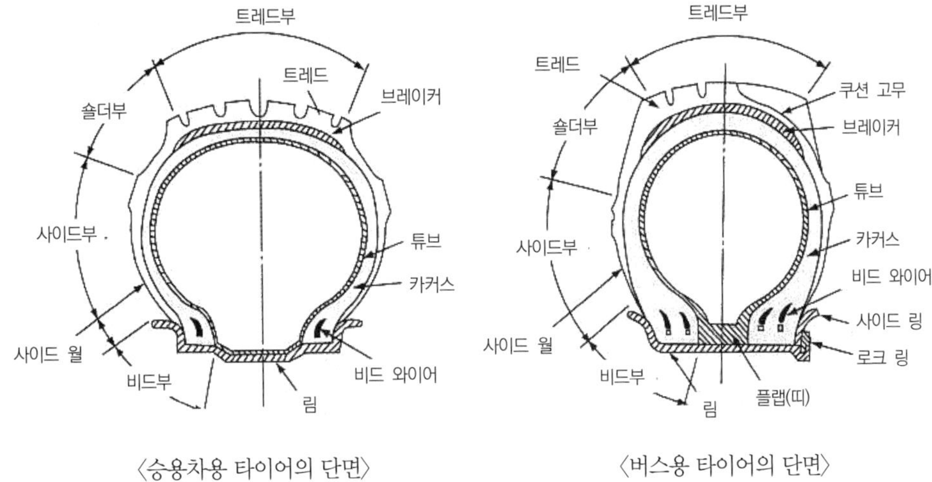

(a) 타이어의 기본 구조

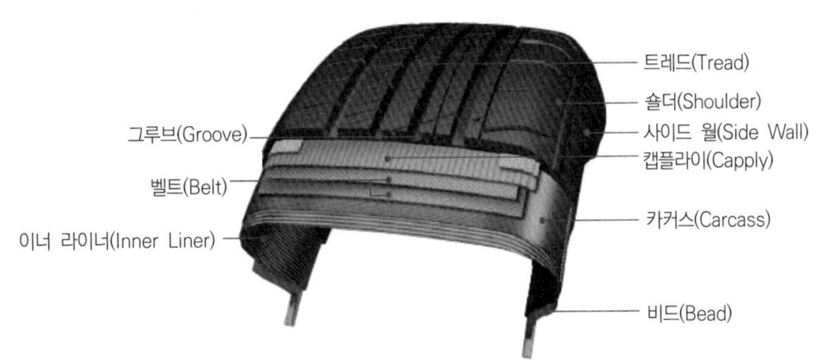

(b) 타이어의 단면 및 명칭

[그림 3－293] 타이어의 구조

① **카커스(carcass) : 타이어의 뼈대가 되는 부분**으로 공기압력과 하중에 의한 일정한 체적을 유지하고 완충작용도 한다.

㉠ 재질 : 목면, 나일론, 레이온

㉡ 코드의 층수 : 카커스를 구성하는 목면의 층수를 말하며 플라이 수로 표시한다.

- 초저압 타이어 : 4ply 이하
- 저압 타이어 : 4~6ply
- 고압 타이어 : 8~16ply

② 비드(bead) : 휠의 림에 접한 부분으로 몇 줄의 피아노선(bead wire)이 있으며, 비드부의 늘어남과 **타이어의 빠짐을 방지**한다.

③ **브레이커(breaker) 또는 벨트** : 카커스와 트레드부 사이에 있으며, 내열성의 고무로 구성되어 **트레드와 카커스가 떨어지는 것을 방지**하고 노면에서의 충격을 완화하여 카커스의 손상을 방지한다.

④ **숄더(shoulder)** : **타이어 어깨에 해당**하며, 트레드의 가장자리로부터 사이드 월의 윗부분으로써 외관 및 방열 효과가 좋아야 한다.

⑤ **사이드 월(side wall)** : 타이어의 옆부분으로써 카커스를 보호하고 굴신운동을 함으로써 승차감을 좋게 하며, **타이어 규격 등 각종 문자가 이 부위에 표기**되어 있다.

⑥ **트레드(tread)** : **노면과 직접 접촉**하며, 카커스와 브레이커부를 보호한다. 내마멸성의 두꺼운 고무로 되어 있다.

㉠ 트레드 패턴(tread pattern)의 필요성

- 주행 중 타이어가 옆방향이나 주행 방향으로 **미끄러지는 것을 방지**한다.
- 타이어 내부에서 발생한 **열을 방출**해 준다.
- 트레드에서 발생한 **절상(切傷) 등의 확산을 방지**한다.
- **구동력이나 선회성능을 향상**시킨다.

㉡ 트래드 패턴의 종류

- 리브 패턴
  - 주행 방향으로 몇 개의 홈을 둔 것
  - 안정성 및 미끄럼 방지가 우수
  - 고속 주행에 적합
  - 포장도로/고속용
  - 승용차용 및 버스용으로 많이 사용
  - 최근에는 일부 소형트럭용으로도 적용
- 러그 패턴
  - 회전 방향에 대하여 직각으로 홈을 둔 것
  - 강인한 견인력을 발휘
  - 제동성능과 구동력이 양호
  - 일반도로/비포장도로
  - 트럭 · 버스 등, 소형트럭용으로 많이 사용
  - 거의 대부분의 건설차량용 및 산업차량용에 적용
- 리브러그 패턴
  - 리브 패턴과 러그 패턴을 혼합한 것
  - 포장도로/비포장도로
  - 고속버스나 트럭 등에 많이 사용

- 블록 패턴
  - 모래나 진흙 등의 연한 노면을 다지며 주행
  - 구동력, 제동력 우수
  - 리브형과 러그형에 비해 마모가 빠르고 회전저항이 큼
  - 포장도로에서는 진동과 소음이 발생
  - 스노우/샌드서비스 타이어 등에 사용
- 비대칭 패턴
  - 지면과 접촉하는 힘이 균일
  - 마모성 및 제동성이 좋음
  - 타이어의 위치 교환 불필요
  - 현실적으로 활용이 적음
  - 규격 간의 호환성이 적음
  - 승용차용 타이어(고속)/일부 트럭용 타이어

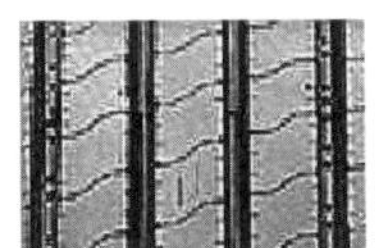

(a) 리브 패턴

(b) 러그 패턴

(c) 리브러그 패턴

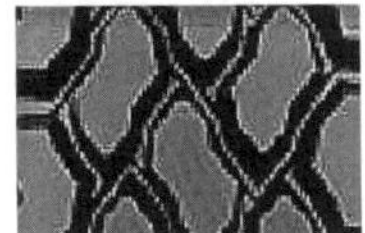

(d) 블록 패턴

(e) 비대칭 패턴

[그림 3-294] 트래드 패턴의 종류

(3) 타이어의 표기법

[그림 3-295] 타이어의 규격 표시

① 타이어의 규격 표시

㉠ 저압 타이어 호칭 치수

타이어 단면폭(inch) - 타이어 내경(inch) - 플라이 수(ply)

예 7.00 - 14 - 8PR - LT

7.00 : 타이어 단면폭(inch)　　14 : 타이어 내경(inch)

8PR : 플라이 수(ply)　　LT : 차종(※LT 소형트럭용임을 나타냄)

㉡ 고압 타이어 호칭 치수

타이어 외경(inch)×타이어 단면폭(inch) - 플라이 수(ply)

예 10.00×20 - 14PR

10.00 : 타이어 외경(inch)　　20 : 타이어 단면폭(inch)

14PR : 플라이 수(ply)

㉢ 레이디얼 타이어 호칭 치수

185/65R 14 85 H

185 : 타이어 단면폭(mm)　　65 : 편평률(%), 편평비=0.65

R : 레이디얼 타이어(타이어의 구조)　　14 : 타이어 내경 또는 림 직경(inch)

85 : 하중지수(허용최대하중)　　H : 속도계수(허용최고속도)

② 타이어 편평비

㉠ 편평비 $= \dfrac{\text{타이어의 단면높이}}{\text{타이어의 단면폭}}$, 편평률 = 편평비 × 100(%)

㉡ 편평비가 0.7일 때 70시리즈라고 하며, 타이어의 단면폭이 100일 때 단면높이가 70인 것을 의미한다.

참고

편평률

편평률은 타이어 표면의 곡률을 나타내는 것으로 편평률의 퍼센트가 작아질수록 타이어는 편평하다. 또한 타이어가 편평할수록 가로 방향의 하중을 견디기 쉽지만, 공기의 쿠션 작용이 어려워 승차감은 악화된다.

(4) 타이어의 종류

① 튜브 유무에 의한 분류

㉠ 튜브 타이어 : 내부에 튜브를 사용한 것

㉡ 튜브리스 타이어 : 타이어 내부에 튜브를 사용하지 않고 타이어가 림과 함께 튜브를 형성

- 장점
  - 공기압의 유지가 좋다.
  - 못이 박혀도 공기가 급격히 새지 않는다.

– 구조가 간단하고 가볍다.
– 튜브 물림 등의 튜브에 의한 고장이 없다.
– 튜브 조립이 없으므로 작업이 향상된다.
– 펑크 수리가 간단하다.
– 타이어 내부의 공기가 직접 림에 접촉되고 있기 때문에 **주행 중의 열 발산이 좋다.**

• 단점
– **타이어 내측, 비드부에 홈이 생기면 분리 현상**이 일어난다.
– 림이 변형되면 공기가 샌다.
– 유리조각 등에 의하여 타이어가 손상되면 수리가 어렵다.

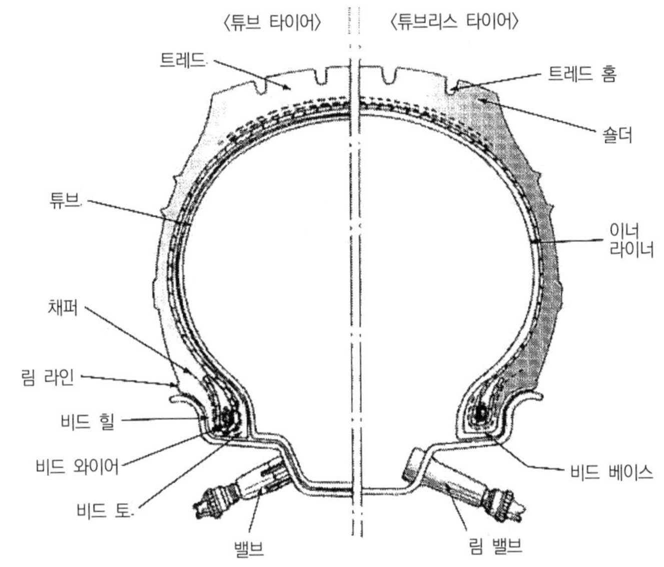

[그림 3-296] 타이어의 각부 명칭

• 취급 시 주의사항
– 변형되거나 손상된 림은 사용하지 않는다.
– 타이어 비드부가 손상된 것은 사용하지 않는다.
– 공기압의 상태를 수시로 점검한다.
– 타이어 펑크 시 수리를 확실하게 한다.

② **형상에 의한 분류**

㉠ 보통 타이어(바이어스 타이어)

ⓐ 카커스 코드가 중심선과 **바이어스(사선상)되어 약 30° 정도의 경사**를 가지고 있다.
ⓑ 하중을 받을 시 노면과의 접촉 부분이 변화되어 타이어의 마멸이 증대되고, 안전성이 저하된다.
ⓒ 신뢰성과 안전성이 많이 떨어져 현재 많이 사용하지 않는다.

㉡ 레이디얼 타이어

ⓐ 카커스 코드가 **지름 방향(90°)으로 설치**된다.

ⓑ 카커스 코드가 **타이어의 원주 방향과 직각인 방사상으로 배열**한다.

ⓒ 카커스 코드가 반지름 방향의 장력을 지지할 수 있는 구조이나, 원주 방향의 힘은 부담하지 않으므로 특별히 강한 브레이커를 사용한다.

ⓓ 장점

- 수명이 65% 정도 증가된다.
- 연료소비율을 10% 정도 감소시킬 수 있다.
- 선회 시 사이드 슬립이 작아 코너링 포스가 우수하다.
- 고속 주행 시 안정성이 우수하다.

ⓔ 스틸레이디얼 타이어

- 특징
  - 카커스 위에 강력한 스틸 코드층을 2겹으로 형성
  - 일반 레이디얼 타이어보다 20% 이상 조종 안전성 향상
  - 일반 레이디얼 타이어보다 30% 이상 수명 연장
- 장점
  - 강철망으로 보강되어 펑크되는 경우가 적고 연료소비율이 감소
  - 회전저항이 적으며 소음이 적고, 편마모를 최소로 줄일 수 있음
  - 우천 시 미끄럼이 적으며, 차량의 구동력을 최대한 발휘할 수 있음

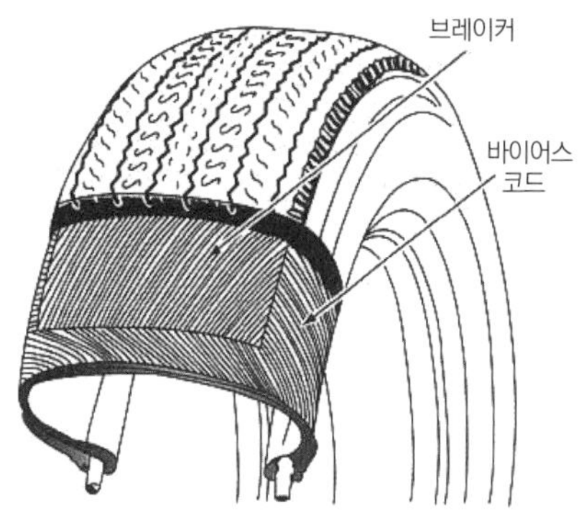

(a) 바이어스 타이어

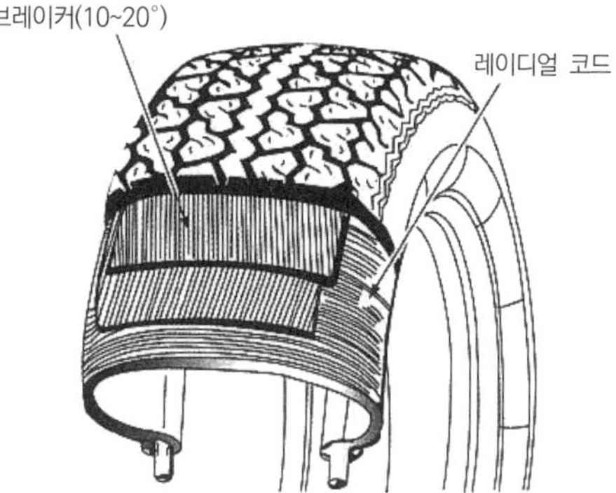

(b) 레이디얼 타이어

[그림 3-297] 보통 타이어(바이어스 타이어)와 레이디얼 타이어의 비교

㉢ 편평 타이어

ⓐ 타이어의 단면을 편평하게(폭을 크게 하고 높이를 낮게)하면 접지 면적이 크게 되어 제동, 발진 시 또는 가속 시 내미끄럼성 및 선회성이 향상된다.

ⓑ 장점

- 일반 타이어에 비하여 코너링 포스가 15% 정도 향상
- 제동성능과 승차감이 향상
- 펑크 시 공기가 급격히 빠지는 경우가 적음
- 일반 타이어에 비하여 타이어 수명이 연장

㉣ 스노우 타이어

ⓐ 눈길에서 체인을 감지 않고 주행 가능하도록 접지면을 10~20% 넓게 하고 트레드 패턴의 홈을 50~70% 더 깊게 만든 것

[그림 3-298] 스노우 타이어

ⓑ 장점

- 제동성능이 우수
- 체인을 탈부착하는 번거로움이 없음
- 견인력이 우수

ⓒ 사용 시 주의사항

- 급브레이크를 사용하지 말 것
- 경사가 급한 언덕길을 올라갈 때에는 저속 운전을 할 것
- 출발할 때는 가능한 천천히 출발할 것
- 트레드가 50% 이상 마모되면 체인을 병용할 것
- 구동바퀴에 걸리는 하중을 크게 할 것

㉤ 스파이크 타이어(스터드 타이어, Studded tire)

- 트레드부에 특수 스터드를 박은 것
- 일반도로에서는 노면에 손상을 줌
- 장점
  - 제동거리가 짧아 안정성이 향상
  - 발진력 및 견인력이 우수
  - 선회성능이 우수

[그림 3-299] 스터드 타이어

㉥ 런플랫 타이어(Run-flat tire)

- 주행 중 펑크 등의 손상에 의해 타이어 내의 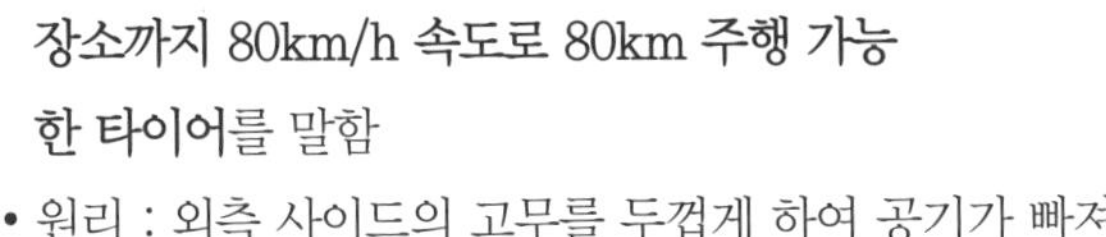**공기압이 제로가 되어도 타이어 교환을 행할 장소까지 80km/h 속도로 80km 주행 가능한 타이어**를 말함
- 원리 : 외측 사이드의 고무를 두껍게 하여 공기가 빠져나가도 찌그러지지 않는 강도를 가지고 있음(사이드 월에 강화고무 적용)

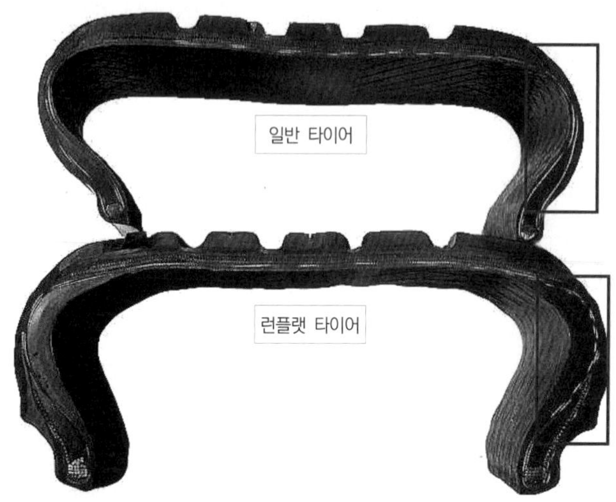

[그림 3-300] 일반 타이어와 런플랫 타이어의 고무두께 비교

3 휠 밸런스

(1) 바퀴의 불평형 시 현상

① 회전 시 원심력에 의한 진동
② 저속 또는 고속 시미 현상 발생
③ 현가장치 내구성 감소
④ 타이어의 이상 마모 촉진
⑤ 승차감 저하

(2) 휠 밸런스의 종류

① 정적 평형(정지 균형)
㉠ 바퀴의 상하 중량의 균형
㉡ **불평형 시 트램핑 현상 발생**
㉢ 트램핑 : 바퀴가 상하로 도약하는 진동

② 동적 평형(회전 균형)
㉠ 바퀴의 좌우 중량의 균형
㉡ **불평형 시 시미 현상 발생**
㉢ 시미 : 바퀴가 좌우로 떠는 진동

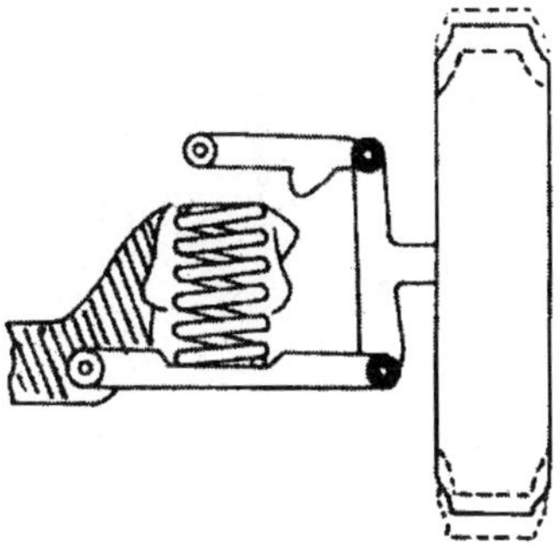

(a) 바퀴의 상하 진동 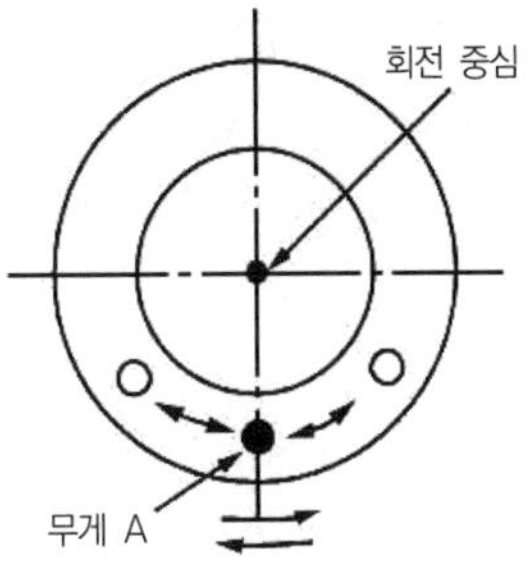 (b) 정적 밸런스(무게 중심 A의 운동)

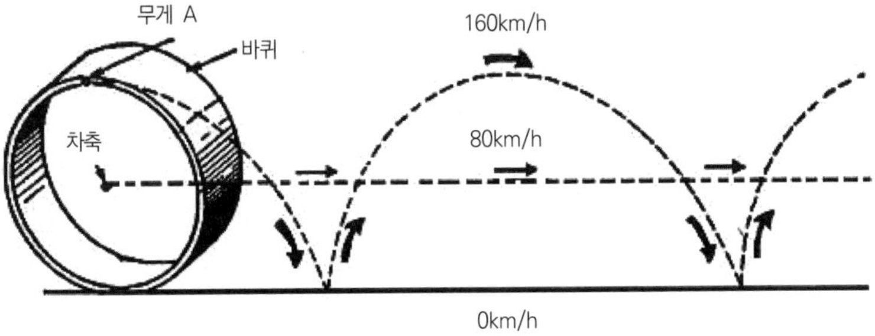

(c) 주행 중 A점의 궤적

[그림 3-301] 정적 평형

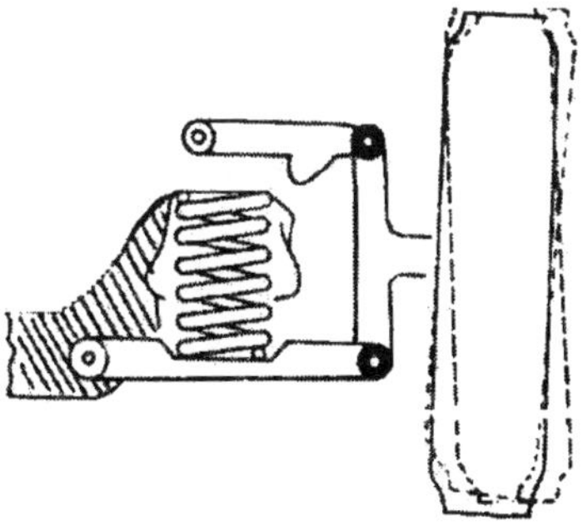

(a) 바퀴의 좌우 진동 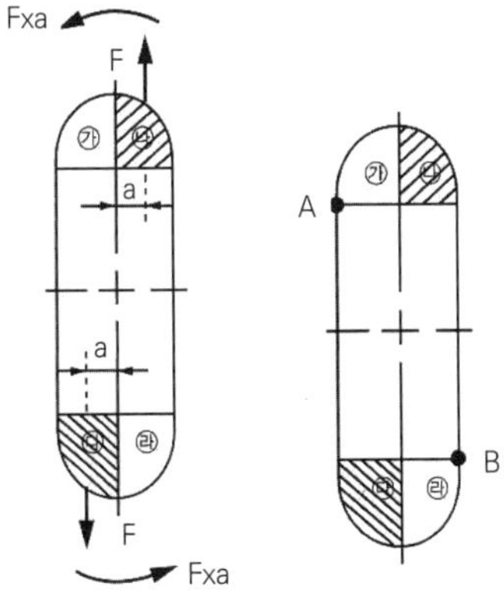 (b) 동적 밸런스

[그림 3-302] 동적 평형

4 타이어 교환 시기

① 트레드 깊이 1.6mm 이하 시 교환

② 위치 교환 시기 : 약 3,000~5,000km 주행 시

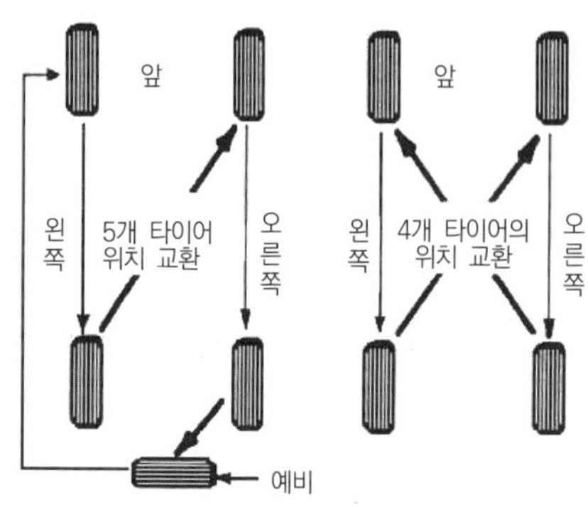

(a) 보통 타이어의 위치 교환

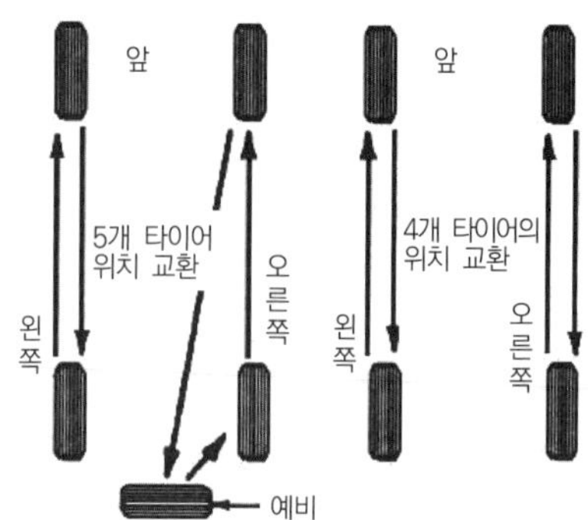

(b) 레이디얼 타이어의 위치 교환

[그림 3－303] 타이어의 위치 교환

참고

스탠딩 웨이브 및 하이드로플래닝 현상

1. 스탠딩 웨이브(Standing Wave) : 고속 주행 시 공기가 적을 때 트레드가 받는 원심력과 공기압력에 의해 트레드가 노면에서 떨어진 직후에 찌그러짐이 생기는 현상이다. 타이어 파손이 쉽고 진동저항이 증가되며 트레드부가 파도 모양으로 마멸된다. 스탠딩 웨이브 현상을 방지하기 위해 타이어의 공기압을 표준 공기압보다 10~13% 높여 주어야 한다.

2. 하이드로플래닝(Hydroplaning, 수막 현상) : 비가 올 때 노면의 빗물에 의해 타이어가 노면에 직접 접촉되지 않고 수막만큼 공중에 떠있는 상태를 말한다. 이러한 현상을 방지하기 위해서는 트레드의 마모가 적은 타이어를 사용하고 타이어 공기압력을 높이며 리브형 패턴을 사용해야 한다.

제 6 장 출제 예상 문제

• 프레임, 휠 & 타이어

01 휠(wheel)의 구성요소가 아닌 것은?

① 휠 허브 ② 휠 디스크
③ 트레드 ④ 림

해설 휠은 타이어를 지지하는 림(rim), 휠을 허브에 설치하는 휠 디스크, 타이어가 끼워지는 림 베이스로 되어 있다.

02 타이어의 구조에 해당되지 않는 것은?

① 트레드 ② 브레이커
③ 카커스 ④ 압력판

해설 트레드, 브레이커, 카커스, 사이드 월, 비드 등으로 구성되어 있다.

03 타이어 트레드 패턴의 종류가 아닌 것은?

① 러그 패턴 ② 블록 패턴
③ 리브러그 패턴 ④ 카커스 패턴

해설 트레드 패턴의 종류에는 리브 패턴, 러그 패턴, 리브러그 패턴, 블록 패턴, 오프 더 로드 패턴 등이 있다.

04 주로 승용차에 사용되며 고속 주행에 알맞은 타이어의 트레드 패턴은?

① 러그 패턴 ② 리브 패턴
③ 블록 패턴 ④ 오프 더 로드 패턴

해설 리브 패턴(rib pattern)은 타이어 원둘레 방향으로 몇 개의 홈을 둔 것으로 사이드 슬립에 대한 저항이 크고, 조향성능이 양호하며 포장도로의 고속 주행에 알맞다.

05 고무로 피복된 코드를 여러 겹 겹친 층에 해당되며, 타이어에서 타이어 골격을 이루는 부분은?

① 카커스(carcass)부
② 트레드(tread)부
③ 숄더(shoulder)부
④ 비드(bead)부

해설 카커스는 고무로 피복된 코드를 여러 겹 겹친 층이며, 타이어의 뼈대가 되는 부분으로서 공기압력을 견디어 일정한 체적을 유지하고 또 하중이나 충격에 따라 변형하여 완충작용을 한다.

06 자동차 타이어에서 노면과 접촉하지는 않지만 카커스를 보호하고 타이어 제원이 표시되는 부분은?

① 림 라인(rim line)
② 숄더(shoulder)
③ 사이드 월(side wall)
④ 트레드(tread)

해설 사이드 월 부분은 지면과 직접 접촉은 하지 않으나, 카커스를 보호하고 주행 중 가장 많은 완충작용을 하며 타이어 제원 및 각종 정보를 표시하는 부분이다.

07 자동차 타이어에서 내부에는 고탄소강의 강선(피아노선)을 묶음으로 넣고 고무로 피복한 링 상태의 보강 부위로 타이어 림에 견고하게 고정시키는 역할을 하는 부분은?

① 카커스(carcass)부
② 트레드(tread)부
③ 숄더(shoulder)부
④ 비드(bead)

해설 비드 부분은 타이어에서 내부에는 고탄소강의 강선(피아노선)을 묶음으로 넣고 고무로 피복한 링 상태의 보강 부위로 타이어 림에 견고하게 고정시키는 역할을 한다.

08 타이어 종류 중 튜브 리스 타이어의 장점이 아닌 것은?

① 못 등이 박혀도 공기 누출이 적다.
② 림이 변형되어도 공기 누출의 가능성이 적다.
③ 고속 주행 시에도 발열이 적다.
④ 펑크 수리가 간단하다.

해설 **튜브 리스 타이어의 특징**
㉠ 못에 찔려도 공기가 급격히 새지 않는다.
㉡ 유리조각 등에 의해 찢어지는 손상은 수리가 어렵다.
㉢ 고속 주행해도 발열이 적다.
㉣ 림이 변형되면 공기가 새기 쉽다.

정답 01 ③ 02 ④ 03 ④ 04 ② 05 ① 06 ③ 07 ④ 08 ②

09 타이어의 단면을 편평하게 하여 접지면적을 증가시킨 편평 타이어의 장점이 아닌 것은?

① 제동성능과 승차감이 향상된다.
② 타이어폭이 좁아 타이어 수명이 길다.
③ 펑크가 났을 때 공기가 급격히 빠지지 않는다.
④ 보통 타이어보다 코너링 포스가 15% 정도 향상된다.

해설 **편평(광폭) 타이어의 장점**
㉠ 타이어의 높이가 낮고 폭이 넓어 발진, 선회, 가속, 제동 성능이 좋고 로드 홀딩이 우수하다.
㉡ 보통 타이어보다 코너링 포스가 15% 정도 향상된다.
㉢ 스탠딩 웨이브가 발생되기 어렵다.
㉣ 옆방향 강도가 커서 선회저항이 감소하여 연료가 절감된다.
㉤ 타이어 접지부가 넓어 힘이 분산되므로 내마모성이 크다.
㉥ 펑크가 났을 때 공기가 급격히 빠지지 않는다.

10 레이디얼(Radial) 타이어의 장점이 아닌 것은?

① 미끄럼이 적고, 견인력이 좋다.
② 선회 시 안전하다.
③ 조정 안정성이 좋다.
④ 저속 주행, 험한 도로 주행 시 적합하다.

해설 **레이디얼 타이어의 장점**
㉠ 접지 면적이 크고, 조종 안정성이 좋다.
㉡ 선회할 때 옆방향의 힘을 받아도 변형이 적다.
㉢ 하중에 의한 트레드 변형이 적다.
㉣ 미끄럼이 적고, 견인력이 좋다.
㉤ 선회할 때 안정이 크다.

11 타이어 단면폭이 180(mm)이고, 타이어 단면높이가 90(mm)이면 편평비(%)는?

① 500%　　② 50%
③ 600%　　④ 60%

해설 $편평비 = \frac{단면높이}{단면폭} \times 100$

$\therefore \frac{90}{180} \times 100 = 50\%$

12 고속도로를 주행하는 자동차에 타이어 공기압력을 10~15% 높여주는 이유로 가장 적합한 것은?

① 타이어의 회전력을 좋게 하기 위하여
② 제동력을 증가시키기 위하여
③ 승차감을 좋게 하기 위하여
④ 스탠딩 웨이브 현상을 방지하기 위하여

해설 고속도로를 주행하는 자동차에 타이어 공기압력을 10~15% 높여주는 이유는 스탠딩 웨이브 현상을 방지하기 위함이다.

13 고속 주행할 때 바퀴가 상하로 진동하는 현상을 무엇이라 하는가?

① 요잉　　② 트램핑
③ 롤링　　④ 킥다운

해설 트램핑이란 고속으로 주행할 때 바퀴가 상하로 진동하는 현상을 말한다.

14 타이어가 동적 불평형 상태에서 70~90km/h 정도로 달리면 바퀴에 어떤 현상이 발생하는가?

① 로드 홀딩 현상　　② 트램핑 현상
③ 토아웃 현상　　④ 시미 현상

해설 시미 현상이란 타이어가 동적 불평형 상태에서 70~90 km/h 정도로 달리면 진동이 발생하는 현상이다.

15 하이드로플래닝 현상을 방지하는 방법이 아닌 것은?

① 트레드의 마모가 적은 타이어를 사용한다.
② 타이어의 공기압을 높인다.
③ 트레드 패턴은 카프형으로 세이빙 가공한 것을 사용한다.
④ 러그 패턴의 타이어를 사용한다.

해설 **하이드로플래닝 현상의 방지 방법**
㉠ 물 배출이 용이한 리브 패턴 타이어를 사용
㉡ 트레드 마모가 적은 타이어를 사용
㉢ 트레드 패턴은 카프(가로 홈)형으로 세이빙 가공한 것을 사용
㉣ 저속으로 주행하고, 타이어 공기압을 높임

정답 09 ② 10 ④ 11 ② 12 ④ 13 ② 14 ④ 15 ④

자동차 안전기준

CHAPTER 01 용어의 정의

1 공차 상태

자동차에 **사람이 승차하지 아니하고** 물품(예비부분품 및 공구 기타 휴대물품을 포함)을 적재하지 아니한 상태로서 연료 · 냉각수 및 윤활유를 만재하고 예비 타이어(예비 타이어를 장착한 자동차만 해당)를 설치하여 운행할 수 있는 상태

2 적차 상태

공차 상태의 자동차에 승차정원의 인원이 승차하고 최대 적재량의 물품이 적재된 상태, 이 경우 승차정원 1인(13세 미만의 자는 1.5인을 승차정원 1인으로 봄)의 중량은 65kg으로 계산하고, 좌석정원의 인원은 정위치에, 입석정원의 인원은 입석에 균등하게 승차시키며, 물품은 물품 적재 장치에 균등하게 적재시킨 상태

3 축중

자동차가 수평 상태에 있을 때 1개의 차축에 연결된 **모든 바퀴의 윤중을 합한 것**

4 윤중

자동차가 수평 상태에 있을 때 **1개의 바퀴가 수직으로 지면을 누르는 중량**

5 차량 중심선

직진 상태의 자동차가 수평 상태에 있을 때에 가장 앞의 차축의 중심점과 가장 뒤의 차축의 중심점을 통과하는 직선

6 차량 중량

공차 상태의 자동차의 중량

7 차량 총중량

적차 상태의 자동차의 중량

8 승차정원

자동차에 승차할 수 있도록 허용된 **최대인원(운전자를 포함)**

9 최대 적재량

자동차에 적재할 수 있도록 **허용된 물품의 최대중량**

10 연결자동차

견인자동차와 피견인자동차를 연결한 상태의 자동차

11 접지 부분

적정 공기압의 상태에서 타이어가 지면과 접촉되는 부분

12 조향비

조향 핸들의 회전각도와 조향바퀴의 조향각도와의 비율

13 전방조종자동차

자동차의 가장 앞부분과 조향 핸들 중심점까지의 거리가 자동차길이의 4분의 1 이내인 자동차

CHAPTER 02

자동차검사 및 안전기준

01 자동차검사

▌자동차 검사의 종류

신규검사	신규등록을 하려는 경우 실시하는 검사
정기검사	신규등록 후 일정 기간마다 정기적으로 실시하는 검사
튜닝검사	자동차를 튜닝한 경우에 실시하는 검사
임시검사	「자동차관리법」에 의한 명령이나 자동차 소유자의 신청에 의해 비정기적으로 실시하는 검사
수리검사	전손 처리 자동차를 수리한 후 운행하려는 경우에 실시하는 검사
종합검사	정기검사와 배출가스 정밀검사(특정경유자동차검사 포함)를 통합하여 실시하는 검사

02 자동차검사의 유효기간 및 차령계산

1 자동차 정기검사 유효기간

구분			검사유효기간
1	비사업용 승용자동차 및 피견인자동차		2년(신조차로서 법 제43조 제5항에 따른 신규검사를 받은 것으로 보는 자동차의 최초 검사유효기간은 4년)
2	사업용 승용자동차		1년(신조차로서 법 제43조 제5항에 따른 신규검사를 받은 것으로 보는 자동차의 최초 검사유효기간은 2년)
3	경형·소형의 승합 및 화물자동차		1년
4	사업용 대형 화물자동차	차령이 2년 이하인 경우	1년
		차령이 2년 초과된 경우	6개월
5	그 밖의 자동차	차령이 5년 이하인 경우	1년
		차령이 5년 초과된 경우	6개월

2 차령계산

구분		기산일
1	제작연도에 등록된 자동차	최초의 신규등록일
2	제작연도에 등록되지 아니한 자동차	제작연도의 말일

03 자동차검사 미필 시 벌칙

1 신규검사 : 위반 시 벌칙 없음

2 정기검사 및 종합검사

① 검사를 받아야 할 기간 만료일부터 30일 이내 : 2만원
② 30일을 초과한 경우 : 3일 초과시마다 1만원 추가, 최대 30만원까지 과태료 부과

3 구조변경검사

① 구조변경검사를 받지 아니한 때 : 100만원 이하의 벌금
② 승인을 받지 아니하고 구조장치를 변경한 때 : 1년 이하의 징역 또는 300만원 이하의 벌금

4 임시검사 : 100만원 이하의 벌금

04 이륜자동차 검사

1 이륜자동차 검사

대기환경보전법 개정안이 공포(시행일 '14. 2. 6)됨에 따라 사용신고된 이륜자동차 중 대형 이륜자동차(260cc 초과)에 대한 배출가스(경적 · 배기소음 포함) 정기검사 시행

※제외 이륜자동차
① 전기이륜자동차
②「자동차관리법」 제48조에 따른 이륜자동차 사용 신고 대상에서 제외되는 이륜자동차
③ 배기량이 260cc 이하인 이륜자동차

2 시행일

정기검사 시행 첫 해는 적용특례를 적용하여 첫 시행은 '14.4.7일에 시작

3 검사 불이행 시 과태료

검사 만료일부터 30일 이내 경과인 경우 2만원, 이후 3일 초과 시마다 1만원씩 추가하여 최대 20만원까지 과태료를 시 · 도지사에서 부과

4 이륜자동차 정기검사의 유효기간

이륜자동차 정기검사 결과가 유효한 것으로 인정하는 기간으로서 2년
(다만, 신조차로 사용 신고된 경우 최초 유효기간 3년)

5 검사항목

① 기기검사 : 배출가스 농도(CO, HC) 검사와 경적 · 배기소음
② 주요 육안검사 : 동일성 확인 및 이륜차 상태 배출가스 및 소음 관련 부품(촉매, 경음기 등) 설치 상태, 배출가스 최종 배출구 이전 유출 여부, 엔진 공회전 및 가속 상태 확인 등을) 검사한다.

05 안전기준

국토교통부장관은 자동차검사대행자로 자동차의 출장검사를 하게 할 수 있다.

① 섬지역(제주도 및 육지와 연결된 섬 제외)
② 검사소로부터 멀리 있거나 검사소가 부족하여 출장검사가 필요하다고 인정하는 지역

공차 상태	연료 · 냉각수 · 윤활유를 만재, 예비 타이어를 설치 · 운행할 수 있는 상태
적차 상태	승차정원(13세 미만의 자는 1.5인을 승차정원 1인으로 보고 중량은 65kg으로 계산 또한 좌석정원 정위치, 입석정원을 균등하게 승차)이 승차 최대 적재량의 물품이 적재
윤중	바퀴가 수직으로 지면을 누르는 중량(5ton 미만)
축중	차축이 수직으로 지면을 누르는 중량, 윤중의 합(10ton 미만)
차량 중심선	앞차축 중심과 뒤차축의 중심을 통과하는 직선
차량 중량	공차 상태의 자동차의 중량
차량 총중량	적차 상태의 자동차의 중량(20ton 미만), 화물 및 특수자동차(40ton 미만)

06 자동차검사 일반기준

자동차의 검사항목 중 **제원측정은 공차(空車) 상태**에서 시행하며, **그 외의 항목은 공차 상태에서 운전자 1명이 승차하여 시행**한다. 다만, 긴급자동차 등 부득이한 사유가 있는 경우에는 적차(積車) 상태에서 검사를 시행한다.

07 신규검사 및 정기검사

1 동일성 확인

표기와 등록번호판이 자동차 등록증에 기재된 차대번호 원동기 형식 및 등록번호가 일치하고 등록번호판 및 봉인의 상태가 양호할 것

2 제원측정(제원표에 기재된 제원과 동일할 것)

구분	기준
길이	13m(연결자동차의 경우 16.7m)
너비	2.5m(후사경, 환기장치 또는 밖으로 열리는 창 ⇒ 승용차 : 25cm, 기타 자동차 : 30cm)
높이	4m
최저 지상고	12cm
차량 총중량	차량 총중량 20ton(화물 및 특수자동차 40ton), 축중 10ton, 윤중 5ton
중량 분포	조향바퀴에 걸리는 중량은 차량 총중량의 20% 이상(3륜 18% 이상)
최대 안전경사 각도	35°(차량 총중량이 차량 중량의 1.2배 이하인 차량 30°) 〈예외 : 고소작업, 방송중계, 진공흡입청소〉 ※ 승차정원 11명 이상인 승합자동차 : 적차 상태에서 28°
최소 회전반경	12m 이내
접지압력	무한궤도를 장착한 자동차의 접지압력은 무한궤도 1cm^{2}당 3kg 이내

08 주행장치

타이어 마모 한계	1.6mm

09 타이어 공기압 경고장치

대상 자동차	승용자동차와 차량 총중량이 3.5톤 이하인 승합 · 화물 · 특수자동차
기준	① 최소한 시속 40km 해당 자동차의 최고속도까지의 범위에서 작동 ② 운전자가 낮에도 운전석에서 육안으로 쉽게 식별할 수 있을 것

10 조향장치

조향 조작력	적차 상태에서 12m 원을 회전하는 데 25kg 이내
조향 핸들 유격	핸들 직경의 12.5% 이내
사이드 슬립	1m 주행에 좌우 방향으로 각각 5mm 이내(5m/1km)

11 제동장치

자동차 상태	공차 상태 운전자 1인 승차
제동초속도 및 급제동정지거리	• 최고속도 80km 이상의 자동차 : 제동초속도 ⇒ 50km/h, 급제동정지거리 ⇒ 22m 이하 • 최고속도 35km 이상 80km 미만의 자동차 : 제동초속도 ⇒ 35km/h, 급제동정지거리 ⇒ 14m 이하 • 최고속도 35km 미만의 자동차 : 제동초속도 ⇒ 당해 자동차의 최고속도, 급제동정지거리 ⇒ 5m 이하
측정 시 조작력	• 발조작 ⇒ 90kgf 이하 • 손조작 ⇒ 30kgf 이하
측정자동차의 상태	공차 상태의 자동차에 운전자 1인이 승차한 상태

구분	내용
제동능력	제동력 앞합 : 해당 축중의 50% 이상 $\frac{\text{좌·우 제동력 합}}{\text{해당 축중}} \times 100 = 50\%$ 이상
	제동력 뒤합 : 해당 축중의 20% 이상 $\frac{\text{좌·우 제동력 합}}{\text{해당 축중}} \times 100 = 20\%$ 이상
	제동력 편차 : 해당 축중의 8% 이하 $\frac{\text{큰 제동력} - \text{작은 제동력}}{\text{해당 축중}} \times 100 = 8\%$ 이하
	최고속도 80km/h 이상 총중량이 중량의 1.2배 이하 제동력의 합은 차량 총중량의 50% 이상 최고속도 80km/h 미만 총중량이 중량의 1.5배 이하 제동력의 합은 차량 총중량의 40% 이상
제동복원력	브레이크 페달을 놓을 때에 3초 이내 해당 축중의 20% 이하로 감소
주차조작력	• 승용자동차 : 발조작 ⇒ 60kgf 이하 손조작 ⇒ 40kgf 이하 • 기타자동차 : 발조작 ⇒ 70kgf 이하 손조작 ⇒ 50kgf 이하
주차제동능력	11°30′(11.5°) 차량 중량의 20% 이상

※ 차량 총중량이 750kgf 미만인 피견인자동차(소형 트레일러)는 제외

12 연료장치

구분	내용
가솔린 연료장치	• 배기관 끝으로부터 30cm 이상 (연료탱크는 제외) • 노출된 전기단자 20cm 이상 (연료탱크는 제외)
가스연료장치	• 도관은 강관, 동관 또는 내유성의 고무관으로 할 것 • 완곡된 형태로 최소한 1m마다 차체 고정 • 가스용기 충전압력의 1.5배에도 견딜 것 • 가스용기는 차체 최후단 30cm 이상, 차체 좌우외측면 20cm 이상 30cm 이상 20cm 이상

13 차체 및 차대

구분	내용
화물자동차	차량 총중량, 최대 적재량 표시 (탱크로리 : 차량 총중량, 최대 적재량, 최대 적재용적, 적재물품명 표시) ※다만, 차량 총중량 15톤 미만인 경우 차량 총중량 표시 생략 가능

측면보호대 및 후부안전판	차량 총중량 8ton 이상이거나 최대 적재량 5ton 이상(화물 · 특수 · 연결자동차)
후부안전판	차량 총중량 3ton 이상(화물 · 특수자동차) 〈좌우 최외측 타이어 바깥면 지점부터의 간격 각각 10cm 이내, 지상과의 간격은 55cm 이내, 단면 최소높이는 10cm 이상〉
고압가스차량용기	용기가 차체의 뒤 범퍼 안쪽으로 30cm 이상 간격이 있을 것
어린이운송용 승합자동차	① 색상 : 황색 ② 어린이 보호표지를 붙이거나 뗄 수 있도록 하여야 한다. ③ 좌측 옆면 앞부분에 정지표시장치 설치(이 경우 좌측 옆면 뒷부분에 1개를 추가로 설치 가능)

14 견인장치 및 연결장치

견인장치 및 연결장치	자동차(피견인자동차를 제외한다)의 앞면 또는 뒷면에는 자동차의 길이 방향으로 견인할 때에 해당 자동차 중량의 2분의 1 이상의 힘에 견딜 수 있고, 진동 및 충격 등에 의하여 분리되지 아니하는 구조의 견인장치를 갖추어야 한다.

15 승차장치

차실 유효높이	대형(36인 이상) 180cm 이상. 다만, 2층대형승합자동차의 위층 또는 아래층(천정개방2층대형승합자동차는 아래층에 한정)의 경우는 차실의 유효높이를 168cm 이상 가능. 천정개방2층대형승합자동차에는 위층 탑승객의 착석여부를 운전석에서 확인 및 통제할 수 있는 영상장치와 안내 방송 장치 설치
좌석	• 운전자 및 승객 : 가로세로 40cm 이상, 좌석 간의 거리 : 65cm 이상 • 어린이용 좌석 : 가로세로 27cm 이상, 좌석 간의 거리 : 46cm 이상
머리지지대	앞좌석에는 머리지지대를 설치 〈설치해야 하는 자동차 : 승용자동차, 차량 총중량 4.5톤 이하의 승합자동차, 차량 총중량 4.5톤 이하의 화물자동차(피견인자동차를 제외), 차량 총중량 4.5톤 이하의 특수자동차〉
안전띠	① 설치 예외 : 환자수송용 또는 특수구조자동차(국토교통부장관 인정), 자동차전용도로 또는 고속국도를 운행하지 아니하는 시내버스 · 농어촌버스 및 마을버스의 승객용 좌석 ② 기준 : 승용 ☞ 운전석/조수석은 3점식, 그 외 자동차 및 설치가 곤란한 경우는 2점식 허용

입석	유효너비 30cm 이상, 유효높이 180cm 이상, 1인 입석 면적 0.14㎡ 이상
승강구	① 유효너비 60cm 이상, 유효높이 160cm 이상(대형 180cm 이상) ※ 다만, 차실 유효높이 120cm 미만, 승차정원 15인 이하, 어린이운송용 승합의 경우는 예외 ② 발판높이 : 대형승합 제1단 40cm 이하, 어린이 제1단 30cm 이하
비상구	① 승차정원 16인 이상의 자동차에 설치(천정개방 2층 대형승합자동차의 위층은 제외) ② 유효너비 40cm 이상, 유효높이 120cm 이상

16 배기가스 발산 방지 및 소음 방지 장치

경적소음	2000. 1. 1 이전 : 90 ~ 115dB 이하 2000. 1. 1 이후 : 90 ~ 110dB 이하	차체전방에서 2m 떨어진 지상높이 1.2±0.05m가 되는 지점에서 측정
매연	1995.12.31 이전 ⇒ 40% 1996. 1. 1 ~ 2000.12.31 ⇒ 35% 2001. 1. 1 ~ 2002. 6.30 ⇒ 30% 2002. 7. 1 이후 ⇒ 25%	단, Turbo 차량은 +5% 가산
배기관 설치	후방 또는 왼쪽 30° 이내	

17 시야 확보 장치

단일배율의 실내후사경	승용자동차, 경형승합자동차
전방후사경 (차체 바로 앞에 있는 장애물을 확인할 수 있는)	차량 총중량 8ton 이상 또는 적재량 5ton 이상(피견인자동차 제외), 승차정원 16인 이상, 어린이운송용 승합자동차
창닦이기	① 작동주기 종류는 2가지(Low, Hi) 이상 ② 최저 작동주기(Low) 매분당 20회 이상, 다른 하나의 작동주기는(Hi) 매분당 45회 이상 ③ 최고 작동주기와 다른 하나의 작동주기의 차이는 매분당 15회 이상 ④ 작동을 정지시킨 경우 자동적으로 최초의 위치로 복귀되는 구조

18 계기장치

속도계	① 평탄한 수평노면에서 속도가 40km/h 경우 오차가 정 15%, 부 10% 이하일 것 ② 다음 자동차에는 아래 기준 속도를 제한하는 '최고속도 제한장치'를 설치하여야 한다. ㉠ 승합자동차 : 110km/h ㉡ 차량 총중량이 3.5톤을 초과하는 화물자동차 · 특수자동차(피견인자동차를 연결하는 견인자동차를 포함한다) : 90km/h ㉢「고압가스 안전관리법 시행령」 규정에 의한 고압가스를 운송하기 위하여 필요한 탱크를 설치한 화물자동차 : 90km/h ㉣ 저속전기자동차 : 60km/h
운행기록계	다음 각 호의 어느 하나에 해당하는 자는 그 운행하는 차량에 국토교통부령으로 정하는 기준에 적합한 운행기록장치를 장착하여야 한다. ㉠「여객자동차 운수사업법」에 따른 여객자동차 운송사업자 ㉡「화물자동차 운수사업법」에 따른 화물자동차 운송사업자 및 화물자동차 운송가맹 사업자 (※다만, 「화물자동차 운수사업법」에 따른 화물자동차 운송사업용 자동차로서 최대 적재량 1톤 이하인 화물자동차와「자동차관리법 시행규칙」 따른 경형 · 소형 특수자동차 및 구난형 · 특수작업형 특수자동차는 예외로 한다)

19 등화장치

등 구분		등색	설치조건 및 그 외 주요 요점사항(2014. 6. 10. 전문개정, 시행일 : 2016. 1. 10. 기준)
1	전조등 (주행빔)	백색	① 설치 위치 : 자동차 구조물의 직접적 · 간접적 반사에 의해 해당 운전자에 불쾌감을 유발하지 않도록 설치할 것 ② 관측각도 : 주행빔 전조등의 발광면은 상측 · 하측 · 내측 · 외측의 5° 이내에서 관측 가능할 것 ③ 방향 및 작동조건 : 비추는 방향은 전방이며, **곡선로 조명을 구현하는 경우에는 좌우로 회전** 가능하며, 이 경우 좌우에 각 1개만 작동하도록 설치(변환빔에서 주행빔으로 전환 시 변환빔은 지속 점등도 가능) ④ 표시장치 : 주행빔 전조등의 작동 상태를 알려주는 표시장치를 설치할 것 ⑤ 추가적인 요구사항 ㉠ **동시에 점등되는 등화의 최고광도 총합은 43cd 이하** ㉡ 도로 및 기상 조건 등을 인식하여 주행빔과 변환빔을 자동으로 변환하는 자동전환장치가 설치된 경우에는 아래 기준에 적합할 것 ㉮ **주위 밝기가 7천 Lux 이상인 경우에는 자동전환장치의 작동이 자동적으로 정지되는 구조일 것** ㉯ **수동으로 자동전환장치의 작동을 정지시킬 수 있는 구조를 갖출 것** ㉰ **자동전환장치의 작동 상태를 알려주는 표시장치를 설치할 것**

등 구분		등색	설치조건 및 그 외 주요 요점사항(2014. 6. 10. 전문개정, 시행일 : 2016. 1. 10. 기준)
2	안개등(앞면)	백색, 황색	① 설치 위치 ㉠ 너비 : 발광면 외측 끝단은 자동차 최외측으로부터 400mm 이내 ㉡ 높이 ㉮ 승용 · 차량 총중량 3.5톤 이하 화물 · 특수자동차 앞면안개등의 발광면 : 공차 상태에서 지상 250mm 이상 800mm 이하, 그 외의 자동차는 1,200mm 이하 ㉯ 앞면안개등은 변환빔 발광면의 가장 높은 부분보다 낮게 설치 ② 관측각도 ㉠ 앞면안개등의 발광면은 상측 5° · 하측 5° · 외측 45° · 내측 10° 이내 ㉡ **앞면안개등의 관측각도 내에서는 1cd 이상** ③ 작동조건 ㉠ 앞면안개등은 **독립적으로 점등 · 소등할 수 있는 구조**일 것 ㉡ **앞면안개등이 적응형 전조등의 일부분으로 사용되더라도 앞면안개등 기능에 우선**할 것 ④ 표시장치 : 앞면안개등의 작동 상태를 알려주는 점등형 표시장치를 설치
3	후퇴등	백색	① 자동차(차량 총중량 0.75톤 이하인 피견인자동차는 제외한다)의 뒷면에는 후퇴등을 설치하여야 한다. ② 1개 또는 2개를 설치할 것. 다만, **길이가 600cm 이상인 자동차(승용자동차는 제외)에는 자동차 측면 좌우에 각각 1개 또는 2개를 추가로 설치**할 수 있다.
4	차폭등	백색	① **자동차(너비 160cm 이상인 피견인자동차를 포함)의 앞면에는 차폭등을 설치**하여야 한다. ② 관측각도 ㉠ 수평각 : 차폭등의 발광면은 **내측 45° · 외측 80°** 이내 ㉡ 수직각 : 등화의 발광면은 **상측 15° · 하측 15°** 이내 ③ 작동조건 : **후미등 · 끝단표시등 · 옆면표시등 · 번호등과 동시에 점 · 소등되는 구조**일 것(차폭등이 방향지시등과 상호 결합된 경우 방향지시등이 작동하는 동안 차폭등은 소등되는 구조도 가능) ④ 표시장치 : 작동상태를 알려주는 **비점멸식 표시장치**를 설치할 것(다만, 계기판넬 내의 조명이 차폭등과 동시에 점등될 경우는 제외) ⑤ 추가적인 요구사항 ㉠ **차폭등 내에 설치된 한 개 이상의 적외선 투사장치는 자동차가 전방으로 진행하는 경우에만 작동**하며, 양쪽 전조등 중 점등된 전조등 쪽의 적외선 투사장치만 작동되는 구조일 것 ㉡ 전조등 및 차폭등에 고장이 발생한 경우 **고장이 발생한 측면의 적외선 투사장치는 자동적으로 소등되는 구조**일 것 ㉢ 곡선로 조명 기능의 적응형전조등에 차폭등이 상호 결합된 조명 유니트인 경우에는 좌우 회전도 가능할 것

등 구분		등색	설치조건 및 그 외 주요 요점사항(2014. 6. 10. 전문개정, 시행일 : 2016. 1. 10. 기준)
5	번호등	백색	① 설치 위치 : 번호판을 잘 비추는 위치에 설치 ② 작동조건 : **후미등 · 차폭등 · 옆면표시등 · 끝단표시등과 동시에 점등, 소등되는 구조**일 것 ③ 표시장치 : 작동 상태를 알려주는 표시장치 설치 가능, 다만, 표시장치를 설치할 경우에는 차폭등과 후미등의 표시장치로 대체 가능 ④ 추가 요구사항 : 번호등이 후미등과 상호 결합된 경우, 제동등 또는 뒷면안개등 내에 **상호 결합된 경우 번호등의 광학적 특성은 제동등 또는 뒷면안개등이 점등되는 동안 변경 가능한 구조**도 가능
6	후미등	적색	자동차의 뒷면에는 후미등을 좌우에 각각 1개를 설치해야 한다. 다만, 끝단표시등이 설치되지 아니한 다음 각 호의 자동차에는 좌우에 각각 1개를 추가로 설치할 수 있다. ① **승합자동차** ② **차량 총중량 3.5톤 초과 화물자동차 및 특수자동차**
7	제동등	적색	① 자동차의 **뒷면에는 제동등을 좌우에 각각 1개를 설치**해야 한다. ② **승용자동차와 차량 총중량 3.5톤 이하 화물자동차 및 특수자동차의 뒷면에는 다음 기준에 적합한 보조제동등을 설치**해야 한다. 다만, 차체구조상 설치가 불가능하거나 개방형 적재함이 설치된 화물자동차는 제외. ㉠ **자동차의 뒷면 수직중심선 상에 1개를 설치**할 것. 다만, 차체 중심에 설치가 불가능한 경우에는 자동차의 양쪽에 대칭으로 2개를 설치할 수 있다. ㉡ 등광색은 적색
8	방향 지시등	호박색	자동차 앞면 · 뒷면 및 옆면(피견인자동차의 경우에는 앞면을 제외) 다음 각 항 기준에 적합한 방향지시등을 좌 · 우에 각각 1개를 설치해야 한다. 다만, 승용자동차와 차량 총중량 3.5톤 이하 화물자동차 및 특수자동차를 제외한 자동차에는 2개의 뒷면 방향지시등을 추가로 설치할 수 있다. ① 방향지시등은 **1분간 90±30회로 점멸하는 구조**일 것 ② 방향지시기를 **조작한 후 1초 이내에 점등**되어야 하며, **1.5초 이내에 소등**될 것 ③ 견인자동차와 피견인자동차의 방향지시등은 동시에 작동하는 구조일 것 ④ 한 개의 방향지시등에서 합선 외의 고장이 발생된 경우 다른 방향지시등은 작동되는 구조일 것. 이 경우 점멸횟수는 변경될 수 있다.
9	어린이운송용 승합자동차 표시등		분당 60~120회 점멸되는 적색 2개(바깥쪽), 황색 2개(안쪽) 설치 ① 정지 직전과 출발 시 : 황색 또는 호박색 점멸(※출발 시는 자동점멸, 적색과 황색 또는 호박색 동시점멸 안 됨) ② 어린이의 승하차를 위한 승강구가 열릴 때 : 자동으로 적색점멸
10	후부반사기 등		① 후부반사기 : 자동차의 뒷면 좌우에 각각 1개 설치(반사광 : 적색) ② 피견인자동차용 삼각형반사기 : 피견인자동차 뒷면 좌우에 각각 1개 설치(반사광 : 적색) ② 앞면반사기 : 피견인자동차 앞면 좌우에 각각 1개 설치(반사광 : 백색 또는 무색) ③ 옆면반사기 : 피견인자동차와 자동차 길이 600cm 이상 자동차(색상 : 호박색) ④ 후부반사판 또는 후부반사기 : 차량 총중량 7.5톤 이상인 화물 · 특수자동차 뒷면에 좌우 대칭이 되도록 설치(반사광 : 반사부-황색 또는 적색, 형광부-적색) ※후부반사판 또는 후부반사지 중심점 : 공차 상태에서 지상 250~2,100mm

20 소화장치

소화설비	위험물운송자동차, 고압가스운송차, 승차정원 7인 이상[A(일반), B(유류), C(전기)소화기] ※다만, 승차정원 11인 이상의 승합자동차의 경우에는 운전석 또는 운전석과 옆으로 나란한 좌석 주위에 1개 이상의 소화기 설치

21 경광등 및 사이렌

긴급자동차	경광등 : 1등광 광도 135~2,500cd, 사이렌 음 : 전방 30m에서 90~120dB ① 구급차, 혈액공급차 : 녹색 ② 경찰, 국군, 국제연합(UN), 수사기관, 교도소, 소방용 : 적색 또는 청색 ③ 기타(사용자신청 '지방경찰청장 지정') : 황색

22 후방 확인을 위한 영상장치

후방 카메라 또는 후방 감지 센서	좌우 1,000mm 및 후방 300m부터 2,000mm까지의 영역에 설치된 직경 30mm 및 높이 500mm 관측봉 전부가 보일 수 있는 후방 카메라 또는 후방 감지 센서
	다음 각 호 차량 의무 장착('14. 9. 1일부터 의무. 단, 어린이운송용 승합 '15. 1. 29일부터) ① 대형 화물자동차 ② 대형 특수자동차 ③ 밴형 화물자동차 ④ 특수용도형 화물자동차로서 박스형 적재함이 있는 자동차 ⑤ 어린이운송용 승합자동차

참고

어린이운송용 승합자동차 안전장치 설치기준

(1) 자동차의 색상은 전체 황색
(2) 자동차의 앞면 유리 우측상단과 뒷면 유지 중앙하단의 보기 쉬운 곳에 탈부착이 가능한 어린이 보호표지판
(3) 어린이의 신체 구조에 적합한 좌석 안전띠
(4) 승강구 높이 조정 보조발판
※문을 열면 발판이 나오며 적색등이 점멸하고 문을 닫으면 발판이 들어가고 황색등이 점멸해야 함
(5) 안전표시등(점멸등)
① 적색, 황색(또는 호박색) 앞, 뒤 4개씩 단방향 표시 구조만 가능
② 점멸횟수 : 분당 60회 이상 120회 이하
③ 설치 : 앞면과 뒷면에 각각 4개씩 (양쪽 외측 – 적색, 내측 – 황색)
④ 작동 : 정지 직전과 출발 후에는 황색, 정지한 때에는 적색점멸(적색과 황색이 동시점멸 안 됨)
(6) 후방 카메라 또는 후방 감지 센서
(7) 좌측 옆면 앞부분 정지 표시 장치(이 경우 좌측 옆면 뒷부분에 1개 추가 설치 가능)
(8) 광각 실외 후사경(실외 후사경보다 넓은 범위의 뒷면을 확인할 수 있는 실외 후사경)
(※도로교통법 적용은 2015년 1월 29일부터 의무화 시행)

제 1~2 장

출제 예상 문제

• 용어의 정의
• 자동차검사 및 안전기준

01 공차 상태의 자동차에 있어서 접지 부분 이외의 부분은 지면과의 사이에 몇 cm 이상의 간격이 있어야 하는가?

① 12cm 이상 ② 13cm 이상
③ 14cm 이상 ④ 15cm 이상

해설 「자동차 및 자동차부품의 성능과 기준에 관한 규칙」 제5조
공차 상태의 자동차에서 접지 부분 이외의 부분은 지면과의 사이에 12cm 이상의 간격이 있어야 한다.

02 화물자동차 및 특수자동차의 차량 총중량은 몇 톤을 초과해서는 안 되는가?

① 40톤 ② 20톤
③ 50톤 ④ 45톤

해설 「자동차 및 자동차부품의 성능과 기준에 관한 규칙」 제6조
총중량은 20톤(화물자동차 및 특수자동차의 경우에는 40톤), 축중은 10톤, 윤중은 5톤을 초과해서는 안 된다.

03 자동차의 조향바퀴 윤중의 합은 차량 중량 및 차량 총중량의 각각에 대하여 몇 % 이상이어야 하는가?

① 16% 이상 ② 20% 이상
③ 30% 이상 ④ 40% 이상

해설 「자동차 및 자동차부품의 성능과 기준에 관한 규칙」 제7조
조향바퀴의 윤중의 합은 차량 중량 및 차량 총중량의 각각에 대하여 20% 이상이어야 한다.

04 공차 상태의 자동차는 좌우 각각 몇 도를 기울인 상태에서도 전복되지 아니해야 하는가?

① 25° ② 60°
③ 45° ④ 35°

해설 「자동차 및 자동차부품의 성능과 기준에 관한 규칙」 제8조
승용자동차, 화물자동차, 특수자동차 및 승차정원 10명 이하인 승합자동차는 공차 상태에서 좌우 각각 35°를 기울인 상태에서 전복되지 아니해야 한다.

05 자동차의 최소 회전반경은 바깥쪽 앞바퀴 자국의 중심선을 따라 측정할 때 몇 m 이내이어야 하는가?

① 2m 이내 ② 3m 이내
③ 8m 이내 ④ 12m 이내

해설 「자동차 및 자동차부품의 성능과 기준에 관한 규칙」 제9조
최소 회전반경은 바깥쪽 앞바퀴 자국의 중심선을 따라 측정할 때 12m 이내이어야 한다.

06 다음 중 타이어 공기압 경고장치의 설치 대상 자동차는?

① 차량 총중량 5톤 화물자동차
② 차량 총중량 4.5톤 승합자동차
③ 피견인자동차
④ 승용자동차

해설 「자동차 및 자동차부품의 성능과 기준에 관한 규칙」 제12조의2 제1항
승용자동차와 차량 총중량이 3.5톤 이하인 승합 · 화물 · 특수자동차에는 타이어 공기압 경고장치를 설치하여야 한다. 다만, 복륜(複輪)인 자동차와 피견인자동차는 제외한다.

07 운행 자동차 기준으로 최고속도가 80km/h 이상인 자동차는 주제동 장치의 급제동 정지거리는?

① 5m 이하 ② 14m 이하
③ 22m 이하 ④ 28m 이하

해설 「자동차 및 자동차부품의 성능과 기준에 관한 규칙」 [별표 3] 제15조 제1항 제10호 관련
최고속도가 80km/h 이상인 자동차는 주제동 장치의 급제동 정지거리는 22m 이하이다.

08 자동차 및 자동차부품의 성능과 기준에 관한 규칙상 1인이 차지하는 입석의 면적은?

① $0.2m^2$ ② $0.6m^2$
③ $0.14m^2$ ④ $0.36m^2$

해설 「자동차 및 자동차부품의 성능과 기준에 관한 규칙」 제28조 제2항
1인의 입석의 면적은 $0.14m^2$ 이상

정답 01 ① 02 ① 03 ② 04 ④ 05 ④ 06 ④ 07 ③ 08 ③

09 주제동력의 복원 상태에 있어서 브레이크 페달을 놓을 때 제동력이 3초 이내에 당해 축중의 몇 % 이하로 감소되어야 하는가?

① 10% 이하 ② 20% 이하
③ 30% 이하 ④ 40% 이하

해설 「자동차 및 자동차부품의 성능과 기준에 관한 규칙」 [별표 4] 제15조 제1항 제11호 관련
주제동력의 복원 상태에 있어서 브레이크 페달을 놓을 때 제동력이 3초 이내에 당해 축중의 20% 이하로 감소되어야 한다.

10 연료 탱크의 주입구 및 가스배출구는 노출된 전기 단자로부터 (㉠)mm, 배기관의 끝으로부터 (㉡)mm 떨어져 있어야 한다. ( ) 안에 알맞은 것은?

① ㉠ : 300, ㉡ : 200
② ㉠ : 200, ㉡ : 300
③ ㉠ : 250, ㉡ : 200
④ ㉠ : 200, ㉡ : 250

해설 「자동차 및 자동차부품의 성능과 기준에 관한 규칙」 제17조 제1항 제2호 및 제3호
연료 탱크의 주입구 및 가스배출구는 노출된 전기 단자로부터 200mm, 배기관의 끝으로부터 300mm 떨어져 있어야 한다.

11 어린이운송용 승합자동차의 어린이용 좌석의 규격은 가로×세로 각각 몇 cm 이상이어야 하는가?

① 15 ② 17
③ 27 ④ 65

해설 「자동차 및 자동차부품의 성능과 기준에 관한 규칙」 제25조 제2항
어린이운송용 승합자동차의 어린이용 좌석의 규격은 가로 · 세로 각각 27cm 이상, 앞좌석등받이의 뒷면과 뒷좌석 등받이의 앞면 간의 거리는 46cm 이상이어야 한다.

12 자동차에 비상구를 설치하여야 할 승차정원 기준으로 맞는 것은?

① 15인승 이상 ② 16인승 이상
③ 30인승 이상 ④ 45인승 이상

해설 「자동차 및 자동차부품의 성능과 기준에 관한 규칙」 제30조 제1항
승차정원 16인 이상의 자동차(천정개방2층대형승합자동차의 위층은 제외한다)에는 비상구를 설치하여야 한다.

13 주행빔 전조등의 설치 및 광도기준에 대한 설명으로 틀린 것은?

① 자동차 구조물의 직접적 · 간접적 반사에 의해 해당 운전자에 불쾌감을 유발하지 않도록 설치할 것
② 주행빔 전조등의 발광면은 상측 · 하측 · 내측 · 외측의 10° 이내에서 관측 가능할 것
③ 주행빔 전조등의 작동 상태를 알려주는 표시장치를 설치할 것
④ 동시에 점등되는 등화의 최고광도 총합은 43cd 이하일 것

해설 「자동차 및 자동차부품의 성능과 기준에 관한 규칙」[별표 6의3] 제38조 제1항 제3호 관련
① 설치 위치 : 자동차 구조물의 직접적 · 간접적 반사에 의해 해당 운전자에 불쾌감을 유발하지 않도록 설치할 것
② 관측각도 : 주행빔 전조등의 발광면은 상측 · 하측 · 내측 · 외측의 5° 이내에서 관측 가능할 것
③ 방향 및 작동조건 : 비추는 방향은 전방이며, 곡선로 조명을 구현하는 경우에는 좌우로 회전 가능하며, 이 경우 좌우에 각 1개만 작동하도록 설치(변환빔에서 주행빔으로 전환 시 변환빔은 지속 점등도 가능)
④ 표시장치 : 주행빔 전조등의 작동 상태를 알려주는 표시장치를 설치할 것
⑤ 추가적인 요구사항
㉮ 동시에 점등되는 등화의 최고광도 총합은 43cd 이하
㉯ 도로 및 기상 조건 등을 인식하여 주행빔과 변환빔을 자동으로 변환하는 자동 전환 장치가 설치된 경우에는 아래 기준에 적합할 것
- 주위 밝기가 7천 Lux 이상인 경우에는 자동 전환 장치의 작동이 자동적으로 정지되는 구조일 것
- 수동으로 자동 전환 장치의 작동을 정지시킬 수 있는 구조를 갖출 것
- 자동 전환 장치의 작동 상태를 알려주는 표시장치를 설치할 것

정답 09 ② 10 ③ 11 ③ 12 ② 13 ②

14 자동차 및 자동차부품의 성능과 기준에 관한 규칙상 후퇴등의 기준으로 맞는 것은?

① 모든 자동차의 뒷면에는 후퇴등을 반드시 설치하여야 한다.
② 자동차(차량총중량 0.75톤 이하인 피견인자동차는 포함)의 뒷면에는 후퇴등을 설치하여야 한다.
③ 길이가 600cm 이상인 자동차(승용자동차는 제외)에는 자동차 측면 좌·우에 각각 1개 또는 2개를 추가로 설치할 수 있다.
④ 등광색은 백색 또는 황색일 것

해설 「자동차 및 자동차부품의 성능과 기준에 관한 규칙」 제39조
자동차(차량 총중량 0.75톤 이하인 피견인자동차는 제외한다)의 뒷면에는 다음 각 호의 기준에 적합한 후퇴등을 설치하여야 한다.
① 1개 또는 2개를 설치할 것. 다만, 길이가 600센티미터 이상인 자동차(승용자동차는 제외한다)에는 자동차 측면 좌·우에 각각 1개 또는 2개를 추가로 설치할 수 있다.
② 등광색은 백색일 것

15 긴급자동차 중 경광등 색이 적색 또는 황색이 아닌 것은?

① 소방용 자동차
② 수사기관의 자동차 중 범죄수사를 위하여 사용되는 자동차
③ 교도소 또는 교도기관의 자동차 중 피수용자의 호송 및 경비를 위한 자동차
④ 구급자동차

해설 긴급자동차의 등광색 기준(규칙 제58조 제1항 제1호 나목)
① 구급차, 혈액공급차 : 녹색
② 경찰, 국군, UN, 수사기관, 교도소, 소방용 : 적색 또는 청색
③ 기타(사용자신청 '지방경찰청장 지정') : 황색

16 자동차 경음기의 경적음의 크기는 차체전방에서 2m 떨어진 지상 1.2m 높이에서 측정한 음의 최소크기가 안전기준에 적합한 것은?

① 115dB 이상
② 90dB 이하
③ 90dB 이상
④ 50dB 이상~90dB 이하

해설 「자동차 및 자동차부품의 성능과 기준에 관한 규칙」 제53조 제2호
경적음의 크기는 일정하여야 하며, 차체전방에서 2미터 떨어진 지상높이 1.2±0.05미터가 되는 지점에서 측정한 값이 다음 각 목의 기준에 적합할 것
① 음의 최소크기는 90데시벨(C) 이상일 것
② 음의 최대크기는 「소음·진동관리법」 제30조 및 제35조에 따른 자동차의 소음허용기준에 적합할 것

17 자동차의 방향 지시등에 대한 설명으로 틀린 것은?

① 방향지시등은 1분간 90±30회로 점멸하는 구조일 것
② 한 개의 방향지시등에서 합선 외의 고장이 발생된 경우 다른 방향지시등은 작동되는 구조일 것. 이 경우 점멸횟수는 변경될 수 있다.
③ 견인자동차와 피견인자동차의 방향지시등은 동시에 작동하는 구조일 것
④ 방향지시기를 조작한 후 2초 이내에 점등되어야 하며, 2.5초 이내에 소등될 것

해설 「자동차 및 자동차부품의 성능과 기준에 관한 규칙」 [별표 6의17] 제44조 제2호 관련
① 방향지시등은 1분간 90±30회로 점멸하는 구조일 것
② 방향지시기를 조작한 후 1초 이내에 점등되어야 하며, 1.5초 이내에 소등될 것
③ 견인자동차와 피견인자동차의 방향지시등은 동시에 작동하는 구조일 것
④ 한 개의 방향지시등에서 합선 외의 고장이 발생된 경우 다른 방향지시등은 작동되는 구조일 것. 이 경우 점멸횟수는 변경될 수 있다.

18 '자동차 및 자동차부품의 성능과 기준에 관한 규칙'상 다음 빈 칸에 들어갈 알맞은 것은?

> 차량 총중량이 (a) 이상이거나 최대 적재량이 (b) 이상인 화물자동차·특수자동차 및 연결자동차는 안전기준에 적합한 측면보호대를, 차량 총중량이 (c) 이상인 화물자동차·특수자동차 및 연결자동차는 안전기준에 적합한 후부안전판을 설치하여야 한다.

① a : 5톤 b : 3톤 c : 1.5톤
② a : 7톤 b : 3.5톤 c : 3톤
③ a : 8톤 b : 5톤 c : 3.5톤
④ a : 10톤 b : 8톤 c : 5톤

정답 14 ③ 15 ④ 16 ③ 17 ④ 18 ③

해설 「자동차 및 자동차부품의 성능과 기준에 관한 규칙」 제19조 제3항 및 제4항」

① 차량 총중량이 8톤 이상이거나 최대 적재량이 5톤 이상인 화물자동차 · 특수자동차 및 연결자동차는 포장노면 위의 공차 상태에서 다음 각 호의 기준에 적합한 측면보호대를 설치하여야 한다.

② 차량 총중량이 3.5톤 이상인 화물자동차 · 특수자동차 및 연결자동차는 포장노면 위에서 공차 상태로 측정하였을 때에 다음 각 호의 기준에 적합한 후부안전판을 설치하여야 한다.

19 자동차 및 자동차부품의 성능과 기준에 관한 규칙상 긴급자동차의 경광등 광도 및 싸이렌음의 기준으로 맞는 것은?

① 경광등(1등광 광도) : 125cd 이상 2,500cd 이하
싸이렌 음 : 전방 30m 위치에서 90dB 이상 120dB 이하

② 경광등(1등광 광도) : 135cd 이상 2,500cd 이하
싸이렌 음 : 전방 30m 위치에서 90dB 이상 120dB 이하

③ 경광등(1등광 광도) : 140cd 이상 3,000cd 이하
싸이렌 음 : 전방 40m 위치에서 95dB 이상 125dB 이하

④ 경광등(1등광 광도) : 145cd 이상 3,000cd 이하
싸이렌 음 : 전방 50m 위치에서 100dB 이상 125dB 이하

해설 「자동차 및 자동차부품의 성능과 기준에 관한 규칙」 제58조 제1호 및 제2호

① 경광등 : 1등당 광도 135cd 이상 2천 5백cd 이하일 것

② 싸이렌 음의 크기 : 자동차의 전방 30미터의 위치에서 90dB 이상 120dB 이하일 것

20 어린이운송용 승합자동차의 표시등에 대한 설명으로 틀린 것은?

① 각 표시등의 발광면적은 120제곱센티미터 이상일 것

② 정지하거나 출발할 경우에는 적색표시등과 황색표시등이 동시에 점멸되는 구조일 것

③ 앞면과 뒷면에는 분당 60회 이상 120회 이하로 점멸되는 각각 적색표시등 2개와 황색표시등 2개를 설치할 것

④ 바깥쪽에는 적색표시등을 설치하고 안쪽에는 황색표시 등을 설치하되, 좌우 대칭이 되도록 설치할 것

해설 어린이운송용 승합자동차의 표시등의 안전기준(규칙 제48조 제4항)

① 앞면과 뒷면에는 분당 60회 이상 120회 이하로 점멸되는 각각 적색표시등 2개와 황색 또는 호박색 표시등 2개를 설치할 것

② 바깥쪽에는 적색표시등을 설치하고 안쪽에는 황색표시등을 설치하되, 좌우 대칭이 되도록 설치할 것

③ 각 표시등의 발광면적은 120제곱센티미터 이상일 것

④ 정지 직전과 출발 시 : 황색 또는 호박색 표시등 점멸 (※출발 시는 자동점멸, 적색과 황색 또는 호박색 표시등이 동시에 점멸되어서는 안 된다.)

⑤ 어린이의 승하차를 위한 승강구가 열릴 때(정지한 때) : 자동으로 적색표시등 점멸

정답 19 ② 20 ②

친환경 자동차

오세인의 자동차 구조원리

www.cyber.co.kr

CHAPTER 01

하이브리드 자동차

01 개요

하이브리드 자동차란 자동차를 구동하는 동력원이 2개가 있다는 뜻으로, 대부분의 경우는 연료를 사용하여 동력을 얻는 엔진과 전기로 구동시키는 전기모터로 구성된 시스템을 말하며 Hybrid Electric Vehicle(HEV)로 부른다.

02 HEV의 분류

1 직렬형(Series Type) 하이브리드

엔진은 **발전** 전용이고, 주행은 **모터**만을 사용하는 방식

2 병렬형(Parallel Type) 하이브리드

① **엔진과 모터를 병용**하여 주행하는 방식
② 발진 때나 저속으로 달릴 때는 모터로 주행
③ 어느 일정 속도만 되면 금속 벨트 방식의 무단 변속기를 써서 효율이 가장 좋은 조건에서는 엔진 주행

3 직병렬형(Series – Parallel Type) 하이브리드

① 직병렬 하이브리드 시스템은 양 시스템의 특징을 결합한 형식
② **발진 때나 저속으로 달릴 때** : 모터만으로 달리는 직렬형 적용
③ **어느 일정 이상으로 달릴 때** : 엔진과 모터를 병용해서 주행하는 병렬형 기능을 발휘

03 직렬형과 병렬형의 장단점

구분	직렬형(Series Type)	병렬형(Parallel Type)
장점	• 엔진의 작동 영역을 주행 상황과 분리해서 지정 가능하며 이로써 엔진의 작동효율이 향상 • 전기자동차 기술의 적용 가능 • 엔진의 작동비중이 줄어 배기가스 저감에 유리 • 구조가 병렬형에 비해 간단하며, 특별한 변속장치를 필요로 하지 않음 • 연료 전지 차량 기술 개발에 적용이 용이	• 기존 내연기관 차량의 동력 전달계의 별도 변경 없이 활용 가능 • 저성능 전동기와 소용량 배터리로도 구현가능 • 시스템 전체 효율이 직렬형에 비해 우수 • 모터는 동력 보조로만 이용하므로, 에너지 변환 손실이 매우 적음
단점	• 엔진에서 모터로의 에너지 변환 손실이 큼 (기계 → 전기에너지 변환 손실) • 출력대비 자동차 중량비가 높아 가속성능 다소 불량 • 고효율의 전동기 요구	• 유단 변속기구 사용인 경우 엔진 작동 영역이 주행 상황에 연동(엔진의 최고 효율점에서 작동이 어려움) • 구조 및 제어 알고리즘이 복잡

04 직렬형과 병렬형의 연비 및 배출가스 비교

1 직렬형

① **연비** : 통상 가솔린 자동차보다 약 2배의 효율

② **배출가스** : CO, HC, NOx와 같은 유독성 가스가 보통 가솔린 자동차보다 **약 1/20** 정도 감소

2 병렬형

① **연비** : 통상 가솔린 자동차보다 약 2배의 효율

② **배출가스** : CO, HC, NOx와 같은 유독성 가스가 보통 가솔린 자동차보다 **약 1/10** 정도 감소

→ 구동력 ⋯→ 전기

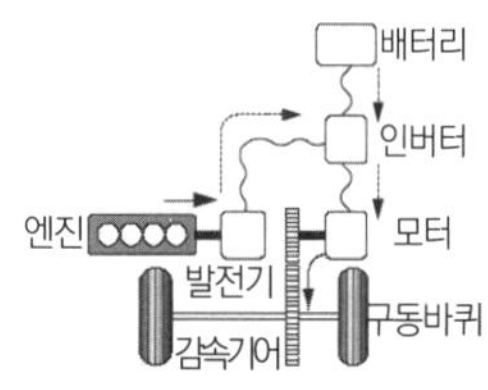

(a) 직렬형(Series Type)

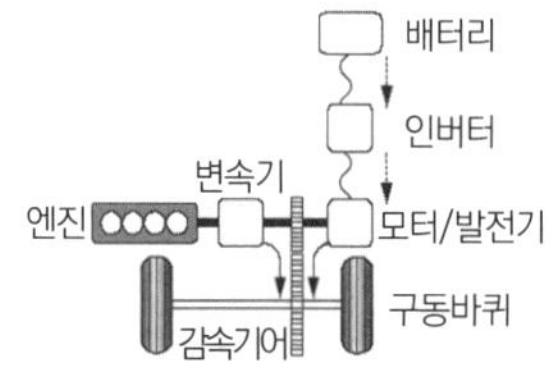

(b) 병렬형(Parallel Type)

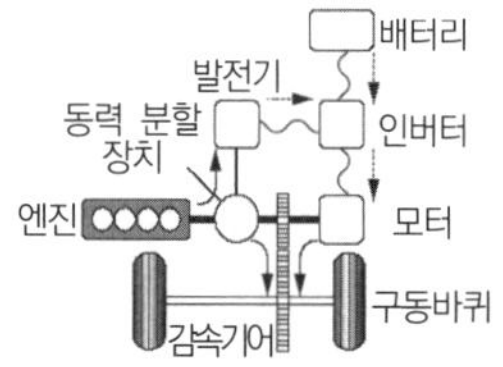

(c) 직병렬형(Series－Parallel Type)

[그림 5－1] 하이브리드 자동차의 분류

05 동작 상태에 따른 분류(전기주행모드 유무에 따른 분류)

1 소프트 방식(Mild Type)

(1) 개요

모터가 엔진의 동력 보조 역할로 엔진과 모터의 사용으로 차량을 구동(**구동 ⇒ 엔진+모터**)

(2) 특징

① 모터는 엔진과 변속기 사이에 위치, 엔진의 크랭크축과 모터의 회전축이 직결하고 있는 구조

② 가속 시 또는 등판 시 : 엔진 출력과 모터로 동작

③ 감속 시 : 발전기 동작, (기계에너지 → 전기에너지) 배터리 충전함으로 연비를 향상시킴

2 하드 방식(Full, Strong Type)

(1) 개요

모터 단독적으로 바퀴를 구동(**구동 ⇒ 모터**)

(2) 원리

① 현재는 엔진과 모터, 유성 기어를 조합한 방식이 업계 표준

② 발진 · 저속 시 : 연료공급 중단, 모터로 구동

③ 후진 시 : 모터 역회전시켜 구동

④ 가속 시 : 배터리 저장된 전력 이용 모터의 구동력에 엔진동력을 추가하여 구동

⑤ 감속 및 제동 시 : 회생제동 실시에 의한 발전 실시(배터리 축적)

> **참고**
>
> **소프트 방식 & 하드 방식의 구별법**
>
> 전기 모터만으로 독립적으로 구동이 가능한지 여부로 소프트와 하드 방식을 구별한다.

06 하이브리드 시스템의 핵심부품 구성

1 모터

약 144V의 높은 전압의 교류로 작동하는 영구자석형 동기 모터이며, 시동제와 발진 · 가속할 때 기관의 출력을 보조한다.

2 모터 컨트롤 유닛(MCU)

HCU 신호에 따라 모터로 공급되는 전류량을 제어하며, 축전지 충전을 위해 모터에서 발생한 **교류를 직류로 컨버터하는 기능**을 실시한다.

3 고전압 배터리

전동기 구동을 위해 고밀도 에너지를 저장 및 전기에너지를 공급하는 니켈-수소(Ni－MH) 배터리이다. 또한 **최근에는 리튬 계열(Li－ion)의 배터리를 사용**한다.

4 배터리 컨트롤 시스템(BMS)

BMS는 **배터리 에너지의 입출력 제어**, 축전지 성능 유지를 위한 전류, 전압, 온도, 사용시간 등등 **각종 정보를 모니터링하면서 HCU, MCU로 송신**한다.

5 하이브리드 컨트롤 유닛(HCU)

하이브리드 시스템의 기능을 수행하기 위해 각각의 컨트롤 유닛들을 통신을 통해 각각의 작동 상태에 따라 제어 조건들을 판단해 **컨트롤 유닛을 제어**한다.

CHAPTER 02 천연가스 자동차

01 천연가스

천연가스는 메탄을 주성분으로 한 가스로 유황분, 기타 불순물을 포함하지 않기 때문에 연소하더라도 SOx와 매연을 발생하지 않고 지구 온난화를 유발하는 이산화탄소의 배출량도 석유보다 20~30% 적은 청정한 에너지이다.

02 천연가스 자동차

1 천연가스의 형태별 종류

(1) 천연가스(NG : Natural Gas)

일반 기체 상태의 천연가스 메탄이 주성분

(2) 액화천연가스(LNG : Liquefide Natural Gas)

천연가스를 −162℃ 상태에서 **약 600배로 압축**, 액화시켜 이동하기 편리하게 만든 상태, 이 과정에서 정제과정을 거치면서 순수메탄의 성분이 매우 높고 수분 함량과 오염물질 함량이 없는 청정 연료 상태

(3) 압축천연가스(CNG : Compressed Natural Gas)

천연가스를 200~250배로 압축하여 저장하는 가스

(4) 파이프라인 천연가스(PNG : Pipe Natural Gas)

Natural Gas를 산지에서 파이프로 이동하여 사용하는 가스

2 천연가스 자동차의 분류(연료의 사용 형태에 따른)

① 압축천연가스(CNG) 자동차 : 압축된 천연가스를 연료원으로 사용
② 액화천연가스(LNG) 자동차 : 액화 상태의 천연가스를 사용

③ **흡착천연가스(ANG) 자동차** : 천연가스를 연료용기에 흡착 · 저장했다가 사용
(※이들 모두를 일컬어 일반적으로 **천연가스 자동차**(NGV : Natural Gas Vehicle)라고 한다.)

㉠ 압축천연가스(CNG) 자동차(CNG 자동차의 타 연료와의 혼용 여부에 의한 구분)

- 겸용(Bi-Fuel)
  - **압축천연가스와 휘발유**를 동시에 자동차에 저장하고 그 중 한가지를 선택하여 연료로 사용하는 방식
  - 천연가스 보급 초기에 천연가스의 충전 환경이 좋지 않을 때 사용하기 적합한 장점
- 혼소(Dual-Fuel) : **압축천연가스와 경유**를 동시에 저장하여 두 가지 연료를 동시에 사용하는 방식
- 전소(Dedicated)
  - **압축천연가스만을 저장하여 사용**하는 방식
  - 천연가스 엔진으로 최적화 할 수 있으므로, 출력성능 및 배출가스 저감능력이 우수하여 전세계적으로 가장 많이 보급되고 있는 방식

㉡ 액화천연가스(LNG) 자동차 : 액화천연가스 자동차는 **−162℃로 냉각액화한 천연가스(LNG)를 극저온 단열용기에 저장하여 연료로 사용하는 방식**으로 LNG를 기화기(Vaporizer)에서 기화하여 Mixer나 흡기 매니폴드에 분사하여 연료를 공급하는 방식

- 장점 : 연료 저장 효율이 좋으므로 1회 충전당 주행거리를 3배 이상 늘일 수 있는 장점
- 단점 : LNG 단열용기의 가격이 고가인 단점

03 천연가스 자동차의 특징 및 장단점

1 장점

(1) 청정성

① 천연가스 자동차는 대기환경오염 물질을 거의 배출하지 않는 **청정 연료**

② 매연(PM) 및 VOC 배출량 0%이며, 가솔린 차량과 비교 시 CO_2 20~30%, CO 30~50% 감소하며 NOx 등 오존 영향 물질 70% 이상 저감

(2) 안전성

① 천연가스 자동차는 인화점이 높아 기존의 LPG와 휘발류에 비해 화재 우려가 적음

② 가스 누출 시 대기에 급속히 확산(비중이 공기보다 가벼움)

③ **무독성**(흡입 시 인체에 무해함)

(3) 기능성

① 청정 연료로 엔진 수명의 연장

② **옥탄가** 130으로 가솔린(100)보다 높아 성능적으로 우수

③ 유지비 저렴(소모품 교환주기 연장)

④ 겨울철 일발 시동

(4) 경제성

① 기존의 연료에 비하여 경제성이 탁월하여 석유 대체 에너지원으로 활용 가능

② 전 세계에 고루 분포하여 **수급이 안정적**이며, 에너지 파동의 위험이 적음

2 단점

① 도시가스 배관망 및 충전소가 없는 곳에서는 충전이 불가능하다.

② 충전 시간이 길다.

③ 주행거리가 석유 연료에 비해 짧다.

④ 기존 탄화수소연료에 비해 **단위 무게당 발열량이** 200 **기압**으로 압축 시 가솔린의 1/4 수준으로 작아 연료 탱크 용량이 커야 한다.

⑤ 압축착화 기관에 사용할 때 CNG**의 자발화 온도가 높기 때문에** 착화를 도와주는 별도의 장치가 필요하다.

⑥ **에너지 밀도가 낮아, 체적효율이 감소**한다.

⑦ 고압용기를 탑재해야 하므로 차량 중량이 증가된다. 경량화를 위해 FRP 소재의 용기 등이 개발되고 있다.

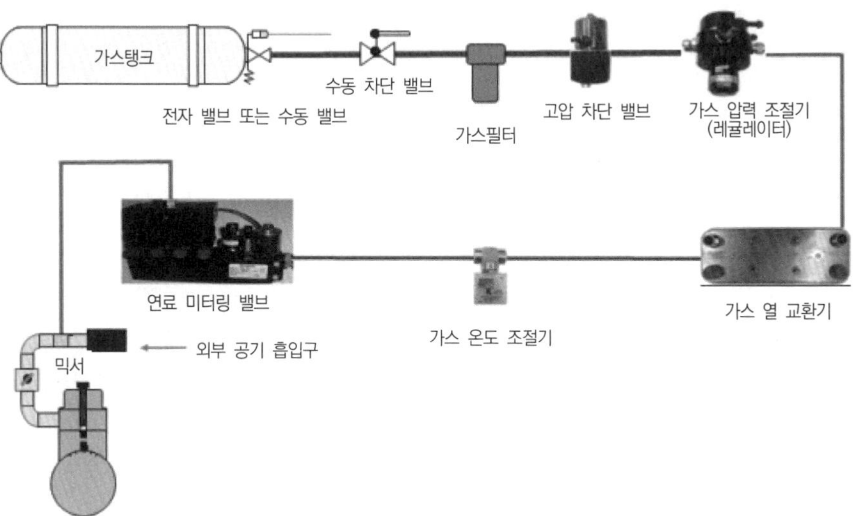

[그림 5-2] CNG 연료장치 연료공급 계통도

CHAPTER 03 연료전지 자동차

01 연료전지 자동차의 정의

연료전지 자동차란 **수소와 산소의 전기 화학 반응**으로 만들어진 전기를 이용하여 모터를 구동시키는 자동차를 의미한다.

02 특징

① 연료전지 자동차는 연료전지로부터 생산된 전기로 구동되는 전기자동차의 일종으로, 모터에서부터 바퀴에 이르는 구조는 기존의 전기자동차와 같다.
② 연속적인 전기 화학 반응에 의하여 전력을 계속 공급할 수 있다.

03 작동 원리 및 구성

1 수소연료전지의 작동 원리 및 구조

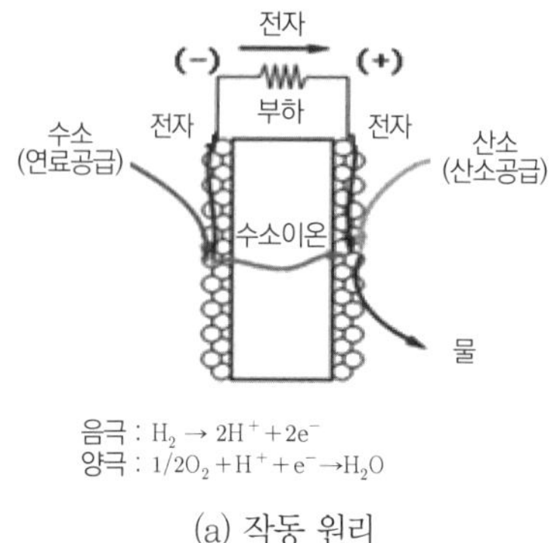

(a) 작동 원리

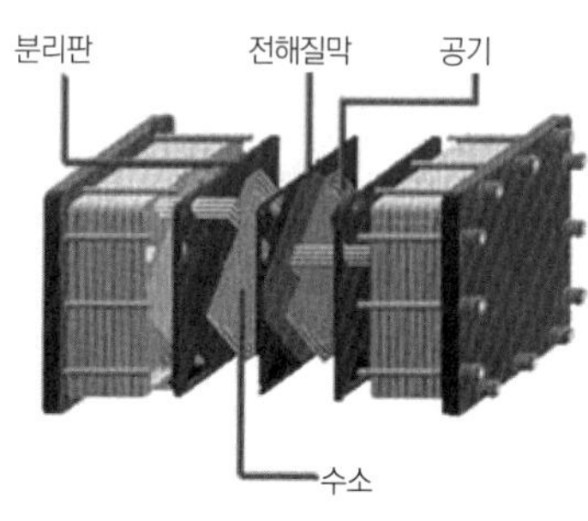

(b) 구조

[그림 5-3] 연료전지의 기본 원리 및 구조

2 자동차의 구성

연료전지를 이용한 발전 시스템은 크게 연료 변환기, 연료전지(fuel cell stack), 인버터 세 부분으로 구성된다.

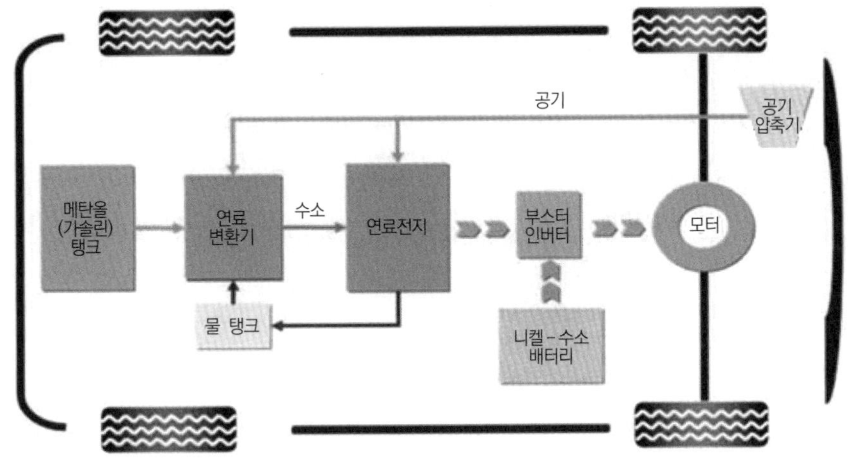

[그림 5-4] 연료전지 자동차 주요 구성

3 연료전지 자동차 원리 및 작동 경로

① 연료 탱크에 저장되어 있는 수소를 연료 전지 스택에 공급 → ② 유입되는 공기를 연료 전지 스택에 공급 → ③ 연료 전지 스택에서 공기와 수소가 반응하여 전기와 물을 생성 → ④ 생산된 전기가 모터와 배터리에 공급 → ⑤ 마지막 순수한 물(H_2O) 성분 배출

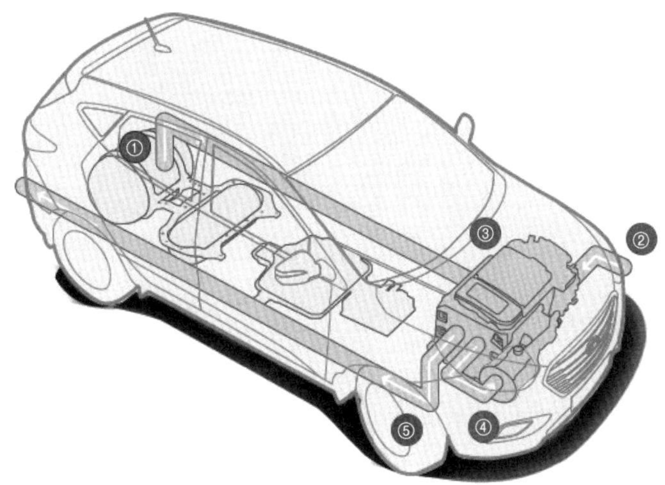

[그림 5-5] 연료전지 자동차의 작동 경로

04 구성부품 및 기능

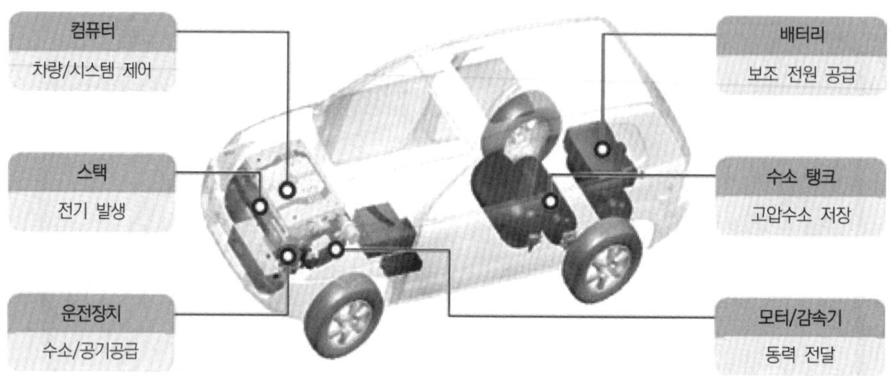

[그림 5-6] 연료전지 자동차의 주요 부품 구성도

05 연료전지 자동차의 장단점

1 장점

① 높은 에너지 효율

② 공해가 없는 저공해 자동차

③ 연료 고갈의 걱정이 없음

2 단점

① 값비싼 차량 가격

② 위험성을 수반한 수소의 공급 및 저장 인프라 문제

③ 차내 수소 저장의 문제

④ 내연기관의 부재

⑤ **핵심 부품(촉매)에 백금** 사용

CHAPTER 04 전기자동차

01 전기자동차의 정의

전기자동차는 구동 전동기를 사용해 전기에너지로 구동하는 자동차를 의미하며 "전기공급원으로부터 충전 받은 전기에너지를 동력원으로 사용하는 자동차"로 정의한다.

02 기본 작동 원리 및 구성·기능

① 주로 배터리의 전원을 이용하여 AC 또는 DC 모터를 구동하여 동력을 얻어 차량을 구동한다.
② 감속할 때는 모터를 발전기(**회생 브레이크 장치**)로 **사용, 운동에너지를 전기에너지로 변환하여 배터리를 충전**한다.

03 핵심 구성부품

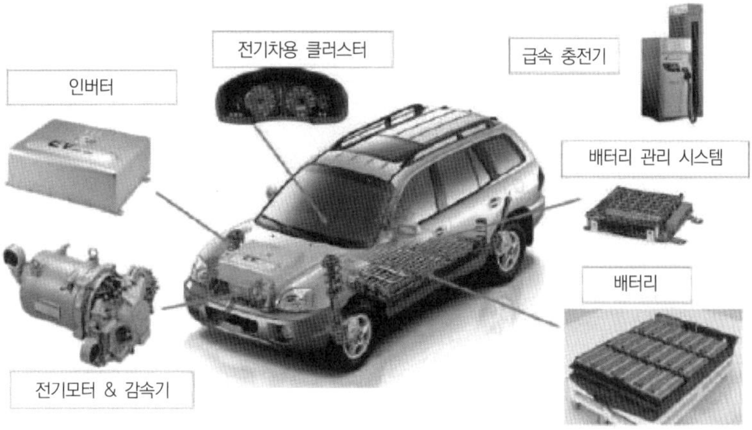

[그림 5-7] 전기자동차의 주요 부품 구성도

1 배터리(리튬계 배터리)

일종의 전기 저장소로, 현재 **리튬계 배터리**가 파우치형과 캔형으로 상용화되어 전기자동차용 배터리로 적용되어 사용 중이며, 향후 전기자동차 대중화 시기를 결정짓는 가장 중요한 핵심부품

2 BMS(배터리 관리 시스템, Battery Management System)

BMS는 전기자동차의 핵심기술 중 하나로, 배터리의 성능을 컨트롤하여 전류/전압 모니터링, 셀 밸런싱, 전하 상태 파악 및 팩 안전성 보장 등의 기능을 수행함

3 구동 모터

구동 모터(전동기)는 전기를 이용하여 회전운동의 힘을 얻는 기계로, 모터축에 감속기를 연결하여 적절한 회전력을 바퀴에 전달하여 자동차를 움직이게 하는 용도

4 인버터

인버터는 직류(DC : Direct Current) 전원을 자동차 주행을 위한 모터를 가동하기 위해 교류(AC : Alternative Current) 전원으로 변환시켜 주는 역할을 하는 **전력 변환 장치**

5 급속 충전기

충전기는 전기자동차 배터리에 전기를 충전하는 기기로, 정류기에 의한 직류 전압을 사용하여 배터리에 전압을 가하여 급속 충전함

참고

플러그인 전기자동차(PHEV)란?

기존의 전기자동차의 단점인 짧은 주행거리의 문제를 해결하고자 단거리는 전기로 구동하다가 배터리의 전기를 소모한 이후 내연기관을 사용하여 장거리 운행이 가능하도록 만든 자동차이다.

04 전기자동차의 분류

구분		전기자동차(EV)	하이브리드 자동차(HEV)	플러그인 하이브리드 자동차(PHEV)
1	구동원	모터	엔진+모터(보조동력)	모터, 엔진(방전 시)
2	에너지원	전기	전기, 화석연료	전기, 화석연료(방전 시)
3	구동 형태	충전기 배터리 전동기 발전기	배터리 전동기 발전기 연료 탱크 내연 기관	충전기 배터리 전동기 발전기 연료 탱크 내연 기관
4	배터리	10~30kWh	0.98~1.8kWh	4~16kWh
5	특징	충전된 전기에너지만으로 주행, 무공해 자동차	주행 조건별 엔진과 모터를 조합한 최적 운행으로 연비 향상	단거리는 전기로만 주행, 장거리 주행 시 엔진 사용 (하이브리드+전기차 특성)

05 전기자동차의 장단점

장점	단점
• 무공해 또는 저공해이며, 초 저소음 • 운전 및 유지보수 용이 • 수송에너지 다변화 가능(원자력, 수력, 석탄화력, 풍력 등으로 발전된 전기 사용) • 충전부하로 수요 창출(심야전력 이용)	• 주행성능이 나쁨(가속성능, 등판능력, 최고속도 등) • 1회 충전 주행거리가 짧음 • 고가(소규모 시험생산 3배 정도) • 전기자동차 사용여건 미비(법령, 충전 시스템, 전기료 우대 등 부수적 여건 미비)

제 1~4 장

출제 예상 문제

- 하이브리드 자동차
- 천연가스 자동차
- 연료전지 자동차
- 전기자동차

01 **하이브리드 전기자동차와 일반 자동차와의 차이점에 대한 설명 중 틀린 것은?**

① 하이브리드 차량은 주행 또는 정지 시 엔진의 시동을 끄는 기능을 수반한다.
② 하이브리드 차량은 정상적인 상태일 때 항상 엔진 기동 전동기를 이용하여 시동을 건다.
③ 차량의 출발이나 가속 시 하이브리드 모터를 이용하여 엔진의 동력을 보조하는 기능을 수반한다.
④ 차량 감속 시 하이브리드 모터가 발전기로 전환되어 배터리를 충전하게 된다.

해설 하이브리드 시스템에서는 하이브리드 모터를 이용하여 기관을 시동하는 방법과 기동 전동기를 이용하여 시동하는 방법이 있으며, 시스템이 정상일 경우에는 하이브리드 모터로 기관을 시동한다.

02 **주행 중인 하이브리드 자동차에서 제동 시에 발생된 에너지를 회수(충전)하는 제어 모드는?**

① 시동 모드
② 회생제동 모드
③ 발진 모드
④ 가속 모드

해설 하이브리드 자동차에서 자동차의 감속은 회생제동 모드로서, 차량 감속 시 모터는 자동차의 휠에 의해 회전하여 회전동력을 전기에너지로 전환하여 배터리를 충전하는 모드이다.

03 **하이브리드 자동차 계기판에 있는 오토 스톱(Auto Stop)의 기능에 대한 설명으로 옳은 것은?**

① 배출가스 저감
② 엔진오일 온도 상승 방지
③ 냉각수 온도 상승 방지
④ 엔진 재시동성 향상

해설 오토 스톱(Auto stop)은 아이들 스톱이라고도 하며, 연료소비 및 배출가스를 저감시키기 위해 차량이 정지할 경우 엔진을 자동으로 정지시키는 기능이다.

04 **하이브리드 자동차에서 고전압 배터리 제어기(Battery Management System)의 역할 설명으로 틀린 것은?**

① 충전 상태 제어
② 파워 제한
③ 냉각 제어
④ 저전압 릴레이 제어

해설 하이브리드 자동차(HEV)의 BMS는 SOC 추정(충전 상태 제어), 파워 제한, 냉각 제어, 릴레이 제어, 셀 밸런싱, 고장 진단 등을 수행한다.

05 **전기의 동력과 내연기관이나 그 밖의 다른 두 종류의 동원력을 조합하여 탑재하는 방식의 자동차를 무엇이라고 하는가?**

① 연료전지 자동차
② 전기자동차
③ 하이브리드 자동차
④ 수소연료 자동차

해설 하이브리드 자동차란 전기의 동력과 내연기관(가솔린, 디젤, LPG)이나 그 밖의 다른 두 종류의 동력원을 조합하여 탑재하는 방식이며, 가솔린 기관과 전동기, 수소기관과 연료전지, 디젤 기관과 전동기 등 2가지의 동력원을 함께 이용하는 자동차이다.

06 **하이브리드 자동차의 장점에 속하지 않는 것은?**

① 연료소비율을 50% 정도 감소시킬 수 있고 환경친화적이다.
② 탄화수소, 일산화탄소, 질소산화물의 배출량이 90% 정도 감소된다.
③ 이산화탄소 배출량이 50% 정도 감소된다.
④ 값이 싸고 정비작업이 용이하다.

해설 하이브리드 자동차의 장점은 ①, ②, ③항 이외에 기관의 효율을 향상시킬 수 있다.

정답 01 ② 02 ② 03 ① 04 ④ 05 ③ 06 ④

07 직렬형 하이브리드 자동차에 관한 설명이다. 설명이 잘못된 것은?

① 기관, 발전기, 전동기가 직렬로 연결된 형식이다.
② 기관을 항상 최적 시점에서 작동시키면서 발전기를 이용해 전력을 전동기에 공급한다.
③ 순수하게 기관의 구동력만으로 자동차를 주행시키는 형식이다.
④ 제어가 비교적 간단하고, 배기가스 특성이 우수하며, 별도의 변속장치가 필요 없다.

해설 직렬형 하이브리드 자동차의 특징은 ①, ②, ④항 이외에 순수하게 전동기의 구동력만으로 자동차를 주행시키는 형식이며, 기관은 축전지를 충전하기 위한 발전기를 구동하기 위한 것이다. 전체 시스템의 에너지 효율이 병렬형에 비해 낮고, 고성능의 전동기 개발이 필요하며, 동력 전달 장치의 구조가 크게 바뀌어야 하므로 기존의 차량에 사용하기 어려운 결점이 있다.

08 하이브리드 자동차에서 변속기 앞뒤에 기관 및 전동기를 병렬로 배치하여 주행 상황에 따라 최적의 성능과 효율을 발휘할 수 있도록 자동차 구동에 필요한 동력을 기관과 전동기에 적절하게 분배하는 형식은?

① 직병렬형 ② 직렬형
③ 교류형 ④ 병렬형

해설 병렬형은 변속기 앞뒤에 기관 및 전동기를 병렬로 배치하여 주행 상황에 따라 최적의 성능과 효율을 발휘할 수 있도록 자동차 구동에 필요한 동력을 기관과 전동기에 적절하게 분배하는 형식이다.

09 병렬형 하이브리드 자동차의 특징이 아닌 것은?

① 동력 전달 장치의 구조와 제어가 간단하다.
② 기관과 전동기의 힘을 합한 큰 동력성능이 필요할 때 전동기를 구동한다.
③ 기관의 출력이 운전자가 요구하는 이상으로 발휘될 때에는 여유동력으로 전동기를 구동시켜 전기를 축전지에 저장한다.
④ 기존 자동차의 구조를 이용할 수 있어 제조비용 측면에서 직렬형에 비해 유리하다.

해설 병렬형 하이브리드 자동차의 특징은 ②, ③, ④항 이외에 동력 전달 장치의 구조와 제어가 복잡한 결점이 있다.

10 병렬형은 주행조건에 따라 기관과 전동기가 상황에 따른 동력원을 변경할 수 있는 시스템으로 동력 전달 방식을 다양화 할 수 있는데, 다음 중 이에 따른 구동방식에 속하지 않는 것은?

① 소프트 방식 ② 하드 방식
③ 플렉시블 방식 ④ 플러그인 방식

해설 병렬형 하이브리드 자동차의 구동방식에는 소프트 방식, 하드 방식, 플러그인 방식 등 3가지가 있다.

11 CNG 기관의 분류에서 자동차에 연료를 저장하는 방법에 따른 분류가 아닌 것은?

① 압축천연가스(CNG) 자동차
② 액화천연가스(LNG) 자동차
③ 흡착천연가스(ANG) 자동차
④ 부탄가스 자동차

해설 자동차에 연료를 저장하는 방법에 따라 압축천연가스(CNG) 자동차, 액화천연가스(LNG) 자동차, 흡착천연가스(ANG) 자동차 등으로 분류된다.

12 CNG 기관의 장점에 속하지 않는 것은?

① 매연이 감소된다.
② 이산화탄소와 일산화탄소 배출량이 감소한다.
③ 낮은 온도에서의 시동성능이 좋지 못하다.
④ 기관 작동소음을 낮출 수 있다.

해설 CNG 기관의 장점은 ①, ②, ④항 이외에 낮은 온도에서의 시동성능이 좋다.

13 다음 중 천연가스에 대한 설명으로 틀린 것은?

① 상온에서 기체 상태로 가압 저장한 것을 CNG라고 한다.
② 천연적으로 채취한 상태에서 바로 사용할 수 있는 가스연료를 말한다.
③ 연료를 저장하는 방법에 따라 압축천연가스 자동차, 액화천연가스 자동차, 흡착천연가스 자동차 등으로 분류된다.
④ 천연가스의 주성분은 프로판이다.

해설 천연가스에 대한 설명은 ①, ②, ③항 이외에 천연가스는 매탄이 주성분인 가스 상태이며, 상온에서 고압으로 가압하여도 기체 상태로 존재하므로 자동차에서는 약 200기압으로 압축하여 고압용기에 저장하거나 액화 저장하여 사용한다.

정답 07 ③ 08 ④ 09 ① 10 ③ 11 ④ 12 ③ 13 ④

14 **연료전지 자동차 특징에 대한 설명이다. 다음 중 틀린 것은?**

① 개발비용과 가격이 저렴하다.
② 연료전지는 단위 중량당 에너지 밀도가 매우 우수하다.
③ 화석연료 이외의 연료(천연가스 알코올, 수소 등)를 사용할 수 있는 이점이 있다.
④ 연료전지만을 사용하는 자동차와 연료전지와 2차 전지의 하이브리드 시스템으로 개발되는 자동차도 있다.

해설 충전 시간, 주행거리 등의 문제점이 커 개발비용이나 가격이 비싼 단점이 있다.

15 **다음은 연료전지 자동차에 대한 설명이다. 틀린 것은?**

① 에너지원으로 순수수소나 개질수소를 이용하여 전력을 발생시킨다.
② 연료전지 자동차에서 배출되는 배출가스의 양이 내연기관의 자동차보다 많다.
③ 일종의 대체 에너지를 사용한 전기자동차이다.
④ 전기자동차의 주요 공해원은 축전지를 충전하는 데 필요한 전기를 생산하기 위해 발생하는 발전소에서의 공해이다.

해설 연료전지 자동차에서 배출되는 배출가스의 양이 내연기관의 자동차보다 매우 낮다.

16 **수소연료 자동차에 대한 설명으로 틀린 것은?**

① 수소는 물을 원료로 제조하며, 사용한 후에는 다시 물로 재순환되는 무한 에너지원이다.
② 수소를 저장하는 방법에는 액체수소 저장 탱크와 금속수소 화합물을 이용한 수소흡장 합금 저장 탱크 등이 사용된다.
③ 액체수소를 사용하는 경우 수소를 액화시키는 방법과 저장이 매우 쉽다.
④ 수소를 연소시키면 약간의 질소산화물만 발생시키고 다른 유해가스는 발생하지 않는다.

해설 액체수소를 사용하는 경우 수소를 액화시키는 것이 어려우며 저장 도중에 수소가 손실될 수 있고, 저장 탱크를 제작하는 것도 어렵다.

17 **수소연료의 저장 방법을 설명한 것이다. 다음 중 틀린 것은?**

① 동일 연료 탱크의 크기로 가솔린 기관 자동차 이상의 장거리 주행도 가능하다.
② 수소의 고밀도 저장 방법에는 고압용기, 액체수소 저장 탱크, 수소흡장 합금 저장 탱크 등 3가지가 있다.
③ 대체 연료 중 에너지 효율 면에서 가장 우수한 연료이다.
④ 수소는 상온에서 기체이므로 에너지 밀도가 낮아 고밀도화 시키는 것이 주요 관건이다.

해설 경제성이나 종합적인 에너지 효율을 비교할 때 수소는 대체 연료 중 가장 불리한 조건에 있다.

18 **전동기 구동을 위하여 고전압 축전지가 전기에너지를 방출하는 작동 모드는?**

① 충전 모드
② 방전 모드
③ 회생제동 모드
④ 정지 모드

해설 ㉠ 방전 모드(discharge mode) : 전동기 구동을 위하여 고전압 축전지가 전기에너지를 방출하는 모드이며, 전동기 작동요구 회전에 따라 방전 전류량이 변화한다.
㉡ 정지 모드(no power mode) : 고전압 축전지의 전기에너지 입력 및 출력이 발생하지 않는 작동 모드이다.
㉢ 충전, 회생, 제동 모드(generating/regenerating mode) : 고전압 축전지가 소비한 전기에너지를 회수 및 충전하는 작동 모드이다.

19 **주행 중 감속할 때 바퀴에 의하여 전동기가 발전기의 역할을 하여 운동에너지를 전기에지로 전환하여 축전지를 충전시키는 것을 무엇이라고 하는가?**

① 시동 모드
② 등판 모드
③ 회생제동 모드
④ 아이들 스톱 모드

해설 회생제동 모드란 주행 중 감속할 때 바퀴에 의하여 전동기가 발전기의 역할을 하여 운동에너지를 전기에너지로 전환하여 축전지를 충전시키는 것을 말한다.

정답 14 ① 15 ② 16 ③ 17 ③ 18 ② 19 ③

20 전기자동차의 실용화를 위한 설명이다. 다음 중 틀린 것은?

① 내연기관의 자동차를 대체할만한 최대 주행능력 및 최고속도를 개선해야 한다.

② 전기자동차의 실용화를 위해서는 축전지의 충전, 폐차, 애프터서비스(A/S) 등의 기반시설 구축이 필요하다.

③ 전동기는 효율이 높고 값이 싸고, 축전지는 충전시간이 길어야 한다.

④ BMS(Battery Management System) 및 효율적인 동력 조향 장치, 에어컨 및 히터의 개발이 필요하다.

해설 축전지의 충전이 신속해야 하며, 수명이 길어야 한다.

정 답 20 ③

오세인의
자동차구조원리

2017. 4. 10. 초 판 1쇄 발행
2018. 2. 20. 개정증보 1판 1쇄 발행
2020. 4. 6. 개정증보 2판 1쇄 발행

지은이 | 오세인
펴낸이 | 이종춘
펴낸곳 | BM (주)도서출판 **성안당**
주소 | 04032 서울시 마포구 양화로 127 첨단빌딩 3층(출판기획 R&D 센터)
10881 경기도 파주시 문발로 112 출판문화정보산업단지(제작 및 물류)
전화 | 02) 3142-0036
031) 950-6300
팩스 | 031) 955-0510
등록 | 1973. 2. 1. 제406-2005-000046호
출판사 홈페이지 | **www.cyber.co.kr**
ISBN | 978-89-315-3899-1 (13550)
정가 | 32,000원

이 책을 만든 사람들
기획 | 최옥현
진행 | 이희영
교정·교열 | 오영미
전산편집 | 신인남
표지 디자인 | 박원석
홍보 | 김계향, 유미나
국제부 | 이선민, 조혜란, 김혜숙
마케팅 | 구본철, 차정욱, 나진호, 이동후, 강호묵
제작 | 김유석

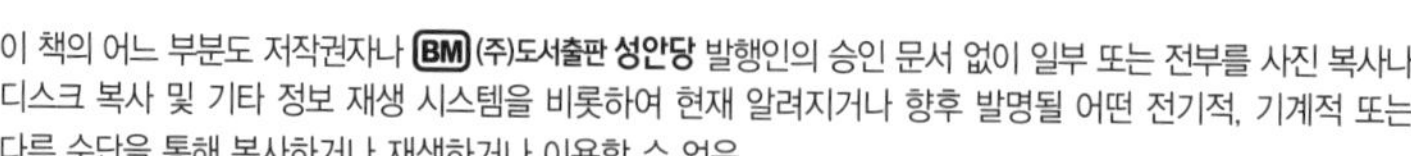

※ 잘못된 책은 바꾸어 드립니다.